GANSU DAELEI TUJIAN

甘肃大蛾类图鉴

姜楠　王洪建　主编

甘肃科学技术出版社

中国科学院动物研究所
甘肃省林业有害生物防治检疫站 编

前　言

甘肃位于黄河上游,地处黄土高原、内蒙古高原和青藏高原交会处,是中华民族和华夏文明的重要发祥地之一,是较早开展东西方文化、经贸交流合作的地区之一,举世闻名的丝绸之路在甘肃境内绵延1655km。甘肃省总土地面积45.37万km^2,总人口2700多万。

甘肃地貌气候多样、地域广阔。地貌基本覆盖了山地、高原、河谷、平川、沙漠、戈壁等类型;气候类型复杂多样,阳光充足,昼夜温差大,降水少,空气湿度小,农作物病虫害少,特色农业突出,是中国最大的种子产区,第三大马铃薯产区和五大牧区之一,是重要的中药材种植基地,也是种植葡萄的最佳生态区之一。

历史文化厚重。甘肃拥有灿烂的文化遗产、千姿百态的自然景观和多姿多彩的民族风情,蕴藏着丰富的、厚重的文化资源和文化旅游资源,是中国著名黄金旅游线路"古丝绸之路游"的重点区段,以其独特的魅力形成了"精品丝路、多彩甘肃"的旅游品牌形象,形成了以敦煌文化、丝路文化和黄河文化为代表的多条旅游线路。

资源相对富集。甘肃石油、煤炭、有色金属等矿产资源储量比较丰富,是中国资源大省和"有色金属之乡";动植物资源丰富。据报道,有植物资源5000多种;有中药材资源1527种,是中国中药材的主产区之一。野生动物650多种,特别是昆虫资源更是丰富多样。风能、太阳能资源得天独厚,开发条件优越,风电与光伏发电可以共用场地,实现风光互补。甘肃已成为西部重要的新能源基地和新能源装备制造业基地。

甘肃从西北至东南呈狭长地形环绕在青藏高原北—东北—东方向,区系跨度大,蛾类资源丰富。本图鉴记述了甘肃省大蛾类1642种,隶属17科52亚科1549属,各种下包括原始出处的引证、成虫形态描述和甘肃省及国内外的分布记录,包括蛾类成虫原大彩色图片1775幅。书中还介绍了甘肃省自然地理概况和大蛾类的分类系统及成虫主要形态特征。

  本图鉴编写过程中得到了甘肃省陇南市经济林研究院核桃研究所和兰州大学生命科学学院赵志刚教授的资助,特此致谢。中国科学院动物研究所和甘肃省各级林业部门多年的标本积累为本书编写奠定了良好的基础,特别是永登连城林场前场长孟锋先生、天水小陇山林业试验局袁士云、蔡继增和刘玉荣先生都曾组织过且多年连续采集标本。另外,各地林场、森林公园及森林病虫害防治检疫站、植物保护部门为标本的采集提供了大力的支持和帮助。近年来,在补点采集中还得到了金昌市林业和草原局森林病虫害防治检疫站侯小燕,酒泉市林业和草原局森林病虫害防治检疫站蒋银荃、李岩峰,文县林业和草原局林培录、张文兵,康县林业和草原局王思远等同志的大力协助;国家科技基础条件平台动物标本资源共享平台提供了部分夜蛾科成虫照片,检视了部分德国波恩考内希动物学博物馆(ZFMK)、英国伦敦自然历史博物馆(BMNH)、德国慕尼黑WITT昆虫博物馆(WITT)收藏的部分标本,德国学者Mr. A. Schintlmeister, Dr. V. Zolotuhin, Dr. R. Brechlin提供了部分成虫照片,研究中得到了上述机构和学者的支持和帮助,在此一并致谢。

编 者
2022.10

目 录

第一章 甘肃省自然地理概况 ... 1
一、地貌类型 ... 2
二、水系 ... 4
三、自然条件状况 ... 5
四、森林植被的水平地带 ... 13
五、森林植被的垂直分布 ... 13
六、生物资源 ... 14
七、科学研究历史 ... 14

第二章 大蛾类简述 ... 17
一、分类系统 ... 17
二、成虫主要形态特征 ... 17

第三章 大蛾类物种记述 ... 19
锚纹蛾科 Callidulidae ... 19
钩蛾科 Drapanidae ... 19
 圆钩蛾亚科 Cyclidinae ... 19
 波纹蛾亚科 Thyatirinae ... 20
 钩蛾亚科 Drapaninae ... 28
 山钩蛾亚科 Oretinae ... 33
凤蛾科 Epicopeiidae ... 35
燕蛾科 Uraniidae ... 35
 小燕蛾亚科 Microniinae ... 36
 蛱蛾亚科 Epipleminae ... 36
尺蛾科 Geometridae ... 37
 黎尺蛾亚科 Orthostixinae ... 37
 德尺蛾亚科 Desmobathrinae ... 37
 姬尺蛾亚科 Sterrhinae ... 37

花尺蛾亚科 Larentiinae ······ 48
　　尺蛾亚科 Geometrinae ······ 91
　　灰尺蛾亚科 Ennominae ······ 106
灯蛾科 Arctiidae ······ 158
　　苔蛾亚科 Lithosiinae ······ 159
　　灯蛾亚科 Arctiinae ······ 169
　　鹿蛾亚科 Syntominae ······ 178
毒蛾科 Lymantriidae ······ 179
　　古毒蛾亚科 Orgyinae ······ 179
　　毒蛾亚科 Lymantriinae ······ 183
瘤蛾科 Nolidae ······ 189
　　瘤蛾亚科 Nolinae ······ 189
　　旋夜蛾亚科 Eligminae ······ 190
　　丽夜蛾亚科 Chloephorinae ······ 190
　　长角皮夜蛾亚科 Risobinae ······ 194
夜蛾科 Noctuidae ······ 195
　　毛夜蛾亚科 Pantheinae ······ 195
　　剑纹夜蛾亚科 Acronictinae ······ 197
　　虎蛾亚科 Agaristinae ······ 205
　　拟灯夜蛾亚科 Aganainae ······ 206
　　苔藓夜蛾亚科 Bryophilinae ······ 206
　　实夜蛾亚科 Heliothinae ······ 207
　　夜蛾亚科 Noctuinae ······ 209
　　盗夜蛾亚科 Hadeninae ······ 227
　　点夜蛾亚科 Condicinae ······ 253
　　冬夜蛾亚科 Cuculliinae ······ 253
　　杂夜蛾亚科 Amphipyrinae ······ 261
　　绮夜蛾亚科 Acontiinae ······ 262
　　文夜蛾亚科 Eustrotiinae ······ 266
　　尾夜蛾亚科 Euteliinae ······ 268
　　蕊夜蛾亚科 Stictopterinae ······ 269

裳夜蛾亚科Catocalinae ……………………………………………………… 270

　　壶夜蛾亚科Calpinae …………………………………………………………… 282

　　髯须夜蛾亚科Hypeninae ……………………………………………………… 299

　　长须夜蛾亚科Herminiinae …………………………………………………… 304

　　金翅夜蛾亚科Plusiinae ……………………………………………………… 307

舟蛾科Notodontidae ……………………………………………………………… 313

　　蕊舟蛾亚科Dudusinae ………………………………………………………… 313

　　角茎舟蛾亚科Biretinae ……………………………………………………… 315

　　蚁舟蛾亚科Stauropinae ……………………………………………………… 317

　　舟蛾亚科Notodontinae ……………………………………………………… 323

　　羽齿舟蛾亚科Ptilodoninae ………………………………………………… 329

　　掌舟蛾亚科Phalerinae ……………………………………………………… 333

　　扇舟蛾亚科Pygaerinae ……………………………………………………… 335

　　异舟蛾亚科Thaumetopoeinae ……………………………………………… 340

蚕蛾科Bombycidae ………………………………………………………………… 340

枯叶蛾科Lasiocampidae ………………………………………………………… 342

箩纹蛾科Brahmaeidae …………………………………………………………… 348

带蛾科Eupterotidae ……………………………………………………………… 349

天蛾科Sphingidae ………………………………………………………………… 349

　　天蛾亚科Sphinginae ………………………………………………………… 350

　　目天蛾亚科Smerinthinae …………………………………………………… 351

　　长喙天蛾亚科Macroglossinae ……………………………………………… 358

大蚕蛾科Saturniidae ……………………………………………………………… 362

桦蛾科Saturniidae ………………………………………………………………… 367

彩色图片 …………………………………………………………………………… 369

参考文献 …………………………………………………………………………… 441

中文名索引 ………………………………………………………………………… 466

拉丁名索引 ………………………………………………………………………… 488

第一章　甘肃省自然地理概况

甘肃省位于中国西北地区,地处黄河上游,东接陕西,南邻四川,西连青海、新疆,北靠内蒙古、宁夏,西北端与蒙古人民共和国接壤。东西蜿蜒1600多km,土地面积45.37万km²,占中国总面积的4.72%。

甘肃地处黄土高原、青藏高原和内蒙古高原的交会地带,境内地形复杂,山脉纵横交错,海拔相差悬殊,高山、河谷、平川、沙漠和戈壁等兼而有之,是山地型高原地貌。地势自西南向东北倾斜,地形狭长,东西长1659km,南北宽530km,大致可分为各具特色的六大区域。海拔大多在1000m以上,四周为群山峻岭所环抱。北有六盘山和龙首山,东为岷山、秦岭和子午岭,西接阿尔金山和祁连山,南壤青泥岭。甘肃是个多山的省份,最主要的山脉有祁连山、乌鞘岭、六盘山,其次有阿尔金山、马鬃山、合黎山、龙首山、西倾山、子午岭山等,多数山脉属西北-东南走向。省内的森林资源多集中在这些山区,大多数河流也都从这些山脉形成各自分流的源头。陇南山地重峦叠嶂,山高谷深,植被丰厚,到处水流不息。这一区域大致包括渭水以南、临潭、迭部一线以东的山区,为秦岭的西延部分。山地和丘陵西高东低,绿山对峙,溪流急荡,峰锐坡陡,恰似江南风光,又呈五岭逶迤。陇东、中黄土高原位于甘肃省中部和东部,东起甘、陕省界,西至乌鞘岭畔。这里历史上孕育了华夏民族的祖先,建立过炎黄子孙的家园,亿万年地壳变迁和历代战乱,灾害侵蚀,黄土高原支离破碎,尤其是定西中部地区成了中国最贫瘠的地方之一,但陇东、中黄土高原蕴含有丰富的石油、煤炭资源。甘南高原是"世界屋脊"——青藏高原东部边缘一隅,地势高耸,平均海拔超过3200m,是典型的高原区。这里草滩宽广,水草丰美,牛肥马壮,是甘肃省主要畜牧业基地之一。河西走廊位于祁连山以北,北山以南,东起乌鞘岭,西至甘、新交界,是块自东向西、由南而北倾斜的狭长地带。海拔在1000~1500m,长约1000km,宽由几千米到几百千米不等。河西走廊地势平坦,机耕条件好,光热充足,水资源丰富,是著名的戈壁绿洲,农业发展前景广阔,是甘肃主要的商品粮基地。祁连山地在河西走廊以南,长1000多km,大部分海拔在3500m以上,终年积雪,冰川逶迤,是河西走廊的天然固体水库,植被垂直分布明显。甘肃省最高点为祁连山主峰团结峰,海拔5827m。河西走廊以北地带,东西长600多km,海拔在1000~3600m的地带,人们习惯称之为北山山地。这里地近腾格里沙漠和巴丹吉林沙漠,风急沙大,山岩裸露,荒漠连片,是难以耕作之地,人烟稀少。

甘肃各地气候类型多样,从南向北包括了亚热带季风气候、温带季风气候、温带大陆性(干旱)气候和高原高寒气候等四大气候类型。年平均气温0℃~15℃,大部分地区气候干燥,干旱、半干旱区占总面积的75%。主要气象灾害有干旱、暴雨洪涝、冰雹、大风、沙尘暴和霜冻等。全省各地年降水量在36.6~734.9mm,大致从东南向西北递减,乌鞘岭以西降水明显减少,陇南山区和祁连山东段降水偏多。受季风影响,降水多集中在6~8月,占全年降水量的50%~70%。甘肃省无霜期各地差异较大,陇南河谷地带一般在280d左右,甘南高原最短,只有140d。海拔多数地方在1500~3000m,年降雨量约300mm(40~800mm)。

甘肃省水资源主要分属黄河、长江、内陆河3个流域、9个水系。黄河流域有洮河、湟水、黄河干流(包括大夏河、庄浪河、祖厉河及其他直接入黄河干流的小支流)、渭河、泾河等5个水系,长江流域有嘉陵江水系,内陆河流域有石羊河、黑河、疏勒河(含苏干湖水系)3个水系。年总地表径流量174.5亿m³,流域面积27万km²。甘肃省自产地表水资源量286.2亿m³,纯地下水8.7亿m³,自产水资源总量约294.9亿m³,人均1150m³。全省河流年总径流量415.8亿m³,其中,1亿m³以上的河流有78条。黄河流域除黄河干流纵贯省境中部外,支流就有36条。该流域面积大、水利条件优越,但流域内绝大部分地区为黄土覆盖,植被稀疏,水土流失严重,河流含沙量大。长江水系包括省境东南部嘉陵江上游支流的白龙江和西汉水,水源充足,年内变化稳定,冬季不封冻,河道坡降大,且多峡谷,蕴藏有丰富的水能资源。水力资源理论蕴藏量1724.15万kW,居中国第10位,可能利用开发容量1068.89万kW,年发电量为492.98亿kWh,水力发电量居中国第4位。2022年,甘肃省地表水资源量238.3亿m³。人均水资源量956.1m³,比上年下降11.2%。截至2022年末,甘肃省大中型水库蓄水总量48.0亿m³,比上年末增长1.8%。全年总用水量112.9亿m³,比上年增长2.5%,其中,生活用水量10.3亿m³,增长6.2%;工业用水量6.3亿m³,下降2.6%;农业用水量82.3亿m³,下降0.3%;生态用水量11.3亿m³,增长23.0%。人均用水量452.9m³,增长2.4%。另外,甘肃省的植物种类繁多分布广泛。东部陇东黄土塬峁区农作物主要有冬小麦、冬油菜、玉米、高粱、糜谷、荞麦、燕麦、豆类、马铃薯、胡麻和苜蓿;林木主要有辽东栎、山杨、榆、丁香、北京丁香、臭椿、毛樱桃、油松等;害虫种类主要有华北齿爪鳃金龟(*Holotrichia oblita*)、小云斑鳃金龟(*Polyphylla gracilicornis*)、黑皱鳃金龟(*Trematodes tenebrioides*)、四斑弧丽金龟(*Popillia quadriguttata*)、黄褐丽金龟(*Anomala exoleta*)、东方蝼蛄、沟金针虫、褐纹金针虫(*Melanotus cauder*)、细胸金针虫、小地老虎、麦根土蝽(*Stibaropus formosanus*)、麦地种蝇(*Delia coarctata*)、黄曲条跳甲(*Phyllotreta striolata*)、北方菜跳甲(*Phyllotreta austriaca aligera*)、苹果巢蛾(*Hyponomeuta malinella*)、苹小食心虫(*Grapholitha inopinata*)、梨星毛虫、天幕毛虫、山楂粉蝶、桃小食心虫、芳香木蠹蛾东方亚种(*Cossus cossus orientalis*)、杨干透翅蛾(*Specia siningensis*)、杨雪毒蛾(*Stilonotia canlida*)、松果梢斑螟、泰加大树蜂(*Urocerus gigas taiganus*)、二斑波缘龟甲(*Basiprionota bisignata*)、青杨天牛(*Saperda populnea*)、星天牛(*Anoplophora chineusis*)、杨盾蚧(*Quadraspidiotus slavaonicus*)等。陇中黄土丘陵区的农作物主要有春小麦、玉米、糜子、谷子、马铃薯,瓜类以及各种果树;林木主要有辽东栎、山杨、白桦、小叶椴、少脉椴、槭树、元宝槭、鹅耳枥、锐齿栎、漆树、华山松等,灌木主要有榛子、虎榛子、胡枝子、甘肃山楂、陇塞忍冬、四川忍冬、六道木、甘肃小檗、陕西荚蒾、卫矛、黄蔷薇、灰枸子、绣线菊、珍珠梅、百里香、冷蒿、艾蒿、骆驼蓬、霸王等;草本主要有羊胡子草、披针苔草等;主要昆虫种类有乌翅麦茎蜂(*Cephus sp.*)、凋凹胫跳甲(*Chaetocnema aridula*)、北方凹胫跳甲(*Chaetocnema costulata*)、漠金叶甲(*Chrysolina aeruginosa*)、蒿金叶甲(*Chrysolina aurichalcea*)、杨叶甲(*Chrysomela populi*)、柳十八斑叶甲(*Chrysomela salicivoras*)、家茸天牛(*Trichoferus campestris*)、三带虎天牛(*Clytus arietoides*)、槐绿虎天牛(*Chlorophorus diadema*)、星天牛(*Anoplophora chineusis*)、黑绒金龟等。河西走廊的农作物主要有春小麦、玉米、马铃薯、胡麻、甜菜、棉花、瓜类及多种果树;荒漠植物如琐琐、黑果枸杞、红砂、合头草、盐白刺等;主要害虫有细胸金针虫、黑绒金龟、地老虎、大青叶蝉、甘蓝夜蛾、天幕毛虫、沙枣白眉天鹅、灰斑古毒蛾、杨盾蚧、柠条种子小蜂、麦长管蚜等。陇南山地的农作物主要有冬小麦、冬油菜、水稻;经济林树种有柑橘、油桐、茶、桑、核桃、花椒、油橄榄、竹、红豆杉、粗榧、银杏、马尾松、杉木、柏木、钓樟等。岷山山系的针叶林有紫果云杉、红豆杉、太白冷杉、秦岭冷杉、铁杉、椴树、桦等;主要害虫有黏虫、小地老虎、夜蛾类、尺蛾类、天蛾类、枯叶蛾类、毒蛾类、灯蛾类、卷叶蛾类、天牛类、小蠹类等,还有中华稻蝗、负泥虫、褐飞虱、二化螟、柑橘凤蝶、吹绵蚧、桑盾蚧、油茶尺蠖、茶毛虫、松果梢斑螟、叉犀金龟等。

一、地貌类型

(一)陇南山地

陇南山地是甘肃省境内的东南部褶皱山地,它是秦岭西延部分,其范围大约北接渭河谷地,西延至洮河以西的白石山,南抵白水江以南的摩天岭,西与青藏高原边缘的甘南高原相接,两者分界是在白石山至临潭、迭部一线。

白水江以北的陇南山地,主要是秦岭西延至陕西省凤县以后,在甘肃省被断陷的徽成盆地所分割,呈南北两支。北支较窄,东起天水的火焰山,西至临潭县的莲花山一带,通称北秦岭;南支较宽,称南秦岭。两者在宕昌、岷县一带汇合。南北秦岭山高谷深,从西向东倾斜,山岭海拔从3500m下降至1500m,其相对高度一般为500~1000m。南秦岭的一些谷地,海拔还在1000m以下,如文县的白龙江谷地,其县境东部的中庙乡灌子沟,只有595m,是甘肃省最低处。陇南山地的西部则升高至4000m左右,如洮河与白龙江之间的迭山和白龙江以南的岷山,最高可达4900m。而徽成盆地的海拔在1000~1500m。

陇南山地的植被类型从西向东形成垂直带谱系列。迭山和岷山顶部为高山草甸,向下为杜鹃灌丛。海拔2500~3000m主要是冷杉、云杉林带,它是甘肃省白龙江林区和洮河林区的主要树种。再向东,在漳县、武山、礼县一带,以及天水市东部山地,海拔1800~2500m出现了针阔混交林,主要树种有山杨、桦木、辽东栎。东部地区的小陇山林区,主要是栎属的几个种,其中以锐齿栎分布最广,主要分布在海拔1400~1800m的山地;其次是槲树,分布在1600m以下的阳山坡。栓皮栎主要分布于南秦岭,在海拔1400~1600m。这些落叶阔叶树种很少成为纯林,其中有的混生针叶树种,或与针叶林相间分布。针叶树除漳县西部的个别山地,海拔较高出现云杉属几个种外,东部山地主要是松属几个种。云杉属有青杆,分布在漳县境内的黑虎至木寨岭一带,海拔2200~2600m的山地;另有云杉,分布于辛象山一带海拔2400~3300m的山地。松属几个种以油松分布最广,但散生成片不多,主要分布于海拔1000~1800m的阳坡和半阳坡。华山松则分布于海拔1000~2700m的阴坡和半阴坡。此外还有白皮松,分布范围很窄,处于600~1850m的酸性石质山地上。上述针阔叶林被破坏之后,则出现以杂木为主的次生林,主要树种有长尾椴、色木、青榨槭、颚椴、华椴、亮绿椴、千斤榆、山核桃、水楸等。

(二)黄土高原

黄土高原处于陇南山地的北部,乌鞘岭以东省境中部的黄河流域及西和、礼县部分地区;南部大体以西秦岭、太子山脉为界。其地貌特点是黄土广泛覆盖,厚度从西向东逐渐增加,最厚可达300m。高原的平均海拔高度,由东部的1200~1500m,逐渐向西增高至2500m。在干燥气候和风的作用下,黄土堆积物经过强烈的水蚀与风蚀,必将形成特殊的塬、梁、峁等谷间地貌,组合成千谷万壑、支离破碎、大小不等的旱塬,植被稀疏,水土流失极其严重。

本区域在地质构造上属鄂尔多斯地台,祁连山褶皱系与西秦岭褶皱系的交接地带,并在中、新生代陷落为陇中内陆盆地而沉积千余米的甘肃西红层,后经喜马拉雅期陇山运动而隆起,在白垩纪本区域六盘山以西是兰州盆地,以东为陕甘宁盆地,一直延续到晚第三纪都是以沉积为主。在盆地边缘以山麓相砾岩及砂岩为主,中部为一套棕黄、棕红色河流湖泊碎屑沉积。因此,地貌特征变化不大。到第四纪沉积物特征以风成黄土为主,其中夹以黏土和亚黏土,地貌上反映出黄土塬、梁、峁特征。由于黄土是平楱结构,地表水位易下渗,水土流失严重,保水能力很差。加上这一地区自第三纪以来都是以干旱气候为主,虽然第四纪更新可能出现4~5次温暖干旱期,故直到目前它仍属于温带干旱气候类型。因为气候变迁、古代侵蚀和长期不合理的垦殖利用,历史上丰富的森林、草原植被不断被破坏,才使疏松的黄土在风蚀、水蚀作用下不断贫瘠化,并给黄河下游带来无情的自然灾害。总之,黄土高原具有北方典型的气候特征,属于华北温带草原和暖温带森林草原气候,所以植被类型主要呈现温带干旱草原类型。但六盘山以东的庆阳、平凉地区,因雨量较多,则为灌木草原类型。区域内的陇山山地,以及最东部的子午岭,则为落叶阔叶林类型,其间也分布有油松、侧柏等裸子植物。

(三)河西走廊及祁连山地

河西走廊是在乌鞘岭以西,属祁连山山前的陷落地带。它北有龙首山、合黎山和北山的隆起,南有祁连山,形成狭窄的平坦通道,故称走廊。在早白垩纪时,龙首山、北山已经隆起,其南为走廊盆地,北为潮水盆地和北山盆地。因为当时气候较干热,沉积着河流相的红色碎屑岩。到第三纪北山盆地已出现中山、低山丘陵和戈壁平原,其间夹有山坳地的地貌类型。现时走廊盆地则分割为敦煌盆地、玉门盆地、酒泉盆地、张掖盆地、金塔盆地以及武威盆地。到第四纪,北山区以风积、洪积物为主,走廊盆地以洪积、冰碛为主,呈现出以戈壁平原和山前洪积扇为主的地貌类型。其意在各盆地河流出口处,都形成大小不一的绿洲。南部祁连山高原山区,它与三叠世末早侏罗纪间的印支运动,使甘肃全部上升为陆地,祁连山地区形成以大雪山—冷龙岭—老虎山为脊线的高地。以后开始受到剥蚀,但其山间坳地则为冰碛洪积堆积。到第四纪后,则以高山及山间盆地为主,夹有冰川地貌类型。

河西走廊气候都很干燥，只有在疏勒河以东的山地，年降水量可在200mm以上，其余都在200mm以下，尤其越向西和向北，年降水量越少。北山地区和走廊部分，是以砾质荒漠为主，主要植物有膜果麻黄、泡泡刺、红砂、合头草、珍珠猪毛菜等。而在腾格里沙漠、巴丹吉林沙漠和敦煌以西的库穆塔沙漠，则以蒙古沙拐枣、油蒿为主。在半固定小沙丘上，却生长着白刺、柽柳等沙生植物。另外，温带荒漠小乔木梭梭，在北山地区也很常见。

走廊南部地势抬高，在山前积扇和疏勒河西的山地，则以荒漠草原类型为主，广布着驴驴蒿、短花针茅、西北针茅等。疏勒河以东的祁连山地，荒漠草原之上为森林带，其阴坡分布着青海云杉，阳坡山地为草原，有短花针茅、西北针茅等。森林带之上是高山灌丛，主要有金露梅、怀腺柳、箭叶金鸡儿等。而在东部，高山灌丛中还有头花杜鹃、百里香杜鹃等常绿阔叶灌丛。高山灌丛之上为高山草甸，优势植物有藏嵩草、矮嵩草、珠芽蓼、圆穗蓼等。祁连山雪线之下为高山碎屑带，出现坐垫状的高寒荒漠类型，有垫驼绒藜、西藏亚菊、垫状蚤缀等。

（四）甘南高原

甘南高原属青藏高原东部边缘的一部分，中生代以后才完全抬升。其范围目前都把它边缘的临潭、卓尼两县包括在内。高原西北有西倾山，西南有积石山，因此地势从东向西抬升。东部的临潭、卓尼与陇南山地相接，地势起伏甚大，谷地海拔只有2500m，而在一些山脊海拔可达3000m。向西进入高原部分，地表坦荡，海拔约3000m，有许多滩地，是目前主要草原牧区。再向西，便是西倾山和积石山山地，海拔都在4000m以上。因此，甘南高原的植被也是从东向西逐渐演变。东部的洮河和大夏河沿岸有阴坡，为亚高山针叶林类型，生长着青杆、紫果云杉、巴山冷杉、太白冷杉等针叶树种。而在山谷，则有温带阔叶树种，如桦、椴等种类。

高原部分的滩地均为高寒草原类型，主要植物有禾本科的垂穗鹅冠草、异花针茅、紫花针茅、羊茅、紫花茅等。莎草科的苔草和嵩草两属的植物也多。低洼处出现沼泽草甸，生长有沼针蔺、水麦冬等。

西部山地则以高寒灌丛类型为主，有金露梅、箭叶锦鸡儿、小山柳等灌丛。其中混生有藏异燕麦、华雀麦、异花针茅等。

二、水系

由于受地貌与气候条件的影响，全省的水系分布极不平衡。河西地区发源于祁连山地的石羊河、黑河、疏勒河、党河及哈尔腾河5条水系，均属于内陆河水系，约占全省总土地面积的59.8%。其北部与西北部有较大范围的无流区，河流密度很小。这与本区域降雨量少、蒸发量大，地形平坦，径流贫乏有密切的关系。其余约占全省土地总面积40.2%的东南部地区，各条河流均分别注入黄河与长江，属于外流河水系。据甘肃省水文总站资料记载，全省年径流量超过亿立方米的河流有90条，其中属于内陆河流域有20条、黄河流域的有36条，长江流域的有34条。由于甘肃省地势由西南向东北倾斜，因此，除陇南山地的河流由西向东或由西北向东南注入嘉陵江流入长江外，其余均由西向东注入黄河。

甘肃省的水资源比较丰富，全省主要河流的流量约有575亿m^3。但由于大部分地区气候干旱，植被稀少，再加之广大黄土地区严重的水土流失，河流年输沙量在6.35亿t以上。这是甘肃省大部分河流，尤其是黄河流域各支流的最大特点。其输沙量最大河流有祖历河、渭河、泾河等，平均年含沙量在200kg/m^3以上；祖历河靖远站多达464kg/m^3，为全省之冠，在洪水中最大含沙量在1000kg/m^3以上；其中黄土地区的河流，洪水时期含沙量大部分在800~1000kg/m^3；内陆河含沙量一般在100kg/m^3左右。见表1-1。这些洪水含沙量的年份分配也很不均匀，主要集中在汛期的6~9月，一般约占年总量的80%以上，而黄土地区却多在90%以上。

表1-1　各流域年平均输沙量

流域	年平均输沙量(万t)	占全省各河流输沙量百分率(%)
内陆河	1 100	1.7
黄河	57 000	89.8
其中:黄河干支流	16 000	25.2
渭河	15 100	23.8
泾河	25 960	40.8
长江	5 410	8.5
总计	63 510	100.0

三、自然条件状况

(一) 气候

甘肃省地处西北内陆,海洋暖湿气流不易到达,降雨机会少,大部分地区气候干燥,属大陆性很强的温带季风气候。冬季寒冷漫长,春夏界线不分明,夏季短促,气温高,秋季降温快。甘肃省内年平均气温在0℃~16℃,各地海拔不同,气温差别较大,日照充足,日温差大。全省各地年降水量在36.6~734.9mm,大致从东南向西北递减,乌鞘岭以西降水明显减少,陇南山区和祁连山东段降水偏多。受季风影响,降水多集中在6~8月,占全年降水量的50%~70%。全省无霜期各地差异较大,陇南河谷地带一般在280d左右,甘南高原最短,只有140d。海拔多数地方在1500~3000m,年降雨量400~800mm。各地气候差别大,生态环境复杂多样。境内从南到北分属亚热带、暖温带、温带和寒温带4个气候带。

陇南山地属北亚热带和暖温带潮湿气候,北亚热带包括康县南部、白龙江曲折蜿蜒武都区南部、文县东部,白龙江、白水江、嘉陵江河谷浅山地区。在这一带有陇南市两个热量高值区,一个是白龙江、白水江沿岸河谷及浅山区,年平均气温≥10℃的积温4000℃~4800℃,降水量在600mm左右。耕地面积约30万亩,占陇南市耕地总面积的6.7%, 属一年两熟农业区。另一个是嘉陵江河谷及徽成盆地,年平均气温≥10℃积温3500℃~4000℃,耕地面积约为170万亩,占全市耕地总面积的37.8%,为两年三熟农业区。

暖温带包括陇南市的中部、东部及南部的广大地区,海拔在1100~2000m,≥10℃的积温2100℃~4000℃,降雨量500~800mm,耕地面积约150万亩,占全市耕地总面积的33.3%,为两年四熟农业区。

中温带包括陇南市的北部和西部地区,主要是宕昌、西和县大部,武都区的金厂、马营、池坝,礼县的下四区等区域。这一区域海拔一般在2000m以上,≥10℃积温小于2100℃,年最低气温在-20℃以下,耕地面积约100万亩,占全市总耕地面积的22.2%,为一年一熟、三年两熟农业区。

中部和陇东高原属温带半干旱气候,东起陕、甘边界,西迄乌鞘岭,东面与陇南山地、甘南高原相连,北面与宁夏、陕北接壤,面积约11.3万km²。黄河由青海流入本区域,汇入大夏河、洮河、湟水、庄浪河、祖厉河后进入宁夏。东部的渭河及其支流泾河夹带大量泥沙流入陕西关中后,再经潼关注入黄河,因此本区域属黄河流域。降雨量南部偏多,大于500mm,属半湿润区,北部小于500mm,不少地方甚至小于300mm,属干旱地区;河西走廊和北山荒漠属暖温带、温带干旱气候,东起乌鞘岭,西迄甘、新边界,长约1000km,宽约数十千米至百余千米不等。本区域南依祁连,北濒沙漠、戈壁,地势南高北低,各河流均发源于青藏高原的祁连山脉,属内陆河。河西走廊的主要河流有石羊河、黑河、疏勒河、党河等,降雨量低于150mm;祁连山地属高寒半干旱气候,东起乌鞘岭,西迄当金山口,长约1000km,地势高耸,大部分海拔在3500m以上,酒泉南部祁连山主峰的海拔高达5564m,甘、青边界上的疏勒南山主峰——团结峰,海拔高达5808m,是甘肃省的最高点；海拔4000m以上的高山，终年积雪，发育着现代冰川，为河西走廊各内陆河源源不断的提供水源，是河西地区的天然高山水库，是河西走廊的农业命脉。本区域属于高寒半干旱气候，气候的垂直地带性显著。年平均气温小于4℃，一年中低于0℃的约4个月。年降水量400mm左右，东端较多。无霜期小于140d。山区的中、东部有较多的原始森林，有青海云杉、祁连圆柏、油松、青杄、山杨和桦树林。祁连山牧场是甘肃省重要的放牧基地，也是历史上提供军马和牛羊肉的重要基地。山间盆地和山麓低地种植有各种农作物和果树。甘南高原属高寒湿润气候，位于青藏高原的东部边缘，地势由西向东、北倾斜。除河谷外，海拔在3000~4000m，长江支流白龙江、黄河支流大夏河、洮河均发源于西倾山。在甘、青、川三省交界处，黄河绕积石山形成河曲，境内气候高寒阴湿，年均温度1℃~6℃，降水550~800mm，西部地势坦荡，河流切割轻微，具有典型的高原草甸景观，滋生着天然牧草，是甘肃省主要放牧基地之一；东部地势急剧倾斜，河流切割严重，呈现出山高谷深、重峦叠嶂的自然风貌，境内生长着大片的原始森林，是甘肃的重要林区，有冷杉、云杉、栎类、华山松、油松、杨、桦树、椴树、槭树、漆树等。

年平均气温从祁连山地和甘南高原的4℃以下，递增到陇南南部的14℃左右。最冷月份（1月）平均气温从陇南山地的0℃，到中、东部黄土高原的-6℃，河西走廊、甘南高原的-10℃，向祁连山、北山山地递减到-12℃。最热月份（7月）平均气温从甘南高原的14℃，到祁连山地的16℃，中、东部黄土高原的20℃，陇南山地及河西走廊的22℃，递增到北山荒漠区的24℃。全年日平均气温≥10℃的积温，除甘南、祁连山地、华家岭山地不足2000℃以外，其他地区均高于2000℃，河西走廊达3000℃左右，陇南南部河谷高达4500℃。年日照时间在1600~3300h，大部分地区日照时间2500h。早霜期出现在9~10月，晚霜期在3~5月。全年无霜期（日最低气温0℃以上）陇南约220d（其中武都区、文县一带可达280d），中、东部180d，河西走廊约160d，祁连山、甘南不足140d。

表1-2 甘肃各市、县所在地气温

地名	海拔(m)	北纬	1月均温(℃)	7月均温(℃)	年均温(℃)	≥10℃积温(℃)
文县	1014.3	32°57′	3.6	24.8	14.9	4620.6
武都区	1079.1	33°24′	2.8	24.8	14.5	4548.3
成县	790.0	33°45′	-0.8	23.3	11.9	3764.0
天水市	1083.4	34°33′	-2.4	23.0	10.9	3536.9
武山县	1495.0	34°44′	-3.5	21.3	9.6	3084.6
兰州市	1517.2	36°03′	-6.9	22.2	9.1	3242.0
武威市	1530.8	37°55′	-8.7	21.9	7.7	2985.4
张掖市	1482.7	38°56′	-10.2	21.4	7.0	2896.6

从表1-2可以看出，在海拔高度基本一致的情况下，纬度越高，气温越低。同时也可看出，从成县开始，即从南秦岭以北，1月份平均气温都在0℃以下。所以南秦岭以南为常绿阔叶林带类型，而南秦岭以北为冬季落叶带类型。这样一来，南秦岭基本上成为北亚热带与北温带的分界线。但在北秦岭以南的徽成盆地中，年平均气温都在10℃以上，如成县（海拔高度970m）年平均气温为11.9℃，徽县（海拔930.8m）为12℃，两当（海拔1040m）为11.4℃。因此，徽成盆地可归为暖温带，北秦岭以北则属温带。若单从大气温度水平来看，甘肃大约在北纬33°以南为亚热带，北纬3°3~34°为暖温带，北纬34°以北为温带。

由于山地的影响，这种地带性常被破坏。不过它们都是以基带为基础，随海拔升高而出现垂直带谱。如以南秦岭北坡为例，其基带属暖温带，但接近北亚热带，出现以落叶栎类和常绿栎类混交。前者有栓皮栎、锐齿栎、麻栎，后者有岩栎、光叶栎、匙叶栎等，以及黑壳楠、海桐等常绿树，分布范围在海拔700~1000m。海拔1000~2200m便是松栎混交林带,以华山松和栓皮栎、锐齿栎为主。海拔2200~2600m为松桦混交林带,主要是华山松和红桦混交。海拔2400~3200m,为冷杉、云杉林带,冷杉以巴山冷杉和秦岭冷杉为主;云杉有云杉、大果青杄、青杄等。海拔3000m以上为亚高山灌丛和高山草甸带。灌丛主要种类有怀腺柳、黄毛杜鹃、密枝杜鹃、箭叶锦鸡儿、高山秀线菊、金露梅和银露梅等。高山草甸中优势种有禾叶蒿草、珠芽蓼枝等,由于地势在陇南山地是从西向东倾斜,所以上述垂直带谱也是随海拔从东向西依次出现。

降水量具有东南多于西北、高山多于低地、迎风面多于背风面等分布规律。年平均降水量武都区、文县、舟曲三县区400~500mm;康县、成县、徽县和两当四个县,主要范围是在北秦岭以南的徽成盆地,和南秦岭的万家大梁、牛头山、馒馒山以东,年降水量7600mm;北秦岭以北的清水、张家川、华亭、灵台、正宁各县,年降水量600mm左右;天水、西和、礼县、武山和陇西南部,年降水量450~550mm;北秦岭以北的天水市、甘谷、秦安、崇信、泾川、镇原、宁县、西峰、合水、庆阳、华池、环县等,年降水量500~550mm;兰州、皋兰、永靖、白银、靖远和永登南部,年降水量一般在200~350mm;景泰、武威、民勤、金昌、张掖、临泽、高台等,年降水量只有100~200mm;酒泉、嘉峪关、玉门、瓜州、敦煌、金塔各县(市),年降水量大多在50mm左右;临夏、和政、东乡、广河、康乐、宕昌、岷县等,年降水量500~600mm;临夏、渭源、临洮、漳县、通渭、庄浪、平凉、静宁各县(市),年降水量450~550mm;榆中、定西、会宁、古浪、民乐、肃南各县,年降水量300~400mm;永昌、山丹两县,年降水量在200mm以下;迭部、卓尼、临潭、夏河、合作、碌曲、玛曲等,年降水量较多,一般在500~600mm。

表1-3 甘肃各地年平均降水

地点	降雨量(mm)	地点	降雨量(mm)
敦煌	38.8	天水	545.5
安西	43.3	成县	639.5
酒泉	83.5	武都	477.8
张掖	123.5	文县	445.9
景泰	186.6	岷县	596.5
靖远	243.9	甘南	565.3
兰州	329.4	迭部	647.4
定西	424.7	舟曲	433.3
静宁	482.4	环县	408.0
临夏	506.3	西峰	558.0
陇西	444.4	平凉	518.5

由表1-3可以看出,全省年平均降水量大致从东南部的650mm,递减到西北敦煌的50mm左右,河西一般小于200mm,中部200~600mm,其他地区大于500mm。一年中夏季(6、7、8月)降水量最多,占全年降水总量的50%~70%,冬、春季降水量稀少。年平均风力2~3级,风天多集中在春季。河西沙区风力强而且频率高,全年8级以上的大风天数25~40d,风沙天数35~145d,一般地区平均风速2.2m/s,特别是瓜州县年平均风速达3.7m/s,最大风力达10级以上。林业灾害性气候主要有干旱、风沙、霜冻、冰雹、山洪等。

(二)土壤

由于受地形特征、地质构造及成土母质、气候等因素的影响,甘肃地形复杂、生物气候多样、土壤类型繁多,林区和造林地区的主要土壤类型大体有15种。主要的森林土壤类型有黄棕壤、褐土、黑垆土、栗钙土、灰漠土、风沙土、草甸土等。

1. 黄棕壤

黄棕壤是北亚热带的地带性土壤,分布在秦岭南部,主要包括康县阳坝、文县碧口、武都区低山丘陵地区,属北亚热带气候类型。地形复杂,群山环绕,多土石山地,其山势崎岖,谷地幽深,以"山大沟深"著称。

2. 棕壤

棕壤属暖温带地带性土壤。也是甘肃省重要的森林土壤类型之一,集中分布于秦岭山地;白龙江流域,洮河流域,陇东黄土高原的六盘山、关山等地也有分布。

3. 褐土

褐土在甘肃分布面积广,土壤肥沃,是甘肃发展用材林的重要地区。褐土主要分布在白龙江、小陇山、关山、子午岭、洮河等林区,多见于针阔叶混交林下。

4. 黑垆土

黑垆土是甘肃省黄土高原地区的主要土壤类型,常与黄绵土呈交错分布。在森林地区主要分布在子午岭和关山林区。

5. 黄绵土

黄绵土是甘肃黄土高原地区分布面积最广泛的土壤类型,主要分布在水土流失强烈的黄土梁、峁、丘陵地区,常与黑垆土交错分布。

6. 灰褐土

灰褐土又称灰褐色森林土。主要分布在祁连山、大夏河、洮河等林区的高山上。灰褐土在垂直带谱中,往往居于栗钙土和棕钙土之上,向上为亚高山草甸土和高山草甸土。

7. 黑钙土

黑钙土又称草甸草原土。主要分布于甘肃的秦岭山地、甘南高原和祁连山东部高寒山区。

8. 栗钙土

栗钙土分布在祁连山山地和洮河流域。祁连山山地分布在海拔2500~3500m,植被以蒿属、针茅、锦鸡儿等为主;洮河流域分布于海拔2200~2900m阳坡,植被为旱生草类灌木层。

9. 灰钙土

灰钙土为荒漠草原地带的土壤。主要分布在甘肃中部的小片林区的山麓地带。本区域属我国黄土高原的最西部,包括六盘山以西、乌鞘岭以东、渭河谷地南缘向西至太子山的广大黄土丘陵沟壑地区。

10. 棕钙土

棕钙土为干旱草原向荒漠过渡的地带性土壤。甘肃的棕钙土主要分布于祁连山海拔2000~2500m的低山丘陵地带。

11. 灰棕漠土

灰棕漠土分布于甘肃河西走廊中、西段祁连山山前平原地区。地势自东向西、自南向北倾斜,地面略有起伏,形成倾斜平原。大部分地区的海拔在1300~2500m。

12. 棕漠土

棕漠土主要分布于甘肃河西走廊赤金盆地以西,包括玉门、敦煌、瓜州的大部。

13. 风沙土

风沙土是风成沙母质上发育起来的土壤。主要分布在河西走廊与沙漠接壤的地带。风沙土地区气候干燥,温差大,风大而频繁,物理风化作用强烈,沙源丰富。在风力的作用下,沙漠蔓延,逐渐形成沙堆、沙丘和沙山。风沙土地区植被稀疏,植被组成以一年生旱生性灌木和半灌木为主。

14. 高山草甸土

高山草甸土主要分布于甘肃境内的高山上,各地所处高度不同,祁连山海拔3500~4000m,白龙江上游电尕寺地区3700~4200m,中游洛大地区3400m以上,拱坝河地区3600~4000m,西秦岭3300~3940m,大夏河

3500~3900m。气候高寒阴湿,冬季漫长,夏季很短,植被主要为高山柳灌丛和高山杜鹃灌丛。

15. 高山寒漠土

高山寒漠土分布于祁连山海拔3900~4200m地带,以上为雪线。这类土壤是寒期长,脱离冰川影响最晚,成土年龄最短的土壤。

从以上15个土壤类型可以看出,土壤类型的纬度地带性分布明显,从东南向西北,由亚热带的黄棕壤、褐土,经温带的黑垆土、栗钙土、灰钙土和棕钙土,过渡到温带漠境的灰漠土、灰棕漠土、棕漠土。在这些水平地带内,由于局部地形的变化与水文条件有影响,也出现了一些非地带性土壤,如草甸土、沼泽土、盐渍土和风沙土等。

垂直分布因山地生物气候条件、海拔、坡向等的不同,不同地区具有不同的垂直带谱。如祁连山东段阴坡土壤垂直带谱从基带的灰棕漠土,依次向上为山地棕钙土、山地栗钙土、山地灰褐土、亚高山草甸土、高山草甸土、高山寒漠土。

(三)甘肃省气候及植被分区

1. 陇南南部(武都区、文县)北亚热带湿润区

本区主要指武都区、康县一线以南,包括文县的河谷川地、山间小盆地和海拔高度在1300m以下的低山浅山地区。其主要气候因子见表1-4。

表1-4 陇南南部(武都区、文县)北亚热带湿润区主要气候因子

站名	站地海拔高度 (m)	年平均气温 (℃)	年平均相对湿度 (%)	年平均降水量 (mm)	年平均蒸发量 (mm)	年平均地面湿度 (℃)
武都区	1079.1	14.5	61	474.6	1740.0	15.8
文县	1014.3	14.9	61	442.7	2122.0	16.3

本区位于高大的秦岭山系以南,受东南海洋性季风气候影响较大,属北亚热带湿润气候最北边缘部分。年平均气温14.5℃以上,极端最高气温(如武都1951年6月30日达39.9℃),一般在35℃~38℃;极端最低气温在-8℃以内,日平均气温稳定通过≥10℃的活动积温,最高达4811.4℃。年平均降水量,武都区474.6mm,文县442.7mm,个别地区可达到800~950mm;年平均湿度61%;年平均蒸发量为降水量的3.5倍。

本区是甘肃省境内常绿阔叶、落叶阔叶混交林地区,属我国东南部常绿阔叶、落叶阔叶混交林带向西延伸部分,是适宜发展多种经济林木的地区。

2. 陇南南温带湿润区

本区指北秦岭(渭水与西汉水分水岭)以南,陇南南部北亚热带湿润区以北的广大陇南山地,包括陇南地区的中部及东部、天水地区的南部及舟曲县的东南部。

本区主要气候因子如表1-5所示。年平均气温在8.4℃~13℃。极端最高气温达37.3℃(成县)、38.3℃(徽县);极端最低气温-15℃(徽县);年平均降水量在435.8~807.5mm,蒸发量是降水量的2~2.5倍,稳定通过≥10℃的活动积温在3200℃~4000℃。区内气候温暖、湿润,植物生长期长,是甘肃省重要的天然森林分布区,其北部为小陇山林区、中部有康南林区、西部有岷江林区,属暖温带落叶林和落叶阔叶林与针叶林混交林带。

表1-5　陇南南温带湿润区主要气候因子

站名	站地海拔高度（m）	年平均气温（℃）	年平均相对湿度（%）	年平均降水量（mm）	年平均蒸发量（mm）	年平均地面湿度（℃）
成县	970.0	11.9	74	637.0	1 149.0	14.9
康县	1 220.3	10.9	74	807.5	1 148.4	12.9
西和	1 576.8	8.4	74	533.9	1 262.5	10.9
两当	1 040.0	11.4	72	632.5	1 219.7	14.2
徽县	930.8	12.0	74	745.8	1 229.5	14.9
舟曲	1 400.0	13.0	59	435.8	1 972.5	14.5

3. 陇中南部南温带亚湿润区

本区指渭水、西汉水分水岭以北，华家岭、六盘山、西峰镇一线以南的陇中南部和陇东部分地区，包括平凉、庆阳及定西等地区的南部、天水地区的北部。年平均气温6.6℃~10.4℃。绝对最高气温达36.5℃，一般在31℃~33℃；绝对最低温度一般在-20℃左右，个别地区达-25.4℃（宁县）。年平均降水量一般在440.1~606.7mm，其蒸发量是降水量的2.5~3.0倍。见表1-6。

表1-6　陇中南部南温带亚湿润区主要气候因子

站名	站地海拔高度（m）	年平均气温（℃）	年平均相对湿度（%）	年平均降水量（mm）	年平均蒸发量（mm）	年平均地面湿度（℃）	年平均风速（m/s）
通渭	1765.0	6.6	76	446.1	1354.6	9.4	1.9
陇西	1727.8	7.7	68	445.8	1440.7	10.7	1.4
张家川	1866.7	7.0	66	606.7	1405.3	8.9	2.9
秦安	1222.5	10.4	67	507.3	1448.8	12.8	1.3
甘谷	1271.4	10.2	69	473.1	1519.9	12.6	2.0
武山	1495.0	9.6	66	480.6	1657.7	11.9	2.4
平凉	1346.6	8.6	64	511.2	1468.8	10.5	2.1
静宁	1650.0	7.1	67	419.3	1469.2	9.8	2.3
泾川	1028.8	10.0	69	549.9	1385.8	12.6	1.8
崇信	1150.0	9.7	65	546.4	1499.7	12.3	1.8
庄浪	1615.1	7.9	67	547.8	1310.2	10.6	1.9
华亭	1454.5	7.9	70	606.6	1435.2	10.5	1.9
宁县	1221.2	8.7	67	572.1	1462.2	11.3	2.3
清水	1377.9	8.8	70	574.8	1271.2	11.6	1.7

本区属温带森林草原带，是暖温带落叶阔叶林向森林草原过渡地带。本区地处陇中和陇东南部，东南季风对它有一定的影响。因此，气候温凉，比较湿润，有较多的降雨，且日照时数较多，是森林植物生长的良好地区。小陇山、西秦岭、关山及子午岭等林区均在本区。

4. 陇中北部中温带亚干旱区

本区主要指乌鞘岭、一条山一线以南，华家岭、六盘山、西峰镇一线以北的陇中和陇东北部广大黄土高原地区。包括兰州大部、庆阳、定西、临夏3市（州）的北部，统称甘肃中部干旱区。年平均气温5℃~9℃。极端最高气温33.5℃（会宁）~39.1℃（兰州），极端最低气温-27.8℃（兰州）~-21.7℃（临夏）。年平均降水量204.3~544.6mm。见表1-7。其蒸发量为降水量的3~10倍。

表1-7 陇中北部中温带亚干旱区主要气候因子

站名	站地海拔高度（m）	年平均气温（℃）	年平均相对湿度（%）	年平均降水量（mm）	年平均蒸发量（mm）	年平均地面湿度（℃）	年平均风速（m/s）
永靖	1647.1	8.6	54	306.0	1765.9	11.2	1.8
东乡	2428.6	5.0	63	544.6	1412.2	7.5	2.5
广河	1952.7	6.4	69	498.5	1421.0	9.1	1.7
永登	1962.1	5.9	56	290.2	1879.7	8.5	2.3
白银	1707.2	7.9	51	204.3	2004.1	10.4	1.9
皋兰	1690.0	7.0	54	263.4	1785.6	10.4	2.0
兰州	1517.2	9.1	59	327.1	1437.7	11.3	1.0
榆中	1374.1	6.6	62	406.7	1406.8	9.4	1.5
靖远	1397.8	8.8	59	239.8	1657.1	11.4	1.2
会宁	2025.1	6.4	61	435.4	1736.4	8.5	3.2
定西	1896.7	6.3	66	425.1	1526.2	9.2	1.8
环县	1255.6	8.6	57	407.3	1674.9	10.3	2.1
华池	1269.2	8.0	63	501.7	1563.4	10.5	1.9

5. 河西中温带干旱区

本区指乌鞘岭、一条山、景泰一线以北，除祁连山区、河西西部暖温带干旱区以外的河西走廊和北山山地，包括酒泉、张掖、武威、嘉峪关、金昌等市的大部或全部。本区年平均气温3.9℃~8.2℃。年平均最高气温34.5℃~38.7℃，极端最低气温在-33.7℃~-28.9℃，昼夜温差较大。日照时数较多，是甘肃光能最充足的地区。年平均降水量53.4~184mm，其蒸发量为降水量的20~50倍，见表1-7。呈现出典型干旱荒漠植被景观。

表1-8 河西中温带干旱区主要气候因子

站名	站地海拔高度（m）	年平均气温（℃）	年平均相对湿度（%）	年平均降水量（mm）	年平均蒸发量（mm）	年平均地面湿度（℃）	年平均风速（m/s）
景泰	1630.5	8.2	46	184.8	3038.5	10.1	3.5
民勤	1367.0	7.8	45	115.0	2643.9	9.9	2.8
武威	1530.8	7.7	53	158.4	2121.0	11.0	2.0
高台	1332.2	7.6	52	104.4	1923.4	10.6	2.5
张掖	1482.1	7.0	52	129.0	2047.9	10.7	2.2
野马街	1962.7	3.9	40	85.2	3072.9	6.4	4.5

续表

站名	站地海拔高度（m）	年平均气温（℃）	年平均相对湿度（%）	年平均降水量（mm）	年平均蒸发量（mm）	年平均地面湿度（℃）	年平均风速（m/s）
梧桐沟	1591.0	6.9	35	76.2	3522.3	9.8	4.3
鼎新	1177.4	8.0	45	53.4	2343.7	10.6	3.4
酒泉	1477.2	7.3	46	35.3	2148.8	9.5	2.4

6. 河西走廊西部南温带干旱区

本区位于河西走廊的最西端，包括疏勒河下游的敦煌、瓜州县境。年平均气温在8.8℃~9.3℃。极端最高气温在43℃左右，极端最低气温-29℃左右，昼夜温差很大；年平均降水甚微，一般在40mm左右，是甘肃省高温干旱的典型地区。见表1-9。

表1-9 河西走廊西部南温带干旱区主要气候因子

站名	站地海拔高度（m）	年平均气温（℃）	年平均相对湿度（%）	年平均降水量（mm）	年平均蒸发量（mm）	年平均地面湿度（℃）	年平均风速（m/s）
瓜州	1170.8	8.8	39	45.7	3140.5	11.1	3.7
敦煌	1138.7	9.3	41	36.8	2490.6	12.3	2.2

7. 祁连山高寒亚干旱区

本区指河西走廊以南祁连山地。年平均气温-0.2℃~6.3℃。年平均最高气温33.9℃~37.1℃，极端最低气温-31.5℃~-25.1℃，年平均降水量153.8~411.3mm，林区雨量较多，其蒸发量为降水量的4~6倍。见表1-10。

表1-10 祁连山高寒亚干旱区主要气候因子

站名	站地海拔高度（m）	年平均气温（℃）	年平均相对湿度（%）	年平均降水量（mm）	年平均蒸发量（mm）	年平均地面湿度（℃）	年平均风速（m/s）
乌鞘岭	2045.1	-0.2	58	411.3	1590.6	1.4	4.6
古浪	2072.4	4.9	54	360.7	1769.9	7.5	3.5
松山	2726.7	1.3	55	265.5	1703.2	4.0	4.0
肃南	2311.8	3.6	47	253.0	1784.6	5.0	2.5
民乐	2271.0	2.8	55	382.2	1638.4	5.5	3.4
肃北	2160.0	6.3	35	153.8	2517.5	8.9	3.7

8. 甘南高寒湿润区

本区指太子山、积石山及莲花山一线以南，岷迭梁山东段腊子口、大峪沟以西的青藏高原区。全部属甘南藏族自治州，海拔大多在3000m以上，年平均气温1.1℃~6.7℃。年极端最高气温23.6℃~28.9℃，年极端最低气温-30℃~-28.5℃，年平均降水量444.4~634.6mm，其蒸发量为降水量的1.5倍左右。见表1-11。

表1-11 甘南高寒湿润区气候因子

站名	站地海拔高度（m）	年平均气温（℃）	年平均相对湿度（%）	年平均降水量（mm）	年平均蒸发量（mm）	年平均地面湿度（℃）
夏河	2931.0	2.6	58	444.4	1333.5	5.4
合作	2915.7	2.0	65	558.1	1221.9	4.7
临潭	2810.2	3.2	64	520.0	1484.6	6.2
碌曲	3100.0	2.3	64	612.6	1205.6	5.3
卓尼	2500.0	4.5	65	578.1	1238.3	7.7
迭部	2400.0	6.7	64	634.6	1039.3	9.6
玛曲	3471.6	1.1	62	615	1353.4	4.3

由于自然条件的差异，甘肃省大部分森林植被从南到北呈现明显的地带性分布。祁连山、甘南高原、陇南山地等地植被具有明显的垂直分布。

四、森林植被的水平地带

北亚热带常绿阔叶落叶混交林带。位于甘肃南部，由于北秦岭作为屏障，形成北亚热带湿润气候，许多亚热带植物向北分布，在这里组成北亚热带常绿阔叶、落叶阔叶混交林亚带。在甘肃分布面积很小，仅包括文县、武都区、康县和徽县的南部地区。建群树种主要有栓皮栎、麻栎、锐齿栎、槲栎、柞栎以及漆树、青榨漆、小角枫、厚朴、枫香等落时乔木和岩栎、尖叶栎、匙叶栎、青冈、细叶青冈、黑壳楠、银木等常绿乔木。

暖温带落叶阔叶林带。位于渭河、西汉水分水岭以南，包括陇南地区中东部、天水市南部和甘南、舟曲县等地。由于境内秦岭山地横贯，对南来的湿润气流和北来的寒潮都有阻滞作用，因此形成了暖温带湿润气候。主要优势树种有栓皮栎、锐齿栎、槲栎、辽东栎、板栗等，它们多形成单优势种群或几个树种作为共建树种而且组成落叶阔叶混交林。此外，还分布有油松、侧柏林、华山松林等温性针叶林。

寒温带草原带。主要分布于陇中黄土高原，是暖温带落叶阔叶林向草原过渡带。境内天然植被已被破坏的残缺不全。子午岭林尚存较大面积的次生林，主要树种有山杨、白桦、辽东桦、侧柏、油松、杜梨、山杏等；关山林区以杨、桦为主。

温带荒漠带。位于甘肃省西北部，以乌鞘岭、毛毛一带为界与温带草原隔开，包括河西走廊及其南部的祁连山——东阿尔金山和北部的金山山地，气候极端干旱，植被稀疏，代表植物有胡杨、沙枣、柽柳、梭梭、毛条、花棒、沙拐枣等。在寿鹿山、昌龄山、东大山、龙首山等山地的海拔2600m以上分布有云杉林，局部有油松林和青海云杉林。

五、森林植被的垂直分布

（1）祁连山地森林垂直分布。森林仅分布于祁连山东段。海拔2500~3200m为山地森林草原带，阴坡分布青海云杉林，半阳坡为祁连圆柏林，阳坡为草原；海拔3200~3800m为高山灌丛草甸带，阴坡分布着以头花杜鹃、百里香杜鹃、烈香杜鹃等为建群种的高山常绿阔叶灌丛和以箭锦儿鸡、山生柳、金露梅为建群种的高山落叶阔叶灌丛。

（2）土高原石质山地森林垂直分布。由于甘肃省东西段生态条件差异，致使山地森林垂直分布各具特色。东段的关山海拔2200m以下水平地带的森林草原向山地的延伸，海拔2200~2800m以下向上依次为辽东栎纯林、辽东栎与山杨林和白桦林块状相间、红桦林和糙皮桦林。西段属甘肃省甘南高原，从低到高依次为森林草原带（海拔2000~2600m）、亚高山寒温性针叶林带（海拔2600~3200m）、高山灌丛草甸带（海拔3200~

3750m）。亚高山寒温性针叶林阴坡主要有青杆、紫果云杉、青海云杉、岷江冷杉和云杉，阳坡有大果圆柏和红杉林。甘肃省的白龙江、洮河和大夏河林区主要集中在这里。

六、生物资源

甘肃省在生物地理区划上属于中亚亚界、黄土高原、蒙新高原和青藏高原的交会处。根据中国动物地理、中国昆虫地理、中国植物地理区划，甘肃省的动物、昆虫区系属于古北界中亚亚界与东洋界中印亚界的过渡地带，其植物区系属于亚洲荒漠、青藏高原、中国—日本和中国—喜马拉雅四个植物亚区的交会处。甘肃植物区系成分复杂，而且植物种类相当丰富，生态系统较为完整，保存了比较完好的地带性植物群落。

根据资料及补充调查统计，已知有野生维管植物4000余种，其中被子植物3700余种，裸子植物46种，蕨类植物约190种，属国家重点保护的植物有46种，省级保护植物57种，其中很多植物用途广、商品率高、经济价值大。野生动物有脊椎动物825种，其中鱼类102种，两栖、爬行类81种，鸟类479种，另有85个亚种；哺乳类163种，另有12个亚种，属国家重点保护的珍稀野生动物有130种。昆虫种类繁多，全国已知33目中，除纺足目、缺翅目和蚤蠊目外的30个目在甘肃省均有分布，现已定名的昆虫有4884种，隶属于23目86总科318科2894属，其中仅白水江自然保护区就有昆虫2136种，脊椎动物448种，植物2160种。因此，甘肃白水江国家级自然保护区是中国西北地区生物多样性最丰富的地区，是具有全球生物多样性保护意义的区域。

七、科学研究历史

早在《汉书·地理志》中甘肃的植被就开始有了记载，以后历代的《地方志》又有些描述。但作为一门科学来研究，是从1934年刘慎鄂先生开始的。他在《中国北部及西部植物概念》一文中，对甘肃的植被进行了介绍并做了分区。而真正全面开展植被研究工作，是在中华人民共和国成立之后，其中起重要作用的是候学煜先生。他于1953年开办了"生态学与地植物学"研究班，促进了甘肃植被的研究工作。从20世纪50年代以后，有不少省内外学者，都对甘肃植被进行了研究，并发表了大量文章。

在20世纪50年代中后期，甘肃省农业大学对甘肃高山草原做了大量的调查研究工作，还对天祝高山草原开展了定位研究。在此时期，甘肃省科学委员会还组织了西北师范学院地理系和生物系教师，进行"祁连山东段植被与土壤调查"。与此同时，兰州大学地理系与生物系也接受河西农业综合考察队的委托，完成了《甘肃河西走廊疏勒河中游植被调查报告》。

在20世纪60年代，在甘肃省畜牧厅的组织下，先后开展了"河西走廊地区的草场调查""甘南高原草场调查"和"天祝县松山草原调查"，以及甘肃省农业区划委员会主持组织的"酒泉专区草场区划"等。这一时期，甘肃省林业厅调查队，也进行了陇南山地林型调查；中国科学院治沙队和植物研究所生态室，也对河西地区的沙生植被与荒漠类型做了调查研究。

20世纪80年代，甘肃植被的研究工作又进入了一个新的时期，除进行植物群落学研究外，植物生态学的研究也被重视并开展起来，陆续发表了一些文章。在研究机构方面，已有中国科学院兰州沙漠研究所植物研究室、甘肃省科学院生物研究所、甘肃草原研究所、甘肃省林业科学研究所、兰州大学生态研究室、西北师范大学植物研究所等专业机构。同时，还有甘肃农业大学的有关院、系，兰州大学的生物系和地理系，以及西北师范大学的生物系与地理系等教学单位。另外，分布于全省各地的林业局及所属的林场、饲草饲料推广总站及所属的草原工作站和水土保持工作站，也是一支研究甘肃植被的中坚力量。上述各单位，分别从事植物种属地理学、植物生态学，以及生态系统等研究工作。祁连山水源涵养林研究所所进行的森林生态系统的研究，在森林植被与水源之间的关系方面取得了良好的成果。农业和水土保护部门对人工生态系统做了许多研究工作，也取得了良好成绩，全省还建立了许多国家级、省级、地、县各级自然保护区，它们的建立不但保护了动、植物资源，同时也为植被和生态系统保护与研究工作提供了便利。所有这些，都说明对甘肃省植被的研究已有相当基础，研究内容已在逐渐增宽和深入，研究工作除提高基础理论外，已向为经济建设服务方向迈进。

有关甘肃脊椎动物研究的文字资料，大量是出自外国人之手。早在19世纪CochobckNN(1874)率领考察队考察斋桑泊至中国西北地区和长江流域通商路线，途经兰州，随行军官。J. B. Steer(1874—1875)，Resser(1876)，W. Mesney(1879—1881)，W. W. Rockhill(1883—1892、1888—1892)，J. Martin(1889—1891)，St. G. Littedale(1893—1895)，Günther(1896)，Wellby 和Malcom(1896)，W. Filchner(1903—1905)，F. N. Meyer(1905—1918)，M. P. Anderson(1904—1911)，和A. de. C. sowerby 参加美国克拉克探险队入陕、甘，Bangs O(1913)，E. Licent(1914)，R. Farrer和W. purdom(1914—1915)，J. F. Rock(1920—1928)，F. R. Wulsin(1922)，Lonnbery(1924)，Nichals(1925)，W. Beick(1926—1933)，Stresmann(1927)，Sven Hedin(1927—1928)，Bangs O 和Peters(1928)，M. Schonwetter(1929)，Riley(1930)，Meise(1932)，A. de C. Sowerby(1934)，Seresmann，E. W. Meise和M. Schonwetter(1937—1938)等，他们当中的一些人一次或几次地深入到甘肃腹地，涉猎动物标本，收集动物资源信息。

国人对脊椎动物的研究，见之于记载的有张孝威(1948)在河西走廊郭河、弱水所进行的鱼类调查，所采标本存于中国科学院水生生物研究所，直到1964年才由曹文宣整理发表。

1956年，王香亭发表了《兰州附近黄河的鱼类》，1958年，又发表了《兰州北京雨燕生态的初步研究》；1960年，宋志明发表了《甘肃南部水獭调查报告》《金丝猴的地理分布及其生活习性》《甘肃南部地区毛皮兽调查报告》等；1962年，曹文宣在《四川西部及邻近地区的裂腹鱼类》一文中，涉及甘肃部分地区的鱼类；1963年，姚崇勇发表了《天祝草原鼢鼠的生态学特征及其对草甸植被影响的调查研究》，1964年，发表了《甘肃天祝草原中华鼢鼠及其对草甸植被的演替》；1964年，李思忠发表了《甘肃河西鱼类》；1964年，陈鉴潮发表了《天祝松山滩喜马拉雅旱獭的生态观察》；1965年，常麟定等发表了《兰州、临洮、武山及其附近鸟类研究》；1974年，王香亭等发表了《白龙江鱼类资源及渔业利用的几点建议》；1974年，李思忠发表了《甘肃河西走廊鱼类新种及新亚种》；1975年，宋志明等发表了《甘肃文县地区两栖类调查》，1976年，王香亭等发表了《白水江自然保护区鸟类区系研究》，1977年，发表了《甘肃高原鳅Triplophysa鱼类一新种》；1979年，陈鉴潮等发表了《甘肃天祝松山草原鼠类调查报告》《小陇山林区李子园鸟类调查报告》；1980年，冯孝义发表了《甘肃两栖类记录——秦岭雨蛙》《甘肃蛇类新记录》；1981年，王香亭等发表了《甘肃鸟类区系研究》；1981年，郑涛发表了《甘肃啮齿动物》；1981年，姚崇勇等发表了《甘肃哺乳动物三种新记录》；1981年，赵肯堂发表了《甘肃河西走廊的蜥蜴调查》；1982年，王香亭等发表了《甘肃哺乳动物区系研究》；1982年，陈鉴潮发表了《甘肃草原鼠害调查报告》；1983年，赵铁桥等发表了《甘肃省河西走廊条鳅亚科一新种》；1983年，李家坤发表了《甘肃蜥蜴新记录——沙漠沙蜥》；1983年，宋世良等发表了《渭河上游鱼类区系研究》；1985年，许金田发表了《白水江自然保护区大熊猫吃无芒冬小麦穗记实》；1977年，甘肃省动物调查队发表了《甘肃的大熊猫》；1985年，马国瑶发表了《白马峪河竹类生长情况及大熊猫现状初报》，1986年，发表了《白水江自然保护区大熊猫调查初报》，1987年，发表了《大熊猫野外调查点滴体会》，1988年，发表了《二十年内大熊猫在甘肃省的地理分布变迁》；1942年，乔国庆发表了《甘肃蝶类初报》等。

甘肃的昆虫调查研究工作，最早是由张舒平率领的中国、瑞典科学考察团于1927—1930年在甘肃境内进行调查，共记载蝗虫20个属26个种；1935年胡经甫先生又做过系统记述，叶甲科63属140种。

20世纪50年代以后，兰州大学生物系、甘肃农业大学、西北师范大学生物系、西北农业大学、北京农业大学、甘肃省自然博物馆、甘肃省卫生防疫站、甘肃省地方病研究所、中国科学院植物研究所、中国科学院动物研究所等单位的专家、学者，曾多次在甘肃采集动植物标本，增加了不少新种、新纪录，并对有价值的珍稀动物进行了生态和生活史方面的详细观察和研究。

特别是20世纪80年代以来，对甘肃省的动植物研究更加深入广泛，研究的学科也更加全面，研究的范围包括地质、地貌、气象、气候、水文、土壤、生态植被、植物区系、森林生态、森林类型、森林资源、中草药资源、珍稀濒危植物、动物区系、生态、鸟类、兽类、两栖类、爬行类、鱼类、昆虫等，采集到各类标本200多万号，发现了许多新种、新属，出版了一系列学术专著。1995年，郑乐怡、王洪建在丹麦的《哥本哈根国际昆虫学研究》专刊上发表了《中国板同蝽分类系统研究》；1995年，王洪建在《兰州大学学报》上发表了《甘肃白水江自然保护区灯蛾科昆虫区系研究》；1995年，王洪建在《中国林业科学研究》昆虫学专刊上发表了《甘肃白水江自然保护区虫区系及其特点》；1995年，王洪建、陈一心在《动物学集刊》上发表了《夜蛾科（鳞翅目）新种记述》；1996年，吕楠、王洪建在《动物分类学报》上发表了《甘肃省丽盲蝽属两新种（半翅目，盲蝽科）》；1999年，王洪建在《陕西师范大学学报》上发表了《甘肃白水江自然保护区直翅目的初步调查》；2000年，王洪建、杨星科在中国农业出版社出版了《中国昆虫区系分类研究》；2001年，王洪建、刘国卿在《动物分类学报》上发表了《混毛盲蝽属新种记述(半翅目，盲蝽科，盲蝽亚科)》；2001年，王洪建在《昆虫知识》上发表了《甘肃白水江自然保护区瘦枝脩生物学特性及防治》；2002年，王洪建在《昆虫知识》上发表了《中国伊缘蝽属分类研究》，1994年，王洪建在《兰州大学学报》上发表了《甘肃白水江自然保护区的蝶类》；1994年，陈树椿、王洪建在《昆虫学报》上发表了《中国桦蛾科一新种——陇南桦蛾》；1995年，王洪建在《中国林业科学研究》上发表了《甘肃白水江自然保护区昆虫区系及其特点》；1995年，周尧、王洪建在河南科学技术出版社出版了《中国蝶类志》；2002年，王洪建在《甘肃林业科技》上发表了《白水江自然保护区竹类害虫名录初报（一）》；2002年，王洪建在《甘肃林业科技》上发表了《白水江自然保护区竹类害虫名录初报（二）》；1993年，王洪建、刘国卿在《JOURNAL OF BEIJING FORESTRY UNIVERSITY，English Edition》上发表了《Two New Species of Gnenus Baculum from China(Phasmatidae)》。1997年，王洪建在甘肃科学技术出版社出版了《甘肃白水江国家级自然保护区昆虫名录》《甘肃白水江国家级自然保护区综合科学考察报告》；2005年，杨星科在科学出版社出版了《秦岭西段及甘南地区昆虫区系研究》；2005年，王洪建在《甘肃林业科技》上发表了《甘肃竹类半翅目昆虫初报》；2006年，雷富民、王洪建等在《动物分类学报》上发表了《基于核基因c-mos的鸫亚科部分鸟类系统发育关系》；2002年，王洪建、陈德牛在《动物分类学报》上发表了《甘肃陆生贝类二新种(前鳃亚纲：中腹足目：环口螺科)》；2005年，王洪建在《四川动物》上发表了《甘肃南部巴蜗牛科(腹足纲：巴蜗牛科)的种类名录》；2009年，王洪建在《甘肃林业科技》上发表了《甘肃南部积翅目昆虫研究初报》；2011年，徐红霞、王洪建在《林业科学》上发表了《甘肃白水江自然保护区的天牛群落多样性》；2011年，王洪建在《甘肃林业科技》上发表了《甘肃黑河自然保护区昆虫调查及区系研究》；2002年，陈德牛、王洪建在《动物分类学报》上发表了《甘肃陆生贝类二新种(前鳃亚纲：中腹足目：环口螺科)》；1988年，王洪建等在《甘肃林业科技》上发表了《甘肃白水江自然保护区及其临近地区半翅目昆虫区系分析》；1995年，王树楠在天则出版社出版了《甘肃林木病虫图志》(第一、二辑)；1997年，王树楠、伍光和在甘肃科学技术出版社出版了《甘肃白水江国家级自然保护区综合科学考察报告》；2005年，杨星科在科学出版社出版了《秦岭西段及甘南地区昆虫》；2006年，王洪建、杨星科在甘肃科学技术出版社出版了《甘肃省叶甲科昆虫志》；2011年，蔡继增在甘肃科学技术出版社出版了《甘肃省小陇山蝶类志》。

第二章 大蛾类简述

一、分类系统

大鳞翅类（Macrolepidoptera）隶属于鳞翅目（Lepidoptera）——异脉类（Heteroneura）——双孔类（Ditrysia）——Apoditrysia——被蛹类（Obtectmera），下面包括11总科。其中3总科为锤角类（Rhopalocera），即蝶类，分别为广蝶总科（Hedyloidea）、弄蝶总科（Hesperioidea）和凤蝶总科（Papilionoidea），其余8总科即为大蛾类。这8个总科中，锚纹蛾总科（Calliduloidea）、钩蛾总科（Drepanoidea）、尺蛾总科（Geometroidea）、夜蛾总科（Noctuoidea）、枯叶蛾总科（Lasiocampoidea）和蚕蛾总科（Bombycoidea）等6总科在中国有分布，在甘肃地区均有记录。

总科下的成员经常有变化，不同学者观点不同。如天蛾科是否应该为独立的总科、枯叶蛾科是否为蚕蛾总科的成员等。至于钩蛾总科和尺蛾总科下面的各科归属更是经历了复杂的变迁，至今并没有完全定论。

由于分子系统学的兴起，科级及其以下的系统发生了很多变化。例如波纹蛾科（Thyatiridae）降为钩蛾科的一个亚科，建立了钩蛾科的4亚科系统（Wu, et al., 2010）；蛱蛾科（Epiplemidae）分别被拆分到凤蛾科和燕蛾科中；天蛾科的五亚科系统演变为3亚科系统等。本书尽量采用目前国际上已经广泛接受的比较新的系统。但是夜蛾科的分类系统近年来发生了巨大变化，有人将灯蛾科和毒蛾科降为夜蛾科的亚科，又将裳夜蛾亚科等另立为科（Zahiri, et al., 2011, 2012）。本书暂未采用这个系统。

二、成虫主要形态特征

鳞翅目昆虫属全变态，其分类以成虫形态为主。本节重点介绍在大蛾类分类鉴定中常用的特征。

体型：顾名思义，"大蛾类"即体型较大的蛾子。其实不尽然，在目前的分类系统中，"大鳞翅类"并不是以身体大小来划分的。大蛾类中确有许多体型较大，甚至巨大的种类，如大蚕蛾、天蛾、箩纹蛾等。最大的大蚕蛾前翅长可达150 mm，成为昆虫中的"巨人"。但是也有不少类群体型微小，如尺蛾科的花尺蛾亚科和姬尺蛾亚科中许多种类前翅长只有7~8 mm。而在"小蛾类"中，也有一些体型很大的类群和种类，如蝙蛾、木蠹蛾和一些斑蛾等。

头部：具发达的触角和下唇须。触角变化多样，线形、锯齿形、单栉形、双栉形，偶有羽状，即每节有2对栉齿。通常雌触角较雄触角简单。下唇须3节，除长短和颜色外变化较少。复眼发达，一般大而圆，少数退化或呈椭圆形。额平坦或隆起，有时具向前或前下方凸出的毛簇；极少数种类额具骨化的刺状突。部分类群头部具单眼或毛隆。喙发达或退化。在天蛾中，有的种类喙可长达30 cm。

胸部和腹部：胸部的领片和肩片经常会与胸部背面主体部分颜色不同，是分类的重要特征。胸部和腹部背面有时有立毛簇。胸部腹面和足的腿节有时多毛。雄蛾腹部侧面或末端可有不同类型的毛簇，往往是散发性引诱激素的味刷。胸足3对；前足胫节具净角器；中足胫节具1对端距，通常发育正常；后足胫节2对距，有时中距退化或全部退化；后足胫节有时膨大或具毛束。部分科具听器，如夜蛾科、尺蛾科等。不同科的听器位置有所不同。腹部分为10节，腹部最后两节（雄）或三节（雌）合并特化成为外生殖器的一部分，故外观仅见7~8节。雄蛾第八腹节腹板常骨化成各种形状，对于分类鉴定有一定的参考价值。

翅：翅的分类特征包括翅型、翅脉和翅面斑纹，以及少数类群中存在的特殊结构（如特殊的鳞毛簇、凹窝等）。

(1) **翅型**：翅通常发达，宽大，形状各异。主要变化在于狭长或宽阔；前翅顶角（圆钝或凸出）、外缘（锯齿形或弧形或有凸角、缺刻等）、臀角（圆弧形或凸出、缺刻）、后缘（平直或波曲）；后翅前缘（平直或隆起）、外缘（锯齿形或弧形，是否具尾突）、后缘（正常或窄缩，有时具缨穗状长毛）。极端的例子如长尾大蚕蛾后翅尾角可长达90 mm，形如飘带。大蛾类中大多数类群和种类雄雌翅型相同或近似，但是也有一些类群差异明显，在毒蛾科、枯叶蛾科中这种情况比较常见。而在尺蛾科和毒蛾科中有部分种属雌蛾翅部分或完全退化，是雌雄异型的极端情况。翅缰有或无，如有，雄为1支，雌为2至多支。

(2) **翅脉**：本书采用康—尼脉序（Comstock，1918）。前翅共有12条脉；中室宽大；Sc通常自由；R脉分为5支，基部不同程度共柄或结合，有时形成1~2个径副室，有时与Sc接近或融合；M脉3支，M_3基部位置（居中或出自中室下角）常是分科的依据；Cu脉2支；A脉1支，由2A和3A合并而成。后翅有8~9条脉；为$Sc+R_1$、Rs（由R_2~R_5合并而成）、M_1~M_3、Cu_1、Cu_2、2A和3A；其中3A常消失，在有的种类中，雄3A消失，雌正常。见图2-1。

(3) **翅面颜色和斑纹**：大蛾类翅面颜色和斑纹极为丰富多样。除部分绿色种类易褪色外，大多数颜色稳定。但是不同季节型、取食不同寄主可能造成颜色的变化，有时这种变化十分明显，甚至导致鉴定错误。同时，很多种类雄雌颜色或斑纹可能不同，早期往往被定为不同种。现在的DNA条形码技术可以很好地解决这类雄雌异型的问题。前翅斑纹主要有亚基线、内线、中线、外线和亚缘线，有时还有缘线；中室端脉上常常具有中点；在钩蛾科中室下角还可能有另外一个点，称为中室下角点；在夜蛾科中室内和中室端常具环纹和肾纹。后翅斑纹一般比前翅简单，通常无亚基线、内线和中线；斑纹和颜色可以与前翅连续，在尺蛾科和钩蛾科中比较常见；也可与前翅迥异，夜蛾总科大多属于这类情况。

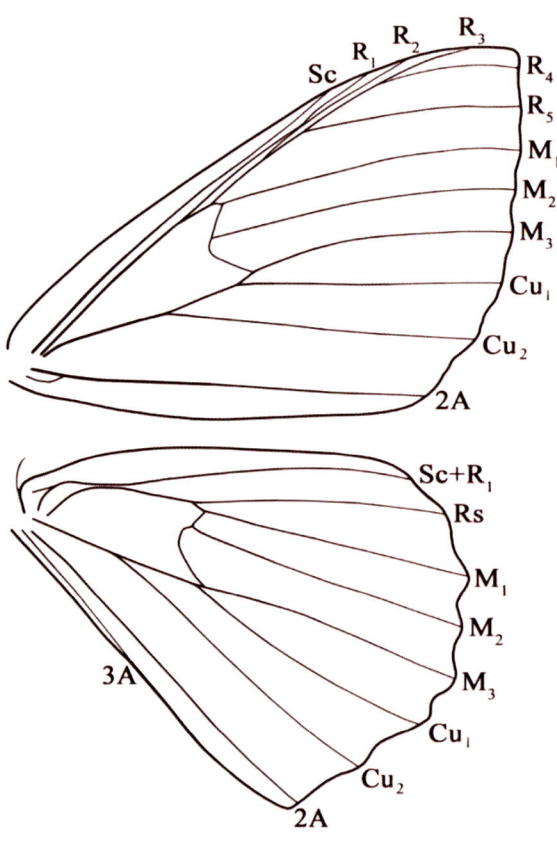

图2-1 翅脉模式图

第三章 大蛾类物种记述

锚纹蛾科 Callidulidae

中小型蛾类,部分属种白天活动,形似蛱蝶。下唇须长;喙发达。前翅中室端脉很弱或消失;后翅中室端脉完全消失,中室开放。翅褐色或黑褐色,前翅常有1鲜明的锚形纹。

(1) 锚纹蛾 *Pterodecta felderi* (Bremer, 1864)

Callidula felderi Bremer, 1864, Mém. Acad. Imp. Sci. St. Pétersb., (7)8(1):38, pl.4:3. (Russia: East Siberia)

前翅长:14~16 mm。触角线形。体和翅黑褐色。前翅短宽,顶角尖,略凸出,外缘中部凸出1尖角;后翅顶角和臀角圆,外缘中部凸出1尖角。翅面有1橘黄色至橘红色锚形纹。前翅反面锚形纹与正面相同;翅基部有1橘黄色三角形斑,上有2个小卵形斑点;后翅反面橘黄间橘红色,布满深色散纹。

分布:中国的甘肃(天水、康县)、陕西、湖南、四川;俄罗斯、日本。

钩蛾科 Drapanidae

中等大小,翅宽阔。触角双栉形,有时线状、锯齿形或单栉形;下唇须3节,上翘,伸出或下垂;第三节具光滑鳞片;仅少数属具有单眼。中足胫距1对,有时缺失;后足胫距2对,有时1对或缺失。腹部具发达鼓膜听器。前翅顶角常为角状或钩状。除山钩蛾亚科无翅缰外,其他亚科翅缰均发达。前翅具窄长径副室;M_2位于M_1与M_3中间(多数圆钩蛾亚科和波纹蛾亚科)或距M_3较M_1近(钩蛾亚科和山钩蛾亚科)。后翅$Sc+R_1$在中室末端与R_s接近后远离;多数M_2较近M_3。

圆钩蛾亚科 Cyclidiinae

(2) 洋麻圆钩蛾 *Cyclidia substigmaria* (Hübner, 1831)

Euchera substigmaria Hübner 1831, Zutr. Samml. exot. Schmett., 3:29. pl.90: 519, 520. (China)

别名:褐爪突圆钩蛾、四星圆钩蛾。

前翅长:26~41 mm。雄雌触角均线形,雄略呈锯齿形。额和头顶黑褐色;下唇须黑褐色,发达,向前上翘,尖端1/3~1/2伸出额外;肩片白色具长毛;胸腹部背面灰白色。前后翅底色均为白色至灰白色,上有灰至灰褐色斑纹。前翅宽大,顶角尖,略凸出,外缘浅弧形;翅基部散布灰色;内线灰褐色波状,弧形弯曲;中带宽阔云状,内有大而圆的深灰褐色中点;顶角内侧散布黑灰色,接近中带处逐渐变浅消失,其下方边缘斜行清晰,与中带下半段外侧边缘构成1条直线;中带下半段外侧另有1块深灰褐色斑,呈三角形;亚缘线不均匀点状;外缘在顶角下方至Cu_1黑灰色。后翅具深灰褐色中带和外带;中点黑灰色,较前翅大;亚缘线的点较前翅小,有时连成细线。

寄主植物:洋麻 *Hibiscus canabinus*。

分布:中国的甘肃(武都区、康县、文县)、河南、陕西、江苏、安徽、浙江、湖北、湖南、福建、台湾、广东、海南、香港、广西、四川、贵州、云南;越南。

(3) 折带圆钩蛾甘肃亚种 *Cyclidia fractifasciata indistincta* Jiang, Han & Xue, 2016

Cyclidia fractifasciata indistincta Jiang, Han & Xue, 2016, ZooKeys, 553:134. (China: Gansu, Kangxian)

前翅长:37~40 mm。触角线形,雄略呈锯齿形。头、下唇须和领片黑褐色;肩片和胸部背面灰色掺杂白色。腹部背面灰白色,各节背中线两侧有黑斑。翅白色,斑纹黑褐色至黑灰色。前翅较洋麻圆钩蛾略狭长,顶角钝圆,不凸出;翅基部1方形黑斑;内线2列大小不等的斑块,其外侧有1列细小灰点;中带上半部由2列黑点组成堆状,Cu_2以下3个黑点;外线深灰色锯齿形;外线与亚缘线之间上部2列黑斑,中部空白,下部1列黑斑;亚缘线为1列椭圆形点,紧邻外线;缘线为1列短条形黑点。后翅外线带状,不连续,其内侧在臀褶下方有2个小黑斑;亚缘线和缘线同前翅。

分布:甘肃(康县、文县)、重庆。

波纹蛾亚科Thyatirinae

(4) 红波纹蛾*Thyatira rubrescens* Werny,1966

Thyatira rubrescens Werny,1966,Unters. Syst. Tribus Thyatirini,Macrothyatirini und Tetheini:36,figs 34,239,337.(China:Yunnan,Li-kiang)

前翅长:♂♀16~19 mm。触角线形,雄较粗,略呈锯齿形。头和胸腹部灰褐色,带灰绿色调,复眼侧后方具黑色长毛。第三腹节有1暗褐色毛束。前翅狭长,顶角钝圆,外缘浅弧形;深褐色,有5个浅粉红色大斑,具光泽;内斑大,其内有2个褐斑;后缘斑半圆形;前缘斑近圆形,顶斑较大,狭长,下缘稍平;臀斑椭圆形,内有2个褐斑;臀斑上方有2个白点;内线和中黑褐色,外线灰白色,均纤细波状;亚缘线在顶斑下方可见灰白色细线,较近外线;缘线由1列半月形黑色细线组成;缘毛黄褐色与黑褐色相间,在大斑外黄白色。后翅深灰褐色,基半部色略浅;缘毛黄白色掺杂灰褐色。

分布:中国的甘肃(康县、文县)、河南、陕西、安徽、浙江、湖北、江西、湖南、福建、广东、广西、海南、四川、云南、西藏;印度,尼泊尔,越南。

(5) 波纹蛾*Thyatira batis batis*(Linnaeus,1758)

Phalaena batis Linnaeus,1758,Syst. Nat.(Edn 10),1: 509.(Sweden:Uppsala)

前翅长:16~17 mm。极似红波纹蛾,但前翅各大斑颜色较浅,粉红色较少,臀角斑略短宽。

分布:中国的甘肃(文县)、黑龙江、吉林、内蒙古、北京、河北、陕西、新疆;俄罗斯,蒙古国,日本,阿尔及利亚;中亚地区;欧洲。

(6) 曲篦波纹蛾陕西亚种*Gaurena sinuata fletcheri* Werny,1966

Gaurena fletcheri Werny,1966,Unters. Syst. Tribus Thyatirini,Macrothyatirini und Tetheini:130,figs 67,263,361.(China:Shaanxi,Taibaishan)

前翅长:15~17 mm。触角线形。头和腹部背面灰黄褐色;胸部背面深褐色。前翅深褐至黑褐色;内线由3块浅黄白色斑组成,中间一块较大,外侧具2齿;内线内侧在臀褶处有1狭长白点;中域的深色区域宽阔,中点白色,大而圆,十分醒目,其内侧在中室内有1白点;后缘中部有1浅色斑;翅端部为1"Y"形黄白色带,其上端分别由前缘外1/4处和顶角发出,在M_1附近汇合,下端略外弯至臀角,该带中段色较深;缘毛黄白色与深褐色相间。后翅深灰褐色,基半部色较浅;外线为1浅色影状带。

分布:甘肃(舟曲、文县)、陕西。

(7) 拟花篦波纹蛾*Gaurena gemella* Leech,1900

Gaurena gemella Leech,1900,Trans. ent. Soc. Lond., 1900:13.(China:Yunnan,Sichuan)

前翅长:15 mm。触角线形。头部和胸部灰褐色,腹部色略浅;胸部具白点;后胸和第三腹节各有1深褐色毛簇。前翅深褐色至黑褐色,斑点白色;翅基部有4个小白点,其中位于臀褶处的最大;内线由2个白斑组成,前缘处的较小,其外下方的较大,均不规则形;环斑和中点约等大,圆形;前缘外1/4处、顶角和臀角内侧各有1不规则形大斑;内线之外的翅脉上排布小白点;后缘中部白色,并向上扩展2个小白斑;缘线为1列半月形白点;缘毛白色与黑褐色相间。后翅灰褐至深灰褐色;缘毛浅灰褐色。

分布:中国的甘肃(舟曲、文县)、河南、陕西、湖北、湖南、四川、云南、西藏;尼泊尔。

（8）篝波纹蛾 *Gaurena florens* Walker, 1865

Gaurena florens Walker, 1865, List Spec. lepid. Insects Colln Br. Mus., 32(Suppl.2):620. (India: Darjeeling)

前翅长：17~20 mm。触角线形。头部灰黄色；胸部及胸部毛簇灰绿色。腹部浅褐色。前翅底色深橄榄绿色，散布黄绿色；内线为1弯曲的黄白色波状带，其内侧在臀褶处有1白色圆点；环斑为1白色圆点；中点大，圆形，内侧略凹，具黑边；中点内侧至内线有3条黑褐色波状细线；中点外上方、顶角和臀角各有1较大的黄白色斑，均不规则形，内部有深灰褐色；后缘有1条形浅色斑，被中点外侧的3条黑褐色波状线切断；前缘除大斑外排列7个黄白色至黄绿色小点；中点上下及顶角斑和臀角斑之间散布数个小白点；缘线为1列半弧形白纹；缘毛黄白色与深灰褐色相间。后翅深灰褐色；缘毛的深灰褐色较前翅少。

分布：中国的甘肃（文县）、广西、四川、云南、西藏；印度，尼泊尔，不丹，缅甸，越南，泰国。

（9）大波纹蛾陕西亚种 *Macrothyatira flavida tapaischana* (Sick, 1941)

Thyatira tapaischana Sick, 1941, Dt. ent. Z. Iris, 1941: 2. (China: Shaanxi, Tapaishan)

前翅长：♂18~23 mm，♀22 mm。触角线形。额和下唇须灰白色掺杂灰褐色；头顶和领片黑褐色掺杂少量白色；肩片和后胸后缘黄白色；胸部灰褐色。腹部灰黄色，第二、三节背面有灰褐色毛簇，第四节背面有1白色毛簇。前翅深褐至黑褐色；基部指状突长约5 mm，端部较窄，圆；前缘中部斑圆形，后缘中部具1不规则形斑，顶斑逗号形，臀斑椭圆形；各斑均带淡黄褐色，其中前缘斑、顶斑和臀斑略带粉红色；缘线为1列半月形黑色细线；缘毛深浅相间，在顶角处有2个白点。后翅浅黄褐色，有时带明显灰褐色；端带深灰褐色，比较模糊；缘毛黄色，在翅脉端深灰褐色。

分布：甘肃（宕昌、舟曲、康县、文县）、河南、陕西、宁夏、浙江、湖北、湖南、福建、四川、云南。

（10）带大波纹蛾 *Macrothyatira fasciata* (Houlbert, 1921)

Melanocraspes fasciata Houlbert, 1921, in Oberthür, Études Lépid. comp., 18 (2):120, fig. 32. (China, Yunnan, Tsekou)

前翅长：♂26~29 mm。触角线形。头深褐色；胸部背面深褐色，两侧灰褐色；腹部深黄褐色，具黑色毛簇。前翅深褐色；基斑灰白色具黑褐色边线，端部下垂；亚基线和内线双线，黑褐色，基斑的外缘与亚基线和内线平行；环纹和肾纹各为1黑圈；前缘斑灰白色具黑边；外线黑褐色；顶斑大，灰白色具黑边，下端钩状，其下可见锯齿形亚缘线；无后缘斑和臀斑；缘线由1列半月形黑褐色纹组成；缘毛黄色与黑褐色相间。后翅黄色，近外缘处有1黑褐色宽带，其外缘凸凹不平；缘毛黄色，在Sc+R_1、Rs和M各脉端黑褐色。

分布：甘肃（宕昌、文县）、北京、山西、河南、陕西、湖北、四川、云南、西藏。

（11）缘大波纹蛾 *Macrothyatira flavimargo* (Leech, 1900)

Thyatira flavimargo Leech, 1900, Trans. ent. Soc. Lond., 1900:11. (China, Sichuan, Pu-tsu-fong)

前翅长：20~22 mm。头和胸部深灰褐色，胸部背面带暗红褐色。腹部灰褐色。前翅较宽阔；深灰褐色；基斑较大，与前缘平行，具黑边，内部灰褐色带暗红褐色；亚基线、内线、外线和亚缘线均为黑褐色波状线；环斑小，圆形，深灰色具黑边；中点椭圆形，较大，深灰色具黑边，其上方前缘斑淡灰褐色；后缘斑和臀角斑黄白色，带浅黄褐色；顶斑大，近长方形，黑边不明显，深灰褐色带暗红褐色；缘线由1列新月形黑褐色纹组成；缘毛深浅相间。后翅黑褐色；缘线和缘毛黄色。

分布：甘肃（舟曲、文县）、四川、云南。

（12）瑞大波纹蛾 *Macrothyatira conspicua* (Leech, 1900)

Thyatira conspicua Leech, 1900, Trans. ent. Soc. Lond., 1900:12. (China, Sichuan, Pu-tsu-fong)

前翅长：23~25 mm。头和胸部灰白色。腹部淡黄褐色。前翅浅褐色，有光泽；具细弱波状黑线；基斑不规则形，灰白色具黑边，斑内有3个黑点；前缘中部有1列大白斑，斑内有黑色短横线；环斑小，圆形，白色具黑边；中点狭长弯月形，白色具黑边；顶斑大，灰白色，黑边不完整，其内侧前缘有2个白点；顶斑下方为1片灰白色区域，其外缘为锯齿形亚缘线；臀斑半圆形，中央有1黑点；臀斑内侧有1浅"U"形白斑；缘线为1列新月形黑纹;缘毛深浅相间。后翅浅黄色,外缘附近有1深灰褐色带;缘毛浅黄色,在顶角有2个深灰褐色点。

分布:甘肃(舟曲、文县)、陕西、浙江、湖南、福建、台湾、四川、云南。

(13) 中波纹蛾 *Mesothyatira simplificata* (Houlbert, 1921)

Melanocraspes simplificata Houlbert, 1921, in Oberthür, Études Lépid. comp., 18(2):122, fig. 4021. (China: E. Tibet)

前翅长:24 mm。头和胸部灰褐至深灰褐色;胸部鳞毛末端红褐色。腹部背面黄褐至深黄褐色,侧面和腹面浅黄色,背面有黑褐色毛簇。前翅狭长;翅面深灰褐色;基斑小,银灰色,具不规则锯齿形黑边;亚基线和内线间的区域银灰色;内线黑褐色,双线波状;环斑小,中点略呈弯月形,均为深灰褐色具黑边;外线黑褐色,双线波状;亚缘线黑褐色锯齿形;外线和亚缘线之间的区域银灰色,前缘有黑褐色斑块;缘线由1列半弧形黑纹组成;缘毛浅灰褐色与深灰褐色相间。后翅浅灰黄色,具深灰褐色外带;缘线由1列深灰褐色短线组成;缘毛浅灰黄色,在翅脉端灰褐色。

分布:甘肃(文县)、陕西、四川、云南。

(14) 小太波纹蛾东亚亚种 *Tethea or terrosa* (Graeser, 1888)

Cymatophora or terrosa Graeser, 1888, Berl. ent. Z., 32:150. (Russia: Amurland, Nikolaevsk)

前翅长:19 mm。触角线形。头和胸部黑灰色。腹部银灰色。前翅较宽,顶角钝圆,外缘浅弧形;灰褐色至浅黑灰色,带暗褐色调;线纹黑色;亚基线、内线和外线均为双线,内线和外线在前缘远离;环纹灰白色,圆形,有时不清晰;中点灰白色,"8"字形;亚缘线灰白色,其外侧边缘形成1列小黑斑;顶角有1黑色斜纹伸达亚缘线;缘线黑色,纤细;缘毛深灰褐色与浅灰褐色掺杂。后翅灰褐色至深灰褐色;外带浅色,模糊;缘毛浅灰褐色。

分布:中国的甘肃(永登)、黑龙江、吉林、辽宁、内蒙古、北京、山西、陕西、宁夏、新疆;俄罗斯,蒙古国,朝鲜,韩国。

(15) 太波纹蛾阿穆尔亚种 *Tethea ocularis amurensis* Warren, 1912

Palimpsestis ocularis amurensis Warren, 1912, in Seitz, Gross-Schmett. Erde, 2:327, pl.56:a (originally as "amurensis B. Haas"). (Russia: Amurland)

前翅长:♂16~18 mm,♀19~20 mm。头部暗灰褐色;领片灰白色,前缘有1黑褐色线,后缘有1暗红褐色线;胸部灰褐色,前半部略带玫瑰红色。腹部浅灰褐色,基部灰白色。前翅略宽;深灰褐色,线纹黑色;亚基线、内线和外线均双线,二次波曲;环纹和肾纹灰白色,具黑边;顶角内侧1灰白色三角形斑,其下方亚缘线灰白色波状;缘线黑色;缘毛黑灰色掺杂白色。后翅淡灰褐色,端带深灰褐色,其内侧边缘常较模糊;缘毛色较浅。

分布:中国的甘肃(正宁、文县)、黑龙江、吉林、辽宁、内蒙古、北京、河北、山西、河南、陕西、宁夏、青海、福建;俄罗斯,蒙古国,朝鲜,韩国。

(16) 宽太波纹蛾山西亚种 *Tethea ampliata shansiensis* Werny, 1966

Tethea ampliata shansiensis Werny, 1966, Unters. Syst. Tribus Thyatirini, Macrothyatirini und Tetheini: 354, fig. 200. (China: Shanxi, Mien-shan)

前翅长:♂21~23 mm。头和前胸黄褐色,前胸后缘有1条暗褐色纹,胸部其余部分深灰褐色;腹部灰黄褐色。前翅灰黄褐色,端半部略带灰红色调;亚基线黑色呈锯齿形;内线为1组4条并行的深褐色波状线;中域色稍浅,环纹小,有时不可见,肾纹近长方形,浅色黑边;外线黑褐色细弱;翅端部在翅脉上有2排黑褐色小齿,外侧1排的内侧为灰白色波状亚缘线;顶角处1灰白色三角形斑;缘线黑褐色;缘毛黄褐色,在翅脉端黑褐色。后翅灰黄褐色,端部色较深;外线位置有1条模糊浅色宽带;缘毛黄白色,在翅脉端深灰褐色。

分布:甘肃(武都区、康县、文县)、山西、河南、陕西、浙江、湖北、湖南、江西、广西、四川、云南。

(17) 白太波纹蛾 *Tethea albicostata albicostata* (Bremer, 1861)

Cymatophora albicostata Bremer, 1861, Bull. Acad. Imp. Sci. St. Pétersb., 3: 571. (Russia: Ussuri)

前翅长:♂19 mm,♀22 mm。头和领片灰褐色,带红褐色调,领片后缘有1条黑褐色横线;胸部深灰褐色。腹部灰褐色。前翅略宽;前缘至中室中部和M_2以上灰白色,略带粉红或灰红色调,中室中部和M_2以下深灰褐色;亚基线黑色双线,锯齿形,外侧的线锯齿较深,两线不平行;内线在前缘为黑色带,在中室前缘扩散为逐渐远离的2条线,内侧线沿翅脉向内凸出小齿,外侧线在中室中部和臀褶处凸出2大齿;环纹和肾纹灰白色带黑圈,内部有黑鳞或黑点,不带粉红色调,十分醒目;外线黑色双线,波状;亚缘线灰白色不连续,其外侧由顶角下行1黑线在翅脉上向外凸出尖齿;缘线黑色;缘毛深灰褐色。后翅灰褐色,浅色外带较模糊;缘毛黄白色。

分布:中国的甘肃(正宁、文县)、黑龙江、吉林、北京、河北、陕西、江苏、浙江、湖北、湖南;俄罗斯,朝鲜,韩国,日本。

(18) 长片太波纹蛾 *Tethea longisigna* Laszlo, Ronkay, Ronkay & Witt, 2007

Tethea longisigna Laszlo, Ronkay, Ronkay & Witt, 2007, Esperiana, 13:110, fig. 70, pl.11:1-3. (China: Yunnan, Simao)

前翅长:♂18 mm。近似白太波纹蛾,特别是前翅灰白色黑圈的环纹和肾纹,以及其中的黑色斑点。头和胸部颜色较深,腹部颜色较浅。前翅内线在前缘即可分辨出4条,不同于该种的内线在前缘出自1点;外侧1条内线的两个凸齿形状与该种不同;肾纹较白太波纹蛾略窄。

分布:甘肃(文县)、黑龙江、陕西、新疆、浙江、湖北、福建、四川、云南。

(19) 粉太波纹蛾 *Tethea consimilis consimilis* (Warren, 1912)

Saronaga consimilis Warren, 1912, in Seitz, Gross-Schmett. Erde, 2:321, pl.49:f. (Japan)

前翅长:♂22~25 mm,♀28 mm。头部黑褐色;胸部褐色与橄榄绿色掺杂,并掺杂鲜黄绿色鳞片;腹部灰褐色,背面略带灰红色。前翅特别狭长,前后缘近平行;深褐色,前缘至中室下缘和M_3散布鲜黄绿色和粉红色,色彩斑斓;中域有数块鲜黄绿色斑和线,形状不规则;亚缘线黄绿色锯齿形,在M_3以下消失;缘毛黄白色与深灰褐色相间。后翅灰褐色至深灰褐色,隐约可见浅色外带;缘毛黄白色,在翅脉端深灰褐色。

分布:中国的甘肃(康县、文县)、吉林、河南、陕西、浙江、湖北、湖南、福建、广东、广西;俄罗斯,朝鲜,韩国,日本。

(20) 影波纹蛾陕西亚种 *Euparyphasma albibasis guankaiyuni* Laszlo, Ronkay, Ronkay & Witt, 2007

Euparyphasma albibasis guankaiyuni Laszlo, Ronkay, Ronkay & Witt, 2007, Esperiana, 13:141, fig. 101, pl.14:15-17. (China: Shaanxi, Taibaishan)

前翅长:30 mm。为波纹蛾亚科中体型最大的类群之一。触角线形,雄略扁宽。头灰褐色;领片深褐色,前缘有1条黑线;胸部黄白色,各毛簇端部深褐色。腹部浅灰褐色至灰黄色。前翅前缘和后缘近平行,前缘基部弓形隆起,顶角尖,略凸出;深灰绿色,基部具黄白色横带;前缘自基部1/5至顶角有1黄白色带;内线和外线黑色,仅为翅脉上不明显的黑点;亚缘线为1列白点,其外侧衬黑点;缘毛淡黄褐色。后翅黄白色,带淡灰褐色调,端部深灰褐色。

分布:甘肃(康县、文县)、陕西、湖北、江西、湖南、福建、广东、广西。

(21) 点波纹蛾浙江亚种 *Horipsestis aenea minor* (Sick, 1941)

Spilobasis minor Sick, 1941, Dt. ent. Z. Iris, 1941:9. (China: Chekiang, West-Tien-Mu-Shan)

前翅长:♂♀16 mm。触角线形,雄略扁宽。头和胸部背面灰褐色掺杂黑灰色。腹部背面灰黄褐色。前翅狭长,前缘略呈弓形,外缘浅弧形;灰褐至深灰褐色;内线黑褐色双线,浅弧形;其余斑纹均不清晰;环纹和肾纹隐约可见深色圈;外线双线,大部消失,仅在翅脉上留下小黑点;顶角处1黑色斜纹;缘线黑褐色;缘毛深灰褐色。后翅深灰褐色,基半部色略浅;浅色外带通常不可见;缘毛灰褐色。

分布：甘肃（康县）、河南、陕西、浙江、湖北、江西、湖南、福建、海南、广西、四川、云南。

(22) 新铜波纹蛾 *Isopsestis naumanni* Laszlo, Ronkay, Ronkay & Witt, 2007

Isopsestis naumanni Laszlo, Ronkay, Ronkay & Witt, 2007, Esperiana, 13:171, fig. 126, pl.18:10 -11. (China: Shaanxi, Tapaishan)

前翅长：♀15~17 mm。触角线形。头和胸部灰褐色，领片处1条黑色横纹；腹部灰黄褐色。前翅略宽，端部圆；灰褐色；亚基线黑色锯齿形；内线黑褐色，4条，波状，最外侧的线自前缘至Cu_2直，斜行，其下内弯，呈反弧形至后缘；环纹仅见1黑点；肾纹仅见外侧和下侧的黑边；外线黑褐色，由前缘至Cu_2深弧形弯曲，其下外折后再次弯曲；亚缘线灰白色波状，通常模糊，两侧翅脉上有黑褐色纹；缘线黑褐色；缘毛深灰褐色。后翅灰褐色，有时可见模糊浅色外带；缘毛灰黄色与灰褐色掺杂。

分布：甘肃（舟曲）、陕西、湖北、广西、四川。

(23) 螺美波纹蛾 *Psidopala apicalis* (Leech, 1900)

Thyatira apicalis Leech, 1900, Trans. ent. Soc. Lond., 1900:11. (China: Sichuan, Ni-tou)

前翅长：15 mm。头和胸部黄褐色，掺杂黑褐色。腹部黄白色带淡黄褐色，第三至第五节背面有黑色毛簇。前翅略宽；底色黑褐色；基斑灰白色，略带粉红色调，斑内在前缘深灰褐色，中部至后缘有1深灰褐色斑；内线黑褐色，十分细弱；环纹圆形较大，肾纹椭圆形，均灰白色具黑边，内部有深灰褐色阴影；环纹上方散布不均匀的灰白色和粉红色，肾纹外上方有1椭圆形斑，白色带粉红色，其外侧延伸1尖角，上方在前缘上有3个白点；外线3条，黑色波状；顶斑楔形，白色带粉红色，其下方白色亚缘线锯齿形；臀斑边缘白色带粉红色，内部深灰褐色；缘线为1列新月形黑线，每个弧线外侧有白边；缘毛深灰褐色。后翅灰褐色；隐约可见深灰褐色中带。

分布：甘肃（永登、舟曲、康县、文县）、宁夏、湖北、四川。

(24) 蚌美波纹蛾 *Psidopala paeoniola* Laszlo, Ronkay, Ronkay & Witt, 2007

Psidopala paeoniola Laszlo, Ronkay, Ronkay & Witt, 2007, Esperiana, 13:181, fig. 137, pl.19:19-21. (China: Shaanxi, Dabashan)

前翅长：16 mm。头和胸腹部黄白色；腹部第三至第五节背面有黑色毛簇。前翅黑褐色，斑块大，每块斑的白色部分的中部均或多或少带粉红色；基斑大，分为上下两部分，上半部呈柠檬形，端部尖，几乎伸达臀斑，中下部深灰褐色，下半部长度仅为上半部的一半，灰褐色，端部边缘白色；前缘斑近椭圆形，上方有3个白点；内外线均不清晰；环纹和肾纹模糊灰白色，无清晰黑边；顶斑粉红色较多，其下方紧接白色锯齿形亚缘线；臀斑大，半圆形，上半白色带粉红色，其中有1灰褐点，下半灰褐色；缘线为1列新月形黑线，各个弧线外侧为1小白斑，由上至下逐渐清晰；缘毛深灰褐色。后翅灰白色，端部逐渐过渡为灰褐色；缘毛浅黄褐色，掺杂灰褐色。

分布：甘肃（舟曲、文县）、陕西。

(25) 中华波纹蛾四川亚种 *Habrosyne intermedia conscripta* Warren, 1912

Habrosyne conscripta Warren, 1912, in Seitz, Gross-Schmett. Erde, 2:323. (China: Sichuan, Wa-ssu-kou)

别名：阔华波纹蛾。

前翅长：♂♀19~20 mm。头褐色，下唇须带红褐色。领片、肩片鳞毛端部和后胸带白色与黄褐色，胸部其余部分深褐至黑褐色。腹部灰褐色至灰黄褐色，第二腹节背面有1黑点。前翅深褐至黑褐色；亚基线和内线共同组成1拱形白纹，并在前缘下方扩展成1白斑；其外侧前缘有1个黑斑和数个小黑点，其余大部白色；环纹和肾纹为狭长白圈，后者中部白色；外线3条，灰白色与黑褐色相间，在M_2以下显现并深度"Z"字型折曲；亚缘线为浅弧形白色带；缘线为1列半月形白色细线；缘毛深灰褐色。后翅深灰褐色；缘毛灰黄褐色。

分布：中国的甘肃（永登、宕昌、舟曲、文县）、河北、陕西、宁夏、青海、四川、云南、西藏；印度，尼泊尔。

(26) 印华波纹蛾 *Habrosyne indica indica* (Moore, 1867)

Gonophora indica Moore, 1867, Proc. zool. Soc. Lond., 1867:44. (India:Bengal)

前翅长：♂♀20~22 mm。前翅斑纹与前种近似；亚基线直且细，伸达斜行的内线，二者不联合成拱形，亦不形成白斑，内线细；内线内下方深灰色，外侧带黄褐色，由内向外逐渐变为灰褐色；前缘的白色部分下方为边界模糊的深褐至黑褐色带；环纹和肾纹的白圈不明显，但形状与该种相同；白色亚缘线较直。后翅颜色较深。

分布：中国的甘肃（康县、文县）、黑龙江、吉林、河北、河南、陕西、浙江、湖北、江西、湖南、福建、广东、广西、四川、云南、西藏；日本，印度，尼泊尔，缅甸，越南，泰国。

(27) 岩华波纹蛾 *Habrosyne pterographa* (Poujade, 1887)

Thyatira pterographa Poujade, 1887, Bull. Soc. ent. France, (7) 6:135. (China:Sichuan, Mou-pin)

前翅长：♂♀18~21mm。头和胸部暗褐色；胸部背面有2条白色横线。腹部深灰褐色至黑褐色，第三节背面具发达毛簇。前翅暗褐色，带红褐色调；斑纹近似中华波纹蛾和印华波纹蛾；主要鉴别特征是内线较细，折曲较强，各个折角较尖；内线和前缘中部的浅色斑均带明显的粉红色；环纹仅为1椭圆形小黑点，无白圈，肾纹的白圈不明显，内部的白条狭窄，带粉红色；亚缘线上半段略模糊，似向内散开样。后翅深灰褐色至黑褐色；缘毛灰褐色。

分布：甘肃（礼县、宕昌、文县）、河北、河南、陕西、湖北、江西、湖南、福建、台湾、四川、云南。

(28) 银华波纹蛾 *Habrosyne violacea violacea* (Fixsen, 1887)

Thyatira violacea Fixsen, 1887, in Romanoff, Mém. Lépid., 3:352, pl.15:11. (Korea)

前翅长：♂♀15~18 mm。头、胸部和前翅灰绿色至黑灰色，带橄榄绿色调。前翅亚基线黑色，其外侧至内线由黑灰色逐渐过渡到灰绿色；亚基线外侧在臀褶处有1簇翘起的白鳞；内线黑色双线双折曲，在中室前缘之下几乎融合为带状，其外侧散布不均匀黑灰色；环纹和肾纹小黑圈，后者中部有细白纹；外线黑色波状双线，中部外凸，外侧在M_3以下有白边；外线外侧在M_3以上和臀角处有2块灰绿色雾状斑；亚缘线银白色，仅在前缘附近可见；新鲜标本灰绿色部分常呈银灰色，陈旧标本则变为黄褐色。后翅深灰褐色；缘毛深灰褐色掺杂黄白色。

分布：中国的甘肃（宕昌、舟曲、成县、文县）、吉林、陕西、浙江、湖北、湖南、福建、海南、四川；俄罗斯，朝鲜，韩国。

(29) 叉波纹蛾 *Toelgyfaloca circumdata* (Houlbert, 1921)

Spilobasis circumdata Houlbert, 1921, in Oberthür, Études Lépid. comp., 18(2):153, pl.88:4011. (China:Sichuan, Ta-tsien-lou)

前翅长：♂24 mm，♀22~26 mm。触角线形。头深灰褐色；肩片淡灰褐色至黄褐色，两肩片之间有1白色黑边的"人"字形纹。腹部灰黄褐色，第三节毛簇发达，黑色。前翅淡灰褐色；内线3条，深弧形黑色，其内侧黄褐至深褐色，各线之间深灰褐色，第三条与内侧两条稍远离，特别粗壮；肾纹可见2个黑点；外线黑色双线，较细弱，不规则波曲；亚缘线灰白色锯齿形；顶角处1斜行黑纹；缘线黑色纤细；缘毛灰褐色，在翅脉端黑褐色。后翅灰白色，向端部逐渐过渡到灰褐色，可见浅色外带；缘毛灰褐色。

分布：甘肃（永登、康县）、北京、山西、河南、陕西、湖北、四川、云南。

(30) 异波纹蛾 *Parapsestis argenteopicta* (Oberthür, 1879)

Cymatophora argenteopicta Oberthür, 1879, Diag. d'espéces nouv. Lépid. Askold:13. (Russia:Askold)

前翅长：♂19~21 mm，♀19~22 mm。触角线形。头和胸部灰褐色，胸部背面有黑褐色横纹；腹部灰黄褐色至深灰褐色，第三腹节背面毛簇色较深。前翅较宽阔；灰褐至深灰褐色，翅基部黑色，有3个小白点；内带黑色，有时可分辨出4条波状线，在中室前缘处向外凸出黑色尖齿；环纹和肾纹具黑边；外线黑色波状双线，常在前缘形成黑斑；外线外侧翅脉上常形成白点，以亚缘线的白点列最为明显；缘线为1列半月形黑色细线；缘毛深灰褐色。后翅基半部淡灰褐色,端半部色较深,浅色外带隐约可见;缘毛黄白色,在翅脉端深灰褐色。

分布:中国的甘肃(正宁、舟曲、成县、文县)、吉林、河南、陕西、浙江、湖北、江西、湖南、四川、云南;俄罗斯、朝鲜、韩国、日本。

(31)新华异波纹蛾 *Parapsestis cinerea* Laszlo, Ronkay, Ronkay & Witt, 2007

Parapsestis cinerea Laszlo, Ronkay, Ronkay & Witt, 2007, Esperiana, 13:240, fig. 193, pl.27:16–18.(China: Shaanxi, Taibaishan)

前翅长:♂19~21 mm,♀20 mm。头胸腹部和前翅均灰褐色。前翅翅脉上不同程度排布浅色小点;亚基线黑色,其两侧共有3个小白点;内线3条,由前缘至中室下缘形成1黑色楔形斑,其下仅外侧一条延伸至后缘;环纹和肾纹灰白色具黑边,有时不可见;外线黑色双线,在前缘扩展成1黑斑,两线间翅脉黑色;亚缘线为翅脉上1列白点;缘线为1列半月形黑色细线;缘毛深灰褐色。后翅灰褐至深灰褐色,浅色外带比较清晰;缘毛黄白色,在翅脉端深灰褐色。

分布:甘肃(宕昌、康县、文县)、河南、陕西、浙江、湖北、广西、四川。

(32)虚斑异波纹蛾 *Parapsestis pseudomaculata* (Houlbert, 1921)

Spilobasis pseudomaculata Houlbert, 1921, in Oberthür, Études Lépid. comp., 18(2):155, fig. 4026.(China: Sichuan, Ta-tsien-lou)

前翅长:♂♀17~19 mm。体和前翅灰褐色;胸部和腹部前端背面带黑色;第三腹节背面毛簇黑色。前翅亚基线黑色;内线4条,黑色斜行,不同程度融合成黑色至黑褐色宽带;环纹不可见;肾纹为1长椭圆形圈,十分模糊,其上方至前缘为1半圆形黑斑;外线在前缘形成1黑斑,其下仅在翅脉上留有黑点;亚缘线灰白色锯齿形;缘线黑色;缘毛淡灰褐色,在翅脉端深灰褐色。后翅淡灰褐色,向端部逐渐加深为灰褐色,可见浅色外带;缘毛黄白色,在翅脉端带少量深灰褐色。

分布:中国的甘肃(舟曲、文县)、陕西、湖北、湖南、四川、云南;缅甸。

(33)珠异波纹蛾 *Parapsestis meleagris* (Houlbert, 1921)

Parapsestis meleagris Houlbert, 1921, in Oberthür, Études Lépid. comp., 18(2):141.(China: Sichuan, Ta-tsien-lou)

前翅长:18~20 mm。体和前翅灰褐色;第三腹节背面具毛簇。前翅翅面上排布大量白点;内带和外带黑褐色,宽约1 mm,仅在前缘清晰;环纹和肾纹白色,不清晰;亚缘线由1列白点组成,有时有锯齿形细线相连;顶角下有1斜行黑纹;缘线为1列半弧形黑线,弧外侧灰白色。后翅灰褐色,端部色深;有模糊浅色外带;缘线深灰褐色;缘毛黄白色,在翅脉端深灰褐色。

分布:甘肃(文县)、吉林、陕西、浙江、湖北、江西、湖南、福建、四川、贵州、云南。

(34)迥异波纹蛾 *Parapsestis albida* Suzuki, 1916

Parapsestis albida Suzuki, 1916, Ent. Mag. Kyoto, 2:70, 80, 81, pl.3:16.(Japan: Karuizawa)

前翅长:19~20 mm。体和前翅灰褐色。前翅基部无明显黑色,中室下缘和2A基部各有1白点,其外侧臀褶处有1较大的白点;内线3条,由前缘至中室下缘形成1上宽下窄、边缘不规则的楔形斑,斑下最外侧1条清晰,在臀褶处凸出,内侧两条较弱或部分消失;内线与外线之间色较浅,略呈倒置的葫芦形;环纹圆形,肾纹条形,均灰白色具深灰色边;外线3条,在前缘形成黑斑,最内侧1条较完整,外侧两条常在翅脉间消失或较弱,每条线内侧在翅脉上有白点;亚缘线为1列白点;缘线为1列半弧形黑线,弧外色浅;缘毛灰黄色,在翅脉端深灰褐色。后翅灰褐色至深灰褐色,浅色外带较清晰;缘线在翅脉间略呈弧形;缘毛灰黄色,在翅脉端深灰褐色。

分布:中国的甘肃(康县、文县)、陕西、湖南;日本。

(35)图异波纹蛾越南亚种 *Parapsestis tomponis almasderes* Laszlo, Ronkay, Ronkay & Witt, 2007

Parapsestis tomponis almasderes Laszlo, Ronkay, Ronkay & Witt, 2007, Esperiana, 13:240, fig. 190, pl.27:7–9.(Vietnam: Fan-zi-pan)

前翅长：♂♀18~19 mm。本种和新华异波纹蛾的翅面斑纹十分近似，但体和翅颜色远较该种浅，灰至浅灰褐色；前翅内线的4条线在黑斑之下仍隐约可见；基部的3个白点较清晰；外线之外的翅脉上排布清晰白点。

分布：中国的甘肃（康县、文县）、河南、陕西、湖北、湖南、福建、四川、贵州、云南；越南。

（36）华异波纹蛾秦岭亚种 *Parapsestis lichenea tsinlinga* Laszlo, Ronkay, Ronkay & Witt, 2007

Parapsestis lichenea tsinlinga Laszlo, Ronkay, Ronkay & Witt, 2007, Esperiana, 13:244, fig. 196, pl.28:4-6. (China: Shaanxi, Taibaishan)

前翅长：♂17~19 mm，♀19~20 mm。头和胸部灰白色掺杂深灰褐色。腹部底色白色，背面散布铁灰色，第三腹节具毛簇。前翅铁灰色，翅脉上排布密集白点；亚基线黑色；内线4条，黑色，在中室下缘之上形成黑斑，外侧1条直，在臀褶处几乎呈直角内折，然后弧形弯曲至后缘，内侧3条在黑斑下细弱或部分消失；环纹为1带黑边的小白点；肾纹分裂为2个白点，围以黑边；外线黑色，在前缘形成1大黑斑，其下大部消失；外线外侧为1隐约可辨的浅色带；亚缘线为1列白点，点外有黑色尖齿；顶角下方1黑色双弧形纹，其上方为1灰白色斑；缘线为1列黑色半弧形纹，；缘毛灰白色，在翅脉端黑褐色。后翅基半部浅灰褐色；灰白色外带清晰，其外侧至外缘深灰褐色，明显较内侧色深；缘线深灰褐色；缘毛同前翅。

分布：甘肃（永登、康县、文县）、河南、陕西、浙江、湖北、福建、四川。

（37）窄翅波纹蛾 *Stenopsestis alternata* (Moore, 1881)

Palimpsestis alternata Moore, 1881, Proc. zool. Soc. Lond., 1881:331, pl.37:2. (India: Darjeeling, Sikkim)

前翅长：21 mm。触角线形。头和胸部背面灰褐色，带灰绿色调；领片后缘黑色。腹部灰黄褐色，基部灰白色。前翅狭长，前后缘近平行；灰褐色，带不均匀的灰绿色；翅基部在臀褶处有1黑点；内线和外线黑褐色，内线4条，外线2条，上半段粗壮，部分融合成黑斑，内线内部有暗红褐色，各线下半段点状，部分消失；环纹消失，肾纹隐约可见；亚缘线灰绿色，波状；外线外侧在前缘上有5个狭条形黑点；缘毛深褐色。后翅灰褐色，端部色较深；缘毛浅灰褐色，在翅脉端深灰褐色。

分布：中国的甘肃（文县）、湖北、江西、湖南、广东、广西、四川、云南、西藏；印度，尼泊尔，缅甸，泰国。

（38）银星波纹蛾 *Betapsestis brevis* (Leech, 1900)

Palimpsestes (sic) *brevis* Leech, 1900, Trans. ent. Soc. Lond., 1900:8. (China: Sichuan, Ta-tsien-lou)

别名：银太波纹蛾。

前翅长：19 mm。触角线形。头和胸部背面灰褐色。腹部背面暗黄褐色。前翅较宽阔，顶角略尖，不凸出，臀角明显；翅面灰褐色，散布不均匀的黑褐色和暗红褐色；翅基部有3个鲜明的白点，斜排成1列；内线和外线黑褐色，部分融合成斑块状，边缘波曲；环纹大而圆，肾纹较环纹大，卵圆形，均黑褐色，内部色稍浅；亚缘线为2条距离稍远的锯齿形白线，上端有时特别鲜明；缘线为1列半弧形黑线；缘毛灰褐色，在翅脉端黑褐色。后翅灰褐色；具浅色外带，但有时模糊不可见；无明显缘线；缘毛色较浅。

分布：甘肃（舟曲、康县、文县）、陕西、四川。

（39）洪波纹蛾 *Nephoploca hoenei* (Sick, 1941)

Polyploca hoenei Sick, 1941, Dt. ent. Z. Iris, 1941:4. (China: Shaanxi, Tapaishan)

前翅长：♂♀14~20 mm。头和胸部深褐色；腹部色略浅。前翅灰褐色，带红褐色调；基部深褐色，向内线色渐浅；内线与外线间为1上宽下窄的深褐色至黑褐色宽带，其内缘浅弧形，斜行，边界清晰，外缘反弧形，边界比较模糊；顶角有1三角形黑褐色斑，其下可见模糊灰白色亚缘线；缘线深褐色纤细；缘毛深灰褐色至深褐色。后翅褐至灰褐色，外缘附近色较深，无浅色外带。

分布：甘肃（康县、文县）、陕西、四川。

（40）云波纹蛾越南亚种 *Nothoploca nigripunctata fansipana* Laszlo, Ronkay & Ronkay, 2001

Nothoploca nigripunctata fansipana Laszlo, Ronkay & Ronkay, 2001, Acta Zool. Acad. Sci. Hung., 47(1):

289, fig. 235, pl.35:9-11. (Vietnam:Fan-si-pan)

前翅长:14~15 mm。触角线形。头和胸部深灰褐色。腹部灰黄褐色。前翅狭长;灰褐色,线纹黑色;亚基线弧形,下端未达后缘;内线3条,不规则波曲,线条间色深,内侧两条下半段减弱或部分消失;中域色浅,掺杂大量灰白色;环纹圆形,肾纹条形,均白色带黑边;外线双线,中部大弧形外凸,内侧一条粗壮清晰,外侧一条细弱模糊;亚缘线2条,灰白色锯齿形,距离较远,两线外侧均有断续的深色边;顶角处1段黑色斜线;缘线黑色;缘毛深灰褐色。后翅灰褐色;浅色外带几乎不可辨认;缘线深灰褐色;缘毛灰褐色。

分布:中国的甘肃(正宁)、四川;越南。

(41) 金波纹蛾 *Spica parallelangula* Alphéraky, 1893

Spica parallelangula Alphéraky, 1893, Dt. ent. Z. Iris, 6:346. (Central Asia)

前翅长:16~18 mm。触角线形,雄雌均略呈锯齿形。头和胸腹部背面黄色;胸腹部腹面浅黄色至黄白色。前翅宽阔,顶角钝圆,外缘波状,较直立,臀角圆;翅面黄色,散布稀疏黄褐色鳞,前缘下方色略深;亚基线、内线和中线深黄褐色至深褐色,均呈">"形;中点深黄褐色条形,十分细弱;外线与亚缘线细弱波状,亚缘线由顶角至M_1一段较粗壮清晰;缘线黄褐色,纤细;缘毛黄色,毛端灰褐色。后翅外缘浅波曲;翅面黄白色至淡黄色,无斑纹。

分布:中国的甘肃(文县)、陕西、宁夏、湖北、湖南、广西、四川、重庆、云南;中亚地区,缅甸。

钩蛾亚科 Drapaninae

(42) 栎距钩蛾朝鲜亚种 *Agnidra scabiosa fixseni* (Bryk, 1948)

Albara scabiosa fixseni Bryk, 1948, Ark. Zool., 41A(1):27. (Korea:Kariuzawa)

前翅长:♂♀15~18 mm。雄触角双栉形,雌触角线形。头黄褐色;下唇须中等长;体背茶褐色,腹面黄褐色。前翅宽阔,顶角钩状凸出,外缘光滑,较直立,臀角明显,后缘平直;灰褐色至灰红褐色;内线、中线和外线均不明显;中室上缘至翅后部有1列不规则淡色椭圆斑;中室内有1白点;亚缘线深灰褐色,波状;亚缘线内侧M_2与Cu_1间有明显的黑褐色斑块。后翅内线、中线和外线深褐色波状,均不明显;中室部位有较前翅小的浅色散斑。

分布:中国的甘肃(文县)、辽宁、吉林、北京、河南、陕西、江苏、浙江、湖北、江西、湖南、福建、台湾、广西、四川、云南;朝鲜,韩国,日本。

(43) 棕褐距钩蛾 *Agnidra brunnea* Chou & Xiang, 1982

Agnidra brunnea Chou & Xiang, 1982, Entomotaxonomia, 4(4):260, fig. 1, pl.1:1-2. (China:Shaanxi, Taibaishan)

前翅长:♂16~17 mm,♀19 mm。体和翅深褐至黑褐色;胸部两侧有灰褐色长毛。前翅前缘具黄褐色长毛;顶角尖锐凸出,外缘在顶角下深弧形;内线灰色,在中室下向内折;前缘中部至顶角微呈黄色,有1暗黄色纹由前向后外方斜伸与外线在顶角下方相接;外线黄褐色,由顶角斜伸至后缘外2/3处,中部稍向内弯曲;亚缘线灰色波状,在顶角下与外线相接。后翅近前缘黄色;中线黄褐色,宽而弯曲;亚缘线弯曲。

分布:甘肃(文县)、河南、陕西、湖北、福建、广西。

(44) 窗距钩蛾 *Agnidra fenestra* (Leech, 1898)

Drepana fenestra Leech, 1898, Trans. ent. Soc. Lond., 1898:368. (China:Szechwan, Wa-Shan)

前翅长:♂♀10~12 mm。雄触角单栉形。头灰色;下唇须短,黑色。体褐色;腹部两侧及尾端黑色。前翅顶角尖锐凸出;翅面灰黄褐色,前缘有4个淡灰色条斑;内线浅灰,较弯曲;中室内有1透明圆斑,中室端及外围有8个透明斑;外线黑褐色双线,自顶角斜向后缘中部;亚缘线呈1列小灰黑点;缘线深褐色,缘毛灰褐色。后翅基部色浅;内线为黑褐色双线;中线黑褐色双线,外侧一条较粗;亚缘线为1列灰黑色小点;缘线和缘毛灰褐色。

分布:中国的甘肃(文县)、陕西、湖北、四川、云南、西藏;缅甸。

(45)树皮距钩蛾弗氏亚种 *Agnidra corticata francki* Waston, 1968

Agnidra corticata francki Watson,1968,Bull. Br. Mus. nat. Hist.(Ent.),12(Suppl.):40,figs 49-51,pl.1:303.(China:Kwanhsien[Sichuan: Guanxian])

前翅长:18 mm。额和头顶前端深褐色,头顶后半黄色。前翅顶角尖锐,呈钩状;翅底色黄褐色;自前翅顶角伸出双行黑褐色斜线,其内侧在M_3处变为褐色宽条带,直达翅后缘;亚缘线褐色微波状,中室端脉处具1灰色形状不规则的斑块,Cu_1至2A间具2灰色小圆斑。后翅中部具1褐色宽条带,亚缘线双行,不规则且模糊,中室端脉处具1近椭圆形灰色斑块。

分布:甘肃(文县)、四川。

(46)栎卑钩蛾 *Betalbara robusta* (Oberthür, 1916)

Drepana robusta Oberthür,1916b,Études Lépid. Comp.,12(1):372.(China:Sichuan,Ta-tsien-Lou)

前翅长:♂♀16~20 mm。雄触角双栉形,栉齿很短,雌触角线形。前翅顶角尖端钝圆,其下方翅外缘弧形弯曲。翅面斑纹黑褐色。前翅深褐色,略带紫色光泽;前缘具3条黑褐色斑纹;内线弧形;外线自顶角斜向后缘中部;中室端具1灰色肾形斑,中间具1色肾形细黑纹;臀角内侧具黑色网纹;缘毛黑褐色。后翅色浅;外线黑褐色,上端弧形,M_3以下直;缘毛灰褐色。

分布:甘肃(文县)、陕西、湖北、福建、四川、云南。

(47)直缘卑钩蛾 *Betalbara violacea* (Butler, 1889)

Agnidra violacea Butler,1889,Illust. typical Specimens Lepid. Heterocera Colln Br. Mus.,7:42.(India:Dharmsala)

前翅长:♂♀14~16 mm。雄触角双栉形,栉齿长,端部1/3无栉齿;雌触角线形。前翅顶角凸出尖锐,下方外缘直。前后翅翅面紫褐色,自前翅顶角具1浅褐色斜线横跨翅面达后翅后缘,在后翅略呈浅弧形;前翅前缘黄褐至红褐色;中点黑色,微小;后翅中点模糊;两翅缘毛与翅面同色。

分布:中国的甘肃(文县)、吉林、陕西、浙江、湖北、湖南、福建、台湾、广东、海南、广西、四川、云南;印度。

(48)网卑钩蛾 *Betalbara acuminata* (Leech, 1890)

Drepana acuminata Leech,1890,Entomologist,23:113.(China:Hubei,Ichang)

前翅长:♂♀14~18 mm。雄触角双栉形,雌线形。额黑褐色;下唇须短小,尖端未达到额下缘;头顶灰褐色。体背和翅面黄白色,散布褐色。前翅顶角尖锐,显著凸出,外缘中部隆起;内线深弧形,深褐色;外线">"形,尖端伸达顶角下方,黑褐色,尖端附近散布深褐至黑褐色;中点和中室角点黑色,前者略大;翅脉不同程度带褐色,其中中室下缘脉至M_3脉与内线同色,形成1条明显的纵线;亚缘线和缘线黑褐色。后翅可见黑褐色内线、中线、亚缘线和缘线;中点黑色,极微小。

分布:中国的甘肃(文县)、陕西、湖北、四川;日本。

(49)三线钩蛾 *Pseudalbara parvula* (Leech, 1890)

Drepana parvula Leech,1890,Entomologist,23:112.(China:Zhejiang,Ningbo)

前翅长:♂♀10~14 mm。雄触角锯齿形具纤毛,雌触角线形。头深褐色至黑褐色。前翅前缘基半部隆起,顶角尖锐凸出,外缘略呈浅弧形;翅面浅褐至深褐色,通常带明显灰色调;顶角内侧具1灰白色眼状斑;线纹深褐至黑褐色;内线">"形,折角之上十分模糊;外线自顶角伸达后缘外1/3处,略呈弓形弯曲;亚缘线较外线细弱,微波曲;中点白色微小。后翅颜色较浅,无横线;中室端脉和下角各有1个小黑点。

分布:中国的甘肃(文县)、东北地区、北京、河北、河南、陕西、浙江、湖北、江西、湖南、福建、广西、四川;俄罗斯、日本。

(50)秘铃钩蛾沃氏亚种 *Macrocilix mysticata watsoni* Inoue, 1958

Macrocilix mysticata watsoni Inoue,1958,Trans. Shikoku ent. Soc.,6:11.(Japan:Tokyo,Takao-san)

前翅长:21 mm。雄雌触角均双栉形,雄明显长于雌。前翅顶角圆,不呈钩状,外缘浅弧形;翅底色乳白;前翅外线在中室端脉处有1椭圆形黄褐色至灰褐色斑,圆斑内中室端脉银白色,圆斑下方向后缘变细成灰色条状,内有2条白色细线,下端在后缘处黄褐色;外缘在M_3处具1灰色斑。后翅外线宽条状,灰色,向下逐渐变为黄褐色,外线内侧后缘有1片较狭的黄褐色带状区域;亚缘线灰色至黑褐色点状,分布在翅脉间;亚缘线周围在翅中部黄色,其下方至臀角灰色。

分布:中国的甘肃(康县、文县)、浙江、湖北、福建、台湾、广东、广西、四川、云南;日本。

(51) 半豆斑钩蛾 *Auzata semipavonaria* Walker, 1863

Auzata semipavonaria Walker, 1863, List Spec. lepid. Insects Colln Br. Mus. 26:1620. (India:Hindostan)

前翅长:26 mm。雄触角单栉形,雌触角锯齿形。胸部被白色长毛。腹部灰色至褐色。前翅顶角尖,略凸出但不呈钩状,前后翅外缘中部隆起或呈尖锐的凸出。翅底色白,内线及外线灰色双行;前翅外线在M_2处特化为褐色至深灰褐色近长椭圆形豆状斑块,该斑块内缘浅凹,外缘圆形,内部浅紫红色,下端有1圆球形黑斑;亚缘线和缘线各为1列灰斑。

分布:中国的甘肃(文县)、浙江、福建、江西、四川、云南、西藏;印度。

(52) 钳钩蛾 *Didymana bidens* (Leech, 1890)

Drepana bidens Leech, 1890, Entomologist, 23:113. (China:Hubei, Chang Yang)

前翅长:♂12~15 mm,♀16 mm。雄雌触角均线形。头和体背黑褐色。前翅略狭长,顶角凸出,外缘中部凸出,两突间深凹;翅面黑褐色,翅脉白色;无内线、中线和外线;中点白色细条状;翅端部具1条浅黄色带,带上有灰褐色细线,其外侧至翅缘为黑褐色;顶角内侧黄色。后翅大部灰褐色,隐见白色细带状外线;翅端部具浅黄色宽条带。

分布:中国的甘肃(文县)、陕西、宁夏、湖北、福建、广西、四川、云南;缅甸。

(53) 古钩蛾 *Sabra harpagula* (Esper, 1786)

Bombyx harpagula Esper, 1786, Die Schmett. in Abbildungen, 3: 373, pl.73:1, 2. (Germany:Frankfurt)

前翅长:♂15~17 mm,♀16~18 mm。雄触角双栉形,雌触角线形。体和翅黄褐色。前翅前缘端部弧形弯曲,顶角凸出较长,其下方弧形凹入,外缘中部凸出;内线细带状,颜色较翅面略暗;翅中部具1边缘不规则的暗黄褐色大斑,其上端未达前缘,大斑边缘有时带黑色,内部有时可见几个半透明的小斑;外线暗褐色,不清晰,中部具2个黑点;亚缘线为1列黑斑,其外侧散布黑色;缘线黑色;缘毛灰褐色。后翅中部具1与前翅相似的斑,较小,有时消失;外线中部具1或2个黑点;亚缘线灰褐色,模糊;缘线灰褐色至黑色;缘毛较前翅色浅。

分布:中国的甘肃(文县)、黑龙江、吉林、北京、河北、山西、河南、陕西、浙江、湖北、福建、广西、四川;俄罗斯;欧洲。

(54) 曲缘线钩蛾 *Nordstromia recava* Watson, 1968

Nordstromia recava Watson, 1968, Bull. Br. Mus. nat. Hist. (Ent.), 12 (Suppl.):84, figs 153-157, pl.4:327. (China:Chekiang, E. Tien-mu-shan)

前翅长:♂15~17 mm,♀17~19 mm。雄触角双栉形;雌触角线形。前翅顶角狭但不尖锐,伸出较长,弯成钩形,顶角下方凹陷深,凹陷处翅缘色略深;后翅外缘在M_3与Cu_1间略凸出。翅灰褐色,略带灰红色调。前后翅内线和外线深褐色,直,内线内侧和外线外侧具浅黄色伴线;亚缘线为黑褐色点状,分布于翅脉间;前翅前缘在内线端部和外线端部内侧共有3个黑斑。

分布:甘肃(康县、文县)、河南、陕西、江苏、浙江、湖北、福建、云南。

(55) 星线钩蛾 *Nordstromia vira* (Moore, 1865)

Drepana vira Moore, 1865, Proc. zool. Soc. Lond., 1865:817. (India:Darjeeling)

前翅长:15 mm。前翅顶角凸出较尖锐,外缘平直,中部不凸出;翅面颜色较浅,前翅端部和后翅臀角附近色较深;前后翅内线和外线为深褐色至深灰褐色细线,直行,无伴线;前翅外线上端内折,其上方至内线内侧在前缘上有3块模糊黑斑;亚缘线黄白色,在前翅上端向顶角方向弯曲,其下至后翅直行;缘毛黑灰色至深灰褐色,前翅臀角和后翅顶角色浅。

分布:中国的甘肃(文县)、浙江、湖北、福建、四川、西藏;印度,尼泊尔,缅甸。

(56)西藏枯叶钩蛾 *Canucha duplexa* (Moore,1865)

Drepana duplexa Moore,1865,Proc. zool. Soc. Lond.,1865:816.(India:Darjeeling)

前翅长:26~33 mm。雄雌触角均双栉形。头和胸部背面黑灰色,腹部背面黄褐色至灰褐色。前翅前缘端部弧形弯曲较深,顶角尖细,向外下方凸出,外缘略呈浅弧形;翅面浅灰黄色;顶角内侧与前缘有菱形浅色斑;内线双线,锯齿形;外线自顶角内斜至后缘中部,在M_1以下分裂为双线,两线间紫灰色;外线外侧散布褐色碎纹;缘毛黑灰色。后翅中线同前翅外线,其内侧紧邻1黑灰色宽带;翅端半部褐色碎纹较稀疏;缘毛同前翅。

分布:中国的甘肃(文县)、西藏;印度。

(57)西藏钩蛾 *Drepana rufofasciata* Hampson,1893

Drepana rufofasciata Hampson,1893,Fauna Br. India(Moths),1:334.(India:Sikkim)

前翅长:♂♀22 mm。雄雌触角均双栉形,雌栉齿较短。头深褐色;胸部白色,腹部黄褐色;前后翅底色污白。前翅十分宽大,外缘直立,几乎与后缘等长。顶角凸出较短,但较尖锐;前缘色稍深,有4块灰褐色斑;内线和中线双行,浅灰褐色,波状;中点和中室下角点黑色圆形,二者约等大;外线双行,自顶角斜伸至后缘,内侧线呈红褐色;亚缘线灰褐色波状,常模糊或大部消失,仅见1列深灰褐色小点;缘毛灰白色。后翅线纹与前翅相似;中点黑色微小,中室下角点有时消失。

分布:中国的甘肃(舟曲)、陕西、云南、西藏;印度,尼泊尔。

(58)一点钩蛾湖北亚种 *Drepana pallida flexuosa* Watson,1968

Drepana pallida flexuosa Watson,1968,Bull. Br. Mus. nat. Hist.(Ent.),12(Suppl.):107,pl.11:361,figs. 210-212.(China:Fukien,Kuatun)

前翅长:♂19~23 mm,♀26 mm。近似西藏钩蛾,但前翅不如该种宽阔,外缘短于后缘;中室下角点黑灰色,大而圆,远大于中点;中点内侧有另外2个小黑点;外线较细而清晰。后翅具中室下角点。

分布:甘肃(文县)、河南、陕西、浙江、湖北、福建、广东、四川。

(59)肾斑黄钩蛾 *Tridrepana rubromarginata rubromarginata* (Leech,1898)

Drepana rubromarginata Leech,1898,Trans. ent. Soc. Lond.,1898:365.(China:Sichuan,Pu-tsu-Fong)

前翅长:15 mm。雄雌触角均双栉形,雄栉齿明显长于雌。体和翅黄色,带橘红色。前翅顶角凸出较强,尖锐,外缘略呈浅弧形;线纹深褐色至黑褐色;内线波状,在中室下方强外凸;中室内和中室端各有1褐点;外线锯齿形,其中部内侧有1较大的肾形斑,中空;翅端部散布大片红褐色,并扩展至外线内侧和肾形斑下方;亚缘线浅色锯齿形。后翅内线与前翅连续;褐色中点略小;中线、外线和亚缘线为3列褐点。

分布:甘肃(永登)、福建、四川、云南。

(60)泰丽钩蛾 *Callidrepana palleola* (Motschulsky,1866)

Drepanulides palleolus Motschulsky,1866,Bull. Soc. imp. Nat. Moscou,39(1):193.(Japan)[modified to *palleola* by Inoue,1982]

前翅长:♂15~16 mm,♀18~20 mm。雄雌触角均双栉形。额黑褐色;下唇须短小。体和翅淡黄色。前翅前缘弧形弓曲,顶角凸出较短钝,外缘浅弧形;内线锯齿形,不清晰;具大而清晰的中点,黑褐色,近菱形;顶角附近深褐色,并沿前缘和外缘扩展;外线深褐色,由顶角至后缘外1/4处,其内侧有1条极细弱的伴线;亚缘线灰褐色锯齿形,十分细弱,有时仅见在翅脉上留有小黑点。后翅前半色淡;在M_3以下可见外线及其伴线和亚缘线。

分布：中国的甘肃（宕昌、成县、康县、文县）、河南、陕西、湖北、四川；日本。

（61）肾点丽钩蛾 *Callidrepana patrana* (Moore, 1865)

Drepana patrana Moore, 1865, Proc. zool. Soc. Lond., 1865: 816.（India: Darjiling）

别名：妃丽钩蛾。

前翅长：16 mm。十分近似泰丽钩蛾 *C. palleola*。但本种前翅顶角凸出更加短钝，外缘弧形较该种略深；中室端脉处褐色斑较长而狭，其外侧有时突出1小圆斑。

分布：中国的甘肃（武都区）、浙江、湖北、湖南、福建、台湾、广东、海南、广西、四川、云南、西藏；日本，印度，缅甸，老挝。

（62）晶钩蛾广东亚种 *Deroca hyalina latizona* Watson, 1957

Deroca hyalina latizona Watson, 1957, Ann. Mag. nat. Hist., (12) 10: 134.（China: Kwangtung）

前翅长：18 mm。雄雌触角均双栉形。头白色。翅透明，有蓝绿色光泽，斑纹不明显；翅脉浅灰色，清晰可见。前翅宽大，顶角钝圆，不凸出，外缘浅弧形；前缘和外缘略带浅褐色；外线和亚缘线白色，波状；中线和内线隐约可见。后翅外线和亚缘线同前翅。

分布：甘肃（文县）、浙江、江西、湖南、福建、台湾、广东、四川。

（63）胱白钩蛾 *Ditrigona media* Wilkinson, 1968

Ditrigona media Wilkinson, 1968, Trans. zool. Soc. Lond., 31: 431.（China: Sichuan, Ta-tsien-Lou）

前翅长：♂♀15~18 mm。雄雌触角均单栉形，栉齿较宽，鳃片状，栉齿连接略紧密。额黄褐色；下唇须达额，灰褐色；头顶白色。前翅顶角不凸出，外缘略呈浅弧形。翅正反面底色均为白色；前翅正面前缘淡黄色，有5条灰色横线，微波浪状，分别为亚基线、内线、外线与双行的亚缘线，均向前翅顶角处延伸，相互靠近。后翅正面同前翅，但横线之间距离没有变化。前翅反面前缘基部及中室处有深褐色散点；后翅反面无明显特征。

分布：甘肃（宕昌）、四川、西藏。

（64）珠白钩蛾 *Ditrigona margarita* Wilkinson, 1968

Ditrigona margarita Wilkinson, 1968, Trans. zool. Soc. Lond., 31: 483.（China: Shensi, Tapaishan-im-Tsinling）

前翅长：♂♀15~18 mm。雄雌触角均单栉形。额不突出，黑褐色；下唇须超过额，黑褐色，内侧颜色稍浅；头顶前缘黑褐色，后缘白色。前翅较宽阔，顶角稍尖；横线灰黄色，亚基线和内线较直，从前缘向后缘稍向内倾斜，外线和亚缘线浅波浪状。后翅正面同前翅。前翅反面前缘基部褐色，个体之间褐色区域有差异；后翅反面白色无斑纹；缘毛白色。

分布：甘肃（舟曲、康县、文县）、山西、河南、陕西、宁夏、四川。

（65）后四白钩蛾 *Ditrigona chama* Wilkinson, 1968

Ditrigona chama Wilkinson, 1968, Trans. zool. Soc. Lond., 31: 488.（China: Sichuan, Siao-lou）

前翅长：♂♀8~17 mm。雄雌触角均单栉形。额不突出，深黑褐色，有时下缘颜色稍浅；下唇须略超过额，较为粗壮，外侧黑褐色，内侧颜色稍浅；头顶前缘黑褐色，后缘有一条较宽白线。前翅顶角较尖，外缘较直；前缘基部黄褐色，向端部颜色渐浅；横线灰褐色；内线不完整；中线和外线较粗壮；亚缘线双行，小月牙状。后翅正面同前翅。前翅反面前缘基部褐色，有灰褐色散点，其余为黄褐色；后翅反面无明显特征；缘毛白色，有时外缘可见少许灰褐色。

分布：甘肃（舟曲）、山西、陕西、浙江、湖北、四川、云南、西藏。

（66）炫白钩蛾 *Ditrigona clavata* Li & Wang, 2015

Ditrigona clavata Li & Wang, 2015, Florida Entomologist, 98 (2): 567.（China: Guangxi, Guangdong）

前翅长：♂♀14~17 mm。雄雌触角均单栉形。额不突出，深黑褐色；下唇须较长，远超过额，较为粗壮，黑褐色，内侧颜色稍浅；头顶前缘深黑褐色，后缘白色。前翅顶角稍尖，外缘微呈浅弧形；前缘基部深褐色，向端部颜色渐浅,最末端白色;前翅正面横线深灰褐色,无亚基线,内线稍宽,中线最宽,外线宽,亚缘线较细,虚线状。后翅正面同前翅;前翅反面前缘基部褐色,个体之间褐色区域有变化,其余白色;后翅反面无斑纹,但正面斑纹透过反面可见;缘毛灰褐色。

分布:甘肃(康县)、陕西、广东、广西。

(67) 镰茎白钩蛾 *Ditrigona cirruncata* Wilkinson, 1968

Ditrigona cirruncata Wilkinson, 1968, Trans. zool. Soc. Lond., 31:497. (China:Sichuan, Siao-lou)

前翅长:♂♀10~20 mm。雄雌触角均单栉形。额不突出,白色;下唇须达额,黑褐色,有时内侧为淡黄色;头顶白色。前翅顶角钝圆,外缘浅弧形;横线黄褐色;内线和外线均呈波浪状,向内弯曲;中室下角有1深褐色斑点,有时在M_1脉与中室连接处也可见少许黄褐色鳞片;缘线为翅脉末端深黄褐色黑点,顶角处有1较大黑点。后翅同前翅。前翅反面前缘基部白色或黑色,对应正面有斑点的地方有2个更深更大的斑点;后翅反面中室上同样有2个深褐色斑点,外缘翅脉末端也略有加深;缘毛白色。

分布:甘肃(文县)、山西、河南、陕西、安徽、浙江、湖北、江西、湖南、广东、广西、四川。

(68) 美钩蛾中国亚种 *Callicilix abraxata nguldoe* (Oberthür, 1893)

Platypteryx nguldoe Oberthür, 1893, Études ent., 18:22. (China:Sichuan, Ta-tsien-lou)

前翅长:♂♀18~24 mm。雄雌触角均双栉形。下唇须短小,仅尖端到达额外。后足胫距2对。前翅顶角凸出但不尖锐,微呈钩状;前后翅外缘平滑。头黑色;胸部背面白色;腹部背面深灰色与白色相间。翅底色白色;前翅内线为3个深灰色点组成弧形;翅中部具1个非常宽的黑褐色大斑,斑上散布不均匀的黄褐色,大斑中具1条纤细白色波浪状线纹,该线在中室端和后缘附近黄色;大斑外缘在M_3与Cu_2之间凸出并呈深灰色;大斑外侧在M_1与M_3之间具1近圆形半透明斑,其内上方和外侧具灰色;顶角下方具3个半透明斑;缘线为1列翅脉间的灰斑。后翅内线深灰色;中线为2条深灰色带,其外侧为1半透明大斑;亚缘线深灰色带状;缘线同前翅。

分布:甘肃(武都区、康县)、陕西、湖南、台湾、四川、贵州、西藏。

(69) 中华大窗钩蛾 *Macrauzata maxima chinensis* Inoue, 1960

Macrauzata maxima chinensis Inoue, 1960, Tinea, 5(2):315. (China:Sichuan, Siao-lou)

前翅长:♂♀23~26 mm。雄雌触角均双栉形,雄栉齿较长。下唇须短,尖端仅达额缘。后足胫节具2对距。前翅顶角明显呈钩状,外缘在顶角下方直;后翅外缘平滑。翅面浅黄色。前后翅中部具大面积近圆形透明斑,斑外具2条褐色边和1条白色细边,镶边外侧多具白色云状区域;中点黑色,微小;亚缘线为白色波状细线。后翅在中室上方M_1与M_2间具褐色弧形纹。

分布:甘肃(文县)、陕西、浙江、湖北、福建、四川。

山钩蛾亚科 Oretinae

(70) 网山钩蛾秦岭亚种 *Oreta vatama tsina* Watson, 1967

Oreta vatama tsina Watson, 1967, Bull. Br. Mus. nat. Hist.(Ent.), 19(3):191, figs 71-72. (China:Shensi, Mt. Tsinling, Tapaishan)

前翅长:18~19 mm。雄触角单栉形,栉齿较稀疏。额橘红色,头顶灰黄色。前翅顶角向外凸出弯成钩状,顶角端部钝圆,外缘弧形隆起;顶角至后缘中部有1弧形深红褐色斜线,斜线内侧红褐色至褐色,散布黑褐色碎纹;前缘下方中部和外1/4处各有1个黑斑;斜线外侧中下部为1片黄色区域,黄色区域外至翅外缘为浅褐色;顶角深褐色。后翅中部有1较宽的红褐色至褐色条带;端半部黄色。前后翅中室下角分别具白色小圆斑;两翅端半部散布不连续的黑色细波纹。本种和本属以下各种翅缰退化;后足仅具1对端距。

分布:甘肃(舟曲、文县)、陕西。

(71) 美丽山钩蛾 *Oreta speciosa* (Bryk, 1943)

Psiloreta speciosa Bryk, 1943, Ark. Zool., 34A(13):26. (N.E. Burma:Kambaiti)

别名：眼镜山钩蛾。

前翅长：19~24 mm。雄触角单栉形，栉齿短而致密。额和头顶橘红色，头顶后半部带黄色，两触角间略带褐色。前翅顶角圆钝，向外伸出呈钩状，前翅外缘稍向外呈弧形，后翅外缘光滑。翅底色黄，散布有褐色至黑褐色扩散状线纹。前翅顶角至翅后缘中部具1赭红色至黑褐色斜线，斜线内侧为1宽阔褐色带状区域，褐色带状区域内侧至翅基黄色，内有不规则褐色斑块；斜线外侧大部分为褐色，斜线与M_2相交处至翅后缘黄色；中室端脉具白色线纹，中室下角及中室内部各具1白色斑点。后翅大部黄色，基部具红褐色至褐色细条带；翅中部具1边缘不规则、自M_1脉变宽的褐色条带；顶角具1淡褐色斑块，斑块下方具1褐色圆斑，中室内角及中室下角分别具1白色斑点。前翅外缘和后翅顶角附近缘毛黑褐色，后翅M_1以下缘毛黄色。

分布：中国的甘肃（康县、文县）、河南、湖北、福建、四川、西藏；缅甸。

（72）接骨木山钩蛾 *Oreta loochooana* Swinhoe，1902

Oreta loochooana Swinhoe，1902b，Trans. ent. Soc. Lond.，（3）：591.（Japan：Loochoo）

前翅长：17~19 mm。触角同美丽山钩蛾。额橘红色，头顶黄色。领片和肩片基部白色。前翅顶角钩形，凸出较短；顶角下方外缘仅稍隆起，浅弧形；翅面红褐色；内线锯齿形，弧形弯曲，其内侧大部黄色；顶角到翅后缘具1黄色斜线，在M_2处变宽形成近三角形区域；黄线两侧在顶角附近散布黑色；臀角具1黑色圆斑。后翅外缘弧形；基半部红褐色；端半部黄色，散布成列的小黑点；顶角具1红褐色斑块。前后翅具微小白色中点；中室下角各有1白点。

分布：中国的甘肃（宕昌、成县、康县）、山东、河南、陕西、台湾；俄罗斯，朝鲜，韩国，日本。

（73）三棘山钩蛾 *Oreta trispina* Watson，1967

Oreta trispina Watson，1967，Bull. Br. Mus. nat. Hist.（Ent.），19（3）：177，figs 36–39，pl.2：98，99.（China：S. Shensi，Tapaishan im Tsinling）

前翅长：19~20 mm。触角同前述2种。前翅顶角凸出较长，外缘中部中度至较强隆起；后翅顶角圆，其下方浅凹。翅面黄褐至红褐色，散布细碎黑纹。前翅顶角至后缘外1/3处为1条黑灰色斜线，斜线两侧在顶角附近散布黑色；臀角有时有黑斑。后翅端半部黄色或红褐色，散布小黑点。

分布：甘肃（文县）、陕西、宁夏、四川。

（74）孔雀山钩蛾华夏亚种 *Oreta pavaca sinensis* Watson，1967

Oreta pavaca sinensis Watson，1967，Bull. Br. Mus. nat. Hist.（Ent.），19（3）：184，figs 51–54，pl.3：101.（China：Fukien，Kuatun）

别名：昏山钩蛾、一色山钩蛾、一线山钩蛾。

前翅长：22 mm。触角单栉形，栉齿短而致密。额橘红色，头顶浅黄褐色；肩片基部白色，向后逐渐过渡到灰褐色。前翅顶角圆，弯成钩状，顶角下方翅外缘中部稍突出；翅底色褐色；雄自前翅顶角至翅后缘有1倾斜的淡褐色区域，被有银色闪光粉被，此区域内侧为1无闪光粉被的条带，条带内侧具扩散状的银色闪光线纹；淡褐色区域外侧有呈扩散状的银色闪光线纹；亚缘线和缘线均为银色线纹。后翅中部被有呈扩散状的银色闪光线纹；♀前翅顶角相对尖锐；前翅倾斜的淡褐色区域内缘多呈黑褐色斜线延伸至后翅后缘，翅面闪光粉被相对较淡。

分布：甘肃（文县）、浙江、湖北、江西、湖南、福建、广东、广西、四川、重庆、贵州。

（75）宏山钩蛾 *Oreta hoenei hoenei* Watson，1967

Oreta hoenei Watson，1967，Bull. Br. Mus. nat. Hist.（Ent.），19（3）：172.（China：S. Shensi，Tapaishan im Tsinling）

别名：三角山钩蛾。

前翅长：♂16~19 mm，♀19~21 mm。触角结构同前种。前翅顶角凸出较长，其下方深凹，外缘中部隆起较强；翅面灰红褐色、红褐色至深红褐色，无黄色部分，常散布细碎黑点；内线黑色，不规则波曲，常粗细不均,其内侧有时可见2条深色细线;外线黑灰色,上端外凸至顶角,其下直,斜行,外侧具浅色边和1条不完整的黑灰色伴线;内、外线间常有深色斑块,中点处的1个大圆斑通常明显,其内部有微小白色中点;臀角处有1不规则深色斑。后翅除散碎黑点外通常无明显斑纹,有时可见模糊波状中线。

分布:甘肃(永登、宕昌、成县、康县、文县)、黑龙江、山西、河南、陕西、宁夏。

(76) 三刺山钩蛾 *Oreta trispinuligera* Chen, 1985

Oreta trispinuligera Chen, 1985, Entomotaxonomia, 7 (4):278, fig. 2, pl.1:3. (China: Hubei, Shennongjia)

别名:三刺金钩蛾、锚山钩蛾。

前翅长:♂17~18 mm,♀19~20 mm。触角栉齿特别短,极为致密。额灰褐色,头顶灰黄褐色。前翅顶角凸出特别长,♂可达3 mm,略尖,外缘中部强烈凸出,并不规则波曲,在Cu_2和臀褶处有1深凹;后翅外缘在M_1和M_2脉间深凹,其下方弧形隆起,在臀褶处再次凹入。翅面黄褐色,散布不规则黑点。前翅中部有1不规则黑褐色斑;外线由R_5至Cu_1粗壮,中间灰白,两侧黑色,其内上方至前缘和外侧至顶角黑至黑灰色,外线在Cu_1以下细弱,黑色,弯曲;臀角内侧有1黑斑。后翅内线为不完整的黑点列。前后翅缘毛黑色。

分布:甘肃(康县、文县)、河南、陕西、湖北、福建、广西、四川、重庆、云南。

(77) 林山钩蛾 *Oreta liensis* Watson, 1967

Oreta liensis Watson, 1967, Bull. Br. Mus. nat. Hist. (Ent.), 19 (3):179, figs 40~42, pl.2:100. (China: Yunnan, Likiang)

前翅长:17~19 mm。触角栉齿特别短而致密。十分近似接骨木山钩蛾,但领片和肩片基部黄色;前翅顶角凸出较为短钝;外线不形成明显的斜线,该处内侧的红褐色区域与外侧的黄色区域界线不规则波曲形;前后翅翅面散布的黑点平均较粗大。

分布:甘肃(文县)、黑龙江、湖北、福建、四川、云南。

凤蛾科 Epicopeiidae

中型至大型蛾类,具有宽大鲜艳颜色的翅,形似凤蝶,后翅具尾突或尾带。触角线状,棒状,锯齿形或双栉形;无单眼。复眼发达;具毛隆;喙发达,基部宽大;下唇须弯曲,短或中等长,后两节平伸或微向上弯曲。中足胫距1对,后足2对。腹部无鼓膜听器。大多雄性具翅缰;雌性无翅缰或极度退化。前翅无副室;R_2、R_3与R_4共柄;R_5独立或与M_1共柄;M_2常近M_1;Cu_1与M_3远离;后翅$Sc+R_1$近基部与中室相连;Rs与M_1独立或具短共柄;M_2略近M_1。

(78) 榆凤蛾 *Epicopeia mencia* Moore, 1874

Epicopeia mencia Moore, 1874, Proc. zool. Soc. Lond. 1874:578.

前翅长:♂26~35 mm,♀29~44 mm。触角双栉形。头和胸部背面黑色,两肩片基部各有1个红点。腹部背面黑色,节间橙黄色(雄)或红色(雌)。前翅三角形,顶角圆,外缘较直,长于后缘;后翅狭长,前缘弧形隆起,顶角平缓,尾突长大于翅长的1/2。翅面烟黑色至黑褐色;后翅端半部黑色,外缘有2列红斑,新月形或圆形,雌蛾红斑色较浅。

分布:中国的甘肃(文县)、黑龙江、吉林、辽宁、北京、河北、陕西、江苏、浙江、湖北、江西、福建、云南;朝鲜,韩国。

燕蛾科 Uraniidae

小型至大型阔翅蛾;体细长。日出性种类的翅常具漂亮的色彩。触角常锯齿形,有时为线形或单栉形,少数为双栉形。无单眼或单眼小。前翅M_2位于M_1与M_3的中间,或近M_1;后翅外缘常具角或M_3延伸形成尾突,有时具多个凹口或多个尾突。腹部鼓膜听器具明显的性二型现象:雄性鼓膜听器位于第二和第三腹节的连接处,雌性鼓膜听器位于第二腹节腹板的侧前方。

小燕蛾亚科Microniinae

(79) 三点燕蛾 *Pseudomicronia archilis* (Oberthür, 1891)

Micronia archilis Oberthür, 1891, Études ent., 15:23. (China:Sichuan,Ta-Tsien-Lou)

前翅长:23~24 mm。触角线形。体和翅白色。前翅宽大,顶角不凸出,外缘平滑;翅面排布灰褐色线纹,由前缘直达后缘,左右翅线纹不完全对称;该线纹可分为6组;前缘在各组线纹之间有黑褐色短线条。后翅外缘在M3脉端部凸出并形成1折角,其上方凹,下方平滑;中带黄褐色粗壮,下端由Cu1扩散至臀角附近,其两侧各有数条细线;外缘在各翅脉端有1黑点,其中M_3、Cu_1和Cu_2端部的三个黑点大而圆,十分醒目。

分布:甘肃(文县)、陕西、青海、四川、云南。

蜆蛾亚科Epipleminae

(80) 四线白蜆蛾 *Epiplema evanescens* Alphéraky, 1897

Epiplema himala var. *evanescens* Alphéraky, 1897b, in Romanoff, Mém. Lépid., 9:139. (China:Sichuan)

前翅长:18 mm。触角线形,雄触角增粗。头白色;下唇须白色,外侧有黑色纵线。身体白色。前翅宽阔,顶角钝圆,外缘浅弧形;翅面白色,前缘有数枚黑色小点,内线及中线黑色,比较直,自前缘直达后缘;外线灰色,不达前缘;亚缘线及缘线烟黑色,较细;缘毛白色。后翅白色;中线弯曲,近下方呈外伸的钝齿状;亚缘线细,黑色,与缘线间由白色细线相隔;亚缘线与中线间有1黄色区域;臀角内侧上方有1黑点;外缘中部有2个齿状尾突,2尾突间内凹。前、后翅反面乳白色,各线灰色;前翅近外缘有长三角形灰色斑;后翅黄色不可见,臀角内侧的黑点较小。

分布:甘肃(文县)、河南、陕西、四川。

(81) 后两齿蜆蛾 *Epiplema suisharyonis* Strand, 1916

Epiplema suisharyonis Strand, 1916, Arch. Naturgesch., 82A (1):143. (China:Taiwan)

前翅长:11~13 mm。触角线形,雄触角增粗。额和下唇须黑褐色,头顶体背污黄褐色。前翅狭长,顶角尖锐凸出,下方内凹,外缘中部呈齿状突起,后缘中部内凹,臀角略下垂;翅面灰黄色至褐色;内线深褐色,向外方弯曲;外线双行,深褐色,向外方呈圆弧形弯曲,在M_3处内折,内侧线较细,外侧线粗;顶角下方有黑斑。后翅灰黄但较前翅色偏深,前缘中部弧形深凹,顶角呈下切状,外缘有2个尖形齿,臀角稍外凸;内线及外线灰褐色,呈三角形向外伸出,各线外侧色稍浅;外缘附近在第二个缘齿上下方各有1黑点,黑点上方紧邻1黄白色点,M_1与M_2脉之间有另一个较大的黄白色点;缘线黄白色。前后翅缘毛深灰褐色。翅反面土灰色,正面的各线隐约可见,有蓝色光泽。

分布:甘肃(文县)、陕西、浙江、湖北、福建、台湾、云南。

(82) 拟尖翅蜆蛾 *Paradecetia vicina* Swinhoe, 1902

Paradecetia vicina Swinhoe, 1902b, Trans. ent. Soc. Lond., 1902:593. (W. China)

前翅长:♂17 mm,♀21 mm。雄雌触角均单栉形,栉齿粗壮紧密,缝隙很小,雄齿长约与触角杆直径相仿,雌略短。额深红褐色;下唇须灰红色,短小细弱;头顶灰白色。体背淡灰褐色。前翅宽阔,顶角尖锐凸出,外缘浅弧形;翅面污黄色至浅灰红褐色,带紫灰色调;由顶角至后缘中部1条深黄褐色至红褐色斜线;顶角附近有2个短条形小黑点,一个在斜线上,另一个在斜线上方,均具白边;中点白色有深色圈;缘毛红褐色。后翅顶角和臀角均近直角,外缘光滑,弧度很小;翅面颜色及斜线与前翅连续,前缘色浅,无中点;亚缘线处在翅脉上有5个小白点,具深褐色圈,排列不整齐;缘毛同前翅。

分布:甘肃(文县)、四川。

尺蛾科 Geometridae

尺蛾科属于鳞翅目、有喙亚目、异脉次亚目、尺蛾总科。多为中小型蛾类,体型细弱,鳞毛较少。头部有1对毛隆,无单眼。足细长,具毛和鳞。翅大而薄,静止时四翅平铺。雌蛾有时无翅或翅退化。前翅M_2基部居中,偶有近M_1或与M_1共柄;后翅$Sc+R_1$在基部弯曲。腹部细长,基部具听器。尺蛾因幼虫的行动姿态而得名。幼虫前3对腹足消失,前进时后1对腹足和臀足向前移动至胸足后方,使腹部向上弯曲呈弓状,然后举起头胸向前移动,如此步步前进。

黎尺蛾亚科 Orthostixinae

(83) 女贞尺蛾 *Naxa seriaria* (Motschulsky, 1866)

Zerene seriaria Motschulsky, 1866, Bull. Soc. imp. Nat. Moscou, 39 (1):196. (Japan)

前翅长:♂ 19~22 mm,♀ 23 mm。雄触角增粗,锯齿形;雌线形。额极凸出;下唇须微小细弱。后足无距。头白色,体白色,肩片基部有1黑点。翅宽大,外缘光滑,浅弧形;前翅中室长达翅长的2/3;后翅无翅缰。翅白色。略呈半透明。前翅前缘基部灰黑色,翅上基部三个黑点组成内线;中点黑色,大而清晰;翅端2列细小黑点组成亚缘线和缘线;缘毛白色。后翅无内线,中点及翅端部斑纹同前翅。翅反面斑纹同正面,但前翅内线的三个黑点色淡而模糊。

分布:中国的甘肃(康县)、黑龙江、吉林、辽宁、北京、河北、山西、河南、陕西、宁夏、湖北、湖南、广西;俄罗斯,朝鲜,韩国,日本。

德尺蛾亚科 Desmobathrinae

(84) 日本螯尺蛾 *Ozola japonica* Prout, L.B., 1910

Ozola impedita japonica Prout, L.B., 1910, in Wytsman, Genera Insect., 104:94. (Japan:Kiushiu)

前翅长:♂♀ 13~15 mm。触角线形,雄触角具长纤毛簇。额凸出;下唇须中等长度,鳞毛粗糙。足细长,雄后足胫节中距仅一支,端距正常,胫节基部具毛束。体及翅浅灰褐色,散布灰黑色鳞片。前翅狭长,顶角凸出呈钩状,其下方深凹;内线深灰黑色,弧形波曲;中点黑色微小;外线为深灰褐色双线,在前缘附近和Cu_2处互相接触;亚缘线为1列小黑点,其中R_5和M_1下方的2个黑点扩大成黑斑,其外侧灰黑色;缘线在翅脉间有1列小黑点;缘毛灰褐与深灰褐色掺杂。后翅斑纹与前翅相似,但无内线,亚缘线的黑点不扩展成小黑斑。翅反面密布黑鳞,中点、外线和亚缘线同正面。在日本记载一年发生二代,一般第二代体形较小。

分布:中国的甘肃(文县)、陕西、浙江、湖北、江西、湖南、福建、四川、云南;日本。

姬尺蛾亚科 Sterrhinae

(85) 曲紫线尺蛾 *Timandra comptaria* Walker, 1863

Timandra comptaria Walker, 1863, List Spec. lepid. Insects Colln Br. Mus., 26:1615. (China. India: Hindostan)

前翅长:♂♀ 11~14 mm。雄触角双栉形,雌线形。额黄褐色;凸出;下唇须黄褐色;头顶褐色;肩片浅黄褐色;领片深黄褐色。雄后足胫节具2对距。前翅顶角尖并外凸,后翅外缘中部凸出1尖角。翅面灰黄色,散布深灰色微点。前翅顶角至后缘中部为1倾斜紫色斜线,和后翅中线连成1直线;亚缘线为灰黑色细线,呈"S"形;前翅中点为深灰褐色小点,不清晰;后翅无中点;亚缘线中部外凸;前后翅缘线红褐色;缘毛玫红色。翅反面斑纹同正面。

分布:中国的甘肃(永登、文县)、黑龙江、吉林、北京、河北、上海、江苏、浙江、湖北、江西、湖南、福建、台湾、广东、四川、重庆、云南;俄罗斯,朝鲜,韩国,日本,印度。

(86) 稀紫线尺蛾 *Timandra oligoscia* Prout, L.B., 1918

Timandra oligoscia Prout, L.B., 1918, Novit. zool., 25:79. (China:Tibet, Vrianatong)

前翅长：♂13~15 mm，♀13~14 mm。雄触角双栉形，雌触角线形。额黄褐色，逐渐向下方变黄白，凸出；下唇须黄褐色；头顶白色；领片黄褐色；肩片浅黄灰色。翅面浅黄褐色。前翅外线较粗壮，大部红褐色；斜直；亚缘线为灰色弯曲细线，上端与外线重合；缘线灰色细线；前翅中点灰色，短条形；后翅中点不可见；后翅中线与前翅外线相似，直；亚缘线为灰色细线，在M_3处稍外凸；外缘与前翅相似；缘毛基部浅黄褐色，端部紫红色或粉红色，有时全为黄色。翅反面斑纹清晰。

分布：中国的甘肃（舟曲）、湖北、湖南、广西、四川、云南、西藏；缅甸。

(87) 极紫线尺蛾 *Timandra extremaria* Walker, 1861

Timandra extremaria Walker, 1861, List Spec. lepid. Insects Colln Br. Mus., 23:801. (China:North)

前翅长：♂♀16~19 mm。雄触角双栉形。额圆盾状凸出，黑红褐色，下端颜色渐浅，带少量灰白色；下唇须黄白色，外侧和背面带灰褐色，尖端略伸出额外；头顶黄白色。前翅顶角极凸出近钩状，外缘较直；后翅外缘凸角较前两种尖而长。翅面浅灰红色，散布黑色鳞片和灰色碎纹。前后翅外线深黄褐色，带红褐色调，粗壮，在前翅顶角处变为黑色；亚缘线在翅脉上呈黑点状；无缘线；缘毛灰黄色。翅反面与正面同色，散布粗大深灰褐色碎纹；外线深灰褐色，不带红褐色和黄褐色调；可见灰褐至深灰褐色缘线。

分布：甘肃（文县）、陕西、上海、安徽、浙江、湖北、湖南、福建、台湾、广西、四川、贵州。

分布：东洋界热带及亚热带区。

(88) 粉斑赤金尺蛾 *Synegiodes punicearia* Xue, 1992

Synegiodes punicearia Xue, 1992a, in Liu, Icon. Forest Insects Hunan China:825, fig. 2663. (China: Hunan, Sangzhi, Tianping Shan)

前翅长：14~16 mm。雄触角双栉形，末端1/4无栉齿，雌触角线形。额凸出，额和头顶白色，额上缘、头顶后缘和胸腹部背面及翅粉红色；下唇须十分短小；中胸前端有1黄色横带。腹部基部粉红色，其余浅黄色。前后翅外缘略波曲，在M_3处凸出1尖角。翅面斑纹淡黄色；前翅前缘灰黄色；内线位置有数个不规则小黄斑，雄基部斑纹大部消失；前后翅中部为1浅黄色宽带，中部向外凸伸至外缘，带上有几个大小不等的粉红点，宽带边缘和粉红点边缘均带黄褐色；两翅端部散布不规则浅黄色碎斑，外缘和缘毛浅黄色，缘毛在翅脉端略带粉红色。翅反面颜色灰暗，斑纹同正面，但翅基部和端部黄色斑点扩展。

分布：甘肃（康县）、陕西、湖南、四川。

(89) 褐赤金尺蛾 *Synegiodes brunnearia* (Leech, 1897)

Ephyra brunnearia Leech, 1897, Ann. Mag. nat. Hist., (6) 20:107. (China:Sichuan, Chow-pin-sa; Wa-ssu-kow; Ni-tou; Kia-ting-fu)

前翅长：♂♀13~14 mm。雄触角双栉形，雌线形。额黑色；下唇须黑褐色；头顶和触角背面黄白色带浅灰褐色；胸腹部灰褐色。前翅顶角尖锐，外缘略呈浅弧形；后翅外缘中部凸出1微小尖角。翅面淡褐色，外缘区域略带淡酒红色；前翅内线由脉上小黑点组成；两翅外线模糊弯曲并具黑点，亚缘线波状，为脉上小点；中点黑色，后翅中点中央白色；缘毛同翅色，在脉端为黑色小点。翅反面与正面相似，但前翅中点中央色浅，后翅中点模糊。

分布：甘肃（文县）、湖北、湖南、广西、四川、云南。

(90) 双波红旋尺蛾 *Rhodostrophia jacularia* (Hübner, 1813)

Geometra jacularia Hübner, 1813, Samml. eur. Schmett., 5: pl.84: 431. (Europe.)

前翅长：♂13~15 mm，♀13 mm。雄触角羽状，每节2对栉齿，栉齿具纤毛，端部1/5线形，触角杆背面基部白色；雌性触角线形。额上部淡褐色，下部淡黄褐色，稍凸出；下唇须背面具褐色鳞片；头顶、肩片和领片白色。雄后足胫节具2对距。前翅较狭窄，外缘较倾斜；前后翅外缘光滑，略呈浅弧形。前翅黄褐色，翅面斑纹黑褐色;内线稍波曲;外线带状,端部细,波状;中点为小黑点;缘线暗黄褐色,脉间具黑褐色;缘毛黄褐色,脉间基部黑褐色。后翅浅黄白色;外线细弱,靠近外缘,与外缘间略带黄褐色;缘线和缘毛较前翅色略浅。翅反面无斑纹。

分布:中国的甘肃(兰州)、内蒙古、山西;俄罗斯;蒙古国;欧洲。

(91)花斑红旋尺蛾*Rhodostrophia philolaches*(Oberthür,1891)

Gnophos philolaches Oberthür,1891,Études ent.,15:22,pl.3:26.(China:Szechwan,Tachien-lu)

前翅长:♂13~15 mm,♀13 mm。雄触角羽状,雌线形。额具黑褐色鳞片,凸出;下唇须具黑褐色鳞片;头顶黄白色;领片、肩片均黄褐色。雄后足胫节具3支距。前后翅较双波红旋尺蛾*Rhodostrophia jacularia*宽阔。翅面灰黄褐色;斑纹灰褐色至深黄褐色,波曲;前翅内线双波峰;前后翅中线与外线在脉间波曲,隐约在波峰处具黑点;缘线脉间黑点状;中点小黑点状;缘毛灰黄褐色。

分布:甘肃(临潭、武山)、宁夏、青海、四川、云南、西藏。

(92)深须姬尺蛾*Organopoda atrisparsaria* Wehrli,1923

Organopoda atrisparsaria Wehrli,1923,Dt. ent. Z. Iris,37:62,pl.1:10,21.(China:Shanghai;Nanking;Mokanschan;Kiangsi)

前翅长:♂11~15 mm,♀12~15 mm。雄触角锯齿形具纤毛簇,雌线形。唇须短小细弱,第三节略延长;额宽阔,略凸、红褐色;胸腹部背面黄色,间杂灰红色。雄后足胫节具浓密毛束,仅1对距,其中一支特别膨大呈勺形;第一跗节极膨大,勺形。前后翅外缘浅弧形;翅面黄色,散布不均匀红色。前翅前缘下方为1灰褐色纵带;中线灰褐色掺杂红色,带状,边缘稍模糊,微波曲;中点呈黑点状;外线红色,纤细波状,接近外缘;亚缘线在前缘、M_2处和臀角处各有1个灰褐斑,后者较大;缘线为翅脉间1列深红褐色点;缘毛灰黄色掺杂红色。后翅斑纹同前翅,中带在前缘处展宽;中点较前翅大。

分布:甘肃(文县)、河南、陕西、上海、江苏、浙江、湖北、江西、湖南、福建、广西、四川、重庆、贵州、云南。

(93)尖须姬尺蛾*Organopoda acutula* Cui, Xue & Jiang,2019

Organopoda acutula Cui,Xue & Jiang,2019,Zootaxa,4651(3):436,figs 2,11,19.(China:Gansu)

前翅长:♂15~16 mm,♀14~15 mm。雄触角弱锯齿形,雌线形;触角杆具短纤毛,基部背面具白色鳞片。额深红褐色,不凸出;下唇须背面红褐色,腹面黄色;第三节稍伸出额外;头顶白色;肩片和领片黄褐色。翅面深黄褐色,前缘脉区域颜色加深;翅面斑纹锯齿状。前翅内线褐色,不清晰;中点小,黑边;中线深褐色,Cu_1脉以下内凹,不清晰;外线有时不清晰,脉上具黑点;缘线为脉间1列近三角形黑点。后翅中点大于前翅;中线黑褐色,中央向内凹;外线、缘线和缘毛与前翅相似。翅反面浅黄褐色;斑纹与前翅相似。

分布:甘肃(文县)、湖南、四川。

(94)华司马尺蛾*Symmacra sinensis* Prout,L.B.,1935

Symmacra solidaria sinensis Prout,L.B.,1935,in Seitz,Gross-Schmett. Erde,4(Suppl.):26,pl.4:b.(China:Sichuan,Siao-lou)

前翅长:♂10 mm,♀11 mm。雄雌触角均线形。额不凸出;下唇须不伸出额外;领片黄褐色;肩片黄色;雄后足胫节具1长基毛簇和胫节毛簇;雌性具1对距。前翅顶角尖,外缘稍弯;后翅顶角稍尖,外缘弯。两翅浅绿色。前翅外线橄榄绿色,锯齿状,外侧衬白色;缘线橄榄绿色。后翅外线与前翅相似,中点白色短条状;缘毛橄榄绿色。

分布:甘肃(文县)、北京、山西、河南、陕西、四川。

(95)距岩尺蛾*Scopula impersonata*(Walker,1861)

Acidalia impersonata Walker,1861,List Spec. lepid. Insects Colln Br. Mus.,23:758.(China)

前翅长:♂9~10 mm,♀10 mm。雄雌触角均线形,雄触角具纤毛束,纤毛长约为触角杆直径的3倍。下唇须短小,尖端伸达额外;额黑色;头顶和体背灰黄至浅灰褐色。雄后足正常,1对距。前后翅外缘浅弧形;

翅面淡褐色；前后翅均有黑褐色中点和褐色中线与外线，两线微波曲，近平行，线间色较浅；亚缘线浅色波状；缘线在翅脉间有灰褐色至黑褐色短条形斑；缘毛灰黄色，端部掺杂深灰褐色。翅反面色略淡，隐见正面斑纹。

分布：中国的甘肃（天水、文县）、内蒙古、北京、山东、上海、浙江、湖北、湖南、福建、台湾；俄罗斯，朝鲜，韩国，日本。

（96）拜克岩尺蛾 *Scopula beckeraria* (Lederer, 1853)

Acidalia beckeraria Lederer, 1853a, Verh. zool.bot. Ver. Wien, 3(Abh.):258.(Transcaucasus:Elizabethpol)

前翅长：♂♀10~12 mm。雄触角线形。额褐色至黑褐色；头顶白色或淡黄色；下唇须淡褐色，背面色较深。雄后足胫节粗壮，具毛束，无距。前翅外缘较直。前后翅翅面灰黄褐色至灰色，点缀浅褐色，翅端部常色深；中线弥散；外线清晰齿状，在前缘通常色较深；中点小，黑色缘线由1列小点组成。

分布：中国的甘肃（永登、榆中）、内蒙古、陕西、青海、新疆；蒙古，俄罗斯；欧洲。

（97）成岩尺蛾 *Scopula permutata* (Staudinger, 1896)

Acidalia permutata Staudinger, 1896, Dt. ent. Z. Iris, 9:272.（Mongolia:Uliassutai,Tumartin-Gol）

前翅长：♂11~13 mm，♀12 mm。雄雌触角线形，纤毛略长于触角杆直径。额和领片黑色；下唇须背面黑褐色，腹面浅黄褐色，伸出额外；头顶和肩片黄白色。雄后足胫节略膨大，具毛束；跗节不缩短，长度接近胫节。翅面灰黄色至淡黄褐色，斑纹黑褐色。前翅内线、中线、外线深褐色，均在前缘扩展成斑块；中线细，模糊，外侧靠近中点；外线锯齿状，齿尖具黑色小点，M脉间凹陷，外侧具黑褐色阴影条带；亚缘线为黑灰色细带；缘线为脉间半月形小黑斑。后翅密布深褐色；中线较弱，位于中点内侧；外线外侧同前翅。前后翅均具1黑色中点；缘毛黄白色。

分布：中国的甘肃（永登、榆中、迭部、陇南）、内蒙古、北京、河北、山西、宁夏、青海；蒙古国。

（98）鹿特岩尺蛾 *Scopula lutearia* (Leech, 1897)

Acidalia lutearia Leech, 1897, Ann. Mag. nat. Hist.（6）20:99.（China:Hubei,Ichang;Chang-yang）

前翅长：♂♀15~16 mm。雄触角线形，具纤毛簇；雌线形。额黑色；下唇须背面黑色，伸出额外；头顶白色；领片黄白色；肩片白色。雄后足胫节膨大，具毛簇；跗节强烈缩短，约为胫节长1/3。翅面黄白色，斑纹黄褐色。前翅内线模糊；中线粗，稍弯曲；外线细，具小锯齿；亚缘线黄白色，波曲，缘线为1列小黑点；中点几乎不可见。后翅翅面斑纹与前翅相似。翅反面斑纹褐色。

分布：甘肃（康县、文县）、陕西、湖北、湖南、四川、云南。

（99）亚星岩尺蛾 *Scopula subpunctaria* (Herrich-Schäffer, 1847)

Acidalia subpunctaria Herrich-Schäffer, 1847, Syst. Bearbeitung Schmett. Eur. 3 (24):23;ibidem,pl.51: 311-313（non binominal）.（Austria）

前翅长：♂♀13~15 mm。雄触角线形，腹面具短纤毛。额黑褐色；头顶白色。雄后足胫节长且粗壮，具长毛束；跗节约为胫节长1/4~1/5。翅色白色，有光泽，前翅前缘区域散布黑色鳞片；各线纹灰黄色；外线浅波曲，在前翅前缘下方向外凸；缘线通常呈点状。前后翅均具黑色中点。

分布：中国的甘肃（永登）、东北、内蒙古、山西、山东、陕西、宁夏、青海、四川；俄罗斯，日本；欧洲。

（100）银岩尺蛾 *Scopula pudicaria* (Motschulsky, 1861)

Cabera pudicaria Motschulsky, 1861, Études ent., 9:36.（Japan）

前翅长：♂12~15 mm，♀13~15 mm。雄触角线形，具纤毛簇，触角杆背面具黑色鳞片。额黑色；下唇须背面黑色，伸出额外；头顶和胸腹部白色。雄胫节膨大具毛簇，跗节约为胫节长的1/5。后翅外缘中部圆钝凸出。翅面浅黄白色；斑纹浅黄褐色。前翅内线距离中线和外线较远，但不稳定；中线在中室处外凸；外线细，波曲状；中点黑色微小；后翅中线位于中点内侧；两翅均无缘线；缘毛黄白色。

分布：中国的甘肃（康县）、黑龙江、辽宁、河南、陕西、江苏、湖北；俄罗斯，朝鲜，韩国，日本。

(101) 笛岩尺蛾 *Scopula sybillaria* (Swinhoe, 1902)

Craspedia sybillaria Swinhoe, 1902b, Trans. ent. Soc. Lond., 1902 (3):658. (China:Hubei,Ichang)

前翅长：♂9~14 mm，♀10~14 mm。雄触角杆略呈锯齿形，具纤毛簇。体及翅黄白色，散布黑褐色鳞。后翅外缘中部微凸成1弱小尖角。前后翅中点黑色微小；线纹浅灰褐色；前翅具内线；前后翅中线和外线波曲，均在前翅前缘下形成折角，后翅中线由中点内侧绕过；翅端部色略深，亚缘线浅色波状；缘线在翅脉间形成小黑点；缘毛灰黄色。前翅反面浅灰褐色，斑纹同正面；后翅反面白色，中点较正面弱小，隐见翅端部斑纹。

分布：甘肃（文县）、山西、河南、陕西、浙江、湖北、江西、湖南、福建、台湾、广东、香港、广西、四川。

(102) 黑缘岩尺蛾 *Scopula virgulata* (Denis & Schiffermüller, 1775)

Geometra virgulata Denis & Schiffermüller, 1775, Ankündung syst. Werkes Schmett. Wienergegend:117. (Austria:Vienna district)

前翅长：♂11~13 mm，♀12~13 mm。雄触角略呈锯齿形，具纤毛簇，纤毛长度与触角杆直径相仿；雌线形。额黑色；下唇须背面黑色，伸出额外；头顶黄白色；领片黄褐色；肩片黄白色。雄后足胫节膨大，具毛簇；跗节约与胫节等长。翅面灰黄褐色，斑纹灰褐色。前翅内线几乎不可见；中线远离中点，斜直；外线几乎与中线平行，细小锯齿状，稍弯曲；亚缘线有时不清晰；缘线黑色；中点极小或不清晰，黑色。后翅中点鲜明；中线较前翅弯曲；外线和缘线与前翅相似。缘毛灰黄褐色，具黑色。

分布：中国的甘肃（礼县）、黑龙江、内蒙古、北京、河北、山西；蒙古国。

(103) 巨岩尺蛾 *Scopula umbelaria* (Hübner, 1813)

Geometra umbelaria Hübner, 1813, Samml. eur. Schmett. 5:pl.85:437,438. (Europe)

前翅长：♂♀15~17 mm。雄、雌触角均线形，雄具纤毛簇。额黑褐色；头顶白色；下唇须细长，背面褐色，腹面黄褐色；领片黄褐色；肩片白色。雄后足胫节无距，具毛簇；雌具2对距。前翅顶角略尖，后翅外缘在M_3脉端略突出。翅面黄白色，斑纹淡灰黄色，点缀褐色及灰色鳞片。前翅内线细直；中线为1模糊粗条带；外线隐约具齿；亚缘线与外线类似；前翅中点几乎不可见；缘毛黄白色，具小黑点。后翅各线在M_3与Cu_1脉间稍外凸；中点小黑色点状。

分布：中国的甘肃（永登、榆中）、黑龙江、内蒙古、河北、山西、山东、宁夏；俄罗斯，日本；亚洲中部至欧洲。

(104) 麻岩尺蛾 *Scopula nigropunctata* (Hufnagel, 1767)

Phalaena nigropunctata Hufnagel, 1767, Berlin Mag., 4 (5):526. (Germany:Berlin region)

前翅长：♂♀13~15 mm。雄触角锯齿形，具纤毛簇。额黑褐色；下唇须细长，褐色；头顶白色；领片黄褐色；雄后足胫节膨大，无距，跗节约为胫节长的1/3。前翅顶角尖，外缘较直；后翅外缘在M_3脉端外凸1尖角。翅面浅灰黄褐色，散布较稀疏的黑褐色鳞片。前后翅线纹波曲；前翅内线在中室处向外凸出成角；中线远离中点，粗，颜色加深；外线细，小波曲状，外侧色较深，亚缘线灰白色波状；缘线黑色线形，常较连续，仅在翅脉端断离；两翅中点均为小黑点；后翅中线位于中点内侧，稍直，粗；外线褐色、锯齿形；亚缘线淡褐色；缘线与前翅相似。前翅反面外线通常纤细清晰。

分布：中国的甘肃（永登、镇源、天水、礼县、宕昌、两当、舟曲、成县、陇南、康县、文县）、黑龙江、内蒙古、北京、河北、山西、山东、河南、陕西、青海、上海、浙江、湖北、江西、湖南、福建、台湾、广西、四川、重庆、云南、西藏；朝鲜，韩国，日本，俄罗斯；欧洲。

(105) 悠岩尺蛾 *Scopula eunupta* Vasilenko, 1998

Scopula eunupta Vasilenko, 1998, Zoologichesky Zhurnal, 77 (10):1137. (Russia, Amur Region)

前翅长：♂10~13 mm，♀11~13 mm。翅面黄白色。前翅内线模糊，中室处外凸；中点小黑点状；中线R_5脉处凸出，其余斜向下伸至后缘；外线稍弯曲；缘线在前翅端部为2小黑点状。后翅中线与外线与前翅连续；中线靠近中点，位于中点内侧。本种极近似麻岩尺蛾 *S. nigropunctata*，斑纹几乎相同；缘线亦常为较连续的黑线。但本种后翅外缘凸角较圆钝，不同于麻岩尺蛾的近三角形；雄腹部末端不明显膨大。

分布：中国的甘肃（永登、镇原、礼县、宕昌、舟曲、陇南、文县）、内蒙古、北京、河北、山西、山东、河南、陕西、宁夏、青海、湖北、四川；俄罗斯（阿穆尔地区）。

（106）端点岩尺蛾 Scopula apicipunctata (Christoph, 1881)

Acidalia apicipunctata Christoph, 1881, Bull. Soc. imp. Nat. Moscou, 55 (3):54. (Russia: Siberia, Vladivostok)

前翅长：♂11~12 mm，♀10~13 mm。雄触角线形，具毛簇；雌触角线形。额黑色；下唇须背面散布黑色鳞片，伸出额外；头顶和肩片白色；领片黄褐色。雄后足胫节膨大，具毛簇；跗节约为胫节长的1/2。后翅外缘中部略凸。翅面浅黄褐色；斑纹灰黄褐色。前翅内线在中室处外凸，之后斜向下至后缘；中线与内线相似，在R_5脉处外凸，与内线几乎平行；外线与中线距离远，稍波曲，R_5脉处稍外凸；亚缘线靠近外线，粗，模糊；靠近外缘处具褐色斑，模糊；缘线褐色深灰，在近顶角处具1内凸黑点；中点小黑点状，不清晰。后翅中线直，穿过中点。翅反面斑纹清晰。

分布：中国的甘肃（文县）、陕西、浙江、湖北、江西、福建、四川、云南；俄罗斯东南部，朝鲜，韩国，日本。

（107）良岩尺蛾 Scopula dignata (Guenée, 1858)

Acidalia dignata Guenée, 1858, in Boisduval & Guenée, Hist. nat. Insectes (Spec. gén. Lépid.), 9:499. (Russia: Altaï)

前翅长：♂11~15 mm，♀10~14 mm。雄触角线形，具纤毛；雌触角线形。额黑色；下唇须较粗，全黑褐色，伸出额外；头顶、领片、肩片均白色。雄后足胫节膨大具毛簇；跗节约为胫节长的1/2。翅白色，前翅前缘散布密集黑鳞，后翅端半部散布稀疏黑鳞；翅面斑纹淡黄褐色，稍波曲；亚缘线外侧脉间具浅黄褐色斑；中点黑色鲜明；缘线为脉间黑点，隐约相连。

分布：中国的甘肃（榆中、天水、礼县）、辽宁、内蒙古、北京、天津、河北、山西、山东、河南、陕西、宁夏、青海、湖北、四川；俄罗斯。

（108）舍氏岩尺蛾 Scopula sjostedti Djakonov, 1936

Scopula (Acidalia) sjostedti Djakonov, 1936, Ark. Zool., 27A(39):8, fig. 1a; 9, fig. 1. (China: S. Kansu)

前翅长：♂13~15 mm，♀12~14 mm。雄触角纤毛长。额黑色。后足胫节膨大，跗节长达胫节的2/3。后翅外缘中部凸出。翅白色，具黑色鳞片，前翅前缘脉处密集；翅面斑纹模糊；前翅内线中央稍弯曲；中点无或很弱；中线绕过中点，稍呈"S"状；外线与亚缘线平行，锯齿状；亚缘线外可见斑纹痕迹；后翅中点无或弱；中线直，靠近中点；外线与之平行；两翅缘线均为脉间黑点。前翅反面外线之内散布黑褐色鳞，但不为均匀的深褐色，显得粗糙；外线通常清晰；后翅反面白色，几乎无斑纹，有时亦散布稀疏黑褐色鳞，或可见外线；两翅反面可见比较连续的黄褐色缘线。

分布：甘肃（永登、洮河流域、舟曲）、北京、山西、宁夏、青海、四川。

（109）波岩尺蛾 Scopula rivularia (Leech, 1897)

Acidalia rivularia Leech, 1897, Ann. Mag. nat. Hist. (6)20:93. (China: Hubei, Chang-yang; Sichuan, Moupin)

前翅长：♂18~20 mm，♀17~18 mm。雄雌触角均线形，雄具纤毛簇，纤毛短于触角杆直径。额黑色；下唇须黄褐色，背面具黑色鳞片，伸出额外；头顶白色到黄白色；领片黄褐色；肩片与领片相同。雄后足胫节不特别延长，跗节长约为胫节1/2。前翅顶角尖，略凸出；后翅外缘中部凸出成1尖角。翅灰白至灰黄色，散布黑褐色鳞，在翅基部尤为明显；斑纹深灰褐色，粗壮鲜明。前翅内线、中线、外线和后翅中线、外线均强烈波曲，中线在前翅M_3以下增粗为细带状；前翅中点极弱或消失，但该处有1灰圈；后翅中点黑色，稍大；外线与亚缘线之间的暗色带变为翅脉间的1列灰斑；亚缘线不清晰，其外侧（尤其前翅）色较浅；缘线为翅脉间1列黑点；缘毛灰黄色。翅反面灰白色；前翅基部散布黑鳞，有小中点，其外侧斑纹同正面但较模糊；后翅中点同正面，其他斑纹大部消失。

分布：甘肃（康县、文县）、陕西、湖北、湖南、四川。

(110) 褐斑岩尺蛾 *Scopula propinquaria* (Leech, 1897)

Acidalia propinquaria Leech, 1897, Ann. Mag. nat. Hist., (6)20:91. (China: Sichuan, Moupin, Omeishan; Kwei-chow; Hubei, Ichang, Chang-yang; Zhejiang, Ningpo. Korea: Gensan)

前翅长：♂11 mm，♀10~12 mm。雄触角纤毛长为触角杆直径的1.5至2倍。雄后足胫节无距，具毛束；跗节长约为胫节的3/5。额黑色；体污白色。翅面白色。前翅内线和中线黄褐色，波曲，模糊；中点黑色，微小；外线灰褐色，微波状，接近外缘，其外侧为1列浓重云纹状斑块；亚缘线白色波状，其外侧为1条黄褐色带；缘线黑灰色，在翅脉端断离；缘毛灰黄色。后翅中线平直；其余斑纹与前翅相似。

分布：中国的甘肃（榆中）、浙江、湖北、江西、湖南、福建、台湾、广东、广西、四川、贵州；朝鲜、韩国、越南。

(111) 华岩尺蛾 *Scopula sinopersonata* (Wehrli, 1932)

Acidalia sinopersonata Wehrli, 1932a, Ent. Rdsch., 49:225, figs 3,4. (China: Canton [Guangdong]; Sichuang, Omihsien; Guangxi, Nannin)

前翅长：♂♀9~10 mm。雄触角纤毛长约等于触角杆直径。雄后足胫节无距，具毛束；跗节常短缩。雄后足跗节长约为胫节的3/5。额黑色；头顶、体及翅灰黄色，腹背和翅散布褐鳞。前翅狭长，顶角尖，外缘倾斜；后翅外缘圆弧形。线纹黄褐色，模糊；中点极微小，后翅中线穿过中点；前翅外线在前缘下方有1折角，然后内倾，几乎与外缘平行；后翅外线浅弧形；前后翅外线外侧具细弱伴线；缘线黑褐色连续，在翅脉端形成小黑点，前翅缘线绕过顶角到达前缘端部；缘毛基半部灰黄褐色，端半部灰黄至灰白色。翅反面淡灰褐色，斑纹较正面清楚。

分布：甘肃（康县、文县）、陕西、湖北、湖南、广东、广西、四川。

(112) 忍冬尺蛾 *Somatina indicataria* (Walker, 1861)

Argyris indicataria Walker, 1861, List Spec. lepid. Insects Colln Br. Mus., 23:809. (China (north))

前翅长：♂13~17 mm，♀14~17 mm。雄触角纤毛形，雌触角线形。额黑褐色；头顶和胸部背面白色。腹部背面灰黑色，各腹节后缘白色。雄后足胫节具毛束，跗节长约为胫节之半或2/5。翅面白色，翅端部斑纹灰色。前翅内线非常细弱，锯齿形，黄褐色；中线起始于中点外侧，弯曲细带状；外线近外缘，非常细弱，在前缘处扩展成1小斑，外侧为2列半月形小灰斑；缘线黑色，在翅脉间形成半月状；缘毛灰色，在翅脉端白色。中点黑色锚状，有2个向外凸的小齿，其周围是1个灰褐色圆环，与中点间有空隙，与中线接触处加深形成黑斑。后翅中线波浪状模糊带，未达前缘，中点较小，黑色短条形；外线锯齿形，远离外缘且较完整，其尖齿在翅脉上形成小黑点，外侧的2列灰斑，内侧1列较大而圆，常互相接触；缘线和缘毛同前翅。翅反面白色，隐见正面斑纹。

分布：中国的甘肃（永登、成县、文县）、黑龙江、吉林、辽宁、北京、河北、山东、河南、陕西、宁夏、上海、浙江、湖北、江西、湖南、福建、贵州、四川；俄罗斯、朝鲜、韩国、日本。

(113) 铅花边尺蛾 *Somatina mendicaria* (Leech, 1897)

Acidalia mendicaria Leech, 1897, Ann. Mag. nat. Hist., (6)20:100. (China: Hubei, Chang-yang; Sichuan, Moupin)

前翅长：♂13~15 mm，♀13~16 mm。雄触角纤毛形。雄后足胫节不膨大，无距；跗节正常。头顶白色；领片黄褐色。胸腹部及翅面铅灰色，翅面斑纹深灰黑色至黑褐色。前翅顶角尖锐；外缘稍直；后翅外缘浅弧形。前翅内线、外线、亚缘线波状；中线在中室端脉处内凹；外线在R_5脉向外凸出成尖锐角；前后翅中点均较模糊；后翅具中线和外线；亚缘线细弱模糊；前后翅缘线黑褐色，在翅脉端断离；缘毛浅于翅色。翅反面较正面浅，仅亚缘线可见。

分布：甘肃（宕昌、文县、成县、康县）、陕西、湖北、四川、云南。

(114) 白眼尺蛾 *Problepsis albidior* Warren, 1899

Problepsis albidior Warren, 1899, Novit. zool., 6:33. (India: Kulu)

前翅长：♂15~19 mm，♀16~21 mm。雄触角双栉形，栉齿长约为触角杆直径的3倍，末端约1/4无栉齿；雌触角线形。额和头顶黑色，额下端白色；下唇须短小，背面黑色，腹面白色。体及翅白色；领片白色，腹部第三至第七节背板带浅灰色。雄后足跗节长度为胫节的1/3至2/5。前后翅外缘圆；前后翅中室端各具1大眼斑。前翅前缘基部至外线灰黄褐色至黑灰色；眼斑圆形，大多较小，偶有大型（直径3.5~5.0 mm），黄褐色，斑上有1银圆和2条短银线，斑内在Cu_1基部两侧有小黑斑；大斑下在后缘处有1小褐斑，周围有银圈；后翅眼斑肾形，中央白色，周围灰黄褐色有银圈；斑下在后缘散布银色鳞片；外线灰黄褐色，前翅弧形，后翅浅弧形，均远离眼斑，前翅外线中部与眼斑和外缘距离相仿，后翅略近眼斑；亚缘线为2列云纹样灰斑，外侧1列较小，较模糊；缘线纤细灰色；缘毛白色，端部略灰。翅反面白色，隐见正面的眼斑、外线和亚缘线；前翅前缘颜色较正面浅。

分布：中国的甘肃（文县）、山西、安徽、浙江、湖北、湖南、福建、台湾、广东、海南、广西、四川、云南、西藏；日本，印度，印度尼西亚。

（115）佳眼尺蛾 *Problepsis eucircota* Prout, L.B., 1913

Problepsis eucircota Prout, L.B., 1913, in Seitz, Gross-Schmett. Erde, 4:50, pl.7:b.（China：Shanghai；Zhejiang, Ningpo；Sichuan, Chia-ting-fu）

前翅长：♂14~21 mm，♀14~19 mm。雄触角双栉形，栉齿长略大于触角杆直径，末端约1/5无栉齿；雌触角锯齿形，每节具2对纤毛簇。额和头顶黑色，额下端略带白色；下唇须黑褐色，腹面黄白色；领片白色；胸部和腹部第一、二节背面白色，其余腹节背面灰色。雄后足跗节长为胫节的1/4至1/3。翅白色；前翅前缘基部至外线深灰色；前翅眼斑圆形，有时略呈卵圆形，平均略大于前种，眼斑内的银色圈通常比较完整，Cu_1两侧具鲜明黑斑，M_3以上无黑色；眼斑下方有1小黄褐色斑，未达后缘，其上有银鳞；后翅眼斑肾形，具银圈，在M_3与Cu_1基部附近常有少量黑色；眼斑下的小斑较前翅的大，有时与眼斑相连，下端到达后缘，大部覆盖银鳞；外线黄褐色至深灰色，细带状，前翅弧形，中部略凹，后翅浅弧形，前后翅外线均与眼斑和外缘的距离相仿；亚缘线为2列云纹样灰斑，部分消失；缘线灰色；缘毛白色，端半部略带灰色。翅反面眼斑深灰褐色，中心灰白色；前翅前缘深灰褐色，有时向下扩散至中室下缘；前翅外线由前缘至Cu_2深灰褐色，有时消失；后翅外线及两翅亚缘线消失。

分布：中国的甘肃（文县）、山西、河南、陕西、上海、浙江、湖北、江西、湖南、福建、广西、四川、贵州、云南；朝鲜，韩国，日本。

（116）斯氏眼尺蛾 *Problepsis stueningi* Xue, Cui & Jiang, 2018

Problepsis stueningi Xue, Cui & Jiang, 2018, Zootaxa, 4392（1），106, figs 4, 5, 33, 54, 75, 94.（China：Gansu, Wenxian）

前翅长：♂15~18 mm，♀16~17 mm。雄触角结构、头胸腹颜色同佳眼尺蛾 *P. eucircota*，但雌触角为线形，无锯齿；雄后足跗节长度约为胫节的1/3。翅面斑纹与佳眼尺蛾极为相近，仅有的几处微小区别如下：翅面略带污白色，平均不如佳眼尺蛾洁白；前翅眼斑略呈椭圆形，不如该种圆；外线颜色较浅淡，淡黄褐色（该种多为灰色），较细但粗细较均匀，前翅外线的弧形较圆润，中部不内凹（佳眼尺蛾大多在M脉间有明显内凹，且该处较细）；后翅眼斑无黑色；前后翅后缘的小斑平均较该种小。翅反面颜色浅淡；前翅前缘黄褐至深灰褐色，不向下扩展；两翅眼斑为正面斑纹透映到反面，无任何灰褐色，该处鳞片全为半透明的白色，有时有少量浅灰色，正面Cu_1基部的2个小黑斑在反面清晰可辨；外线完全消失。

分布：甘肃（舟曲、成县、文县）、山西、河南、陕西、浙江、湖北、湖南、福建、广东、广西、四川、重庆、贵州。

（117）平眼尺蛾 *Problepsis vulgaris* Butler, 1889

Problepsis vulgaris Butler, 1889, Illust. typical Specimens Lepid. Heterocera Colln Br. Mus., 7：7, 43, pl. 125：2.（India：Kangra）

前翅长：♂14~17 mm，♀14~19 mm。雄触角双栉形，栉齿长于触角杆直径的2倍，末端约1/4无栉齿；雌触角线形。额和头顶黑色，额下端白色；下唇须黑褐色，腹面黄白色；领片、胸部和第一腹节背面白色，第二腹节背面中央和其余各腹节背面大部深灰色。雄后足跗节长接近或等于胫节的1/2。翅白色；前翅前缘基部至外线深灰色，并略向下扩散；前翅眼斑倒梨形，上大下小，内缘凹，大部有黑边，外缘中部凸出，在M脉间和Cu_2处凹，边缘掺杂黑鳞，斑内银圈较完整，中部以下有黑斑，中部之上有时有黑斑；眼斑下的小斑黄褐色，不与眼斑接触或略有接触，下端到达后缘，或多或少掺杂黑色和银鳞；后翅眼斑形状与前翅相仿，但方向相反，上小下大，下半部宽窄有明显变化，内外边缘黑色较少，斑内银圈不完整，几乎无黑色，下方大多与小斑接触，小斑达后缘；前后翅外线灰黄色至深灰色，较模糊，在两翅M脉间明显凹入；亚缘线的2列灰斑较完整，常掺杂黑灰色；缘线深灰色，前翅有时掺杂黑灰色，并在翅脉间形成黑点；缘毛基部白色，端半部在翅脉间灰色。前翅反面前缘基部至外线外侧深灰褐色，并向下扩展至中室下缘，但有时消失；两翅眼斑色略深，带深灰褐色或黑灰色；其余斑纹隐约可见。

分布：中国的甘肃（文县）、广东、海南、香港、广西、四川、云南、西藏；印度，越南，斯里兰卡，新加坡，马来西亚。

（118）邻眼尺蛾*Problepsis paredra* Prout, L.B., 1917

Problepsis paredra Prout, L.B., 1917, Novit. zool., 24: 312. (China: Szechuan)

前翅长：♂14~18 mm，♀15~18 mm。雄触角双栉形，栉齿长略大于触角杆直径，末端约1/4无栉齿；雌触角线形。头黑色；额下端和下唇须腹面白色；领片、胸部和第一腹节背面白色，第二腹节背面有时可见小灰斑，其余各腹节背面大部灰色。雄后足跗节长度约为胫节的1/3或更短。前翅前缘基部至外线灰褐至深灰褐色；前翅眼斑极似平眼尺蛾*P. vulgaris*，但外侧边缘极少有黑色；后翅眼斑较狭小，大多呈条形，斑内有小黑斑或散碎黑鳞，下端不与后缘小斑接触；前后翅外线淡灰黄或淡灰色，较弱，较前种略远离眼斑，中部凹入较浅；亚缘线的2列灰点色较浅，有时部分消失；缘线灰色纤细，在前翅极少带黑灰色或在翅脉间形成小黑点；缘毛端半部仅略带淡灰色。翅反面眼斑深灰至深灰褐色，模糊；其余斑纹极模糊或消失；前翅反面前缘颜色较正面浅。

分布：甘肃（宕昌、文县）、陕西、浙江、湖北、江西、湖南、福建、广东、广西、四川、重庆。

（119）接眼尺蛾*Problepsis conjunctiva* Warren, 1893

Problepsis conjunctiva Warren, 1893, Proc. zool. Soc. Lond., 1893(2): 358. (India: Sikkim)

前翅长：♂14~17 mm，♀17~18 mm。雄触角锯齿形具纤毛簇；雌触角线形。头顶、额和下唇须黑色，额下端和下唇须腹面有白色；领片黑灰色；胸部背面白色。腹部背面灰至深灰色。雄后足跗节长度约为胫节长的1/2。翅灰白色，或多或少带浅灰褐色；前翅前缘基部至眼斑上方灰褐色；前翅眼斑近圆形，下端稍尖，中部色淡，银圈不完整，有时银鳞稀少，Cu_1基部两侧黑斑发达，其上方无黑色；后翅眼斑近水滴形，银圈不完整，斑内在Cu_1下方有1深褐点；前后翅眼斑之间及后翅眼斑以下为1条连续的灰色带，边缘模糊，不形成斑块；前翅后缘中部至近基部处及后翅后缘中部附近散布银白色鳞；前后翅外线较粗但较模糊，深灰色；亚缘线通常消失，在颜色较深的个体中或多或少有一些散碎灰斑点；缘线淡灰色，细弱；缘毛白色至淡灰色。翅反面白色，散布较多灰褐色，眼斑及其灰带和外线均深灰褐色，前翅眼斑内的黑斑隐约可见。

分布：中国的甘肃（文县）、湖北、湖南、福建、台湾、广东、海南、云南、西藏；印度，缅甸。

（120）指眼尺蛾*Problepsis crassinotata* Prout, L.B., 1917

Problepsis crassinotata Prout, L.B., 1917, Novit. zool., 24: 310. (India: Khasi Hills)

前翅长：♂16~22 mm，♀19~25 mm。雄触角锯齿形具纤毛簇；雌触角线形。头顶、额和下唇须黑色，额下端和下唇须腹面有白色；领片浅灰褐至黑色，个体间变化明显，但从不为白色；胸部背面白色。腹部背面灰色，第一腹节背面有时白色。雄后足跗节长度约为胫节长的2/5。前翅前缘基部至外线深灰色；前翅眼斑圆形，深褐色，具1不完整黑圈和稀疏银灰色鳞片；眼斑下方在后缘处具小褐斑；后翅眼斑色深，上端窄且方，如指状向前缘凸伸,下端宽且圆,眼斑大小及上半部的宽窄变化非常大;眼斑内有少量黑色,上半部有少量银灰色鳞,下半部有1暗银灰色圈;后缘小斑与眼斑接触或十分接近,具银色鳞片;前后翅外线浅灰色,有时略带灰黄色调,弧形,在M脉间和臀褶处明显凹入;亚缘线为1列云纹样深灰色斑,其外侧隐约可见另1列较小,较模糊灰斑;缘线深灰色,纤细;缘毛灰色掺杂白色。翅反面前翅前缘和两翅眼斑深灰褐色,十分鲜明;外线和亚缘线极弱或消失。

分布:中国的甘肃(文县)、河南、陕西、浙江、湖北、江西、湖南、福建、台湾、广西、四川、重庆、贵州、云南、西藏;印度。

(121) 盘眼尺蛾 *Problepsis discophora* Fixsen, 1887

Problepsis discophora Fixsen, 1887, in Romanoff, Mém. Lépid., 3:348, pl.15:4.(Korea)

别名:长眉眼尺蛾。

前翅长:♂16~23 mm,♀16~22 mm。雄触角锯齿形具纤毛簇;雌触角线形。头顶白色;额和下唇须黑色,下唇须腹面黄白色;领片黑灰色;胸部背面白色。腹部背面灰至深灰色。雄后足跗节约等于或略大于胫节的1/3,最长可达1/2。前翅前缘基部至外线深灰至黑灰色,比较浓重,有时呈带状;前翅眼斑圆形,大小在个体间差异很大,银鳞银灰色,组成大致完整的银圈,Cu_1基部两侧有黑斑,M脉间在银圈边缘有黑鳞或狭长黑斑;后缘的小斑圆形,与眼斑接触或不接触,有时扩散至后缘,有时部分或整体消失;后翅眼斑椭圆形,斑内银圈上端开口,银圈外缘在M脉间有黑斑;小斑通常不如前翅规则,上下连接眼斑和后缘,有银鳞;外线细带状,灰黄褐色,在前翅前缘加粗形成清晰灰斑,前后翅外线中部微凹,通常略近眼斑,有时与眼斑和外缘距离相仿;亚缘线2列灰点组成云状纹,第二列十分细小,在前翅前缘附近消失;缘线深灰色,有时在前翅M_2之上翅脉间有小黑点;缘毛白色,在翅脉间或多或少掺杂灰色。前翅反面前缘的深色带较正面浅淡,几乎不向下扩散;两翅反面眼斑颜色很淡,外线和其外侧的云状纹大部或全部消失。

分布:中国的甘肃(迭部、武都区、文县)、辽宁、北京、河北、山西、山东、河南、陕西、青海、上海、江苏、湖北、湖南、台湾、广西、四川、重庆;朝鲜,韩国。

(122) 猫眼尺蛾 *Problepsis superans* (Butler, 1885)

Argyris superans Butler, 1885, Cist. ent., 3:122.(Japan:Yezo)

前翅长:♂24~30 mm,♀26~31 mm。雄触角锯齿形,具纤毛簇,纤毛长度与触角杆直径相仿;雌触角线形。头顶白色;额和下唇须黑色,下唇须腹面黄白色;领片黑灰色;胸部背面和第一、二腹节背面白色,其余各腹节背面黑灰色至黑褐色。雄后足跗节长等于或略大于胫节的1/2。前翅前缘灰色狭窄,到达眼斑上方;眼斑大而圆,具黑圈,其上端开口,黑圈内为1不完整的银圈,Cu_1两侧有小黑斑;眼斑内有白色条状中点;眼斑下方的小斑近于消失;后翅眼斑色深,有时近黑灰色,近椭圆形,较宽阔,斑内散布银鳞,外上角带少量黑色;后缘的小斑与眼斑接触甚至融合,中心有银鳞;外线纤细,前翅外线色浅淡,在前缘附近消失;后翅外线深灰色,较直,中部紧邻眼斑;翅端部云状纹发达,深灰色;缘线纤细深灰色;缘毛基半部灰白色,端半部在翅脉端白色,翅脉间深灰色。翅反面斑纹较弱,前翅前缘基半部附近深灰褐色,有时向下扩展至中室下缘;眼斑较正面小,深灰褐色,前后翅均有白色条状中点;翅端部灰纹隐约可见。

分布:中国的甘肃(天水、宕昌、康县、文县)、黑龙江、吉林、辽宁、北京、河北、河南、陕西、浙江、湖北、江西、湖南、福建、台湾、广西、四川、贵州、云南;俄罗斯东南部,朝鲜,韩国,日本。

(123) 烤焦尺蛾 *Zythos avellanea* (Prout, L.B., 1932)

Nobilia avellanea Prout, L.B., 1932, Novit. zool., 38:3.(India:Cherrapunji)

前翅长:19~20 mm。雄触角锯齿形,具长纤毛簇;雌触角线形。头焦褐色,下唇须腹面黄色;胸腹部背面灰黄色。前翅顶角略呈钩状凸出,外缘浅弧形;后翅外缘浅波曲,中部略凸出。翅面焦褐色,密布浅色碎纹。前翅前缘有1条灰黄色宽带,在翅基部和中部扩展至后缘;中点黑色短条形;外线深褐色,并沿Cu_2向外凸出1细长尖齿;亚缘线在M_2以上模糊,M_2以下灰白色,在Cu_1附近与缘线接触;缘线黑褐色;缘毛灰褐色。后翅基部色较浅;外线深褐色,锯齿形;亚缘线深褐色,在M_3与Cu_1之间与缘线接触;缘线和缘毛与前翅相似。

分布:中国的甘肃(文县)、浙江、湖北、江西、湖南、福建、台湾、广东、海南、广西、四川、云南;印度,缅甸,越南,马来西亚,印度尼西亚。

(124) 基泥岩尺蛾 *Aquilargillia basifixa* Cui, Xue & Jiang, 2018

Aquilargillia basifixa Cui, Xue & Jiang, 2018, Zootaxa, 4514(3):433, figs 3, 7-9, 11. (China: Sichuan)

前翅长:♂♀12~14 mm。雄触角双栉形,雌触角线形。额黑褐色,下端带白色;头顶白色;下唇须背面黑色,腹面灰黄色,稍伸出额外;胸腹部背面浅灰褐色至深灰褐色。雄后足胫节不膨大,无距;跗节约为胫节长的3/4。前翅顶角尖锐,略凸出,外缘直;后翅外缘浅弧形。翅黑灰色或灰褐色,横线黑色波浪状,不清晰。前翅前缘脉区域颜色加深;外线在M_2处形成1尖锐凸齿;两翅中点黑色短条形,不清晰;缘毛黑灰色。

分布:甘肃(成县、文县)、四川、重庆。

(125) 双珠严尺蛾 *Pylargosceles steganioides* (Butler, 1878)

Acidalia steganioides Butler, 1878, Illust. typical Specimens Lepid. Heterocera Colln Br. Mus., 2:ix, 51, pl. 37:8. (Japan: Yokohama)

前翅长:春季型:♂♀12~13 mm;夏季型:9~11 mm,10~12 mm。雄触角双栉形;雌触角线形。头紫褐色;下唇须短小;胸腹部背面黄褐色,胸部前端有1紫褐色横带。翅黄褐色,斑纹红褐至紫褐色。前翅前缘深褐色;基部散布黑褐色小点;内线波状;中线较直;中点为深褐色小点,位于中线内侧;外线深褐色,波状并较近外缘,在M_1、M_2至Cu_2上有褐线与缘线相连接;缘线深褐色;缘毛基半部深灰褐色,端半部色较浅。后翅基部散布黑褐色小点;中线平直;中点极微小,位于中线上;外线纤细波状,有时模糊;缘线和缘毛与前翅相似。

分布:中国的甘肃(文县)、北京、河北、山东、河南、陕西、上海、浙江、湖北、湖南、福建、台湾、广东、广西、四川;朝鲜,韩国,日本。

备考:本种有两个型。春季型体型较大、颜色较浅、斑纹清晰;夏季型个体较小、颜色较暗、斑纹不清晰。

(126) 毛足姬尺蛾 *Idaea biselata* (Hufnagel, 1767)

Phalaena biselata Hufnagel, 1767, Berlin Mag., 4(6):618. (Germany: Berlin region)

前翅长:♂♀9~11 mm。雄触角纤毛状。额褐色,头顶白色;下唇须褐色。雄后足胫节细长,具发达毛束,毛束背面带灰褐至黑灰色;跗节约为胫节长的1/2。翅面灰白色,带淡黄褐色;内线及中线常不清晰;外线灰褐色,外凸;具黑色中点;翅端部区域淡褐色至黑褐色,其中亚缘线波状,同翅色;缘毛在翅脉端有黑点。

分布:中国的甘肃(永登)、山东、四川;俄罗斯,蒙古国,朝鲜,韩国,日本;欧洲。

(127) 旋姬尺蛾 *Idaea aversata* (Linnaeus, 1758)

Phalaena (Geometra) aversata Linnaeus, 1758, Syst. Nat. (*Edn* 10), 1:526. (Finland)

前翅长:♂♀12~15 mm。雄触角纤毛状。额黑褐色;头顶白色。雄后足胫节膨大,具毛束,毛束带酒红色;跗节约为胫节长的1/3。前翅外缘较直,明显倾斜。翅面灰白色,有时带橘色调,散布密集灰褐色鳞;各横线黑褐色清晰。前翅中线紧贴中点外侧,极少穿过中点;外线通常在前缘下明显折角;中点小;缘线在脉间呈短条形;缘毛灰黄褐色,在翅脉端具小黑点。后翅中线位于中点内侧。

分布:中国的甘肃(永登、宕昌、舟曲)、黑龙江、内蒙古、北京、山西、山东、河南、陕西、宁夏、青海、新疆、四川;俄罗斯,日本,小亚西亚;欧洲,非洲北部。

(128) 瑕姬尺蛾西伯利亚亚种 *Idaea straminata sibirica* (Djakonov, 1926)

Ptychopoda inornata sibirica Djakonov, 1926, Jahrb Mart. Staat. Minussinsk, 4(1):21. (Russia: Minussinsk; Altai Mountains; Ongubai; Ongudai; Karakol River; Altaisköe)

前翅长:♂♀11~14 mm。雄触角纤毛状。额黑褐色。头顶白色。雄后足胫节略膨大,具发达黄白色毛束。翅型和斑纹近似旋姬尺蛾 *Idaea aversata*,但翅面黄褐色,有光泽,新鲜标本具橄榄色调,灰色较少。前翅中线模糊;具黑色中点;外线略呈浅弧形,上端平滑,无明显折角;缘线清晰,在翅脉上间断;缘毛无黑点。

分布：中国的甘肃（永登、镇原、舟曲、武都区）、吉林、内蒙古、北京、天津、河北、山西、宁夏、青海、新疆、西藏；俄罗斯，蒙古国，朝鲜，韩国。

（129）小红姬尺蛾 *Idaea muricata minor*（Sterneck，1927）

Ptychopoda muricata var. *minor* Sterneck，1927，Dt. ent. Z. Iris，41：167.（China：Beijing；Sichuan：Guanxian）

前翅长：♂7~8 mm，♀7~10 mm。雄触角线形具长纤毛，雌触角线形。下唇须短小细弱；额黑褐色；头顶白色；胸部前端和腹部背面粉红色，中后胸大部和臀簇黄色。雄后足细，胫节和跗节均不膨大，胫节无距。前后翅外缘浅弧形。翅粉红色；前翅前缘下有1条灰黑色带；基部有1块、中部有2块黄斑，后翅中部有1块黄斑，上述黄斑范围常有变化；前后翅外线黑色，较近外缘；翅端部有1条狭窄黄带，其内缘不整齐；缘毛黄色。翅反面红色减少，但有时加深，黄斑扩大；前翅中室内有褐色斑。

分布：中国的甘肃（礼县、宕昌、文县）、黑龙江、吉林、辽宁、内蒙古、北京、河北、山西、山东、河南、陕西、宁夏、青海、湖北、江西、湖南、福建、广西、四川、贵州、云南；俄罗斯，蒙古国，朝鲜，韩国，日本。

（130）灰波姬尺蛾 *Idaea denudaria*（Prout，L.B.，1913）

Ptychopodes denudaria Prout，L.B.，1913，in Seitz，Gross-Schmett. Erde，4：127，pl. 7：a.（China：Zhejiang，Ningpo）

前翅长：♂7~9 mm，♀7~8 mm。雄后足胫节端半部膨大，基部毛束浅黄褐色，端半部侧面毛束发达，伸达跗节中部以下；跗节约为胫节长的1/3~1/2。翅面淡灰黄褐色；各线纹为暗褐色波状线。前后翅中室端各有1黑褐色小点，有时消失。缘毛在翅脉端的小黑点通常紧邻缘线，但是不压线，有时略呈飘状，有时消失；前翅反面基部至外线深灰褐色，几乎覆盖中点。

分布：中国的甘肃（舟曲、文县）、北京、陕西、浙江、湖北、台湾、广西。四川；朝鲜，韩国，日本。

花尺蛾亚科 Larentiinae

（131）邻库尺蛾 *Kuldscha vicinalis* Xue & Meng，1995

Kuldscha vicinalis Xue & Meng，1995，Acta Ent. Sinica，38（2）：222，figs 2，3，pl.1：1，2.（China：Gansu，Yongdeng）

前翅长：♂♀17 mm。雄触角双栉形，栉齿长约为触角杆直径的4~5倍；雌触角亦具极短的双栉齿。头灰白色，下唇须背面黑褐色，额中部掺杂大量黑褐色，额上缘有1条黑褐色横线。体背和翅浅灰褐色，中胸前端有1条黑褐色横线，向两侧扩展至前翅前缘基部；各腹节后缘具深褐至黑褐色横线。前翅亚基线内侧和中带内色较深，大部为深灰褐色；雄中带两侧散布不均匀的黑褐色，几乎不形成清晰的线纹，中带内有2条深灰褐色细线，两线之间色较浅；雌中带两侧各有2~3条深灰褐至黑褐色细线，中带内的两条细线色较深，在Cu_2处断离，Cu_2上下两部分的两条线各自接合形成回纹。后翅颜色灰白色至淡灰褐色；中点深灰色，微小；外线清晰，深灰至黑灰色，不规则波曲；雌外线外侧有一条与外线近似的亚缘线；翅端部散布深灰至深灰褐色，缘线在M_3以下黑色。

分布：甘肃（永登）、青海。

（132）宜库尺蛾 *Kuldscha dignitosa* Prout，L.B.，1937

Kuldscha loxobathra dignitosa Prout，L.B.，1937，in Seitz，Gross-Schmett. Erde，4（Suppl.）：80，pl.8：c.（China：Sichuan，Ta-tsien-lou）

前翅长：♂18~19 mm，♀17~19 mm。雄触角栉齿长约为触角杆直径的3倍，雌触角线形。下唇须深灰褐色，额、头顶和体背灰白至灰黄色，额颜色有时较深，头顶和体背掺杂深色鳞，中胸前端和各腹节后缘有黑色横纹。前翅浅灰褐色，有时带红褐色；亚基线黑色，浅弧形，内侧有1条褐色细带，外侧有白边；中线和外线黑色，前者浅弧形波曲，后者在M_3处凸出1钝齿，其上下均凹；两线间（中带）色略深，有2条黑褐色细纹，该细纹在Cu_2附近接近，有时接触；中点黑褐色微小；M_3脉由基部至外线有1段清晰黑纹；中带两侧有白边，外线外侧排列2~3条黑褐色细纹；翅端部色略深，隐见浅色波状亚缘线；缘线为1列黑点；缘毛浅灰褐色掺杂深灰褐色，在翅脉端色较深。后翅污白至淡灰褐色，后缘附近和翅端部色较深；中点黑灰色，微小；外线黑褐色，十分纤细，在翅脉上形成小黑点；缘线和缘毛同前翅。

分布：甘肃（永登）、四川。

（133）屈库尺蛾 *Kuldscha lakearia* (Oberthür, 1893)

Eubolia lakearia Oberthür, 1893, Études ent., 18:40, pl.3: 44, pl.4:58. (China: Szechwan, Tachien-lu)

前翅长：♂15~17 mm，♀14~18 mm。雄触角栉齿长为触角杆直径的5~6倍。头深灰褐至黑褐色，掺杂灰白色。体背和前翅灰褐色，深浅有变化，中胸前后端和各腹节后缘有黑色横纹。前翅常带浅黄褐色调；亚基线黑褐色浅弧形，其内侧的黑褐色细带沿前缘扩展至翅基部；中线浅弧形，中度波曲；外线不规则深波曲，在M_3处凸出1个大齿，其内侧M_3脉上有黑色短柄；中带内为不均匀的深灰褐色，有2条细弱波线和微小黑色中点；外线外侧的伴线仅在翅脉上留下小黑点；翅端部散布深灰褐色，具浅色波状亚缘线；缘线为1列黑点；缘毛灰褐色，基半部和翅脉端深灰褐色。后翅白色至淡灰褐色，后缘附近和翅端部常带灰褐色；中点深灰色；外线纤细，有时消失，在翅脉上略加深，在M_3以下强烈内弯；缘线和缘毛同前翅。

分布：甘肃（南部）、四川、西藏。

（134）同掷尺蛾 *Scotopteryx similaria* (Leech, 1897)

Eubolia similaria Leech, 1897, Ann. Mag. nat. Hist., (6)19:554. (China: Sichuan, Ta-tsien-lou)

前翅长：♂15~16 mm，♀16~17 mm。雄触角双栉形，雌线形。前翅斑纹颜色变化明显，从灰黄褐色直至黑褐色；亚基线弯曲较深；中线略呈不规则波曲；中点1个或2个，如为2个则十分细小，不连成短条形；中域的灰白色带上下宽度相近，其在前缘处宽度通常不大于后缘附近宽度的2倍；外线在前缘附近有细小锯齿，中部大齿粗钝，齿尖无明显上翘，其尖端至外缘的距离小于或等于外线在R_5处到外缘的距离；外线外侧伴线在前缘附近细锯齿状。后翅灰白至淡灰褐色，有时可见细弱外线。

分布：甘肃（永登、榆中、迭部）、内蒙古、河北、山西、陕西、青海、四川、西藏。

（135）阔掷尺蛾 *Scotopteryx eurypeda* (Prout, L.B., 1937)

Ortholitha eurypeda Prout, L.B., 1937, in Seitz, Gross-Schmett. Erde, 4 (Suppl.):76, pl.7:g. (China: Sichuan)

前翅长：♂17~20 mm，♀18~21 mm。头和胸背深灰褐色与灰黄色掺杂，腹部背面灰褐色。前翅黑褐色，大部分为污白色条带所覆盖，只留下几个黑褐色楔形斑；前缘有1条由翅基直达顶角的污白色纵带，其下缘在中室前缘脉下方，前缘至Sc之间散布灰褐色；内线、中线、外线各为1条污白色带，其中内线和外线各由4条白线组成，前者上端向顶角方向倾斜，后者接近外缘，呈弧形弯曲；中线与后缘近于垂直，最大宽度约1.5 mm，但其下端常不同程度消失，有时中线完全消失；亚缘线污白色纤细，其外侧色较浅；缘线黑褐色纤细；缘毛灰褐色，基半部色较深。后翅白色，灰色中点极微小，通常无外线和亚缘线，在少数个体中可见灰褐色外线残迹和亚缘线；翅端部略带灰褐色，缘浅深灰褐色；缘毛基半部土灰色，端半部灰白色。

分布：甘肃（永登）、福建、四川、云南、西藏。

（136）矛掷尺蛾四川亚种 *Scotopteryx duplicata subfimbriata* (Prout, L.B., 1937)

Ortholitha duplicata subfimbriata Prout, L.B., 1937, in Seitz, Gross-Schmett. Erde, 4 (Suppl.):76. (China: Sichuan)

前翅长：♂17~20 mm，♀18~20 mm。极近似阔掷尺蛾，但后翅通常可见清晰的灰褐色外线和浅色亚缘线，外线内侧散布灰褐色。

分布：甘肃（正宁）、四川、西藏。

(137) 黑波掷尺蛾 *Scotopteryx semenovi* (Alphéraky, 1892)

Cidaria semenovi Alphéraky, 1892b, Horae Soc. ent. ross., 26:458. (China: Tibet, Amdo)

前翅长: ♂13~16 mm。头黑色;额掺杂少量白鳞,宽阔,额毛簇不明显;复眼特别小;下唇须掺杂白鳞,极粗糙。胸腹部背面黑色,肩片边缘黄白色;腹部背中线黄白色,但不连续,各节后缘有黄白色横线,宽度多变化。前翅黑褐色至黑色,线纹黄白至白色;亚基线直或浅弧形,内线细,二次波折,在中室上缘处和中室下缘上下两侧各有1白线与亚基线相连;中线扩展成带状,宽度常有变化,其两侧边缘波状;中点大,黑色,位于中带外缘内侧;外线白色,锯齿状,在M_1上下和M_3与Cu_1之间的凸齿较长;亚缘线纤细,细锯齿状,有时不连续;缘毛黑褐与白色相间。后翅白色,基部散布深灰褐色,并沿后缘扩展至近臀角处;中点黑褐色,较前翅小;隐约可见模糊外线;翅端部有1黑褐至黑色带,在翅脉处常断离。

分布:甘肃(永登)、青海、四川、西藏。

(138) 古波尺蛾 *Palaeomystis falcataria* (Moore, 1868)

Urapteryx falcataria Moore, 1868, Proc. zool. Soc. Lond., 1867:613. (India: Darjeeling)

前翅长: ♂21 mm, ♀21~22 mm。触角线形,雄具短纤毛。下唇须短小细弱,灰褐色。头、体和翅均白色。前后翅各有4条灰色细纹,第一条(内线)浅弧形;第二条(外线)略粗壮,在前翅直,在后翅浅弧形;第三条弧形,下端在臀褶处汇入外线;第四条(亚缘线)细弱,有时断续或消失;无缘线;缘毛白色。后翅较小,顶角镰状凸出。

分布:中国的甘肃(永登、舟曲、文县)、北京、台湾、四川、云南、西藏;印度。

(139) 点古波尺蛾 *Palaeomystis mabillaria* (Poujade, 1895)

Erosia mabillaria Poujade, 1895b, Bull. Mus. Hist. nat. Paris, 1(2):57. (China: Sichuan, Moupin)

前翅长: ♂13~14 mm。体及翅白色,下唇须灰褐色。前翅内外线和后翅外线黑灰色波状,但前翅内线和后翅外线细弱模糊;无亚缘线;两翅M_3以下有时可见极细弱黄褐至灰褐色缘线,有时在翅脉间形成小黑点;缘毛白色,在翅脉端有灰褐色点。

分布:中国的甘肃(永登、宕昌)、陕西、湖南、四川;日本。

(140) 弥爪胫尺蛾 *Lithostege verbosaria* Xue, 1994

Lithostege verbosaria Xue, 1994, Sinozoologia, 11:119, figs 1a, 1b, 2. (China: Gansu, Yongdeng)

前翅长: ♂11 mm, ♀13~14 mm。触角线形,雄触角略加粗,具短纤毛。前足胫节外侧具1对发达的爪,两爪间有1小齿。体和翅黄褐至深褐色。前翅后缘短,外缘与后缘约等长,浅弧形,较倾斜;翅面散布大量黑褐色鳞,线纹黑褐色;亚基线折角位置较低,呈">"形;外线较宽,但内缘十分模糊,有时几乎不可辩认;中域具黑色微小中点;外线外侧有极细的浅色镶边,在前缘处形成小白斑;亚缘线外侧深灰褐至黑褐色;缘线黑色,在翅脉端断离。后翅褐色,翅脉深褐色。

分布:甘肃(永登)。

(141) 锚尺蛾 *Aplocera poneformata* (Staudinger, 1895)

Anaitis poneformata Staudinger, 1895a, Dt. ent. Z. Iris, 8:331. (China: Qinghai, Kuku-Noor)

前翅长: ♀19 mm。额极凸出,灰褐色,侧缘白色;头顶灰褐色,下唇须黄褐色,第一节腹面和第二节腹面基部白色。胸腹部背面灰褐色。前后翅均较狭长。前翅灰至灰褐色,散布白色鳞;中室前缘脉基部黑色,亚基线仅在中室内有1黑色尖角,在中室外消失;内线细带状,在前缘和中室下缘各有1个黑褐斑,其余部分极模糊,内线外侧由前缘至M_3散布着较多的白色;中域宽阔,中点极弱小;外线为1宽阔深褐至黑褐色带,内缘模糊,外缘在M_1处向外凸出,直到M_3下方才向内收缩,然后逐渐消失;外线外侧色较浅,有2条深灰褐色伴线;翅端部色略深;顶角内下方有1深褐色斜线,其下方可见浅色细带状亚缘线;缘线黑褐色,纤细;缘毛深灰褐色,端半部色较浅。后翅白色,无斑纹。

分布:甘肃(南部)、青海、四川。

（142）平衡叶尺蛾 *Lobophora halterata*（Hufnagel，1767）

Phalaena halterata Hufnagel，1767，Berl. Mag.，4：608.（Germany：Berlin region）

前翅长：♂♀13~15 mm。触角线形，雄触角具短纤毛。头胸腹部均黄白色与黑褐色掺杂。后足胫距两对。前翅宽大，前缘基部微隆，中部内侧微凹，然后略呈浅弧形到达顶角；顶角钝圆；外缘浅弧形；臀角明显，后缘平直。雄后翅特别狭小，前缘微隆起，外缘平直，顶角和臀角均钝圆，后缘极窄缩，基部内凹，着生1大叶片，其长度大于后翅长之半，翻折于翅面之上。雌后翅略宽大，后缘正常。前翅基部和端部灰褐色，中域宽阔，淡灰褐色；亚基线、内线和外线灰白色，前者浅弧形，中线和外线波状，均不清晰；中点深灰褐色；缘线深灰褐色虚点状；缘毛灰褐与灰白色掺杂。后翅白色，端部略带灰褐色；有时可见灰色中点和外线。

寄主植物：柳、苹果、梨。

分布：中国的甘肃（永登）、黑龙江、吉林、内蒙古、山西；俄罗斯；日本；欧洲。

（143）邻暗后叶尺蛾 *Epilobophora paraobscuraria* Xue，1999

Epilobophora paraobscuraria Xue，1999，in Xue & Zhu，Fuana Sinica（Insecta Vol.15，Lepidoptera，Geometridae，Larentiinae）：141，pl.2：25.（China：Qinghai，Huangnan）

前翅长：♂13~15 mm，♀14~16 mm。触角线形，雄触角具短纤毛。体背和翅灰褐色。后足胫节距1对。前翅狭长，前缘微呈浅弧形；顶角钝圆；外缘浅弧形；臀角圆；后缘较短，平直。雄后翅狭长，前缘微隆，外缘平直；顶角和臀角圆；后缘窄缩，基部有1微小叶瓣。雌后翅正常。前翅灰褐色，中带隐约可见，其下端在2A和后缘之间黑色；后缘基部至中带或多或少有黑边。后翅颜色略浅，几乎无斑纹。前后翅均有微小黑灰色中点。

分布：甘肃（迭部）、青海。

（144）烟后叶尺蛾 *Epilobophora fumosaria* Xue，1992

Epilobophora fumosaria Xue，1992b，Sinozoologia，9：273，pl.1：8.（China：Yunnan，Deqin）

前翅长：♂♀19 mm。下唇须较短，仅1/3伸出额外。前翅较狭长，外缘明显倾斜，翅面颜色十分均匀，几乎不能分辨中带，外线消失，内线仅隐约可见，在臀褶处无明显凸出；后缘的黑边由基部扩展至近臀角处。后翅灰白色至淡灰褐色，可见模糊深灰色中点。

分布：甘肃（永登）、青海、云南。

（145）文后叶尺蛾 *Epilobophora mitis* Xue & Meng，1995

Epilobophora mitis Xue & Meng，1995，Acta Ent. Sinica，38（2）：224，figs 7，8，pl.1：5.（China：Qinghai，Huangnan；Gansu，Sunan）

前翅长：♂16 mm，♀15~16 mm。头和体背浅灰褐色；下唇须约1/2伸出额外。外观十分近似烟后叶尺蛾，但前翅外缘倾斜较少，浅弧形弯曲；翅面颜色略灰，内线消失，外线在前缘附近隐约可见，具极微小深灰褐色中点，后缘的黑纹浅淡或消失。后翅白或灰白色，基部和顶角附近带灰或浅灰褐色，具微小深灰色中点。

分布：甘肃（肃南）、青海。

（146）饰毛翅尺蛾日本亚种 *Trichopteryx polycommata anna* Inoue，1955

Trichopteryx polycommata anna Inoue，1955，Tinea，2：76，pl.6：6.（Japan：Hokkaido）

前翅长：♂17 mm。雄雌触角均线形，雄触角具短纤毛。头和胸腹部背面灰褐色与灰黄色掺杂；下唇须深灰褐色，基部腹面灰白色；雄下唇须近1/3伸出额外。后足胫节仅1对距。前翅外缘长度略大于后缘长，前者十分倾斜，近平直；翅面浅灰褐色，线纹黑灰色；亚基线浅弧形，不清晰；翅基至中线在臀褶和后缘有黑纹；中线由前缘至臀褶处弧形弯曲，然后向外折向后缘；中线之外翅脉大部黑色；外线由前缘至M_1极外倾，在M_1处形成1尖角后内折，与外缘平行至臀褶处后外折至后缘；中线与外线间散布不均匀深色斑块，中线内侧和外线外侧色较浅，各有2条黑灰色纤细伴线；翅端部色略深，亚缘线浅色波状；缘线在各翅脉端两侧有1对小黑点；缘毛灰白色，基半部掺杂黑褐色。后翅特别狭长，其长度大于前翅后缘；雄后缘基部小叶瓣长为后缘长的1/5；翅面淡灰褐色，外线在各翅脉上有深灰褐色纹；缘线深灰褐色，纤细且不完整；缘毛灰白色。

寄主植物：小叶白蜡树、女贞、忍冬。

分布：中国的甘肃（永登）；日本。

(147) 柳毛翅尺蛾 *Trichopteryx carpinata* (Borkhausen, 1794)

Phalaena carpinata Borkhausen, 1794, Naturg. eur. Schmett., 5:295.（Europe）

前翅长：♂15 mm，♀16 mm。头和体背灰白与灰褐色掺杂。下唇须仅尖端伸出额外。前翅外缘长度与后缘相仿，浅弧形，倾斜较少；后翅狭长，但其前缘长度小于前翅后缘长度。前翅浅灰至浅灰褐色，斑纹灰褐至灰黑色；亚基线弧形，略模糊的细带状，在中室内外凸；内线、中线和外线均为波状双线，略模糊；中点黑灰色微小，紧邻外线；翅端部色略深，浅色波状亚缘线内侧有2条波状深色线；亚缘线外侧翅脉上有黑点；缘线在各翅脉端两侧有1对黑点；缘毛白色，掺杂灰褐色。后翅白色，翅端部色略深，有2条模糊波线；中点短条形深灰色；缘毛灰白色。

分布：中国的甘肃（榆中）；俄罗斯；欧洲。

(148) 蕾毛翅尺蛾 *Trichopteryx germinata* (Püngeler, 1909)

Lobophora germinata Püngeler, 1909, Dt. ent. Z. Iris, 21:297.（China：Qinghai, Kuku-Noor）

前翅长：♀13 mm。近似柳毛翅尺蛾。体型较该种小；后翅较该种狭长，其前缘长度大于前翅后缘长度。前翅灰色；亚基线褐色，弯折；内线同亚基线；黑灰色中带鲜明，其两侧有少量褐色；中线弯曲细带状。中点黑色短条形，大而清晰并略波曲；外线细带状，在中点外侧强烈外弯，下半段略内弯，在M_3与Cu_1基部形成黑纹；外线外侧有3条与之平行的细线；翅端部附近各翅脉上有黑点。后翅淡灰褐色，近端部处有2条模糊的细线；黑灰色中点清晰。

分布：甘肃（天水）、青海。

(149) 蜡黄洱尺蛾 *Trichopterigia cerinaria* Xue, 1992

Trichopterigia cerinaria Xue, 1992b, Sinozoologia, 9:283, fig. 10, pl.2:30, 31.（China：Gansu, Yongdeng）

前翅长：♂17~18 mm，♀16~18 mm。触角线形，雄触角具极短纤毛。额黄白色；头顶和胸部背面黄白色与灰绿色掺杂；下唇须雄约1/4，雌不足1/3伸出额外。后足胫距1对。前翅较狭长，顶角略尖，外缘浅弧形，下半段倾斜明显，臀角圆；后翅中等宽度，前缘与前翅后缘长度相仿，外缘平直；雄后翅后缘基部具1微小叶瓣。前翅色较浅，带蜡黄至灰绿色调；亚基线、中线、外线和亚缘线均为粗细不均、不规则折曲的黑线，中线和外线在前缘处双线；内线为细弱模糊黑色双线；亚缘线外侧斑点紫褐色至黑褐色；缘线在各翅脉端有1对褐点。后翅灰白至淡灰色，具模糊淡灰色中带和端带，二者在前缘处有少量黑色。

分布：甘肃（永登）。

(150) 暗绯洱尺蛾 *Trichopterigia illumina* Prout, L.B., 1958

Trichopterigia rufinotata illumina Prout, L.B., 1958, Bull. Br. Mus. nat. Hist.（Ent.），6:453, fig. 46.（China：Tibet, Yadong）

前翅长：♂17 mm，♀17~19 mm。前翅较蜡黄洱尺蛾 *T. cerinaria* 宽阔。带黄绿色调。触角、后翅和足的结构与该种相同。前后翅斑纹色均深重；前翅中线和外线在前缘处形成黑斑，其下均呈明显的双线至后缘；内线较清晰；亚缘线较连续，其外侧斑点暗红褐至暗褐色，常不清晰。后翅散布淡灰褐色。

分布：甘肃（卓尼）、四川、云南、西藏。

(151) 灰沼尺蛾 *Acasis exviretata* Inoue, 1982

Acasis exviretata Inoue, 1982, in Inoue et al., Moths of Japan, 1:462; 2:274, pl.64:50, 51; pl.327:2; pl.328:2.（Japan：Hokkaido）

前翅长：♀13 mm。头、足结构和翅型与洱尺蛾属种类（前述两种）相似，但下唇须较长；前翅径副室2个（该属种类1个径副室）。体和翅色较灰，翅面无灰黄或黄褐色调。前翅斑纹黑灰色，亚基线至中线间排列密集线纹；中带内半黑色斑纹大部消失，外半至翅端部线纹清晰。后翅浅灰褐色，中点和缘线深灰褐色。

分布：中国的甘肃（永登）；日本。

（152）点脉伪沼尺蛾 *Nothocasis neurogrammata*（Püngeler，1909）

Lobophora neurogrammata Püngeler，1909，Dt. ent. Z. Iris，21：296.（China：Qinghai，Kuku-Noor）

前翅长：♂18 mm，♀20 mm。下唇须短小，尖端伸达额外，雌较雄略长，黑褐色。头和体背灰黄色，头胸部掺杂黑褐色。额鳞毛粗糙。后足仅1对端距，短小。前翅浅灰褐色，略带灰红色调，翅脉上点缀长短不等的黑褐色点或条纹；外线波曲，深褐色，其外侧无清晰边缘，内侧为1条灰白色狭窄中带；中点黑色，外线在中点外侧内凹并与中点接触；亚缘线浅波状，其内侧有1条深色波线，均极模糊；缘线消失；缘毛灰白色，在翅脉端深灰褐色。后翅污白色；亚缘线深色，细弱模糊；缘毛同前翅。后翅翅缰几乎完全退化；雄后翅后缘基部有1小叶瓣。

分布：甘肃（永登）、青海。

（153）灰带伪沼尺蛾 *Nothocasis grisefasciaria* Xue，1992

Nothocasis grisefasciaria Xue，1992，Sinozoologia，9：289，fig.15：c，pl.2：43.（China：Gansu，Yongdeng）

前翅长：♀16~17 mm。外观近似点脉伪沼尺蛾。下唇须较长，雌约1/2伸出额外。前翅灰红色调明显，翅脉上的黑点大部消失，浅色中带较鲜明，其内侧边缘（中线）清晰；中点微小，外线在中点外侧无明显内凹，远离中点。前翅第一、二径副室间横脉十分细弱。后翅翅缰略有退化。

分布：甘肃（永登）。

（154）暗伪沼尺蛾 *Nothocasis pullaria* Xue，1992

Nothocasis pullaria Xue，1992，Sinozoologia，9：292，fig. 17，pl.2：47，48.（China：Gansu，Yongdeng）

前翅长：♂13 mm，♀14 mm。下唇须雄1/3以下、雌略长于1/2伸出额外。额黄白色掺杂少量深褐色鳞，头顶灰绿色。胸腹部背面深灰褐色与白色掺杂，胸部和第一腹节带灰绿色。前翅灰绿色至深褐色，掺杂白色；黑色亚基缘内侧及狭窄中带色较浅，后者在后缘处形成1个小白斑；内带与中线模糊不清；外线形状近似灰带伪沼尺蛾，但波曲较不规则，在中点外侧内凹较多；中点黑色微小；亚缘线浅色锯齿状，其内侧有深色波状双线，但在M脉之间几乎不形成2个尖齿样黑斑；翅脉自基部至端部均点缀黑点；缘线在翅脉端两侧有1对小黑点；缘毛灰黄色，掺杂少量深褐或黑褐色，在翅脉端有深褐色点。后翅深灰褐色，中点、中室下缘至M_3脉及缘线色略深，细带状弧形外线色略浅；缘毛灰黄色。翅缰发达。

分布：甘肃（永登）。

（155）灰玉伪沼尺蛾 *Nothocasis coartata*（Püngeler，1900）

Lobophora coartata Püngeler，1900，Dt. ent. Z. Iris，12：298，pl.9：17.（China：Qinghai，Kuku-Noor）

前翅长：♂17 mm，♀16~18 mm。头和胸背污黄至白色，掺杂黑褐色；下唇须短小，仅尖端伸出额外，侧面黑褐色。腹部背面和翅浅灰褐色，散布黑褐鳞。前翅亚基线、中线和外线均在中室至M脉处外凸，后二者距离特别近，中线内侧和外线外侧色较深，两线间色浅，其下端在2A与后缘间形成1个鲜明白斑；中点短条形细弱；翅中部以外翅脉上有黑点；亚缘线为黑褐色双线，上端弧形弯曲，M_1以下直，其内侧有1条浅色细带，外侧在M脉之间有2个黑点，有时消失；缘线在翅脉端两侧有小黑点；缘毛白色掺杂深灰褐色。后翅淡灰褐色；具微小深色中点；翅端部排布2~3条弧形灰褐色带，常十分模糊；缘线和缘毛同前翅。翅缰十分弱小。

分布：甘肃（永登）、青海、西藏。

（156）双角尺蛾 *Carige cruciplaga*（Walker，1861）

Macaria cruciplaga Walker，1861，List Spec. lepid. Insects Colln Br. Mus.，23：937.（Japan）

前翅长：♂14~15 mm，♀15~16 mm。雄雌触角均为双栉形。额、头顶和下唇须黄褐色。胸腹部背面浅黄褐色；下唇须长，约1/2伸出额外。前翅顶角凸出，外缘在M_3处凸出1角，其上下凹，臀角明显，后缘平直；后翅长，前缘微隆，外缘在M_1和M_3各凸出1角，其间凹，臀角圆，后缘狭窄平直；雄后翅后缘基部有1小叶瓣。前翅浅灰黄色，散布褐鳞。翅脉黄色；内线和外线黄色，两侧在翅脉间各有1列黑斑，黄色翅脉从黑斑之间穿过，内线两侧在中室下缘上方和2A两侧的3对斑略大而清晰，外线两侧M_3上下方和2A上下方的4对黑斑大而清晰，其余黑斑弱小，有时消失；中点细弱短条形；翅端部由顶角下方至M_2脉和Cu_1以下各翅脉间有黑褐斑，浅色亚缘线由斑块之间穿过。后翅中点和外线同前翅，外线两侧黑斑在各翅脉间大小相仿。前后翅缘毛黄色与褐色相间。

寄主植物：五月艾。

分布：中国的甘肃（宕昌、文县）、黑龙江、吉林、辽宁、内蒙古、陕西、上海、浙江、湖北、江西、湖南、福建、四川、云南；俄罗斯，朝鲜，韩国，日本。

（157）小玷尺蛾 *Naxidia glaphyra* Wehrli，1931

Naxidia irrorata glaphyra Wehrli，1931a，Neue Beitr. syst. Insektenk.，5：20.（China：Sichuan）

前翅长：♂12~14 mm，♀13~15 mm。雄雌触角均为线形，雄触角略加粗，具短纤毛。下唇须非常细小。体及翅浅灰褐至灰褐色，偶有污白色，但仍带有少量灰褐色，尤以后翅外缘附近明显。前翅前缘平直，顶角略凸出，外缘浅弧形；后翅前缘短平，顶角圆，外缘在M_3以下直，臀角近直角，后缘狭窄，微凹。前翅基部1黑点；亚基线和内线各由2个和4个黑点组成；黑色中点外侧由小点组成的深色半圆圈通常鲜明；外线、亚缘线和缘线为3列清晰的黑点。后翅颜色同前翅，仅见模糊深灰褐色中点。

分布：甘肃（文县）、陕西、湖北、湖南、四川。

（158）亚叉脉尺蛾 *Leptostegna asiatica*（Warren，1893）

Dyspteris asiatica Warren，1893，Proc. zool. Soc. Lond.，1893：358，pl.31：8..（India：Sikkim）

前翅长：♂14~18 mm，♀15~18 mm。雄触角锯齿形，具短纤毛，雌触角线形。下唇须短，不伸达额外。体和翅绿色，带蓝绿色调。前翅前缘平直，顶角圆，外缘直且长，翅因之显得宽阔，臀角明显，后缘平直；后翅较狭窄，前缘平，顶角圆，外缘平直，臀角明显，后缘窄缩，无翅缰。前翅前缘黄色；中线、外线和亚缘线白色波状，清晰；中点白色，十分鲜明。后翅色较浅；外线和亚缘线白色，模糊带状。前后翅缘毛白色。

分布：中国的甘肃（永登、礼县、两当、康县、文县）、山西、山东、河南、陕西、湖北、湖南、广西、四川、云南、西藏；印度。

（159）洁尺蛾缅甸亚种 *Tyloptera bella diacena*（Prout，L.B.，1926）

Microloba bella diacena Prout，L.B.，1926b，J. Bombay Nat. Hist. Soc.，31：321.（Burma）

前翅长：♂12~17 mm，♀16~19 mm。雄雌触角均双栉形。前翅宽大，前缘平直，顶角钝圆，外缘浅弧形，臀角圆，后缘短；后翅狭小，雄尤甚，顶角和臀角圆，外缘弧形，后缘狭窄。前翅白色；前缘有1列黄褐至褐色斑，其中中斑宽大，下缘邻近黑色圆形中点，其外侧可见模糊灰黄色影带；亚缘线白色深波状，其内侧为1列深灰褐色斑，由前缘排列至M_3，再由Cu_2至后缘近臀角处，在M_2处消失，亚缘线外侧至外缘为1条绿褐带，在M_3与Cu_1之间消失。后翅白色，具灰褐色亚基线、中线和外线，中线较宽，带状，由外侧绕过黑色圆形中点；翅端部斑纹与前翅相近。

分布：中国的甘肃（宕昌、舟曲、陇南、康县、文县）、陕西、浙江、湖北、湖南、福建、江西、台湾、广西、四川、云南；缅甸。

（160）广卜尺蛾 *Brabira artemidora*（Oberthür，1884）

Melanippe artemidora Oberthür，1884b，Études ent.，10：23，pl.1：6.（Russia：Ussuri）

前翅长：♂♀13~16 mm。雄触角双栉形，雌触角线形，具短纤毛。头和胸腹部背面灰白至浅灰褐色。前翅宽大，外缘浅弧形，略倾斜，明显长于后缘；后翅特别小，前缘直，短于前翅后缘，顶角圆，外缘在Rs处凸出1尖角；雄后翅外缘在尖角以下收缩，臀角圆，后缘极狭窄，具狭长叶瓣；雌后翅外缘在尖角下凹陷后再度凸出，臀角凹，后缘略宽；翅缰退化。翅浅灰褐色。前翅端部色较深；前缘有1列褐斑，其中中斑较宽大，呈向外倾斜的三角形，有时与椭圆形黑褐色中点接触，后者大而清晰；内线、外线和亚缘线浅色波状，外线呈弧形弯曲；缘毛与翅同色。后翅中线为1条褐带，常向内扩展，其外缘在雄蛾中中部凸出，在雌蛾中较直；中线外侧和浅色弧形外线内侧各有1条细弱褐带;亚基线褐色;缘毛同前翅,色略浅。

分布:中国的甘肃(榆中、迭部)、黑龙江、湖北、湖南、四川;俄罗斯,日本。

(161)黄异翅尺蛾中国亚种*Heterophleps fusca sinearia* Wehrli,1931

Heterophleps fusca sinearia Wehrli,1931a,Neue Beitr. syst. Insektenk.,5:18.(China:Sichuan)

前翅长:♂15~17 mm,♀15~16 mm。雄触角双栉形,雌线形。头及胸腹部背面灰黄褐色,下唇须黄色,尖端伸达额外。前翅顶角明显凸出,外缘浅弧形,与后缘长度相仿,翅面黄褐色,深浅略有变化;前缘在中线和外线处各有1楔形黑斑;中点微小,黑褐色,常不可见;外线细弱,颜色较翅面略浅,由外侧的楔形斑下端向外缘方向凸出,在M_1上方形成1齿,然后折回延伸至后缘外1/4处,有时外线内缘略带褐色,特别在齿尖处较明显,雌蛾的这一条褐色线较明显;前缘在外线与顶角之间有1较小的黑斑;缘毛灰黄褐色。后翅色较浅,灰黄褐色;灰褐色外线在雌蛾中较清楚,在雄蛾中大多完全消失;无中点;缘毛灰黄色。雄后翅后缘向上折叠,折边宽约1 mm,折痕处着生1列黄毛,毛长大于缘毛。

分布:甘肃(文县)、浙江、湖北、湖南、四川、云南。

(162)双线异翅尺蛾*Heterophleps euthygramma* Wehrli,1932

Heterophleps euthygramma Wehrli,1932a,Ent. Rdsch.,49:221,fig. 2.(China:Sichuan,Kunkalaschan)

前翅长:12 mm。雄触角双栉形。额光滑,带橘黄色。下唇须短,略向上翘。头顶和胸部灰色,腹部黄色。前翅为均匀的灰色,略带橄榄色;内线和外线锈红色带黄边,两线平行或上端距离稍远;内线由前缘中部至后缘内1/3处,外线由前缘外1/4处至后缘外1/3处;顶角处有1小黑点,其下方有1清晰的黑斑;前缘黄褐色;中点黑色微小;缘毛基半部深灰色,端半部色较浅。后翅色较浅,灰黄色;隐见灰色中点;外线细弱,灰褐色,与外缘平行;缘线细弱,灰色;缘毛灰色。

分布:甘肃(文县)、四川。

(163)云纹异翅尺蛾*Heterophleps nubilata* Prout,L.B.,1916

Heterophleps sinuosaria nubilata Prout,L.B.,1916,Novit. zool.,23:27.(China:Tibet,Viranatong)

前翅长:♂16~17 mm。雄触角双列纤毛状。前翅较宽阔,外缘长度大于后缘;颜色略灰暗;内外线较细弱;前缘第一个斑三角形;中点微小;第二个斑楔形;顶角内侧有1半圆形黑斑。后翅色较浅,外线极弱。雄后翅后缘的折边特别发达,宽约1 mm。

分布:甘肃(文县)、四川、云南、西藏。

(164)小脉异翅尺蛾*Heterophleps minorclarivenata* Xue,1990

Heterophleps minorclarivenata Xue,1990,Sinozoologia,7:210,fig. 2.(China:Sichuan,Omei-shan)

前翅长:♂14 mm。雄触角双列纤毛状,触角纤毛长度约为触角杆直径的2倍。头和胸腹部背面灰褐色。前翅顶角明显外凸,其下方略凹,外缘中部明显外凸;翅面灰褐色,略带灰紫色调;内线黑褐色极细弱,由中室中部至后缘,在2A处外凸1齿,2A上方部分消失,仅存中室中部、中室下缘处以及臀褶上的小黑点,在后缘处的黑点稍大;前缘第一个黑斑不完整,在前缘和中室前缘脉处局部消失;中点长度约为M_1至M_3距离之半,略模糊;前缘第二个斑位于前缘外1/3处,楔形,下端在R_5与M_1之间向外延伸1段细线,略下垂,长约1 mm;外线由该细线末端向下至后缘,深褐色,外侧带灰白色边,外线与外缘平行,较本属其他种靠近外缘,其距离不大于2 mm,在下端接近臀角;前缘在外线外侧有1小黑点;翅脉色浅,灰黄或浅黄褐色;缘线灰黄色;缘毛深灰褐色。后翅灰褐色,具深灰褐色中点和外线,后者模糊,中部外凸,在M_1处有一折角。雄后翅后缘有1狭窄折边,宽不足0.5 mm,翅反面在折痕处有黄白色细毛。

分布:甘肃(文县)、四川。

(165)黄四斑尺蛾南山亚种*Stamnodes danilovi djakonovi* Alphéraky,1916

Stamnodes danilovi var. *djakonovi* Alphéraky,1916,Rev. Russe Ent.,16:114.(China:Tibet,Nian-shanj Mts.)

前翅长：♂15~17 mm，♀16~17 mm。雄雌触角均线形，雄具短纤毛。头黑褐色，额边缘白色；下唇须未伸出额外，第一、二节腹面披白色长毛。胸腹部背面黄色，腹面灰黄色，均点缀着黑色斑点。前翅较宽阔，外缘倾斜较少；翅面鲜黄色，斑纹黑褐色；外斑在M_2处断裂，端半部在M_3与Cu_1之间留下1黑斑，其大小常有变化；缘斑被1弯曲黄线分裂成亚缘带和缘带，亚缘带在M_3以下与缘带接触，至Cu_2附近消失，缘带延伸到后缘臀角内侧。后翅黄色，散布许多形状不规则的黑斑，前缘处的黑斑常扩大并互相联合；缘斑由一系列三角形黑斑组成。

分布：甘肃（永登、榆中）、青海、四川、西藏。

（166）白四斑尺蛾祁连亚种 *Stamnodes depeculata discreta* Prout, L.B., 1938

Stamnodes depeculata discreta Prout,L.B.,1938,in Seitz,Gross–Schmett. Erde,4（Suppl.）:236,pl.18:k.（China:Qinghai,Kuku-Noor）

前翅长：♂16 mm，♀15~17 mm。触角线形。额深灰褐色，边缘白色。头顶和下唇须深褐色，后者尖端伸达额外。前翅略狭长，前缘基半部平直，端半部浅弧形，顶角钝圆，外缘浅弧形；后翅前缘十分延长，浅弧形，外缘弧形，后缘窄。前翅灰白色，斑纹灰褐色，外斑伸达M_2与M_3之间，偶有到达M_3；缘斑下端未达臀角。后翅白至灰白色，有时可见褐色缘线。

分布：甘肃（永登）、青海。

（167）江达四斑尺蛾 *Stamnodes jomdensis* Xue, 1986

Stamnodes jomdensis Xue,1986,Sinozooligia,4:192,fig. 2.（China:Tibet,Jamda）

前翅长：♂17~18 mm，♀18 mm。触角线形。头深褐色。额边缘白色。下唇须尖端伸达额外，第一、二两节鳞毛粗糙。前翅白色，斑纹灰褐色至深褐色；外斑边缘直，下端在M_2与Cu_1之间与缘斑接触或融合；缘斑到达臀角后消失。后翅白色，缘斑消失或仅有褐色缘线。前后翅缘毛白色与褐色相间。

分布：甘肃（舟曲、文县）、西藏。

（168）栎秋尺蛾 *Operophtera fagata*（Scharfenberg, 1805）

Phalaena（*Geometra*）*fagata* Scharfenberg,1805,in Bechstein & Scharfenberg, Vollständige Naturgeschicte der schädlichen Forstinsekten,3:741.（Europe）

前翅长：♂17~18 mm，♀2~3 mm。雄雌二型。

♂触角线形，具发达的纤毛簇，每节两对。前翅宽大，顶角圆，外缘较直，倾斜；后翅宽大，略长，外缘弧形。翅面无光泽，颜色较灰。前翅斑纹较清晰；外线与其内侧伴线之间距离较窄，通常不填充灰褐色；各线纹在翅脉上常或多或少形成小黑点，其中中线在Cu_2基部处的黑点最为明显。后翅外线较细但较清晰，在翅脉上常有微小黑点或内凸的小齿尖。后翅外缘在M_3与Cu_1附近平缓外凸，其上至顶角较平直。

♀触角线形。额和头顶灰褐色，下唇须黑褐色。胸部背面灰褐与黑褐色掺杂，腹部背面灰褐至深灰褐色，不同程度掺杂黑褐色，各腹节背中线两侧有黑斑。后翅较前翅长，前翅近端部处和后翅中部各有1条黑色线。

分布：中国的甘肃（永登、榆中）；俄罗斯；小亚细亚；欧洲。

（169）柔秋尺蛾 *Operophtera tenerata*（Staudinger, 1895）

Cheimatobia tenerata Staudinger,1895a,Dt. ent. Z. iris,8:332.（China:Qinghai,Kuku-Noor）

前翅长：♂15 mm。雄雌二型。

♂额黑褐色，下唇须黄褐色，头顶和胸部背面灰褐色掺杂黑褐色，腹部背面灰黄色与深灰色相间。前后翅较本属其他种狭长。前翅灰褐至深灰褐色，线纹模糊或消失，但在翅脉上形成小黑点；中线和外线浅波曲，形状近似栎秋尺蛾；中线与外线之间色较深，形成深灰褐色中带；外线外侧浅色区域内有1列黑色脉点；翅端部深灰褐色，其内侧边缘平滑并有黑色脉点，亚缘线浅色微波曲；缘线在翅脉端有小黑点；缘毛灰黄与灰褐色掺杂。后翅淡灰褐色，略带灰黄色调；外线模糊带状，不完整，但在翅脉上色加深；翅端部色略深，隐约可辨暗色端带;缘线的黑点清晰;缘毛灰黄色。

分布:甘肃(榆中)、青海。

(170)瑞秋尺蛾*Operophtera relegata* Prout,L.B.,1908

Operophtera relegata Prout,L.B.,1908,Entomologist,41:75.(Japan)

前翅长:♂17~19 mm。雄雌二型。

♂额和下唇须黑褐色,头顶和腹部背面灰褐色,胸部背面深灰褐色。前翅深灰褐色,线纹黑灰色,大多模糊;亚基线浅弧形;内线和中线直立,微波曲,其间色浅;中室特别狭长,外线上中部内凹,由中室端脉内侧绕过,然后外凸,在Cu_2下方再次内凹;外线至亚缘线之间色较浅,亚缘线黑灰色,不规则波曲,其外侧色较深,但在顶角内侧有1不明显的卵形浅色斑,斑下有时可见深色斜线;缘线黑褐色,极纤细;缘毛灰褐色。后翅较前述两种略宽阔,外缘形状同栎秋尺蛾;浅灰褐色,外线及其外侧的线纹在后缘附近可见残迹;亚缘线与其外侧的灰褐色共同构成深色端带。

分布:中国的甘肃(榆中)、吉林;俄罗斯,日本。

(171)秋白尺蛾远东亚种*Epirrita autumnata autumnus*(Bryk,1942)

Oporinia autumnata autumnus Bryk,1942,Dt. ent. Z. Iris,56:67.(Russia:Kurile Islands)

前翅长:♂21 mm。触角线形,雄触角具短纤毛。额和下唇须黑褐色,头顶、体背和翅白至灰白色。雄前翅宽大,顶角圆,外缘浅弧形,在Cu_1以下微凹;后翅宽大,前缘浅弧形,顶角圆,外缘弧形,臀角明显,后缘平直;雌翅发达,较雄略小。前翅灰白色,线纹黑;亚基线弧形;内线仅在前后缘和中室下缘处有模糊黑点;中线在前缘、中室下缘和2A下方增粗,在中室内向内凹,由中室下缘至2A一段消失;外线在前缘附近增粗,并沿R脉和M_1脉向外伸出叉状凸齿,在M_3与Cu_1基部形成另1个叉状斑,在2A上有1小黑点;近翅端部处有两条灰色波状线,其上端增粗,内侧一条在M_3以下各翅脉上向内凸出小黑点;缘线在各翅脉端两侧有1对黑点;缘毛灰白色。后翅白色,外线在M_3以下各翅脉上有小黑点;亚缘线淡灰色带状,沿翅脉向内凸出灰色小尖齿;缘线和缘毛同前翅。

分布:中国的甘肃(榆中)、内蒙古(东部);俄罗斯(东南部),日本。

(172)盈潢尺蛾*Xanthorhoe saturata*(Guenée,1858)

Larentia saturata Guenée,1858,in Boisduval & Guenée,Hist. nat. Insectes(Spec. gén. Lépid.),10:269.(India:Pondichéry)

前翅长:♂10~12 mm,♀11~14 mm。雄触角双列纤毛簇状。下唇须较短,仅1/4伸出额外,黑褐色。额、头顶和体背灰褐色。翅中等宽度;前后翅外缘浅弧形;翅面灰褐色。前翅亚基线和内线模糊深褐色带状;中线与外线间形成宽阔暗褐色中带,中线浅弧形,在中室内向外凸出,外线波状,上中部外凸,中带两侧各有1条纤细伴线;中点微小黑色;翅端部色较深,亚缘线灰白色波状,其内侧在前缘和M_2两侧有黑褐色斑块;顶角至外线有1条灰白色斜线;缘线黑褐色,在翅脉端和翅脉间各有1浅色点间隔;缘毛灰褐与灰黄色掺杂。后翅可见深色模糊中点,中域隐见数条深色线纹;外线轮廓清晰,其外侧为1条灰白色细带,带上具外线的伴线;亚缘线部分消失;缘线间断不如前翅明显;缘毛色较浅。

分布:中国的甘肃(永登)、河南、浙江、湖南、台湾、福建、海南、广西、四川、云南、西藏;日本,印度。

(173)暗褐潢尺蛾*Xanthorhoe quadrifasciata*(Clerck,1759)

Phalaena quadrifasciata Clerck,1759,Icon. Insect. Rzriorum,1:pl.6:4.(Europe)

前翅长:♂12~13 mm,♀12~14 mm。雄触角双栉形。下唇须长,约1/2伸出额外。头和体背深褐色与灰白色掺杂,各腹节后缘有黑色横纹。前翅深灰褐色,有时带黄褐色调;亚基线和内线弧形,极细弱模糊;中带黑褐色,其中部通常色较浅,有时形成1条浅色带,中带内缘浅弧形微波曲,外缘浅波曲,由前缘至M_2弧形弯曲,在M_3处外凸1大齿,齿尖以下反弧形;中点黑色清晰;外线外侧为1条与之平行的浅色细带,带上有2条纤细伴线；翅端部色较深，亚缘线为极模糊的锯齿形浅色线；外线以外的斑纹有时消失；缘线纤细且不连续，黑褐色；缘毛深灰褐色与黄褐色相间，端半部色较浅。后翅深灰褐色，中点深灰色极微小；外线清晰，其中部略外凸；外线外侧有1清晰的浅色细带和1条伴线；亚缘线较前翅清楚，波曲较浅；缘线和缘毛同前翅。

寄主植物：报春花、野芝麻、酸模。

分布：中国的甘肃（永登）、黑龙江、吉林、内蒙古、北京、山东、山西、青海；俄罗斯，日本；欧洲。

（174）愚潢尺蛾淡色亚种 Xanthorhoe stupida aridela（Prout, L.B., 1937）

Cidaria（*Xanthorhoe*）*stupida aridela* Prout, L.B., 1937, in Seitz, Gross-Schmett. Erde, 4（Suppl.）:127, pl. 12: c.（Russia: Ussuri, Chabarovsk）

前翅长：♂♀11~13 mm。雄触角双栉形。下唇须较前种短，黄褐色。头和体背黄白色与黄褐色掺杂。前翅黄白色，略带黄褐色调；亚基线深灰色，弧形；内线黄褐色，细带状；中带黑褐色，形状与前种相似，但其内部几乎无浅色区，外缘（外线）上端由前缘至M_2一段较平，中部凸齿较大；中点黑色微小，几乎淹没在中带中；外线外侧有2条模糊黄褐色伴线，该线有时在前缘处形成小黑斑；翅端部颜色不加深，亚缘线隐约可辨，其内侧在M脉之间有两个小黑点；缘线极纤细或消失；缘毛黄白色，掺杂少量灰褐色。后翅白色，基半部后缘附近散布少量灰褐色；中点黑褐色微小，其外侧在后缘附近有4条波线残迹；亚缘线浅灰褐色，上端消失；缘线和缘毛同前翅。

分布：中国的甘肃（榆中、天水）、黑龙江、吉林、内蒙古、河北、山西、青海、湖北、四川、西藏；俄罗斯，朝鲜，韩国。

（175）泛尺蛾 Orthonama obstipata（Fabricius, 1794）

Phalaena obstipata Fabricius, 1794, Ent. Syst., 3（2）:199.（Europe）

前翅长：♂9~11 mm，♀10~12 mm。雄触角双列纤毛簇状，每节有两对纤毛簇；雌触角线形。头胸腹部灰黄褐至灰褐色。前翅顶角钝圆，外缘浅弧形；后翅略狭长，外缘浅波曲；雄雌翅颜色不同。雄前翅灰黄褐色；中域有一条黑灰色带，其上中部外凸，内缘（中线）浅弧形，外缘未达外线；黑色椭圆形中点在带内，其周围有白圈；带内侧的亚基线和内线、带外侧的外线和亚缘线均灰褐色带白边；顶角处1黑色斜线伸达亚缘线，其黑色向下扩散，亚缘线在其下模糊或消失；缘线在翅脉端两侧有1对小黑点；缘毛灰黄褐至灰褐色，端半部色较浅。后翅可见内线、中线、外线和亚缘线；前三条线深灰色，有时仅在翅后半部清楚，亚缘线浅色波状；内线内侧常散布灰褐色；缘线和缘毛同前翅。雌翅灰红褐至暗红褐色，前翅亚基线、内线、外线和亚缘线均灰白色波状；后翅内线、中线和外线黑灰色。

分布：中国的甘肃（永登、榆中）、辽宁、内蒙古、北京、河北、山东、河南、陕西、上海、浙江、湖南、福建、广西、四川、云南、西藏。

（176）双齿光尺蛾东方亚种 Triphosa dubitat amblychiles Prout, L.B., 1937

Triphosa dubitata amblychiles Prout, L.B., 1937, in Seitz, Gross-Schmett. Erde, 4（Suppl.）:99, pl.9: h.

前翅长：♂20 mm，♀18~20 mm。雄雌触角均线形，雄触角具短纤毛。额和下唇须深灰褐至黑褐色。体和翅灰褐色，前翅颜色较后翅深。前翅中等宽度，顶角尖，外缘浅波曲；后翅宽大，前缘平直，近端部处略隆，外缘锯齿形。前翅斑纹深褐至黑褐色；亚基线和内线各2条，前者常合并成细带状，弧形，后者锯齿形，在中室内的凸齿明显大于其他齿；中线波状，外线深波状，二者之间颜色不同程度加深，形成暗色中带，但中带内颜色特别不均匀，通常中线与其外侧伴线之间和外线与其内侧伴线之间深色斑块比较明显，至少在前缘、中室下缘附近和后缘处有深色斑块；中点黑色，小而清晰；外线与亚缘线之间有3条波状深色线，在前缘至R_1完整，R_1以下仅在翅脉上留下黑点，使翅脉呈黑白相间的虚点状；缘线黑褐色纤细，在翅脉端断离；缘毛与翅面同色。后翅基半部仅见微小且模糊的中点，端半部色较深，翅脉呈虚点状，有时可见数条波状线纹；缘线和缘毛同前翅。

分布：中国的甘肃（永登）、辽宁、贵州；朝鲜，韩国，日本，西伯利亚东南部。

(177) 黑波汝尺蛾 *Rheumaptera lugens*（Oberthür, 1886）

Melanippe lugens Oberthür, 1886, Études ent., 11: 34.（China: Szechwan, Tachien-lu）

前翅长：♂16~18 mm。雄雌触角均线形，雄具极短纤毛。头黑色，额和头顶掺杂少量黄色鳞毛，极粗糙；下唇须第一节腹面黄色。胸腹部黑色，肩片边缘和中胸背面后缘黄色，各腹节后缘有1黄色细线。前翅顶角钝圆，外缘浅弧形；后翅略狭长，顶角和臀角圆，外缘浅波曲。翅白色，斑纹黑褐色。前翅大部分被斑纹覆盖，中域留下1条白色带，其边缘波曲，其间有大而清晰的黑褐色中点；亚基线、内线和外线外侧各留下1条宽窄不均匀的白线，其中外线外侧的白线在M_3处向外凸出1尖齿，与白色亚缘线呈十字交叉，后者纤细，不完整；翅端部黑褐色；缘毛黑白相间。后翅基部黑灰色；中点小，较近基部；翅端部为1条黑褐色带，有时在翅脉上断离；缘毛大部白色，在翅脉端有黑褐色。前翅1个径副室。

分布：甘肃、青海、四川、云南、西藏。

(178) 交汝尺蛾 *Rheumaptera alternata*（Staudinger, 1895）

Eucosmia alternata Staudinger, 1895a, Dt. ent. Z. Iris, 8: 332.（China: Tibet）

前翅长：♂21~22 mm，♀21~24 mm。头和胸腹部背面黑褐与灰白色掺杂。下唇须黑褐色，腹面白色。前翅外缘浅波曲，后翅外缘波状。前翅浅灰褐至灰褐色，略带黄色调，斑纹不清晰，深灰褐色；由翅基至外线排布多条波状细线，大多模糊且不完整；亚基线、内线、中线和外线较清楚，其中中线外侧和外线内侧颜色常较深，形成中带；中点细长纤弱；外线在M_1上方和M_3下方的凸齿较大；外线外侧色较浅，翅脉上有深色点，然后向外缘颜色逐渐加深，亚缘线灰白色波状，大多连续，并在M_3和Cu_1下方稍加粗；缘线在各翅脉端两侧有1对黑点；缘毛灰褐色。后翅灰白色；中点微小，深灰色；翅中部之外有3~4条黑褐色波状细线，一般仅在翅脉上留下褐点，在臀角附近连续；翅端部色较深，亚缘线灰白色波状；缘线黑褐色，在翅脉端断离；缘毛灰褐色。雄后翅反面后缘中部附近具发达毛簇，黄白色。本种和本属以下种类前翅径副室均为2个。

分布：甘肃（永登、榆中、迭部、武都区）、陕西、青海、西藏。

(179) 铁缨汝尺蛾 *Rheumaptera sideritaria*（Oberthür, 1884）

Scotosia sideritaria Oberthür, 1884b, Études ent., 10: 34, pl.1: 13.（China: Szechwan, Tachien-lu）

前翅长：♂21~23 mm，♀22~24 mm。头深灰褐色，掺杂白色鳞毛；胸腹部背面深灰褐色，掺杂白色；腹部背面略带黄褐色，各腹节后缘背中线两侧有小黑斑。前翅灰褐至深灰褐色，略带黄绿色，斑纹黑褐色；亚基线、内线波状，内侧带白边；中线和外线波状，外侧带白边；亚缘线白色波状，在Cu_2下形成1个鲜明的白点；缘线黑褐色，在翅脉端和两脉中间断离；缘毛深灰褐色，在各翅脉端之间掺杂灰白色。后翅基半部浅灰褐色，向端部色渐深，可见4条白色波状线；缘线和缘毛同前翅。本种雄较雌色略暗，雄后翅反面毛簇发达，黑灰色。

分布：甘肃（永登）、四川、云南、西藏。

(180) 白斑汝尺蛾 *Rheumaptera albiplaga*（Oberthür, 1886）

Scotosia albiplaga Oberthür, 1886, Études ent., 11: 34, pl.6: 42.（China: Szechwan, Tachien-lu）

前翅长：♂21~23 mm，♀21~25 mm。深褐至黑褐色。前翅亚基线和中线极弱；中域的大白斑纯白色，个体间宽窄变化较大，通常在前缘处较窄，内缘整齐，下端弯曲，仅到达M_3外缘波曲，在M_2处深内凹；大斑外侧有1条波状细线，由前缘至M_2后插入大斑下端；外线波状极细弱，在翅脉上有小白点，在大白斑下角外侧（M_2与M_3之间）有1小白斑，在M_3与Cu_1之间有另1个小白斑，后者与亚缘线中部的小白斑相连；亚缘线在Cu_2下方有另1个较小的白斑。后翅白点近于消失。

分布：中国的甘肃（永登、卓尼）、青海、四川、云南、西藏；日本，印度。

(181) 尖汝尺蛾 *Rheumaptera acutata* Xue & Meng, 1992

Rheumaptera acutata Xue & Meng, 1992, Acta Ent. Sinica, 35（4）: 470.（China: Gansu, Yongdeng）

前翅长：♂18~21 mm，♀19~22 mm。额、头顶和前胸灰白色掺杂灰褐色。下唇须黑褐色，腹面黄白色，约

1/4伸出额外。胸腹部背面灰白色,散布浅灰黄褐色;中胸前缘、肩片基部和前翅前缘基部有1条黑色带,带上散布暗黄褐色。前翅外缘平滑,几乎不波曲,中部微隆;后翅外缘浅波曲。前翅浅灰至浅灰褐色,基部色较浅,至端部渐呈深灰褐色,微带黄褐色调,斑纹深褐至黑褐色,翅脉上散布少量黑褐色;亚基线近于直立,由前缘黑带端部向下颜色渐浅;前缘中部有1楔形大斑,其下端内角仅到达中室下缘,楔形斑边缘黑褐色,中部色浅,侧缘浅凹,外倾,外角到达M_3下方,并略向外缘方向凸伸;大斑内具大而清晰的黑色短条形中点;大斑下方在2A两侧有2个深黄褐色环形小斑;楔形斑外侧色较浅,有2条黑线,在前缘处形成小黑斑,第一条在M_1处消失,第二条在M_1以下各翅脉上有小黑点;亚缘线灰白色波状,细弱,中部略外凸,接近外缘;缘线黑色,间断;缘毛灰褐至深灰褐色。后翅白色;翅基部和翅后缘半部散布灰至灰黑色;中点黑色微小;外线浅灰至深灰色,弧形,浅波曲,在各翅脉上向内凸出小齿;缘线同前翅;缘毛色较浅,在顶角处白色。雄后翅反面无毛簇。

分布:甘肃(永登)。

(182)邻汝尺蛾 *Rheumaptera affinis* Xue & Meng,1992

Rheumaptera affinis Xue & Meng,1992,Acta Ent. Sinica,35(4):471.(China:Gansu,Yongdeng)

前翅长:♂17~22 mm,♀21~23 mm。额和下唇须黑褐色,额中部灰白色,下唇须腹面白色;头顶和胸部背面灰黄色与黑褐色掺杂。腹部背面灰褐色,第一腹节背面后缘有黑线,第二腹节以后各节背中线两侧有小黑斑,但在第四腹节以后渐弱。前翅外缘波曲较深;后翅外缘锯齿形。前翅灰黄至浅灰黄褐色,散布黑鳞;亚基线为黑色细带,近于直立;中线和外线黑色浅波状,其间黑褐色,形成鲜明中带,带内隐见两条黑色波状细线;中点黑色短条形;外线在M_1处凸出钝齿,在M_3与Cu_1附近仅略波曲,几乎不凸出,在臀褶处凹;外线外侧有两条黄色细线,在前缘处加深形成小黑斑,其下在各翅脉上有小黑点,在翅脉间近于消失;翅端部色较深,亚缘线灰白色波状,间断;顶角处1条白色斜线在R_5处伸达亚缘线,斜线上方色较浅;缘线内侧各翅脉端附近黄褐色,缘线黑色,在翅脉端断离;缘毛深灰褐色,端半部在翅脉间灰褐色。后翅灰褐色,基半部色较深,无中点,外线浅波状,弧形弯曲,其外侧带黄褐色,隐见4条浅色波状纹;缘线和缘毛同前翅。雄后翅反面毛束灰褐色。

分布:甘肃(永登、榆中)。

(183)灰红汝尺蛾 *Rheumaptera hedemannaria* (Oberthür,1880)

Eucosmia hedemannaria Oberthür,1880,Études ent.,5:55,pl.4:10.(Russia:Askold)

前翅长:♂♀22~23 mm。额和下唇须黑褐色,后者腹面基部白色,近1/2伸出额外;额毛簇发达。头顶、体背和翅灰黄褐色至灰红褐色;肩片基部有黑点。翅型同前种;翅面颜色深浅不均匀。前翅前缘基部有1小黑斑;亚基线黑色浅弧形,在中室上缘之下模糊或消失,其外侧在前缘有3个小黑斑;中线黑色,在前缘处较宽,在中点内侧断裂,然后内折至后缘,中点大,黑色;外线黑色,细带状,内侧有1条很细的伴线,外线在M_1处和M_3下方外凸,在Cu_1下方强烈内折与中线合并至后缘;亚缘线白色波状;缘线仅在R_5至M_3之间和Cu_1与2A之间有5个新月形小黑斑;缘毛与翅面同,在翅脉端色较深。后翅基部灰褐色,中点黑灰色极微小;外线黑褐色波状,弧形弯曲;其外侧逐渐变为灰红至灰黄褐色;亚缘线同前翅;缘线为1列不完整的黑点。雄后翅反面毛簇灰褐色。

分布:中国的甘肃(永登)、黑龙江、吉林、北京、湖北;俄罗斯,日本。

(184)缺距汝尺蛾 *Rheumaptera inanata* (Christoph,1881)

Cidaria inanata Christoph,1881,Bull. Soc. imp. Nat. Moscou,55(3):106.(Russia:Chingan,Pompejefka)

前翅长:♂18~20 mm,♀17~20 mm。额和头顶黑褐色,掺杂少量白色鳞毛。下唇须黑褐色,近1/2伸出额外,第一、二节腹面白色;胸部背面灰白色,中胸前缘有1黑色横带。腹部背面黄褐色,各腹节后缘在背中线两侧排列黑斑。前翅顶角较尖,外缘微波曲;后翅外缘波状。前翅基半部浅灰褐色,略带灰黄色,在前后缘附近灰黄色较明显;端半部颜色较深,带有明显的灰黄色;亚基线、内线、中线和外线在前缘处均为深褐色至黑褐色斑块,其中内线最弱,亚基线、内线和中线分别由褐斑向下伸出2条深色细线,外线伸出3条细线,各线在中室上缘(外线在M_1处)向内折并减弱,甚至近于消失;中点小,黑色;翅端部前缘至M_3深褐至黑褐色,M_3下方灰黄与深褐色斑杂,亚缘线灰白色波状,不清晰;缘线黑褐色,常不同程度断离;缘毛灰褐色。后翅白色,基半部略带灰褐色,中点微小,有时消失;隐见灰色外线;翅端部色较深,雌尤其明显,衬托出白色波状亚缘线;缘线和缘毛同前翅。后足胫节中距消失,端距弱小。雄后翅反面毛簇黄白色。

分布:中国的甘肃(永登、文县)、山东、陕西、青海、四川、云南、西藏;俄罗斯;日本。

(185) 横线夸尺蛾日本亚种 Philereme transversata japanaria (Leech, 1891)

Scotosia rhamnata var. *japanaria* Leech, 1891b, Entomologist, 24 (Suppl.):53. (Japan)

前翅长:♂18~19 mm,♀19~22 mm。触角线形,雄触角具短纤毛。头深褐至黑褐色。体背深灰褐色,各腹节后缘有黑褐色横纹。翅宽大,外缘锯齿形;黄褐至深黄褐色,密布深褐至黑褐色线纹。前翅外线上端极外倾,与顶角处的斜线汇合后向下斜行至后缘外1/3处,不规则波折;外线内侧的线纹均与外线平行;中点黑色,小而清晰;外线外侧有3条深褐色线,在亚缘线与外线相交处聚成1点,向下略呈放射状到达后缘;亚缘线灰白色略波曲;缘线黑色;缘毛深褐色。后翅线纹与前翅连续,但略模糊;中点极弱小或消失。

分布:中国的甘肃(永登)、山西、四川;日本。

(186) 星缘扇尺蛾 Telenomeuta punctimarginaria (Leech, 1891)

Scotosia punctimarginaria Leech, 1891b, Entomologist, 24 (Suppl.):53. (Japan)

前翅长:♂25~26 mm,♀26~28 mm。雄雌触角均线形,雄触角具短纤毛。头胸腹部均深褐色。前翅宽大,前缘基部略隆起,中部微凹,端半部略呈浅弧形,顶角微凸,外缘波曲;后翅宽大,外缘锯齿形。前翅深灰褐色,由翅基部至端部排列多条波状线;亚基线和内线黑色,仅在中室上缘之上清楚;中线2条,黑色;中点黑色;中线之外有3条深褐色细线;外线2条,深褐色有黑边,在Rs和M_3下方各有1个凸齿;外线外侧为1条黄褐色带和1条纤细黑色伴线;翅端部深灰褐色,亚缘线为翅脉上的1列白点;缘线黑褐色;缘毛深褐至黑褐色。后翅颜色同前翅,斑纹与前翅连续,外线无大凸齿。

寄主植物:海洲常山(马鞭草科)。

分布:中国的甘肃(文县)、浙江、湖北、福建、台湾、四川;日本。

(187) 中齿幅尺蛾 Photoscotosia undulosa (Alphéraky, 1888)

Trichopleura undulosa Alphéraky, 1888, Stett. ent. Z., 49:69. (W. China:Honton-River)

前翅长:♂20~25 mm,♀23~26 mm。本属种类雄雌触角均线形,雄触角具短纤毛。下唇须黑褐色,第一节腹面灰白色;额、头顶及胸腹部均灰褐色。翅宽大,前翅外缘浅弧形或微波曲;后翅前缘强烈隆起呈圆形,外缘浅弧形或微波曲;雄前翅反面有1毛簇,生于Cu_2基部内侧,毛向顶角方向伸出,Cu_2基部两侧常为黑色。前翅浅红褐色至浅灰褐色;亚基线深褐色,由前缘至中室前缘外倾,其下直立,宽约1 mm;亚基线外侧至中线颜色逐渐加深,其间可见不太清楚的内线;中线黑褐色,在中室端部有1深凹陷,其外侧是黑褐色中点,在Cu_2与2A之间为第二个深凹陷,两个凹陷之间为1凸出的大齿,齿尖在中室下角;外线深褐色,由前缘处1个黑斑发出,呈深锯齿状,其外侧有1条伴线,有时很弱甚至消失;翅端部颜色略深,无亚缘线,缘线深褐色。后翅灰白色,可见灰色中点,近臀角处灰褐色,雌更加明显;M_3以下可见外线及其伴线;缘线深褐色,但在顶角附近完全消失。雄前翅反面的毛束很弱,但Cu_2基部两侧黑色鲜明。

分布:甘肃(永登、康乐、卓尼、迭部)、青海、四川、西藏。

(188) 桔斑幅尺蛾 Photoscotosia miniosata (Walker, 1862)

Scotosia miniosata Walker, 1862, List Spec. lepid. Insects Colln Br. Mus., 25:1354. (Bangladesh:Silhet. Bhutan. India:North Hindostan)

前翅长:♂19~25 mm,♀23~25 mm。头和胸腹部背面深褐色至黑褐色;额毛簇发达;下唇须;尖端到达额外。前翅深红褐色至深褐色;亚基线2条,浅弧形,外侧一条略波曲;中线黑色细带状,在中室端和臀褶处内凹;其内侧有3条深褐色至黑褐色细线,外侧为短条形黑色中点和2条深褐色线;外线锯齿形,在R_5下方和M_3下方各有1大齿;外线外侧为2条细弱伴线;亚缘线为1列白点,但一般仅R_5与M_1之间的白点清楚;缘线黑褐色,在翅脉端为黄褐色;缘毛深灰褐色。后翅深灰褐色至黑褐色,前缘附近(雄到中室中部)灰白色;顶角处有1橘红色大斑,其内缘接近中室端脉,下缘到Cu_2边界清楚;大斑下可见灰黄色波状亚缘线;缘线和缘毛在顶角处为橘黄至橘红色,M_1以下同前翅。雄前翅反面毛束发达,毛基黄白色,端部焦褐色。

分布:中国的甘肃(榆中、天水、文县)、河南、陕西、湖南、台湾、四川、贵州、云南、西藏;印度、巴基斯坦。

(189) 凹中带幅尺蛾 *Photoscotosia scrobifasciaria* Xue & Meng, 1992

Photoscotosia scrobifasciaria Xue & Meng, 1992, Acta Ent.Sinica, 35 (4):473, figs 7, 8, pl.1:5, 6. (China: Gansu, Yongdeng)

前翅长:♂22 mm,♀22~24 mm。头和体背深褐色至深灰褐色。前翅底色灰黄色,基部和端部散布不均匀的深褐色;亚基线和内线黑褐色波状;中域为1宽阔的黑褐色带,其内缘在中室上下缘各向外缘方向凸出1齿,中带外缘(外线)在M_2处深凹,在M_3与Cu_1之间具1较长的圆钝凸齿;中带外侧有2条深褐色伴线;翅端部色较深,亚缘线白色虚点状;缘线黑褐色,在翅脉端为灰白色。后翅前缘附近白色,中室前缘以下灰褐色;顶角处的橘黄色大斑内侧到达中室端,下缘到达Cu_1边缘不清晰;翅端部在橘黄色斑下可见3条橘黄色细线;缘线同前翅。雄前翅反面毛束发达,毛基黄白色,端部焦褐色;Cu_2基部两侧散布黑色。

分布:甘肃(永登)。

(190) 纤幅尺蛾 *Photoscotosia gracilescens* Xue & Meng, 1992

Photoscotosia gracilescens Xue & Meng, 1992, Acta Ent. Sinica, 35 (4):472, figs. 5, 6, pl.1:3, 4. (China: Gansu, Yongdeng)

前翅长:♂19 mm,♀19~21 mm。头和胸腹部背面黑褐色,腹部背面有时色较浅,可见各腹节后缘的黑色纹。前翅褐至深褐色,基部和中带深灰褐色,亚基线、中线和外线均为黑色线,其中中线稍粗,几乎直立,微波曲;中点黑色短条形,较小;中带接近外线处颜色渐浅;外线锯齿状,在R_5下方和M_3下方各凸出1大齿;中带两则各有2条模糊深褐色波纹;亚缘线在R_5至Cu_1各脉间有灰黄色点,其中R_5与M_1之间和M_1与M_2之间两个大而清晰;缘线黑色,在翅脉端断离;缘毛黑褐色与灰黄褐色掺杂。后翅黑灰褐色,顶角处的橘黄色大斑扩展至中室端脉,边缘模糊,大斑下缘到达Cu_2,但其下方直至臀角仍散布浅橘黄色鳞片;缘线在M_2以下同前翅但较细弱;缘毛在顶角黄色,M_2以下深灰褐色掺杂黄褐色。雄Cu_2两侧散布黑鳞,毛束发达,黑褐色。

分布:甘肃(永登、舟曲、文县)、陕西、四川。

(191) 双色幅尺蛾 *Photoscotosia apicinotaria* Leech, 1897

Photoscotosia apicinotaria Leech, 1897, Ann. Mag. nat. Hist., (6)19:675. (China:Sichuan, Moupin; Omei-shan; Che-tou; Ni-tou)

前翅长:♂27 mm,♀28 mm。♂ 额和头顶深褐色。额毛簇小。下唇须深褐色,较细,第一节腹面黄白色,尖端到达额外。胸腹部背面灰褐色。前翅灰褐色;亚基线黑色浅弧形,其外侧有3~4条细弱波状线,但仅在前后缘附近清楚;中线黑色,较其他线略粗,在中室端内凹,其外侧为微小黑色中点,在臀褶与2A之间内凸成1钝齿;中线与外线间色稍浅,由前缘至中线一侧近黄白色,由前缘至后缘外线一侧带黄褐色,该处有2条波状细线;外线波状,较细,在M_1至M_3之间内凹;外线外侧色稍浅,有2条细弱伴线,其外侧至翅端近黑灰色;顶角处有1鲜明的三角形白斑,其下方为1白色圆点;缘线黑色,在翅脉端断离;缘毛黑灰色。后翅灰黑色,前缘附近(未达顶角)白色,缘线和缘毛在顶角附近白色,在M_1以下同前翅。前翅反面毛束较弱,毛基黄白色,毛端深褐色,Cu_2基部两侧黑色鲜明。♀前翅外线以内色略深,外线以外色较浅,全翅带灰红色调;外线与中线距离略大。后翅顶角处为1橘黄色大斑,其内侧到达Rs与M_1共柄的端部,下缘到达M_3下方,大斑下方散布少量橘黄色鳞片。

分布:甘肃(南部)、四川。

（192）黑幅尺蛾 *Photoscotosia funebris* Warren, 1895

Photoscotosia funebris Warren, 1895, Novit. zool., 2:117. (W. China)

前翅长：♂23 mm，♀22~25 mm。头和胸腹部背面均黑褐色。前翅灰黑色，斑纹黑色，均波状；亚基线、中线和外线粗壮；中线内侧有4条细弱伴线；中点黑色短条形；外线内侧有两条、外侧有3条细弱伴线；无亚缘线；缘线黑色；缘毛黑灰色，在翅脉端色稍浅。后翅黑褐至黑色，臀角附近色最深；顶角处有1橘黄色大斑，边界清晰，下缘到达M_3以下。雄前翅反面毛束发达，毛基部黄褐色，端部黑褐色。

分布：甘肃（永登）、青海、四川、云南。

（193）剑纹幅尺蛾 *Photoscotosia velutina* Warren, 1895

Photoscotosia velutina Warren, 1895, Novit. zool., 2:117. (W. China:Cher-tou)

前翅长：♂22~23 mm，♀23~25 mm。额和头顶深褐色，额毛簇小。下唇须黑褐色，第一节腹面和第二节腹面基部黄白色；胸腹部背面褐至黑褐色，略带黄褐色。前翅灰褐至褐色，斑纹黑褐色、黑灰色或黑色；亚基线2条，浅弧形，外侧一条略粗；中线细带状，内侧边缘一般清晰，外缘在中室端略凹，其外侧为黑色短条形中点，中线在中点下沿中室下缘凸出1齿，在Cu_2上稍外凸；中线内侧有3条细线，常不清楚，外侧由前缘至M_3颜色通常较浅；外线为黑色细线，中部外凸，在M_3与Cu_1间形成1粗钝大齿；大齿外至翅端有1黑色剑形纹；外线内侧有2~3条波状细线，外侧有2条细弱伴线，其中外侧一条深波状；伴线外侧色较深，顶角有1三角形浅色斑，亚缘线灰白色波状，常不完整；缘线黑色，在翅脉端黄褐色；缘毛深灰褐色。后翅灰白色，后缘附近略带灰褐色，臀角附近黑褐至黑灰色；外线锯齿状，中部外凸，一般完整；缘线和缘毛在顶角处黄白色，在M1以下同前翅。雄前翅反面毛束发达，毛基浅黄色，毛端焦褐色，Cu_2基部两侧黑色鲜明。

分布：甘肃（舟曲）、四川、云南、西藏。

（194）云纹幅尺蛾 *Photoscotosia leechi* (Alphéraky, 1892)

Trichopleura leechi Alphéraky, 1892b, Horae Soc. ent. ross., 26:458. (China:Tibet, Amdo)

前翅长：♂19~21 mm，♀20~22 mm。头和体背灰褐色；下唇须第一、二节腹面灰黄色；各腹节后缘有黑褐色横纹。前翅灰褐色，有光泽；亚基线深灰褐色，弧形，略模糊；中线和外线波状至锯齿状，中部外凸，两线间形成深色中带；中线在Cu_2基部外凸1楔形齿；中点黑色短条形；中带中部色较浅；外线内外侧各有2条模糊深色伴线，其中外侧两条的下半段部分或全部消失；翅端部色较深，顶角处有1极不明显的三角形浅色斑，但其下缘处有1段鲜明的黑褐色斜线；亚缘线为1列模糊浅色点；缘线黑褐色，在翅脉端断离；缘毛深灰褐色。后翅灰白色，后缘附近散布灰褐色，无中点，臀角内侧可见外线和亚缘线残迹；缘线和缘毛在顶角处白色，M_1以下同前翅。雄前翅反面毛束发达，毛基黄白色，端部黑褐色，Cu_2基部两侧的黑色鲜明。

分布：甘肃（永登）、青海、四川、西藏。

（195）直线幅尺蛾 *Photoscotosia rectilinearia* Leech, 1897

Photoscotosia rectilinearia Leech, 1897, Ann. Mag. nat. Hist., (6)19:675. (China:Sichuan, Omei-shan)

前翅长：♂23~25 mm，♀25 mm。特征近似中齿幅尺蛾 Ph. undulosa，前翅但中线直，无任何凸齿；其外侧黑色短条形中点清晰，距离中线较远；翅端部和后翅色较深。

分布：甘肃（永登、徽县、文县）、四川、云南。

（196）灰幅尺蛾 *Photoscotosia prosenes* Prout, L.B., 1940

Photoscotosia prosenes Prout, L.B., 1940, in Seitz, Gross-Schmett. Erde, 12:313, pl.31:f. (China:Tibet, Rongshar-Valley)

前翅长：♂23 mm，♀24~25 mm。额及头顶黑褐色，掺杂白色鳞片。下唇须黑褐色，第一节腹面的毛极长，黑褐与黄白色掺杂；第二节光滑。胸腹部背面灰褐色，略带褐色。前翅浅灰色，略带褐色，斑纹灰褐至黑褐色；亚基线细带状浅弧形；中线及其内侧的细线组成宽带，中部略外凸；中点黑色短条形；外线锯齿状，在R_5上方的齿特别短，下方的齿稍长，在M_3与Cu_1之间外凸1粗大尖齿；外线内外侧各有2~3条细弱伴线，不清楚；顶角处有1黑褐色斜线,上方色稍浅,亚缘线灰白色波状;缘线黑褐色,在翅脉端间断;缘毛深灰褐色。后翅灰白色,在后缘附近色略深;隐见灰色中点;外线灰色波状,翅端的中下部有少许灰褐色斑纹;缘线和缘毛在顶角处灰白色,M_1以下同前翅。雄前翅反面毛束发达,毛基黄白色,端部焦褐色。

分布:甘肃(肃南)、四川、西藏。

(197) 黑缘幅尺蛾 *Photoscotosia tonchignearia* (Oberthür, 1893)

Larentia tonchignearia Oberthür, 1893, Études ent., 18:38, pl.5:66, 67. (China: Szechwan, Tachien-lu)

前翅长:♂19~20 mm,♀21~23 mm。头和胸腹部背面暗褐色,掺杂白色鳞毛。额毛簇发达。下唇须第一节腹面和第二节腹面基部白色,第三节微小,尖端到达额外。前翅略短宽,外缘直立;翅面黑褐色,隐约可见弧形亚基线、2条内线和波状中线;中点黑色短条形,其外侧有一大白斑,由前缘到M_3白斑近前缘处带灰褐色,周围边缘不清晰,下端向外倾斜与灰白色波状外线相汇合;亚缘线为1列模糊白点;顶角处有1三角形浅色斑,不清楚;缘线黑色;缘毛黑褐色,在不同个体中,前翅大白斑常有变化,有时范围缩小或模糊不清。后翅白色,翅基部弥散灰褐色,并沿后缘延伸至臀角,中点灰色微小;亚缘线至外缘间为1颜色均匀的黑褐色带。雄前翅反面毛束不发达,毛短且稀疏,焦褐色。

分布:中国的甘肃(南部)、青海、四川、云南、西藏;印度。

(198) 广幅尺蛾 *Photoscotosia amplicata* (Walker, 1862)

Cidaria amplicata Walker, 1862, List Spec. lepid. Insects Colln Br. Mus., 25:1404. (India: Hindostan)

Trichopleura dejeani Oberthür, 1893, Études ent., 18:40, pl.4:51.

别名:玉幅尺蛾。

前翅长:♂23~25 mm,♀25~27 mm。头和胸腹部背面深褐至黑褐色,掺杂白色鳞毛。额毛簇较小。下唇须黑褐色,第一、二节腹面白色,第三节微小,尖端到达额外。前翅略狭长,外缘十分倾斜;翅面黑褐色;亚基线黑色,在中室内有1个折角,然后内倾至后缘;由内线至外线之间颜色较深,无明显线条;中域由前缘至M_3为1大白斑,黑色的中点位于其内侧边缘附近,在中点内侧留下1个小白点,大白斑由前缘至M_1常混有灰色,甚至完全被灰褐色所掩没,白斑由M_1至M_3一般清楚但被深褐色M_2脉分割成2块;外线锯齿状,内侧散布少量橘红色鳞片,外侧色较浅;亚缘线灰色,很弱;顶角有1三角形浅色斑;缘线黑褐色,在翅脉端白色;缘毛深灰褐色。后翅灰褐至黑灰色,前缘附近白色,雄白色扩展至中室中部;翅端部M_1至臀角深灰褐至黑灰色,缘线和缘毛同前翅。雄前翅反面毛束较弱,毛基黄褐色,尖端略带焦褐色,Cu_2基部附近黑色鲜明。

分布:中国的甘肃(永登、康乐、卓尼、迭部)、青海、四川、西藏;印度,克什米尔地区,喜马拉雅山西北部。

(199) 预帷尺蛾 *Amnesicoma adornata* (Staudinger, 1895)

Scotosia adornata Staudinger, 1895a, Dt. ent. Z. Iris, 8:334, pl.6:18. (China: Qinghai, Kuku-Noor)

前翅长:♂♀18~19 mm。体型和斑纹近似幅尺蛾属种类,但本属种类雄前翅反面无毛簇,Cu_2基部两侧亦无黑色;后翅前缘隆起较少;雌后翅前缘较平。前翅灰褐至深灰褐色,带明显的灰红色调;亚基线消失;内线和中线直;外线大致与外缘平行,波曲平缓,在R_5两侧的凸齿特别弱小;内线和外线内侧、中线外侧各有1条黑褐色细带,雌尤其明显;中点黑色短条形;顶角内下方有1条黑褐色斜带伸达亚缘线,亚缘线白色微波曲;缘线黑褐色;缘毛深灰褐色。后翅灰白色,散布灰褐色;中点灰黑色微小;外线深灰褐色,细弱;翅端部色较深,可见模糊带状亚缘线;缘线和缘毛同前翅。

分布:甘肃(永登)、青海。

(200) 三带帷尺蛾 *Amnesicoma vacuimargo* (Prout, L.B., 1923)

Ortholitha vacuimargo Prout, L.B., 1923, Novit. zool., 30:195. (China: Tibet)

前翅长:♂20~23 mm,♀21~23 mm。头胸腹均灰褐色。下唇须第一节白色,第二节深褐色,第三节浅黄褐色。前翅污白色,线条深褐色;亚基线细带状,在中室前缘处微弯,其下直立;中线为1粗壮褐带,在中室端凹入,在M_3以下平直并略内倾,其内侧有2条细线;外线带状,宽约1 mm,在M_1与M_3之间向内凹陷呈弧形,M_3

以下略呈波状;翅端部颜色略深,无亚缘线和缘线。后翅黄白色,近臀角处略带黄褐色。前后翅均无中点。

分布:甘肃(永登)、青海、西藏。

(201) 云南松洄纹尺蛾 *Chartographa fabiolaria* (Oberthür, 1884)

Euchera fabiolaria Oberthür, 1884b, Etudes ent., 10:35, pl.3:3. (China:Kouy-Tchéou)

前翅长:♂21~24 mm,♀25~27 mm。雄雌触角均线形,雄具短纤毛。额和下唇须黄褐色,头顶黄色。胸腹部背面黄色,背中线两侧排列成对黑斑,中胸背面立毛簇发达。前翅顶角钝圆,外缘浅弧形;雄前翅反面基部附近在中室下缘与2A之间具毛束;后翅外缘浅弧形。前翅灰白色,基部有1黄褐色斑,斑上有灰白色锯齿形亚基线;黄褐色斑外缘锯齿形,在中室内和臀褶处各有1大齿,其外侧为1条灰白色线和1个浅灰色斑,灰斑向后缘逐渐加宽,颜色加深,有时在后缘附近带深褐色;中域由前缘至M_3有1发达的楔形褐斑,下缘沿M_3平截,中上部有1条细弱"U"字形线;亚缘线白色波状,其内侧有1条深褐色带,其下端逐渐变为深灰褐色;亚缘线外侧在M_1处与由顶角发出的白色波状斜线汇合,斜线上方深灰色,下方有1半圆形深灰褐色斑;臀角上方深灰色;缘线深灰褐色;缘毛由顶角至M_3灰褐色,M_3以下白色与灰褐色掺杂。后翅白色;中点深灰色,较小;中室下角附近至后缘有1串深灰褐色斑;顶角前方和下方各有1深灰褐色斑,但前者较模糊;臀角附近有1较大的深灰褐色斑,其上可见灰白色波状亚缘线;缘线深褐色;缘毛灰褐色与白色掺杂。

寄主植物:云南松。

分布:中国的甘肃(永登、正宁)、陕西、北京、浙江、湖北、湖南、广西、贵州、四川、云南;朝鲜,韩国。

(202) 葡萄洄纹尺蛾长阳亚种 *Chartographa ludovicaria praemutans* (Prout, L.B., 1937)

Lygris ludovicaria praemutans Prout, L.B., 1937, in Seitz, Gross-Schmett. Erde, 4 (Suppl.):107. (China: Hubei, Chang-yang)

前翅长:♂19~23 mm,♀26 mm。额及头顶白色;下唇须白褐相间。胸腹部背面灰白色,腹部背中线两侧排列黑斑。翅银白色。前翅亚基线和内线各两条,中线和外线各4条,亚缘线3条,均为褐色至深灰褐色线;亚基线至外线均由前缘发出,向臀角方向倾斜,在臀角附近的一个黄斑上汇合交叉;亚基线在黄斑前到达后缘,内线到达黄斑后折向后缘,第四条中线和第一条外线近于平行,在黄斑外互相接合成1回纹;臀角处有1个较大的黑褐色斑;亚缘线由前缘到达M_3上方,然后消失;缘线褐色至深灰褐色;缘毛灰褐色。后翅臀角处有1个大黄斑,上面点缀着数个大小不等的黑褐色斑点;缘线黑褐色;缘毛黄白色,在M_1以下各翅脉端为褐色。

分布:甘肃(徽县、武都区、康县)、陕西、湖北、湖南、四川、云南。

(203) 多线洄纹尺蛾 *Chartographa plurilineata* (Walker, 1862)

Abraxas plurilineata Walker, 1862, List Spec. lepid. Insects Colln Br. Mus., 24:1123. (China:Shanghai)

前翅长:♀15 mm。头白色,掺杂少量褐色。下唇须鳞毛粗糙。胸背面白色,背中线两侧各有1条褐色线,中胸立毛簇发达。腹部背面黄白色,背中线两侧排列黑褐色斑。前翅污白色,线纹深灰褐色,共15条,排列大致均匀,线条直,均向臀角内侧倾斜,其中第五、六条和第十一、十二条距离稍远;第八、九条在Cu_1附近接合后消失,第十四条在M_3处并入第十三条;臀角处有1模糊的小黄斑;缘线深灰褐色;缘毛灰白与灰褐色掺杂。后翅污白色,端半部由黄白色逐渐过渡为翅端部1黄色大斑;中点巨大,灰褐色;其外侧为3条浅弧形线,由前缘中部至后缘外1/3处,但在Cu_1至2A间减弱甚至消失;顶角内侧为1大褐斑,其下方在大黄斑内有1列细小褐点;缘线深褐色极细弱,但在M_1以下各翅脉端加粗成褐点;缘毛白色,在翅脉端褐色。

分布:甘肃(武都区)、上海、浙江、福建。

(204) 环纹尺蛾 *Calleulype whitelyi* (Butler, 1878)

Abraxas whitelyi Butler, 1878, Illust. typical Specimens Lepid. Heterocera Colln Br. Mus., 2:52, pl.37:4. (Japan:Hakodate)

前翅长:♂16~19 mm,♀17~20 mm。触角线形。头黑灰色,胸腹部背面黄色排列黑斑。前后翅外缘浅弧形。翅白色,斑纹黑褐色,大多块状,形状不规则,大小在个体间有变化。前翅前缘排列5块斑块,其中第三块较大,近长方形,有时其中部可见1月牙形白斑;第二、第三块斑下各有1小黑点;后缘基部至近中部处为1扁平黑斑,其外侧有1较大的斑块;前缘第四块斑下的1列黑点组成亚缘线;缘线内侧为1列大小不等的斑块,斑块之间在M_3以下黄色;缘线黑色连续;缘毛黑灰色与灰色掺杂。后翅中点圆形;前缘和翅基部有数个不规则的灰点,外线在M_3以下常可见1列细小灰黑色点;亚缘线的斑点较前翅大而清晰,但雄在M_3以上的斑点消失;缘线内侧的斑点和缘线同前翅,但翅端部的黄色较前翅鲜明;缘毛在顶角白色,M_1以下黑褐色与黄色相间。

分布:中国的甘肃(康县)、辽宁、河北、陕西、湖北;俄罗斯,朝鲜,韩国,日本。

(205)褐叶纹尺蛾 *Eulithis testata* (Linnaeus,1761)

Phalaena (*Geometra*) *testata* Linnaeus,1761,Fauna Suecica (Edn 2):331. (Europe)

别名:桦褐叶尺蛾、褐叶纹尺蛾东方亚种。

前翅长:♂16~18 mm,♀16~19 mm。雄雌触角均线形。额和头顶黄白色;下唇须褐色。体黄至黄褐色,中胸背面立毛簇较小。前翅顶角凸出明显,外缘浅弧形;雄前翅反面基部具1发达毛束,黄色,位于中室下缘脉下方;翅面黄至黄褐色,线条黄褐至褐色;亚基线在中室内有1弯角;内线波状,外凸的两个齿分别在中室下缘上下两侧;中线在中室下缘处有1尖锐折角,呈">"形,其外侧至外线颜色黄至灰褐色,变异较大,其间有2条细线;中点黑褐色,大但较模糊;外线波状,中部外凸,其外侧有1条纤细的白色轮廓线;顶角处1条波状斜线伸达外线,其下方形成1三角形斑,黄褐色至深褐色;缘线红褐至深褐色;缘毛灰褐色,在顶角下方色较深。后翅黄白至浅黄褐色,端部色较深;中点黑灰色,有时极弱小;其外侧有2条弧形波状细线;缘线和缘毛同前翅。

分布:中国的甘肃(榆中、迭部)、黑龙江、吉林、内蒙古、青海;俄罗斯,日本。

(206)羌纹尺蛾 *Eulithis perspicuata* (Püngeler,1909)

Lygris perspicuata Püngeler,1909,Dt. ent. Z. Iris,21:297. (China:Qinghai,Kuku-Noor)

前翅长:♂19~20 mm,♀19~21 mm。雄雌触角均线形,雄触角具短纤毛。前翅大部为深灰至黑灰色,内线与中线之间和外线外侧的黄色部分为黄褐色至暗黄褐色;中线在中室下缘处的凸齿较短,但其下方的第二个凸齿长于第一个凸齿,中线由前缘至臀褶一段粗壮鲜明;外线上端白色段较粗,其内缘无齿。后翅大部白色,后缘附近和端部深灰色,臀角处略带黄色。雄前翅反面基部具黄色毛束。

分布:甘肃(永登、宕昌、康县)、陕西、青海、四川。

(207)细纹尺蛾 *Eulithis convergenata* (Bremer,1864)

Cidaria convergenata Bremer,1864,Mém. Acad. Sci. St. Pétersb.(7)8(1):88,pl.7:18. (Russia:E. Siberia,Bureja Mountains;Ussuri)

前翅长:♂17 mm,♀16 mm。头和胸腹部背面白色,下唇须略带黄褐色。前翅白至黄白色,斑纹淡黄至黄褐色;基部有3条细线,斜行;中域6条细线,第二、五两条极细弱,第三、四两条在M_3下方互相接合,第一条与基部的第三条在臀褶处结合成1回纹,并在该处呈深褐色;中域第六条线(外线)在M_3以下波曲并呈深褐色到达后缘;亚缘线2条,分别由前缘和顶角发出,在M_3以上直且色淡,在M_3以下波曲,颜色加深,下端到达臀角;缘线深黄褐色;缘毛灰白色,在翅脉端灰褐色。后翅白色,M_3以下可见深褐色波状外线和亚缘线,臀角附近散布深褐色;缘线和缘毛同前翅。雄前翅反面基部具黄色毛束。

分布:中国的甘肃(永登、宕昌、康县、文县)、黑龙江、陕西;俄罗斯,日本。

(208)中国枯叶尺蛾 *Gandaritis sinicaria* Leech,1897

Gandaritis flavata sinicaria Leech,1897,Ann. Mag. nat. Hist.,(6)19:677. (China:Sichuan;Hubei)

前翅长:♂30~35 mm,♀33~35 mm。雄雌触角均线形,雄触角具短纤毛。前翅前缘端半部浅弧形,顶角略凸,外缘浅弧形;后翅顶角圆,外缘弧形。前翅枯黄色;亚基线、内线和中线波状,内线和中线间黄色,有枯黄和灰褐色晕影；中线外侧有2条细纹，中点黑色短条形，外线">"形，其外侧在M_1以上至顶角有1黄色大斑，略带橘黄色。后翅基半部白色，端半部黄色；中带">"形，外带和亚缘带锯齿形，后者较宽，其外侧边缘模糊，上端未达前缘。雄前翅反面具第二性征：前翅Cu_2与2A相向弯曲，二者之间在翅反面有1小窝，其中无鳞，着生1排细刺，边缘着生长毛。

分布：中国的甘肃（天水、武都区、康县、文县）、山西、陕西、安徽、浙江、湖北、江西、湖南、福建、广西、四川、云南；印度。

（209）半黄枯叶尺蛾 *Gandaritis flavescens* Xue，1992

Gandaritis flavescens Xue，1992a，in Liu，Icon. Forest Insects Hunan China：840，fig. 2728.（China：Hunan，Sangzhi，Tianping Shan）

前翅长：♂♀29~30 mm。下唇须黑褐色；额、头顶和胸部背面及腹部末端黄色；腹部背面灰褐色，排列褐至黑褐色斑。前翅淡黄至黄色，后缘附近基半部色较浅。后翅基半部白色，端部黄色。前后翅斑纹灰褐至灰黄褐色；前翅亚基线、内线和中线均带状，弧形弯曲，两侧缘波曲；其中内线外缘在中室下缘上下各向外凸出1大齿；中带宽阔；外线和亚缘线带状，但常断裂成斑块；无缘线；缘毛深灰褐色。后翅中线、外线和亚缘线同前翅，但中线较细。雄前翅反面具第二性征（同前种）。

分布：甘肃（天水、成县、武都区、康县）、河南、陕西、湖北、湖南。

（210）黄枯叶尺蛾 *Gandaritis flavomacularia* Leech，1897

Gandaritis flavomacularia Leech，1897，Ann. Mag. nat. Hist.，(6)19：678.（China：Sichuan，Wa-shan）

前翅长：♂24~29 mm，♀28~31 mm。额褐色与黄白色掺杂，头顶边缘褐色，中部黄色；下唇须深褐色。翅深黄褐至深褐色，后翅基半部白色至浅灰褐色；前翅斑纹白色，有时淡黄色；亚基线、内线和中线锯齿形，中线稍粗，在中室内和Cu_2处有2个巨大尖齿，其外侧有1条波状细线；中点深褐色；前缘近外线处有1小斑；外线为锯齿形细带，中部消失；亚缘线为1列大小不等的斑点；缘线为翅脉端1列黄点；顶角处有1黄色斜线；缘毛与翅同色。后翅中点黑灰色；外线弧形，波曲较弱，上半段黄色，下半段白色；亚缘线和缘线各为1列黄斑；顶角处黄色；缘毛在顶角下黄色与深褐色相间。雄前翅反面无第二性征。

分布：甘肃（榆中、文县）、陕西、湖北、湖南、广西、四川。

（211）网褥尺蛾东北亚种 *Eustroma reticulata obsoleta* Djakonov，1929

Eustroma reticulata f. *obsoleta* Djakonov，1929，Ark. Zool.，21A(1)：5.（Russia：Kamtchtka）

东北亚种：

前翅长：♂♀13 mm。雄雌触角均为线形，雄具短纤毛。额和头顶中央深褐色，边缘黄白色；下唇须深褐色，腹面的长毛掺杂白色，第三节尖端黄白色。胸部背面深褐色与黄白色掺杂，肩片基部灰红褐色，端部黄白色。腹部背面灰褐色，第一、二腹节背中线两侧有黑斑。前后翅外缘浅弧形。前翅灰红褐色，斑纹白色；亚基线纤细斜行，微弯曲；中线三条，斜行，第一条直，在臀褶处向翅基方向折回，第二条在中室内与第一条接触，在臀褶处向外伸展至外线，第一条中线下半段下方有一条与之平行的细线，在2A下方与第一条中线合并，向上沿臀褶外行并与第二条中线合并至外线，该线下方有1狭长环形线，第三条中线细，在前缘附近远离内侧两条中线，在Cu_2下方与第一条外线接合成回纹，后者">"形，上半段远离第二条外线；第二条外线直，几乎与外缘平行，在M_3以下呈波状至后缘；亚缘线为波状细线，中部稍外凸；顶角有1斜线，在M_1与M_2之间伸达亚缘线；R_5至M_2脉由第一条外线至外缘白色，中室下缘脉和M_3至Cu_2各脉由中线内侧至外缘白色，2A脉在中、外线之间白色；缘线白色；缘毛灰褐色掺杂少量白色。后翅浅灰褐色，雄色稍浅，中部以下颜色渐深，有2条灰白色波状线；雄中点为1橘黄色小圆斑，雌为褐色小点；缘线和缘毛同前翅。雄前翅反面后缘基部具发达毛束，黑色，毛端处翅面有1模糊黄斑。

分布：中国的甘肃（永登、文县）、黑龙江、内蒙古、陕西；俄罗斯，朝鲜，韩国，日本。

(212) 黑斑褥尺蛾 *Eustroma aerosa* (Butler, 1878)

Cidaria aerosa Butler, 1878b, Ann. Mag. nat. Hist., (5)1:451.（Japan:Hakodate）

前翅长：♂16~18 mm，♀18~19 mm。前翅深褐至黑褐色，斑纹黄白色；亚基线直或略波曲；中线3条，外线2条，第三条中线和第一条外线纤细，后者在Cu_1、Cu_2处被第二条外线向内凸出的齿所切断；第一、二条中线之间和臀角附近散布着大量黄褐色，并略带黄绿色。后翅灰褐色；外线和亚缘线均波状，灰黄色。雄后翅正面无橘黄色斑，在中室上角处有1个巨大的黑红色斑。雄前翅反面毛束发达，黑色；Cu_2基部下方无橘黄色斑。

分布：中国的甘肃（永登、宕昌、文县）、吉林、北京、河北、陕西、湖北、湖南、福建、四川、云南；俄罗斯，朝鲜，韩国，日本。

(213) 台褥尺蛾 *Eustroma changi* Inoue, 1986

Eustroma changi Inoue, 1986, Bull. Fac. domest. Sci. Otsuma Wom. Univ., 22:230, figs 21, 22.（China:Taiwan, Nantou, Meifeng）

前翅长：♂♀17~18 mm。极似前种，颜色稍浅淡。前翅顶角至亚缘线的斜线通常较粗；外线上半段可见3条，雌尤其明显，第一和第三条外线上半段较粗壮。后翅灰白色，端部略带灰褐色，可见灰白色波状外线和亚缘线，无中点或黑斑。雄前翅反面毛束发达，黑色；Cu_2基部下方无橘黄色斑。

分布：甘肃（舟曲、康县、文县）、陕西、湖北、台湾、四川。

(214) 秀叉突尺蛾 *Pareustroma aconisecta* Xue, 1999

Pareustroma aconisecta Xue, 1999, in Xue & Zhu, Fuana Sinica (Insecta Vol.15, Lepidoptera, Geometridae, Larentiinae):520, figs 608, 612, pl.15:6.（China:Sichuan, Luding）

前翅长：♂15 mm，♀16 mm。触角线形。额和头顶灰黄褐色。下唇须侧面深褐色，背面和腹面灰黄褐色。胸腹部背面灰褐色；中胸立毛簇发达，毛端白色。前翅灰红褐色，基部有1段黑褐色线，由前缘至中室下缘，其外侧紧邻1条黑褐色带，弧形，在中室下缘以下逐渐消失；中带黑褐色，其内缘弧形，在中室中央和臀褶处外凸成微小钝齿，中带外缘较直，在M_1与M_2之间向内凸出1微小尖齿，在2A上方向外凸出1微小钝齿；中带内由前缘至近中室下角处灰红褐色，其中有1条"U"字形黑线，该线在R脉处略互相接近，中点黑色，位于"U"字形线内，接近或接触其内侧边缘；亚缘线波状，色较翅面稍浅；缘线深褐色，在翅脉端断离；缘毛深灰褐色与灰黄色掺杂。后翅灰褐色，前缘附近色较浅；外线深灰褐色，弧形，缘线和缘毛同前翅。雄后翅中室端脉内侧有一橘黄色卵形斑，长度略大于1 mm。雄前翅反面具黑色毛束；后翅反面后缘中部具黄白色毛束。

分布：甘肃（宕昌）、四川。

(215) 旋毛瓣尺蛾 *Paralygris contorta* Warren, 1900

Paralygris contorta Warren, 1900, Novit. zool., 7:110.（China:Sichuan, Omei-shan）

前翅长：♂16~19 mm，♀18 mm。雄触角双栉形，雌线形。额黄白至黄褐色，头顶黄色，中央有一三角形褐斑。下唇须褐色，第一节腹面、第二节腹面和端部以及第三节黄色。胸部背面黄白色，肩片和背中线两侧黑褐色；中胸背面后缘附近具发达的立毛簇。腹部背面灰黄色，第一、二腹节背中线两侧和各腹节侧线处有黑褐色斑。前翅深红褐至黑褐色；亚基线直行，微波曲，极细弱；内线以外各线条黄白色；内线细，斜行，在中室内向外凸出1齿，齿尖伸达中线，在臀褶处分为二岔至后缘，并有一细线沿臀褶下方延伸至中线处；中线与外线粗壮，在Cu_2上方互相接合成回纹，外线上半段直立，在M_2处稍向外弯折，在M_3与Cu_1之间折回，在Cu_1上向内凸出1尖齿；中线内侧和外线外侧各有1条细线，分别起于中室上缘下方和R_5处，细线在回纹下方互相接近至后缘；细线与中线和外线之间及臀角附近散布黄褐色，在M_3以下各翅脉上尤其明显；外线外侧有1条锯齿状白线，在M_3以下逐渐隐没在黄褐色之中；亚缘线粗壮，呈两个弧形，由顶角至M_3一段完整，其下方在翅脉上断离；缘线内侧有1列白点，在M_3处的白点较大，其余的常消失；缘毛深褐至黑褐色，在顶角和M_3下方各有一个黄白色点。后翅内2/3灰白色，基部散布灰褐色，并在中室以下扩展至翅中部；中点椭圆形，巨大，深灰色,中心深灰褐色;翅中部有3~4条深灰褐色波状线;翅端部1/3深灰褐色,其内侧有1条颜色较深的细线;亚缘线灰白色波状,有时退化为1列白点;缘线深褐色;缘毛深灰褐色与黄白色相间。雄前翅反面在2A内1/3两侧着生浅黄色毛丛。

分布:甘肃(文县)、河南、湖北、台湾、广西、四川。

(216)多列杯尺蛾 *Hysterura multifaria* (Swinhoe, 1889)

Cidaria multifaria Swinhoe, 1889, Proc. zool. Soc. Lond., 1889:429, pl.44:9.(India:Darjeeling)

前翅长:♂16~17 mm。触角线形。头和体背灰黄色与灰褐色掺杂,下唇须黑褐色,尖端黄色。前翅顶角较尖,外缘较直,后翅外缘波曲;雄后翅外缘中部明显凸出。雄前翅和后翅反面后缘基半部各具1个毛束,前翅反面毛束焦褐色,后翅反面毛束黄白色。前翅底色黑褐色,斑纹灰红色至红褐色;亚基线至外线各线纹细带状,均有黄白色镶边;亚基线弧形,在臀褶处有1外凸的尖齿,其内侧至翅基有1不规则的星状斑;内线和中线接近,不规则波曲,内线下端向内弯折,中线下端外倾并接近外线,两线之间在各翅脉上和中室内、臀褶处共有五处接触或有短线相连;中域内由前缘至中室下缘的"Y"形纹清晰完整;中室下缘脉至M_3脉由翅基部至外线灰红色至黄白色,其中在中域"Y"形纹下端增粗并呈鲜明的黄白色;外线上半部宽约1.5 mm,不规则波曲,略呈浅弧形;亚缘线由前缘至M_2直且外倾,在M_1处向内凸出1尖齿,其下方外线与外缘之间大部填充灰红至红褐色;缘线黑褐色纤细;缘毛灰黄色与深灰褐色相间。后翅浅灰褐色,后缘附近和翅端部色较深,具模糊深色中点;外线深灰褐色,中下部呈圆隆状外凸;亚缘线为1列模糊浅色斑;缘线和缘毛同前翅。

分布:中国的甘肃(南部)、台湾、四川、云南;印度,克什米尔地区。

(217)小杯尺蛾 *Hysterura hypischyra* Prout, L.B., 1937

Hysterura hypischyra Prout, L.B., 1937, in Seitz, Gross-Schmett. Erde, 4 (Suppl.):104, pl.10:e.(China:Sichuan, Tu-pa-ko)

前翅长:♂♀17 mm。近似前种。但颜色较浅;前翅中域较多列杯尺蛾狭窄,"Y"形纹清晰完整,上端分为二岔,较多列杯尺蛾宽阔;外线较多列杯尺蛾宽阔,其外侧的黑斑较狭窄;顶角内下方的小黑斑伸达顶角和前缘。后翅灰白色,外线灰色至深灰色,中下部外凸。雄前翅反面毛束消失或具级细弱白色毛束,后翅反面毛束发达,黄白色;雄后翅外缘中部凸出较多列杯尺蛾弱。

分布:甘肃(永登、文县)、四川。

(218)弥斑祉尺蛾 *Eucosmabraxas impleta* Xue, 1990

Eucosmabraxas impleta Xue, 1990b, Sinozoologia, 7:214, figs 2, 3.(China:Sichuan, Wolong)

前翅长:♂18 mm,♀19 mm。雄雌触角均线形,雄触角具短纤毛。头深褐色,下唇须伸出额外部分不足1/3。胸部背面深褐色,两侧掺杂黄色。腹部灰褐色,各腹节后缘黄白色。前翅外缘浅弧形;后翅外缘弧形微波曲。翅白色,斑纹深褐色。前翅基部至外线均弥漫深褐色,仅局部露出底色;其中内线位置有1段白线由前缘至臀褶,粗细不均;其外侧在前缘处有1白点;中点色较深,其下方在臀褶处有1白点,中点外侧紧邻1白斑,由前缘至M_2;白斑外侧为1列细小白点,由前缘至后缘;外缘波状,在Cu_2至臀褶处深内凹;亚缘线为1列褐点,其外侧褐至深褐色,仅在顶角至M_1留下1斜行白斑,在白斑下紧邻缘线有1列白点;缘线和缘毛深褐色。后翅中点稍大;中线波状,由M_2下方向下渐粗至后缘,其内侧在中室下缘至后缘为深褐色;外线深波状,上半段细弱或局部消失;亚缘线为1列褐点;缘线内侧有1列细小褐点,缘线深褐色;缘毛黄白色与褐色相间。

分布:甘肃(文县)、四川。

(219)祉尺蛾暗色亚种 *Eucosmabraxas placida propinqua* (Butler, 1881)

Callabraxas propinqua Butler, 1881c, Trans. ent. Soc. Lond., 1881(3):420.(Japan:Tokyo)

前翅长:♂15~18 mm,♀19 mm。头黑褐色,额下部掺杂黄色鳞片,下唇须近1/2伸出额外。胸腹部黄色,背中线两侧排列大块黑褐色斑。翅白色,基部略带黄色,斑点深褐至黑褐色,带黑灰色调。前翅基部至内线几乎完全被巨大的斑块占据,仅在亚基线处留下1条波折的白色细线,内线外侧边缘波折,中部凸出1尖角;

中域的斑块清晰但十分密集,由前缘至Cu_2下方形成1个形状不规则的大斑,其内部或多或少残留白色斑点,但其中的中点通常不可辨认,该斑下方在后缘处并列3个小斑,中间一个或为小黑点,或为环状,有时扩大成"Ω"形;亚缘线为1列大小不等的斑点,由前缘至M_3的斑点互相联合呈带状,并与其外侧至外缘的黑斑接触,二者之间留下1列细小白点,亚缘线外侧在M_3以下有3个较大的黑斑,通常互不接触;缘线黑褐色;缘毛黑褐色与黄色相间。后翅基部中室下缘脉两侧有2块小斑;中点椭圆形,上端(有时包括外侧)与外线内侧的细线接触,该细线中部极度外凸,呈弓形由中点外侧绕过;外线为起于M_1以下的斑点列,由M_1至Cu_2的4个斑点内半互相接触,Cu_2以下呈向外弯曲的短带状;亚缘线的斑点列仅上端的2个较大并互相接触,亚缘线外侧的斑点以及缘线和缘毛同前翅。

分布:中国的甘肃(永登、宕昌)、陕西;日本。

(220)羽巾尺蛾*Cidaria ochripennis* Prout, L.B., 1914

Cidaria ochripennis Prout, L.B., 1914, in Seitz, Gross-Schmett. Erde, 4:215.(China:Qinghai, Kuku-Noor)

前翅长:♀13 mm。触角线形。体和翅黄色,前翅线纹深褐色。前翅顶角微凸;外缘浅弧形;后翅前缘延长,浅弧形;外缘线弧形。前翅亚基线弧形,其内侧色略深,有时可见1条伴线;中带色略深,但颜色不均匀,中部常与翅面其他部分同色;中线在中室下缘处向外凸出1尖齿,外线在M_3处外凸1粗钝大齿,两线之间距离上下大致相等,中带下半部不窄缩;亚缘线消失,其内侧有时可见深色晕影带;顶角处的斜线近于消失,其下方有时色略深,M_1至Cu_1脉上略带褐色;缘线深褐色;缘毛黄色。后翅中部隐见深色外线。

分布:甘肃(榆中、卓尼)、青海。

(221)黄星石尺蛾*Entephria relegata*(Püngeler, 1900)

Cidaria flavicinctata var. *relegata* Püngeler, 1900, Dt. ent. Z. Iris, 12:299.(China:Qinghai, Kuku-Noor)

前翅长:♂14~15 mm,♀14 mm。触角线形。体和前翅灰色,胸部和腹部各节后缘白色。前翅较狭长,外缘浅弧形,倾斜;前缘排布不规则条形黑斑;内线和外线模糊灰白色带状,粗细不均,不规则波曲;亚缘线灰白色波状;中室下缘和2A脉在内线内侧有黄点,M脉在外线外侧有黄点;缘线在各翅脉端两侧有1对黑点;缘毛黄白色,在翅脉端深灰褐色。后翅狭长;灰白色;中点深灰色;翅端部有2条模糊灰褐色带;缘线和缘毛同前翅。

分布:甘肃(永登)、青海、四川。

(222)叉涅尺蛾*Hydriomena furcata*(Thunberg, 1784)

Geometra furcata Thunberg, 1784, Diss. Ent. sistens Insecta Suecica,(1):13.(Europe)

前翅长:♂13~18 mm,♀16~18 mm。触角线形。额和头顶黄白色至黄褐色,偶有褐色。部分个体额和头顶掺杂粉红色鳞片;下唇须深褐色,1/3以上伸出额外。胸腹部背面黄白色与褐色或灰褐色掺杂,颜色深浅在个体间变化很大,中胸立毛簇黑色。前翅顶角钝圆;前后翅外缘浅弧形。前翅浅灰褐色至深灰褐色,或多或少带黄绿色调;翅面排布5条平均宽度约1 mm的细带,深褐色至深灰褐色,由基部起第一条较直,斜行,其余细带均不规则波曲;第二条特别粗壮,有时与第三条部分融合;第三、四条之间距离最宽,形成明显的浅色中域,两线中部以下变细甚至部分消失;顶角1条深色斜线伸达第五条带。后翅浅灰褐色至深灰褐色,颜色单一;具模糊深色中点;晕影状外线和亚缘线内侧轮廓隐约可见。

分布:中国的甘肃(永登、文县)、山西、青海、新疆、四川、云南、西藏;俄罗斯;日本;欧洲;北美洲。

(223)蕴涅尺蛾*Hydriomena ruberata*(Freyer, 1831)

Geometra ruberata Freyer, 1831, Neue. Beitr. Schmett.,1(6):67.(Europe)

前翅长:♀16 mm。额和下唇须深褐至黑褐色,后者尖端浅黄色,约1/2伸出额外。头顶和体背灰白色与灰褐色掺杂。前翅深灰褐色,带灰红或红褐色调;亚基线斜行,在中室内有1折角,折角处和后缘处常加粗;深色带状内线在后缘处形成黑斑;中线、外线和亚缘线的深色带不规则波曲,中线和外线之间色较浅;亚缘线的带内在M_1脉上有1鲜明的黑线;顶角的黑色斜线通常清晰。后翅灰褐色,无明显斑纹。

分布：中国的甘肃（永登）；俄罗斯；欧洲；北美洲。

（224）羌涅尺蛾 *Hydriomena promulgata* (Püngeler, 1909)

Larentia promulgata Püngeler, 1909, Dt. ent. Z. Iris, 21:299. (China: Qinghai, Kuku-Noor)

前翅长：♂15 mm。头深褐色，额边缘和头顶后缘黄白色；下唇须仅尖端伸出额外。胸腹部背面深褐色掺杂少量黄白色。前翅宽阔，深灰褐色，斑纹模糊；亚基线斜行，其外侧至中线颜色较深，几乎不能分辨内线；中线中部外凸，其下凹，在后缘附近向外弯折，其外侧至外线色浅；外线和亚缘线直行，深锯齿状，在翅脉上向内凸出的尖齿颜色加深，其中外线尤其明显；缘毛深灰褐色。后翅灰白色，有1鲜明黑色中点；深锯齿状亚缘线在M_3以下通常可见；缘线纤细深褐色；缘毛较前翅色浅。

分布：甘肃（永登）、青海。

（225）灰涅尺蛾 *Hydriomena tamaria* (Oberthür, 1893)

Tephrosia tamaria Oberthür, 1893, Études ent., 18:26, pl.5:78. (China: Szechwan, Tachien-lu)

前翅长：♂15~16 mm，♀16~18 mm。额白色，上中部略带灰褐色调；头顶浅灰褐色；下唇须深褐色，腹面基部和背缘黄白色，1/3以上伸出额外。胸腹部背面白色至浅灰褐色。前翅浅灰红色；亚基线内侧和中线与外线之间颜色浅淡；亚基线浅弧形，中线较直，在中室内略向外凸出，外线波状，中部外凸，上述三条线在大多数情况下仅见轮廓，但有时在翅脉上形成大小不等的黑点，外线上端较粗，有时形成黑色线段；顶角处无黑色斜纹；缘毛灰褐色。后翅灰白色，几乎无斑纹；有时在后缘附近可见外线和亚缘线残迹。

分布：甘肃（永登、文县）、青海、四川。

（226）弱斑殊尺蛾 *Idiotephria debilitata* (Leech, 1891)

Cidaria debilitata Leech, 1891b, Entomologist, 24 (Suppl.):52. (Japan: Gifu)

前翅长：♂16 mm。触角线形。额和头顶深褐色与灰黄色掺杂，下唇须深褐色。胸腹部背面灰黄色。前翅宽阔，前缘较短，顶角略凸出，外缘弧形；后翅亦较宽阔。前翅灰红色，颜色单一，斑纹极弱；前翅亚基线、中线和外线极模糊，在翅脉上加深成小黑点；亚基线弧形，中线浅弧形，外线上半段浅弧形，在Cu_2附近略向内凹；中点深褐色，清晰。后翅黄白色，具微小模糊中点，外线同前翅但通常仅下半段清晰。

寄主植物：柞栎、枹栎。

分布：中国的甘肃（榆中）；俄罗斯；日本。

（227）窝尺蛾 *Atopophysa indistincta* (Butler, 1889)

Scotosia indistincta Butler, 1889, Illust. typical Specimens Lepid. Heterocera Colln Br. Mus., 7:24, 118, pl.: fig. 19. (India: Kangra district, Dharmsala)

前翅长：♂12~16 mm，♀14~17 mm。触角线形。额和下唇须黑褐色。头顶和胸腹部背面灰褐色。翅宽阔。前翅前缘基部略隆起，中部浅凹，顶角近直角，外缘浅弧形；后翅前后缘平直，顶角圆，外缘浅波曲；雄前翅反面2A基叉内有1囊泡状窝，窝内无鳞毛。前翅浅灰至灰色，散布白色和黑褐色鳞片，前缘附近颜色较深；线纹黑灰至黑褐色，通常较模糊，但在翅脉上和前后缘形成小黑点；亚基线和内线各1条，中线2条，外线3条；中点黑色微小；翅端部色略深，有2条深色线，在翅脉上形成鲜明黑点；亚缘线灰白色波状；缘线为翅脉间1列半月形小黑斑；缘毛灰白色，在翅脉端掺杂黑灰色。后翅颜色较浅，端半部斑纹同前翅，但线纹不清，有时仅在后缘附近可见。雄前翅反面2A基叉内有1囊泡状窝，窝内无鳞毛。

分布：中国的甘肃（文县）、陕西、湖北、湖南、四川、云南、西藏；印度；尼泊尔。

（228）直菲尺蛾 *Pareulype consanguinea* (Butler, 1878)

Anticlea consanguinea Butler, 1878b, Ann. Mag. nat. Hist., (5)1:449. (Japan: Hakodate)

前翅长：♂♀15 mm。触角线形，雄触角略扁宽。下唇须黑褐色，头和体背灰褐至深灰褐色，各腹节后缘有黑边。前翅顶角略尖，外缘浅弧形；后翅外缘浅波曲。前翅浅灰褐色，略带黄褐色调，线纹黑色；亚基线直，中线仅在中室内微向外弯曲，两线距离较近，亚基线内侧和中线外侧各有1条深灰褐色细带；中点十分微小;外线仅上半部清楚,在R_5与M_1之间凸出1细长尖齿,齿尖伸达顶角处的黑色斜线,齿下深凹,下半部特别细弱或消失,不规则波曲并逐渐内倾;缘线深灰褐色,十分细弱;缘毛灰褐色。后翅灰白色,中点较前翅清晰;翅端部可见2条波线的残迹,有时仅在翅脉上有深色小点;缘线同前翅;缘毛灰白色。

分布:中国的甘肃(永登);俄罗斯,日本。

(229) 绿纹菲尺蛾 *Pareulype neurbouaria* (Oberthür, 1893)

Larentia neurbouaria Oberthür, 1893, Études ent., 18:36, pl.5:77. (China:Szechwan, Tachien-lu)

前翅长:♂20 mm,♀19~20 mm。触角同前种。下唇须黑褐色,腹面基部和第三节端部白色;额白色,掺杂少量黑褐色。胸腹部背面白色、灰黄色与黑褐色掺杂,中胸后端立毛簇端半部黑色。前翅顶角钝圆;翅面灰绿色,线纹黑色,亚基线2条,其间深褐色,外侧一条在中室内有1折角;内线与外侧一条亚基线形状相同,接近中线,其中部或中下部模糊并穿过一片模糊褐斑,内线两侧在前缘处有模糊黑斑或线段;中线在中室内和臀褶处各凸出1个折角,外线锯齿状,中部的凸齿长而尖锐;中线和外线间的深褐色中带颜色不均匀,其中部由前缘至M_3和Cu_1至后缘各有1个灰白至浅灰绿色的斑,该斑两侧有黑色细线;中点黑色,大而清晰;中带内各翅脉或多或少带黑色;外线中部凸齿外侧有白色镶边,外线与外缘之间在前缘附近为1深褐至黑褐色大斑,其下有时可见2~3条不规则波曲的细线;顶角处为1短小黑色斜线,缘线为1列黑色三角形小斑,其中在M_3与Cu_1脉上的小斑向内扩展;缘毛黄色与黑灰色相间。后翅灰白色,基部和后缘附近颜色略灰;中点黑色,其外侧有1条不完整的灰褐色线和1列黑灰色脉点;翅端部为1条灰褐色宽带,其内缘锯齿状,中部可见灰白色锯齿状亚缘线;缘线同前翅;缘毛较前翅色浅。

分布:甘肃(永登)、青海、四川、西藏。

(230) 驼尺蛾 *Pelurga comitata* (Linnaeus, 1758)

Phalaena comitata Linnaeus, 1758, Syst. Nat. (Edn 10), 1:526. (Europe)

前翅长:♂13~16 mm,♀14~18 mm。触角线形,雄触角较短,各节扁宽,具短纤毛。额极凸出,呈圆丘形;中胸前半部凸起呈驼峰状;各腹节背面后缘披长毛。头和胸腹部背面黄褐色,胸部背面颜色较浅,由前翅基部跨过驼峰有1条灰褐色横线;第一腹节黄白色,其余各腹节背面带有金黄色。前后翅外缘微波曲。前翅浅黄褐色至黄褐色,略带焦褐色;斑纹褐色至深灰褐色;亚基线弧形,在中室上缘处凸出1分岔的尖齿,其内侧色略深;内线2条,隐约可见;中线深灰褐色带状,有时可分辨出由2~3条细线组成,在中室前缘处呈钩状弯曲,然后内倾至后缘;中点小,黑色;中带中部颜色较浅,邻近中线和外线处褐至深褐色,外线不规则锯齿状,中部凸出1粗钝大齿;外线外侧有3条黄白色伴线;由顶角发出1条黑灰色斜线达到R_5后扩展成1个小斑并沿R_5下方扩散至外线;浅色亚缘线不完整;缘线深褐色,在翅脉端断离;缘毛灰黄色与灰褐色相间。后翅颜色同前翅,由翅基至外线颜色略暗,外线在M_3处弯折;缘线和缘毛同前翅。

分布:甘肃(永登、宕昌)、黑龙江、吉林、辽宁、内蒙古、北京、河北、青海、新疆、四川;朝鲜,韩国,日本,蒙古国,俄罗斯,欧洲。

(231) 半驼尺蛾 *Pelurga taczanowskiaria* (Oberthür, 1880)

Anticlea taczanowskiaria Oberthür, 1880, Études ent., 5:54, pl.9:8. (Russia:Askold)

前翅长:♂13~17 mm,♀15~18 mm。额凸出明显低于驼尺蛾,圆盾状;中胸前端凸出较驼尺蛾略低。头胸腹部其他特征与驼尺蛾相同或相似。前翅斑纹模式与驼尺蛾相似,翅色较灰暗,中带中部浅色带比该种鲜明,灰白色,其他斑纹深褐至黑褐色;亚基线和中线较直,中带接近外线处渐呈黑褐色,外线黑色,在R_5两侧各有1个外凸的小尖齿,外线中部的凸齿平均较该种尖锐;亚缘线灰白色,上端锯齿状,在R_5至M_1处被顶角的黑色斜线切断,其下粗壮且直行,仅在臀褶处内凹。后翅灰褐色,具微小模糊中点;外线深灰褐色,不规则波曲,中部凸出,其外侧紧邻1条浅色带;亚缘线灰白色浅弧形。

寄主植物:藜。

分布：甘肃（榆中）、黑龙江、内蒙古、北京、河北、山西、青海、西藏；俄罗斯，蒙古国，朝鲜，日本。

(232) 平驼尺蛾 *Pelurga onoi* (Inoue, 1965)

Pareulype onoi Inoue, 1965, Tinea, 7(1): 102, fig. 17. (Japan: Hokkaido, Tokachi, Nukabira)

前翅长：♂16 mm，♀17~18 mm。下唇须较短，仅尖端伸达额外。额凸出状况同半驼尺蛾；中胸正常。头、体背和前翅浅灰褐色，带明显的灰红色调，额上缘有1条深褐色横线。前翅斑纹非常近似直菲尺蛾 *Pareulype consanguinea* (Butler)，本种原始描述亦在菲尺蛾属内。但本种有许多方面显示其分类地位近驼尺蛾而远离菲尺蛾属。除胸腹部和外生殖器结构特征明显不同于直菲尺蛾外，前翅斑纹有如下明显区别：亚基线下半段浅弧形弯曲，不为直线；中线在中室内向外弯曲较深；外线远离中线而较近外缘（在直菲尺蛾中较近中线而远离外缘），中部呈驼峰状凸出。

分布：甘肃（永登）；俄罗斯，日本。

(233) 短瓣灰涛尺蛾 *Glaucorhoe exilaria* Han & Xue, 2008

Glaucorhoe exilaria Han & Xue, 2008, in Wu, Han & Xue, Zootaxa, 1858: 58, figs 8-9, 15, 21, 25, 29. (China: haanxi, Taibaishan, Shangbaiyun)

别名：小灰涛尺蛾。

前翅长：♂13~14 mm，♀14~15 mm。触角线形。头和体背白色至黄白色，雄下唇须颜色略深。前翅顶角钝圆；前后翅外缘微波曲。前翅灰黄色，略带黄褐色调，线纹白色；亚基线、内线和中线浅弧形，略波折；中域有2条白线，内侧一条粗壮并常呈细带状，但通常较模糊，外侧一条波状，十分细弱；外线清晰，细锯齿形，在M_3与Cu_1之间外凸1粗大尖角；亚缘线锯齿形，略灰暗；缘线深灰褐色；缘毛与翅面同色。后翅颜色同前翅，中域第一条粗线至外缘的线纹与前翅连续。

分布：甘肃（临潭、礼县、宕昌）、陕西。

(234) 异灰涛尺蛾 *Glaucorhoe magaria* Wu & Xue, 2008

Glaucorhoe magaria Wu & Xue, 2008, in Wu, Han & Xue, Zootaxa, 1858: 57, figs 6-7, 14, 20, 24, 28. (China: Gansu, Yongdeng)

前翅长：♂13~15 mm，♀15~16 mm。极近似前种，平均体型略大，翅面斑纹相同。二者只能通过外生殖器进行可靠鉴别。在雄性外生殖器中，本种抱器背叶瓣细长，远长于抱器腹叶瓣，后者短小；而短瓣灰涛尺蛾 *G. exilaria* 的抱器背叶瓣与抱器腹叶瓣约等长。雌性外生殖器差异较小。

分布：甘肃（永登）、青海。

(235) 白眉洲尺蛾 *Epirrhoe brephos* (Oberthür, 1884)

Odezia brephos Oberthür, 1884a, Études ent., 9: 22, pl.2: 3. (China: Szechwan, Tachien-lu)

前翅长：♂14 mm，♀14~15 mm。触角线形，雄触角略扁宽。头和胸腹部背面均黑褐色，掺杂白色鳞毛，额毛簇明显；下唇须粗糙，白色与黑褐色掺杂，未伸达额外。前翅宽阔，外缘较直立，略呈浅弧形；翅面深褐色至黑褐色，后缘附近颜色略浅，并略带红褐色；亚基线、内线和中线大部消失，仅在前缘处留下很小的白斑，中线由R_5至2A隐约可见1黑褐色细线；外线在前缘至M_3形成1倾斜的大白斑，其最宽处约近2 mm。后翅橘红色，基部散布褐色鳞片；具微小黑褐色中点；后缘有1列深褐色至黑褐色横纹，向上伸达M_3附近；缘线黑褐色，在顶角处略扩展并越过顶角达到前缘外1/3处。前后翅缘毛深褐色，毛端有少许灰白色。

分布：甘肃（徽县、文县）、湖北、台湾、四川、云南、西藏。

备考：除上述指名亚种外，本种还记载1青海亚种 *E. brephos nora* (Prout, L.B., 1938)，曾发现于甘肃永登。该亚种与指名亚种的主要区别在于前翅外线的白斑内缘平直，外缘中部隆起。

(236) 茜草洲尺蛾东方亚种 *Epirrhoe hastulata reducta* (Djakonov, 1929)

Cidaria (*Epirrhoe*) *hastulata* f. *reducta* Djakonov, 1929, Ark. Zool., 21A (1): 13. (Russia: Kamtchatka)

前翅长：♂♀11~12 mm。额和头顶黑褐色，掺杂白色，额下缘白色，额毛簇明显；下唇须大部白色，粗糙，尖端黑褐色,伸达额外。胸腹部背面黑褐色,掺杂白色,各腹节后缘有1条白色细线。前翅较前种略狭窄;白色,大部为黑褐色斑纹所覆盖;翅基至内线黑褐色,其间可见纤细白色亚基线;内线与中线之间为1条弧形白色带,带中在中室下缘有1黑点;黑褐色中带十分醒目,其中可见黑色圆形中点,中带外缘中部凸出1尖齿,其外侧的白色带狭窄但清晰,白色带中部有1列黑褐色脉点;翅端部黑褐色,亚缘线在前缘处有1段锯齿状白线,在M_3处有1白点或1">"小白斑;缘毛黑褐色与白色相间。后翅斑纹与前翅连续,内线处的白色带较模糊,有时向外扩展至巨大的黑色中点周围,亚缘线在M_3处的白斑通常较前翅大。

寄主植物:猪殃殃、拉拉藤。

分布:中国的甘肃(榆中)、黑龙江、吉林、河北、山西、青海;俄罗斯,日本。

(237) 葎草洲尺蛾 *Epirrhoe supergressa albigressa* (Prout, L.B., 1938)

Cidaria (*Epirrhoe*) *supergressa albigressa* Prout, L.B., 1938, in Seitz, Gross-Schmett. Erde, 4 (Suppl.): 163, pl.15: k. (Russia: Ussuri)

前翅长:♂♀12~14 mm。额及头顶深褐色,额掺杂灰白色;下唇须大部黄白色,端部掺杂褐色,尖端伸达额外。胸腹部背面黄褐色,腹部背中线两侧排列黑斑。前翅白色;亚基线深褐色,下半段仅在翅脉上清楚,其内侧由前缘至中室上缘深褐色;内线黑褐色,在前缘处宽且清晰,向下逐渐变淡变细,在2A处消失;中线与外线之间为1深褐色中带,略带红褐色,其间有一些黑褐色条纹;中点黑色,其上方散布着少量蓝白色鳞片;中带外缘在R_5处外凸,并在R_5上下各有1个小齿,在M_3处外凸1粗大钝齿,中带内外两侧的白色带清晰完整,其上各有1条纤细的波状线,但该线有时下半部或全部消失;翅端部蓝灰色,亚缘线白色波状,其内侧在前缘至R_5处有1个黑褐色斑,顶角前有1三角形浅色斑,其下方是1个较大的三角形褐斑,伸达亚缘线内侧;缘线褐色点状;缘毛与其内侧翅面颜色相同。后翅白色,中点较前翅小,其下方由中室下缘至后缘有三条灰褐色线;翅端部同前翅,但无褐斑。

寄主植物:葎草。

分布:甘肃(镇原、礼县)、黑龙江、吉林、内蒙古、北京、河北、山东、陕西、青海;俄罗斯,朝鲜,韩国。

(238) 文脉折线尺蛾 *Ecliptopera dimita* (Prout, L.B., 1938)

Cidaria (*Ecliptopera*) *dimita* Prout, L.B., 1938, in Seitz, Gross-Schmett. Erde, 4 (Suppl.): 153, pl.15: e. (China: Sichuan; Yunnan)

Cidaria (*Ecliptopera*) *dimita tranosphena* Prout, L.B., 1938, in Seitz, Gross-Schmett. Erde, 4 (Suppl.): 153. (China: Qinghai, Kuku-Noor)

前翅长:♂♀14~15 mm。触角线形,雄触角具短纤毛。额和头顶黄白色,中央黑褐色;额较狭窄,额毛簇发达;下唇须较长,约1/3伸出额外,褐色,第二节端部和第三节黄白色。胸部背面黑褐色,中胸立毛簇发达,腹部背面黄褐色,背中线黄白色。前翅顶角较尖,外缘在顶角下方浅凹;后翅外缘浅弧形。前翅黑褐色,线纹灰黄色;内线清晰,上半段深弧形,中部以下较直;中线较近翅基部,">"形;其内侧有1条浅弧形细线,该线上下两端消失,内侧至内线翅脉灰黄色;黑褐色中域十分宽阔,隐见黑色中点,中线中部的齿尖位于Cu_2基部,由该处至外线的中室下缘脉端部、Cu_1和Cu_2脉均灰黄色,十分鲜明;外线由前缘至M_3直,M_3至Cu_1内弯,在Cu_1和Cu_2处略向内凸出,与浅色翅脉相接;外线外侧R_5至2A各脉浅黄褐色,其中R_5至M_2各脉较细弱;翅端部大部区域填充灰绿色,折线清晰,近直角;缘线为清晰的白色细线;缘毛黑褐色掺杂灰黄色。后翅灰褐色,中点微小,甚至完全消失;外线清晰,其外侧色较浅;亚缘线灰白色波状,内侧有1列深色斑;缘线黑褐色;缘毛灰黄色。

分布:中国的甘肃(文县)、青海、湖南、四川、云南、西藏;俄罗斯。

(239) 宏折线尺蛾 *Ecliptopera fervidaria* (Leech, 1897)

Cidaria fervidaria Leech, 1897, Ann. Mag. nat. Hist., (6)19: 646. (China: Sichuan, Moupin; Omei-shan; Hubei, Chang-yang)

别名:宏焰尺蛾。

前翅长:♂16~17 mm,♀18 mm。头和胸腹部背面灰褐色。前翅顶角钝圆,外缘在顶角下方凹入不明显;翅面黑褐色,线纹白至灰黄色;内线与中线间及外线外侧散布灰红褐色,中室下缘至M_3脉、Cu_1和Cu_2脉灰红褐色;中线中部外凸呈">"形;外线由前缘至M_3粗壮且较直,其下向内弯折,略波曲;外线外侧有1条浅色带;亚缘线为1列白点;顶角处有1条黄色斜线;缘毛深灰褐色。后翅深灰褐色,带橘黄至黄褐色调,有时端半部大部黄褐色;前缘附近和中室下缘至M_3、Cu_1、Cu_2基部黄色至黄褐色;中线和外线为弧形黄色带,但通常较模糊,有时隐没在翅端部的黄褐色之中;亚缘线为弱小黄色斑点;缘毛浅黄与深灰褐色相间。

分布:甘肃(永登、天水、迭部)、湖北、湖南、台湾、四川、云南。

(240) 疏焰尺蛾 *Electrophaes aliena* (Butler, 1880)

Cidaria aliena Butler, 1880b, Ann. Mag. nat. Hist., (5)6:230. (Bhutan)

前翅长:♂14~15 mm,♀13~15 mm。触角线形,雄触角具短纤毛。额和头顶白色,边缘褐色。体背白色、黑褐色与黄色间杂。前后翅较狭长,外缘浅弧形;前翅外缘较倾斜。前翅黑褐色,线纹白色;内线与中线间及外线外侧各形成1条枯黄至黄褐色带,两带边缘均不规则波曲,下端互相接近;中点黑色条形;亚缘线外侧在顶角和M_3处各有1黄斑,在Cu_1和Cu_2处有黄褐色小斑;缘线为翅脉间1列短条形白点;缘毛黄褐色与深灰褐色相间。后翅灰黄褐色,中点微小;外线和亚缘线纤细波状,灰褐色;缘线黑褐色不完整;缘毛黄色,在翅脉端掺杂少量灰褐色。

分布:中国的甘肃(永登、宕昌、文县)、陕西、青海、湖北、湖南、四川、西藏;印度,不丹,缅甸。

(241) 束带游尺蛾 *Euphyia azonaria* (Oberthür, 1893)

Somatina azonaria Oberthür, 1893, Études ent., 18:32, pl.4:50. (China:Szechwan,Tachien-lu)

前翅长:♂♀14~16 mm。触角线形,雄触角具短纤毛。头和体背深褐色杂灰黄褐色。前翅宽阔,外缘与后缘长度相仿,略呈浅弧形;翅面带明显黄褐色调;中带较狭窄,深褐色,中部或多或少有灰褐色斑,黑色中点极微小;中线浅弧形微波曲,外线中部的凸齿较短钝,齿尖至外缘的距离与外线在R_5至外缘的距离相等;外线外侧带黄褐色,浅色带较直,亚缘线白色锯齿状,通常连续,其附近颜色略灰。后翅颜色浅淡,排布灰褐色线纹;翅端部为1条灰褐色带;中点深灰色。

分布:甘肃(文县)、四川、云南。

(242) 双斑莓尺蛾 *Mesoleuca bimacularia* (Leech, 1897)

Larentia bimacularia Leech, 1897, Ann. Mag. nat. Hist., (6)19:669. (China:Szechwan,Tachien-lu;Pu-tsu-fong)

前翅长:♂13~16 mm,♀14~17 mm。触角线形,雄触角具短纤毛。头和胸部背面黑色。前翅顶角尖并略凸出,外缘浅弧形;后翅外缘微波曲;翅面灰红褐色。前翅中域颜色略浅,但与暗灰红色端带区别不明显;前缘中部有1楔形黑斑,其下紧邻黑色中点或与之相接;在颜色较深的个体中,黑色中点周围有明显白圈;亚缘线灰白色,中部弯至外缘并消失,在Cu_2处向内凸出1小齿。后翅颜色较灰,端部颜色略深,但不形成完整的端带;中点黑色微小;亚缘线同前翅。

分布:甘肃(宕昌)、四川、云南、西藏。

(243) 云雾丽翅尺蛾四川亚种 *Lampropteryx argentilineata nitidaria* (Leech, 1897)

Larentia nitidaria Leech, 1897, Ann. Mag. nat. Hist., (6)19:657. (China:Sichuan,Pu-tsu-fong)

前翅长:♂16~17 mm,♀16~19 mm。触角线形,雄触角较光滑,纤毛短小。额及头顶深褐色,额毛簇明显;下唇须深褐至黑褐色,较长且较粗糙。胸部背面灰褐色,中胸后端和后胸灰白色,略带淡红色。腹部背面灰黄色。前翅宽阔,顶角略尖;前后翅外缘浅弧形。前翅褐至黑褐色,颜色深浅变化很大,斑纹白色;亚基线极细弱模糊,浅弧形;内线深弧形;中线由前缘至臀褶外倾,在中室前缘、中室内各外凸1微小凸齿,但有时消失,在Cu_2脉上有白线与外线相连,在臀褶处凸出1细长尖齿伸达外线,其下内折至后缘,中线内侧散布白色;中域狭窄,中点小,黑色;外线弯曲和缓,中上部略外凸,在Cu_2至臀褶处浅内凹,其外侧有2条伴线;顶角处白色斜线到达R_5后倾斜地伸达外线,亚缘线白色波状,常不连续;翅端部由M_1至臀角大部灰白色,翅脉白色,有时略带黄褐色;臀角附近有少量褐色;缘线深褐色至黑褐色,点状;缘毛灰褐色。后翅浅灰褐色至深灰褐色,外线及其外侧有4条灰白色细纹,缘线同前翅;缘毛色较浅。

分布:甘肃(永登、舟曲、康县、文县)、河南、陕西、青海、台湾、四川、西藏。

(244) 叉丽翅尺蛾 *Lampropteryx producta* Prout, L.B., 1922

Lampropteryx producta Prout, L.B., 1922b, Novit. zool., 29:352. (China:Sichuan, Pu-tsu-Fang)

前翅长:♂14~17 mm,♀14~18 mm。雄触角略呈锯齿状,纤毛簇发达,纤毛长度略大于触角杆直径。额、头顶和下唇须均深褐色。胸腹部背面灰黄褐色,胸部掺杂黑褐色,腹部各节后缘在背中线上有1黑点。雄腹部末端味刷发达。前翅深褐色,亚基线白色,很弱;内线、中线和外线均黄白色双线,内线较直,中线模糊;中域宽阔,中点大而清晰,长椭圆形至短条形;外线中部的圆钝凸齿下半部向内收缩,其下沿Cu_2向内凸出1尖齿;顶角处的斜线粗壮清晰,伸达外线;亚缘线为1列白点;缘线在翅脉端两侧有1对黑褐点;缘毛白色与褐色相间。后翅浅灰褐色至灰白色,深灰色中点弱小或消失,外线锯齿状,中部极凸出,颜色较翅面略暗;翅端部色略深,在翅脉间有短条形褐点,在深色个体中可见白色点状亚缘线;缘线同前翅;缘毛色较浅。

分布:甘肃(永登、宕昌、康县、文县)、青海、四川、云南、西藏。

(245) 暗旋尺蛾 *Colostygia pendearia* (Oberthür, 1893)

Anticlea pendearia Oberthür, 1893, Etudes ent., 18:39, pl.5:69. (China:Szechwan, Tachien-lu)

前翅长:♂♀15~17 mm。雄触角双栉形,雌触角线形。头黑褐色,额毛簇发达;胸腹部背面黑褐色与灰褐色掺杂。前后翅外缘浅波曲。前翅浅灰褐至灰褐色,带明显黄褐色调,亚基线、中线和外线黑色;亚缘线浅弧形,其内侧色略深;中线在前缘下方向外弯曲,其下直立并微波曲;中域散布黑褐色,有2条波状线,中点黑色,小而圆;外线浅波状,直立或中部略外凸,其外侧色浅,有2~3条褐色伴线;亚缘线白色锯齿形,中部以下不完整或全部消失;缘线在各翅脉端两侧有1对黑点;缘毛黄褐色,在翅脉端深灰褐色。后翅白色,中点黑色微小;外线浅弧形,模糊细带状,在翅脉上加深形成小黑点;缘线同前翅;缘毛色较浅。

分布:中国的甘肃(永登)、陕西、山西、青海、四川、西藏;朝鲜、韩国。

(246) 川旋尺蛾 *Colostygia viperata* (Alphéraky, 1897)

Cidaria viperata Alphéraky, 1897a, in Romanoff, Mém. Lépid. 9:72. (China:Sichuan)

前翅长:♂♀14~16 mm。雄触角双栉形,栉齿长大于触角杆直径的2倍。下唇须深褐色,腹面白色,1/3伸出额外。额具发达额毛簇;额、头顶和体背白色与褐色掺杂,其中胸部背面色较深,第一、二腹节背中线两侧有黑褐色斑。前翅顶角尖,外缘较直,不波曲,倾斜;翅面颜色较浅淡,由翅基部至外线由淡褐色逐渐过渡到深灰褐色,其间白色弧形亚基线和中线均模糊,亚基线略波曲,中线锯齿状,在中室内有1较大的凸齿;中点黑褐色短条形,极微小;外线锯齿状,由前缘至M_3下方外倾,然后内折,在Cu_2上形成1个向内的尖齿,其下呈弧形至后缘;翅端部色浅,白色波状亚缘线两侧排列大小不等的浅褐色斑块,顶角附近色略深;缘线为翅脉端两侧1对黑点;缘毛灰白色,在翅脉端有1黑点。后翅外线以内浅褐色,外线色略深,中部外凸;外线外侧灰白色,略带淡褐色调,缘线和缘毛较前翅浅。

分布:甘肃(永登、迭部)、山西、青海、四川。

备考:此种原长期被作为吉丽翅尺蛾*Lampropteryx jameza* (Butler, 1878)的1个亚种(Prout, L.B., 1938;薛大勇和朱弘复,1999)

(247) 举剑旋尺蛾 *Colostygia albigirata* (Kollar, 1844)

Cidaria albigirata Kollar, 1844, in Hügel, Kaschmir Reich Siek, 4(2):489. (India:Himalayas, Massuri)

别名:举剑丽翅尺蛾。

前翅长:♂14 mm,♀14~16 mm。雄触角双栉形。额和头顶黄褐色;下唇须粗糙,深褐色,第一节腹面和

第二节腹面基部及第三节黄色。胸腹部背面灰褐色。前翅外缘倾斜；前后翅外缘微波曲。前翅深灰褐至深褐色，线条白色；内线隐约可见，在中室内有1个折角；中线与外线锯齿状，两线之间深褐色，外线在Cu_1上方向内弯折，在Cu_2上形成1个向内的凸齿；中点黑褐色，短条形；亚缘线直，略宽但很模糊，M_1上方有1条由外线至亚缘线的灰白色线，模糊；R_5至Cu_1各脉由亚缘线至外缘灰黄色，缘线黑褐色，在翅脉端断离；缘毛深灰褐色，在翅脉间掺杂白色。后翅灰褐色，翅端部颜色略深，亚缘线和缘线同前翅。

分布：中国的甘肃（武都区）、云南、西藏；俄罗斯，印度，尼泊尔，缅甸，克什米尔地区。

(248) 甜黑点尺蛾北方亚种 *Xenortholitha propinguata suavata* (Christoph, 1881)

Cidaria suavata Christoph, 1881, Bull. Soc. imp. Nat. Moscou, 55(3): 101. (Russia: Chingan; Vladivostok)

前翅长：♂12~16 mm，♀13~17 mm。触角线形。额、头顶和体背灰褐色至深褐色，掺杂灰黄色鳞片；下唇须深褐色，1/4伸出额外。前翅宽阔，顶角略尖；前后翅外缘微波曲。前翅浅褐色，略带红褐色调，部分个体亚基线与内线之间和外线外侧灰褐色，线纹深褐至黑褐色；亚基线浅弧形微波曲，外侧有白色镶边；内线浅弧形，波曲程度在个体间明显变化，内侧有白色镶边；内线至外线颜色逐渐加深，其间具微小黑色中点；外线在M_1上方略凸出，在M_3下方凸出1个大齿，齿尖大多钝圆，有时略尖，臀褶处有1较小的凸齿；外线外侧为1条白线和1条模糊褐色线；翅端部颜色通常较浅，近前缘处颜色略深，亚缘线白色点状，顶角处有2个三角形小黑斑；缘线褐色，不连续；缘毛灰褐色与灰白色掺杂。后翅中点微小深灰色，外线">"形，其内侧灰褐色，外侧色较浅，常带红褐色调；缘线同前翅；缘毛色较浅。

分布：中国的甘肃（永登、礼县、舟曲）、黑龙江、吉林、内蒙古、北京、河北；俄罗斯，日本。

(249) 啄黑点尺蛾 *Xenortholitha dicaea* (Prout, L.B., 1924)

Ortholitha dicaea Prout, L.B., 1924, Bull. Hill Mus. Witley, 1(3): 480. (China: Sichuan, Omei-shan)

前翅长：♂16~17 mm，♀17~21 mm。头和体背深灰褐色。下唇须深褐色，约1/3伸出额外。前翅顶角略凸出；中域宽阔，具黑色中点；外线除在前缘附近外极弱或消失，但亚基线与中线间和外线外侧略带黄褐色，与中域的深褐色区别明显；亚基线和内线较倾斜；外线波曲，中部渐凸，但不形成明显的凸齿，其外侧翅脉上的黑点列细小模糊，亚缘线有时可见细小白点，顶角内下方有2个三角形黑斑，但常消失。后翅灰褐至深灰褐色，可见微小中点和外线轮廓，后者与前翅形状相似。前后翅缘线为翅脉端两侧的黑点列；缘毛深灰褐色。

分布：甘肃（天水）、湖南、四川。

(250) 侧黑点尺蛾 *Xenortholitha latifusata* (Walker, 1862)

Melanippe latifusata Walker, 1862, List Spec. lepid. Insects Colln Br. Mus., 25: 1298. (India: Hindostan)

别名：迷黑点尺蛾，迷黑点尺蛾贡嘎亚种。

前翅长：♂14~16 mm。色较灰，缺少黄褐色调。前翅基部至外线深灰褐色至黑灰色，灰白色亚基线和内线弯曲；黑色中点微小；外线中部凸齿稍尖；外线外侧灰白色，略带灰紫色调，亚缘线极弱或消失，顶角下方有2个黑斑。后翅基部至外线淡灰褐色；中点黑灰色微小；外线外侧灰白色，略带黄褐色调，可见亚缘线的白点列。前后翅缘线为翅脉端两侧1对小黑点。

分布：中国的甘肃（迭部）、青海、四川、云南、西藏；印度，缅甸，巴基斯坦，喜马拉雅山西北部。

(251) 双月涤尺蛾 *Dysstroma subapicaria* (Moore, 1868)

Cidaria subapicaria Moore, 1868, Proc. zool. Soc. Lond., 1867: 663. (India: Darjeeling)

前翅长：♂15 mm，♀16~17 mm。触角线形。体深灰褐至深黄褐色，中后胸背面具发达的黑色立毛簇。前翅顶角钝圆；前后翅外缘浅弧形。前翅黑褐色，基部、内线与中线之间和外线外侧暗黄褐色；外线中部外凸，其上方由前缘至M_2有1倾斜的白斑；顶角内侧有1灰白色三角形斑；亚缘线灰白色波状，不清楚；缘线黑色，不完整；缘毛黑灰至黑褐色。后翅白色，基部散布灰褐色；后缘近臀角处可见灰褐色亚缘线；缘线灰褐色，不完整或消失；缘毛黄白色，掺杂少量灰褐色。

分布：甘肃（文县）、湖北、湖南、云南、西藏；印度，缅甸，不丹，尼泊尔。

（252）茎涤尺蛾 *Dysstroma truncata* (Hufnagel，1767)

Phalaena truncata Hufnagel，1767，Berlin Mag.，4（6）：602.（Germany：Berlin region）

Dysstroma truncata sinensis Heydemann，1929，Mitt. münch. ent. Ges.，19：223，pl.13：49.（China：Szetschwan，Sumpanting，Wassekou）

别名：茎涤尺蛾中国亚种。

前翅长：♂14~16 mm，♀14~18 mm。下唇须伸出额外部分不足1/3。头和胸腹部背面灰褐色掺杂白色，在颜色较深的个体中黑褐色掺杂少量白色。前翅基部和中带黑褐色至黑灰色，内线与中线之间和外线外侧各为1条黄褐色至红褐色带；各线均锯齿状，外线中部极度外凸，齿尖略下垂；中带内有2条模糊波状线，中点黑色圆形，清晰；亚缘线灰白色锯齿状，模糊且不完整，其外侧颜色接近中带；顶角处有1段黑色斜线，其下方有3个黑点；缘线为1列细小黑点；缘毛灰黄色掺杂深灰褐色。后翅黄白色至灰褐色，可见极微小的中点。

分布：中国的甘肃（永登）、青海、四川、云南、西藏；俄罗斯，日本；欧洲。

（253）舒涤尺蛾 *Dysstroma citrata* (Linnaeus，1761)

Phalaena（*Geometra*）*citrata* Linnaeus，1761，Fauna Suecica，（*Edn* 2）：332.（Sweden）

Dysstroma citrata tibetana Heydemann，1929，Mitt. münch. ent. Ges.，19：271，pl.13：71；pl.14：71a.（China：Qinghai，Kuku-Noor）

别名：舒涤尺蛾西藏亚种。

前翅长：♂15~16 mm，♀16~17 mm。头和胸部背面深褐色至黑褐色，掺杂白鳞，腹部背面色较浅，背中线两侧有小黑斑。前翅基部和中带黑褐色，亚基线和中线之间颜色略浅，带黄褐色；外线中部中度凸出，其上方浅凹，下方细锯齿状；黑色中点大而清晰；外线外侧由前缘至M_3为1鲜明白斑，其宽度约2 mm，白斑外侧至亚缘线（在前缘处扩展至顶角）有少量黄褐色，外线外侧在M_3以下黄褐色，亚缘线以外过渡为黑褐色，有时翅端部除大白斑外均为黑褐色；亚缘线极细弱模糊；缘线的黑点列大部消失；缘毛深灰褐色与灰黄色掺杂。后翅污白色至浅灰褐色，隐见微小深灰色中点。

分布：中国的甘肃（永登）、青海、新疆、云南、西藏；欧洲，北美洲。

（254）带涤尺蛾 *Dysstroma proavia* Heydemann，1929

Dysstroma proavia Heydemann，1929，Mitt. münch. ent. Ges.，19：233，pl.6：08；pl.7：108；pl.9：102；；pl.15：73.（China：Szetschwan，Wassekou；Tibet. India：north-west）

前翅长：♂♀17~18 mm。头深褐色，掺杂白鳞。胸腹部背面灰褐色，中后胸立毛簇端部黑色。前翅基部黑褐色，亚基线锯齿状，中部凸出2个小齿；亚基线与中线之间和外线外侧红褐色；中带宽阔，两侧边缘附近黑褐色，中部灰白色，中点消失或极弱小；外线中部极凸出，齿尖略向上翘；翅端部在顶角下方散布黑褐色，并在翅脉间形成黑点；亚缘线点状，浅色，十分模糊；缘线黑褐色；缘毛深灰褐色。后翅灰白色至浅灰褐色，几乎无斑纹。

分布：甘肃（永登）、四川、西藏。

（255）仿涤尺蛾 *Dysstroma imitaria* Heydemann，1929

Dysstroma imitaria Heydemann，1929，Mitt. münch. ent. Ges.，19：246，pl.6：23；pl.8：23；pl.9：41；pl.12：47，48；pl.13：50；pl.14：47a，50a.（China：Qinghai，Kuku-Noor）

前翅长：♂15~17 mm，♀16~18 mm。头和胸腹部背面深褐色至黑褐色，胸部背面立毛簇端部黑色。前翅基部和中域黑褐色，中带两侧暗黄褐色，外线上半段外侧有灰白色；亚基线在中室内的凸齿较大；中线锯齿状，外线上半段略凹，中部凸出的齿尖略下垂，下半段深波状；中点黑色短条形；外线外侧至外缘颜色由黄褐色逐渐过渡到深灰褐色，亚缘线或多或少在翅脉间留下几个模糊白点，其外侧在M脉间有小黑点；缘线大部消失;缘毛深灰褐色掺杂黄白色。后翅污白色,端部浅灰褐色,灰色中点和外线极模糊。

分布:甘肃(永登)、青海、四川、西藏。

(256)旋涤尺蛾 Dysstroma volutata (Prout, L.B., 1914)

Cidaria (*Dysstroma*) *volutata* Prout, L.B., 1914, in Seitz, Gross-Schmett. Erde, 4:221. (China:Qinghai, Kuku-Noor)

前翅长:♀17 mm。体和前翅灰色,带灰绿色调,散布黑色。前翅中域颜色与两侧相似,中点黑色短条形;亚基线在中室内的凸齿较大,亚基线外侧、中线内侧和外线外侧有不完整的白边;外线在M_2处深凹并不规则波曲,M_2两侧的小齿短小,远未达到外线上端与中部大齿的连线,中部大齿较尖,齿尖略下垂,极接近白色波状亚缘线;缘线为1列小黑点;缘毛深灰褐色与暗黄褐色相间。后翅白色,中点和外线几乎消失;缘线同前翅;缘毛黄白色,在翅脉端有少量灰褐色。

分布:甘肃(永登)、青海、四川。

(257)锡金涤尺蛾 Dysstroma sikkimensis Heydemann, 1932

Dysstroma sikkimensis Heydemann, 1932, Int. ent. Z., 26:22, figs 12,12a. (India:Sikkim)

前翅长:♂17 mm,♀17~18 mm。头和胸部背面黑色,掺杂白鳞,下唇须极粗壮。腹部背面颜色稍浅。前翅基部和中带两侧暗黄褐色至暗红褐色,亚基线带状,外侧边缘在中室内和臀褶处凸出大齿;中带中部黑灰色,两侧黑色,中点黑色,为1长点;外线中部极凸出,在M脉之间近乎与后缘平行,中部在M_3下方的小齿较M_3上方的略长;翅端部黑灰色,浅色亚缘线十分细弱模糊;缘线黑色,大致连续;缘毛黑灰色掺杂灰黄色。后翅深灰褐色,具微小黑灰色中点;缘线同前翅;缘毛色较浅。

分布:中国的甘肃(永登、榆中)、西藏;印度、尼泊尔。

(258)半洁涤尺蛾 Dysstroma hemiagna (Prout, L.B., 1938)

Cidaria (*Dysstroma*) *hemiagna* Prout, L.B., 1938, in Seitz, Gross-Schmett. Erde, 4(Suppl.):246, pl.13:g. (China:Szechwan,Tachien-lu)

前翅长:♀17 mm。头和体背褐色与黄褐色掺杂。前翅基部至中线和外线上半段外侧至顶角为鲜明的黄褐色;亚基线仅存痕迹;中线波曲较浅,略向外倾斜,其外侧为1条宽约1 mm的黑色带,中域大部白色,在前缘和中室下缘脉附近散布少量褐色,中点极微小;外线中部中度凸出,上半段呈锯齿形,向内扩展呈黑色,其内侧紧邻1条黑色线段,外线中部特别细弱,外观上似乎中域的白色直接扩展至外缘;亚缘线白色,细弱模糊,顶角下方有1黑褐色斑;缘线为1列黑点;缘毛黄白色掺杂黑褐色。后翅黄白色无斑纹,缘线同前翅;缘毛色较浅。

分布:甘肃(榆中、迭部)、四川、西藏。

(259)独涤尺蛾 Dysstroma singularia Heydemann, 1929

Dysstroma singularia Heydemann, 1929, Mitt. münch. ent. Ges., 19:284, pl.13:67;pl.14:67a. (China:Qinghai,Kuku-Noor)

前翅长:♀15~17 mm。头和胸部背面深灰褐色,腹部背面色较浅,在各腹节后缘背中线两侧有小黑斑。前翅灰褐色至深灰褐色,斑纹黑褐色或黑灰色;亚基线浅波曲,向外倾斜,内线呈锯齿形,其内侧至亚基线黑褐色,翅脉黑色;中带狭窄,形状奇特,黑褐色,其内侧边缘(中线)特别向外倾斜,外线外凸的位置较高,在M_3以上,其下浅波状并逐渐内弯,中带在前缘处宽度约为前翅长的1/3,在后缘处宽仅约1 mm;中点黑色微小,有时不可辨认;外线外侧有1条狭窄浅色边,翅端部大部黑褐色,亚缘线不规则锯齿状,顶角处1条斜线伸达亚缘线,其内上方留下1个三角形浅色斑。少数个体除黑褐色中带外其他斑纹较弱甚至消失。后翅灰白色,可见模糊">"形外线。

分布:甘肃(永登、榆中)、青海。

（260）黑带尺蛾 *Thera variata* (Denis & Schiffermüller, 1775)

Geometra variata Denis & Schiffermüller, 1775, Ankündung syst. Werkes Schmett. Wienergegend：110. (Austria)

前翅长：♂12~13 mm，♀13~16 mm。雄触角线形具短纤毛，雌线形。头和体背深褐色与灰黄色、灰褐色掺杂。翅较狭长，外缘浅弧形。前翅灰褐色，线纹黑色；亚基线锯齿状，在中室内和臀褶处各凸出1齿，其内侧色略深；中线中部沿中室下缘脉向外凸出并形成1折角，下端向外弯曲；外线在前缘下方向内凸出1尖齿，其下方在M脉之间呈圆弧形外凸，下半段弯曲，与中线形状一致，在后缘处与中线距离1~2 mm；中线与外线之间散布不均匀黑褐色，部分翅脉黑色，黑色中点极微小；浅色锯齿状亚缘线极细弱模糊，但其内侧有深色边；顶角处有1条模糊黑色斜线，其内上方色略浅；缘线为1列细小黑点；缘毛与翅面同色。后翅污白色至淡灰褐色，可见微小深灰色中点；外线弧形，模糊细带状；翅端部颜色略深，缘线同前翅；缘毛色较浅。

寄主植物：冷杉、云杉。

分布：中国的甘肃（永登）、青海、新疆；俄罗斯，朝鲜，韩国，日本；亚洲中部；欧洲。

（261）层黑带尺蛾 *Thera tabulata* (Püngeler, 1909)

Larentia tabulata Püngeler, 1909, Dt. ent. Z. Iris, 21：299. (China：Qinghai, Kuku-Noor)

前翅长：♂♀13~15 mm。雄触角线形具短纤毛，触角杆较细；雌线形。下唇须较弱小。前翅斑纹远较黑带尺蛾模糊，翅面略带红褐色，中带较宽，中线中部不形成折角；外线在前缘下方浅凹，无小齿，其下方的凸出部分位置略低，外线外侧有模糊白边；中点黑色，大而清晰；顶角处黑色斜线和其内上方的浅色斑均模糊。后翅颜色较浅，无外线。

分布：甘肃（永登、迭部）、青海。

（262）奇带尺蛾 *Heterothera postalbida* (Wileman, 1911)

Cidaria postalbida Wileman, 1911b, Trans. ent. Soc. Lond., 1911：325. (Japan：Tokyo)

前翅长：♂14~16 mm，♀16~17 mm。触角线形，雄触角具短纤毛。头和胸部背面灰褐色；腹部背面灰黄褐色。翅较狭长。前翅灰红褐色；内线浅弧形；中线波状，外线中部极凸出，中线与外线之间色略深，散布黑色，在翅脉上尤为明显；亚缘线黑色锯齿状，其凸齿外侧在翅脉间常有1小白斑，周围黑色，在R_5至Cu_1之间黑色呈尖齿状延伸至近缘线处；缘线深灰褐色不完整；缘毛黄白至浅灰褐色。后翅白至灰白色，仅有极弱小的中点；缘线和缘毛色较前翅浅。

分布：中国的甘肃（永登、临潭）、陕西、上海、浙江、湖南、四川、云南；俄罗斯，朝鲜，韩国，日本。

（263）康长柄尺蛾 *Cataclysme conturbata* (Walker, 1863)

Larentia conturbata Walker, 1863, List Spec. lepid. Insects Colln Br. Mus., 26：1703. (India：Hindostan)

前翅长：♂♀17~19 mm。雄触角双栉形，栉齿长大于触角杆直径的1.5倍。额和下唇须深褐色掺杂黄白色。体背和前翅灰褐色至深灰褐色。前后翅外缘浅波状。前翅颜色较灰，或多或少带灰绿色调，斑纹较清晰；亚基线和中线浅弧形微波曲，外线波状，中部凸出；亚基线与中线之间和中带内有时可见数条波状细线；黑色中点较小，长度不足1 mm，外线外侧的浅色带清晰。后翅颜色明显较前翅浅，斑纹较清晰，翅端部颜色加深形成模糊端带。翅反面斑纹鲜明，前后翅反面外线外侧白色带极清晰，宽约1.5 mm以上，其外侧大部黑褐色。

分布：中国的甘肃（永登、礼县、武都区）、云南、西藏；印度；喜马拉雅山西北部。

（264）雾长柄尺蛾 *Cataclysme nebulata* Xue, 1999

Cataclysme nebulata Xue, 1999, in Xue & Zhu, Fauna Sinica (Insecta Vol.15, Lepidoptera, Geometridae, Larentiinae)：763, figs 925, 932, pl.20：23. (China：Gansu, Yongdeng)

前翅长：♂♀15~16 mm。近似康长柄尺蛾。体型略小，颜色略深。前翅中点较弱小，外线外侧白色带较模糊。前翅反面外线外侧白色带十分模糊，其外侧完全无界限，由浅灰褐色逐渐向深色过渡。

分布：甘肃(永登)。

(265) 淡网尺蛾四川亚种 *Laciniodes denigrata abiens* Prout, L.B., 1938

Laciniodes denigrata abiens Prout, L.B., 1938, in Seitz, Gross-Schmett. Erde, 4 (Suppl.):181. (China: Sichuan, Pu-tsu-fong)

前翅长：♂12~16 mm，♀13~17 mm。雄雌触角均线形。额上部及头顶黄白色，额下部深褐色，有1个很小的额毛簇；下唇须褐色，略长，近1/3伸出额外。前翅顶角尖，略凸出，外缘浅弧形，中部略凸出；后翅顶角圆，外缘锯齿形，在M_1和M_3处凸出成尖角。翅黄白色至灰黄色，斑纹褐色网状，略带红褐色，颜色较浅；外线和顶角下的斜线以及亚缘线白点周围均不带黑褐色；前翅内线在中室内形成折角；前后翅中点黑色圆形，小而清晰。

分布：甘肃(礼县、宕昌、舟曲、康县、文县)、陕西、内蒙古、北京、山西、青海、四川、云南、西藏。

(266) 单网尺蛾 *Laciniodes unistirpis* (Butler, 1878)

Acidalia unistirpis Butler, 1878, Illust. typical Specimens Lepid. Heterocera Colln Br. Mus., 2:51, pl.37:7. (Japan: Yokohama; Hakodate)

前翅长：♂13~14 mm，♀13~16 mm。本种与淡网尺蛾相似，但翅面焦黄色，斑纹色较深；前后翅中点较小；前翅外线上半段较强弯曲；前翅外线和顶角下的斜线以及亚缘线白点周围带黑褐色。

分布：中国的甘肃(文县)、陕西、湖北、江西、湖南、福建、广西、四川；朝鲜，韩国，日本。

(267) 网尺蛾 *Laciniodes plurilinearia* (Moore, 1868)

Somatina plurilinearia Moore, 1868, Proc. zool. Soc. Lond., 1867:645. (India: Darjeeling)

前翅长：♂13~16 mm，♀15~18 mm。额和下唇须深褐色至黑褐色，额中部有1条白色横带，有时向下扩展。头顶和胸腹部背面黄白色，中胸前端有1条深褐色横带，并延伸到前翅前缘基部。翅淡黄色，斑纹褐至深褐色，有时带黑褐色；前翅亚基线和内线弧形；中线在中室前缘有1个尖锐折角；中点黑色圆形；外线较粗壮，在M_3处向外凸出1齿，齿尖色深，伸达亚缘线；外线两侧有数条细弱波线，在翅脉上有细线相连呈网状；亚缘线为1列白色圆点，周围有深色圈；顶角深色斜线在R_5下方到达亚缘线，并在亚缘线内侧向下扩散至M_3；缘线深褐色，在翅脉端断离；缘毛黄白色，在翅脉端有深色点。后翅斑纹与前翅连续。

分布：中国的甘肃(文县)、湖北、湖南、四川、云南、西藏；印度，缅甸，尼泊尔，喜马拉雅山西北部。

(268) 秦岭掩尺蛾 *Pseudostegania qinlingensis* Xue & Han, 2010

Pseudostegania qinlingensis Xue & Han, 2010, in Han, Stüning & Xue, Entomological Science, 13:243, figs 4, 12, 20, 28. (China: Gansu, Wenxian)

前翅长：♂♀14~15 mm。触角线形。额黄白色，上缘黑褐色，下唇须深灰褐色，腹面黄白色；头顶黄白色。领片深褐色，掺杂少量白鳞；肩片白色，基部深褐色，胸腹部背面白色，第一腹节后缘黑褐色，第二至第四腹节背中线后端有小黑点。前后翅外缘浅弧形微波曲；翅面白色，略带黄白色调。前翅前缘有1浅黄色宽带，由基部至顶角渐宽，下缘到达M_1；亚基线、内线、中线和外线均">"形，折角位于黄带下缘，其中内线折角伸达黑色中点，中线上半部接近外线，外线上半部较粗，下半部为双线；亚缘线和缘线各为1列深褐色点，上大下小，下半部有时消失。后翅内线、中线、外线和亚缘线均为深灰褐色细线，前两条直，外线和亚缘线弧形弯曲；中点较前翅小；缘线为1列细小深褐色点。前后翅缘毛白色。

分布：甘肃(舟曲、文县)、陕西。

(269) 草黄掩尺蛾 *Pseudostegania straminearia* (Leech, 1897)

Hydrelia straminearia Leech, 1897, Ann. Mag. nat. Hist., (6) 20:79. (China: Sichuan, Wa-shan)

前翅长：♂14 mm，♀14~16 mm。近似前种。翅黄白色，黄色调明显，前翅前缘无黄色带；前后翅中点较前种较小但十分清晰；前翅内线不形成伸达中点的凸齿；中线双线，在M脉处形成2个与前种外线相似的凸齿；外线双线波状，十分细弱模糊；亚缘线极细弱或消失。后翅中线和外线均为双线，较前翅外线清晰。

分布：甘肃（宕昌、文县）、山西、陕西、四川、云南。

（270）点维尺蛾 *Venusia punctiuncula* Prout, L.B., 1938

Venusia punctiuncula Prout, L.B., 1938, in Seitz, Gross-Schmett. Erde, 4 (Suppl.):174. (China: Sichuan, Tu-pa-kö, near Mupin)

前翅长：♂13 mm，♀13~15 mm。雄触角双栉形，雌触角线形具短纤毛。额凸出；下唇须短且纤细，仅尖端伸达额外。前后翅外缘浅弧形。前翅颜色较灰，不带紫灰色调；亚基线黑色弧形，中线细弱模糊，外线较粗壮，波曲较深，内外侧各有1条纤细黑色伴线，外侧中部不形成叉形黑斑；内线和外线外侧其他线纹较模糊；中点黑色缘线，较小但清晰；缘线具1列黑点，缘毛色略灰。后翅灰白色至淡灰褐色；中点极弱小；线纹十分模糊，但外线及其以外的线纹在后缘处形成鲜明的小黑斑；缘线的黑点弱小。

分布：甘肃（永登）、四川、西藏。

（271）拉维尺蛾 *Venusia laria* Oberthür, 1893

Venusia laria Oberthür, 1893, Études ent., 18:30, pl. 3:34. (China: Szechwan, Tachien-lu)

前翅长：♂11~12 mm，♀12 mm。本属以下种类雄触角纤毛形，雌线形。头灰白色至灰黄色，额上端有1褐斑。胸腹部背面灰白色，腹部前端和第八腹节前半各有1个黑斑，其余各腹节前部有小黑点。翅灰白色，散布灰绿色，斑纹黑褐色。前翅中线在臀褶处有1尖齿伸达外线；中点为1段黑色短线；外线3条，中部外凸，在臀褶处内凹，第三条外线上半段粗壮，在Cu$_1$两侧凸出1对尖齿；顶角附近为1黄褐色大斑，亚缘线在其间黄褐色，在M$_3$处过渡为黑色双线；缘线为翅脉间1列黑点。后翅色浅，向端部渐加深，中点小而圆，端半部有数条波状细线。

分布：甘肃（宕昌、舟曲）、陕西、福建、四川、云南、西藏。

（272）石纹维尺蛾 *Venusia marmoraria* (Leech, 1897)

Hydrelia marmoraria Leech, 1897, Ann. Mag. nat. Hist., (6)20:78. (China: Hubei, Chang-yang)

前翅长：♂11~12 mm，♀12 mm。特别近似拉维尺蛾，外观极难分辨。颜色略浅，前翅中线以内各线纹细弱模糊，顶角处黄褐色大斑较清楚，♀尤其明显。

分布：甘肃（永登）、湖北、西藏。

（273）红黑维尺蛾 *Venusia nigrifurca* (Prout, L.B., 1927)

Discoloxia nigrifurca Prout, L.B., 1927, J. Bombay nat. Hist. Soc., 31 (3):782. (Burma: Hpimaw Fort)

前翅长：♂♀12~13 mm。额和下唇须黑褐色，头顶和体背灰白色。前翅灰白色至淡灰色，有明显的紫灰色调；亚基线黑色弧形；内线2条，灰褐色细弱，较近中线，波状；中线2条，内侧一条灰褐色，外侧一条黑色但较细弱，上端与黑色中点相接触；中点特别粗大，上端伸达前缘，下端略向外折，伸达M$_3$基部附近；外线黑色，上半段粗壮，中部呈楔形外凸，其内侧有2条细弱伴线，上半部外侧有1块不完整的紫褐色至深紫灰色大斑；缘线黑色纤细，在翅脉端断离；缘毛灰白色。后翅白色，可见弱小深灰色中点，外线和两条亚缘线细弱，灰褐色，在翅脉上略加深，亚缘线十分接近外线；缘线和缘毛较前翅色浅。

分布：中国的甘肃（永登、舟曲、文县）、山西、陕西、湖北、云南；缅甸。

（274）丽维尺蛾黑线亚种 *Venusia lilacina melanogramma* Wehrli, 1931

Venusia lilacina melanogramma Wehrli, 1931a, Neue Beitr. syst. Insektenk., 5(2/3):23. (China: Szechwan, Tachien-lu)

前翅长：♀12~13 mm。额和下唇须黄褐色至灰黄褐色，额边缘深褐色；头顶和胸部背面灰褐色；腹部背面污白色，散布褐鳞。前后翅外缘浅波曲。前翅颜色较灰，无红色；亚基线波状；内线双线波状；中线由前缘至中室端外斜，粗壮，在中室端与中点融合并向内折角，其下细弱；外线较粗壮，黑色，中部外凸；缘线为翅脉间1列小黑斑；缘毛白色，毛端带少量灰褐色。后翅灰白色，中点黑灰色；外线及其外侧线纹较清晰；缘线深灰褐色，在翅脉端断离。

分布:甘肃(永登)、四川。

(275) 紫维尺蛾 *Venusia violettaria* Wehrli, 1931

Venusia (*Discoloxia*) *violettaria* Wehrli, 1931a, Neue Beitr. syst. Insektenk., 5(2/3):24.(China: Szechwan, Tachien-lu)

Venusia violettaria kukunoora Wehrli, 1931a, Neue Beitr. syst. Insektenk., 5 (2/3):24. (China:Qinghai, Kuku-Noor)

别名:紫维尺蛾青海亚种。

前翅长:♂13~14 mm,♀12~13 mm。雄触角纤毛极短,长度不足触角杆直径的1/2。头和胸部背面黑褐色掺杂白鳞,下唇须黑褐色;腹部背面白色较多。前翅浅紫灰色;基部至中线色略暗,亚基线和内线细弱模糊;中线2条,外侧一条较清楚,微波曲,并在翅脉上向外凸出小齿;中点微小或消失;外线粗壮,黑褐色,较近中线,微波曲,其外侧在一条狭窄的浅色边之外为1宽阔暗褐色带,其外侧边缘模糊,有时窄缩成外线的伴线,外线外侧散布大量黄褐色;亚缘线深灰褐色,模糊,在翅脉上或多或少形成小黑点;缘线为1列短条形细点;缘毛灰白色。后翅白色,有模糊但易辨认的细带状中线;外线波状,Cu_2以上部分极弱或消失;亚缘线为2条灰褐色线,常退化成脉点;缘线较前翅细弱;缘毛白色。

分布:甘肃(永登)、青海、四川、西藏。

(276) 克维尺蛾 *Venusia kioudjrouaria* Oberthür, 1893

Venusia kioudjrouaria Oberthür, 1893, Etudes ent., 18:31, pl.3:46. (China:Szechwan, Tachien-lu)

前翅长:♀12~13 mm。十分近似紫维尺蛾。前翅浅灰色,中域淡灰色,无中点;外线中部凸出,其外侧的深色带退化,通常仅颜色略暗或形成2条模糊伴线,黄褐色较少;中线在M_3基部常形成1小黑点;亚缘线在翅脉上加深成小黑点。后翅中线极弱或消失。

分布:甘肃(永登)、青海、四川。

(277) 饰维尺蛾 *Venusia eucosma* (Prout, L.B., 1914)

Discoloxia eucosma Prout, L.B., 1914, in Seitz, Gross-Schmett. Erde, 4:271, pl.12:c. (China:Tibet, Howkow)

前翅长:♂13 mm。雄触角同紫维尺蛾。前翅基部至中线斑纹模糊,中线与外线之间为狭窄灰白色至淡灰色中带;黑色中点大而清晰,紧邻中线;外线较模糊,与其外侧的暗色带融合,黑褐色与黄褐色掺杂;翅端部灰白色,亚缘线模糊浅灰褐色;缘线为1列褐点;缘毛灰白色。后翅灰白色,中点和中部以外的4条波线均模糊,淡灰褐色。

分布:甘肃(地点不详)、四川、西藏。

(278) 双角维尺蛾 *Venusia biangulata* (Sterneck, 1928)

Discoloxia biangulata Sternack, 1928, Dt. ent. Z. Iris, 42:175. (China:Szechwan, Tachien-lu)

前翅长:♂13~14 mm,♀14~15 mm。雄触角纤毛极短。头和体背灰红色,额边缘褐色。前翅浅红褐色;亚基线褐色弧形;中线和外线模糊带状,颜色较翅面略暗,外线宽约2 mm;中点和缘线的点列黑褐色,均细小;缘毛浅灰褐色。后翅色调同前翅,但颜色较浅;中点、外线、缘线和缘毛同前翅。

分布:甘肃(永登)、四川。

(279) 小双角维尺蛾 *Venusia apicistrigaria* (Djakonov, 1936)

Discoloxia apicistrigaria Djakonov, 1936, Ark. Zool., 27A(39):29, fig. 1a: 2. (China:S. Kansu)

前翅长:♂11 mm。雄触角特征同前种。额、头顶和体背灰白色与深灰褐色掺杂,额上缘和下唇须黑褐色。前翅浅灰色,线纹细弱,不为带状;中线较清晰,微波曲,其外侧在M_3基部有1小黑点;外线及其外侧线纹均模糊;缘线褐色,在翅脉端断离;缘毛浅灰褐色。后翅灰白色,隐见模糊外线;缘线同前翅;缘毛白色。前后翅均无中点。

分布：甘肃（永登、甘肃南部）。

（280）直纹白尺蛾 *Asthena tchratchraria*（Oberthür，1893）

Acidalia tchratchraria Oberthür，1893，Études ent.，18：32.（China：Szechwan，Tachien-lu）

前翅长：♀11~12 mm。触角线形，雄触角纤毛短。额狭窄，不凸出；额大部、头顶和体背白色，额上端和下唇须黄褐色。前翅外缘浅弧形，略倾斜；翅面白色；排列6条深灰褐色平行直线，各线在前缘处略向内弯折，外线和亚缘线微波曲；中点黑灰色，微小且较模糊，紧邻中线；缘线及其内侧各有1列深灰褐色点；缘毛灰褐色与白色掺杂。后翅中点近似前翅，线纹细弱灰褐色；中线穿过中点，外线浅波曲，亚缘线和缘线为3列灰褐色点；缘毛白色。

分布：中国的甘肃（舟曲、文县）、四川、云南；缅甸。

（281）睡莲白尺蛾 *Asthena nymphaeata*（Staudinger，1897）

Cidaria nymphaeata Staudinger，1897，Dt. ent. Z. Iris，10：97.（Russia：Amur，Vladivostok；Radda；Askold；Sutschan）

前翅长：♂♀9~12 mm。额上半浅黄褐色，下半白色；头顶、体背和翅白色。翅上排列污黄色波状线，前翅7条、后翅4条，其中前翅外线2条，互相接近并深波曲；缘线为1列污黄至深褐色小点；缘毛黄白色。前后翅均无中点。

寄主植物：栎、蒙古栎。

分布：中国的甘肃（永登、文县）、北京、河北、陕西、湖南、四川；俄罗斯，朝鲜，韩国，日本。

（282）黑星白尺蛾 *Asthena melanosticta* Wehrli，1924

Asthena melanosticta Wehrli，1924，Mitt. münch. ent. Ges.，14：132，fig.（China：Guangdong，Lienping）

前翅长：♂12 mm，♀14 mm。体白色至污黄色。翅白色，排布污黄色斑块；前翅中点黑色，十分清晰；外线为污黄色波状双线，在前翅后缘形成1清晰黑斑，在后翅后缘附近有1黑点；缘线为1列细小黑点；缘毛污黄与白色相间。

分布：甘肃（康县、文县）、湖南、江西、台湾、广东、广西。

（283）麻白尺蛾 *Asthena albosignata*（Moore，1888）

Idaea albosignata Moore，1888a，in Hewitson & Moore，Descr. New Indian lepid. Insects Colln. Late Mr. W. S. Atkinson，3：253.（India：Darjeeling）

前翅长：♂11~13 mm，♀14 mm。头和体背深灰褐色与白色掺杂；额宽阔凸出。翅浅灰色，密布褐至深褐色波状纹；基半部线纹模糊；外线通常较清楚，波状双线，中部外凸，在翅脉上形成黑褐色点；翅端部颜色较深，亚缘线和缘线各为1列黑点，但常不完整；缘毛灰褐色。

分布：中国的甘肃（舟曲、文县）、陕西、广西、云南、西藏；印度，克什米尔。

（284）对白尺蛾 *Asthena undulata*（Wileman，1915）

Leucoctenorrhoe undulata Wileman，1915，Entomologist，48：17.（China：Taiwan，Kanshirei）

前翅长：♂11~13 mm，♀12~13 mm。体及翅白色，额中部有1条灰黄褐色横带。前翅基部散布少量褐色；亚基线、内线和中线污黄色，均深弧形；中点黑色微小；外线黑褐色，在前缘处色浅，中部略凸出，微波曲；外线外侧伴随1条深色带，上半段黄褐色，在M_3与Cu_1处形成1对黑斑，有时两黑斑互相融合，黑斑以下渐细，灰褐色，并在Cu_2以下并入外线，外线在后缘处形成1小黑斑；顶角内侧灰黄褐色，并扩展至外线，形成1三角形斑；亚缘线为翅脉间3列短条形灰黄褐色斑点；缘线为1列小黑点；缘毛污黄色与白色相间。后翅具污黄色内线，端部有2至3条污黄色线；缘线和缘毛同前翅。

分布：甘肃（武都区、文县）、上海、浙江、湖北、江西、湖南、福建、台湾、广东、广西、四川。

（285）赤尖水尺蛾 *Hydrelia sanguiniplaga* Swinhoe，1902

Hydrelia sanguiniplaga Swinhoe，1902b，Trans. ent. Soc. Lond.，1902(3)：655.（China：Sichuan，Pu-tsu-fong）

前翅长：♂11~13 mm，♀12~15 mm。触角线形，雄触角具短纤毛。额宽阔凸出；下唇须短小细弱，仅尖端伸达额外或更短；额和下唇须白色，额上缘黄褐色；头顶和体背灰黄色，掺杂少量黄褐色或红褐色鳞，后胸和第一腹节黑色。翅较宽阔，白色半透明，后翅外缘中部凸出1尖角。前翅基部至浅弧形亚基线为1黄褐色至红褐色斑；顶角处1宽大钩形大斑，与翅基部斑同色，由顶角起，沿前缘至外线处向外下方弯曲，其下端变为黑褐色，外线由大斑下端至后缘纤细黑色，大斑上端在亚缘线处略有间断，亚缘线由该处延伸1条细线至M_3下方，扩大成1黑点后消失；缘线在顶角下方有2~3个小黑点；缘毛白色。后翅基部和后缘近臀角处各有1小黑斑，后缘附近散布稀疏黑鳞。

分布：中国的甘肃（宕昌、舟曲、文县）、陕西、湖北、四川、云南；缅甸。

(286) 叉斑水尺蛾 *Hydrelia latsaria* (Oberthür, 1893)

Acidalia latsaria Oberthür, 1893, Études ent., 18:32. (China: Szechwan, Tachien-lu)

前翅长：♂11~14 mm，♀13 mm。雄触角纤毛长度约为触角杆直径的1/2。额和下唇须褐色，额明显凸出；头顶白色。前翅灰白至浅灰色；亚基线1条，内线和中线各2条，均褐色，波纹状，向外弯曲，第二条内线和第二条中线略带黄褐色；外线在前缘处有4个深褐色斑，第一个斑向下延伸形成清晰的波状细线，第二、三个斑向下汇合成轮廓不清的褐色带，并且夹杂黄色，第四个褐斑仅到达R_5；亚缘线褐色波状，在翅脉上形成黑点；缘线由1列黑点组成；M_3与Cu_1基部有1叉形黑斑，叉口向外缘。后翅污白色，中域有4条波状曲线；亚缘线两条，波状，均灰褐色。

分布：甘肃（文县）、四川、云南。

(287) 小洲水尺蛾 *Hydrelia parvularia* (Leech, 1897)

Plemyria parvularia Leech, 1897, Ann. Mag. nat. Hist., (6)19:571. (China: Szechwan, Pu-tsu-fong)

前翅长：♂11 mm。雄触角纤毛极短，绒毛状。头和胸部前端深褐色，胸部后半部和腹部灰黄色，有黑褐色点。前翅基部至外线黑褐色，其间有清晰黑色中点；外线中部外凸；外线外侧为1条清晰白色宽带；翅端部浅灰褐色，顶角下方色较深，亚缘线灰白色波状，隐约可见；无缘线；缘毛白色与深褐色掺杂。后翅白色，基半部散布淡灰色；中点黑灰色微小；翅端部淡灰褐色，隐见浅色亚缘线。

分布：甘肃（舟曲）、四川、云南、西藏。

(288) 直线水尺蛾 *Hydrelia sericea* (Butler, 1880)

Noreia sericea Butler, 1880b, Ann. Mag. nat. Hist., (5)6:225. (NE. Himalayas)

前翅长：♂12~14 mm，♀13~15 mm。体和翅均暗褐色，线纹深褐色，带红褐色调。前翅顶角略凸；后翅外缘中部凸出1尖角；前后翅外线粗壮直行，两侧有少量浅色鳞片，无橘红色镶边，但其外侧有1条阴影状深色带；亚缘线较清晰，不规则波曲；后翅基半部颜色略浅。

分布：中国的甘肃（文县）、云南、西藏；尼泊尔，克什米尔地区，喜马拉雅山东北部。

(289) 双弓水尺蛾 *Hydrelia conspicuaria* (Leech, 1897)

Cambogia conspicuaria Leech, 1897, Ann. Mag. nat. Hist., (6)20:88. (China: Szechwan, Omei-shan)

前翅长：♂12 mm。雄触角纤毛极短。额宽阔隆起；头和体背黄白色。前翅顶角明显凸出，外缘中部隆；后翅外缘中部凸出1尖角。前翅基部至外线为不均匀的黄褐色、褐色并掺杂灰褐色，翅基部色较浅；前缘和外线外侧黄白色；中线直，深褐色，起于前缘下方，向内倾斜至后缘内1/3处；中点黑色短折线状，位于1个小三角形黄白色斑中，中点外侧有2条模糊波线；外线上半段凹，中下部凸出，在Cu_1两侧各凸出1尖齿；亚缘线极细弱；无缘线。后翅斑纹与前翅连续，中点较前翅大，双弓形，该处的浅色斑向内扩展至翅基部；外线直，中部不凸出；亚缘线模糊带状，缘线在M_1与Cu_1之间有三个小黑点。

分布：甘肃（舟曲、文县）、四川、云南。

(290) 点线异序尺蛾 *Agnibesa punctilinearia* (Leech, 1897)

Hydrelia punctilinearia Leech, 1897, Ann. Mag. nat. Hist., (6)20:80. (China: Sichuan, Chow-pin-sa; Kia-ting-fu）

前翅长：♂13~15 mm，♀14~16 mm。触角线形。下唇须白色掺杂黄褐色；额黄褐色，上缘色较深；头顶、体背和翅银白色，翅面线纹黑色。前翅顶角钝圆，外缘浅弧形；后翅外缘浅波曲。前翅亚基线、内线和中线中上部极度凸出，其中亚基线和内线凸出的端部在中室内消失，中线由黑色中点外侧绕过，凸出部分圆，与外线内侧一块黄斑接触，在该处或多或少变为黄色；外线及其内侧伴线浅波状，在黄斑处变为黄色，但外线在R_5和M_1上有2个黑点；亚缘线为1列黑点，其外侧在前缘处有1较小的黑点；缘线有时可见1列黑点，但大多消失；缘毛白色。后翅中线及其外侧线纹与前翅连续，中点紧邻中线内侧。

分布：甘肃（舟曲、文县）、陕西、四川、云南。

（291）银白异序尺蛾峨眉亚种 Agnibesa recurvilineata meroplyta Prout, L.B., 1938

Agnibesa recurvilineata meroplyta Prout, L.B., 1938, in Seitz, Gross-Schmett. Erde, 4(Suppl.): 179, pl.16: h. (China: Sichuan, Omei-shan)

前翅长：♂13~14 mm，♀14~16 mm。近似点线异序尺蛾。前后翅线纹较模糊；前翅基部散布黑灰色，中线凸出较弱，由黑色中点外侧绕过，但较近中点而远离外线，凸出部分呈折角状，不为圆弧形，其外侧和外线内侧在M脉附近弥漫黄至黄褐色，一般不形成清晰黄斑；前翅亚缘线仅在前缘附近清楚，在M_3以下至后翅减弱或消失；前翅顶角处散布黑灰色，在反面深灰褐色，有时向下扩展至Cu_1以下。

分布：甘肃（舟曲、文县）、陕西、湖北、四川、云南、西藏。

（292）丰异序尺蛾 Agnibesa pleopictaria Xue, 1999

Agnibesa pleopictaria Xue, 1999, in Xue & Zhu, Fauna Sinica (Insecta Vol.15, Lepidoptera, Geometridae, Larentiinae): 846, pl.22: 33. (China: Sichuan, Wolong)

前翅长：♂♀14~15 mm。下唇须灰黄色；额宽阔凸出，灰黄褐色；头顶灰褐色，前缘白色。胸部和第一腹节背面深灰褐色，有银色光泽，其余腹节黄白色。前翅白色，带不均匀的淡黄色调；基部1个深褐色与黄褐色掺杂的大斑，长约3.5~4 mm，其外缘圆弧形；斑内可见灰白色">"形亚基线；中线黄色模糊带状；中点深褐色，与中线外缘接触；外线处大斑由前缘至臀褶，大部黑褐色，内半带黄褐色，其上半部为向外的楔形，在M_1附近向外凸出，下半部球形，斑内有灰白色细纹，在M_3与Cu_1上有银鳞；大斑外侧至外缘灰褐色，在M_1以上有白色；亚缘线在R_5以上白色，其下消失；无缘线；缘毛在大斑外侧灰黄色，其余白色。后翅白色，中点黑灰色，其外侧排布3条淡灰色带，其中第二条较宽，外缘双峰状凸出；缘毛白色。

分布：甘肃（舟曲、文县）、陕西、湖北、四川。

（293）迭翅尺蛾 Anydrelia plicataria (Leech, 1897)

Brabira plicataria Leech, 1897, Ann. Mag. nat. Hist., (6)20: 72. (China: Sichuan, Omei-shan; Moupin)

前翅长：♂11~12 mm，♀12~14 mm。触角线形，雄雌均具短纤毛。额褐色，下唇须、头顶、体背和翅灰黄褐色，均带暗红褐色调。前翅极宽阔，外缘长为后缘长的1.4倍；前缘中段平直，两端浅弧形，顶角钝圆，外缘浅弧形，臀角钝圆，后缘平直。后翅翅缰退化。雄后翅较小，前缘和外缘浅弧形，顶角圆，后缘展宽形成1巨大褶，迭覆于翅反面；翅反面端半部覆盖粗糙灰鳞，中部以下（大褶处）散布鲜黄色立鳞。雌后翅正常。前翅基半部翅脉上有小黑点，点间色较浅；内线和中线浅弧形，黑灰色，十分细弱，下半部通常消失；中点黑色微小，中点黑色；外线2条，内侧一条黑灰色线状，外侧一条颜色略浅，带暗红褐色调，粗细不均的细带状；翅端部颜色略灰，亚缘线和缘线在翅脉上有小黑点。后翅颜色与前翅相同，外线及其外侧斑纹与前翅连续，中点微小。

分布：甘肃（文县）、四川。

（294）束大轭尺蛾四川亚种 Physetobasis dentifascia mandarinaria (Leech, 1897)

Eupithecia mandarinaria Leech, 1897, Ann. Mag. nat. Hist. (6)20: 71. (China: Sichuan, Tachien-lu; Wa-shan; Pu-tsu-fong; Jiangxi, Kiukiang)

前翅长：♂12~13 mm，♀12~15 mm。触角线形，雄触角略加厚并具短纤毛。头和胸部灰红褐色。腹部深灰褐色。前翅略狭长，顶角钝圆，外缘浅弧形倾斜；雄前翅反面翅轭特别巨大，在2A基部有1深槽，该深槽在翅正面形成隆起，其上方有1浅凸窝；后翅外缘浅弧形，在Cu_1以下浅凹；臀角微凸，后缘狭窄平直。前翅灰褐色至深灰褐色，带灰红色调，斑纹黑色；中线和外线波状，在前缘处扩展成黑斑；中线上半部极外凸，外线中部凸出1大齿；亚基线和外线外侧及中线内侧有白边；中点黑色巨大，其外下角有时与外线黑斑接触；中线和外线上端的黑斑之间颜色较深，散布黑鳞。后翅颜色略浅，灰褐色或浅灰褐色；黑色外线和灰白色亚缘线较清晰。

分布：甘肃（文县）、陕西、山西、江西、四川、云南。

（295）绿芹尺蛾 Apithecia viridata（Moore，1868）

Cidaria viridata Moore，1868，Proc. zool. Soc. Lond.，1867：661.（India：Darjeeling）

前翅长：♂♀11~12 mm。雄触角双栉形，雌线形。头胸腹黑褐色，掺杂灰绿色。前翅顶角钝圆；前后翅外缘浅弧形。前翅基部和中域暗褐色，基部1条、中域2条黑色波线；内带和外线以外灰绿或黄绿色，散布黑褐色鳞；外线在R_5和M_3下方各凸出1齿，其外侧有1条纤细伴线；亚缘线浅色，缘线黑色，均不完整；缘毛深灰褐色与灰黄褐色掺杂。后翅灰白色至浅灰褐色，有纤细深灰色短条形中点和浅色外线；缘毛灰黄褐色，在翅脉端有灰褐点。

分布：中国的甘肃（徽县）、湖北、湖南、台湾、四川、西藏；印度，缅甸，喜马拉雅山东北部。

（296）烟翡尺蛾 Piercia fumataria（Leech，1897）

Cidaria fumataria Leech，1897，Ann. Mag. nat. Hist.，(6)19：649.（China：Hubei，Chang-yang）

前翅长：♂♀11~12 mm。触角线形，雄触角明显加粗。头深灰褐色至黑褐色。前翅黑褐色中带鲜明，其两侧灰黄色至灰褐色，翅端部散布深灰褐色并掺杂大量黄褐色；亚基线黑色，略倾斜；中线浅弧形微波曲，在个体间形状略有变化；外线较光滑；黑色中点清晰，大小有变化；外线外侧白边很弱；顶角处有十分模糊的三角形浅色斑，亚缘线在该浅色斑内侧白色锯齿形，以下消失；缘线在翅脉端两侧有模糊深褐色点；缘毛灰白色与深灰褐色掺杂。后翅灰褐色，具弱小黑灰色中点；外线轮廓极弱或消失。

分布：甘肃（永登、榆中、礼县、宕昌、文县）陕西、湖北、四川。

（297）双色翡尺蛾 Piercia bipartaria（Leech，1897）

Cidaria bipartaria Leech，1897，Ann. Mag. nat. Hist.，(6)19：649.（China：Sichuan，Pu-tsu-fong）

Euphyia pseudobipartaria Yang，1978，Moths of North China，2：358，pl.15：16.（China：Beijing）

别名：浓淡游尺蛾。

前翅长：♂8~9 mm。♂触角锯齿状，纤毛长度略大于触角杆直径的一半。头和体背大部黑褐色至黑色，额上部、胸部背面和第一、二、四腹节背面常掺杂或散布黄褐色。前翅略短宽，外缘较倾斜，顶角稍尖；基部至内线浅灰黄褐色，其间可见极细弱的黑色亚基线；中带为十分均匀的黑灰色，特别宽阔，内线浅波曲，略外倾，外线波状，中上部外隆，不形成单独的大凸齿，中带内可见模糊黑色中点；外线外侧在翅脉间有微小白点，在前缘至M_1之间有1浅色斑，其颜色与翅基部相同；翅端部其他部分均黑灰色，在前缘浅色斑以下几乎与外线融合；缘毛黑灰色。后翅浅灰褐色至灰褐色，具黑灰色中点和极模糊的外线轮廓；缘毛与翅面同色。

分布：中国的甘肃（宕昌、迭部）、北京、四川、云南；缅甸。

（298）泯周尺蛾 Perizoma exhausta（Prout，L.B.，1914）

Cidaria（*Perizoma*）*exhausta* Prout，L.B.，914，in Seitz，Gross-Schmett. Erde，4：259.（China：Qinghai，Kuku-Noor）

前翅长：♀13 mm。触角线形。下唇须黑褐色，端部背面灰白色，约1/4伸出额外；额、头顶和胸部背面灰白色掺杂黑褐色，腹部背面灰白色掺杂灰黄色，各腹节背中线后端有小黑点。前翅略狭长，前缘中部微凹，顶角钝圆，外缘浅弧形；后翅狭长，前缘平直并略延长，外缘浅弧形。前翅浅灰褐色；亚基线黑色，其内侧不形成深色基斑;中带仅在前缘处黑褐色,其他部分与翅面同色,两侧隐见灰白色波纹;中点黑色,大而清晰;亚缘线为1列白点,其中部扩大形成白斑,较模糊,白斑上带灰白或灰黄色;缘线为1列黑点;缘毛灰黄色与黑褐色相间。后翅灰白色,具深灰色中点;外线极模糊;缘线细弱;缘毛灰黄色。

分布:甘肃(永登、榆中)、青海。

(299)缚周尺蛾 *Perizoma vinculata* (Staudinger, 1895)

Cidaria vinculata Staudinger, 1895a, Dt. ent. Z. Iris, 8:340. (China:Qinghai, Kuku–Noor)

前翅长: ♀ 11~12 mm。头和体背黑褐色。下唇须较细弱,约1/4伸出额外。前翅基部和中带黑褐色,中带两侧灰黄色;外线(中带外缘)在M_1和M_3处各凸出1短钝大齿;中点黑色略大;翅端部散布不均匀的深灰褐色,中部以下深灰褐色较少,浅色亚缘线模糊不清;缘线色略深;缘毛与翅面同色。后翅污白色至淡灰褐色,隐见深灰色微小中点和模糊外线;缘线和缘毛色较浅。

分布:甘肃(永登)、青海、西藏。

(300)虚周尺蛾 *Perizoma mediangularis* (Prout, L.B., 1914)

Cidaria (*Perizoma*) *mediangularis* Prout, L.B., 1914, in Seitz, Gross–Schmett. Erde, 4:259, pl.12:c. (China:Sichuan, Omei–shan)

前翅长: ♀ 14~15 mm。下唇须粗糙,约1/4伸出额外。头和胸部背面黑褐色,中胸后端立毛簇的端部白色,后胸背中线上有1特征鲜明的白点;腹部背面暗黄褐色,第一腹节背中线后端有1微小白点。前翅有强烈光泽,暗黄褐色,基斑和中带黑褐色;亚基线外侧有1条模糊灰褐色带;中带上下宽度相近,其间可见短条形黑色中点;翅端部颜色较深,略带暗红褐色调,亚缘线锯齿状或退化成1列排列不整齐的白点;缘线为1列模糊黑点,掺杂少量白色,但不形成清晰白点;缘毛深灰褐色掺杂灰黄色。后翅灰白色,基半部散布灰至淡灰褐色;中点和外线模糊,外线下端在后缘处形成黑灰色点;缘线同前翅;缘毛灰黄色。

分布:甘肃(迭部)、四川。

(301)高足铅尺蛾 *Gagitodes costinotaria* (Leech, 1897)

Larentia costinotaria Leech, 1897, Ann. Mag. nat. Hist., (6)19:670. (China:Sichuan, Pu–tsu–fong)

前翅长: ♂ 12~15 mm, ♀ 13~16 mm。触角线形,雄触角纤毛发达,长度超过触角杆直径的一半。头顶黄白色,额黑褐色,光滑;下唇须黑褐色,短粗,尖端伸达额外。胸部背面土黄色,后胸具黑色横带。腹部背面黄褐色,各腹节后缘在背中线处有1小黑点。翅狭长;前翅前缘平直,顶角略凸出,顶角下方微凹,外缘在M_3处微凸;后翅外缘浅弧形。前翅深灰褐色,带铅灰色调或暗红褐色调;亚基线为1黑色带,在前缘处较宽,向下逐渐收缩,在2A上方向外扩展,到2A下方折向后缘,外侧有白边;内线、中线和外线在前缘处黑褐色,向下变为褐色,迅速消失,留下浅灰色影状带,外线的晕影在M_3与Cu_1之间凸出1尖齿;中线与外线之间有1个较大的黑斑,其中部略缢缩,下端到达M_3下缘沿M_3略向外伸展,有白边,有时大斑下方在后缘处有1~2个小黑斑;亚缘线白色锯齿形,不完整,但中部凸齿通常清晰;缘毛灰褐与黑褐色相间。后翅灰白色至灰褐色,中点小,黑灰色;外线及其内侧颜色略深,在M_3处弯折。

分布:甘肃(永登)、青海、四川、云南、西藏。

(302)利剑铅尺蛾 *Gagitodes sagittata albiflua* (Prout, L.B., 1939)

Cidaria (*Coenotephria*) *sagittata albiflua* Prout, L.B., 1939, in Seitz, Gross–Schmett. Erde, 4 (Suppl.): 251, pl.17:f. (Russia:South Ussuri, Narva)

前翅长: ♂ 13~15 mm, ♀ 13~14 mm。额圆,深褐色,无明显额毛簇;头顶灰黄褐色,两触角间有1条黑色横线;下唇须深褐色短小,未伸达额外。胸腹部背面黄褐色。前翅黄褐色,在接近前缘和各斑纹处颜色变浅;翅基部有1褐斑,外缘不整齐;中域1条褐色带,其内外缘均为波状,外侧在M_3处凸出1齿,齿长略大于褐带宽度;翅端部几乎无斑纹,有时可见亚缘线在前缘和翅中部各留下1个模糊白斑;缘毛黄白色,在翅脉端有1小黑点。后翅白色,略带灰黄色,翅端部色略深;中点黑灰色;外线白色,">"形;缘毛同前翅。

分布:甘肃(礼县)、黑龙江、辽宁、内蒙东部、河北、山东;俄罗斯,朝鲜,韩国,日本。

(303)黄脉界尺蛾 *Horisme flavovenata* (Leech, 1897)

Phibalapteryx flavovenata Leech, 1897, Ann. Mag. nat. Hist., (6)19:562. (China:Szechwan,Tachien-lu)

前翅长:♂11 mm,♀12 mm。触角线形,雄触角具短纤毛。下唇须较长,近1/2伸出额外,十分粗壮,黑褐色。头和体背深褐至黑褐色。前翅略狭长,外缘倾斜,微波曲;后翅前缘不特别延长,外缘深锯齿状。翅面深褐色,微带暗绿色调,在前翅端部较明显;斑纹黑褐色;前翅内线弧形;前后翅中点黑色清晰;外线锯齿状,两侧均有细弱伴线,在后翅伴线常仅在翅脉上形成深色脉点,前翅外线在M脉之间向内增粗;亚缘线灰白色,极细弱且不连续;缘线色略深,在翅脉端有清晰小白点;缘毛灰褐色。翅反面灰色,有强烈光泽,除中室端脉外的所有翅脉均为鲜明的金黄色带。

分布:甘肃(文县)、湖北、四川、云南。

(304)真界尺蛾中国亚种 *Horisme tersata chinensis* (Leech, 1897)

Phibalapteryx tersata var. *chinensis* Leech, 1897, Ann. Mag. nat. Hist., (6)19:561. (China:Hubei, Changyang)

前翅长:♂14~17 mm,♀17~18 mm。头和胸部灰黄色至灰褐色,下唇须、额下缘和头顶前缘黑褐色。中胸前端有1黑褐色横带;腹部背面灰褐色,第一腹节后缘黑褐色,第二至第六腹节立毛簇为清晰黑点。前翅宽阔,外缘浅弧形,略长于后缘;后翅外缘浅波曲。前翅灰黄色至灰黄褐色,前缘下方颜色略浅,形成不明显的浅色纵带;亚基线、内线、中线和外线黑色,均向翅基部方向倾斜;中线和外线上端虽模糊但通常伸达前缘,外线波曲较浅,其外侧无明显浅色线纹,外线中部附近常扩展成1边缘模糊的黑灰色大斑;中点深灰褐色微小;顶角斜线粗壮黑灰色,下端通常未伸达外线;缘线黑褐色清晰,在翅脉端微断离;缘毛深褐色与灰黄色掺杂。后翅大部灰褐色,前缘附近白色;具清晰中点;排布多条波状黑线;亚缘线灰白色波状;缘线和缘毛同前翅。

分布:中国的甘肃(永登、宕昌)、内蒙古、北京、河北、湖北、四川、西藏;俄罗斯。

(305)俭界尺蛾 *Horisme parcata* (Püngeler, 1909)

Phibalapteryx parcata Pungeler, 1909, Dt. ent. Z. Iris, 21:301. (China:Qinghai,Kuku-Noor)

前翅长:♂♀15 mm。额和下唇须黑褐色,额上半部掺杂白鳞,下唇须较短粗。胸腹部背面灰褐色,中胸前端和第一腹节黑褐色。翅较宽阔。前翅灰褐色,前缘至中室下缘和M_3处带灰黄色调,斑纹极弱;基半部斑纹几乎完全消失,外线隐约可辨,顶角处的斜线十分细弱,伸达外线;中点深褐色,弱小模糊;亚缘线在Cu_1以上为1列白点,在Cu_1以下为1段向内凸出的"<"形白线,齿尖处增粗形成白点;缘毛灰褐色掺杂灰白色。后翅污白色,中部以下散布灰褐色,排列模糊深色线纹,外线及其外侧由浅色双线组成的带均模糊;深灰色中点极弱小;翅端部色较深,白色亚缘线下半段清晰。

分布:甘肃(永登)、青海。

(306)层界尺蛾 *Horisme stratata* (Wileman, 1911)

Coenocalpe stratata Wileman, 1911b, Trans. ent. Soc. Lond., 1911:323, pl.31:2. (Japan:Higo,Gokanosho)

前翅长:♂16 mm,♀17 mm。头和体背深灰褐色,额和下唇须黑褐色。前后翅均狭长,外缘波状,倾斜。前翅前缘下方的浅色纵带和纵带下的深色宽带均模糊,有时不可分辨;外线中部形成1弱小黑斑,在雄中较明显;浅色亚缘线隐约可见;缘线细弱模糊;缘毛深灰褐色与灰白色掺杂。后翅波状黑线仅在后缘附近清晰。前后翅中点弱小,有时消失。

分布:中国的甘肃(榆中)、内蒙古、河北、青海;日本。

(307)水界尺蛾 *Horisme aquata* (Hübner, 1813)

Geometra aquata Hübner, 1813, Samml. eur. Schmett. 5:pl.79:410. (Europe)

前翅长:♂♀12~13 mm。额和下唇须深褐色,额中部和上缘掺杂少量白色;头顶和体背灰白色,中胸前端有1条深灰褐色横带;第一腹节后缘黑褐色,第二、三腹节背中线两侧散布黑褐色,上述黑褐色有时为黑灰色或暗黄褐色;第二至第六腹节背中线后端具微小立毛簇,其中第四至第六腹节的立毛簇为1小黑点。前翅中等宽度,后翅较宽阔,两翅外缘浅弧形,不波曲。翅白至灰白色,斑纹深褐色至深灰褐色。前翅前缘黄褐色,排列深褐色斑点;前缘下方为1条白色纵带,由基部直达顶角,黑色中点位于白色纵带内,小而圆,十分鲜明;白色纵带下方所有斑纹均向内倾斜并掺杂黄褐色,外线中部沿白色纵带下方向外扩散并与顶角外下方的深色斜线相接;外线下半段外侧有清晰白色波状双线;亚缘线在顶角外下方深色斜纹以下白色波状,但仅在颜色较深的个体中可见,该线在Cu_2下方向内凸出1小齿;在深色个体中缘线为1列深褐色点;缘毛灰褐色与灰白色掺杂。后翅斑纹与前翅连续,中点较小;外线及其外侧线纹浅弧形弯曲。

分布:中国的甘肃(南部)、黑龙江、内蒙、北京、河北、新疆;欧洲,俄罗斯。

(308) 链黑岛尺蛾*Melanthia catenaria*(Moore,1868)

Melanippe catenaria Moore,1868,Proc. zool. Soc. Lond.,1867:655,pl.3:9.(India:Bengal)

前翅长:♂16~18 mm,♀17~18 mm。雄雌触角均线形。头和胸部背面黑褐色,胸部具发达黑褐色立毛簇。腹部背面污黄至黄褐色,第一腹节白色。前翅顶角略凸出;前后翅外缘浅弧形。前翅白色,略带银灰色调;翅基部和中域各有1个黑褐色大斑,中域的黑斑由前缘到达M_3,其下方排布密集波状黑线,在后缘处有1对增粗的括号形短线;内、外线细弱模糊,在翅脉上形成深色小点,在2A与后缘之间加粗,形成两个短条形小黑斑;翅端部为1条发达深色带,黄褐至红褐色,其内侧扩展至中域的大斑附近,但与大斑之间有清晰白线间隔(部分种群中端带与中域大斑接触);亚缘线为1列白点,在M_2以上极弱小,在翅中部和臀褶处各扩大成1灰蓝色斑。后翅灰褐色,翅中部的3条线和中点深灰色,各线外侧伴有1条灰白色线;翅端部略带黑褐色,有极细弱的亚缘线。

分布:中国的甘肃(文县)、福建、台湾、广西、四川、西藏;日本,印度,尼泊尔。

(309) 平纹黑岛尺蛾*Melanthia postalbaria*(Leech,1897)

Cidaria postalbaria Leech,1897,Ann. Mag. nat. Hist.,(6)19:645. (China:Sichuan,Pu-tsu-fong;Omei-shan;Chia-kou-ho;Hubei,Chang-yang)

前翅长:♂16 mm,♀18 mm。头和胸部背面黑褐色,腹部背面色较浅。前翅黑褐色,亚基线与中线之间和外线外侧色稍浅;亚基线和外线外侧及中线内侧有细弱浅色边;亚基线浅弧形微波曲;中线在中室内向外弯曲,但不形成尖角;外线略波曲,中部无明显外凸;亚缘线在M_3下方和臀褶处各有1个鲜明的小白斑,前者较大,其他白点极细小或消失;无缘线;缘毛深灰褐色。后翅白色,后缘附近散布灰褐色,中点黑灰色清晰;缘线黑褐色不完整;缘毛白色与深灰褐色掺杂。

分布:甘肃(文县)、湖北、四川。

(310) 黑岛尺蛾四川亚种*Melanthia procellata szechuanensis*(Wehrli,1931)

Cidaria procellata szechuanensis Wehrli,1931a,Neue Beitr. syst. Insektenk.,5(2/3):21. (China:Sichuan)

前翅长:♂17 mm,♀20 mm。头和胸腹部背面颜色较深。前翅基部黑斑略大,在前缘处几乎与中线内侧的小斑接触,后者略扩大,颜色加深;中线和外线细弱但连续;翅端部的深色带向内扩展,与中域的大斑接触,扩展部分黄褐色,其上有模糊褐色波状细线;外缘中部的卵圆形白色大斑十分鲜明;亚缘线在M_2以上的白点弱小,臀褶处的白点扩大成1个小白斑。后翅斑纹较弱,中点黑灰色。

寄主植物:铁线莲。

分布:中国的甘肃(永登、宕昌、康县、文县)、山西、浙江、湖北、湖南、台湾、四川;日本(琉球群岛)。

(311) 球果小花尺蛾*Eupithecia gigantea* Staudinger,1897

Eupithecia gigantea Staudinger,1897,Dt. ent. Z. Iris,10:109,pl.3:70.(Russia:Amur,Ussuri)

前翅长:♂12~15 mm,♀11~16 mm。雄雌触角均线形。下唇须粗壮,大于1/3伸出额外,大部黑色,第一节腹面和第二节腹面基半部黄白色,第三节微小,黄褐色;额上半部白色,下半部凸出,额毛簇发达,黑色。

头顶和胸部背面灰白色;腹部背面浅灰色,各节后缘淡黄褐色,背中线上有小黑点;第二腹节背面黄褐色,两侧有黑斑。翅浅灰褐色,斑纹黑褐色。前翅前缘基部黑褐色,亚基线细弱模糊;内线粗壮带状,在中室前缘附近近于消失,其下内斜,并掺杂红褐色鳞片;中线和外线均"<"形,在前缘形成黑斑,折角以下略波曲;中点黑色巨大,在中线较完整时与之上半段合为一体;外线外侧为1浅色细带,其中有1细弱伴线;翅端部色较深,带暗黄褐色调;缘线黑色,在翅脉端断离;缘毛灰褐色。后翅内、外线与前翅连续;中点较小;无中线;翅端部颜色略深,无黄褐色;缘线和缘毛同前翅。

分布:中国的甘肃(宕昌、康县)、黑龙江、陕西;俄罗斯,朝鲜、日本。

(312) 劫小花尺蛾 Eupithecia sinuosaria (Eversmann, 1848)

Larentia sinuosaria Eversmann, 1848, Bull. Soc. imp. Nat. Moscou, 21 (3):230. (Russia: Irkutsk)

别名:斜翅劫小花尺蛾。

前翅长:11~12 mm。头和体背灰褐色;腹基部白色,其后是1条黑色横纹。前翅狭长,外缘浅弧形,十分倾斜;翅面淡黄褐色,有时带灰红色调;亚基线在前缘有1黑斑,向下渐细,在中室下缘处消失;内线在前缘附近消失,在中室内至后缘为1波折细线,其内侧紧邻1黑褐色斑;中线和外线在前缘为1小黑斑,两线在中室处互相接近,其下并行至后缘,两线间色较深;中点黑色粗大短条形,位于外线内侧;亚缘线灰白色浅波曲,内侧在M脉间有1近圆形黑斑,外侧至外缘翅脉间有黑色短纵纹;缘线黑褐色,在翅脉端断离;缘毛灰黄褐色,在翅脉端色较深。后翅基部灰白色,向端部逐渐过渡为灰褐色;后缘附近排布黑色条纹;中点黑灰色;缘线和缘毛同前翅。

分布:中国的甘肃(卓尼、舟曲)、内蒙古、河北、山西、青海、新疆、四川、云南、西藏;蒙古国,朝鲜,韩国。

(313) 梅小花尺蛾 Eupithecia mediocincta Mironov & Galsworthy, 2004

Eupithecia mediocincta Mironov & Galsworthy, 2004, in Mironov, Galsworthy & Xue, Trans. Lepid. Soc. Japan, 55 (2):130. (China: Gansu, Yongdeng)

前翅长:10~11 mm。体和翅灰褐色。前翅狭长;内线">"形;外线上半段弧形,在M_3以下较直;内线和外线在前缘处加粗,两线间散布黑色,其中的中线模糊;中点黑色巨大,长椭圆形;亚缘线为1列白点,部分消失,由其内侧至外缘在翅脉间有破碎的黑色纵纹;缘线黑褐色纤细,在翅脉端断离;缘毛深灰褐色。后翅灰褐色,后缘附近散布黑色;中点黑褐色微小;缘线和缘毛同前翅。

分布:甘肃(永登)、陕西、四川。

尺蛾亚科 Geometrinae

(314) 赭点峰尺蛾 Dindica para Swinhoe, 1891

Dindica para Swinhoe, 1891, Trans. ent. Soc. Lond., 1891:490. (India: Khasi Hills)

前翅长:♂18~21 mm,♀23~24 mm。雄触角双栉形;雌线形。额黄白至浅黄绿色、灰绿色。下唇须黄绿色杂黑褐色,雄雌均短于1/4伸出额外。胸部背面灰褐色与灰绿色相杂,后胸具发达立毛簇。腹部背面污白色,散布有黑色、红褐色、灰绿色鳞片,第一至五节有立毛簇,其中第四节立毛簇发达,立毛簇红褐色杂灰绿色。前翅中等宽度;后翅宽大,顶角圆。前翅黄绿色;内外线及中点较清晰,外线近">"形;翅面散布黑色碎纹和少量灰红色,并在翅基部中室下缘脉下方、外线外侧M_1和Cu_2下方各形成1个红斑;缘线在翅脉间为1列小黑点;缘毛在翅脉端黑褐色,其余与翅面同色。后翅浅黄色;翅端部深色带较窄,其外侧散布深色碎纹。

分布:甘肃(舟曲、康县、文县)、河南、陕西、浙江、湖北、江西、湖南、福建、海南、广西、四川、云南、西藏;印度,尼泊尔,不丹,泰国,马来西亚。

(315) 黄边涡尺蛾 Dindicodes costiflavens (Wehrli, 1933)

Terpna costiflavens Wehrli, 1933a, Int. ent. Z., 27 (4):37. (China: Sichuan, Siao-lu)

前翅长:♂27~31 mm,♀32 mm。雄触角双栉形;雌线形。额上半部具1灰斑。下唇须黄色,尖端黑灰色,几乎不伸出额外,第三节极短,雌第三节不延长。头顶和胸腹部背面黄色,胸腹部背面排列成对黑斑,腹侧各有1列黑斑,腹部腹面具浓密黑斑;腹部背面具黄色毛簇。前后翅外缘浅弧形,不波曲。翅白色。前翅前半部由翅基至外线黄色,端部黄色,黄色区域密布黑褐色碎斑;翅面白色部分散布深灰褐色斑块;中点为1较大灰褐斑;缘线为翅脉间1列椭圆形黑点,远离其他黑褐色碎斑;缘毛黄色与黑褐色相间。后翅基部白色,散布灰褐斑,形成深弧形外线;翅端部、缘线、缘毛同前翅。

分布:甘肃(康县、武都区)、湖北、湖南、四川。

(316) 豹涡尺蛾 Dindicodes davidaria (Poujade, 1895)

Pachyodes davidaria Poujade, 1895a, Ann. Soc. ent. France, 64:310. (China:Sichuan,Moupin)

前翅长:♂25~27 mm,♀27~30 mm。额灰绿色。下唇须深灰绿色,侧面带灰褐色,第一、二节粗糙,雄第三节尖端伸出额外,雌约1/3伸出额外。头顶灰绿色。胸部背面深灰绿色,且具深灰绿色隆起的毛簇。腹部背面具深灰绿色发达立毛簇。胸腹部腹面污白色,胸部前方略带污黄色。前翅黄绿色,大部覆盖黑色,前翅基部及外缘区域绿色较浓;亚基线斜行,黑色;内线锯齿形斜行,模糊;外线上半段锯齿形,M_3下方为脉上小黑点;中点为黑色细线,周围黑绿色;亚缘线为脉间1列黄白点,缘线为脉间黑色点;缘毛灰绿色和黑绿色相间。后翅黄色,翅基部灰褐色并沿后缘扩展至近臀角处;外缘下半部和臀角附近带绿色;中点大而圆,外线为3个大黑斑;缘线和缘毛同前翅。

分布:甘肃(徽县、文县)、陕西、湖北、湖南、四川。

(317) 白尖涡尺蛾 Dindicodes apicalis (Moore, 1888)

Pingasia [*Pingasa*] *apicalis* Moore,1888a,in Hewitson & Moore, Descr. New Indian lepid. Insects Colln. Late Mr. W.S. Atkinson,3:247. (India:Darjeeling)

前翅长:♂22~24 mm,♀28 mm。雄触角双栉形,栉齿长度和触角杆直径相当,尖端1/4线形;雌线形。头顶、额浅灰绿色,额凸出,光滑;两侧有小黑斑。下唇须黑色、灰绿色、红褐色掺杂,尖端灰绿色。胸部腹面黄白色,带粉色,胸部背面灰绿色与黑褐色相间。腹部背面黑褐色,有发达立毛簇,前几节绿色,3~5节毛簇灰色杂粉色,极发达;亚背线黑色。翅面褐色,掺杂黑色、红褐色、黄绿色。前翅亚基线内侧黑褐色杂红褐色,亚基线黑色,内线黑色,模糊,亚基线与内线之间绿色;外线黑色,有少量白色鳞片相伴,其内外两侧多绿色;中点细长弯曲,其外侧翅面颜色较浅;中域及其下方多红褐色;顶角处有1大白斑,下缘达M_1脉;亚缘线为脉间大小不等的小白斑;缘线黑色,其内侧多绿色;缘毛黑褐色杂红褐色。后翅外线在M_3上方斜行,小锯齿形,M_3下方内折,有间断;中点比前翅粗壮;亚缘线、缘线、缘毛同前翅。

分布:中国的甘肃(文县)、湖南、广西、四川、云南、西藏;印度,尼泊尔,泰国。

(318) 砂涡尺蛾 Dindicodes vigil (Prout, L.B., 1926)

Terpna vigil Prout,L.B.,1926b,J. Bombay nat. Hist. Soc.,31(1):131,pl.1:12. (Burma:Hpimaw Fort)

前翅长:♂24~26 mm,♀26 mm。雄触角极短双栉形,栉齿长度短于触角杆直径,尖端线形;雌线形。额灰绿色,两侧黑褐色。下唇须第一、二节粗糙,第三节极短,黑褐色,雄尖端,雌约1/3伸出额外。头顶及胸部背面灰绿色;腹部背面有隆起的灰绿色毛簇。翅面黄绿色,散布黑色碎纹,黑褐色较少。前翅黑色内线不连续,在前缘、中室下缘及2A至后缘间各有1黑斑;中点黑色,周围为边缘不清晰的黑斑;外线较清晰,黑色,多为脉上黑点,有时在M_3上方连续,在M_3上凸出1大钝齿;缘线黑色,为脉间黑斑;缘毛黄绿色和黑褐色相间,在翅脉端为黑褐色。后翅前缘和后缘近等长,顶角圆,外缘圆;黄色,基部污白色,并沿后缘扩散,有些接近臀角;中点黑色,大;外线宽阔黑色,在M_2至Cu_2附近有间断,其外侧近外缘多黑褐色碎纹。

分布:中国的甘肃(文县)、陕西、湖南、四川、云南;缅甸。

(319) 金星垂耳尺蛾 Pachyodes amplificata (Walker, 1862)

Abraxas amplificata Walker,1862,List Spec. lepid. Insects Colln Br. Mus.,24:1124. (N. China)

前翅长:♂25~27 mm,♀27~30 mm。雄触角基部略短于2/3双栉形,外侧栉齿略长于内侧,最长栉齿约为触角杆直径的3倍,尖端线形;雌线形。额上半部和头顶白色,额下半部灰黑色,其下缘黄色。下唇须黄色,外侧有黑褐斑,雄尖端、雌尖端至1/4伸出额外。前胸白色,肩片内侧白色,外侧深灰色;胸部腹面黄色;胸腹部背面鲜黄色与深灰褐色相间,腹部背面有立毛簇,其中第三、四立毛簇发达。翅乳白色,散布大小不等的深灰色斑块。前翅亚基线与内线色较深,隐没在灰色斑块之内;中点黑色短条形,在1大灰斑之内;外线为1列灰斑,连续或在M_3~Cu_1间间断;翅端部灰斑散碎,散布鲜黄色斑,其上有黑色碎纹,黄斑在臀角处扩展;缘线为1列黑点;缘毛灰白与黑灰色相间。后翅中点较小;外线的灰斑在前端大,在Rs~M_1间和M_3~Cu_2间有间断;黄斑几乎占据整个臀角区域,其间在Cu_2和2A脉间具黑斑。

分布:甘肃(武都区、康县、文县)、安徽、浙江、湖北、江西、湖南、福建、广东、广西、四川。

(320) 江浙冠尺蛾 *Lophophelma iterans* (Prout, L.B., 1926)

Terpna iterans Prout, L.B., 1926a, Novit. zool., 33:2. (China:Shanghai)

前翅长:♂26~35 mm,♀34 mm。雄触角双栉形,端部线形;雌线形。额黑褐色,其上端及下缘、头顶、下唇须黄白色至黄绿色,下唇须第一、二节粗糙,雄几乎不伸出额外,雌约1/3伸出额外。胸部腹面、腿节多毛。胸腹部背面亚背线黑色,腹部背面亚背线之间有隆起的立毛簇,其中第二至四节立毛簇发达。前后翅外缘浅波曲;后翅后缘延长,臀角下垂;翅面浅灰黄绿色,斑纹黑色。前翅亚基线浅弧形;内线微波曲,向外倾斜;中点细长,弯;外线呈锯齿形,中部外凸,其外侧具银灰色鳞片。后翅中点细长,较直;外线在M_3上凸出,锯齿表现为在翅脉上延伸的黑条,其外侧有1条模糊黑灰色带。亚缘线、缘线和缘毛同前翅。

分布:中国的甘肃(康县)、河南、陕西、上海、浙江、湖北、江西、湖南、福建、海南、广西、四川;越南。

(321) 粉斑异尺蛾 *Metaterpna thyatiraria* (Oberthür, 1913)

Hypochroma thyatiraria Oberthür, 1913, Études Lépid. comp., 7:290, pl.173:1703.(China:Yunnan,Tse-kou)

前翅长:♂19~23 mm,♀24~25 mm。雄触角短双栉形;雌线形。额黄绿色。下唇须较长,黑褐色,尖端伸出额外。头顶灰绿色。胸腹部背面黑色与灰绿色相杂,具黄绿色立毛簇,腹部第二至四节立毛簇发达,腹部第一节白色。前翅黄绿色杂黑色碎纹;内线黑色,外倾;外线黑色,锯齿形,中部外凸,从前缘至M_2与M_3间内弯,在M_3至Cu_1间形成3个大小不等的齿,在Cu_2下方至臀褶间内弯,两次内弯处外侧各有1大斑,白色上散布少量粉红色,上部大斑外缘有波状白色亚缘线;M_3~Cu_2间外侧有浅色阴影,并有少量红褐色;中点纤细,黑色;缘线黑色波曲;缘毛黑色与黄色相间。后翅白色,无中点;外线较近外缘,弧形,灰褐色,较粗;外线内侧自Cu_1脉以下有1条若隐若现的黑色伴线,波曲不连续;外线外侧白色,在外缘附近散布黄绿色杂黑色碎纹;外线内侧的后缘亦散布黑色与灰绿色小斑;缘线、缘毛同前翅。

分布:甘肃(天水、文县)、陕西、四川、云南。

(322) 染尺蛾 *Psilotagma decorata* Warren, 1894

Psilotagma decorata Warren, 1894b, Novit. zool., 1:678. (Bhutan)

前翅长:♂25~29 mm,♀29 mm。雄雌触角均线形。额和下唇须均黑褐色。体及翅灰至灰白色,带灰绿色调。胸腹部背面具发达的立毛簇。前后翅外缘浅波曲。后翅前缘长度中等,后缘略延长。翅灰至灰白色,带灰绿色调。前翅前缘散布黑色碎纹;内线在前缘处留下1个三角形黑斑,其下消失或仅在翅脉上隐约可见;中点为1弧形弯曲短线,黑色,周围有深灰色阴影;外线细弱,在翅脉上形成小黑点,在前缘形成1小黑斑,弧形弯曲,中部极外凸;外线外侧在前缘处有清晰的黑褐色斑块,向下至M_2处掺杂红褐色,并扩展至外缘,Cu_1以下在翅脉间排列紫红色圆斑;顶角附近散布灰色鳞;亚缘线灰白色锯齿形,十分模糊;缘线为翅脉间的1列黑点;缘毛黑灰色与灰白色掺杂。后翅颜色较浅,中点及其外侧斑纹同前翅。

分布:甘肃(天水、宕昌、康县、文县)、河南、陕西、湖北、湖南、广西、四川、云南;印度,不丹,尼泊尔。

(323) 中国巨青尺蛾 *Limbatochlamys rosthorni* Rothschild, 1894

Limbatochlamys rosthorni Rothschild, 1894, Novit. zool., 1:540, pl.12:9. (China:W. of Ichang)

前翅长:♂28~37 mm,♀38 mm。雄雌触角均双栉形,雌栉齿短。额黑褐色。下唇须灰黄色,雌第三节不延长。头顶灰黄色,胸部背面灰绿色,肩片基部灰黄色。腹部背面灰黄色。胸部腹面和腿节多毛。前翅顶角尖,略呈镰状;后翅顶角圆且后缘延长;前后翅外缘光滑。前翅橄榄绿色,前缘灰黄色,散布黑色碎纹,局部带灰红色;外线在翅脉上为1列小黑点;缘线黑色纤细,在翅脉端断离。后翅灰黄色,后缘基部附近和外缘附近带灰绿色调;翅面散布黑色碎纹;中点细长模糊;外线灰黑色锯齿形。

分布:甘肃(宕昌、康县、文县)、陕西、上海、江苏、浙江、湖北、江西、湖南、福建、广东、广西、四川、重庆、云南。

(324) 异巨青尺蛾 *Limbatochlamys pararosthorni* Han & Xue, 2005

Limbatochlamys pararosthorni Han & Xue, 2005, Zoological Studies, 44 (2):197, figs 8, 9, 14, 15. (China: Shaanxi, Ningshan)

前翅长:♂30~32 mm,♀33~34 mm。雄雌触角均双栉形,栉齿极短。额略凸,黑褐色。下唇须短小,灰黄色,雌第三节不延长;头顶灰黄色;胸部背面灰绿色,肩片基部灰黄色。腹部背面灰黄色。胸部腹面和腿节多毛,前翅颜色斑纹同中国巨青尺蛾 *L. rosthorni*,后翅外线锯齿较小。翅反面灰黄褐色,端部密布黑色碎纹,前后翅均无中点;前翅灰黑色直带状外线有或无。

分布:甘肃(礼县)、陕西、四川、重庆。

(325) 白脉青尺蛾四川亚种 *Geometra albovenaria latirigua* (Prout, L.B., 1932)

Hipparchus albovenaria latirigua Prout, L.B., 1932, in Seitz, Gross-Schmett. Erde, 12:75. (China: Szechuan, Kunkala-Shan)

前翅长:♂24~25 mm,♀28~29 mm。雄触角双栉形,尖端线形;雌触角线形。额下半部白色;上半部中间绿色,两侧略带褐色;下唇须褐色,鳞片粗糙,雄1/3~1/2伸出额外,雌1/2伸出额外。头顶白色杂绿色。胸腹部背面淡绿色。前翅顶角略凸;前后翅外缘浅锯齿形;翅面蓝绿色,翅脉白色。前翅前缘白色;内外线白色、粗壮、直,内线外侧及外线内侧有深绿色阴影;中点深绿色,将白色中室端脉断离;白色亚缘线细弱,微波曲;前缘在内线、外线、亚缘线和顶角各有1细长褐斑;缘毛白色,在翅脉端为褐色。后翅外线宽且直;亚缘线细,白色,在M_2脉附近外凸;缘毛同前翅。

分布:甘肃(康县、文县)、陕西、湖北、湖南、四川、云南。

(326) 宽线青尺蛾 *Geometra euryagyia* (Prout, L.B., 1922)

Hipparchus euryagyia Prout, L.B., 1922a, Bull. Hill Mus. Witley, 1 (2):252. (China: Yunnan, Tali)

前翅长:♂23~26 mm,♀25~29 mm。额下半部白色,上半部浅褐色。下唇须1/2伸出额外。头顶浅褐色。翅绿色,前后翅翅脉均带白色,但不均匀。前翅前缘端半部微拱形,白色;顶角尖,微凸出;外缘光滑,顶角下方稍内凹,中部略外凸,其下几乎直;内线、外线、亚缘线均白色,几乎均直行;内线近后缘外弯;外线在M_3上方略外凸;亚缘线中部略内凹;内线外侧、外线内侧、亚缘线内侧均具深黄绿色阴影;中点白色细长。后翅顶角圆,外缘光滑,较平直,后缘延长;外线和亚缘线白色,均直行;亚缘线达臀角,外线达臀角附近,两线有汇聚趋势。

分布:甘肃(康县、武都区)、河南、陕西、云南。

(327) 细线青尺蛾 *Geometra neovalida* Han, Galsworthy & Xue, 2009

Geometra neovalida Han, Galsworthy & Xue, 2009, J. nat. Hist., 43 (13-14,):907, fig. 1I, 2I, 3I, 4I, 5I. (China: Beijing, Donglingshan)

前翅长:♂23 mm,♀25 mm。额下半部大部分白色,上半部绿色。雄下唇须近1/2伸出额外,褐色。头顶、胸部背面绿色,腹部背面浅绿色,褪色后为黄褐色。翅绿色。前后翅外缘锯齿形,在M_2脉端齿均较小,似在M_1~M_3脉间有缺刻。前翅内线白色,细弱,较直,但有微弱不规则波曲;两翅外线白色,细,略有弯曲;前翅内外线在前缘略增粗;亚缘线极微弱;缘毛白色,在翅脉端褐色。

分布:甘肃(天水、迭部)、内蒙古、北京、陕西。

(328) 白带青尺蛾 *Geometra sponsaria* (Bremer, 1864)

Chlorochroma sponsaria Bremer, 1864, Mém. Acad. Sci. St. Pétersb., (7) 8 (1): 77, pl. 6: 25. (Russia: East Siberia, Bureja Mountains; Ema estuary)

前翅长：♂23~25 mm，♀22~30 mm。雄触角双栉形，向尖端栉齿变短，近纤毛状，最长栉齿长于触角杆直径；雌触角线形。额上半部褐色，中部褐色略向下延伸，下半部白色。下唇须长，约1/2伸出额外，第二节鳞片粗糙，基部外侧白色；第三节外侧和背部褐色，内侧白色。头顶白色。胸腹部背面颜色较翅色略浅。翅绿色。前翅顶角下方凹入较深，外缘在M_3脉处为1小尖角；前缘污白色；内、外线污白色粗壮，无齿，较直，近前缘处略弯曲，形成褐斑，向后缘渐粗；中点为位于中室端脉上的白色细线；亚缘线为较模糊的白色细线，直行，微波曲；缘线黄褐色；缘毛白色。后翅顶角圆，外缘在M_3上有尖齿，其上微凹，尖齿至臀角平直；外线直，较前翅粗壮；亚缘线浅弧形，波状；缘线、缘毛同前翅。

寄主植物：壳斗科Fagaceae：日本板栗*Castanea crenata*、麻栎*Quercus acutissima*、柞栎*Quercus dentata*。

分布：中国的甘肃（文县）、黑龙江、内蒙古、北京、上海、浙江、湖北、湖南、广西、四川；俄罗斯（东南部），朝鲜，韩国，日本。

(329) 云青尺蛾 *Geometra symaria* Oberthür, 1916

Geometra symaria Oberthür, 1916a, Études Lépid. comp., 12: 102, pl. 387: 3257. (China: Sichuan)

前翅长：26~30 mm。额、头顶、下唇须、胸部背面、腹面、足均呈绿色。下唇须1/3伸出额外。翅面绿色，带蓝色调。前后翅外缘锯齿较深，前翅顶角下方和后翅M脉之间略凹入。前翅内线波状，白色，并向内弥散，外侧为深绿色阴影；白色外线向外弥散，锯齿形，几乎和外缘平行，齿间呈月牙形，在臀褶处略内凹，其内侧为深绿色阴影，内外线之间绿色带比内线以内、外线以外的绿色深，且上宽下窄；中点深绿色，短条形；亚缘线白色，除在后缘处外折外，几乎和外线平行。后翅外线、中点、亚缘线等和前翅相似。

分布：甘肃（天水）、河南、陕西、湖北、四川、云南。

(330) 乌苏里青尺蛾 *Geometra ussuriensis* (Sauber, 1915)

Megalochlora ussuriensis Sauber, 1915, Int. ent. Z., 8 (36): 203. (Russia: Ussuri)

前翅长：♂18~23 mm，♀23~25 mm。额下半部白色，上半部绿色。雄下唇须1/2伸出额外，深褐色。头顶绿色，杂白色。胸部背面和翅绿色。前翅顶角尖，外缘波曲，顶角下方深凹陷，在M_3脉端凸出1大齿，其他各脉端均有小齿；前缘黄白色；内、外线白色，清晰细线形；内线微波曲，略呈弧形；外线在前缘处略向内弯曲，两线在前缘处各形成1褐斑，前缘在顶角也有1褐斑；亚缘线模糊白色，略波曲。后翅顶角圆，外缘在M_3脉处有尖尾突，顶角至M_3各脉端有小齿；外线直，白色，较前翅粗；亚缘线白色，模糊，波曲。前后翅缘毛白色，在翅脉端为1褐点。

分布：中国的甘肃（天水、宕昌、武都区、康县、文县）、黑龙江、河南、陕西、浙江、湖北、四川；俄罗斯（东南部），朝鲜，韩国，日本。

(331) 直脉青尺蛾 *Geometra valida* Felder & Rogenhofer, 1875

Geometra valida Felder & Rogenhofer, 1875, Reise öst. Fregatte Novara (Zool.), 2 (Abt. 2): pl. 127: 37. (Japan)

前翅长：♂27~29 mm，♀29~32 mm。额下半部白色，上半部绿色。下唇须腹面基半部白色，其余褐色，第一二节鳞片粗糙，第三节端部白色。头顶绿色。胸部背面绿色。翅面青绿色。前翅外缘锯齿形，在M_3和Cu_1处各凸出1较大的齿；前缘浅灰绿色；内线白色，较直，其外侧有暗绿色阴影；中点深绿色；外线白色，倾斜，在前缘处内弯，较细，向下逐渐加粗，内侧有暗绿色阴影；亚缘线白色波状，极细弱；缘毛白色，在翅脉端有褐点。后翅外缘锯齿形，在M_3上的凸齿大；外线白色、直，较前翅粗，内侧有暗绿色阴影；亚缘线白色波曲，细弱；缘毛同前翅。

分布：中国的甘肃（宕昌、舟曲、武都区、康县、文县）、黑龙江、吉林、辽宁、内蒙古、北京、山西、山东、河南、陕西、宁夏、上海、浙江、湖北、江西、湖南、福建、广西、四川、贵州、云南；俄罗斯（东南部），朝鲜，韩国，日本。

（332）曲白带青尺蛾*Geometra glaucaria* Ménétriès，1858

Geometra glaucaria Ménétriès，1858，Bull. Clas-Phy-Math. Acad. Imp. Sci. St. Pétersb.，17:220.（Russia：Ussuri）

前翅长：♂24~26 mm，♀25~28 mm。额上1/3褐色，下2/3白色；下唇须腹面基半部白色，背面褐色；头顶白色。胸腹部背面淡绿白色；胸部腹面白色，略带淡绿色调。翅面蓝绿色。前翅较短，顶角尖，略凸出，外缘近平直；前缘白色，有绿色窄斑；内线白色，倾斜，中部微内凹，在前缘处扩展成白斑；外线白色，上端向内弯曲，在前缘处形成白斑，在脉上有小齿，下部在Cu_2和2A间增粗并向内凸；亚缘线由脉间白斑组成，不清晰，下端在Cu_2下方折向臀角；缘毛白色。后翅顶角圆；外缘光滑，在中部凸出，后缘略延长；外线上端向外弯曲，下端渐细并在近后缘处向内弯曲；亚缘线白色，细弱，不规则波曲；缘毛同前翅。前后翅均无中点。

分布：甘肃（永登、舟曲、康县）、黑龙江、吉林、辽宁、内蒙古、北京、山西、河南、陕西、湖北、四川、云南；俄罗斯（东南部），朝鲜，韩国，日本。

（333）双线新青尺蛾*Neohipparchus vallata*（Butler，1878）

Thalassodes vallata Butler，1878，Illust. typical Specimens Lepid. Heterocera Colln Br. Mus.，2：ix，50，pl. 36：9.（Japan：Yokohama）

前翅长：♂15 mm，♀16~18 mm。雄触角双栉形，尖端线形；雌线形，有极短纤毛。额圆形凸出；下唇须黄白色，第一、二节鳞片粗糙，雌下唇须第三节延长；额、头顶和胸部背面蓝绿色。前翅顶角略尖，外缘较直或浅弧形，臀角近直角；后翅顶角明显，外缘在M_3脉处凸出成发达尾突，其上下接近直线，后缘延长。翅面蓝绿色，散布黄褐色鳞片，亚缘线外侧褐色鳞片在前翅较少，在后翅无。前翅外缘浅弧形；前缘污白色，散布褐色斑点；内线白色，在近前缘处略有弯曲，外侧有黄褐色伴线；中点褐色；外线白色，位于翅中部，上端微弯，M_2以下较直，内侧有黄褐色伴线；亚缘线隐约可见，中部内凹；缘毛基半部褐色，端半部白色。后翅顶角明显；外缘在M_3和Cu_1脉端具1宽阔凸起；外线直，白色，内侧有黄褐色伴线；亚缘线白色波状，不清晰；缘毛同前翅，在M_3和Cu_1脉端的缘毛黑褐色。

分布：中国的甘肃（康县）、山西、陕西、江苏、浙江、湖北、江西、湖南、福建、台湾、广东、四川、云南、西藏；朝鲜，韩国，日本，印度，尼泊尔，越南。

（334）绿雕尺蛾*Chloroglyphica glaucochrista*（Prout，L.B.，1916）

Hipparchus（*Chloroglyphica*）*glaucochrista* Prout，L.B.，1916，Novit. zool.，23:12.（China：Tibet，Vrianatong）

前翅长：♂♀22~23.5 mm。雄触角约4/5短双栉形，端部线形；雌线形。额凸出，黄色（褪色）；头顶白色。胸部背面绿色。腹部背面有1列小白斑。前翅顶角钝圆，外缘在M_1处略凸，在M_1脉下方直；后翅顶角圆，外缘在M_3处有尾突。翅面青绿色。前翅前缘黄绿色，散布大小不等的褐斑；外缘在M_3上方略凸出，在M_3下直，在R_5上方和R_5与M_1脉间各有1小褐斑；内线灰褐色，浅弧形，两侧有白色伴线，不达前缘；中点为黑色小点，周围有模糊白圈；外线灰褐色，直行，不规则波曲，在翅脉上可见向外凸出的尖齿，两侧有白色伴线，呈窄带状，在M_1脉上方消失，仅在R_5脉上方有1小褐点；内线和外线之间散布银灰色，并扩展至外线外侧；亚缘线位置在M_3下方为不连续的斑，每个斑由几条灰褐色短线组成，有白边；缘毛在M_2上方为褐色，M_2下方基半部蓝绿色，端半部白色。后翅顶角圆；外缘在M_3脉端有1尾突；中点为褐色小点；外线同前翅，呈锯齿形；外线外侧有由短褐条组成的不连续的线；亚缘线同前翅；缘毛基半部蓝绿色，端半部白色，在M_3脉端为褐色。

分布：甘肃（舟曲）、陕西、湖北、广东、四川、云南、西藏。

（335）小缺口青尺蛾*Timandromorpha enervata* Inoue，1944

Timandromorpha enervata Inoue，1944，Trans. Kansai ent. Soc.，14（1）：63 figs 4，5.（Japan：Kyushu，Hiko-san）

前翅长：♂18~23 mm，♀24 mm。雄触角双栉形，端部线形；雌线形。翅面暗绿色。前翅顶角镰状，外缘在顶角至M_3之间深凹陷,并在M_3脉端形成1尖齿或1折角,臀角凸出;后翅外缘在M_3脉端凸出。前翅中域、顶角附近和后翅基部常为明显的暗绿色;内线深色波状,内侧有浅色边;其外侧至中点在中室内有强烈银灰色光泽,并略向下扩展;外线在M_3以下向内弯,其外侧有数个大小不等的黄白色斑,M_3下的斑内有褐线,外线上半段外侧和黄白斑外侧暗褐色,然后是1条模糊黑灰色带。后翅中线直,其外侧为宽大黄白色斑,斑内翅脉褐色,似网状,有黑色碎纹;斑外至外缘上半部灰黄褐色,下半部紫灰至灰黑色。

分布:中国的甘肃(文县、康县、武都区)、河南、陕西、浙江、湖北、江西、湖南、福建、台湾、广东、四川;朝鲜、韩国、日本。

(336) 紫斑绿尺蛾 *Comibaena nigromacularia* (Leech, 1897)

Euchloris nigromacularia Leech, 1897, Ann. Mag. nat. Hist., (6)20:237. (China:Sichuan, Chow-pin-sa. Japan:Yokohama)

前翅长:♂18 mm,♀21 mm。雄触角双栉形,尖端线形带纤毛;雌线形。前翅宽阔,顶角略尖,不凸出,外缘浅弧形;后翅顶角和外缘圆,后缘较长。翅绿色,有白色碎纹。前翅内线和外线白色波状;外线粗壮,其外侧在M脉间为白色斑块,且向外扩展近外缘,臀角处的斑块橘红色,较小,周围白色,其外侧在外缘上有2个黑点。后翅顶角斑紫红色,周围黑褐色,在M_1以上较宽,M_1以下狭窄并沿外缘延伸至近M_3处;外缘处在紫斑以下为1条白色细带,在臀角处再次展宽成1浅黄色斑块。前后翅中点黑色,小而圆。

分布:甘肃(舟曲、两当、康县、文县)、黑龙江、北京、河南、安徽、浙江、湖北、江西、湖南、福建、台湾、广东、广西、四川、云南;俄罗斯、朝鲜、韩国、日本。

(337) 平纹绿尺蛾 *Comibaena tenuisaria* (Graeser, 1889)

Phorodesma tenuisaria Graeser, 1889, Berl. ent. Z., 32:385. (Russia:Amurlandes, Vladivostok)

前翅长:♂14~16 mm,♀17 mm。翅面绿色。前翅内线白色、弧形;外线白色,始于前缘外1/3处,外倾至M_1附近形成1钝突后直行至Cu_2,后外倾,在臀褶处形成1钝突后外倾达后缘;臀角处具1大斑,周围褐色,内部白色;缘线褐色。后翅顶角白斑内缘波曲,止于M_1,其内缘内侧伴有褐色;臀角白斑小。前后翅均有褐色小中点。

分布:中国的甘肃(永登、天水、成县、康县)、山西、河南、陕西、江苏、安徽、福建;俄罗斯(阿穆尔地区、乌苏里地区)、朝鲜、韩国。

(338) 肾纹绿尺蛾 *Comibaena procumbaria* (Pryer, 1877)

Euchloris procumbaria Pryer, 1877, Cist. ent., 2(18):232, pl.4:2. (China:Shanghai)

前翅长:♂11~14 mm,♀12~14 mm。额和头顶均绿色,额不凸出。下唇须灰褐色与白色掺杂。胸部背面绿色。腹部背面前半部绿色,后半部仅中部有绿色,两侧近白色,中央有小白斑。胸腹部腹面白色。翅鲜绿色。前翅前缘黄白色;中室短,中点深褐色,近翅基;内外线近白色,极细弱,不清晰;臀角处的红褐斑中部白色。后翅中点同前翅,近翅基部;顶角斑下端仅达M_1周围褐色,中间白色带少量褐色,Rs脉在斑内褐色;臀角处有1小斑,周围褐色,中间白色。前后翅缘线褐色,在翅脉端断离,在脉间为褐色小点,在后翅顶角处完整粗壮,构成顶角斑的边缘;缘毛灰褐与灰白色相间。

分布:中国的甘肃(文县、舟曲)、北京、河北、山西、山东、河南、陕西、上海、浙江、湖北、江西、湖南、福建、台湾、广东、香港、广西、四川、云南;朝鲜、韩国、日本。

(339) 亚肾纹绿尺蛾 *Comibaena subprocumbaria* (Oberthür, 1916)

Phorodesma subprocumbaria Oberthür, 1916a, Études Lépid. comp., 12:103, pl.387:3259. (China:Sichuan, Siao-lou)

前翅长:♂10~11.5 mm,♀13~14 mm。头胸腹部特征和翅面斑纹和肾纹绿尺蛾很相似,仅有如下不同:前翅臀角白斑略大,周围褐色较多;后翅顶角斑较大,下缘达M_2,其内缘圆滑,$Sc+R_1$及M_1在斑中为褐色。

分布:甘肃(舟曲、武都区、康县、文县)、北京、河北、河南、陕西、江苏、浙江、湖北、江西、湖南、福建、海南、广西、四川、云南、西藏。

(340) 长纹绿尺蛾 *Comibaena argentataria* (Leech, 1897)

Euchloris argentataria Leech, 1897, Ann. Mag. nat. Hist., (6)20:237. (Korea: Gensan. Japan: island of Kiushiu; Hakone. China: Hubei, Chang-yang)

前翅长：♂11~15.5 mm，♀13~18.5 mm。雄雌触角均为双栉形，雄栉齿长于雌栉齿，雄最长栉齿约为触角杆直径的4倍，雌最长栉齿约为触角杆直径的2.5倍。额下缘和上缘白色，中间大部分绿色；下唇须淡褐色；头顶白色。胸腹部背面淡绿色。翅深绿色，几乎没有白色碎纹。前翅顶角尖；前缘浅绿色；内线细弱，白色，波状；中点为1小褐点，周围有白色；外线白色，不规则波曲，在M_1处的凸齿较粗大，其下端在臀褶处增粗、内凹1对尖齿，其中上侧的齿长而尖；翅端部逐渐变为白色；臀角处斑块深灰褐色，较弱；缘线为翅脉间1列黑点，其中近臀角处2个黑点较大；缘毛白色。后翅前缘下方深灰褐色，中点短棒状，深灰褐色；外缘具灰褐色斑，顶角斑向下延伸至M_3，臀角处白斑较小，带灰褐色；斑的内缘为白色亚缘线，在M_3和Cu_2脉上向内有小突，在2脉之间达外缘；缘线在Cu_1以上为黑色短条，以下为小黑点；缘毛同前翅。

寄主植物：蔷薇科Rosaceae：蓬蘽*Rubus hirsutus*。

分布：中国的甘肃（文县）、浙江、湖北、江西、湖南、福建、台湾、广东、广西、四川；朝鲜，韩国，日本。

(341) 丽绿尺蛾 *Comibaena decora* Han, Galsworthy & Xue, 2012

Comibaena decora Han, Galsworthy & Xue, 2012, Zool. J. Linn. Soc., 165:747. (China: Henan: Nanyang, Baotianman)

前翅长：♂13.5 mm。雄触角基部3/4双栉形，端部1/4线形；雌线形。额和下唇须粉红色；头顶白色。胸部背面绿色；腹部背面淡绿色至黄白色。翅绿色。前翅前缘黄绿色；外线白色，较近外缘，由前缘至Cu_2较直，外倾，在Cu_2处向内凸出1尖齿，然后沿其下方的红褐色大斑外缘到达臀角；Cu_2上方在外线两侧有少量红褐色；缘线仅在臀角附近有2个黑点；缘毛淡绿色，在臀角处掺杂红褐色。后翅深褐色，中下部外凸1圆钝大突；外线外侧翅脉红褐色，由前缘至M_2和Cu_2至后缘散布大量红褐色；翅端部除红褐色区域外黄绿色；缘线为翅脉间1列黑红色长点；缘毛黄白色，在翅脉端掺杂红褐色。前后翅中点黑色微小。

分布：甘肃（舟曲）、河南、四川。

(342) 云纹绿尺蛾 *Comibaena pictipennis* Butler, 1880

Comibaena pictipennis Butler, 1880b, Ann. Mag. nat. Hist., (5)6:215. (India: Darjeeling)

前翅长：♂13~16 mm，♀15~16.5 mm。雄触角双栉形，末端约1/4线形有纤毛，最长栉齿约为触角杆直径的8倍；雌线形。额黑褐色，有少量白色鳞片，有时杂有红褐色鳞片，不凸出。下唇须黑褐色杂少量白色，第一、二节鳞毛粗糙，雄不足1/2、雌2/3伸出额外。胸部背面和第一、二腹节背面绿至黄绿色，腹部其余各节黄褐色。翅绿色。前翅前缘绿色，前缘下方依次为黄色窄带和白色带，均由翅基部达顶角；中点黑褐色；内外线白色细弱，均较直；外线达Cu_2后沿翅脉内折，止于臀角大斑顶端；外线外侧的M_3上方散布灰白色，其外侧可见白色亚缘线，亚缘线终止于M_2；Cu_2下方至臀角具1红褐色大斑，其内缘深褐色，斑内色较浅，外侧带灰色；缘线为脉间1列黑点；缘毛浅绿色。后翅外缘圆，后缘略延长；翅面散布白色碎纹；中点黑褐色略带红褐色；顶角具1大紫红色斑，下缘沿M_1脉达外缘，在M_1上方翅脉间留有2个小绿斑；翅端部在M_1以下至后缘为连续的黄褐色至紫红色斑，在M_2和M_3间和臀褶处各形成1淡黄褐色凸齿，在臀角处形成紫红色大斑；顶角至臀角大斑内缘无白色亚缘线；缘线为脉间紫红色至黑色小点，在M_2以上粗壮短条形；缘毛紫红色与黄褐色掺杂；后缘端半部缘毛紫红色。

分布：甘肃（康县）、湖南、台湾、四川、云南、西藏；印度，不丹，尼泊尔，克什米尔地区。

(343) 异丝尺蛾 *Protuliocnemis dissimilis* Han, Galsworthy & Xue, 2012

Protuliocnemis dissimilis Han, Galsworthy & Xue, 2012, Zool. J. Linn. Soc., 165:768. (China: Gansu: Wenxian, Qiujiaba)

前翅长：♂11.5~13 mm，♀13~13.5 mm。触角均双栉形。额绿色；头顶和胸腹部背面白色。前翅三角形，顶角尖，外缘直，翅面绿色；内线和外线白色，均直立；无中点和缘线；缘毛淡绿色。后翅淡绿色；外线白色，较前翅粗壮；亚缘线白色；无中点。

分布：甘肃（舟曲、成县、文县）。

（344）中国四眼绿尺蛾 *Chlorodontopera mandarinata*（Leech，1889）

Odontoptera mandarinata Leech，1889b，Trans. ent. Soc. Lond.，1889（1）：141，pl.9：13.（China：Jiangxi，Kiukiang）

前翅长：♂♀19~25 mm。雄雌触角均线形。额黑褐色；下唇须约1/3伸出额外，端部黑褐色，基部颜色较浅；头顶暗绿色。胸部背面灰绿色；腹部背面灰黄色有小黑斑。翅暗绿色。前后翅外缘锯齿形，后翅Rs脉端凸齿长于M_3脉端凸齿。前后翅各有1巨大黑色中点，周围有黄白边。前翅前缘有紫色调；内线、外线、亚缘线浅绿色，波状。后翅外线内侧前缘附近至M_3灰黄色，散布紫灰褐色，此处外线黑褐色。两翅缘线黑褐色，在脉端间断；缘毛灰黄至黄褐色。

分布：甘肃（康县、文县）、浙江、江西、湖南、广西、四川、重庆。

（345）菊四目绿尺蛾 *Thetidia albocostaria*（Bremer，1864）

Euchloris albocostaria Bremer，1864，Mém. Acad. Sci. St. Pétersb.，(7)8（1）：76，pl.6：22.（Russia：Amur；Ussuri）

前翅长：♂13~14 mm，♀14~18 mm。雄触角双栉形。额下2/3绿色，上1/3白色；下唇须褐色，鳞毛粗糙；头顶淡绿白色；胸腹部背面淡绿色。前翅顶角钝；前后翅外缘浅波曲。翅绿色。前翅前缘中部白色；内外线白色波状，外线在M_3上方波曲密且小。前后翅中点为圆形大白斑，其周缘有黄褐色边，在后翅较显著，斑内中室端脉黄褐至深褐色，在前翅较小，后翅细长；缘线深黄褐色，在脉端有间断；缘毛白色，在翅脉端褐色。后翅除中点外无其他斑纹。

分布：中国的甘肃（宕昌、文县、武都区）、黑龙江、吉林、辽宁、内蒙古、河南、陕西、青海、上海、江苏、安徽、浙江、湖北、湖南；俄罗斯，朝鲜，韩国，日本。

（346）清二线绿尺蛾 *Thetidia atyche*（Prout，L.B.，1935）

Euchloris atyche Prout，L.B.，1935，in Seitz，Gross-Schmett. Erde，4(Suppl.)：18，pl.3：c.（China：Sichuan，Siao-lou）

前翅长：♂12~14 mm。雄触角双栉形。额不凸出，淡绿色，鳞片粗糙。下唇须淡绿色，略短于1/2伸出额外。头顶绿色。胸腹部背面淡绿色，无立毛簇。前后翅外缘浅弧形。翅面淡绿色带黄绿色调，后翅颜色较前翅浅。前翅顶角钝，后翅顶角圆且略凸出；两翅外缘光滑。前翅前缘白色；无内线；外线细弱白色；无中点；无缘线；缘毛基半部绿色，端半部白色。后翅无斑纹或有白色细弱的亚缘线。

分布：甘肃（文县）、四川。

（347）肖二线绿尺蛾 *Thetidia chlorophyllaria*（Hedemann，1878）

Phorodesma chlorophyllaria Hedemann，1878，Horae Soc. ent. ross.，14：510，pl.3：7.（Russia：Amur，Askold Island）

别名：绿叶碧尺蛾。

前翅长：♂15 mm，♀17 mm。雄触角双栉形，雌锯齿形。额不凸出，绿色，鳞片粗糙。下唇须绿色，略短于1/2伸出额外，雌第三节不延长。头顶、胸腹部背面、腹面绿色，无立毛簇。前翅顶角钝，后翅顶角圆，略凸；两翅外缘光滑；后翅后缘不延长。翅面绿色，后翅色较前翅略浅。前翅前缘白色；内线白色，浅弧形；外线白色，直；无中点。后翅几乎无斑纹，隐见微小绿色中点；细弱白色亚缘线和外缘平行，极近外缘。两翅无缘线；缘毛基半部绿色，端半部白色。

分布：中国的甘肃（永登）、黑龙江、内蒙古、北京、河北、山西、山东、陕西、青海、四川；俄罗斯（西伯利亚，乌苏里地区），日本。

(348) 甘肃二线绿尺蛾 *Thetidia kansuensis*（Djakonov，1936）

Euchloris kansuensis Djakonov, 1936, Ark. Zool., 27A(39): 3, pl.1a: 8. (China: Kansu(south), Bandshuka)

前翅长：♂♀13~15 mm。与肖二线绿尺蛾 Th. chlorophyllaria 很相近，但前翅内线较直，下端不向内弯曲；外线较粗。

分布：甘肃（永登、甘肃南部）、西藏。

(349) 亚四目绿尺蛾 *Comostola subtiliaria*（Bremer，1864）

Euchloris subtiliaria Bremer, 1864, Mém. Acad. Sci. St. Pétersb. (7)8(1): 76, pl.6: 23. (Russia: Ussuri)

前翅长：♂11 mm。雄触角双栉形。额锈红色。头顶白色杂蓝绿色。胸腹部背面蓝绿色。前翅外缘较直；后翅外缘中部略凸出，后缘略延长，无翅缰。翅面蓝绿色。前翅内线由中室下缘和A脉上2个小黄点组成，黄点内侧有红色鳞片；中点最内层银灰色，中间层褐色，外层白色略带淡黄色；外线亦由脉上小黄点组成，黄点外侧具红色鳞片，近后缘处的点较大。后翅外缘中部略外凸；中点比前翅大；外线同前翅，中部凸出较少，在Cu_1上的点距中点比距外缘近。前后翅缘线内侧粉褐色，外侧褐色；缘毛绿白色。

分布：中国的甘肃（天水）、河南、陕西、青海、上海、浙江、江西、福建、广东、广西、四川、云南；俄罗斯（西伯利亚地区、海参崴），日本，印度，印度尼西亚（苏门答腊岛）。

(350) 红颜锈腰尺蛾 *Hemithea aestivaria*（Hübner，1799）

Geometra aestivaria Hübner, 1799, Samml. eur. Schmett., 5: pl.2: 9. (Europe)

前翅长：♂13~15 mm，♀15~16 mm。雄触角栉锯齿形具长纤毛；雌线形具纤毛。额红褐色；下唇须红褐色，雌约1/2伸出额外；头顶基半部绿色，端半部白色；胸部背面绿色。腹部背面第二至四节有立毛簇，前两节立毛簇黑色，第四节立毛簇白色，腹部其余部分红褐色、褐色和白色相杂。前翅顶角略凸出，尖，外缘浅波曲；后翅外缘在M_3脉端具1尾突，后缘延长；翅面橄榄绿色，带灰绿色调。前翅前缘黄白色，散布黑褐色斑点；内线白色，细弱波曲；外线白色锯齿形，在M_1脉上、M_3和Cu_1脉上凸齿较大，在臀褶附近向内凹；缘线褐色；缘毛黄白色，在翅脉端为黑褐色。后翅白色外线在M_3至Cu_1脉间向外凸出；缘线、缘毛同前翅。前后翅均有暗绿色的小中点，后翅中点较明显。

分布：中国的甘肃（永登）、山西；朝鲜，韩国，日本，俄罗斯（西伯利亚东部）至欧洲。

(351) 黄边仿锈腰尺蛾 *Chlorissa distinctaria*（Walker，1866）

Thalassodes distinctaria Walker, 1866, List Spec. lepid. Insects Colln Br. Mus., 35: 1607. (India: North Hindostan)

前翅长：♂15 mm，♀17 mm。雄触角纤毛状，雌线形，具极短纤毛。额及下唇须褐色，额不凸出，雄下唇须几乎不伸出额外，雌第三节略延长，约1/3伸出额外；头顶绿色；胸部背面绿色。腹部第二至四节背面粉色杂黑褐色，第二、三节有小立毛簇。前翅顶角钝，后翅顶角圆；两翅外缘略波曲，后翅外缘在M_3脉端有小突，后缘略延长；翅绿色。前翅前缘黄色，散布褐色斑点；内外线白色，接近前缘处消失；内线呈浅弧形；外线较直；中点暗绿色；缘线较翅色略深，在脉端为极小的黄白点；缘毛绿色，长。后翅外线较直，在M_3脉上略有弯曲；中点、缘线、缘毛同前翅。

分布：中国的甘肃（永登、舟曲、两当、康县、文县）、湖南、广西、四川、云南、西藏；印度，不丹，尼泊尔。

(352) 遗仿锈腰尺蛾 *Chlorissa obliterata*（Walker，1863）

Nemoria obliterata Walker, 1863, List Spec. lepid. Insects Colln Br. Mus., 26: 1558. (China: Shangha)

别名：仿锈腰青尺蛾，薄绿尺蛾。

前翅长：♂♀10~12 mm。雄触角纤毛状；雌线形。额红褐色；下唇须浅红褐色；雄尖端伸出额外，雌第三节延长，约1/3伸出额外；头顶绿色，前半部白色。胸部背面和翅黄绿色；腹部背面无立毛簇，第二至四节有粉红色斑块。前足和中足腹面红褐色。前翅顶角钝，后翅顶角圆；两翅外缘光滑，后翅外缘在M_3脉不凸出，后缘延长；翅黄绿色。前翅前缘黄褐色；内外线白色，内线弧形，外线较直；中点不清晰；无缘线；缘毛基半部与翅同色,端半部黄白色。后翅外线略粗,中部略外凸;无中点和缘线;缘毛同前翅。

寄主植物:菊科Compositae(Asteraceae):寡毛 *Solidago virgaurea*。

分布:甘肃(民乐、永登、文县)、黑龙江、北京、河北、山西、山东、河南、上海、江苏、浙江、湖南、福建、四川;俄罗斯,朝鲜,韩国,日本。

(353)迪青尺蛾*Dyschloropsis impararia*(Guenée,1858)

Jodis impararia Guenée,1858,in Boisduval & Guenée,Hist. nat. Insectes (Spec. gén. Lépid.),9:354.(Russia:Ural Mountains)

前翅长:♂14~16 mm,♀16~18 mm。雄触角双栉形,栉齿长度约为触角杆直径的2~3倍,尖端栉齿渐短;雌极短双栉形,栉齿长度短于触角杆直径。额红褐色,鳞片粗糙,不凸出;下唇须红褐色,不伸出额外;头顶前半部浅绿色,后半部深绿色。各足外侧均红褐色;胸部背面深绿色,腹部背面色浅。前翅顶角钝,臀角圆,外缘浅弧形;后翅顶角凸出,前缘长于后缘;两翅外缘光滑,后翅外缘在M_1~M_3间有浅缺刻。前翅灰绿色,隐约可见白色的内、外线,外线较直,略呈弧形;缘毛同翅色,基半部较浓密,端半部较稀。后翅浅绿白色,无斑纹。

分布:中国的甘肃(榆中、康乐)、内蒙古、山西;俄罗斯,蒙古国,中亚地区。

(354)荫无缰青尺蛾*Hemistola inconcinnaria*(Leech,1897)

Thalassodes inconcinnaria Leech,1897,Ann. Mag. nat. Hist.,(6)20:242. (China:Szechwan,Tachien-lu;Pu-tsu-fong)

前翅长:♂♀13~17 mm。雄触角双栉形。额和下唇须红褐色。翅面绿色,略带蓝绿色。前翅顶角钝,外缘浅弧形;前缘黄褐色,翅面斑纹不清晰,隐约可见白色锯齿形内线和外线;无缘线;缘毛同翅色。后翅顶角圆,外缘在M_3处凸出;下方较直,在M_3上方呈凹陷状;无翅缰;外线白色锯齿形,在M_3与Cu_1处凸出;无缘线;缘毛同前翅。

分布:甘肃(永登)、陕西、青海、四川。

(355)凯无缰青尺蛾*Hemistola kezukai* Inoue,1978

Hemistola kezukai Inoue,1978,Bull. Fac. domest. Sci. Otsuma Wom. Univ.,14:214,figs 20,24.(China:Taiwan,Nantou)

前翅长:♂20 mm。雄触角双栉形。额及下唇须背面深红褐色,下唇须腹面白色;头顶前半部白色,后半部蓝绿色。胸部背面同翅色。翅面暗绿色,略带蓝绿色调。前翅前缘黄褐色,散布深褐色斑点;内线白色,波状;中点仅为中室端脉加深;外线白色,锯齿形,倾斜,在齿尖上有红褐色鳞片;缘线黑褐色,在翅脉端有小白点;缘毛白色,在脉端为黑褐色。后翅中点、缘线、缘毛同前翅,外线锯齿形,在中部外凸。

分布:甘肃(康县)、陕西、广西、台湾。

(356)点尾无缰青尺蛾*Hemistola parallelaria*(Leech,1897)

Thalassodes parallelaria Leech,1897,Ann. Mag. nat. Hist.,(6)20:241.(China:Sichuan,Moupin;Ni-tou)

前翅长:♂17~19 mm,♀18~21 mm。雄触角双栉形,最长栉齿约为触角杆直径的1.5倍;雌短双栉形,最长栉齿短于触角杆直径。额下缘白色,上部大部分褐色,略带粉色;头顶前端白色,后半部蓝绿色。腹部背面各节有浅蓝绿色立毛簇。翅蓝绿色至黄绿色。前翅前缘白色;内线白色,斜行向外,外侧有暗绿色伴线;外线白色,内侧有暗绿色伴线,几乎和外缘平行;缘线暗绿色;缘毛白色,在顶角处为红褐色。后翅顶角略凸,外缘在M_3脉端凸出1尖角;外线白色,内侧有暗绿色伴线,直,有时上半部略外倾;缘线同前翅;缘毛白色,在M_3和Cu_1脉端为红褐色。

分布:甘肃(永登、迭部)、陕西、湖北、四川、云南、西藏。

(357)金边无缰青尺蛾*Hemistola simplex* Warren,1899

Hemistola simplex Warren,1899,Novit. zool.,6:24.(China:Taiwan,North Mountains)

前翅长：♂♀15~16 mm。雄触角双栉形，尖端纤毛状，最长栉齿约为触角杆直径的3倍；雌短双栉形。额及下唇须均褐色，雄下唇须约1/3伸出额外。头顶前半部白色，后半部蓝灰色。胸部背面蓝灰色。翅面蓝灰色。前翅顶角尖，外缘略凸出；前缘黄褐色杂红褐色；内线白色波状，在中室下缘上方不清晰，在后缘上形成1小褐点；中室端脉上色略深；外线白色浅波曲，在M_1上方不清晰，在Cu_1、Cu_2及2A脉上凸出小尖齿，在后缘亦形成1小褐点；缘线黄褐色杂红褐色；缘毛白色，在翅脉端红褐色。后翅外缘在M_3脉端具1尖齿；中室端脉色略深；外线白色浅波曲，在M_3至Cu_1间外凸；缘线、缘毛同前翅。

分布：甘肃（两当、文县）、北京、河南、浙江、湖南、福建、台湾、四川。

（358）波无缰青尺蛾 Hemistola veneta（Butler，1879）

Thalera veneta Butler，1879，Ann. Mag. nat. Hist.，(5)4:437.（Japan:Yokohama）

别名：白线青尺蛾。

前翅长：♂16~17 mm，♀17~19 mm。雄触角双栉形，最长栉齿约为触角杆直径的2.5倍；雌触角双栉形，栉齿长度略长于触角杆直径。额及下唇须红褐色，雄下唇须不足1/4伸出额外，雌约1/3伸出额外；头顶前半部白色，后半部蓝绿色。胸部背面蓝绿色。翅面蓝绿色。前翅外缘圆滑；前缘黄褐色；内线白色，略波曲，外侧有暗绿色阴影，非常模糊；外线白色，较直，内侧有暗绿色阴影，在近前缘处内弯；中室端脉色略深；缘线黄褐色；缘毛白色，在翅脉端黄褐色。后翅外缘在M_3脉端具1凸齿；外线白色，浅弧形，内侧有暗绿色阴影；缘线和缘毛同前翅。

寄主植物：毛茛科Ranunculaceae：女萎*Clematis apiifolia*。

分布：中国的甘肃（成县）、福建；朝鲜，韩国，日本。

（359）折无缰青尺蛾 Hemistola zimmermanni（Hedemann，1878）

Geometra zimmermanni Hedemann，1878，Horae Soc. ent. ross.，14:509,pl.3:6.（Russia:Amur,Chingan Mountains）

前翅长：♂14~15 mm，♀17 mm。雄触角双栉形，栉齿长度约为触角杆直径的2倍；雌触角双栉形，栉齿长度约为触角杆直径的1.5倍，尖端纤毛状。额暗红褐色；下唇须暗红褐色，细弱，雄不伸出额外，雌略短于1/3伸出额外；头顶前半部白色，后半部蓝绿色。胸部背面同翅面。翅蓝绿色。前翅外缘浅弧形；前缘黄白色或黄褐色；白色内线在中室下缘上方弧形弯曲，在臀褶处有1尖齿；外线白色，在翅脉上略有所扩展，在臀褶上方几乎和外缘平行，在臀褶处内弯成齿；缘线比翅面颜色略深；缘毛绿白色。后翅顶角圆；外缘在M_3处略有凸角；外线在中部弯曲，在臀褶处外倾达后缘；缘线和缘毛同前翅。

分布：中国的甘肃（天水）、黑龙江、吉林、辽宁、北京、河北、山西、甘肃；俄罗斯（阿穆尔地区、西伯利亚东北部），朝鲜，韩国。

（360）藕色突尾尺蛾 Jodis argutaria（Walker，1866）

Thalera argutaria Walker，1866，List Spec. lepid. Insects Colln Br. Mus.，35:1614.（India:Hindostan）

前翅长：♂13 mm，♀14 mm。雄触角1/2以上双栉形，栉齿长，栉齿紧贴触角杆上，有纤毛；雌触角线形。额黄绿色，不凸出；头顶前半部白色，后半部黄绿色。胸部背面灰绿色；腹部背面灰黄褐色，各节间有小白斑。前翅顶角钝，外缘光滑；后翅顶角略凸出，外缘浅波曲，中部尾突尖而长，小于等于1 mm。翅青绿色至灰绿色。前翅内线深波状，圆滑，白色，外侧有灰黄褐色边；中点黄褐色，下端掺杂白鳞，呈小白点状；外线锯齿形，白色，内侧有灰黄褐色边，在M_1、M_3和Cu_1处的凸齿长；缘线颜色略深，无白点；缘毛灰绿色。后翅斑纹同前翅，内线较细弱。

分布：甘肃（舟曲、文县）、陕西、浙江、湖北、湖南、台湾、四川、云南、西藏；朝鲜，韩国，日本，印度。

（361）麻尖尾尺蛾 Maxates albistrigata（Warren，1895）

Gelasma albistrigata Warren，1895，Novit. zool.，2: 89.（Japan）

前翅长：♂17~18 mm，♀17~20 mm。雄触角双栉形；雌线形。额暗红褐色，不凸出；下唇须暗红褐色，约

1/4伸出额外;头顶前半部白色,后半部灰绿色。胸腹部背面灰绿色,腹部背面无立毛簇。前翅顶角钝,外缘圆;后翅尾突极小,顶角圆。翅面淡灰绿色,带黄绿色调。前翅前缘极窄黄褐色;有模糊波状内线;前后翅中点暗绿色短条形;外线灰白色锯齿形,前翅锯齿极弱,后翅锯齿略大,内侧有暗绿色带;缘毛灰绿至灰褐色。

分布:中国的甘肃(天水)、湖南;朝鲜,韩国,日本。

(362) 短尖尾尺蛾 *Maxates brachysoma* (Prout, L.B., 1935)

Gelasma brachysoma Prout, L.B., 1935, in Seitz, Gross–Schmett. Erde, 4 (Suppl.): 13, pl.2: h. (China: Szechwan, Tachien-lu)

前翅长:♂14 mm。雄触角双栉形,内外栉齿长度相当,最长栉齿约为触角杆直径的4倍。额暗红褐色,不凸出;下唇须红褐色,雄约1/4伸出额外;头顶前半部白色,后半部灰绿色。胸腹部背面灰绿白色,无立毛簇。前翅顶角钝,外缘圆;后翅外缘中部的尾突较小。翅面灰绿色,带黄绿色调。前翅前缘狭窄黄褐色;白色内线微弱波曲;中点暗灰绿色;外线白色,清晰,浅钝锯齿形,其内侧色较深;无缘线;缘毛灰绿色。后翅外线较前翅平滑,中部略曲折,不外凸;缘毛同前翅。

分布:甘肃(永登)、四川。

(363) 续尖尾尺蛾 *Maxates grandificaria* (Graeser, 1889)

Nemoria grandificaria Graeser, 1889, Berl. ent. Z., 33: 266. (Russia: Amurlandes, Ussuri)

别名:青灰讥尺蛾。

前翅长:♂♀15~21 mm。雄触角基部3/4双栉形,最长栉齿约为触角杆直径的4倍;雌线形。额黑褐色,鳞片粗糙;下唇须黑褐色,腹面白色,1/5~1/4伸出额外,雌第三节不延长;头顶前半大部分白色,后缘灰绿色。胸腹部背面灰绿色。前翅顶角尖;后翅尾突中等大。翅面深绿色,带黄绿色调;白色线纹弱,但清晰。前翅前缘赭黄色,点缀黑褐色;内线波曲;前后翅外线锯齿形;缘线黑褐色,极少在翅脉上中断;中点颜色较深,在后翅呈线形;缘毛黄白色,在脉端点缀黑褐色。

分布:甘肃(文县)、山东、河南、上海、江苏、浙江、湖北、湖南、台湾、四川;俄罗斯(西伯利亚东南部),朝鲜,韩国,日本。

(364) 灰尖尾尺蛾 *Maxates thetydaria* (Guenée, 1858)

Jodis thetydaria Guenée, 1858, in Boisduval & Guenée, Hist. nat. Insectes (Spec. gén. Lépid.), 9: 358. (India)

前翅长:♂16~19 mm,♀16~20 mm。雄触角双栉形,外侧栉齿长于内侧,最长栉齿约为触角杆直径的2倍,端部线形;雌线形。额深褐色,不凸出;下唇须弱小,雌第三节略延长;头顶前半部白色,后半部及胸部背面灰绿色;腹部背面浅灰色。前翅顶角圆,外缘浅弧形;后翅外缘微波曲,在M$_3$脉端凸出1尖角。翅面灰白色,密布灰绿色碎纹。前翅前缘暗灰绿色略带黄褐色;内线、外线、中点灰绿色,内外线均为宽带状,直行;中点大,和内线相接。后翅中点同前翅;外线亦为灰绿色宽带状,">"形,几乎与外缘平行。前后翅端部色较深;缘毛浅灰绿色。

分布:甘肃(天水)、湖南、福建、台湾、广东、四川;印度,尼泊尔,孟加拉国,菲律宾,马来西亚(加里曼丹岛北部),印度尼西亚。

(365) 绿波翅青尺蛾 *Thalera suavis* (Swinhoe, 1902)

Chlorodontopera suavis Swinhoe, 1902b, Trans. ent. Soc. Lond., 1902 (3): 670. (China: Yunnan, Teng Yenk; Sichuan, Wa-Shan. Korea: Gensan)

前翅长:♂12~13 mm,♀14 mm。雄触角双栉形,外侧栉齿较内侧长,向尖端栉齿渐短;雌触角短双栉形。额中度凸出,褐色,鳞片光滑;下唇须褐色,雄不伸出额外,雌尖端伸出额外;头顶前半部白色,后半部草绿色。胸部背面草绿色。腹部背面草绿色散布黑褐色,无立毛簇。后足胫节仅1对端距。前后翅外缘锯齿形;前翅外缘在M$_1$~M$_3$间有缺刻;后翅外缘在M$_1$~M$_3$脉间深缺刻。翅面草绿色。前翅前缘点缀黑褐色;内线暗绿色,略波曲;外线暗绿色,浅锯齿形;缘线黑褐色;缘毛暗红色与黑褐色相杂,在翅脉间掺杂白色。后翅外线锯齿形,暗绿色;缘线、缘毛同前翅。前后翅中点大,暗红色杂黑色鳞片。

分布:中国的甘肃(礼县)、四川、云南;朝鲜,韩国。

(366) 美彩青尺蛾 *Eucyclodes aphrodite* (Prout, L.B., 1933)

Anisozyga gavissima aphrodite Prout, L.B., 1933, in Seitz, Gross-Schmett. Erde, 12:85. (China:Szechuan, Kwanhsien)

前翅长:♂14~20 mm,♀21 mm。雄触角双栉形,末端线形;雌线形。额上半部绿色,下1/3及头顶白色;下唇须白色掺杂黄褐色。胸腹部背面白斑和绿斑相间。前后翅外缘浅波曲,后翅外缘中部微弱凸出。前翅绿色,有白色亚基线、内线、中点、外线;其中内线弧形波状;中点长椭圆形;外线锯齿形;外线上端前缘处有1大褐斑,斑内线纹灰白色,大斑周围至外线外侧黄色;外线下半部外侧有红色伴线;翅端部有2列白点,其间在M_3上有1橘红色点;缘线为1列白点。后翅基半部灰褐色带少量绿色,基部有数个大白色斑块;外线位于翅中部,白色,呈锯齿形,其外侧为1条黄色带;翅端部绿色,有2列白点,散布少量橘黄色,白点之间在M_3脉上有1橘黄色小斑;缘线同前翅。前后翅缘毛淡绿色,在翅脉端白色。

分布:甘肃(舟曲、武都区、康县、文县)、河南、陕西、上海、江苏、湖北、江西、湖南、广西、四川、重庆、云南。

(367) 枯斑翠尺蛾 *Eucyclodes difficta* (Walker, 1861)

Comibaena difficta Walker, 1861, List Spec. lepid. Insects Colln Br. Mus., 22:576. (China:Shanghai)

前翅长:♂14~16 mm,♀14~18 mm。雄触角双栉形,末端线形;雌线形。额上部绿色,下部白色;下唇须短小,黄白色(新鲜标本可能是绿色);头顶白色。胸部和腹部第一节背面绿色,腹部其余部分白色带黄褐色。翅绿色,斑纹黄白色带枯褐色调。前翅顶角尖,外缘凸出;前缘白色,有黑褐色碎纹;有纤细内线和微小暗绿色中点;外线上端消失,由M_1以下不规则波曲,在M_2与M_3之间和Cu_2以下向外扩展成斑块,其中Cu_2以下扩展至臀角,斑内有白色亚缘线及其内外侧褐色阴影状斑;外缘内侧中部有1白斑;缘线黑褐色,在翅脉端色较浅;缘毛白色,在翅脉端灰褐色。后翅外缘在M_3脉端略凸出;外线在M_3与Cu_2之间弓形外凸,其外侧斑纹与前翅Cu_2以下相连续,内有灰绿色小斑块、红褐色杂灰褐色碎斑和白色亚缘线;缘线和缘毛同前翅。

分布:中国的甘肃(永登、武都区、康县、文县)、黑龙江、吉林、辽宁、内蒙古、北京、河北、河南、陕西、上海、江苏、安徽、浙江、湖北、江西、湖南、福建、台湾、重庆、云南;俄罗斯,朝鲜,韩国,日本。

(368) 纳艳青尺蛾 *Agathia antitheta* Prout, L.B., 1932

Agathia antitheta Prout, L.B., 1932, in Seitz, Gross-Schmett. Erde, 12:70, pl.9: d. (India:Sikkim)

前翅长:♂♀19 mm。雄雌触角均线形。下唇须短,仅尖端伸达额外;额、下唇须和头顶前部灰褐色,略带少量红褐色,头顶后部至肩片基部及中后胸背面鲜绿色,肩片端部和腹部背面黑褐色,第二腹节背中线两侧各有1个绿点;腹部第二至第四节有小立毛簇。前翅外缘在M_3以上极浅波曲,M_3以下直;后翅外缘在M_1与M_3处各凸出1尖角,其中第二个尖角较大。翅鲜绿色。前翅基部黑褐色杂红褐色,边缘直;前缘灰白色,散布少量黑色鳞片,其下方有少量红色鳞片;中线宽约1 mm,在Cu_2脉上弯曲外倾到达后缘外1/3处,其上端黑褐色,中室中部之下浅红褐色;端带下部窄,深褐至黑褐色,内缘较圆滑,带内红褐色与黑褐色鳞片相杂,顶角下方至M_3有1大绿斑,M_3与Cu_1之间有1绿点,Cu_1与Cu_2间亦有1更小绿白斑;外线灰红色,上半段略波曲,下半段浅弧形;缘毛基部和端部污白色,中间粉色。后翅前缘附近白色;端带上半部绿斑内侧较粗且直,下半部宽阔,内缘在臀褶处有缺口,其下沿后缘向内扩展;顶角下方绿斑狭长楔形,在M_3下方有1灰白色斑,M_3脉端凸角处为1三角形灰褐色斑;外线内缘色深,呈锯齿形;后缘红杂黑褐色;缘毛在M_3上方同前翅,在M_3下方黑褐色杂少量深红褐色。

分布:甘肃(文县)、湖北、广西、四川、云南、西藏;印度,尼泊尔,越南。

(369) 萝藦艳青尺蛾 *Agathia carissima* Butler, 1878

Agathia carissima Butler, 1878, Illust. typical Specimens Lepid. Heterocera Colln Br. Mus., 2:ix, 50, pl.36:

7. (Japan:Yokohama;Hakodate)

前翅长：♂16~20 mm，♀17~19 mm。触角线形。额黑褐色掺杂红褐色；下唇须腹面污白色，背面和侧面红褐色杂少量黑褐色；头顶前半部黑褐色与红褐色掺杂，后半部绿色。前胸基部、肩片基部、中胸后部及第二、三腹节有绿斑，其余部分红褐色与黑褐色掺杂。前翅外缘微弱波曲；后翅外缘在M_1和M_3脉端有凸齿。翅鲜绿色。前翅前缘黄白色，散布少量黑色鳞片，下缘红褐色；基部红褐色与黑褐色掺杂，其外缘在中室上方弧形，下方较直；中带边缘浅褐色，中间灰白色，稍波曲，在2A处向外倾斜，到达后缘外1/3处；端带深褐色，内缘在R_5至M_3浅弧形内凸，在M_3处向外凸出，由M_3至臀褶直，其下2次波曲；外线为端带内的浅褐色带；在顶角处有1绿斑，绿斑中间粗，绿斑内R_5脉为褐色，在M_3与Cu_1间有1小绿白斑，有时在Cu_1与Cu_2间亦有1小绿白斑，绿斑下端带浅褐色，在臀角上方有1狭长黑斑；缘毛基部白色，端部带粉色，顶角、R_5、M_1和M_3脉端缘毛带黑灰色。后翅后缘深褐色；端带内缘波曲，中部在翅脉上呈锯齿形；外线在M_3以上模糊，其外侧灰褐色带灰红色调，在M_3下方清晰灰白色；端带在M_3端突具黑红斑，其内侧1粉白色条形斑；顶角下方有1狭长绿斑，R_5脉在斑内褐色；Cu_2两侧各有1小绿斑。

分布：中国的甘肃（永登、文县）、黑龙江、吉林、辽宁、内蒙古、北京、山西、河南、陕西、浙江、湖北、湖南、四川、云南；俄罗斯，朝鲜，韩国，日本，印度。

（370）瓷尺蛾 *Chlororithra fea* Butler，1889

Chlororithra fea Butler，1889，Illust. typical Specimens Lepid. Heterocera Colln Br. Mus.，7:22,106,pl. 136:9.（India:Kangra district,Dharmsala）

前翅长：♂♀16~17 mm。雄触角双栉形，栉齿长度约为触角杆直径的3倍，尖端1/4纤毛状；雌线形。额不凸出，鳞片粗糙，污黄色；下唇须污白色，第二节鳞片粗糙，第三节短小，约1/4伸出额外；雌略延长，近1/2伸出额外。胸腹部背面黄绿色，肩片基部和中胸后部白色，腹部各节后缘白色。翅面浅黄绿色，斑纹深黄绿色，内侧或外侧伴随白色斑纹。前翅亚基线白色浅弧形；内线黄绿色，波曲，其内侧具白色宽阔伴线；中点黄绿色，并向前缘延伸；外线黄绿色，锯齿形，其外侧具白色伴线；亚缘线由脉间小斑块组成，外侧的白色伴线弧形，并沿翅脉和外线外侧的白色伴线相连，其外侧在脉间亦有黄绿色斑点；缘线由脉间白点组成；缘毛在脉间白色，脉端灰色。后翅外缘在M_3脉端略凸出，斑纹同前翅，但在顶角处有黑斑。

寄主植物：壳斗科Fagaceae：美洲白栎 *Quercus alba*。

分布：中国的甘肃（迭部、康县）、四川、云南、西藏；印度，不丹，尼泊尔，巴基斯坦，缅甸。

（371）赞青尺蛾 *Xenozancla versicolor* Warren，1893

Xenozancla versicolor Warren，1893，Proc. zool. Soc. Lond.，1893:342,pl.32:17.（India:Naga Hills）

Yinchie zaohui Yang，1978，Moths of North China，2:329,pl.21:11.（China:Beijing）

别名：枣灰银尺蛾。

前翅长：♂10~11 mm，♀12 mm。雄雌触角均线形。额中度凸出，鳞片粗糙，黑褐色。下唇须褐色，雄尖端伸出额外，雌第二、第三节极延长，约2/3伸出额外。头顶污白色。胸腹部背面灰褐色，腹部第二至四节背面有立毛簇。前翅顶角钝，前后翅外缘波曲；前翅顶角下外缘具深缺刻，在M_3至Cu_1间圆钝凸出，后斜行向内；后翅顶角圆，后缘无明显延长，外缘在M_1脉端部凸出，其下浅缺刻。翅面灰褐色杂紫褐、橄榄色，在翅基半部纵行排列，似木纹状。前翅内线深褐色，波状，不清晰；无中点；外线较近外缘，在Cu_1下方为黑褐色线形，Cu_1上方由脉上小点组成，中部外凸；缘线、缘毛褐色。后翅外线在前缘和后缘附近清晰线形，中部由脉上黑褐点组成；缘线、缘毛同前翅。

分布：中国的甘肃（文县）、北京、河北、山东、河南、陕西、湖北、广西、四川；印度。

（372）青辐射尺蛾 *Iotaphora admirabilis*（Oberthür，1884）

Metrocampa admirabilis Oberthür，1884c，Bull. Soc. ent. France，(6)3:84.（China:Mantchourie continentale）

前翅长：♂28~29 mm，♀31~32 mm。雄触角双栉形，尖端线形；雌触角锯齿形，具纤毛。两翅外缘浅波曲；翅面浅绿色，具黄色和白色斑纹。前翅基部有1黑点，黑点至内线黄色，内线弧形，内黄外白；中点黑色月牙形；外线中部向外凸出，并在M_3和Cu_1上形成2个小齿，内白外黄；外线外侧色较浅，排列辐射状黑纹。后翅外线较直，较圆滑，内白外黄，中点和外线外侧同前翅。前后翅缘线黑色；缘毛白色。

分布：中国的甘肃（武都区、康县、文县）、黑龙江、吉林、辽宁、北京、山西、河南、陕西、浙江、湖北、江西、湖南、福建、广西、四川、云南；俄罗斯（远东、乌苏里地区），越南。

灰尺蛾亚科Ennominae

（373）丝棉木金星尺蛾*Abraxas suspecta* Warren，1894

Abraxas suspecta Warren，1894a，Novit. zool.，1：419.（China）

前翅长：18~23 mm。翅面污白色。本属种类雄雌触角均线形。头和胸腹部黄色，散布黑斑。前后翅外缘浅弧形，后翅外缘中部不凸出。前翅基部和前后翅外线在后缘处具黄褐色大斑，其余斑纹灰色。前翅中域灰斑常有变化，有时可扩展至中室下缘之下并与臀褶处灰斑相连；外线外侧零散斑点极少；缘线上的斑点相互连接成带状，内缘不整齐，在M_2下方至Cu_1下方向内扩展成1大斑，有时可与外线接触。后翅前缘基部和中部各有1个灰斑，后者伸达中室上角；外线同前翅，斑点较小，其外侧偶有零星散点；缘线的斑点独立或部分连接。

分布：甘肃（宕昌、成县、文县）、东北、华北、华中、西北、华东、台湾、四川、云南。

（374）榛金星尺蛾*Abraxas sylvata*（Scopoli，1763）

Phalaena sylvata Scopoli，1763，Ent. Carniolica：220，fig. 546.（Italy：Carnia）

前翅长：17~19 mm。头、胸、腹部橘黄色，散布黑斑。前翅白色；基部有黄褐色斑；后缘近臀角处有1个黄褐色略带银色的斑；在中室末端有1个灰斑伸至前缘；外线由翅脉上的灰斑组成；外线外侧仍有一些黑斑，一些靠近边缘的斑在中部形成1个大斑；缘线深灰色，粗壮。后翅白色，基部具黑灰色斑；中点灰色；外线由翅脉上的灰斑组成，通常在后缘处形成1个大黄褐色略带银色的斑；缘线深灰色，粗壮。

分布：甘肃（舟曲、文县）、东北、山西、陕西、江苏、浙江、海南；俄罗斯，日本，中亚，欧洲。

（375）甘肃金星尺蛾*Abraxas kansuensis* Wehrli，1932

Abraxas adelphica kansuensis Wehrli，1932b，Ent. Z.，Frankf. a.M.，46（11）：124.（China：Kansu（eastern），Tsinling mountains，Hwei-si）

前翅长：16 mm。十分近似榛金星尺蛾*A. sylvata*，前翅后缘端半部的大斑较大、较圆，其中的灰白色鳞形成1个比较完整的"S"形；中带的灰斑较散碎，其中中室下缘下方的灰斑较近基部；前缘由中带内侧至顶角灰色连续不间断，绕过顶角与灰色端带接合；灰色端带中部向内扩展；后翅灰色缘线由顶角至臀角连续。

分布：甘肃（清水、徽县）、四川、重庆。

（376）萌金星尺蛾*Abraxas montivolans* Wehrli，1935

Abraxas montivolans Wehrli，1935b，Ent. Rdsch.，52（10）：123，pl. 1：15；pl. 3：14.（China：Kansu，Lihsien）

前翅长：26~27 mm。前翅中带在前缘下方组成1菱形中空灰斑；外线连续，各个灰点内侧边缘有暗黄褐色至深褐色点，其中前缘的形成深褐色斑；外线下端的深褐色大斑中灰白色鳞形成1鲜明的月牙形，其下有2个灰白色点；翅端部灰点比较散碎。前后翅缘线纤细，深灰色，与其内侧的灰斑分离；前翅缘线未达臀角，后翅缘线未达顶角和臀角。

分布：甘肃（礼县）。

（377）普金星尺蛾*Abraxas persuspecta* Wehrli，1935

Abraxas persuspecta Wehrli，1935b，Ent. Rdsch.，52 （9）：118，pl. 1：3；pl. 2：8.（China：Kansu（east），Tsinlingshan，Hwei si）

前翅长:18 mm。近似甘肃金星尺蛾A. kansuensis,外线下端的褐色大斑较窄,内缘平直,其中的灰白色鳞不形成完整的"S"形;中带在前缘下方的灰斑巨大,其中部带深褐色;中带与外带之间前缘的灰边极窄;后翅中线和外线的灰点亦较大,中线在臀褶处有1灰点;缘线与其内侧的灰点完全融合成1列半圆形灰斑,上端到达顶角。

分布:甘肃(东部秦岭山区:徽县)。

(378) 隐金星尺蛾 *Abraxas suffusa* Warren, 1894

Abraxas suffusa Warren, 1894a, Novit. zool., 1:417. (China:Tibet)

前翅长:19~20 mm。前翅中带在前缘及其下方的斑块巨大,其中带深褐色,远离基部,位于前缘中部之外,下端在中室下缘上方向内凸出1短棒状灰斑;前缘的灰边在中带内侧狭窄或间断,并有数个不规则形小灰点;前缘的灰边在中带外侧至顶角宽阔;外线为双列灰点,点比较小,但内侧点列的灰点内部翅脉深褐色;外线下端的深褐色大斑同普金星尺蛾A. persuspecta;缘线为连续的灰色带,下端未达臀角,灰带上在翅脉间有1列深褐色短条形斑。后翅缘线在顶角和Cu_2以下完全消失。

分布:甘肃(南部、东部秦岭山区:徽县)、四川、西藏。

(379) 黄金星尺蛾 *Abraxas proicteriodes* Wehrli, 1931

Abraxas proicteriodes Wehrli, 1931b, Mitt. dt. ent. Ges., 2(7):104. (China:Szechwan,Tachien-lu)

前翅长:28 mm。胸部背面黄褐色,腹部背面黄色。后翅翅型与本属其他种类略有不同,外缘中部略隆起,其下方倾斜,后缘较短。前翅污白色,略带污黄色,越近外线黄色越明显;基部大斑黄褐与深褐色掺杂;中域斑块散碎,在中室端附近形成不完整的环形斑,浅灰或浅灰褐色,外线带状,两侧有未完全并入带中的斑点,自上而下由浅灰逐渐过渡为黄褐至深褐色,带内由Cu_1至后缘有1条银色双弧形细线;外线外侧有大量小灰点,或多或少与缘线连成片;缘线为1列深灰褐色点或短条;缘毛与缘线同色。后翅污白色,基半部散布小灰点,外线为1列灰褐斑,在后缘形成1个深褐色大斑,斑块之间有时互相连接;外线外侧散布小灰点;无缘线;缘毛黄白色。

分布:甘肃(文县)、湖南、四川、云南。

(380) 灰金星尺蛾 *Abraxas grisearia* (Leech, 1897)

Abraxas picaria var. *grisearia* Leech, 1897, Ann. Mag. nat. Hist., (6)19:446.(China:Sichuan, Pu-tsu-fong)

前翅长:20~23 mm。头顶黑色。胸腹部黄色,黑色斑块较大。前翅密布灰褐色斑点,斑纹黑褐色;基部具黄色鳞片;中线模糊,仅在近前缘处加粗;中点圆;外线中间具黄色细线,在前缘扩大,在M_3和Cu_1之间向内弯曲,其余部分平直;缘线在各脉间呈点状。后翅翅面斑点稀少,多集中于翅基部和外线外侧;中点较前翅小;中线模糊在后缘形成1个黑色大斑;外线点状,在M_3下方具黄色细线;缘点与前翅相似。

分布:甘肃(舟曲、文县)、四川、云南、西藏。

(381) 漫金星尺蛾 *Abraxas permutans* Wehrli, 1931

Abraxas permutans Wehrli, 1931b, Mitt. dt. ent. Ges., 2(7):97. (China:Szechwan,Tien-Tsuen)

前翅长:26 mm。胸部和腹部橘黄色,中间具1列黑色斑块。翅面污白色。前翅密布黑褐色斑点,斑纹黑褐色,带状;基部具黄色鳞片;内线清楚;中线经过中点处向内弯折;外线伴有黄色细线;缘线上的斑点常间断,不连续。后翅斑点较前翅稀疏;中点小,其下方在后缘处具1个黑斑;外线模糊,近后缘处清楚并伴有黄线;缘线与前翅相似。

分布:甘肃(宕昌)、四川。

(382) 黄带金星尺蛾 *Abraxas sinopicaria* Wehrli, 1935

Abraxas sinopicaria Wehrli, 1935a, Ent. Z., Frankf. a.M., 48(19):140 (nomen nudum),148,figs 2,9. (China)

前翅长:17 mm。近似漫金星尺蛾A. permutans,但前后翅略狭长;翅面黑褐色远较该种稀少,中带内外侧和翅端部仅有稀疏小点；前后翅顶角白色，该处无缘线；黑褐色缘线的点列间断较远，其外侧缘毛黑褐色，其余缘毛白色。

分布：甘肃（南部）、青海、四川、西藏。

（383）简金星尺蛾 Abraxas conialeuca Wehrli, 1931

Abraxas conialeuca Wehrli, 1931b, Mitt. dt. ent. Ges., 2(7):101. (China:Szechwan, Tachien-lu; E. border of Tibet)

前翅长：20 mm。翅较宽阔；翅面黑褐色斑点较前种更为稀少；前翅外带较为狭窄；后翅外线在翅脉上有1列纵向梭形黑斑，大小比较均匀；前后翅缘线的点列扩展到顶角。

分布：甘肃（南部）、四川、西藏。

（384）长晶尺蛾江西亚种 Peratophyga grata totifasciata Wehrli, 1923

Peratophyga hyalinata var. *totifasciata* Wehrli, 1923, Dt. ent. Z. Iris, 37:66, pl.1: 6, 17. (China:Kiangsi)

前翅长：9~12 mm。雄触角锯齿形具纤毛簇，雌触角线形。额平坦；下唇须仅尖端伸达额外。前翅顶角钝，略凸出；前后翅外缘浅弧形。前后翅基部至中线、外线至近外缘之间灰褐色，中线与外线间淡黄色。前翅内线浅黄色，在前缘处加粗；中点深灰色，短条形；中线灰褐色，在M_3处向外形成1个小齿，其外侧淡黄色区域中具1模糊并间断的灰褐色宽带；外线灰褐色，在M脉之间和Cu_2下方向内凸出；外线内侧具1列灰褐色小点；缘毛黄色。后翅中点模糊，其余斑纹与前翅相似。

分布：中国的甘肃（康县、文县）、山东、河南、陕西、青海、浙江、江西、湖南、福建、广东、广西；朝鲜，韩国，日本。

（385）细线泼墨尺蛾 Ninodes scintillans Thierry-Mieg, 1915

Ninodes scintillans Thierry-Mieg, 1915, Miscnea. ent., 22:46. (China:Sichuan near Chang-Hai, Zi-Ka-Wei)

前翅长：9~10 mm。雄雌触角均线形，雄具纤毛。体和翅黄色，均散布黑褐色碎点。前翅顶角圆；前后翅外缘浅弧形。前翅前缘和后缘附近黑点较密集；外线黑褐色带状，双波曲，较近外缘；缘线为1列黑点，部分黑点有细线相连；缘毛黄色。后翅中域大部为黑点覆盖，形成不完整的宽带；外线同前翅，略窄；缘线和缘毛同前翅。

分布：甘肃（文县）、西南地区。

（386）方泼墨尺蛾 Ninodes quadratus Li, Xue & Jiang, 2017

Ninodes quadratus Li, Xue & Jiang, 2017, Zookeys, 679:57. (China:Henan, Baotianman)

前翅长：9~10 mm。前翅基部至内线黑色；中点浅灰色，模糊；中线和外线黄色，细且弯曲；近臀角处具1个黑色方形斑；缘线在各脉间呈黑色短线；缘毛浅黄色。后翅基部浅黄色，中点几乎不可见；中线与外线之间为黑色宽带；亚缘线黄色，波曲，较前翅明显；缘线和缘毛与前翅相似。

分布：甘肃（文县）、河南、陕西、浙江。

（387）黄云尺蛾 Anemmetresa flavimacularia (Leech, 1897)

Boarmia flavimacularia Leech, 1897, Ann. Mag. nat. Hist., (6) 19:428. (China:Sichuan, Pu-tsu-fong; Chia-ting-fu; Hubei, Chang-yang)

前翅长：14~15 mm。触角线形，雄具短纤毛。下唇须黄褐色；额和胸腹部背面黑灰色，腹部第四节以后各节后缘有黄褐色横纹。翅宽阔，前翅顶角钝圆，其下微凹，外缘中部略凸出，凸出以下平直；后翅外缘锯齿形。前翅中室至M_3以下深灰至黑灰色，散布黑鳞；中室以上黄褐色与灰褐色掺杂；内线弧形，在前缘附近深褐色，向下逐渐过渡为黑色双线；中线由前缘至中室下缘深褐色，弧形，中室下缘以下黑色，平直；外线双线，在Cu_1以上深褐色掺杂黑色，反弧形，Cu_1以下黑色，模糊；外线外侧为1黄白色大斑，斑内中央略带黄褐色，外缘在M_2两侧有1对黑点。后翅黑灰色，内线黑色；中线和外线黑色，仅在后缘附近清晰；翅中部有不均匀的黄褐色。

分布：甘肃（宕昌、康县、文县）、陕西、湖北、四川。

(388) 双封尺蛾 *Hydatocapnia gemina* Yazaki, 1990

Hydatocapnia gemina Yazaki, 1990, Tinea, 12 (27)：241, figs 4, 8, 9. (China：Taiwan)

前翅长：12~14 mm。雄雌触角均线形，雄具纤毛。前翅顶角略尖，外缘平滑；后翅圆。雄前翅基部具泡窝。翅面黄褐色，散布褐色小点。前翅基部和前缘具黑色带；中点黑褐色，大，近方形；亚缘线在前缘下方向外弯曲，在Cu_2下方向内凸出；亚缘线与外缘之间为黑色带；缘毛黑灰色；其余斑纹模糊。后翅中点较前翅小；亚缘线与外缘近平行，二者之间为黑色带。

分布：中国的甘肃（文县）、安徽、浙江、江西、湖南、福建、台湾、广西；尼泊尔。

(389) 灰边白沙尺蛾浙江亚种 *Cabera griseolimbata apotaeniata* Wehrli, 1939

Cabera griseolimbata apotaeniata Wehrli, 1939, in Seitz, Gross-Schmett. Erde, 4 (Suppl.)：308, pl.23：e. (China：Chekiang, Tien-Mu-Shan)

别名：灰边白沙尺蛾四川亚种。

前翅长：14 mm。雄触角双栉形，雌线形。下唇须短小，仅尖端伸出额外。体及翅淡黄色，散布深褐色碎纹，以翅基部和外线外侧最为显著。翅宽阔；前翅前缘微隆起，顶角近直角，外缘浅弧形；后翅顶角圆，外缘弧形。前翅3条，后翅2条深褐色线，十分清晰，其中外线在M脉之间外凸；中点短条形；翅中部翅脉深褐色；前翅臀角处有1巨大深褐色斑；缘线黑褐色，在翅脉端断离；翅脉在近端部处逐渐变为鲜黄色；缘毛黄白色。

分布：甘肃（康县）、陕西、浙江、湖南、四川。

(390) 中国白沙尺蛾 *Cabera sinicaria* (Leech, 1897)

Dilinia schoefferi var. *sinicaria* Leech, 1897, Ann. Mag. nat. Hist., (6)19：315. (Russia：Amur. Korea. China：Sichuan, Tachien-lu；Ni-tou)

前翅长：15 mm。体和翅灰白色，带淡绿色调。前翅顶角钝圆；前后翅外缘浅弧形。翅面散布灰绿和深灰色碎点；前后翅外线带状，灰绿色，十分模糊；中点短条形，灰绿色，有时不可辨认；无缘线；缘毛灰白色。

分布：中国的甘肃（永登、甘肃南部）、山西、四川；俄罗斯，朝鲜，韩国。

分布：亚洲东部，非洲。

(391) 黑星皎尺蛾 *Myrteta argentaria* Leech, 1897

Myrteta argentaria Leech, 1897, Ann. Mag. nat. Hist., (6)19：196. (China：Szechwan, Omei-shan；Pu-tsu-fong；Chia-ting-fu)

别名：银灰斑尾尺蛾。

前翅长：20 mm。雄雌触角均线形。胸部背面和翅白色，翅面线纹灰色。翅宽大；前翅顶角不凸出，外缘浅弧形；后翅外缘由顶角至中部直，在M_3处形成圆钝折角。前翅具内线、中线、外线和2条亚缘线，均细带状；缘线黑色，纤细清晰；中点深灰色短条形。后翅中点深灰色圆形；翅端半部散布深灰色，但在黑色缘线内侧留1白边；缘线在外缘折角处有1长椭圆形黑斑，其上下各有1小黑点。

分布：甘肃（宕昌、舟曲、文县）、陕西、四川。

(392) 聚线琼尺蛾 *Orthocabera sericea* Butler, 1879

Orthocabera sericea Butler, 1879, Ann. Mag. nat. Hist., (5)4：440. (Japan：Yokohama)

别名：聚线皎尺蛾。

前翅长：♂18~20 mm。雄触角双栉形，雌触角线形。下唇须仅尖端伸达额外。前后翅外缘浅弧形；翅面白色。前翅前缘散布深灰色小点；内线、中线和外线均为黄褐色双线，向内倾斜，中线外侧线和外线内侧线平直，其余线微波曲；中点不可见；亚缘线褐色，微波曲，略向内倾斜，在R_5和M_1之间与外线相交；缘线黄褐色，连续；缘毛白色。后翅中线平直；外线为双线，近平直；亚缘线近弧形；缘线和缘毛与前翅相似。

分布：中国的甘肃（文县）、浙江、江西、福建、广东、广西、四川、云南；印度，越南。

(393) 牟平琼尺蛾 *Orthocabera moupinaria* (Oberthür, 1911)

Myrteta moupinaria Oberthür, 1911c, Études Lépid. comp., 5 (2): 32, pl.88: 858. (China: Sichuan, Mou-Pin.)

前翅长: 18 mm。体和翅白色。前翅外缘较直;后翅外缘中部略隆起,其上下平直。前翅散布黑灰色细点;前缘灰黄褐色,细点较密集;中点黑灰色微小;外线深灰色,上端消失,在M_1以下斜行至后缘中部;亚缘线纤细,仅在Cu_1以下可见;缘线黑褐色,十分纤细,上下端消失;缘毛白色。后翅中线和外线分别与前翅外线和亚缘线连续;无中点;缘线同前翅,上端到达顶角,下端到达臀角附近。

后足胫节膨大,有毛束!

分布:甘肃(文县)、四川、云南。

(394) 简褶尺蛾 *Lomographa simplicior* (Butler, 1881)

Somatina simplicior Butler, 1881c, Trans. ent. Soc. Lond., 1881: 412. (Japan: Tokyo)

前翅长: ♂13~14 mm, ♀16~17 mm。触角线形。下唇须短小细弱。灰黄至灰白色。前翅顶角尖并略凸出,外缘浅弧形;翅面散布黑褐色鳞;中线和外线深灰色,在前缘处形成小斑,前者上半段外凸,下半段直并略内倾;外线在前缘小斑之下向外折,然后再折向后缘;外线外侧黑褐色鳞较密集,并在顶角下方和臀角内侧形成模糊斑块;缘线纤细;缘毛由顶角至翅中部深灰褐色,Cu_1以下逐渐过渡为黄白色。后翅仅有1条弧形深灰色外线;缘线纤细;缘毛黄白色。

分布:中国的甘肃(文县)、湖南、四川、云南;日本。

(395) 黑条褶尺蛾 *Lomographa nigropunctaria* (Leech, 1897)

Bapta nigropunctaria Leech, 1897, Ann. Mag. nat. Hist., (6)19: 198. (China: Sichuan, Moupin; Ta-chien-lu)

前翅长: 15~18 mm。前翅顶角钝圆,不凸出;前后翅外缘浅弧形。翅面银白色,密布深灰色小点。翅端部的外带和端带较清晰;前翅有时可见1条较细的中带;有时两翅有微小黑色中点;前翅前缘黄白色,在顶角内侧前缘下方有1短条形黑斑;缘线灰黄色,极纤细;缘毛浅灰色。

分布:甘肃(文县)、湖南、四川、贵州。

(396) 安褶尺蛾 *Lomographa anoxys* (Wehrli, 1936)

Bapta anoxys Wehrli, 1936a, Ent. Rdsch., 53(36): 514, fig. 5. (China: Hunan, Hoeng-Shan)

前翅长: 15~17 mm。额黄褐色,下唇须黄色。体及翅白色,略带浅灰色。线纹深灰色。前翅内线和中线极模糊,一般不完整;中点黑色微小;外线微波曲,模糊。后翅具微小中点和浅弧形外线。前后翅缘线黄褐色,特别纤细;缘毛灰白色。

分布:甘肃(永登、镇原、天水、徽县)、上海、浙江、湖北、湖南、福建、台湾、广东、四川。

(397) 太白褶尺蛾 *Lomographa tapaishana* (Wehrli, 1938)

Bapta tapaishana Wehrli, 1938, Mitt. münch. ent. Ges., 28(2): 83. (China: Shensi, Tapaishan, Tsinling)

前翅长: 11 mm。前翅顶角圆,外缘浅弧形。前后翅灰白色,散布深灰色鳞片,在两翅端部比较密集;前翅前缘几乎无灰色鳞片,并略带淡黄褐色调;前翅中线和前后翅外线亦由深灰色鳞组成,模糊带状;无中点,无缘线;缘毛黄白色。

分布:甘肃(永登)、陕西。

(398) 皓尺蛾 *Lamprocabera candidaria* (Leech, 1897)

Bapta candidaria Leech, 1897, Ann. Mag. nat. Hist., (6)19: 198. (Japan: Oiwake)

前翅长: 16 mm。雄雌触角均线形。体和翅白色。前翅顶角钝圆;前后翅外缘浅弧形;中点黑色;外线为翅脉上1列模糊灰点;缘线为翅脉间1列清晰黑点。

分布:中国的甘肃(大有)、湖北;日本。

(399) 云浮尺蛾 *Synegia subomissa* Wehrli, 1939

Synegia hadassa subomissa Wehrli, 1939, in Seitz, Gross-Schmett. Erde, 4 (Suppl.):309, pl. 23:f. (China: Szechwan, Siao-Lou)

前翅长：♂17 mm，♀17~20 mm。雄触角双栉形，雌线形。体和翅淡黄色。头和体背点缀橘黄色小点；翅上散布密集橘黄色小点和碎斑；前胸和前翅前缘灰褐色。前翅顶角尖，外缘浅弧形；后翅外缘浅波曲。前后翅中点黑色，小而清晰；外线灰褐色带状，其外侧边缘色深并呈锯齿状；亚缘线灰褐色，在前翅常不完整，在后翅为1列灰褐斑或连成带状；缘线和缘毛在翅脉端有褐至黑褐色小点。

分布：甘肃（天水）、湖北、湖南、江西、福建、四川、云南。

(400) 黄带格尺蛾 *Neolythria maculosa* Wehrli, 1934

Neolythria maculosa Wehrli, 1934, Ent. Rdsch., 51(15):145, pl. 1, fig. 19. (China:Szechwan,Tachien-lu)

前翅长：16~17 mm。雄雌触角均线形，雄具纤毛簇。头和胸部背面黑色，领片和肩片黄色；腹部背面黄色，背中线两侧及侧线位置排列黑斑。前翅顶角钝圆；前后翅外缘浅弧形，不波曲；后翅前缘略延长。翅白色，半透明。前翅翅脉黑色，基半部沿翅脉排列黑灰色细带；中点大，椭圆形；外线黄色锯齿形，内侧为1黑褐色宽带，外侧在翅脉间排列黑褐色大斑；缘线为翅脉间的1列黑斑。后翅具微小黑色中点；外线仅存数个小黑点；缘线的斑点较前翅小，在顶角处有1纵向条形黑斑。前后翅缘毛在黑斑之外深灰褐色，其余白色。

分布：甘肃（永登、武山、文县）、陕西、青海、四川、云南。

(401) 折带格尺蛾 *Neolythria djrouchiaria* (Oberthür, 1893)

Abraxas djrouchiaria Oberthür, 1893, Études ent., 18:34, pl. 3, fig. 37. (China:Szechwan,Tachien-lu)

前翅长：16 mm。近似黄带格尺蛾 *N. maculosa*，前翅外缘弧度较小；外带以内黑色条带较少，较细；中点菱形，下端与黑色条带分离，其外侧M_1和M_2脉不为黑色；橘黄色外线的锯齿较浅，其外侧的黑斑较小；缘线的黑斑较大，在顶角和M_3处与外线外侧的黑斑融合；缘毛黑褐色。后翅中点略大；外线的黑点大部消失；缘线的黑点略大；缘毛白色掺杂灰褐色。

分布：甘肃（南部）、四川、云南。

(402) 黑带格尺蛾 *Neolythria postmarginata* Beyer, 1958

Neolythria postmarginata Beyer, 1958, Broteria, 27 (54):111, fig. 3. (China:Yunnan, A-tun-tse)

前翅长：16 mm。翅白色。前翅翅脉黑色；前缘至Sc脉黑色；翅端部为1黑色宽带；中点巨大，向上扩展至前缘黑带，在M_1上方留有1白色窄条，向外扩展至翅端部黑带，上方留有1白斑；缘毛黑色。后翅翅脉大部灰色，2A脉和中室下缘黑色；臀褶灰色；中点黑色圆形，边缘模糊；端带黑色，内缘波折，伴随波状灰边，端带的外半翅脉显露白色，其外侧缘毛白色，其余缘毛黑色。

分布：甘肃（康县）、云南。

(403) 褐带格尺蛾 *Neolythria abraxaria* Alphéraky, 1892

Neolythria abraxaria Alphéraky, 1892a, in Romanoff, Mém. Lépid., 6:72, pl. 3, figs 8a,b. (China: Szechwan, between Tcha-tji-kou and Tchangla;Honton)

前翅长：16 mm。翅白色，斑纹深褐色。前翅大部被深褐色宽带覆盖，仅留臀褶基部至Cu_2基部下方、中室内至M_3上方的2条白色纵带和翅端部1条白色横带，后者内缘沿翅脉向内凸出1齿，外缘不规则波曲；中点圆形，色较深；缘毛深褐色。后翅中点较小，色较浅；亚缘线在顶角内侧有1褐斑，其下至后缘臀角附近残留少量小褐点；缘线为1列半圆形深褐色斑；缘毛深褐色。

分布：甘肃（岷山山脉）、四川。

(404) 织锦尺蛾龙潭亚种 *Heterostegane cararia lungtanensis* (Wehrli, 1939)

Lomographa cararia lungtanensis Wehrli, 1939, in Seitz, Gross-Schmett. Erde, 4 (Suppl.):294, pl.22:f.

前翅长：11~12 mm。雄雌触角均线形，雄具纤毛。体和翅草黄色，散布黄褐至红褐色鳞。前翅顶角圆，外缘平滑;后翅圆。前翅前缘色略深;两翅均无中线,中点和亚缘线深褐色;前翅中点短条形,浅弯曲,后翅中线较小;前翅亚缘线上端远离外缘,下端伸达臀角,在M_2处和Cu_2下方各凸出1个尖齿,前者有细线伸达外缘,后者齿尖到达外缘;后翅亚缘线细弱,在M_2处凸出1尖齿,并有细线伸达外缘;缘线深褐色;缘毛灰黄色。

分布:甘肃(永登、镇原、宕昌、成县、康县、文县)、陕西、江苏、四川。

备考:Parsons et al.(1999)将此种列入属 *Stegania* Guenée,1845。

(405)缘点尺蛾阿穆尔亚种 *Lomaspilis marginata amurensis* (Hedemann,1881)

Abraxas marginata var. *amurensis* Hedemann,1881,Horae Soc. ent. ross.,16:44.(Russia:Amur)

前翅长:12~13 mm。触角线形,雄具短纤毛。头和体背黑色,胸腹部具丝样光泽。前翅顶角钝圆,外缘浅弧形;后翅外缘弧形。翅白色;前翅基部具1大黑斑,伸达前缘中部附近;前后翅外线各为3个黑点;翅端部为1黑带,其内缘中部外凸。

分布:中国的甘肃(宕昌、舟曲、康县、文县)、黑龙江、吉林、内蒙古、山西、陕西;朝鲜,韩国,日本,俄罗斯。

(406)白银瞳尺蛾 *Tasta argozana* Prout,L.B.,1926

Tasta argozana Prout,L.B.,1926b,J. Bombay nat. Hist. Soc.,31(3):784,pl.1:21.(Burma:Htawgaw;Hpimaw Fort)

前翅长:♂12~13 mm,♀13 mm。雄雌触角均线形;雄触角具短纤毛。额和下唇须褐至深褐色;头顶和胸部背面白色;腹部背面灰色。前翅顶角圆;前后翅外缘浅弧形;翅污白色,斑纹深灰至深灰褐色。前翅前缘基部2/3深灰褐色;中域由M_1至后缘为1宽带状大斑,上端绕过椭圆形中点,斑上及周围散布银鳞;亚缘线在前缘附近有2个暗银灰色点,其内侧及顶角处弥散黄褐色;亚缘线在M_1以下为1列银灰色点;无缘线;缘毛银白色。后翅基部至中部之外为1大斑,斑上散布银鳞,中点在斑内;亚缘线在M_2以上为1列银点;翅端部在M_2以下为1大斑,其上端带黄褐色且边界不清,下端深灰褐色,有银色光泽;斑内在Cu_1处有1白圈,其中为1黑色圆斑;缘线和缘毛同前翅。

分布:甘肃(永登、天水、康县)、陕西、湖南、台湾、四川、云南;缅甸。

(407)紫云尺蛾 *Hypephyra terrosa* Butler,1889

Hypephyra terrosa Butler,1889,Illust. typical Specimens Lepid. Heterocera Colln Br. Mus.,7:20,101,pl.135,fig. 17.(India:Kangra district,Dharmsala)

别名:紫云尺蛾日本亚种、紫云尺蛾四川亚种。

前翅长:23~25 mm。雄雌触角均线形,雄具纤毛。翅宽大,前翅顶角尖,略凸出;前后翅外缘微波曲;翅面灰褐色,斑纹黑褐色,前翅内线与外线之间区域颜色较浅。前翅内线为双线,锯齿形,内侧的较模糊;中点短条形;中线波曲,在M_3之前清楚;外线锯齿形,在M_3之前加粗。亚缘线微波曲,模糊,其内侧在M_3与Cu_1之间具黑色斑块;缘线连续;缘毛深灰色掺杂黄褐色。后翅中点微小;中线模糊;外线锯齿形;其余斑纹与前翅相似。

分布:中国的甘肃(文县)、陕西、上海、安徽、浙江、湖北、江西、湖南、福建、广东、广西、四川、贵州、云南、西藏;日本,印度,马来西亚,印度尼西亚。

(408)云庶尺蛾 *Oxymacaria temeraria* (Swinhoe,1891)

Macaria temeraria Swinhoe,1891,Trans. ent. Soc. Lond.,1891(4):492.(India:Khasi Hills)

前翅长:13~16 mm。雄触角锯齿形,具纤毛簇;雌触角线形。体和翅浅灰褐色,额中部、下唇须和胸部前端灰褐色。前翅外缘中部凸角弱小,其上方浅凹;后翅外缘中部凸出1大角,使后翅端部整体呈三角形。前翅内线和前后翅中线灰褐色细带状,均十分模糊;中点微小,紧邻中线外侧;外线纤细,在前翅M_1处凸出1尖角,其下方至后翅浅锯齿形;亚缘线白色,在前翅Cu_1以上为1列白点,Cu_1以下为白线,伸达臀角,后翅亚缘线为稍粗的白线,下端伸达臀角;前后翅亚缘线与外线之间为1条灰褐色带,颜色深浅不均;亚缘线外侧浅色,但在前翅M脉附近深灰褐色;缘线灰褐色,在翅脉间形成深灰褐色小点;缘毛灰褐色。

分布:中国的甘肃(文县)、陕西、湖北、湖南、福建、台湾、海南、广西、四川、云南;日本,印度,尼泊尔,克什米尔地区。

(409) 常云庶尺蛾 *Oxymacaria normata* (Alphéraky, 1892)

Macaria normata Alphéraky, 1892b, Horae Soc. ent. ross., 26:455. (China:Tibet, Amdo, Myn-dyn-scha)

别名:常庶尺蛾。

前翅长:♂15 mm,♀16 mm。雄雌触角均线形。体和翅灰白色,额中部和下唇须灰黄褐色。翅型同前种,但前后翅均较狭长。翅面散布灰色碎纹,外线外侧色略暗;前翅内线、中线、外线均近于直立,上端向内弯折并略加粗;中点短条形,位于中线外侧;外线外侧紧邻1条灰白色细线,其两侧由M_1上方至Cu_1下方排列黑褐斑块,其中翅中部斑块大而鲜明,其间翅脉灰白色;后翅中线直,较近基部,远离黑色圆形中点;外线上半段弧形弯曲,下半段直;前后翅亚缘线为1列白点,其外侧色略浅,在前翅顶角处形成浅色斑;缘线灰褐色纤细,在翅脉间加粗;缘毛灰白色。

分布:甘肃(礼县、舟曲、康县、文县)、陕西、湖南。

(410) 白棒云庶尺蛾 *Oxymacaria truncaria* (Leech, 1897)

Heterocallia truncaria Leech, 1897, Ann. Mag. nat. Hist., (6)19:212, pl.6:1. (China:Sichuan, Moupin; Tachien-lu; Pu-tsu-fong; Che-tou)

别名:白棒绥尺蛾。

前翅长:17~18 mm。雄雌触角均线形。头和体背淡灰褐色掺杂深灰褐色,领片和前翅前缘基部深灰褐色。前翅顶角略凸,但不尖锐,外缘中部隆起;后翅外缘圆弧形,无凸角。翅淡灰褐色,带肉红色调,散布不均匀的深灰褐色。前翅内线和中线细弱模糊;外线黑色纤细,外侧伴1条由顶角内侧向内倾斜的深色带,其中部有1深褐色楔形斑;亚缘线由前缘至M_2白色,其下消失;亚缘线外侧由前缘至M_3深灰色。后翅内线直;外线和亚缘线弧形,前者下半段增粗增黑;具圆形中点。

分布:甘肃(天水、礼县、宕昌、舟曲、康县、文县)、山西、陕西、青海、台湾、四川、云南、西藏。

(411) 网目奇尺蛾 *Chiasmia clathrata* (Linnaeus, 1758)

Phalaena (Geometra) clathrata Linnaeus, 1758, Syst. Nat. (Edn 10) 1:524. (Europe)

前翅长:11~13 mm。雄雌触角均线形,雄具纤毛。前翅外缘浅弧形;后翅外缘弧形,中部略凸出,其上方微凹。翅面白色,斑纹深褐至黑褐色。前翅内线浅弧形;前后翅中线带状,直;外线浅弧形;亚缘线带状,紧邻外线,略折曲,中部有时接触外线;缘线带状;两翅翅脉与线纹同色,使翅面呈网格状;缘毛深褐色与白色相间。

分布:中国的甘肃(榆中、武山、天水、微县、礼县、宕昌、舟曲、康县、文县)、内蒙古、陕西、青海、新疆;俄罗斯,朝鲜,韩国,日本;欧洲,非洲北部。

备考:本种分布十分广泛,各地种群曾被定为多达15个以上亚种。中国的种群涉及2个亚种:*Ch. clathrata tschangkuensis* (Wehrli, 1940)分布四川,已被Parsons et al.(1999)处理为指名亚种的异名;*Ch. clathrata hoenei* Schultze, 1954 分布陕西太白山,在Parsons et al.(1999)中为有效的亚种。对包括 ssp. *tschangkuensis* 在内的多个异名的处理使指名亚种的分布区域覆盖了大部分亚种的分布区,从而使亚种的地位变得不可靠。因此本文暂不使用亚种。

(412) 槐尺蠖 *Chiasmia cinerearia* (Bremer & Grey, 1853)

Philobia cinerearia Bremer & Grey, 1853a, Beitr. Schmett.-Fauna nord. China:20, pl.9:4. (N. China)

前翅长:20~22 mm。前翅外缘平直;后翅外缘中部凸出,凸角之上波曲较深。体和翅灰白至浅灰色,密布深灰褐色鳞;斑纹深灰褐色,略带灰绿色调。前翅内线、中线和外线上端向外凸出,然后向内倾斜至后缘,中线的凸角由外侧绕过深灰褐色短条形中点;外线由前缘至M_1形成1倾斜的黑纹,在M_2下方内侧和M_3以下两侧在翅脉间排列鲜明的黑斑;翅端部色较深,顶角有1浅色大斑。后翅中线直,较近翅基;外线浅波曲,其外侧色较深;中点黑色,小而圆。

寄主植物:槐、国槐。

分布:中国的甘肃(永登、徽县、成县、文县)、黑龙江、吉林、辽宁、北京、天津、河北、山西、山东、河南、陕西、宁夏、上海、江苏、安徽、浙江、湖北、江西、台湾、广西、四川、西藏;朝鲜,韩国,日本。

(413)合欢奇尺蛾 *Chiasmia defixaria* (Walker, 1861)

Macaria defixaria Walker, 1861, List Spec. lepid. Insects Colln Br. Mus., 23:932.(N. China)

前翅长:♂13~16 mm,♀15~17 mm。前翅外缘中部微凸;后翅外缘中部凸出1尖角。翅灰黄色,密布黑褐色小斑点,斑纹灰褐色至黑褐色。前翅顶角处有1灰白色斑;内线在中室上方向外弯曲,在中室下方近平直;中点在中线外侧,短条形,有时其上端与中线接触;中线平直;外线在M脉之间向外呈圆形凸出,凸角内侧有1条浅弧形灰线;外线外侧有时有灰褐色带;缘线连续;缘毛浅黄色,在翅脉端黑褐色。后翅中点小;外线为双线,近平直,其外侧在M_3与Cu_1之间有1小黑点,有时消失;其余斑纹与前翅相似。

分布:中国的甘肃(康县、文县)、陕西、山东、河南、江苏、浙江、湖北、江西、福建、湖南、广西、四川、贵州;朝鲜,韩国,日本。

(414)西藏奇尺蛾 *Chiasmia placida* (Moore, 1888)

Godonela placida Moore, 1888a, in Hewitson & Moore, Descr. New Indian lepid. Insects Colln. Late Mr. W. S. Atkinson, 3:262.(India:Bombay)

前翅长:18~19 mm。体和翅深灰黄色,散布黑褐色鳞。前后翅中线细弱波曲,中点细小,前翅中点在中线内侧;前翅外线在M脉间向外呈尖状凸出,外线外侧灰褐色;顶角具1浅色斑。后翅中点在中线外侧;外线外侧在M_3与Cu_1之间的黑斑大小常有变化,有时消失;后翅外缘波曲,中部凸出;缘线极不完整甚至完全消失;缘毛暗灰黄色。

分布:中国的甘肃(康县)、湖南、江西、四川、西藏;印度,尼泊尔,马来西亚,印度尼西亚。

(415)文奇尺蛾 *Chiasmia ornataria* (Leech, 1897)

Macaria ornataria Leech, 1897, Ann. Mag. nat. Hist.,(6)19:310.(China:Sichuan, Moupin)

前翅长:9~11 mm。体和翅灰白色至浅灰褐色。前翅外缘中部不凸出;后翅外缘中部略凸。翅面斑纹黑褐色;前翅内线和中线在前缘处加粗,外斜,其下细弱,内折向下,垂直于后缘;黑色中点位于中线折角处;外线灰白色细弱,其内侧由前缘至Cu_2下方有1列黑褐色斑块,浅色翅脉从斑块中穿过;外线外侧由M_3上方至Cu_1下方有1斑块,被浅色翅脉分割为3块;前缘在外线和顶角间有1楔形斑;顶角内侧有另1小斑;缘线黑褐色,在翅脉端断离;缘毛深灰褐色。后翅中线由黑色中点内侧绕过;外线同前翅,两侧或多或少有黑褐色斑块;缘线和缘毛同前翅。

分布:甘肃(永登、两当)、内蒙古、山东、湖南、四川。

(416)威庶尺蛾中国亚种 *Macaria wauaria chinensis* (Sterneck, 1928)

Itame wauaria chinensis Sterneck, 1928, Dt. ent. Z. Iris, 42:236.(China:Sichuan, Sungpanting)

前翅长:16 mm。雄触角双栉形,雌触角线形。额浅灰色,具额毛簇;下唇须黄褐色,端部1/2伸出额外;头和胸部背面浅灰色。腹部背面黄白色掺杂浅灰色。前翅外缘在Cu_2下方略向外凸出。前翅浅灰褐色,散布黑色小点,翅端部色较深;前缘从基部至内线黑褐色;内线在前缘下方形成1黑褐色三角形斑;中线黑褐色,由前缘伸达中室下缘;外线和亚缘线在M_1上方清楚,黑褐色,外线其余部分为1列脉上黑褐点,有时模糊;缘毛灰褐色。后翅颜色较前翅浅,密布深灰色小点;中点黑色,小;缘毛灰褐色掺杂灰白色。

分布:甘肃(永登、甘肃南部)、内蒙古、山西、四川。

(417)畸庶尺蛾 *Macaria anomalata* Alphéraky, 1892

Macaria anomalata Alphéraky, 1892b, Horae Soc. ent. ross., 26:455.(China:Tibet, Amdo, Myn-dyn-scha)

前翅长:17 mm。翅面灰白色,密布深褐色碎纹,斑纹深褐色。前翅内线、中线和外线波状;中点小;外线外侧至外缘密布深褐色至黑褐色鳞片;亚缘线锯齿状,外侧衬白色。后翅外线和亚缘线细弱,波曲。前后翅缘线深褐色。

分布:甘肃(永登、岷山)、青海、四川、西藏。

(418) 辉尺蛾 *Luxiaria mitorrhaphes* Prout, L.B., 1925

Luxiaria mitorrhaphes Prout, L.B., 1925, Novit. zool., 32:64. (India:Naga Hills)

前翅长:♂18 mm,♀19~20 mm。雄雌触角均线形,雄具纤毛。前翅顶角尖,外缘直且倾斜;后翅外缘锯齿形;翅面灰黄色,斑纹灰褐色。前翅内线模糊或消失,常在前缘、中室下缘和后缘形成暗色斑点;中点微小;中线模糊,在前缘形成暗色小斑;外线在翅脉上有1列小点,其外侧为1条宽窄不均匀的深色带;亚缘线浅色锯齿形;缘线极细弱,在翅脉间有小黑点;缘毛浅黄色。后翅中点较前翅小但清晰;中线近弧形;其余斑纹与前翅相似。

分布:中国的甘肃(榆中、文县)、吉林、北京、河南、陕西、青海、江苏、浙江、湖北、江西、湖南、福建、台湾、广东、海南、广西、四川、重庆、贵州、云南、西藏;日本,印度,不丹,尼泊尔,缅甸,印度尼西亚。

(419) 云辉尺蛾 *Luxiaria amasa* (Butler, 1878)

Bithia amasa Butler, 1878b, Ann. Mag. nat. Hist., (5)1: 405. (Japan:Yokohama)

前翅长:19~21 mm。翅面黄褐色,斑纹深褐色。前翅顶角略凸出;内线、中线和外形在前缘处形成3个大斑点;内线和中点模糊;中线在M_3处呈手肘状转折;外线近弧形,在各脉上呈点状,其外侧至外缘为深褐色宽带,仅在顶角处色浅;亚缘线锯齿形,常间断,在近后缘处颜色较深;缘线深褐色不明显。后翅外缘锯齿形;基部具1小黑斑;中线近平直,近前缘处模糊;外线近后缘处略波曲,外线外侧的深色宽带较前翅宽,下半部分裂;亚缘线较前翅连续;缘线和中点与前翅相似。

分布:中国的甘肃(康县)、陕西、浙江、湖北、江西、湖南、福建、台湾、广东、海南、香港、广西、四川、云南、西藏;俄罗斯,朝鲜,韩国,日本,印度,尼泊尔,马来西亚、印度尼西亚。

(420) 豹长翅尺蛾甘肃亚种 *Obeidia vagipardata leptostica* Wehrli, 1933

Obeidia leptosticta Wehrli, 1933a, Int. ent. Z., 27(4):40. (China:Kansu (south), Liupinshan, Tsing-schui)

前翅长:♂18~20 mm,♀21 mm。雄雌触角均线形。胸腹部背面橘黄色,散布深灰褐色至黑褐色斑点。前后翅均狭长,顶角圆,外缘浅弧形。翅橘黄色;后翅基半部白色;翅面散布黑褐色斑点;后翅较前翅密集,位置和数目随个体而变化;前后翅中点明显,巨大;缘线和缘毛各有1列黑褐色小点;其余斑纹均不明显。

分布:甘肃(清水、康县)、北京、陕西。

(421) 桔色长翅尺蛾 *Subobeidia aurantiaca* (Alphéraky, 1892)

Halthia aurantiaca Alphéraky, 1892a, in Romanoff, Mém. Lépid., 6:56, pl.3:2. (China:Gan-Sou, River Hei-ho)

前翅长:18~23 mm。雄雌触角均线形。前翅狭长,但端部较圆。前翅橙黄色,翅面散布黑褐斑点,内线至翅基部以及外线至外缘散布碎小斑点,顶角处较密集;外线分布1列大斑,弧形,并在M脉处向外凸出;内线分布1列3个大斑,较倾斜;中点1个大斑,缘线有1列深灰色长椭圆形小斑点;缘毛颜色与相对应缘线相同。后翅与前翅基本相同,但无内线,翅基部小斑较前翅多。

分布:甘肃(黑河(张掖地区)、兰州、康县)、陕西、宁夏、湖北、四川。

(422) 巨狭翅尺蛾 *Parobeidia gigantearia* (Leech, 1897)

Obeidia gigantearia Leech, 1897, Ann. Mag. nat. Hist., (6)19:458. (China:Kwei-chow;Sichuan, Omei-shan;Moupin;Hubei, Chang-yang)

前翅长:♂37~42 mm,♀41~42 mm。雄雌触角均线形。雄腹部特别细长。前翅极狭长,顶角凸且尖,外缘倾斜;后翅前缘延长,明显长于前翅后缘,外缘近平直。前后翅基部、前缘和端部黄色,密布大小不等的黑色斑点,其他区域白色。前翅无内线;中点巨大,圆形;外线由1列大斑构成,近平直,在M_3处的斑与中点接触;外线外侧碎斑点连成宽带状;缘毛黄色掺杂黑色。后翅斑纹与前翅相似。

分布:中国的甘肃(文县)、陕西、浙江、湖北、江西、湖南、福建、台湾、广东、四川、贵州、云南;缅甸。

(423) 猛拟长翅尺蛾 *Epobeidia tigrata leopardaria* (Oberthür, 1881)

Rhyparia leopardaria Oberthür, 1881, Études ent., 6:17, pl.9:5. (China:Kouy-Tchéou)

前翅长:30 mm。雄雌触角均线形。前翅较巨狭翅尺蛾宽阔,外缘倾斜较少;后翅前缘仅略长于前翅后缘,外缘浅弧形。前翅黄至橘黄色,后缘中部少量白色;后翅端部与前翅同色,外线以内白色;前后翅基部和端部有很多细碎小斑;前翅内线和前后翅外线近弧形,各由1列大斑点构成;中点大,在前翅肾形,在后翅圆形。

分布:中国的甘肃(永登、舟曲、成县、康县、文县)辽宁、陕西、浙江、湖北、江西、湖南、福建、广东、广西、四川、重庆、贵州;朝鲜、韩国、日本。

(424) 散长翅尺蛾 *Epobeidia lucifera conspurcata* (Leech, 1897)

Obeidia conspurcata Leech, 1897, Ann. Mag. nat. Hist., (6)19:458. (China:Hubei, Chang-yang;Sichuan, Omei-shan;Moupin;Kwei-chow)

前翅长:28~33 mm。翅较猛拟长翅尺蛾狭长。翅面中部大部白色,前翅白色区域向上扩展至中室内,向外扩展至外线;其余橘黄色,密布黑灰色斑,翅中部的斑块较大;两翅斑点颜色较猛拟长翅尺蛾色淡,特别细碎,局部连成不规则片状。

分布:甘肃(岷县、天水、宕昌、舟曲、成县、康县、文县)、河南、陕西、浙江、湖北、江西、湖南、四川、重庆。

(425) 金丰翅尺蛾 *Euryobeidia largeteaui* (Oberthür, 1884)

Rhyparia largeteaui Oberthür, 1884b, Études ent., 10:32, pl.1:5. (China:Kouy-Tchéou)

前翅长:♂19~23 mm,♀21~23 mm。雄雌触角均线形。前后翅外缘浅弧形。翅面橙黄色,斑纹由深灰褐色至深褐色斑点组成,翅基部与端部分布较密且碎小,基部斑点部分融合,中部斑点较基部与端部明显大而圆;外线在M脉处向外弯曲,斑点间有融合,融合程度因个体而异。后翅基部2/3为白色,端部1/3橙黄色;基部斑点融合较前翅明显,形成较大斑块,有时后缘斑点连成一片;外线斑点大而圆,且斑点间有融合;中点为1个深灰色大斑;端部密斑点较细碎。

分布:甘肃(康县、文县)、浙江、湖北、江西、湖南、福建、台湾、广东、广西、四川、重庆、贵州、西藏。

(426) 灰丰翅尺蛾 *Euryobeidia ellipsoidea* Xiang & Han, 2017

Euryobeidia ellipsoidea Xiang & Han, 2017, Zootaxa, 4317 (2):372, figs 4,5,16,21,26,31. (China:Sichuan, Omei-shan)

前翅长:♂15~17 mm,♀18~19 mm。前翅较金丰翅尺蛾略狭长。翅白色,有黑褐色大斑。前翅斑点密集,在翅基部和中部斑点之间彼此相连形成较大的斑块;外缘为1弧形的深色带,并与外线大斑的外缘相连;中点巨大,扩展到前缘;亚缘线为1列在深色带中的淡黄色小点;缘线与缘毛与大斑同色。后翅大部分白色,端部淡黄色。后翅斑点比前翅明显少,基部斑点碎小,且颜色较淡;中点圆形;外线为1列大斑,部分彼此相连;端部黄色区域内散布几列长椭圆形小斑;缘线具1列中等大小的斑点;缘毛与相应缘线颜色相同。

分布:甘肃(文县)、陕西、四川。

(427) 柿星尺蛾 *Parapercnia giraffata* (Guenée, 1858)

Abraxas giraffata Guenée, 1858, in Boisduval & Guenée, Hist. nat. Insectes (Spec. gén. Lépid.), 10:205. (India)

前翅长:♂34~37 mm。雄触角锯齿形,具纤毛,雌线形。头黑褐色。胸部背面灰白色,领片和肩片基部黄色;腹部背面黄色,胸腹部背中线两侧排列黑斑。前翅顶角圆钝,外缘浅弧形,M_1以下较直且倾斜;后翅顶角圆,外缘略呈浅弧形;翅白至灰白色,斑纹黑灰色,粗大。前翅内线和外线为双线,每条线由1列斑点构成,部分融合；中点特别巨大，延伸至前缘，略呈长方形；亚缘线由1列斑点构成，在前缘附近与端部的斑点融合。后翅基部具1圆点；中线仅在中点下方清楚，由2个斑点构成；中点较前翅小；外线弧形，由1列斑点构成；亚缘线同前翅。前后翅缘线的斑点大部融合；缘毛与其内侧的缘线斑点同色。

分布：中国的甘肃（武都区、康县、文县）、北京、河北、河南、山西、陕西、安徽、浙江、湖北、江西、湖南、福建、台湾、广西、四川、贵州、云南；朝鲜，韩国，日本，印度，缅甸，印度尼西亚。

（428）拟柿星尺蛾 Antipercnia albinigrata（Warren，1896）

Percnia albinigrata Warren，1896，Novit. zool.，3：395.（Japan：Niphon）

前翅长：♂24~27 mm，♀25~29 mm。雄触角锯齿形具纤毛簇，雌触角线形。胸腹部背面白色，背中线两侧排列黑斑。前翅顶角圆，外缘浅弧形，倾斜；后翅圆；雄前翅基部具泡窝；翅面白色，前翅前缘和外缘附近浅灰色；斑纹黑色。前翅基部具2个斑点；内线和中线弧形，各由4个斑点组成；中点大于其他斑点，椭圆形；外线弧形，由1列斑点组成；亚缘线和缘线的2列斑点整齐；缘毛浅灰色。后翅中点较前翅小；无内线；中线仅可见2个斑点；外线、亚缘线和缘线同前翅；缘毛灰白色。

分布：甘肃（宕昌）、河南、陕西、江苏、安徽、浙江、湖北、江西、湖南、福建、台湾、广西、贵州、四川；朝鲜，韩国，日本。

（429）匀点尺蛾 Antipercnia belluaria（Guenée，1858）

Percnia belluaria Guenée，1858，in Boisduval & Guenée，Hist. nat. Insectes（Spec. gén. Lépid.），10：217.（Indes-Orientales）

前翅长：32~33 mm。此种的翅面斑纹与拟柿星尺蛾相似，但此种翅面带淡灰至淡灰红色调；前后翅各列斑点较细小，常大小均匀；中点仅略大于其他斑点。

分布：中国的甘肃（舟曲、康县、文县）、陕西、湖北、湖南、福建、广西、四川、贵州、云南、西藏；印度，尼泊尔。

（430）小细点尺蛾西藏亚种 Xenoplia maculata punctimaculata（Prout，L.B.，1917）

Percnia maculata punctimaculata Prout，L.B.，1917，Novit. zool.，24：317.（China：Tibet，Vrianatong）

前翅长：♂18~21 mm。触角♂短双栉形，雌线形。下唇须短，仅尖端伸达额外，黑灰色，腹面白色。额黑灰至深灰褐色，下缘白色。头顶和胸腹部背面灰白色，排列黑点。翅狭长，前翅外缘倾斜；后翅外缘浅弧形。翅面白至灰白色，斑点深灰褐色。前翅前缘和翅中部散布灰色；中室基部有1个点；内线、中线、外线、亚缘线和缘线各为1列圆点；中点与其他斑点约等大；各线纹之间散布稀疏小点，其中亚缘线外侧小点较多；缘毛白色。后翅中线在Cu_2基部和2A上各有一个斑点；中点及其外侧斑点同前翅，翅面散碎小点稀少。

分布：甘肃（文县）、湖南、四川、云南、西藏。

（431）散斑点尺蛾 Percnia luridaria（Leech，1897）

Metabraxas luridaria Leech，1897，Ann. Mag. nat. Hist.，(6) 19：451.（China：Moupin）

前翅长：♂26~28 mm。触角线形，雄触角具纤毛。前翅顶角圆；前后翅外缘浅弧形；翅面白色，散布深灰色大斑，大斑大小不一，形状多不规则。前翅基半部斑块较融合，形成宽带状；外线由2列相互接触的斑点构成；翅端部斑点与亚缘线融合呈带状，在M_3和Cu_1之间间断；中点明显小于其他斑点。后翅中线仅由2个斑点构成；中点比前翅小；外线和亚缘线与前翅相似。

分布：甘肃（康县、文县）、江苏、浙江、湖北、江西、福建、湖南、广东、广西、四川、贵州。

（432）灰点尺蛾 Percnia grisearia Leech，1897

Percnia grisearia Leech，1897，Ann. Mag. nat. Hist.，(6)19：455.（China：Jiangxi，Kiu-kiang；Hubei，Ichang；Chang-yang；Kwei-chow；Sichuan，Chia-ting-fu）

前翅长：♂24 mm。翅面白色，散布不均匀的灰色；斑纹深灰色至黑灰色，斑点内部的翅脉多为黑色。前翅亚基线由2个斑点组成；内线和中线各由4个斑点组成；中点圆；外线在M脉之间向外凸出；外线外侧具模糊灰色带；内线、中线和外线在前缘形成长方形黑斑；亚缘线由2列斑点组成；缘线为翅脉间1列灰点，其中部黑色,在顶角附近与亚缘线融合;缘毛深灰色,M_3以下在缘线点外侧灰色,其余白色。后翅基部具1斑点;其余斑纹与前翅相似,但缘线点在顶角附近不与亚缘线融合;缘毛白色,在缘线点外侧略带灰色。

分布:甘肃(武都区、康县、文县)、湖北、江西、湖南、福建、广西、四川、贵州。

(433) 中国后星尺蛾 *Metabraxa inconfusa* Warren, 1894

Metabraxas clerica inconfusa Warren, 1894a, Novit. zool., 1:415.(China:Thibet;Chiang Yang)

前翅长:♂33~35 mm。雄触角双栉形;雌锯齿形具纤毛。胸腹部背面和前翅基部黄色,肩片端部和第一腹节白色。翅宽大;前翅顶角圆,外缘浅弧形;后翅外缘浅波曲;翅面白色,前后翅基部各具1深灰色斑点。前翅内线、前后翅中线、外线、亚缘线和缘线均由深灰色斑点构成,其中前翅外线的斑点模糊,并互相融合呈带状;前翅中点圆形;后翅中点小;外线为翅脉上的短条形斑点;前后翅亚缘线为双线;缘线的斑点颜色较深;缘毛在前翅顶角附近深灰色,其下至后翅白色。

分布:甘肃(康县、文县)、陕西、浙江、湖北、湖南、福建、广西、四川、云南、西藏。

(434) 黄星尺蛾 *Arichanna melanaria fraterna* (Butler, 1878)

Icterodes (*as Rhyparia*) *fraterna* Butler, 1878, Illust. typical Specimens Lepid. Heterocera Colln Br. Mus., 2:ix, 53, pl.37:9.(Japan:Yokohama)

前翅长:♂18~24 mm,♀18~26 mm。雄触角双栉形,雌触角线形。翅宽大;前翅顶角钝圆,外缘浅弧形;后翅圆。前翅黄色;后翅基半部灰色,端半部黄色。前翅亚基线为2个小黑斑;内线和外线为双列黑斑;中点巨大,圆形;中线、亚缘线和缘线各为1列黑斑;缘毛灰黑与黄色相间。后翅外线、亚缘线、缘线各为1列黑斑;中点较前翅小;缘毛与前翅相似。

分布:中国的甘肃(永登、天水、清水、宕昌、两当、徽县、舟曲、康县、文县)、黑龙江、辽宁、内蒙古、河北、山西、河南、陕西、湖南、福建、四川;俄罗斯、蒙古国、朝鲜、韩国、日本;欧洲。

(435) 榎星尺蛾 *Arichanna jaguararia* (Guenée, 1858)

Rhyparia jaguararia Guenée, 1858, in Boisduval & Guenée, Hist. nat. Insectes (Spec. gén. Lépid.), 10:198.(N. China)

前翅长:25~27 mm。雄触角双栉形,雌线形。头和胸部背面深灰色,腹部背面灰色。前翅灰色,前缘色略深;后翅基半部灰色,在中点外侧逐渐过渡为黄色。前翅亚基线为两个黑点;内线四个黑点;前后翅中点巨大;外线和亚基线各为1列黑斑;缘线的黑点在前翅微小,在后翅稍大;前翅缘毛灰色,后翅缘毛黄色。

分布:甘肃(康县)、吉林、安徽、浙江、湖北、江西、湖南、福建、广西。

(436) 甘肃弥尺蛾 *Arichanna mesolepta* (Wehrli, 1933)

Phyllabraxas mesolepta Wehrli, 1933b, Ent. Z., Frankf. a.M., 47(6):49, fig. 3.(China:Szechwan,Tachien-lu)

前翅长:♂19~23 mm,♀20~25 mm。雄触角锯齿形具纤毛簇,雌触角线形。前翅翅面黄绿色,斑纹黑色;亚基线明显;内线中部向外凸出;中线在中点附近向外凸出;外线在M_3之后向内弯曲;亚缘线间断呈短条形。后翅翅面灰白色,散布灰色碎点;中点深灰色;亚缘线深灰色,仅在前缘、中部和后缘清楚;缘线不明显。

分布:甘肃(舟曲、文县)、四川。

(437) 德钦弥尺蛾 *Arichanna eucosme* Wehrli, 1933

Arichanna tramesata eucosme Wehrli, 1933b, Ent. Z., Frankf. a.M., 47(4):30.(China:Yunnan,Tsekou)

前翅长:♂19~22 mm,♀20~23 mm。雄触角锯齿形具纤毛簇,雌触角线形。前翅黑褐色,翅脉黄褐色;内线、外线和亚缘线均为白色波状线条,外侧和内侧均有细小白点;中点大而圆,外线在M_1上分二叉,一支伸达顶角,一支伸达前缘,向下直达后缘近臀角处;翅脉大部浅黄褐色,其中中室下缘至M_3脉白色与浅黄褐色掺杂,较粗壮,由翅基部伸达外缘;缘线为1列黑色小点;缘毛黄色与黑色相间,在顶角和M_3端部黄白色。后翅淡灰黄褐色,密布灰色小斑点;中点灰色;外线为1列灰色斑点;翅端部有1条灰黄褐色带,1列灰褐色斑点组成的亚缘线由其中穿过;缘线和同前翅;缘毛色较浅。

分布:甘肃(文县)、云南。

(438) 黄斑弥尺蛾 Arichanna flavomacularia Leech, 1897

Arichanna flavomacularia Leech, 1897, Ann. Mag. nat. Hist., (6)19:438. (China:Sichuan, Wa-shan; Tachien-lu)

前翅长:♂25~30 mm,♀26~31 mm。雄触角双栉形,雌线形。前翅黄色,翅脉灰色;亚基线为3个小黑斑;内线和外线为双列黑斑;中线、亚缘线和缘线各为1列黑斑;中点大而圆;缘毛黑灰色。后翅基半部灰褐色,在中点外侧为黄色;亚缘线和缘线各为1列黑色斑点;中点与前翅相似;缘毛黄色,Cu_1以下黑灰色。

分布:甘肃(文县)、陕西、四川、云南、西藏。

(439) 边弥尺蛾 Arichanna marginata Warren, 1893

Arichanna marginata Warren, 1893, Proc. zool. Soc. Lond., 1893:423. (Bhutan)

前翅长:21 mm。雄触角锯齿形具纤毛簇,雌触角线形。翅面灰黄色,斑纹深褐至黑褐色。前翅亚基线和中线仅在前缘处形成小黑斑,其下消失;内线和外线为双线,其中第一条内线斜行,第二条内线较弱或消失,第一条外线波状内倾,第二条外线扩散成1条模糊带;中点圆形,中空;亚缘线白色波状,其两侧排列深色斑块;顶角处有1浅色斜带,缘线为1列黑点。后翅中点、外线下半段均灰褐色;翅端部为1条灰褐色宽带。

分布:中国的甘肃(文县)、浙江、湖南、福建、台湾、海南、广西、云南;印度,不丹,尼泊尔。

(440) 宽弥尺蛾 Arichanna exsoletaria (Leech, 1897)

Phyllabraxas exsoletaria Leech, 1897, Ann. Mag. nat. Hist., (6)19:442. (China:Sichuan, Pu-tsu-fong)

前翅长:♂20~22 mm,♀21~23 mm。雄触角锯齿形具纤毛簇,雌触角线形。翅灰白色,斑纹黑褐色。前翅内线弧形;中点短条形;中线波曲;外线在M脉间向外呈尖状凸出,之后略外倾;外线内侧至基部密布灰褐色至黑褐色鳞片;外线外侧伴随1条细线,常间断呈点状,有时不明显;翅端部具灰褐色影带,其上有不规则斑块,顶角处颜色常略浅;亚缘线白色,波曲;缘线呈黑褐色点状。后翅散布稀疏深灰色碎点;中点清楚;外线在M脉间向外呈尖状凸出;缘线模糊。

分布:甘肃(永登、迭部)、青海、四川、云南。

(441) 断弥尺蛾 Arichanna divisaria (Leech, 1897)

Phyllabraxas exsoletaria var. *divisaria* Leech, 1897, Ann. Mag. nat. Hist., (6)19:443. (China:Sichuan, Omei-shan)

前翅长:♂20~23 mm,♀21~24 mm。雄触角锯齿形具纤毛簇,雌触角线形。本种翅面斑纹与宽弥尺蛾 *A. exsoletaria* 非常相似,仅具有以下区别:本种后翅外线较宽弥尺蛾模糊,仅在前缘、中部和后缘呈3个斑点,翅反面明显。

分布:中国的甘肃(永登、迭部)、北京、山西、青海、湖北、湖南、台湾、海南、广西、四川、云南;印度,不丹。

(442) 枝弥尺蛾 Arichanna interplagata (Guenée, 1858)

Cidaria interplagata Guenée, 1858, in Boisduval & Guenée, Hist. nat. Insectes (Spec. gén. Lépid.), 10:463. (India)

前翅长:♂17~21 mm,♀18~22 mm。雄触角双栉形,雌线形。前翅黑褐色,略带黄绿色调;亚基线白色,细弱;内线和中线白色,在Cu_2处接近,之后近平行;在Cu_1附近具1白色纵带,由中线伸达缘线;外线在M_1上分二叉,一支伸达顶角,一支伸达前缘;亚缘线呈白色短条形;缘线黑色,间断;缘毛黄色与黑褐色相间。后翅白色,密布灰色斑点;中点黑灰色;外线和亚缘线深灰色,微波曲;缘线和缘毛与前翅相似。

分布:中国的甘肃(永登)、台湾、四川、云南、西藏;印度,尼泊尔。

(443) 黄缘伯尺蛾甘肃亚种 *Diaprepesilla flavomarginaria djakonovi* Bryk, 1948

Diaprepesilla flavomarginaria djakonovi Bryk, 1948, Ark. Zool., 41A(1):188. (China:Kansu;Szechuan)

前翅长:18~21 mm。雄触角双栉形;雌线形。头和胸腹部背面及前翅基部黄色。前翅顶角钝圆,外缘浅弧形;后翅外缘弧形;翅白色,端部有1条鲜明的黄带;翅上散布大小不等的灰褐色至黑灰色斑;中点大,近长圆形或肾形;外线斑点较大,排成单列,部分互相融合;翅端部斑点细小但较密集;缘线在翅脉端有深褐色斑;缘毛黄色,在翅脉端深褐色。

分布:甘肃(礼县、舟曲)、陕西、湖南、四川。

(444) 琉璃尺蛾 *Krananda lucidaria* Leech, 1897

Krananda lucidaria Leech, 1897, Ann. Mag. nat. Hist., (6)19:305, pl.6:10. (China:Sichuan, Omei-shan)

前翅长:♂16~20 mm,♀17~22 mm。雄雌触角均线形,雄具纤毛。前翅顶角圆钝状凸出,外缘在M_2以下较直,后缘外半部分向内凹入,臀角略下垂;后翅顶角缺刻,外缘在Rs处凸出1尖角,Rs至M_3之间波曲,在M_3下方平直。前后翅基部至外线半透明,但有薄层不均匀灰黄色鳞。前翅内线为黑色波曲双线,在脉间间断,内侧的较粗壮;中点褐色,粗条状,中部向内呈尖状凹入;中线模糊,在前缘有1深褐色斑,在Cu_2下方具1大黑斑,中间被灰黄色臀褶和2A脉切断,形成3个黑斑;外线黑色,波曲,细弱,仅在M脉之间和近后缘处向内凸出且清楚;外线外侧至外缘深褐色;顶角处具1浅色斑;亚缘线的浅色斑点十分模糊或消失;缘线仅在M_3上方清楚,呈黑褐色条状;缘毛深黄褐色,顶角处的略浅。后翅中线褐色,近平直;中点为深褐色小点;外线外侧至外缘由深褐色逐渐过渡为浅黄褐色;亚缘线和缘线与前翅相似;缘毛与其内侧翅面颜色相同。

分布:中国的甘肃(文县)、湖南、江西、台湾、广东、海南、广西、四川;印度尼西亚,马来半岛,加里曼丹岛。

(445) 橄璃尺蛾 *Krananda oliveomarginata* Swinhoe, 1894

Krananda oliveomarginata Swinhoe, 1894, Ann. Mag. nat. Hist., (6)14:139. (India:Khasi Hills, Cherrapunji)

前翅长:♂14~18 mm,♀18~20 mm。雄雌触角均线形,雄具纤毛。翅型与琉璃尺蛾 *K. lucidaria* 相似,但前翅后缘平直。前后翅基部至外线之间半透明,具薄层不均匀灰绿色鳞片。前翅内线橄榄绿色,在中室处向外呈尖状凸出,其内侧散布橄榄绿色鳞片;中点黑色,短条形;外线橄榄绿色,在M_3附近向内略凸出,其外侧的深色带特别宽阔,在Cu_2以下扩展至外缘,并在近臀角处形成1大黑斑;外线内侧在前缘处具2个橄榄绿色斑块,在后缘处的黑色斑块上端仅达臀褶;缘线橄榄绿色;顶角具1白斑。后翅中线为橄榄绿色双线,在中室处向外呈尖状凸出;中点黑色,点状;外线波曲,其外侧的深色带在顶角处扩展至外缘;亚缘线白色,锯齿状,较前翅清楚;缘线与前翅相似。

分布:中国的甘肃(文县)、浙江、湖北、江西、湖南、福建、台湾、广东、海南、广西、四川、云南、西藏;印度,尼泊尔,越南,马来半岛,加里曼丹岛。

(446) 珍璃尺蛾 *Krananda peristena* Wehrli, 1938

Krananda peristena Wehrli, 1938, Mitt. münch. ent. Ges., 28 (2):87. (China:Sichuan, Siolou;E border of Tibet)

前翅长:♂16~18 mm,♀19~20 mm。雄触角锯齿形具纤毛,雌线形。翅型近似琉璃尺蛾。前后翅外线较近外缘,其内侧仅微呈半透明状,有灰黄色薄鳞,并散布黑鳞。前翅内线黑色浅弧形,在前缘形成1小黑斑;中线在前缘有1小黑斑,下接黑灰色条状中点,然后消失;Cu_2以下紧邻外线处有1大黑斑,中间被灰黄色臀褶切断;外线黑褐色,中部外凸;外线外侧黄褐至深灰褐色;翅端部黄白色,缘线黑色不完整,在M脉之间加粗;缘毛黄色,在M脉之间和各翅脉端黑褐色。后翅中线黑灰色带状,近基部;中点黑色,小而圆,前缘在外线内侧有1黑斑;外线及其外侧黄褐至深灰褐色;亚缘线模糊不清,其外侧灰黄至灰白色;缘线极细弱;缘毛黄白色。

分布：中国的甘肃（文县）、湖北、湖南、四川、云南；尼泊尔。

（447）蒿杆三角尺蛾 *Kirananda stramineraria*（Leech，1897）

Zanclopera stramineraria Leech，1897，Ann. Mag. nat. Hist.，(6)19：306.（China：Hubei，Chang-yang）

前翅长：雄雌13~20 mm。雄雌触角均线形。前翅顶角呈钩状凸出，外缘近平直；后翅顶角缺刻，外缘在Rs处凸出1尖角，其下平直。翅面黄色，斑纹灰褐色。前翅内线波曲，模糊；中点微小；中线模糊；外线粗壮，浅弧形，其内侧具1列黑褐色小点，有时仅在近后缘处清晰可见；无亚缘线和缘线；缘毛深褐色。后翅中线微波曲，细弱；其余斑纹与前翅相似。

分布：甘肃（康县、文县）、江苏、浙江、湖北、湖南、江西、福建、广东、广西、四川、云南。

（448）洪达尺蛾 *Dalima hoenei* Wehrli，1923

Dalima hoenei Wehrli，1923，Dt. ent. Z. Iris，37：68，pl.1，fig. 3：14.（China：Kiang-su，Nanking）

前翅长：♂19~21 mm，♀19~22 mm。前翅顶角呈钩状；后翅顶角缺刻，外缘在Rs和M_1之间具1尖突。翅面灰紫色，密布大量深灰色碎点。前翅内线、中线和外线在近前缘处各形成1黑褐色斑块；中点灰色，扁圆形；外线内侧浅黄色，外侧黄褐色，在R_5下方极度向外凸出至近外缘处，之后平直，向内倾斜至后缘外1/3处；外线内侧在后缘具1黑褐色长方形斑；外线外侧在M_2以下有1深灰色线；缘毛红褐色。后翅中线黄褐色，在近后缘处较清楚；外线平直，颜色如前翅，外侧的深灰色线仅在近前缘处清楚；缘毛红褐色。

分布：甘肃（迭部、宕昌、舟曲、康县、文县）、河南、宁夏、江苏、浙江、湖北、江西、湖南、福建、广东、广西、四川、西藏。

（449）达尺蛾 *Dalima apicata* Moore，1868

Dalima apicata Moore，1868，Proc. zool. Soc. Lond.，1867：615，pl.32：4.（India：Bengal）

前翅长：♂27~34 mm，♀27~38 mm。雄触角双栉形具纤毛；雌触角线形。前翅顶角凸出，略呈钩状，外缘平直；后翅顶角缺刻，外缘浅弧形。翅面杏黄色，散布深灰褐色碎点。前翅内线、中线和外线模糊，仅在前缘处形成3个灰褐色斑点；中点为灰褐色大圆点，正下方在后缘处具1小黑斑；顶角至前缘中部具1红褐色大斑；亚缘线在脉间呈灰褐色三角形，略带银灰色鳞片；缘毛黄褐色掺杂黑褐色。后翅中点较前翅的小；亚缘线灰褐色，呈点状，在近后缘处清楚；顶角缺刻处外缘具银灰色鳞片。

分布：中国的甘肃（武都区、文县）、浙江、湖北、湖南、福建、广东、四川、云南、西藏；印度。

（450）双达尺蛾 *Dalima columbinaria* Leech，1897

Dalima columbinaria Leech，1897，Ann. Mag. nat. Hist.，(6)19：218.（China：Sichuan，Omei-shan；Moupin）

前翅长：♂26~28 mm，♀33~35 mm。此种外形与洪达尺蛾 *D. honei* 相似，但后翅外缘平滑，顶角处不缺刻，外缘无突；翅面斑纹深褐色；前翅内线、中线和外线在前缘的斑均条形；外线下端伸达后缘中部；外线内侧在近后缘处的斑块较小；后翅具粗壮中线。

分布：甘肃（宕昌）、四川、云南。

（451）钩翅尺蛾 *Hyposidra aquilaria*（Walker，1863）

Lagyra aquilaria Walker，1863，List Spec. lepid. Insects Colln Br. Mus.，26：1485.（N. China）

前翅长：♂18~25 mm，♀28~32 mm。雄触角双栉形；雌触角线形。前翅顶角凸出呈钩状，其下外缘平直；后翅外缘浅弧形。翅面深褐至深紫褐色，斑纹黑色。前翅内线近弧形；中线平直；中点微小；外线波曲，雌外线外侧具1灰褐色大斑；外线外侧在后缘处有1小白斑，雌较明显；无亚缘线和缘线。后翅内线、外线和亚缘线带状，模糊。前后翅缘毛黑褐色。

分布：中国的甘肃（武都区、康县、文县）、浙江、湖北、江西、湖南、福建、台湾、广东、海南、广西、四川、重庆、贵州、云南、西藏；印度，马来西亚，印度尼西亚。

（452）小用克尺蛾 *Jankowskia fuscaria*（Leech，1891）

Boarmia fuscaria Leech，1891b，Entomologist，24（Suppl.）：45.（Japan：Oiwake）

前翅长：♂18~21 mm，♀21~26 mm。本属种类雄触角双栉形；雌触角线形。前翅顶角和臀角圆，外缘平直，倾斜；后翅外缘微波曲。翅面灰褐色。前翅内线黑色，微波曲；中线模糊，后端与外线接近；中点短条形；外线黑色，雄外线波曲，在M_1与M_2之间向外凸出，M_2之后向内凹，与中线接近且平行，外线外侧至外缘具黄褐色，雌外线较平直，黄褐色斑不明显。后翅基部浅灰色；中线黑色，平直，较外线宽；外线黑色，下半段向内弯曲；其余斑纹与前翅相似。

分布：中国的甘肃（宕昌、康县、文县）、河南、陕西、安徽、浙江、湖北、江西、湖南、福建、广东、海南、广西、四川、重庆、贵州、云南；朝鲜、韩国、日本、泰国。

（453）黑用克尺蛾 *Jankowskia improjecta* Jiang, Xue & Han, 2010

Jankowskia improjecta Jiang, Xue & Han, 2010, Zootaxa, 2559:8, figs 13, 14, 28, 36.（China: Shaanxi, Zhouzhi, Houzhenzi）

前翅长：♂19~21 mm。前翅外缘浅弧形；后翅外缘波曲。翅面灰黑色，斑纹模糊。前翅前缘满布深灰褐色纵向短条纹；内线黑色，在中室下方向内明显凸出；中线黑色，模糊，在近后缘处加深；中点黑色，模糊；外线黑色，在M脉之间略向外凸出，之后向内凸出与中线大致平行；外线外侧具1模糊黄褐色斑，斑块中央的深褐色带模糊。后翅中线黑色，模糊，与外线近等宽；外线黑色，在M脉之间略向外凸出，在M_3下方略向内凸出；外线外侧黄褐色斑模糊，斑块中央的深褐色带较前翅的清楚。

分布：甘肃（康县）、陕西。

（454）尖用克尺蛾 *Jankowskia acuta* Jiang, Xue & Han, 2010

Jankowskia acuta Jiang, Xue & Han, 2010, Zootaxa, 2559:8, figs 11, 12, 27, 35.（China: Gansu, Kangxian, Qinghe Linchang）

前翅长：♂22 mm。前翅外缘较平直。翅面灰色。前翅前缘色浅，满布灰褐色纵向短条纹；中线和外线黑色，在Cu_1下方近平行；中点黑色，模糊；外线外侧至外缘具1黄褐色斑，斑块中央的深褐色带模糊。后翅中线黑色，清楚，与外线近等宽；外线黑色，在M脉之间向外凸出，在M_3下方略向内凸出。

分布：甘肃（康县）。

（455）灰用克尺蛾 *Jankowskia bituminaria* (Lederer, 1853)

Boarmia bituminaria Lederer, 1853b, Verh. zool.-bot. Ver. Wien, 3（Abh）:378, pl.6:1.（Russia: Eastern Ussuri; Amur）

前翅长：♂18~20 mm，♀19~21 mm。本种与黑用克尺蛾 *J. improjecta* 相似：前翅外线外侧黄褐色斑模糊；后翅中线与外线等宽。但本种翅面颜色较浅，黄褐色；翅面斑纹较清楚。

分布：中国的甘肃（永登）、北京、河北、山东、宁夏；俄罗斯、朝鲜、韩国、蒙古国。

（456）钝用克尺蛾 *Jankowskia obtusangula* Jiang, Xue & Han, 2010

Jankowskia obtusangula Jiang, Xue & Han, 2010, Zootaxa, 2559:11, figs 19-22, 30, 38, 39, 42.（China: Ningxia, Jingyuan, Hongxialinchang）

前翅长：♂24~27 mm，♀31~32 mm。前翅外缘浅弧形；后翅外缘波曲。翅面黑褐色。前翅前缘满布灰褐色纵向短条纹；内线黑色，在中室下方略向内凸出；中线黑色，清楚；中点黑色，条状；外线黑色，在M脉之间略向外凸出，之后向内凸出与中线平行；外线外侧具1黄褐色斑，斑块中央具1深褐色模糊带。后翅中线黑色，模糊，与外线近等宽；外线黑色，在M脉之间近平直，在M_3下方略向内凸出；外线外侧具1黄褐色斑，斑块中央的深褐色带较前翅的清楚。

分布：甘肃（舟曲）、宁夏、湖北、海南、四川。

（457）瑞霜尺蛾 *Cleora repulsaria* (Walker, 1860)

Boarmia repulsaria Walker, 1860, List Spec. lepid. Insects Colln Br. Mus., 21:374.（China: Hong Kong）

前翅长：♂17~20 mm，♀20~21 mm。雄雌触角均双栉形，雌性栉齿较雄性的短。前翅外缘略呈浅弧形；后翅外缘微波曲。前后翅基部与外线之间灰白色,密布深灰色小点;外线与外缘之间深灰褐色。前翅内线黑色,向外弯曲呈弧形,其内侧具1深褐色宽带;中线为黑色模糊细带;中点大,深灰褐色,伸达前缘;外线黑色,细锯齿形,其外侧直。后翅中点小且圆,位于中线外侧;外线黑色细锯齿形。前后翅亚缘线灰白色,锯齿状;亚缘线外侧在顶角和M_3下方翅面颜色常较浅;缘线为1列脉间黑点;缘毛深灰褐色掺杂少量灰白色。

分布:中国的甘肃(文县)、上海、江苏、浙江、江西、湖南、台湾、广东、海南、香港、广西、四川、重庆、贵州、云南;朝鲜,韩国,日本,缅甸,越南,泰国,菲律宾。

(458) 坚尺蛾 *Alloharpina dejeani* (Oberthür, 1884)

Hemerophila dejeani Oberthür, 1884b, Études ent., 10:30, pl. 1, fig. 12. (China:Szechwan, Tachien-lu)

前翅长:22 mm。雄触角双栉形,雌线形。头灰褐色。胸部背面黑褐色掺杂灰褐色。腹部背面第1节白,其余部分灰褐色,每节具黑纹。前翅顶角圆,外缘浅波曲;后翅外缘锯齿形。翅面浅灰褐色,密布深灰色碎纹。前翅内线内侧和外线外侧(除顶角区外)密布黑褐色鳞片,有时扩展至翅中前半部,有时不明显;内线黑色浅波曲,向内倾斜;中点为1黑色小点;外线在M_1上方凸出1尖角,随后向内倾斜;亚缘线灰白色,锯齿形;缘线黑色;缘毛灰褐色,顶角区颜色较浅。后翅基部具1深灰色带;外线黑色,近平直;亚缘线灰白色,前半部锯齿形,后半部近平直;缘线黑色。翅反面中点黑色,清晰。

分布:甘肃(永登、甘肃南部)、四川。

(459) 广坚尺蛾 *Alloharpina conjungens* (Alphéraky, 1892)

Boarmia conjungens Alphéraky, 1892b, Horae Soc. ent. ross., 26(4):456. (China:Tibet, Amdo, Mudshik)

前翅长:20 mm。雄触角双栉形,雌线形。头胸腹背面灰褐色。翅面浅灰褐色。前翅内线黑色,在中室上方向内倾斜,在臀褶下方向内倾斜,其余部分平直;中线黑色松散带状;中点黑色;外线在M_1凸出呈圆形;亚缘线白色,不规则波曲,其内侧在M_3上方和Cu_2下方具黑色阴影。后翅中线黑色松散带状;中点黑色,微小;外线为黑色平滑细线;亚缘线白色,中部向外凸出,其内侧具黑色阴影。前后翅缘线黑色,在脉端常间断;缘毛在脉端黑色,其余灰褐色。后翅反面中点较前翅明显。

分布:甘肃(永登、甘肃南部)、青海、西藏。

(460) 狭参尺蛾甘肃亚种 *Megalycinia strictaria variegata* (Djakonov, 1936)

Hemerophila strictaria variegata Djakonov, 1936, Ark. Zool., 27A(39):47. (China:Kansu (south), Tao-ho, Lu-pa-sze;Ka-tien-kou, Kung-ta)

前翅长:17~18 mm。雄触角双栉形,雌触角线形。额黑褐色掺杂少量灰白色,不凸出;下唇须黑褐色,尖端伸达额外。体黑褐色掺杂灰白色。前翅顶角尖;后翅长;雄前后翅外缘浅弧形;雌前后翅外缘锯齿形。翅面白色。前翅基部和前缘密布黑褐色鳞片;内线黑色,由中室中部向内倾斜;内线内侧具黑褐色宽带;中线黑褐色松散带状,有时模糊,由M_1向内倾斜,与外线平行;外线黑褐色,由前缘向外倾斜至亚缘线内侧,在R_5与M_1之间形成1尖角,随后向内倾斜;外线外侧至外缘深褐色,中间可见白色亚缘线。后翅密布黑褐色鳞片;中线和外线黑色,平直,后半部清晰。前后翅中点黑色,清晰;缘线黑色;缘毛黑褐色掺杂黑色。翅反面仅中点清晰。

分布:甘肃(南部,洮河等地)。

(461) 埃尺蛾 *Ectropis crepuscularia* (Denis & Schiffermüller, 1775)

Geometra crepuscularia Denis & Schiffermüller, 1775, Ankündung syst. Werkes Schmett. Wienergegend: 101. (Austria:Vienna)

前翅长:♂16~18 mm,♀20~21 mm。雄触角锯齿形,每节具2对纤毛簇;雌触角线形。前翅外缘微波曲;后翅外缘波状。翅面浅灰色。前翅内线黑色,细弱,在中室处向外弯曲,内侧具1灰褐色带;中线模糊;中点黑色短条形;外线黑色,在各脉上向外凸出1尖齿,在R_5和Cu_2处向内弯曲;外线外侧具1灰褐色带,在M_3至Cu_1处颜色加深形成1叉形斑;亚缘线灰白色,锯齿形,内侧具1间断的黑色带;缘线为1列细小黑点;缘毛灰白与浅灰色掺杂。后翅外线锯齿形较前翅明显,外侧不具叉形斑;其余斑纹与前翅相似。

分布:中国的甘肃(永登、武都区、康县、文县)、黑龙江、吉林、辽宁、内蒙古、陕西、浙江、湖南、江西、福建、广西、四川、贵州;俄罗斯,朝鲜,韩国,日本;欧洲,北美。

(462) 小茶尺蛾 *Ectropis obliqua* Prout, L.B., 1930

Ectropis obliqua Prout, L.B., 1930, Novit. zool., 35:333.(Japan:Hakodate)

前翅长:17~18 mm。雄触角锯齿形具纤毛簇;雌触角线形。下唇须尖端伸达额外,深灰褐色。额下半部灰黄色,上半部黑褐色。头顶、体背和翅灰黄色,散布褐鳞。翅面斑纹细弱,灰黄褐色;外线清晰,细锯齿状,其外侧在前翅M_3至Cu_1处有1叉形斑;亚缘线浅色锯齿形;缘线为1列细小黑点;缘毛灰白与灰褐色掺杂。

分布:甘肃(文县)、浙江、湖北、湖南、福建、四川、重庆;日本。

(463) 白鹿尺蛾 *Alcis diprosopa* (Wehrli, 1943)

Boarmia(*Alcis*)*diprosopa* Wehrli, 1943, in Seitz, Gross-Schmett. Erde, 4 (Suppl.):509, pl.44:f.(China:Sichuan, Siao-Lou)

前翅长:♂19~21 mm,♀22~23 mm。本属雄触角双栉形,端部1/3至1/4线形;雌触角线形。前翅外缘浅弧形;后翅外缘浅波曲。前翅基部至内线和外线外侧至外缘黑褐色,中域白色,在前缘中部有1小黑斑;中点黑色短条形;外线在中室处向外呈圆形凸出,凸出端部浅分叉,并在M_3和Cu_2之间形成2个圆形凸出;亚缘线灰白色,锯齿形,内侧具黑色带;缘线黑色;缘毛黑色与灰黄色掺杂。后翅白色,基部散布灰色;中点较前翅小;外线至外缘黑褐色;其余斑纹与前翅相似。

分布:甘肃(康县)、陕西、湖北、湖南、福建、广西、四川。

(464) 鲜鹿尺蛾 *Alcis perfurcana* (Wehrli, 1943)

Boarmia (*Alcis*) *perfurcana* Wehrli, 1943, in Seitz, Gross-Schmett. Erde, 4 (Suppl.):502.(China:Hunnan, Höqng-shan;Kiangsi, Kuling)

前翅长:♂22~23 mm,♀22~24 mm。前翅外缘浅波曲;后翅外缘波曲较深。前翅中线以内灰褐色;内线为双线,中线单线并由外侧绕过黑色中点,上述两线灰黑色模糊;外线至内线之间色较浅;外线黑色,纤细清晰,在M_2和Cu_2处两次外凸;外线外侧灰黑色,亚缘线灰白色锯齿状。后翅灰白色;中点较前翅小;中线平直;外线在前缘和M_1之间模糊,呈点状,在M_1之后清楚,向内弯曲至Cu_1之后平直;翅端部色较深,亚缘线同前翅。前后翅缘线黑色纤细,在翅脉间扩展成黑点;缘毛灰褐至深灰褐色,掺杂灰白色。

分布:甘肃(康县)、山东、湖北、江西、湖南、福建、广东、广西、四川。

(465) 双色鹿尺蛾 *Alcis deversata* (Staudinger, 1892)

Boarmia repandata deversata Staudinger, 1892c, Dt. ent. Z. Iris, 5:377.(Russia:Amur, Alai. Mongolia:Kentei)

前翅长:♂21~23 mm,♀23~25 mm。此种外形与鲜鹿尺蛾 *A. perfurcana* 相似,但区别如下:前翅中线与内线之间常为黑色;后翅中线较宽,其内侧至翅基部颜色较深。

分布:甘肃(永登、迭部、舟曲、文县)、陕西、宁夏、青海、湖北;俄罗斯,蒙古国,朝鲜,韩国,日本。

(466) 歪鹿尺蛾 *Alcis depravata* (Staudinger, 1892)

Boarmia repandata var. *depravata* Staudinger, 1892b, Dt. ent. Z. Iris, 5:177.(Central Asia)

前翅长:♂18~21 mm,♀19~22 mm。前翅外缘浅弧形;后翅外缘浅波曲。翅面灰褐色。前翅内线黑色,弧形,内侧至翅基部深褐色;中线模糊;中点黑色,短条形;外线黑色,在M脉和臀褶处向外凸出;外线外侧具1深褐色带,其上在近中部具1黑斑;亚缘线灰白色,锯齿状;缘线在脉间呈黑点状;缘毛灰褐色。后翅内线黑色,粗壮,平直,内侧至翅基部散布黑色鳞片;中点较前翅模糊;外线黑色,在M_3下方向内弯曲;其余斑纹与前翅相似。

分布：中国的甘肃（永登、迭部、舟曲）、宁夏、青海、新疆、四川、西藏；中亚。

（467）茶担皮鹿尺蛾 *Psilalcis diorthogonia* (Wehrli, 1925)

Boarmia diorthogonia Wehrli, 1925, *Mitt. münch. ent. Ges.*, 15:57, pl.1:23. (China: Guangdong, Lienping)

前翅长：♂ 14~19 mm，♀ 17~19 mm。雄雌触角均线形。前翅外缘微波曲；后翅外缘波曲。翅灰黄色，前后翅外线外侧至外缘色较深。前翅中线黑褐色带状，呈">"形，后半部分较粗壮；中点黑色短条形；外线黑色细弱，在翅脉上有小锯齿，在M脉间向外凸出，在Cu_2下方与中线融合形成1黑色大斑；外线外侧近中部具1黑色斜带，延伸至顶角下方；亚缘线灰白色，模糊；缘线黑色短条形；缘毛黄褐色掺杂黑色。后翅中线黑色，粗壮，平直；其余斑纹与前翅相似。

分布：甘肃（武都区、康县、文县）、陕西、湖北、湖南、福建、台湾、广东、广西、四川、重庆、贵州、云南、西藏。

（468）金丝尺蛾 *Gigantalcis flavolinearia* (Leech, 1891)

Boarmia flavolinearia Leech, 1891b, Entomologist, 24 (Suppl.):47. (Japan)

前翅长：25 mm。雄触角双栉形，雌线形。额凸出，上端1/3黑褐色，其余深灰褐色，掺杂少量黑色，具额毛簇；下唇须深灰褐色，掺杂黑色，尖端色浅，未伸出额外；头灰褐色；领片黑色掺杂黄绿色；肩片灰褐色掺杂少量黑色和黄绿色；胸部后方具1对黑斑，其上具黄绿色鳞毛。腹部背面深灰褐色，每节具1对黑斑。前后翅外缘锯齿形。翅面浅灰褐色，散布黑色小点。前翅内线、前后翅中线和外线均为黑色双线，线上散布黄绿色鳞片；前翅内线在中室上缘向外弧形弯曲；中线和外线在R_5和M_3之间向外凸出；外线在M脉间向外凸出呈圆形；中室下缘端部1/3具1黑斑，伸达Cu_1；外线与外缘之间在顶角内侧具1黑斑，其上具黄绿色鳞片；亚缘线为灰白色模糊细线，其上散布少量黄绿色鳞片。后翅外线弧形；黄褐色鳞片仅在中线和亚缘线近缘以及外线后半部清楚。前后翅缘线黑色，缘毛灰褐色。

分布：中国的甘肃（榆中）、北京；日本。

（469）赫舒尺蛾 *Afriberina nobilitaria* (Staudinger, 1892)

Boarmia nobilitaria Staudinger, 1892b, Dt. ent. Z. Iris, 5:173. (Central: Asia)

前翅长：♂ 19~20 mm，♀ 20~21 mm。雄触角双栉形，雌触角线形。前翅狭长，外缘浅弧形，倾斜；后翅外缘浅波曲。翅面灰白至淡褐色。前翅内线黑色，在中室下缘处弯折，之后平直且向内倾斜；中线模糊；中点小，有时不可见；外线黑色，在R_5和M_1之间弯折，之后平直且向内倾斜；外线外侧具深褐色宽带，伸达顶角下方；亚缘线深褐色，有时模糊；缘线黑色，细弱；缘毛灰白色。后翅中线深褐色，平直；外线黑色，平直；亚缘线深褐色，平直；其余斑纹与前翅相似。

分布：中国的甘肃（永登、迭部）、新疆；中亚地区。

（470）圆斑景尺蛾 *Parectropis cyclophora* (Hampson, 1902)

Boarmia cyclophora Hampson, 1902, *J. Bombay nat. Hist. Soc.*, 14 (3):504. (India: Sikkim)

前翅长：♂ 27 mm。雄触角每节具2对纤毛簇，触角杆在纤毛簇基部凸出；雌触角线形。前翅外缘波曲；后翅外缘浅锯齿形。前翅翅面黑灰色；内线黄褐色，近弧形；中点不可见；外线黄褐色，近平直；翅端部在中部具1黄褐色大圆斑；缘线黑褐色；缘毛深灰褐色掺杂少量灰黄色。后翅灰黄色，密布黑灰色小碎斑；后缘近臀角处具1黑斑；中点短条形；缘线和缘毛与前翅相似，其余斑纹模糊。

分布：中国的甘肃（文县）；印度、尼泊尔。

（471）丫佐尺蛾 *Rikiosatoa euphiles* (Prout, L.B., 1916)

Cleora euphiles Prout, L.B., 1916, Novit. zool., 23:54. (China: Tibet, Vrianatong)

前翅长：♂ 18~21 mm，♀ 18 mm。雄触角双栉形；雌触角线形。翅面浅灰色，前翅外缘浅弧形；后翅外缘微波曲。前后翅基部至外线灰色，外线外侧至外缘紫灰色。前翅内线黑色，细弱，弧形；中线模糊；中点黑色短条形；外线黑色，在M脉间向外凸出，在Cu_2下方略向外凸出；外线外侧中部具黑色斜带，向外延伸至顶角下方;亚缘线灰白色,模糊;顶角处有1灰白色斑;缘线黑色,纤细,通常仅见翅脉间的黑色小点;缘毛灰黄色与灰褐色掺杂。后翅中线黑色,模糊,平直;中点较前翅小;外线黑色,上端细,浅波曲,中部以下渐粗,平直;亚缘线内侧具1波曲黑色细线,其余斑纹与前翅相似。

分布:中国的甘肃(礼县、康县、文县)、陕西、青海、四川、西藏;缅甸、老挝、泰国。

(472) 灰佐尺蛾 *Rikiosatoa grisea* (Butler, 1878)

Boarmia grisea Butler, 1878b, Ann. Mag. nat. Hist., (5) 1:396. (Japan:Yokohama)

前翅长:♂16~19 mm,♀17 mm。翅面白色。前翅大部分区别密布黑色碎纹,近中部显露不均匀白色;内线黑色,近弧形;中线波曲,细弱;中点黑色,短条形;外线黑色,在M脉间和臀褶处向外凸出;亚缘线白色,锯齿状,内侧具1黑线;缘线黑色,短条形,有时模糊;缘毛白色掺杂黑色。后翅散布少量黑色碎纹;中点较前翅小;外线黑色,仅后半端清楚,近平直。

分布:中国的甘肃(宕昌)、河南、陕西;朝鲜,韩国,日本。

(473) 齿带毛腹尺蛾中国亚种 *Gasterocome pannosaria sinicaria* (Leech, 1897)

Boarmia pannosaria sinicaria Leech, 1897, Ann. Mag. nat. Hist., (6)19:421. (China:Sichuan,Omei-shan)

前翅长:17~19 mm。雄雌触角均线形,雄具纤毛。前翅外缘较直;后翅外缘浅弧形,顶角处微凹。翅面灰黄色,散布深灰色碎纹。前翅基部有1小黑褐斑;内线为黑褐色双线;翅中部在中室上方具1黑褐色斑,下端沿M_3向外延伸,与翅端部黑褐带融合,中点灰黄色,在斑内;亚缘线为1列白点;缘线为1列黑点;缘毛深灰褐色与黄色相间。后翅中点为深灰色圆点;外线深灰色,后半端清楚,平直;翅端带内缘平直;其余斑纹与前翅相似。

分布:甘肃(康县、文县)、陕西、青海、湖北、湖南、福建、广东、香港、广西、四川、云南、西藏。

(474) 华丽毛角尺蛾 *Myrioblephara decoraria* (Leech, 1897)

Boarmia decoraria Leech, 1897, Ann. Mag. nat. Hist., (6)19:342. (China:Sichuan,Moupin)

前翅长:♂17 mm,♀16~17 mm。雄雌触角均线形;雄每节具2对纤毛簇。前翅外缘浅弧形,后翅外缘波状。翅面白色,斑纹黑灰色。前翅内线为双线,弧形;中线仅在前缘处形成1黑斑;中点小;外线在M脉间向外凸出;外线外侧伴随绿褐色线;外线外侧至外缘具不均匀黑灰色鳞片,在M脉之间和M_3下方较浓密;亚缘线模糊,在前缘处形成1黑斑;缘毛黑灰色掺杂白色。后翅中线近后缘处清楚;中点弱;外线近弧形。

分布:甘肃(永登)、四川。

(475) 嵌毛角尺蛾 *Myrioblephara embolochroma* (Prout, L.B., 1927)

Ectropis embolochroma Prout, L.B., 1927, J. Bombay nat. Hist. Soc., 31:935, pl.2:8. (Burma:Hpimaw Fort)

前翅长:♂15~16 mm,♀17 mm。后翅外缘仅微波曲。翅面灰白色,散布密集灰色条纹和小黑点。前翅内线为黑色双线,内侧线较模糊,内侧至翅基部浅褐色;中线模糊,仅在前缘处形成1黑斑;中点黑色,微小;外线黑色,在前缘和M_3之间平直,向外倾斜,在M_3下方模糊呈点状,向内倾斜;外线至外缘之间在M_3上方区域浅褐色;亚缘线白色,锯齿状,内侧具1黑灰色带。后翅基部黑色;中线黑色,平直,近后半段清楚;外线黑色,在Cu_1处向外凸出;外侧具1浅褐色伴线,较前翅清楚;亚缘线与前翅相似。前后翅缘线黑褐色纤细,在翅脉间加粗为小黑点;缘毛灰白色掺杂深灰褐色。

分布:甘肃(文县)、湖北、四川、云南;缅甸,泰国。

(476) 雅毛角尺蛾江苏亚种 *Myrioblephara idaeoides kiangsuensis* (Wehrli, 1943)

Boarmia idaeoides kiangsuensis Wehrli, 1943, in Seitz, Gross-Schmett. Erde, 4 (Suppl.):543. (China: Kiangsu, Nanking)

前翅长:♂14~16 mm,♀15~17 mm。后翅外缘波状。翅面灰白色,散布黑褐色小点;斑纹黑灰色。前翅内线弧形;中点短条形;中线在中室向外呈圆形凸出;中线和外线在前缘各形成1黑斑;外线与中线近平行,外侧具1模糊灰褐色带;亚缘线锯齿状;缘线在各脉间呈点状;缘毛灰白色掺杂灰黑色。后翅斑纹与前翅相似。

分布：甘肃（康县、文县）、青海、江苏。

(477) 双弓毛角尺蛾 *Myrioblephara duplexa* (Moore, 1888)

Cleora duplexa Moore, 1888a, in Hewitson & Moore, Descr. New Indian lepid. Insects Colln. Late Mr. W.S. Atkinson, 3:239. (India: Darjeeling)

前翅长：♂14~16 mm，♀15~17 mm。后翅外缘微波曲。前翅翅面橄榄绿色，散布大量小黑点，前缘排布黑色短纹；内线和外线均为部分融合的黑灰色双线组成；内线波曲；中点为黑灰色圆点；外线在M脉间和臀褶处向外凸出；亚缘线橄榄绿色，模糊，内侧具1黑灰色带；亚缘线外侧在M_2和M_3之间以及近臀角处具黑灰色鳞片；缘线在各脉间呈黑色短条形；缘毛橄榄绿色掺杂黑灰色。后翅翅面颜色较前翅浅，斑纹较模糊；中点较前翅小；外线仅1条，在M脉间向外凸出；臀角处有1模糊黑斑。

分布：中国的甘肃（文县）、广西、四川、云南、西藏；印度，尼泊尔。

(478) 瑞冥尺蛾 *Heterarmia rybakowi* (Alphéraky, 1892)

Boarmia rybakowi Alphéraky, 1892a, in Romanoff, Mém. Lépid., 6:61, pl.3:4. (China: Gan-Sou, Ou-pin)

雄前翅长：19~20 mm。雄触角双栉形，雌触角线形。前翅顶角圆，外缘浅弧形；后翅外缘波状。翅面深黄褐色，密布黑色碎纹，斑纹黑色。前翅内线色双线；中点短条形；中线在中室处向外凸出；外线锯齿状，在M_1下方向内倾斜至中点下方；亚缘线白色，模糊；内侧具黑色鳞片；缘线在各脉间呈短条形；缘毛深黄褐色掺杂黑灰色。后翅中线平直；中点、外线和亚缘线模糊；翅端部黑色鳞片较浓密；缘线和缘毛与前翅相似。

分布：甘肃（永登、甘肃南部）、四川。

(479) 朦冥尺蛾 *Heterarmia montanaria* (Leech, 1897)

Boarmia montanaria Leech, 1897, Ann. Mag. nat. Hist., (6)19:418. (China: Sichuan, Omei-shan; Ni-tou; Che-tou)

前翅长：17~19 mm。此种与瑞冥尺蛾 *H. rybakowi* 非常相似，但可以利用以下特征来区别：前翅中线穿过中点；前翅外线锯齿较弱；后翅中线与中点距离较近。

分布：甘肃（永登、岷山）、青海、四川。

(480) 尘尺蛾 *Hypomecis punctinalis* (Scopoli, 1763)

Phalaena punctinalis Scopoli, 1763, Ent. Carniolica: 217, fig. 537. (Italy)

前翅长：♂22~25 mm，♀24~25 mm。雄触角双栉形；雌触角线形。前翅外缘较直，倾斜；后翅外缘波曲；雄后翅反面臀褶附近具毛。翅面灰褐色，外线外侧色较深。前翅内线黑色，弧形；中线黑色，模糊，在M脉之间向外凸出，在M_3之后向内斜行；中点黑色狭长，中空；外线黑色，锯齿形，在M脉之间略向外呈凸出，在M_3之后与中线平行；亚缘线灰白色，模糊，内侧具1锯齿形黑线；缘线在各脉间呈黑色短条形；缘毛灰褐色。后翅中线黑色，近平直；中点较前翅小；其余斑纹与前翅相似。

分布：中国的甘肃（康县、文县）、黑龙江、吉林、内蒙古、北京、山东、河南、陕西、宁夏、安徽、浙江、湖北、湖南、福建、台湾、广东、广西、四川、贵州、云南、西藏；俄罗斯，朝鲜，韩国，日本；欧洲。

(481) 假尘尺蛾 *Hypomecis pseudopunctinalis* (Wehrli, 1923)

Boarmia pseudopunctinalis Wehrli, 1923, Dt. ent. Z. Iris, 37:74, pl.1:9, 20. (China: Shanghai)

前翅长：21~23 mm。此种翅面斑纹与尘尺蛾非常相似，但两者的区别在于：雄前翅较尘尺蛾宽阔；后翅反面臀褶附近无毛；翅面颜色较尘尺蛾深；外线锯齿较尘尺蛾深，在翅反面尤其明显；前后翅中点深灰色，近椭圆形，不中空。

分布：中国的甘肃（永登、镇原、天水、康县、文县）、黑龙江、北京、山东、陕西、青海、浙江、江西、湖南、福建、广西；朝鲜，韩国。

（482）斑尘尺蛾 *Hypomecis praeclarata* (Püngeler, 1900)

Boarmia praeclarata Püngeler, 1900, Dt. ent. Z. Iris, 12:297, pl. 9, fig. 18.（China: Qinghai, Kuku-Noor）

前翅长：♂23 mm，♀24 mm。后翅外缘微波曲。翅面白色，密布黑色小斑点。前翅内线黑色，弧形，其内侧至翅基部黑色；中线仅在前缘处形成1黑色方斑；中点黑色，清晰；外线黑色，在中室处向外呈圆形凸出，在2A下方略外倾；外线外侧至外缘密布不均匀黑色鳞片；亚缘线白色，锯齿状；缘线在各脉间常间断。后翅中线黑色，模糊；中点较前翅小；外线不可见；缘线黑色，与前翅相似。

分布：甘肃（永登）、青海。

（483）齿纹尘尺蛾 *Hypomecis percnioides* (Wehrli, 1943)

Boarmia percnioides Wehrli, 1943, in Seitz, Gross-Schmett. Erde, 4(Suppl.):520.（China: Chekiang, Tien-Mu-Shan）

前翅长：雄25~29 mm，雌28~32 mm。后翅外缘仅微波曲。翅面白色，斑纹灰褐色。前翅内线、中线和外线在前缘形成小黑斑；内线带状，"S"形弯曲，掺杂较多深褐色；内线内侧色较深，外侧白色翅面散布不均匀的短条纹；中点黑灰色短条状；中线模糊带状，穿过中点后内弯；外线带状，在M脉间外凸；翅端部排布大小不等的斑块，白色波状亚缘线由其中穿过；缘线为翅脉间1列黑点；缘毛深灰褐色。后翅中线带状，由中室中部至后缘，其内侧排列细条纹；中点黑褐色三角形，远较前翅大；外线粗壮，在M脉间外凸；翅端部同前翅。

分布：甘肃（康县）、河南、陕西、浙江、湖北、福建、台湾、广西、四川、云南。

（484）暮尘尺蛾 *Hypomecis roboraria* (Denis & Schiffermüller, 1775)

Geometra roboraria Denis & Schiffermüller, 1775, Ankündung syst. Werkes Schmett. Wienergegend:101.（Austria: Vienna）

前翅长：♂23~27 mm，♀24~32 mm。此种与尘尺蛾 *H. punctinalis* 相似，但后翅外缘波曲较浅；前后翅中线清楚，较粗壮；前翅内线和前后翅外线黑色，较该种鲜明；前后翅中点为短条形，不中空。雄触角栉齿较长。

分布：中国的甘肃（永登、康县、文县）、黑龙江、吉林、内蒙古、河南、陕西、浙江、江西、湖北、台湾、西藏；俄罗斯，朝鲜，韩国，日本；欧洲。

（485）黑尘尺蛾 *Hypomecis diffusaria* (Leech, 1897)

Medasina diffusaria Leech, 1897, Ann. Mag. nat. Hist., (6)19:432.（China: Hubei, Chang-yang）

别名：黑尺蛾。

前翅长：♂35~37 mm，♀40~42 mm。前翅外缘波状，后翅外缘锯齿形。头、体背和翅灰褐色至深灰褐色。前翅后缘附近和外缘中部至臀角附近以及整个后翅均散布密集黑褐色碎纹，前翅其余部分碎纹较少或消失。前翅内线、中线和外线在前缘形成小黑斑，其下大部消失；中线有时隐约可见，在后缘处增粗；外线在翅脉上存留1列黑点，在M脉处弧形外凸；亚缘线灰白色锯齿形，不规则弯曲，有时不可见，其内侧在M_1与M_3之间和Cu_1至后缘有2块不规则形黑灰色斑；雄缘线为翅脉间1列小黑点，雌缘线黑色，较连续，仅在翅脉端或多或少断离；缘毛与翅面同色。后翅中线和外线大多完整，前者浅弧形，后者浅锯齿形；可见黑色短条形中点；亚缘线模糊不清，但其内侧黑灰色带通常完整；缘线和缘毛同前翅。

分布：中国的甘肃（天水、康县、文县）、黑龙江、辽宁、内蒙古、北京、山西、陕西、江苏、浙江、湖北、湖南、四川、云南；俄罗斯。

（486）秦岭矶尺蛾 *Abaciscus tsinlingensis* (Wehrli, 1943)

Boarmia (Abaciscus) tsinlingensis Wehrli, 1943, in Seitz, Gross-Schmett. Erde, 4(Suppl.):541.（China: Shensi, Tapaishan, Qinling）

前翅长：♂♀16 mm。雄触角锯齿状具纤毛，雌触角线形。前后翅外缘微波曲。翅面灰黑色，斑纹黑色，细弱。前翅内线弧形；中线波曲；中点黑色；外线细锯齿状，在M_1与Cu_2之间略向外凸出；亚缘线为1列白色微点,在M_3与Cu_1之间扩大为1白斑;缘线连续;缘毛灰黑色。后翅斑纹与前翅相似。

分布:分布:甘肃(文县)、陕西、云南。

(487)凸翅小盅尺蛾*Microcalicha melanosticta*(Hampson,1895)

Boarmia melanosticta Hampson,1895,Fauna Br. India(Moths),3:266.(India:Sikkim)

前翅长:12~17 mm。雄触角双栉形,栉齿非常长;雌触角线形。前翅外缘不波曲,中部略隆起;后翅外缘波曲,中部凸出1大尖角。翅面黄褐色,带灰绿色调,斑纹黑色。前翅亚基线和内线模糊;中线在前缘和后缘处清楚;中点微小;外线为1列黑点,在前缘扩大为1小黑斑;亚缘线灰白色锯齿状,较模糊;亚缘线内侧在前缘有1黑斑;臀角处为1大斑块;缘线间断,在脉间呈短条形;缘毛灰黄色掺杂黑色,在臀角大斑之外黑灰色。后翅中线至外线之间具黑色宽带,上端延伸至顶角处;亚缘线在近前缘处较粗壮,其余部分较弱或消失。

分布:中国的甘肃(永登、文县)、山东、河南、陕西、浙江、湖北、湖南、福建、台湾、广东、海南、广西、四川、云南;印度,缅甸。

(488)金盅尺蛾*Calicha nooraria*(Bremer,1864)

Boarmia nooraria Bremer,1864,Mém. Acad. Sci. St. Pétersb.,(7)8(1):75,pl.6:20.(Russia:Ussuri)

前翅长:♂25~29 mm,♀18~26 mm。雄触角双栉形,雌触角线形。前翅外缘波曲,后翅外缘锯齿形。翅面绿褐色,密布黑色小点。前翅内线黑色,弧形;中线黑色,模糊;中点黑色,短条形;外线黑色,在翅脉上向外凸出呈细小尖齿状,向内倾斜;亚缘线灰白色,锯齿形;亚缘线内侧具黄褐色宽带,其上具红褐色斑块,在M脉之间和近后缘处的呈黑褐色。后翅中线黑色近平直;外线波曲;亚缘线内侧黄褐色宽带上具红褐色斑块,在M_2上和近后缘处颜色深,黑褐色;中点黑色三角形。前后翅缘线为翅脉间1列弧形黑点;缘毛灰黄色与深灰褐色掺杂。

分布:中国的甘肃(舟曲、文县、康县)、黑龙江、陕西、浙江、湖南、福建、广东、广西、四川、云南;俄罗斯(远东地区),朝鲜,韩国,日本。

(489)核桃四星尺蛾*Ophthalmitis albosignaria*(Bremer & Grey,1853)

Boarmia albosignaria Bremer & Grey,1853a,Beitr. Schmett.-Fauna nord. China:21,pl.9:6.(N. China)

前翅长:♂26~28 mm,♀30~32 mm。雄雌触角均双栉形;雌栉齿较短。前翅外缘浅弧形,较倾斜;后翅外缘浅波曲。翅面灰白色;翅面斑纹灰褐色,模糊,仅中点清楚,大,边缘粗壮;前后翅亚缘线和外线之间具灰色宽带,在M_3和Cu_1之间断开;翅反面端带在中间断开。

分布:中国的甘肃(宕昌、武都区、康县、文县)、黑龙江、吉林、辽宁、内蒙古、北京、河南、陕西、江苏、安徽、浙江、湖北、江西、湖南、福建、广西、四川、云南;俄罗斯(阿穆尔,乌苏里),朝鲜,韩国,日本。

(490)四星尺蛾*Ophthalmitis irrorataria*(Bremer & Grey,1853)

Boarmia irrorataria Bremer & Grey,1853a,Beitr. Schmett.-Fauna nord. China:20,pl.9:5.(N. China)

前翅长:♂22~27 mm,♀25~27 mm。触角双栉形。前翅外缘微波曲;后翅外缘波曲较深。翅面绿至深绿色,斑纹黑褐色。前翅内线深波曲,清楚;中线锯齿形,模糊;中点星状,中空,边缘黑褐色;外线呈锯齿形,在M脉之间向外凸出;外线与中线之间密布黑褐色小点;亚缘线白色锯齿形,内侧在各脉间具三角形小黑斑;缘线在各脉间呈短条形。后翅基部密布黑褐色小点,中线至外线间具深色宽带;中点较前翅小;外线深锯齿形;亚缘线和缘线与前翅相同。

寄主植物:苹果、柑桔、海棠、鼠李、棉、麻、桑、木槿等。

分布:中国的甘肃(天水、成县、武都区、康县、文县)、黑龙江、吉林、北京、河北、陕西、宁夏、浙江、湖北、江西、湖南、福建、广东、广西、四川、云南;俄罗斯(阿穆尔,乌苏里),朝鲜,韩国,日本,印度。

(491)中华四星尺蛾*Ophthalmitis sinensium*(Oberthür,1913)

Ophthalmodes sinensium Oberthür,1913,Études Lépid. comp.,7:292,pl.175:1713.(China:Tien-Tsuen)

前翅长:♂28~31 mm,♀29~32 mm。近似四星尺蛾。翅面淡绿色;前后翅中点较小,前翅中点椭圆形,后翅中点近圆形;后翅中线与中点内缘接近,不形成黑褐色宽带;前后翅外线较弱,在翅脉间大部消失。

分布:中国的甘肃(武都区、康县、文县)、河南、陕西、安徽、浙江、湖北、湖南、台湾、广东、广西、四川、云南、西藏;印度,越南,泰国。

(492) 短刺四星尺蛾 *Ophthalmitis brevispina* Jiang, Xue & Han, 2011

Ophthalmitis brevispina Jiang, Xue & Han, 2011, Zootaxa, 2735:16, figs 35-38,54,66,78,89,100. (China:Gansu,Wenxian,Qiujiaba)

前翅长:♂26~27 mm,♀35 mm。触角双栉形。翅面灰绿色,斑纹黑褐色至黑色。前翅外缘光滑,不波曲;后翅外缘极微弱波曲。前翅前缘密布短条纹;内线、中线、外线和亚缘线在前缘形成4个黑斑;内线和中线几乎不可见;中点小,星形,中空,边缘黑褐色,极细,在后缘处加粗形成1大黑斑;亚缘线在脉间呈小三角形,在前缘、M脉之间清楚,在Cu_2至后缘之间连续;亚缘线外侧在M脉之间具黑褐色斑;缘线在脉间呈短条形;缘毛灰白色掺杂灰绿色,在脉间色较深。后翅中线与中点之间具黑色宽带;中点较前翅的小,黑色边缘有时与宽带融合;外线锯齿状,常模糊,在脉上呈点状;亚缘线较前翅连续;缘线和缘毛与前翅相似。

分布:甘肃(天水、康县、文县)、北京。

(493) 大造桥虫 *Ascotis selenaria* (Denis & Schiffermüller, 1775)

Geometra selenaria Denis & Schiffermüller, 1775, Ankündung syst. Werkes Schmett. Wienergegend:101. (Austria:Vienna)

前翅长:♂21~25 mm,♀22~24 mm。雄触角锯齿形,具纤毛簇;雌触角线形。前翅外缘浅弧形,倾斜;后翅圆,外缘微波曲。翅面灰白色,密布深灰色小点。前翅内线黑色,波曲,内侧具深褐色带;中线模糊;中点星状,中空,灰蓝色,边缘黑色;外线黑色,细锯齿形,在M脉之间略向外凸出;亚缘线灰白色,锯齿形;亚缘线内侧和外侧具深灰色带,在M脉间颜色加深;缘线黑色,在脉间呈短条形;缘毛白色掺杂深灰色。后翅中线黑色,近平直;中点较前翅小;其余斑纹与前翅相似。

寄主植物:杉树、板栗、黑荆树、漆树、黄檀、棉、豆类。

分布:中国的甘肃(永登、礼县、宕昌、舟曲、成县、武都区、康县、文县)、黑龙江、吉林、辽宁、内蒙古、北京、河北、山西、陕西、新疆、江苏、安徽、浙江、湖北、江西、湖南、福建、台湾、广东、海南、香港、广西、四川、重庆、贵州、云南、西藏;俄罗斯,朝鲜,韩国,日本,印度,斯里兰卡;欧洲,非洲。

(494) 锯线烟尺蛾 *Phthonosema serratilinearia* (Leech, 1897)

Biston serratilinearia Leech, 1897, Ann. Mag. nat. Hist.,(6)19:323. (China:Sichuan,Moupin;Omei-shan)

前翅长:♂30~35 mm,♀34~40 mm。雄触角双栉形,雌触角线形。前翅外缘较直,倾斜;后翅外缘亦较直,几乎不波曲。翅面灰白色,端部色略深。前翅内线灰色,模糊,弧形;内线内侧浅黄褐色;中点浅灰色,短条形,模糊;外线黑色,清楚,锯齿形,M_3之上较平直,M_3之后向内弯曲;外线外侧近后缘具1深红褐色斑;亚缘线灰白色锯齿形;缘线在各脉间呈短条形;缘毛灰褐色掺杂黄褐色。后翅中线灰色,模糊;中点较前翅的清楚;外线黑色,较前翅的细,细锯齿形;外线外侧黄褐色带模糊;缘线和缘毛同前翅。

分布:甘肃(成县、康县、文县)、吉林、辽宁、北京、陕西、江苏、浙江、湖北、湖南、福建、广西、四川、贵州、云南。

(495) 槭烟尺蛾 *Phthonosema invenustaria* (Leech, 1891)

Amphidasys invenustaria Leech, 1891b, Entomologist, 24 (Suppl.):43. (Japan)

前翅长:♂25~27 mm,♀24~28 mm。此种外形与锯线烟尺蛾 *P. serratilinearia* 相似,但区别在于:前翅外缘浅弧形,后翅外缘浅波曲;翅面灰黄褐色;前翅中点较清楚,短条形,略弯曲;前后翅外线外侧宽带深褐色。

分布:中国的甘肃(舟曲、文县)、北京、山东、陕西、浙江、湖北、四川、云南;俄罗斯,朝鲜,韩国,日本。

(496) 春尺蛾 *Apocheima cinerarius* (Erschoff, 1874)

Biston cinerarius Erschoff, 1874, in Fedchenko, Journey to Turkestan, 2 (5):64, pl.4:65. (Turkestan, Maracanda)

雌雄二型。雄性：前翅长：13~16 mm。触角双栉形。体灰至灰褐色。胸腹部披长鳞毛；腹部背面第一至四节、第七至八节具成排黑刺，第八节另具1瘤突。前翅狭长，近三角形，前缘浅凹，外缘至后缘弧形；灰至灰褐色；内线黑色，在中室下缘近直角形弯曲；中线黑褐色，不清晰，在翅中上部弧形弯曲，中下部几乎直行达后缘，在中室下缘以黑色短线和内线相连；外线黑褐色，不清晰，浅齿状，在翅中上部外凸，外侧有浅色伴线，外线内侧臀脉上具1条黑线；亚缘线模糊，仅在翅脉上颜色加深；缘线黑褐色，有间断；缘毛灰黄色杂黑褐色。后翅狭长，顶角、臀角均钝圆，淡灰色，散布密集黑灰色鳞片；有时可见模糊带状外线；缘毛灰黄色掺杂灰褐色。雌性：体长15~23 mm。触角线形。胸部和腹部不具长鳞毛。腹节背面的黑刺同雄性。无翅。

分布：甘肃（兰州以北的全部区域）、黑龙江至新疆的整个北方地区；俄罗斯，中亚地区。

备考：本种在兰州以南的部分区域（天水、临夏等地）也曾有记载，但是由于杨树遭天牛危害大量砍伐，致使这些地区的春尺蛾种群大幅度下降以至完全消失。

(497) 灰拟花尺蛾 *Larerannis orthogrammaria* (Wehrli, 1927)

Phigalia orthogrammaria Wehrli, 1927, in Bang-Haas, Horae macrolepid. Reg. palaearct., 1:97, pl.11:35. (Russia: Ussuri, Sutschansk)

雌雄二型。雄性：前翅长：17~20 mm。触角双栉形。下唇须仅尖端伸出额外；额黑褐色；头顶黄白色，鳞毛粗糙。翅宽大；前翅顶角圆，外缘浅弧形；翅面淡灰色，散布深褐色鳞片；线纹黑褐色；内线浅弧形；中线较直；外线清晰，微波曲，距离中线较近；亚缘线模糊带状，不连续，接近外缘；缘线为翅脉间1列黑点。后翅颜色较前翅浅，具黑褐色中点；中线和外线细弱，仅在后缘清晰，前者远离中点，后者紧邻中点外侧；亚缘线十分模糊，有时不可见；缘线的黑点较细小，有时部分消失。雌性：体长6~8 mm；翅仅为2~3 mm的翅芽，后翅略大于前翅。触角线形。体和翅深灰褐色与黄白色掺杂；两翅中部具黑色线。

分布：中国的甘肃（永登）、山西、青海，俄罗斯，日本。

(498) 白桦尺蛾 *Phigalia djakonovi* Moltrecht, 1933

Phigalia djakonovi Moltrecht, 1933, Ent. Obozr., 25(1/2):182, fig. 1. (Russia: Sedanka, near Vladivostok)

雌雄二型。雄性：前翅长：23 mm。触角双栉形。额黑褐色，上缘灰白色，不凸出；下唇须灰褐色，短小，未伸出额外；喙短；头和胸部背面黑褐色掺杂灰白色；领片后缘黑色。腹部背面第1节白色，其余深黄褐色，中部具2列黑点。前后翅外缘平滑。翅面白色，斑纹黑褐色。前翅密布黑褐色碎纹；斑纹模糊，在近前缘和后缘清楚；内线向外弧形弯曲；中点小；外线在脉上呈点状，在中室下方向内倾斜至臀褶，随后向外倾斜至后缘；缘线在脉间清楚；缘毛白色掺杂黑褐色。后翅散布稀疏碎纹；中点清晰；外线和亚缘线在近后缘清楚；缘毛白色掺杂少量黑褐色。后翅反面中点较正面清晰。雌性：体长15 mm。触角线形。无翅。腹部背面黑斑同雄性，两侧具黑斑。

分布：甘肃（榆中）、黑龙江、内蒙古；俄罗斯（阿穆尔地区）。

(499) 桑褶翅尺蛾 *Apochima excavata* (Dyar, 1905)

Acanthocampa excavata Dyar, 1905, Proc. U. S. natn. Mus., 28:952, figs 17, 18. (Japan)

前翅长：19 mm。雄触角双栉形，雌触角线形。额黑褐色掺杂白色，上缘黑色，中部具1短喙状骨化突；下唇须黑褐色，端部黑色，内侧白色，短小，未伸出额外；喙退化；头顶上层鳞毛黑褐色，下层鳞毛白色；胸部密被灰色掺杂黑褐色鳞毛。腹部短小。翅狭长；前翅顶角尖，外缘浅弧形，极倾斜；后翅前缘长，顶角尖，外缘浅波曲，极倾斜。前翅灰褐色，在前缘、内线与外线之间和外线外侧衬白色；内线黑色，中部向外呈直角弯折，上半部具红褐色斑；外线波曲，内侧具红褐色带；亚缘线模糊，在前缘形成1黑色大斑，其外侧顶角区白色。后翅基部、前缘和中线与外线之间白，其余灰褐色；中线和外线黑色；中线浅波曲，上半部具红褐色斑；外线平直。前后翅缘毛灰褐色掺杂少量黑色。

分布：中国的甘肃（地点不详）、北京、河北、山东、山西；朝鲜，韩国，日本。

(500) 短瓣雅尺蛾 *Apocolotois almatensis* Djakonov, 1952

Apocolotois (*Neocolotois*) *almatensis* Djakonov, 1952, Ent. Obozr., 32:271, figs 1a (venation), 2a (male genitalia). (Kazakhstan:near Alma Alta, Zailyiskiy Alatau, River Malaya, Almaatinka)

雄性：前翅长：25 mm。触角双栉形。下唇须短小，未伸出额外；喙退化。体深褐色，肩片黄色。前翅顶角尖，外缘浅弧形；翅面黄色；内线黑褐色，波曲，由前缘向外倾斜至中室中部下缘，随后向内倾斜至臀褶附近断开，在2A下方向外弯曲；内线内侧具红褐色宽带，其在前缘向内伸达翅基部，在2A下方极窄；中点黑褐色；外线黑褐色，由顶角内侧伸向后缘2/3处，在前缘和Cu_2之间波曲，在M_3和Cu_2之间向内凸出，在Cu_2和后缘之间近平直；外线外侧具红褐色宽带，带上在M_3和Cu_2之间具2个白点，边缘黑褐色。后翅黄白色。

分布：甘肃（榆中）；中亚地区。

备注：所见标本均为雄性，推测雌蛾可能无翅。

(501) 落叶松尺蛾 *Erannis jacobsoni sichotenaria* Kurentzov, 1937

Erannis defoliaria sichotenaria Kurentzov, 1937, Bull. Far Eastern Brch Acad. Sciences USSR, 26:126. (Russia:Ussuri)

雌雄二型。雄性：前翅长：24 mm。触角短双栉形。额深褐色，不凸出；下唇须浅黄褐色，下缘具深褐色鳞毛，短小，未伸出额外；头胸背面黄白色。腹部背面黄褐色。前翅外缘略倾斜，后翅外缘平滑。翅面黄白色，斑纹黑褐色，散布黑褐色小点，前翅的较后翅密集。前翅内线波曲；中点大；外线在M_1和M_3之间呈圆形向外凸出，随后垂直于后缘；亚缘线在前缘与M_3之间清晰；缘毛白色，掺杂少量黑色。后翅中点较前翅小；缘毛白色。雌性：触角线形。无翅。

分布：中国的甘肃（永登）、黑龙江、内蒙古；俄罗斯（乌苏里地区）。

(502) 薄尺蛾 *Inurois tenuis* Butler, 1879

Inurois tenuis Butler, 1879, Ann. Mag. nat. Hist., (5)4:445. (Japan:Yokohama)

雌雄二型。雄性：前翅长：13 mm。触角线形。额和下唇须灰褐色；下唇须短小；喙退化；体灰褐色。前翅宽阔，顶角钝圆，外缘略呈浅弧形，长度略大于后缘；后翅较狭长，外缘浅弧形。前翅浅灰色，密布灰色小点；内线与外线之间区域色较深；内线黑色，在前缘、中室下缘和后缘留下黑斑，其余模糊；外线为1列脉上黑点。后翅灰白色。前后翅中点黑色，清晰；缘线为1列脉端黑点；缘毛灰白色，长。翅反面可见中点和外线。雌蛾触角线形，无翅。

分布：中国的甘肃（永登）；日本。

(503) 铲尺蛾 *Megametopon piperatum* Alphéraky, 1892

Megametopon piperatum Alphéraky, 1892a, in Romanoff, Mém. Lépid., 6:58, pl. 3, fig. 3. (China:Gan-Sou, Tchin-Tassy)

前翅长：12~15 mm。雄触角双栉形，雌触角线形。额凸出，灰褐色掺杂灰白色，具1铲形骨化突，前端三叉状，中叉近方形，额下缘具1近方形骨片，喙退化；下唇须浅灰褐色掺杂灰白色，尖端伸达额外；胸和腹部浅灰褐色掺杂灰白色。前翅顶角略尖，前后翅外缘平滑。翅面灰白色，密布黑色小点，斑纹黑褐色，纤细。前翅内线向外呈弧形弯曲；中线平直，向内倾斜；外线在前缘和M_3之间平直，随后波曲；亚缘线浅弧形，有时模糊；缘线为1列黑色短纹。后翅中线、外线和亚缘线仅在近后缘清楚；缘线黑褐色。前后翅缘毛在脉端黑褐色，其余灰白色。翅反面斑纹模糊。

分布：甘肃（永登）、内蒙古。

(504) 细玉臂尺蛾川滇亚种 *Xandrames albofasciata tromodes* Wehrli, 1943

Xandrames albofasciata tromodes Wehrli, 1943, in Seitz, Gross-Schmett. Erde, 4 (Suppl.):554, pl.46:g.

(China:Sichuan,Tachien-lu;Siao-lou;Kansu,Peilingsan,Lihsien;Tibet,Tschang-Tang,Dsagar Mountain）

前翅长：♂39~43 mm，♀46 mm。雄雌触角均双栉形；雌触角栉齿较短。额凸出；下唇须尖端伸出额外。翅宽大。前翅顶角圆，外缘浅弧形；后翅外缘微波曲；雄前翅基部具泡窝。前翅翅面深黄褐色，密布黑色长碎纹；翅中部大斑浅黄色，狭窄，其内缘沿Cu_1略外凸成1折角；大斑后半段外侧具1深黄褐色带，其上端与亚缘线相连；亚缘线深黄褐色，自顶角前方发出，向内弯曲至白斑；缘毛黑色，在翅脉端和Cu_1、Cu_2之间黄色。后翅大部分黑褐色，端部散布黄褐色长碎纹，外缘由顶角至Cu_1下方黄色，其外侧缘毛黄色，Cu_1以下缘毛黑色。

分布：甘肃（礼县、舟曲、康县、文县）、河南、陕西、湖北、江西、湖南、福建、四川、云南、西藏。

（505）黑玉臂尺蛾*Xandrames dholaria* Moore，1868

Xandrames dholaria Moore,1868,Proc. zool. Soc. Lond.,1867:634.（India:Darjeeling）

前翅长：♂35~41 mm，♀44~45 mm。雄雌触角均双栉形；雌触角栉齿较短。前翅基半部灰白色，散布黑色碎纹，前缘中部内侧有2条黑色斜纹，后缘内1/3处有1小黑斑，外1/3处有1对黑色弯纹；翅中部具宽大向外斜行白斑，其上散布灰色碎纹，下端灰纹较多，伸达外缘下半段；白斑外侧上方为1条黑色斜线，其外侧至顶角黑褐色。后翅黑褐色，隐见黑色锯齿形外线；顶角附近白色，并向下扩展至臀角附近，该白色区域内由上向下黑色碎条纹逐渐增多。

分布：中国的甘肃（武都区、康县、文县）、河南、陕西、浙江、湖北、湖南、福建、台湾、广东、广西、四川、贵州、云南、西藏；朝鲜，韩国，日本，印度，尼泊尔，越南。

（506）黄黑玉臂尺蛾*Xandrames xanthomelanaria* Poujade，1895

Xandrames xanthomelanaria Poujade,1895b,Bull. Mus. Hist. nat. Paris,1（2）:56.（China:Sichuan,Moupin）

前翅长：♂43~45 mm，♀45~46 mm。此种外形与细玉臂尺蛾*X. albofasciata*极为相似，但区别在于前翅中部斑块较宽，其内缘弧形，斑内由白色向外过渡为黄色。

分布：甘肃（文县）、湖南、四川、贵州。

（507）大杜尺蛾*Duliophyle majuscularia*（Leech，1897）

Boarmia majuscularia Leech,1897,Ann. Mag. nat. Hist.,(6)19:420.（Japan）

前翅长：♂36~37 mm，♀40~41 mm。雄触角双栉形；雌触角线形。前翅内线、中线和外线在前缘处形成3个黑色大斑点；内线黑色，平直；中线黑色，穿过中点，在中室向外凸出，之后与后缘近垂直；中点黑色，条状；外线黑色，在M脉之间向外凸出，之后向内倾斜，与中线近平行，在后缘处与中线一起加粗，形成1黑色斑块；亚缘线白色，锯齿形，内侧具1模糊黑线。后翅中线黑色，平直；中点较前翅的小；外线黑色，弧形；亚缘线仅近后缘清楚；其余斑纹与前翅相似。

分布：中国的甘肃（文县）、陕西、湖南、福建、西藏；日本。

（508）杜尺蛾四川亚种*Duliophyle agitata angustaria*（Leech，1897）

Xandrames angustaria Leech,1897,Ann. Mag. nat. Hist.,(6)19:327.（China:Sichuan,Omei-shan）

前翅长：♂21~30 mm，♀30~31 mm。雄触角双栉形；雌触角线形。前翅外缘平滑；后翅外缘微波曲；翅面灰黄色，密布深灰褐色碎纹，斑纹深灰褐色至黑褐色。前翅中点条状，其外侧有1清晰白斑；外线由前缘至M_3清晰带状，其外缘锯齿形，外侧为1白线；雌外线外侧扩展为1白斑；亚缘线白色，内侧具1深灰色带；缘线黑色，在脉端常间断；缘毛黑褐色与灰黄色相间。后翅外线弧形；亚缘线仅在M_3以下可见；其余斑纹与前翅相似。

分布：甘肃（文县）、北京、陕西、浙江、江西、湖南、福建、四川、西藏。

（509）黑杜尺蛾*Duliophyle incongrua* Sterneck，1928

Duliophyle incongrua Sterneck,1928,Dt. ent. Z. Iris,42:228,pl.2:8.（China:Szechwan,Tachien-lu）

前翅长：♂25~32 mm，♀28~29 mm。此种翅面斑纹与杜尺蛾*D. agitata*相似，区别如下：翅面黑色；前翅中部白斑向外斜行至近臀角处,并在M_3下方向外过渡为灰褐色。

分布:甘肃(迭部、宕昌、文县)、陕西、湖北、四川、云南。

(510)细枝树尺蛾 *Mesastrape fulguraria* (Walker, 1860)

Erebomorpha fulguraria Walker, 1860, List Spec. lepid. Insects Colln Br. Mus., 21:495. (India)

前翅长:♂37~43 mm,♀36~39 mm。雄雌触角均双栉形。翅宽大;前翅外缘平滑;后翅外缘在Rs和M_3处各凸出1尖角。翅面绿褐色,密布黑色长碎纹,斑纹白色带状。前翅内线中部极度向外呈尖状凸出,在Cu_2处插入外线;中点黑条状;外线中部略向外凸出;亚缘线锯齿形,纤细,仅在M_3下方清楚;由顶角发出1白色带,向内弯曲至M_3之后与外线之平行,在后缘附近减弱或消失,其内侧至外线之间在M_2下方绿褐色;缘线黑色;缘毛黑色,在顶角和M_3下方白色。后翅前缘自基部至外线之间白色;中点较前翅短粗;外线近弧形;亚缘线较前翅清楚;Rs脉端发出1白色带,向内弯曲至M_3之后与外线之平行,在后缘附近减弱或消失,其内侧至外线之间在M_1下方绿褐色;亚缘线与外缘之间的黑色碎纹较前翅的稀少;缘线黑色;缘毛黑色,在前缘和Rs之间以及M_3下方白色。

分布:中国的甘肃(康县、文县)、河南、陕西、浙江、湖北、江西、湖南、福建、台湾、广西、四川、云南、西藏;日本,印度,尼泊尔。

(511)兀尺蛾 *Amblychia insueta* (Butler, 1878)

Elphos insueta Butler, 1878, Illust. typical Specimens Lepid. Heterocera Colln Br. Mus., 2:ix, 48, pl.36:2. (Japan: Yokohama)

前翅长:♂37~48 mm,♀42~50 mm。雄触角双栉形;雌触角线形。翅宽大,前翅外缘浅弧形;后翅外缘锯齿状,雌较雄锯齿深。翅面白色。雄翅面密布深灰和黑色碎斑,排列模糊灰黄色带;中点黑色;外线黑色,锯齿状,较近翅基,其外侧留下1条白色细带;亚缘线为1列白色月牙形斑;缘线黑灰色,在翅脉端断离;缘毛在前翅大部深灰褐色,在后翅大部白色。雌翅面除端部外灰色碎纹和灰黄色带大部消失,外观色较浅;端带在M_3与Cu_1之间断离。

分布:中国的甘肃(文县)、江西、湖南、福建、海南、广西、四川、贵州、云南、西藏;日本。

(512)默方尺蛾 *Chorodna corticaria* (Leech, 1897)

Boarmia corticaria Leech, 1897, Ann. Mag. nat. Hist., (6)19:419. (China: Hubei, Chang-yang; Ichang)

前翅长:♂31~40 mm,♀35~37 mm。雄触角双栉形;雌触角线形。前翅外缘略呈浅弧形,倾斜;后翅外缘锯齿形;翅面黄褐色。前翅前缘下方散布细密黑色碎纹;中线黑色,仅在前缘和近后缘处清楚;中点黑色,点状;外线黑色,浅锯齿状,常在M_2下方清楚,向内倾斜,与中线平行;亚缘线黄白色,在M_3上方不规则波曲,在M_3处向内弯折,之后平直,内侧散布不均匀黑色鳞片,形成1个由M_2至后缘内1/4的三角形大黑斑;缘线在脉间呈黑色短条形;缘毛黄褐色掺杂灰褐色。后翅亚基线黑色,外侧至外缘密布黑色碎纹;中线较前翅清楚,平直;其余斑纹与前翅相似。

分布:甘肃(武都区、康县、文县)、陕西、浙江、湖北、湖南、福建、台湾、广西、四川、云南、西藏。

备考:本种除指名亚种外,另有3个亚种 *Ch. corticaria formosana* (Inoue, 1986)(台湾),*Ch. corticaria photina* (Wehrli, 1941)(四川),*Ch. corticaria tapaicola* (Wehrli, 1941)(浙江西天目山)。其中 ssp. *tapaicola* 的模式产地记为"Tapai-shan"(陕西太白山),名称也由此而来,这显然是一个错误。ZFMK的模式标本(>20♂,1♀)均为"West-Tien-Mu-Shan, Chekiang, coll. H. Höne"。

(513)黄斑方尺蛾 *Chorodna ochreimacula* Prout, L.B., 1914

Chorodna ochreimacula Prout, L.B., 1914, Ent. Mitt., 3:264. (China: Taiwan, Alikang)

前翅长:♂35~37 mm,♀37~41 mm。前翅顶角凸出;后翅顶角缺刻,外缘在Rs处凸出1尖角。翅面黄色,雄较雌色深。翅面散布灰褐色碎纹。前翅内线模糊;中线灰褐色,在前缘和M_3之间向外凸出,之后平直向内倾斜;中点黑褐色,点状;外线灰褐色,常模糊呈点状;外线外侧至外缘之间灰褐色;亚缘线灰黄色,细弱,波曲,其外侧在M_3和Cu_1之间具黑斑;无缘线;缘毛深灰褐色。后翅中线灰褐色,平直;无中点;外线锯齿状较前翅明显;亚缘线外侧在M_3和Cu_1之间不具黑斑;其余斑纹与前翅相似。

分布:甘肃(文县)、江西、湖南、福建、台湾、海南、香港、广西、贵州、云南。

(514)宏方尺蛾 *Chorodna creataria* (Guenée, 1858)

Hemerophila creataria Guenée, 1858, in Boisduval & Guenée, *Hist. nat. Insectes* (Spec. gén. Lépid.), 9: 217. (N. India)

前翅长:♂35~38 mm,♀39~40 mm。翅面深褐色,密布黑色碎纹。前翅内线和中线模糊;中点黑色,点状;外线黑色,锯齿状,模糊,在M脉之间向外凸出,之后向内倾斜;外线外侧至外缘翅面颜色较深;亚缘线白色,波曲,在M_3和Cu_1之间形成1小白点,其内侧在M_3下方具1黑色细线;缘线在脉间呈黑色短条形;缘毛深褐色掺杂黑色。后翅中线黑色,平直;外线黑色,锯齿状;亚缘线中部不具白斑,内侧黑色线较前翅粗壮;其余斑纹与前翅相似。

分布:甘肃(文县)、浙江、湖北、湖南、福建、台湾、海南、香港、广西、四川、云南、西藏;印度,尼泊尔,泰国。

(515)雾方尺蛾 *Chorodna subpicaria* (Prout, L.B., 1915)

Medasina subpicaria Prout, L.B., 1915, in Seitz, *Gross-Schmett. Erde*, 4: 361, pl.20: a. (China: Omei-Shan)

前翅长:♂18~32 mm,♀38 mm。体和翅白色。翅面斑纹近似白蛮尺蛾 *Lassaba albidaria*,但翅面灰纹稀少,前后翅各有1个巨大灰色中点,后翅中点中心有1小黑点;外线在翅脉上留下1列黑点,在后翅前后缘附近连续成线;两翅顶角内下方和臀角附近有深灰褐色模糊斑块,斑上可见浅色锯齿状亚缘线。

分布:甘肃(礼县、宕昌、文县)、陕西、湖北、湖南、四川。

(516)伏方尺蛾 *Chorodna vulpinaria* Moore, 1868

Chorodna vulpinaria Moore, 1868, *Proc. zool. Soc. Lond.*, 1867: 614. (India: Darjeeling)

前翅长:♂34~37 mm,♀40~42 mm。前翅顶角略凸出,其下浅凹,然后平直至臀角;后翅顶角缺刻,外缘在Rs和M_3端部各凸出1尖角,在M端部凸出1很小的尖角。前翅黄褐色至红褐色,前缘附近色较深;翅面散布黑色碎条纹,在前缘附近较密集,在黑色椭圆形圈状中点内上方形成1形状不规则小黑斑;后缘中部附近有3条深褐色线段,内侧一条极倾斜,其外侧至亚缘线为1深褐色三角形区域,该区域内的碎条纹黑色,较前缘附近的色浅;亚缘线黄白色,由前缘至M_2细弱波曲,M_2以下弧形弯曲至臀角,弧形外侧淡灰黄色至灰白色;缘毛在M_3以上深灰褐色,在M_3以下略深于其内侧的浅色区域。后翅深灰褐色,带黄褐色调,散布大量黑褐色条纹;中点为1黑色椭圆形圈,较前翅小;外线的黑点列清晰;翅端半部翅脉带红褐色;亚缘线黄白色,由前缘至M_3外斜至缘线,在M_3处内弯,然后折角延伸至臀角;亚缘线外侧灰黄色;缘线在外缘凸齿之间有2段粗壮黑纹,其外侧缘毛深灰褐色,其余缘毛浅灰褐色。

分布:甘肃(文县)、广东、四川、云南、西藏;印度,尼泊尔。

(517)白蛮尺蛾 *Lassaba albidaria* (Walker, 1866)

Boarmia albidaria Walker, 1866, *List Spec. lepid. Insects Colln Br. Mus.*, 35: 1582. (India: N. Hindostan)

前翅长:♂26~27 mm,♀28~29 mm。雄触角双栉形;雌触角线形。前后翅外缘锯齿形。翅面白色,密布浅灰色碎纹。前翅前缘有4个小黑斑。前后翅外线黑色,锯齿形,细弱,大部消失,仅在翅脉上留有黑点,在前翅M_3与Cu_1之间形成1段黑褐色线,其外侧有1块模糊黑斑;外线外侧至外缘浅灰色,其中具白色锯齿状亚缘线;缘线在脉间呈黑色短条形;缘毛灰白色掺杂少量黑灰色。

分布:甘肃(文县)、陕西、青海、湖北、湖南、福建、广东、海南、广西、四川、云南、西藏;印度,尼泊尔,缅甸,泰国。

(518)康白蛮尺蛾 *Lassaba contaminata* Moore, 1888

Lassaba contaminata Moore, 1888a, in Hewitson & Moore, *Descr. New Indian lepid. Insects Colln. Late Mr.*

W.S. Atkinson, 3:246. (India: Darjeeling; Sikkim, Chumbi Valley)

前翅长：29~31 mm。前翅外缘几乎不波曲；后翅外缘浅波曲。翅面白色，散布灰黑色碎纹。前翅内线黑色，圆齿状；中线黑色，常间断；中点黑色，椭圆形；外线黑色，锯齿状，在前缘和M_1与Cu_1和臀褶之间略向内弯曲；外线外侧至外缘散布不均匀深褐色鳞片；亚缘线白色，锯齿状，沿M_3向内弯折，内侧具1黑色带，常间断；缘线在脉间呈黑色弧形；缘毛黑褐色掺杂白色。后翅无中线；中点深灰色，较前翅小；外线锯齿状，近弧形，有时模糊呈点状；亚缘线内侧至外缘散布不均匀褐色鳞片；缘线在脉间呈新月形；缘毛灰白色掺杂灰褐色。

分布：中国的甘肃（文县）、四川、云南、西藏；印度，尼泊尔。

（519）双蛮尺蛾 *Deinotrichia dissimilis*（Moore，1888）

M*edasina dissimilis* Moore, 1888a, in Hewitson & Moore, Descr. New Indian lepid. Insects Colln. Late Mr. W.S. Atkinson, 3:235. (India: Darjeeling)

前翅长：36 mm。雄触角双栉形；雌触角线形。前翅外缘微波曲；后翅外缘波曲较深，中部凸出1大齿。翅面深黄褐色，密布黑色碎纹，斑纹黑色。前翅内线模糊，仅在前缘处形成1大斑；中线在中点附近向外凸出，在前缘处加粗形成1大斑；中点短条形；外线锯齿状，外侧翅面颜色略浅，亚缘线模糊；缘线在各脉间呈短条形；缘毛黑色掺杂黄褐色。后翅中线平直；其余斑纹与前翅相似。

分布：中国的甘肃（舟曲）、西藏；印度，尼泊尔。

（520）掌尺蛾 *Amraica superans*（Butler，1878）

Amphidasys superans Butler, 1878, Illust. typical Specimens Lepid. Heterocera Colln Br. Mus., 2:ix, 48, pl. 35:3. (Japan: Yokohama)

前翅长：♂24~32 mm，♀33~35 mm。雄触角单栉形，端部线形；雌触角线形。前后翅外缘微波曲，前翅外缘倾斜。翅面灰褐色。前翅基部和前缘端部具深红褐色大斑；内线黑色，波状，在Cu_2与2A之间向内深弯曲；中线模糊；中点为深灰色圆点；外线黑色，仅前缘至M_1之间清楚，在R_5与M_1之间向内深弯曲；亚缘线白色，微波状；亚缘线外侧各脉上具褐色斑点；缘线黑色短条形；缘毛褐色掺杂深灰色。后翅基部具深灰色鳞片；外线模糊；中点较前翅小；中线、亚缘线、缘线和缘毛与前翅相似。

分布：中国的甘肃（永登、舟曲、成县、康县、文县）、黑龙江、吉林、北京、河北、河南、陕西、上海、江苏、安徽、浙江、湖北、江西、湖南、福建、台湾、四川、重庆、贵州；俄罗斯（乌苏里），朝鲜，韩国，日本。

（521）摩尺蛾 *Cusiala stipitaria*（Oberthür，1880）

Boarmia stipitaria Oberthür, 1880, Études ent., 5: 45, pl.4:6. (Russia: Askold)

前翅长：♂22~25 mm，♀25~29 mm。雄触角线形，具纤毛；雌触角线形。前翅外缘略呈浅弧形，倾斜；后翅外缘弧形。翅面灰白色，斑纹黑色。前翅内线波曲，内侧具1浅褐色细线；中线在中室下方模糊；中点为短条形；外线在M脉间凸出并呈双峰状，其余部分波曲；外线外侧具1浅褐色细线；亚缘线常模糊；缘线在各脉间呈短条形；缘毛白色掺杂灰色。后翅中线和外线在M脉间略向外凸出；其余斑纹与前翅相似。

分布：中国的甘肃（天水、武都区、文县）、吉林、北京、河南、陕西、湖北、海南、台湾、四川、云南；俄罗斯，朝鲜，韩国，日本。

（522）白珠绶尺蛾 *Xerodes contiguaria*（Leech，1897）

Zethenia contiguaria Leech, 1897, Ann. Mag. nat. Hist., (6)19:223. (China: Hubei, Ichang, chang-yang; Sichuan, Moupin, Omei-shan, Chia-ting-fu; Kwei-chow)

前翅长：雄18 mm；雌19~20 mm。雄雌触角均线形，雄具长纤毛。额不凸出。下唇须约1/3伸出额外。前翅外缘中部隆起，其上下较直；后翅外缘浅波曲，中部略凸；翅面深褐色，略带灰紫色调。前翅内线波状；中点黑色微小；中带较翅色略深，宽但十分模糊；外线黑色，纤细，锯齿形，有时很弱或消失；外线内侧在Cu_2两侧具半月形小白斑；外线外侧在M_3和Cu_1之间常具1黑色大圆斑；亚缘线和缘线模糊；缘毛与翅同色。后翅斑纹与前翅相似，但外线内侧不具半月形小白斑，外线外侧不具黑色大圆斑。

分布:甘肃(武都区、文县)、陕西、江苏、浙江、湖北、湖南、福建、台湾、四川、贵州;日本。

(523) 黑点绶尺蛾 *Xerodes albonotaria* (Bremer, 1864)

Selenia albonotaria Bremer, 1864, *Mém. Acad. Sci. St. Pétersb.*, (7)8 (1):73, pl.6, :16. (Russia: East Siberia, Bureja Mountains; lower Ussuri)

前翅长:21 mm。体和翅红褐色。前翅顶角明显凸出,外缘在M_3处凸出成角,其上下略凹;后翅外缘锯齿形。前后翅中线深褐色,前翅较细,浅波曲,后翅较粗,直;外线为1列黑点,在前翅大部消失,后翅完整清晰;前翅外线外侧中部有1小白斑,围以深褐色圈;后翅外线以内色较浅,密布深灰褐色碎纹,两翅其余部分散布稀疏小褐点;无缘线;缘毛与翅同色。

分布:甘肃(永登)、内蒙古、陕西、浙江、台湾;俄罗斯,朝鲜,韩国,日本。

(524) 桦尺蛾 *Biston betularia* (Linnaeus, 1758)

Phalaena (Geometra) betularia Linnaeus, 1758, *Syst. Nat.* (Edn 10), 1:521. (Europe)

前翅长:♂20~24 mm,♀23~28 mm。雄触角双栉形,雌线形。前翅外缘较直,倾斜。翅面灰褐色,散布灰色小点。前翅内线黑色,双弧线;中点黑色短条形;中线黑色,模糊;外线黑色,在M脉之间向外凸出1大齿,在Cu_2和A脉之间微向外凸出;外线外侧具灰色斑块。后翅中点较前翅小;其余斑纹与前翅相似。

分布:中国的甘肃(永登、卓尼、礼县、迭部、宕昌、舟曲、康县、文县)、黑龙江、吉林、辽宁、内蒙古、北京、河北、山西、山东、河南、陕西、宁夏、青海、新疆、福建、四川、云南、西藏;俄罗斯,蒙古国,朝鲜,韩国,日本,印度,尼泊尔,中亚地区至欧洲,北美洲。

(525) 小鹰尺蛾 *Biston thoracicaria* (Oberthür, 1884)

Jankowskia thoracicaria Oberthür, 1884a, *Études ent.*, 9: 26, pl.2:8, 4. (China: Manchuria. Russia: Sidemi)

前翅长:♂15~18 mm,♀19~20 mm。本种外形与桦尺蛾*B. betularia*相似:前翅外线在M间和Cu_2和2A之间向外凸出;前后翅中点条状。但本种的区别如下:体型较小;前翅外缘略呈浅弧形;翅面深褐色,而桦尺蛾*B. betularia*的灰黑色;后翅具基线;前翅R_1和R_2分离,但在桦尺蛾*B. betularia*中共柄。

分布:甘肃(文县)、北京、河北、山东、河南、陕西、江苏、浙江、湖北、云南;俄罗斯,朝鲜,韩国,日本。

(526) 圆突鹰尺蛾 *Biston mediolata* Jiang, Xue & Han, 2011

Biston mediolata Jiang, Xue & Han, 2011b, *ZooKeys*, 139:59, figs 21-24, 76, 03, 121. (China: Hubei, Xingshan, Longmenhe)

前翅长:♂32~34 mm,♀42 mm。雄触角锯齿形,雌线形。前翅外缘直,十分倾斜。翅面白色,散布浅灰色条纹。前翅内线黑色,粗壮,浅弧形,内侧具浅黄色带;中线灰黄色,在前缘处为1黑斑;中点为灰色圆点,模糊;外线黑色,在M脉之间向外凸出1大齿,在Cu_2和A之间略向外凸出,在翅脉上向内凸出小尖齿;外线外侧具1浅黄色带;缘线为翅脉间1列黑色短条。后翅亚基线黑色;外线黑色,在M之间向外呈圆形凸出;缘线大部消失。前后翅缘毛黄白色掺杂深灰褐色。

分布:甘肃(康县、文县)、陕西、湖北、湖南、福建、海南、广西、四川;越南。

(527) 油桐尺蠖 *Biston suppressaria* (Guenée, 1858)

Amphidasys suppressaria Guenée, 1858, *in* Boisduval & Guenée, *Hist. nat. Insectes* (Spec. gén. Lépid.), 9:210. (India)

前翅长:♂24~27 mm,♀37~39 mm。雄触角双栉形,雌线形。前翅外缘较直,倾斜较少。翅面灰白色,带淡黄色调,密布黑色小点。前翅内线黑色,微波曲;内线内侧具浅黄色宽带;中线浅黄色,模糊;中点为浅灰色圆点;外线黑色,在M脉之间向外呈双峰形凸出;外线至外缘之间具浅黄色带,其上掺杂黑色鳞片;外线外侧在M_3下方有1黑斑。后翅亚基线黑色,不与前翅内线组成1个弧形;中线黄色,模糊;外线黑色,在M脉之间呈圆形凸出;外线外侧具浅黄色带,其上掺杂黑色鳞片。

分布:中国的甘肃(文县)、陕西、河南、江苏、安徽、浙江、湖北、江西、湖南、福建、广东、海南、香港、广西、四川、重庆、贵州、云南、西藏;印度,缅甸,尼泊尔。

(528) 双云尺蛾 Biston regalis (Moore, 1888)

Amphidasys regalis Moore, 1888a, in Hewitson & Moore, Descr. New Indian lepid. Insects Colln. Late Mr. W.S. Atkinson, 3:234. (India:Darjeeling)

前翅长:♂27~32 mm,♀20~22 mm。雄触角双栉形,雌线形。前翅外缘直,倾斜。翅面白色,散布稀疏浅褐色条纹,在前翅前缘和外缘附近较密集。前翅内线黑色,不规则锯齿形,内侧具褐色宽带;中线褐色,模糊;中点模糊;外线黑色,在R_5和M_3之间向外呈圆形凸出,在Cu_2和臀褶之间略向外凸出;外线外侧至外缘具不规则褐色斑块,但在顶角区域和M_3与Cu_1之间常为白色。后翅亚基线黑色,微波曲,内侧具褐色宽带;外线在M脉之间向外凸出,其外侧褐色斑块较弱;其余与前翅相似。

分布:中国的甘肃(永登、天水、成县、武都区、康县、文县)、辽宁、河南、陕西、浙江、湖北、江西、湖南、福建、台湾、广东、海南、四川、云南;俄罗斯(阿穆尔、乌苏里),朝鲜,韩国,日本,印度,尼泊尔,菲律宾,巴基斯坦,美国。

(529) 褐鹰尺蛾 Biston quercii (Oberthür, 1910)

Amphidasis quercii Oberthür, 1910, Études Lépid. comp., 4:676, pl.51:433. (China:Szechwan, Tien-Tsuen)

前翅长:29~31 mm。雄触角双栉形,雌线形。前后翅外缘深波曲,中部明显呈齿状凸出。翅面白色,前翅内线内侧和前后翅外线外侧至外缘的宽带深褐至黑褐色,基本不带黄褐色;前翅内线黑色,波状,弧形弯曲;前后翅外线黑色,略波曲,向内凸出小齿;亚缘线黑色锯齿形,常扩展并断裂成粗细不等、大小不均的黑色斑块,外侧有白边;中点黑色,大,椭圆形;前翅基部,内、外线之间和后翅外线以内散布不均匀的黑色或黑灰色细点。

分布:甘肃(康县)、陕西、河南、湖北、四川。

(530) 鹰翅尺蛾 Biston satura (Wehrli, 1941)

Biston erilda satura Wehrli, 1941, in Seitz, Gross-Schmett. Erde, 4 (Suppl.):434, pl.36:e. (China:Shaanxi, Tapaishan)

前翅长:♂25~32 mm,♀30~36 mm。特征近似褐鹰尺蛾 *B. quercii*,主要区别如下:前后翅外缘波曲较和缓,中部隆起但不呈齿状;前翅内线内侧和前后翅外线外侧的宽带常呈明显的黄褐色,该带在亚缘线外侧常断离成大小不等的卵圆形斑块;前翅内外线之间距离较宽;后翅无中点。雌外线外侧形成完整的褐色宽带。

分布:甘肃(宕昌、舟曲、康县、文县)、陕西、宁夏、四川、云南。

(531) 木橑尺蠖 Biston panterinaria (Bremer & Grey, 1853)

Amphidasis panterinaria Bremer & Grey, 1853a, Beitr. Schmett.-Fauna nord. China:21, pl.10:1. (N. China)

前翅长:♂28~34 mm,♀37~39 mm。雄触角锯齿形具纤毛簇。雄前翅外缘直,倾斜;雌前翅外缘浅弧形,倾斜较少。翅面斑纹与金星尺蛾属 *Abraxas* 种类相似。翅面白色,散布浅灰色斑块,在后翅外线内侧分布较稀少;前翅基部灰色,具1褐色大斑;内线黄褐色;前后翅外线黄色,细,在M脉之间向外凸出,散布深褐色椭圆形斑;前后翅中点为浅灰色大圆点;翅反面中点中部深褐色。

分布:中国的甘肃(宕昌、舟曲、武都区、康县、文县)、辽宁、北京、河北、山西、山东、河南、陕西、宁夏、安徽、浙江、湖北、江西、湖南、福建、广东、海南、广西、四川、重庆、贵州、云南、西藏;印度,尼泊尔,越南,泰国。

(532) 桑尺蠖 Menophra atrilineata (Butler, 1881)

Hemerophila atrilineata Butler, 1881c, Trans. ent. Soc. Lond., 1881(3):405. (Japan:Tokyo;Yokohama)

前翅长:26 mm。雄雌触角均双栉形。额和下唇须深褐色与灰黄色掺杂,下唇须粗壮,尖端伸达额外;头顶和胸部背面灰黄色至黄褐色;肩片端部黑灰色;后胸和第1腹节黑色,第2、3腹节颜色略浅,其余各腹节灰黄色,散布黑色。翅外缘浅波状。前翅中部由后缘近基部处至外缘顶角下方有一条黑灰色宽带,无清晰边界,其上下颜色渐浅,其上方至前缘黄褐至褐色;前翅外缘中下部和后翅端部暗褐色至深灰褐色;前翅黑灰色带下方和后翅外线以内灰白色,散布大量黑灰色碎纹;前翅中线和外线黑色,上端模糊,中线由前缘至中室下缘深锯齿形,然后极内倾至后缘内1/4处;外线上端略内倾,在R_5与$M1$之间极度向外延伸至近外缘,然后内折,不规则波曲至后缘中部。后翅外线直行,中部略向内弯曲。

寄主植物:桑、梨、苹果。

分布:中国的甘肃(天水、宕昌、康县、文县)、内蒙古、山西、陕西、江苏、安徽、浙江、湖北、湖南、台湾、广东、广西、四川、贵州、云南;朝鲜、韩国、日本。

(533)角顶尺蛾 Menophra emaria (Bremer, 1864)

Hemerophila emaria Bremer, 1864, Mém. Acad. Sci. St. Pétersb., (7)8 (1):74, pl. 6, fig. 18. (Russia: Amur; Ussuri)

前翅长:15~19 mm。雄触角双栉形,雌触角线形。下唇须尖端伸达额外,深灰褐色;额黑褐色。头顶和体背灰褐色。雄后足胫节膨大,具毛束。前翅外缘波状;后翅外缘锯齿形。翅底灰黄至浅灰褐色,散布深灰色碎纹;前翅基部和端部色较深,中线与外线黑色,极倾斜,外线上端伸达外缘顶角下方;中点黑色微小;后翅外线黑色,较近外缘,其外侧在M_1以下有1条深褐色带,紧邻白色亚缘线;前后翅缘线黑色,不完整;缘毛深灰褐色。翅反面灰褐色散布黑灰色碎纹;中点黑灰色;外线为1列黑点。

分布:中国的甘肃(永登)、内蒙古、山西、陕西、江苏、安徽、浙江、湖北、湖南、台湾、广东、广西、四川、贵州、云南、西藏;俄罗斯、朝鲜、韩国、日本。

(534)灰红展尺蛾 Menophra prouti (Sterneck, 1928)

Hemerophila prouti Sterneck, 1928, Dt. ent. Z. Iris, 42: 208, pl. 5, fig. 50. (China: Szechwan, Tachien-lu)

前翅长:23 mm。雄触角双栉形,雌触角线形。额褐色,上缘1/3黑褐色;下唇须深褐色掺杂黑褐色,尖端伸达额外。体灰褐色。前翅外缘波状;后翅外缘锯齿形;翅面灰褐色至褐色,散布灰色碎纹。前翅内线黑色,在中室上缘和下缘向外各形成1尖角;内线内侧具深褐色带;外线黑色,在M_1上方向外凸出1尖角,随后向内倾斜至Cu_2,再垂直于后缘;外线外侧在尖角下方具1深褐色宽带,其在M_1和M_3之间向外伸达外缘。后翅中线深褐色,模糊;中线与亚缘线之间深褐色;外线黑色,微波曲。前后翅亚缘线白色,模糊;缘线黑色;缘毛灰褐色。翅反面中点黑色,较正面清楚;前翅外线外侧在尖角下方具1黑线,向内倾斜至后缘。

分布:中国的甘肃(迭部)、四川、西藏;尼泊尔。

(535)双斜线尺蛾 Megaspilates mundataria (Stoll, 1782)

Phalaena (Geometra) mundataria Stoll, 1782, in Cramer, Uitlandsche Kapellen (Papillons exot.) 4: 243, 250 (index), pl. 400, fig. H. (Russia: Siberia)

前翅长:20 mm。雄雌触角均双栉形。翅宽大;前翅顶角尖,外缘浅弧形;后翅前缘长,外缘较平直。体和翅白色。前翅线纹暗黄褐色;前缘由基部至外线为不均匀的暗黄褐色;外线细带状,在前缘下折角,然后极向内倾斜,呈浅弧形伸达后缘近基部处;亚缘线细带状,直,由顶角到后缘外1/4处;缘线清晰,连续;缘毛黄褐色掺杂白色。后翅亚缘线深灰色,在Cu_2以下消失;缘线远较前翅细;缘毛白色。

分布:甘肃(永登、清水、天水、白水江)、黑龙江、内蒙古、北京、山西、陕西、江苏;俄罗斯、蒙古国、朝鲜、韩国、日本。

(536)淡焦边尺蛾 Bizia altera (Wehrli, 1954)

Angerona altera Wehrli, 1954, in Seitz, Gross-Schmett. Erde, 4 (Suppl.):711. (North Korea: Shiötsu River; Charbin. China: Inner Mongolia, Mandchuria; Heilongjiang, Maoer-shan, Ou-Hou; Shanghai; Chekiang, Mokanshan; West Tien-Mu-shan)

前翅长:26~33 mm。雄触角双栉形,末端无栉齿;雌线形。前翅顶角尖,略凸出,外缘波曲,中部隆起;后翅顶角浅缺刻,外缘波曲。头和翅面斑纹深褐色,体和翅淡黄色。前翅前缘有3个小斑;前后翅散布稀疏灰点,圆形中点和细带状中线较弱,后翅中线穿过中点;外线为灰线;前翅端部至后翅顶角有1深褐色大斑,由上向下渐宽,大斑上有数块黑灰色小斑和深灰色碎纹;缘毛在前翅、后翅顶角和各翅脉端深褐色与深灰褐色掺杂,在后翅各翅脉间黄色。

分布:中国的甘肃(康县、文县)、黑龙江、内蒙古、北京、河北、陕西、上海、浙江、湖北、广西;朝鲜,韩国。

(537)雕幽尺蛾四川亚种 *Gnophos albidior superba* (Prout, L.B., 1915)

Gnophos accipitraria superba Prout, L.B., 1915, in Seitz, Gross-Schmett. Erde, 4:386, pl.22:k. (China: Sichuan, Omei-shan)

前翅长:♂31~36 mm,♀35~40 mm。雄雌触角均线形。前后翅外缘中等波状;前翅顶角钝圆,臀角圆;后翅顶角和臀角圆。翅面灰白、灰黑色鳞片掺杂。前翅内线模糊,在翅脉上为灰褐色,呈弧形;中点灰褐色、近圆形;其上方前缘处有1灰褐色斑点;外线灰褐色,外侧具灰白色伴线;向外倾至M_3后向内微折,呈锯齿形;亚缘线灰白色、波状;缘线黑褐色;亚缘线与缘线间多为灰黑色,M_3与Cu_2脉间有灰白色大斑块;缘毛在翅脉端灰褐色,脉间灰白色或灰褐色。后翅中点灰褐色,较前翅略大,中间灰白色;外线、亚缘线、缘线、缘毛同前翅;后缘缘毛灰白色。前后翅中部之外翅脉带黄色。

分布:甘肃(徽县、康县、文县)、陕西、湖北、湖南、四川、云南、西藏。

(538)锯幽尺蛾 *Gnophos serratilinea* Sterneck, 1928

Gnophos serratilinea Sterneck, 1928, Dt. ent. Z. Iris, 42:232, pl.2:13. (China: Peking)

前翅长:♂23~25 mm,♀25~27 mm。前翅外缘微波曲,后翅外缘中等波曲。翅面深灰色,带灰绿色调。前翅内线深灰色,波浪状,前缘处具黑色小点,内线以内翅面颜色较深;中点黑色,点状;中线深灰色,模糊,中线与内线之间翅面颜色较浅;外线黑色,锯齿状,翅脉上偶具白色小点;亚缘线灰白色,小波浪状;缘线黑色,脉间颜色较深;缘毛深灰色。后翅外线黑色,锯齿状;外线以内翅面色浅;亚缘线、缘线、缘毛同前翅。

分布:甘肃(永登、镇原、迭部、宕昌)、内蒙古、北京、河北、云南。

(539)褐幽尺蛾 *Gnophos lutipennaria* Fuchs, 1900

Gnophos lutipennaria Fuchs, 1900, Jb. nassau. Ver. Naturk., 53:56. (China: Sining Tebet)

前翅长:♂16~17 mm,♀17~18 mm。前翅外缘微波状,后翅外缘中等波状。翅面灰色与灰红色掺杂。前翅前缘基部深灰色;内线深灰色,在前缘、中室下缘及后缘处各具深灰色小点;中点灰色,中央具灰白色小点;外线由翅脉上深灰色小点组成,在前缘处具深灰色斑;内线与外线之间翅面灰红色;亚缘线灰色,其内侧的前缘至M_1脉之间具深灰色斑块;亚缘线外侧的翅脉上具灰红色鳞片;缘线由脉间深灰色小点组成;缘毛在翅脉端深灰色,脉间灰黄色。后翅中线与外线之间灰红色;外线近似弧形,由翅脉上深灰色小点组成;亚缘线、缘线、缘毛同前翅。

分布:甘肃(永登、康乐)、青海、西藏。

(540)粗苔尺蛾 *Hirasa austeraria* (Leech, 1897)

Synopsia austeraria Leech, 1897, Ann. Mag. nat. Hist., (6) 9:430. (China: Sichuan, Pu-tsu-fong)

前翅长:♂21~22 mm,♀20~27 mm。雄触角双栉形,雌线形。前后翅外缘中等波曲;翅面灰色。前翅内线黑色,近似弧形,较模糊;中点黑色,点状;外线黑色,翅脉上颜色较深,前缘至R_5之间稍向内凹,之后向外弯曲延伸,在臀褶处向内凹;亚缘线由脉间灰白色小点组成;缘线由脉间黑色小点组成;缘毛灰色。后翅中点黑色点状,较前翅小;中点与外缘之间具黑色宽带,在后缘处与外线汇合;外线黑色,小波浪状;亚缘线、缘线、缘毛同前翅。

分布:甘肃(天水、康县、文县)、陕西、浙江、湖北、湖南、四川、云南。

(541)前苔尺蛾甘肃亚种 *Hirasa provocans lihsiensis* Wehrli, 1943

Hirasa provocans lihsiensis Wehrli, 1943, in Seitz, Gross-Schmett. Erde, 4 (Suppl.):549. (China: Kansu,

South Peiling-shan, Lihsien）

前翅长：23~25 mm。前后翅外缘波曲较深。翅面灰色散布橄榄绿色鳞片。前翅内线黑色，从前缘向外延伸至中室上缘后向内倾斜，在2A处向内凹陷；中点灰黑色，点状，周围具灰白色斑块；外线从前缘3/4处向内凹至M_1后向外凸出，从Cu_2处向内倾斜，Cu_2至外缘内侧具黑色伴线，色较深；亚缘线灰白色，均匀小锯齿形；缘线灰色，脉间颜色较深；缘毛同翅色。后翅中点灰黑色，较前翅小；外线黑色，波浪状，M_3下方具黑色伴线，色较深；亚缘线、缘线、缘毛同前翅。

分布：甘肃（礼县、宕昌、文县）、陕西、湖北。

（542）贫苔尺蛾 *Hirasa paupera*（Butler, 1881）

Boarmia paupera Butler, 1881c, Trans. ent. Soc. Lond., 1881（3）：406.（Japan：Yokohama）

前翅长：20 mm。翅面灰色夹杂黑色鳞片。前翅顶角钝圆，后翅顶角、臀角圆；前后翅外缘浅波曲。前翅内线灰黑色，在前缘处颜色较深；中点黑色点状；中线灰黑色，前缘处色较深；外线黑色，浅锯齿形，从前缘向外倾斜至M_1后向内延伸，内侧在中室上缘至后缘为1界限不清的黑褐色带；外线外侧M_3与后缘之间具灰白色斑块；亚缘线灰白色；缘线由脉间黑色小点组成；缘毛同翅色。后翅中点黑色，较前翅小，外线黑色锯齿形，前缘至M_1较模糊，M_1至后缘色较深，且翅脉上具黑色小点；缘线、缘毛同前翅。

分布：中国的甘肃（南部）、北京、四川；日本。

（543）虚幽尺蛾甘肃亚种 *Ctenognophos ventraria kansubia* Wehrli, 1953

Ctenognophos ventraria kansubia Wehrli, 1953, in Seitz, Gross-Schmett. Erde, 4（Suppl.）：570.（China：Kansu, East Minshan）

前翅长：♂21~25 mm，♀22~28 mm。雄触角双栉形，雌触角线形。前后翅外缘锯齿形。翅面暗黄色至灰色。前翅基部深灰褐色；内线模糊；中点深褐色，长点状；中线为暗黄色宽带；外线黑色，锯齿形；亚缘线为暗黄色宽带；中线与亚缘线之间为黄褐色；缘线黄褐色至黑色；缘毛暗黄褐色或灰黄色。后翅中线以内翅色较浅；中线为暗黄色宽带；外线黑色，锯齿形；亚缘线、缘线、缘毛同前翅。

分布：甘肃（永登、岷县、礼县、宕昌、文县）、陕西、四川。

（544）孖尺蛾 *Planociampa antipala* Prout, L.B., 1930

Planociampa antipala Prout, L.B., 1930, Novit. zool., 35：337.（Japan：Takao-San）

前翅长：19 mm。雄触角双栉形，雌触角线形。额凸出，具1角状突，侧面具鳞毛；下唇须短，密被鳞毛；喙发达；胸部和腿节密被鳞毛。前翅狭长，顶角尖，外缘微波曲，较直立；后翅外缘在M_3和Cu_2之间向外凸出。前翅灰褐色；内线和外线黑褐色，锯齿形；外线在M_3与臀褶之间向内凸出；中点黑褐色，清晰；亚缘线白色，模糊锯齿形；缘线黑色；缘毛深灰色。后翅灰白色；中点清晰可见；外线模糊。

分布：中国的甘肃（榆中）、江苏；日本。

（545）白点焦尺蛾 *Colotois pennaria ussuriensis* Bang-Haas, 1927

Colotois（*Himera*）*pennaria ussuriensis* Bang-Haas, 1927, Horae macrolepidopt. Reg. palaearct., 1：96, pl. 11：32.（Russia：Ussuri, Sutschansk）

前翅长：19~23 mm。雄触角双栉形，栉齿极长；雌触角线形。触角基部复眼上方具1束深褐色短毛；额深褐色，不凸出；下唇须深褐色，短小，未伸出额外。体灰褐色，胸部和足的腿节密被鳞毛。前翅顶角尖，略凸出，外缘波曲，在M_3与Cu_1之间深凹；翅面灰黄褐色至褐色，斑纹深灰色，密布碎纹；内线浅弧形；外线在M脉间略向外弯曲；顶角下方在R_5和M_1之间具1白点，边缘深灰色。后翅色较前翅浅；中线平直；外线向外弧形弯曲。前后翅中点小，清晰。

分布：中国的甘肃（永登、榆中、天水）、黑龙江、内蒙古；俄罗斯，日本。

（546）麻灰尺蛾 *Sathrosia cinigeraria*（Alphéraky, 1897）

Eubolia cinigeraria Alphéraky, 1897a, in Romanoff, Mém. Lépid., 9：59, pl. 2：15, 16.（China：Tibet, Amdo,

Myn-dyn-cha）

前翅长：12 mm。雄触角双栉形，雌触角线形。体黑褐色掺杂白色。前翅宽阔，外缘近平直，长度略大于后缘；后翅外缘平滑。翅面白色，密布黑褐色碎纹；斑纹黑褐色，不连续。前翅内线弧形，在前缘、中室下方和后缘各形成1黑斑；中点大且圆；外线在M_1脉处凸出1小尖角，随后向内倾斜至Cu_1脉，沿Cu_1伸达中点下方，随后垂直于后缘；亚缘线为1列粗大不规则形斑块；缘线为1列脉间黑斑；缘毛在近臀角白色，其余黑褐色。后翅中点较前翅小；外线和亚缘线较前翅模糊；缘线为1列脉间黑色短纹；缘毛在脉端白色，其余黑褐色。

分布：甘肃（南部）、西藏。

（547）亚斜尺蛾 *Loxaspilates fixseni*（Alphéraky，1892）

Panagra fixseni Alphéraky,1892b,Horae Soc. ent. ross.,26:456.（China:Tibet,Amdo,Myn-dyn-cha）

前翅长：♂18 mm，♀20~22 mm。雄雌触角均为线形。前翅前缘端半部弓形，外缘倾斜，平直，顶角稍呈钩状凸出；后翅外缘浅弧形。前翅翅面灰黄色至浅黄褐色；内线消失，在中室下缘及2A处具黑色斑点；中点灰黑色，点状；中线有时为灰黑色小宽带；外线为直宽带，黑褐色，在前缘处颜色较浅；亚缘线灰黑色，在R_5与M_3之间具黑色小斑块；缘线由脉间黑色小点组成；缘毛同翅色。后翅黄白色，中点点状，深灰色，较前翅小；外线由脉上灰黑色小点组成；缘线同前翅；缘毛黄白色。

分布：甘肃（永登、文县）、陕西、青海、湖北、四川、云南、西藏。

（548）尖翅斜尺蛾 *Loxaspilates obliquaria*（Moore，1868）

Aspilates obliquaria Moore,1868,Proc. zool. Soc. Lond.,1867:649.（India:Bengal）

前翅长：20~23 mm。前翅前缘端半部弓曲较前种浅。翅面灰白色；散布灰黑色鳞片。前翅前缘灰色；内线模糊，在中室下缘和2A处具黑色小点；中点灰黑色，圆点状；外线为1黑色直线，外侧具灰色宽带；亚缘线灰色，从顶角至M_2之后为直线，外侧具灰色宽带，较中线窄；缘线由脉间黑色小点组成；缘毛灰色。后翅中点为灰色圆点状，较前翅小；后缘中部至Cu_1具灰色小宽带，从后缘向上渐变窄；臀角处具稀疏灰色鳞片；缘线、缘毛同前翅。

分布：中国的甘肃（文县）、四川、云南、西藏；印度。

（549）小斑渣尺蛾 *Psyra falcipennis* Yazaki，1994

Psyra falcipennis Yazaki,1994,in Haruta,Tinea,14 （Suppl. 1）:32,pl.71:11,14;text-figs 374,380.（Nepal:Mt. Phulchouki）

前翅长：♂♀21~28 mm。雄雌触角均线形。前翅顶角凸出，外缘中部突出；后翅外缘中部微凸；翅面灰黄色，夹杂灰色斑点。前翅内线灰色，小波浪状，近似弧形；中点灰色，圆形，有时中间具白色点；外线为灰黄色双线，在翅脉上具黑色小点，外线外侧在M_1与M_2之间，Cu_1与2A之间各具2个黑色三角形小斑块；缘线由脉间黑灰色小点组成；缘毛同翅色。后翅中点不明显；外线为灰色双线，内侧一条较直，外侧一条锯齿形；缘线、缘毛同前翅。

分布：中国的甘肃（康县、文县）、陕西、浙江、湖北、湖南、福建、广西、四川、云南；尼泊尔。

（550）短渣尺蛾 *Psyra breviprotrusa* Liu，Xue & Han，2013

Psyra breviprotrusa Liu, Xue & Han 2013,in Liu et al.,Zootaxa,3682 （3）:472.（China:Gansu,Yongdeng,Tulugou）

前翅长：♂20~21 mm。前翅顶角尖，前后翅外缘平滑。前翅灰褐色，斑纹深褐色；内线近平直；中线在M_3和外缘之间略向内弯曲；中点为小圆形，有时模糊；外线常模糊，在M_1下方向内倾斜，在后缘处与中线汇合；亚缘线在M_1至M_3之间具2个黑色三角形斑，在Cu_2至后缘之间具黑色长斑；缘线由脉间黑色小点组成；缘毛同翅色。后翅黄白色，散布灰褐色小点；中线较前翅的粗，近平直；外线和亚缘线模糊；翅端部宽带模糊；缘线、缘毛和中点与前翅相似。

分布：甘肃（永登、天水）。

(551) 电光尺蛾 *Astrapephora romanovi* Alphéraky, 1892

Astrapephora romanovi Alphéraky, 1892b, *Horae Soc. ent. ross.*, 26:457.（China:Tibet, Amdo, Myn-dyn-scha）

前翅长:20 mm。雄雌触角均双栉形,雄栉齿极长,雌栉齿短。下唇须短。体褐色,胸部颜色较深。前翅顶角尖,外缘浅弧形;翅面黄褐色;前缘和后缘基部散布深褐色鳞片;翅面具黑褐色大斑;翅中部的大斑几乎占满整个中室;中室外侧具1列脉间大斑,每个斑的外缘凸出呈角状,在Cu_2与2A之间的大斑向内延伸至近基部;翅端部具黑褐色带。后翅色较浅,斑纹黑褐色;中点微小;外线波曲。雌蛾体较小;后翅橙黄色。

分布:甘肃(岷山)、青海、四川、云南、西藏。

(552) 沙黄尺蛾四川亚种 *Aspitates gilvaria kukunorensis* (Wehrli, 1953)

Aspilates gilvaria kukunorensis Wehrli, 1953, in Seitz, *Gross-Schmett. Erde*, 4 (Suppl.):677, pl. 53:d.（China:Szetschwan, Sungpanting）

前翅长:17 mm。雄触角双栉形,雌触角线形。额黄白色,不凸出;下唇须黄白色,端部1/2伸出额外。体黄白色。前后翅外缘平滑。前翅淡灰黄色,密布灰褐色碎纹;仅可见灰褐色中点和外线;外线平直,由顶角内侧向内倾斜至臀褶。后翅黄白色;中点和外线前半部隐约可见,翅后半部无斑纹。前后翅缘毛浅黄色。翅反面可见黑褐色中点和外线上半部。雌蛾翅较雄蛾窄。

分布:甘肃(天祝)、内蒙古、山西、青海、四川。

(553) 污黄尺蛾 *Aspitates tristrigaria* (Bremer & Grey, 1853)

Aspilates tristrigaria Bremer & Grey, 1853a, *Beitr. Schmett.-Fauna nord. China*:21, pl.10:2.（N. China）

别名:山枝子尺蛾。

前翅长:17 mm。雄触角双栉形,雌触角线形。额白色,不凸出;下唇须白色,短小,未伸出额外;头和胸白色;肩片中部和各腹节间黑褐色。前翅狭长,外缘倾斜,浅弧形;翅面白色,斑纹黑褐色;前缘密布黑褐色碎纹;内线耳状,在中室向外明显凸出;中点清晰;外线向内倾斜,近后缘波曲;亚缘线松散带状,在M_1上方缺失;缘线在脉间常断开。后翅白色;中点较前翅小;外线弧形;缘线不完整。前后翅缘毛白色掺杂少量黑褐色。

分布:甘肃(北部)、吉林、内蒙古、北京、河北、山西、陕西。

(554) 粉蝶尺蛾 *Bupalus vestalis* Staudinger, 1897

Bupalus piniarius var. *vestalis* Staudinger, 1897, *Dt. ent. Z. Iris*, 10:63, pl. 2, fig. 41.（Russia:Amur）

前翅长:18~20 mm。雄触角双栉形,雌线形。雄额黑色,下端掺杂灰白色;下唇须灰白色,端部掺杂黑色,短小,未伸出额外;头胸腹背面黑色,掺杂少量白色;雌体色偏深红褐色。翅宽大,前后翅外缘弧形。雄蛾翅面白色,斑纹黑色;前后翅前缘、外缘、后缘及翅脉上密布黑色小点;中点大,与前缘黑色带相交;前翅外缘黑色宽带,上宽下窄。后翅中点较前翅小;顶角具1黑斑;在M_3、Cu_1和Cu_2脉端部各具1三角形黑斑。前后翅缘毛在脉端黑色,其余白色。前翅反面中线和外线仅在前端清楚;后翅反面密布黑色小点,中线和外线清晰可见。雌蛾翅面红褐色,前后翅前缘、外缘和后缘密布深褐色小点;缘毛在脉端红褐色,其余深褐色;其余斑纹与雄蛾相似。

分布:甘肃(永登、清水)、吉林、陕西;俄罗斯(阿穆尔地区)、日本。

备考:该种翅面黑斑的密集程度在个体间存在变异;雄蛾翅面颜色存在浅黄色类型。

(555) 红双线兔尺蛾 *Hyperythra obliqua* (Warren, 1894)

Tycoonia obliqua Warren, 1894a, *Novit. zool.*, 1:439.（Japan）

前翅长:♂20~22 mm,♀23 mm。雄触角双栉形;雌触角线形。前后翅外缘锯齿形;雄前翅臀褶基部附近有1束翘起的鳞片。翅面黄色,散布灰褐色鳞。前翅内线红褐色,细弱;中点深灰褐色,短条形;中线红褐色,平直,向内倾斜;外线深灰褐色,与中线平行;中线和外线之间区域色较浅,外线外侧大部分区域红褐色;缘毛紫红色、红褐色与深褐色掺杂。后翅斑纹与前翅相似；雄外线外侧在Rs两侧有深褐色斑块。

分布：甘肃（成县）、北京、河北、山东、陕西、江苏、浙江、江西、湖南、福建、广东、广西、四川、贵州。

（556）叉线青尺蛾 *Tanaoctenia dehaliaria*（Wehrli，1936）

Metrocampa dehaliaria Wehrli，1936b，Ent. Rdsch.，54（1）：2.（China：Szechwan，Tachien-lu；Siaolu；Yunnan，Tseku）

前翅长：20~22 mm。雄触角双栉形；雌触角线形。额淡黄色，额上缘和下唇须浅黄褐色；头顶白色。胸部背面和翅绿色。前翅顶角尖，外缘平直；雄后翅顶角方，外缘中部凸出；雌后翅外缘浅弧形。前翅内线白色，直，纤细外斜；外线白色，较内线略粗，直，由顶角内侧内斜至后缘中部之外。后翅外线与前翅连续。

分布：甘肃（舟曲、康县、文县）、内蒙古、山西、陕西、湖南、海南、四川、云南、西藏；尼泊尔。

（557）双线边尺蛾 *Leptomiza bilinearia*（Leech，1897）

Selenia bilinearia Leech，1897，Ann. Mag. nat. Hist.，(6)19：206.（China：Hubei，Chang-yang）

前翅长：♂14 mm。雄触角双栉形，雌线形。前后翅外缘波曲。翅面枯黄色，密布浅褐色碎纹。前翅内线模糊；中线浅褐色，在中室处向外呈尖角状凸出，之后平直并向内倾斜；外线浅褐色，近平直，向内倾斜至后缘中部附近；缘毛褐色掺杂灰黄色。后翅仅外线清楚，与前翅相似，其外侧的白色细线较前翅清楚。

分布：甘肃（永登、榆中、天水、舟曲）、陕西、浙江、湖北、福建。

（558）紫边尺蛾 *Leptomiza calcearia*（Walker，1860）

Hyperythra calcearia Walker，1860，List Spec. lepid. Insects Colln Br. Mus.，20：132.（India）

别名：中国紫边尺蛾。

前翅长：♂17 mm，♀19 mm。雄触角线形具纤毛，雌线形。前翅顶角、M_1和M_3端部各凸出1尖角，M_1和M_3之间深凹；后翅中部凸出1尖角。前翅顶角至外缘中部有3个凸齿；后翅外缘中部凸出1尖角。翅面紫红色，常带灰黄色，有深灰色碎纹。前翅内线和中线模糊；中点黄色，大而圆；外线银白色，锯齿形，十分纤细；外线内侧具1宽阔黄带，黄带内缘不清，外缘向内倾斜，与外线平行；外线外侧在中部以及臀角内侧各有1个紫褐色点；缘毛紫红色，基半部掺杂黄色，端半部掺杂白色。后翅中点不可见；其余斑纹与前翅相似。

分布：中国的甘肃（文县）、陕西、湖北、湖南、福建、广东、海南、广西、四川、云南；印度。

（559）粉红腹尺蛾 *Ocoelophora crenularia*（Leech，1897）

Selenia crenularia Leech，1897，Ann. Mag. nat. Hist.，(6)19：206.（China：Szechwan，Tachien-lu）

前翅长：♂19~23 mm，♀21~24 mm。雄雌触角均线形。前翅翅型与紫边尺蛾 *Leptomiza calcearia* 相似；后翅外缘在Rs、M_1和M_3端部各凸出1齿。翅面黄色。前翅内线、中线和外线在前缘各留下1个小褐斑；前缘基半部粉红色，其下方散布团块状橄榄绿色斑；中线处有2~3块橄榄绿色斑点；中点绿褐色，极微小；外线暗绿色，纤细，外侧除顶角附近外大部粉红色；缘毛深褐色与黄色掺杂。后翅基半部散布暗绿色点；外线及其外侧斑纹与前翅相似。

分布：甘肃（舟曲、康县、文县）、陕西、湖南、福建、四川、云南。

（560）紫白尖尺蛾 *Pseudomiza obliquaria*（Leech，1897）

Auzea obliquaria Leech，1897，Ann. Mag. nat. Hist.，(6)19：182.（China：Hubei，Chang-yang）

前翅长：♂18~20 mm，♀20~22 mm。雄触角线形，具纤毛簇；雌触角线形。前翅顶角略凸出；前后翅外缘浅弧形。翅紫褐色，散布黑灰色短条形碎纹。前翅中线黑褐色，纤细，在中室呈尖角状凸出，之后向内倾斜；外线黑褐色，粗壮，外线上半段">"形，折角之后向内倾斜至后缘中部附近，其外侧具深灰色边；顶角处白斑下缘黑灰色，斑上有黑灰色碎纹；无亚缘线、缘线和中点；缘毛深褐色。后翅外线黑褐色，粗壮，平直；亚缘线深灰色，模糊；缘毛深褐色。

分布：中国的甘肃（宕昌、武都区、康县、文县）、陕西、浙江、湖北、江西、湖南、福建、台湾、海南、广西、四川、云南、西藏；尼泊尔。

(561) 半翅白尖尺蛾 *Pseudomiza aurata* Wileman, 1915

Pseudomiza aurata Wileman, 1915, Entomologist, 48:16. (China:Taiwan, Rantaizan)

前翅长：♂19~21 mm。雄触角双栉形，雌触角线形。前后翅外缘浅弧形。翅面颜色和斑纹在个体间存在差异，黄色、黄褐色、灰褐色至半黄半褐色。前翅外线由前翅顶角内侧伸达后缘近中部；外线内侧前缘与R_4之间、R_4与R_5之间和R_5与M_1之间各具1个白色长斑，前两个白斑上均覆盖灰褐色鳞片。后翅外线与前翅外线连接形成1条直线，粗壮且平直。

分布：甘肃（康县）、陕西、台湾、云南。

(562) 白拟尖尺蛾 *Mimomiza cruentaria* (Moore, 1868)

Cimicodes cruentaria Moore, 1868, Proc. zool. Soc. Lond., 1867:616. (India:Bengal)

前翅长：♂19~21 mm，♀24 mm。雄触角双栉形；雌触角线形。前翅顶角尖；前后翅外缘略呈浅弧形，弧度很小。翅面黄色，散布橘黄色和深褐色小点。前翅基部至中线散布不均匀橘黄色；中线在M_1之前黑点状，在M_2处向外呈尖角状凸出，在M_2之后为暗绿色点状；中点黑点状；外线暗绿色，平直，由顶角伸至后缘中部，并逐渐加粗；外线与前缘夹角处有3个椭圆形斑，斑内白色，边缘黑色；外线外侧除顶角下方区域外，大部分橘黄色；缘毛黄色掺杂橘黄色，在M_3、Cu_1、Cu_2和2A脉末端黑色。后翅基部具1暗红色圆点；外线暗绿色，粗壮，平直；亚缘线呈黑点状；外线至外缘大部分橘黄色，近外缘M_1和M_3之间黄色。

分布：中国的甘肃（舟曲、康县、文县）、陕西、青海、湖北、湖南、福建、广西、四川、云南、西藏；印度。

(563) 粉红普尺蛾 *Dissoplaga flava* (Moore, 1888)

Cimicodes flava Moore, 1888a, in Hewitson & Moore, Descr. New Indian lepid. Insects Colln. Late Mr. W.S. Atkinson, 3:233, pl.8:5. (India:Cherrapunji).

前翅长：♂17~19 mm，♀21~23 mm。雄雌触角均线形。前翅顶角尖，凸出，外缘浅弧形；后翅外缘略呈浅弧形，弧度较前翅小。翅面粉红色。前翅中线模糊，在中室中部向外形成1折角；中线与外线间黄色；外线绿褐色，由顶角伸达后缘中部，在前翅顶角下有时扩展成1暗绿色斑；外线与前缘夹角处略带白色；前翅顶角下方黄色；无亚缘线和缘线；缘毛黄色。后翅无中线；外线绿褐色，近平直，内侧具黄色带；缘毛黄绿色。

分布：中国的甘肃（武都区、康县、文县）、安徽、浙江、湖北、湖南、福建、广东、海南、广西、四川、云南；印度。

(564) 大灰尖尺蛾 *Astygisa chlororphnodes* (Wehrli, 1936)

Apopetelia chlororphnodes Wehrli, 1936a, Ent. Rdsch., 53(40):567, fig. 18. (China:Zhejiang, Tien-Mu-Shan. Japan:Takao-San)

前翅长：♂15~17 mm，♀17 mm。雄触角双栉形；雌触角线形。翅宽大；前翅顶角钝圆；前后翅外缘浅弧形；翅面紫灰至紫褐色，斑纹大部模糊。前翅顶角下方有1鲜明蓝灰色斑；中点黑色，短条形，十分模糊。后翅中点白色，微小。前后翅中部具1黄褐色宽带；缘线白色；缘毛在前翅顶角灰白色，其余紫灰色。

分布：中国的甘肃（文县）、陕西、浙江、江西、湖南、福建、广西、四川、云南；日本。

(565) 紫玫隐尺蛾 *Heterolocha rosearia* Leech, 1897

Heterolocha rosearia Leech, 1897, Ann. Mag. nat. Hist., (6)19:230. (China:Hubei, Chang-yang)

前翅长：10~12 mm。雄触角双栉形，雌触角线形。额深褐色；头顶浅褐色或深褐色；领片及肩片灰黄色。胸部背面及腹面黄色。前翅前缘直，端部稍弯曲；顶角稍尖；两翅外缘均直；翅面浅黄色。前翅前缘脉与中室间基部1/4以内橘红色；内线模糊，宽；外线灰绿色，起始于M_1与M_3脉间，其外侧在M_3以下为1橘红色斑，占据整个臀角区域；中点较圆，中空。后翅内线仅在近翅基部形成斑，外线直，上端在Rs与M_1之间外凸；外线外侧橘红色延伸至近外缘；中点小；缘毛黄色。

分布：甘肃（永登、文县）、陕西、湖北、湖南、台湾、海南、四川、贵州、西藏。

(566) 深黑隐尺蛾 *Heterolocha atrivalva* Wehrli, 1937

Heterolocha atrivalva Wehrli, 1937c, Ent. Rdsch., 54(39):516. (China:Hunan;Canton, Lienping)

前翅长:13 mm。额紫红色,前缘具黄色鳞片;下唇须1/3伸出额外;头顶及领片与额颜色相同,紫红色。前翅前缘稍弯曲,顶角尖,两翅外缘均直。翅面黄色,散布灰褐色斑纹。前翅前缘黑色,基部1/3处1黑褐色短横纹,止于中室前缘脉,向内至基部橙黄色;内线宽,弧形;中点中空圆形,暗灰绿色;外线灰绿色,在Cu_1以上消失,Cu_1以下直立,其外侧为1暗绿褐色斑,向上扩展至M_3脉,向外逐渐消失;翅端部散布黑灰色碎点;顶角处具1黑褐色楔形斑,中部颜色浅。后翅中点近长方形;外线深褐色,在Rs与M_1之间断离;外线外侧暗绿褐色,向外缘逐渐变浅;翅端部散布黑灰色碎点。前后翅缘毛橙黄色。

分布:甘肃(永登、文县)、河南、陕西、浙江、湖北、江西、湖南、福建、台湾、广东、海南、广西、四川、贵州。

(567)黄玫隐尺蛾*Heterolocha subroseata* Warren,1894

Heterolocha subroseata Warren,1894a,Novit. zool.,1:449.(Japan)

前翅长:♂15~17 mm,♀18~19 mm。前翅前缘弯曲,顶角尖,两翅外缘均直。翅面黄色;前翅前缘、外缘、翅及后翅翅面散布灰褐色斑点。前翅前缘近基部1/3处具1黑褐色斑点;顶角具卵圆形灰褐色斑,边缘黑褐色;内线为黄褐色条带,模糊;中点卵圆形中空;外线在M_3以上消失。后翅基部斑点密集;外线为褐色条带。前后翅缘毛黄色。

分布:中国的甘肃(永登、武山、天水、舟曲、徽县、康县、文县)、陕西、浙江、湖北、江西、湖南、福建、四川、云南;日本。

(568)对称隐尺蛾*Heterolocha symmetrica* Djakonov,1936

Heterolocha symmetrica Djakonov,1936,Ark. Zool.,27A(39):43,fig. 1a:3;fig. 9.(China:Kansu(south),Bandshuka)

前翅长:12 mm。前后翅外缘浅弧形。翅面黄褐色,斑纹深褐色。前翅前缘具黑褐色点;内线近平直;中点椭圆形;外线起始于顶角深色斑;在M_3下方向内弯曲;缘毛深褐色。后翅外线平直;中点小于前翅;缘毛深褐色。

分布:甘肃(南部)。

(569)边隐尺蛾*Heterolocha latifasciaria* Leech,1897

Heterolocha latifasciaria Leech,1897,Ann. Mag. nat. Hist.,(6)19:228.(China:Hubei,Ichang;Chang-yang)

前翅长:♂17 mm。前翅前缘直,端部稍弯,顶角稍尖,两翅外缘均直;后翅顶角钝圆。翅面土黄色。前翅前缘排布黑褐色碎纹;内线模糊带状,起于中室,外侧边缘褐色,在前缘形成1弧形小黑斑;中点长圆形,中空;外线起始于顶角内侧,斜向下延伸至后缘,波浪形,在M_3脉以上脉间有4个新月形黑斑,上端两个黑斑外侧灰白色,外线下半段较模糊,外侧有模糊橘红色带。后翅外线褐色宽条状,内缘黑褐色;中点中空圆形,较前翅小。前后翅缘毛与翅面同色。

分布:中国的甘肃(舟曲、康县、文县)、湖北、四川、云南;日本。

(570)绿离隐尺蛾*Apoheterolocha patalata*(Felder & Rogenhofer,1875)

Heterolocha patalata Felder & Rogenhofer,1875,Reise öst. Fregatte Novara(Zool.),2(Abt. 2):pl.132:9,9a.(India:Rampur)

前翅长:14 mm。雄触角双栉形,雌线形。前后翅顶角钝圆,外缘浅弧形;前翅顶角下方和后翅M脉间微凹。翅面淡黄绿色。前翅前缘具2块黑斑,有时不明显;内线直或弯曲;外线外线始于顶角,较直;顶角下方有1狭长三角形黑斑。后翅散布大量紫褐色碎条纹;外线紫褐色,弧形,宽带状,在后缘处略增粗并形成1黑斑,上半段有时扩展至顶角和外缘。前后翅中点黑色微小。

分布:中国的甘肃(礼县、宕昌、文县)、陕西、浙江、湖北、湖南、海南、四川、云南;印度,尼泊尔,喜马拉雅山地区。

(571) 膨离隐尺蛾 *Apoheterolocha torniplaga* (Prout, L.B., 1915)

Heterolocha torniplaga Prout, L.B., 1915, in Seitz, Gross-Schmett. Erde, 4: 341, pl. 18: a. (China: Szechwan, Tachien-lu)

前翅长: 14 mm。前翅前缘稍弯曲, 具黑褐色点, 顶角凸出, 外缘M_3以上稍内凹, M_3以下浅弧形; 后翅顶角钝圆, 外缘浅弧形。翅面黄绿色; 后翅密布灰褐色斑点。前翅前缘具2个黑色斑, 内线与外线分别起始于黑斑之下, 暗黄绿色; 内线弯曲, 外线在R_5与M_1间具1个大折角, 之后斜向下止于后缘, 有时外线与后缘连接处外侧具灰黑色斑; 中点黑褐色小点状。后翅外线较粗, 带状, 紫灰褐色, 上部外凸, 外线以外至外缘区域灰褐色点增多, 有时外线为黑褐色细线, 外线以外区域呈灰褐色; 雌性外线较雄性靠近外缘; 中点明显, 灰黑色点状; 缘毛灰黑色。

分布: 甘肃(岷山)、陕西、湖北、四川、云南、西藏。

(572) 单离隐尺蛾 *Apoheterolocha monbeigi* (Oberthür, 1923)

Phyletis monbeigi Oberthür, 1923, Études Lépid. Rennes, 20: 278, pl.561: 4829. (China: Szechwan, Tachien-lu)

前翅长: 12 mm。前翅前缘端部稍弯曲, 顶角尖, 凸出, 外缘直; 后翅顶角钝圆, 外缘浅弧形。翅面黄白色, 斑纹斜直。前翅外线起始于M_1以下, 上端尖细, 逐渐变宽成条状; 外缘具浅紫红色阴影, 阴影与外线之间具1条由紫红色微点组成的线。后翅外线M_3后清晰, 且逐渐变粗。两翅中点均黑色微点状; 缘毛均浅紫红色, 后翅前段缘毛与翅面同色。

分布: 甘肃(文县)、四川、云南。

(573) 曲线慈尺蛾 *Epione semenovi* Djakonov, 1936

Epione semenovi Djakonov, 1936, Ark. Zool., 27A (39): 45, fig. 1a: 6. (China: Kansu (south), Djalei)

前翅长: 15 mm。雄触角双栉形, 雌触角线形。额褐色, 具额毛簇; 下唇须深褐色; 头顶和肩片黄色; 体灰褐色。前翅顶角尖, 外缘向外弧形弯曲; 后翅外缘在顶角下方浅凹。翅面散布褐色碎纹; 基部至外线黄色, 外线至外缘灰褐色。前翅内线黑褐色, 自前缘向外倾斜至中室下缘, 凸出1尖角, 随后略向内倾斜至后缘; 外线黑褐色, 中部向内弯曲。后翅外线与前翅相似, 但弯曲较不明显。前后翅中点极小; 缘线和缘毛灰褐色。翅反面中点较正面清楚。雌蛾翅面色较浅, 碎纹较明显。

分布: 甘肃(岷山山脉)。

(574) 黄长距尺蛾青海亚种 *Calcaritis flavescens kukunoora* Wehrli, 1937

Calcaritis flavescens kukunoora Wehrli, 1937a, Ent. Z., Frankf. a.M., 51(12): 118. (China: Qinghai, Kuku-Noor)

前翅长: 16 mm。雄触角双栉形, 雌触角线形。头顶黄褐色; 领片和肩片前端黑褐色; 肩片后端、胸和腹部背面黄白色, 腹部具黑褐色斑。后足胫节内侧距极长, 特别是近基部的一支。前翅宽阔; 前后翅外缘平滑。翅面黄白色, 密布深灰褐色至黑褐色碎纹(除外线与亚缘线之间的区域外), 斑纹黑褐色。前翅前缘在外线内侧密布黑褐色短纹, 特别是内线内侧; 内线和外线模糊, 在前缘形成1大斑; 内线弧形; 中点大; 外线在M_2下方向内倾斜至后缘; 亚缘线粗壮, 与外线平行; 缘毛在Cu_2下方黄白色, 其余部分黑褐色。后翅中点小; 外线和亚缘线在近后缘清楚; 缘毛黄白色。前翅反面黑褐色碎纹较正面浓密。

分布: 甘肃(永登、榆中)、青海、西藏。

(575) 桔黄惑尺蛾 *Epholca auratilis* Prout, L.B., 1934

Ephoria auratilis Prout, L.B., 1934, Novit. zool., 39: 126. (China: Sichuan, Kwanhsien)

前翅长: ♂15~16 mm。雄触角短双栉形, 具短纤毛; 雌触角线形。前翅顶角尖; 前后翅外缘微波曲。翅黄至橘黄色, 斑纹黑褐色。前翅内线弧形; 中点纤细短条形; 外线上半段">"形, 折角位于M_1处, 折角上方紧邻1卵圆形浅色斑; 外线外侧至外缘散布不均匀黑褐色, 在M_3以下逐渐减弱, 至Cu_2附近消失, 顶角内侧有1清晰半月形小白斑;亚缘线深波曲,在外线折角处和M_3至Cu_1附近与外线接触;缘毛深褐至黑褐色。后翅中点较前翅小;外线浅弯曲,由上向下渐粗,向内倾斜,下端到达后缘中部;亚缘线纤细,波曲,远离外线,其外侧在顶角附近散布黑褐色;缘毛与前翅相似。

分布:甘肃(舟曲、康县、文县)、北京、陕西、浙江、湖北、广西、四川、云南。

(576)平惹尺蛾 *Epholca fractistriga* (Alphéraky, 1892)

Epifidonia fractistriga Alphéraky, 1892a, in Romanoff, Mém. Lépid., 6:65, pl.3:7. (China:Gan-Su, Ou-pin)

前翅长:14~15 mm。体和翅橘黄至橘红色。前翅前缘黄色,散布稀疏黑褐色小点;前翅内线和前后翅外线深褐色;前翅内线上半段较粗,弧形,下半段细弱或消失;两翅外线在M脉间外凸,凸齿端部平截;前翅端部散布密集深褐色至黑褐色小点,近外缘处连成片;缘毛深褐色至深灰褐色;后翅缘毛橘黄色,在翅脉端或多或少灰褐色。

分布:甘肃(康县)。

(577)褐网奥尺蛾 *Proteostrenia reticulata* (Sterneck, 1928)

Scardostrenia reticulata Sterneck, 1928, Dt. ent. Z. Iris, 42:188. (China:Szechwan, Tachien-lu)

前翅长:20 mm。触角线形。额白色,上端黑褐色,不凸出;头顶白色;领片黑褐色,中央掺杂少量白色;肩片白色,边缘黑褐色;胸部和腹部背面白色,具黑褐色斑。前翅顶角略尖,外缘浅弧形;后翅外缘微波曲。翅面白色,前后翅基部、前缘、外缘、后缘和翅脉附近密布黑褐色斑点,前翅内线与亚缘线之间的中室下缘至M_3脉、Cu_1、Cu_2和2A脉上的黑褐点连成线;后翅斑点较前翅的稀疏;前翅内线、前后翅外线和亚缘线均为黑褐色带,带两侧具黑色细线;前翅中点大,黑褐色具黑边,外缘中部向外凸出1尖角;后翅中点颜色同前翅,水滴状;前翅亚缘线外侧在R_5和M_1之间、M_2和M_3之间、Cu_2与2A之间各具1黑褐色斑,与缘线融合;后翅亚缘线外侧在M_1和M_3之间具1小黑褐色斑,与缘线融合;前后翅缘线为1列脉间黑褐色斑;缘毛在脉端白色,其余黑褐色。

分布:甘肃(天水)、内蒙古、山西、宁夏、青海、四川。

(578)黄蟠尺蛾 *Eilicrinia flava* (Moore, 1888)

Noreia flava Moore, 1888a, in Hewitson & Moore, Descr. New Indian lepid. Insects Colln. Late Mr. W.S. Atkinson, 3:233, pl.8:2. (India:Darjeeling)

前翅长:15~18 mm。雄雌触角均线形。前翅顶角略凸,外缘在顶角下浅凹,其下方浅弧形;后翅外缘浅弧形。翅面黄色,散布稀疏黄绿色鳞。前翅内线黄褐色,细弱,向外倾斜;中点巨大,黑褐色圆圈状,中空;外线深褐色,较近外缘,细锯齿形,近前缘处模糊;外线外侧紧邻1黄绿色模糊带;顶角下方有1半月形黑褐色斑,其外侧缘毛深灰褐色,其余缘毛黄色。后翅中点黑褐色,微小;外线深褐色,近平直,黄绿色带明显;缘毛黄色。

分布:中国的甘肃(文县)、黑龙江、吉林、新疆、陕西、江苏、浙江、湖北、湖南、福建、台湾、海南、广西、四川、云南;印度、老挝。

(579)玫缘俭尺蛾 *Spilopera roseimarginaria* Leech, 1897

Spilopera roseimarginaria Leech, 1897, Ann. Mag. nat. Hist., (6)19:301. (China:Hubei, Chang-yang; Sichuan, Omei-shan)

前翅长:♂16~19 mm, ♀17~22 mm。触角线形。头和胸部前端灰色;体背和翅淡黄色。前翅顶角凸出,其下方凹;前后翅外线在M_3处凸出1尖角。前翅前缘基部深灰褐色;翅基半部散布粉红色,有2条模糊且不完整的暗绿色带;前后翅均有黑色微小中点;外线极近外缘;前翅外线外侧暗绿色,有少量粉红色,散布数块墨绿色小斑;缘毛黑褐色;后翅外线外侧粉红色,但在臀角处有暗绿或墨绿色斑点;缘毛深褐色。

分布:甘肃(永登、天水、宕昌、文县)、山西、陕西、湖北、湖南、四川。

（580）波俭尺蛾秦岭亚种*Spilopera crenularia lepta* Wehrli, 1940

Spilopera crenularia lepta Wehrli, 1940, in Seitz, Gross-Schmett. Erde, 4 (Suppl.):379, pl.30:h. (China: Shensi, Tapai-shan im Tsinling)

前翅长：♂14 mm，♀16 mm。雄触角双栉形；雌线形。额和下唇须端部黄褐色；体和翅浅黄色。前翅顶角钝圆，两翅外缘均浅波曲，雌波曲较深。前翅内线深黄色，在前缘形成1小褐斑；外线暗黄色，纤细，略呈浅弧形，其外侧顶角处有1深褐色大方斑，斑内顶角一半粉红色；外线外侧在大斑下方有1条模糊黄绿色带。后翅具纤细外线和灰色亚缘线。前后翅缘毛黄色，在前翅大斑外深褐色，在前翅M脉之间和后翅各翅脉间掺杂黄褐色。

分布：甘肃（舟曲、康县、文县）、陕西、湖北、湖南、云南。

（581）虚俭尺蛾*Spilopera debilis* (Butler, 1878)

Heterolocha debilis Butler, 1878, Illust. typical Specimens Lepid. Heterocera Colln Br. Mus., 2:ix, 47, pl. 35:9. (Japan: Hakodate)

前翅长：♂18~19 mm，♀20~21 mm。触角线形。下唇须约1/3伸出额外。头和胸部前端褐色。体背和翅灰白至灰黄色，散布深灰褐色；雌翅色较雄深。前翅顶角凸出，其下方凹，外缘中部凸出；后翅外缘浅弧形。前翅内线和外线黄褐色，在前缘形成黑褐色小斑；内线在Cu_1基部形成1个尖锐凸角；外线上端圆弧形外凸；顶角下有1细长三角形褐斑，其外侧缘毛深褐色，其余缘毛淡黄色。后翅外线直，黄褐色；缘毛淡黄色。

分布：中国的甘肃（舟曲、文县）、湖北、湖南、台湾、四川；俄罗斯，朝鲜，韩国，日本。

（582）炫尺蛾*Neuralla albata* Djakonov, 1936

Neuralla albata Djakonov, 1936, Ark. Zool. 27A (39):59. (China: Kansu (south))

前翅长：20 mm。雄雌触角均线形。体和翅白色，散布稀疏灰点。翅宽大；前翅顶角近直角，外缘上半段直，中部以下至后缘端部呈1大弧形；后翅外缘浅弧形。翅面无斑纹；前翅缘毛自顶角至Cu_2端部深灰褐色，其余缘毛白色。前翅反面前缘有褐色边。

分布：甘肃（永登、武山、舟曲）、陕西、青海、四川。

（583）焦点滨尺蛾*Exangerona prattiaria* (Leech, 1891)

Cidaria prattiaria Leech, 1891b, Entomologist, 24 (Suppl.):51. (Japan: Oiwake)

前翅长：20~24 mm。雄触角双栉形，雌线形。头、体背和翅面淡黄色至黄色，常带枯黄色调。前翅顶角略凸；雄前翅外缘浅弧形，不波曲，后翅外缘浅波曲；雌前翅外缘浅波曲，后翅外缘锯齿形。翅上散布大量灰褐色碎点；前翅内线、前后翅中线和外线清晰，深灰褐色；前翅3条线在中室至M脉弯曲；外线外侧至外缘在M_2以下深褐色至焦褐色，但有时不同程度消失；亚缘线在M_3与Cu_1之间留有1清晰白斑；后翅外线以外常不同程度带深褐色。有时两翅均灰褐色，线纹仅隐约可见，但前翅亚缘线的白斑仍清晰。

分布：中国的甘肃（礼县、宕昌、舟曲、文县）、山西、陕西、湖北、四川、云南；日本。

（584）秋黄尺蛾天目山亚种*Ennomos autumnaria pyrrosticta* Wehrli, 1940

Ennomos autumnaria pyrrosticta Wehrli, 1940, in Seitz, Gross-Schmett. Erde, 4 (Suppl.):324. (China: Chekiang, Tien-Mu-shan)

前翅长：23~24 mm。雄雌触角均双栉形，雌栉齿很短。头和胸部背面黄色，掺杂黄褐色或橘红色，腹部背面灰黄色。前翅顶角凸出，两翅外缘不规则波曲，翅中部凸齿较大，齿尖下垂。翅面黄色，散布大量暗黄褐色至红褐色斑点，斑点中心常带深灰色；前翅外缘上半部和后翅外缘中下部红褐色；前翅具模糊内线和外线；两翅均有深灰色中点，大而模糊，中空；缘毛致密整齐，基半部橘黄色，端半部在翅脉间黄白色，翅脉端有1黑褐色大点。

分布：中国的甘肃（永登、天水、宕昌、康县、文县）、内蒙古、陕西、青海、浙江；朝鲜，韩国，日本，俄罗斯；欧洲。

（585）小秋黄尺蛾*Ennomos infidelis* (Prout, L.B., 1929)

Deuteronomos infidelis Prout, L.B., 1929, Novit. zool., 35:148. (Russia: Amur, Chabarovsk)

前翅长：18~21 mm。体型较小，颜色浅淡，体和翅几乎无红褐色。雌下唇须1/2以上伸出额外，第三节特别延长。前翅顶角凸出，两翅外缘中部各凸出1巨大尖角，前翅尖角下垂，外缘其他部分光滑，不波曲。翅面浅黄色，不鲜艳，略带黄褐色调，有时呈砖红色调，散布稀疏深灰色散点；前翅顶角附近和后翅中部凸角附近至臀角色较灰暗；前翅中部有2条清晰的深灰色线（中线和外线），其中中线在中室前缘处有1尖锐折角；后翅无中线，外线消失或仅中段可见；缘毛黄白色，在翅脉端有弱小深褐色点。

分布：中国的甘肃（榆中、天水、宕昌、文县）、辽宁、内蒙古、陕西；俄罗斯（阿穆尔和乌苏里地区），日本。

(586) 污月尺蛾 Selenia sordidaria Leech, 1897

Selenia sordidaria Leech, 1897, Ann. Mag. nat. Hist., (6)19:205. (China: Hubei, Ichang)

前翅长：18~22 mm。雄触角双栉形；雌锯齿形。头、体背和翅污白色至污黄色。前翅顶角凸出，外缘中部凸出1尖角；后翅外缘浅波曲。前翅前缘排列密集小黑点，前缘下方由基部至内线颜色较黄，排布黄褐色短纹；内线和外线灰褐色，前者上端外行，至中室中部折向后缘，由上至下逐渐变细；中点黑色微小，不呈透明状，其上方前缘处有1模糊褐斑；外线直，在前缘处扩大为褐斑；顶角内侧有时有不规则灰褐色斑块。后翅内线、外线和中点同前翅。

分布：中国的甘肃（永登、榆中、宕昌、康县、文县）、内蒙古、陕西、湖北；日本，乌苏里地区。

(587) 四月尺蛾 Selenia tetralunaria (Hufnagel, 1767)

Phalaena tetralunaria Hufnagel, 1767, Berlin Mag., 4 (5):506. (Germany: Berlin region)

前翅长：16~19 mm。额、头顶和体背灰白色与灰褐色掺杂，额两侧下方、下唇须、胸部腹面和足腿节黄色至焦黄色。前翅顶角凸出较弱，外缘在M_1脉端凸出1弱小尖角，在M_3处弧形隆起，不形成尖角；后翅外缘波曲较深。前后翅基部至外线为不均匀的深紫褐色，前缘附近淡粉紫色；外线外侧淡粉紫色，向外缘逐渐过渡为黄褐色；前翅内线黑褐色，弧形弯曲或在中室内形成和缓折角；前后翅中线黑褐色，浅弧形细带状，由白色透明月牙形中点上穿过；前翅外线在M脉间凸出，其下深凹；顶角处有1褐斑；后翅外线浅弧形，下端稍波曲；前后翅缘毛黑褐色，掺杂少量黄色。

分布：中国的甘肃（永登、宕昌）、内蒙古、陕西；俄罗斯，朝鲜，韩国，日本；欧洲。

(588) 波缘妖尺蛾南方亚种 Apeira crenularia meridionalis (Wehrli, 1940)

Phalaena crenularia var. *meridionalis* Wehrli, 1940, in Seitz, Gross-Schmett. Erde, 4 (Suppl.):329, pl.25:e. (China: Chekiang, Tien-Mu-Shan)

前翅长：17~18 mm。雄触角双栉形；雌锯齿形。下唇须约1/3伸出额外，深黄褐色。额和体背深黄褐色；头顶白色。前翅外缘波曲，顶角和M_3处凸出；后翅外缘锯齿状。翅面深黄褐色，斑纹深褐至黑灰色；前翅内线浅弧形；两翅中线穿过中点；外线中部凸出成尖角；中线与外线间色略深，隐见翅反面的外线，呈黑灰色；浅色锯齿状亚缘线仅在前翅前缘附近清楚，其内侧有深色斑；缘毛黄褐色与深褐色掺杂。

分布：甘肃（康县、文县）、陕西、浙江、湖南、福建、广东、广西、贵州。

(589) 缘斑妖尺蛾 Apeira latimarginaria (Leech, 1897)

Pericallia latimarginaria Leech, 1897, Ann. Mag. nat. Hist., (6)19:209. (China: Hubei, Chang-yang; Sichuan Moupin)

前翅长：15~16 mm。头、体背和翅面淡黄褐色。前翅顶角凸出很小，外缘在M_3处凸出成折角状，其上下均平直；后翅外缘由顶角至M_3浅波曲，M_3处凸出，其下方略呈浅弧形。前翅内线深褐色，弧形弯曲，不规则锯齿形；前后翅中点微小，黑色；外线深灰褐色，弯曲和缓；亚缘线深褐色，细但清晰，不规则折曲；外线和亚缘线之间色较深；亚缘线外侧在Cu_1以下散布不均匀深褐色斑块；前后翅外缘由顶角至M_3有1狭长深褐色斑。

分布：甘肃（文县）、陕西、浙江、湖北、湖南、四川、西藏。

(590) 妖尺蛾 Apeira syringaria (Linnaeus, 1758)

Phalaena (*Geometra*) *syringaria* Linnaeus, 1758, Syst. Nat. (*Edn* 10), 1:520. (Europe)

前翅长:17~22 mm。前翅前缘外1/4处浅凹,顶角凸出,其下微凹,然后在M_1处呈弧形凸出,M_1以下倾斜至臀角;后翅顶角圆或微凹,外缘在M脉间浅凹,M_3以下平直,臀角向下凸出。翅面底色灰白,散布不均匀的灰红褐色至深褐色以及稀疏黑色鳞片;前翅内线灰褐色锯齿形,内侧有白边,白边以内色较深;外线由前缘至R脉基部附近后外折,沿M_1脉向外延伸至顶角内下方后内折,其内外两侧在折角以下至臀褶均有影带状伴线;外线折角外上方和臀角内侧各有1深色斑块。后翅外线灰白,内侧在翅脉上有小黑点;中线与前翅外线连续,直;外线外侧色较深,可见不连续的白色亚缘线;外缘附近在M脉间常形成1模糊深色斑块。前后翅无缘线;缘毛灰褐色掺杂灰黄色。

分布:中国的甘肃(文县)、北京、青海、陕西;俄罗斯,日本,中亚;欧洲。

(591) 红蕈尺蛾 *Ephalaenia xylina* Wehrli, 1936

Ephalaenia xylina Wehrli, 1936b, Ent. Rdsch., 54 (1):5, figs 42, 45. (China: Szechwan, Tachien-lu; Yunnan, Tsekou,)

前翅长:17~20 mm。雄触角双栉形,雌线形。头、体背和翅面灰红褐色,有时色较深,翅面散布稀疏黑点。前翅顶角略呈圆钝状凸出,外缘在Cu_2以上直,微波曲,Cu_2以下凹入,后缘基半部隆起,端半部凹入,呈浅"S"形;后翅前缘基部和外1/3处强烈隆起,中部和顶角前方深凹,顶角凸出,较尖锐,外缘在顶角下方浅凹,后缘平直。前后翅中点黑色,前翅较大;前翅内线在前缘有1弧形黑褐色斑,其下消失;外线深褐色,直,其内侧由中室中部至后缘为1宽窄不均的白斑,斑上带不均匀绿色或黄绿色;外线至亚缘线之间在Cu_1以下常带深褐色,亚缘线在R_5与M_1之间有1黑点。后翅外线深褐色,纤细;外线内侧有时散布黄绿色。

分布:甘肃(文县)、陕西、湖南、四川、云南。

(592) 斜卡尺蛾 *Entomopteryx obliquilinea* (Moore, 1888)

Epione obliquilinea Moore, 1888a, in Hewitson & Moore, Descr. new Indian lepid. Insects Colln late Mr W.S. Atkinson, 3:229. (India: Darjeeling)

前翅长:13~15 mm。雄雌触角均线形。前翅顶角尖,略凸出,外缘浅弧形;后翅外缘中部略凸出。翅面黄褐色,密布褐色小点。前翅内线褐色,细弱,在中室中部凸出1尖角,之后平直;中点为红褐色圆圈;外线深褐色,由双线组成,两线之间红褐色,外侧线由顶角发出,向内倾斜至后缘中后方,内侧线由前缘外1/3处发出,向外倾斜至M_1,然后与外侧线平行至后缘,在M_3处常向内呈尖角状凸出;外线外侧翅面颜色较深;亚缘线为1列黑褐色小点;缘毛黄褐色掺杂黑褐色。后翅无中点;外线为深褐色双线,外侧线略波曲,内侧线平直;其余斑纹与前翅相似。

分布:中国的甘肃(文县)、浙江、湖北、江西、湖南、福建、广东、广西、四川、云南、西藏;印度,不丹,尼泊尔,缅甸。

(593) 双波夹尺蛾 *Pareclipsis serrulata* (Wehrli, 1937)

Spilopera serrulata Wehrli, 1937a, Ent. Z., Frankf. a.M., 51:118. (China: Zhejiang: Tien-Mu-Shan)

前翅长:♂15~19 mm, ♀17~20 mm。雄雌触角均线形。翅略狭长,前后翅外缘在M_3处凸出成尖角。翅面浅黄色,散布黑色碎纹。前翅内线深灰褐色,细带状,中部呈锯齿状外凸;中点为1小黑点;外线黄褐色,带状,边缘波状且颜色加深,由顶角内侧向后缘中后部斜行,上端略宽,颜色较深;外缘在M_3以上有1狭窄的灰褐色斑,其外侧缘毛深灰褐色,其余缘毛黄白色。后翅中点同前翅;外线黄褐色带状,边缘波状,在近后缘处颜色加深;缘毛黄白色。

分布:甘肃(文县)、陕西、浙江、湖北、湖南、福建、广西、四川、云南。

(594) 长突芽尺蛾 *Scionomia anomala* (Butler, 1881)

Cidaria anomala Butler, 1881c, Trans. ent. Soc. Lond., 1881(3):425. (Japan: Tokyo)

前翅长:♂16 mm, ♀17~20 mm。触角线形。下唇须尖端伸达额外。体和翅深灰褐至黑褐色,或多或少显露出黄白色底色。前翅顶角不凸出,外缘浅弧形;后翅外缘微波曲。前翅中点黑色;外线中部凸出1钝圆长突;外线外侧有清晰黄白色轮廓线,长突外侧色较浅。亚缘线黄白色,其外侧色浅。后翅中点略模糊;外线及其外侧的浅色轮廓线不清晰;亚缘线通常消失。前后翅缘线黑褐色,在翅脉端间断;缘毛灰黄色与黑褐色相间。

分布:中国的甘肃(宕昌、文县)、陕西、浙江、湖北、江西、湖南、四川;俄罗斯,日本。

(595) 娴尺蛾 *Auaxa cesadaria* Walker,1860

Auaxa cesadaria Walker,1860,List Spec. lepid. Insects Colln Br. Mus.,20:271. (China)

前翅长:♂16~20 mm。雄雌触角均线形。前翅顶角凸出;两翅外缘微波曲。翅面黄色,散布黄褐色碎纹。前翅中点为橘黄色圆点;外线黄褐色,由顶角内侧伸至后缘中部,在近前缘处微波曲;外线外侧除臀角区域外橘黄色;缘毛与其内侧翅面同色,在翅脉端具小褐点。后翅无中点;外线黄褐色,近平直;缘毛在翅脉端有小褐点。

分布:中国的甘肃(永登、武山、天水、宕昌、舟曲、武都区、康县、文县)山西、陕西、宁夏、浙江、江西、湖南、福建、台湾、广西、四川、贵州、云南、西藏;朝鲜,韩国,日本,印度。

(596) 秃贡尺蛾 *Odontopera insulata* Bastelberger,1909

Odontopera insulata Bastelberger,1909,Ent. Z.,Frankf. a.M.,23(16):77.(China:Taiwan,Arizan)

前翅长:♂17~18 mm,♀19 mm。雄触角短双栉形,雌线形。前翅顶角不凸出,外缘在M_1和M_3端部凸出,凸角圆钝,其间深凹,M_3以下浅波曲并内凹;后翅外缘波状。翅深褐色,翅端色深且较灰。前翅内线和外线十分细弱,但在前缘处形成清晰的小白斑;中点为清晰的黑圈,圈内深灰色;外缘内侧在M_1两侧有1对黑点;缘毛黑灰至黑褐色,其端半部在翅脉间白色。后翅颜色较灰,雌近黑灰色;中点模糊;外线黑灰色,近弧形;缘毛同前翅。

分布:甘肃(文县)、陕西、湖南、福建、台湾、四川。

(597) 茶贡尺蛾 *Odontopera bilinearia coryphodes* (Wehrli,1940)

Gonodontis bilinearia coryphodes Wehrli,1940,in Seitz,Gross–Schmett. Erde,4(Suppl.):342,pl.26:f. (China:Sichuan,Siaolu)

前翅长:雄23~24 mm;雌26~28 mm。前翅顶角、外缘在M_1和M_3端部凸出,凸角尖锐,其间深凹,M_3以下平直。翅面黄褐色,散布灰至深灰褐色碎纹。前翅内线模糊;中点为小黑圆点,中间白色;外线内侧深灰至深灰褐色,外侧白色,较近外缘,平直,向内倾斜;缘毛灰黄至深灰褐色,M_3以上色较深。后翅色较浅,碎纹稀少;中点较前翅大,色较浅;外线深灰色,仅下半部清晰,近平直;缘毛灰黄色。

分布:甘肃(文县)、湖北、江西、湖南、福建、广西、四川、贵州、云南、西藏;喜马拉雅北部。

(598) 灰贡尺蛾 *Odontopera muscularia* Staudinger,1892

Odontopera muscularia Staudinger,1892b,Dt. ent. Z. Iris,5:164. (Central Asia:Margelan,Osch,Alai,Transalai,Samarkand)

前翅长:22 mm。额灰褐色,不凸出,具额毛簇;下唇须深褐色,端部1/3伸达额外;体灰褐色;胸密被鳞毛。前翅顶角、外缘在M_1和M_3端部各凸出1尖角;后翅外缘浅锯齿形。前翅灰褐色,端部色较深,斑纹深灰色;内线由前缘向外倾斜至中室后缘,随后平直,有时模糊;外线向内倾斜,其外侧衬1白色细线。后翅色偏白;外线平直。前后翅中点为黑色圆圈。

分布:中国的甘肃(永登)、青海、新疆、西藏;中亚地区。

(599) 枯草贡尺蛾 *Odontopera alienata* Staudinger,1892

Odontopera muscularia var. *alienata* Staudinger,1892b,Dt. ent. Z. Iris,5:164. (Central Asia:Margelan,Osch,Alai,Transalai,Samarkand)

前翅长:20~21 mm。额和下唇须浅黄褐色,掺杂少量黑色;额不凸出,具额毛簇;下唇须尖端伸达额外。体黄褐色;胸密被鳞毛。本种翅型与翅面斑纹与灰贡尺蛾 O. muscularia 相似,但前翅外缘的凸角较短钝;翅面黄褐色,散布大量黑色碎纹;前翅中点较大,前后翅中点不明显中空;前翅外线外侧不衬白线;前后翅缘线为翅脉间1列黑点,其中前翅M_1上下两侧的两个黑点较大。

分布:中国的甘肃(永登、榆中)、青海、新疆、四川;中亚地区。

(600) 示卑尺蛾 *Endropiodes indictinaria* (Bremer, 1864)

Macaria indictinaria Bremer, 1864, Mém. Acad. Sci. St. Pétersb., (7)8 (1):81, pl.7:8. (Russia: Amur, Dshai; Ussuri)

前翅长:14~15 mm。雄触角双栉形,雌线形。前翅顶角尖,略凸出,外缘中部隆起;后翅外缘在 Rs 和 M_3 端部略凸出。翅面浅灰褐色,密布黑灰色碎纹,斑纹深褐色。前翅内线在前缘下弯折,其余部分平直;中点黑色;外线在 M_1 下方凸出;外线外侧在 M_3 下方具2个黑斑。后翅中点较前翅小,有时近于消失;中线在 M_1 下方略向内凸出;外线在 M_1 下方凸出。前后翅端部常有深浅不均、大小不等的深褐至黑褐色模糊斑块;缘毛深灰褐色。

分布:中国的甘肃(文县)、吉林、陕西;俄罗斯,日本。

(601) 绿灵尺蛾 *Aplochlora dentisignata* (Moore, 1868)

Geometra dentisignata Moore, 1868, Proc. zool. Soc. Lond., 1867:636. (India: Darjeeling)

别名:绿霞尺蛾。

前翅长:19 mm。雄触角线形具纤毛,雌触角线形。下唇须第一节背面黄褐色,腹面白色,第二和第三节灰褐色;额灰褐色;头顶黄白色。胸腹部背面黄白色,领片和肩片带绿色。翅宽阔;前翅顶角尖,略凸出;前后翅外缘略呈浅弧形。翅绿色,略带灰绿色调,散布少量黄褐色碎点。前翅前缘污黄色,排布深褐色碎纹;内线和外线黄褐色,在前缘略扩大形成褐斑,均弧形弯曲。后翅外线黄褐色,较直;前后翅中点黑褐色,边缘黄褐色,清晰。

分布:中国的甘肃(文县)、陕西、四川、云南、西藏;印度。

(602) 紫褐蚀尺蛾 *Hypochrosis insularis* (Bastelberger, 1909)

Capasa insularis Bastelberger, 1909, Ent. Z., Frankf. a.M., 23(8):39. (China: Taiwan, Arizan)

前翅长:♂10~12 mm,♀12 mm。雄雌触角均双栉形。额黄褐色,稍凸出;下唇须仅第三节伸出额外,第一、二节浅黄褐色,第三节黑褐色;头顶、领片、肩片及胸部黄褐色。前翅前缘直,端部稍弯曲,顶角圆,外缘浅弧形;后翅顶角钝圆;外缘 Cu_1 脉之前弧状,之后直。前翅紫褐色,后翅颜色浅于前翅,仅后缘区域颜色较深。前翅内线黄褐色,内侧具淡黄色伴线,由前缘至中室中部向外倾斜,在中室下方略向内折,竖直向下;外线与内线相同,具伴线,在 M_1 脉处肘状曲折,斜直向下止于后缘;顶角处有1块灰黄褐色斑。后翅外线仅在 Cu_1 至后缘出现模糊黄褐色细线,具黄色伴线。

分布:甘肃(文县)、福建、台湾、广东、广西,云南。

(603) 紫片尺蛾 *Fascellina chromataria* Walker, 1860

Fascellina chromataria Walker, 1860, List Spec. lepid. Insects Colln Br. Mus., 20: 215. (Ceylon)

前翅长:♂16~19 mm,♀19~20 mm。雄雌触角均线形,雄具短纤毛。前翅外缘由顶角至 Cu_2 脉直立,其下浅凹,后缘端部凹,臀角下垂;后翅顶角凹,外缘浅弧形。翅面紫褐至黑紫色,雄色较雌浅,散布黑褐色碎纹;后翅较前翅明显。前翅前缘中部和近顶角处有浅色小斑;中点黄色,雌较弱;内线和外线黑色波状,后者在 M_2 以上消失;亚缘线在 M_2 以下有1列黑点;缘毛深褐色或紫褐色,在臀角附近黑色。后翅外线较近外缘;无中点;顶角和臀角常有黄斑的痕迹。

分布:中国的甘肃(舟曲、康县、文县)、吉林、河南、陕西、安徽、江苏、浙江、湖北、江西、湖南、福建、台湾、广东、海南、广西、四川、云南、西藏;朝鲜,韩国,日本,印度,不丹,缅甸,喜马拉雅东部,越南,斯里兰卡,印度尼西亚。

（604）灰绿片尺蛾 *Fascellina plagiata*（Walker，1866）

Geometra plagiata Walker，1866，List Spec. lepid. Insects Colln Br. Mus.，35：1601.（India：Hindostan）

前翅长：♂12~15 mm，♀15~17 mm。前翅外缘下端和后缘端部凹入较浅，臀角下垂不明显；后翅顶角正常，外缘浅弧形。翅面叶绿色，散布稀疏黑鳞。前翅前缘浅灰褐色，其下方有1条不完整的褐线；内线模糊；中线黑色，波状，在中室处常断开；中点黑色；翅端部M_1下方为1黑褐色方形大斑；外线在前缘至M_1之间呈黑点状，在M_1之后为黑色细线，不规则波曲，穿过大斑；缘毛在大斑外黑褐色，其余黄绿色。后翅外线近平直，粗壮，内侧黑褐色，外侧黄褐色；亚缘线黑色，纤细，弧形，其外侧在后缘处有1黑斑；缘毛黄绿色。

分布：中国的甘肃（康县、文县）、河南、青海、安徽、浙江、湖北、江西、湖南、福建、台湾、广东、香港、海南、广西、四川、贵州、云南、西藏；日本，印度，尼泊尔，缅甸，喜马拉雅，马来西亚。

（605）斧木纹尺蛾 *Plagodis dolabraria*（Linnaeus，1767）

Phalaena（*Geometra*）*dolabraria* Linnaeus，1767，Syst. Nat.（Edn 12），1（2）：861.（Germany）

前翅长：15~17 mm。雄触角双栉形，雌线形。前翅前缘平滑，顶角稍尖，外缘在Cu_1脉以上直，以下向内形成缺刻状；后翅顶角钝圆，外缘在Cu_2脉下方浅缺刻状。翅面黄色，前翅翅面与后翅端部区域密布木纹状横纹；前翅前缘脉具2块不规则形黑斑，模糊，将前缘脉三等分；顶角具1个小黑点；臀角区域烧焦状斑，内侧与后缘相连具黑色倾斜的短横纹，此处缘毛黑色，其余黄褐色。后翅臀角相同位置具黑褐色不规则烧焦斑；翅面除端部区域外具褐色斑点；缘毛与前翅颜色相同。

分布：中国的甘肃（永登、榆中、天水、康县、文县）、吉林、内蒙古、河南、陕西、浙江、湖北、江西、湖南、台湾、广东、四川、云南、西藏；俄罗斯，日本，印度；欧洲。

（606）粗木纹尺蛾 *Plagodis excisa* Wehrli，1938

Plagodis excisa Wehrli，1938，Mitt. münch. ent. Ges.，28（2）：85.（China：Shensi，Tapaishan，Tsingling）

前翅长：16 mm。雄触角双栉形，雌线形。前翅前缘端部稍弯曲，顶角稍尖锐，外缘在M_3与Cu_1脉间向外凸出，Cu_1脉之后向内凹陷呈缺刻状；翅面黄色，密布深黄褐色横纹，端部区域黄褐色；顶角具小黑点；缘毛端部黄色，在外缘突起上部和下部黑褐色；臀角烧焦状，近臀角处具黑褐色大斑；中点黑色，边缘模糊；外线可见轮廓。后翅灰白色，散布小黑点，臀角处黑点密集，形成不规则黑斑；无内外线；缘毛黄白色，臀角处黑色。

分布：甘肃（永登）、陕西。

（607）碎木纹尺蛾 *Plagodis pulveraria*（Linnaeus，1758）

Phalaena（*Geometra*）*pulveraria* Linnaeus，1758，Syst. Nat.（Edn 10），1：521.（Europe）

前翅长：15~17 mm。雄触角双栉形，雌线形。两翅顶角均钝圆，外缘浅弧形。翅面浅黄褐色，带红褐色调，密布深褐色短纹和斑点；斑纹深褐色。前翅内线较直；外线Cu_1以上波浪状，以下部分内凹，之后斜向下止于后缘；内线与外线之间色较暗，形成条带状，有时内、外线深褐色，中央不形成条带。后翅外线在前缘附近消失，Rs以下逐渐增粗，颜色加深。前后翅无缘线；缘毛与翅面同色。

分布：中国的甘肃（永登）、黑龙江、吉林、河南、陕西、湖北、江西；日本，蒙古国；欧洲，北美洲。

（608）洞魑尺蛾 *Garaeus specularis* Moore，1868

Garaeus specularis Moore，1868，Proc. zool. Soc. Lond.，1867：623，pl.32：3.（India：Darjeeling）

前翅长：15~17 mm。雄雌触角均双栉形，雌栉齿极短。前翅前缘基部隆起，顶角尖锐，向外凸出；两翅外缘均波浪状。翅面黄色掺杂黄褐色，具黑褐色斑纹；翅窗明显。前翅内线弯曲外凸，外线双线，R_5脉处外凸成尖角，Cu_2以下稍内凹，亚缘线细，弯曲，外线与内线中间，M_3、Cu_1和Cu_2脉间具小翅窗；中点小且圆，黑色，上部具黑褐色斜斑。后翅外线直，双线，亚缘线波浪状，几乎与外线平行；中室具大块翅窗，下侧具2块小翅窗；中点位于翅窗中间。

分布:中国的甘肃(榆中、宕昌、康县)、河南、陕西、江苏、湖北、江西、湖南、台湾、福建、广西、四川、云南、西藏;朝鲜,韩国,日本,印度,喜马拉雅东部;欧洲。

(609) 直石带尺蛾 *Petrophora chlorosata* (Scopoli, 1763)

Phalaena chlorosata Scopoli, 1763, Ent. Carniolica:222, fig. 551. (Italy:Carnia)

前翅长:18 mm。雄雌触角均线形。额褐白色,略凸出;下唇须黑褐色,端部白,尖端伸达额外;体浅灰至灰褐色。前后翅外缘平滑;雌蛾前翅较雄蛾窄,顶角较尖,略凸出。翅面淡黄色,密布深灰色小点;斑纹黑褐色。前翅内线和外线平直,向内倾斜,外线较内线粗壮;外线外侧衬1白色细线,有时模糊;中点微小;亚缘线白色,模糊。后翅中点较前翅模糊;外线仅后半部清楚。翅反面斑纹模糊。

分布:中国的甘肃(民乐、永登、榆中)、黑龙江、吉林;俄罗斯,日本,中亚地区;欧洲。

(610) 灰宽带尺蛾 *Anonychia grisea* (Butler, 1883)

Nadagara grisea Butler, 1883, Proc. zool. Soc. Lond., 1883(2):172. (India)

前翅长:17~18 mm。雄雌触角均线形。额浅灰褐色,具额毛簇;下唇须深褐色,长,端部约1/2伸出额外;头、胸背面黑褐色。腹部背面浅灰褐色。前翅顶角略尖,外缘平滑,后翅外缘波状。翅面浅灰褐色,斑纹黑褐色。前翅内线平直,向外倾斜;内线外侧和外线内侧具黑褐色阴影带,有时扩散至翅中部;中点微小;外线在M_2附近凸出1尖角;翅端部具1黑褐色模糊阴影带。后翅可见模糊中点和外线;外线向外浅弧形弯曲。前后翅缘线黑褐色;缘毛灰褐色。后翅反面中点和外线较正面清楚。

分布:中国的甘肃(永登)、陕西、四川、云南、西藏;印度。

(611) 锐宽带尺蛾 *Anonychia latifasciaria* Leech, 1897

Anonychia latifasciaria Leech, 1897, Ann. Mag. nat. Hist., (6)19:225. (China:Szechwan, Omei-shan; Pu-tsu-fong; Ni-tou)

前翅长:15~17 mm。本种外部形态特征与灰宽带尺蛾 *A. grisea* 相似,但主要区别如下:体型较大;翅面颜色较深;前翅内线后半段略向外弯曲;前翅内线与外线之间区域颜色较深。

分布:甘肃(永登、甘肃南部)、四川、云南。

(612) 三齿黄尺蛾 *Opisthograptis tridentifera* (Moore, 1888)

Rumia tridentifera Moore, 1888a, in Hewitson & Moore, Descr. New Indian lepid. Insects Colln. Late Mr. W.S. Atkinson, 3:230. (India:Darjeeling)

前翅长:♂20~22 mm,♀21~27 mm。雄雌触角均线形。前翅顶角微凸,外缘浅弧形;后翅外缘浅波曲。前后翅浅黄色。前翅翅面散布灰色小斑点;前缘具红褐色带;内线灰色,锯齿状,在前缘和后缘各形成1个红褐色斑;中点红褐色,边缘黑色,外侧边缘沿翅脉凸出3个尖齿;外线深灰色,锯齿状,在各脉上颜色加深,特别是近前缘和后缘处为红褐色;缘线在各脉端部形成1个深红褐色斑点,斑点中部黑色;顶角内侧具1个小黑斑。后翅中点黑灰色,较小;外线黑灰色,锯齿状;缘线模糊或消失。

分布:中国的甘肃(永登、卓尼、迭部、宕昌、舟曲、文县)、四川、云南、西藏;印度,尼泊尔。

(613) 滇黄尺蛾 *Opisthograptis tsekuna* Wehrli, 1940

Opisthograptis tsekuna Wehrli, 1940, in Seitz, Gross-Schmett. Erde, 4 (Suppl.):363, pl.29:h. (China:Yunnan, Tsekou)

前翅长:21~24 mm。雄触角锯齿形,雌触角线形。下唇须深褐色,粗壮,端部伸出额外。额、头顶、体背和翅鲜黄色。前翅基部有1黑褐色小斑;内线、中线和亚缘线在前缘留有黑褐色小斑,其下隐约可见黑灰色波状线;翅中部由前缘至中室下缘为1巨大深褐色斑,宽达4~5 mm,大斑边缘和内部翅脉黑褐色,其外侧沿翅脉凸出3个小尖齿;外线在前缘无斑,其下与其他线纹相同;顶角有1小黑点;缘毛黄色,在翅脉端黑色。后翅中点大,近方形;外线、亚缘线和缘毛同前翅。

分布:甘肃(礼县、宕昌、康县、文县)、陕西、湖北、四川、重庆、云南。

（614）骐黄尺蛾 *Opisthograptis moelleri* Warren，1893

Opisthograptis moelleri Warren，1893，Proc. zool. Soc. Lond.，1893：403，pl.31：12.（India：Sikkim）

前翅长：♂23~25 mm，♀24~27 mm。雄雌触角均线形。翅面鲜黄色。前翅前缘基部具1褐斑；亚基线和内线浅灰褐色，波曲，细弱，在前缘处各形成1小褐斑；中点黑褐色，中间黄褐色，上端色较浅，伸达前缘，其外缘中部凸出1细长尖齿，下角向外凸出1短齿，整体呈锚形；外线灰褐色，平直，由前翅顶角内侧直达后缘外1/3处；外线至顶角之间在前缘处具1黑褐色细纹；缘毛黄色。后翅外线平直，向内倾斜至后缘中部；无中点；亚缘线浅灰褐色，锯齿形，模糊；缘毛黄色，在M_1、M_3和Cu_1端具3个黑褐点。

分布：中国的甘肃（文县）、湖北、湖南、福建、台湾、四川、云南、西藏；印度，尼泊尔，泰国。

（615）光穿孔尺蛾 *Corymica specularia nea* Wehrli，1940

Corymica specularia nea Wehrli，1940，in Seitz，Gross-Schmett. Erde，4（Suppl.）：362，pl.29：f.（China：Szechwan，Ginfu-shan；Chekiang，E. & W. Tien-Mu-Shan）

前翅长：♂11~12 mm，♀13~14 mm。雄雌触角均线形。前翅狭长，顶角尖，后缘基部隆起，端半部浅凹；前后翅外缘在M_3上方略波曲；雄前翅基部具极发达泡窝，长椭圆形，长度可达翅长的1/5以上，使翅基部呈穿孔状。翅黄色，散布褐色斑纹。前翅前缘基部为1褐斑，斑上散布白色鳞片，褐斑端部弯曲钩状；前缘中部和顶角内侧各具1个小褐斑；顶角下方为1楔形阴影状灰褐色大斑，下端到达M_3；后缘中部具褐色指状突，端部钝圆，沿后缘延长；另1个褐色短棒状斑位于近臀角处，有时模糊。后翅前缘脉中部具小型中空的褐色斑；另外2个较小斑分别位于前缘脉端部1/4处和后缘中央。缘毛基半部深红褐色，端半部灰白色，在前翅翅脉端灰褐色。

分布：甘肃（迭部、舟曲、康县、文县）、陕西、浙江、湖南、广西、四川。

（616）同替尺蛾 *Platycerota homoema*（Prout，L.B.，1926）

Crypsicometa homoema Prout，L.B.，1926b，J. Bombay nat. Hist. Soc.，31：788.（Burma：Htawgaw）

前翅长：♂16~17 mm，♀19 mm。雄雌触角均线形，具纤毛。前后翅外缘弧形。翅枯黄色。前翅前缘深褐色，隐约可见双波状内线；中点黑色，极微小；顶角处1个卵圆形大斑，斑内黄白至灰白色，边缘深褐色；外线锯齿状，由斑下内倾至后缘，其外侧齿凹内白色；缘线深灰褐色，内侧稍模糊；缘毛浅灰褐色。后翅外线粗壮且较直，其外侧翅面灰白色，散布深灰褐色碎纹；其余斑纹与前翅相似。

分布：中国的甘肃（文县）、浙江、湖北、湖南、福建、台湾、四川、云南；印度，缅甸。

（617）赭尾尺蛾 *Exurapteryx aristidaria*（Oberthür，1911）

Urapteryx aristidaria Oberthür，1911c，Études Lépid. comp.，5（2）：31，pl.87：847.（China：Szechwan，Siao-Lou）

前翅长：15~17 mm。雄触角锯齿形，具纤毛簇；雌触角线形。前翅顶角尖，外缘中部略凸出；后翅外缘中部凸出1尖角；翅面外线内侧黄色，散布黑灰色细点；外线外侧紫粉色，散布黑灰色碎条纹。前翅中点黑色，微小；外线黑褐色，在M脉之间略向内弯曲，其外侧隐约可见1条深灰色细线；外线外侧在M_3与Cu_2之间具黑灰色斑；缘线深褐色；缘毛灰褐色。后翅外线在M脉之间向外凸出；其余斑纹与前翅相似。

分布：中国的甘肃（康县、文县）、陕西、安徽、浙江、湖北、江西、湖南、福建、广西、四川、贵州、云南；缅甸。

（618）黄尾尺蛾 *Sirinopteryx parallela* Wehrli，1937

Sirinopteryx parallela Wehrli，1937b，Ent. Rdsch.，54（13/14）：161.（China：Yunnan，Tseku）

前翅长：♂15~20 mm，♀18~22 mm。触角线形。下唇须、额和前翅前缘基部橘黄色至黄褐色；胸部背面和翅黄色；腹部背面黄白色。前翅宽阔，顶角尖，略凸出，外缘略呈浅弧形；后翅外缘中部凸出1尖角；翅面散布灰色碎点；前翅前缘灰黄色；中线及前后翅外线浅灰色，均向内倾斜；中点灰色；缘毛浅黄褐色。

分布：甘肃（康县、文县）、陕西、湖南、广东、广西、四川、云南、西藏。

（619）黄蝶尺蛾 *Thinopteryx crocoptera*（Kollar，1844）

Urapteryx crocoptera Kollar，1844，in Hügel，Kaschmir Reich Siek，4（2）：483.

前翅长：29~31 mm。雄雌触角均线形，雄具纤毛簇。前翅宽阔，顶角尖，略凸出，外缘浅弧形；后翅外缘在Rs处凸出，在M_3处凸出1短钝尾角；翅面橘黄色，前翅散布大量黄褐色碎条纹，后翅散布黄褐色至灰褐色散点。前翅前缘灰白色，散布深灰色碎纹；内线细弱，向外倾斜；中点短条形，黑褐色；外线略向外倾斜至臀角，直且粗壮；亚缘线为翅脉上1列深褐色点，在R_5和M_3之间向外弯曲，在M_3下方向内倾斜，在臀角处与外线接触；缘毛鲜黄色。后翅中点向内弯曲，其外侧至外线之间翅面颜色略深；外线近外缘，中部向外凸出，深灰褐色；外缘中部尾角两侧有2个黑斑；缘毛黄色，在尾角处黑灰色。

分布：中国的甘肃（文县）、河南、陕西、福建、湖北、江西、湖南、台湾、广东、海南、广西、四川、云南、西藏；朝鲜，韩国，日本，印度，越南，斯里兰卡，马来西亚，印度尼西亚。

（620）灰沙黄蝶尺蛾 *Thinopteryx delectans* (Butler, 1878)

Urapteryx delectans Butler, 1878, Illust. typical Specimens Lepid. Heterocera Colln Br. Mus., 2: ix, 45, pl. 35: 2. (Japan: Yokohama)

前翅长：26~28 mm。前翅顶角钝圆。翅面密布不规则褐色至灰褐色鳞片，翅中部和端部浅黄色。前翅前缘具浅灰褐色带或紫灰色带；内线和外线模糊；中点褐色短条形；亚缘线外侧黄色；缘线浅褐色，细弱；缘毛浅黄色。后翅中点较前翅大；外线为深褐色双线，接近外缘，内侧的微波曲，外侧的中部向外凸出；尾角处具深褐色斑；缘毛黄色，尾角处深褐色。

分布：中国的甘肃（文县）、浙江、江西、湖南、福建、四川；朝鲜，韩国，日本。

（621）郁尾尺蛾 *Tristrophis veneris* (Butler, 1878)

Urapteryx veneris Butler, 1878b, Ann. Mag. nat. Hist., (5)1: 392. (Japan: Yokohama)

前翅长：16~17 mm。雄雌触角均线形。下唇须浅灰褐色；额、头顶和胸腹部背面白色。翅较前种狭长；白色，斑纹灰褐色。前翅内线外斜，下端略向外弯曲；外线和亚缘线由前缘伸向臀角，上粗下细；中点短条形；缘线和缘毛灰褐色，掺杂少量黄色。后翅M_3端部尾角尖细，其上方在M_1端部形成1较弱的肩角；中点短小；外线纤细，Cu_2以上浅弧形，其下外弯；亚缘线带状，掺杂稀疏黑鳞，中段大部黄色，并向外扩展至尾角附近；尾角上方有1~2个黑点，下方1个黑点；缘线十分纤细；缘毛灰褐色与黄色掺杂。

分布：中国的甘肃（永登、舟曲）、陕西；俄罗斯，日本。

（622）淡扭尾尺蛾 *Tristrophis rectifascia asymetricaria* (Oberthür, 1923)

Urapteryx rectifascia asymetricaria Oberthür, 1923, Études Lépid. Rennes, 20: 201, pl. 561: 4836, 4837. (China: Szechwan, Tachien-lu)

前翅长：♂20~24 mm，♀24~25 mm。雄雌触角均线形。体和翅白色。前翅宽阔，顶角圆，外缘浅弧形；后翅外缘在Rs处略凸出，在M_1处呈肩状凸出，在M_3处凸出1尖细尾角；翅面斑纹浅灰褐色或灰色。前翅基部有3个圆点，相互融合；内外线带状，均向外倾斜，中部略相向弯曲；中点长圆形，扩展至前缘；外线外侧前缘褐色，其下方大部灰色；缘毛灰褐色。后翅中点圆形，其外侧具零散圆形灰斑；翅端部为灰褐至褐色云状纹；外缘内侧在Rs和Cu_1各脉间具3个黑斑，其上具银白色鳞片；黑斑内侧可见深褐色锯齿状亚缘线；缘毛较前翅色深。

分布：甘肃（文县）、四川。

（623）四川尾尺蛾 *Ourapteryx szechuana* Wehrli, 1939

Ourapteryx ebuleata szechuana Wehrli, 1939, in Seitz, Gross-Schmett. Erde, 4 (Suppl.): 353, pl. 28: b. (China: Sichuan, Yahothal)

前翅长：♂22~27 mm，♀26~29 mm。雄雌触角均线形。后翅尾突中等长度。前翅顶角较尖，外缘直；后翅顶角明显，外缘在M_2处呈肩状凸起，在M_3处具1尖锐尾角。翅面白色，密布浅灰色短条形斑；前缘具深灰色斑点；内线与外线浅灰色，平直且外倾，内线外倾角度较大；中点浅灰色短条形；缘线灰色，细弱；缘毛黄褐色。后翅中线平直，外倾，未伸达前缘和后缘；亚缘线位置密布灰色鳞片；缘毛黄褐色；尾角上方具1个红斑，边缘黑色,下方小黑斑有时消失;缘毛红褐色。

分布:中国的甘肃(天水、永登、迭部、舟曲、康县、文县)、内蒙古、北京、山西、河南、陕西、宁夏、青海、浙江、湖北、江西、湖南、福建、广西、四川;尼泊尔。

(624)二点麻尾尺蛾 *Ourapteryx adonidaria* (Oberthür,1911)

Urapteryx adonidaria Oberthür,1911,Études Lépid. comp.,5(2):28,pl.86:836.(China:Szechwan,Tien-Tsuen)

前翅长:20~24 mm。雄雌触角均线形。前翅顶角钝,外缘略呈浅弧形;后翅顶角圆,尾角短小三角形。翅面白色,常略带黄绿色调,斑纹深灰褐色;前后翅均散布大量深灰褐色碎纹,个体间疏密不等,变异较大。前翅内线外斜,下端延伸至后缘中部或更远;外线浅波曲,下端伸达臀角附近。后翅亚缘线位置的碎纹常形成带状,其中部由M_3至Cu_2之间带黄色,并向外扩展至外缘黑点处,有时形成鲜明的黄斑;尾角上方有1个黑点,有时消失,下方有2个大而圆的黑点。前后翅缘线和缘毛深灰褐色,在前翅臀角附近、后翅顶角和尾角尖端与翅面同色。

分布:甘肃(永登、舟曲、康县、文县)、陕西、青海、四川。

(625)星尾尺蛾 *Ourapteryx puncticulosa* Inoue & Stüning,1995

Ourapteryx puncticulosa Inoue & Stüning,1995 Trans. lepid. Soc. Japan,46(4):255,figs 1-4.(China:Shensi,Tapaishan,Tsinling)

前翅长:17~18 mm。雄触角短双栉形。体背和翅黄白色至白色。前翅略狭长,顶角圆,外缘浅弧形;后翅外缘光滑,中部隆起,无尾角。前翅前缘排布黑褐色小点;翅面在中室下缘至Cu_1以上散布灰色散点;Cu_1端部下方有数个灰点;缘毛在M_1至Cu翅脉间有3个黑褐色点,其上下各有1个灰点,其余黄白色或略带淡灰色。后翅散布大量灰点;缘毛在Rs端部黑褐色。翅反面(625b)黄色调较明显,在正面散布灰点的区域散布大量深灰褐色至黑褐色点。

分布:甘肃(宕昌)、河南、陕西、湖北。

(626)点尾尺蛾 *Ourapteryx nigrociliaris* (Leech,1891)

Urapteryx nigrociliaris Leech,1891a,Entomologist,24(Suppl.):5.(China:Sichuan,Huang-Mu-Chang)

前翅长:♂38~40 mm。雄触角短双栉形。前翅顶角不凸出,外缘浅弧形;后翅顶角明显,外缘在M_2处凸出较强,尾角短小。前翅内外线和中点黑至黑褐色,中点内有黄鳞。后翅具黑色中点,中点外下方延伸1条灰褐色线;翅端部附近散布灰黄褐色细纹;尾角较短,其内侧有2个小黑斑,上侧黑斑较大,中心橘黄至橘红色。前后翅缘线和缘毛黑色。

分布:甘肃(宕昌)、陕西、江西、湖南、福建、台湾、四川。

灯蛾科 Arctiidae

小至中型蛾类,少数大型。头顶及额常密被毛,喙发达或不发达。下唇须向前平伸或向上伸。雄蛾触角多为栉齿形,少数为线形或锯齿形;雌蛾多为线形具纤毛,少数为短栉齿状。胸背面的领片与肩片多具有斑点或斑带。翅通常发达,只有少数种类的雌蛾翅稍退化而小于雄蛾。前翅通常较窄长,后翅较宽,某些种雄蛾后翅臀角延长成1尖突。前翅的颜色多为白色、灰色、浅黄色、黄色、红色、褐色及黑色等。后翅多为红色或黄色。前翅M_2脉从中室下角微向上方伸出;M_1脉从中室上角或从上角微向下方伸出;有或无径副室;某些种类缺R_3脉或R_4脉,有些缺M_3脉。苔蛾亚科的部分属Sc脉与前缘之间有4或5个短横脉相连。后翅$Sc+R_1$脉与中室上缘并合至中部或中部以外;M_1与Rs脉有时并合,有些种类缺M_2脉或M_3脉,或两者并合。腹部一般较粗钝,苔蛾亚科的腹部则较纤细,多为黄色或红色,除苔蛾亚科的大多数属种外,其背面与侧面常具黑色点斑。

苔蛾亚科 Lithosiinae

（627）黄灰佳苔蛾*Hypeugoa flavogrisea* Leech，1899

Hypeugoa flavogrisea Leech，1899，Trans. ent. Soc. Lond.，1899：190.（China：Sichuan，Ta-tsien-lou）

前翅长：20~24 mm。雄雌触角均线形。喙退化，极小；下唇须平伸不过额。胸腹部背面灰黄至黄褐色。前翅前缘略呈浅弧形，顶角钝圆，外缘浅弧形，倾斜。前翅灰色，散布暗褐色；中带宽，黑灰色；亚缘线为不规则齿状。后翅黄色，散布暗褐色鳞片。

分布：甘肃（天水、礼县、迭部、宕昌、康县、文县）、河北、山西、山东、河南、陕西、江苏、浙江、湖北、江西、广西、四川、云南。

（628）明痣苔蛾*Stigmatophora micans*（Bremer & Grey，1853）

Setina micans Bremer & Grey，1853b，Études ent.，1：63.（China：Peking）

前翅长：11~16 mm。雄雌触角均线形。喙极发达；下唇须平伸过额。体和翅白色；头、领片和腹部背面散布橙黄色；前、中足胫节和跗节具黑带。前翅前缘直，外缘浅弧形倾斜；后翅宽大扇形。前翅前缘及端部带橙黄色，前缘基部有黑边；1黑色亚基点；内线斜置3个黑点；外线1列黑点，在前缘下方向外曲，在M_1与M_3处折角，M_3以下内斜；亚缘线1列黑点，M_3下方的黑点接近外缘。后翅散布黄色，端部橙黄色；亚缘线为1列黑点，中部缺失，其下模糊。

分布：中国的甘肃（礼县、文县）、黑龙江、吉林、辽宁、内蒙古、河北、山西、山东、河南、陕西、江苏、湖北、四川；朝鲜，韩国。

（629）黄痣苔蛾*Stigmatophora flava*（Bremer & Grey，1853）

Setina flava Bremer & Grey，1853b，Études ent.，1：63.（China：Peking）

前翅长：11~16 mm。雄雌触角均线形，雄触角纤毛簇发达。体黄色，头、领片和肩片色较深。前翅前缘略呈浅弧形，不如明痣苔蛾直；翅面黄色，前缘区深黄色，前缘基部有黑边；亚基点、内线3个黑点及外线黑点列近似明痣苔蛾，但黑点较小，外线在前缘下方的黑点近于消失，亚缘线黑点在顶角下1个或2个，M_3处有时有1个或数个黑点，数目不定。后翅淡黄色，无斑点。前翅反面中央或多或少散布暗褐色。

寄主植物：玉米、桑、高粱、牛毛毡。

分布：中国的甘肃（宕昌、舟曲、成县、康县、文县）、黑龙江、吉林、辽宁、北京、河北、山西、山东、河南、陕西、新疆、江苏、浙江、湖北、江西、湖南、福建、台湾、广东、四川、贵州、云南；朝鲜，韩国，日本。

（630）红脉痣苔蛾*Stigmatophora rubivena* Fang，1991

Stigmatophora rubivena Fang，1991a，Sinozoologia，8：378.（China：Yunnan）

前翅长：11~12 mm。雄蛾胸部背面和前翅淡红色，翅脉和翅缘红色；雌蛾前翅底色黄色，仅前缘和翅端半部部分翅脉带红色；雄雌前翅基部和中部至亚缘区均各有1个大褐斑；无黑点。雄后翅淡红色；雌后翅淡黄色，端部色略深。

分布：甘肃（迭部、文县）、陕西、云南。

（631）甘痣苔蛾*Stigmatophora conjuncta* Fang，1991

Stigmatophora conjuncta Fang，1991a，Sinozoologia，8：378.（China：Gansu）

前翅长：12~14 mm。外形与黄痣苔蛾*S. flava*相似，但前翅前缘较该种直；中线至外线褐斑除中室端外连成一片，大斑内侧紧邻3个中线黑点；亚缘线无黑点。后翅黄色，后缘附近橙黄色。

分布：甘肃（正宁、康县）、北京、陕西、湖北、广西。

（632）枚痣苔蛾*Stigmatophora rhodophila*（Walker，1864）

Barsine rhodophila Walker，1864，List Spec. lepid. Insects Colln Br. Mus.，31：254.（N. China）

前翅长:10~13 mm。胸部和前翅橘红色,腹部和后翅黄色略带橘红色。前翅较狭窄,端部较圆;基部在前缘和中脉上具黑点,内线前方有5个黑褐色短带;内线在前缘下方折角,然后倾斜不达后缘;中线和外线由2列长短不一的黑褐色短带组成,在中室下合并成1列短带;前缘及外缘色较红。后翅无斑纹。

寄主植物:牛毛毡。

分布:中国的甘肃(文县)、黑龙江、吉林、河北、山西、山东、河南、陕西、浙江、湖北、江西、湖南、福建、广西、四川、云南;朝鲜,韩国,日本。

(633)之美苔蛾 *Miltochrista ziczac*(Walker,1856)

Hypoprepia ziczac Walker,1856,List Spec. lepid. Insects Colln Br. Mus.,7:1681.(China)

前翅长:9~15 mm。雄雌触角均线形。喙极发达;下唇须平伸过额;额与头顶具黑点;领片和肩片具红斑。身体白色。前翅狭长,前缘和外缘浅弧形,顶角圆;前缘下方在内线以内具红带;中线至顶角为红色前缘带,外缘区为红色带;前缘基部有1暗褐色点;亚基线黑色;前缘从基部到内线具黑边;内线在前缘下方向外弯后斜,在臀褶处向外折角;黑色中线微波状,在中室内向内曲,中脉末端上方及横脉上具黑斜带;黑色外线起自前缘近中线处,高度齿状,在前缘下方向外曲后斜,亚缘线为1列黑点。后翅淡红色。

分布:甘肃(宕昌、成县、康县、文县)、山西、河南、陕西、江苏、浙江、湖北、江西、湖南、福建、台湾、广东、广西、四川、云南。

(634)曲美苔蛾 *Miltochrista flexuosa* Leech,1899

Miltochrista flexuosa Leech,1899,Trans. ent. Soc. Lond.,1899:196.(W. China)

前翅长:12~16 mm。头和胸部粉红色,下唇须稍染黑色。腹部灰黄色,后半具黑毛,末端灰黄。前翅近梭形,前缘外1/3处隆起,外缘浅弧形;翅面红色,前缘基部黑边达内线;中室基部有1黑点,亚基区脉间有黑色斑点;线纹黑褐色,两侧均衬灰黄色边;内线弧形弯曲,微波状;中线较直;中室端部具1个或2个短斜纹,外线起自其上方,呈钩状达中室前缘后向外平伸至近顶角处,其下极深折曲至后缘,每折的内端圆形,外端尖齿状。后翅前缘较直,顶角尖,外缘曲度很小;翅面淡红色。前后翅缘毛黄色。

分布:甘肃(康县、文县)、陕西、浙江、湖北、湖南、福建、四川、云南。

(635)秦岭美苔蛾 *Miltochrista tsinglingensis* Daniel,1951

Miltochrista tsinglingensis Daniel,1951,Bonn. Zool. Beitr.,2:314.(China:Shaanxi)

前翅长:11~14 mm。与曲美苔蛾相似,但本种体型稍小,下唇须雄蛾黑色,雌蛾黄色,末端黑色。前翅底色红,较曲美苔蛾稍淡;后缘区稍暗,无基点和中线;内线不完整,形状不同;外线的折曲较短,其外侧有1列黑点。

分布:甘肃(迭部、宕昌、舟曲、康县、文县)、陕西、湖北。

(636)异美苔蛾 *Miltochrista aberrans* Butler,1877

Miltochrista aberrans Butler,1877a,Ann. Mag. nat. Hist.,(4)20:397.(Japan)

前翅长:9~13 mm。头、胸部黄色,肩角、肩片具黑点。前足基节染红色;胫节具黑带。腹部暗褐色,基部灰色,端部赭色。前翅前缘中部隆起,外缘倾斜较少浅弧形,后缘较长;翅面橙红色,有1黑色基点;中室下方有2个斜置的黑色亚基点;前缘基部至内线处具黑边;内线在中室折角;中线在中室向内折角与内线接近或相接;外线在前缘起点与中线同,在前缘下方强烈外曲后斜,成不规则齿状再向外曲至后缘;亚缘线为1列弯曲的短黑纹。后翅黄色,略带红色调。

分布:中国的甘肃(宕昌、康县、文县)、黑龙江、吉林、河南、陕西、江苏、浙江、湖北、湖南、江西、福建、台湾、广东、海南、四川;朝鲜,韩国,日本。

(637)玫美苔蛾 *Miltochrista rosacea*(Bremer,1861)

Calligenia rosacea Bremer,1861,Bull. Acad. Imp. Sci. St. Pétersb.,3:476.(Russia)

前翅长:9~11 mm。头和体背黄色。雄前翅前缘中部隆起,雌较平缓;翅面黄色,雄前缘和外缘橘黄色,雌前缘中部至外缘橘红色至红色;前缘基部具黑边;内线和中线仅在前缘有1短条纹;外线与中线起自同一点,在中室前缘外折后到达亚缘线附近,其下深折曲,较细弱,下端消失;亚缘线为1列黑点。后翅黄色,雄顶角处色略深;雌后翅端半部散布橘红色。前后翅缘毛黄色。

分布:中国的甘肃(康县、文县)、河北、山西、陕西、湖北、湖南、福建、四川;俄罗斯,朝鲜,韩国。

(638) 全轴美苔蛾 Miltochrista longstriga Fang, 1991

Miltochrista longstriga Fang, 1991b, Sinozoologia, 8:390. (China:Shaanxi;Hubei)

前翅长:12 mm。头顶、胸部背面和前翅红色;触角、下唇须、胸部腹面、足、腹部和后翅黑褐色。前翅狭长,顶角圆,外缘浅弧形倾斜;前缘基部黑色;内线至顶角和臀角附近有狭窄黄边;中室下缘从基部至外缘具1条黑色纵带,中部较细,向外逐渐加宽;翅中部大部分翅脉黑色;外缘中部缘毛黑褐色,其余黄色。

分布:甘肃(宕昌、康县)、陕西、湖北、湖南、广西、云南。

(639) 红边美苔蛾 Miltochrista marginis Fang, 1991

Miltochrista marginis Fang, 1991b, Sinozoologia, 8:391,396, fig. 8. (China:Guangxi,Sichuan,Shaanxi)

前翅长:10~12 mm。头和胸部黄白色;领片外侧和肩片端部具红点。前翅较宽阔,前缘端半部隆起;翅面乳黄色,前缘及外缘区红色;前缘基部到内线及中线至顶角处具黑边;亚前缘带红色;黑色基点与亚基点各1个;黑色内线在中室向外折角,然后内斜至A脉处向内弯;内线内方有3个黑短纹,分别位于中室上方及臀褶上、下方;黑色中线在中室处与内线相接;外线波状;外线外的翅脉为黑短纹,其长短不一,各脉间具红纹;缘线及缘毛黑色。后翅黄白色。

分布:甘肃(康县)、河南、陕西、湖北、广西、四川。

(640) 黑缘美苔蛾 Miltochrista delineata (Walker, 1854)

Hypoprepia delineata Walker, 1854, List Spec. lepid. Insects Colln Br. Mus., 2:487. (China)

前翅长:11~17 mm。头、胸部和前翅橙红色;腹部和后翅橘黄色。前翅狭长,前缘较直,外缘浅弧形;前缘基部至顶角具较宽的黑边;基点黑色;中室下方1短黑带;内线在中室和臀褶上方两次折角,角尖与中线相接;中线粗壮,中部略内弯;中点为1小黑点;外线在前缘和后缘与中线相接,中部齿状外凸,其外侧具1列黑带,部分融合,中部达外缘;缘线和缘毛黑色。后翅前缘、顶角和外缘Cu_2以上黑色;顶角附近翅面散布黑褐色,该处翅脉黑色。

分布:甘肃(榆中、舟曲、成县、康县、文县)、陕西、江苏、浙江、江西、湖南、台湾、福建、广东、香港、广西、四川、云南。

(641) 优美苔蛾 Miltochrista striata (Bremer & Grey, 1853)

Lithosia gratiosa ab. striata Bremer & Grey, 1853b, Etudes ent., 1:63. (China:Peking)

前翅长:♂13~21 mm,♀17~24 mm。头胸部黄色,领片和肩片具红边;头顶、肩角、肩片和中胸背面具黑点。腹部粉红色。前翅狭长,翅面黄色,脉间散布红色短带;基点、亚基点黑色;内线由黑灰色点连成;中线黑灰色点不相连;外线黑灰点较粗,在中室外折角后向内斜至后缘,上端在中室外分叉至顶角前。后翅底色雄蛾淡红,雌蛾黄或淡红色。雌蛾前翅的点线有时不清晰,以黄色为主。

寄主植物:地衣、大豆。

分布:中国的甘肃(礼县、宕昌、舟曲、康县、文县)、吉林、北京、河北、山东、河南、陕西、江苏、浙江、湖北、江西、湖南、福建、广东、海南、广西、四川、云南;日本。

(642) 砾美苔蛾 Miltochrista pulchra Butler, 1877

Miltochrista gratiosa ab. pulchra Butler, 1877a, Ann. Mag. nat. Hist., (4)20:396. (Japan)

前翅长:10~17 mm。头橙红色,胸腹部红色;头顶、肩角、肩片和胸部具黑点。前翅狭长;黄色,排布大量砾红色斑块,翅端部的红色斑块在缘线处互相接触,向内凸出三角形或楔形齿;黑色基点和亚基点各1个,前缘基部黑边达内线;内线黑灰点列在中室向外折角;黑灰中线点列稍斜,向后缘几乎直;黑灰外线点列在中室外向外折角后至后缘,其外方的翅脉为长短不一的黑灰带。后翅黄色,中部之外逐渐过渡到橘黄色或橘红色。

分布:中国的甘肃(宕昌)、黑龙江、河北、山东、河南、陕西、浙江、湖北、江西、福建、广西、四川、云南;朝鲜,日本。

(643)东方美苔蛾 Miltochrista orientalis Daniel,1951

Miltochrista orientalis Daniel,1951,Bonn. Zool. Beitr.,2:324.(China:Fujian)

前翅长:12~19 mm。与硃美苔蛾相似,但翅面红色斑块特别密集,翅端部的斑块在外缘互不接触,向内伸较长,有的穿过外线;黑灰的中线在中室折角;外线点列曲度较小。

分布:甘肃(舟曲、文县)、陕西、浙江、湖北、江西、福建、台湾、广东、海南、广西、四川、云南、西藏;尼泊尔。

(644)云彩苔蛾 Nudina artaxidia (Butler,1881)

Miltochrista artaxidia Butler,1881c,Trans. ent. Soc. Lond.,1881(3):8.(Japan)

前翅长:10~13 mm。雄触角双栉形。体黄色。前翅较宽,外缘浅弧形;翅面黄色,中室中部有1暗褐点;翅端半部为1大褐斑,上边起自中室上缘至M_1脉上方,下端到达后缘和臀角,并沿臀褶向内扩展至内线位置。后翅色较淡,具模糊的亚缘带。

分布:甘肃(庆阳)、黑龙江、吉林、河北、山西、陕西、湖南、台湾、广东、云南;俄罗斯,朝鲜,韩国,日本。

(645)云斑艳苔蛾 Asura nubifascia (Walker,1864)

Barsine nubifascia Walker,1864,List Spec. lepid. Insects Colln Br. Mus.,31:251.(N.W. Himalayas)

前翅长:15 mm。触角线形。淡黄色;前足具暗褐纹;腹部灰白色。前翅狭长,顶角圆,外缘浅弧形;前缘基部具黑边;1黑色亚基点;内线1列、中线2列灰褐色小点,均在中室外凸;外线为灰褐色宽带,在翅脉上深灰褐色,其内边中部外凸,外边在R_5、M_3和后缘处各凸出1尖齿。后翅黄白色。

分布:甘肃(文县)、四川、西藏;印度,喜马拉雅山西北部。

(646)拟暗脉艳苔蛾 Asura mentions Fang,1993

Asura mentiens Fang,1993,Sinozoologia,10:356,359.(China:Hubei)

前翅长:11~15 mm。触角线形,黄色。头黄色;胸部橙黄色;足黄色,前足具黑条带。腹部灰黄色。前翅狭长;橙红色,前缘基部至内线处具黑边,从内线处至顶角为黄边;具1黑色亚基点;无内线和中线;中点黑色;中室外在外线处的翅脉黑色,长短不一;缘线在翅脉上具黑点;缘毛黄色。后翅淡黄色,顶角附近略带橙红色。

分布:甘肃(康县、文县)、河南、陕西、湖北。

(647)条纹艳苔蛾 Asura strigipennis (Herrich-Schäffer,1855)

Paidia strigipennis Herrich-Schäffer,1855,Aussereur. Schmett.,1855:fig. 437.(Indonesia:Java)

前翅长:7~14 mm。本种变异较大,由黄色至橙红色,斑纹强弱不等。前翅常染红色,特别是前缘及外缘;有1黑色亚基点;前缘基部有黑边;内线为5个短黑带,在中室内及2A脉上的黑带向外移;中线黑色,斜,微波曲;中点黑色短条形;外线为1列短黑纹;缘线为1列黑点。后翅顶角染红色,亚缘带有时存在。

分布:甘肃(康县、文县)、河南、陕西、江苏、浙江、湖北、江西、湖南、福建、台湾、广东、海南、广西、四川、云南、西藏;印度,印度尼西亚等。

(648)肉色艳苔蛾 Asura carnea (Poujade,1886)

Calligenia carnea Poujade,1886,Bull. Soc. ent. France,(6)6:143.(China)

前翅长:14~19 mm。触角线形。头和胸腹部灰红色;下唇须黑色。前翅较宽阔;灰红色,前缘基部有黑边;基点和亚基点各1枚;臀褶处有时可见1内线点;中点黑色,亚缘线为1列黑点,其中在2A脉上的点较大。后翅色较浅。

分布：甘肃（宕昌、成县、康县、文县）、陕西、湖北、四川。

(649) 昏干苔蛾 *Siccia v-nigra* Hampson, 1900

Siccia v-nigra Hampson, 1900, Cat. Lepid. Phalaenae Br. Mus., 2: 393. (China)

前翅长：10 mm。触角线形。头和胸部灰褐色，散布黑点，下唇须黑色；前足具黑带。前翅狭长；灰褐色，散布黑点；前缘有1黑褐色亚基点；内线黑褐色斜带从前缘至中室下缘折角，至臀褶变为锯齿状细线；中线和外线在前缘为1粗点，向下变为锯齿状细线；中点为1横置的"V"形黑纹；亚缘线在前缘有1黑斑，其下不明显；缘线为1列深褐色点。后翅暗褐色，隐见深色中点。

分布：甘肃（庆阳）、黑龙江、河北、河南、上海、浙江、四川。

(650) 半黄分苔蛾 *Idopterum semilutea* (Wileman, 1911)

Nudaria semilutea Wileman, 1911a, Entomologist, 44: 110. (China: Taiwan)

前翅长：7~10 mm。触角线形。头和胸腹部白色；头顶和领片灰白色具灰褐斑，肩片褐色，边缘具白毛；中胸具灰褐斑；腹部略带灰色，雌蛾腹部末三节膨大。前翅狭长；白色，内半有橘黄色或黄褐色大斑；外线为1黑褐色宽带，中上部断开，中部外凸；宽带外侧为1模糊黄褐色带。后翅白色，顶角或外缘带黄褐色或灰褐色。

分布：甘肃（文县）、陕西、湖南、台湾、四川、云南。

(651) 迹斑苔蛾 *Parasiccia maculata* (Poujade, 1886)

Nudaria maculata Poujade, 1886, Bull. Soc. ent. France, (6)6: 40. (China: Sichuan)

前翅长：11~13 mm。雄触角褐色，锯齿形具长鬃及纤毛，雌线形。体白色，肩片具褐斑。前翅前缘略呈弓形，顶角特别圆，外缘在M_3以下较直，臀角明显；翅面白色，具褐色大斑；亚基线和内线各在中室上缘和中室下方有1黑点；前缘中部留有1楔形白色区域，其外侧褐色斑内有白色齿状细线横过；大褐斑外缘近弧形，在M_2与Cu_1处略凸出，该处向内至白色齿状细线黑色；亚缘线在M_2与Cu_1处有2个深灰褐色大点；缘毛具褐点。后翅白色，具灰褐色至褐色中带、外带和亚缘带，均较模糊，不完整。

分布：甘肃（成县）、陕西、台湾、四川。

(652) 草雪苔蛾 *Cyana pratti* (Elwes, 1890)

Bizone pratti Elwes, 890, Proc. zool. Soc. Lond., 1890: 394. (China: Zhejiang, Zhoushan)

前翅长：♂11~15 mm，♀14~16 mm。雄触角线形具鬃和纤毛，雌线形。体白色，肩片端部具红纹。腹部染红色。前翅狭长；雄蛾翅正面前缘中部具发达毛缨，反面该位置具叶突，叶突三裂，红色，翅脉扭曲；翅面白色，斑纹橘红色，亚基带由前缘至中室下缘；内线在中室处外凸；外线在中室处变细甚至消失；雄蛾中室内近端部1黑点，中室下角1黑点，外线上近前缘处1黑点；雌蛾的3个黑点位置较低，分别在Cu_2基部，Cu_2脉上和中室下角；翅端部1条模糊亚缘带，上下端未达前后缘。后翅橘黄至橘红色，前缘区及缘毛白色。

分布：甘肃（康县、文县）、辽宁、河北、山西、河南、陕西、江苏、浙江、湖北、江西、湖南。

(653) 合雪苔蛾 *Cyana connectilis* Fang, 1992

Cyana connectilis Fang, 1992, Sinozoologia, 9: 262. (China: Shaanxi)

前翅长：♂18~20 mm，♀22~24 mm。触角线形。白色，领片具黄边；肩片和胸部有黄纹。前翅较草雪苔蛾狭长；雄蛾前翅前缘至内线处有黑边；横线黄色；亚基线由前缘到中室下方，弧形；内线由前缘至臀褶和臀褶至后缘形成2个弧形，粗细不均；外线在前缘附近较细，雄蛾尤其明显，在中室外变粗呈弧形到达2A后略向外弯折；中室内内线外侧有1黑点，雄蛾较大，中室下角1黑点；雄蛾在外线上有1狭小黑点，雌蛾在中室端脉上有1黑点；亚缘区有黄色带，大部消失或很模糊。后翅白色，具灰色中点。雄前翅反面叶突极小。

分布：甘肃（宕昌、康县、文县）、陕西、湖北。

(654) 离雪苔蛾 *Cyana abiens* Fang, 1992

Cyana abiens Fang, 1992, Sinozoologia, 9: 261. (China: Shaanxi)

前翅长：♂14~16 mm，♀19~20 mm。触角线形。白色，翅面斑纹与合雪苔蛾很相近，但前翅内线的两个弧形较深，外线上半段距离中室端脉较远，雄雌在该处的黑点均不压在外线上。雄蛾前翅前缘无毛缨，反面叶突退化不见。

分布：甘肃（文县）、陕西、湖北。

(655) 白颈雪苔蛾 *Cyana albicollis* Fang, 1992

Cyana albicollis Fang, 1992, Sinozoologia, 9: 259, 263, 266, fig. 7. (China: Sichuan)

前翅长：♂19~23 mm。触角线形。体和翅白色；肩片与胸部具不明显的黄纹。前翅前缘基部至内线处有黑边；横线黄色：亚基带从前缘达臀褶；内带在臀褶处稍向内折角；中室近端部有1较大的圆黑点，中室下角1黑点，中室上角处在黄色外线上有1小黑点；外带在中室下角处变粗，从前缘至臀褶上，然后直达后缘；无亚缘线。后翅白色，中点灰色。前翅反面中室黑色，叶突极微小。后翅反面中点黑点。

分布：甘肃（舟曲、康县、文县）、河南、陕西、四川。

(656) 路雪苔蛾 *Cyana adita* (Moore, 1859)

Bizone adita Moore, 1859, in Horsfield & Moore, Cat. lep. Ins. Mus. East India Comp.: 306, pl.79: 11. (India: Sikkim)

前翅长：♂16 mm。触角线形。体和翅白色，领片具红边；肩片前端红色，胸部背面有红点。雄蛾前翅特别狭长；前缘近基部有红点；前缘基部至内线有红边；红色内线倾斜，略呈浅弧形；中室内近端部1黑点，中室端脉上和下角各1黑点；黑点上方前缘处毛缨极发达，前缘在该处隆起；红色外线上半段倾斜，中部以下增粗，弧形内弯，下端与后缘垂直；外线外方在前缘下有1黑点，部分被毛缨遮盖。翅反面叶突三裂，淡红色，最内侧一个大部分黑色；前缘基部红边明显。雌蛾前翅中室端脉上的黑点外移，三个黑点呈倒品字形；红色外线向前缘下方外弯；翅反面无红边。

分布：中国的甘肃（文县）、陕西、湖北、福建、四川、云南、西藏；印度，尼泊尔，喜马拉雅山西北部。

(657) 天目雪苔蛾 *Cyana tianmushanensis* (Reich, 1937)

Chionaema tianmushanensis Reich, 1937, Dt. ent. Z. Iris, 51: 122. (China: Zhejiang, Tianmu-shan)

前翅长：♂18 mm。体背和前翅白色；领片具红边，肩片端半部、胸部中部和后缘红色。前翅狭长；具4条红色带，均较粗壮；亚基带在中室以上特别宽，并沿前缘向两侧扩展，中室以下细，未达后缘；内带为很浅的两次弧形弯曲；外带较直，斜行，下端接近臀角，外带外侧在前缘下方有1分叉；端带内缘弧形，上端未达顶角；雄中室端部3个黑点，端脉内侧的大而圆，端脉上的两个较小；雌蛾中室仅具2个黑点。后翅红色。前后翅缘毛白色。雄蛾前翅反面叶突大而单一。

分布：甘肃（康县）、浙江、湖北、湖南、福建、广西、四川。

(658) 优雪苔蛾 *Cyana hamata* (Walker, 1854)

Bizone hamata Walker, 1854, List Spec. lepid. Insects Colln Br. Mus., 2: 549. (China)

前翅长：12~19 mm。触角线形。白色，领片边缘、肩片基部和后胸端部红色。前翅狭长；雄蛾红色亚基带在前缘向两侧扩宽；红色内线在中室略向外弯，并伸出1指状突到达中室端的黑点；中室端脉上具2黑点；前缘毛缨发达；外线上端细，部分被毛缨遮盖，外侧有1分叉，端带红色，较细；翅反面叶突单一，红色；雌蛾前翅内线在中室处弯曲较深，但无指状突；中室端脉上仅1个黑点；外线外侧无分叉。后翅橘红色，前缘区基部及缘毛白色。

分布：中国的甘肃（兰州、榆中、舟曲、康县、文县）、河南、陕西、浙江、湖北、湖南、福建、台湾、广东、海南、广西、四川、贵州、云南；朝鲜，韩国，日本。

(659) 血红雪苔蛾 *Cyana sanguinea* (Bremer & Grey, 1853)

Calligenia sanguinea Bremer & Grey, 1853b, Études ent., 1: 63. (China: Peking)

前翅长：10~17 mm。触角线形，体背和前翅白色。前翅狭长；亚基线红色，短，前缘亚基线处有红带与内线相连;红色内带从前缘外斜到中脉,雄蛾内带在中室有指状突外伸至近中室端脉;前翅中室具2个黑点;端带较宽,并沿前后缘向内扩展,与外线相接;前缘毛缨及翅反面叶突极小;雌蛾前翅内线无指状突;中室端脉具1个或2个黑点;端带较细,上端绕过顶角即止,远离外线,下端在臀角处接触外线。后翅基部白色,中部以外逐渐过渡为红色。

分布:甘肃(宕昌、舟曲、成县、文县)、黑龙江、河北、山西、河南、陕西、湖北、湖南、台湾、广西、四川、云南。

(660)明雪苔蛾 *Cyana phaedra* (Leech, 1889)

Bizone phaedra Leech, 1889b, Trans. ent. Soc. Lond., 1889:126.(China:Jiangxi, Kiukiang)

前翅长:♂16~20 mm,♀19~23 mm。触角线形。头白色;领片和肩片白色红边;雄腹部白色掺杂少量红色。前翅较同属其他种类略宽;白色,大部被红色斑纹覆盖;不规则的亚基带在前缘及臀褶与内带相连;内带在前缘扩宽,在前缘下方方向外弯;中室端半部及中室上、下角各有1黑点;外带从前缘外曲至臀褶向内折角,然后外弯达后缘;端带在前缘区扩大成1大斑,其内边齿状几乎与外带相接;后翅红色。前翅反面中域黑色。雄蛾前翅反面前缘基部至内线边红色,叶突红色,单一,极小。

分布:甘肃(康县)、河南、陕西、浙江、湖北、江西、湖南、四川、云南。

(661)红阳苔蛾 *Paraheliosia rufa* (Leech, 1890)

Miltochrista rufa Leech, 1890, Entomologist, 23:82.(China)

前翅长:11~13 mm。雄雌触角均线形。头和胸腹部背面橙黄色。前翅狭长;橙红色;内线为暗褐色斜带,其中翅脉为橙色,从前缘下方逐渐加宽至后缘,在后缘与端区的暗褐色宽带相接;端区的宽带不达前缘,外侧不规则形,大部不达外缘,在M$_1$上方和M$_3$下方各有1黑点。后翅橙黄色稍染红色,端带暗褐色。

分布:中国的甘肃(正宁、舟曲、康县、文县)、陕西、湖北;俄罗斯。

(662)滴苔蛾 *Agrisius guttivitta* Walker, 1855

Agrisius guttivitta Walker, 1855, List Spec. lepid. Insects Colln Br. Mus., 3:723.(India:Sikkim)

前翅长:20~25 mm。雄雌触角均线形。体和翅灰白色,领片、肩片、中后胸具黑点。腹部具黑带。前翅较宽阔,顶角略尖,外缘浅弧形;前缘基部具黑边;黑色亚基点外有3个斜置黑点;内线黑点向前缘分叉,中室中央及上方各有1黑点;中线为1列黑点;中点黑色;外线1列黑点起自中室上角外,在中室下方内曲;外线外的翅脉为很浓的黑带;顶角缘毛黑色。后翅端半部翅脉深灰褐色。

分布:中国的甘肃(舟曲、成县、康县、文县)、河南、陕西、安徽、浙江、湖北、江西、湖南、广西、四川;印度。

(663)乌闪网苔蛾 *Macrobrochis staudingeri* (Alphéraky, 1897)

Paraona staudingeri Alphéraky, 1897c, in Romanoff, Mém. Lépid., 9:168.(Korea)

前翅长:16~26 mm。触角线形。身体和翅暗灰褐色稍带蓝色光泽,领片、下唇须除顶端外、足腿节及腹部腹面金黄色至橙红色,臀簇基部染赭色。前翅略狭长,前缘弓形,顶角略尖,外缘浅弧形;无斑纹,翅脉色略深。后翅色淡,无蓝光。

分布:中国的甘肃(宕昌、舟曲、成县、康县、文县)、吉林、河南、陕西、湖北、江西、湖南、福建、台湾、四川、云南;朝鲜,韩国,日本,尼泊尔。

(664)微闪网苔蛾 *Macrobrochis nigra* (Daniel, 1952)

Paraona nigra Daniel, 1952, Bonn. Zool. Beitr., 3:318.(China:Shaanxi)

前翅长:19~27 mm。触角线形。与乌闪网苔蛾的区别是:体翅基本无光泽,深褐色;底色与翅脉颜色一致,后翅颜色稍淡不透明。

分布:甘肃(康县、文县)、陕西、湖北、四川、云南。

(665)四点苔蛾 *Lithosia quadra* (Linnaeus, 1758)

Phalaena quadra Linnaeus, 1758, Syst. Nat. (Edn 10), 1:511.(Europe)

前翅长：♂15~23 mm，♀20~27 mm。触角线形。额和下唇须黑色；头顶和胸腹部背面橙黄色，腹基部灰色，端部及腹面黑色；足大部分深金属绿色。雄蛾前翅特别狭长；灰褐至深灰褐色，基部橙色；前缘基部具闪光蓝黑带，端区黑灰色。后翅橙黄色，前缘色暗。雌蛾前翅较雄蛾宽，橙黄色，前缘中部之外及Cu_2脉上各具1枚金属蓝绿色斑点。

分布：中国的甘肃（宕昌、康县、文县）、黑龙江、吉林、辽宁、山东、河南、陕西、湖南、广西、四川、云南；俄罗斯（西伯利亚），日本；欧洲。

（666）缘黄苔蛾 *Lithosia subcosteola* Druce，1899

Lithosia subcosteola Druce，1899，Ann. Mag. nat. Hist.，(7) 4：200.（China）

前翅长：17 mm。雄蛾头黑色，头顶橙黄色；胸部黄色；前、中足胫节与跗节上方黑色；腹部背面暗灰，末端及腹面黄色。前翅狭长；暗褐色染紫色；基部和亚前缘带黄色，亚前缘带在顶角附近加宽；前缘具暗边，在基半部带金属绿色。后翅黄色。

分布：甘肃（成县、文县）、湖南、福建、广东、广西、四川。

（667）银荷苔蛾 *Ghoria albocinerea* Moore，1878

Ghoria albocinerea Moore，1878，Proc. zool. Soc. Lond.，1878：13.（India：Sikkim）

别名：银华苔蛾。

前翅长：16~21 mm。雄雌触角均线形。头、领片和肩片基部淡黄色；雄蛾胸腹部背面褐色，腹部末端黄色；雌蛾胸部背面灰褐色，腹部背面灰白色，末端黄色。前翅特别狭长，雌较雄略宽；银白色，后缘区、前缘边及缘毛褐色。雄蛾后翅淡褐色，少数白色。雌蛾后翅白色。

分布：中国的甘肃（文县）、陕西、湖北、湖南、广西、四川、云南；印度。

（668）全黄荷苔蛾 *Ghoria holochrea*（Hampson，1901）

Agylla holochrea Hampson，1901，Ann. Mag. nat. Hist.，(7)8：182.（China）

前翅长：19~20 mm。触角线形。头、胸部和前翅黄至橘黄色；腹部背面和后翅淡黄色。前翅前缘基部黑色，反面除前缘及外缘外褐色。

分布：甘肃（舟曲、成县、文县）、陕西、湖北、江西、湖南、福建、四川。

（669）头褐荷苔蛾 *Ghoria collitoides* Butler，1885

Ghoria collitoides Butler，1885，Cist. ent.，3：115.（Japan）

前翅长：15~22 mm。触角线形。头、体背和翅黑褐色；领片橘黄色。前翅稍带光泽，前缘基部有黑边，橙色的前缘带至顶角前渐尖细。

分布：中国的甘肃（康县、文县）、黑龙江、吉林、辽宁、陕西、湖北、湖南、台湾、四川、云南；日本。

（670）头橙荷苔蛾 *Ghoria gigantea*（Oberthür，1879）

Lithosia gigantea Oberthür，1879，Diag. d'espéces nouv. Lépid. Askold：6.（Russia：Askold）

前翅长：14~20 mm。触角线形。头和领片橙黄色。翅灰褐色。前翅黄色的前缘带较宽，至顶角逐渐尖削；前缘基部具黑边。后翅色较前翅淡。腹部末端及腹面黄色。

分布：中国的甘肃（宕昌、舟曲、成县、康县、文县）、黑龙江、吉林、辽宁、河北、山西、河南、陕西、浙江；俄罗斯，朝鲜，韩国，日本。

（671）窄条荷苔蛾 *Ghoria angustifascia*（Fang，1986）

Agylla angustifascia Fang，1986，Sinozoologia，4：181.（China：Sichuan）

前翅长：20~22 mm。触角线形。额土黄色，头顶黑褐色；领片和肩片外侧黄色；胸部背面黑褐色。腹部背面黄色，末端深黄色。前翅黑褐色带闪光，中室基部至外缘前有1条黄色较窄的纵带；前翅反面外缘区黄色。后翅黄色。

分布：甘肃（文县）、陕西、四川。

(672) 金苔蛾 *Chrysorabdia viridata* (Walker, 1865)

Lithosia viridata Walker, 1865, List Spec. lepid. Insects Colln Br. Mus., 31:225. (India:Sikkim)

前翅长:19~25 mm。触角线形。雄蛾头、领片黄色;额黑色;肩片黄色黑边;胸部黑色,掺杂黄毛。腹部灰黄色;雌蛾臀簇基部黑色。前翅狭长,前缘较直,翅面黑褐色,带绿色光泽;翅中部和后缘各有1条黄色纵带,二者约等宽;雄蛾A脉上具有1斜置的香鳞斑。后翅淡黄色。

分布:甘肃(宕昌)、陕西、河南、四川、云南。

(673) 条锡苔蛾 *Sidyma vittata* (Leech, 1899)

Gnophoria vittata Leech, 1899, Trans. ent. Soc. Lond., 1899:178. (W. China)

别名:条华苔蛾。

前翅长:18~20 mm。雄触角双栉形。头号胸部背面黑褐色,额、领片和肩片外侧橙黄色。腹部背面淡灰红色,臀簇稍黄。前翅狭长,前缘非常均匀的弓形,翅端部较圆;翅面黑褐色,稍具光泽;前后缘均具黄白色至灰黄色窄边;翅中部1条由基部直达外缘的黄白色纵带;缘毛由顶角至纵带黑褐色,其下黄白色。后翅淡灰红色。

分布:甘肃(舟曲、文县)、青海、四川。

(674) 白黑瓦苔蛾 *Vamuna remelana* (Moore, 1865)

Lithosia remelana Moore, 1865. Proc. zool. Soc. Lond. 1865:798. (India:Darjeeling)

前翅长:20~21 mm。雄雌触角均线形。白色,额有黑斑。前翅狭长,雄前翅前缘经顶角至外缘中部黑色;外带黑色,内缘直,外缘三角形凸出,齿尖位于M_3脉处,在M_1和2A脉上各有1小齿;雌外带缩减为中室下角的1黑褐色点。后翅外缘中部附近有1紫黑色圆斑。

分布:中国的甘肃(康县、文县)、湖北、江西、湖南、福建、海南、广西、四川、云南、西藏;印度,尼泊尔,印度尼西亚。

(675) 圆斑苏苔蛾 *Thysanoptyx signata* (Walker, 1854)

Lithosia signata Walker, 1854, List Spec. lepid. Insects Colln Br. Mus., 2:495. (China)

别名:圆斑土苔蛾。

前翅长:12~19 mm。触角线形。头、领片、肩片和腹部黄色,胸部背面黑色。前翅前缘端半部弓形,顶角近直角,外缘较直,后缘基半部隆起,端部略凹。雌蛾前翅灰黄色,外线黑点位于前缘上;中室末端下方至后缘处具有黑色大圆斑。后翅黄色。雄蛾前翅底色较灰,前翅中室具褶,褶的基部有大毛簇及短的黄色鳞片缨。后翅后缘区有一些粗鳞片。

分布:甘肃(成县、康县、文县)、陕西、浙江、湖北、江西、湖南、福建、广西、四川、云南。

(676) 流苏苔蛾 *Thysanoptyx fimbriata* (Leech, 1890)

Tegulata fimbriata Leech, 1890, Entomologist, 23:81. (China)

前翅长:14~18 mm。触角线形。头和胸腹部背面浅灰褐色。前翅前缘中部隆起,顶角近直角,后缘端半部较直;翅面灰褐色;雄蛾前翅前缘中部具叶突,中室具褶,前缘区基半部缘缨灰色;中室具大的鳞片缨;前缘区具有延长的黑色内线点,从前缘至中室末端上方有1短斜线;顶角处有稍模糊的暗褐色三角形斑;后缘区褐色染暗褐色。后翅淡黄褐色,端区散布暗褐色。

分布:甘肃(舟曲、康县、文县)、陕西、湖北、湖南、广西、云南、西藏。

(677) 褐鳞扎苔蛾 *Zadadra distorta* (Moore, 1872)

Lithosia distorta Moore, 1872, Proc. zool. Soc. Lond. 1872:572. (India:Sikkim)

前翅长:17 mm。触角线形。额褐色,头顶暗黄色;胸部背面灰红褐色。腹部背面灰色,臀簇灰黄色。前翅前缘中部之外微拱,外缘至后缘端半部浅弧形,无明显臀角;雄蛾后缘弓形;基部有毛,暗灰褐色;前缘区赭色染灰褐色;前缘中部外侧有黑色圆点;中室具褶,鳞片缨铅灰色;外线模糊;后缘区略带赭色。后翅淡灰黄色;前缘区中部有1大块褐色香鳞斑。雌蛾前翅褐色,前缘纵带黄白色;前缘外线处有1黑点;外线暗色不清晰;翅端半部翅脉间有模糊赭色带。雄雌前翅的黑点有时消失。

分布:中国的甘肃(文县)、湖南、广西、西川、云南、西藏;印度,尼泊尔。

(678) 黄颚苔蛾 *Strysopha xanthocraspis* (Hampson, 1900)

Ilema xanthocraspis Hampson, 1900, Cat. Lepid. Phalaenae Br. Mus., 2:149. (India:Sikkim)

前翅长:12~19 mm。触角线形。体和翅黄白色。前翅狭长,顶角较尖;前缘具黄边。前翅反面除前缘区及端区外暗褐色。

分布:中国的甘肃(舟曲、文县)、山西、陕西、湖北、福建、云南;印度。

(679) 前痣土苔蛾 *Eilema stigma* Fang, 2000

Eilema stigma Fang, 2000, Fauna Sinica (Insecta), 19:261. (China:Sichuan, Omei-shan)

前翅长:14~17 mm。触角线形,褐色。额褐色。胸腹部背面灰黄色,腹部末端黄色。前翅狭长,顶角较尖;翅面淡黄散布褐色,尤以中室外顶角附近褐色较深;前缘从基部到中室末端具淡黄色的亚前缘带,其末端在前缘处有1黑褐点;前缘基部到内线处具短黑边。后翅淡黄色。

分布:甘肃(康县、文县)、陕西、湖北、福建、广西、四川、云南。

(680) 额黑土苔蛾 *Eilema conformis* (Walker, 1854)

Lithosia conformis Walker, 1854, List Spec. lepid. Insects Colln Br. Mus., 2:509. (N.W. Himalayas)

别名:同土苔蛾。

前翅长:15 mm。触角线形。额黑色;头顶、领片和胸部灰黄色,肩片端部灰色。腹部污黄色,背面掺杂灰色。雄蛾前翅前缘直,外缘短,后缘基部2/3强烈隆起,端部1/3略内凹;中室基部具粗粉鳞;中室下方具纵沟,覆粉鳞;翅面土黄色;反面除边缘外褐色;后翅灰黄褐色。雌蛾前翅较宽,前缘弓形,外缘较圆,后缘弯曲远较雄蛾浅;翅面灰黄褐色;后翅同雄蛾。

分布:中国的甘肃(文县)、山西、浙江、湖北、湖南、福建、广西、四川、贵州、云南;日本,印度,不丹,喜马拉雅山西北部。

(681) 乌土苔蛾 *Eilema ussurica* (Daniel, 1954)

Lithosia ussurica Daniel, 1954, Bonn. Zool. Beitr., 5:111. (N.E. China)

前翅长:12~17 mm。触角线形。头、领片黄色,肩片、胸部背面及前翅土黄色至灰褐色。腹部灰色或黄色。前翅狭长;前缘区带浅黄色不达顶角;反面前缘及端区带黄色,其余褐色。后翅黄色染褐色或全部灰黄色。前翅Sc与R_1脉分开是本种与灰土苔蛾*E. griseola*及亲土苔蛾*E. affineola*的主要鉴别特征。

分布:中国的甘肃(正宁、礼县、宕昌、舟曲、成县、康县、文县)、黑龙江、辽宁、河北、山西、山东、河南、陕西、江苏、浙江、湖北、湖南、云南;朝鲜,韩国。

(682) 灰土苔蛾 *Eilema griseola* (Hübner, 1827)

Bombyx griseola Hübner, 1827, Eur. Schmett., 2:97, fig. 126. (Europe)

前翅长:13~19 mm。触角线形。淡灰黄色到浅黑灰色。前翅有少许光泽,前缘区从基部到外线处有很窄的淡黄色带。前翅反面灰褐色,前缘区及端区黄带较明显。后翅灰黄色至黄白色。

分布:中国的甘肃(岷县、舟曲、成县、康县、文县)、黑龙江、吉林、辽宁、北京、山西、山东、陕西、安徽、浙江、江西、福建、广西、四川、云南;朝鲜,韩国,日本,尼泊尔,印度;欧洲。

(683) 单土苔蛾 *Eilema uniformeola* (Daniel, 1954)

Lithosia uniformeola Daniel, 1954, Bonn. Zool. Beitr., 5:102, pl.3:65. (China:Yunnan)

前翅长:15 mm。触角线形。额黄褐至暗灰色;头顶和胸部背面暗灰色,领片淡黄色具暗灰色毛。腹部灰色,末端黄色。前翅狭长,前缘近端部弓形;暗灰色,基部灰黄色;前缘具灰白色窄带达2/3处;前缘基部具黑边;缘毛暗灰色。后翅污黄色,前缘区稍暗。

分布：甘肃（迭部、武都区）、四川、云南、西藏。

（684）亲土苔蛾 *Eilema affineola* (Bremer, 1864)

Lithosia affineola Bremer, 1864, Mém. Acad. Imp. Sci. St. Pétersb., (7)8(1):97. (Russia:E. Siberia)

前翅长：10~14 mm。触角线形。头、领片黄色。胸腹部背面灰褐色。前翅狭长，顶角圆；翅面浅黄褐色至灰褐色；基部具黑边；前缘具黄色带。前翅反面前缘及端区黄色，其余灰褐色。后翅灰黄色至淡灰褐色。前翅Rs与R_1脉并接。

分布：中国的甘肃（迭部、成县、文县）、河北、山西、河南、陕西；俄罗斯，朝鲜，日本。

（685）后褐土苔蛾 *Eilema flavociliata* (Lederer, 1853)

Lithosia flavociliata Lederer, 1853b, Verh. zool.-bot. Ges. Wien, 3:64. (Altai)

前翅长：11~14 mm。触角线形，除基部外黑色。身体橙黄色，腹部背面基半部灰色。前翅狭长；橙黄色，前缘基部1/3具黑边。反面前缘外半及外缘橙黄色，其余暗褐色。后翅暗褐色，后缘区稍黄。有些个体翅色变暗。

分布：甘肃（庆阳）、黑龙江、北京、陕西、青海。

（686）耳土苔蛾 *Eilema auriflua* (Moore, 1878)

Systropha auriflua Moore, 1878, Proc. zool. Soc. Lond., 1878:18. (India)

前翅长：9~13 mm。触角线形，除基部外暗褐色。身体草黄色。前翅狭长，端部圆；翅面草黄色。后翅黄白色。

分布：中国的甘肃（康县）、河南、陕西、浙江、湖北、江西、湖南、福建、广东、广西、四川；印度。

（687）粉鳞土苔蛾 *Eilema moorei* (Leech, 1890)

Katha moorei Leech, 1890, Entomologist, 23:81. (China)

前翅长：♂13~22 mm，♀16~24 mm。触角线形。雄蛾头和胸腹部灰白色带暗褐色。前翅狭长，后缘基部1/3处略呈弓形；翅面覆盖粉状灰白色鳞片，前缘区基部1/3及端区饰有暗褐色；反面暗褐色。后翅黄白色。雌蛾前翅较宽，后缘弯曲较少；翅面颜色一致，暗褐色，覆盖灰白色鳞片。

分布：甘肃（迭部、宕昌、成县、康县、文县）、河北、山西、河南、陕西、浙江、湖北、江西、湖南、四川、云南。

（688）泥苔蛾 *Pelosia muscerda* (Hufnagel, 1766)

Phalana muscerda Hufnagel, 1766b, Berl. Magazin, 3:400. (Germany)

前翅长：9~14 mm。触角线形。体和翅灰褐色。前翅狭长；前缘区淡色至中部，前缘基部有黑边；臀褶及Cu_2脉中部斜置2个黑点，从前缘外线处至中室下角外侧斜置4个黑点。后翅基部色淡。

分布：中国的甘肃（康县）、黑龙江、吉林、河南、陕西、江苏、浙江、江西、湖南、福建、台湾、海南、广西、四川、云南；日本；欧洲。

（689）红颈尾苔蛾 *Atolmis rubricollis* (Linnaeus, 1758)

rubricollis Linnaeus, 1758, Syst. Nat. (Edn 10), 1:511. (Europe)

前翅长：12 mm。触角线形。体和翅黑褐色带紫色光泽。领片红色或橙黄色。腹部末三节背面橙黄色；腹面除前两节外橙黄色。前翅较多数苔蛾宽阔，前后缘均较直。

分布：中国的甘肃（兰州）、黑龙江、陕西、新疆、四川；欧洲。

灯蛾亚科 Arctiinae

（690）黑纹北灯蛾 *Amurrhyparia leopardinula* (Strand, 1919)

Diacrisia leopardinula Strand, 1919, Lepid. Cat., 22:185. (China:Qinghai, Kuku-Noor)

别名：黑纹黄灯蛾。

前翅长：18~19 mm。雄触角双栉形，雌线形。头和胸部黄褐色；雄蛾足暗褐色，有黑条纹；雌蛾前足基节和腿节上方红色;腹部黄色,背面和侧面各具1列黑点。前翅宽大,前缘直,顶角钝圆,外缘浅弧形。雄蛾前翅黄色;1黑色亚基短带位于2A上方,有时缺;中室下缘下方在Cu_2基部两侧有1较长的黑带;中室上角有1黑点,下角有2黑点;M_2中部上下各有1黑色短带;Cu_2中部上下有黑斑。后翅底色黄,带淡红色;中脉具黑带,在Cu_2处分叉;2A基半部1黑带;中点黑色;亚缘线为3个大黑点;缘毛黄色。雌蛾前翅暗红褐色,斑纹比雄蛾细小;后翅深红色;前翅反面中部红色,中点黑色。

分布:中国的甘肃(舟曲)、黑龙江、辽宁、内蒙古、河北、山西、陕西、宁夏、青海、西藏;俄罗斯,叙利亚。

(691) 黄灯蛾 *Rhyparia purpurata* (Linnaeus, 1758)

Phalaena purpurea Linnaeus, 1758, *Syst. Nat.* (Edn 10), 1:505. (Europe)

前翅长:♂18 mm,♀24 mm。雄触角双栉形,雌线形。黄色。额黑色;复眼后方红色;足褐色,腿节上方红色。腹部背面和侧面各具1列黑点。翅宽大,前缘较短,外缘较直立,浅弧形;内线、中线、外线和亚缘线具有或多或少的灰褐色斑点,其中在前缘处的斑点较大;中室上下角内外方有灰褐点;亚缘线外方有时有一些不规则的灰褐色斑。后翅红色,后缘区及缘毛黄色;内线为1斜黑点列或黑纹;中点大,肾形;亚缘线有3个大黑斑。

分布:中国的甘肃(永登)、黑龙江、吉林、辽宁、内蒙古、新疆;俄罗斯,朝鲜,韩国,日本;欧洲。

(692) 肖浑黄灯蛾 *Rhyparioides amurensis* (Bremer, 1861)

Chelonia amurensis Bremer, 1861, *Bull. Acad. Imp. Sci. St. Pétersb.*, 3:477. (Russia:Amurland)

前翅长:♂20~27 mm,♀24~29 mm。雄触角双栉形,雌线形。雄蛾深黄色;下唇须上方黑色,下方红色;额黑色,触角暗褐色。前翅宽大,前缘直,外缘较倾斜,浅弧形;前缘具黑边;中线在前缘处有2~3个黑点,在后缘处有1~2个黑点;中室下角有1黑点,有时在中室上角及下角外方有黑点。后翅红色,中室中部下方有1黑点,有时在A脉上方有1黑点;中点为新月形黑纹;亚缘点黑色。雌蛾前翅黄褐色,大部分黑点消失,被暗褐色所替代;内线点褐色;中线暗褐色,在中室下方折角;中点为1褐点,在中室下角处与一大块暗褐斑相连;外线褐色,在中间折角;亚缘点暗褐色,不太清晰;外缘染暗褐色。后翅红色,具黑色中带,斑块较雄蛾的大。

寄主植物:栎、柳、榆、蒲公英、染料木 *Genista tinetoria*。

分布:中国的甘肃(宕昌、成县、康县)、黑龙江、吉林、辽宁、内蒙古、河北、山西、山东、河南、陕西、江苏、浙江、湖北、江西、湖南、福建、广西、四川、云南;俄罗斯,朝鲜,韩国,日本。

(693) 红点浑黄灯蛾 *Rhyparioides subvarius* (Walker, 1855)

Diacrisia subvarius Walker, 1855, *List Spec. lepid. Insects Colln Br. Mus.*, 3:637. (N. China)

前翅长:15 mm。雄触角锯齿形,雌线形,暗褐色。额和下唇须上方暗褐色,下唇须下方红色;胸部背面灰黄至灰红色。腹部背面橙黄色,背面和两侧各有1列黑点;腹部腹面红色。前翅宽阔,近三角形,前缘直,外缘浅弧形;翅面浅黄褐色;内线、中线和外线的黑点列或有或无;中室中部1鲜明黑点;中室下角有1较大的黑褐色斑;中室上角内外方各有1黑点,两点之间的中室端脉上有1红纹;缘毛在翅脉间有暗褐色点。后翅红色;中室中部下方1黑点;中点大,楔形;亚缘点3-4个。

分布:中国的甘肃(康县、文县)、陕西、安徽、浙江、湖北、江西、湖南、广东、四川;朝鲜,韩国,日本。

(694) 排点灯蛾 *Diacrisia sannio* (Linnaeus, 1758)

Phalaena sannio Linnaeus, 1758, *Syst. Nat.* (edn 10), 1:506. (Europe)

前翅长:♂19~20 mm,♀18 mm。雄触角双栉形,雌线形。雄蛾黄色,头暗褐色;触角杆背面有粉红色;足具粉红色条纹。腹部浅黄色。前翅宽大,前缘直,顶角圆,外缘浅弧形;前缘具暗褐色边,向顶角渐变为粉红色;后缘1粉红色窄带;外缘附近有暗褐色;中点为粉红及暗褐色斑;缘毛粉红色;后翅淡黄色,基部、内带暗褐色,模糊;中点为1黑褐色弯纹;亚缘带为1列深浅不一的暗褐色斑;缘毛粉红色。雌蛾黄色,额、下唇须和触角粉红色。腹部背面和两侧各有1列黑点。翅脉红色;前翅中点为1大暗褐色斑;后翅基半部带黑色;中点为黑色大斑;亚缘带为1列模糊黑斑。

分布：中国的甘肃（舟曲）、黑龙江、吉林、辽宁、内蒙古、河北、山西、宁夏、新疆、四川；俄罗斯，朝鲜，韩国，日本；欧洲。

（695）豹灯蛾 *Arctia caja* (Linnaeus, 1758)

Phalaena caja Linnaeus, 1758, Systema Naturae (Edn 10), 1: 500. (Europe)

前翅长：29 mm。雄触角双栉形，雌锯齿形。头和胸部红褐色；领片前缘具白边，后缘具红边；肩片外侧具白色窄条。腹部背面红色或橙黄色，除基部与端部外背面具黑色短带，腹面黑褐色。前翅宽大；红褐色或黑褐色；白色线纹或粗或细，或多或少，变异极大。后翅橙红色或橙黄色；Cu_2 基部处有 1 蓝黑色大圆斑，其下方在臀褶上有 1 小黑点；中点有时存在，黑色肾形；亚缘线为 3 个蓝黑色大圆斑，最上面的一个有时延伸至前缘。

分布：中国的甘肃（宕昌）、黑龙江、吉林、辽宁、内蒙古、河北、山西、陕西、宁夏、新疆；朝鲜，韩国，日本，印度，克什米尔地区；欧洲，北美洲。

（696）丽西伯灯蛾 *Sibirarctia kindermanni* (Staudinger, 1867)

Palearctia kindermanni Staudinger, 1867, Mém. Acad. Sci. St Pétersb., (7), 8(1, Lepid. Ost-Sibiriens): 89, pl.7: 19. (Mongolia)

别名：丽小灯蛾。

前翅长：11 mm。雄触角双栉形，雌线形。咖啡色至黑色。头具黄白毛；复眼具纤毛；领片与肩片边缘具黄白毛。腹部背面黑色，腹面黄色具黑纹。前翅略狭长，外缘在 M_1 与 Cu_2 处微凹，中部略凸；前缘基半部具黄白边；内线、中线和外线白色细带状，均未达后缘，中室下方至臀褶处 1 条白色纵带将上述三条线串联；亚缘线上端细，锯齿形，中部与外折的外线接触，下半增粗，向外直达外缘 Cu_2 脉端部；缘毛黄白色。后翅橙黄色；基部具黑斑；中点黑色；前缘中部 1 黑纹；端带黑色，在 Cu_1 处有 1 切口；缘毛黄白色。

分布：甘肃（天祝）、

（697）亚麻篱灯蛾 *Phragmatobia fuliginosa* (Linnaeus, 1758)

Phalaena fuliginosa Linnaeus, 1758, Syst. Nat. (Edn 10), 1: 509. (Europe)

前翅长：14~19 mm。头和胸部暗红褐色；卜唇须基部红色；触角杆白色，线形；足黑色，被红褐色毛，腿节上方红色。腹部背面红色，腹面褐色，背面和侧面各有 1 列黑点。前翅深红褐色至深褐色，中室端有 2 黑点。后翅红色散布暗褐色，中室端有 2 黑点；亚缘带黑色，有时断裂成斑点。前翅反面前缘下方有窄红带。后翅有红、浅红和黄色等变异。

寄主植物：亚麻、酸模属 *Rumex*、蒲公英、勿忘草属 *Myosotis*。

分布：中国的甘肃（宕昌、文县）、黑龙江、吉林、辽宁、内蒙古、河北、山西、宁夏、陕西、青海、新疆、四川；日本，西亚；欧洲，北美洲。

（698）八点灰灯蛾 *Creatonotos transiens* (Walker, 1855)

Spilosoma transiens Walker, 1855, List Spec. lepid. Insects Colln Br. Mus., 3: 675. (India: Assam)

前翅长：17~26 mm。触角线形，黑色。头、胸白色，稍染褐色；足具黑带，腿节上方橙色。腹部背面橙黄色，腹面和雌蛾臀簇白色；背面、侧面和亚侧面各有 1 列黑点。前翅底色白，除前缘区外脉间染褐色，中室上、下角的内、外方各有 1 列黑点（共 4 个）。后翅白色或灰褐色，有时具亚缘点 1~4 个。雌蛾前、后翅色淡。

寄主植物：桑、茶、稻、柑橘、柏、法国梧桐等。

分布：中国的甘肃（文县）、山西、山东、河南、陕西、江苏、安徽、浙江、湖北、江西、湖南、福建、台湾、广东、海南、广西、四川、贵州、云南、西藏；印度，缅甸，越南，菲律宾，印度尼西亚等。

（699）梅尔望灯蛾 *Lemyra melli* (Daniel, 1943)

Spilarctia melli Daniel, 1943, Mitt. münch. ent. Ges., 33: 712. (China: Yunnan)

前翅长：13~20 mm。雄触角双栉形，雌线形，黑色。头和胸部背面白色；下唇须下方红色，上方黑色；领片前缘及肩角红色;足白色有黑条带,前足基节和腿节上方鲜红色。腹部背面雄鲜红色,雌黄白色;基部与末端有白毛,背面与侧面各有1列黑点。前翅宽阔,近三角形;白色,稍带乳黄色;中点黑色;从顶角至后缘中部有1列黑点。后翅乳白色;中点黑色;顶角下方及臀角上方各有1黑点。有些个体前、后翅均无黑点。

寄主植物:核桃、泡桐、白蜡、桑、楸、山杏、榆、臭椿、月季、杨、刺槐、葡萄等12科14种。

分布:中国的甘肃(武山、文县)、黑龙江、吉林、辽宁、河北、山西、河南、陕西、浙江、湖北、江西、湖南、广西、四川、云南、西藏;俄罗斯(远东地区),缅甸。

(700) 伪姬白望灯蛾 Lemyra anormala (Daniel, 1943)

Spilarctia rhodophila anormala Daniel, 1943:710. (China:Yunnan)

前翅长:♂14~20 mm,♀19~24 mm。雄触角双栉形,雌锯齿形。白色。下唇须基部红色,端部黑色;额两侧及触角黑色;领片侧面有红斑;组上方具黑带,前足基节和腿节上方红色。腹部背面除基部和末端外红色,背面、侧面和亚侧面各有1列黑点。前翅白色,前缘基半部常具黑灰色边;中室上角有1黑点;内线暗褐色点在中室有时存在;外线为1斜列暗褐色点,从M_3脉至后缘,有时与顶角的点线相连;亚缘线暗褐色,从M_2脉至Cu_1脉有时存在。后翅中点暗褐色;亚缘线暗褐色点位于M_2脉上方及臀角上方。

分布:中国的甘肃(文县)、河南、陕西、浙江、湖北、江西、湖南、福建、四川、贵州、云南、西藏;缅甸。

(701) 漆黑望灯蛾 Lemyra infernalis (Butler, 1877)

Thanatarctia infernalis Butler, 1877a, Ann. Mag. nat. Hist., (4)20:395. (Japan)

前翅长:♂16~17 mm,♀20~22 mm。雄触角双栉形,雌为很短的双栉形。雌雄异型。雄蛾黑色,头顶、肩角红色或橙红色,额、触角及下唇须上方黑色。胸部腹面、下唇须下方及足基节红色。腹部红色,背面、侧面及亚侧面各有1列黑点。前、后翅黑褐色。雌蛾黄白色至浅黄色,下唇须第三节及触角黑色;领片侧缘有红毛;足染褐色;腹部背面除基节与端节外红色,背面、侧面及亚侧面各具1列黑点,腹部末端黄色,较膨大。翅黄白至黄色,前翅无斑点。后翅后缘基区常染红色;有时具褐色中点;亚缘点褐色,或有或无。

寄主植物:桑、梨、樱桃、苹果、柳等。

分布:中国的甘肃(康县)、辽宁、北京、河南、陕西、浙江、湖北、湖南;日本。

(702) 点线望灯蛾 Lemyra punctilinea (Moore, 1879)

Icambosida rubitincta ab. *punctilinea* Moore, 1879a, in Hewitson & Moore, Descr. New Indian lepid. Insects Colln. Late Mr. W.S. Atkinson, 1:40. (India)

别名:斜带污灯蛾。

前翅长:16~20 mm。雄触角双栉形,雌锯齿形,黑色。体黄白色。胸部腹面红色。腹部背面红色,基部与端部白色,背面、侧面及亚侧面各有1列黑点。前翅白色至乳白色;M_2脉上方至后缘中部有1黑色点带,有时达顶角下方,M_2脉上方的点较其他各点长;数个亚缘点有时存在于M_1至Cu_1之间。后翅白色;中点黑色;M_2脉上方有1亚缘点,臀角上方有1~4个亚缘点。

分布:中国的甘肃(宕昌、康县、文县)、陕西、四川、云南、西藏;印度,尼泊尔,巴基斯坦。

(703) 淡黄望灯蛾 Lemyra jankowskii (Oberthür, 1880)

Spilosoma jankowskii Oberthür, 1880, Études ent., 5:31. (Russia:Askold)

前翅长:♂16~20 mm,♀21~25 mm。雄触角双栉形,雌锯齿形。淡橙黄色;下唇须上方、额侧缘及触角黑色,触角杆有一些白色鳞片,尖端较明显;足白色,有黑条带;前足基节和腿节上方红色。腹部背面除基部及端部外红色,腹面白色,背面及侧面各有1列黑点。前翅淡橙黄色,中室上角有1灰褐色点;从M_2脉至A脉有1斜列灰褐色点带。后翅白色,稍染黄色,中点灰褐色;有时M_2上方和臀角上方有1灰褐色亚缘点。

寄主植物:榛、珍珠梅。

分布:中国的甘肃(宕昌、舟曲、成县、康县、文县)、黑龙江、吉林、辽宁、北京、河北、山西、河南、陕西、青海、江苏、浙江、湖北、广西、四川、云南、西藏;朝鲜等。

(704) 金望灯蛾 *Lemyra flavalis* (Moore, 1865)

Spilosoma flavalis Moore, 1865, Proc. zool. Soc. Lond., 1865:809. (India: Darjeeling)

别名：金污灯蛾。

前翅长：17 mm雄触角双栉形。头和胸部背面橙黄色；下唇须上方、额两侧及触角黑色；足橙黄色具黑带。腹部背面橙黄色至红色，基部、端部及腹面白色，背面及侧面各有1列黑点。前翅橙黄色；从顶角下方至后缘中部具1斜列灰褐色斑点带；中室上角有1黑点，Cu_2基部下方有时有1灰褐色圆斑；M_2至Cu_1之间有时有灰褐色亚缘点。后翅白色，臀角区略带黄色；中点褐色；亚缘点深灰褐色。

分布：中国的甘肃（宕昌、文县）、云南、西藏；印度，尼泊尔，不丹，缅甸。

(705) 茸望灯蛾 *Lemyra pilosa* (Rothschild, 1910)

Diacrisia pilosa Rothschild, 1910, Novit. zool., 17:132. (India)

前翅长：♂17 mm。雄触角双栉形，触角杆黄白色，分枝黑色。头、胸淡黄色；额上部及领片微黄褐色，额侧缘黑色；下唇须上方黑色；前足腿节及胫节内侧黑色，中足腿节端部黑色。腹部橙黄色，腹面淡黄色，侧面除基部外有1列黑点。前翅全部黄色；后翅白色染黄色。

分布：中国的甘肃（文县）、陕西、河南、云南；印度。

(706) 赭带东灯蛾 *Eospilarctia nehallenia* (Oberthür, 1911)

Diacrisia nehallenia Oberthür, 1911b, Études Lépid. comp., 5(1):337. (China: Sichuan, Ta-tsien-lou)

前翅长：21~24 mm。雄触角双栉形，雌线形。头和胸部赭色；颈具红圈，领片中央具黑褐斑；胸部背面具黑色纵带。腹部背面除基部外红色，背面、侧面和亚侧面各有1列黑点。前翅较褐带东灯蛾更加狭长；赭色，中脉上方有1浅褐色带；后缘近基部至臀角有1浅褐带；顶角至M_3脉起点有1列浅褐色斜带分布在翅脉间；M_3与Cu_1脉间有1浅褐带达外缘；中室端脉上有2个浅褐纹；后缘带端部上方斜置3条暗褐色短带。后翅赭色；中点为2个浅褐点；亚缘点位于顶角下方，M_2脉、Cu_2脉及A脉上。

分布：甘肃（舟曲、康县）、河南、陕西、台湾、四川、云南。

(707) 褐带东灯蛾 *Eospilarctia lewisii* (Butler, 1885)

Seiarctia lewisii Butler, 1885, Cist. ent., 3:115. (Japan)

前翅长：19~24 mm。雄触角双栉形，雌线形。头和胸部白色；额黑色，颈具红圈，领片具黑点，边缘捎带红色；胸部背面具黑色纵带，肩角黑与红色；足腿节上方红色，胫节和跗节上方黑色。腹部背面除基部外红色，腹面白色，背面、侧面和亚侧面各有1列黑点。前翅略长，顶角圆，外缘浅弧形；白色，翅脉黄色或白色；前缘具黑边；中室除上角外黑色，上具2黑点，上角上方至顶角前有1黑带；中室外黑带在M_2脉中部分叉，直达外缘；Cu_2脉中部上、下方有黑褐带至外缘；A脉上、下方自亚基点至臀角有黑褐带。后翅白色；中室端脉内、外方有黑褐色斑点；亚缘点黑褐色，或有或无。

分布：中国的甘肃（天水、宕昌、舟曲、康县、文县）、河南、陕西、浙江、湖北、湖南、广西、四川、云南；日本。

(708) 斯灯蛾 *Streltzovia caeria* (Püngeler, 1906)

Diacrisia caeria Püngeler, 1906, Dt. ent. Z. Iris, 19:79. (China: Qinghai)

别名：炼雪灯蛾。

前翅长：20~21 mm。雄触角双栉形，雌线形。头和胸部白色；下唇须、额边缘和触角黑色；复眼与颈之间有红点；足胫节和跗节黑色，前足腿节有红毛。腹部背面除基节外红色，背面有1列黑色短带，侧面和亚侧面具黑点列。前翅略狭长，前缘直，外缘浅弧形；白色，前缘区略带褐色；基部在前缘下方有1黑点；内线、中线、外线和亚缘线在前缘黑色，向两侧扩展，其下颜色或多或少变浅，在翅脉上断离；内线和中线在臀褶处完全消失，在2A上方再次出现，相向弯曲，在后缘相接；中室上下角各有1黑点；外线上半段深弧形外凸；亚缘线在前缘以下大部消失。后翅白色；中点黑色；亚缘线在前缘、M_1下方、Cu_2脉上和臀褶处各有1黑点。

分布：甘肃（永登）、内蒙古、青海。

(709) 白雪灯蛾 *Chionarctia nivea* (Ménétriès, 1858)

Dionychopus niveus Ménétriès, 1858, Bull. Clas-Phy-Math. Acad. Imp. Sci. St. Pétersb., 17:218. (Type locality unknown)

前翅长：♂26~34 mm，♀34~39 mm。雄触角双栉形，雌线形。体白色，下唇须基部红色，第三节黑色；前足基节红色具黑斑，腿节具黑纹，各足腿节上方红色。腹部白色，侧面除基节及端节外有红斑，背面与侧面各有1列黑点。翅白色，翅脉色稍深，后翅中室端脉深灰至黑灰色，"<"形。

寄主植物：高粱、大豆、小麦、黍、车前、蒲公英等。

分布：中国的甘肃（天水、宕昌、康县、文县）、黑龙江、吉林、辽宁、内蒙古、河北、山东、河南、陕西、浙江、湖北、江西、湖南、福建、广西、四川、贵州、云南；俄罗斯，朝鲜，韩国，日本。

(710) 黄星雪灯蛾 *Spilosoma lubricipedum* (Linnaeus, 1758)

Phalaena lubricipeda Linnaeus, 1758, Syst. Nat. (edn 10), 1:505. (Europe)

前翅长：15~22 mm。雄触角双栉形，雌线形。头和胸部白色；下唇须暗褐色；足具黑纹，腿节上方黄色。腹部背面除基节和端节外黄色，背面、侧面和亚侧面各具1列黑点。前翅较狭长，外缘上半较直，中部以下至后缘中部为1完美的弧形；黑点或多或少，黑点数目个体变异极大，每个标本不尽相同；前缘下方具有基点及亚基点；内线点和中线点在中脉处折角；中室上角有1黑点，其上方1黑点位于前缘处；外线点在中室外向外弯；从顶角至M_2脉有1斜列点；短小亚缘点自Cu_1至M_2脉；M_2脉上方和Cu_2脉下方有时有缘点。后翅通常有黑色中点；有时具亚缘点。

寄主植物：甜菜、桑、薄荷、蒲公英、蓼等。

分布：中国的甘肃（迭部、成县、康县、文县）、黑龙江、吉林、河北、山西、河南、陕西、江苏、湖北、湖南、广西、四川、贵州、云南；朝鲜，韩国，日本；欧洲。

(711) 红星雪灯蛾 *Spilosoma punctarium* (Stoll, 1782)

Bombyx punctaria Stoll, 1782, in Cramer, Uitlandsche Kapellen (Papillons exot), 4:233. (Type locality unknown)

前翅长：14~21 mm。雄触角双栉形，雌线形。腹部背面除基节和端节外红色。本种与黄星雪灯蛾相似，但所有黄色被红色代替。前翅较该种略宽阔，臀角略显。

分布：中国的甘肃（舟曲、成县、文县）、黑龙江、吉林、辽宁、北京、河南、陕西、江苏、安徽、浙江、湖北、江西、湖南、台湾、四川、贵州、云南；俄罗斯，日本。

(712) 人纹污灯蛾 *Spilarctia subcarnea* (Walker, 1855)

Spilosoma subcarnea Walker, 1855, List Spec. lepid. Insects Colln Br. Mus., 3:675. (China:Shanghai; Hongkong)

别名：红腹白灯蛾、人字纹灯蛾。

前翅长：♂19~22 mm，♀20~25 mm。雄雌触角均短双栉形。雄蛾头和胸部黄白色；额下部黑色；下唇须红色，端部黑色；肩片有时具黑点。腹部背面除基节与端节外红色，腹面黄白色，背面、侧面和亚侧面各有1列黑点。前翅狭长、前缘直、外缘较直、倾斜；翅面黄白色染肉色，通常在A脉上方具有1黑色内线点；中室上角通常有1黑点；从Cu_1脉到后缘有1斜列黑色外线点，有时减少至1个黑点，位于A脉上方；顶角有时存在3个黑点。后翅红色；缘毛白色，或后翅白色，后缘区染红色或无红色。雌蛾翅黄白色，无红色，前翅有时有黑点；后翅有时有黑色亚端点。有的雌雄两性前、后翅全为乳黄色，无任何斑点，尤其以雌性为多。

寄主植物：桑、木槿、十字花科蔬菜、豆类和绿肥等。

分布：中国的甘肃（成县、康县、文县）、黑龙江、吉林、辽宁、内蒙古、河北、山西、山东、河南、陕西、江苏、安徽、浙江、湖北、江西、湖南、福建、台湾、广东、广西、四川、贵州、云南；朝鲜，韩国，日本，菲律宾。

(713) 净污灯蛾 Spilarctia alba (Bremer & Grey, 1853)

Chelonia alba Bremer & Grey, 1853a, Beitr. Schmett.–Fauna nord. China: 15. (China: Sichuan)

别名：净雪灯蛾。

前翅长：♂ 23~25 mm，♀ 30~37 mm。雄触角双栉形，雌触角略呈锯齿形。头和胸部白色；下唇须上方、额两侧及触角黑色，下唇须下方白色；复眼后方有红毛；足白色具黑带，前足基节红色具黑点，腿节上方红色。腹部背面深红色，中间几节背面以及侧面和亚侧面具黑点。前翅白色，基部具黑点，前缘基部有黑边；中室下角外方有1黑点；M_2脉上方具1黑色短纹，有时A脉上方有中线点。后翅中点黑灰色，其外侧常具1微小黑点；有时M_2脉上方及臀角上方具黑色亚缘点。

分布：中国的甘肃（舟曲、成县、武都区、康县、文县）、吉林、河北、山西、河南、陕西、浙江、湖北、江西、湖南、福建、广西、四川、贵州、云南；朝鲜，韩国。

(714) 昏斑污灯蛾 Spilarctia irregularis (Rothschild, 1910)

Diacrisia irregularis Rothschild, 1910, Novit. zool., 17: 125. (China)

前翅长：♂ 20~22 mm。雄触角双栉形。头和胸部白色；头顶、领片、肩片和胸部背面有灰褐色斑。腹部背面红色，基节与末端以及腹部腹面白色，背面有黑色横带，侧面和亚侧面各有1列黑点。前翅白色，斑点灰褐色至深灰褐色；亚基线、中线和外线由大斑块组成；内线为1列不规则小点；中室上下角各有1黑点，其外侧与外线之间有1列较细小的斑点；亚缘线齿状、缘线点状，二者部分融合。后翅白色；内线在中室内有1淡灰褐色圆斑，有时扩展至中室之下；中点深灰褐色，椭圆形；亚缘线为1列大小不一的深灰褐色斑块；缘线细弱，部分消失。

分布：甘肃（永登、天水、宕昌、成县、康县）、河南、陕西、湖北、湖南、四川、云南。

(715) 红线污灯蛾 Spilarctia rubilinea (Moore, 1865)

Spilosoma rubilinea Moore, 1865, Proc. zool. Soc. Lond., 1865: 810. (India: Sikkim)

前翅长：22~23 mm。雄触角双栉形，雌锯齿形。赭色染红褐色；下唇须、额下方和触角黑色，肩角下方有黑带；足具黑带，基节和腿节上方红色。腹部背面除基部和端部外红色，背面、侧面和亚侧面各有1列黑点。前翅黄褐色，雄蛾带有较明显的红色；内线为模糊的红线，在中室下方折角；通常在内线处的中室下方及2A脉上方各有1黑点；中点为黑灰色斑，中部红色；外线为模糊红色，由前缘外弯至M_2后内弯至后缘，在外线处的翅脉两侧通常有成对的黑点分布；亚缘线红色波状，不明显，在翅脉两侧常有成对的黑点。后翅颜色较浅，雄蛾仍带红色；中点大，黑色；亚缘线上半部大部消失，Cu_2以下有3个清晰黑斑，周围有一些散碎褐鳞。

分布：中国的甘肃（舟曲、康县、文县）、四川、西藏；印度，尼泊尔，不丹，缅甸。

(716) 连星污灯蛾 Spilarctia seriatopunctata (Motschulsky, 1861)

Spilosoma seriatopunctata Motschulsky, 1861, Études ent., 9: 31. (Japan)

前翅长：20~26 mm。雄触角双栉形。头和胸部浅黄色；下唇须基部红色，端部黑色；额与触角黑色；前足基节红色具黑斑，腿节上方红色。腹部背面除基部和端部之外红色，背面、侧面和亚侧面各有1列黑点。前翅浅黄色，脉间略带红褐色；前缘基部1黑带到达内线点；中室上角有1黑点；顶角至后缘中部外侧有1列黑点或短纹，位于各翅脉的两侧，其中间的黑点常缺，后缘上方的黑点则常较大；外线的黑点列弧形弯曲，在M_3下方与顶角至后缘的黑点列合并；黑色亚缘点有时缺，臀角上方的亚缘点通常存在。后翅后缘区常染红色，中点黑色；亚缘点或有或无。

寄主植物：苹果、桑。

分布：中国的甘肃（榆中）、黑龙江、吉林、陕西、江西、福建、四川；朝鲜，韩国，日本。

(717) 黑带污灯蛾 Spilarctia quercii (Oberthür, 1911)

Estigmene quercii Oberthür, 1911a, Études Lépid. comp., 5(1): 33. (China: Sichuan, Siao-lu)

前翅长：♂24~26 mm，♀26~32 mm。雄触角双栉形，雌略呈锯齿形。头和胸部背面灰黄色；下唇须上方黑色，下方红色；胸部背面有黑色宽纵带；肩角具黑点；前足基节和腿节红色。腹部背面红色至橘红色，有黑色宽纵带，侧面有黑点。前翅较狭长，外缘较倾斜；翅面黄白色；中室基部有1黑点；前缘基部至中部内侧具黑带，黑带端部下方有时有1黑斑，位于中室中部；中室上角有1黑点，黑点上方在前缘处有时有1黑点；后缘近基部至臀角处有1黑带，其基部上方有1黑点，从顶角至黑带端部上方有1斜列黑点；前缘基部黑带下方的黑点和后缘黑带上方的黑点有时扩展成纵带。后翅色较浅；中点黑色；亚缘点或有或无。

分布：甘肃（舟曲）、山西、河南、陕西、青海、湖北、湖南、四川、云南。

（718）强污灯蛾 *Spilarctia robusta*（Leech，1899）

Spilosoma robusta Leech, 1899, Trans. ent. Soc. Lond., 1899:149.（China:Sichuan）

前翅长：♂25~31 mm，♀30~36 mm。雄触角双栉形，雌线形。头、胸部和翅乳白色；下唇须基部上方红色，下方有白毛，端部黑色；简介和肩片具黑点；前足基节侧面和腿节上方红色。腹部红色，背面、侧面和亚侧面各具1列黑点。前翅中室上角有1黑点；A脉上、下方各具1黑色中线点，M_1脉处有时有黑点。后翅中点黑色；黑色的亚缘点或多或少。

分布：甘肃（康县）、北京、山东、河南、陕西、江苏、浙江、湖北、江西、湖南、福建、四川、云南。

（719）浙污灯蛾 *Spilarctia chekiangi* Daniel，1943

Spilarctia chekiangi Daniel, 1943, Mitt. münch. ent. Ges., 33:689, fig. 6, pl.17:10-21.（China:Zhejiang）

前翅长：20~21 mm。雄触角双栉形，雌锯齿形。头、胸部背面和前翅污白色，带淡褐色调；下唇须黑色，额下方两侧有分开的黑点；足黑色，前足基节与腿节上方红色。腹部背面除基节与端节外红色，背面、侧面和亚侧面各具1列黑点。前翅2A上方有1小黑点；翅反面在顶角下方至后缘中部外侧有1黑点列组成的斜带，在正面仅有顶角下方几个小黑点和后缘附近2个较大的黑点，其余翅反面的黑点列在正面可见深灰色暗影；翅反面在中室端和M_1上方的两个大黑斑在正面亦可见深灰色暗影。后翅色稍淡于前翅；中点为1黑斑；亚缘点或多或少。翅反面无红色。

分布：甘肃（武都区、康县、文县）、安徽、浙江、湖北、四川、云南。

（720）黑须污灯蛾 *Spilarctia casigneta*（Kollar，1844）

Euprepia casigneta Kollar, 1844, in Hügel, Kaschmir Reich Siek, 4(2):466.

前翅长：♂17~26 mm，♀21~30 mm。雄触角双栉形。本种个体变异较大。下唇须黑色是本种的一个主要识别特征。淡黄稍带褐色。下唇须、触角和额的下方黑色。胸部腹面前方黑色，有时胸背有黑带。腹部背面除基部及端部外红色，背面1列黑点不明显，侧面及亚侧面各有1列黑点。前翅内线黑点有时位于A脉上方；顶角下方至后缘或多或少有1列黑点；中室下角有时有黑点。后翅色稍淡，后缘区常染红色；中点黑色；臀角上方常具黑点。前翅反面中域常染红色。

分布：中国的甘肃（天水、宕昌、舟曲、康县、文县）、河南、陕西、浙江、湖北、湖南、福建、广西、四川、云南、西藏；印度（锡金），克什米尔地区。

（721）波超灯蛾 *Preparctia buddenbrocki* Kotsch，1929

Preparctia buddenbrocki Kotsch, 1929, Ent. Z., Frankf. a.M., 43:206.（China:Kansu）

前翅长：27~29 mm。雄触角双栉形，雌锯齿形。头黑色；领片黄白色具黑斑；肩片黑色。腹部背面黄色，有1列黑点，腹部末端有黄毛簇。前翅宽阔，外缘较直立；黑褐色，中脉为黄白带；前缘1黄白色带从内线外斜向中脉，从中脉中央1黄白色带内斜至后缘内线处，从此线到基部有1黄纹相连接；前缘中央有1黄白色纹连接中脉黄带；外线黄白色带从前缘斜向中脉外方再向内折至后缘；亚缘黄线与臀角的黄带相交。后翅橙黄色；中带黑色；中点黑褐色，新月形；黑褐色的亚缘带断裂成3块；缘线细带状，黑褐色，在Cu_2下方消失，其内缘在M_3与Cu_1之间向内凸出1齿。

分布：甘肃（永登）、陕西。

(722) 大丽灯蛾 *Aglaomorpha histrio* (Walker, 1855)

Hypercompa histrio Walker, 1855, List Spec. lepid. Insects Colln Br. Mus., 3:654. (China)

前翅长:36~43 mm。触角线形,黑色。头和胸腹部背面橙黄色;额和下唇须黑色;领片有2个黑斑,肩片黑色,胸部背面具黑色纵斑,均带蓝色光泽。腹部背面具黑色横带,第一节的黑斑呈三角形,末两节呈方形,侧面和腹面各具1列黑斑。前翅狭长,外缘浅弧形,倾斜;翅面黑褐色,有光泽,除中室内1黄点外,其他斑点黄白色;翅基部1小点,前缘4个长点,中室内黄点内侧有1狭长点,臀褶位置由2A基部至亚缘线共6个点;外线至亚缘线斜置3个大点,亚缘线在其上方另有4个小点,其中下面两个较近外缘。后翅橙黄色,中线至缘线有4列大小不一的黑斑,大多在顶角附近连成片;Cu_2基部至后缘有1黑带;中点为1大黑斑。

分布:甘肃(康县、文县)、吉林、江苏、安徽、浙江、湖北、江西、湖南、福建、台湾、广西、四川、贵州、云南;俄罗斯,朝鲜,韩国,日本。

(723) 首丽灯蛾 *Callimorpha principalis* (Kollar, 1844)

Euprepia principalis Kollar, 1844, in Hügel, Kaschmir Reich Siek, 4(2):465, pl.20:2. (Kaschmir)

前翅长:29~46 mm。触角线形。头红色,额中部1黑斑;下唇须红色,第二节基部和第三节黑色;领片红色,具1对大黑斑,肩片黑色,有蓝色光泽。腹部背面基部和末端红色,其余黄色,腹面橙黄色,背面有黑斑点,有些黑斑点成短带或整个连成一片,腹面也有黑斑,侧面黑点有时相连。前翅较狭长,外缘倾斜;墨绿色有蓝色光泽;斑纹黄色;前缘脉下方有4个黄斑,分别位于亚基线、内线、中线及外线处;翅基部有黄点;中室内有2块乳白色斑;A脉上方从基部到端部有5个黄斑,基部的1个为1短带;从前缘外线斑至Cu_2脉端部上方有1列长短不一的黄白点;前缘至M_1脉中部有3个淡黄色的小斑;M_1脉至M_3脉间近外缘有2个小黄点。后翅黄色或橙色,色斑变化较大,翅脉黑色;中点黑色;亚缘线为黑斑带。

分布:中国的甘肃(康县、文县)、黑龙江、河南、陕西、浙江、湖北、江西、湖南、福建、四川、云南、西藏;印度,尼泊尔,缅甸,克什米尔地区。

(724) 仿首丽灯蛾 *Callimorpha equitalis* (Kollar, 1844)

Euprepia principalis Kollar, 1844, in Hügel, Kaschmir Reich Siek, 4(2):465, pl.20:3. (Kaschmir)

前翅长:30~42 mm。与首丽灯蛾很相似,但本种底色较浅,前翅光泽不显著,斑点白色较大,仅基部和前缘区的斑点稍带黄色;Cu_1上方的斑延长至近外缘。后翅白色,斑纹深灰褐色;翅脉的深色条纹较窄,端半部的斑块较稀疏。

分布:中国的甘肃(成县、康县)、山西、四川、云南;印度,缅甸,克什米尔地区。

(725) 华虎丽灯蛾 *Calpenia zerenaria* (Oberthür, 1886)

Euprepia zerenaria Oberthür, 1886, Études ent., 11:30. (China:Thibet)

前翅长:32~38 mm。触角线形。头黑色;领片、肩片和胸部背面黄色具黑斑。腹部橙黄色,背面1列黑斑,不连成片,侧面1列较大的黑斑,腹面1列长方形斑,亚侧面1列黑斑比腹面的稍小。前翅较狭长,外缘倾斜较少;翅面淡污黄色,斑点深灰褐色至黑褐色;翅基部有2个黑点;亚基线在前缘和中室内各有1个长点;内线在前缘、中室内和后缘有3个大点,在臀褶处有1小圆点;中线的点列由前缘外斜,与中点接触后内折,在臀褶处缺失,后缘的点较大;外线在前缘和中点上下有3个点,后两个与中点融合,在中室下角至Cu_1下方缺失,其下4个点较小,内斜;亚缘线点列部分融合,弧形弯曲,紧邻缘线;亚缘线内侧在M_2两侧各有1点;缘线在Cu_2以上连续齿带状,齿尖插入亚缘线的空隙,臀褶处有1孤立的大点。后翅黄色,斑点黑色;内线4个点,深弧形排列;中点三角形;外线的点列绕过中点;亚缘线的点列比较完整,大小不一,其内侧在M_3两侧各有1小点;缘线点在各翅脉上,Rs、M_1及臀角附近的较大,中部4个很小。

分布:甘肃(武都区、康县)、湖北、湖南、四川、云南、西藏。

(726) 粉蝶灯蛾 *Nyctemera adversata* (Schaller, 1788)

Phalaena adversata Schaller, 1788, Naturforscher, Halle, 23:52, pl.1:13. (China:Hongkong)

前翅长：23~25 mm。雄雌触角均双栉形，雌栉齿较短。头黄色，头顶和额中央具黑斑；下唇须黄色，末端黑色；领片黄色，胸部背面与肩片黄白色，均具黑点；足白色具黑褐条纹，基节黄色具黑点。腹部灰白色，末端2~3节黄色，第一节背面有3个黑点，其余各节背面和侧面各具1列黑点。前后翅均宽大，形如粉蝶。前翅白色，前缘基半部具黑褐边，基半部翅脉白色，两侧镶黑褐边，端半部翅脉黑褐色；暗褐色中带较宽阔，上下达前后缘；外带起自中室上角，在中室下角内折与中带相接；亚缘带和纤细缘线到达Cu_1下方，其外侧缘毛与斑纹同色，其中亚缘带沿前缘和翅脉向两侧扩展，向内的形成尖齿，向外的与缘线相接；臀角处有1大斑。后翅白色，中室上角有1小点；下角有1大斑；亚缘线为1列大斑。

分布：中国的甘肃（舟曲、康县）、内蒙古、北京、河南、江苏、浙江、湖北、江西、湖南、福建、台湾、广东、海南、香港、广西、四川、云南、西藏；日本，印度，尼泊尔，马来西亚，印度尼西亚。

鹿蛾亚科 Syntominae

(727) 多点春鹿蛾 *Eressa multigutta* (Walker, 1854)

Syntomis multigutta Walker, 1854, List Spec. lepid. Insects Colln Br. Mus., 1:134.（Burma）

前翅长：11~15 mm。雄触角锯齿形。头和胸部蓝黑色，有光泽；领片、肩片红色；后胸具红色缘缨。腹部红色，背面具蓝黑色短带，侧面具1列黑点，末端蓝黑色。前翅宽大，前缘直，顶角圆，外缘略呈浅弧形，长于后缘，后缘中部浅凹；后翅小。前翅淡黄色透明，翅脉及翅缘黑色，中室前缘脉上的黑色增粗，形成1条细带；外缘的黑边在Cu_2处向内凸出1尖齿；中室端脉和顶角各有1黑斑。后翅淡黄色透明，翅脉黑色；中点为1黑点；具黑色端带。

分布：中国的甘肃（宕昌）、陕西、新疆、湖北、湖南、四川、贵州、云南、西藏；印度，尼泊尔，缅甸。

(728) 牧鹿蛾 *Amata pasca* (Leech, 1889)

Syntomis pascus Leech, 1889b, Trans. ent. Soc. Lond., 1889:124.（China: Jiangxi, Kiukiang）

前翅长：19~25 mm。触角线形，基部2/3黑色，端部白色。头和胸部黑褐色，额黄白色；中、后胸具黄斑。腹部黑色具黄带，雌蛾6节，雄蛾7节，腹部末端完全黑褐色。前翅较狭长，前缘直，顶角圆，外缘直，长于后缘，特别倾斜，后缘中部浅凹；后翅小。前翅黑色，基部有少量黄色鳞毛，翅面具5个透明大斑；端部两个被黑色翅脉分成两块；中室内的大斑梯形，与中室同宽，外端未达中室端脉；近后缘的两块斑上边沿中室下缘和Cu_2脉，下边沿弯曲的2A脉，略近长方形。后翅黑色，中部透明大斑占据翅面大部分区域，其中的翅脉黄褐色。

寄主植物：松。

分布：甘肃（康县、文县）、河南、陕西、江苏、浙江、湖北、江西、福建、广西、四川、西藏。

(729) 蜀鹿蛾 *Amata davidi* (Poujade, 1885)

Syntomis davidi Poujade, 1885, Bull. Soc. ent. France, (6)4:136.（China）

前翅长：15~18 mm。触角线形，黑色，端部白色。头黑色，额黄色；领片黄色；肩片黑色；胸部黑色，具黄色横带或斑点。腹部黑色，具6个黄带，第五节上的黄带较宽。翅黑色，翅斑透明，均较大；中室内的斑内端较尖，外端几乎到达中室端脉；翅端部除R_5两侧、M_3两侧的斑以外，在Cu_1与Cu_2之间有1较短的斑；2A上方的两块斑联合成一块，由翅基部到达臀角附近；翅基部有黄毛。后翅前缘基部及后缘具黄边，透明斑很大，翅缘黑边很窄。

分布：甘肃（康县）、陕西、湖北、湖南、四川。

(730) 蕾鹿蛾 *Amata germana* (Felder & Felder, 1862)

Syntomis germana Felder & Felder, 1862, Wien. ent. Monatschr., 6:37.（Russia: Amurland）

前翅长：11~19 mm。触角线形，黑色，端部白色。头和胸部黑褐色；额黄或橙黄色；中、后胸具黄斑；领片和肩片黑褐色。腹部各节具黄或橙黄色带。翅暗褐色到几乎黑色。前翅基部通常具黄色鳞毛；透明斑较小，翅面黑色区域较大；2A上方近基部的斑近方形，其外侧的斑大，亚菱形；中室内的斑楔形，内端平截，外端中部略凹;中室外3个斑。后翅后缘基部黄色;前缘和外缘的黑色区域较宽,透明斑较小。

寄主植物:茶、桑、蓖麻、桔、黑荆等。

分布:中国的甘肃(舟曲、康县、文县)、陕西、河南、华东、华南、云南;日本,印度尼西亚等。

毒蛾科 Lymantriidae

中至大型蛾类。头部较小,半球形,角质化强;无单眼;复眼发达,呈圆形、椭圆形或上方稍尖的卵圆形;眼面裸露或被细毛。触角短,通常仅有前翅长的1/3,较长的也达不到前翅长的1/2;大多数种类雄蛾触角为长双栉齿形,雌蛾为短双栉齿形。口器退化;下唇须短,分3节,第二节长,第三节短小或退化,下唇须向上翻、向前平伸或下垂。翅2对,通常发达,有些种类雌蛾翅短缩或十分退化。前翅径副室有或无,M_1基部与R_5基部接近,M_2基部接近M_3。后翅$Sc+R_1$基部与中室前缘并接或接近形成闭锁或半闭锁的基室;Rs常与M_1共柄,M_2基部接近M_3。前翅斑纹可分为:基线、亚基线、内线、中线、外线、亚缘线、缘线和中点;后翅斑纹有外线、亚缘线、缘线和中点。有些种类的雌蛾翅脉退化;大多数种类翅面被细毛和鳞片,鳞片形状变化很大。少数种类翅只被细毛。腹部由10节组成,第一节腹板退化,大多数种类第十节退化或消失,有些种类第九节也退化或与第十节合并;雌蛾背板和腹板骨质化很弱,侧片呈薄膜状;生殖腺发达的种类腹部通常十分膨大。

古毒蛾亚科 Orgyinae

(731) 晰结丽毒蛾 *Calliteara oxygnatha* (Collenette, 1936)

Dasychira oxygnatha Collenette, 1936a, Ent. Mon. Mag., 72:90. (China: Yunnan, Lijiang)

前翅长:♂22~28 mm,♀28~31 mm。头和胸部白色与深灰褐色掺杂,外观呈灰色;胸部中央有1暗褐色斑。腹部暗褐色,掺杂白色;基部背中央具1黑褐色斑。前翅狭长,雌较雄略宽阔;白色,雀斑状稀布暗褐色鳞片;亚基线暗褐色,不规则形,在中室呈肘状外弯;在亚基线与内线之间的前缘中央具1十分清晰的暗褐色扣结状斑,其斑的后缘一般可达中室下缘;内线暗褐色,从前缘至后缘呈直角形,锯齿形;中室末端中点较窄,具暗褐色边;外线暗褐色,锯齿形;亚缘线暗褐色,与外缘平行,锯齿形。后翅白色,在中室之下带暗褐色;中点为1深灰褐色;亚缘线深灰褐色,呈较宽的带形,达臀角;缘线深灰褐色,为1完整的宽带,内缘锯齿形。

分布:甘肃(文县)、河南、陕西、四川、云南。

(732) 结丽毒蛾 *Calliteara lunulata* (Butler, 1877)

Dasychira lunulata Butler, 1877a, Ann. Mag. nat. Hist., (4)20:403. (Japan)

别名:赤眉毒蛾。

前翅长:♂21~27 mm,♀31~39 mm。头和胸部银灰色,稍带黑褐色。腹部黑褐色,基部和末端灰白色。前翅狭长,雌较雄略宽;银白色,布黑色和黑褐色鳞片;内线在翅前缘为1黑色环扣状黑斑;中线仅在翅前缘现1小黑点;中点新月形,由翘起的银白色鳞片组成;外线黑色,波浪形,其前端外侧有1黑色弯线,有时该线连续,与外线并行达后缘;亚缘线锯齿形;缘线由1列黑色间断的线组成。雄后翅深灰褐色,基部和前缘色稍浅;雌后翅污白色,端部散布较多深灰褐色鳞片;中点黑褐色;外线深灰褐色至黑褐色,模糊带状,在雄蛾后翅颜色较深的个体中不可见。

寄主植物:栎、栗等。

分布:中国的甘肃(武都区)、黑龙江、吉林、辽宁、河北、河南、陕西、浙江、湖北、湖南、福建、广东;俄罗斯,朝鲜,韩国,日本。

(733) 丽毒蛾 *Calliteara pudibunda* (Linnaeus, 1758)

Bombyx pudibunda Linnaeus, 1758, Syst. Nat. (Edn 10), 1:503. (Europe)

别名:苹叶纵纹毒蛾、苹毒蛾、茸毒蛾。

前翅长：♂18~20 mm，♀29~33 mm。头和胸部背面灰白色，掺杂深灰褐色鳞。腹部白色，雄蛾中部几节带黄色。前翅狭长，雌蛾略宽；雄蛾前翅灰白色，带黑色和褐色鳞片；内区灰白色明显，中区色较暗；亚基线黑色，微波曲；内线黑色；中点黑褐色带黑边，条形内斜，下端向外弯折呈钩状；外线双线黑色，外侧一条色较浅，波状；亚缘线黑褐色，不完整；缘线为1列黑褐色点；缘毛灰白色，有黑褐色斑。后翅白色带黑褐色鳞毛，有时中室以下略带淡黄色；中点和外线黑褐色；缘毛灰白色。雌蛾色浅；内线和外线清晰；亚缘线和缘线模糊。

分布：中国的甘肃（文县）、黑龙江、吉林、辽宁、河北、山东、山西、河南、陕西、台湾；俄罗斯，朝鲜，韩国，日本，欧洲。

（734）刻丽毒蛾 *Calliteara taiwana*（Wileman，1910）

Dasychira taiwana Wileman，1910，Entomologist，43：311.（China：Taiwan）

前翅长：♂22~24 mm，♀31~34 mm。头和胸部灰白色略带黑灰色。腹部基部灰白色，其余浅黄褐色，第二至第五节背面有黑斑，常部分缺失。前翅较宽阔；灰白色布有黑褐色云状纹；亚基线黑褐色，波状折曲，在前缘清晰；内线黑褐色，波状；亚基线和内线间带黑色，呈宽带状；中点具黑褐色边；外线和亚缘线波状；缘线为黑褐色细线。后翅黄褐色；外带黑褐色模糊，其上半部常向两侧扩展至前缘中部和外缘，雌蛾一般扩展较少或不扩展；中点黑褐色。

分布：中国的甘肃（宕昌、文县）、陕西、浙江、台湾、四川、云南；日本。

（735）火丽毒蛾 *Calliteara complicata*（Walker，1865）

Dasychira complicata Walker，1865，List Spec. lepid. Insects Colln Br. Mus.，32：365.（N. India）

前翅长：♂23~29 mm，♀29~32 mm。头部黄褐色；胸部和腹部基部黄色带深褐色；胸部两侧和背面有黑褐色斑纹；腹部背面深灰褐色。前翅宽阔；内区黑色；亚基线黑褐色，锯齿形，线两侧黄白色；内线双线，黑褐色，两线前缘内侧各有1黄白色斑；中区黄褐色，中点与前缘间黑褐色；中点黑褐色，中央色稍浅，内下方有1黄白色斑；外线黑褐色，锯齿形，从前缘到2A脉处呈弓形弯曲，前缘两侧各有1黄白色斑；亚缘线黄白色，锯齿形；缘线为1列间断的黑褐色细线。后翅橙黄色；中点黑褐色；外线为1条间断的黑褐色带。

分布：中国的甘肃（文县）、河南、陕西、广西、四川、云南、西藏；印度。

（736）松丽毒蛾 *Calliteara axutha*（Collenette，1934）

Dasychira axutha Collenette，1934a，Stylops London，3：117.（China：Zhejiang，Muganshan，Tianmushan）

别名：马尾松毒蛾、松毒蛾、松茸毒蛾。

前翅长：♂18~19 mm，♀24~28 mm。头和胸腹部背面深灰褐色，胸部和腹基部背面有黑点。前翅宽阔；底色灰白，密布不均匀的深灰褐色和黑褐色；横线黑褐色：亚基线锯齿形折曲；内线双道，微波浪形；中点新月形，边黑褐色；外线波状；亚缘线褐色，波浪形，内侧呈晕影；缘线锯齿形。后翅暗灰褐色，基半部色浅；中点和外线黑褐色。雌蛾比雄蛾色浅，斑纹不显著。

寄主植物：马尾松、油松。

分布：甘肃（文县）、河南、陕西、浙江、湖北、江西、湖南、广东、广西。

（737）苔棕毒蛾 *Ilema eurydice*（Butler，1885）

Porthetria eurydice Butler，1885，Cist. ent.，3：118.（Japan：Choyama）

前翅长：16~19 mm。头和胸部背面灰绿色有黑点。腹部背面黑褐色。前翅宽阔，前缘弓形，顶角圆，外缘浅弧形；翅基部和中线以外大部灰绿色亚基线和中线之间黑褐色，其中可见纤细波状灰绿色内线；中点暗灰绿色两侧具粗壮黑褐色边；无先黑褐色锯齿形；亚缘线为1列黑褐色点；外线与亚缘线之间在前缘有1近半圆形黑斑；缘线黑褐色锯齿形；缘毛浅灰绿色与褐色相间。后翅黑褐色带灰绿色；中点黑灰色，隐约可见；缘毛黑褐色与褐色相间。

分布：中国的甘肃（文县）、湖北、湖南、福建、广东、四川；俄罗斯，朝鲜，韩国，日本。

(738) 环茸毒蛾 *Dasychira dudgeoni* Swinhoe, 1907

Dasychira dudgeoni Swinhoe, 1907, Ann. Mag. nat. Hist., 19(7): 203. (India)

前翅长: ♂17~18 mm, ♀20 mm。头和胸部深褐, 后胸背中央有1丛黑褐色鳞毛, 具光泽。腹部浅灰褐色, 无毛簇。前翅宽阔; 深褐至黑褐色, 基部带灰红色; 近基部有2个相似的红褐色黑边的环状斑; 外线浅黑褐色, 为1列连续的新月斑; 中室末端有1黑褐色中点; 翅外缘有2列浅色斑。后翅深灰褐色。

寄主植物: 木荷、油茶、玉米。

分布: 中国的甘肃(文县)、陕西、江苏、浙江、湖北、湖南、福建、台湾、广东、海南、广西、云南; 印度, 印度尼西亚。

(739) 平纹台毒蛾 *Teia parallela* (Gaede, 1932)

Orgyia parallela Gaede, 1932, in Seitz, Gross-Schmett. Erde, 2(Suppl.): 98. (China: Sichuan, Kangding)

别名: 平纹古毒蛾。

前翅长: ♂10~15 mm。雄蛾体和后翅黑褐色; 前翅和后翅缘毛红褐色。前翅特别宽阔, 外缘直立; 翅上有2条黑色线, 内道在中室处弯曲, 然后向内直斜; 前翅前缘中央灰白色; 近臀角有1白色斑。雌蛾体呈长椭圆形, 被黄白色绒毛, 具胸足, 翅退化。

寄主植物: 法国梧桐、重阳木、辽东栎。

分布: 甘肃(宕昌、文县)、北京、河北、河南、陕西、湖北、湖南、四川。

(740) 角斑台毒蛾 *Teia gonostigma* (Linnaeus, 1767)

Phalaena (Bombyx) gonostigma Linnaeus, 1767, Syst. Nat., (Edn 12), 1: 826. (Europe)

别名: 杨白纹毒蛾、囊尾毒蛾、角斑古毒蛾。

前翅长: ♂11~17 mm。头和体背黑褐色; 肩片端部带黄褐色。雄蛾前翅较平纹台毒蛾狭窄; 暗黑红褐色; 基部有1具白色边的褐色斑; 内线和外线黑褐色; 中点具白色边; 外线外侧在前缘处有1橙黄色斑; 亚缘线白色, 不完整, 在前缘和臀角处各形成1白斑。后翅黑灰色。雌蛾体被灰白色或淡黄色绒毛, 翅退化, 仅留翅痕迹。

寄主植物: 苹果、梨、桃、杏、山楂、花楸、悬铃木、柳、榆、杨、榉、鹅耳枥、椴木、山毛榉、栎、蔷薇、悬钩子、榛、泡桐、樱桃、花椒、落叶松等。

分布: 中国的甘肃(庆阳、康县)、黑龙江、吉林、辽宁、内蒙古、北京、河北、山西、山东、河南、宁夏、陕西、江苏、浙江、湖北、湖南、贵州; 朝鲜, 韩国; 欧洲。

(741) 灰斑台毒蛾 *Teia ericae* (Germar, 1818)

Teia ericae Germar, 1818, Ins. Eur., 8: 17. (Europe)

前翅长: ♂9~14 mm。雄蛾头和体背黄褐色。前翅较角斑台毒蛾短宽, 端部较圆; 赭褐色, 有2条明显的褐色线; 中点新月形, 围紫灰色边; 在中部前缘有1近三角形的紫灰色斑; 近臀角处有1灰白斑。本种雄蛾体色变化很大。雌蛾无翅; 体被淡黄色绒毛。

寄主植物: 柳、杨、杨梅、山毛榉、栎、鼠李、蔷薇、杜鹃、柽柳、沙枣、花棒、沙冬青、豆类等。

分布: 中国的甘肃(康县)、黑龙江、辽宁、河北、宁夏、陕西、青海; 欧洲。

(742) 肾毒蛾 *Cifuna locuples* Walker, 1855

Cifuna locuples Walker, 1855, List Spec. lepid. Insects Colln Br. Mus., 5: 113. (Bangladesh: Silhet[Sylhet])

别名: 豆毒蛾。

前翅长: ♂14~19 mm, ♀20~24 mm。头和体背深黄褐色; 后胸和第二、三腹节背面各有1黑色短毛簇。前翅较宽大, 前缘端半部弓形, 后缘长, 外缘较直立; 翅面深黄褐色; 内区前半褐色, 布白色鳞片, 后半黄褐色; 内线为1褐色宽带, 带内侧衬白色细线; 中点大, 肾形, 黄褐色, 围深褐色边; 外线深褐色, 微向外弯曲; 中区前半黄褐色, 后半褐色布白鳞; 亚缘线深褐色, 在R_5脉与Cu_1脉处外凸; 外线与亚缘线间色较深; 缘线深褐色衬白色,在臀角处内突。后翅淡黄色带褐色;中点和缘线色较暗。雌蛾比雄蛾色暗。

寄主植物:大豆、小豆、绿豆、芦苇、苜蓿、棉花、紫藤、樱桃、海棠、柿、柳、榉、榆、茶等。

分布:中国的甘肃(宕昌、文县)、黑龙江、吉林、辽宁、内蒙古、河北、山西、山东、河南、宁夏、陕西、青海、江苏、安徽、浙江、湖北、江西、湖南、福建、台湾、广东、广西、四川、贵州、云南、西藏;俄罗斯,朝鲜,日本,印度,越南。

(743)竹素毒蛾*Laelia pantana* Collenette,1938

Laelia pantana Collenette,1938a,Proc. Royal. Ent. Soc. Lond.,(B)7:216.(China:Shaanxi;Gansu)

前翅长:17~20 mm。头和胸部淡褐色;腹部背面黄白色。前翅较狭长,前缘和外缘直,顶角圆,后缘较长;雄蛾前翅赭色,在中室区及其以下的后缘区混有白粉黄色,翅外缘亚缘区脉间有6~7个暗褐色点,排成1行,前4个横向排,后2个纵向排。后翅白色。雌蛾前翅和后翅白色,翅脉上鳞片稀薄。

分布:甘肃(清水、天水)、陕西、四川。

(744)淡竹毒蛾*Pantana simplex* Leech,1899

Pantana simplex Leech,1899,Trans. ent. Soc. Lond.,1899:122.(China:Sichuan)

前翅长:♂16~17 mm,♀19~20 mm。头和胸部背面浅褐色。腹部背面淡褐色至灰白色。前翅宽阔,外缘浅弧形;底色灰白,散布不均匀的青灰色,前缘附近和翅端半部色较深;中点为1不明显的新月形白斑;中室下角和中室外M_2至Cu_2脉间有4个不明显的浅色斑;前缘的边缘和外缘的缘毛黑褐色至黑灰色。后翅白色,半透明。雌蛾黄白色,中室端部下角附近有4个浅灰褐色斑。

分布:甘肃(礼县、文县)、陕西、江西、福建、台湾、四川。

(745)鹅点足毒蛾*Redoa anser* Collenette,1938

Redoa anser Collenette,1938a,Proc. Royal. ent. Soc. Lond.,(B)7:212.(China:Zhejiang,Tianmushan;Shaanxi,Taibaishan)

前翅长:21-24 mm。下唇须白色,端部黑褐色;额白色,上部有黑褐色斑;胸腹部和足白色;前、中足腿节末端、胫节和跗节内侧基部和末端有黑斑。翅白色。前翅前缘直,顶角尖,外缘上半段直,中部以下浅弧形,后缘长;翅面基部和前缘略带黄褐色;具微小黑色中点。后翅外缘直,后缘较长,臀角略呈下垂状。

分布:甘肃(康县、文县)、陕西、浙江、湖北、江西、湖南、福建、四川。

(746)白点足毒蛾*Redoa cygnopsis*(Collenette,1934)

Stilpnotia cygnopsis Collenette,1934a,Stylops Lond.,3:114.(China:Zhejiang,Tianmushan)

前翅长:18~19 mm。体和翅白色;足白色,跗节末端橙黄色;前足、中足胫节基部各有1暗褐色斑,中足胫节近中央外侧有1暗褐色斑。翅半透明,无斑纹;前翅顶角圆,外缘浅弧形;后翅外缘中部略直,但远不及鹅点足毒蛾明显,臀角不下垂。

分布:甘肃(文县)、安徽、浙江、湖北、江西、湖南、福建、广东、贵州。

(747)茶点足毒蛾*Redoa phaeocraspeda* Collenette,1938

Redoa phaeocraspeda Collenette,1938a,Proc. Royal. ent. Soc. Lond.,(B)7:212,pl.1:7.(China:Hunan,Hengshan)

前翅长:19 mm。雄蛾下唇须茶色,内侧白色;额茶色带赤褐色,下半色浅。体和足白色;前足和中足胫节内侧基部和跗节基部各有1黑褐色斑,跗节端半部浅茶色。前翅顶角形状介于鹅点足毒蛾和白点足毒蛾之间,外缘浅弧形;白色,有光泽;中点黑色微小,清晰;前缘和顶角带茶色。后翅外缘浅弧形;污白色。前后翅缘毛灰褐色,臀角缘毛白色。雌蛾下唇须、额、足和翅的缘毛均白色。

分布:甘肃(文县)、浙江、江西、湖南、福建、广东。

(748)丛毒蛾*Locharna strigipennis* Moore,1879

Locharna strigipennis Moore,1879a,in Hewitson & Moore,Descr. New Indian lepid. Insects Colln. Late Mr.

W.S. Atkinson, 1: 53, pl.3: 11. (India: Assam)

别名:细纹黄毒蛾、黄羽毒蛾。

前翅长:21 mm。下唇须橙黄色,外侧掺杂黑褐色;额、头顶、领片和肩片基部黑褐色与橙黄色掺杂,并有少量白色鳞毛;肩片大部和胸部背面白色,后胸背面具1黑色毛簇;足橙黄色,各跗节黄白色具黑褐色纵纹;前足腿节和胫节橙黄色,具黑色长毛,毛端白色。腹部橙黄色,雄蛾背中有1条黑褐色纵带,雌蛾无此纵带。前翅中等宽度,顶角圆,外缘较直,略倾斜;翅面黄白色至浅污黄色,密布黑色短纹,前缘端半部和后缘基部至臀褶中部黑纹较少;中点黑色。后翅黄色。

分布:中国的甘肃(文县)、江苏、安徽、浙江、湖北、江西、湖南、福建、台湾、广东、广西、四川、贵州、云南;印度,缅甸,马来西亚。

(749) 白斜带毒蛾 *Numenes albofascia* (Leech, 1888)

Lymantria albofascia Leech, 1888, Proc. zool. Soc. Lond., 1888:629. (Japan)

前翅长:♂22~26 mm, ♀31~35 mm。下唇须、额、头顶、领片和肩片橙黄色与黑色掺杂;胸部背面黑色。雄蛾腹部黑色,雌蛾腹部黄色。前翅中等宽度,雌蛾略宽于雄蛾;翅面天鹅绒样黑色;雄蛾从前缘近基部2/3起通向臀角有1条黄白色或白色斜宽带。后翅黑色。雌蛾亚基线为黄白色带,其带前半部较宽,后半部较窄;内带、外带和分别在M_2~Cu_2脉与亚缘带汇合成1条带后,斜至臀角,外观呈三叉形黄白色带,内带和外带较直,亚缘带从顶角至臀角弯成弓形。后翅橙黄色;亚缘区有2个黑斑,一个斑较小,在Rs脉和M_2脉间呈肾形,另一个斑较大,在Cu_1脉与A脉间近多边形;隐见黄褐色中点。

分布:中国的甘肃(武都区、文县)、河南、陕西、浙江、湖北、湖南、福建、云南;朝鲜,韩国,日本。

(750) 叉斜带毒蛾 *Numenes separata* Leech, 1890

Numenes disparilis var. *separata* Leech, 1890, Entomologist, 23:112. (China: Hubei, Changyang)

前翅长:♂24~28 mm, ♀27~29 mm。雄蛾与白斜带毒蛾相似,但本种前翅具黄白色"Y"形带,通向顶角的分叉较纤细,从前缘到臀角的带较宽,两带在M_2脉与M_3脉间汇合;雌蛾与白斜带毒蛾的雌蛾相似,但前翅亚缘带明显向内弯成拱形。本种前翅和后翅均较白斜带毒蛾的前翅和后翅圆钝。

分布:甘肃(康县)、河南、陕西、湖北、广西、四川。

毒蛾亚科 Lymantriinae

(751) 络毒蛾 *Lymantria concolor* Walker, 1855

Lymantria concolor Walker, 1855, List Spec. lepid. Insects Colln Br. Mus., 4:876. (India: Sikkim)

前翅长:♂20~27 mm, ♀29~34 mm。头、胸、腹基部和足黄白色带黑斑;头部和胸部间有1条粉红色线;腹部背面其余部分粉红色微带黄白色,背面有1列黑斑,腹面黄白色,节间黑色。前翅中等宽度,顶角圆,外缘浅弧形。翅面黄白色,基部有7个黑色斑;横线和斑纹黑色;内线、中线、外线和亚缘线均锯齿形,在前缘扩大成黑斑;内线外侧在中室内有1黑斑;中点肾形;缘线为1列短条,其外侧缘毛黑褐色。后翅黄白色,翅后缘黑褐色;中点深灰褐色;亚缘线为不规则形深灰褐色带;缘线深灰褐色;缘毛黄白色与深灰褐色相间。雌蛾后翅Cu_2脉端部下方有1褐色条纹。

分布:中国的甘肃(文县)、陕西、浙江、湖南、四川、云南、西藏;印度,越南。

(752) 模毒蛾 *Lymantria monacha* (Linnaeus, 1758)

Phalaena (*Bombyx*) *monacha* Linnaeus, 1758, Syst. Nat. (Edn 10), 1:501. (Europe)

前翅长:♂19~22 mm, ♀24~31 mm。下唇须黑褐色;头、胸部和腹基部白色,胸部有黑褐色斑;腹部其余部分粉红色,节间黑褐色;足内面白色,外面黑褐色,跗节有黑褐色斑。前翅较络毒蛾略宽,较圆钝;白色,斑纹与该种相似;缘线为1列黑褐点,不为短条,每个点外侧的缘毛黑色。后翅灰褐色,雄蛾横线不清晰;雌蛾后翅亚缘线较清晰。

寄主植物：油杉、黄杉、云杉、冷杉、铁杉、赤松、华山松、云南松、落叶松、麻栎、千金榆、水青冈、椴、槭、桦木、柳、山杨、山榆、花楸、苹果、杏、榛等多种乔灌木植物。

分布：中国的甘肃（文县）、黑龙江、吉林、辽宁、河北、山西、山东、河南、陕西、浙江；日本；欧洲。

（753）栎毒蛾 *Lymantria mathura* Moore，1865

Lymantria mathura Moore，1865，Proc. zool. Soc. Lond.，1865：85.（India：Bengal）

别名：苹叶波纹毒蛾、栎舞毒蛾。

前翅长：♂24 mm，♀39 mm。下唇须浅橙黄色，外侧褐色；额中部灰色，两侧浅橙黄色；头顶黑褐色；领片黑褐色掺杂黄白色；胸部和足浅橙黄色带黑褐色斑。腹部暗灰黄色，两侧微带红色，背面和侧面在节间有黑斑。前翅宽阔，外缘较直，倾斜较少。雄蛾前翅灰白色，密布暗色鳞片；斑纹黑褐色，翅脉灰白色；亚基线黑褐色；内线在中部外弓；中室中央有1圆斑；中点黑褐色，新月形；中线为锯齿形宽带；外线由1列新月形斑组成，从前缘微外斜至Cu_2脉后，内弯抵后缘；亚缘线由1列新月形斑组成，止于2A脉；缘线由1列嵌在脉间的小点组成；缘毛灰白色，脉间褐色。后翅暗橙黄色，中点深灰褐色；亚缘线为1条褐色斑状带。雌蛾灰白色；前翅亚基线黑色，前方后缘有粉红色和黑色斑；内线深褐色，锯齿形，后缘微外斜；中线深褐色，波浪形，在前缘形成1深褐色半圆形环，在2A脉后内弯，与内线接近；中点深褐色；外线深褐色，锯齿形，在前缘和后缘清晰；亚缘线和缘线同雄蛾；缘毛粉红色，脉间深褐色；翅前缘和后缘的边缘粉红色。后翅浅粉红色；中点灰褐色；亚缘线由1列灰褐色斑组成；缘线由1列灰褐色点组成。

寄主植物：栎、苹果、梨、栗、野漆、榉、青冈等。

分布：中国的甘肃（康县）、黑龙江、吉林、辽宁、河北、山西、山东、河南、陕西、江苏、浙江、湖南、湖北、广东、四川、云南；朝鲜，日本，印度。

（754）枫毒蛾 *Lymantria nebulosa* Wileman，1910

Lymantria nebulosa Wileman，1910，Entomologist，43：309.（China：Taiwan）

前翅长：♂17 mm，♀22 mm。头和胸部灰色，二者之间粉红色；足灰褐色带黑斑。腹部灰色，侧面微带粉红色。前翅宽阔，但较栎毒蛾略窄，外缘较圆。雄蛾前翅灰白色；亚基线黑色，微波曲，止于中室下缘；内线黑色锯齿形，倾斜；中点黑色新月形；中室近内线处有1黑点；外线黑色锯齿形，中部几个齿长，伸达亚缘线；内线与外线间密布黑鳞，形成深色宽带；亚缘线黑色锯齿形，部分消失，在臀褶附近特别清晰；缘线由1列黑点组成，其外侧缘毛黑色。后翅深灰褐色，外缘区色较深。雌蛾与雄蛾相似，但前翅内、外线之间黑色鳞片不浓密。

寄主植物：枫树。

分布：甘肃（文县）、江苏、安徽、浙江、湖北、江西、湖南、福建、台湾、广东、广西、四川。

（755）柠果毒蛾 *Lymantria marginata* Walker，1855

Lymantria marginata Walker，1855，List Spec. lepid. Insects Colln Br. Mus.，4：877.（Himalayas）

别名：黑边花毒蛾。

前翅长：♂20~23 mm，♀25~32 mm。雌雄异型。雄蛾下唇须黑色，内侧和末端黄白色；头黄白色；胸部黑褐色带白色和橙黄色斑；足黑色带白色斑。腹部橙黄色，背面和侧面有黑斑。前翅三角形，外缘直或微凹，长于后缘；翅面黑褐色，斑纹黄白色；内线波状，触及亚基线；从前缘中部到中室有1黄白色斑，其上有1黑点；中点黑褐色圆形；中线锯齿形；外线波状，不明显；亚缘线锯齿形；缘毛黑褐色，具黄白色点。后翅黑褐色，翅外缘有1列白色斑点。雌蛾头和胸部灰白色带橙黄色和黑色斑；足粉红色带黑斑。腹部橙黄色，背面和侧面具黑斑。前翅宽阔，外缘浅弧形，臀角圆，后缘长于外缘；翅面黄白色；基部1近方形黑斑；内线、中线和外线均为不规则锯齿状带，黑褐色，中线和外线在前缘下方融合，中线和内线在臀褶和后缘处接触；内线外侧在中室内有1圆点；中点黑色圆形；亚缘线锯齿形，部分接触缘线；缘线为1列大小不等的黑斑；缘毛黑褐色与黄白色相间。后翅白色；中点黑褐色，常不明显；沿翅外缘有1黑褐色宽带，带内在脉间嵌有1列白点。

亚基线为1黄褐色大斑。后翅白色；

寄主植物：柿果。

分布：中国的甘肃（宕昌）、河南、陕西、浙江、福建、广东、广西、四川、云南；印度。

（756）舞毒蛾 Lymantria dispar (Linnaeus, 1758)

Phalaena (*Bombyx*) *dispar* Linnaeus, 1758, Syst. Nat. (Edn 10), 1:501. (Europe)

别名：松针黄毒蛾、秋千毛虫、杨树毛虫、柿毛虫。

前翅长：♂19~26 mm，♀21~36 mm。雌雄异型。雄蛾下唇须黄白色，端部黑灰色；额黄白色，中部灰色；头顶灰褐色；领片深灰褐色，前缘黑色；肩片和胸部背面灰褐色。腹部深黄褐色。前翅宽阔，外缘浅弧形，较直立；翅面暗黄褐色，散布黑褐色鳞片，斑纹黑褐色；亚基线为2个点斑；内线双股，在前缘形成黑斑，其下锯齿形，细弱；中线和外线在前缘形成黑斑，其下细弱或部分消失；内线外侧在中室内有1黑点；中点为1黑点，与中线重合；亚缘线与外线平行；缘线为1条黑褐色细线；缘毛黑褐色与黄白色相间。后翅深褐色至深灰褐色；中点和外缘附近色较暗。雌蛾下唇须基部黄白色，第二节端部和第三节黑褐色；头和胸部黄白色，后胸有2个灰点。腹基部黄白色，中部以后颜色逐渐加深，末端膨大。前翅较雄蛾狭长，外缘较倾斜；翅面黄白色微带褐色，具黑褐色斑纹；斑纹走向大致同雄蛾，但内线不为双线；缘线为1列黑点。后翅白色；中点灰褐色；亚缘线为1模糊灰褐色带；缘线为1列黑点。

寄主植物：栎、柞、槭、椴、鹅耳枥、黄檀、山毛榉、核桃、山杨、柳、桦木、榆、鼠李、苹果、樱桃、山楂、柿、桑、红松、樟子松、云杉、水稻、麦类等500余种植物。

分布：中国的甘肃（文县）、黑龙江、吉林、辽宁、内蒙古、河北、山西、山东、河南、宁夏、陕西、青海、新疆、湖北、湖南；俄罗斯、朝鲜、韩国、日本；欧洲。

（757）条毒蛾 Lymantria dissoluta Swinhoe, 1903

Lymantria dissoluta Swinhoe, 1903, Trans. ent. Soc. Lond., 1903:484. (China:Taiwan)

前翅长：♂15 mm，♀20~21 mm。下唇须、头顶和领片深灰褐色；额浅灰褐色；胸腹部背面灰褐色，腹部带灰红色调。前翅略狭长，顶角圆，外缘浅弧形，臀角圆；翅面灰褐至深灰褐色，具4条模糊的黑褐色锯齿形线；内线波状；中点条形折角，通常较清晰；中线仅在前缘清晰；外线和亚缘线近平行；缘线由1列黑褐色斑点组成；缘毛灰褐色，有黑褐色斑点。后翅灰褐色，微带黄色；外缘色较暗。

分布：甘肃（文县）、江苏、安徽、浙江、湖北、江西、湖南、福建、台湾、广东、香港、广西、四川、云南。

（758）肘纹毒蛾 Lymantria bantaizana Matsumura, 1933

Lymantria bantaizana Matsumura, 1933, Insecta Matsumurana Sapporo, 7:134. (Japan)

前翅长：♂18~20 mm，♀25~28 mm。下唇须黄白色，外侧黑褐色；头和胸部背面灰白色至淡灰褐色，领片前缘有红边。腹部背面黄褐色，腹面灰褐色。前翅略狭长，顶角圆，外缘浅弧形，臀角圆；翅面淡灰褐色，散布黑鳞；内线外斜，前半段较清楚；中点黑色，由中室端脉中部至中室下角；外线和亚缘线波状；臀褶中部有1黑色纵纹；缘毛浅褐色与深褐色相间。后翅颜色略浅，端部浅灰褐色。

分布：中国的甘肃（正宁）、河北、陕西；日本。

（759）雪白毒蛾 Arctornis nivea Chao, 1987

Arctornis nivea Chao, 1987, Sinozoologia, 5:149. (China:Beijing)

前翅长：♂16~19 mm，♀21~24 mm。头部、胸部和腹部白色。前翅宽阔，外缘略呈浅弧形。前翅和后翅白色，不透明，无斑纹。

分布：甘肃（文县）、北京、河南、陕西。

（760）轻白毒蛾 Arctornis cloanges Collenette, 1936

Arctornis cloanges Collenette, 1936b, Ann. Mag. nat. Hist., (10)17:331. (China:Yunnan, Lijiang)

前翅长：♂22 mm，♀24 mm。头和胸腹部白色。翅白色，半透明，有光泽；翅基部和翅脉淡绿色。雄蛾前翅近三角形，外缘直且直立，几乎垂直于后缘；雌蛾外缘略呈浅弧形。

分布：甘肃（康县、文县）、四川、云南。

(761) 白毒蛾 *Arctornis l-nigrum* (Müller, 1764)

Phalaena (*Bombyx*) *l-nigrum* Müller, 1764, Fauna Insect. Fridrichsdalina: 40.（Europe）

前翅长：♂20 mm，♀20~25 mm。下唇须白色，外侧上半部黑色；头和体白色；足白色，前足和中足胫节内侧有黑斑，跗节第一节和末节黑色。前翅宽阔，外缘浅弧形，臀角圆；白色；中点黑色，角形。后翅白色。

分布：中国的甘肃（文县）、黑龙江、吉林、辽宁、河北、山东、河南、陕西、江苏、安徽、浙江、湖北、湖南、福建、四川、云南；俄罗斯，朝鲜，韩国，日本；欧洲。

(762) 黑足白毒蛾 *Arctornis moorei* (Leech, 1899)

Leucoma moorei Leech, 1899, Trans. ent. Soc. Lond., 1899: 143.（China: Shanghai）

前翅长：13~14 mm。下唇须黑色，内侧白色；头和胸腹部白色；足白色，前足和中足转节、腿节和胫节具黑褐色纵纹，跗节黑色；后足跗节黑色。前翅短宽，前缘短，外缘浅弧形；白色，有光泽；具大量微凸出翅面的小横纹；中点圆形，黑色清晰。后翅白色，有光泽。

分布：甘肃（文县）、上海、江苏、浙江、湖北、四川。

(763) 平雪毒蛾 *Leucoma parallela* (Collenette, 1934)

Caviria parallela Collenette, 1934b, Novit. zool., 39: 139, pl.1: 7.（China: Guangdong）

前翅长：20~22 mm。触角杆白色，栉齿黑灰色；下唇须微小，白色；头和胸腹部白色；前足橙黄色，跗节具白色窄带；中足和后足白色，中足跗节橙黄色，具白色窄带；后足仅1对距。翅白色；前翅宽阔，外缘浅弧形，臀角圆；翅面具光泽，有三条纹绸状带，与外缘平行。

分布：甘肃（宕昌）、陕西、江西、广东、海南。

(764) 杨雪毒蛾 *Leucoma candida* (Staudinger, 1892)

Stilpnotia candida Staudinger, 1892a, in Romanoff, Mém. Lépid., 6: 308.（Russia: Amurland）

别名：柳毒蛾。

前翅长：♂15~18 mm，♀21~29 mm。触角和下唇须黑色，触角杆背面有白色横纹；头和胸腹部背面白色；足白色有黑环；后足仅1对距。前、后翅白色，有光泽，鳞片宽排列紧密，不透明；前翅较狭长，外缘较倾斜。

寄主植物：杨、柳。

分布：中国的甘肃（宕昌、文县）、黑龙江、吉林、辽宁、河北、山西、山东、河南、陕西、青海、江苏、安徽、浙江、湖北、江西、湖南、福建、四川、云南；俄罗斯，朝鲜，韩国，日本。

(765) 点背雪毒蛾 *Leucoma horridula* (Collenette, 1934)

Caviria sericea horridula Collenette, 1934a, Stylops Lond., 3: 114.（China: Zhejiang）

前翅长：22~24 mm。触角黄白色；下唇须白色，外侧黑色；体白色；后胸背面有2个黑色圆点；前足内面黑色；后足仅1对距。前后翅白色，有光泽；前翅宽度介于平雪毒蛾和杨雪毒蛾之间。

分布：甘肃（文县）、浙江、江西。

(766) 侧柏毒蛾 *Parocneria furva* (Leech, 1888)

Ocneria furva Leech, 1888, Proc. zool. Soc. Lond., 1888: 631.（Japan）

别名：柏毛虫。

前翅长：♂8~12 mm，♀9~16 mm。雄触角栉齿黑灰色；体和翅灰褐色至深灰褐色。前翅略狭长，外缘略呈浅弧形；斑纹黑色；内线、外线和亚缘线均纤细，不显著；中室下方至Cu_2下方以及外线位置在M脉与Cu脉附近有一些散碎小黑斑，形状不规则。后翅色稍浅，隐见深灰褐色中点；缘毛灰色。雌蛾色较浅，微透明，斑纹较雄蛾清晰。

寄主植物：侧柏、黄桧、桧柏。

分布：中国的甘肃（宕昌）、黑龙江、吉林、辽宁、内蒙古、河北、山西、山东、河南、陕西、江苏、安徽、浙江、湖北、湖南；日本。

（767）豆盗毒蛾 *Euproctis piperita* (Oberthür, 1880)

Leucoma piperita Oberthür, 1880, Études ent., 5:35. (Russia: Askold)

别名：并点黄毒蛾。

前翅长：♂11~14 mm，♀14~16 mm。头和体柠檬黄色。前翅略狭长，外缘浅弧形，雌蛾较雄蛾倾斜；翅面和缘毛柠檬黄色；从基部到亚外缘有1不规则形褐色大斑，上散布黑褐色鳞；在顶角有两个褐色小斑；后缘中央有黑色长毛。后翅浅黄色。

寄主植物：茶、楸、豆类。

分布：甘肃（文县）、黑龙江、吉林、辽宁、内蒙古、河北、山西、山东、河南、陕西、江苏、安徽、浙江、湖北、江西、湖南、福建、广东、四川；俄罗斯，朝鲜，韩国，日本。

（768）双线盗毒蛾 *Euproctis scintillans* (Walker, 1856)

Somena scintillans Walker, 1856, List Spec. lepid. Insects Colln Br. Mus., 7:1734. (India)

别名：棕衣黄毒蛾。

前翅长：♂9~12 mm，♀12~18 mm。头和体背橙黄色。前翅略狭长，外缘浅弧形；翅面大部覆盖赤褐色，微带浅紫色闪光；内线和外线黄色，有的个体不清晰；外缘和缘毛黄色，部分被赤褐色部分分隔成3段。后翅黄色。

寄主植物：荔枝、刺槐、枫、茶、柑橘、梨、龙眼、黄檀、泡桐、枫香、栎、乌桕、蓖麻、玉米、棉花和十字花科植物。

分布：中国的甘肃（文县）、河南、陕西、浙江、湖南、福建、台湾、广东、广西、四川、云南；印度，缅甸，巴基斯坦，斯里兰卡，马来西亚，新加坡，印度尼西亚。

（769）戟盗毒蛾 *Euproctis pulverea* (Leech, 1888)

Artaxa pulverea Leech, 1888, Proc. zool. Soc. Lond., 1888:623, pl.31:5. (Japan)

别名：黑衣黄毒蛾。

前翅长：♂13~15 mm，♀18~19 mm。下唇须和头部橙黄色；胸部灰褐色；腹部灰褐色带黄色；胸腹部腹面和足黄色。前翅略狭长，外缘浅弧形，较倾斜；翅面赤褐色布黑色鳞；前缘和外缘附近黄色，赤褐色部分外侧边缘带银白色斑，并在R_5与M_1脉间和M_3与Cu_1脉间向外凸伸至外缘；近顶角有1褐色小点；内线黄色，不清晰。后翅大部褐色，前缘和端部黄色。

寄主植物：刺槐、茶、油茶、苹果、柑橘。

分布：中国的甘肃（文县）、辽宁、河北、河南、陕西、江苏、安徽、浙江、湖北、湖南、福建、台湾、广西、四川；朝鲜，韩国，日本。

备考：国内文献中本种的学名一直使用*Porthesia kurosawai* Inoue，1956（赵仲苓，1978，1982，2003），但是 Inoue（1982）已经将其处理为*Euproctis pulverea* (Leech, 1888)的异名。

（770）白黄毒蛾 *Euproctis collenettei* Chao, 1994

Euproctis collenettei Chao, 1994, Economic Insect Fauna of China, 42:115. (China: Sichuan; Yunnan)

前翅长：18~19 mm。下唇须黄白色，外侧黑色；头部、胸部和腹基部浅黄色至橙黄色，腹部其余部分黑灰色，臀簇橙黄色。前翅中等宽度，外缘浅弧形，略倾斜，臀角明显，后缘较直；翅面和缘毛黄色；在翅后缘中央，2A脉上下布有黑鳞。后翅黄白色。

分布：甘肃（文县）、陕西、四川、云南。

（771）叉带黄毒蛾 *Euproctis angulate* Matsumura, 1927

Euproctis angulata Matsumura, 1927, J. Coll. Agric. Hokkaido Imp. Univ., 19:40. (China:Taiwan)

前翅长：20~22 mm。体和翅黄色。前翅中等宽度，外缘浅弧形，臀角圆；内线和外线黄白色，两线间布褐色至黑褐色鳞，形成叉形中带，分叉处隐见黄白色中点；内线内侧和外线外侧各有1条由稀疏褐色鳞组成的带，上端不明显或消失；亚缘线由大小不等的黑褐色点组成。后翅浅黄色。

分布：中国的甘肃（康县）、河南、陕西、浙江、湖北、江西、湖南、福建、台湾、广东、广西、西藏；日本。

（772）梯带黄毒蛾 *Euproctis montis* (Leech, 1890)

Artaxa montis Leech, 1890, Entomologist, 23:111. (China:Hubei;Sichuan)

前翅长：♂14~16 mm, ♀19~21 mm。下唇须浅黄色，外侧暗褐色；头、胸部、腹基部和臀簇橙黄色，腹部其余部分黑色；足浅黄色。前翅中等宽度，外缘浅弧形，较倾斜；翅面黄色；中带黑褐色，从M_2脉内斜至翅后缘中部，在臀褶处中断。后翅黄白色；缘毛较翅面色略深。

前翅黄色，中带黑褐色，从M_2脉内斜到翅后缘，在脉间中断。后翅黄白色，后缘色浓。

分布：甘肃（康县、文县）、陕西、江苏、浙江、湖北、江西、湖南、福建、广东、广西、四川、云南、西藏。

（773）折带黄毒蛾 *Euproctis flava* (Bremer, 1861)

Aroa flava Bremer, 1861, Bull. Acad. Imp. Sci. St. Pétersb., 3:479. (Russia:Ussuri)

别名：柿叶毒蛾、杉皮毒蛾、黄毒蛾。

前翅长：♂11~15 mm, ♀16~20 mm。头和胸腹部橙黄色；足浅黄色。前翅中等宽度，外缘浅弧形；翅面黄色；内线和外线浅黄色，从前缘外斜至中室下缘，折角后内斜，两线间布深褐色鳞，形成折带；内线内侧和外线外侧布稀疏褐鳞；亚缘线在顶角附近有两个黑褐色圆点。后翅浅黄色。

寄主植物 樱桃、梨、苹果、桃、梅、李、海棠、柿、蔷薇、栎、山毛榉、枇杷、石榴、茶、槭、刺槐、赤杨、紫藤、赤麻、山漆、杉、柏、松等。

分布：中国的甘肃（武都区、文县）、黑龙江、吉林、辽宁、内蒙古、河北、山西、山东、河南、陕西、江苏、安徽、浙江、湖北、江西、湖南、福建、广东、广西、四川、贵州、云南；俄罗斯，朝鲜，日本。

（774）白斑黄毒蛾 *Euproctis khasi* Collenette, 1938

Euproctis khasi Collenette, 1938b, Ann. Mag. nat. Hist., (11)2:375, pl.14:7. (India:Khasi Hills)

前翅长：♂12~15 mm, ♀17~21 mm。下唇须黄白色，外侧上方略带灰褐色；头、胸部和腹基部黄色；腹部大部灰白色，臀簇橙黄色；胸腹部腹面和足黄白色。前翅前缘弓形，顶角特别圆，外缘浅弧形；翅面黄色；亚基部黄白色；内线和外线黄白色，从前缘到Cu_2脉弓形外弯，然后内斜达后缘；两线间除前缘附近和中室端外均散布黑褐色鳞；内线内侧在中室以下和外线外侧在M_1以下亦散布黑褐色鳞，外线外侧的黑鳞扩散至臀角，有时部分延伸至外缘；顶角有1黄白色斑，斑内有1圆形黑点。后翅黄白色。翅反面黄白色；前翅反面前缘、中室内和R_5与M_1脉间带灰褐色。

分布：中国的甘肃（文县）、湖北、江西、湖南、四川；印度。

备注：赵仲苓（2003）中记载前翅顶角附近的黑点"上方有1很小的斑点"，并因此在检索表中将其归在"翅外缘区不止1个斑"之下。但是在图版中以及《中国蛾类图鉴》(II)的图中均看不到R_4上方的小点。

（775）岩黄毒蛾 *Euproctis flavotriangulata* Gaede, 1932

Euproctis f. flavotriangulata Gaede, 1932, in Seitz, Gross-Schmett. Erde, 2 (Suppl.):104. (China:Sichuan, Ta-tsien-lu,Chang-ku)

前翅长：♂11~13 mm, ♀13~15 mm。下唇须微小，尖端不伸出额外，黄色；雄蛾额中部灰褐色掺杂黄色，边缘黄色；领片和肩片黄色，胸部深褐色，腹部黑褐色，臀簇黄色。雌蛾额黄色；胸部黄色较多；腹部同雄蛾。前翅较狭长，雌蛾前翅外缘较雄蛾倾斜；翅面黄色；由基部至近外缘处有1不规则形大斑，雄蛾黑褐色，端部较近外缘，并在顶角下方和M_3与Cu_1之间伸达外缘；雌蛾大斑色较浅，深黄褐色掺杂黑色，外缘距翅外缘较远,在顶角下方未达外缘,仅有1黑点;雄雌大斑中部在中室下缘上方和2A脉下方均留有黄色,前缘黄色。后翅底色黄色;雄蛾除前缘外几乎全部覆盖黑褐色;雌蛾黑褐色范围较小,前缘和后缘留有较宽黄边,端部近1/3黄色;缘毛黄色。

寄主植物:核桃。

分布:甘肃(康县、文县)、北京、河南、陕西、浙江、湖南、福建、四川、云南。

(776) 茶黄毒蛾 Euproctis pseudoconspersa Strand, 1914

Euproctis pseudoconspersa Strand, 1914, Supplementa Ent., 3:40.(Japan)

别名:茶毒蛾、茶毛虫。

前翅长:13 mm。头浅黄色;胸腹部背面浅灰黄褐色;腹面和足黄白色。前翅宽阔,外缘浅弧形,倾斜较少;雄蛾翅面黄色,由基部至外线覆盖褐色,中部延伸至外缘,褐色区域散布黑褐色鳞片,前缘留有黄边;内线橙黄色,波状;顶角的黄色区域内有2个圆形黑点。后翅由基部至外线处灰褐色,前缘和翅端部黄色。雌蛾前翅浅橙黄色或黄褐色,除前缘、顶角和臀角外散布稀疏黑褐色鳞;顶角黄色区域内有2个圆形黑点。后翅浅橙黄色或黄褐色,外缘和缘毛橙黄色。

分布:中国的甘肃(康县、文县)、陕西、江苏、安徽、浙江、湖北、江西、湖南、福建、台湾、广东、广西、四川、贵州、云南、西藏;日本。

(777) 渗黄毒蛾 Euproctis callipotama Collenette, 1932

Euproctis callipotama Collenette, 1932, Novit. zool., 38:65, pl.1:4.(Malaysia: Pahang, Sungei Renglet)

前翅长:18 mm。下唇须长,约2/3伸出额外,黄白色;头和胸腹部背面黄白色,肩片端部和臀簇黄褐色。前翅前缘呈明显弓形,外缘倾斜,与后缘形成连续的浅弧形;翅面浅黄色,大部分带不均匀的黄褐色,并散布黑褐色鳞,仅在顶角、外缘和臀角留有3个浅色斑;顶角浅色斑内有1圆形黑点;内、外线黄色,不明显。后翅浅黄色,大部分带浅灰褐色。

分布:甘肃(文县)、广东、广西、云南;马来西亚。

(778) 圆斑黄毒蛾 Euproctis marginata (Moore, 1879)

Chaerotricha marginata Moore, 1879a, in Hewitson & Moore, Descr. New Indian lepid. Insects Colln. Late Mr. W.S. Atkinson, 1:49.(India: Darjeeling)

前翅长:23~24 mm。下唇须黄色,外侧灰褐色;头、胸部背面和腹基部浅灰黄褐色;腹部大部黑色,臀簇橙黄色。前翅宽阔,外缘浅弧形,倾斜较少;翅面黄色,基部3/4覆盖褐色,散布黑鳞,褐色区域外缘不规则形,在M_1与M_2之间凸出1长齿,伸达亚缘线;中室下角有1黄色大斑;亚缘线为8个黑点。后翅浅黄色,具浅灰褐色外带;后缘附近散布浅灰褐色。

分布:甘肃(康县)、湖南、广东、广西、云南、西藏;印度。

瘤蛾科 Nolidae

体小到大型;颜色暗,少有鲜艳的色彩。静止时,翅呈屋脊状平置在身体上;触角常沿前翅前缘放置。触角通常为简单的线形,雄触角有时为双栉形;无单眼。前翅中室基部及端部有竖鳞;后翅通常颜色单一,偶有深色端带。翅脉与灯蛾科相似。翅缰钩棒状。

瘤蛾亚科 Nolinae

(779) 郁斑瘤蛾 Manoba tristicta (Hampson, 1900)

Nola tristicta Hampson, 1900, Cat. Lepid. Phalaenae Br. Mus., 2:37, pl.19:4.(India: Sikkirn)

前翅长:9 mm。雄触角双栉形,雌线形。头至腹部灰白色。前翅狭长,顶角钝圆,外缘略呈浅弧形,略倾斜;翅面灰褐色,前缘基部有黑色条斑;内线灰黑色弧形;中线灰黑色,前缘处呈斜条斑,其后不明显;外线灰黑色点斑列,由前缘长弧形内斜到后缘,后缘处呈1短条;亚缘线灰色,前缘处呈模糊的小块斑;外缘区和亚缘线区色较深。后翅灰白色,顶角区灰色;中点黑灰色短条形。

分布:中国的甘肃(宕昌)、云南;尼泊尔,印度,泰国。

(780)胡桃楸洛瘤蛾 *Meganola gigas*(Butler,1884)

Nola gigas Butler,1884,Ann. Mag. nat. Hist.,(5)13:274.(Japan:Yesso)

前翅长:♂12 mm。雄触角双栉形,雌线形。前翅狭长,顶角钝圆,外缘浅弧形,略倾斜。前后翅灰褐色;前翅前缘中部1半圆形黑色大斑,其内侧呈黑色带沿前缘伸达翅基部;外线黑色双线,锯齿形,在M脉间外凸;亚缘线为1列模糊深灰褐色斑,在M_3以下与缘线重叠;缘线为翅脉端1列黑点。后翅除模糊黑灰色中点外无斑纹。前后翅缘毛灰褐色。

分布:中国的甘肃(文县)、黑龙江、北京、河北、湖北、江西;俄罗斯,朝鲜,韩国,日本。

旋夜蛾亚科 Eligminae

(781)旋夜蛾 *Eligma narcissus*(Cramer,1775)

Phalaena narcissus Cramer,1775,Uitl. Kapellen,1:116,pl.73:E,F.(China)

前翅长:31~33 mm。雄触角基部扁宽,基节上有1簇毛;雌触角线形。下唇须长,第二节中部伸出额外,第三节细长。头和胸部背面紫褐色,有黑点。腹部背面黄色,背中线和侧线各有1列黑点。前翅特别狭长,顶角钝圆,外缘与后缘呈1连续弧形,无明显臀角;前缘区黑色,该区下缘弧形并衬白色,向下过渡为紫褐色;翅基部6个黑点组成环形;内线在中室下缘处有3个黑点组成三角形,在2A脉上有另1黑点;中线波状,由中室至后缘;外线双线白色,织成网状;亚缘线为1列黑点。后翅前缘长,平直,其下宽大扇形,外缘在M脉间浅凹,臀角圆;翅面杏黄色,翅端部为1蓝黑色大斑,上宽下窄,其中有1列粉蓝斑。

分布:中国的甘肃(文县)、河北、山西、浙江、湖北、湖南、福建、四川、云南;日本,印度,马来西亚,菲律宾,印度尼西亚。

丽夜蛾亚科 Chloephorinae

(782)柿癣皮夜蛾 *Blenina senex*(Butler,1878)

Dandaca senex Butler,1878a,Ann. Mag. nat. Hist. 5:82.(Japan:Yokohama)

前翅长:17 mm。触角线形,雄触角有纤毛。头、胸部和前翅灰绿色杂白色;腹部灰褐色。前后翅外缘略呈波状,中部外凸;前翅后缘长,外缘不倾斜。前翅亚基线、内线和外线黑色,内线波状,外线下半段锯齿形;中室有黑色竖鳞组成的2黑点;前缘有1列黑点;亚缘线白色波状,内侧衬黑色,并在臀褶处形成1内凸的尖齿;缘线褐色。后翅褐色,端部黑褐色;中线暗褐色。

分布:中国的甘肃(文县)、陕西、江苏、浙江、江西、湖南、福建、海南、广西、四川、云南;日本。

(783)胡桃豹夜蛾 *Sinna extrema*(Walker,1854)

Deiopeia extrema Walker,1854,List Spec. lepid. Insects Colln Br. Mus.,2:573.(China:Shanghai)

前翅长:17~18 mm。触角线形,雄触角有纤毛。头、胸白色,领片、肩片及前、后胸均有黄斑;下唇须第三节端半部黑灰色。腹部黄白色。前翅中等宽度,外缘弧形;翅面白色,基部至外线由不规则橘黄色线组成网状,外线为1橘黄色细带,中部外凸至外缘附近;顶角有4个小黑斑;外缘下半部有3个黑点。后翅白色,外缘附近有时略带浅褐色。有时头胸和前翅的橘黄色均消退,全体呈白色,仅前翅外缘可见部分黑斑。

分布:中国的甘肃(天水、宕昌、康县、文县)、黑龙江、河南、陕西、上海、江苏、浙江、湖北、湖南、江西、福建、海南、四川;日本。

(784)银斑砌石夜蛾 *Gabala argentata* Butler,1878

Gabala argentata Butler,1878,Illust. typical Specimens Lepid. Heterocera Colln Br. Mus.,2:56,pl.39:3.

(Japan)

前翅长:11~12 mm。雄雌触角均线形。下唇须斜向上伸,第二节远超过头顶,前端上方有1撮毛,第三节很长,前端有毛簇。头、胸及前翅赤褐色,头顶有1银色斑,周围血红色;领片、肩片及前后胸均有砌石状赤褐边白纹;胸部腹面与足白色。腹部背面白色带淡褐色,毛簇赤褐色。前翅近长方形,顶角近直角,外缘略呈浅弧形;翅基部有许多银白斑,均围以赤褐色,大小不一;外线隐约可见双线赤褐色波浪形,在M_3脉后内弯,中段在各翅脉间有黑点;顶角有几个围以赤褐色的银白斑;亚缘线银白色,波浪形,仅中段可见,衬以赤褐色;缘线黑褐色;缘毛赤褐色,臀角外灰褐色。后翅白色带淡褐色,翅外缘前半带赤褐色。

分布:中国的甘肃(文县)、陕西、浙江、湖南、江西、广东、海南、西藏;朝鲜,韩国,日本,印度,缅甸。

(785) 内黄血斑夜蛾 Siglophora sanguinolenta (Moore, 1888)

Chionomera sanguinolenta Moore,1888a,in Hewitson & Moore, Descr. New Indian lepid. Insects Colln. Late Mr. W.S. Atkinson,3:285.(India:Darjiling)

前翅长:7 mm。雄雌触角均线形。头、胸黄色有红斑。腹部背面灰褐色,基部各节有红斑。前翅略狭长,顶角钝圆,外缘浅弧形,臀角圆;翅内半黄色,外半赤褐色掺杂灰褐色;基部有多条血红色斜线及斑纹;翅外半前缘区有半圆形黄色区域,其中有血红色点纹;亚缘线为1隐约的血红色线。后翅狭长,外缘较直,顶角和臀角弧度相仿;翅面内半及前缘区白色,其余灰褐色。

分布:中国的甘肃(文县)、浙江、湖北、湖南、广西、四川、西藏;印度。

(786) 黑肾蜡丽夜蛾 Kerala decipiens (Butler, 1879)

Cyana decipiens Butler,1879,Ann. Mag. nat. Hist.,(5)4:352.(Japan)

前翅长:20 mm。触角线形,雄触角有纤毛。下唇须向上伸,第二节约达头顶;头、胸灰色带浅褐色。腹部浅灰褐色。前翅狭长,顶角和臀角均略凸出,外缘浅弧形;翅面灰白带灰绿色,前半带紫褐色;各翅脉及前缘区有黑褐色点列;内线褐色带状,下半分裂为二;肾纹黑色新月形;外线黑褐色,微弱;亚缘线黑色锯齿形;缘毛紫红杂白色。后翅污白色,端部上半部带淡褐色。

分布:中国的甘肃(迭部、文县)、黑龙江、内蒙古、河南、湖南、四川;俄罗斯,日本。

(787) 碧角翅夜蛾 Tyana chloroleuca Walker, 1866

Tyana chloroleuca Walker,1866,List Spec. lepid. Insects Colln Br. Mus.,35:777.(India:Darjiling)

前翅长:15~19 mm。雄雌触角均线形。额和下唇须白色,头顶红褐色;胸部背面绿色,领片和肩片黄色带红褐色。腹部白色,第一腹节背面有1红褐色小毛簇。前翅宽阔,前缘浅弧形弓曲,外缘近平直,臀角明显;翅面绿色,前缘灰褐色至黄褐色;基部1小黄斑,其上有红色细点;斑下方有1白色短条,具不完整红褐色边;中室下角有3个连在一起的红褐色斑,上下两个内部黄色;缘毛黄色,在顶角和臀角处深褐色。后翅白色。

分布:甘肃(文县)、湖南、福建、广东、海南、云南、西藏;印度,不丹。

(788) 花布夜蛾 Camptoloma interiorata (Walker, 1864)

Numenes interiorata Walker,1864,List Spec. lepid. Insects Colln Br. Mus.,31:290.(China:Shanghai)

别名:花布灯蛾。

前翅长:14~18 mm。雄雌触角均线形。头和胸腹部金黄色;雌蛾腹部末端三节红色,且毛簇厚密。前翅前缘基部隆起,外缘约与后缘等长,较直且倾斜,后缘略呈浅弧形;翅面黄色,有光泽,自前缘基部至臀褶中部具1黑色斜纹,自前缘内线处至臀角上方有1黑色横斜纹;中点为1黑色短斜纹;自前缘中部稍外方至Cu_1脉中部有1黑色斜纹;顶角前至Cu_1脉端部具1黑色横纹;外缘上半部有1黑线,下半部及臀角向内放射红色斑纹,下半部的缘毛上有3个黑点。后翅金黄色。

寄主植物:栎属 *Quercus* spp.、乌桕 *Sapium sebiferum*、东北楠、柳 *Salix babylonica*。

分布:中国的甘肃(康县)、黑龙江、辽宁、河北、山东、河南、陕西、上海、江苏、安徽、浙江、湖北、江西、湖南、福建、广东、广西、四川、云南;日本。

(789) 粉缘钻夜蛾 *Earias pudicana* Staudinger, 1887

Earias pudicana Staudinger, 1887, in Romanoff, Mém. Lépid., 3:174. (Russia: Amur, Vladivostok)

前翅长: 7~8 mm。雄雌触角均线形。头与领片黄白色带青色; 肩片和胸部背面白色带粉红色。腹部灰白色。前翅中等宽度, 顶角钝圆, 外缘直, 略倾斜; 翅面黄绿色, 前缘约2/3带粉红色; 缘毛褐色。后翅白色。

分布: 中国的甘肃(文县)、黑龙江、辽宁、北京、河北、山西、山东、河南、宁夏、江苏、浙江、湖北、江西、湖南; 俄罗斯, 朝鲜, 韩国, 日本, 印度。

(790) 白缘钻夜蛾 *Earias clorana* (Linnaeus, 1761)

Phalaena Tortrix clorana Linnaeus, 1761, Fauna Suecica: 343. (Sweden)

前翅长: 5~6 mm。头和领片白色; 胸部背面黄绿色。腹部白色。前翅翅型与前种相近, 但外缘略呈浅弧形; 黄绿色, 前缘区内2/3白色。后翅白色半透明。

分布: 中国的甘肃(武威)、青海、新疆; 土耳其; 欧洲。

(791) 鼎点钻夜蛾 *Earias cupreoviridis* (Walker, 1862)

Xanthoptera cupreoviridis Walker, 1862b, Trans. ent. Soc. Lond., 3:92.

前翅长: 8~10 mm。头部白色微带绿色, 额两侧褐色, 触角有白环; 胸背黄绿色, 肩片及前胸前沿黄色。腹部灰白色带绿褐色。前翅较前种狭长, 外缘较倾斜; 黄绿色, 前缘区内半带红色, 中室色较黄, 有2明显褐点, 中室前有1淡褐点, 端区有1褐色带, 其内缘三曲, 带中有橘红色点; 缘毛红褐色。后翅白色, 顶角微带褐色。

分布: 中国的甘肃(文县)、陕西、湖北、湖南、浙江、四川、云南、西藏; 朝鲜, 韩国, 日本, 印度, 斯里兰卡; 非洲。

(792) 川粉翠夜蛾 *Hylophilodes buddhae* (Alphéraky, 1897)

Hylophila buddhae Alphéraky, 1897b, in Romanoff, Mém. Lépid., 9:132, pl.9:8. (China: Sichuan)

前翅长: 16 mm。触角线形。头部褐色, 杂有少许白色, 头顶嫩绿色, 下唇须白色微带褐色; 胸部背面嫩绿色, 领片端部白色。腹部白色, 背面带灰褐色。前翅中等宽度, 前缘略呈弓形, 顶角较尖, 外缘浅弧形; 后翅较狭长。前翅嫩绿色, 前缘脉白色, 后缘区白色, 基部白色宽, 达臀褶, 向外渐窄; 1白色斜线自亚端区前缘脉至翅后缘近中部; 缘毛白色, 基部有1波浪形褐色线, 在各翅脉端的褐色线伸至缘毛端部。后翅白色。

分布: 甘肃(永登、迭部、宕昌、舟曲)、陕西、青海、四川。

(793) 饰夜蛾 *Pseudoips fagana* (Fabricius, 1781)

Pyralis fagana Fabricius, 1781, Species Insectorum Exhibentes, 2:276. (Europe)

前翅长: 15 mm。触角线形。头部及胸部黄绿色, 下唇须外侧红褐色; 肩片及后胸带白色。腹部背面黄白色。前翅较宽阔, 顶角稍尖, 外缘浅弧形; 翅面黄绿色, 后缘黄色; 内线绿色, 内侧白, 直线内斜; 外线绿色, 外侧衬白, 直线内斜; 亚缘线白色, 自顶角直行内斜。后翅白色微带黄色。

分布: 中国的甘肃(舟曲、文县)、黑龙江、陕西; 日本; 欧洲。

(794) 矫饰夜蛾 *Pseudoips amarilla* (Draudt, 1950)

Hylophila amarilla Draudt, 1950, Mitt. münch. ent. Ges., 40:147, pl.9:8. (China: Yunnan, Deqin, Lijiang)

前翅长: 19 mm。头部与胸部褐绿色。腹部灰白色, 基节背面带有黄绿色。前翅较狭长, 顶角稍尖, 外缘浅弧形, 较倾斜; 翅面褐绿色, 前缘脉微白; 亚基线不显; 内线暗褐色, 外侧衬白色, 自前缘脉直线内斜至翅后缘; 外线暗褐色, 内侧衬白色, 较粗, 自前缘脉1/3近直线内斜至翅后缘近中部; 亚缘线暗褐色, 内侧衬白色, 近直线内斜, 与外线平行; 缘毛褐色。后翅白色, 后半部带有黄色。

分布: 甘肃(康县)、陕西、四川、云南。

(795) 碧夜蛾 *Bena prasinana* (Linnaeus, 1761)

Phalaena Tortrix prasinana Linnaeus, 1761, Fauna Suecica: 342. (Sweden)

前翅长: 17~18 mm。雄雌触角均线形。下唇须向上伸, 第二节达头顶, 较细, 前缘有稀疏长毛, 第三节长; 头、胸及前翅黄绿色, 额下部、领片基部白色。腹部白色, 有稀疏的细黄毛。前翅仅中部有2条平行白色斜线。

后翅白色。

分布:中国的甘肃(文县)、内蒙古、陕西;欧洲。

(796) 粟摩夜蛾 Maurilia iconica (Walker 1858)

Anomis iconica Walker, 1858, List Spec. lepid. Insects Colln Br. Mus., 13:992. (Ceylon [Sri Lanka])

前翅长:11 mm。雄雌触角均线形。下唇须向上伸,第二节达头顶,第三节长,端部稍膨大;头和胸部黄褐色。腹部灰白色至浅灰褐色,第一、二节具毛簇。前翅略狭长,外缘略呈浅弧形;褐色至暗褐色,散布黑色细点;内线黑褐色双线,波曲外斜;肾纹为1黑褐色弧形短线;外线黑褐色双线,在R_5下方外凸,中段外弯,在M脉间和臀褶处内凹;亚缘线黑褐色,曲度与外线相似,但下端外斜达臀角。后翅灰褐色,基半部色较浅。

分布:中国的甘肃(文县)、江西、广西、云南、西藏;日本,印度,缅甸,斯里兰卡,新加坡,澳大利亚。

(797) 霜夜蛾 Gelastocera exusta Butler, 1877

Gelastocera exusta Butler, 1877a, Ann. Mag. nat. Hist., (4)20:476. (Japan:Hakodate)

前翅长:11~12 mm。雄触角双栉形,端部1/3线形,雌线形。下唇须向上伸,第二节约达头顶,第三节向前伸;头和胸部红褐色。腹部灰白色至浅灰褐色。前翅中等宽度,顶角钝圆,外缘上半段直立,下半段弧形内弯;翅面红褐色,微带赭黄色,外半带紫色,各横线黑色;外线与亚缘线波状;环纹为1黑点,肾纹黑色模糊。后翅白色杂红褐色,外缘附近带紫红色。

分布:中国的甘肃(文县)、湖北、湖南、海南、四川、西藏;日本。

(798) 红褐霜夜蛾 Gelastocera rubikundula (Wileman, 1911)

Microleon rubicundula Wileman, 1911b, Trans. ent. Soc. Lond., 1911:349, pl.30:14. (Japan)

前翅长:11~12 mm。头部褐色杂有少许黑色及灰白色,头顶深褐色,触角基部外侧白色,下唇须外侧深褐色杂灰白色;胸部背面褐色。腹部褐色。前翅红褐色;亚基线黑色模糊,波浪形,自前缘脉至2A脉,其内方黑褐色;内线黑色,较粗,不清晰,波浪形,在中室处较内凸;环纹不显;肾纹为1模糊黑色圆斑,并向前晕散至前缘脉,向外晕散至外线;外线黑色,不规则锯齿形,Cu_1脉后较内弯;亚缘线间断为各翅脉间的粗黑点列,在M脉处内凸,下端外斜达臀角;缘线细,微黑,有间断;缘毛浅黄褐色掺杂深灰褐色。后翅白色微带黄褐色,端区带红褐色,翅外缘前半黑褐色。

分布:中国的甘肃(舟曲、文县)、陕西、湖北;日本。

(799) 褐赭夜蛾 Carea internifusca Hampson, 1912

Carea internifusca Hampson, 1912, Cat. Lepid. Phalaenae Br. Mus., 11:558. (India:Khasis)

前翅长:8~10 mm。触角线形,雄触角具纤毛。头、胸部和前翅赭褐色。前翅翅型同霜夜蛾属种类。前翅内线和外线深褐色,前者由前缘内1/4处斜行至后缘中部之外,直;外线波状;肾纹可见1小黑点;亚缘线深褐色,波状,十分模糊。后翅大部灰褐色,顶角附近红褐色,向内扩展至中室端部。

分布:中国的甘肃(文县)、福建;印度。

(800) 土夜蛾 Macrochthonia fervens Butler, 1881

Macrochthonia fervens Butler, 1881c, Trans. ent. Soc. Lond., 1881:599. (Japan)

前翅长:14 mm。雄触角双栉形,雌线形。头和胸部红褐色。腹部白色,背面带褐色。前翅较狭长,顶角和外缘中部凸出,两突之间弧形凹入;翅面红褐色微带紫色,并散布暗褐细点;横线褐色纤细;亚基线内斜,由前缘至2A脉;内线由前缘内斜至中室下缘,向外折角后再内斜;中线由前缘微曲内斜至中室下缘;外线由前缘外斜至R_4脉折角内斜;亚缘线波状,较模糊,有间断,在M脉间内凹,在臀褶处外凸至外缘附近。后翅黄白色。

分布:中国的甘肃(康县)、黑龙江、江苏、浙江、湖北、江西;日本。

(801) 红衣夜蛾 Clethrophora distincta (Leech, 1889)

Gonitis distincta Leech, 1889c, Proc. zool. Soc. Lond., 1889:506, pl.51:7. (Japan:Nagahama;Korea, Gensan)

前翅长：20 mm。触角线形，雄触角有细纤毛。头部及胸部深绿色，下唇须、足及胸部腹面红褐色带灰色。前翅顶角尖，略凸出，外缘中部凸出，臀角明显；翅面深绿色；中室端部有1黑点；外线淡绿色，自前缘近顶角处直线内斜至后缘；亚缘线隐约可见，中部稍外弯；缘毛褐色。后翅红褐色；缘毛灰褐色。

分布：中国的甘肃（文县）、陕西、浙江、湖北、湖南、福建、云南、西藏；朝鲜，韩国，日本，印度。

（802）犁纹黄夜蛾 *Xanthodes transversa* Guenée，1852

Xanthodes transversa Guenée，1852，in Boisduval & Guenée，Hist. nat. Insectes （Spec. gén. Lépid.），6：211，pl.10：5.（Indonesia：Java）

前翅长：17~18 mm。触角线形，雄触角具纤毛。下唇须斜向上伸，第二节达头顶；头、胸和前翅黄色，胸部背面有1黄褐色纹。腹部黄色，第一节背面有1黄褐色毛簇。前翅较宽阔，前缘平直，顶角钝圆，外缘微波曲；各横线褐色，均">"形；内线折角于中室下缘，外线折角于M_1脉附近，亚缘线折角于R_5脉处；中点褐色细小；顶角内侧在前缘处有1黑点，其下方为1大褐斑，由顶角扩展至臀角，中部呈三角形内凸至外线内侧。后翅淡黄色，顶角附近带浅灰褐色。

分布：中国的甘肃（文县）、江苏、湖北、湖南、福建、台湾、广东、四川；日本，印度，缅甸，斯里兰卡，新加坡，菲律宾，印度尼西亚，澳大利亚。

（803）皮夜蛾 *Nycteola revayana*（Scopoli，1772）

Phalaena revayana Scopoli，1772，Annus Hist.–Nat.，5：116.（Europe）

前翅长：11 mm。雌雄触角均线形。头部黑灰色，下唇须基部后缘白色；胸部黑灰色至灰褐色。腹部浅褐色。前翅特别狭长，前缘基部隆起，顶角和臀角皆圆，外缘浅弧形，略倾斜；翅面灰褐色；亚基线双线黑色；肾纹小，红褐色；中线和外线双线黑色，波浪形；亚缘线灰色，内侧衬黑色，细波浪形；缘线由黑色长点组成，常连成一线。后翅白色，端部在顶角附近浅灰褐色。

分布：中国的甘肃（文县）、黑龙江、陕西、新疆、江苏、西藏；日本，印度；亚洲西部，欧洲，非洲，美洲。

（804）洼皮夜蛾 *Nolathripa lactaria*（Graeser，1892）

Nola lactaria Graeser，1892，Berl. ent. Z.，37：211.（Russia：Amurland，Ussuri，Koslofska）

前翅长：9~14 mm。触角线形，雄触角有纤毛。头、胸白色。腹部浅褐间白色，基节白色。前翅狭长，端部圆；内半白色，外半暗褐色；中室基部1簇白竖鳞，端部1黑纹达前缘脉；外线黑色，有银色鳞簇；亚缘线浅褐色波浪形，内侧衬黑色；缘线黑褐色。后翅白色，端区浅灰褐色。

分布：中国的甘肃（宕昌、舟曲、康县、文县）、黑龙江、北京、河北、山东、河南、陕西、浙江、湖北、江西、湖南、海南、四川；俄罗斯，朝鲜，韩国，日本。

长角皮夜蛾亚科 Risobinae

（805）维长角皮夜蛾 *Risoba wittstadti* Kobes，2006

Risoba wittstadti Kobes，2006，Heterocera Sumatrana，12（6）：275.（Indonesia）

前翅长：14 mm。触角线形，长度与前翅长相等，雄触角基部2/5具浓密纤毛束。下唇须向上伸，第二节伸达头顶，第三节向前伸。头淡灰褐色；胸部中央白色，领片和肩片灰褐色。腹部基部色浅，其后深褐色至黑褐色。前翅狭长，端部宽，顶角钝圆，外缘微波曲；翅面黑褐色；基部1白斑由前缘下方扩展至后缘内2/5处，斑内有褐色至深灰褐色纹；中线模糊；外线黑色，由前缘至后缘外1/3处，内侧衬白色宽带，其内侧可见橘红色肾纹，具黑边；外线外侧在翅脉上凸出黑色尖齿，并衬白色细带；顶角内下方具1大黑斑，衬白边，黑斑内侧有1楔形黑纹，下方有1黑色纵条。后翅白色至乳白色，翅脉可见，中点较大，黑灰色；翅端部深灰褐色至黑褐色。

分布：中国的甘肃（文县）、河北、浙江、湖北、江西、湖南、福建、海南、广西、四川、云南；印度，缅甸，马来西亚，新加坡。

夜蛾科 Noctuidae

中等至大型蛾类,部分类群小型。成虫喙多发达,静止时卷缩;少数喙短小。下唇须通常发达,向前或向上伸,少数种类向上弯至后胸。极少数种类有下颚须。多数有单眼。复眼大,半球形;少数种类副研呈椭圆形。额圆,有时有不同形状的突起。触角线形、锯齿形或栉齿形。后足胫节具2对距,有时具刺。前翅通常有径副室;M_2脉基部接近M_3或与M_3同出自中室下角。后翅M_2脉出自中室下角(四岔型)或中室端脉中部(三岔型);$Sc+R_1$与Rs有部分合并,但不超过中室前缘中部;翅缰发达。颜色灰暗或艳丽,翅面斑纹丰富。

夜蛾科是鳞翅目中最大的科,全世界超过3万种。其分类系统近年来有许多变化。本文在Poole(1989)的系统的基础上,根据Kitching & Rawlins(1999)的系统进行了较大幅度的调整,涉及上文的瘤蛾科Nolidae的大部分种类及灯蛾科Arctiidae个别种类。

毛夜蛾亚科 Pantheinae

(806)镶夜蛾 *Trichosea champa* (Moore, 1879)

Moma champa Moore, 1879b, Proc. zool. Soc. Lond., 1879:403, pl.33:2. (India:Dharmsala)

前翅长:21 mm。雄雌触角均线形。头、胸及前翅白色。腹部黄色,有1列黑斑。前翅前缘平直,顶角钝,外缘浅弧形;各横线黑色,粗或间断呈纷乱的波状纹;外线、亚缘线较完整;环纹扁圆,肾纹边缘不完整。后翅黄白,后缘黄;前缘和外缘散布黑灰色;翅端部翅脉黑褐色;缘线黑褐色。

分布:中国的甘肃(舟曲)、黑龙江、河南、陕西、湖北、湖南、福建、广西、云南;俄罗斯,日本,印度。

(807)张镶夜蛾 *Trichosea zhangi* Chen, 1990

Trichosea zhangi Chen, 1990, Acta Ent. Sinica, 33(3):360, fig. 1. (China:Shaanxi, Liuba)

前翅长:19 mm。头、胸、腹及前翅乳黄色;肩片有黑斑;后胸有"V"形黑纹及2黑斑。前翅各横线黑色;亚基线与内线均双线;环纹似1粗黑圈;肾纹由3个黑三角纹组成。后翅黄白色,后缘附近黄色。

分布:甘肃(康县)、陕西。

(808)缤夜蛾 *Moma alpium* (Osbeck, 1778)

Phalaena (Noctua) alpium Osbeck, 1778, Göth. Wet. Witt. Samh.,1:52, pl.1:2. (Germany)

前翅长:14~17 mm。雄雌触角均线形。头、胸及前翅浅绿色;领片黑色。腹部背面有1列毛簇。前翅狭长,顶角钝圆;前后翅外缘浅弧形。前翅中褶与臀褶白色,亚基线为黑带;内、外线黑色,后者双线;环纹黑边,肾纹内缘为黑条;缘线为1列齿形黑斑,齿尖向外,内侧衬白斑。后翅褐色;外线后半白色;臀角1白纹。前后翅缘毛黑灰色与黄白色相间。

分布:中国的甘肃(武都区、康县、文县)、黑龙江、陕西、湖北、江西、福建、四川、云南;朝鲜,韩国,日本;欧洲。

(809)新靛夜蛾 *Belciana staudingeri* (Leech, 1900)

Polydesma staudingeri Leech, 1900, Trans. ent. Soc. Lond.,1900:551. (Korea:Gensan)

前翅长:16~19 mm。雄雌触角均线形。头和腹部灰褐色;胸部绿色、白色和黑色掺杂。前后翅外缘浅弧形;前翅外缘较倾斜;翅面深灰褐色至黑褐色,基部和中部排布密集白色至蓝绿色斑块和条带;各条带边缘不规则,锯齿形或波状;蓝绿色斑块在Cu脉附近扩展至外缘,在外缘附近形成2个月牙形和1个不规则形斑;顶角内侧有1较模糊的蓝绿色斑。后翅灰褐色;中点和臀角附近深灰褐色至黑灰色;臀角附近有白纹。

分布:中国的甘肃(文县)、黑龙江、吉林、辽宁、山西、陕西、浙江、湖北、江西、湖南、西藏;俄罗斯,朝鲜,韩国。

(810)毛夜蛾乌苏里亚种 *Panthea coenobita ussuriensis* Warnecke, 1917

Panthea coenobita ussuriensis Warnecke, 1917, Neue Beitr. Syst. Ins.,1:32 (Russia:Ussuri)

前翅长:24~26 mm。雄触角双栉形,雌线形。头和胸腹部灰黄褐色。前翅狭长,顶角钝,外缘略呈浅弧形,倾斜;翅面黄白色,散布密集黑褐色细点;内、外线黑色,内线波状,外线锯齿形,内、外线之间在中室以下黑褐色;环纹为1黑点;肾纹黑褐色;亚缘线黄白色,内侧黑褐色;缘线为狭窄短条纹;缘毛深灰褐色与黄白色相间。后翅白色;中线、外线和亚缘线灰褐色带状;缘线为深灰褐色短条纹;缘毛同前翅。

分布:甘肃(宕昌)、黑龙江、陕西。

(811) 波莽夜蛾 *Raphia peusteria* Püngeler, 1907

Raphia peusteria Püngeler, 1907, Dt. ent. Z. Iris, 19:216, pl.8:9.（China: Qinghai, Kuku-Noor）

前翅长:14 mm。雄触角双栉形,雌线形。头、胸部和前翅灰白色杂黑色。腹部黑褐色杂灰色。前翅较宽阔,顶角钝圆,外缘浅弧形,较倾斜;后翅较小,外缘浅弧形。前翅内、外线黑色双线;内线内侧至翅基部大部灰褐色,外线外侧衬白线,白线外侧至外缘深灰色;中室外半黄白色;环纹不明显;肾纹边界模糊,在中室下角上方有1灰褐色点;亚缘线灰白色锯齿形;缘线为1列短条形黑点。后翅白色,臀角附近散布深灰褐色,缘线深灰褐色。

分布:中国的甘肃(张掖、天祝)、青海;俄罗斯。

(812) 睆夜蛾 *Smilepholcia luteifascia* (Hampson, 1894)

Trisuloides luteifascia Hampson, 1894, Fauna Br. India (Moths), 2:437.（India: Assam, Khasis）

前翅长:26 mm。雄雌触角均双栉形。头、胸深褐色。腹部深褐色。前翅顶角钝,外缘浅弧形;翅面深褐带黑;内线与中线黑色;外线浅黄色;亚缘线微黑;环纹、肾纹有微黑不完整黑边。后翅黑褐色;中区有1黄曲带;臀角1白纹。

分布:中国的甘肃(康县、文县)、河南、陕西、湖南、云南;印度。

(813) 贝氏后夜蛾 *Trisuloides becheri* Behounek, Han & Kononenko, 2011

Trisuloides becheri Behounek, Han & Kononenko, 2011, Zootaxa, 3069:13.（China: Shaanxi）

前翅长:♂28~31 mm, ♀28~32 mm。雄触角双栉形,雌线形。头和腹部黑灰色杂白色;胸部暗褐色杂白色;领片后缘有白边,肩片中部有2白纹,后缘有白边。前翅宽阔,顶角钝圆;前后翅外缘浅弧形。前翅黑褐色,散布灰白色鳞,基部至内线和外线至亚缘线较密集;内线黑色双线,线间浅褐色;环纹浅褐色黑圈;肾纹浅褐色带白色,内侧粗黑边;中线黑色,模糊带状;外线黑色双线,线间及内侧至肾纹和中线均浅褐色带白色,在臀褶处有1椭圆形白斑;亚缘线黑色,不规则波曲,在M_1上下向外凸出较长;亚缘线至外线间黑色;亚缘线外侧衬暗褐色,Cu_2上方至臀角白色,其外侧由Cu_2下方至臀角上方有另1白纹;缘线为1列黑点;缘毛黑褐色,在翅脉端掺杂黄褐色。后翅黄色,基部和后缘附近暗褐色;端部为1宽阔黑褐色端带;缘毛同前翅。

分布:甘肃(康县)、河南、陕西、广东、四川、云南。

(814) 洁异后夜蛾 *Tambana bella* (Mell, 1935)

Trisuloides bella Mell, 1935, Mitt. Deut. ent. Ges., 6:38.（China: Zhejiang）

前翅长:25 mm。触角线形。头、胸黄白杂黑色。腹部浅黄褐杂黑色。前翅宽阔,前后翅外缘浅弧形。前翅浅褐,各横线黑色;亚基线和内线衬白色;外线外侧衬白色;环纹、肾纹白色黑边,肾纹外有白斑。后翅黄色,有黑褐端带。

分布:甘肃(康县、文县)、陕西、浙江、湖南。

(815) 白斑异后夜蛾 *Tambana c-album* Leech, 1900

Tambana c-album Leech, 1900, Trans. ent. Soc. Lond., 1900:525.（China: Hubei, Chang-yang）

前翅长:22 mm。全体褐色。前翅带灰紫色,各横线黑色;内、外线均为波浪形双线;环纹黑边;肾纹有白环,外侧有浅黄纵纹。后翅黄色,基部暗褐呈扇面形;端带黑褐,前宽后窄,外侧有黄线。

分布:甘肃(宕昌、康县、文县)、陕西、湖北、湖南。

(816) 黄异后夜蛾 *Tambana subflava* (Wileman, 1911)

Trisuloides subflava Wileman, 1911a, Entomolopgist, 44:31.（China: Taiwan）

前翅长:20~21 mm。雄雌触角均线形,雄具短纤毛。前后翅外缘微曲。前翅褐色,亚基线黑色,锯齿状,两侧有白纹;内线黑色,微曲内斜,在前缘脉处有1深黑色点状斑;环纹黑色边,椭圆;外线双线黑色,线间白色,波浪状,仅前半段清楚,其内侧R脉间有1白斑;亚缘线黑色,锯齿状内斜,其前半部外侧白色;缘线白色,波浪状,其外侧有1列褐色圆点。后翅橙黄色,缘线黑褐色;缘毛白色与褐色相间。

分布:甘肃(康县、文县)、陕西、福建、台湾、四川、云南。

(817) 铅色钝夜蛾 Anacronicta plumbea (Butler, 1881)

Plataplecta plumbea Butler, 1881c, Trans. ent. Soc. Lond., 1881:184.(Japan:Tokyo)

前翅长:18 mm。雄触角双栉形。

头和胸部黑褐色杂白色。额有黑纹;领片有黑弧纹;肩片有黑斜纹。腹部深灰褐色至黑灰色。前翅较宽,外缘浅弧形;后翅外缘微波曲。前翅暗褐色;各横线黑色,但亚缘线外侧白色;内线内侧有暗带;环纹、肾纹白色黑边,中央深灰褐色;中线带状;缘线为1列黑点。后翅暗褐色,中外区有浅黄褐色曲带;近外缘1列浅黄点。

分布:中国的甘肃(康县)、陕西;日本。

(818) 暗钝夜蛾 Anacronicta caliginea (Butler, 1881)

Aplectoides caliginea Butler, 1881c, Trans. ent. Soc. Lond., 1881:185.(Japan:Tokei)

前翅长:18 mm。本种和下述两种触角线形,雄触角有纤毛簇。头、胸黑灰色。腹部黑褐色。前翅黑褐带紫;亚基线、内线、外线均双线黑色;环纹、肾纹之间有黑纹连接,肾纹另有黑纹外伸,黑纹前为灰白区;中线粗;亚缘线灰白色,内侧色深,有黑齿纹,外侧色浅;缘线白色锯齿形,各齿凹处有黑点。后翅灰褐色,端部深灰褐色。

分布:中国的甘肃(宕昌、文县)、黑龙江、山西、河南、陕西、浙江、湖北、江西、湖南、四川、贵州、云南;朝鲜,韩国,日本。

(819) 明钝夜蛾 Anacronicta nitida (Butler, 1878)

Aplectoides nitida Butler, 1878a, Ann. Mag. nat. Hist.,(5)1:194.(Japan)

前翅长:22 mm。头和胸部灰白色。腹部浅灰褐色。前翅灰白色带紫褐色;亚基线、内线和外线均黑色双线;环、肾纹之间大部黑色,肾纹下端有1黑纵纹向外伸达亚缘线,其上方在肾纹和外线之间为1白斑;亚缘线灰白色锯齿形,内侧暗黑,并有黑齿纹;缘线为1列三角形黑点,各点内侧围以白色。后翅灰褐色。

分布:中国的甘肃(宕昌、舟曲、康县、文县)、黑龙江、江苏、浙江、湖南、福建、四川、贵州、云南;日本。

(820) 晦钝夜蛾 Anacronicta obscura (Leech, 1900)

Aplectoides obscura Leech, 1900, Trans. ent. Soc. Lond., 1900:527.(China:Hubei;Sichuan)

前翅长:19 mm。头、胸及前翅黑褐色,额有黑斑。腹部暗褐色。前翅各横线黑色;环纹黄白色,有黑边;肾纹灰褐色,黑边不完整;亚缘线灰白色,内侧有黑齿纹;缘线为1列向内凸的尖齿。后翅灰褐色,端部色较深;翅端部翅脉黑褐色。

分布:甘肃(舟曲、康县、文县)、湖北、四川、云南。

剑纹夜蛾亚科 Acronictinae

(821) 绿孔雀夜蛾 Nacna malachites (Oberthür, 1880)

Telesilla malachites Oberthür, 1880, Études ent., 5:80, pl.3:9.(Russia:Askold)

前翅长:15 mm。雄触角微呈锯齿形。头、胸及前翅粉绿色;肩片及后胸褐色。腹部黄白色。前翅后缘长,外缘近直立,中部微隆起,顶角和臀角皆圆;翅基半部1褐色曲带围成椭圆形大斑;外区1褐色斜带;顶角有1黄白斑达M1脉,后端有暗影。后翅白色,亚端区具模糊灰褐色带。

分布:中国的甘肃(宕昌、舟曲、文县)、黑龙江、辽宁、山西、河南、陕西、福建、四川、云南、西藏;俄罗斯,日本,印度。

(822) 涵剑纹夜蛾 *Acronicta hemileuca* (Püngeler, 1900)

Acronicta hemileuca Püngeler, 1900, Dt. ent. Z. Iris, 12:291, pl.8:6. (China: Qinghai, Kuku-Noor)

前翅长：16 mm。雄雌触角均线形。头、胸灰色杂黑色。腹部褐色。前翅较狭长，外缘微波曲，倾斜；翅面灰褐色，密布黑点；臀褶基部1黑纵纹；各横线黑色；环纹、肾纹黄褐色，两纹间有三角形黑纹；1黑纵纹在臀褶处穿过外线。后翅白色。

分布：甘肃（甘谷、天水）、山西、陕西、青海。

(823) 果剑纹夜蛾 *Acronicta strigosa* (Denis & Schiffermüller, 1775)

Noctua strigosa Denis & Schiffermüller, 1775, Ankündung syst. Werkes Schmett. Wienergegend:84. (Austria)

前翅长：12~13 mm。头和胸部暗灰色。腹部灰褐色。前翅狭长，前、后缘近平行，顶角圆，外缘浅弧形；翅面灰色带黑色；基、中和端剑纹均黑色明显，端剑纹端部有2白点；各横线黑色；环纹和肾纹灰白色，两侧有黑边。后翅浅褐色至灰褐色。

分布：中国的甘肃（文县）、黑龙江、内蒙古、河南、福建、四川、云南；朝鲜，韩国，日本；欧洲。

(824) 童剑纹夜蛾 *Acronicta bellula* (Alphéraky, 1895)

Acronicta bellula Alphéraky, 1895, Dt. ent. Z. Iris, 8:189. (Russia: Amur district, Sidemi)

前翅长：14 mm。头部灰白色；胸部灰色带黑褐色。腹部浅褐色。前翅狭长，外缘较倾斜；翅面灰色；臀褶基部及外区各有1黑色纵纹；各横线黑褐色；环、肾纹灰白色黑边。后翅白色。

分布：中国的甘肃（正宁）、黑龙江、河北、青海；俄罗斯，朝鲜，韩国。

(825) 复剑纹夜蛾 *Acronicta geminata* (Draudt, 1950)

Acronicta geminata Draudt, 1950, Mitt. münch. ent. Ges., 40:8, pl.1:9, pl.11:5. (China: Sichuan, Batang)

前翅长：17 mm。头、胸暗灰杂白及少许黑色。腹部灰褐色。前翅狭长，顶角略尖，外缘倾斜；翅面紫灰色，臀褶基部1树枝形黑纹；内、外线均黑色；环纹、肾纹灰色黑边，后者外缘锯齿形；亚端区有1列纵纹穿过外线。后翅白色。

分布：甘肃（张掖、镇原）、陕西、福建、四川。

(826) 黄剑纹夜蛾 *Acronicta lutea* (Bremer & Grey, 1853)

Aeronycta [sic.] *lutea* Bremer & Grey, 1853b, Études ent., 1:65. (China: Peking)

前翅长：17 mm。头、胸灰白杂黑褐色。腹部灰色带褐，基部黄色。前翅黄白色，大部带黑褐；亚基线、内线、外线均双线黑色；环纹、肾纹黑边；亚缘线黄白色。后翅黄色，端带宽，黑褐色。

分布：中国的甘肃（康县、文县）、黑龙江、河北、陕西、湖北；朝鲜，韩国，日本。

(827) 尖剑纹夜蛾 *Acronicta cuspis* (Hübner, 1813)

Noctua cuspis Hübner, 1813, Samml. eur. Schmett., 4:pl.108:504. (Europe)

前翅长：16 mm。头部、胸腹部和前翅白色杂少许褐色；领片和肩片有黑褐纹。前翅亚基线、内线和外线均黑色双线；亚缘线隐约可见；剑纹黑色，有1分支；环纹斜圆，肾纹内缘黑色，两纹有1黑纹相连；外线在M脉间有黑纵纹穿过；臀褶处有1粗黑纵纹由外线内侧伸达缘毛。后翅污白色，可见灰褐色中点和外线；缘线深灰褐色；雌蛾后翅色较暗。

分布：中国的甘肃（武威）、黑龙江、新疆；日本，中亚地区；欧洲。

(828) 梨剑纹夜蛾 *Acronicta rumicis* (Linnaeus, 1758)

Phalaena (*Noctua*) *rumicis* Linnaeus, 1758, Syst. Nat. (Edn 10), 1:516. (Europe)

前翅长：♂16~17 mm，♀18 mm。头、胸灰褐杂黑白色。腹部灰褐色。前翅深褐间白色；内、外线均双线黑色；肾纹前有1黑条伸至前缘脉；外线中段有1新月形白纹；亚缘线白色。后翅黄褐色。

分布：中国的甘肃（成县、康县、文县）、陕西、新疆、江苏、浙江、湖北、湖南、福建、四川、贵州、云南；欧洲。

（829）小剑纹夜蛾 *Acronicta omorii* (Matsumura, 1926)

Acronycta omorii Matsumura, 1926, Insecta Matsumurana Sapporo, 1:3, pl.1:2. (Japan)

前翅长：14 mm。头、胸腹部和前翅浅灰褐色至灰褐色。前翅基部1黑纹；剑纹黑色；内线黑色双线，在中室前缘外凸1细尖齿伸达环线上方；环、肾纹灰褐色有白环及黑边，两纹之间黑色；中线斜；外线黑色，在M_3与Cu_1脉处凸出2个小尖齿；臀褶处有1黑纵线；亚缘线隐约可见，缘线黑色，在翅脉间略向内凸。后翅白色，端区微带灰褐色；缘线深灰褐色。

分布：中国的甘肃（镇原）、北京、河北；日本。

（830）霜剑纹夜蛾 *Acronicta pruinosa* (Guenée, 1852)

Acronycta pruinosa Guenée, 1852, in Boisduval & Guenée, Hist. nat. Insectes (Spec. gén. Lépid.), 5:53. (Indonesia: Java)

前翅长：17 mm。头、胸部和前翅灰白至灰色，微带黑褐色。腹部灰褐色。前翅亚基线、内线和外线均黑色双线，双线间色较浅，外线锯齿形；基剑纹和端剑纹黑色；环、肾纹较接近，前者灰白色，后者暗褐色，均黑边；亚缘线白色；缘线为1列细小黑点。后翅灰褐色，端部色较深；外线深灰褐色，模糊带状。

分布：中国的甘肃（天水、成县、文县）、黑龙江、江苏、湖北、湖南、西藏；日本，印度，印度尼西亚。

（831）榆剑纹夜蛾 *Acronicta hercules* (Felder & Rogenhofer, 1874)

Acronycta hercules Felder & Rogenhofer, 1874, Reise öst. Fregatte Novara (Zool.), 2 (Abt. 2): pl.109:2. (Japan)

前翅长：25 mm。头和胸腹部灰色。前翅灰色，端半部带不均匀的灰褐色；亚基线、内线和外线均黑褐色双线；双线间色较浅，外线锯齿形；剑纹黑色；环纹扁圆形，灰白色黑边，中央灰褐色，外侧1短黑条连接肾纹；肾纹灰褐色黑边，内有1黑曲纹；亚缘线灰白色锯齿形，其外侧翅脉间有黑纵纹连接到缘线的小黑点。后翅灰白色；中点、外线和端带灰褐色；翅脉大部灰褐色至黑褐色。

分布：中国的甘肃（甘谷、宕昌、文县）、黑龙江、河北、浙江、福建、四川、云南；日本。

（832）桃剑纹夜蛾 *Acronicta intermedia* Warren, 1909

Acronicta intermedia Warren, 1909, in Seitz, Gross-Schmett. Erde, 3:14, pl.2k. (Japan, Yokohama)

前翅长：16~17 mm。头顶灰褐色；胸部灰色，领片、肩片有黑纹。腹部褐色。前翅较宽阔，外缘浅弧形，略倾斜；翅面灰色至深灰褐色，基剑纹黑色，枝形；内、外线均双线；环纹、肾纹灰色，两纹间有1黑线；外线在M_2脉及臀褶有黑纹穿越；亚缘线白色。后翅白色。

分布：中国的甘肃（武威）、内蒙古、河北、陕西、福建、四川；朝鲜，韩国，日本。

（833）晃剑纹夜蛾 *Acronicta leucocuspis* (Butler, 1878)

Acronycta leucocuspis Butler, 1878a, Ann. Mag. nat. Hist. (5) 1:78. (Japan, Yokohama)

前翅长：20 mm。头、胸灰褐色；领片、肩片有黑纹。前翅浅灰褐色，基剑纹黑色；亚基线、内线、外线均双线；环纹白色黑边，肾纹褐色有白环，两纹间有1黑线，肾纹前另1黑条；端剑纹黑色。后翅浅褐色，可见外线。

分布：中国的甘肃（文县）、河北、山东、陕西、云南；朝鲜，韩国，日本。

（834）缀白剑纹夜蛾 *Acronicta niveosparsa* (Matsumura, 1926)

Acronycta niveosparsa Matsumura, 1926, Insecta Matsumurana Sapporo, 1:3, pl.1:8. (Japan)

前翅长：10 mm。头部灰白色；胸部灰褐色杂灰白色。腹部灰褐色。前翅暗灰褐色，杂有少许白色，端区白色较明显；各横线黑色，不明显；内线双线，波浪形外斜；环纹圆形，有明显的灰白环；翅前缘及外缘有白点列。后翅灰褐色。

分布：中国的甘肃（庆阳）、江苏；日本。

（835）三齿剑纹夜蛾 *Acronicta tridens* (Denis & Schiffermüller, 1775)

Noctua tridens Denis & Schiffermüller, 1775, Ankündung syst. Werkes Schmett. Wienergegend:67. (Austria）

前翅长：18 mm。头、胸腹部和前翅灰色带浅褐色；领片、肩片有黑纹。前翅基剑纹树枝形，端剑纹黑色粗壮；亚基线和内线黑色波状双线；外线黑色衬白色，锯齿形；环纹扁圆形，黑边特别粗；肾纹内侧黑边粗壮，外上角有1黑点；环纹外侧1黑纵线伸达肾纹内部；M脉间1黑纵纹由外线与肾纹之间伸达外缘；亚缘线灰白色，不清晰，其外侧翅脉间有短黑纵纹伸达缘线的小黑点。雄后翅白色，雌后翅污白至淡灰褐色；端部略带灰褐色，中点和缘线深灰褐色。

分布：中国的甘肃（地点不详）、黑龙江、新疆、福建；俄罗斯，朝鲜，韩国，日本，叙利亚；欧洲。

（836）桑剑纹夜蛾 *Acronicta major*（Bremer，1861）

Acronicta major Bremer，1861，Bull. Acad. Imp. Sci. St. Pétersb.，3：484.（Russia：Ussuri）

前翅长：30~33 mm。头、胸及前翅灰白带褐色。前翅较宽大，外缘浅弧形，倾斜较少；基剑纹与端剑纹黑色，前者端部分支；内线与外线均双线黑色；环纹、肾纹灰色黑边，后者前方有斜黑纹。后翅浅褐色，外线可见。

分布：中国的甘肃（永登、宕昌、文县）、黑龙江、河南、陕西、湖北、湖南、四川、云南；俄罗斯，日本。

（837）桦剑纹夜蛾 *Acronicta alni*（Linnaeus，1767）

Phalaena alni Linnaeus，1767，Syst. Nat.，(Edn 12)，1：845.（Europe）

前翅长：16 mm。头部灰白色；胸部黑灰色，肩片有黑纹。腹部灰白色带黑灰色。前翅灰白色带黑褐；内、外线均黑色双线；基剑纹与端剑纹黑色；环纹浅褐色黑边，肾纹深褐色黑边；亚缘线白色；缘线为1列黑点。后翅白色，顶角稍黑；中点深灰色；外线隐约可见；缘线深灰褐色。

分布：中国的甘肃（宕昌）、黑龙江、河南、陕西；日本；欧洲。

（838）意剑纹夜蛾 *Acronicta edolatina* Draudt，1937

Acronicta edolatina Draudt，1937，Ent. Rdsch. 54：398，pl.4：2d.（China：Yunnan，Likiang；Shaanxi，Tapaishan）

前翅长：21 mm。头、胸、腹及前翅灰色带暗褐色；领片和前胸有黑纹。前翅亚基线、内线及外线均黑色双线；臀褶1黑纵条达内线，2A脉基部及翅后缘基部亦有黑纵条；环纹不显，肾纹隐约可见1曲纹；2A脉前缘在内、外线间有1黑纵条；外区各翅脉间有黑纵纹。后翅白色，隐约可见外线。

分布：甘肃（舟曲、文县）、陕西、云南。

（839）尘剑纹夜蛾 *Acronicta pulverosa*（Hampson，1909）

Acronicta pulverosa Hampson，1909，Cat. Lepid. Phalaenae Br. Mus.，8：133.（Japan）

前翅长：16 mm。头、胸部和前翅灰白带黑褐色。腹部基半部浅褐色，端半部深灰褐色至黑灰色。前翅亚基线、内线和外线均黑色双线，外线锯齿形；剑纹为黑纵条；环、肾纹灰白色黑边；臀褶端部1黑纵条；亚缘线不明显，内侧色暗；缘线为1列黑点。后翅浅灰褐色；中点、外线和端带深灰褐色。

分布：中国的甘肃（宕昌、康县、文县）、河北、上海；日本。

（840）首剑纹夜蛾 *Acronicta megacephala*（Denis & Schiffermüller，1775）

Noctua megacephala Denis & Schiffermüller，1775，Ankündung syst. Werkes Schmett. Wienergegend：67.（Austria）

前翅长：18 mm。头和胸腹部黑色杂白色。前翅白色，除中区外均密布黑点；翅脉带黑褐色；亚基线、内线、外线均黑色双线，后者锯齿形；亚缘线白色；环纹微白，肾纹有褐环；缘线为1列黑色短条形点。后翅污白色，略带淡灰褐色；中点和缘线深灰褐色。

分布：中国的甘肃（舟曲、文县）、黑龙江、吉林、陕西、新疆；日本，土耳其；欧洲。

（841）梦夜蛾 *Subleuconycta palshkovi*（Filipjev，1937）

Leuconycta palshkovi Filipjev，1937，Lambillionea，37：64，figs 1，2.（Russia：Ussuri，Sutshan）

前翅长：19~20 mm。雄雌触角均线形。下唇须向上伸，第二节约达额中部，第三节短小。胸部黑褐色，两侧黄白色，无毛束；腹部灰白至浅灰褐色，各节背面具黑褐色毛簇。前翅狭长，后缘近基部处下垂1折角；翅面黑灰色，线纹黑色；后缘基部至折角处黄白色；亚基线1条，内线、中线和外线均双线，锯齿形；环、肾纹灰白色，前者有黑边，后者内部有黑褐色环；亚缘线黑色。后翅前缘附近黄白色，向下逐渐过渡为浅灰褐色。

分布：中国的甘肃（正宁）、黑龙江、河北、江苏、浙江、江西、湖南、云南；俄罗斯，日本。

（842）刀夜蛾 *Simyra nervosa*（Denis & Schiffermüller，1775）

Noctua nervosa Denis & Schiffermüller，1775，Ankündung syst. Werkes Schmett. Wienergegend：85.（Austria）

前翅长：16 mm。雄触角双栉形。全体白色。前翅狭长，顶角略尖，外缘直，十分倾斜，前后缘近平行；后翅较小。前翅端区微带淡黄褐色；翅面散布细黑点；翅脉均衬黑灰色暗纹。后翅散布细黑点，端区微带淡黄褐色。

分布：中国的甘肃（庆阳）、新疆；欧洲。

（843）亮刀夜蛾 *Simyra splendida* Staudinger，1888

Simyra splendida Staudinger，1888，Stett. ent. Z.，49：245.（Russia：Vladivostok）

前翅长：16 mm。雄触角双栉形。全体白色。头顶、领片和肩片基部黑灰色。腹部有黑灰毛。前翅密布细黑点。后翅除顶角、外缘及臀角外均布细黑点。

分布：中国的甘肃（武都区）、黑龙江、北京、河北、青海、新疆；俄罗斯，朝鲜，韩国。

（844）白黑首夜蛾 *Craniophora albonigra*（Herz，1904）

Acronicta albonigra Herz，1904，Ann. Mus. Zool. Acad. Imp. Sci. Petersb.（Ezheg. zool. Muz.），9：269，pl.1：3.（Korea）

前翅长：15 mm。雄雌触角均线形。头、胸灰白杂暗褐色；额有黑横条；领片有黑线，端部黑色为主，肩片外缘黑色。腹部灰褐色。前翅狭长，顶角钝圆，外缘浅弧形；后翅前缘长，外缘浅弧形倾斜。前翅紫灰色杂暗褐色，布有细黑点，基部黑点致密；亚基线、内线、外线均双线；臀褶基部有1黑纵纹；环纹白色黑边；中线暗褐色，内侧衬白色较宽；内线外侧暗褐色扩展至肾纹；肾纹近矩形，黄褐色；亚缘线微白，外侧有齿形黑纹，在臀褶处有黑纵纹。雄蛾后翅白色，端区带褐色；雌蛾后翅褐色。

分布：中国的甘肃（成县、武都区）、黑龙江、河北、山西、陕西、湖北、四川；朝鲜，韩国。

（845）太白山首夜蛾 *Craniophora taipaischana* Draudt，1950

Craniophora taipaischana Draudt，1950，Mitt. münch. ent. Ges.，40：6，pl.1：17，18.（China：Shaanxi，Tapaishan）

前翅长：14 mm。头部白色带褐色；胸部褐色杂少许灰褐色，肩片外缘有较多黑鳞。腹部褐色。前翅褐色；亚基线、内线及外线均双线黑色，后者双线间微白；臀褶基部有1黑弧纹，其前方有1扁形黄白斑；环纹黄白色，黑边，中央1黑点；肾纹大，褐色黑边；中线粗，黑色；亚缘线黄白色，M1脉间断为点列；翅外缘1列围以白弧纹的黑点。雄蛾后翅红褐色，雌蛾暗褐色。

分布：甘肃（宕昌、舟曲、成县、文县）、陕西。

（846）亮首夜蛾 *Craniophora praeclara*（Graeser，1890）

Acronycta praeclara Graeser，1890，Berl. ent. Z.，35：74.（Russia：Amurland）

前翅长：22 mm。头、胸灰色；额有黑横纹；领片有黑线。腹部浅褐色。前翅紫灰色，翅基部前半黑色并沿臀褶扩展至内线；亚基线、内线及外线均双线黑色；中线黑色；中、外线间成1黑褐色宽带；亚缘线灰白；端区有4黑齿纹。后翅浅褐色。

分布：中国的甘肃（正宁）、黑龙江、陕西；俄罗斯，日本。

（847）黑点首夜蛾 *Craniophora harmandi*（Poujade，1898）

Acronycta harmandi Poujade，1898，Bull. Soc. ent. France，1898：229.（India：Sikkim）

前翅长：16 mm。头部褐色杂白色，额有黑横线；胸部白色杂黑色。腹部浅灰褐色，基部灰黄褐色。前翅黑褐杂灰白色；亚基线、内线和外线均黑色双线，后者锯齿形；亚基线与内线间由前缘至臀褶为1白斑；后缘基部至内线白色；内、外线双线间白色；内线与环纹间为1条白色带；环纹白色黑边，上端白色扩展至前缘，中央深灰褐色；肾纹较宽，白色黑边，内部1黑色弯纹占据内半大部区域；亚缘线为1列大小不等、形状不规则的白斑，M3以上的两个斑较大，内半带灰黄褐色；缘线为1列白点；缘毛黑白相间。后翅浅灰褐色，端部色较深；中点和缘线深灰褐色；缘毛深灰褐色与灰白色掺杂。

分布：中国的甘肃（文县）、湖北、四川、云南；俄罗斯，朝鲜，韩国，日本，印度。

（848）异首夜蛾 Craniophora prodigiosa (Draudt, 1950)

Miracopa prodigiosa Draudt, 1950, Mitt. münch. ent. Ges., 40:119, pl.8:5. (China: Shanxi, Mien-shan)

前翅长：14 mm。下唇须向上伸达额中部，白色与灰褐色掺杂；额深灰褐色，上缘及头顶白色。胸腹部背面和前翅灰白色至浅灰褐色，带紫灰色调。前翅亚基线与内线均为黑色双线，在中室下缘以下大部消失；后缘基部有1浅赭黄斑；环纹圆形，紫灰色；肾纹倒梨形，紫灰色；两纹两侧和下方有黑边，两纹之间的黑边较宽，并沿中室下缘相连，相连部分之上深褐色；中线在前缘两纹上方各有1黑点；翅端部色较深，外线在前缘有2个黑点；亚缘线在前缘有1黑点，其下白色锯齿形；缘线为1列黑点。后翅灰褐色，缘线为不连续的黑褐色细带。

分布：甘肃（正宁）、山西、湖南。

（849）纶夜蛾 Thalatha sinens (Walker, 1857)

Orthosia sinens Walker, 1857, List Spec. lepid. Insects Colln Br. Mus., 11:746. (India)

前翅长：13 mm。雄触角略呈锯齿形，雌线形。头、胸及前翅白色微带褐色；领片端部褐色。腹部浅灰褐色。前翅狭长，顶角圆，外缘浅弧形微波曲，后缘长。前翅中室基部下方有1黑纵纹，基部为断续黑斑；内线、外线均双线浅褐色；环纹、肾纹白色，两纹间有灰褐斑，并伸至前缘脉；中线灰褐色；中线和外线在臀褶上方有黑褐条，外线外方在前缘脉后有1黑褐斑，其后1黑点；亚缘线白色；缘线在Cu$_2$端部有1黑斑；缘毛淡黄褐色，在翅脉间灰褐色。后翅白色，Cu$_2$脉端有1黑点；缘毛同前翅。

分布：中国的甘肃（康县）、陕西、福建、四川、云南；印度，缅甸等。

（850）饰青夜蛾 Diphtherocome pallida (Moore, 1867)

Diphtera pallida Moore, 1867, Proc. zool. Soc. Lond., 1867:46, pl.6:6. (India or Bangladesh: Bengal)

前翅长：15~17 mm。雄触角双栉形，雌线形。头、领片、肩片及前翅翠绿色；胸背浅绿色。前翅狭长，顶角钝圆，外缘中部略隆起；前缘白色；内线黑色；环纹、肾纹界限不清，两纹间有1黑斑，前方1黑纹；剑纹只现1黑点，外侧1斜黑纹；外线黑色，内侧衬白色；亚缘线为不明显的绿色带。后翅白色。

分布：中国的甘肃（迭部、宕昌、舟曲、文县）、陕西、四川、云南、西藏；印度，孟加拉国。

（851）威青夜蛾 Diphtherocome vigens (Walker, 1865)

Diphtera vigens Walker, 1865, List Spec. lepid. Insects Colln Br. Mus., 32:616. (India: Darjeeling)

前翅长：15 mm。头、胸及前翅翠绿色；肩片有黑纹；后胸有黑斑。腹部黄色。前翅前缘白色；中室基部1黑纹；内线黑色，后端内侧1黑纹；剑纹仅端部可见，外侧有1白纹达外线；环纹、肾纹白色与黑色边，两纹间有近方形黑斑；中线黑色；外线内侧衬白，外侧为1黑褐带。后翅浅绿，可见黑褐色中、外线，后者为模糊黑褐带。

分布：中国的甘肃（文县）、陕西、湖北、湖南；印度。

（852）小青夜蛾 Diphtherocome brevipennis (Hampson, 1909)

Daseochaeta brevipennis Hampson, 1909, Cat. Lepid. Phalaenae Br. Mus., 8:27; pl.123:21. (China: Tibet, Yadong)

前翅长：13 mm。头、胸部和前翅蓝绿色。腹部浅褐色。前翅亚基线只前端可见；1黑纹自前缘基部弯至亚基线后方;内线黑色衬白;环纹和肾纹黑边,两斑间1黑斑;内、中线间在中室后有1白色纵纹,其外侧1方形黑斑,基部分叉;外线黑色衬白色,外侧带黄绿色;亚缘线不显;顶角内侧有1楔形黑斑;缘线为1列黑点。后翅白色带绿色;可见微黑的中、外线。

分布:甘肃(舟曲、文县)、四川、云南、西藏。

(853) 条青夜蛾 *Diphtherocome fasciata* (Moore, 1888)

Diphtera fasciata Moore, 1888b, Proc. zool. Soc. Lond., 1888:408. (India:Kangra)

前翅长:18 mm。雄雌触角均线形。头部浅褐色;胸部与前翅绿色。腹部灰褐色。前翅基部1黑斑;内线黑色,后端膨大;环纹、肾纹黑边,两纹间有方形黑纹,前端1黑纹;外线黑色,外侧1墨绿色带,其前端有1砧形黑斑。后翅白色,中线与外线黑色微弱。

分布:中国的甘肃(文县)、陕西、四川、云南、西藏;印度。

(854) 斋夜蛾 *Gerbathodes angusta* (Butler, 1879)

Gerbatha angusta Butler, 1879, Illust. typical Specimens Lepid. Heterocera Colln Br. Mus., 3:24, pl.42:2. (Japan:Yokohama)

前翅长:14 mm。雄雌触角均线形。头、胸与前翅黑褐色杂灰色;肩片近端部有黑弧纹。腹部红褐色。前翅中等宽度,顶角钝圆;前后翅外缘浅弧形。前翅亚基线、内线及中线黑色;剑纹只现1白点;环纹斜圆形,肾纹窄,两纹均黑色,后者边缘微白,较模糊;外线黑色;亚缘线黄白色。后翅红褐色;缘毛浅黄。

分布:中国的甘肃(康县)、陕西、江西;日本。

(855) 千委夜蛾 *Athetis pallustris* (Hübner, 1808)

Noctua pallustris Hübner, 1808, Samml. eur. Schmett., 4:pl.79:367. (Europe)

前翅长:15 mm。触角线形。喙退化。头、胸及前翅灰褐色。腹部浅黄褐色。前翅狭长,顶角钝圆,外缘浅弧形;后翅外缘在M脉间略凹。前翅布有暗褐细点;亚基线仅前端及中室后可见黑纹;内线黑褐色,间断,在臀褶成1大外凸齿;环纹只现1暗褐点;肾纹窄,暗褐色;外线暗褐色锯齿形;亚缘线浅褐色,波浪形,内侧色暗;翅外缘1列黑点。后翅白色带褐。雌蛾体较小,色较暗。

分布:中国的甘肃(成县、康县、文县)、黑龙江、陕西;俄罗斯,蒙古国;欧洲。

(856) 线委夜蛾 *Athetis lineosa* (Moore, 1881)

Dadica lineosa Moore, 1881, Proc. zool. Soc. Lond., 1881:349. (India:Punjab Hills)

前翅长:12~19 mm。本种及以下3种喙正常。头部灰褐色;胸部褐色。腹部灰黄褐色。前翅浅褐色,翅脉有暗褐纹,各横线均黑色;亚基线到达中室下缘,内线直,未达后缘;环纹为1黑点;肾纹为1白斑,前方有1小白点;中线粗而模糊,弧形弯曲;外线浅弧形;亚缘线不清晰,不规则锯齿形。后翅灰褐色,缘毛黄白色;雄蛾后翅反面的前缘区有后向的鳞片丛,亚前缘脉上的鳞片列成脊状。

分布:中国的甘肃(宕昌、舟曲、成县、康县、文县)、河北、河南、陕西、浙江、湖北、湖南、福建、海南、广西、四川、云南;日本,印度。

(857) 后委夜蛾 *Athetis gluteosa* (Treitschke, 1835)

Caradrina gluteosa Treitschke, 1835, in Ochsenheimer, Schmett. Eur., 10(2):80. (Shrmien)

前翅长:12 mm。头、胸腹部和前翅灰黄色至浅灰褐色。前翅亚基线、内线褐色,在前缘为黑点,内线波状;环纹和肾纹深灰褐色,均较小;中线暗褐色,在前缘为1黑点,后半波状;外线黑褐色锯齿形,齿尖为点状;亚缘线灰白色,内侧暗褐色;缘线为1列黑点。后翅污白色,向顶角方向逐渐加深至灰褐色;中点灰褐色。

分布:中国的甘肃(庆阳、合水、甘谷、天水)、黑龙江、北京、青海、四川、西藏;蒙古国,朝鲜,韩国,日本,中亚地区;欧洲。

(858) 倭委夜蛾 *Athetis stellata* (Moore, 1882)

Graphiphora stellata Moore, 1882, in Hewitson & Moore, Descr. New Indian lepid. Insects Colln. Late Mr.

W.S. Atkinson,2:119.（India:Darjeeling）

前翅长:12~16 mm。头、胸及腹部灰白带褐色。前翅略宽,顶角钝圆,外缘上半段略向内斜,在Cu_1脉与臀褶之间圆钝状凸出;后翅外缘中部明显凹入。前翅灰褐色,端区暗褐色;亚基线、内线、中线及外线均黑色,亚基线、内线直,两线间在臀褶有1黑点,中室处1白点;环纹为1黑点;肾纹为1黄白点,肾纹前方1白点,后方2白点;中线粗而模糊;外线外方各翅脉上有细黑纹;亚缘线黑褐色,粗而模糊;缘线黑色。后翅黄白带褐色,端区色暗。

分布:中国的甘肃（康县、文县）、陕西、福建、四川、西藏;朝鲜,韩国,日本,印度,斯里兰卡。

（859）钝委夜蛾 *Athetis obtusa*（Hampson,1891）

Caradrina obtusa Hampson,1891,Illust. typical Specimens Lepid. Heterocera Colln Br. Mus.,8:15,79,pl. 145:6.（India:Nilgiri）

前翅长:13 mm。头部灰白色带淡褐色;胸部淡褐色有黑点。腹部灰黄褐色。前翅淡褐色,带灰黄色调,密布黑点,端部色较深;亚基线黑色波状,在Sc脉和中室处各成1黑点;内线黑色波状,前端粗;环纹为1小黑点;肾纹大,"8"字形,有模糊的黑色轮廓;中线黑色,模糊;外线黑色双线,锯齿形;亚缘线灰白色,锯齿形,内侧有一些黑纹;缘线为1列黑点;缘毛深灰褐色。后翅污白色,前缘及顶角附件略带灰褐色;缘毛黄白色,掺杂少量灰褐色。

分布:中国的甘肃（文县）、广东、四川;印度,澳大利亚。

（860）亚奂夜蛾 *Amphipoea asiatica*（Burrows,1911）

Hydroecia asiatica Burrows,1911,Trans. ent. Soc. Lond.,1911:747.（Kirgiz［Kyrgyzstan］）

前翅长:15 mm。触角线形。头部浅黄褐色;胸部红褐色。腹部黄褐色带灰褐色。前翅狭长,顶角略凸;前后翅外缘浅波曲。前翅黄褐微带红褐色;亚基线、内线不明显,黑褐色波浪形外斜;环纹及肾纹大;中线、外线黑褐色,后者双线波浪形;亚缘线黑褐色不清晰,锯齿形。后翅污黄褐色。

分布:中国的甘肃（舟曲）、黑龙江、山西、陕西、新疆、四川、云南;日本,中亚地区。

（861）波奂夜蛾 *Amphipoea burrowsi*（Chapman,1912）

Hydroecia burrowsi Chapman,1912,Ent. Rec. J. Var.,24:109.（Russia:Vladivostok）

前翅长:17 mm。头、胸部和前翅红褐色带紫灰色。腹部灰黄色。前翅亚基线、内线和外线均黑褐色波浪形双线;环纹橙红色,肾纹黄白色,均黑褐色边;中线暗褐色,后半内斜;亚缘线隐约可见黑褐色;顶角1灰黄纹,缘线深褐色,纤细但连续;缘毛深灰褐色至黑褐色。后翅灰黄色带灰褐色。

分布:甘肃（舟曲、康县）、黑龙江;俄罗斯,日本。

（862）北奂夜蛾 *Amphipoea ussuriensis*（Petersen,1914）

Hydroecia ussuriensis Petersen,1914,Horae Soc. ent. ross.,41:14,pl.1:7.（Japan:Hakodate. Russia:Ussuri）

前翅长:17 mm。头、胸、腹及前翅黄褐色;胸部带红褐色;腹部带深灰褐色。前翅带红褐色,外半带暗褐色;亚基线、内线均双线暗褐色,后者波浪形;环纹和肾纹橘黄至橘红色,有黑褐色边;外线双线暗褐色锯齿形;中线、亚缘线褐色,前者后半不显;翅脉黑褐色;缘线黑色连续;缘毛黑褐色。后翅灰褐色至深灰褐色,带黄褐色;缘毛灰黄褐色,臀角附近淡黄色。

分布:中国的甘肃（康县、文县）、黑龙江、辽宁、陕西;日本。

（863）亚杰夜蛾 *Auchmis subdetersa*（Staudinger,1895）

Rhizogramma subdetersa Staudinger,1895a,Dt. ent. Z. Iris,8:325.（China:Xinjiang or Qinghai,between Lob Noor and Kuku-Noor）

前翅长:22 mm。雄触角锯齿形。头和胸腹部浅灰黄褐色;额两侧有黑斑。前后翅外缘微波曲。前翅浅灰黄褐色,布有黑褐色细点;亚基线仅在前缘区现1黑纹;内线黑色,波折外斜,在臀褶处形成1较大凸齿;基剑纹黑色;环纹与肾纹不明显,灰黄色,略带黑边,环纹斜椭圆形,后端有1黑纵线伸至肾纹;中线黑色,自前缘外斜至中室下角,其后不显;外线不明显,黑色,锯齿形;亚缘线隐约可见,在M脉间和臀褶处稍内凹,线内侧带褐色,外侧有1列黑纹,在M_2和臀褶处较长;缘毛淡灰褐色。后翅灰褐色,端部色较深。

分布:甘肃(迭部)、青海、新疆、西藏。

(864) 黑脉邪夜蛾 *Argyrospila formosa* Graeser, 1889

Argyrospila formosa Graeser, 1889, Berl. ent. Z., 32:345. (Russia:Amurland)

前翅长:14~19 mm。雄雌触角均线形。头、胸及前翅红褐色;领片基部黑白相杂;肩片中部1黑纵纹。腹部黑灰褐色。前翅狭长,前缘平直,顶角略凸,外缘浅弧形,中部略隆起;翅脉大部带黑色,中室微黑;环纹梭形,肾纹前端向前外伸近达外区,在中室上角成钩状,两纹均白色黑边,肾纹后外方另1椭圆白斑;臀褶1黑褐纵线,Cu_2脉后1粗黑线,2A脉前1黑纵条,其基部向后扩展;中室外方有放射形白纹;顶角1内斜红褐纹;翅外缘1列黑点。后翅外缘在M脉间浅凹;黑褐色,前缘大部浅黄色;隐见黑色圆形中点。

分布:中国的甘肃(宕昌)、黑龙江、陕西、云南、西藏;俄罗斯。

虎蛾亚科 Agaristinae

(865) 选彩虎蛾 *Episteme lectrix* (Linnaeus, 1764)

Phalaena (*Noctua*) *lectrix* Linnaeus, 1764, Mus. Lud. Ulr. Reg.:389. (China)

前翅长:36~38 mm。雄雌触角均线形。头、胸及前翅黑色;额有平截的椎形突起;肩片有黄斑。腹部橘黄色,各节有黑条。前翅宽大,顶角圆,外缘浅弧形;翅基部有2列粉蓝斑;中室基部1浅黄三角形斑,中部1同色方形斑,其后1同色斜方斑;外区前半有2组长方形黄斑;亚缘区1列小白斑。后翅橘黄色,基部黑色;中室端1黑斑;1黑带自中室下角至翅后缘;端带黑色,前部1蓝白圆斑,中段1蓝白点。

分布:甘肃(文县)、陕西、浙江、湖北、江西、台湾、四川、贵州、云南。

(866) 黄修虎蛾 *Sarbanissa flavida* (Leech, 1890)

Seudyra flauida Leech, 1890, Entomologist, 23:110. (China:Hubei, Changyang)

前翅长:26~32 mm。触角线形,雄触角有纤毛。头部与胸部黑褐色;领片基半部红褐色;胸部腹面与足沓黄色;腹部杏黄色,背面有1列黑斑。前翅宽大,顶角圆,外缘浅弧形;翅面灰色,密布褐色细点;中脉、Cu_2脉后大部暗紫色;内线与外线均双线黑色,后者波曲外弯;环纹与肾纹紫色,有灰白边;外线前后端外侧各有1枣红色斑,顶角有1枣红色斑;翅外缘有1列暗褐色纹。后翅杏黄色。

分布:甘肃(宕昌、舟曲、康县、文县)、陕西、湖北、湖南、四川、云南、西藏。

(867) 艳修虎蛾 *Sarbanissa venusta* (Leech, 1888)

Seudyra venusta Leech, 1888, Proc. zool. Soc. Lond., 1888:614, pl.31:2. (Japan)

前翅长:17~21 mm。头、胸黑色杂白色。腹部杏黄色,有1列黑毛簇。前翅白色密布黑褐色细点,后半大部紫灰色,顶角区蓝紫色;内、外线均双线灰白色;环纹、肾纹黑褐色白边;外线前后端外侧各有1枣红斑;亚缘区有粉蓝纹;端部灰白,外侧1列黑长点。后翅杏黄色,中室端1小黑斑,臀角1黑斑,端带黑色波曲。

分布:中国的甘肃(舟曲、康县、文县)、陕西、江苏、浙江、湖北、四川;朝鲜,韩国,日本。

(868) 白云修虎蛾 *Sarbanissa transiens* (Walker, 1856)

Eusemia transiens Walker, 1856, List Spec. lepid. Insects Colln Br. Mus., 7:1588. (Indonesia:Java)

前翅长:18~23 mm。头、胸及前翅褐色。腹部杏黄色,背面1列黑毛簇。前翅内线后半内侧带枣红色;近臀角处1枣红斑;环纹与肾纹黑褐色,肾纹外1白斑;亚缘线灰色。后翅杏黄色,端带黑褐色,连续。

分布:中国的甘肃(成县、康县、文县)、陕西、湖南、云南;印度,缅甸,马来西亚,印度尼西亚。

(869) 背点修虎蛾 *Sarbanissa catocaloides* (Walker, 1862)

Phaegorista catocaloides Walker, 1862a, J. Proc. Linn. Soc. (Zool.), 6:87. (Borneo:Sarawak)

前翅长:18 mm。极近似白云修虎蛾S. transiens,但前翅环纹和肾纹较小;后翅具黑色中点,黑色端带下端较宽。

分布:中国的甘肃(康县、文县)、湖北、云南;尼泊尔,马来西亚。

(870)迷虎蛾*Maikona jezoensis* Matsumura,1928

Maikona jezoensis Matsumura,1928,Insecta Matsumurana Sapporo,2:126.(Japan:Sapporo)

前翅长:23~24 mm。雄雌触角均线形。头部与胸部黑色杂少许灰毛;胸部腹面黄褐色。腹部背面黑色,腹面黄褐色。前翅狭长,前缘直,顶角圆,外缘微波曲,倾斜;翅面黑色、枣红色及黄褐色相杂,基部后半较黄;环纹与肾纹均黑边,后者外方有1足形白斑,亦围黑边,外线黑色,绕白斑弯曲向后;后缘区中部有1黑色心形斑;亚缘线白色,微波浪形,在臀褶处成1内凸齿,外侧有1列黑纹;缘线由1列枣红色长点组成;缘毛浅黄色,中有1黑线。后翅黄白色,中室有1黑点,端半部黑褐色。

分布:中国的甘肃(甘谷)、陕西;日本。

拟灯夜蛾亚科Aganainae

(871)楔斑拟灯夜蛾*Asota paliura*(Swinhoe,1893)

Hypsa paliura Swinhoe,1893a,Ann. Mag. nat. Hist.,(6)12:214.(China)

别名:楔斑拟灯蛾。

前翅长:28~30 mm。雄雌触角均线形,黑色,雄每节具1对鬃。头和胸腹部黄色。前翅宽阔,外缘浅弧形,倾斜,后缘基部3/4弓形;翅面灰褐至深灰褐色;基部黄斑具白边,和黑点,在后缘处有1簇黑褐色毛;自黄斑至中室外有1白色楔形大斑,其下角几乎达外缘;大斑上方翅脉白色,下方在臀褶处有1狭长白带,2A脉弯曲,基部白色。后翅白色;中室端部具1暗灰色点;外线斑和端带深灰褐色至黑褐色,端带中翅脉白色。前翅反面白斑几乎扩展至前后缘,中室中部和端部有黑点。

分布:甘肃(文县)、陕西、湖北、湖南、海南、广西、四川、贵州、云南、西藏。

苔藓夜蛾亚科Bryophilinae

(872)珠藓夜蛾*Cryphia domestica*(Hufnagel,1766)

Phalaena domestica Hufnagel,1766b,Berl. Magazin,3:406.(Germany)

前翅长:14 mm。雄雌触角均线形。头、胸腹部和前翅白色。前翅中等宽度,顶角钝圆,外缘浅弧形;后翅外缘在M脉间浅凹。前翅带绿色;亚基线黑色;内线黑色双线,外方有1片暗灰色;剑纹仅端部显黑与白色;环纹和肾纹黑色白边;中线黑色,后半内斜;外线黑色,前端为粗黑点,大部锯齿形;外区前缘脉黑色有白点;亚缘线由黑点组成,前端内侧1灰斑;缘线为1列小黑点;缘毛深灰褐色与白色相间。后翅白色,略带淡灰褐色;中点和缘线灰褐色。

分布:中国的甘肃(文县)、青海;欧洲。

(873)乔藓夜蛾*Cryphia raptricula*(Denis & Schiffermüller,1775)

Noctua raptricula Denis & Schiffermüller,1775,Ankündung syst. Werkes Schmett. Wienergegend:89.(Austria)

前翅长:14 mm。头和胸腹部灰褐色。前翅较狭长;暗灰色;亚基线和内线黑色,后者浅弧形外斜,在臀褶处有黑纵线连接到外线;环纹和肾纹灰色黑边;外线黑色,外侧衬白边,由前缘至Cu$_2$脉弧形弯曲,在臀褶处向下折并加粗成1向内凸的尖齿,该处外侧为1小白斑,白斑外侧为1黑色纵线直达缘毛;亚缘线浅灰色,外侧衬黑;顶角有1暗褐斜纹;缘线为1列黑褐色小点;缘毛深灰褐色。后翅浅灰褐色;中点和缘线色略深;缘毛灰黄色掺杂灰褐色。

分布:中国的甘肃(庆阳、迭部)、黑龙江、北京、河北、山东、新疆;亚洲西部,欧洲,非洲北部。

(874) 绿藓夜蛾 *Cryphia prasina* (Draudt, 1950)

Bryophila prasina Draudt, 1950, Mitt. münch. ent. Ges., 40:12, pl.3:2. (China:Shanxi, Mien-shan)

前翅长：10~11 mm。头、胸及前翅白色带浅绿色。腹部白色。前翅略宽阔；亚基线和内线间及端区带有黑色；亚基线与内线黑色，后者内侧衬白，在臀褶及2A脉上各有1黑点；剑纹黑色；环纹黑色白边；肾纹暗绿色，中有黑斑；外线黑色，后半锯齿形，外侧衬白色；亚缘线黑色，前端外侧白色，内侧大部白色。后翅灰白至淡褐色。

分布：甘肃（永登、迭部）、河北、山西、陕西。

(875) 欧藓夜蛾 *Cryphia ochsi* (Boursin, 1940)

Bryophila ochsi Boursin, 1940a, Bull. Men. Soc. Linn. Lyon, 9:110, pl.1:7. (France)

前翅长：11 mm。头部、胸腹部和前翅浅灰褐色，杂有少许白色与黑色；肩片有黑纵纹。前翅较狭长；亚基线黑色双线，波状外斜；内线黑色，内侧衬白色，微波曲外斜，前半较粗，中部有1黑纹向外下方伸至外线，该黑纹以下至后缘暗褐色；肾纹大，细黑边；外线细，黑色，外侧略带白色；亚缘线白色，中段外弯，各翅脉上有短黑纹穿过亚缘线；外线与亚缘线之间在臀褶处有1黑纵纹；缘线黑褐色；缘毛深灰褐色。后翅灰褐色，端部深灰褐色；中点深灰褐色。

分布：中国的甘肃（迭部）、新疆；欧洲。

(876) 斑藓夜蛾 *Cryphia granitalis* (Butler, 1881)

Gerbatha granitalis Butler, 1881c, Trans. ent. Soc. Lond., 1881:194. (Japan:Tokyo)

前翅长：11~14 mm。头、胸黑色。腹部灰褐色，毛簇黑色。前翅灰黑色，中室外半及端区带褐色；亚基线、内线与外线黑色，内线内侧有1细黑线；环纹黄褐色，斜圆形；肾纹黄褐色；外线上半段深弧形外凸，中段内斜，向下折角于臀褶上方，此处有1黑线与内线相连，其后方较黑；亚缘线暗褐色，内侧有灰白纹；臀褶上方有1黑纵纹穿越。后翅灰褐至深灰褐色，有光泽。

分布：中国的甘肃（舟曲）、黑龙江、河北、山东、陕西、江苏、浙江、湖南、江西、福建；俄罗斯，朝鲜，韩国，日本。

(877) 纹藓夜蛾东方亚种 *Cryphia orthogramma taishanensis* Boursin, 1954

Cryphia orthogramma taishanensis Boursin, 1954b, Z. wien. ent. Ges., 39:83, pl.5:7. (China:Shandong, Tai-shan)

前翅长：11 mm。头、胸腹部灰褐色至暗灰褐色。前翅较狭长，前后缘近平行；亚基线与内线黑色，近平行，两线间有2条模糊黑带；剑纹外端尖；环、肾纹大，前者后半带有红褐色并向后扩展；外线黑色，前后段外侧均衬灰白色，中段弧形外弯；亚缘线灰色，内侧有红褐色；臀褶处1黑纵纹由外线外侧直达缘毛。后翅浅灰褐色，端部灰褐色至深灰褐色。

分布：甘肃（文县）、北京、山东。

实夜蛾亚科 Heliothinae

(878) 棉铃虫 *Helicoverpa armigera* (Hübner, 1809)

Noctua armigera Hübner, 1809, Samml. eur. Schmett., 4:pl.79:370. (Europe)

前翅长：14~18 mm。雄雌触角均线形。头、胸灰褐或青灰色。腹部浅灰褐或浅青色。前翅狭长，顶角钝，外缘浅弧形；后翅外缘在M脉间浅凹。前翅青灰或红褐色；亚基线、内线、外线均双线褐色，外线较模糊；环纹、肾纹褐边；中线、亚缘线褐色；外线与亚缘线间常带暗褐或灰绿色。后翅白色，端带黑褐色。

分布：中国的甘肃（全省）；世界性分布。

(879) 烟青虫 *Helicoverpa assulta* (Guenée, 1852)

Heliothis assulta Guenée, 1852, in Boisduval & Guenée, Hist. nat. Insectes (Spec. gén. Lépid.), 6:178.

（French Polynesia：Tahiti I.）

前翅长：12~16 mm。头、胸及前翅黄褐色。腹部浅黄褐色。前翅亚基线、内线及外线均双线黑褐色，外线清晰；环纹、肾纹褐边；亚缘线褐色；外线和亚缘线间色暗。后翅浅黄褐色，端带黑色，内侧有1黑细线。

分布：中国的甘肃（全省）；朝鲜，韩国，日本，印度，缅甸，斯里兰卡，印度尼西亚等。

（880）实夜蛾*Heliothis viriplaca*（Hufnagel，1766）

Phalaena viriplaca Hufnagel，1766b，Berl. Magazin，3：406.（Germany）

前翅长：14 mm。雄雌触角均线形。头和胸腹部浅灰褐色带灰绿色。前后翅外缘微波曲。前翅灰黄带灰绿色；亚基线和内线黑褐色锯齿形，前者达臀褶；环纹只现3个黑点；肾纹黑褐色，中央黑灰色；中线黑褐色带状，在中室端与肾纹重叠，其下内斜；外线黑褐色锯齿形，与亚缘线之间呈污褐色；亚缘线灰白色，内侧在前缘有1三角形黑褐色斑，在后缘有1黑灰色斑。后翅淡黄至黄白色，中室及臀褶内半带灰褐色；中点黑褐色巨大；端带黑褐色，中部近外缘留有1淡黄斑。

分布：中国的甘肃（永登、成县）、黑龙江、北京、河北、新疆、江苏、云南、西藏；日本，印度，缅甸，叙利亚；欧洲。

（881）苇实夜蛾*Heliothis maritima* Graslin，1855

Heliothis maritima Graslin，1855，Ann. Soc. ent. France，(3)3：68，pl.7：1-7.（France）

前翅长：16 mm。头和胸部灰黄褐色带灰绿色。腹部黑灰色，各节边缘黄色。前翅外缘浅弧形；翅面灰绿色；内线黑色锯齿形；环纹由3个黑点组成，三角形；肾纹黑褐色，后端超出中室，外围黑色三角形点；肾纹内外侧淡污黄褐色；中带红褐色；外线黑色锯齿形，齿尖为黑点；亚缘线在各翅脉间有1黑点，线内侧在前缘有1三角形黑斑，在臀褶处带红褐色，亚缘线外侧淡污黄褐色，上端扩展至顶角；外缘附近除顶角外红褐色；缘线为1列三角形黑点；缘毛深灰褐色。后翅淡污黄褐色，中室前半部、臀褶基半部及2A脉以下黑灰色，中点黑色巨大；端带黑色，近外缘中部有1双齿形黄斑；缘毛黑灰色掺杂浅黄色。

分布：中国的甘肃（文县）、河北；朝鲜，韩国，日本；欧洲。

（882）宽胫夜蛾*Protoschinia scutosa*（Denis & Schiffermüller，1775）

Noctua scutosa Denis & Schiffermüller，1775，Ankündung syst. Werkes Schmett. Wienergegend：89.（Austria）

前翅长：15 mm。触角线形。头和胸腹部淡灰褐色。前后翅外缘微波曲。前翅灰白色；亚基线、内线、外线和亚缘线黑色；剑纹、环纹和肾纹均深褐色黑边，肾纹下端超出中室下角，中央有1浅褐纹，上端向两侧凸伸；外线与亚缘线之间形成1深褐色带；外缘附近深褐色；缘线为1列三角形黑点；缘毛深灰褐色，在缘线黑点外有1白点。后翅污白色，基半部散布不均匀的灰褐色；中点、外线和端带黑褐色；端带中部近外缘处有2个白斑，2A端部有1白点；缘毛深灰褐色掺杂黄白色。

分布：中国的甘肃（庆阳）、内蒙古、北京、河北、山东；朝鲜，韩国，日本，印度，亚洲中部，欧洲，美洲北部。

（883）盾宽胫夜蛾*Protoschinia scutatus*（Staudinger，1895）

Heliothis scutatus Staudinger，1895b，Dt. ent. Z. Iris，8：361，pl.6：13.（Mongolia）

前翅长：13 mm。头、胸腹部和前翅淡灰黄褐色。前翅内线内方带灰褐色；内线黑色，弧形弯曲，外侧有1灰色伴线，前缘处有1黑点；环纹圆形，纤细褐边；肾纹大，黑灰色，有浅黄圈及黑边，内外缘中部凹；中线灰褐色，前端粗；外线黑色，上半外弯，中部内弯至肾纹下方，然后呈直线达后缘，外线内侧有1灰色伴线，外侧为1灰褐色带；亚缘线灰褐色，前端内侧为1三角形黑斑；外缘附近灰褐色，缘线为1列小黑点；缘毛深灰褐色与黄白色相间。后翅污白色散布灰褐色；中点灰褐色，较模糊；端带深灰褐色，在外缘中部留有1污白色斑；缘毛灰白色。

分布：中国的甘肃（武威、甘谷）、内蒙古、河北；蒙古国。

（884）焰夜蛾*Pyrrhia umbra*（Hufnagel，1766）

Phalaena umbra Hufnagel，1766b，Berl. Magazin，3：294.（Germany）

前翅长:15 mm。触角线形。头、胸黄褐色掺杂红褐色;肩片有黑横纹。腹部灰黄色,前翅狭长,前后翅外缘微波曲;前翅黄色布赤褐点,外线外方带紫灰色,亚基线、内线及中线赤褐色,内线和中线下端在后缘接触;剑纹、环纹及肾纹均有赤褐边线;外线黑褐色,后半与中线平行;亚缘线黑色锯齿形,有间断;端区翅脉赤褐色;缘线黑褐色;缘毛赤褐色掺杂灰黄色。后翅浅黄色,端区1大黑斑;缘线有少量赤褐色;缘毛黄色。

分布:中国的甘肃(文县)、黑龙江、河北、山东、陕西、新疆、浙江、湖北、湖南、西藏;俄罗斯,朝鲜,韩国,日本,印度,亚洲西部,欧洲,美洲北部。

夜蛾亚科 Noctuinae

(885) 涵切夜蛾 *Euxoa intracta* (Walker, 1856)

Agrotis intracta Walker, 1856, List Spec. lepid. Insects Colln Br. Mus., 10:346. (Nepal)

前翅长:20 mm。雄触角锯齿形。头部与胸部红褐色杂灰色。腹部灰褐色。前翅狭长;暗褐色,布有灰黑色细点;亚基线双线黑色,波浪形,自前缘脉至2A脉;内线双线黑色,波浪形外斜;剑纹黑边;环纹圆形,中有灰圈,黑边;肾纹中有黑褐曲纹,黑边;中线不清晰,黑色波浪形,自前缘脉外斜至肾纹后端折角内斜;外线双线黑色,波浪形,自前缘脉外弯至M_3脉后内弯;外区前缘脉上有1列白点;亚缘线黑色外衬灰褐色,内侧有黑褐纹,在R_5脉处外凸,中段外弯;缘线由1列弯点组成。后翅褐色;缘毛端部灰褐色。

分布:中国的甘肃(庆阳)、四川、云南、西藏;日本,印度,尼泊尔。

(886) 双轮切夜蛾 *Euxoa tirivia* (Denis & Schiffermüller, 1775)

Noctua tirivia Denis & Schiffermüller, 1775, Ankündung syst. Werkes Schmett. Wienergegend:71. (Austria)

前翅长:19 mm。头和胸腹部灰色。前翅狭长,外缘微波曲,倾斜;后翅外缘微波曲。前翅灰白色,散布深灰褐色,线纹深灰褐色,均不清晰;亚基线细带状;内线双线波状;中线和外线带状;环纹和肾纹暗灰色,有灰白色边;中线之外前缘上有1列黄白色点,翅端部色较深,亚缘线灰白色,微锯齿形;缘线为1列黑褐色新月形斑;缘毛黄白色掺杂少量灰褐色,中间有1条深灰褐色线。后翅基部灰褐色,向端部色渐深;中点深灰褐色;缘毛色较浅。

分布:中国的甘肃(玉门)、黑龙江、内蒙古、新疆;亚洲西部,欧洲。

(887) 寒切夜蛾 *Euxoa sibirica* (Boisduval, 1837)

Agrotis sibirica Boisduval, 1837, Icones hist. Lépid. nouv. ou peu connus, 2:pl.80:6. (Type locality unknown)

前翅长:20 mm。雄性触角线形。前翅窄而长,前后缘近平行,外缘平滑;后翅近三角形,外缘微曲。前翅深褐色,前缘脉处黑色;亚基线、内线和外线均双线黑色波状;环纹近方形,周围为黄褐色边,内部有浅褐色方形斑;肾纹8字形,黄褐色边,内部有浅褐色圆形斑;外线锯齿形微曲;亚缘线黄褐色,微曲内斜,其内侧翅脉间有长短不一的黑色横纹;缘线黑色。后翅暗褐色,微透明。

分布:中国的甘肃(甘谷、天水)、黑龙江、陕西、西藏;俄罗斯,朝鲜,韩国,日本。

(888) 厉切夜蛾 *Euxoa lidia* (Cramer, 1782)

Phalaena lidia Cramer, 1782, Uitl. Kapellen, 4:222, pl.396:D. (India:Berbices)

前翅长:15 mm。头和胸部红褐色。腹部灰黄褐色。前翅褐色,前缘区密布白色细点;亚基线和亚缘线灰白色;内线和外线黑褐色;外线与亚缘线之间色较灰;剑纹暗褐色;环、肾纹灰白色黑边,中央暗褐色;亚端区在M_2至Cu_2之间有尖齿形黑纹。后翅浅灰褐色,端部色较暗;隐见深色中点。

分布:中国的甘肃(地点不详)、黑龙江、内蒙古、北京;印度;欧洲。

(889) 白边切夜蛾 *Euxoa oberthüri* (Leech, 1900)

Agrotis oberthüri Leech, 1900, Trans. ent. Soc. Lond., 1900:30. (China:Sichuan, Ta-chien-lu)

前翅长:18 mm。头、胸部和前翅黑褐色。腹部深灰褐色。前翅前缘区浅黄褐色;亚基线、内线双线黄白色;中室下缘脉灰白色;剑纹三角形;环、肾纹浅黄褐色边;外线黑色;亚缘线浅褐色,前端及中段内侧有锯齿形黑纹。后翅灰褐色,端部色暗。

分布:中国的甘肃(高台、武威、庆阳、镇原、甘谷、礼县、宕昌)、黑龙江、吉林、内蒙古、河北、四川、云南、西藏;朝鲜,韩国,日本。

(890) 岛切夜蛾 *Euxoa islandica* (Staudinger, 1857)

Agrotis islandica Staudinger, 1857, Stett. ent. Z., 18:232. (Iceland)

前翅长:20 mm。前翅顶角圆,外缘平滑近垂直,后缘基部微凸出;后翅外缘微曲。前翅暗褐色;亚基线双线黑色,外侧2A脉和Cu_1脉间有1方形黑斑;内线双线黑色,锯齿形稍外斜;环纹呈"V"字形,与内线之间形成近三角形黑斑;肾纹灰色椭圆形,与环纹之间形成1黑色方形斑;外线双线,浅褐色,波浪状,在M_1脉后稍内弯;亚缘线浅褐色,微波浪形,其内侧亚前缘脉处有1黑斑。后翅黄褐色,端部灰褐色。

分布:中国的甘肃(庆阳、甘谷)、黑龙江、陕西、青海;蒙古国,日本;欧洲。

(891) 繁切夜蛾 *Euxoa polytela* Boursin, 1940

Euxoa polytela Boursin, 1940b, Mém. Mus. nat. Hist. Natur., 13:304. (China:Gansu, Liang-Tschou)

前翅长:21 mm。体和前翅灰黄色。前翅线纹深灰褐色;亚基线双线,到达臀褶;内线细带状;中线锯齿形;环纹圆形黑褐色,周围有白边,上端延伸至前缘;肾纹黑褐色,上下两端较粗,中段为弧形细线,内侧有白边;外线锯齿形;亚缘线灰白色锯齿形;缘线为1列小黑点。后翅灰白色;缘线为1列深灰褐色点。

分布:甘肃(武威)。

(892) 行切夜蛾 *Euxoa cursoria* (Hufnagel, 1766)

Phalaena cursoria Hufnagel, 1766b, Berl. Magazin, 3:416. (Germany)

前翅长:15~16 mm。雄触角短双栉形。体和翅淡灰褐色。前翅线纹黑褐色;亚基线、内线和外线均双线;环、肾纹灰色,有白环和黑边,肾纹宽大,下端有1粗黑点;外线锯齿形,齿尖为黑白点;亚缘线灰白色锯齿形,两侧色较深;缘线为1列三角形小黑斑;缘毛灰褐色,基部有1条白线。后翅端部色较深;灰褐色中点隐约可见。

分布:中国的甘肃(正宁)、青海、新疆、西藏;中亚地区;亚洲西部,欧洲。

(893) 元切夜蛾 *Euxoa rjabovi* Kozhantschikov, 1929

Euxoa rjabovi Kozhantschikov, 1929, Dt. ent. Z. Iris, 43:180. (Caucasus)

前翅长:14 mm。雄触角锯齿形。头和胸部灰黄绿色。腹部淡灰黄色。前翅灰褐至褐色,前缘及后缘的内线内侧和外线外侧灰白色;亚基线在臀褶处有1黑点;内线黑色,在2A处有1大凸齿,内侧有1灰白色带;剑纹灰褐色,外半有黑边;环纹和肾纹灰白色,有不完整黑边,中央略带灰褐色;中室前后缘及M_3和Cu_1脉基半部灰白色;外线黑褐色锯齿形;亚缘线灰白色细弱,不规则波曲,内侧有1列黑齿纹;缘线为1列近三角形黑点;缘毛深灰褐色。后翅灰褐色,端部色略深;缘毛黄白色,掺杂少量灰褐色。

分布:中国的甘肃(正宁);高加索地区。

(894) 威切夜蛾 *Euxoa sublata* Corti, 1931

Euxoa sublata Corti, 1931, in Seitz, Gross-Schmett. Erde, 3 (Suppl.):31, pl.4:c. (China:Xinjiang, Aksu)

前翅长:16 mm。头、胸部和前翅污黄褐色。腹部灰黄色。前翅内线和外线均为灰黄色点列,内线折曲,下半段部分点合并成线,内侧色较灰;外线的点列弧形排列;内外线两侧在前缘均有黑点;环纹和肾纹大,灰黄色,有纤细黑褐色边,中央大部灰褐色;亚缘线灰白色,细弱,内侧衬不明显的暗褐色;缘线为1列细小黑点;缘毛黄白色掺杂灰褐色。后翅污白色,端半部散布不均匀的浅灰褐色。

分布:甘肃(武威)、天津、新疆。

(895) 黑麦切夜蛾 *Euxoa tritici* (Linnaeus, 1761)

Phalaena tritici Linnaeus, 1761, Fauna Suecica:320. (Sweden)

前翅长:13~15 mm。雄触角短双栉形。头和胸腹部褐色,略带红褐色。前翅狭长,顶角圆,外缘浅弧形,略倾斜;后翅较小,顶角圆,其下方在Rs端部略凸,外缘浅凹。前翅黑褐色,前缘区和后缘区大部淡灰黄褐色;亚基线白色内衬黑色;内线黑色内衬白色;中室下缘脉白色;剑纹长舌形;环、肾纹淡灰黄褐色,有白环,两纹间黑褐色;外线锯齿形,齿尖为黑点;亚缘线波状,内侧1列黑齿纹。后翅淡灰褐色,顶角附近色略暗;隐见灰褐色中点。

分布:中国的甘肃(庆阳、卓尼)、黑龙江、内蒙古、河北、新疆、西藏;俄罗斯,蒙古国,土耳其;欧洲。

(896) 小地老虎 *Agrotis ipsilon* (Hufnagel, 1766)

Phalaena ipsilon Hufnagel, 1766b, Berl. Magazin, 3:416. (Germany)

前翅长:24 mm。雄触角双栉形,雌触角线形。头、胸及翅褐色或黑灰色。腹部灰褐色。前翅前缘区色较黑,中点黑色;亚基线、内线、中线及外线均双线黑色;亚缘线灰白色锯齿形,内侧M1至M3脉间有2楔形黑纹,外侧2黑点;环纹、肾纹暗灰色,后者外方有1楔形黑纹。后翅白色半透明。

分布:甘肃(全省);世界性分布。

(897) 黄地老虎 *Agrotis segetum* (Denis & Schiffermüller, 1775)

Noctua segetum Denis & Schiffermüller, 1775, Ankündung syst. Werkes Schmett. Wienergegend:81. (Austria)

前翅长:18 mm。雄雌触角均为双栉形,但端部渐细呈线形。前翅窄长,顶角圆,前后翅外缘微曲。前翅浅褐色,亚基线和内线黑色,仅端半部可见;环、肾纹椭圆,黑色边,环纹左后方有1黑色横纹,肾纹外端稍尖;中线黑色微曲外斜;外线黑色波浪形;亚缘线双线黑色,波浪形,线间灰褐色,外侧黑褐色;缘线灰白色。后翅白色,半透明;中点浅褐色。

分布:中国的甘肃(酒泉、武威、兰州、临夏、甘谷、天水、成县)、东北、西北、华北、华中、华东、西南;朝鲜,韩国,日本,印度;欧洲,非洲等。

(898) 汉地夜蛾 *Agrotis robustana* Poole, 1989

Agrotis robustana Poole, 1989, Lcp. Cat. Noct., 2:55. (Russia:Altai)

前翅长:19 mm。雄触角双栉形。头部褐色杂灰色;领片近端部有1黑色横线;肩片灰色。腹部灰黄色。前翅红褐色,前缘和后缘区灰白色;亚基线在前缘和中室下方有黑点;内线黑色双线,仅在臀褶处可见;剑纹、环纹和肾纹均黑边,肾纹周围和内部带浅褐色;外线白色,细锯齿形;亚缘线白色,不规则波曲,内侧有黑齿纹;缘线为1列三角形黑点;缘毛黄白色,中间有1条灰褐色线。后翅淡灰褐色,端部灰褐色;中点深灰褐色;缘线深灰褐色,大部连续。

分布:中国的甘肃(武威)、北京、山西、新疆;蒙古国。

(899) 大地老虎 *Agrotis tokionis* Butler, 1881

Agrotis tokionis Butler, 1881c, Trans. ent. Soc. Lond., 1881:178. (Japan:Tokyo)

前翅长:♂48~50 mm,♀42~45 mm。雄触角双栉形,雌触角线形。前后翅外缘微曲,前翅窄长,前后缘近平行;翅面灰色,基线双线黑色,波浪状;内线双线,内侧线褐色,外侧线黑色,微曲外斜;环、肾纹椭圆,两侧边缘黑色,肾纹外侧中部凹陷,其后方有1黑斑;中线仅在前缘脉处可见1黑点;外线双线黑色,波浪状内斜;亚缘线褐色,微波浪形;缘线灰白色,微曲。后翅灰褐色;缘毛灰白色。

分布:中国的甘肃(全省);俄罗斯,朝鲜,韩国,日本。

(900) 杂地夜蛾 *Agrotis submolesta* Püngeler, 1900

Agrotis submolesta Püngeler, 1900, Dt. ent. Z. Iris, 12:291, pl.8:14. (China:Qinghai, Kuku-Noor)

前翅长:18 mm。体和前翅浅灰褐色;领片中部有1黑色横线。前翅亚基线、内线均黑褐色波状双线;剑纹小,黑边;环纹圆形,黑边;肾纹短宽,黑边,中有1曲纹;环、肾纹之间有1黑短纹;中线模糊细带状;外线双线,内侧一条黑褐色,波状,外侧一条深灰色,细锯齿形;亚缘线不明显,淡褐色,其外侧在M脉间有黑斑;缘线黑色,几乎连续,在翅脉间内凸;缘毛灰黄褐色至灰褐色,基部1条黄白色线。后翅浅灰褐色;隐见灰褐色中点;缘毛灰黄色略带灰褐色。

分布:甘肃(兰州、甘谷)、河北、青海。

(901) 皱地夜蛾 *Agrotis clavis* (Hufnagel, 1766)

Phalaena clavis Hufnagel, 1766a, Berl. Magazin, 2 (4):426. (Germany)

前翅长:16 mm。雄触角双栉形。头和胸腹部灰褐色。前翅浅灰褐色,前缘区色暗;亚基线、内线和外线均黑褐色双线;剑纹窄长;环纹黑色带灰色;肾纹大,与环纹同色;亚缘线灰白色,内侧1列黑褐色尖齿纹。后翅浅灰褐色。

分布:中国的甘肃(高台、甘谷)、黑龙江、河北、青海、四川、西藏;日本,印度,中亚地区;欧洲,非洲。

(902) 幽地夜蛾 *Agrotis humigena* Püngeler, 1900

Agrotis humigena Püngeler, 1900, Dt. ent. Z. Iris, 12:291, pl.9:1. (China:Qinghai, Kuku-Noor)

前翅长:15 mm。头、胸部和前翅浅灰褐色,密布黑褐色细点。腹部灰褐色。前翅线纹黑褐色;亚基线、内线和外线均双线波状;亚基线到达臀褶;剑纹仅外端现1黑点;环纹小,圆形,黑边;肾纹大,中有黑圈,边缘黑色,后端超出中室下缘;亚缘线灰黄色,有间断,内侧有1列锯齿形黑褐色纹,前缘附近的齿较大,线外方中段带有黑褐色;缘线由1列黑点组成。后翅浅灰褐色;隐约可见深灰褐色中点;外线和缘线有时可见。

分布:甘肃(甘谷)、青海。

(903) 义地夜蛾 *Agrotis justa* Corti, 1932

Agrotis justa Corti, 1932, in Seitz, Gross-Schmett. Erde, 3(Suppl.):44, pl.5:h. (China:Qinghai, Xining)

前翅长:15 mm。雄触角双栉形。头部黄褐色,额有1褐纹,头顶有灰白色斑;胸部背面灰色杂黑色,领片灰黑色,有1黑纹和灰白纹;肩片灰白色,边缘黑色。腹部灰褐色。前翅黑色带有白色,前缘灰黑色;亚基线黑色波曲,自前缘脉至2A脉,双线,线间灰白色;内线双线黑色,线间灰白色,波曲外斜;剑纹明显,褐色黑边;环纹圆形,中有褐纹,褐边;肾纹大,中有1黑褐纹,黑边;外线褐色,自前缘脉后外弯,M_2脉后波曲内斜;亚缘线灰白色,不明显,在R_5脉处外凸,M_2至Cu_2脉间外弯;缘线黑色,内侧在M_1至M_3脉间有1内凸的褐斑;缘毛基部灰黄色。后翅灰白至淡灰褐色。

分布:甘肃(武威、天祝、文县)、陕西、青海、西藏。

(904) 浦地夜蛾 *Agrotis ripae* (Hübner, 1823)

Noctua ripae Hübner, 1823, Samml. eur. Schmett., 4:pl.151:702-703. (Europe)

前翅长:16. mm。雄触角短双栉形。头和胸腹部黄白色。前翅黄白色带浅黄褐色;翅脉大部白色;亚基线、中线和外线黑褐色;内线双线黑褐色;剑纹舌形;环、肾纹浅黄褐色黑边;亚缘线白色,细带状,内侧有1列尖齿形黑褐色斑,外侧色较深;缘线为1列黑点;缘毛灰褐色与灰黄色掺杂。后翅白色,可见纤细灰褐色缘线。

分布:中国的甘肃(武威)、内蒙古、新疆、西藏;蒙古国;欧洲。

(905) 侏地夜蛾 *Agrotis vestigialis* (Hufnagel, 1766)

Phalaena vestigialis Hufnagel, 1766a, Berl. Magazin, 2 (4):422. (Germany)

前翅长:14 mm。雄触角双栉形。头和胸腹部灰白色杂黑色。前翅暗灰褐色;翅脉黑色衬白;亚基线、内线均双线黑色,后者线间白色;外线黑色,外侧衬白;亚缘线白色,内侧有1列箭头形黑纹;剑纹长舌形;环纹灰白色,肾纹黑褐色,后端内凸,两纹间带红褐色。后翅浅灰褐色。

分布:中国的甘肃(武威)、青海、新疆;欧洲。

(906) 翠色狼夜蛾 *Ochropleura praecox* (Linnaeus, 1758)

Phalaena (Noctua) praecox Linnaeus, 1758, Syst. Nat. (Edn 10), 1:517. (Europe)

前翅长:20 mm。触角线形。头、胸褐色杂白色;领片有三条白线。腹部黄褐色。前翅特别狭长,外缘浅弧形;灰绿色,有白及褐色点,前缘区微黑;亚基线与内线黑褐色,内线双线间白色;剑纹梭形;环纹、肾纹大,后者前后部各1齿形暗点;中线与外线粗,外线中段外侧带绿白色;亚缘线白色,内侧1红褐带。后翅褐色。

分布:中国的甘肃(迭部)、黑龙江、辽宁、河北、陕西;日本,蒙古国;欧洲。

(907) 夕狼夜蛾 Ochropleura refulgens (Warren, 1909)

Rhyacia refulgens Warren, 1909, in Seitz, Gross-Schmett. Erde, 3:43, pl.9:f. (China:Tibet. Kashmia)

前翅长:16 mm。头、胸及前翅紫黑色。腹部灰褐色。本属以下各种前翅均较翠色狼夜蛾 *O. praecox* 略宽阔。前翅外线内方的前缘区及部分中室黄赭色;臀褶基部1斜黑斑;内、外线双线;剑纹梭形;环纹红褐色半圆形;肾纹黑灰色,外围红褐色;亚缘线黑色锯齿形。后翅灰褐色。

分布:中国的甘肃(地点不详)、河北、陕西、浙江、四川、云南、西藏;印度,克什米尔地区。

(908) 缪狼夜蛾 Ochropleura musiva (Hübner, 1803)

Noctua musiva Hübner, 1803, Samml. eur. Schmett., 4:pl.25:118. (Europe)

前翅长:17~18 mm。雄雌触角均为线形。前翅外缘微曲,顶角圆,后缘基部微突出,后翅外缘微曲。前翅深褐色,前缘脉处灰黄色,翅基部有1三角形黑斑;内线双线黑色,波浪状;环纹灰黄色,呈V字形;肾纹黑灰色,椭圆形,内部有灰黄色环,外侧中部凹陷;外线双线锯齿状,线间灰黄色,在Cu脉间稍内弯;亚缘线黑色微曲,端部内侧前缘脉处有1黑色三角形斑;缘线灰黄色。后翅淡灰褐色;可见黑色中点。

分布:中国的甘肃(高台、武威)、黑龙江、内蒙古、陕西、新疆、云南;欧洲。

(909) 明狼夜蛾 Ochropleura clarivena (Püngeler, 1900)

Agrotis clarivens Püngeler, 1900, Dt. ent. Z. Iris, 13:116, pl.4:8. (China:Qinghai, Kuku-Noor)

前翅长:18 mm。头部与胸部深褐色,头顶红褐色;触角基节灰白色;领片基部白色带红褐色,其余黑色。腹部灰白色。前翅深褐色,除端区及外线内方的前缘区外均带黑色;外线内方的前缘区为1赭白纵条,其中可见黑褐色中点;中室基部赭白色,其后为1黑纹;内线隐约可见,自中室波曲向后,黑色内侧衬红褐色;环纹赭白色,"V"字形,黑边,前端开放;肾纹仅内缘明显,弧形,赭白色衬黑色;中脉赭白色;外线黑色,锯齿形外弯,M_3脉后内斜,线外侧衬红褐色;外区前缘脉上有3个黄褐色点;亚缘线红褐色,锯齿形,内侧在Cu_1脉之前有1列黑点,锯齿形,亚前缘区的点最大。后翅灰褐色。

分布:甘肃(高台、庆阳)、陕西、青海、西藏。

(910) 衍狼夜蛾 Ochropleura stentzi (Lederer, 1853)

Chersotis stentzi Lederer, 1853b, Verh. zool.bot. Ver. Wien, 3(Abh.):367, pl.4:4. (Russia:Siberia)

前翅长:19 mm。头、胸深褐色带紫色。腹部灰褐色。前翅紫褐带黑色,前缘区大部及部分中室灰褐色,其间的翅脉黑色;臀褶基部1黑三角斑;内、外线黑色,前者双线;环纹"V"字形;肾纹带灰色;外线外侧赭色;亚缘线黑色,前端内侧1黑斜纹。后翅褐色。

分布:中国的甘肃(永登)、黑龙江、内蒙古、河北、河南、陕西、青海、新疆、湖北、云南、西藏;俄罗斯,日本,印度(锡金),中亚地区。

(911) 基角狼夜蛾 Ochropleura triangularis Moore, 1867

Ochropleura triangularis Moore, 1867, Proc. zool. Soc. Lond., 1867:55. (India:Darjeeling)

前翅长:17~22 mm。头、胸紫褐色。前翅紫黑色,前缘区大部及中室前缘黄白色;臀褶基部1黑色三角形斑;环纹"V"字形,黄白色;肾纹内缘1黄白线,两纹间黑色;内线与外线黑色,锯齿形;亚缘线黄褐色锯齿形,内侧1列齿形黑点。后翅暗褐色。

分布:中国的甘肃(高台、礼县、舟曲、成县、康县、文县)、陕西、四川、云南、西藏;日本,印度,克什米尔地区。

(912) 尊狼夜蛾 Ochropleura nigrita (Graeser, 1892)

Agrotis nigrita Graeser, 1892, Berl. ent. Z., 37:217. (Russia:Amurland)

前翅长:15 mm。头和胸腹部灰褐色,带灰紫色调;腹部臀毛簇带赭色。前翅黑褐色带灰紫色;亚基线黑色双线,波状,到达臀褶,线间微带红褐色;内线黑色波状;剑纹不明显,黑边;环纹圆形,较大,黑边,前端开放;肾纹大,黑边;环纹与肾纹之间黑褐色;中线隐约可见,黑褐色;外线黑色;亚缘线浅灰色,在R_5处外凸,中段外弯,内侧有1列黑色锯齿形纹;缘线为1列短条形黑点。后翅灰褐色,端部色较深;中点深灰褐色。

分布:中国的甘肃(酒泉)、黑龙江;俄罗斯。

(913) 漠狼夜蛾 *Ochropleura eremopsis* Boursin,1948

Ochropleura eremopsis Boursin,1948,Z. wien. ent. Ges.,33:101. pl.1:5.(China:Xinjiang,Korla)

前翅长:16 mm。头、胸腹部和前翅浅灰褐色。前翅除亚缘线外的各横线均黑褐色;亚基线、内线和外线均为粗细不均的锯齿形,有间断;剑纹只现1黑点;环纹和肾纹之间黑褐色,前者小,后者不清晰;翅端部深灰褐色,亚缘线灰白色锯齿形;缘线的点列颜色较该处翅面略深;缘毛深灰褐色与黄白色相间。后翅浅灰褐色,端部色略暗。

分布:甘肃(地点不详)、新疆。

(914) 皂狼夜蛾 *Ochropleura melanura* (Kollar,1846)

Agrotis melanura Kollar,1846,in Carrara,Dalmazia Descritta:99.(Yugoslavia)

前翅长:15 mm。头和胸腹部白色,布有黑褐细点。前翅污白色,布有暗褐色细点;亚基线、内线、中线和外线在前缘形成4个黑褐色小斑,其下均断离;亚基线在中室之下另有1褐点;内线在中室之下1段深褐色折线;中线下半段消失;外线在R5下深褐色,内斜;肾纹为2个深褐色小斑;翅端部色较深。后翅白色,端部略带浅灰褐色。

分布:中国的甘肃(瓜州、武威)、新疆;中亚地区;欧洲。

(915) 阴狼夜蛾 *Ochropleura umbrifera* (Alphéraky,1882)

Agrotis umbrifera Alphéraky,1882,Horae Soc. ent. ross.,17:53,pl.1:38.(China:Xinjiang,Kouldja)

前翅长:18 mm。头、胸腹部和前翅浅黄褐色。前翅密布紫灰色细点,外线外方紫灰点致密形成1片深色区域;各横线紫灰色,模糊带状;剑纹与环纹不显;肾纹黑灰色,较窄,弧形;亚缘线不明显,浅黄褐色,仅隐约可见;无缘线;缘毛紫灰色与黄白色相间。后翅基半部淡灰黄褐色,端部深灰褐色;缘毛黄白色掺杂灰褐色。

分布:中国的甘肃(文县)、新疆;俄罗斯,蒙古国。

(916) 灰褐狼夜蛾 *Ochropleura ignara* (Staudinger,1896)

Agrotis ignara Staudinger,1896,Dt. ent. Z. Iris,9:248.(Mongolia)

前翅长:16 mm。头、胸腹部和前翅浅黄褐色。前翅密布黑褐色细点;亚基线、内线和外线黑色锯齿形,均不完整;中线粗;剑纹不清晰;无环纹;肾纹黑褐色,与中线重叠,其下中线消失;亚缘线不明显;缘线为1列细小黑点;缘毛黄白色与深灰褐色相间。后翅灰褐色,端部色渐深;缘毛黄白色略带灰褐色。

分布:中国的甘肃(武威)、内蒙古、山西;蒙古国,土耳其;欧洲。

(917) 实狼夜蛾 *Ochropleura spissilinea* (Staudinger,1896)

Agrotis spissilinea Staudinger,1896,Dt. ent. Z. Iris,9:253.(Mongolia)

前翅长:13 mm。头部和胸部灰色微带紫色;肩片内缘有黑纵纹。腹部褐色至黑褐色。前翅灰色微带紫色;Sc脉和中室下缘脉衬白色;亚基线黑色双线,线间白色,波曲,由前缘达臀褶;内线黑色双线,波曲外斜,线间白色;剑纹狭长,灰色黑边,其内侧的臀褶带黑色;环纹长椭圆形,外斜,白色,中有黑褐色纹;肾纹白色,中有黑褐圈;环、肾纹间及环纹至内线间的中室黑色;外线较弱,黑色,锯齿形外弯,M_3后内斜,线外侧衬灰白色;亚缘线灰白色,在R_5处折角,线内侧有1列锯齿形黑纹;缘线为1列黑点。后翅淡灰褐色,端部色较深;中点和翅脉外半灰褐色。

分布:中国的甘肃(敦煌)、新疆;俄罗斯,蒙古国。

(918) 铅色狼夜蛾 *Ochropleura plumbea* (Alphéraky, 1887)

Agrotis birivia var. plumbea Alphéraky, 1887, Stett. ent. Z., 48:168. (Turkestan)

前翅长:19 mm。头、胸部和前翅铅灰色。腹部灰白色。前翅线纹白色或灰白色;内线锯齿形,外侧衬黑灰色;外线内侧衬黑灰色;剑纹窄小;环纹和肾纹灰色白边;缘线为1列黑灰色点;缘毛黄褐色。后翅污白色,端部带浅灰褐色;缘毛灰白色。

分布:中国的甘肃(武威)、新疆、西藏;蒙古国,中亚地区。

(919) 土狼夜蛾 *Ochropleura geochroides* Boursin, 1948

Ochropleura geochroides Boursin, 1948, Z. wien. ent. Ges., 33:106, pl.1:12; pl.6:13. (China: Gansu, Liang-Tschou[Wuwei])

前翅长:18 mm。头和胸部灰红褐色。腹部灰褐色。前翅灰褐色,微带红褐色调;内、外线黑色锯齿形,后端相会于翅后缘;亚基线和亚缘线不明显;环纹和肾纹浅红褐色,后者中央有黑曲纹;前缘端半部色微黑;缘线黑褐色,纤细;缘毛深灰褐色。后翅灰褐色;缘线深灰褐色;缘毛较前翅色浅。

分布:甘肃(武威)、青海、西藏。

(920) 环狼夜蛾 *Ochropleura celebrata* (Alphéraky, 1897)

Agrotis celebrata Alphéraky, 1897d, in Romanoff, Mém. Lépid., 9:209, pl.8:8. (Russia)

前翅长:20 mm。头和胸腹部灰白色;领片后缘和肩片基部略带灰黄色。前翅浅灰褐色,斑纹黑褐色;亚基线仅在前缘和中室下缘有2个黑点;内线粗壮,波状,在2A处断离;环纹小,椭圆形,内半与内线重叠,外半黑圈纤细;肾纹灰白色,新月形,两侧为同形状的黑褐纹;中线粗壮,间断;外线锯齿形,在Cu_2和2A脉上间断;翅端部深灰褐色,隐见灰白色锯齿形亚缘线;缘线的黑点不明显;缘毛黄白色掺杂深灰褐色。后翅基部浅灰褐色,向端部色渐深;缘毛黄白色。

分布:中国的甘肃(酒泉)、内蒙古、俄罗斯。

(921) 污狼夜蛾 *Ochropleura squalorum* (Eversmann, 1856)

Agrotis squalorum Eversmann, 1856, Bull. Soc. imp. Nat. Moscou, 29(2):222. (Russia)

前翅长:16 mm。头和胸部灰黄色;雌领片黑褐色。前翅灰黄色,密布黑褐色细点;亚基线、内线、中线和外线均黑褐色锯齿形,不同程度断离,在前缘有黑斑;剑纹窄小箭头形;环纹模糊不清;肾纹黑褐色,弧形;翅端部色较深;亚缘线灰白色,内侧有黑齿纹;缘线为1列小黑点;缘毛深灰褐色与灰黄色相间。后翅浅灰褐色,端部色略深。

分布:中国的甘肃(武威)、新疆;俄罗斯。

(922) 贾异夜蛾 *Protexarnis sollertina* (Corti & Draudt, 1933)

Rhyacia sollertina Corti & Draudt, 1933, in Seitz, Gross-Schmett. Erde, 3 (Suppl.):67, pl.9:d. (China: Xinjiang, Aksu)

前翅长:23 mm。头和胸腹部浅灰至灰褐色。前翅深灰色,略带灰褐色;亚基线、内线双线黑褐色;环纹圆形,深灰色白边;肾纹色似环纹;中线暗褐色,模糊带状;外线黑褐色锯齿形;亚缘线灰白色,不规则锯齿形,内侧衬深灰褐色;缘线为1列黑褐色小点;缘毛深灰褐色。后翅灰褐色;隐见深灰褐色中点;缘毛黄白色,中间有1条灰褐色线。

分布:甘肃(舟曲)、新疆。

(923) 冬麦异夜蛾 *Protexarnis confinis* (Staudinger, 1881)

Agrotis confinis Staudinger, 1881, Stett. ent. Z., 42:422. (Russia: Saisan; Lepsa)

前翅长:17 mm。雄雌触角均线形。头、胸部和前翅灰黄褐色。腹部灰褐色,末端黄白色。前翅狭长,外缘浅弧形;亚基线、内线、中线和外线黑褐色;内线和外线锯齿形,后者在翅脉上的黑色齿尖十分清晰;剑纹可见黑边;环、肾纹灰白色黑褐色边,后者中部有黑褐色曲纹;亚缘线灰白色,不规则锯齿形。后翅污白色,端半部略带淡灰褐色。

分布：中国的甘肃（武威、甘谷、天水、舟曲、成县、康县、文县）、河北、宁夏、青海、新疆；俄罗斯，中亚地区。

（924）泛异夜蛾 *Protexarnis paralia* (Corti & Draudt, 1933)

Rhyacia paralia Corti & Draudt, 1933, in Seitz, Gross-Schmett. Erde, 3（Suppl.）:67, pl.9:d.（China:Xin-jiang, Altyn-tag; Qinghai, Kuku-Noor）

前翅长：20 mm。头、胸腹部和前翅淡灰褐色。前翅亚基线和内线均黑色双线，波状；中线与外线黑色，后者锯齿形；各横线均在前缘增粗形成黑点；环纹可见1黑点；肾纹仅在中室下角现黑色；亚缘线黄白色，内侧衬黑褐色；缘线为1列小黑点；缘毛灰褐色。后翅白色。

分布：甘肃（玉门、武威）、宁夏、青海、新疆。

（925）索异夜蛾 *Protexarnis obumbrata* (Staudinger, 1889)

Agrotis sollers var. *obumbrata* Staudinger, 1889, Stett. ent. Z., 50:28.（Kyrgyzstan: Issyk-kul）

前翅长：19 mm。头、胸部和前翅灰色。腹部灰白色。前翅密布黑褐色细点；除亚缘线灰色外，其他线纹均黑色；环纹黑色，肾纹黑褐色，较窄小，两纹均围黄边；中线模糊；外线锯齿形；缘线的黑褐色点很小，多数向内凸出细尖齿。后翅白色，端部淡灰褐色。

分布：中国的甘肃（武威）、青海、新疆；中亚地区。

（926）间色异夜蛾 *Protexarnis poecila* (Alphéraky, 1888)

Agrotis poecila Alphéraky, 1888, Stett. ent. Z., 49:67.（Mount Bain-Tsagan）

前翅长：19 mm。头部黄褐杂黑色；胸腹部灰褐色杂白色。腹部黄白色。前翅灰黄色，大部带暗灰和白色，密布细黑点，前缘区较灰白；亚基线、内线和外线黑褐色，外线深锯齿形；剑纹大，外端伸出1白线；环纹和肾纹白色，有不完整深色边，肾纹后端有2黑褐色突；亚缘线灰白色，内侧1列黑齿纹；缘线为翅脉间的黑短条；缘毛深灰褐色掺杂灰白色。后翅淡灰褐色；缘毛白色。

分布：中国的甘肃（武威）、内蒙古、新疆；蒙古国，中亚地区。

（927）伊经夜蛾 *Parexarnis sollers* (Christoph, 1877)

Agrotis sollers Christoph, 1877, Horae Soc. ent. ross., 12:209, 245, pl.6:19.（Iran: Elburz Mts）

前翅长：21 mm。触角线形。头、胸腹部灰色。前翅特别狭长，顶角圆，外缘微波曲，下半段倾斜；翅面深灰色；亚基线和内线黑色；中线和外线黑褐色；环纹和肾纹有白圈；亚缘线不明显；缘线在翅脉间有黑褐色短纵条；缘毛深灰褐色，基部1条黄白色线。后翅白色，略带淡灰褐色。

分布：中国的甘肃（武威）、新疆；伊朗。

（928）高昭夜蛾 *Eugnorisma gaurax* (Püngeler, 1900)

Agrotis gaurax Püngeler, 1900, Dt. ent. Z. Iris, 13:117, pl.4:9.（Kyrgyzstan）

前翅长：16 mm。触角线形。头和胸部灰白带紫色。腹部灰白色。前翅狭长，外缘光滑，中部略隆起，上下段近平直；翅面灰白色，后缘区和翅端半部带紫灰色；各横线黑褐色；外线、亚缘线锯齿形；环纹"V"字形，灰白色，内线外方的中室黑色，在环纹内外两侧形成2黑斜纹，内侧的伸达前缘，环纹下方黑色逐渐消退；肾纹灰色；缘毛深灰褐色，基部有1条黄白色线。后翅白色，端部略带灰色。

分布：中国的甘肃（武威）、青海、新疆；中亚地区。

（929）土沁夜蛾 *Rhyacia geochroa* (Boursin, 1940)

Agrotis geochroa Boursin, 1940b, Mém. Mus. nat. Hist. Natur., 13:306, pl.9:2, 18.（China: Gausu, Liang-Tschou[Wuwei]）

前翅长：16 mm。触角线形。头部和胸部灰色。腹部灰褐色。前翅略狭长，外缘浅弧形；翅面深灰色，带灰褐色；亚基线、内线和中线仅存数个小黑点；肾纹可见1狭窄黄色折线，两侧黑褐色；外线在翅脉上有1列尖齿，弧形排列；亚缘线上半段为数个大小不均的黑点，下半段为黑褐色细带。后翅灰褐色。

分布：甘肃(武威、甘谷)、四川。

(930) 冬麦沁夜蛾 Rhyacia augurides (Rothschild, 1914)

Agrotis augurides Rothschild, 1914, Novit. zool., 21:320. (Algeria)

前翅长：18 mm。头、胸腹部和前翅浅灰黄褐色杂少许黑色。前翅亚基线和内线均黑色双线；中线和外线黑色，后者锯齿形；环纹和肾纹灰黄色，有不完整黑边；亚缘线灰白色，锯齿形，内侧衬深灰褐色；缘线为1列黑点；缘毛灰褐色。后翅浅灰褐色，端部色略深。

分布：中国的甘肃(玉门)、新疆；中亚地区；欧洲，非洲北部。

(931) 少卡夜蛾 Chersotis juvenis (Staudinger, 1901)

Agrotis juvenis Staudinger, 1901, in Staudinger & Rebel, Cat. Lepid. palaearct. Faunengeb., 1:141. (Turkey)

前翅长：17 mm。体背和前翅灰色，略带紫褐色调。前翅亚基线黑色，外侧衬灰色；内线黑色双线，波状，线内侧的臀褶处有1黑纹；剑纹较长，灰褐色黑边；环纹圆形，灰色黑边，中有褐点，两侧有2块黑斑；肾纹色似环纹，中有黑褐色曲纹；外线黑色，细波浪形，外侧衬灰色；亚缘线灰色，内侧1列黑灰色锯齿形模糊黑纹；缘线为1列细小黑点；缘毛深灰褐色，基部有1条灰黄色线。后翅灰褐色，隐见深灰褐色中点；缘毛及其基部的线较前翅色浅。

分布：中国的甘肃(甘谷、康县)、新疆；土耳其。

(932) 秃卡夜蛾 Chersotis bonza (Püngeler, 1900)

Agrotis bonza Püngeler, 1900, Dt. ent. Z. Iris, 12:290, pl.8:13. (China: Qinghai, Kuku-Noor)

前翅长：16 mm。雄雌触角均线形。头和胸部褐色杂灰色和赭色；领片带紫色，基部黑色。腹部浅灰褐色。前翅狭长，端部弧形曲度较大，微波曲；灰褐色，前缘区带有紫红色；亚基线和内线黑褐色双线，波状，后者外斜；内线内侧在臀褶处有1黑纹；剑纹窄，黑边；环纹斜椭圆形，灰褐色，两侧黑色；肾纹灰白色，黑边，内有灰褐色曲纹；中线不明显；外线为深褐色波状双线；亚缘线为1列灰白点；缘线的黑点列不完整；缘毛深灰褐色。后翅灰白色，端部略带浅灰褐色；中点灰褐色；缘毛灰白色。

分布：中国的甘肃(庆阳)、陕西、青海、新疆；中亚地区。

(933) 融卡夜蛾 Chersotis deplanata (Eversmann, 1843)

Episema deplanata Eversmann, 1843, Bull. Soc. imp. Nat. Moscou, 16(3):545. (Russia: Urals)

前翅长：13 mm。头和胸腹部灰白至浅灰褐色；领片黑褐色。前翅浅灰褐色，略带紫灰色调，端部色深；亚基线和内线黑色；环纹大而圆，灰白色，两侧各有1黑斑；中线深灰褐色，在环纹外侧黑斑上下呈模糊带状；肾纹宽大；外线黑褐色双线，不规则锯齿形，两线间深灰褐色；亚缘线灰白色波状；缘毛深灰褐色。后翅灰褐色。

分布：中国的甘肃(镇原)、黑龙江、河北、青海、新疆、浙江；俄罗斯。

(934) 漫卡夜蛾 Chersotis ononensis (Bremer, 1861)

Agrotis ononensis Bremer, 1861, Bull. Acad. Imp. Sci. St. Pétersb., 3:486. (Russia: Onon)

前翅长：13 mm。雄触角锯齿形。头和胸部灰褐色。腹部浅灰褐色。前翅紫灰褐色；翅脉黑褐色，两侧衬灰白色，端区各翅脉间有黑褐色楔形纵纹；中室内和中室下缘下方黑褐色；环纹和肾纹白色黑边，均倾斜，肾纹外侧有1黑褐色齿形纹；缘毛灰黄褐色，中有1褐线。后翅浅灰褐色。

分布：中国的甘肃(民乐)、黑龙江、内蒙古、青海、新疆；俄罗斯，蒙古国。

(935) 狭翅夜蛾 Hermonassa consignata Walker, 1865

Hermonassa consignata Walker, 1865, List Spec. lepid. Insects Colln Br. Mus., 32:632. (India: Darjeeling)

前翅长：15 mm。雄雌触角均线形。头部黄褐色；胸腹部褐色。前翅狭长，顶角圆，外缘浅弧形；翅面灰黄褐带紫色，前缘区带赤褐色；亚基线、内线和外线均黑色双线，线间色浅；剑纹内尖外钝，黑色黄白边；环、肾纹黑色,前者内端尖;中线黑色模糊;亚缘线灰色锯齿形,内侧黑色。后翅白色,边缘灰褐色。

分布:中国的甘肃(卓尼、宕昌)、陕西、青海、西藏;印度。

(936)伊狭翅夜蛾 *Hermonassa ellenae* Boursin,1967

Hermonassa ellenae Boursin,1967b,Z. wien. ent. Ges.,52:27,pl.1:5;pl.4:5.(China:Yunnan,A-tun-tse)

前翅长:15 mm。头和胸部灰色杂黑色。腹部灰黄褐色。前翅浅褐色,略带黄褐色;亚基线、内线和外线均黑色双线;剑纹有黑边;环纹和肾纹黑色,白边,肾纹向内扩展;亚缘线灰白色大波曲,上端在前缘有1黑斑;缘线为1列黑点;缘毛深灰褐色。后翅浅灰褐色,顶角附近色较深。

分布:甘肃(迭部、宕昌、舟曲、文县)、四川、云南。

(937)淡狭翅夜蛾 *Hermonassa pallidula*(Leech,1900)

Graphiphora pallidula Leech,1900,Trans. ent. Soc. Lond.,1900:39.(China:Sichuan,Omei-shan)

前翅长:15~17 mm。前翅狭长,前后缘近乎平行,后缘基部稍外凸;后翅外缘微曲。前翅淡灰色,亚基线双线褐色,波浪状;内线褐色,细弱,中部模糊不可见;环纹黑色,扁圆形;肾纹黑色,椭圆形,其外侧中部凹陷;中线褐色,在M脉间外弯;外线褐色,微曲,仅后半部可见双线;亚缘线黄褐色,微波浪状,在Cu_2脉处稍内弯,其前端有1方形黑斑;缘线褐色。后翅浅灰褐色。

分布:甘肃(宕昌、舟曲、康县、文县)、陕西、青海、四川、云南、西藏。

(938)仓狭翅夜蛾 *Hermonassa arenosa*(Butler,1881)

Opigena arenosa Butler,1881c,Trans. ent. Soc. Lond.,1881:179.(Japan:Tokyo)

前翅长:15 mm。头和胸腹部灰黄色。前翅灰黄褐色;亚基线、内线和外线均黑色双线;中线黑褐色细带状;中室下缘下方由亚基线至内线外方有1黑色纵纹;环纹和肾纹黑色白边,前者较小,扁圆形;亚缘线灰白色,不规则波曲,内侧衬1暗褐色细带;缘线为1列黑点。后翅灰褐色。前后翅缘毛深灰褐色,基部有1条黄白色线。

分布:中国的甘肃(舟曲、文县)、黑龙江;俄罗斯,日本。

(939)黄绿狭翅夜蛾 *Hermonassa xanthochlora* Boursin,1967

Hermonassa xanthochlora Boursin,1967b,Z. wien. ent. Ges.,52:29,pl.1:12-13;pl.6:10.(China:Yunnan,Likiang)

前翅长:15 mm。头和胸腹部赭黄色。前翅黄绿色,密布黑褐色细点;各横线在前缘均为粗黑点;亚基线、内线和外线均黑色双线;剑纹、环纹和肾纹黑色黄绿边;亚缘线黄绿色,锯齿形,两侧衬暗褐色;缘线为1列黑点;缘毛黄绿色杂灰褐色。后翅灰褐至深灰褐色,顶角附近色较深;有深灰褐色中点和缘线。

分布:甘肃(舟曲、文县)、陕西、云南、西藏

(940)缘狭翅夜蛾 *Hermonassa megaspila* Boursin,1967

Hermonassa megaspila Boursin,1967b,Z. wien. ent. Ges.,52:28,pl.1:11;pl.6:9.(China:Shaanxi,Tapais-han)

前翅长:13 mm。头部褐色,头顶杂黑色;胸部灰黑色,领片基部有黑色横条,端部杂白色。腹部褐色。前翅灰黑色;亚基线双线黑色,粗,自前缘脉近呈直线内斜,线间剑纹大,萝卜形,尖端向内,黑色白边;内线双线黑色,微外弯,线间白色,穿过剑纹;中室前、后缘部分带黄白色,内线内侧的中室有1内斜黄白线;环纹巨大,柠檬形,内、外端尖,外端伸达肾纹,黑色,黄白边;肾纹大,色似环纹;外线双线黑色,细锯齿形,外弯,Cu_1脉后内弯,线间浅褐色;亚缘线由1列黄褐色新月形斑组成,内侧有1列黑褐纹,位于M_2脉前,在前缘区似1砧形斑;翅外缘有1列扁三角形黑纹。后翅污灰色。

分布:甘肃(文县)、陕西、四川、云南

(941)矛狭翅夜蛾 *Hermonassa lanceola*(Moore,1867)

Hadena lanceola Moore,1867,Proc. zool. Soc. Lond.,1867:59.(India:Bengal)

前翅长:15 mm。头、胸腹部和前翅黄白色,带黄绿色调。前翅亚基线、内线和外线均黑色双线,内线和外线波状;中线黑褐色,较模糊;剑纹、环纹和肾纹黑色黄白色边,环纹大,呈横置的长三角形;亚缘线黄白色,内侧衬深灰褐色;缘线的黑点十分细小;缘毛深灰褐色。后翅污白色,前缘和后缘附近淡灰褐色;中点深灰褐色,微小;缘毛白色,在顶角和臀角附近带灰褐色。

分布:中国的甘肃(文县)、湖南、云南、西藏;印度。

(942) 大狭翅夜蛾 Hermonassa gigantea Chen, 1989

Hermonassa gigantea Chen, 1989, Acta Ent. Sinica, 32 (3):355. (China:Sichuan, Qingcheng Shan)

前翅长:16~18 mm。头部与胸部褐色;领片近基部有1白色弧线,其下有黑点,领片中部另有1白色弧线。腹部褐色。前翅红褐色,大部带有黑色;亚基线双线黑色,线间浅黄色,自前缘脉直线内斜;内线双线黑色,在亚前缘脉处成1齿,线间浅黄色;剑纹长,梭形,黑色黄边;环纹大,近三角形,内、外端尖;肾纹大,黑色黄边;外线双线黑色,不规则波浪形,后半较弱,亚缘线黑色,外侧衬浅黄色,不规则锯齿形;缘线黑色间断。后翅淡黄色带污褐色,端区色较暗。

分布:甘肃(舟曲)、陕西、湖北、四川、西藏。

(943) 模夜蛾 Noctua pronuba (Linnaeus, 1758)

Phalaena pronuba Linnaeus, 1758, Syst. Nat. (Edn 10), 1:512. (Europe)

前翅长:21 mm。触角线形。头部白色杂暗褐色;胸部红褐色。腹部黄褐色。前翅狭长,顶角钝圆,外缘浅弧形;后翅外缘浅波曲。前翅褐色;亚基线、内线均双线,后者线间微白;环、肾纹褐色黄白边;外线、亚缘线浅黄色,锯齿形。后翅橘黄色,端区1黑带。

分布:中国的甘肃(卓尼)、新疆;中亚地区,印度;欧洲,非洲北部。

(944) 拱模夜蛾 Noctua chardinyi (Boisduval, 1829)

Anarta chardinyi Boisduval, 1829, *Eur. Lepid. Index meth.*:94. (Russia:Moscow)

前翅长:15 mm。头、胸暗灰褐色。腹部深灰褐色。前翅外缘上半段微凹,中部之下略隆起;翅面红褐色,大部带黑褐色;亚基线、内线褐色;环纹斜,暗灰色;肾纹黑色白边;外线黑色;亚缘线不显,内侧黑色;翅端区红褐色。后翅黄色,端带黑色较宽。

分布:中国的甘肃(地点不详)、黑龙江、内蒙古、河北、陕西、新疆;俄罗斯,蒙古国;欧洲。

(945) 波模夜蛾 Noctua undosa (Leech, 1889)

Agrotis undosa Leech, 1889c, Proc. zool. Soc. Lond., 1889:501, pl.50:3. (Japan)

前翅长:18 mm。头部黑褐色;胸部灰褐杂黑色。腹部褐色。前翅外缘锯齿形;翅面灰褐色,中区前半带黑色;内线与亚缘线间有多条波浪形线;亚基线、内线黑色;剑纹只现1黑线;环纹大;肾纹黑灰色;亚缘线前端内侧1砧形黑纹;缘毛深灰褐色。后翅褐色,端部色深;缘毛黄色,在翅脉端和臀角灰褐色。

分布:中国的甘肃(文县)、吉林、陕西;日本。

(946) 矛夜蛾 Spaelotis ravida (Denis & Schiffermüller, 1775)

Noctua ravida Denis & Schiffermüller, 1775, Ankündung syst. Werkes Schmett. Wienergegend:80. (Austria)

前翅长:17 mm。触角线形。头、胸腹部和前翅紫灰褐色。前翅狭长,前后缘近平行,外缘浅弧形;亚基线、内线和外线均黑色双线,波状;环纹和肾纹灰色黑边,前者扁圆形,前端开放;亚缘线灰白色锯齿形;缘线有黑点,小而模糊。后翅污黄至淡灰黄褐色,顶角附近色较暗;缘线纤细,深灰褐色。前后翅缘毛与翅面同色。

分布:中国的甘肃(正宁、甘谷)、黑龙江、内蒙古、北京、河北、青海、新疆、江苏;朝鲜,韩国,日本,印度;亚洲西部,欧洲。

(947) 卑矛夜蛾 Spaelotis sinophysa Boursin, 1955

Spaelotis sinophysa Boursin, 1955, Z. wien. ent. Ges., 40:235, pl.22:5,6;pl.24:5. (China:Shaanxi,

Tapaishan）

翅展：45 mm。

前翅长：17 mm。全体浅灰褐色。前翅布有细黑点；亚基线、内线及外线均双线黑色，内线与外线锯齿形；剑纹与肾纹不显；环纹隐约可见白边；外线前端为2斜点；亚缘线不显。后翅白色，端区色较暗。

分布：甘肃（正宁、卓尼）、河北、陕西、四川。

（948）异矛夜蛾 *Spaelotis degeniata*（Christoph，1877）

Agrotis degeniata Christoph，1877，Horae Soc. ent. ross.，12：244，pl.6：18.（Iran）

前翅长：16 mm。头、胸腹部和前翅浅灰褐色。前翅中室下缘下方有1细长黑色纵纹；内线和外线黑色双线，波状，十分纤细；剑纹狭长，黑色；中室黑色；环纹大，灰白色，扁圆形；肾纹灰白色，近方形；翅端部色略暗，隐见浅色锯齿形亚缘线；缘线为1列清晰黑点；缘毛灰褐色。后翅淡灰褐色，顶角附近色略深；可见深灰褐色中点和缘线。

分布：中国的甘肃（甘谷、舟曲）、陕西、新疆、广西；伊朗。

（949）平矛夜蛾 *Spaelotis deplorata*（Staudinger，1896）

Agrotis deplorata Staudinger，1896，Dt. ent. Z. Iris，9：241.（Mongolia）

前翅长：18 mm。体和前翅紫灰色；领片端部带黄。前翅较同属其他种类宽阔，外缘浅波曲；亚基线、内线和外线均黑色双线，在前缘形成小黑点，其下不清晰或消失，仅亚基线在中室下方留有1黑点；剑纹可见2个小黑点；中室黑色，环纹和肾纹灰白色，边缘带橘黄色；亚缘线黄白色锯齿形；无缘线；缘毛深灰褐色。后翅外缘亦浅波曲；灰褐色

分布：中国的甘肃（宕昌、舟曲、康县、文县）、陕西、新疆；蒙古国，朝鲜，韩国，中亚地区。

（950）实矛夜蛾 *Spaelotis stoetzneri*（Corti，1928）

Epipsilia stoetzneri Corti，1928，Ent. Mitt.，17：56，pl.1：2，3.（China：Sichuan，Ta-tsien-lou）

前翅长：16 mm。雄触角锯齿形。头部黄白色；胸部浅赭色；头顶、领片和肩片基部黑褐色。前翅紫灰褐色，内线内方大部黄白色，内外线之间的前缘区淡黄褐色杂黄白色；亚基线、内线和外线均黑色双线，波状，线间色浅；内线内侧在中室下方有1黑色纵条；剑纹黑色，狭长；中室在内线与外线间黑色；环纹椭圆形，黄白色，中央色较暗；肾纹狭窄，黄白色，内有褐色细纹，外侧有1黑线伸达外线；亚缘线黄白色锯齿形，内侧有尖细黑齿纹；缘线为1列近三角形黑点；缘毛暗黄褐色掺杂深灰褐色。后翅污白色，前缘和端部灰褐色；缘毛在顶角深灰褐色，其余黄白色。

分布：甘肃（舟曲）、四川、西藏。

（951）扇夜蛾 *Sineugraphe disgnosta*（Boursin，1948）

Eugraphe disgnosta Boursin，948，Z. wien. ent. Ges.，33：109，pl.2：2；pl.6：15-16.（Japan）

前翅长：19 mm。雄雌触角均线形。头部红褐色；胸部与前翅黄褐色或深褐色。腹部灰褐色。前后翅外缘浅波曲。前翅密布细黑点；内线黑色波浪形；环纹、肾纹大，暗褐色，黄白边，后者中有浅黄纹；外线双线黑褐色，外线与亚缘线间为褐色宽带。后翅灰褐色，隐见深色中点，翅端部色较深。

分布：中国的分布：甘肃（正宁、文县）、黑龙江、河南、陕西；日本。

（952）后扇夜蛾 *Sineugraphe stolidoprocta* Boursin，1954

Sineugraphe stolidoprocta Boursin，1954a，Bonn. zool. Beitr.，5：269，pl.5：17，18；pl.13：86.（China：Shaanxi，Tapaishan）

前翅长：20 mm。头、胸及前翅红褐色。腹部褐色。前翅亚基线和内线深褐色；外线双线黑褐色锯齿形；亚缘线黄白色波浪形，与外线间成1暗褐带；环纹、肾纹大，红褐色，黄白边，两纹间和环纹内侧各有1黑斑。后翅灰褐色。

分布：甘肃（正宁、礼县、康县）、陕西、浙江。

(953) 紫棕扇夜蛾 *Sineugraphe exusta*（Butler，1878）

Graphiphora exusta Butler，1878a，Ann. Mag. nat. Hist.，(5) 1：164.（Japan）

前翅长：20 mm。头部浅灰褐色；胸部紫褐色。腹部灰褐色。前翅灰褐色带紫；亚基线、内线黑色，后者双线；中线模糊；外线双线暗褐色；亚缘线浅褐色，与外线间色暗；剑纹为1黑点；环纹、肾纹灰褐色，两纹间1方形黑斑，环纹内侧另有1黑斑。后翅污褐色。

分布：中国的甘肃（宕昌、舟曲、成县、康县、文县）、黑龙江、陕西、湖北、贵州；俄罗斯，日本。

(954) 长扇夜蛾 *Sineugraphe longipennis*（Boursin，1948）

Eugraphe longipennis Boursin，1948，Z. wien. ent. Ges.，33：111，pl.2：5.（Japan）

别名：华长扇夜蛾江浙亚种。

前翅长：22 mm。头部浅赭黄色；胸部灰红褐色。腹部灰褐色。前翅红褐色；亚基线、内线和外线黑色，均双线波状，大部分不清晰；中线暗褐色；环纹和肾纹大，色较翅面略浅，黄白色边，环纹两侧的中室黑色；外线与亚缘线之间色较暗；无明显缘线；缘毛与翅面同色，基部有1条黄白色线。后翅灰褐色。

分布：中国的甘肃（庆阳、舟曲、成县、康县、文县）、江苏、浙江、湖北、江西、贵州，日本。

(955) 夹扇夜蛾 *Sineugraphe rhytidoprocta* Boursin，1954

Sineugraphe rhytidoprocta Boursin，1954a，Bonn. zool. Beitr.，5：268.（China：Zhejiang, west Tien-mu-shan）

前翅长：20 mm。头和胸腹部灰红褐色。前翅红褐色，基部和外线以内的前缘灰黄褐色；亚基线和内线黑色；环纹和肾纹大，灰黄褐色，有黄白色边；中室色较红，但无黑斑；外线暗褐色双线，微波曲；外线与亚缘线之间为1暗色带；亚缘线深波状；缘毛基部有1条黄白色线。后翅灰褐色；深灰褐色中点明显；缘毛基部的黄白色线较前翅鲜明。

分布：甘肃（宕昌、成县、康县、文县）、浙江、湖北、云南。

(956) 暗缘歹夜蛾 *Diarsia cerastioides*（Moore，1867）

Graphiphora cerastioides Moore，1867，Proc. zool. Soc. Lond.，1867：54.（India：Darjeeling）

前翅长：15 mm。触角线形。头和胸部红褐色。腹部深褐色。前翅狭长，外缘浅弧形；后翅外缘微波曲。前翅褐色，密布细灰点；前缘区外半色深，无灰点；亚基线、内线和外线深褐色，双线；外线锯齿形；剑纹与环纹灰色，具黑边；肾纹褐色灰白边。后翅深灰色，近外缘色深。

分布：中国的甘肃（迭部）、浙江、湖南、福建、四川、西藏；印度。

(957) 赭尾歹夜蛾 *Diarsia ruficauda*（Warren，1909）

Rhyacia ruficauda Warren，1909，in Seitz，Gross-Schmett. Erde，3：46，pl.10：f.（Japan. W. China）

前翅长：16 mm。头、胸、腹及前翅红褐色；腹部腹面和臀簇锈红色。前翅端半部略显紫红色，斑纹模糊；亚基线和内线均由黑点组成；中线褐色；外线双线，褐色，锯齿形；亚缘线灰白色，内侧近前缘颜色深；剑纹为1黑点；环纹不清晰；肾纹"8"字形。后翅浅黄褐色。

分布：中国的甘肃（宕昌、文县）、江苏、浙江、江西、湖南、福建、云南；日本。

(958) 褐歹夜蛾 *Diarsia erubescens*（Butler，1880）

Orthosia erubescens Butler，1880a，Ann. Mag. nat. Hist.，(5)5：224.（India：Nilgiris）

前翅长：16 mm。头、胸部和前翅黄褐色。腹部灰褐色。前翅基部色浅，向外色渐深；亚基线、内线和外线均双线；内线在前缘为2黑纹；外线黑褐色锯齿形，齿尖为黑白点；剑纹仅现1黑点；环纹圆形，肾纹"8"字形，外半带少许白色，两纹均有暗褐色边；亚缘线灰白色，两侧衬暗褐色；缘毛暗黄褐色，基部有1条黄白色线。后翅灰褐色。

分布：中国的甘肃（宕昌、舟曲）、福建、四川、云南、西藏；印度，缅甸。

(959) 亨歹夜蛾 *Diarsia henrici*（Corti & Draudt，1933）

Rhyacia henrici Corti & Draudt，1933，in Seitz，Gross-Schmett. Erde，3（Suppl.）：75，pl.11：f.（China：Tibet）

前翅长：15 mm。头、胸腹部和前翅红褐色，带紫灰色调。前翅各线纹不明显；剑纹稍粗；环纹近圆形，肾纹有不完整的黑褐色边，两纹之间色较暗；中线只现1暗影；亚缘线在前缘1黑褐色斑；缘线为1列黑点，部分点之间有细线相连。后翅灰褐色。

分布：甘肃（宕昌）、青海、云南、西藏。

（960）污歹夜蛾 *Diarsia coenostola* Boursin，1954

Diarsia coenostola Boursin，1954a，Bonn. zool. Beitr.，5：240，pl.3：22-23；pl.9：25.（China：Shaanxi，Tapaishan）

前翅长：16 mm。头部与胸部乳黄色；下唇须外侧暗褐色。腹部灰黄色。前翅浅黄色；亚基线与内线均双线褐色，后者波浪形；剑纹仅现1黑点；环纹圆形，有不完整的褐边，中央1褐点；肾纹褐边，较模糊；中线粗，自前缘脉外斜至肾纹后端折角内斜；外线双线褐色，外弯，在M_3以下内弯，线外方色较褐；亚缘线在褐区中现浅黄色，中段稍外弯。后翅浅褐色。

分布：甘肃（舟曲）、山西、陕西、浙江。

（961）端歹夜蛾 *Diarsia orophila* Boursin，1954

Diarsia orophila Boursin，1954a，Bonn. zool. Beitr.，5：235，pl.3：1011；pl.8：20.（China：Yunnan，A-tun-tse）

前翅长：17 mm。头和胸腹部灰褐色。前翅深褐色，线纹不清晰；亚基线和内线黑褐色，间断为点列，内线双线；环纹不明显；肾纹隐约可见暗褐色边；外线间断为点列；外线外方色较暗，其中可见灰白色亚缘线，亦有间断；缘毛深褐色。后翅灰褐色；缘毛黄白色。

分布：甘肃（卓尼）、云南。

（962）灰歹夜蛾 *Diarsia canescens*（Butler，1878）

Graphiphora canescens Butler，1878a，Ann. Mag. nat. Hist.，(5)1：165.（Japan）

前翅长：18 mm。头、胸腹部和前翅灰白色至淡黄褐色。前翅亚基线、内线和外线均波状双线，黑灰色；中线粗；剑纹仅端部现1黑点；环、肾纹灰白色，黑灰色边，肾纹内散布暗褐色碎点；外线与亚缘线之间色略深；亚缘线灰白色锯齿形；缘线有1列深灰色至黑灰色三角形小点；缘毛深灰褐色，基部灰白色。后翅基半部污白色，端部加深为灰褐色；缘毛灰白色。

分布：中国的甘肃（正宁、宕昌、舟曲）、黑龙江、吉林、内蒙古、河北、河南、青海、新疆、湖北、江西、四川；朝鲜，韩国，日本，印度，缅甸。

（963）赭黄歹夜蛾 *Diarsia stictica*（Poujade，1887）

Agrotis stictica Poujade，1887，Bull. Soc. ent. France，(7)6：68.（China：Sichuan，Mou-pin）

前翅长：15 mm。雄触角双栉形。头、胸和前翅浅黄褐色。腹部灰褐色。前翅亚基线和内线黑褐色，波状双线，亚基线到达2A脉；环、肾纹灰黄色黑边，后者后端有1黑点；中线模糊带状；外线深褐色锯齿形；亚缘线为1列灰白色点；外线至顶角间在前缘上有4个黄白点；缘线纤细波状，深灰褐色；缘毛与翅面同色。后翅淡灰褐色，端部色略深；缘毛灰白至淡灰褐色。

分布：中国的甘肃（甘谷、武都区）、宁夏、湖南、四川、云南；日本，印度，斯里兰卡。

（964）蚀夜蛾 *Oxytrypia orbiculosa*（Esper，1799）

Phalaena orbiculosa Esper，1799，Die Schmett. in Abbildungen，3（Abschn.）：93，pl.93：8.（Hungary）

前翅长：19 mm。雄触角双栉形，雌线形。头部与领片黑褐色；胸部褐色。腹部黑色，节间白色。前翅顶角圆，外缘波状，倾斜；后翅外缘浅弧形。前翅红褐色或黑褐色；亚基线、内线和外线均黑色衬白色；中线黑色；剑纹黑边；环纹黑灰色，外围白环及黑边；肾纹巨大，白色，前半内侧1黑灰纹，外侧弧形，有黑边；顶角1白斑，其下亚缘线白色锯齿形，内侧有三角形黑齿纹；缘线纤细黑色，在翅脉间向内凸出尖角；缘毛深灰褐色。后翅白色，中室下缘脉及Cu_1和Cu_2脉黑褐色；臀褶至后缘黑褐色；中点黑灰色；端带黑褐色。

分布：中国的甘肃（武威、甘谷）、吉林、内蒙古、北京、青海、新疆；日本；欧洲。

(965) 朽木夜蛾 *Axylia putris* (Linnaeus, 1761)

Phalaena (*Noctua*) *putris* Linnaeus, 1761, Fauna Suecica: 315. (Sweden)

前翅长: 13 mm。触角线形。头部浅褐杂白色; 胸部及前翅赭黄色。前翅狭长, 顶角圆, 外缘浅弧形; 前缘大部黑色; 亚基线、内线和外线均为黑色双线, 后者锯齿形, 通常仅存翅脉上的黑点; 剑纹黑边; 环、肾纹微黄, 黑边; 亚缘线部分呈褐色并有黑纵纹; 缘线为1列黑点, 其内侧在M脉间和Cu_2端部有黑斑。后翅淡灰褐色; 翅脉色深; 中点深灰色; 缘线有不完整的黑灰色小点。

分布: 中国的甘肃(文县)、黑龙江、河北、山西、新疆、湖南; 朝鲜, 韩国, 日本, 印度, 印度尼西亚; 欧洲。

(966) 冠鲁夜蛾 *Xestia exoleta* (Leech, 1900)

Agrotis exoleta Leech, 1900, Trans. ent. Soc. Lond., 1900: 26. (China: Sichuan, Omei-shan)

前翅长: 16 mm。雄触角锯齿形。头和胸部红褐色杂暗褐色。腹部灰黄色, 侧面带灰红色。前翅狭长, 外缘倾斜, 微波曲; 翅面黄色带赭红色, 端部带褐色; 翅基部有1暗褐色斑; 前缘中部为紫黑色大斑; 剑纹为1黑褐色点; 环、肾纹紫红褐色, 环纹枕形, 有黑边, 肾纹内半有黑边, 外半有1赭黄纹; 外线不显; 亚缘线浅黄色; 缘毛深灰褐色。后翅黄白色; 缘毛淡灰褐色与黄白色掺杂。

分布: 甘肃(卓尼)、四川、西藏。

(967) 八字地老虎 *Xestia c-nigrum* (Linnaeus, 1758)

Phalaena (*Noctua*) *c-nigrum* Linnaeus, 1758, Syst. Nat. (Edn 10), 1: 516. (Europe)

前翅长: 13~17 mm。触角线形。头、胸褐色。腹部褐色带紫。前翅灰褐带紫色, 前缘区中段浅褐色; 亚基线、内线及外线均双线黑色; 环纹宽"V"字形; 肾纹中常; 亚缘线浅黄色, 内侧微黑, 前端有2黑齿形斜条。后翅灰白微带褐色。1

分布: 中国的甘肃(甘谷、天水、宕昌、成县、文县); 朝鲜, 韩国, 日本, 印度; 欧洲, 美洲。

(968) 褐纹鲁夜蛾 *Xestia fuscostigma* (Bremer, 1861)

Noctua fuscostigma Bremer, 1861, Bull. Acad. Imp. Sci. St. Pétersb., 3: 487. (Russia: Siberia, Kengka-see)

前翅长: 16 mm。雄触角略呈锯齿形。头、胸及前翅紫褐色。腹部浅黄褐色。前翅后缘长, 外缘几乎不倾斜; 翅面深褐色, 翅脉微黑; 亚基线、内线及外线均双线黑褐色; 中线仅前端现1黑褐纹; 亚缘线浅褐色, 内侧前缘脉上有2黑齿纹, 中段有几个黑褐点; 环纹、肾纹紫灰褐色; 中室大部黑褐色, 并向后扩展; 缘毛深灰褐色。后翅灰褐色, 端区色暗; 缘毛灰黄色。

分布: 中国的甘肃(甘谷)、黑龙江、河南、陕西、湖南; 俄罗斯, 日本。

(969) 饰鲁夜蛾 *Xestia agalma* (Püngeler, 1900)

Agrotis agalma Püngeler, 1900, Dt. ent. Z. Iris, 13: 289, pl.8: 7. (China: Qinghai, Kuku-Noor)

前翅长: 17 mm。头与前翅灰色带红褐色; 胸部红褐色。腹部灰褐色。前翅前缘区中段、中室前缘、M脉和2A脉白色; 各横线黑色, 内线内侧和外线外侧具清晰白边; 剑纹舌形; 外方1黑褐色纵带; 环纹斜, 肾纹后端内凸, 均灰白色带黑边, 内部有褐色环; 内线外方中室黑褐色; 亚缘线灰白色, 内侧有黑齿纹, 外侧至外缘灰至灰白色; 缘毛灰黄褐色。后翅灰褐色。

分布: 甘肃(甘谷、天水)、青海、西藏。

(970) 缘斑鲁夜蛾 *Xestia costaestriga* (Staudinger, 1895)

Agrotis costaestriga Staudinger, 1895a, Dt. ent. Z. Iris, 8: 305, pl.5: 14. (China: Xinjiang or Qinghai, between Lob Noor and Kuku-Noor)

前翅长: 13 mm。头和胸部灰黄褐色, 领片深褐色。腹部黄褐色。前翅内线以内黄褐色, 内线以外红褐色; 亚基线和内线黑色, 后者较直, 外斜, 内侧有1条暗褐色纤细伴线; 前缘至中室下缘在内外线之间黑褐色; 剑纹可见1黑点; 环纹斜, 肾纹短, 均黑灰色黑边; 亚缘线为白点列, 内侧衬黑色。后翅灰褐色。

分布: 中国的甘肃(庆阳)、青海、新疆、西藏; 印度。

(971) 漂鲁夜蛾 *Xestia albuncula* (Eversmann, 1851)

Cymatophora albuncula Eversmann, 1851, Bull. Soc. imp. Nat. Moscou, 24:627. (Russia:Irkutsk)

前翅长：17 mm。头、胸腹部和前翅灰白色带淡赭色。前翅亚基线黑色波浪形；臀褶基部有1黑色纵纹；内线和外线黑色锯齿形；剑纹短小，点状；环纹橄榄形，下缘和前后两端黑色；肾纹蓝白色，中有黑褐纹；亚缘线灰白色，内侧衬黑褐色。后翅浅灰褐色。

分布：中国的甘肃(卓尼)、黑龙江、内蒙古；俄罗斯。

(972) 外鲁夜蛾 *Xestia bryocharis* (Boursin, 1963)

Amathes bryocharis Boursin, 1963, Forsch. Ber. Lands Nordrhein-Westfalen, 1170:40, pl.2:28-29; pl.13:30. (China:Yunnan, Likiang)

前翅长：19 mm。头和胸部黄白色掺杂灰褐色。腹部浅灰褐色。前翅浅褐色，有紫色调；内区和前缘区散布灰绿色；亚基线、内线和外线均为黑色双线，后者锯齿形，外侧一条齿尖为黑白点；剑纹大，舌形，浅紫褐色黑边；环纹和肾纹淡褐色黑边，前者倾斜；中线黑色；亚缘线灰白色锯齿形，前端内侧1大黑齿纹，缘线黑色纤细，缘毛深灰褐色。后翅淡黄色，具黑褐色端带；缘毛深灰褐色与淡黄色相间。

雄触角线形。后翅微黄

分布：甘肃(永登)、四川、云南、西藏。

(973) 效鹰鲁夜蛾 *Xestia pseudaccipiter* (Boursin, 1948)

Amathes pseudaccipiter Boursin, 1948, Z. wien. ent. Ges., 33:120, pl.3:3,4; pl.13:58. (China:Sichuan, Ta-tsien-lu)

前翅长：18 mm。雄触角锯齿形。头、胸及前翅褐色。腹部灰褐色。前翅褐色，前缘区杂有绿色，在亚基线和内线间绿色扩展至后缘；亚基线、内线及外线均双线黑色；亚基线、内线波浪形；外线锯齿形；剑纹近椭圆形；环纹、肾纹红褐色，具黑边；内线外方的中室黑色；中线粗；亚缘线浅褐色波浪形，内侧有尖齿形黑纹。后翅浅黄色，端区黑褐色。

分布：甘肃(文县)、山西、陕西、四川、云南、西藏。

(974) 镶边鲁夜蛾 *Xestia mandarina* (Leech, 1900)

Ochlopleura mandarina Leech, 1900, Trans. ent. Soc. Lond., 1900:36. (China:Sichuan, Chia-kou-ho)

前翅长：19 mm。头和胸腹部红褐色，腹部色略灰。前翅前缘基部至外线黄色，中室及其基部下方黑色，2A脉基部两侧散布灰白色，其余翅面大部灰红褐色；内线双线黑色，仅在中室前缘至2A脉可见；剑纹宽大，灰白色；环纹和肾纹灰白色带褐色，环纹圆形，肾纹外侧有黑边；外线暗褐色，细锯齿形；亚缘线灰白色波状，内侧有暗褐色边，在前缘为黑褐色。后翅灰褐色。

分布：甘肃(甘谷)、四川、云南、西藏。

(975) 显鲁夜蛾 *Xestia versuta* (Püngeler, 1909)

Agrotis versuta Püngeler, 1909, Dt. ent. Z. Iris, 21:287, pl.4:4. (China:Qinghai, Kuku-Noor)

前翅长：14 mm。头、胸灰色杂黑褐。腹部灰色带褐。前翅灰色带暗褐，各横线黑色；亚基线外侧衬白；剑纹前缘黑色；环纹"V"字形，两侧白及黑色；肾纹窄，灰色；中室大部黑色；外线锯齿形，外侧衬白；亚缘线前段内侧有黑齿纹。后翅污灰褐色。

分布：中国的甘肃(正宁)、山西、陕西、青海；俄罗斯，朝鲜，韩国。

(976) 亚鲁夜蛾 *Xestia ashworthii* (Doubleday, 1855)

Agrotis ashworthii Doubleday, 1855, Zoologist, 13:4749. (England)

前翅长：20 mm。头、胸腹部和前翅灰色杂黑褐色。前翅外缘较倾斜；亚基线、内线、中线和外线黑色，后者锯齿形，齿尖呈黑点状；环、肾纹不明显，白色或灰白色；亚缘线灰色，内侧衬黑褐色；缘线有细小黑点。后翅淡灰褐色。

分布:中国的甘肃(舟曲、文县)、青海、新疆、西藏;欧洲。

(977)润鲁夜蛾 *Xestia dilatata* (Butler,1879)

Mesogona dilatata Butler,1879,Ann. Mag. nat. Hist.,(5)4:364.(Japan)

前翅长:19 mm。头、胸腹部和前翅灰红褐色。前翅带紫灰色调;各横线深褐色至黑褐色;内线较直,外斜,下端内弯;中线较模糊;外线锯齿形,齿尖为黑点,剑纹短钝;环纹大,椭圆形;肾纹边缘黄白和深褐色;亚缘线略呈浅弧形,几乎不波曲,亚缘线与外线之间色较浅;缘线黑褐色纤细,在翅脉间向内凸出细长尖齿。后翅灰褐色。

分布:中国的甘肃(正宁、天水)、北京、河北、江苏、湖南;日本,印度。

(978)消鲁夜蛾 *Xestia tabida* (Butler,1878)

Taeniocampa tabida Butler,1878a,Ann. Mag. nat. Hist.,(5)1:166.(Japan)

前翅长:17 mm。头部黄白色;胸部和前翅浅褐杂灰红褐色。腹部浅黄褐色。前翅带紫灰色调;亚基线、内线和外线均黑色双线,后者锯齿形,外侧一条齿尖为黑点,剑纹可见暗色边;环、肾纹大,具黑褐色边;中室大部深褐色;中线模糊;亚缘线灰白色,内侧在前缘及其下方有黑点;缘线深灰褐色,十分纤细。后翅灰褐色;隐见深灰褐色环状中点。

分布:中国的甘肃(甘谷、康县)、黑龙江、内蒙古、新疆;日本。

(979)甘鲁夜蛾 *Xestia gansuensis* Wang & Chen,1995

Xestia gansuensis Wang & Chen,1995,Sinozoologia,12:240.(China:Gansu,Baishuijiang)

前翅长:14 mm。头、胸腹部和前翅红褐色。前翅各横线不明显;翅中部暗红褐色,环纹和肾纹隐约可辨;外线和亚缘线暗红褐色,波状;缘线为黑红褐色点列。后翅白色,略带灰红色;中点灰褐色;缘线褐色。前后翅缘毛与翅面同色。

分布:甘肃(文县)。

(980)兀鲁夜蛾东方亚种 *Xestia ditrapezium orientalis* (Boursin,1963)

Amathes ditrapezium Orientalis Boursin,1963,Forsch. Ber. Lands Nordrhein Westfalen,1170:33.(Japan:Hokodate. China:Sichuan,Ta-tsien-lu,Hung-mu-chang)

前翅长:19 mm。头、胸及前翅浅紫褐色。腹部淡黄褐色。前翅基部与端部微带黑色;亚基线、内线及外线均双线黑色;剑纹不明显;环纹、肾纹浅黄褐色,前者斜窄;亚缘线浅褐色波浪形。后翅淡黄褐色。

分布:中国的甘肃(敦煌、甘谷)、黑龙江、吉林、内蒙古、河北、陕西、新疆、四川;日本。

(981)大三角鲁夜蛾 *Xestia kollari* (Lederer,1853)

Graphophora [sic.]*kollari* Lederer,1853b,Verh. zool.-bot. Ges. Wien,2(Abh.):366.(Russia:Siberia)

前翅长:22~25 mm。头部灰色带褐;胸部红褐色杂灰色。腹部灰褐色。前翅紫灰色,除前缘区、亚缘区外均带褐色;翅脉黑褐,但中脉主干较白;亚基线、内线及外线均双线黑色;剑纹短;环纹白色;肾纹红褐色,后半黑灰;中室大部黑色;中线模糊;亚缘线不明显。后翅污褐色。

分布:中国的甘肃(宕昌)、黑龙江、内蒙古、河北、陕西、新疆、江西、湖南、云南;俄罗斯,日本。

(982)小罕夜蛾 *Perissandria dizyx* (Püngeler,1906)

Lycophotia (*Agrotis*) *dizyx* Püngeler,1906,Dt. ent. Z. Iris,19:88,pl.6:16.(China:Qinghai,Kuku-Noor)

前翅长:13 mm。雄触角双栉形,雌线形。雄蛾头和胸黑褐色杂灰色。腹部黑褐色。前翅狭长;前后翅外缘微波曲。前翅黑褐色;亚基线、内线及外线均双线黑色;中线黑色;亚缘线微白;环纹近方形,黑色,内外侧白色;肾纹内缘白色;中室大部黑色。后翅黑褐色。雌蛾头、胸白色杂褐色。前翅大部分白色;环、肾纹内缘白色。

分布:中国的甘肃(卓尼)、山西、青海、浙江、云南、西藏。

(983)绿夜蛾 *Isochlora viridis* Staudinger,1882

Isochlora viridis Staudinger,1882,Stett. ent. Z.,43:39.(China:Xinjiang,Saisan)

前翅长:18 mm。雄触角双栉形。头、胸部和前翅翠绿色。腹部白色。前翅前缘平直,顶角钝圆,外缘浅弧形,略倾斜;后翅较小,外缘光滑,近平直,中部微凹。前翅前缘白色;肾纹白色新月形。后翅白色,中室下方带灰褐色;中点白色;翅端部带浅绿色。

分布:中国的甘肃(武威)、青海、新疆;中亚地区。

(984) 结绿夜蛾 *Isochlora grumi* Alphéraky, 1892

Isochlora grumi Alphéraky, 1892b, Horae Soc. ent. ross., 26:448.(China:Tibet,Amdo)

前翅长:20 mm。雄雌触角均双栉形,雌栉齿很短。头部和胸部淡赭黄色;下唇须、足胫节和跗节带桃红色。腹部黄白色带淡灰褐色。前翅黄白色,带淡黄褐色;前缘桃红色;后缘内1/3至臀角有桃红色纹;肾纹在中室下角有1桃红色小斑;亚缘线为1列桃红色点,自顶角内斜。后翅白色,M脉和2A脉微带灰色;雄后翅大部浅灰褐色。

分布:甘肃(庆阳)、内蒙古、青海、四川、西藏。

(985) 巨绿夜蛾 *Isochlora maxima* Staudinger, 1888

Isochlora maxima Staudinger, 1888, Stett. ent. Z., 49:24.(Russia:Usgent,Osch)

前翅长:20 mm。雄雌触角均双栉形。头部暗绿色;胸部绿色。腹部黄白色带绿色。前翅绿色,前缘粉白色。后翅灰褐色,前缘附近和端部淡绿色。

分布:中国的甘肃(武威、甘谷)、新疆;中亚地区。

(986) 褐宽翅夜蛾 *Naenia contaminata* (Walker, 1865)

Graphiphora contaminata Walker, 1865, List Spec. lepid. Insects Colln Br. Mus., 33:710.(China:Shanghai)

前翅长:22 mm。触角线形。头、胸部灰褐色。腹部深褐色。前翅较宽阔,顶角钝圆;前后翅外缘波状。前翅灰褐色,带黄绿色调;亚基线、内线和外线均黑色双线;中线暗褐色;剑纹扁圆;环纹大,斜圆形;肾纹大,中有暗环;亚缘线灰黄色,锯齿形,内侧有黑齿纹;缘线为1列清晰黑点,大部分黑点之间有细线连接;缘毛暗灰黄褐色。后翅暗褐色;缘毛黄色掺杂深灰褐色。

分布:中国的甘肃(武威、庆阳)、黑龙江、上海、江苏、江西、四川、云南;日本。

(987) 明贯夜蛾 *Mesogona oxalina* (Hübner, 1803)

Noctua oxalina Hübner, 1803, Samml. eur. Schmett., 4:pl.45:219.(Europe)

前翅长:17 mm。触角线形。头、胸部和前翅灰红褐色,带紫灰色调。腹部黄白至灰黄褐色。前翅狭长,顶角略凸;前后翅外缘微波曲。前翅亚基线、内线和外线灰白色;内线外斜,直,外侧衬灰褐色;外线内斜近直线,内侧衬灰褐色;环、肾纹暗褐色灰黄边,前者较大,椭圆形;亚缘线黑褐色。后翅污白色,略带淡灰褐色。

分布:中国的甘肃(地点不详)、新疆;欧洲,美洲北部。

(988) 黄绿组夜蛾 *Anaplectoides virens* (Butler, 1878)

Eurois virens Butler, 1878a, Ann. Mag. nat. Hist., (5)1:194.(Japan)

前翅长:30 mm。雄雌触角均线形。头、胸黄绿色。腹部黑灰色。前翅狭长,外缘微波曲,倾斜;翅面黑灰色带黄绿色;亚基线、内线及外线均双线黑色,后者锯齿形;剑纹大,大部黑色;环纹斜;肾纹中部红褐色;中线黑色锯齿形;亚缘线黄绿色,内侧1列黑齿纹;缘毛深灰褐色。后翅暗灰褐色;缘毛白色。

分布:中国的甘肃(康县、文县)、黑龙江、陕西、湖北、云南;朝鲜,韩国,日本,印度。

(989) 东风夜蛾 *Eurois occulta* (Linnaeus, 1758)

Phalaena occulta Linnaeus, 1758, Syst. Nat.(Edn 10), 1:514.(Europe)

前翅长:24 mm。触角线形。头和胸部灰色杂褐色,有紫灰色调。腹部灰褐色。前翅狭长,顶角尖,外缘接近平直,十分倾斜;翅面灰白带褐色,密布黑褐色细点;基部1小黑斑;臀褶基部1黑纵纹;亚基线、内线和外线均为黑色双线,双线间白色,外线锯齿形;剑纹、环纹和肾纹白色黑边,肾纹中有黑环;亚缘线白色,不规则锯齿形,内侧有1列黑齿纹;缘线为1列黑点。后翅灰褐色,端部色较深;缘毛白色。

分布：中国的甘肃（文县）、黑龙江、西藏；俄罗斯，朝鲜，韩国，日本；欧洲。

（990）烙图夜蛾 *Eugraphe sigma*（Denis & Schiffermüller，1775）

Noctua sigma Denis & Schiffermüller，1775，Ankündung syst. Werkes Schmett. Wienergegend：78.（Austria）

前翅长：19 mm。触角线形。头部红褐色；胸部浅灰褐色。腹部灰褐色。前翅外缘微波曲；翅面红褐色带黑灰色，前缘区及中室前半带浅赭红色；亚基线、内线及外线均双线黑色；内、外线锯齿形；中线黑褐色，亚缘线不显，内则1列黑齿纹；剑纹黑；环纹、肾纹浅黄褐色，有不完整黑边。后翅褐色。

分布：中国的甘肃（成县、康县）、黑龙江、吉林、陕西、新疆；日本；欧洲。

（991）疆夜蛾 *Peridroma saucia*（Hübner，1808）

Noctua saucia Hübner，1808，Samml. eur. Schmett.，4：pl.81：378.（Europe）

前翅长：21 mm。触角线形。头部暗褐色；胸部紫红褐色。腹部深灰褐色。前翅狭长，外缘微波曲；灰红褐色，带紫灰色调，中室以下至后缘灰褐色，翅面密布黑色细点；各横线在前缘为黑点；亚基线、内线黑色双线；剑纹、环纹和肾纹深灰褐色，暗红褐色边；外线黑色锯齿形；亚缘线不清晰，内侧有暗点；缘线有1列不清晰的黑点；缘毛深灰褐色。后翅白色半透明；翅脉与端区深灰褐色。

分布：中国的甘肃（地点不详）、宁夏、湖北、四川、云南、西藏；亚洲西部，欧洲，非洲。

盗夜蛾亚科 Hadeninae

（992）甘蓝夜蛾 *Mamestra brassicae*（Linnaeus，1758）

Phalaena brassicae Linnaeus，1758，Syst. Nat.（Edn 10），1：516.（Europe）

前翅长：20 mm。触角线形，雄触角具纤毛。头和胸部暗褐杂灰色。腹部灰黄褐色。前后翅外缘微波曲。前翅褐色，M脉间、臀褶及后缘基部带红褐色；翅基部有黑褐色鳞丛，鳞片端部白色；亚基线和内线为黑色双线；中线模糊；外线黑色锯齿形；剑纹短，环纹浅褐色，肾纹灰白色，均有黑边，肾纹后半有1黑褐色小斑；亚缘线黄白色，内侧有黑齿纹；缘线黑褐色波状；缘毛深灰褐色。后翅灰褐色；隐见深灰褐色中点；Cu_2端部附近有1白纹；缘毛黄白色。

分布：中国的甘肃（高台、兰州、康乐、甘谷、舟曲）、黑龙江、吉林、辽宁、内蒙古、华北、湖北、四川、西藏；俄罗斯，朝鲜，日本，印度；欧洲。

（993）迹岐夜蛾 *Discestra stigmosa*（Christoph，1887）

Mamestra stigmosa Christoph，1887，in Romanoff，Mém. Lépid.，3：70，pl.3：12.（Russia：Achal-Tekke-Gebiete）

前翅长：15 mm。触角线形。头和胸部白色杂浅褐色。腹部浅灰黄色。前翅顶角钝圆，外缘不明显倾斜；前后翅外缘微波曲。前翅浅灰黄色；亚基线和内线为黑色双线；剑纹黑色；环纹两侧有黑边；肾纹灰褐色，黑边较完整，两侧中凹；中线微弱，在前缘为粗黑点；外线黑色锯齿形；亚缘线白色，前端内侧有1褐斑；缘线黑褐色，短条状；缘毛灰褐色。后翅污白色，具灰褐色缘线。

分布：中国的甘肃（地点不详）、内蒙古、河北、新疆；俄罗斯；欧洲。

（994）申歧夜蛾 *Discestra furcula*（Staudinger，1889）

Mamestra furcula Staudinger，1889，Stett. ent. Z.，50：36.（Kyrgyzstan：Issyk-kul）

前翅长：14 mm。头和胸腹部灰褐色。前翅灰褐带暗褐色，中室前后缘脉白色；亚基线和内线为黑色双线，双线间均白色；剑纹大；环纹斜置，灰白色具黑边，其下方有1菱形白斑；肾纹大，灰褐色，黑边，下端超出中室下角；外线黑色锯齿形，外侧衬白；亚缘线白色，在M_3与Cu_1处凸出2大齿伸达外缘；亚缘线内侧有黑齿纹；缘线黑褐色，细弱；缘毛灰褐色掺杂灰黄色。后翅白色，散布灰褐色；具黑褐色中点和宽阔端带；缘毛黄白色。

分布：中国的甘肃（地点不详）、青海、新疆；克什米尔地区，中亚地区。

（995）小岐夜蛾 *Discestra microdon*（Guenée，1852）

Hadena nana var. *microdon* Guenée，1852，in Boisduval & Guenée，Hist. nat. Insectes（Spec. gén. Lépid.），6：96.（Laponie）

前翅长：15 mm。头、胸腹部和前翅灰褐色，带紫灰色调。前翅顶角尖，略凸出，外缘较直，浅波曲，明显倾斜；后翅较小，外缘浅波曲。前翅亚基线和内线为黑色双线，在前缘形成成对的小黑斑，亚基线在其下仅在中室下方有2黑点；剑纹大，深褐色黑边；环纹白色，仅外侧有黑边；肾纹狭长，白色黑边，中有深褐色环，肾纹周围深褐色；外线和缘线黑色细锯齿形，二者几乎平行；亚缘线白色，不规则波曲，两侧衬黑褐色，内方在前缘有1三角形深褐色斑。后翅褐色；隐见深灰褐色中点和外线。

分布：中国的甘肃（宕昌）、北京；欧洲。

（996）旋岐夜蛾 *Discestra trifolii*（Hufnagel，1766）

Phalaena trifolii Hufnagel，1766b，Berl. Magazin，3：398.（Germany）

前翅长：13 mm。头和胸部浅灰褐色。腹部灰白至灰黄色。前翅外缘中下部略隆起；翅面浅灰黄褐色；亚基线、内线和外线均黑色双线，后者锯齿形；剑纹黑色，环纹灰黄色，肾纹灰色，均围以黑边；亚缘线暗灰色，在M_3和Cu_1处凸出2个大齿，线内方在M_3至Cu_2脉间有黑齿纹；缘线黑褐色，较细，在脉间向内凸出小尖齿。后翅污白色，端部浅灰褐色。

分布：中国的甘肃（酒泉、武威）、北京、河北、山东、宁夏、青海、新疆、西藏；印度；亚洲西部，欧洲，非洲北部。

（997）鹏灰夜蛾 *Polia goliath*（Oberthür，1880）

Dichonia goliath Oberthür，1880，Études ent.，5：68，pl.6：7.（Russia：Askold）

前翅长：24~25 mm。雄触角线形。头、胸白色。腹部白色，节间有灰条。前翅狭长，顶角钝圆，外缘倾斜；前后翅外缘微波曲。前翅黄白色，布有细黑点；亚基线、内线及外线双线黑色；亚基线和内线波浪形，外线锯齿形；剑纹黑色，其前、后缘白色；环纹、肾纹大；中线黑色，后半锯齿形；亚缘线白色锯齿形，内侧1列黑齿纹。后翅污白色；中点及外线黑色；端带宽，黑色。

分布：中国的甘肃（宕昌、文县）、黑龙江、山西、河南、陕西、湖北、四川；俄罗斯，朝鲜，韩国，日本。

（998）蒙灰夜蛾 *Polia bombycina*（Hufnagel，1766）

Phalaena bombycina Hufnagel，1766b，Berl. Magazin，3：410.（Germany）

前翅长：24 mm。头、胸及前翅褐色带灰色。腹部灰褐色。前翅外缘倾斜较少，波曲略深；中室微带红褐色；亚基线、内线及外线均双线黑色；亚基线和内线波浪形；外线锯齿形，线间灰色；剑纹小；环纹、肾纹大，后者后端较内凸；中线暗褐色波浪形；亚缘线灰色，在M_3和Cu_1脉处成外凸齿，线内侧有黑纹。后翅褐色，中点和翅端部深褐色。

分布：中国的甘肃（甘谷、宕昌、舟曲）、黑龙江、内蒙古、河北、山东、陕西、青海、新疆；蒙古国，朝鲜，韩国，日本；欧洲。

（999）翰灰夜蛾 *Polia mongolica*（Staudinger，1896）

Mamestra advena var. *mongolica* Staudinger，1896，Dt. ent. Z. Iris，9：253.（Mongolia）

前翅长：23 mm。头、胸腹部和前翅灰黄褐色。前翅亚基线、内线和外线均黑色双线，双线间色较浅；亚基线和内线波状，外线锯齿形；剑纹小，环、肾纹大，均灰白色，有暗褐色边，肾纹外缘中凹；中线模糊黑褐色；亚缘线灰白色，十分纤细，内侧衬暗褐色。缘线纤细，黑褐色。后翅暗黄褐色。

分布：中国的甘肃（高台）、黑龙江、山西；蒙古国。

（1000）交灰夜蛾 *Polia praedita*（Hübner，1813）

Noctua praedita Hübner，1813，Samml. eur. Schmett.，4：pl.130：595.（Europe）

前翅长：13 mm。头和胸腹部淡灰褐色。前翅外缘较倾斜，中部略隆起；翅面灰褐色，前缘附近灰白色，翅脉大部灰白色；臀褶基部1黑纵纹；内线白色，外侧1黑色细线；环纹白色斜方形，后方连1白斜纹；肾纹大，白色,后端与环纹相遇;外线白色,内侧衬黑;亚缘线白色,在M_3与Cu_1脉处凸出2个大齿,齿尖未达外缘。后翅浅灰褐色,端部色较深。

分布:中国的甘肃(酒泉、武威)、内蒙古、新疆;欧洲。

(1001) 白环灰夜蛾 *Polia albomixta* Draudt,1950

Polia albomixta Draudt,1950,Mitt. münch. ent. Ges.,40:31,pl.2:13. (China:Yunnan,Likiang)

前翅长:19 mm。头部与胸部黑色杂白色;肩片基部有白斑。腹部淡灰褐色。前翅黑色杂少许褐色;亚基线白色,内斜至2A脉,1白纵纹穿过亚基线;内线白色,波状外斜,亚基线与内线间在臀褶有1白纹;环纹长圆形,白色;肾纹白边,不完整,似呈"8"字形;外线白色双线,细锯齿形;亚缘线白色锯齿形;缘线白色;缘毛黑白相间。后翅浅灰褐色;中点和缘线深灰褐色;外线模糊带状,隐约可见;缘毛白色带灰褐色。

分布:甘肃(舟曲)、云南。

(1002) 绿灰夜蛾 *Polia scotochlora* Kollar,1844

Polia scotochlora Kollar,1844,in Hügel,Kaschmir Reich Siek,4(2):482. (India:Mussoorie)

前翅长:23 mm。头、胸部和前翅灰白色杂黑色。腹部灰黄褐色。前翅大部带暗灰绿色,并布有细黑点;亚基线、内线和外线均黑色双线,线间灰白色;内线波浪形,外线锯齿形;剑纹黑边;环纹大而斜,近方形;肾纹大;亚缘线白色锯齿形,在M_3与Cu_1脉处凸出2个大齿,齿尖达翅外缘;缘线黑色。后翅淡灰褐色,翅脉及端区色略深。

分布:中国的甘肃(迭部)、四川、云南、西藏;印度。

(1003) 市灰夜蛾 *Polia atrax* Draudt,1950

Polia atrax Draudt,1950,Mitt. münch. ent. Ges.,40:31,pl.2:17. (China:Yunnan,A-tun-tse)

前翅长:23 mm。头部褐色杂白色;胸部和前翅灰褐色杂少许白色。腹部褐色。前翅亚基线、内线灰白色,波浪形;剑纹短粗;环纹斜圆形;肾纹大,外侧有明显白色;中线模糊褐色;外线褐色锯齿形;亚缘线灰白色,内侧衬黑褐色,在M_3和Cu_1处有2个大齿;缘线纤细黑褐色。后翅灰褐色。

分布:甘肃(宕昌、舟曲、康县、文县)、云南、西藏。

(1004) 中华蓬夜蛾 *Haderonia chinensis* (Draudt,1950)

Trichestra chinensis Draudt,1950,Mitt. münch. ent. Ges.,40:19,pl.1:3,4. (China:Yunnan,Likiang,A-tun-tse;Shanxi,Mien-shan)

前翅长:16 mm。雄触角双栉形。头、胸腹部和前翅灰褐色,带灰绿色调。前后翅外缘浅波曲。前翅布有黑、白细点;亚基线、内线和外线均黑色双线,后者锯齿形;剑纹大,黑褐色;环、肾纹白色,后者前后端各有1黑褐色点;亚缘线灰白色,内侧有黑纹,其中在Cu_2下方有1巨大黑齿,黑齿下方1楔形白纹由Cu2基部伸至亚缘线后端;缘线的黑点较小,不完整;缘毛深灰褐色与灰黄色掺杂。后翅浅灰褐色。

分布:甘肃(舟曲、文县)、山西、四川、云南、西藏。

(1005) 植灰蓬夜蛾 *Haderonia culta* (Moore,1881)

Mamestra culta Moore,1881,Proc. zool. Soc. Lond.,1881:347. (India)

前翅长:24 mm。雄触角双栉形。头和胸部黑褐色。腹部暗褐色带黑灰色。前翅暗褐色带紫灰色;亚基线黑色波状双线,达2A脉,在中室后线间黄色;内线黑色双线,波状外斜,在臀褶处线间黄色;剑纹黑边,端部有黄色短纹;环纹大而斜;肾纹大,中有褐色曲纹;中线暗褐色,后半不明显;外线黑色锯齿形双线;亚缘线灰白色,间断,内侧有黑齿纹;缘线为1列三角形小黑斑;缘毛黑褐色。后翅深褐色;隐见黑褐色中点和缘线;缘毛深灰褐色。

分布:中国的甘肃(舟曲、成县、文县)、四川、云南、西藏;印度。

(1006) 棕翅蓬夜蛾 *Haderonia praecipua* (Staudinger,1895)

Mamestra praecipua Staudinger,1895a,Dt. ent. Z. Iris,8:316. (China:Xinjiang or Qinghai,between Lob

Noor and Kuku-Noor）

前翅长：19 mm。雄触角锯齿形。头、胸腹部和前翅灰褐色。后缘近基部处有1黑纵纹；内线黑色锯齿形；剑纹大，黑边；环纹大，斜椭圆形，黑边；肾纹大，黑边，前端向外上方凸出1尖角，后端向内凸出，外缘中凹，内部灰色，有黑褐色圈；外线黑色锯齿形，齿尖为黑点；亚缘线灰白色，内侧有1列黑色尖齿，在M脉间的两个齿最大，线外侧有2列黑纹；缘线为1列新月形黑点；缘毛灰褐色。后翅灰褐色。

分布：甘肃（宕昌）、山西、青海、新疆、四川、云南、西藏。

（1007）安夜蛾 *Lacanobia w-latinum* (Hufnagel, 1766)

Phalaena w-latinum Hufnagel, 1766b, Berl. Magazin, 3: 492. （Germany）

前翅长：16~17 mm。雄雌触角均线形。下唇须向上伸，第二节有长毛；额和头顶多毛，浅灰褐色。胸腹部背面深灰褐色与灰白色掺杂，前胸和后胸有毛簇；胫节有长毛；腹部背面有1列毛簇，臀簇黄褐色。前翅狭长，顶角钝圆，外缘微波曲，倾斜；雄翅面暗褐色带不均匀的红褐色，外线与亚缘线之间较灰；亚基线、内线及外线均为黑色双线，外线锯齿形；环纹斜圆形，灰白色；肾纹黄褐色；亚缘线白色锯齿形，在M_3与Cu_1处凸出2个大齿，此处内侧有2黑齿纹；缘毛深灰褐色。后翅灰褐色；缘毛色较前翅浅。雌前后翅均浅灰褐色，斑纹模糊。

分布：中国的甘肃（地点不详）、黑龙江、内蒙古、陕西、新疆；伊朗；欧洲。

（1008）异安夜蛾 *Lacanobia aliena* (Hübner, 1809)

Noctua aliena Hübner, 1809, Samml. eur. Schmett., 4: pl.94: 441. （Europe）

前翅长：19 mm。头、胸腹部和前翅灰褐色。前翅有黑褐色细点；亚基线、内线和外线均黑色双线；亚基线和内线波状，外线锯齿形，线间灰色；剑纹黑边，外方有浅色纹；环纹有灰白环及黑边；肾纹内缘黑色；中线黑色波状；亚缘线灰白色锯齿形，在M_3与Cu_1脉上凸出2个大齿，但未达外缘；缘线黑色纤细，在翅脉间向内凸出细尖齿；缘毛深灰褐色。后翅深灰褐色。

分布：中国的甘肃（庆阳、天水、舟曲、文县）、黑龙江、新疆；日本；欧洲。

（1009）桦安夜蛾 *Lacanobia contigua* (Denis & Schiffermüller, 1775)

Noctua contigua Denis & Schiffermüller, 1775, Ankündung syst. Werkes Schmett. Wienergegend: 82. （Austria）

前翅长：16 mm。头和胸部灰色杂黑灰色。腹部灰褐色。前翅灰色带褐色；前缘基部至外线灰白色；臀褶基部1黑纹；亚基线、内线和外线均黑色双线，后者锯齿形；剑纹白色，外侧深褐色；环纹白色，两侧黑边，后方1灰白斑斜伸至外线；肾纹灰褐色，黑边；亚缘线白色，在M_3与Cu_1脉上凸出2个大齿达外缘；亚缘线与外线间色较浅；缘线纤细黑褐色，在翅脉端间断。后翅浅灰褐色，端部灰褐色；中点和缘线深灰褐色。

分布：中国的甘肃（高台、甘谷、天水）、黑龙江、辽宁、内蒙古、山东、青海、新疆；日本；欧洲。

（1010）海安夜蛾 *Lacanobia thalassina* (Hufnagel, 1766)

Phalaena thalassina Hufnagel, 1766b, Berl. Magazin, 3: 498. （Germany）

前翅长：17 mm。头和胸腹部灰褐色。前翅灰褐色带暗褐色；臀褶基部有1黑色波浪形纹；亚基线、内线和外线均黑色双线；剑纹明显，外侧1黑纹外伸；环纹白色黑边，椭圆形；肾纹褐色，内侧黑边，中有深色曲纹；中线红褐色波状；外区在臀褶处有1灰白纹；亚缘线灰白色，两侧黑色，内侧在脉间形成黑齿纹；缘线为1列向内凸出的尖齿。后翅灰褐色。

分布：中国的甘肃（武威）、黑龙江、内蒙古、新疆；欧洲。

（1011）乌夜蛾 *Melanchra persicariae* (Linnaeus, 1761)

Phalaena (*Noctua*) *persicariae* Linnaeus, 1761, Fauna Suecica: 319. （Sweden）

别名：白肾灰夜蛾。

前翅长：21~24 mm。雄雌触角均线形。头、胸黑色。腹部褐色。前翅后缘基部稍向外凸出，前后翅外缘微波浪形。前翅黑褐色；亚基线、内线均双线黑色，波浪形；环纹半圆形，黑色边，前端开放；肾纹白色，近方形，内部有黄褐色纹；中线黑色；外线双线黑色锯齿形；亚缘线灰白色，内侧有1列黑色锯齿形纹；缘线为1列黑点。后翅白色，翅脉及端区黑褐色；亚缘线淡黄色，仅后半明显。

分布：中国的甘肃（武威、天祝、宕昌、舟曲、康县、文县）、黑龙江、内蒙古、河北、山西、山东、河南、陕西、四川、云南；日本；欧洲。

(1012) 白矢夜蛾 *Odontestra potanini* (Alphéraky, 1895)

Mamestra potanini Alphéraky, 1895, Dt. ent. Z. Iris, 8:192.（China:Sichuan）

前翅长：18 mm。触角线形。头和胸腹部浅灰褐色。前后翅外缘浅波曲。前翅紫黑色；前缘至中室前缘、中室下缘脉和翅后缘灰白色，Cu_2脉及其下方共同形成1白色纵带；亚基线和内线为黑色双线，线间白色；剑纹大；环纹小而斜；肾纹大，后端内凸；外线黑色锯齿形双线；亚缘线白色，在M_3与Cu_1脉上凸出2个大齿；亚缘线外侧大部灰白色。后翅浅灰褐色；中点深灰褐色。

分布：中国的甘肃（武威、天祝、迭部、宕昌、成县、文县）四川、云南、西藏；印度。

(1013) 咳盗夜蛾 *Hadena rivularis* (Fabricius, 1775)

Noctua rivularis Fabricius, 1775, Syst. Ent., 1775:613.（Germany）

前翅长：15 mm。头和胸部褐色杂灰色和黑色。腹部深灰褐色带暗黄褐色。前翅褐色带紫黑色；亚基线、内线和外线均黑色双线；剑纹大，黑色椭圆形；环、肾纹浅褐色，内有深褐色圈，肾纹后端向内凸出；亚缘线灰白色，不规则锯齿形，内侧有黑齿纹，外侧衬黑色；缘线为1列新月形小黑斑；缘毛黑褐色，掺杂黄褐色。后翅黑褐色。

分布：中国的甘肃（宕昌、文县）、黑龙江、河北、陕西、浙江、湖南、四川；日本；亚洲西部，欧洲。

(1014) 斑盗夜蛾 *Hadena confusa* (Hufnagel, 1766)

Phalaena confusa Hufnagel, 1766b, Berl. Magazin, 3:414.（Germany）

前翅长：14 mm。头、胸部白色有黑斑。腹部灰褐色。前翅暗绿带黑灰色；基部1大白斑；亚基线、内线和外线均黑色双线，后者锯齿形，后段的双线间白色；剑纹外侧有双齿形白斑；环纹白色，两侧黑色，约呈方形；肾纹暗绿色，外围有几个白点；中线黑色；亚缘线白色锯齿形，内侧1列黑齿纹；顶角白色；缘线为1列黑点，有纤细黑线相连；缘毛深灰褐色。后翅灰褐色。

分布：中国的甘肃（文县）、黑龙江、内蒙古、山西、山东、青海、新疆；蒙古国，土耳其；欧洲，非洲北部。

(1015) 杂盗夜蛾 *Hadena irregularis* (Hufnagel, 1766)

Phalaena irregularis Hufnagel, 1766b, Berl. Magazin, 3:294.（Germany）

前翅长：13 mm。头和胸部白色杂赤褐色。腹部灰白至淡灰褐色。前翅白色略带红褐色，翅脉色浅；亚基线双线波状，内侧一条黑色，外侧一条褐色；内线双线波状，内侧一条褐色，外侧一条黑色；剑纹褐色；环、肾纹褐色；中线黑色波状；外线双线锯齿形，内侧一条黑色，外侧一条褐色；亚缘线白色细带状，波曲，内侧在M_2与Cu_1之间有2黑齿纹。后翅浅灰褐色，端部深灰褐色；中点和缘线深灰褐色。

分布：中国的甘肃（甘谷）、北京、新疆；中亚地区；欧洲。

(1016) 齿斑盗夜蛾 *Hadena dealbata* (Staudinger, 1892)

Dianthoecia nana var. *dealbata* Staudinger, 1892c, Dt. ent. Z. Iris, 5:365.（Transcaucasus）

前翅长：16 mm。雄雌触角均线形。头和胸部黑灰色杂白色，领片黄褐色。腹部灰色带黄褐色，第一腹节背面白色。前后翅外缘浅波曲。前翅黑褐色；亚基线和内线均黑色双线，波浪形，前者线间白色，内线后端双线间及两侧各1白斑；剑纹小；环、肾纹白色，两侧均有黑边，环纹前后方各1白斑；外线黑色锯齿形双线，前端和后段线间白色；亚缘线白色锯齿形；缘线为1列三角形小黑斑；缘毛黑褐色，在翅脉端带黄褐色。后翅黑灰色，基半部带红褐色；缘毛同前翅。

分布：中国的甘肃（礼县、宕昌、舟曲）、四川、云南；日本；中亚地区。

(1017) 角网夜蛾 *Heliophobus dissectus* Walker, 1865

Heliophobus dissectus Walker, 1865, List Spec. lepid. Insects Colln Br. Mus., 32:656.（Ceylon[Sri Lanka]）

前翅长:20 mm。雄雌触角均线形。头和胸部红褐色杂黑色。腹基部污黄色,端部灰红褐色。前翅黑褐色,后缘附近污黄色;线纹和翅脉大部黄白至灰黄色;亚基线到达2A脉;内线双线;环纹黑褐色白边;肾纹大,灰白色,近长方形;外线双线,由前缘下方外斜,在M_1处与顶角1斜线汇合折角,内斜平直达后缘;亚缘线纤细清晰,波状。后翅灰褐至深褐色,中点微黑。

分布:中国的甘肃(天水)、浙江、湖南、福建、海南、云南;日本,印度,斯里兰卡,菲律宾。

(1018) 织网夜蛾 *Heliophobus texturata* (Alphéraky, 1892)

Mamestra texturata Alphéraky, 1892b, Horae Soc. ent. ross., 26:446.（China:Tibet, Amdo）

前翅长:15 mm。头、胸腹部浅灰至灰褐色。前翅黑褐色,后缘有狭窄白边;线纹和大部分翅脉白色;亚基线、内线、中线和外线两侧在前缘均有黑点;内线下端在2A以下有1圆形白斑,中央略暗;外线浅锯齿形,两侧黑色,上端弧形弯曲;剑纹黑色,其下有1白斑;环纹椭圆形,黑褐色白边;肾纹黑褐色白边,中部1条弧形白线;顶角无浅色斜线;亚缘线白色锯齿形,在M_3与Cu_1脉的两个齿较大;缘线为1列三角形黑点;缘毛深灰褐色,在翅脉端黄白色。后翅淡灰褐色,向端部逐渐加深为深灰褐色;中点深灰褐色;缘毛黄白色,略带灰褐色。

分布:甘肃(武威、天祝)、内蒙古、青海、新疆、四川、云南、西藏。

(1019) 后甘夜蛾 *Hypobarathra icterias* (Eversmann, 1843)

Xylina icterias Eversmann, 1843, Bull. Soc. imp. Nat. Moscou, 16(3):548.（Russia:Urals）

前翅长:16 mm。触角线形。头部和胸部浅黄褐色。腹部灰黄色。前后翅外缘浅波曲。前翅黄色,布有红褐色点;前缘脉和亚前缘脉带黑灰色;亚基线和内线为褐色波状双线;剑纹褐边;环纹黄色褐边,中央1褐点;肾纹白色黑边,中央有深灰褐色弯纹;中线褐色,锯齿形达肾纹,然后直线内斜;外线黑褐色,间断,锯齿形,在翅脉上为黑点;亚缘线黄色,外侧衬暗褐色,在M_2处向内凹;缘线为1列黑点,缘毛深灰褐色与黄色相间。后翅黄白色,端部略带浅灰褐色。

分布:中国的甘肃(地点不详)、黑龙江、辽宁、内蒙古、北京、河北、山西、西藏;俄罗斯。

(1020) 栉跗夜蛾 *Saragossa siccanorum* (Staudinger, 1870)

Mamestra siccanorum Staudinger, 1870, Berl. ent. Z., 14:114.（Middle East:Sarepta）

前翅长:13 mm。雄雌触角均双栉形。体和前翅灰白色。前翅狭长,前缘略呈反弓形,端部上翘,顶角钝圆;前后翅外缘微波曲。前翅散布不均匀的深灰褐色;前后缘区及臀褶带浅红褐色;亚基线、内线和外线均黑色双线,后者锯齿形;剑纹黑边;环、肾纹白色黑边,,中央有褐色;亚缘线白色,在R_5、M_3和Cu_1脉处各凸出1大齿,齿尖达外缘;缘线黑褐色,在翅脉间向内凸出;缘毛灰褐色掺杂灰白色。后翅浅灰褐色;中点和缘线深灰褐色。

分布:中国的甘肃(武威、兰州)、内蒙古、宁夏;中亚地区,中东地区。

(1021) 达锁额夜蛾 *Cardepia dardistana* Boursin, 1967

Cardepia dardistana Boursin, 1967a, Entomops, 2(10):53.（Pakistan）

前翅长:13 mm。触角线形。头和胸腹部灰白杂黑褐色。前后翅外缘微波曲。前翅灰白色,布有黑褐色细点,各横线在前缘形成近方形小黑斑;亚基线和内线为黑色波状双线;剑纹短舌形,灰白带褐色;环纹大,白色;肾纹大,大部黑灰色,中凹;中线黑色波状,后端与外线接近;外线为黑色锯齿形双线;亚缘线白色锯齿形,内侧1列黑褐色齿形纹;端区大部带黑灰色;缘线为1列小黑点;缘毛灰褐色掺杂灰黄色。后翅污白色,具灰褐色端带;中点和缘线深灰褐色。

分布:中国的甘肃(瓜州、天水)、新疆;巴基斯坦。

(1022)砾阴夜蛾 *Hadula sabulorum*（Alphéraky，1882）

Mamestra sabulorum Alphéraky，1882，Horae Soc. ent. ross.，17：69，pl.3：58.（China：Xinjiang，Kouldja）

前翅长：17 mm。触角线形。头、胸部和前翅灰黄色。腹部灰白色。前翅狭长，外缘较倾斜，微波曲；亚基线和内线为黑色双线，后者波状；中线黑色波状，间断；剑纹小；环、肾纹大，黄白色黑边；外线为黑色锯齿形双线，外侧线在翅脉上形成黑、白点；亚缘线浅黄色，在M_3和Cu_1脉处具2个大齿，线内侧有黑齿纹，缘线为翅脉间1列三角形小黑点；缘毛灰褐色。后翅淡灰黄褐色；中点和缘线深灰褐色；缘毛灰白色。

分布：中国的甘肃（武威）、新疆、贵州；中亚地区。

(1023)掌夜蛾 *Tiracola plagiata*（Walker，1857）

Agrotis plagiata Walker，1857，List Spec. lepid. Insects Colln Br. Mus.，11：740.（Ceylon）

前翅长：22~25 mm。触角线形。头、胸、前翅黄褐色。腹部暗褐色。前翅狭长，顶角钝圆，外缘波曲，倾斜；后翅外缘浅波曲。前翅有细褐点及零星黑点，端区带暗灰和赤褐色；亚基线点列状；内线黑褐色波浪形；环纹褐边；肾纹红褐色，位于前缘中部1深褐色大斑内；中线褐色；外线两端黑褐色，其余为黑点；亚缘线黄色，内侧衬赤褐色。后翅浅灰褐色。前后翅缘线为翅脉间1列黑点。

分布：中国的甘肃（宕昌、文县）、山东、陕西、浙江、湖南、福建、台湾、海南、四川、云南、西藏；印度，尼泊尔，斯里兰卡，印度尼西亚，澳大利亚；北美洲。

(1024)尼夜蛾 *Niaboma xena*（Staudinger，1895）

Manobia xena Staudinger，1895a，Dt. ent. Z. Iris，8：317，pl.6：8.（China：Xinjiang or Qinghai，between Lob Noor and Kuku-Noor）

前翅长：15 mm。雄触角微锯齿形，雌线形。头部和胸腹部灰褐色杂紫灰色；第一腹节背面毛簇红褐色。前翅褐色带紫灰色，内线与外线之间带红褐色，前缘基部至外线灰白色；亚基线黑褐色波状；内线灰白色粗带状；臀褶处在亚基线和内线之间有1黑褐色三角形斑；剑纹小，隐约可见黑边，其外侧有1片倾斜的模糊灰白色斑；环纹圆形，灰白色黑边；肾纹大，灰白色带褐色，内侧黑边，下端超出中室下角；外线黑色双线，线间灰白色；亚缘线灰白色，略波曲；顶角有1灰白色斑；缘毛灰褐色。后翅灰褐色；缘毛灰黄色。

分布：甘肃（武威、榆中、卓尼）、青海、新疆、西藏。

(1025)蒙夜蛾 *Monostola asiatica* Alphéraky，1892

Monostola asiatica Alphéraky，1892a，in Romanoff，Mém. Lépid.，6：37，pl.2：7.（China：Gansu）

前翅长：16 mm。雄触角双栉形，雌线形。头、胸腹部和前翅红褐色。前后翅外缘浅弧形。前翅中区色较暗；翅脉暗褐色；亚基线、内线和外线暗褐色，后者锯齿形；剑纹小，环纹黄白色圆形，肾纹短宽，均有褐色边；亚缘线色浅，外侧衬暗褐色。后翅浅灰黄褐色，端半部略带灰红褐色。

分布：甘肃（地点不详）、青海、云南、西藏。

(1026)虚连环夜蛾 *Perigrapha uniformis* Draudt，1950

Perigrapha uniformis Draudt，1950，Mitt. münch. ent. Ges.，40：43，pl.3：15.（China：Shaanxi，Tapaishan）

前翅长：18 mm。雄雌触角均双栉形。头和胸部灰黄褐色。腹部灰白至淡褐色。前翅顶角稍尖，外缘浅锯齿形；后翅外缘波状。前翅褐色，内线至亚缘线之间带黑色；各横线灰色；亚基线和内线波曲，后者内侧衬较宽的黑色；环、肾纹大，灰色杂黑褐色；中线不明显；外线与亚缘线波浪形；缘毛灰褐色。后翅灰褐色；缘毛灰白色，略带淡灰褐色。

分布：甘肃（榆中）、山西、山东、陕西。

(1027)围连环夜蛾 *Perigrapha circumducta*（Lederer，1855）

Orthosia circumducta Lederer，1855，Verh. zool.bot. Ver. Wien，5：111，pl.1：9.（Altai Mountains）

前翅长：20 mm。头部褐色杂灰白色；胸部灰褐色；领片端部白色。腹部褐色。前翅褐色，前缘区、后缘区和端部大部带黑灰色，外线前后端的外侧带黑灰色；中区带黑褐色；内线直，达2A脉；环纹和肾纹黄白色，巨大,均与后方1黄白色半圆形斑相连;外线外斜至M_1脉折向内斜;亚缘线不明显,前段内侧有1黑短纹。后翅污白色。

分布:中国的甘肃(榆中、天水)、内蒙古、山西、新疆;俄罗斯,蒙古国,中亚地区。

(1028)异梦尼夜蛾 Orthosia variabilis Wang & Chen,1995

Orthosia variabilis Wang & Chen,1995,Sinozoologia,12:240.(China:Gansu,Baishuijiang)

前翅长:18 mm。雄触角双栉形。头部浅紫灰色;胸部灰红褐色,腹部灰褐色,均带紫灰色调。前翅外缘近平直;后翅外缘浅波曲。前翅紫褐色,各横线不明显,隐约可见黑褐色亚基线和内线,后者直线外斜;环纹与肾纹大,不清晰,其间有1黑褐色斑,环纹内侧有1较小的黑褐色斑;亚缘线较直,内侧在前缘与R_5之间和M脉间有黑齿纹。后翅浅灰褐色;中点深灰褐色。

分布:甘肃(文县)。

(1029)联梦尼夜蛾 Orthosia carnipennis (Butler,1878)

Taeniocampa carnipennis Butler,1878a,Ann. Mag. nat. Hist.,(5)1:167.(Japan:Yokohama)

前翅长:17 mm。雄触角双栉形。头部和胸部浅紫灰色。腹部灰黄褐色。前翅外缘浅弧形;翅面紫灰色,端半部略带紫褐色;亚基线在前缘有1黑点,在中室后有1三角形黑斑;内线褐色,直线外斜;外线褐色,上半段外弯,下半段内斜,内侧在M_2脉处有1黑点;环、肾纹大,模糊,微现白边;其下方在臀褶处有1黑条连接内外线;亚缘线隐约可见,波状,外侧色略深;缘毛深灰褐色。后翅白色,端部略带浅灰褐色;中点深灰色;缘毛浅灰褐色至灰白色。

分布:甘肃(天水)、黑龙江;日本。

(1030)刻梦尼夜蛾 Orthosia cruda (Denis & Schiffermüller,1775)

Noctua cruda Denis & Schiffermüller,1775,Ankündung syst. Werkes Schmett. Wienergegend:77.(Austria)

前翅长:13 mm。头、胸腹部和前翅浅灰褐色。前翅带灰黄色调;亚基线、内线间断为黑点;环、肾纹黑色;外线由各翅脉上的黑点组成;亚缘线不明显,前端及中部内侧各有1黑斑。后翅浅灰褐色;中点深灰褐色。

分布:中国的甘肃(甘谷)、吉林、青海、福建;土耳其;欧洲。

(1031)黑斑梦尼夜蛾 Orthosia nigromaculata (Höne,1917)

Monima nigromaculata Höne,1917,Ent. Mag. Tokyo,3:47.(Japan)

前翅长:15 mm。头、胸腹部和前翅浅褐色。前翅臀褶有1黑纵条,其端部斜削,纵条基部前方有1小黑斑;肾纹大,黑色,后端强外凸,前方1小黑斑;亚端区前缘有1小黑斑;外缘内侧1列黑点。后翅灰褐色;中点黑灰色。

分布:中国的甘肃(文县)、江西、湖南;日本。

(1032)东小眼夜蛾 Panolis exquisita Draudt,1950

Panolis exquisita Draudt,1950,Mitt. münch. ent. Ges.,40:45,pl.3:18.(China:Zhejiang,Tianmu Shan)

前翅长:16 mm。雄触角锯齿形,有纤毛簇。头和胸部灰黄褐色。腹部暗褐色。前后翅外缘微波曲。前翅黄白色带紫灰色及铜褐色;亚基线黑色,外弯至2A脉;内线和中线黑色,在中室下缘下方折角,呈">"形;内线折角处有1黑色纵条伸至亚基线;环纹白色,外半带褐色,有不完整的黑边;肾纹大,黄白色带黄褐色,黑边,内缘深弧形,外缘">"形;翅端部各脉间有黑纵纹;黑纵纹外侧缘毛黑色,其余缘毛灰黄色。后翅淡灰褐色;中点黑灰色;缘毛灰白色至淡灰褐色。

分布:甘肃(天水)、浙江、湖北、福建、云南。

(1033)甘伪小眼夜蛾 Pseudopanolis kansuensis Chen,1991

Pseudopanolis kansuensis Chen,1991b,Sinozoologia,8:371.(China:Gansu,Jingyuan)

前翅长:16 mm。雄触角锯齿形。头和胸腹部紫灰色;领片黄褐色。前翅狭长,外缘较直立,微波曲;灰褐色,带红褐色调;内线隐约可见;剑纹端部可见黑边;环纹和肾纹大,黑边,前者圆形;外线仅现1黑点;亚缘线黑色,末端达臀角,其外侧色较灰。后翅灰褐色。

分布:甘肃(靖远)。

(1034)绵山侃夜蛾*Conisania mienshani*(Draudt,1950)

Discestra mienshani Draudt,1950,Mitt. münch. ent. Ges.,40:20,pl.1:11.(China:Shanxi,Mien-shan)

前翅长:16 mm。触角线形。体和翅污白色至淡灰黄色。前翅较宽阔;前后翅外缘波状。前翅亚基线、内线和外线均黑色双线,内线和外线锯齿形;剑纹极短小。边缘粗黑;环、肾纹大,有不完整的黑边;中线锯齿形,模糊黑色,前端弥散;亚缘线黄白色,锯齿形,内侧1列楔形黑纹;缘线为1列三角形小黑点。后翅散布不均匀的灰褐色;具深灰褐色缘线。

分布:甘肃(庆阳)、山西。

(1035)粘夜蛾*Leucania comma*(Linnaeus,1761)

Phalaena(*Noctua*)*comma* Linnaeus,1761,Fauna Suecica:316.(Sweden)

前翅长:15 mm。雄雌触角均为线形。体粗壮多毛,灰白色;领片有1黑褐色横纹。前翅窄而长,顶角钝圆;前后翅外缘微波曲。前翅灰褐色,散布有黑色细点,翅脉白色;翅基部有1黑色纵纹延伸至Cu_2脉基部;中点黑褐色;亚缘线由1列黑色细点组成,在R脉间外突呈半圆状;缘线在翅脉间有1列黑点。后翅基半部灰白色,端半部微褐色;中点褐色,有时消失;缘毛白色。

分布:中国的甘肃(文县)、黑龙江、陕西、青海、新疆、西藏;土耳其;欧洲。

(1036)白钩粘夜蛾*Leucania proxima* Leech,1900

Leucania proxima Leech,1900,Trans. ent. Soc. Lond.,1900:124.(China:Sichuan,Ni-tou)

前翅长:14 mm。头、胸褐色杂灰色,领片有3条黑线,肩片边缘黑褐色。腹部浅灰褐色。前翅略宽,顶角尖,外缘较倾斜;翅面黄褐色;臀褶基部1黑纵纹,其上有1白点;中脉端为1白纹,在横脉处向上钩;后缘区中部1黑纹;外线黑色锯齿形,在臀褶处有1内伸黑纹;亚缘线浅褐色,外侧暗褐,内侧有1列黑纹;顶角向内斜伸1锯齿形浅色带,向下渐宽。后翅浅灰褐色,端区色暗。

分布:甘肃(甘谷、宕昌、舟曲、成县、文县)、北京、河北、河南、四川、云南、西藏。

(1037)白点粘夜蛾*Leucania loreyi*(Duponchel,1827)

Noctua loreyi Duponchel,1827,Hist. nat. Lépid. Papil. France,7:81,pl.105:7.(France)

前翅长:18 mm。领片有2黑色横纹。前翅窄而长,前后缘近平行,顶角圆;前后翅外缘微曲。前翅灰黄色,端半部密布褐色纵纹,翅中部自基部1黑色纵纹向外延伸;中室下角1白点;外线为1列黑点,内斜;顶角处1褐色纹内斜至外线。后翅白色微透明。

分布:中国的甘肃(成县、文县)、陕西、华中、华东、华南;日本,印度,缅甸,菲律宾,印度尼西亚,澳大利亚;欧洲。

(1038)合粘夜蛾*Leucania obsoleta*(Hübner,1803)

Noctua obsoleta Hübner,1803,Samml. eur. Schmett.,4:pl.48:233.(Europe)

前翅长:14 mm。头、胸部和前翅灰黄色,布有黑褐色细点。腹部黄褐色。前翅端部色略暗;中室和端区各翅脉间有黑褐色纵纹;中室下角1白点;外线为黑点列;缘线为1列细小黑点。后翅黄白色,翅脉和端区略带灰黄色;缘线为1列黑点。

分布:中国的甘肃(文县)、内蒙古、青海;中亚地区;欧洲。

(1039)间粘夜蛾*Leucania mesotrosta* Püngeler,1900

Leucania mesotrosta Püngeler,1900,Dt. ent. Z. Iris,12:295,pl.9:9.(China:Qinghai,Kuku-Noor)

前翅长:15 mm。头部与胸部灰褐色,微带赤褐色。腹部灰褐色。前翅灰褐色,微带红色并布有黑色细点,翅脉上黑细点较密;内线隐约可见暗褐色,波浪形;中室下角有1明显白点,其内外侧色暗褐;外线暗褐色,锯齿形,在翅脉上为细纹,在前缘脉上为1黑点,在中褶处内凸,在M_3脉以下内弯;翅外缘有1列黑点。后翅污褐色;缘毛赭白色,中有1暗褐线。

分布:甘肃(地点不详)、陕西、青海、四川。

(1040) 玉粘夜蛾 *Leucania yu* Guenée, 1852

Leucania yu Guenée, 1852, *in* Boisduval & Guenée, Hist. nat. Insectes (Spec. gén. Lépid.), 5:78. (Philippines: Manila)

前翅长:13 mm。头和胸部浅黄褐色。腹部灰褐色。前翅黄白色至灰黄色,中室下方至后缘、外线内侧及顶角内侧浅黄褐色;中室下缘及端脉外侧衬褐色;内线褐色;环纹为1黑斑;中室下角1黑点;外线黑褐色锯齿形,在翅脉上为黑点;缘线为1列小黑点。后翅浅灰褐色,外缘和后缘附近色较深。前后翅缘毛淡灰褐色。

分布:中国的甘肃(舟曲、康县、文县)、广东、海南、云南;印度,缅甸,斯里兰卡,新加坡,菲律宾。

(1041) 白杖秘夜蛾 *Mythimna l-album* (Linnaeus, 1767)

Phalaena (*Noctua*) *l-album* Linnaeus, 1767, Syst. Nat. (Edn 12), 1:850. (Europe)

前翅长:15 mm。触角线形。头、胸腹部和前翅灰黄色;领片有3条黑线。前翅狭长,前后缘近平行,顶角略尖,外缘浅弧形。后翅外缘在M脉间微凹。前翅臀褶基部1黑纵纹;中室下缘外半白色,并在端脉处向上凸出,外端与白色的M_3、Cu_1脉相连;翅端部在顶角下方至Cu_2脉形成三角形暗色区域;缘线为1列小黑点。后翅淡灰黄色,端部略带灰褐色;缘线的点列为深灰褐色。

分布:中国的甘肃(瓜州、文县)、北京、新疆、福建、云南;印度;欧洲、非洲北部。

(1042) 崎秘夜蛾 *Mythimna salebrosa* (Butler, 1878)

Leucania salebrosa Butler, 1878a, Ann. Mag. nat. Hist. (5)1:80. (Japan)

前翅长:18 mm。头、胸和腹部赭黄杂褐色。前翅赭黄色,中室及其外下方带红褐色,翅脉衬以红褐色,中区外下方的各脉间有红褐纵纹,后缘区内半有1黑褐纵纹;中室下角1黑点,中脉端1白纹;内线黑褐色;外线为1列黑点;顶角1暗褐斜纹;缘线在翅脉间有1列黑点;缘毛深灰褐色与黄白色相间。后翅赭黄色带黑褐色;缘线和缘毛同前翅。

分布:中国的甘肃(文县)、陕西、浙江、湖北、江西、福建、四川;朝鲜,韩国,日本。

(1043) 辐秘夜蛾 *Mythimna radiata* (Bremer, 1861)

Leucania radiata Bremer, 1861, Bull. Acad. Imp. Sci. St. Pétersb., 3:484. (Russia: Ussuri)

前翅长:15 mm。头、胸、腹部和前翅浅赭黄色。前翅翅脉白色衬以暗褐色,各脉间另有暗褐纵纹;亚基线仅上端现1黑点;内线仅有几个黑点;中室下角1暗褐点;外线为1列黑点;顶角1黄白斜纹,外侧有暗褐影。后翅黄白色,后缘区有暗褐色,中室端至外缘带暗褐色。前后翅缘线为翅脉间1列黑点;缘毛灰黄褐色。

分布:中国的甘肃(舟曲、文县)、黑龙江、陕西、湖南;俄罗斯,朝鲜,韩国,日本。

(1044) 后窠秘夜蛾 *Mythimna postica* (Hampson, 1905)

Cirphis postica Hampson, 1905, Cat. Lepid. Phalaenae Br. Mus., 5:535, pl.206:12. (Japan, Yokohama)

前翅长:13 mm。触角线形。头和胸部暗灰黄褐色。腹部灰黄色。前翅褐色,散布黑色细点;翅脉灰白色;中室下角1黑点;外线和缘线各为1列黑点;翅端半部脉间有深褐至黑褐色纵纹;缘毛深褐色,毛端浅黄褐色。后翅灰褐色,端部色深,并带红褐色调;缘毛黄褐色。

分布:中国的甘肃(文县)、江西、西藏;日本。

(1045) 角线秘夜蛾 *Mythimna conigera* (Denis & Schiffermüller, 1775)

Noctua conigera Denis & Schiffermüller, 1775, Ankündung syst. Werkes Schmett. Wienergegend:84. (Austria)

前翅长:15 mm。头、胸部和前翅橘红色。腹部暗红褐色,各节后缘有黑纹。前翅翅脉略带黑灰色;内线深褐色,">"形;环纹黄色;肾纹上半浅橘红色,下半白色并向内凸出,周围散布黑灰色;亚缘线黑褐色,在前缘下方有1折角;缘线黑褐色;缘毛与翅面同色。后翅灰红褐色,翅脉色深;缘毛淡灰黄褐色。

前翅外缘微波曲

分布：中国的甘肃（礼县）、黑龙江、内蒙古、河北、山西；俄罗斯，朝鲜，韩国，日本；欧洲。

（1046）污秘夜蛾 *Mythimna impura* (Hübner, 1808)

Noctua impura Hübner, 1808, Samml. eur. Schmett., 4: pl.85: 396. (Europe)

前翅长：13 mm。头和胸腹部浅灰黄褐色。前翅灰黄褐色，前缘附近和臀褶下方色较浅，并散布黑色细点；中室下缘至 M_3 脉端为1粗壮白条，翅端部各翅脉白至黄白色；中室下角1黑点；外线和缘线各为1列黑点。后翅浅灰褐色，向端部逐渐加深为深灰褐色；缘线的点列深灰褐色，不完整。

分布：中国的甘肃（高台）、黑龙江、内蒙古、青海、新疆；日本，中亚地区；欧洲。

（1047）柔秘夜蛾 *Mythimna placida* Butler, 1878

Mythimna placida Butler, 1878a, Ann. Mag. nat. Hist. (5)1: 79. (Japan: Yokohama)

前翅长：16~20 mm。头和胸黄褐色。腹部黄褐色杂黑灰色。前翅黄褐色；内线、外线和缘线呈黑点状；肾纹"8"字形，外侧色深，后半部分具1黑点；顶角下方具1暗影。后翅基部黄褐色，向端部逐渐过渡到深灰褐色；缘毛黄色，掺杂少量灰褐色。

分布：中国的甘肃（文县）、江苏、浙江、湖北、海南、广西、四川；朝鲜，韩国，日本。

（1048）秘夜蛾 *Mythimna turca* (Linnaeus, 1761)

Phalaena (*Noctua*) *turca* Linnaeus, 1761, Fauna Suecica: 322. (Sweden)

前翅长：19~20 mm。触角线形。头部红褐色；胸部红褐带浅紫色。腹部黄褐色。前翅顶角钝圆，外缘上半段直立，中部以下弧形弯曲；后翅外缘浅弧形。前翅红褐色，密布暗褐细纹；内、外线黑色，内线弧形，外线微波曲；剑纹、环纹不显；肾纹为斜窄黑条，后端1白点。后翅红褐色，端区带灰黑色。

分布：中国的甘肃（文县）、黑龙江、陕西、湖北、江西、四川；日本；欧洲。

（1049）曲线秘夜蛾 *Mythimna divergens* Butler, 1878

Mythimna divergens Butler, 1878a, Ann. Mag. nat. Hist. (5)1: 79. (Japan)

前翅长：24~27 mm。头部深红褐色；胸部与前翅暗黄褐色。腹部褐色。前翅外缘浅弧形；后翅外缘在M脉间浅凹。前翅有灰绿色调并布有黑细点；前缘脉红褐色；亚基线、内线、外线均黑色，内线较直，外线较前种波曲略深；无环纹；肾纹细窄，黄白色，后端内突并有1黑点；肾纹外方有暗褐云纹。后翅桃红色带暗褐。

分布：甘肃（宕昌、康县、文县）、黑龙江、陕西；日本。

（1050）宏秘夜蛾 *Mythimna grandis* Butler, 1878

Mythimna grandis Butler, 1878a, Ann. Mag. nat. Hist., (5)1: 79. (Japan, Yokohama)

前翅长：23 mm。头和胸部黄褐色带灰色。腹部鲜黄色。前翅外缘浅弧形，较倾斜；后翅外缘在M脉间浅凹。前翅黄褐色，内线以内及内线与外线间的前缘区带黄绿色，外线中部附近带红褐色；亚基线黑色，仅达中室前缘；内线黑色波状；外线黑褐色锯齿形；肾纹狭窄，黄白色，后端两侧各有1黑点；外线外侧散布浅灰褐色短横纹；缘线为1列三角形黑点；缘毛与翅面同色。后翅黄色带红褐色；亚端区有1模糊深灰褐色带，上下未达前后缘；缘线为1列黑灰色点。

分布：中国的甘肃（地点不详）、辽宁、陕西、湖北、四川；朝鲜，韩国，日本。

（1051）胖夜蛾 *Orthogonia sera* Felder & Felder, 1862

Orthogonia sera Felder & Felder, 1862, Wien. ent. Monatschr., 6: 38. (China: Zhejiang, Ning-Po)

前翅长：27~33 mm。雄雌触角均线形。头、胸、腹及前翅深褐色。前翅较宽，外缘锯齿形；后翅外缘波曲。前翅亚基线由3个黑斑组成，其余各横线黑色；剑纹只现1黑点；亚缘线在 M_1 至 M_3 脉间有1黑纹，内侧2黑点；内线、外线间为黑褐色区。后翅深褐色。

分布：中国的甘肃（宕昌）、陕西、浙江、江西、四川、云南；日本。

（1052）太白胖夜蛾 *Orthogonia tapaishana* (Draudt, 1939)

Orthogonica tapaishana Draudt, 1939, Ent. Rdsch., 56:146, pl.1:2; pl.2:7.（China:Shaanxi, Tapaishan）

前翅长：26~27 mm。头、胸黑褐色。腹部暗灰褐色。前翅灰褐带红褐色，中段带黑褐色，中脉及外线外方的翅脉灰色；内线内方及外线与亚缘线间均有波曲黑细纹；亚缘线灰黄色，其余各横线黑色；内线、外线均双线；内线后端内侧1黑斑；外线波浪形；剑纹大；环纹前端2灰黄点；肾纹长。后翅深褐色。

分布：甘肃（成县、康县）、陕西。

（1053）华胖夜蛾 *Orthogonia plumbinotata* (Hampson, 1908)

Orthogonica plumbinotata Hampson, 1908, Cat. Lepid. Phalaenae Br. Mus., 7:46, pl.118:17.（China:Hubei, Chang-yang）

前翅长：26 mm。头部黄褐色；胸部深红褐色。腹部灰褐色。前翅外线内侧黑褐色，外线外侧浅褐色；中脉和外线外侧翅脉灰白色；亚缘线红褐色；近外缘除顶角外黑褐色；其余斑纹黑色；亚基线、内线及外线均双线；剑纹为1黑点；环纹浅黄褐色；肾纹大，前端斜外伸，约呈舌形；环肾纹间具1黑斑；缘毛深灰褐色。后翅灰褐色，端部深灰褐色；缘毛灰黄色。

分布：甘肃（文县）、浙江、湖北。

（1054）粘虫 *Mythimna separata* (Walker, 1865)

Leucania separata Walker, 1865, List Spec. lepid. Insects Colln Br. Mus., 32:626.（China:Shanghai）

前翅长：17~19 mm。触角线形，雄触角具纤毛。头、胸灰褐色。腹部暗褐色。前翅狭长，顶角钝圆，外缘浅弧形；后翅外缘在M脉间浅凹。前翅灰黄褐色、黄色或橙色；内线只现几个黑点；环纹、肾纹黄褐色，后者后端有1白点，其两侧各1黑点；外线为1列黑点；亚缘线自顶角内斜至M_2脉；翅外缘1列黑点。后翅灰黄褐色，向端部逐渐过渡为暗褐色。

分布：中国的甘肃（庆阳、平凉、临夏、天水、宕昌、舟曲、徽县、成县、武都区、文县）、全国广泛分布（新疆未见）；古北界东部，印度尼西亚及澳大利亚地区，东南亚一带。

（1055）紫灰翅夜蛾 *Dypterygia andreji* Kardakoff, 1928

Dypterygia scabriuscula andreji Kardakoff, 1928, Ent. Mitt., 17:419, pl.9:5.（Russia:Vladivostok）

前翅长：16 mm。触角线形，雄触角有纤毛。头、领片和肩片深紫灰色；胸部背面暗黄褐色。腹部灰褐色。前后翅外缘微波曲。前翅深紫灰色，后缘附近和外线外侧大部暗黄褐色；亚基线黑色；内线黑色深锯齿形，在2A下方的齿狭长尖锐，其外侧另有1与之大致平行的尖齿；剑纹、环纹和肾纹均较大，黑边，肾纹外侧黑边消失；外线黑色，深波曲；翅端部翅脉黑色；亚缘线灰白色锯齿形，在翅脉上有白点。后翅灰褐至深灰褐色。

分布：中国的甘肃（文县）、陕西；俄罗斯（远东地区）。

（1056）纹希夜蛾 *Eucarta fasciata* (Butler, 1878)

Raphia fasciata Butler, 1878a, Ann. Mag. nat. Hist.(5)1:193.（Japan:Yokohama）

前翅长：14 mm。触角线形，雄触角有纤毛。头、胸灰色杂黑、褐色。腹部灰褐色。前翅后缘基部略凸出，前后翅外缘微波曲。前翅灰黄色，内半大部黑褐色；亚基线、内线均双线黑色，后者线间白色，后半内方为灰黄色区；剑纹为1黑条伸达外线，剑纹至中室间带有白色；环纹大，白色黑边；肾纹内缘可见黑色；中线模糊；外线为1列黑点或不完整的锯齿；亚缘线模糊。后翅浅褐色，端区色暗。

分布：中国的甘肃（文县）、吉林、陕西；日本。

（1057）毛足夜蛾 *Pseuderiopus albiscripta* (Hampson, 1898)

Zurobata albiscripta Hampson, 1898, J. Bombay nat. Hist. Soc., 11:449.（India:Khasis）

前翅长：11 mm。触角线形。头部和胸部褐色杂黄白色。腹部灰黄色带黄褐色与灰褐色。前翅中等宽度，顶角略尖，外缘略呈浅弧形；后翅外缘微波曲。前翅黄褐色，散布黑褐色细点；白色线纹杂乱；中室内和顶角内下方各有1较大白斑；外缘内侧有1条白线。后翅褐色；隐见深灰褐色中点；缘线深灰褐色。

分布：中国的甘肃（文县）、四川；日本，印度，斯里兰卡。

（1058）乏夜蛾 *Niphonyx segregata*（Butler，1878）

Miana segregata Butler，1878a，Ann. Mag. nat. Hist.，(5)1:85.（Japan：Honshu，Yokohama）

前翅长：12 mm。雄雌触角均线形。头和胸腹灰褐色。前后翅外缘微波曲。前翅外缘中部微隆；翅面灰褐色，中部具黑褐色宽带，内缘">"形，折角在臀褶上方，外缘微波曲；肾纹黑褐色具灰白边；外线黑色，外侧衬灰白色；亚缘线灰白色，仅前半部分明显；外线与亚缘线之间在前缘附近黑褐色。后翅灰褐色。

分布：中国的甘肃（文县）、黑龙江、河北、河南、浙江、福建、云南；朝鲜，韩国，日本。

（1059）锦夜蛾 *Euplexia lucipara*（Linnaeus，1761）

Phalaena lucipara Linnaeus，1761，Fauna Suecica：318.（Europe）

前翅长：13~15 mm。触角线形，雄触角有纤毛。头和胸部暗褐色带黑色。腹部深灰褐色带黄褐色。前后翅外缘微波曲。前翅紫褐色，中域大部黑褐色；亚基线和内线为黑色双线；中线黑色；外线黑褐色波状双线；剑纹黑边；环纹斜置椭圆形；肾纹白色，中央褐色；亚缘线灰白色衬黑色，内侧有黑齿纹；缘线黑色，在翅脉端有黄白色小点；缘毛黑褐色。后翅污白色，略带淡灰褐色，端部灰褐色；Cu_2脉黑色；外线黑褐色，细弱，仅后半段可见；亚缘线白色，M_1以下可见，翅脉在亚缘线处黑色；缘毛黑灰色，基部有1条黄线。

分布：中国的甘肃（康县、文县）、黑龙江、河南、陕西、湖北、四川、云南；日本；欧洲，非洲北部。

（1060）文锦夜蛾 *Euplexia literata*（Moore，1882）

Dianthecia [sic.]*literata* Moore，1882，in Hewitson & Moore，Descr. New Indian lepid. Insects Colln. Late Mr. W.S. Atkinson，2：124.（India：Darjiling）

前翅长：17~19 mm。头、胸及前翅黄绿带褐色。腹部灰黄带暗褐色。前翅狭长，顶角钝圆，外缘浅弧形；后翅外缘较直。前翅亚基线、内线及外线均双线黑色，亚基线、内线间带黑色；剑纹微黑；环纹及肾纹黄褐色，肾纹后有1黄绿色齿形纹；中室大部黑色；亚缘线黄绿色二曲，外侧在中褶与臀褶各1黑纹。后翅黄白或浅褐色，端区色较暗。

分布：中国的甘肃（康县、文县）、陕西、江苏、浙江、湖北、湖南、江西、海南、云南；日本，印度。

（1061）白纹驳夜蛾 *Karana germmifera*（Walker，1858）

Plusia gemmifera Walker，1858，List Spec. lepid. Insects Colln Br. Mus.，12:934.（Type locality unknown）

前翅长：15~18 mm。雄雌触角均线形。头部灰白色；胸部黑褐杂少许白色。腹部黑褐杂灰色。前翅狭长，前缘平直，顶角钝圆，后缘基部凸出；前后翅外缘波曲。前翅紫褐色，布有金绿细点；亚基线、内线白色，后者带状，在A脉前伸出1白条；剑纹、环纹及肾纹白色，后者似"8"字形，前端1白纹；中线、外线黑色，后者锯齿形，前端两侧银灰色和白色，外侧1列白齿纹；亚缘线为1列白点，内侧1列黑齿纹。后翅中部白色，前后缘和翅端部深灰褐色。

分布：中国的甘肃（文县）、陕西、浙江、福建、四川、云南；印度。

（1062）纬夜蛾 *Atrachea nitens*（Butler，1878）

Spaelotis nitens Butler，1878a，Ann. Mag. nat. Hist.(5)1:164.（Japan：Yokohama）

前翅长：19 mm。雄触角微锯齿形，有纤毛丛，雌触角线形。头、胸及前翅灰黄色至灰褐色，掺杂黑褐色；腹部深灰褐色。前翅顶角钝圆；前后翅外缘微波曲。前翅微带绿色；亚基线、内线和外线均黑色双线，后者锯齿形；剑纹小；环纹和肾纹灰绿色；中线黑色锯齿形。亚缘线灰白色锯齿形，内侧衬黑色。后翅深灰褐色至黑褐色，近臀角处有浅黄纹。

分布：中国的甘肃（舟曲、康县、文县）、陕西、湖南、浙江；日本。

（1063）黑环陌夜蛾 *Trachea melanospila* Kollar，1844

Trachea melanospila Kollar，1844，in Hügel, Kaschmir Reich Siek，4(2):480.（Kaschmir）

前翅长：24 mm。雄雌触角均线形。头、胸黑灰色；腹部与前翅黑褐色。前后翅外缘波状。前翅带苔绿色；

亚基线、内线及外线均黑色双线,后者锯齿形;环纹及肾纹黑褐色;亚缘线苔绿色,两侧有黑斑;缘线黑色,在翅脉端断离,在翅脉间向内凸出楔形小斑;缘毛深灰褐色,在翅脉端黄色。后翅灰黄褐色,端半部黑褐色;外线暗褐色;亚缘线后半微白,臀角1白曲纹;缘毛黄色掺杂深灰褐色。

分布:中国的甘肃(永登、舟曲、康县、文县)、黑龙江、陕西、湖北、海南、四川、云南;印度。

(1064)暗斑陌夜蛾*Trachea punkikonis* Matsumura,1929

Trachea punkikonis Matsumura,1929,Insecta Matsumurana Sapporo,4:116.(China:Taiwan)

前翅长:19 mm。头、胸部和前翅黑褐色,带暗绿色。腹部灰褐色带污黄褐色。前翅斑纹近似黑环陌夜蛾T. melanospila,颜色较绿,环纹以内浅色部分较少;环纹和肾纹中央黑色,周围绿圈,肾纹内部有1纤细弧形白线;环、肾纹之间的白斑较窄,有时消失。后翅端部的黑褐色带较宽。

分布:中国的甘肃(文县)、北京、陕西、台湾;朝鲜,韩国,日本。

(1065)铜色陌夜蛾*Trachea stoliczkae*(Felder & Rogenhofer,1874)

Mamestra stoliczkae Felder & Rogenhofer,1874,Reise öst. Fregatte Novara(Zool.),2(Abt. 2):pl.109:32.(Himalaya)

前翅长:17 mm。雄触角锯齿形。头黄白色;胸部黄褐色。腹部灰褐色。前翅褐色带黄褐色;亚基线和内线黑色双线,双线间黄绿色;亚基线与内线间在中室下方黄绿色;剑纹黑褐色;环纹和肾纹黄绿色,有不完整黑边,前后端各有黑斑;外线双线黑色,线间黄绿色,浅锯齿形,上半段弧形外弯,在翅脉上有白点;外线外侧的前缘上有3个淡黄点;外线与亚缘线之间黄绿色,在前缘有1黑斑;亚缘线黄色,锯齿形;缘线为1列三角形小黑斑;缘毛深灰褐色,在翅脉端黄色。后翅深灰褐色,隐见模糊带状外线,较直;缘毛黄色与灰褐色掺杂。

分布:中国的甘肃(文县)、四川;印度。

(1066)铅色径夜蛾*Pareuplexia chalybeata*(Moore,1867)

Naenia chalybeata Moore,1867,Proc. zool. Soc. Lond.,1867:64.(India:Bengal)

前翅长:27 mm。触角线形。头、胸部和前翅深紫褐色至黑褐色。腹部深灰褐色至黑灰色。前翅略狭长,外缘倾斜,浅波曲;亚基线紫褐色带白色;内线黑色双线,波状外斜;剑纹黑边;环纹斜置椭圆形,黑褐色有褐环及黑边;肾纹大,中央黑褐色,边缘微黑;中线黑褐色,仅后半段可见;外线为1淡褐色带,中央有深褐色线,内侧衬黑色,外侧在前缘下方有1灰红褐色斑;亚缘线灰白色,浅锯齿形,在M_3至Cu_2脉上的齿较尖锐;缘线为1列新月形黑纹;缘毛黑褐色,基部有1条黄白色线。后翅深褐至深灰褐色;缘毛深灰褐色,基部黄白色线鲜明。

分布:中国的甘肃(甘谷、文县)、四川、云南、西藏;印度,孟加拉国。

(1067)萨夜蛾*Sapporia repetita*(Butler,1885)

Apamea repetita Butler,1885,Cist. ent.,3:133.(Japan)

前翅长:17 mm。雄触角双栉形,雌线形。头和胸部褐色杂黑褐色。腹部灰褐色。前翅较宽阔;前后翅外缘微波曲。前翅底色黄白,大部带褐色;基部、中区前半及端区带黑色;亚基线深褐色波状双线;内线波浪形,黑色,内侧衬白;剑纹和环纹褐色黑边;肾纹白色黑边,近方形,前方至前缘为1白斑;1黑纹自剑纹后端伸至外线;外线黑褐色锯齿形,外侧衬白;亚缘线白色锯齿形,内侧有尖细黑齿纹;亚缘线前、中段外侧有暗色三角区;缘线为1列深灰褐色三角形小斑,不清晰。后翅浅灰褐色。

分布:中国的甘肃(迭部)、浙江、四川;日本。

(1068)迴秀夜蛾*Apamea remissa*(Hübner,1809)

Noctua remissa Hübner,1809,Samml. eur. Schmett.,4:pl.90:27.(Europe)

前翅长:17 mm。触角线形,雄触角有纤毛。头、胸灰色杂褐色。腹部褐色。前翅中等宽度,顶角钝圆;前后翅外缘微波曲。前翅褐色带黑灰色,内区、外区灰白带褐色,端区黑褐色;亚基线、内线及外线均双线黑色,亚基线、内线波浪形,外线锯齿形;剑纹暗褐色;环纹、肾纹黄白色;亚缘线黄白色锯齿形;外线外方的翅脉黑色。后翅灰褐色,外线微黄。

分布:中国的甘肃(舟曲、康县、文县)、黑龙江、陕西、新疆;中亚地区;欧洲。

(1069)旋秀夜蛾*Apamea crenata*(Hufnagel,1766)

Phalana crenata Hufnagel,1766b,Berl. Magazin,3:402.(Germany)

前翅长:17 mm。头部灰白色;胸部深褐色。腹部淡灰黄褐色。前翅浅黄褐色;亚基线、内线和外线均黑色双线,内、外线锯齿形;剑纹、环纹和肾纹黄褐色;中线模糊深褐色;亚缘线黄白色,外侧深褐色;端区翅脉略带黑色;缘线为1列黑点;缘毛黑褐色与灰黄色相间。后翅淡灰褐色;隐见深灰褐色中点、外线和缘线的点列。

分布:中国的甘肃(文县)、黑龙江、青海、新疆、四川;日本;欧洲。

(1070)负秀夜蛾*Apamea veterina*(Lederer,1853)

Hadena veterina Lederer,1853b,Verh. zool. bot. Ver. Wien,3(Abh.):370,pl.2:4.(Russia:Siberia)

前翅长:18 mm。头和胸腹部浅灰黄褐色。前翅黄色,略带黄褐色调;亚基线、内线和外线均黑色双线,亚基线前段可见,内线波浪形,外线锯齿形;中线黑色;剑纹黑色;环纹斜,黄褐色;肾纹大,浅黄色;亚缘线浅黄色,外侧深褐色;亚缘线与外缘之间有几块不规则形灰褐色斑;缘线黑灰色。后翅灰黄色,翅端部散布不均匀的灰褐色,其中可见浅色细带状外线。

分布:中国的甘肃(宕昌)、黑龙江、内蒙古、北京、河北、山西、新疆;俄罗斯。

(1071)荒秀夜蛾*Apamea lateritia*(Hufnagel,1766)

Phalana lateritia Hufnagel,1766b,Berl. Magazin,3:306.(Germany)

前翅长:21 mm。头、胸部和前翅褐色杂紫灰色。腹部黄褐色。前翅亚基线灰色,两侧微黑;内线和外线黑色锯齿形,外线齿尖有黑、白点;环纹斜;肾纹灰褐色,外缘白色;亚缘线灰白色,不规则波曲。后翅浅灰褐色。

分布:中国的甘肃(玉门、酒泉、高台)、黑龙江、内蒙古、青海、新疆、广西;日本;欧洲,美洲北部。

(1072)污秀夜蛾*Apamea anceps*(Denis & Schiffermüller,1775)

Noctua anceps Denis & Schiffermüller,1775,Ankündung syst. Werkes Schmett. Wienergegend:81.(Austria)

前翅长:18~21 mm。头、胸灰色杂黑褐色。腹部褐色带灰色。前翅褐色杂黑褐色;亚基线、内线均双线黑色,后者波浪形,双线间均白色;剑纹短;环纹斜椭圆形;肾纹后端内突;中线、外线黑褐色,后者锯齿形;亚缘线浅黄褐色波浪形,内侧在中褶与臀褶有黑褐斑。后翅黄白带褐色。

分布:中国的甘肃(舟曲)、黑龙江、陕西;朝鲜,韩国,日本;亚洲西部,欧洲。

(1073)齿秀夜蛾*Apamea cuneatoides*(Poole,1989)

Anapamea cuneatoides Poole,1989,Lep. Cat. Noct.,1:78.(Japan:Yokohama)

前翅长:14 mm。头和胸腹部灰褐色。前翅污白色,带淡灰黄色,基部、前缘大部、环纹和肾纹周围及外缘在M_1以下为不均匀的褐色至黑褐色;亚基线、内线和外线均双线黑色,亚基线和内线波状,外线锯齿形;剑纹小;环、肾纹灰白色;中线黑色波状;亚缘线灰白色,内侧衬黑褐色;缘线为1列短条形黑点;缘毛深灰褐色,在翅脉端灰黄色。后翅浅灰褐色,端部深灰褐色;缘毛色较浅。

分布:中国的甘肃(康县、文县)、河南、福建;日本。

(1074)晓秀夜蛾*Apamea schawerdae*(Draeseke,1928)

Parastichtis schawerdae Draeseke,1928,Dt. ent. Z. Iris,42:307.(China:Sichuan,Ta-tsien-lu)

前翅长:17 mm。头部与胸部褐色;领片有1黑横线。腹部灰褐色。前翅褐色,各横线不明显;臀褶有1黑纵线,自基部直达翅外缘;环纹与肾纹灰褐色,有细黑边,环纹狭长条形,外斜,后端近达肾纹,肾纹周围有白点；端区M_2与Cu_2脉间有几条黑纵纹。后翅污白至淡黄褐色，端区带有灰褐色；缘线深灰褐色。

分布：甘肃（舟曲）、陕西、四川、云南。

（1075）亚秀夜蛾*Apamea askoldis* Oberthür，1880

Apamea askoldis Oberthür，1880，Études ent.，5：72，pl.3：13.（Russia：Askold）

前翅长：21 mm。头部红褐色；胸部白色。腹部褐色。前翅大部白色，前缘、中室及端区暗灰褐色；亚基线、内线均双线黑色波浪形；剑纹大；环纹浅褐色；肾纹外半白色，内半黑色；中线褐色；外线双线黑褐色锯齿形；亚缘线白色，内侧1粗褐线，中褶、臀褶各1暗褐斑，线外侧色暗。后翅浅褐色，可见外线。

分布：中国的甘肃（康县、文县）、黑龙江、陕西、新疆、湖北、福建、四川；日本，印度，俄罗斯。

（1076）秀夜蛾*Apamea sordens*（Hufnagel，1766）

Phalana sordens Hufnagel，1766b，Berl. Magazin，3：306.（Germany）

前翅长：17 mm。头、胸腹部和前翅均浅灰黄褐色。前翅中区色略暗；臀褶基部1黑纵；亚基线和内线黑色双线，波状；剑纹小，环纹椭圆形斜置，肾纹宽大，灰黄色黑边，肾纹中部以下散布灰褐色；外线黑色锯齿形双线，外侧一条大部消失，仅存齿尖的黑、白点；亚缘线灰黄色波状，内侧有黑齿纹；缘线有1列黑点；缘毛灰褐色与灰黄色相间。后翅淡灰褐色，端部灰褐色；缘线深灰褐色。

分布：中国的甘肃（玉门、武威）、黑龙江、内蒙古、青海、新疆、四川、云南；俄罗斯，朝鲜，韩国，日本，中亚地区；欧洲。

（1077）缘秀夜蛾*Apamea submarginata*（Leech，1900）

Xylophasia submarginata Leech，1900，Trans. ent. Soc. Lond.，1900：69.（China：Sichuan，Omei-shan）

前翅长：17 mm。头和胸部灰褐色带红褐色。腹部灰褐色。前翅红褐色，基部、亚缘线之外、前缘大部、后缘中部和大部分迟脉灰褐色；亚基线不清晰；内线和外线为黑色双线，后者锯齿形，外侧一条齿尖有黑、白点；剑纹黑褐色；环纹不清晰；肾纹灰褐色，内有1白纹，外缘白色，周围有小白点；亚缘线灰白色，不规则锯齿形；缘线有1列模糊黑点；缘毛深灰褐色。后翅灰褐色至深灰褐色；中点色略深；缘毛深灰褐色与黄色相间。

分布：甘肃（舟曲）、陕西、江西、四川。

（1078）聚星普夜蛾*Prospalta siderea* Leech，1900

Prospalta siderea Leech，1900，Trans. ent. Soc. Lond.，1900：121.（China：Sichuan）

前翅长：13~16 mm。雄雌触角均为线形。翅宽阔，前后翅外缘平滑。前翅深褐色，亚基线由2个白点组成；内线白色波浪状，仅前半部清楚，其与亚基线之间在中室后方有1白色8字形斑纹；环纹中央为1斜长白点，内侧2个白点，外侧3个白点，肾纹内部有1弯曲白条，内侧3个白点，外侧4个白点，后端1个白点；中线白色，仅前端可见1曲纹；外线和亚缘线各由1列白点组成；缘线为间断暗褐色线和其内侧白色小细点组成。后翅深灰褐色，中室处有1黑褐色点状斑。

分布：甘肃（成县、文县）、陕西、浙江、湖南、四川。

（1079）肾星普夜蛾*Prospalta leucospila* Walker，1858

Prospalta leucospila Walker，1858，List Spec. lepid. Insects Colln Br. Mus.，13：1114.（Malaysia：Borneo，Sarawak）

前翅长：13~16 mm。头、胸暗红褐色。腹部灰褐色。前翅深铜褐色；前缘基部2白点，臀褶基部1小白斑，近基部另1小白斑；亚基线在前端及中室各现1白点；内线现几个白点纹；剑纹为1粗白点；环纹白色黑边；肾纹中央为圆白斑，内半1新月形黑纹，周围有7个白点，内侧2点相交成"V"字形；外线黑色锯齿形，齿端有白点；亚缘线为1列白点；近翅外缘有1列白点。后翅浅灰褐色。

分布：中国的甘肃（舟曲）、陕西、云南；印度，马来西亚。

(1080）比星普夜蛾Prospalta contigua Leech, 1900

Prospalta contigua Leech, 1900, Trans. ent. Soc. Lond., 1900:122.（China:Sichuan）

前翅长:12 mm。头、胸及前翅深褐色。腹部灰褐色。前翅前缘脉基部有1白纹,中室基部后方有1黑点;内线在前缘脉上为1白纹,其后在各翅脉上有1白点,线内侧的中室处有1白点,线后端外侧有1白点;剑纹为1白点;环纹白色,黑边;肾纹中央3个白点,外围许多小白点;中线褐色,波浪形,不明显;外线锯齿形,由白点组成;亚缘线亦由白点组成,后半不显;翅外缘1列白点。后翅灰褐色。

分布:中国的甘肃(舟曲、成县、文县)、陕西、福建、四川;印度。

(1081）友禾夜蛾Oligia sodalis Draudt, 1950

Oligia sodalis Draudt, 1950, Mitt. münch. ent. Ges., 40:100, pl.7:5.（China:Hunan, Hoeng-shan）

前翅长:13 mm。触角线形,雄触角有纤毛。体和翅灰白至淡灰褐色,带灰绿色调。前翅狭长;前后翅外缘微波曲。前翅中室黑色,中室下方至2A脉由基部至外线黑色;亚基线黑色双线,到达臀褶;内线黑色双线,波曲外斜;环纹和肾纹白色,有不完整的黑边;外线黑色双线,外侧一条较弱,浅锯齿形,上半段深弧形外弯,下半段外侧衬白色;亚缘线灰白色,不规则波曲;翅端部翅脉间有黑纵纹;缘线的黑点细小或消失;缘毛深灰褐色。后翅端部色略深;缘毛较前翅浅。

分布:甘肃(迭部)、湖南、福建。

(1082）维夜蛾Chalconyx ypsilon (Butler, 1879)

Gerbatha ypsilon Butler, 1879, Illust. typical Specimens Lepid. Heterocera Colln Br. Mus., 3:24, pl.47:1.（Japan:Honshu, Yokohama）

前翅长:14 mm。触角线形。头部黄褐;胸部灰色,有黑褐细点。腹部暗灰带褐色。前翅宽阔,顶角钝圆;前后翅外缘微波曲。前翅灰色,布有黑褐细点,外线外方有褐色光泽;亚基线黑色,仅前端及中室处可见;内、中、外线均黑色,前者细弱,波浪形,中线带状,后端与外线相交合成"Y"形,外线锯齿形,后半内弯;无剑纹与环纹;肾纹白色,中凹,亚缘线黑色,外侧衬灰白色,锯齿形;缘线为翅脉间1列三角形黑点;深灰褐色掺杂灰黄色。后翅深灰褐色;缘线和缘毛同前翅。

分布:中国的甘肃(文县)、河北、陕西、浙江;日本。

(1083）小雍夜蛾Oederemia nanata Draudt, 1950

Oederemia nanata Draudt, 1950, Mitt. münch. ent. Ges., 40:18, pl.3:10.（China:Yunnan, A-tun-tse, Likiang）

翅展:11 mm。触角线形。头和胸部黑褐色;下唇须斜向上伸,第二节达额中部,第三节短;额突起成球面形,其下有角质片。腹部灰色,布有黑点。前翅略狭长,顶角钝圆;前后翅外缘微波曲。前翅灰绿色;亚基线黑色锯齿形,外侧衬灰色;内线黑色,外侧衬灰色,自前缘脉后外弯;环纹大,斜椭圆形,淡褐色,中有褐圈;肾纹大,色似环纹;外线黑色,微锯齿形,外衬灰色,自前缘脉后外弯至Cu_2脉后垂向翅后缘;内线与外线之间的臀褶色暗并有黑色纹;外区前缘脉上有1列灰黄斜纹;外线后端外侧至臀角有1灰黄色椭圆形斑,界限不明晰;亚缘线灰黄色,锯齿形,有间断;缘线由1列新月形黑点组成;缘毛基部灰黄色。后翅灰褐色,端区色暗;中点黑褐色。

分布:甘肃(康县)、陕西、福建、云南。

(1084）中华康夜蛾Conservula sinensis Hampson, 1908

Conservula sinensis Hampson, 1908, Cat. Lepid. Phalaenae Br. Mus., 7:501, pl.120:7.（China:Sichuan, Chia-kou-ho）

前翅长:14 mm。触角线形,雄触角有纤毛。头和胸腹部红褐色;胸部杂有白色;领片和肩片深褐色。前翅略狭长,顶角钝圆,外缘略呈浅弧形,倾斜;翅面粉紫色带褐色,前缘附近带灰绿色调;亚基线黑褐色双线,内斜,外下方在后缘有1黑斑;内线和外线黑褐色双线,均较直,内线外斜,外线内斜,二者在后缘接近,内外线之间在环、肾纹下方为1倒三角形黑褐色大斑;环纹大,肾纹大,后端向内凸伸与环纹相接,二者之间为1倒置的楔形黑斑;外线外方的翅脉黑褐色;亚缘线黑褐色带状,向内弥散;外缘附近紫色较浓。后翅污白色,端部略带淡灰褐色,翅脉带灰褐色。

分布:中国的甘肃(康县)、湖北、四川、云南;尼泊尔。

(1085) 后黄东夜蛾 *Euromoia subpulchra* (Alphéraky, 1897)

Hadena subpulchra Alphéraky, 1897c, in Romanoff, Mém. Lépid., 9:173, pl.12:11. (Korea)

前翅长:22 mm。触角线形,雄触角稍扁。头、胸黑褐色。腹部黑灰色,节间灰色。前后翅外缘微波曲。前翅黑褐杂灰白色,翅内半及肾纹至外线间白色尤显;亚基线、内线均双线黑色,双线间均白色;环纹不显;肾纹大,白色,中凹,内侧1方形黑斑,前方另1黑斑;外线黑色锯齿形,外侧衬白色;亚缘线白色,间断,锯齿形,内侧1列黑纹。后翅杏黄色,中部散布黑褐色,端区1黑宽带。

分布:中国的甘肃(宕昌、文县)、陕西、湖北、福建;朝鲜、韩国、日本。

(1086) 克袭夜蛾 *Sidemia spilogramma* (Rambur, 1871)

Valeria spilogramma Rambur, 1871, Ann. Soc. ent. France, (5)1:321. (Russia)

前翅长:20 mm。雄触角双栉形,雌线形。头和胸部浅灰黄褐色。腹部灰白至浅灰黄色。前后翅外缘波状。前翅灰褐色,带灰绿色调;亚基线、内线和外线均黑色双线,线间色浅,亚基线和内线波状;外线锯齿形;剑纹浅褐色;环纹和肾纹灰褐色,有白环及黑边;中线黑色,后半与外线平行;亚缘线色稍浅,锯齿形,内侧衬黑褐色;缘线为1列小黑点。后翅白色,端部灰褐色。

分布:中国的甘肃(武威、甘谷)、黑龙江、内蒙古、河北、山东、江苏、湖南;俄罗斯。

(1087) 黑缘红衫夜蛾 *Phlogophora fuscomarginata* Leech, 1900

Phlogophora fuscomarginata Leech, 1900, Trans. ent. Soc. Lond., 1900:72. (China:Sichuan, Pu-tsu-fong)

前翅长:29 mm。触角线形,雄触角有纤毛丛。头和胸部浅红褐色。腹部灰红褐色。前翅狭长,外缘十分倾斜,接近平直;翅面浅黄褐色带红褐色及紫色;亚基线黑褐色双线;内线黑色双线,外侧一条后端外伸与外线相遇;环纹和肾纹巨大,红褐色带黑色,边缘黄色及黑色,前后端均开放,肾纹外缘中凹,中轴线与后缘垂直;1黑褐色斜纹在肾纹中部外侧内斜并逐渐扩展;外线黑色,在M_2处成1折角,然后极度内斜,在M_3处与黑褐斜纹相合;亚缘线淡黄色,内侧有1粗壮黑线由R_5达后缘,亚缘线外侧由M_1至臀角均黑褐色。后翅淡灰红褐色;外线和亚缘线暗褐色;外缘由顶角至Cu_2脉有1深灰褐色条带。

分布:甘肃(舟曲、文县)、四川、云南。

(1088) 紫褐衫夜蛾 *Phlogophora subpurpurea* Leech, 1900

Phlogophora subpurpurea Leech, 1900, Trans. ent. Soc. Lond., 1900:71. (China:Sichuan, Ta-tsien-lu)

前翅长:25 mm。头和胸部褐色带紫灰色。腹部淡灰黄褐色。前翅褐色带紫;斑纹与前种相似;前种的黑褐色和黑色部分在本种均为红褐色或暗红褐色;肾纹倾斜,外缘平直,边缘为1深褐色直线,不与后缘垂直;亚缘线外侧的深灰褐色由顶角达臀角。后翅污白色,端部带深灰褐色,无灰红色调。

分布:中国的甘肃(文县)、四川、云南、西藏;印度。

(1089) 炫夜蛾 *Actinotia polyodon* (Clerck, 1759)

Phalaena polyodon Clerck, 1759, Icon. Insect. Rzriorum, 1:pl.2:2. (Type locality unknown)

前翅长:14 mm。触角线形。头顶黑色,额白色;胸腹部灰褐色;后足胫节具刺。前后翅外缘浅波曲;前翅外缘中部略凸;后翅外缘在M脉间凹。前翅紫灰褐色,后缘区褐色带灰绿色;中室、臀褶前半、后缘及顶角区有黄白纵条;环纹狭长;肾纹上下两端超出中室,白色;外线仅后段现几个黑点;亚缘线白色锯齿形,外侧有黑齿纹。后翅灰褐色,翅脉及端部深灰褐色。

分布:中国的甘肃(礼县、文县)、辽宁、新疆;日本;欧洲。

(1090) 间纹炫夜蛾 *Actinotia intermediata* (Bremer, 1861)

Cloantha intermediata Bremer, 1861, Bull. Acad. Imp. Sci. St. Pétersb., 3: 489. (Russia: Kengka-See)

前翅长: 16 mm。头、胸腹部及前翅灰白带浅褐色；后足胫节无刺。翅外缘波曲较前种浅；前翅外缘中部不隆起。前翅翅脉黑色；前、后缘中室前半带紫褐色，肾纹后方及 M_2 脉至 Cu_2 各脉基部紫褐色；剑纹细长；环纹长扁；肾纹大；2A 脉后有 1 褐线，肾纹有 1 尖白齿，1 黑纹自顶角至肾纹；臀角前 1 黑纹。后翅浅灰褐色，端区黑褐色。

分布：中国的甘肃（天水、宕昌、文县）、黑龙江、陕西、湖北、湖南、浙江、福建、海南、四川、云南；俄罗斯，朝鲜，韩国，日本，印度，斯里兰卡。

(1091) 暗角散纹夜蛾 *Callopistria phaeogona* (Hampson, 1908)

Eriopus phaeogona Hampson, 1908, Cat. Lepid. Phalaenae Br. Mus., 7: 535. (China: Sichuan, Omei-shan)

前翅长: 12 mm。雄雌触角均为线形；雄蛾触角 1/3 处具 1 指状突。头部和胸腹部浅黄褐色。前翅宽阔，顶角尖，略凸，外缘略呈锯齿形，M_3 与 Cu_1 脉端带凸齿较大，翅面浅黄褐色；基部黑斑，中室处具白纹；内线双线黑色，线间白色；环纹及肾纹窄，中央黑色，边缘白色，环纹外斜，肾纹内斜，两纹间具黑褐斑，三角形，其前方具梯形黑斑，肾纹后具黑褐色斜条伸达后缘中部；外线双线黑色，线间白色；亚缘线白色，内侧近中部具三角形黑斑。后翅灰褐色。

分布：甘肃（康县、文县）、浙江、四川。

(1092) 散纹夜蛾 *Callopistria juventina* (Stoll, 1782)

Phalaena (*Noctua*) *juventina* Stoll, 1782, in Cramer, Uitlandsche Kapellen (Papillons exot), 4: 245, pl.300: n. (Surinam)

前翅长: 15~16 mm。雄触角中段波曲，基部 1/3 处微凸起。头部褐色杂黄褐；胸部黄褐杂黑褐色。腹部基部黄褐色，其余黑褐色，各节后缘和腹部末端黄色。前翅紫褐色，基部微黑；亚基线白色，只达中室；内线双线黑色，线间白色，弧形外弯；环纹黑色白边，极窄而外斜；肾纹白色，中央有黑窄圈；外线双线黑色，线间紫色，后半内侧较宽的黄褐色，外侧褐色带紫色，呈带状；亚缘线仅前半为 3 个白色内斜纹及 1 白色外斜纹；缘线白色，外侧 1 黑线及褐色粗线；缘毛黑色。后翅淡黄褐色，端区污褐色。

分布：中国的甘肃（康县、文县）、黑龙江、河南、陕西、江苏、浙江、湖北、江西、湖南、福建、海南、广西、四川；日本，印度；欧洲，美洲。

(1093) 沟散纹夜蛾 *Callopistria rivularis* Walker, 1858

Callopistria rivularis Walker, 1858, List Spec. lepid. Insects Colln Br. Mus., 12: 867. (N. India)

前翅长: 11 mm。雄触角内 1/3 处弱凸起。头、胸黄褐色；领片有黑斑；肩片有黑环。前翅红褐色，翅脉浅黄色，内线内方、中室及亚端区带黑色；亚基线白色；内线黑色，两侧各 1 白线；环纹黑色；肾纹白色，外半紫色，后外端 1 白点；外线双线黑色，线间白色，两侧紫褐色；亚缘线白色。后翅深灰褐色。

分布：中国的甘肃（康县）、陕西、湖南、福建、广东、海南、广西、西藏；日本，印度，印度尼西亚。

(1094) 白线散纹夜蛾 *Callopistria albolineola* (Graeser, 1888)

Eriopus albolineola Graeser, 1888, Berl. ent. Z., 32: 337. (Russia: Amurland)

前翅长: 11 mm。雄触角内 1/3 处弱凸起。头、胸黑色杂黄褐色。腹部暗灰色。前翅黄褐色，密布细黑点；亚基线白色；内线黑色，两侧衬白色；环纹后端尖，黑色；肾纹黑色白边，中央有黄灰纹，后端外侧有 1 白点；外线白色，两侧衬黑色；亚缘线白色，在 R_3 至 M_1 脉间为 2 内斜纹，M_2 脉至 M_3 脉间为 1 外斜纹；亚缘区各翅脉间有黑斑；缘线白色，外侧衬黑色，稍间断；缘毛黑色，基部浅黄，端部黑与淡黄相间。后翅灰褐至深灰褐色，隐见深色中点和带状外线。

分布：中国的甘肃（康县、文县）、黑龙江、河北、陕西；俄罗斯，日本。

（1095）客散纹夜蛾 *Callopistria exotica*（Guenée，1852）

Eriopus exotica Guenée，1852，in Boisduval & Guenée，Hist. nat. Insectes（Spec. gén. Lépid.），6：294.（Indonesia：Java）

前翅长：13 mm。触角线形，雄触角中段波曲、稍膨大。头和胸部红褐色带紫色并杂少许黑色。腹部灰褐色。前翅红褐色，除中区后半外均带紫黑色；亚基线黑色、内外线均黑色双线，双线间白色；内线后段内侧1白纹，其后1黑斑；环纹小，浅黄色；肾纹白色，后端内凸，前方1白纹；中室下角后1黑点；亚缘线白色，在顶角后有3白纹，在Cu_1处1强外凸齿。后翅灰褐色；中点深灰褐色；外线深灰褐色波状。

分布：中国的甘肃（文县）、广东、海南；印度尼西亚。

（1096）红晕散纹夜蛾 *Callopistria replete* Walker，1858

Callopistria replete Walker，1858，List Spec. lepid. Insects Colln Br. Mus.，12：865.（N. India）

前翅长：15~17 mm。雄触角中段波曲，无凸起。前翅外缘在R_2脉和M_2脉处向外凸出；后翅外缘浅波曲。前翅灰褐色，亚基线双线褐色，微曲；内线为黄白色窄条带，内部有1褐色条纹，后半部微凸出；环纹黑色黄边，椭圆形，肾纹黄白色，长条状，内部有2条斜黑纹，环肾纹与前缘脉之间形成1黑色倒三角形斑；外线双线褐色，内侧黄白色，平直，在下端稍外斜，外线外侧有1锯齿形黑线，在R脉间内凹，内凹处内侧黑色，其后黄褐色；亚缘线黄白色，在R_2脉和M_2处稍凸出呈尖齿状；缘线黄白色。后翅灰褐色；中点深灰褐色短条形；外线深灰褐色，外侧衬白边。

分布：中国的甘肃（康县、文县）、黑龙江、山西、河南、陕西、浙江、湖北、湖南、福建、海南、广西、四川、云南；朝鲜，韩国，日本，印度。

（1097）弧角散纹夜蛾 *Callopistria duplicans* Walker，1858

Callopistria duplicans Walker，1858，List Spec. lepid. Insects Colln Br. Mus.，12：866.（India：Hindostan）

前翅长：11~14 mm。雄触角基部1/5处弯曲成弧状，无鳞齿。头、胸褐色杂黑色，头顶及领片大部黑色，中部各有1白横线。腹部暗褐色。前翅深褐色，翅脉淡黄色；亚基线白色，两侧黑色；内线双线白色，线间黑色；环纹黑色白边，窄斜；肾纹白色，中央有1黑曲条及1褐曲纹，下端微外凸；外线双线黑色，线间白色，外侧较宽红褐色；亚缘线黄白色，锯齿形，在M_3脉处齿尖达缘线；缘线白色。后翅灰褐色，微带红褐色调。

分布：中国的甘肃（宕昌、康县、文县）、山东、陕西、江苏、浙江、江西、福建、台湾、海南、四川；朝鲜，韩国，日本，印度，缅甸。

（1098）脉散纹夜蛾 *Callopistria venata* Leech，1900

Callopistria venata Leech，1900，Trans. ent. Soc. Lond.，1900：111.（China：Hubei，Changyang）

前翅长：14 mm。触角线形，雄触角不波曲。头和胸黑色掺杂褐色和白色。腹部黑灰色，基部毛束带黄褐色。前翅黑褐色；亚基线和内线白色；环纹及肾纹白色，前者后端尖，肾纹后端外凸呈钩形；外线双线黑色，线间白色；亚缘线为1列白色短条状斑纹组成，其内侧具1列白色长点。后翅深灰褐色，隐见深色中点。

分布：中国的甘肃（舟曲、康县、文县）、浙江、湖北、福建；印度。

（1099）嵌白散纹夜蛾 *Callopistria quadralba*（Draudt，1950）

Eriopus quadralba Draudt，1950，Mitt. münch. ent. Ges.，40：107，pl.7：14.（China：Yunnan，A-tun-tse；Sichuan，Batang）

前翅长：13 mm。触角线形，雄触角不波曲。头和胸部黑色杂白及浅黄色。腹部灰褐色。前翅底色土黄，密布黑色细点；翅基部有1浅黄点；亚基线淡黄色，达2A脉；内线淡黄色，波状，两侧在臀褶处各1淡黄斑；环纹黄色，中央黑色，前宽后尖；肾纹土黄色，中央有黑环，外侧后端稍外凸并稍白；外线白色，两侧衬黑色，内侧较明显；亚缘线黄白色。在M_3处外凸1大齿，齿尖达外缘并扩展为1小黄斑；外缘内侧有1条白线，该线与外缘之间为1黑褐色带；缘毛深灰褐色与黄白色相间。后翅灰褐色至深灰褐色；缘毛黄白色掺杂灰褐色。

分布：甘肃（成县、文县）、四川、云南。

(1100) 小散纹夜蛾 *Callopistria minor* Hampson, 1891

Callopistria minor Hampson, 1891, Illust. typical Specimens Lepid. Heterocera Colln Br. Mus., 8:16, 81, pl. 146:16, 17. (India:Nilgiri)

前翅长:10 mm。非常近似前种,体型较小;前翅中室前缘脉和R_5至M_3脉黄白色;环纹狭长,斜置;肾纹灰褐色,内部有黑、白纹各1条,两侧的中下部有白纹;外线中上部外凸较少,紧邻肾纹;翅外缘中部略凸出成尖角。

分布:中国的甘肃(康县、文县)、广西;印度。

(1101) 朝光夜蛾 *Stilbina koreana* Draudt, 1934

Stilbina koreana Draudt, 1934, in Seitz, Gross-Schmett. Erde, 3(Suppl.):172, pl.20:k. (Korea)

前翅长:14 mm。雄触角双栉形,雌线形。体和翅淡灰黄色;额有三叉戟形角质凸起;胸部背面有少许褐点。前翅狭长,外缘浅弧形;后翅宽大,外缘浅弧形。前翅有光泽;前缘基部1黑点;内线黑色,由1列大小不等的黑点组成,后端不显,在中室内的点细小,由黑色环纹内侧绕过;肾纹有黑色月牙形圈,其外缘细弱;外线由1列黑点组成,浅弧形排列。后翅有光泽,无斑纹。

分布:中国的甘肃(庆阳)、河北;朝鲜,韩国。

(1102) 明带夜蛾 *Triphaenopsis lucilla* Butler, 1878

Triphaenopsis lucilla Butler, 1878a, Ann. Mag. nat. Hist.,(5)1:163. (Japan:Yokohama)

前翅长:14~18 mm。雄雌触角均线形。头和胸部褐色杂黑色和少许灰白色,腹部深灰褐色。前翅狭长;前后翅外缘波状。前翅暗红褐色,内半及端区带黑色;亚基线黑色双线,达2A脉;内线和外线均黑色双线,前者波状,后者锯齿形,在翅脉上有黑、白点,后半双线间白色,外侧有时可见云状白斑;剑纹外端1宽黑条;环纹褐色微带白色;肾纹黄褐色(雄)或白色(雌),中有黑环;中线模糊黑色;亚缘线浅褐色,内侧M_2至Cu_2脉间有黑纹;缘线为1列黑点;缘毛深灰褐色至黑褐色。后翅深灰褐色至黑褐色,中部由前缘至Cu_2下方有1黄色宽带;中点黑灰色;缘毛黄白色带少量深灰褐色。

分布:中国的甘肃(文县)、黑龙江、福建;日本。

(1103) 美带夜蛾 *Triphaenopsis pulcherrima* (Moore, 1867)

Epilecta pulcherrima Moore, 1867, Proc. zool. Soc. Lond., 1867:54, pl.6:3. (India:Darjeeling)

前翅长:20 mm。头部和胸部褐色带灰绿色。腹部深灰褐色带灰绿色。前翅较前种宽阔;翅面红褐色、灰绿色间黑褐色;亚基线黑色双线,线间灰绿色;内线黑色波状,内侧至亚基线大部灰绿色;外线黑色锯齿形,外侧衬淡黄绿色线;内线与外线间除前缘外大部褐色;环纹灰绿色黑边;肾纹较圆,黄褐色(雄)或白色(雌),边缘有少量黄绿色,外围有不完整黑边;中室后方有1不清晰的黑条;亚缘线黄绿色,不规则锯齿形,外侧大部灰绿色至黄绿色;缘线为1列短条形点。后翅深褐色至黑褐色,中部1黄色宽带,在Cu_2以下减弱但未消失,呈影状达后缘;外缘和缘毛由顶角至M_3和Cu_2至2A黄色,中部和臀角深灰褐色。

分布:中国的甘肃(甘谷)、黑龙江、四川、西藏;印度。

(1104) 霉裙剑夜蛾 *Polyphaenis oberthuri* Staudinger, 1892

Polyphaenis oberthuri Staudinger, 1892a, in Romanoff, Mém. Lépid.,6:545. (Russia:Askold)

前翅长:18 mm。雄触角双栉形,雌线形。头、胸及前翅灰绿杂黑色。腹部黑褐色,节间黄色。前翅顶角钝圆;前后翅外缘浅弧形。前翅亚基线、内线及外线均双线黑色,亚基线、内线波浪形,外线锯齿形;中线、亚缘线黑色,前者后半波浪形;剑纹细长;环纹及肾纹褐色黑边;缘线为1列黑长点。后翅杏黄色,基部黑褐色,后缘1黑褐窄条,端区1黑褐宽带。

分布:中国的甘肃(礼县、宕昌、文县)、黑龙江、河南、陕西、新疆、湖北、福建、四川、云南;俄罗斯,朝鲜,韩国,日本。

(1105) 璞夜蛾 *Pulcheria catomelas* Alphéraky, 1887

Pulcheria catomelas Alphéraky, 1887, Stett. ent. Z., 48:170. (Central Asia)

前翅长:16 mm。雄触角双栉形,雌线形。头和胸腹部淡灰黄褐色;胸部布有黑色细点,肩片细点较密。前翅狭长,顶角稍尖,外缘中部略隆起;翅面淡灰黄褐色,散布黑色细点,基半部和2A两侧较密集;翅脉带黑色,中室下缘脉和M_2脉基半部黑色最明显;亚基线黑色锯齿形双线,细弱,达臀褶;内线黑色锯齿形双线;环纹中央1黑点,外围隐约可见白色斜椭圆形;肾纹中央1黑纹,外围黑色;中线模糊,黑色;外线黑色双线;顶角内下方1黑色斜纹;缘线黑色细弱。后翅基部灰黄色,其余黑褐色;缘毛黄白色。

分布:中国的甘肃(武威)、新疆;中亚地区。

(1106) 黑斑流夜蛾 *Chytonix albonotata* (Staudinger, 1892)

Bryophila albonotata Staudinger, 1892a, in Romanoff, Mém. Lépid. 6:396, pl.5:9. (Russia:Amur, Ussuri)

前翅长:16 mm。触角线形,雄触角有纤毛。头和胸部灰黄褐色。前翅较宽阔,顶角钝圆,外缘中部微隆,上下均较直;翅面灰白带褐色,内线内侧区域和外线内侧的后缘区黑褐色;亚基线黑色锯齿形;内线黑色,不规则锯齿形;环纹大,斜椭圆形,内外侧黑边;肾纹大,黑边,内外缘中部凹,内部带黑褐色纹;中线在前缘有1黑色斜斑;外线黑色双线,上半段浅弧形外弯,在M_3下方折角后直线内斜,折角处至外缘有1段黑纹;亚缘线灰白色,极模糊,其外侧至外缘在臀褶处有1段黑纹;缘线黑色,纤细;缘毛深灰褐色。后翅灰褐色,中点和外线深灰褐色。

分布:中国的甘肃(康县)、黑龙江、四川、云南;日本。

(1107) 衍夜蛾 *Chytobrya bryophiloides* Draudt, 1950

Chytobrya bryophiloides Draudt, 1950, Mitt. münch. ent. Ges., 40:16, pl.3:7; pl.11:7. (China:Shanxi, Mien-shan; Yunnan, A-tun-tse)

前翅长:13 mm。雄触角双栉形,雌线形。头和胸腹部浅灰黄褐色。前翅较狭窄,外缘倾斜;前后翅外缘浅波曲。前翅浅灰黄色带灰绿色;亚基线和内线黑色波状;外线黑色锯齿形;内、外线之间色较暗;环纹和肾纹白色带灰绿色,周围黑色,前者近方形,后者两侧凹,内侧中下部内凸;亚缘线灰白色锯齿形,内侧衬黑色;缘线黑色,三角形或短条形点;缘毛灰绿色与灰白色掺杂。后翅白色,散布不均匀灰褐色;中点和缘线深灰褐色;缘毛灰白色带少量灰褐色。

分布:甘肃(镇原、舟曲、文县)、山西、四川、云南。

(1108) 贯雅夜蛾 *Iambia transversa* (Moore, 1882)

Tyracona transversa Moore, 1882, in Hewitson & Moore, Descr. New Indian lepid. Insects Colln. Late Mr. W.S. Atkinson, 2:95, pl.4:5. (India:Darjeeling)

前翅长:13 mm。触角线形,雄触角有纤毛。头和胸部黑白混杂。腹部灰黄褐色。前翅狭长,前后缘近平行,外缘几乎不倾斜;前后翅外缘微波曲。前翅灰白带紫褐色;亚基线黑色,达2A脉;内线黑色双线,波状,在前缘为1粗黑点,内侧在后缘有1黑斑;内线外侧至外线在Cu_2至后缘间为1大黑斑;中线在前缘有1黑点;环纹和肾纹灰色,白边;外线黑色双线,线间白色,内侧一条在前缘为1黑点,外侧线的外侧有1列齿形黑点;亚缘线白色,内侧有不规则形黑纹;缘线为1列粗大黑点,M脉间的两个黑点相连,其他黑点三角形;缘毛深灰褐色。后翅灰褐至深灰褐色,端部色略深。

分布:中国的甘肃(文县)、山东、湖北、云南;日本,印度,不丹;非洲。

(1109) 殿夜蛾 *Pygopteryx suava* Staudinger, 1887

Pygopteryx suava Staudinger, 1887, in Romanoff, Mém. Lépid., 3:230, pl.13:4. (Russia:Vladivostok)

前翅长:16 mm。雄触角锯齿形,有纤毛簇。头、胸部和前翅橘红色。腹部浅灰黄至灰红色。前翅宽大,前缘直,外缘锯齿形;后翅外缘微波曲。前翅内线与亚缘线之间色较浅,前缘附近带灰白色;内线、中线、外线和亚缘线均灰白色;内线直,内斜至2A脉;中线和外线略呈向内弯的浅弧形;亚缘线前半浅弧形,后半锯齿形;环纹小,内缘有1段白色弧线;肾纹略呈灰红褐色,内缘的浅弧形白色短线清晰,其他边缘略带白色。后翅灰红褐色,基部、前缘区和臀角带有灰白色。

分布:中国的甘肃(文县)、黑龙江、辽宁、河北、山东;俄罗斯,日本。

(1110) 斜纹灰翅夜蛾 *Spodoptera litura* (Fabricius,1775)

Noctua litura Fabricius,1775,Syst. Ent.,1775:601.(India)

前翅长:15~16 mm。触角线形,雄触角有纤毛。头、胸、腹及前翅褐色。前翅狭长,顶角钝圆,外缘微波曲;后翅外缘在M脉间浅凹。前翅外区翅脉大部浅黄褐色,各横线黄褐色;环纹狭长斜向肾纹;肾纹外缘中凹,前端齿形;亚缘线内侧有1列黑齿纹;1灰白纹自前缘经环纹、肾纹间达Cu_1和Cu_2脉基部;雄蛾外线与亚缘线间带紫灰色。后翅白色,各翅脉浅黄褐色;缘线深灰褐色,纤细。

分布:中国的甘肃(舟曲)、山东、陕西、江苏、浙江、湖南、福建、广东、海南、贵州、云南、西藏;亚洲的热带、亚热带地区,非洲。

(1111) 沪齐夜蛾 *Allocosmia hoenei* (Bang-haas,1927)

Iphimorpha [sic.] *coreana hoenei* Bang-haas,1927,Horae macrolepidopt. Reg. palaearct.,1:87,pl.10:37.(China:Shanghai)

前翅长:17 mm。触角线形。头、胸部和前翅灰黄褐色。腹部红褐色,端部灰褐色。前翅外缘浅弧形,略倾斜;亚基线、内线和外线灰黄色,内线外斜,外线中部凸出至亚缘线附近,其外上方至前缘具1黑褐色半圆形大斑,斑外缘中下部凸出1小尖角;环纹和肾纹均灰黄色圈,后者大;亚缘线灰黄色锯齿形,较细弱,在臀褶处有1黑点;缘线为1列黑点,内侧衬白。后翅灰褐色,近外缘色深。

分布:甘肃(文县)、上海、江苏、浙江。

(1112) 独夜蛾 *Nikara castanea* Moore,1882

Nikara castanea Moore,1882,in Hewitson & Moore,Descr. New Indian lepid. Insects Colln. Late Mr. W.S. Atkinson,2:126,pl.4:24.(India:Darjiling)

翅展:28 mm。触角线形,雄触角有纤毛。头、胸及前翅暗褐色,散布银灰色鳞片。腹部暗褐色。前翅外缘浅弧形;外线至翅外缘及臀褶后方灰褐色,外区及顶角有铜褐色;内线不明显,暗褐色,自前缘脉外斜至中室后,臀褶后不显;环纹只现蓝灰色边,狭长,极度外斜;肾纹只现不完整的蓝灰色边;外线黑褐色,自前缘脉外斜至M_1脉,外弯至Cu_2脉,与Cu_2脉基半部的黑褐色纵纹相合;外区前缘脉有1蓝灰斑;亚缘线蓝灰色,两侧衬褐色。后翅深灰褐色。

分布:甘肃(康县、文县)、陕西、四川;印度。

(1113) 白斑兜夜蛾 *Cosmia restituta* Walker,1857

Cosmia restituta Walker,1857,List Spec. lepid. Insects Colln Br. Mus.,10:490.(Nepal)

翅展:32~36 mm。触角线形,雄触角较扁,有纤毛。头、胸黄褐色。腹部黑褐色,节间微白。前后翅外缘微波曲。前翅红褐色,中区及后缘带黄色;亚基线白色;内线黑褐色,前段及中室后各为1白斜斑点;环纹黄色;肾纹褐色;外线双线黑色,外侧的线前端外侧1白斜纹;亚缘线灰黑色,前端1黄曲纹;缘毛与翅面同色。后翅黑褐色;缘毛黄色。

分布:中国的甘肃(地点不详)、黑龙江、陕西;日本,印度,尼泊尔。

(1114) 果兜夜蛾 *Cosmia pyralina* (Denis & Schiffermüller,1775)

Noctua pyralina Denis & Schiffermüller,1775,Ankündung syst. Werkes Schmett. Wienergegend:88.(Austria)

前翅长:14 mm。头、胸部和前翅浅灰红褐色。腹部浅灰褐色。前翅亚基线、内线和外线黑色;内线波状,与亚基线之间有1模糊黑带;环、肾纹不明显;外线中段的双线间模糊黑色;外区前部布有细白点;亚缘线白色,前端两侧黑色,线内侧在M_2以下为1暗褐色带;翅外缘内侧有1列黑点。后翅灰褐色,带灰黄色调;缘毛黄色。

分布：中国的甘肃（文县）、黑龙江；日本；欧洲。

（1115）联兜夜蛾*Cosmia affinis*（Linnaeus，1767）

Phalaena（*Noctua*）*affinis* Linnaeus，1767，Syst. Nat.（Edn 12），1：848.（Italy）

前翅长：16 mm。头、胸及前翅灰褐至深灰褐色。腹部灰褐色。前翅密布细白点；亚基线、内线及亚缘线白色；环纹不明显，黄褐色，中央有1小黑点；肾纹"8"字形，黄褐色；中线与外线黑色，外线外侧衬白色，后半段与中线平行；翅外缘内侧1列黑点。后翅底色黄，基半部带灰褐色，端半部黑褐色；缘毛黄色，顶角附近带深灰褐色。

分布：中国的甘肃（康县）、陕西、湖南、西藏；日本，小亚细亚；欧洲，非洲北部。

（1116）曲纹兜夜蛾*Cosmia camptostigma*（Ménétriès，1858）

Heliothis camptostigma Ménétriès，1858，Bull. Clas–Phy–Math. Acad. Imp. Sci. St. Pétersb.，17：219.（Russia：Amur）

前翅长：15 mm。头和胸部灰黄褐色。腹部暗黄褐色。前翅灰黄褐色，布有细黑点，端区带红褐色；亚基线、内线、中线和外线均黑色；中线带状，粗而模糊；外线中上部弧形凸出；环纹为1黄褐点；肾纹不清晰，后半为黑点；亚缘线黄褐色，内侧衬黑色，线前端内侧有1黑斑；缘线为1列黑点；缘毛深灰褐色掺杂黄色。后翅基部浅灰褐色，向端部逐渐加深为深灰褐色至黑褐色；缘毛黄色。

分布：中国的甘肃（成县、康县）、黑龙江、内蒙古；俄罗斯、日本。

（1117）玛瑙兜夜蛾*Cosmia achatina* Butler，1879

Cosmia achatina Butler，1879，，（5）4：365.（Japan：Yokohama）

前翅长：13 mm。头和胸腹部灰褐色。前翅灰褐色，带灰黄色调，布黑色细点；亚基线灰色，波状，达臀褶；内线灰色，不规则波状外斜，内侧衬白色；环纹椭圆形，斜置，灰褐色，灰白边；肾纹黑褐色，灰白边；中线黑色；外线灰白色，中段模糊；亚缘线灰白色，内侧衬褐色，前端内侧有1黑斑；外缘内侧有1列黑点；缘毛深灰褐色有光泽。后翅灰褐色，端部深灰褐色；缘毛黄色。

分布：中国的甘肃（康县）、黑龙江、内蒙古；日本。

（1118）凡兜夜蛾*Cosmia moderata*（Staudinger，1888）

Calymnia moderata Staudinger，1888，Stett. ent. Z.，49：257.（Russia：SE. Siberia，Suifun）

前翅长：19 mm。头、胸及前翅浅黄褐色。腹部黄褐色。前翅黄褐色，散布细黑点；亚基线不显，内线黑褐色直线外斜；环纹黄褐色，边缘略带黑灰色；肾纹不明显；中线粗，褐色，中部折角；外线黑色锯齿形，曲度近中线；亚缘线浅褐色，后段外斜达臀角，中段外侧黑色；外缘内侧有1列黑点；缘毛暗黄褐色。后翅黄褐色，端区1黑褐宽带；缘毛黄色。

分布：中国的甘肃（舟曲、成县、康县、文县）、黑龙江、河南、陕西、云南；俄罗斯。

（1119）小兜夜蛾*Cosmia exigua*（Butler，1881）

Mesogona exigua Butler，1881c，Trans. ent. Soc. Lond.，1881：182.（Japan：Tokyo）

前翅长：12 mm。头和胸腹部浅灰褐色。前翅浅灰褐色，略带红褐色调；亚基线灰褐色；内线和外线深灰褐色，前者直线外斜，内侧衬灰黄色，后者上段外斜，在M脉间折角后略内斜，上下段均直，外侧衬灰黄色；环纹和肾纹黄褐色，后者较窄；中线深灰褐色，粗壮；亚缘线灰黄色，中段外弯，其外侧大部深灰褐色；外缘内侧有1列黑点。后翅灰褐色，端部色略深；缘毛黄色杂灰褐色。

分布：中国的甘肃（正宁、文县）、黑龙江河南、新疆、湖北；日本。

（1120）洼夜蛾*Balsa malana*（Fitch，1856）

Brachytaenia malana Fitch，1856，1st & 2nd Rep. Ins. N. York：241，pl.3：5.（USA：New York）

前翅长：15 mm。头、胸白色；额有黑横条；肩片有黑色斜纹。腹部浅褐色。前翅前缘略呈弓形；前后翅外缘浅弧形。前翅灰白色带褐色,端区翅脉黑色;亚基线黑色;内线黑色,波浪形,内线内侧的亚前缘脉及2A脉黑色;环纹为1微弱的黑点;中线前半段明显黑而粗,近直线外斜至中室下角;外线前端为1三角黑斑,与中线靠近,然后外伸成为锯齿形黑线;端区R_5至Cu_2脉间各1黑纵纹,翅后缘有1黑色纵纹。后翅浅褐色。

分布:中国的甘肃(舟曲、文县)、黑龙江、吉林、陕西;日本;北美洲。

(1121) 白夜蛾 *Chasminodes albonitens* (Bremer, 1861)

Acontia albonitens Bremer, 1861, Bull. Acad. Imp. Sci. St. Pétersb., 3:490. (Russia: Ussuri, Ema)

前翅长:14 mm。雄雌触角均为线形。全体白色。前足胫节基部有1黑点。前翅狭长,前缘听后缘近平行,外缘至后缘端部为1完整的弧形;后翅外缘浅弧形。前翅中室端部有短条形黑色中点;翅外缘有1列小黑点。后翅雪白色,无斑纹。前翅反面黑色中点和缘线黑点隐约可见,前缘近顶角处有3~4个条形黑点。

分布:中国的甘肃(宕昌、康县)、黑龙江、河北、山西、陕西、江苏、浙江、湖南;俄罗斯,朝鲜,韩国,日本。

(1122) 雪白夜蛾 *Chasminodes niveus* Yang, 1964

Chasminodes niveus Yang, 1964, Acta Ent. Sinica, 13(3):456. (China: Sichuan, Omei-shan)

前翅长:♂28~30 mm,♀30~31 mm。前翅雪白色,中点浅黄色。后翅雪白色,无斑纹。翅反面雪白色,无斑纹。

分布:甘肃(文县)、陕西、四川。

(1123) 甘清夜蛾 *Enargia kansuensis* Draudt, 1935

Enargia kansuensis Draudt, 1935, in Seitz, Gross-Schmett. Erde, 3(Suppl.):190, pl.22:e. (China: N. Gansu)

前翅长:14 mm。雄触角锯齿形,有纤毛,雌线形。头和胸腹部浅灰黄褐色。前翅顶角略尖,前后翅外缘微波曲。前翅基部和端部及内外线之间的前缘部分淡灰黄褐色,带灰绿色调,内外线之间大部黄褐色;翅基部有1黑褐色斑,自前缘至臀褶;内线黑褐色,在臀褶处折角;外线黑褐色,浅弧形,上下两端外折;环纹和肾纹灰白色黑褐边,后者中部以下带褐色;亚缘线灰黄色,其外侧灰褐色;缘线深灰褐色,不完整;缘毛灰褐色。后翅灰褐色,端部色较深;缘毛黄色,掺杂少量灰褐色。

分布:甘肃(武威)、内蒙古、青海。

(1124) 斑明夜蛾 *Sphragifera maculata* (Hampson, 1894)

Leocyma maculate Hampson, 1894, Fauna Br. India (Moths), 2:290. (Burma)

前翅长:12 mm。头部淡黄褐色;下唇须第一、二节后缘黑色;胸部背面淡黄褐色。腹部黄褐色。前翅狭窄,前后缘平行,顶角和外缘圆弧形;翅面黄褐色;内线细弱,双线,褐色波浪形内斜,在前缘脉上现2暗褐点;环纹小,圆形,褐色;翅端半部1巨大深褐色圆斑;外线双线褐色,波状外弯,下端近达臀角;缘线为1列黑点;缘毛深褐色掺杂灰白色。后翅深灰褐色,基部、前缘和后缘及臀角处带黄色;缘毛同前翅。

分布:中国的甘肃(文县)、四川;缅甸。

(1125) 丹日明夜蛾 *Sphragifera sigillata* (Ménétriès, 1858)

Anthoecia sigillata Ménétriès, 1858, Bull. Clas-Phy-Math. Acad. Imp. Sci. St. Pétersb., 17:219. (Russia: Amur)

前翅长:17~19 mm。触角线形。头、胸及前翅白色,额黑褐色;肩片基部1暗褐斑。腹部灰黄色,基部稍白。前翅狭窄,顶角圆,外缘浅弧形;后翅外缘微波曲。前翅亚基线仅在中室现1黑点;内线褐色波浪形;肾纹新月形;外线褐色,仅在肾纹前后可见;亚缘区1深褐色大斑,似桃形;亚缘线褐色双线波浪形;缘线黑褐色锯齿形。后翅赭白色,端区色暗。

分布:中国的甘肃(宕昌、武都区、康县、文县)、黑龙江、辽宁、河南、陕西、浙江、福建、四川、云南;俄罗斯,朝鲜,韩国,日本。

(1126) 日月明夜蛾 *Sphragifera biplagiata* (Walker, 1865)

Acontia biplagiata Walker, 1865, List Spec. lepid. Insects Colln Br. Mus., 33:781. (N. China)

前翅长:14~16 mm。头、胸及前翅白色,额有1黑横纹。腹部浅褐色,基部微白。前翅较前种宽阔,翅后半及端区带土灰色;前缘脉基部1褐点,中部1赤褐斜斑,其后端达中室下角,近顶角1赤褐曲斑;亚缘线白色;肾纹黑褐色白边,似"8"字形,外侧1黑褐斑;翅外缘1列黑点。后翅黄白色,外半带褐色。

分布:中国的甘肃(宕昌、舟曲、康县、文县)、河北、河南、陕西、湖北、湖南、江苏、浙江、福建、贵州;朝鲜,韩国,日本。

(1127)井夜蛾 *Dysmilichia gemella* (Leech, 1889)

Perigea gemella Leech, 1889c, Proc. zool. Soc. Lond., 1889:492, pl.53:12. (Japan)

前翅长:12~16 mm。触角线形。前翅宽阔,顶角钝圆,外缘浅弧形;褐色;亚基线由3个黄白小细点组成;内线为1列黄白圆斑,稍外斜排列;环纹为1黄白圆斑,黑色边;肾纹为2个黄白圆斑纵向排列组成,似"8"字形,其内部有1褐色曲纹;外线由2列排列紧密的黄白斑组成,在M_2脉和M_3脉之间中断,位于内侧的1列黄白斑大,R脉和M_1脉间的黄白斑近方形并彼此间相连接,位于外侧的1列黄白斑小,多呈月牙形;外线外侧亚前缘脉处还有2个近椭圆形白斑;亚缘线前端为几个白斑,后端为白色曲纹。后翅灰褐色。

分布:中国的甘肃(宕昌)、黑龙江、河北、陕西、浙江、福建;朝鲜,韩国,日本。

(1128)楔胸夜蛾 *Brachyxanthia zelotypa* (Lederer, 1853)

Xabthia zelotypa Lederer, 1853b, Verh. zool.bot. Ver. Wien, 3(Abh.):373, pl.4:4. (Russia:Siberia)

前翅长:12 mm。雄触角锯齿形。头、胸部和前翅黄色;头顶至后胸中央有1条褐色纵线。腹部黄褐色,背面中央在各腹节后端有黑点。前翅顶角尖,略凸出;外缘浅波曲,中部隆起;翅面散布红褐色细点;中室下缘脉及翅端半部各脉褐色;各横线暗红褐色至黑褐色;亚基线、内线和中线均">"形,后者粗壮;环纹和肾纹褐边;外线纤细,上段外斜,在M_1上方内折,该处与顶角1粗壮斜线相接;亚缘线锯齿形,其外侧色较浅;缘线褐色连续;缘毛黄白色,在翅脉端有小灰点。后翅淡黄色,端半部散布大片灰褐色;缘线灰褐色;缘毛同前翅。

分布:中国的甘肃(永登)、黑龙江;俄罗斯,日本。

(1129)苏角剑夜蛾 *Hydraecia amurensis* Staudinger, 1892

Hydraecia petastis var. *amurensis* Staudinger, 1892a, in Romanoff, Mém. Lépid., 6:465. (Russia:Siberia)

前翅长:20 mm。雄触角锯齿形,雌线形。头、胸部和前翅紫褐色。腹部浅灰黄褐色。前翅顶角尖,略凸出,外缘浅波曲;基部至外线带黑褐色;亚基线、内线和外线黑褐色;内线波状;外线由前缘1黑点下方沿Sc脉外行约2至3 mm后内折,大致呈直线达2A脉后略内弯;剑纹隐约可见;环纹和肾纹色较翅面略浅,黑褐色边;外线与亚缘线之间色浅;亚缘线浅紫色,锯齿形,内侧衬黑褐色,外侧至外缘大部黑褐色;缘线黑色连续;缘毛深灰褐色。后翅淡灰黄褐色;外线灰褐色;端部散布灰褐色;中室下缘脉及Rs至Cu_2各脉深灰褐色;缘线深灰褐色,止于Cu_2脉端,该处以上缘毛灰褐色掺杂黄白色,以下黄白色。

分布:中国的甘肃(宕昌)、黑龙江、陕西;俄罗斯,日本。

(1130)逸色夜蛾 *Ipimorpha retusa* (Linnaeus, 1761)

Phalaena (Noctua) retusa Linnaeus, 1761, Fauna Suecica:321. (Sweden)

前翅长:11 mm。雄触角略呈锯齿形。头、胸部和前翅暗褐色。腹部灰褐色。前翅顶角尖,略凸,外缘在顶角下浅凹,中部隆起;前缘附近散布灰黄色;亚基线灰黄色;内线灰黄色,外侧衬深褐色;环纹和肾纹大,颜色较翅面略暗,纤细灰黄色边,肾纹内外缘凹;中线、外线和亚缘线均黑褐色,中线粗而模糊,外线和亚缘线内侧衬黄褐色;缘毛与翅面同色。后翅黑灰色;缘毛深灰褐色掺杂黄色。

分布:中国的甘肃(宕昌、康县)、黑龙江、河南、新疆;日本;欧洲。

(1131)节夜蛾 *Bryomoia melachlora* (Staudinger, 1892)

Bryophila (Bryomoia) melachlora Staudinger, 1892a, in Romanoff, Mém. Lépid., 6:397, pl.5:10. (Russia:Amur district)

前翅长:10 mm。触角线形。头和胸腹部白色带紫灰色;胸部有黑斑。前翅宽阔,顶角钝圆,外缘光滑,中部微隆,较倾斜;翅面白色带紫灰色,散布黑色细点;前缘排列黑点,近顶角处1较大三角形黑斑;翅基半部紫色明显,亚基线和内线不清晰;环纹和肾纹白色黑边,环纹内半和肾纹外半带黑紫色;外线黑色锯齿形双线,线间及外线外侧大部白色;亚缘线白色,内侧在M_1下方有1较大黑齿纹,外侧由顶角至M_3散布黑紫色,Cu_1以下散布灰绿色;缘线黑色,缘毛紫灰色。后翅紫灰色;隐见黑灰色中点。

分布:中国的甘肃(文县)、陕西;俄罗斯,日本。

(1132) 耀夜蛾 *Opsyra chalcoela* (Hampson,1902)

Callyna chalcoela Hampson,1902,J. Bombay nat. Hist. Soc.,14:208.(China;India:Sikkim)

前翅长:13 mm。头与领片黄色,额有褐斑;胸部白色。腹部黄褐,基部黄白色。前翅宽阔,顶角钝圆,外缘较直;后翅外缘浅弧形。前翅前缘区黑褐色,外线外方除顶角外均浅黄色,后缘区浅黄,有暗绿及金色斑,前缘区有银蓝色点;亚基线、内线及外线银蓝色;无环纹;肾纹圆形,中央1银白点;外线中段黄白色,外侧有黑点;缘线纤细,深灰褐色,在翅脉端断离。后翅黄白带褐色,外线与亚缘线后段可见黑色;缘线同前翅。

分布:中国的甘肃(文县)、陕西、福建、四川;印度。

点夜蛾亚科 Condicinae

(1133) 云星夜蛾 *Perigea poliomera* (Hampson,1908)

Perigeodes poliomera Hampson,1908,Cat. Lepid. Phalaenae Br. Mus.,7:287,pl.115:11.(India:Khasis)

前翅长:14 mm。雄雌触角均线形。头部黄褐色;胸部白色;肩片带红褐色。腹部灰白带灰褐色,基部带浅黄褐色。前翅狭长;前后翅外缘波状。前翅大部红褐色,前缘区及中室浅黄;顶角有白斑;后缘区大片云状白斑;亚基线、内线和外线均黑色双线;环纹和肾纹浅褐色;亚缘线中段明显,近臀角有2白点;缘线为1列黑点;缘毛黑褐色与灰白或灰红色相间。后翅大部灰褐色至深灰褐色,基部带浅黄褐色;缘线为1列黑点;缘毛灰黄色与灰褐色掺杂。

分布:中国的甘肃(文县)、湖北、福建、广东、海南、四川;印度。

(1134) 动星夜蛾 *Perigea cinifacta* Draudt,1950

Perigea cinifacta Draudt,1950,Mitt. münch. ent. Ges.,40:96,pl.6:19.(China:Shanxi,Mien-shan)

前翅长:13 mm。头、胸腹部和前翅灰褐色带灰绿色调。前翅较宽阔,外缘弧形,波曲较浅;翅面散布黑色细点;亚基线、内线和外线均黑色双线,波状,不完整;环纹小,灰白色,边缘不清晰;肾纹近长方形,两侧黑边;环、肾纹之间黑褐色;亚缘线灰白色,不规则锯齿形,内侧衬黑褐色;缘毛灰褐至深灰褐色。后翅灰褐色,端部色较深。

分布:甘肃(文县)、北京、山西。

(1135) 拍点夜蛾 *Condica pallescens* (Sugi,1970)

Perigea pallescens Sugi,1970,Tinea,8:226.(Japan,Miyako,Taira)

前翅长:13 mm。触角线形。头和腹部浅灰黄色;胸部灰红褐色。前后翅外缘浅弧形。前翅基部至外线由前缘至中室下缘以灰褐色为主,中室下缘至后缘深褐色,外线至外缘褐色,带黄褐色调;亚基线和内线黑褐色双线,仅在前缘留有黑点;中线黑褐色模糊带状;环纹小,白色,圆形;肾纹黄褐色,有不完整白边,新月形;外线深褐色锯齿形,齿尖细长,尖端有白点;亚缘线灰白色,不规则锯齿形;缘毛深灰褐色。后翅灰褐色;缘线色略深。

分布:中国的甘肃(文县)、广东;日本。

冬夜蛾亚科 Cuculliinae

(1136) 贯冬夜蛾 *Cucullia perforate* Bremer,1861

Cucullia perforate Bremer,1861,Bull. Acad. Imp. Sci. St. Pétersb.,3:490.(Russia:Ussuri)

前翅长：♂♀17~18 mm。雄雌触角均为线形。头和胸腹部灰至黑灰色。前翅长而窄，顶角尖，外缘圆弧内斜；翅面灰色，自M_2脉基部有1黑色横纹；亚基线黑色，仅前端可见；内线黑色，粗壮，仅前半段可见；环纹褐色，椭圆形，围以白色环；肾纹前半段褐色，后半段白色，长条状；中线黑色波浪形，内侧灰白色；外线双线黑色波浪状，线间白色；亚缘线白色，在M脉间外凸，外侧在Cu_2脉处有1黑色横纹；缘线黑色，间断。后翅基半部灰白色，端半部深灰褐色，斑纹不明显。

分布：中国的甘肃（文县）、黑龙江、河北、山东、陕西、福建；俄罗斯，朝鲜，韩国，日本。

（1137）斑冬夜蛾 *Cucullia maculosa* Staudinger，1888

Cucullia maculosa Staudinger, 1888, Stett. ent. Z., 49:259.（Russia：Ussuri）

前翅长：19 mm。头、胸部和前翅紫灰色。腹部浅灰黄色。前翅狭长，外缘浅弧形，倾斜；亚基线仅在前缘有2个黑点；内线黑色锯齿形；臀褶基部有1黑纵纹，剑纹外方有1黑斑；环纹黄白色，肾纹黑色，均黑边；外线黑色衬白色；亚端区1列黑褐纵纹，翅端部翅脉黑色；缘线为1列黑点；缘毛紫灰色与灰白色相间。后翅灰白至浅灰黄色，前缘和翅端部带灰色；缘毛黄白色掺杂灰褐色。

分布：中国的甘肃（宕昌、成县、文县）、黑龙江、河北；俄罗斯，日本。

（1138）黑纹冬夜蛾 *Cucullia asteris*（Denis & Schiffermüller，1775）

Noctua asteris Denis & Schiffermüller, 1775, Ankündung syst. Werkes Schmett. Wienergegend：312.（Austria）

前翅长：17 mm。头和胸部紫灰色。腹部淡紫灰褐色，第一腹节背面有1黑斑。前翅长而窄，前后缘近乎平行，顶角尖，外缘浅弧形内斜；后翅外缘浅弧形，顶角处稍外凸。前翅暗褐色杂紫灰色，自M_2基部有1黑色横纹；亚基线黑色，仅在前缘脉处见1黑色细点；内线黑色粗壮，仅前半段可见；环纹褐色椭圆形，边缘灰白色；肾纹褐色椭圆形，中部凹陷，边缘白色；中线黑色，前半段粗壮，后半段渐细；外线黑色微波浪形，仅后段可见双线，线间灰白色，其外侧M_1脉和Cu_2脉处各1黑色横纹；亚缘线不清晰；缘线黑色，间断。后翅基半部浅灰褐色，端半部深灰褐色，均带紫灰色调，斑纹不明显。

分布：中国的甘肃（礼县、宕昌）、黑龙江、新疆、河北、陕西、四川；日本，蒙古国；欧洲。

（1139）银装冬夜蛾 *Cucullia splendida*（Stoll，1782）

Phalaena（*Noctua*）*splendida* Stoll, 1782, in Cramer, Uitlandsche Kapellen（Papillons exot), 4：242, pl. 400：f.（Russia）

前翅长：16 mm。头和胸腹部白色杂灰色。前翅银蓝色；后缘外半部土黄色；缘毛白色。后翅白色，端部略带淡灰褐色。

分布：中国的甘肃（武威）、内蒙古、青海、新疆；俄罗斯，蒙古国。

（1140）银白冬夜蛾 *Cucullia nitida*（Chen，1991）

Argyromatoides nitida Chen, 1991a, Acta Ent. Sinica, 34(4)：472.（China：Gansu, Qingyang）

前翅长：15 mm。头和胸部白色；领片有灰褐纹。腹部白色微带褐色。前翅银白色，前、后缘灰黄；环、肾纹由灰黄鳞组成，鳞片端部黑色；缘线为1列黑点；缘毛白色。后翅污白色，端部在Cu2以上带灰褐色。

分布：甘肃（庆阳）。

（1141）冬夜蛾 *Cucullia umbratica*（Linnaeus，1758）

Phalaena（*Noctua*）*umbratica* Linnaeus, 1758, Syst. Nat.（Ed 10），1：515.（Europe）

前翅长：20 mm。头、胸部和前翅紫灰色杂褐色。腹部灰黄褐色。前翅翅脉带黑褐色；亚基线黑褐色，仅前端可见；内线和外线黑褐色，前者锯齿形；臀褶基半部有1黑线；环纹和肾纹不明显；外线外侧在M_3上方有1黑纹；顶角有1黑褐色斜纹；亚端区在Cu_2下方有1黑纹；端区在M_3下方有1黑纹。后翅污白色，翅脉褐色，翅端部略带褐色。

分布：中国的甘肃(镇原)、内蒙古、新疆、西藏；亚洲西部，欧洲。

(1142) 黄条冬夜蛾 *Cucullia biornata* Fische de Waldheim, 1840

Cucullia biornata Fische de Waldheim, 1840, Bull. Soc. imp. Nat. Moscou, 1840(1):83. (Russia: Volga)

前翅长：23 mm。头部黄白色杂暗褐色；胸部灰色杂暗褐色，领片有2黑线。腹部黄白色。前翅外缘直；翅面淡灰黄褐色，翅脉深色；臀褶及中室外半至外线外侧明显浅黄色；臀褶基半部1黑纵线；内、外线仅后半可见黑色锯齿形；翅端部各翅脉间有褐线及浅黄细纵线。后翅黄白色，端部带灰褐色。

分布：中国的甘肃(兰州)、辽宁、内蒙古、河北、新疆；俄罗斯。

(1143) 德冶冬夜蛾 *Calliergis draesekei* Draudt, 1950

Calliergis draesekei Draudt, 1950, Mitt. münch. ent. Ges., 40:58, pl.4:13; pl.16:25. (China: Yunnan, A-tun-tse, Likiang)

前翅长：16 mm。雄触角双栉形，雌线形。头部和胸部灰色杂白色；额上部两侧黑色；领片基部黑色。腹部灰黄褐色，背面毛簇深灰褐色，臀毛簇带红褐色。前翅中等宽度；前后翅外缘浅波曲。前翅灰褐色杂黑色；亚基线黑色，仅在前缘现1对短纹，臀褶基部有1黑纹；内线和外线黑色，后者锯齿形；内、外线之间的在Cu_2下方至后缘黑褐色；环纹大，"U"字形黑边；肾纹灰褐色，内侧黑边；环、肾纹之间黑褐色；亚缘线灰白色波状，细弱，内侧衬黑褐色；缘线黑褐色纤细。后翅灰褐色，端部色较深。

分布：甘肃(正宁)、云南、西藏。

(1144) 野爪冬夜蛾 *Oncocnemis campicola* Lederer, 1853

Oncocnemis campicola Lederer, 1853b, Verh. zool. bot. Ver. Wien, 3(Abh.):369, pl.3:5. (Russia: Siberia)

前翅长：♂♀17~18 mm。雄雌触角均为线形。前翅狭长，后缘基部稍外凸，外缘微波浪状；后翅外缘微波曲。前翅深褐色；亚基线双线褐色，波浪形，外侧浅褐色；内线黑色，弧形，内侧1褐色条带；环纹浅褐色，边缘黑色，圆形；肾纹大，浅褐色，两侧边缘黑色，椭圆形；外线双线黑色，线间浅褐色，波浪形，在Cu脉间稍内陷；亚缘线灰白色，波浪形内斜；缘线黑色微波浪形。后翅基半部灰褐色，端半部深褐色，翅脉黑褐色。

分布：中国的甘肃(舟曲、康县、文县)、黑龙江、内蒙古、河北、山东、陕西、新疆；俄罗斯，蒙古国。

(1145) 美翠夜蛾 *Daseochaeta pulchra* Wileman, 1912

Daseochaeta pulchra Wileman, 1912, Entomologist, 45:132. (China: Taiwan)

前翅长：12 mm。头、胸及前翅黄绿色。腹部灰黄褐色。前翅较宽，外缘浅弧形；亚基线仅前端现1黑点；内线由3个小黑斑组成，臀褶处的斑内伸；环纹与肾纹不显，隐约可见白色，两纹之间黑色，并扩展至前缘脉；外线双线黑色，间断为新月形点列；亚缘线双线黑色，外侧的线极弱；外线与亚缘线间带褐色，成1带状；缘毛端部有1列黑点。后翅黄白色，端区带有褐色。

分布：甘肃(文县)、陕西、台湾、四川、云南。

(1146) 维柳冬夜蛾 *Brachylomia viminalis* (Fabricius, 1777)

Noctua viminalis Fabricius, 1777, Genera Insect.:284. (Germany)

前翅长：14 mm。雄触角双栉形，雌线形。头部灰白色；胸部和前翅灰白杂暗褐色。腹部白色带红褐色。前翅较狭长，外缘浅波曲，倾斜；臀褶基部1黑纹；亚基线、内线、中线和外线均黑色，内线双线，中线粗；剑纹黑边；环纹灰白色黑边，内部带褐色；肾纹灰白色；亚缘线灰白色，内侧衬黑褐色。后翅灰褐色。

分布：中国的甘肃(正宁)、黑龙江、新疆；欧洲。

(1147) 老木冬夜蛾 *Xylena vetusta* (Hübner, 1813)

Noctua vetusta Hübner, 1813, Samml. eur. Schmett., 4:pl.97:459. (Europe)

前翅长：25 mm。触角线形，雄触角有纤毛。头和领片灰黄褐色；胸部黑灰色。腹部灰黄褐色。前翅狭长，顶角钝圆，外缘倾斜，略呈浅弧形；后翅外缘浅弧形。前翅灰红褐色，基部和亚端区较灰，前缘区和2A脉下方色较深；内线黑色锯齿形双线；剑纹狭长；环纹中有2黑点；肾纹灰白色黑边，中有黑环，底部有1黑点，外侧紧邻1黑斑;外线黑色锯齿形,齿尖有黑点;亚缘线白色锯齿形,中段内侧有2黑纵纹。后翅灰黄褐色,端部灰褐色;中点黑灰色。

分布:中国的甘肃(榆中)、新疆;土耳其;欧洲。

(1148) 丽木冬夜蛾 *Xylena formosa* (Butler, 1878)

Calocampa formosa Butler, 1878a, *Ann. Mag. nat. Hist.*, (5)1:196. (Japan:Yokohama)

前翅长:23 mm。头部浅黄带淡褐色;胸部红褐色。腹部暗黄褐色,带红褐色调,基部和臀毛簇淡黄褐色。前后翅外缘波状。前翅灰黄褐色,2A脉下方较黄,前缘区及内线内侧由中室下缘至2A脉较灰;亚基线和内线黑褐色波状双线;环纹和肾纹黑灰色黑边,环纹中有3个黑点,肾纹中有1月牙形黑纹,衬白边;中线黑褐色;外线黑色锯齿形;亚缘线黄白色,内侧衬深灰褐色;缘线黑色,间断;缘毛深灰褐色。后翅污白色,略带淡褐色;隐见浅灰褐色中点和外线;缘线灰褐色;缘毛黄白色杂少量灰褐色。

分布:中国的甘肃(天水)、上海、江苏、台湾、云南;日本。

(1149) 升巨冬夜蛾 *Meganephria funesta* (Leech, 1889)

Miselia funesta Leech, 1889c, Proc. zool. Soc. Lond., 1889:503, pl.51:7. (Japan:Yokohama)

前翅长:21 mm。雄触角锯齿形具纤毛簇,雌线形。头、胸部和前翅黑褐色杂白色。腹部灰褐色。前翅外缘浅弧形;亚基线和内线黑色波状双线;剑纹不清晰;环、肾纹大;外线黑褐色锯齿形,外侧衬白色;外线外侧在Cu_2下方有1黑纹;亚缘线灰白色波状。后翅白色,端半部散布不均匀的深灰褐色;Cu_2脉端半部黑色;缘线深灰褐色。

分布:中国的甘肃(正宁);日本。

(1150) 滴巨冬夜蛾 *Meganephria debilis* Warnecke, 1933

Meganephria debilis Warnecke, 1933, Int. ent. Z., 27:369. (Russia:Transbaikal)

前翅长:18 mm。头和胸腹部灰褐色,肩片带灰白色,端部黄褐色。前翅较宽阔;前后翅外缘浅波曲。前翅灰褐色,前缘基部1/3和后缘中部散布白色鳞片;臀褶处1黑褐色纵纹由基部达外缘,其下方在外线外侧有1新月形白斑;前缘基部下方有1黑纹;亚基线和内线不明显;剑纹黑边,斜插入臀褶的黑纵纹中;环纹圆形,黑边;肾纹圆形黑边,巨大,内侧接触环纹的黑边;外线黑色锯齿形;亚缘线灰白色波状,内侧在前缘下方有2个大黑齿;缘线黑灰色,间断;缘毛灰褐色。后翅灰褐色;缘线深灰褐色。

分布:甘肃(正宁);俄罗斯,日本。

(1151) 褐毛眼夜蛾 *Blepharita magnirena* (Alphéraky, 1892)

Hadena magnirena Alphéraky, 1892a, in Romanoff, Mém. Lépid., 6:36. (China:Gansu)

前翅长:18 mm。雄触角锯齿形。头和胸腹部黄褐色杂少许灰色和黑褐色。前后翅外缘微波曲。前翅灰黄带红褐色;臀褶基部1黑纵线;亚基线、内线和外线均黑色双线,内线波状,外线锯齿形,线间灰黄色;剑纹黑边;环纹斜圆形;肾纹外缘锯齿形;亚缘线灰黄色,前半段锯齿形,在M_3与Cu_1处向外凸出2个大齿,齿尖达外缘;缘线为1列深灰褐色短条;缘毛黄色带灰褐色。后翅淡黄褐色;隐见灰褐色中点和外线;缘线灰褐色;缘毛淡黄色。

分布:甘肃(地点不详)、青海、云南、西藏。

备考:本种的模式产地为甘肃"Landja-Loukva Valley",具体地点不详。Alphéraky的工作主要集中在中亚地区和中国新疆,所以推测涉及甘肃的种类模式产地应该在甘肃西北部。

(1152) 樱毛眼夜蛾 *Blepharita satura* (Denis & Schiffermüller, 1775)

Noctua satura Denis & Schiffermüller, 1775, Ankündung syst. Werkes Schmett. Wienergegend:83. (Austria)

前翅长:20 mm。雄触角略呈锯齿形。头和胸腹部灰褐色。前翅较狭长;浅褐色杂黑色;中、端区黑褐色;臀褶基部有1黑纹,其后有另1黑纹;亚基线、内线和外线均黑色双线,内线波状,外线锯齿形;剑纹后有1黑线连接内线和外线;环纹和肾纹灰白至淡褐色,无明显黑边;亚缘线灰白色锯齿形,内侧1列黑齿纹;缘线为

1列黑点；缘毛深灰褐色。后翅灰褐色；中点和缘线深灰褐色；缘毛黄色掺杂灰褐色。

分布：中国的甘肃（正宁、舟曲）、黑龙江、新疆；朝鲜；韩国；欧洲。

（1153）黄绿毛眼夜蛾 *Blepharita praetermissa* (Draudt, 1950)

Eumichtis praetermissa Draudt, 1950, Mitt. münch. ent. Ges., 40:68, pl.5:3. (China: Zhejiang, Tianmu-shan)

前翅长：14 mm。触角线形。头部灰褐色杂少许黑褐色，下唇须的外侧黑色杂灰色；领片基半部浅黄绿色杂黑色，端部灰色杂黑色，近中部有1黑弧线；胸部背面灰色杂黄绿色及少许黑色。腹部灰色，端部背面色暗。前翅黄绿色，布有黑色细点；亚基线双线黑色，波浪形，自前缘脉至2A脉，2A脉基部前缘黑色；内线黑色双线，不规则波浪形外斜，内侧的线弱；剑纹稍大，黑边，其外侧有1双齿形白斑伸达外线；环纹大，轮廓不清，黄白色，可见中央黑褐圈；肾纹模糊，浅黄绿色，中有褐纹；外线黑色，深锯齿形外弯，M_3脉后内弯；亚缘线不明显，黄白色，在R_5脉前外凸，中段外弯；缘线为1列黑点。后翅白色；隐约可见黑褐色外线与亚缘线；中点微黑；缘线黑色。

分布：甘肃（正宁）、陕西、浙江。

（1154）长线毛眼夜蛾 *Blepharita longilinea* (Draudt, 1950)

Parastichtis longilinea Draudt, 1950, Mitt. münch. ent. Ges., 40:87, pl.6:10. (China: Shaanxi, Tapaichan)

前翅长：25 mm。头部与胸部浅灰黄褐色；领片中部有1黑横线。腹部灰褐色。前翅红褐色，内线内侧和外线外侧及前缘大部色较灰；臀褶有1黑纵纹，自基部伸达外线；内线黑色，内侧衬浅灰色，微曲外斜；剑纹黑边；环纹大，斜椭圆形，黑边，前端开放；肾纹大，有不完整的黑边，中有1黑曲纹；外线黑色，外侧衬浅灰色，自前缘脉微曲外斜至M_2脉折角内斜；M_2与M_3脉间有1黑色纵纹，自肾纹伸达亚缘线；亚缘线隐约可见，浅灰色；翅端部各脉带黑色；缘线黑色；缘毛黑褐色与黄白色相间。后翅浅灰褐色，端部深灰褐色；中点和缘线黑灰色；缘毛黄白色掺杂灰褐色。

分布：甘肃（宕昌）、山西、陕西。

（1155）巴毛眼夜蛾 *Blepharita bathensis* (Lutzau, 1905)

Hadena bathensis Lutzau, 1905, in Slevogt, Soc. Ent., 20:17. (Germany)

前翅长：20 mm。头和胸腹部灰褐至深灰褐色。前翅灰褐色；臀褶基部有1黑纵纹；亚基线、内线和外线均黑色双线，后者锯齿形；环纹和肾纹大，均淡褐色黑边；环纹下方有1舌形灰白色大斑，向外下方伸达外线；臀褶处有1黑线连接内、外线；外线至翅外缘略带灰红色，翅脉带黑色；亚缘线灰白色锯齿形，内侧有黑齿纹，其中在M_3上下的两个黑齿巨大；缘线为1列三角形小黑斑；缘毛深灰褐色。后翅污白色带淡灰褐色；缘线和缘毛深灰褐色。

分布：中国的甘肃（舟曲）；日本；欧洲。

（1156）黍睫冬夜蛾 *Blepharosis paspa* (Püngeler, 1900)

Heliophobus paspa Püngeler, 1900, Dt. ent. Z. Iris, 12:293, pl.9:8. (China: Qinghai, Kuku-Noor)

前翅长：16 mm。雄触角锯齿形。头、胸部和前翅褐色至红褐色。腹部灰褐色。前后翅外缘浅波曲。前翅中区和端区深褐色；亚基线和内线为黑色波状双线；亚基线后方有1灰斑；剑纹黑褐色；环纹小，灰白色，中部灰褐色；肾纹较窄，白色黑边；中线黑色，后半波状；外线黑色锯齿形双线，线间灰白色；外线与亚缘线之间大部灰白色；亚缘线白色，在M_3与Cu_1处凸出2个大齿，齿尖未达外缘，线内侧前端及M_2至Cu_2脉间有黑斑；缘线为1列新月形黑斑。后翅灰褐色；隐见模糊带状外线和亚缘线。

分布：中国的甘肃（地点不详）、青海、云南、西藏；印度。

（1157）褐睫冬夜蛾 *Blepharosis retracta* (Draudt, 1950)

Blepharidia retracta Draudt, 1950, Mitt. münch. ent. Ges., 40:77, pl.5:16. (China: Yunnan, Lijiang)

前翅长：15 mm。头部和胸腹部浅灰褐色。前翅褐色；亚基线粗，黑色波状，到达2A脉，后端内凸；内线黑色双线,微波曲外斜,线间灰白色;臀褶基部有1黑纵纹;剑纹窄小,黑边;环纹斜,白色黑边;肾纹较窄,白色,两侧有黑边;中线黑色,不明显;外线黑色双线,锯齿形外弯,线间灰白色,外侧一条较细弱;外区前端翅脉黑色,有3个黄白点;亚缘线白色,在M_3与Cu_1处凸出2个较大齿,齿尖近达外缘,线内侧有1列三角形黑斑;缘线为1列新月形小黑斑。后翅灰褐色,端部色较深,隐见深灰褐色外线。

分布:甘肃(舟曲)、青海、云南。

(1158) 地鹰冬夜蛾 *Valeria dilutiapicata* Filipjev, 1927

Valeria dilutiapicata Filipjev, 1927, Ann. Mus. zool.Acad. Sci. *USSR*, 28:244. (Russia:Ussuri)

前翅长:16 mm。头和胸腹部灰褐色至深灰褐色。前翅狭长,外缘倾斜,中部微隆;后翅较小。前翅基部至外线深褐色至黑褐色,2A脉基部下方黄白色;肾纹黄白色,巨大;外线上半段灰白色,外弯,中段伸达肾纹下端并与之接触,然后呈清晰白线折向后缘;外线中段外侧有大片黄白色,下段外侧为1黄褐色斑。后翅污白色,端部略带淡灰褐色。

分布:中国的甘肃(天水);俄罗斯。

(1159) 高准鹰冬夜蛾 *Valeriodes heterocampa* (Moore, 1882)

Pachetra heterocampa Moore, 1882, in Hewitson & Moore, Descr. New Indian lepid. Insects Colln. Late Mr. W.S. Atkinson, 2:115. (India:Darjiling)

前翅长:18 mm。雄触角双栉形。头、胸部和前翅黄褐至红褐色;胸部背面有黑斑。腹部黑褐色。前后翅外缘光滑,略呈浅弧形。前翅大部带黑色;亚基线、内线和外线均黑色,后者锯齿形双线,亚基线和内线波状,均衬白色;环纹"V"字形;肾纹大;中室后有1中凹斜斑;亚缘线黄白色锯齿形,内侧衬黑色;顶角有1浅黄褐色斑与亚缘线上端融合。后翅深灰褐色,Cu_2脉端半部黑色;外缘内侧有1列三角形灰白色斑。

分布:中国的甘肃(文县)、四川、云南、西藏;印度。

(1160) 青准鹰冬夜蛾 *Valeriodes icamba* (Swinhoe, 1893)

Euplexia icamba Swinhoe, 1893b, Ann. Mag. nat. Hist., (6)12:260. (India:Sikkim)

前翅长:19 mm。雄触角锯齿形。头和胸部浅绿色。腹部黑色杂灰色。前翅污绿色,部分带褐色,中区及翅脉带黑色;2A脉基部前后各1黑斑;内线黑色波状,内侧衬白色;环纹和肾纹大,后者前端向前扩展,后端超出中室,两纹间黑色,并有1黑纹相连于后缘;环纹后方有1绿曲纹;外线黑色锯齿形双线,线间黄白色;亚缘线黑色,外侧衬黄白至浅黄绿色串珠状斑,在M_3、Cu_1和Cu_2脉处向外凸出3个大齿;翅端部黄白至浅黄绿色,翅脉端有向内凸出的细小黑纹。后翅灰褐色,Cu_2脉端半部黑色;外缘内侧有1列三角形灰白色斑。

分布:甘肃(永登)、四川、云南、西藏;印度。

(1161) 灰展冬夜蛾 *Polymixis fufocincta* (Geyer, 1828)

Noctua fufocincta Geyer, 1828, in Hübner, Samml. eur. Schmett., 4:pl.160:747, 748. (Yugoslavia)

前翅长:22 mm。雄触角锯齿形。头及胸部灰褐色。腹部灰白色杂灰褐色。前翅略狭长,顶角尖,外缘倾斜;前后翅外缘浅波曲。前翅灰褐色,中区色较深;亚基线和内线为黑色波状双线,双线间均白色;剑纹短宽,黑褐色,外方有黄色;环纹大,近方形,有黑边;肾纹外侧1白色曲纹;中线黑色波状;外线黑色锯齿形,齿尖有黑、白点;亚缘线黄白色锯齿形,内侧有暗齿纹;缘线有1列细小黑点。后翅污褐色。

分布:中国的甘肃(正宁);亚洲西部、欧洲。

(1162) 灰绿展冬夜蛾 *Polymixis viridula* (Staudinger, 1895)

Hadena viridula Staudinger, 1895a, Dt. ent. Z. Iris, 8:324, pl.6:10. (China:Xinjiang or Qinghai, between Lob Noor and Kuku-Noor)

前翅长:16 mm。雄雌触角均线形。头、胸部和前翅浅灰绿色。腹部灰黄褐色。前翅外缘不明显倾斜;翅面部分布有细黑点;亚基线和内线为黑色波状双线;剑纹外端黑色;环纹和肾纹大,白色,前者近方形;中线和外线黑色,后者锯齿形双线,线间白色,齿尖为黑、白点;亚缘线白色锯齿形,内侧衬黑齿纹;缘线为1列尖齿状小黑点。后翅污褐色,翅脉色深;隐见外线和亚缘线;Cu_2端半部带黑色。

分布:甘肃(舟曲)、青海、新疆。

(1163) 太白展冬夜蛾 Polymixis shensiana (Draudt, 1950)

Antitype shensiana Draudt, 1950, Mitt. münch. ent. Ges., 40:71, pl.5:6. (China:Shaanxi, Tapaishan)

前翅长:22 mm。雄触角锯齿形。头部和胸部浅灰色,略带灰红色调。腹部灰褐色。前翅外缘较倾斜,顶角略尖;翅面灰色至深灰色;亚基线黑色微波曲,外侧衬白色;内线黑色,深波浪形,稍外斜,内侧衬白色;剑纹不明显,灰色黑边,近圆形;环纹大,近方形,灰色黑边;肾纹大,白色,有不完整的黑边,内1/3带灰色,前后端稍凹;中线模糊黑色,前段粗,外斜至中室下角折向内斜并呈波浪形;外线黑色锯齿形,齿尖在翅脉上形成黑纹及白点,外侧微衬白色;外区前缘上有1列白点;亚缘线白色锯齿形,有间断,内侧衬黑灰色;缘线为1列新月形黑点;缘毛灰褐色掺杂黄白色。后翅灰褐色;缘毛色较前翅浅。

分布:甘肃(地点不详)、陕西。

(1164) 灰布冬夜蛾 Bryopolia chamaeleon (Alphéraky, 1887)

Polia chamaeleon Alphéraky, 1887, Stett. ent. Z., 48:169. (Turkestan)

前翅长:23 mm。触角线形。头部和胸部淡灰黄色。腹部浅灰褐色。前后翅外缘浅波曲。前翅浅灰黄褐色,有暗褐色细点;亚基线黑色双线,达臀褶;内线黑色双线,波状,线间色淡;剑纹短而钝,黑边;环纹灰白色黑边,前端开放,内、外缘中部凹;肾纹灰白色,内、外缘黑色;中线黑褐色,波状,粗而模糊;外线黑色锯齿形,内斜于肾纹后,外侧衬灰白色;亚缘线色淡,锯齿形,内侧有1列黑色锯齿形纹;缘线为1列三角形小黑点;缘毛灰黄色。后翅灰黄褐色,端部深灰褐色;外线深灰褐色带状;缘毛黄色带少量灰褐色。

分布:中国的甘肃(武威)、新疆;印度,克什米尔地区,中亚地区。

(1165) 锯耻冬夜蛾 Trichoridia dentata (Hampson, 1894)

Polia dentata Hampson, 1894, Fauna Br. India (Moths), 2:233. (India:Sikkim)

前翅长:16 mm。触角线形。头、胸部黄褐色至暗红褐色。腹部暗黄褐色。前后翅外缘浅波曲。前翅内线以内和外线以外紫灰色,中域暗红褐色;亚基线深褐色;内线和外线深褐色双线,内线在臀褶以下深弧形内弯,外线锯齿形;内线和外线之间在臀褶处色较深;环纹斜椭圆形,肾纹窄,均紫灰色;亚缘线不显,其内侧在前缘有1黑褐色斑;缘线为1列三角形黑点;缘毛深褐色杂紫灰色。后翅浅灰黄褐色,可见深灰褐色中点和外线;缘毛与翅面同色。

分布:中国的甘肃(武威)、西藏;印度,不丹。

(1166) 汉耻冬夜蛾 Trichoridia hampsoni (Leech, 1900)

Eurois hampsoni Leech, 1900, Trans. ent. Soc. Lond., 1900:93. (China:Sichuan, Pu-tsu-fong)

前翅长:16 mm。头和胸部红褐色杂少许白色。腹部灰黄褐色。前翅深褐色,大部带黑褐色并布有白点;内线内侧和外线外侧色较浅,带紫灰色;亚基线和内线黑色呈红褐色;环纹和肾纹大,浅灰褐色,肾纹后端内凸,与环纹接近;外线黑色锯齿形,外侧呈红褐色;亚缘线黑褐色双线,在M_2至Cu_1脉处具3个大齿,此段内侧有黑齿纹;缘线的黑点细小。后翅灰褐色,端部色较暗。

分布:甘肃(舟曲、文县)、四川、云南、西藏。

(1167) 丘集冬夜蛾 Sympistis grumi (Alphéraky, 1892)

Heliophobus grumi Alphéraky, 1892b, Horae Soc. ent. ross., 26:447. (China:Qinghai)

前翅长:13 mm。头灰黄褐色,胸腹部灰褐色。前翅褐色,翅脉灰白色;亚基线、内线、中线和外线均黑色,后者后半锯齿形,内线内侧和外线外侧呈灰白色;2A脉基部上下各有1黑纹;剑纹褐色;环、肾纹白色黑边;亚缘线黄白色,波曲,有间断,与外线之间黄褐色,中段内侧1列黑齿纹,在M_3与Cu_1脉处有2个外凸的大齿;缘线为1列新月形黑点。后翅污白色至淡灰黄褐色;中点深灰褐色短条形。

分布:中国的甘肃(文县)、青海、西藏;中亚地区。

（1168）孤荒冬夜蛾 *Agrochola vulpecula* (Lederer, 1853)

Xanthia vulpecula Lederer, 1853b, Verh. zool.-bot. Ver. Wien, 3(Abh.):374, pl.4:5. (Russia:Siberia)

前翅长：16 mm。头、胸部和前翅黄褐色。腹部灰黄褐色。前后翅外缘浅波曲。前翅亚基线、内线和外线均黑褐色双线，在前缘形成黑斑；亚基线达臀褶；内线弧形弯曲；外线微波曲，"S"弯曲；环纹大，"U"字形黑边；肾纹灰褐色，黑边；中线在前缘有黑斑，在中室以下深褐色模糊带状；亚缘线黄白色，波状，内侧略呈深褐色，内侧前缘为1楔形黑斑；缘线为1列短弧形黑点。后翅灰黄色带灰褐色。

分布：中国的甘肃（正宁）；俄罗斯。

（1169）波虚冬夜蛾 *Athaumasta polioides* Draudt, 1950

Athaumasta polioides Draudt, 1950, Mitt. münch. ent. Ges., 40:72, pl.5:10. (China:Sichuan, Batang)

前翅长：18 mm。雄触角锯齿形。头和胸腹部灰褐色杂黄白色。前后翅外缘波状。前翅灰褐色，带灰绿色调；基部有2个小黑点；亚基线黑色双线，仅存数个黑点，双线间及线外侧的臀褶区域黄白色；内线黑色波状双线，线间白色；剑纹端部可见黑边；环纹和肾纹白色，黑边，中央有灰褐色；中线黑色，较清晰，浅弧形弯曲；外线黑色双线，锯齿形，线间白色；外线与亚缘线之间大部黄白色；亚缘线白色，锯齿形，内侧衬不规则的黑色和黑齿纹；亚缘线外侧的翅脉带黑色，并有白色细点；缘线黑褐色，大致连续，在翅脉间向内凸出成小黑斑；缘毛深灰褐色掺杂黄白色。后翅浅灰褐色，端部色较深；中点和缘线深灰褐色；缘毛黄白色掺杂灰褐色。

分布：甘肃（文县）、四川。

（1170）高漫冬夜蛾 *Bryotype flavipicta* (Hampson, 1894)

Eurois flavipicta Hampson, 1894, Fauna Br. India (Moths), 2:228. (India:Sikkim)

前翅长：16 mm。头和胸部灰色杂红褐色和黑褐色。腹部褐色。前翅狭长；前后翅外缘波状。前翅基部至肾纹内侧深褐色带黑褐色，肾纹及外线外侧浅褐色；翅脉大部带黑色；2A基部前有1黑色短纵纹，其前外方黄白色；亚基线黑色双线；内线黑色波状，内侧衬白；剑纹后缘1黑纹由内线伸至外线；环纹大，浅褐色黑边，倾斜，内上方延伸至前缘；肾纹内半黄褐色，外半白色，内侧有黑边；外线黑色锯齿形，外侧衬白色，在Cu_2以下白色特别鲜明；亚缘线灰黄色，细弱，不规则锯齿形，内侧衬红褐色；缘线的黑点列十分细小；缘毛深灰褐色至黑灰色。后翅浅灰褐色；深灰褐色中点大而清晰；隐见深灰褐色外线；缘线深灰褐色；缘毛黄白色，中间有1条清晰深灰褐色线。

分布：中国的甘肃（舟曲）、西藏；印度。

（1171）褐黄美冬夜蛾 *Xanthia gilvago* (Denis & Schiffermüller, 1775)

Noctua gilvago Denis & Schiffermüller, 1775, Ankündung syst. Werkes Schmett. Wienergegend:87. (Austria)

前翅长：16 mm。触角线形。头、胸部和前翅灰黄色。腹部灰白至黄白色。前翅狭长，顶角尖，外缘光滑，上半段较直；翅面斑纹深灰褐色至黑褐色；亚基线和内线在前缘合并成1个大斑；肾纹下半和环、肾纹之间形成1大斜斑，该斑上方至前缘带粉红色；亚缘线内侧在前缘有1楔形大斑；亚缘线为1列清晰小点，其余各线均仅残留模糊斑点；环纹和肾纹具深灰褐色边；缘毛深灰褐色带粉红色。后翅黄白色。

分布：中国的甘肃（永登）、青海、新疆；克什米尔地区；欧洲。

（1172）淡黄美冬夜蛾 *Xanthia icteritia* (Hufnagel, 1766)

Phalaena icteritia Hufnagel, 1766b, Berl. Magazin, 3:296. (Germany)

前翅长：15 mm。头和胸部浅灰黄色；下唇须外侧和额两侧有黑纹。腹部浅赭黄色。前翅淡灰黄色；亚基线红褐色双线，间断；内线红褐色双线，波状；环纹和肾纹红褐色边，肾纹下端有1黑斑；中线模糊；外线双线，红褐色，锯齿形外弯，前段外侧有1近三角形红褐色斑；亚缘线为1列黑褐色点；缘毛灰红色。后翅黄白色，后缘区带有灰黄色。

分布：中国的甘肃（永登）、青海；欧洲。

(1173) 甘美冬夜蛾 *Xanthia aurago* (Denis & Schiffermüller, 1775)

Noctua aurago Denis & Schiffermüller, 1775, Ankündung syst. Werkes Schmett. Wienergegend: 86. (Austria)

前翅长：14 mm。体和前翅黄色。前翅顶角凸出，外缘浅波曲，中部隆起；翅面散布橘红色，外线外侧散布灰褐色；翅脉黄色；内线和外线黄色，前者弧形弯曲；环纹和肾纹灰褐色，黄边，环纹小而圆，肾纹大；亚缘线黄色锯齿形，在M_3与Cu_1脉处凸出2个大齿；缘毛灰褐色带黄色。后翅淡黄色，端半部散布浅黄褐色；缘毛黄白色掺杂少量浅灰褐色。

分布：中国的甘肃（文县）；欧洲

杂夜蛾亚科 Amphipyrinae

(1174) 大红裙杂夜蛾 *Amphipyra monolitha* Guenée, 1852

Amphipyra monolitha Guenée, 1852, in Boisduval & Guenée, Hist. nat. Insectes (Spec. gén. Lépid.), 6: 414. (Bangladesh: Silhet)

前翅长：27~30 mm。雄雌触角均线形。头、胸黑褐杂褐色。腹部紫褐色。前翅较狭长，前后缘近平行，顶角圆；前后翅外缘波状。前翅紫褐色；亚基线双线黑色波浪形；内线、外线均双线黑色锯齿形，后者齿尖有白点；中线模糊暗褐色；中室有1暗褐纹；环纹为赭白环；肾纹不显；亚缘线为1列黄白点，内侧有1列黑齿纹，外侧有1列暗褐纹。后翅红褐色，前缘区褐色。

分布：中国的甘肃（舟曲、文县）、黑龙江、辽宁、河北、河南、陕西、湖北、江西、福建、广东、四川、云南；日本，印度；欧洲。

(1175) 蔷薇杂夜蛾 *Amphipyra perflua* (Fabricius, 1787)

Noctua perflua Fabricius, 1787, Mantissa Insect., 2: 179. (Austria)

前翅长：23 mm。头、胸及前翅黑褐色。腹部灰褐色。前翅外区浅褐色，端区色浅，内区有黄褐色点；各横线浅褐色；内线波浪形；外线、亚缘线锯齿形；环纹扁而斜；无肾纹；中点暗褐色。后翅褐色。

分布：中国的甘肃（宕昌、舟曲、文县）、黑龙江、河南、陕西、新疆、江苏、湖北、贵州、云南、西藏；朝鲜，韩国，印度；欧洲。

(1176) 宁杂夜蛾 *Amphipyra alpherakii* (Staudinger, 1888)

Acosmetia alpherakii Staudinger, 1888, Stett. ent. Z., 49: 30. (China: Xinjiang, Kuldja)

前翅长：13~15 mm。头部与胸部白色微带褐色。腹部灰黄褐色。前翅灰黄褐色；亚基线暗褐色，仅在前缘和中室后可见；内线暗褐色，不清晰，在前缘为1黑点，其后波状；环纹不显；肾纹为1浅赭黄色新月形圈；外线深褐色，外侧衬黄白色；外区前缘上有1列黄白点；亚缘线白色，不规则锯齿形；缘线为1列黑褐色小点；缘毛黄白色带灰褐色。后翅黄白色带红褐色；缘毛黄白色，基部略带红褐色。

分布：中国的甘肃（武威）、新疆；中亚地区。

(1177) 暗杂夜蛾 *Amphipyra erebina* Butler, 1878

Amphipyra erebina Butler, 1878a, Ann. Mag. nat. Hist. (5)1: 287. (Japan: Yokohama)

前翅长：19~25 mm。头、胸及翅褐色。腹部暗灰褐色。前翅色稍浅，中区外半带有黑褐色，端区布有灰白细点；亚基线、内线均双线黑褐色波浪形；中线模糊黑褐色；外线黑褐色，外侧衬黄褐色，波浪形；亚缘线微白，内侧衬暗褐色，前段稍扩展；环纹小，有白环；肾纹不显。后翅褐色。

分布：中国的甘肃（宕昌、文县）、黑龙江、陕西、湖北、云南；朝鲜，韩国，日本。

(1178) 肋杂夜蛾 *Amphipyra costiplaga* Draudt, 1950

Amphipyra costiplaga Draudt, 1950, Mitt. münch. ent. Ges., 40: 84, pl.6: 3. (China: Yunnan, Likiang)

前翅长：24 mm。头和胸腹部灰褐色。前翅褐色，中域深褐色，基部1/3由前缘至中室下缘带黄白色，前缘外半深灰褐色;亚基线不显;内线和外线黑褐色,波状,外线外侧衬黄白色;环纹和肾纹灰褐色,二者之间黑褐色;亚缘线不明显;缘线为1列新月形黑点;缘毛深灰褐色。后翅灰褐色,端部色较深。

分布:甘肃(康县)、陕西、云南。

(1179) 紫黑杂夜蛾 *Amphipyra livida* (Denis & Schiffermüller, 1775)

Noctua livida Denis & Schiffermüller, 1775, Ankündung syst. Werkes Schmett. Wienergegend:85. (Austria)

前翅长:19 mm。头、胸部和前翅紫黑色;头顶有黄褐色。前翅外缘浅弧形,不波曲,无斑纹。后翅粉黄色微带褐色,端部带有暗红色,顶角带黑褐色;缘毛在Cu_2以上紫黑色,以下黄色。

分布:中国的甘肃(康县)、河南、新疆、江苏、湖北、贵州、云南;朝鲜,韩国,日本,印度;欧洲。

(1180) 桦杂夜蛾 *Amphipyra schrenkii* Ménétriès, 1858

Amphipyra schrenkii Ménétriès, 1858, Bull. Clas-Phy-Math.Acad. Imp. Sci. St. Pétersb., 17:219. (Russia:Amur, Kidsi; Sarachauda)

前翅长:25~33 mm。头、胸灰褐色。腹部暗灰色。前翅黑褐色;亚基线、内线、中线及外线黑色,内线波浪形,外线锯齿形;环纹为1白点;肾纹小,内缘1白纹;外线外侧衬灰白色;亚缘线不明显,微白,前端外侧1大白斑,其中有褐点。后翅灰褐至暗褐色。

分布:中国的甘肃(宕昌、康县、文县)、黑龙江、河南、陕西、湖北;俄罗斯,朝鲜,韩国,日本。

绮夜蛾亚科 Acontiinae

(1181) 赭灰裴夜蛾 *Perynea ruficeps* (Walker, 1864)

Thermesia ruficeps Walker, 1864, J. Proc.Linn. Soc. Lond. (Zool.), 7:186. (Borneo:Sarawak)

前翅长:12 mm。触角线形。头部和领片红褐色;胸腹部淡赭灰色杂有深褐色。前翅宽阔,顶角尖,凸出,外缘在顶角下弧形内凹,中部凸出1尖角,其下至臀角较直;后翅较小,外缘上半段几乎与前缘垂直,下半段浅弧形。前翅淡赭灰色,带有暗褐色并布有黑色细点;内线灰白色,波状外弯;环纹为1黑灰色点,位于内线内侧;肾纹由3个黑点组成;外线灰白色,自前缘外弯至M_1上方后折向内斜,几乎呈直线达后缘;外区前缘上有1列黄白色点,在亚缘线外侧至顶角均黄白色;亚缘线灰白色,有间断,内侧衬黑褐色;亚缘线内侧与外线间及外侧与外缘间各有1列黑点。后翅与前翅同色,外线及外缘内侧的黑点列同前翅。

分布:甘肃(舟曲、文县)、广东、四川;日本,斯里兰卡,马来西亚。

(1182) 月蝠夜蛾 *Lophoruza lunifera* (Moore, 1887)

Mestleta lunifera Moore, 1887, Lepid. Ceylon, 3:209, pl.175:3. (Ceylon [Sri Lanka])

前翅长:13 mm。触角线形,雄触角具纤毛。头部褐色杂灰色;胸部白色。腹部黑褐色,基部白色。前后翅外缘微波曲。前翅以后缘内1/3至M_1脉的黑线划界,线内白色,线外深灰褐色,延伸至顶角;前缘密布深灰褐色细点;外线黑色,后半成为黑点列,上半段外侧衬白线;亚缘线白色,在R_5至M_1脉处为新月形,在M_3、Cu_1脉处齿状,外侧在M_1脉前后各具1黄点;外线与亚缘线间在R_5至M_3脉之间带不均匀黑色,并沿M_3扩展至外缘;外缘具一列黑点;缘线黑色波曲,缘毛淡褐色。后翅基部白色,其余深灰褐色;外线黑色,亚缘线白色,外缘具1列黑点,缘线黑色。

分布:中国的甘肃(文县)、浙江、广东;日本,印度,斯里兰卡。

(1183) 美蝠夜蛾 *Lophoruza pulcherrima* (Butler, 1879)

Egnasia pulcherrima Butler, 1879, Illust. typical Specimens Lepid. Heterocera Colln Br. Mus., 3:67, pl.57:8. (Japan:Yokohama)

前翅长:12 mm。头部褐色;领片、肩片及胸部背面红褐色。腹部灰褐色,第一腹节红褐色。前翅外缘中部隆起;翅面灰褐色,外线内方大部红褐色;内线黑褐色锯齿形;外线黑褐色,自前缘脉外斜达亚缘线,折成1尖角极度内斜,向后渐扩展并分为双线,上半段外侧衬白边;环纹为1灰白点;肾纹为2黑点,外侧微黑;亚缘线灰白色锯齿形,在外线大齿尖附近带红褐色,该处上下有2道黑纵纹伸达外缘;外缘内侧有1列黑点。后翅内线黑色,其内侧红褐色;内线以外灰褐色至深灰褐色;中点黑色短条形;亚缘线灰白色锯齿形,中部以下两侧衬黑褐色,臀褶以下线上带红褐色;外缘内侧1列黑点。

分布:中国的甘肃(文县)、河北、广西、四川;朝鲜,韩国,日本。

(1184) 陈孔夜蛾 Corgatha obsoleta Marumo,1936

Corgatha obsoleta Marumo,1936,Kontyû,6:12.(Japan)

前翅长:8 mm。触角线形。头和胸部浅紫灰色;头顶白色。腹部深灰褐色,基部浅紫灰色。前翅宽阔,顶角尖,凸出,外缘中部隆起,上半段微凹,浅波曲,下半段直;后翅外缘浅波曲。前后翅浅紫灰色,密布紫褐色细纹;前翅前缘具橘红色宽纵带;亚基线、内线、中线和外线均深紫灰色,在前缘黑色,外线上半部弧形外弯;肾纹为1黑灰色短条;外线外侧前缘上有1列白点,顶角内侧有1云状白斑;缘线为1列黑点,外侧衬白色;缘毛紫红色;后翅外线、缘线和缘毛同前翅。

分布:甘肃(文县),吉林;俄罗斯,朝鲜,韩国,日本。

(1185) 两色绮夜蛾 Acontia bicolora Leech,1889

Acontia bicolora Leech,1889b,Trans. ent. Soc. Lond.,1889:133,pl.9:7.(Japan)

前翅长:9~10 mm。雄雌二型。雄蛾头部黄褐色杂少许黑色;胸部黄褐色微带灰绿色,并杂有少许黑色。腹部灰黄褐色。前翅狭长,顶角圆,外缘浅弧形;后翅较小,狭窄,外缘上半段较直,下半段浅弧形。前翅基部至外线黄色;外线外方深褐色至黑褐色;外线自前缘脉近顶角处内斜至M_1脉,折向内至中室上角再折向后至翅后缘中部;亚缘线隐约可见,在Cu_1后内弯,线内侧有1片带紫灰色的区域,由R_5至后缘,呈葫芦形;翅外缘内侧有1赭色纹,位于M_2至Cu_2脉之间;缘毛黑褐色带紫,顶角下方的缘毛端半部黄白色。后翅灰褐色,端部色深。

雌蛾头部和胸腹部深灰褐色,杂少许黄色。前后翅均较雄蛾宽阔;后翅外缘浅弧形。前翅黑褐色,基部有少许灰黄绿色鳞;前缘中部有1灰黄绿色斑,向外倾斜;外区前缘有1黄色三角形斑;亚缘线及其内侧的葫芦形紫灰色斑同雄蛾;亚缘线外侧有模糊黄纹。后翅深灰褐色,带红褐色调。

分布:中国的甘肃(成县、文县)、河北、山东、江苏、浙江、湖北、江西、湖南、福建、贵州;朝鲜,韩国,日本。

(1186) 奇巧夜蛾 Oruza mira(Butler,1879)

Selenis mira Butler,1879,Illust. typical Specimens Lepid. Heterocera Colln Br. Mus.,3:29,pl.47:6.(Japan:Hakodadi)

前翅长:11 mm。雄雌触角均线形。头和胸部褐色。腹部深灰褐色至黑灰色,各节后缘黄色。前翅宽阔,顶角尖,凸出,外缘浅弧形;后翅外缘浅弧形,顶角处略凹。前翅深褐色,前缘区为1灰黄至暗灰黄色纵带;翅面散布黑色细点;内线和外线黄色,直线,近平行;肾纹为1黄色折曲短纹;亚缘线黄色,前半浅弧形内凹,至M_3脉成1尖角,其下锯齿形,后端外斜至臀角;缘毛深褐色,在翅脉端黄色。后翅颜色同前翅,中点为黄色折曲的短条纹;外线略呈浅弧形;亚缘线与前翅相似,折角位于M_2处。前后翅端半部翅脉带黄色。

分布:中国的甘肃(文县)、黑龙江、安徽、湖北;朝鲜,韩国,日本;非洲。

(1187) 紫褐巧夜蛾 Oruza obliquaria Marumo,1936

Oruza obliquaria Marumo,1936,Kontyû,6:12.(Japan)

前翅长:11 mm。十分近似奇巧夜蛾O. mira,前翅顶角凸出较少,外缘弧度较浅;外线略呈浅弧形,与内线距离前宽后窄;后翅中点较直,几乎不折曲;外线弧度较大。

分布:中国的甘肃(文县)、四川;日本。

(1188) 苏奇巧夜蛾 Oruza submira Sugi,1982

Oruza submira Sugi,1982,in Inoue et al.,Moths of Japan,1:811.(Japan)

前翅长:9 mm。近似奇巧夜蛾O. mira和紫褐巧夜蛾O. obliquaria。体和翅色较浅,灰红褐色;前翅较狭长;内线和外线直,距离前宽后窄;内线外侧和外线内侧衬深褐色;肾纹内侧衬深褐色。后翅中点为1黑点;外线内侧衬深灰褐色;亚缘线不规则锯齿形。前后翅均有黑褐色缘线,在翅脉端断离;缘毛灰红褐色。

分布:中国的甘肃(文县);朝鲜,韩国,日本。

(1189) 谐夜蛾 *Emmelia trabealis* (Scopoli,1763)

Phalaena trabealis Scopoli,1763,Ent. Carniolica:240.(Yugoslavia)

前翅长:10 mm。触角线形。头和胸腹部黄白色至灰黄色;胸部有褐斑。前后翅外缘浅弧形。前翅淡黄色至黄色;中室后缘和2A脉上各有1条黑褐色纵纹伸达外线;内、中、外区的前缘脉上个各有1小黑斑;中室中部和端部各有1椭圆形小黑斑;外线黑灰色,在前缘脉上为小黑点,M_1以下带状,并掺杂少量灰白色;亚缘线在顶角处有1黑斑,其下仅残留几个黑点;缘线在M脉间和臀褶处有小黑点;缘毛深灰褐色掺杂灰黄色,在顶角下方黄白色。后翅浅灰黄褐色,端部色较深;缘毛基半部灰褐色掺杂灰黄色,端半部黄白色。

分布:中国的甘肃(成县、文县)、黑龙江、内蒙古、北京、河北、新疆、江苏、广东;朝鲜,韩国,日本;亚洲西部,欧洲,非洲。

(1190) 海兰纹夜蛾 *Stenoloba marina* Draudt,1950

Stenoloba marina Draudt,1950,Mitt. münch. ent. Ges.,40:131,pl.8:18. (China:Zhejiang,West Tianmu-shan)

前翅长:12 mm。触角线形,雄触角有纤毛。头部淡灰绿色,触角基部黑色,下唇须外侧黑色;胸部背面淡灰绿色,领片基部与中部各有1黑纹,肩片中部与端部各有黑纹;后胸杂有黑色。腹部浅灰褐色。前翅狭长,前后缘近平行,外缘浅弧形;翅面霉灰色,基部黑色;亚基线黑色,自前缘脉至后缘,其前段二叉,后端内侧有1黑色纵纹;内线双线黑色,波浪形外斜,亚基线与内线之间布有黑色细点;环纹只现1黑点;肾纹黑色;中线黑色,波曲外斜;Cu_2脉基部后方有1赤褐色点;外线双线黑色,自前缘脉外斜至M_1脉折向内斜;亚缘线灰白色,内侧衬黑色,大波浪形;缘线由1列黑点组成;亚缘线至翅外缘密布黑色细点。后翅浅灰褐色;缘毛灰白色。

分布:甘肃(康县)、陕西、浙江、湖南、广东、广西。

(1191) 兰纹夜蛾 *Stenoloba jankowskii* (Oberthür,1884)

Dichagyris jankowskii Oberthür,1884b,Études ent.,10:28,pl.3:5.(Russia:S. of Vladivostok,Sidemi)

前翅长:14~16 mm。头、胸黑褐色杂白色。腹部黑褐色。前翅黑褐色,中室前方带灰绿色,1白纹沿中室下缘外伸并折向顶角,中室下角外1小黑斑;外线、亚缘线白色,外线外侧翅脉白色;近顶角有1黑点,近外缘1白线。后翅暗褐色。

分布:中国的甘肃(宕昌、文县)、黑龙江、陕西、浙江、云南;俄罗斯,日本。

(1192) 交兰纹夜蛾 *Stenoloba confuse* (Leech,1889)

Moma confuse Leech,1889c,Proc. zool. Soc. Lond.,1889:480,pl.50:5.(Japan)

前翅长:14~16 mm。头、胸白色;头顶及额有黑点纹;颈板有黑斑;胸背杂有黑色及黑纹。腹部白色带褐色。前翅黑褐色;基部有1人形白纹,两侧衬有黑线;内线、中线白色,与中室前、后缘的白纹组成不规则网状,中室中部1白色内斜纹,中室端部1白色外斜新月形纹;亚缘线黑色锯齿状;缘线为1列衬白的黑纹,臀角具1粗白点。后翅白色,端区带有深灰褐色;外线模糊。

分布:中国的甘肃(文县)、浙江、湖南、福建、广西、四川、云南;日本。

(1193) 姬夜蛾 *Phyllophila obliterata* (Rambur,1833)

Antophila [sic.] *obliterata* Rambur,1833,Ann. Soc. ent. France,2:27,pl.26:43.(France:Corse)

前翅长:9~10 mm。触角线形。头、胸、腹及前翅黄白杂褐色。前翅狭长;前后翅外缘浅弧形。前翅亚基线仅前端现1黄白纹;中室有暗褐纹;内线、外线两侧衬褐色;环纹为1黑点;肾纹由2褐点组成;外线内侧有暗褐条;亚缘线内侧衬暗褐色,后端达臀角;缘线为1列黑点。后翅白色微带褐色。

分布：中国的甘肃（文县）、黑龙江、内蒙古、北京、河北、山东、陕西、新疆、江苏、浙江、湖北、江西、福建；亚洲西部，欧洲。

(1194) 小冠微夜蛾 *Lophomilia polybapta* (Butler, 1879)

Egnasia polybapta Butler, 1879, Illust. typical Specimens Lepid. Heterocera Colln Br. Mus., 3: xv, 66, pl. 57: 7. (Japan: Yokohama)

前翅长：♂ 11 mm，♀ 12 mm。雄雌触角均线形。头和胸部黄褐色。腹部浅灰褐色，前三节有黑色立毛簇。前翅顶角稍尖，略凸出，外缘浅弧形，中部微隆；翅面红褐色，基半部微黄；内线褐色，自前缘脉外斜至中室折角内斜，后半内侧衬黑色；环纹为1白点；肾纹为1黑点；外线白色，内侧衬黑色，外侧衬褐色，自前缘脉后二曲形外弯，至Cu_1脉后内斜，至Cu_2脉基部波曲向后缘；亚缘线灰白色，与外线间散布黑褐色，前半有1列齿形黑斑。后翅灰褐色。

分布：中国的甘肃（文县）、江苏、云南；朝鲜，韩国，日本。

(1195) 痣黄微夜蛾 *Lophomilia flaviplaga* (Warren, 1912)

Micardia flaviplaga Warren, 1912, Novit. zool., 19: 38. (Japan: Yokohama)

前翅长：12 mm。头部和胸部灰白色杂浅褐色；额黄褐色。腹部深灰褐色至黑灰色，基部三节立毛簇黑色。前翅较狭长，顶角不凸出，外缘浅弧形，中部不隆起；翅面黄褐色带紫色，前缘区中段微白，端区带黑褐色；前缘脉基部后方有1黑褐色纵纹；内线白色，自臀褶至后缘，较粗；中室外半带有黑褐色；环纹为1白点；肾纹为1黑点；外线白色，前端粗，自前缘脉外斜至M脉间，折成圆角后内斜，至Cu_2基部折向后行，在臀褶后稍内斜并呈银白色粗条状；内线与外线之间在臀褶下方杏黄色杂有黑色；M脉间在中室外侧有1黑纵纹；亚缘线白色，不规则波曲，前段内侧有黑齿纹，其下衬黑色；亚缘线外侧在顶角附近有1黄斑；缘毛黑褐色。后翅深灰褐色。

分布：中国的甘肃（康县）、陕西、湖北；日本。

(1196) 丽瑙夜蛾 *Maliattha bella* (Staudinger, 1888)

Thalpochares bella Staudinger, 1888, Stett. ent. Z., 49: 264. (Russia: Siberia)

前翅长：8 mm。触角线形，雄触角有纤毛。头部白色带褐色，触角暗褐色，下唇须外侧黑褐色；胸部背面白色带红褐色。前翅中等宽度，前后翅外缘浅弧形。前翅前缘近端部处至后缘内1/3有1内斜线，线内方白色带黄褐色，前缘区带黑褐色，线外方黑褐色杂紫灰色，端区红褐色；亚基线仅在前缘脉上现1黑点；内线细弱，在前缘脉上为1黑点，其后灰白色达中室下缘，中室后不明显；环纹只现1黑点；肾纹为1黑点，位于中室下角；外线双线黑色，线间白色，在前缘区不见黑线，自前缘脉后外弯至M_3脉后内弯，在中褶处内凸，Cu_1脉后锯齿形；亚缘线微白，内侧衬黑色，不规则锯齿形；翅外缘有1列黑点；顶角后、中段及臀角各有1白斑纹；缘毛紫灰色杂黑褐色。后翅赭白色带褐色；缘线褐色；缘毛赭白色，中有1褐线。

分布：中国的甘肃（文县）、陕西、湖南；俄罗斯。

(1197) 玲瑙夜蛾 *Maliattha separata* Walker, 1863

Maliattha separata Walker, 1863, List Spec. lepid. Insects Colln Br. Mus., 27: 86. (Borneo: Sarawak)

前翅长：8 mm。头、胸、腹部及前翅白色带褐色。前翅基部带赭色；内线黑褐色，直线内斜；外线双线黑色；内、外线之间褐色，近梯形；肾纹窄，中央黑色，围以白环及黑边；中室外方各翅脉有衬白的黑色纹；亚缘线灰白色波浪形，内侧各翅脉间有褐色纵纹；缘线褐色，内侧1赭白线。后翅灰黄褐色。

分布：中国的甘肃（文县）、福建、广东、海南；日本，印度，缅甸，斯里兰卡，马来西亚，印度尼西亚。

(1198) 桃红瑙夜蛾 *Maliattha rosacea* (Leech, 1889)

Erastria rosacea Leech, 1889c, Proc. zool. Soc. Lond., 1889: 527, pl.53: 9. (Japan)

前翅长：8~9 mm。头、胸及前翅浅桃红色。腹部浅灰褐色杂少许黑色。前翅带暗褐色，有细黑点；亚基线、内线、中线和外线黑色；剑纹大，圆形；环纹小，中央黑色；肾纹大，中有暗褐曲纹；外线双线，后段锯齿形；亚缘线内侧衬黑色,锯齿形。后翅灰褐色;缘毛浅灰褐色。

分布:中国的甘肃(庆阳)、北京、河北、浙江;日本。

(1199) 标瑙夜蛾 *Maliattha signifera* (Walker, 1858)

Acontia signifera Walker, 1858, List Spec. lepid. Insects Colln Br. Mus., 12:796. (India)

前翅长:7 mm。头、胸白色杂少许褐色。腹部灰白色。前翅白色,前缘区基部2褐斑,内侧的斑之后有黑点;中室近基部1黑点;内线、中线黑色,前者波浪形外斜,后外侧1褐色带,呈二叉形沿中室下缘至M_1脉基部;肾纹白色,中有2黑点,或黑曲纹,外侧1小黑斑;外线双线黑褐色锯齿形,内线与外线间大部黑褐色;亚缘线内侧1列楔形黑褐纹。后翅褐白,端区色暗。

分布:中国的甘肃(文县)、河北、陕西、江苏、湖北、江西、福建、广东、广西;朝鲜、韩国、日本、印度、缅甸、斯里兰卡、马来西亚、澳大利亚。

(1200) 白斑瑙夜蛾 *Maliattha melaleuca* (Hampson, 1910)

Lithacodia melaleuca Hampson, 1910, Cat. Lepid. Phalaenae Br. Mus., 10:508, pl.164:3. (China:Zhejiang, Zhoushan)

前翅长:7~8 mm。头部与胸部黑褐色带铅灰色;胸部腹面与足黑褐杂灰色,跗节外侧各节间有白斑。腹部黑褐色杂少许白色,毛簇黑色。前翅黑褐色带铅灰色,部分带铜色;亚基线仅在前缘区现1褐纹;内线黑色,内侧有少许褐色,波浪形后行;环纹圆形,肾纹内外缘中凹,两纹均有不完整的黑边,肾纹前有1白色三角形斑;外线双线黑色,外弯,后段外侧有1白斑,前缘脉近端部有2白点;亚缘线黑色,锯齿形,在中褶与臀褶处内弯;翅外缘有1列新月形黑纹。后翅黑褐色带有铜色调,翅外缘有1列黑纹;缘毛中有1白线1黑线。

分布:甘肃(文县)、陕西、浙江、湖北、湖南。

(1201) 白束舒夜蛾 *Neustrotia albicincta* (Hampson, 1898)

Naranga albicincta Hampson, 1898, J. Bombay nat. Hist. Soc., 11:447. (India:Khasis)

别名:白束展夜蛾。

前翅长:9 mm。触角线形。头部和领片赤褐色;胸腹部黄白杂少许褐色。前翅狭长;前后翅外缘浅弧形。前翅黄白色带紫色调;内线至中线间的前缘区紫褐色;亚基线黑色,其余各横线黑褐色;内线仅前段可见双斜纹;剑纹、环纹不显;肾纹窄,浅褐色;外线内外侧杂有淡紫色;亚缘线前端粗,端区带赤褐色;缘线黑色与浅紫色相间,内侧衬白色;缘毛紫灰色。后翅浅紫褐色;缘毛白色。

分布:中国的甘肃(文县)、四川;日本、印度。

(1202) 绿褐嵌夜蛾 *Micardia pulcherrima* (Moore, 1867)

Leucania pulcherrima Moore, 1867, Proc. zool. Soc. Lond., 1867:48, pl.6:7. (India:Darjeeling)

前翅长:14 mm。触角线形。头和胸腹部灰黄色。前后翅外缘浅弧形;缘毛特别长。前翅浅黄褐色;前缘区灰红色,1白线自顶角斜至臀褶呈弧形弯向后缘,下半段掺杂浅紫红色;斜线内侧近顶角处暗黄褐色,该处在前缘至顶角的缘毛黑色;翅中部带黄绿色,中室下缘与臀褶间有1粗壮白条,两端圆;肾纹黑灰色,内缘有白边;后缘区有红色;臀褶基部1黑纹;亚端区1褐色斜纹,其中有4条白色纵线;该斜纹外下方白色,在外缘有2个黑点;缘毛灰褐色。后翅黄白;中点和外线带较弱的黑灰色;缘线有模糊黑灰色点。

分布:甘肃(康县)、四川、西藏;印度、不丹。

文夜蛾亚科 Eustrotiinae

(1203) 卫翅夜蛾 *Amyna punctum* (Fabricius, 1794)

Noctua punctum Fabricius, 1794, Ent. Syst., 3(2):34. (India:Orientali)

前翅长:16 mm。雄雌触角均线形。头、胸、腹部和前翅灰褐色;额白色有黑斑。前翅中等宽度,前缘直,顶角钝圆,外缘浅弧形;后翅外缘微波曲。前翅各横线褐色或暗褐色;内线波浪形;外线锯齿形;亚缘线不规则锯齿形;环、肾纹褐色白边,后者"8"字形。后翅灰褐色。

分布:中国的甘肃(舟曲、文县)、山东、江苏、浙江、福建、台湾、广东、海南、云南、西藏;印度,缅甸,斯里兰卡,新加坡,印度尼西亚;非洲。

(1204) 星卫翅夜蛾 *Amyna stellata* Butler, 1878

Amyna stellata Butler, 1878a, Ann. Mag. nat. Hist., (5)1:162. (Japan:Yokohama)

前翅长:12 mm。头部褐色;胸、腹及前翅红褐色。前翅亚基线仅前端现1白纹,其余各横线暗褐色;内线与亚缘线前端为白纹;剑纹、环纹不显;肾纹前半褐色,后半白色;外线锯齿形,齿尖为黑、白点;亚缘线中段外弯,在R_5脉处成外凸齿;翅外缘1列衬白的黑点。雄蛾前翅中室近中部有1凹洼。后翅灰褐色,外线、缘线暗褐色。

分布:中国的甘肃(康县)、陕西、广东、广西、四川;日本。

(1205) 亭俚夜蛾 *Lithacodia gracilior* Draudt, 1950

Lithacodia gracilior Draudt, 1950, Mitt. münch. ent. Ges.,40:134,pl.8:24,pl.18:35. (China:Shaanxi, Tapaishan)

前翅长:11 mm。触角线形,雄触角有纤毛。头、胸及腹部浅绿白色;额有黑斑。前翅狭长,顶角钝圆,外缘光滑,中部微隆;后翅外缘在M脉间浅凹。前翅白色带灰绿色;亚基线黑色波浪形达2A脉;内线黑色,微波浪形外斜;剑纹端部有1斜三角形黑斑纹;环纹大,白色,中央有1灰绿色圈;肾纹大,色同环纹,两纹之间有黑斑,斑前另1三角形黑斑;中线暗绿色,仅后半可见;外线黑色,前端不显,中段外弯,后段锯齿形内斜,两侧白色,外侧另1灰绿线;亚缘线墨绿色锯齿形,外侧白色,M_3至Cu_2脉间有1黑斑;缘线为1列半圆形黑点。后翅灰色带褐色;中点为1深灰褐色大斑;缘毛白色掺杂深灰褐色。

分布:甘肃(礼县、迭部、宕昌、康县、文县)、河北、陕西。

(1206) 冀俚夜蛾 *Lithacodia chloromixta* (Alphéraky, 1892)

Bryophila chloromixta Alphéraky,1892a,in Romanoff,Mém. Lépid.,6:21,pl.2:1. (China:Gansu)

前翅长:10 mm。斑纹近似亭俚夜蛾L. gracilior,整体颜色较浅;前翅白色部分均带淡灰绿色调;前翅内线距离亚基线略远;环、肾纹之间的黑斑和亚缘线外侧M3至Cu2脉间的黑斑均较小;肾纹外侧的圆形白斑远小于该种;后翅中点不明显。

分布:甘肃(文县)、河北。

(1207) 超俚夜蛾 *Lithacodia superior* Draudt, 1950

Lithacodia superior Draudt,1950,Mitt. münch. ent. Ges.,40:135,pl.8:25;pl.18:36. (China:Yunnan, Likiang)

前翅长:10 mm。近似前述两种。前翅环纹与肾纹间的黑斑仅为1窄纵条;肾纹外侧的圆形白斑为椭圆形;剑纹端部为弧形黑边;亚缘线外侧M_3至Cu_2脉间色略暗,不为黑斑;缘线的黑点较小。

分布:甘肃(文县)、云南。

(1208) 白带俚夜蛾 *Lithacodia deceptoria* (Scopoli, 1763)

Phalaena deceptoria Scopoli,1763,Ent. Carniolica:214. (Yugoslavia)

前翅长:10 mm。头部和胸部暗褐色。腹部浅灰褐色。前翅深灰褐色,杂有黑褐色,端半部带黄褐色;前缘脉黑色;内区有1菱形白斑,其前端达亚前缘脉,其后缘微内凹,不达后缘;环纹中心黑褐色,外围的白圈与白斑相连;肾纹黑褐色白圈,外上方与外线相接;外线白色带状,内缘锯齿形,中部外凸;亚缘线白色,在M脉间内凹,与外线相合,其下纤细,弧形外弯,在臀褶处再次与外线接触;缘线为1列黑点;缘毛深灰褐色,端半部深灰褐色与白色相间。后翅灰褐色,中点和缘线深灰褐色;缘毛灰白色掺杂灰褐色。

分布:中国的甘肃(正宁)、黑龙江、新疆;土耳其;欧洲。

(1209) 雪俚夜蛾 *Lithacodia nivata* (Leech, 1900)

Erastria nivata Leech, 1900, Trans. ent. Soc. Lond., 1900:141.(China:Hubei,Changyang)

前翅长:11 mm。头和胸腹部白色杂暗褐色。前翅白色带褐色和灰绿色;中室下缘脉白色,并在Cu_2基部外侧扩展;亚基线仅前段有1白纹,其余各横线黑色;内线波状外斜;剑纹和环纹黑褐色白圈,两纹外侧黑褐色;肾纹白色,中央墨绿色;中线粗,前端为小斑,后半波浪形;外线锯齿形,内侧有1列白纹;亚缘线间断为齿形纹,与外线间灰褐色;前缘近顶角1黑斑。后翅灰褐色;中点和缘线深灰褐色。

分布:甘肃(康县、文县)、江苏、湖北、湖南。

(1210) 串纹俚夜蛾 *Lithacodia numisma* (Staudinger, 1888)

Erastria numisma Staudinger, 1888, Stett. ent. Z., 49:265.(Russia:Askold)

前翅长:10 mm。头、胸腹部和前翅黄白色杂淡褐色及灰绿色。前翅亚基线、内线、中线和外线黑色;亚基线双线;内线双锯齿形;剑纹白色,中央有1黑点;环纹白色,中央黑色;环纹和剑纹在中室下缘脉相连,后者白色;肾纹有黄褐色环及黑边;内线与外线间在中室后方带暗灰绿色;亚缘线白色锯齿形;缘线为1列短条形黑点。后翅灰褐色;中点和缘线深灰褐色。

分布:中国的甘肃(文县)、黑龙江、吉林;俄罗斯,朝鲜,韩国,日本。

(1211) 锈色俚夜蛾 *Lithacodia fentoni* (Butler, 1881)

Erastria fentoni Butler, 1881c, Trans. ent. Soc. Lond., 1881:190.(Japan:Tokyo)

前翅长:9 mm。头部与胸部红褐色杂黄褐色,下唇须赭白色杂黑褐色。腹部褐色杂黄色,背毛簇端部黑色。前翅较前述各种宽阔;红褐色布有黄色细点,端区色较红;亚基线、内线不显;肾纹银白色,黑边,前半窄,似1足形,外侧杂有橙黄色;外线粗,白色,有间断,波浪形,两侧衬黑色,外侧在中褶与臀褶处有小黄斑;外区前缘脉上有1列白点;亚缘线前段白色,其后黄色,有间断,中段稍外弯;缘毛白色,基部有1黑线,端部在顶角、中部及臀角杂有黑色。后翅灰褐色;缘毛白色,近基部有1褐线。

分布:中国的甘肃(舟曲、文县)、黑龙江、陕西、湖北;俄罗斯,朝鲜,韩国,日本。

(1212) 螟蛉夜蛾 *Naranga diffusa* (Walker, 1865)

Xanthodes diffusa Walker, 1865, List Spec. lepid. Insects Colln Br. Mus., 33:779.(Ceylon)

前翅长:7 mm。触角线形,雄触角中部扁片状。喙退化;下唇须粗壮,向上伸达头顶。胸腹部背面光滑,无毛簇。头和胸腹部背面黄褐色。翅狭长。前翅黄褐色;新鲜标本基部有1血红色带;中带粗壮,深褐色,斜行,内缘较直,外缘波曲;亚缘带自顶角向内下方斜行,在M_2以下减弱或部分消失。后翅深灰褐色。前后翅缘毛黄白色。

分布:中国的甘肃(文县)、海南;印度,缅甸,斯里兰卡,印度尼西亚。

(1213) 三线纤夜蛾 *Autoba trilinea* (Joannis, 1909)

Eublemma trilinea Joannis, 1909, Bull. Soc. ent. France, 1909:167.(China:Shanghai)

前翅长:7 mm。触角线形。头和胸腹部灰白至淡灰褐色。前翅前缘平直达顶角,顶角略尖,外缘浅弧形;后翅较小,外缘浅弧形。前翅浅灰褐色,带红褐色调,外缘附近红褐色较浓重;内线、中线和外线灰白色;内线略呈浅弧形,中线和外线在M脉间折角,其下直线内斜;中线和内线之间色较深;亚缘线不明显;顶角内下方有1模糊黑灰色斑;缘毛由顶角至Cu_1脉暗红褐色,其下渐变为灰褐色。后翅灰褐色,外缘附近和缘毛略带灰红褐色。

分布:中国的甘肃(兰州)、河南;日本。

尾夜蛾亚科 Euteliinae

(1214) 钩尾夜蛾 *Eutelia hamulatrix* Draudt, 1950

Eutelia hamulatrix Draudt, 1950, Mitt. münch. ent. Ges., 40:140, pl.8:31. China:Zhejiang, West Tianmu

Shan）

前翅长：14~15 mm。雄触角下半部较宽扁，双栉形，基部有1大鳞簇。头部及胸部黑色杂灰白色；前胸背面有褐色。腹部浅灰褐色。前翅狭长，顶角圆，前后翅外缘浅波曲。前翅灰白色，密布黑色细点；亚基线黑色外弯至中室；内线双线黑色，微外弯；环纹白色黑边；肾纹白色黑边，中有褐纹；外线双线黑色，在M_1脉成外凸齿，在M_3和Cu_1脉稍外凸，后半外侧白色及褐色；亚缘线双线白色，内侧的线大波浪形外斜至Cu_1脉端部，内侧M_2与Cu_1脉间为1新月形黑斑，外侧的线微波浪形外斜至M_3脉端部，内侧M_1脉处有1黑斑；缘线为1列新月形黑点，均围以白色。后翅淡褐色，向端区渐暗；外线、亚缘线微白，仅后部可见。

分布：甘肃（成县、文县）、河南、陕西、安徽、浙江、四川。

（1215）漆尾夜蛾 *Eutelia geyeri*（Felder & Rogenhofer，1874）

Eurhipia geyeri Felder & Rogenhofer，1874，Reise öst. Fregatte Novara（Zool.），2（Abt. 2）:pl.110:23.（Japan）

前翅长：16 mm。触角同前种。头、胸褐色杂灰色，1白线横越肩片及胸背。腹部暗褐色。前翅外缘波曲较深，下半段倾斜；翅面褐色带枯黄；亚基线、内线均双线白色；肾纹白色，前半1褐斑；外线双线黑色，前半波曲，后半波浪形内斜，内侧的线后端1黑斑，内侧中褶处有双黑纹，M_3脉至后缘1红褐带；亚缘线白色，中段间断并衬黑色；缘线为1列衬白的黑点，M_3和Cu_1脉端的黑点合成1斜斑纹。后翅白色微褐；外线褐色；亚缘区1暗褐宽带；缘线双线暗褐色。

分布：中国的甘肃（宕昌、舟曲、成县、康县、文县）、陕西、江苏、浙江、湖北、湖南、江西、福建、四川、云南、西藏；日本，印度。

（1216）折纹殿尾夜蛾 *Anuga multiplicans*（Walker，1858）

Piada multiplicans Walker，1858，List Spec. lepid. Insects Colln Br. Mus.，15:1747.（India）

前翅长：19 mm。雄触角双栉形，栉齿长度略大于触角杆直径。头、胸、腹及前翅暗褐杂灰色。前翅狭长，外缘波曲，倾斜；后翅外缘波状。前翅后半色较纯褐；亚基线、内线均双线黑色，后者波浪形；环纹为1黑点；肾纹褐色黑边；中线黑色；外线黑色锯齿形，齿端有黑、白点；1黑色波浪形线自顶角内斜至后缘；亚缘线灰色锯齿形，内侧1列黑点。后翅暗褐色，基部灰色；外线双线，仅后半部明显，双线间灰白色至灰黄色；亚缘线灰黄色锯齿形，仅后半明显；缘线黑色。

分布：中国的甘肃（宕昌、武都区、康县、文县）、陕西、浙江、湖南、福建、广东、海南、四川、贵州、云南；印度，斯里兰卡，马来西亚，新加坡。

（1217）月殿尾夜蛾 *Anuga lunulata* Moore，1867

Anuga lunulata Moore，1867，Proc. zool. Soc. Lond.，1867:62.（India or Bangladesh:Bengal）

前翅长：17 mm。雄触角基半部有长而下垂的栉齿，栉齿长度大于触角杆直径的3倍；基节有1簇鳞片。头部及胸部淡黄褐色，下唇须基节黑色。腹部灰褐色。前翅黄白色带褐色，后缘区及端区后半暗褐色；亚基线双线黑色达中室；内线双线黑色锯齿形；环纹、肾纹黄白色黑边，肾纹中有褐纹；中线黑褐色，只后半可见；外线双线黑褐色锯齿形；亚缘线黄白色，两侧褐色，中段不明显；缘线为1列黑点；缘毛褐色，顶角处缘毛黄白色。后翅基部白色，其余污褐色；外线黑色；外区较宽，带有黑褐色，臀角区褐色，有1黄白纹及一赭点。

分布：甘肃（宕昌、康县、文县）、河南、陕西、浙江、湖南、福建、四川、西藏；印度，孟加拉国。

蕊夜蛾亚科 Stictopterinae

（1218）长翅脊蕊夜蛾 *Lophoptera longipennis*（Moore，1882）

Sadarsa longipennis Moore，1882，in Hewitson & Moore，Descr. new Indian lepid. Insects Colln late Mr W. S. Atkinson，2:165，pl.5:14.（India:Darjeeling）

前翅长：♂16~18 mm，♀18~20 mm。雄雌触角均线形。下唇须尖端伸出额外，第三节细长。胸部褐色，领片和肩片被黑色鳞片。腹部灰褐色。前翅极狭长,外缘和后缘共同形成1浅弧形,无明显臀角,后缘基部略隆起;后翅三角形,外缘在M脉间浅凹。前翅基部有3条黑色波状横纹,由黑色竖鳞丛组成,各线在2A脉之前垂直于后缘,之后向内倾斜至基部1/3处;肾纹黑色模糊;外线黑色波曲,在翅脉处向外侧突1尖角;亚缘线黑色锯齿形,双线,两线之间为黄褐色;缘线黑色,在脉端断离;缘毛黑褐色。后翅基半部半透明,翅脉黑褐色;端半部黑褐色;缘毛灰黑色。

分布:中国的甘肃(康县、文县)、湖北、湖南、台湾、香港、广西、四川、贵州、云南、西藏;印度,喜马拉雅山脉东北部,印度尼西亚。

裳夜蛾亚科Catocalinae

(1219) 栎剌裳夜蛾 *Catocala dula* Bremer,1861

Catocala dula Bremer,1861,Bull. Acad. Imp. Sci. St. Pétersb.,3:493.(Russia:Bureja)

前翅长:29 mm。触角线形,雄触角具纤毛。头、胸褐色杂白、黑色。腹部灰褐色。翅宽大,前后翅外缘波状。前翅褐色布有白细点,各横线黑色;内线双线波浪形,前半外方1白斜纹;肾纹白色有较粗的黑环,后方1黑边白斑,斜椭圆形;外线双线锯齿形,中部成大外凸齿,前段内侧带白色,后半段与内线间带白色;亚缘线双线锯齿形,线间微白;缘线为1列衬黄的黑点。后翅红色,中部1黑色双曲带,端区1黑宽带,其内缘双曲;缘毛黑白相间。

分布:中国的甘肃(康县、文县)、黑龙江、内蒙古、河南、陕西;俄罗斯,日本。

(1220) 晦剌裳夜蛾 *Catocala abamita* Bremer & Grey,1853

Catocala abamita Bremer & Grey,1853a,Beitr. Schmett.-Fauna Nord. China:19.(China:Peking)

前翅长:31~39 mm。头、胸灰褐色;腹部暗黄褐色。前后翅外缘波曲很浅。前翅深灰褐色,布有细黑点;前缘基部至Cu_2脉基部1黑色斜条;内线黑褐色波状,在斜条下外斜;肾纹黑边,中央另有1黑环;中线仅前半段可见黑色,外斜至肾纹;外线黑色锯齿形,在M_2脉上下呈锐齿,在臀褶处有1黑纹向内伸达内线;亚缘线灰白色,在M_1脉处有1黑纹伸至顶角;缘线为1列黑点。后翅黄色,中带及端带黑色弯曲,后者下端断为水滴状。

分布:甘肃(宕昌、康县、文县)、河北、山东、陕西、江苏、江西、福建。

(1221) 苹剌裳夜蛾 *Catocala bella* Butler,1877

Catocala bella Butler,1877b,Cist. ent.,2:242.(Japan:Yokohama)

前翅长:30 mm。头和领片赭褐色;胸部灰褐色。腹部灰红褐色,末端灰褐色。前翅蓝灰带黑褐色;亚基线、内线黑色波状;肾纹褐色,边缘灰及暗褐色;外线黑色锯齿形,在M脉间的两个凸齿尖而长;亚缘线蓝灰色,两侧黑褐色,锯齿形;缘线为1列黑白相衬的点;缘毛与翅面同色。后翅黄色,基部及后缘区带黑褐色;中带黑色,中部外弓;端带到达外缘,仅在顶角处留有狭窄黄边,该处缘毛黄色,其余缘毛深灰褐色掺杂黄色。

分布:中国的甘肃(宕昌)、黑龙江;俄罗斯,日本。

(1222) 裳夜蛾 *Catocala nupta* (Linnaeus,1767)

Phalaena (*Noctua*) *nupta* Linnaeus,1767,Syst. Nat. (Edn 12),1(2):861.(Germany)

前翅长:32 mm。头部和胸部黑灰色;领片中部有1黑线。腹部灰褐色。前翅黑灰色带褐色;亚基线黑色,达中室下缘;内线黑色双线,波状外斜;肾纹黑边,中有黑纹;外线黑色锯齿形;亚缘线灰白色锯齿形,外侧黑褐色;外缘附近1列黑点,内侧衬灰白色。后翅红色;中带黑色弯曲,达臀褶;端带黑色,内缘波曲;顶角1白斑;缘毛白色。

分布:中国的甘肃(敦煌、酒泉、张掖、永登、兰州、舟曲)、黑龙江、辽宁、河北、新疆、福建、四川、云南、西藏;朝鲜,日本;欧洲。

(1223) 柳裳夜蛾 *Catocala electa* (Vieweg,1790)

Noctua electa Vieweg,1790,Tab. Verz.,2:33.(Germany)

前翅长：34 mm。头、胸腹部和前翅灰褐色；额、领片和肩片有黑纹。前翅臀褶基部1黑纹；亚基线、内线黑色，后者锯齿形；肾纹边缘黑色，内有白圈，圈内有黑线，外侧边缘锯齿形；外线黑色锯齿形；亚缘线灰白色锯齿形；缘线由黑色衬白的小点组成。后翅红色；中带黑色弯曲；端带黑色，顶角处略白。

分布：中国的甘肃（文县）、黑龙江、山东、河南、陕西、新疆、湖北；朝鲜，韩国，日本；欧洲。

（1224）白肾裳夜蛾 Catocala agitatrix Graeser，1889

Catocala agitatrix Graeser，1889，Berl. ent. Z.，32：372.（Russia：Amurland）

前翅长：25~27 mm。头、胸灰褐色，额有黑斑，领片灰黄色。腹部黄褐色，基部稍灰。前后翅外缘浅波曲。前翅褐色带青灰色；亚基线黑色达臀褶；内线黑色波浪形外斜；中线模糊褐色；肾纹白色，中有暗环，后方1黑边的灰褐斑，并以1线与外线相连；外线黑色锯齿形；亚缘线灰白色锯齿形，两侧暗褐色；缘线为1列衬白的黑点。后翅黄色，中带黑色折曲向翅基部，翅后缘黑纵纹，端带黑色，后方1黑圆斑。

分布：中国的甘肃（宕昌）、黑龙江、河南、陕西；俄罗斯，日本。

（1225）奥裳夜蛾 Catocala obscena Alphéraky，1895

Catocala obscena Alphéraky，1895，Dt. ent. Z. Iris，8：196.（Korea）

前翅长：32 mm。头、胸部和前翅灰绿色；领片黑色。前翅亚基线、内线、中线和外线均在前缘有黑点，其下不清晰，偶有少量黑色，不形成完整锯齿形黑线；肾纹色稍浅，内部上下各有1黑点；缘线的黑点列不清晰，不衬白色。后翅黄色，基部的黑褐色向外扩展至接近黑色中带，后者下端伸达后缘；端带黑色，在顶角留有1较大黄斑，在臀褶处断离，后端留有1椭圆形黑斑。

分布：中国的甘肃（成县、文县）、北京、河北、四川、云南；朝鲜，韩国。

（1226）静裳夜蛾 Catocala desiderata Staudinger，1888

Catocala desiderata Staudinger，1888，Stett. ent. Z.，49：59.（Uzbekistan：Margelan. China：Xinjiang，Kuldja）

前翅长：24 mm。头和胸腹部灰白色杂黑褐色；头顶有"V"形黑纹；额两侧有黑斑；领片中部有2黑横纹；前胸背面有1黑条。前翅灰白色带浅褐色；臀褶基部有1黑纵纹；亚基线黑色外弯，达中室；内线和外线黑色锯齿形，外线在M脉间的凸齿尖而长；中线在前缘有2个小黑斑；肾纹微黑，其外缘锯齿形；内线与肾纹之间为灰白色斜带；亚缘线不明显；缘线纤细，黑褐色，在翅脉上断离。后翅红色，基部几乎无黑褐色；中带黑色，较窄，"("形；端带较窄，在顶角留有白斑，在臀褶处断离。

分布：中国的甘肃（地点不详）、新疆；中亚地区。

备考：陈一心（1999）记载分布甘肃，但我们未见到甘肃标本。

（1227）连裳夜蛾 Catocala juncta Staudinger，1889

Catocala juncta Staudinger，1889，Stett. ent. Z.，50：59.（China：Xinjiang，Kuldja）

前翅长：25 mm。非常近似静裳夜蛾 *C. desiderata*，但前翅斑纹不如该种清晰，肾纹尤其模糊；后翅中带和端带较宽，后者在臀褶处不断离。

分布：中国的甘肃（地点不详）、新疆；中亚地区。

备考：陈一心（1999）记载分布甘肃，但我们未见到甘肃标本。

（1228）分裳夜蛾 Catocala deducta Eversmann，1843

Catocala deducta Eversmann，1843，Bull. Soc. imp. Nat. Moscou，16(3)：550，pl.10：3.（Russia：Altai）

前翅长：30 mm。头和胸部灰白色杂褐色及黑色。腹部灰褐色，略带黄褐或红褐色。前翅灰褐色，布有黑褐色细点；亚基线黑色，仅在中室前可见；内线双线黑色，波状外斜，内侧线弱；内线内侧带灰褐色；肾纹黑边，中有1黑色窄圈，前方有1黑纹，后方有1黑边灰白斑；肾纹外侧有1模糊黑带；外线黑色锯齿形，在M脉间的凸齿较短；亚缘线灰白色，两侧衬褐色，锯齿形；缘线为1列短条。后翅红色；中带狭窄；端带狭窄，内缘上半段较直，下半段波曲，其外侧边缘未达顶角。

分布：中国的甘肃（张掖）、新疆；俄罗斯。

(1229) 普裳夜蛾 *Catocala hymenaea* (Denis & Schiffermüller, 1775)

Noctua hymenaea Denis & Schiffermüller, 1775, Ankündung syst. Werkes Schmett. Wienergegend: 91. (Austria)

前翅长：19 mm。头和胸腹部灰色杂暗褐色；额有黑纹；领片有2黑色横纹。前翅紫灰色，大部带褐色，端部翅脉微黑；亚基线黑色，二曲外斜；内线黑色，内侧衬白色；内线内方紫褐色；肾纹灰白色，中有黑色窄环，黑边，其外侧边缘锯齿形；中线在肾纹上方带状，"V"字形；外线黑色锯齿形，在M_1下方的凸齿尖而长，在M_2下方的凸齿极小；外线外侧依次为1条紫褐色带和1条灰白色带；缘线为1列黑点。后翅浅黄色；中带黑色弧形，下端伸达2A脉；黑色端带在顶角留有1卵圆形黄斑，在臀褶处断离，其下留有1卵圆形黑斑。

分布：中国的甘肃（张掖）、黑龙江、辽宁；亚洲西部；欧洲。

备考：甘肃标本采自"河西走廊棉花试验站"，无具体信息。

(1230) 鸱裳夜蛾 *Catocala patala* Felder & Rogenhofer, 1874

Catocala patala Felder & Rogenhofer, 1874, Reise öst. Fregatte Novara (Zool.), 2 (Abt. 2): pl.112: 23. (India)

前翅长：♂♀ 33~35 mm。前后翅外缘波浪形，顶角圆钝。前翅灰褐色，密布黑色小细点；亚基线黑色，仅前半部清楚，其后方有1深黑横纹；内线深黑色大波浪形略有外斜；环纹不明显；肾纹灰褐色黑边，月牙形，肾纹后方有1灰白斑，褐色边，圆形或椭圆形；外线黑色锯齿形，在M脉之间凸出呈2个尖齿状条纹，在Cu脉间内凹，大波浪形排列，在2A脉处内折，外线内折的部分深黑并粗壮，外线两侧灰白；亚缘线灰白波浪状，两侧褐色；缘线为1列黑点组成。后翅黄色，外线黑色弯曲，内部自翅基部有1黑纵条延伸至外线；翅端部黑色，其内缘在Cu_2脉处内凸至外线，其下黑色条带窄缩，在臀角处再次扩展至接近外线；顶角处有1椭圆形黄斑；缘毛黄色，在翅脉端黑色。

分布：中国的甘肃（文县）、黑龙江、陕西、宁夏、浙江、江西、福建；日本，印度。

(1231) 苏裳夜蛾 *Catocala hyperconnexa* Sugi, 1965

Catocala hyperconnexa Sugi, 1965, Tinea, 7: 87. (Japan: Takao-san)

前翅长：♀ 26 mm。头和胸部黑褐色杂灰褐色。腹部暗黄褐色，末端较灰。前翅黑灰色至暗褐色，线纹黑色；内线上半段直，中部以下变为双线，两线间灰白色；肾纹为1黑圈，其下有1扁圆形黑边白斑，斑上略带褐色；外线粗壮，在M脉间的凸齿较长；翅端部翅脉带黑色；亚缘线不明显；黑色翅脉之间各有1段黑色纵线，每条线端部有1灰白点。后翅黄色，大部分被黑褐色至黑色条带覆盖，中带和臀褶处的黑带均伸达端带，端带在顶角、臀褶上方和臀角内侧各留1个小黄斑，其中臀角处的黄斑长三角形，长大于宽。

分布：甘肃（文县）；日本。

(1232) 珠光裳夜蛾 *Catocala invasa* Leech, 1900

Catocala invasa Leech, 1900, Trans. ent. Soc. Lond., 1900: 531. (China: Sichuan, Chia-ting-fu; Hubei, Changyang)

前翅长：29 mm。头部与胸部灰色杂黑色，额两侧各有1黑纹，下唇须第二节端半部及第三节灰黑色；领片中部有黑色横纹，前胸有褐条。腹部灰褐色。前翅灰色；亚基线细，黑色，在前缘区折角，后端达臀褶；内线黑色，微波曲外斜，2A脉后外凸，线内侧带黑褐色，向内渐浅，线外侧在臀褶之前有1灰白斜带；环纹不显；肾纹有不完整的黑边，中央有1黑纹，肾纹外侧有1模糊黑斑，其外侧有几个尖齿状纹；外线黑色，自R_4脉强外斜，在M_1脉后折角，深锯齿形内斜，在Cu_1脉后回弯至肾纹后再返回，后端近达臀角，外线前段外侧有1黑褐曲纹；亚缘线不明显；1黑纹自顶角后内斜至外线；R_4、R_5和M_1脉端部带黑色；缘线黑色，波浪形。后翅黄色；臀褶有1模糊黑纵条，中区有1黑色曲带，在M_3脉及臀褶处外凸；端区有1黑带，在臀褶处中断，其后为1水滴形黑斑，带的中段外缘波浪形。

分布：甘肃（康县、文县）、陕西、江苏、湖北、四川。

(1233) 奇光裳夜蛾 Catocala mirifica Butler, 1877

Catocala mirifica Butler, 1877b, Cist. ent., 2: 243. (Japan: Yokohama)

前翅长:25 mm。头、胸灰色杂黑褐色。腹部黄褐色。前翅灰白带褐色,密布黑褐细点,前缘中部至顶角有1大黑褐斑;亚基线黑色达臀褶;内线黑色波浪形,内侧衬白色;外线黑色锯齿形,外侧衬白色;亚缘线白色波浪形,内侧微黑;缘线为1列黑点。后翅黄色,中带黑色外弯,曲度大,后端与臀褶的黑条相合;端带黑色,在Cu_2脉处间断。

分布:中国的甘肃(康县、文县)、陕西、浙江;日本。

(1234) 兴光裳夜蛾 Catocala eminens Staudinger, 1892

Catocala eminens Staudinger, 1892a, in Romanoff, Mém. Lépid., 6: 12, fig. 5. (Russia: Amurland)

前翅长:31 mm。头部及胸部黑褐色杂少许灰白色,头顶有黑横纹。腹部黄褐色。前后翅外缘波曲很浅。前翅暗褐色部分杂灰白色及黑色;亚基线双线黑色,外斜至2A脉,线间灰白色;内线双线黑色,深波浪形外斜,在中脉与2A脉上成内凸尖齿,线间灰白色;外区有1黑色近三角形大斑,其内缘自前缘脉中部微曲外斜至M_3脉中部,并衬以灰白色,其外缘与外线相遇;外线灰白色,前半锯齿形,至Cu_1脉后稍间断,并内伸至Cu_1脉回旋外伸,在Cu_2脉近端部成1齿,在2A脉成1内突小齿,在Cu_1脉后有1黑窄纹;亚缘线灰白色,外斜至M_1脉折向内斜,其外侧各翅脉间有1黑色齿形纹;缘线为1列黑点;缘毛黑褐色,基部黄褐色。后翅杏黄色,中带与端带黑色,前者在臀褶折角内伸至翅基部。

分布:中国的甘肃(康县)、黑龙江、陕西、浙江、湖南;俄罗斯(远东地区)。

(1235) 光裳夜蛾浙江亚种 Catocala fulminea chekiangensis (Mell, 1933)

Ephesia fulminea chekiangensis Mell, 1933, Mitt. dt. ent. Ges., 4: 64. (China: Zhejiang, West Tianmu-shan)

别名:光裳夜蛾东方亚种。

前翅长:24~26 mm。头、胸紫灰色,头顶与领片大部黑褐色。腹部灰褐色。前后翅外缘波曲很浅。前翅紫灰带褐色,内线内方色暗;亚基线、内线及外线黑色,内线前半外侧1外斜灰带;肾纹灰色,外侧有几个黑齿纹,前方1黑褐斜条;外线在Cu_2脉处内凸至肾纹后,回旋成勺形,外侧1褐线;亚缘线灰色,后半锯齿形;近顶角1黑褐纹,其中的翅脉黑色。后翅黄色,中带与端带黑色,后者后部窄缩。

分布:甘肃(永登、宕昌)、黑龙江、陕西、浙江。

(1236) 鸽光裳夜蛾 Catocala columbina Leech, 1900

Catocala columbina Leech, 1900, Trans. ent. Soc. Lond., 1900: 535. (China: Sichuan, Omei-shan; Hubei, Changyang)

前翅长:23 mm。头与领片黑褐杂少许灰色;胸背暗灰色微带褐色。腹部暗黄褐色。前翅铅灰微带浅褐色;亚基线与外线黑色;内线灰色波浪形,外侧1粗黑条;肾纹黑色,后方1灰斑;中线黑褐色带状;肾纹外侧有几个黑齿纹;外线锯齿形;亚缘线灰色,内侧黑褐色,外侧有2黑褐影。后翅黄色,中带与端带黑色,臀褶有黑褐纹。

分布:甘肃(宕昌、康县、文县)、河南、陕西、浙江、湖北、四川。

(1237) 意光裳夜蛾 Catocala ella Butler, 1877

Catocala ella Butler, 1877b, Cist. ent., 2: 242. (Japan: Yokohama)

前翅长:30 mm。头和胸部暗灰杂黑褐色。腹部灰黄褐色。前翅灰色,有黑褐色细点;亚基线、内线和外线黑色;内线粗,外侧1灰白斜带;肾纹可见黑边,前方1黑条纹,后方1灰斑;外线锯齿形,内侧在臀褶处1黑纵纹伸达内线;亚缘线灰白色锯齿形,两侧稍黑;缘线为1列黑白互衬的小点。后翅黄色;臀褶有黑褐色散纹;中带黑色弧形;端带黑色,内缘细锯齿形,顶角黄色。

分布:中国的甘肃(永登、文县)、黑龙江、四川;日本。

(1238) 布光裳夜蛾 *Catocala butleri* Leech, 1900

Catocala butleri Leech, 1900, Trans. ent. Soc. Lond., 1900:534.（China:Sichuan, Pu-tsu-fong; Kei-chow）

前翅长:36 mm。头、胸黑褐杂灰色,额有白纹;领片端部白色;肩片有黑纹。腹部黑褐色。前翅灰色,有细黑点,内线内方较黑,中区带有青色,端区带有褐色;亚基线、内线及外线黑色,臀褶基部1黑纵纹,亚基线、内线波浪形;肾纹外缘锯齿形,前方1黑斑,后方1灰白斑;外线锯齿形,前端外侧1白斑;亚缘线灰白色锯齿形,两侧黑色;缘线为1列黑白相并的点。后翅金黄色,中带与端带黑色,前者中段膨大,后端在臀褶处与后缘区大黑斑相合。

分布:甘肃（康县、文县）、陕西、福建、四川、贵州、云南、西藏。

(1239) 栎光裳夜蛾 *Catocala dissimilis* Bremer, 1861

Catocala dissimilis Bremer, 1861, Bull. Acad. Imp. Sci. St. Pétersb., 3:494.（Russia:Bureja Mountains）

前翅长:24 mm。头、胸黑褐色。腹部暗褐色。前翅灰黑色,内线以内色深;亚基线黑色;内线粗,黑色,内侧衬灰色,外侧1灰白斜斑;肾纹不清晰;外线黑色锯齿形,自M脉后内斜,但在Cu$_2$脉处内伸至肾纹后端再返回,凹入处白色明显,外线外侧衬白色;亚缘线白色锯齿形,两侧衬黑色;缘线为黑白并列的点组成。后翅黑褐色,顶角白色。

分布:中国的甘肃（岷县、宕昌、舟曲、康县、文县）、黑龙江、河北、陕西、湖北、云南;俄罗斯,日本。

(1240) 兴山光裳夜蛾 *Catocala xingshana* (Chen, 1999)

Eohesia actaea xingshana Chen, 1999, Fauna Sinica（Insecta）16:1006, pl.47:4.（China:Hubei, Xingshan）

前翅长:30 mm。头部及胸部黑褐色杂少许白色。腹部黑灰色。前翅黑褐色;亚基线黑色达中室;内线黑色,微波浪形外斜,前段粗而模糊,内线与肾纹间有1浅色斜带,其后另1黑边的白斑;肾纹黑边,中央有黑圈;外线黑色锯齿形,在M$_1$脉处极外凸,在M$_2$脉后外侧有1块白色,在2A脉处内侧有1黑纵纹,未伸达内线;亚缘线白色,两侧衬黑褐色,锯齿形;缘线为1列黑点,外侧衬白色;缘毛黑褐色。后翅黑褐色;前缘中部至Cu1脉有1白色斜斑,其下至臀褶下方有弧形浅色影带;顶角处有狭窄白边,该处缘毛白色,其余缘毛黑褐色掺杂白色。

分布:甘肃（文县）、湖北。

(1241) 拉光裳夜蛾 *Catocala largeteaui* Oberthür, 1881

Catocala largeteaui Oberthür, 1881, Études ent., 6:22, pl.8:8.（China:Kouy-Tcheou[Guizhou]）

前翅长:23 mm。头、胸部灰色杂深褐色;额有黑横条;领片有黑纹。腹部灰黄褐色。前翅灰色微带紫褐色;亚基线、内线和外线黑色;亚基线前端粗;内线波浪形;肾纹褐色黑边,前方1大褐斑,其外侧达外线,与顶角处的暗褐色云纹混合;外线前端三角形,在M脉间凸出2尖锐长齿;亚缘线灰色波状;翅外缘1列黑点。后翅杏黄色;中带与臀褶处的黑褐色纵带接合成环状;端带较狭窄,在臀褶附近断离;顶角黄色。

分布:甘肃（康县）、黑龙江、湖北、广东、四川、贵州、云南。

(1242) 斜线关夜蛾 *Artena dotata* (Fabricius, 1794)

Noctua dotata Fabricius, 1794, Ent. Syst., 3(2):55.（India:Orientali）

前翅长:27~29 mm。触角线形。头、胸及前翅褐色。腹部灰褐色。前翅布有黑褐细点,外区色浓,端区灰白色;内线外斜至后缘中部;环纹为1黑褐点;肾纹为2黑圆斑;外线微波浪形,后端达臀角,内线、外线均衬灰色;亚缘线直,黑褐色;缘线双线波浪形。后翅黑褐色,中部1蓝白弯带;外缘有蓝白色;缘毛黄白色,中段有褐色。

分布:中国的甘肃（舟曲）、河南、陕西、江苏、浙江、湖北、江西、湖南、福建、台湾、广东、四川、贵州、云南;印度,缅甸,新加坡。

(1243) 庸肖毛翅夜蛾 *Thyas juno* (Dalman, 1823)

Noctua juno Dalman, 1823, Anal. Ent.:52.（unknown）

前翅长:41 mm。触角线形。头、胸及前翅黄褐色或灰褐色。腹部红色,背面大部暗灰褐色。前翅顶角尖,略凸出,外缘较直;后翅外缘微波曲,在臀褶上方凹。前翅布有细黑点,后缘红褐色;亚基线、内线及外线红褐色,内线后半及外线直;环纹为1黑点;肾纹灰褐色,中有黑点;1黑色或黄褐色曲线自顶角至臀角,亚缘区有1隐约的暗褐纹;翅外缘1列黑点。后翅黑色,端区红色,中部有粉蓝色钩形纹,外缘中段有密集黑点。

分布:中国的甘肃(康县)、黑龙江、辽宁、北京、河北、山东、河南、陕西、安徽、浙江、湖北、江西、湖南、福建、海南、四川、贵州、云南;朝鲜,韩国,日本,印度,印度尼西亚。

(1244) 朴变色夜蛾 *Hypopyra feniseca* Guenée, 1852

Hypopyra feniseca Guenée, 1852, in Biosduval & Guenée, Hist. nat. Insectes (Spec. gén. Lépid.), 7:200. (India)

前翅长:43 mm。雄雌触角均线形。头与领片黑褐色;胸部与翅浅灰红褐色,翅外缘附近暗褐色;腹部灰褐色;胸腹部腹面和翅反面橘红色。前翅顶角尖锐外凸,外缘光滑,略呈浅弧形;内线纤细,黑褐色波状,在翅脉上为黑点;肾纹模糊,后外侧2黑点;中线双线,暗褐色波状,下半段直,内斜;外线黑褐色波状,在翅脉上为黑点;亚缘线灰白色锯齿形;顶角隐见1内斜淡纹;缘线黑色双线。后翅中线黑褐色双线;外线暗灰色波状;亚缘线灰白色锯齿形。

分布:中国的甘肃(武都区、康县)、陕西、湖北、福建、广东、四川;印度,印度尼西亚。

(1245) 毛目夜蛾 *Erebus pilosa* (Leech, 1900)

Nyctipao pilosa Leech, 1900, Trans. ent. Soc. Lond., 1900:548. (China:Hubei;Sichuan)

前翅长:44 mm。触角线形。头部与胸腹部深褐色。翅宽大,外缘锯齿形。雄蛾前翅黑褐色,带有青紫色光泽,内半部在中室后被有香鳞,呈褐色;内线黑色,微波曲,自前缘脉至中室下缘;肾纹红褐色,后端外凸,呈2齿形,杂有少许银蓝色,黑边;中线黑色,自前缘区后半圆形外弯,绕过肾纹外侧至其后端,其后不显,线内侧衬褐色,中线与肾纹之间为黑色大斑,中线外方有1暗褐色外弯粗线;外线白色,自前缘区后外斜,在M_1与M_2脉间及M_3与Cu_1脉间明显外凸,其后波浪形稍内斜,并渐细弱。后翅黑褐色,有1狭窄蓝紫色端带;缘毛褐色。雌蛾前翅内线完整,后端达翅后缘;中线在肾纹后波浪形达后缘。后翅可见中线及白色波浪形外线。

分布:甘肃(天水、成县、康县、文县)、陕西、浙江、湖北、福建、江西、四川。

(1246) 玉边目夜蛾 *Erebus albicinctus* Kollar, 1844

Erebus albicinctus Kollar, 1844, in Hügel, Kaschmir Reich Siek, 4(2):474. (Himalaya, Massri)

前翅长:52 mm。体和翅黑褐色。前翅特别宽大,顶角略凸,外缘微波曲;翅面带蓝紫色;中部1大眼斑,其内半褐色黑边,外半1黑色肾形斑,中有2粉蓝点,后端1粉蓝曲线,黑斑围以暗绿弧纹,其中1暗线;外线粗,白色,微锯齿形外弯,在M_3与Cu_1脉之间外凸1尖齿,在2A处内折;翅脉端部及缘毛黄白色。后翅外半带蓝紫色;外线粗,白色锯齿形;外线外侧翅脉和缘毛黄白色。

分布:中国的甘肃(文县)、台湾;四川、贵州、云南;印度,缅甸。

(1247) 木叶夜蛾 *Xylophylla punctifascia* (Leech, 1900)

Phyllodes punctifascia Leech, 1900, Trans. ent. Soc. Lond., 1900:576. (China:Sichuan, Omei-shan;Chia-kou-ho)

前翅长:51 mm。触角线形。头、胸腹部和前翅灰黄褐色。前翅前缘端半部弓形,顶角尖锐凸出,外缘浅弧形,倾斜;亚基线、内线、中线和外线在前缘附近均为黑褐色细点组成的模糊斑,向外倾斜;亚基线和内线在斑下大部消失;环纹为1黑点;肾纹由2个白斑组成,均有黑边,前一个狭窄钩形,后一个近三角形;肾纹外侧至中线散布较多黑褐色点;两白斑之间有1条暗褐色纵纹伸达顶角,微呈浅弧形;中线、外线和亚缘线上半段外斜,到达纵线后折角内斜,三条线大致平行;亚缘线与外缘之间有1列小黑点。后翅基部颜色同前翅,中部加深至黑褐色,外缘附近灰黄褐色;外线为1列鲜明的椭圆形黄斑。

分布:甘肃(成县)、浙江、湖北、四川、云南。

(1248)绕环夜蛾*Spirama helicina*（Hübner，1831）

Speiredonia helicina Hübner，1831，Zutr. Samml. exot. Schmett.，3：14，pl.76：437，438.（Japan）

前翅长：26~30 mm。触角线形。头、胸深褐色。腹部红色，各节有黑条纹，基节背面黑褐色。翅宽大，外缘浅弧形。前翅黑褐色，外线外方带黄色；内线、亚缘线及缘线黑褐色，后半内侧衬黄褐色；肾纹为蝌蚪形大斑，后缘线较粗而黑，后端远超出中室；外线双线黑色强外弯，外侧的线微锯齿形；亚缘线微波浪形，后半双线。后翅内半暗褐，外半黄褐色；中线、亚缘线黑褐色，后者双线；外缘有2条黑褐波浪形线。雌蛾色浅，胸部及前后翅灰白色；后翅中区杂暗褐色；中线内侧衬白，外侧为白窄带；亚缘线双线间白色。

分布：中国的甘肃（武都区、康县、文县）、陕西、江西；日本。

(1249)环夜蛾*Spirama retorta*（Clerck，1764）

Phalaena retorta Clerck，1764，Icon. Insect. Rzriorum，2：pl.54：2.（Type locality unknown）

前翅长：31~36 mm。头、胸及前后翅黑褐色。雄蛾前翅各横线黑色；外线、亚缘线均双线；肾纹后部膨大旋曲，边缘黑、白色，凹曲处至顶角有隐约白纹；外线前后段双线较宽。后翅横线黑色，较直内斜，微波浪形。雌蛾褐色，前翅浅黄褐色带褐色；内线内侧有2黑褐斜纹，外侧1黑褐斜条。后翅色同前翅。

分布：中国的甘肃（成县、康县、文县）、辽宁、山东、河南、陕西、江苏、浙江、湖北、福建、江西、广东、海南、广西、四川、云南；朝鲜，韩国，日本，印度，缅甸，斯里兰卡，马来西亚。

(1250)雪耳夜蛾*Ercheia niveostrigata* Warren，1913

Ercheia niveostrigata Warren，1913，in Seitz，Gross-Schmett. Erde，3：335，pl.61：h.（China）

前翅长：20 mm。触角线形。头、胸褐色杂灰色；领片外半黑褐色，中央1黑纹。腹部灰褐色。前翅略狭长，顶角钝圆，外缘锯齿形；后翅外缘波曲。前翅灰褐色，臀褶1黑纵纹，中有白纵条，近翅后缘有1黑纵纹；翅脉黑色，均衬以褐色，翅外半的翅脉间多有长短不一的黑纵纹；内线黑色，后半不显；环纹为黑点；中线仅前端可见褐色；肾纹窄而小；外线黑色，后半波浪形并间断，前后段外侧衬黄色；近翅外缘1列黑点。后翅褐白；外线暗褐色；端区1黑褐宽带，其后半中央有1褐白曲线。

分布：中国的甘肃（宕昌、舟曲、成县、康县、文县）、陕西、江苏、浙江、湖南、福建、四川；日本。

(1251)阴耳夜蛾*Ercheia umbrosa* Butler，1881

Ercheia umbrosa Butler，1881c，Trans. ent. Soc. Lond.，1881：194.（Japan：Tokyo）

前翅长：24 mm。头和胸部暗褐色至黑褐色；领片和肩片边缘暗黄褐色。腹部黑灰色，基部毛簇黑色，毛端带红褐色。前翅外缘波曲，后翅外缘浅波曲。前翅黑褐色，后缘区色浅；臀褶和2A脉后各有1黑纵纹；内线黑色波状；环纹为黑点；肾纹前后端有小白点；外线后半波浪形，内侧在臀褶处有1浅褐纵纹；亚缘线仅后半段明显，白色，内侧有白影；R_5脉前后各有1黑色纵纹；缘线黑色。后翅黑褐色；隐约可见外线。

分布：中国的甘肃（文县）、江西、广东、海南、四川、贵州；日本。

(1252)放线耳夜蛾*Ercheia multilinea* Swinhoe，1902

Ercheia multilinea Swinhoe，1902a，Ann. Mag. nat. Hist.，(7)9：84.（Malaysia）

前翅长：24 mm。头和胸腹部灰黄色杂褐色。前后翅外缘波曲。雄蛾前翅浅黄褐色，后缘区及端区后半色暗，各横线褐色；外线极细弱并间断；环纹为黑点；肾纹乳白色，中有褐纹；翅外缘1列黑点。后翅深灰褐色，前缘区内半黄白色；外线暗褐色，外侧1黄白色带；亚端区在Cu_1和Cu_2脉间有1白斑；顶角白色。雌蛾前翅浅灰黄色，翅脉黑色；2A后及Cu_1和Cu_2脉间各有1黑纹；顶角附近有3条黑纹，其余翅脉间有灰褐纹；臀褶外半有白色纵条；外线只现几个黑点；亚缘线仅后段可见白色。

分布：中国的甘肃（宕昌）、广东、海南；马来西亚，印度尼西亚，澳大利亚。

(1253)玫瑰巾夜蛾*Dysgonia arctotaenia*（Guenée，1852）

Ophiusa arctotaenia Guenée，1852，in Boisduval & Guenée，Hist. nat. Insectes（Spec. gén. Lépid.），7：272.（Bangladesh：Silhet））

前翅长:20~22 mm。触角线形。全体暗灰褐色。翅宽大,前后翅外缘微波曲。前翅中带窄,白色,布细褐点;外线前半白色外斜,后半内斜,黑褐色,后端与中带相遇;顶角1黑双齿斑。后翅中带白色椎形,外缘后半白色。

分布:中国的甘肃(成县、康县、文县)、河北、陕西、江苏、浙江、湖北、江西、福建、台湾、广东、广西、四川、贵州、云南;朝鲜,韩国,日本,印度,缅甸,斯里兰卡,孟加拉国,斐济。

(1254) 北巾夜蛾 Dysgonia mandschuriana (Staudinger, 1892)

Grammodes algira var. *mandschuriana* Staudinger, 1892a, in Romanoff, Mém. Lépid., 6:578. (Russia:SE. Siberia, Sutschan)

前翅长:19 mm。体和至灰褐色。前翅亚基线模糊,由前缘至中室下缘,弧形;内线黑褐色,外侧白边,在中室下缘至2A脉间弧形外凸,中室下缘以下黑褐色向内扩散;中线较近外线,略呈浅弧形内弯;外线外侧白边,在M_1和臀褶处各凸出1齿;中线与外线之间黑褐色;顶角处1黑色斜纹伸达M_1,在M_1上方向外凸出1尖角;外缘附近有1列黑点。后翅中部色较深;外缘附近的黑点列同前翅。

分布:中国的甘肃(文县)、陕西;俄罗斯。

(1255) 霉巾夜蛾 Dysgonia maturata (Walker, 1858)

Ophisma maturata Walker, 1858, *List Spec. lepid. Insects Colln Br. Mus.*, 14:1382. (Malaysia:Penang)

前翅长:25~28 mm。头、领片紫褐色。腹部暗灰褐色。前翅紫灰色,内线内方带暗褐色;内线直线外斜;中线直,其外侧至外线为深褐色宽带;外线黑褐色,在M_1脉成外凸尖齿,其后内斜;亚缘线灰白色锯齿形,在翅脉上为白点;顶角1黑褐色斜纹。后翅暗褐色;端区带紫灰色。

分布:中国的甘肃(舟曲、康县)、山东、河南、陕西、江苏、浙江、江西、福建、台湾、海南、四川、贵州、云南;朝鲜,韩国,日本,印度,马来西亚。

(1256) 石榴巾夜蛾 Dysgonia stuposa (Fabricius, 1794)

Noctua stuposa Fabricius, 1794, Ent. Syst., 3(2):42. (India:Orientali)

前翅长:20~22 mm。头、胸褐色。腹部灰褐色。前翅内线内弯,内方黑褐色;中线直,与内线间灰白色,布褐色细点;肾纹为褐色长点;外线在M_1脉折角,与中线间黑褐色,外线外侧衬白色;亚缘线不明显,与外线间褐色,与缘线间灰褐色,其间翅脉灰白色;顶角有2齿形黑褐斑。后翅暗褐色,端区灰褐色,有1白色中带。

分布:中国的甘肃(文县)、河北、山东、陕西、江苏、浙江、湖北、江西、福建、台湾、广东、海南、四川、云南;朝鲜,韩国,日本,印度,斯里兰卡,菲律宾,印度尼西亚。

(1257) 隐巾夜蛾 Dysgonia joviana (Stoll, 1782)

Phalaena (*Noctua*) *joviana* Stoll, 1782, in Cramer, Uitlandsche Kapellen (Papillons exot), 4:237, pl.399:8. (India:Cote de Coromandel)

前翅长:18 mm。头和胸腹部灰黄褐色。前翅紫灰褐色;亚基线和内线褐色,外侧灰白色;中线内弯,浅弧形;外线外侧带白边,在M_1处呈尖角状凸出;中线和外线之间深褐色;顶角1黑褐色斜纹伸至外线凸齿处。后翅烟褐色,端区带有紫灰色;亚缘线仅后半可见灰白色。

分布:中国的甘肃(文县)、江苏、广东、海南、云南;印度,缅甸,印度尼西亚,澳大利亚。

(1258) 毛胫夜蛾 Mocis undata (Fabricius, 1775)

Noctua undata Fabricius, 1775, Syst. Ent., 1775:600. (E. Indies)

前翅长:24 mm。触角线形。头、胸、腹及前翅灰褐色。前后翅外缘微波曲。前翅带紫色;亚基线灰黑色;内线为褐色窄带,后端内方1黑斑;环纹为黑点;中线褐色波浪形,后半间断成小斑;肾纹大,中有曲纹;外线黑褐色,在臀褶弯曲向中室下角;亚缘线波浪形,内侧1列黑点,与外线间带暗灰色。后翅暗黄褐色;外线、亚缘线黑褐色,后者带状,后半分裂为二并呈波浪形。

分布:中国的甘肃(宕昌、文县)、河北、山东、河南、陕西、江苏、浙江、江西、湖南、福建、台湾、广东、贵州、云南;朝鲜,韩国,日本,印度,斯里兰卡,缅甸,新加坡,菲律宾,印度尼西亚;非洲。

(1259) 奚毛胫夜蛾 Mocis ancilla (Warren, 1913)

Cauninda ancilla Warren, 1913, in Seitz, Gross-Schmett. Erde, 3:334, pl.61:g. (NE. China. Russia: Amurland. Korea. Japan)

前翅长:17 mm。头部与胸部深褐色。前翅褐色;亚基线双线暗褐色,自前缘脉至2A脉;内线深褐色,为1窄带,在前缘区稍外凸,其后直线外斜,线内侧色较浅;中线波曲;肾纹窄曲,褐色边;外线暗褐色,微外弯,在Cu_2脉后微外凸;亚缘线双线暗褐色,锯齿形,外侧1列黑点。后翅黄褐色;外线与亚缘线暗褐色。

分布:中国的甘肃(宕昌、成县、康县、文县)、黑龙江、河北、山东、河南、陕西、江苏、浙江、湖南、福建;朝鲜,韩国,日本。

(1260) 奸毛胫夜蛾 Mocis dolosa (Butler, 1880)

Plecoptera dolosa Butler, 1880c, Proc. zool. Soc. Lond., 1880:678. (China: Taiwan)

前翅长:15 mm。体和翅灰黄褐色。前翅布红褐色细点;亚基线暗褐色,自前缘脉波浪形至臀褶;内线暗褐色,内侧衬灰白色,在前缘之下稍外凸,其后直线外斜,后端内侧有1黑点;中线深褐色波状,模糊;肾纹中有1褐纹,边缘褐色,外侧褐色向外扩展;外线褐色,外侧衬灰白色,在M脉间内凹,在臀褶处向内凸出1尖齿;亚缘线灰白色锯齿形,内侧衬暗褐色;端区带有褐色;缘线深褐色;缘毛灰白色带褐色。后翅端半部有3条模糊暗褐色带;缘线同前翅;缘毛色略浅。

分布:中国的甘肃(舟曲)、河北、山东、江苏、浙江、福建、台湾、云南;日本。

(1261) 懈毛胫夜蛾 Mocis annetta (Butler, 1878)

Remigia annetta Butler, 1878a, Ann. Mag. nat. Hist., (5)1:293. (Japan: Yokohama)

前翅长:19 mm。头、胸及前翅褐色。腹部暗灰褐色。前翅微带紫色,各横线暗褐色;内线外侧为深褐色窄带;肾纹窄曲,外侧1倒三角形黑褐斑,该斑外上角连接1菱形斑;亚缘线双线锯齿形,中段外侧1列黑点。后翅浅黄褐带灰色,基部色浅;外线、亚缘线褐色,模糊。

分布:中国的甘肃(舟曲、康县、文县)、山东、陕西、江苏、浙江、湖北、湖南、福建、四川;朝鲜,韩国,日本。

(1262) 宽毛胫夜蛾 Mocis laxa (Walker, 1858)

Phurys laxa Walker, 1858, List Spec. lepid. Insects Colln Br. Mus., 14:1486. (type locality unknown)

前翅长:21 mm。头部和胸部褐色带紫灰色。腹部灰褐色。前翅较宽阔;淡紫灰色,密布褐色细点;亚基线黑褐色,自前缘脉外弯至2A脉;内线黑褐色,内侧衬灰红色,微曲内斜,外侧有1条较宽的深褐色带,约呈梯形,前窄后宽;肾纹深褐色边,内有浅褐色纹,外侧衬深褐色;外线黑褐色,自前缘脉外斜至Cu_1脉,弯曲至肾纹后端,再次外斜;外线外侧有1黑褐色窄带;亚缘线黑褐色,波状,较模糊,在各翅脉上呈现黑点;缘线黑褐色纤细;缘毛中有1褐色线。后翅深褐色;端区色较暗;隐约可见暗褐色外线;亚缘线暗褐色;缘线同前翅。

分布:中国的甘肃(文县)、河南、浙江、湖北、江西、湖南、云南;印度。

(1263) 同纹夜蛾 Pericyma albidentaria (Freyer, 1842)

Acidalia albidentaria Freyer, 1842, Neue. Beitr. Schmett., 4:115, pl.354:1. (Russia or Central Asia)

前翅长:13 mm。触角线形。体和翅灰黄至浅灰黄褐色。前翅宽阔;前后翅外缘波状。前翅亚基线黑色波曲;内线黑色,波浪形内斜;翅中区有4条与内线平行的波状黑灰色线;肾纹灰黄色,中有褐纹;外线黑色,不规则折曲,外侧有2条灰褐色细带,带间灰白色;翅端部微带灰红色调;缘线黑褐色,纤细;缘毛基部有1条白线。后翅中区有5条黑色波线;外线及其外侧斑纹同前翅。

分布:中国的甘肃(武威)、新疆;俄罗斯,中亚地区;亚洲西部,非洲北部。

(1264) 绣漠夜蛾 Anumeta cestis (Ménétriès, 1848)

Catephia cestis Ménétriès, 1848, Mém. Acad. Imp. Sci. St. Pétersb., 6:74, pl.6:10. (Russia: Bachkirie)

前翅长:14 mm。触角线形。头和胸腹部黄白色至淡灰黄褐色。前翅狭长,外缘较平直,倾斜;后翅外缘浅弧形。前翅深褐色杂黄褐色,内线内方及前缘区色较灰;内线隐约可见,黑褐色深锯齿形;环纹为1黑褐色点;肾纹黑褐色,边缘不清晰;外线黑褐色波状,外侧衬黄白色;亚缘线黄白色,上半段弧形外弯,接近外缘,中部内凸1钝齿,下半段浅弧形内弯;外线与亚缘线之间在前缘上有黑白相间的点列;缘线为1列尖端向内的齿形黑点。后翅白色,臀褶处黄白色;端半部有1大黑褐色斑,扁圆形,内半向上下扩展,下端连接后缘附近1椭圆形斑;缘毛白色。

分布:中国的甘肃(武威)、新疆;俄罗斯,阿尔及利亚。

(1265)灰素纹夜蛾 Cortyta grisea (Leech, 1900)

Polydesma grisea Leech, 1900, Trans. ent. Soc. Lond., 1900:552. (China:Sichuan, Moupin, Chia-kou-ho, Kei-chow)

前翅长:26 mm。触角线形。头和胸腹部紫灰色杂黑褐色。前后翅外缘浅波曲。前翅灰白,密布紫灰褐色细点;亚基线黑色模糊,波状,前端外侧衬白色;内线黑褐色,内侧衬白色;环纹圆形,有黑褐色边线,中央有1黑褐点;中线黑褐色,锯齿形,自前缘外斜至肾纹,折角呈双线内斜;肾纹大,紫灰色,黑边,中央有1黑曲纹;外线黑褐色,在前缘有1小黑斑,在各翅脉上有黑褐色小点;外线外侧为1粗壮白色带;亚缘线白色波状,两侧衬黑褐色;缘线黑褐色双线,内侧1条锯齿形;缘毛黑褐色与灰黄色相间。后翅灰白色,散布紫灰色;中点深灰褐色;中线、外线和缘线黑褐色,中线双线,外线波状,内侧1条缘线间断为1列短条;亚缘线白色波状,两侧紫灰色;缘毛色较浅。

分布:中国的甘肃(文县)、山东、江苏、浙江、江西、湖南、贵州;日本。

(1266)冷靛夜蛾 Belciades niveola (Motschulsky, 1866)

Htabrostola niveola Motschulsky, 1866, Bull. Soc. imp. Nat. Moscou, 39(1):195. (Japan)

前翅长:16~17 mm。触角线形。头、领片白色杂褐色及黑色;额有黑条;胸部海蓝色;腹部灰褐色。前翅略狭长;前后翅外缘微波曲。前翅蓝绿色,基部及端区带褐色,中区带白色,各横线黑色;内线内侧有暗带;外线近中部1黑纹外伸;缘线蓝绿色衬黑,其内侧1褐带;环纹、肾纹白色,后者内有蓝绿曲纹;缘线为翅脉间1列三角形黑褐色斑。后翅暗褐,外线可见。

分布:中国的甘肃(康县、文县)、黑龙江、吉林、河北、陕西、西藏;俄罗斯,朝鲜,韩国,日本。

(1267)中桥夜蛾 Anomis mesogona (Walker, 1858)

Gonitis mesogona Walker, 1858, List Spec. lepid. Insects Colln Br. Mus., 13:1012. (Ceylon)

前翅长:17 mm。雄雌触角均线形。头、胸及前翅暗红褐色。腹部暗灰褐色。前翅狭长,顶角尖,凸出,外缘中部凸出1尖齿,齿尖略下垂,尖齿上下浅凹;后翅外缘浅波曲。前翅亚基线褐色,不清晰,自前缘脉至2A脉;内线褐色,内侧衬灰色,自前缘脉外斜至中室下缘,折角内弯,2A脉后外斜;环纹不显;肾纹暗灰色,前、后端各有1黑圆点;外线褐色,自前缘脉后波曲外弯,在Cu_1脉处内伸达肾纹后端,折角后垂直到达后缘;外线外侧至外缘散布黑点;亚缘线褐色,在前缘形成1黑斑。后翅褐色。

分布:中国的甘肃(舟曲、康县、文县)、黑龙江、河北。山东、陕西、湖北、湖南、福建、海南、贵州、云南、西藏;朝鲜,韩国,日本,印度,斯里兰卡,马来西亚。

(1268)巨桥夜蛾 Anomis maxima Berio, 1956

Anomis (*Rusicada*) *maxima* Berio, 1956, Mem. Soc. ent. ital. Genoa, 35:30. (China:Gwangtung, Linping)

前翅长:24 mm。头部与胸部深红褐色杂有少许黄色;触角基节后缘黄白色。腹部暗灰褐色带红褐色。前翅外缘中部凸齿的齿尖不下垂。前翅深红褐色杂有黄色,各翅脉黑褐色;臀褶基部与中部各有1模糊黄斑;内线隐约可见红褐色,不规则波浪形外斜;环纹只现1白点,边缘黑褐色;肾纹内缘直,外缘中凹,红褐色,前后部带暗褐色;外线不明显,红褐色,不规则波浪形,在中褶处内凸,Cu_1脉后内伸达肾纹后端折向后行;亚缘线极模糊,暗褐色,不规则锯齿形,在中褶与臀褶处内弯;翅外缘中部外凸成1齿,其前方的翅外缘微凹,后方的翅外缘斜削,微锯齿形;缘毛红褐色,端部白色。后翅暗褐色;缘毛杂有灰白色。

分布：甘肃（康县、文县）、陕西、江苏、浙江、广东。

（1269）小桥夜蛾 Anomis flava（Fabricius，1775）

Noctua flava Fabricius，1775，Syst. Ent.，1775：601.（India：Orientali）

前翅长：14～15 mm。头、胸及前翅黄色。腹部灰黄色。前翅外缘中部微外凸，不形成尖齿。前翅外半黄褐色；亚基线和内线红褐色，后者较直外斜，线内方密布红褐细点；环纹白色，边线褐色；中线红褐色，二曲形；肾纹深褐色，中有2黑点；外线深褐色，锯齿形，自前缘脉后外弯，在中褶处内凸，M_3脉后稍内斜，中线与外线之间色暗；亚缘线暗褐色，不规则锯齿形，在R_5脉处外凸，M_2与Cu_2脉间外弯；缘线暗褐色。后翅淡黄褐色，端区色较暗。

分布：中国的甘肃（舟曲、武都区、文县）、内蒙古、山东、河南、陕西、福建，除西北若干省区外，其他棉区广泛分布；亚洲，欧洲，非洲。

（1270）涟夜蛾 Attonda adspersa（Felder & Rogenhofer，1874）

Felinia adspersa Felder & Rogenhofer，1874，Reise öst. Fregatte Novara（Zool.），2（Abt. 2）：pl.117：23.（Indonesia）

前翅长：14 mm。触角线形。体和翅暗黄褐色至灰红褐色，腹部色较灰。前翅宽阔，外缘浅弧形，中部略隆起；后翅外缘浅弧形，弧度较小。前翅前缘色较灰暗；亚基线和中线不清晰，线上散布稀疏黑点；内线、外线和亚缘线均深锯齿形，深灰色，线上有较密集黑点；环纹为1深灰色点，上有黑色细点；肾纹狭条形，外侧上下角各有1黑点；亚缘线至外缘色较暗；缘线为1列粗大黑点。后翅中点深灰色，较小；外线以外斑纹同前翅。

分布：中国的甘肃（文县）、陕西、台湾；印度，尼泊尔，新加坡，印度尼西亚，巴布亚新几内亚，所罗门群岛；非洲。

（1271）毛隘夜蛾 Autophila hirsuta（Staudinger，1870）

Spintherops hirsuta Staudinger，1870，Berl. ent. Z.，14：123.（Swizerland）

前翅长：15 mm。触角线形，雄具纤毛。头部灰褐色，密布细黑点；胸部灰褐色。腹部黄褐色。前翅狭长，端部圆；前后翅外缘浅弧形。前翅污黄褐色，布有暗褐细点；内线暗褐色模糊；肾纹暗褐色，新月形；外线褐色模糊，自前缘外弯至M_3内折，至肾纹后端再折向后行；浅色亚缘线隐约可见，内侧衬暗褐色，R_5处外凸，中段外弯；缘毛黄褐色与深灰褐色掺杂。后翅灰褐色；缘毛色较前翅浅。

分布：中国的甘肃（武威）、宁夏、新疆；伊朗；欧洲。

（1272）清隘夜蛾 Autophila cataphanes（Hübner，1813）

Noctua cataphanes Hübner，1813，Samml. eur. Schmett.，4：pl.121：559.（Europe）

前翅长：19 mm。头胸腹部灰黄至浅灰褐色。前翅明显较前种宽阔；前后翅外缘微波曲。前翅浅灰褐色，布深褐色细点，线纹深褐至黑褐色；亚基线、内线、中线和外线均波状，间断成不完整碎斑或短弧线，各线在前缘有1黑褐色斑；环纹白色，具黑褐色圈；肾纹白色短条形，内侧1短黑纹，外侧1较大黑斑；亚缘线白色锯齿形，内侧衬黑褐色，R_5至Cu_1之间内衬的黑褐色形成向内凸的尖齿；缘线为1列箭头形小黑斑；缘毛颜色同翅面。后翅基半部浅灰褐色，端部色深；中点和外线深灰褐色，外线外侧为1条模糊浅色带；缘毛色较前翅浅。

分布：中国的甘肃（地点不详）、黑龙江、河北、山东、新疆；朝鲜，韩国，日本；欧洲。

（1273）隐隘夜蛾 Autophila inconspicua（Butler，1881）

Apopestes inconspicua Butler，1881c，Trans. ent. Soc. Lond.，1881：191.（Japan：Tokyo，Yokohama）

前翅长：15 mm。近似清隘夜蛾 A. cataphanes，前翅环纹的白斑较大，黑褐色边较窄；肾纹外侧的黑褐色斑及各线在前缘的黑斑均较小。

分布：中国的甘肃（河西走廊，地点不详）、湖南；日本。

(1274) 素妃夜蛾 *Drasteria chinensis* (Alphéraky, 1892)

Leucanitis chinensis Alphéraky, 1892a, in Romanoff, Mém. Lépid., 6: 45. (China: Gansu)

前翅长：16 mm。触角线形，雄触角有纤毛。头和胸腹部灰黄色杂少许褐色。前翅略狭长，顶角钝圆；前后翅外缘浅波曲。前翅浅褐色，布有暗褐色细点，线纹黑色；亚基线到达臀褶；内线双线，波状外斜，两线间暗褐色；中线褐色双线，微波曲；肾纹较窄，内缘直，黑色，外缘中凹，微黑，中部有1灰白线；外线上半段不规则锯齿形外斜至Cu_1脉，深内弯至肾纹下方，再向下弯，波状至后缘；内线与外线间大部黄白色，略带黄褐色调；亚缘线灰白色，内侧衬黑色，在前缘至M_1和Cu_2下方十分浓重；翅端部散布灰白色鳞片；缘线黑色；缘毛灰黄褐色，基部和中部各有1条黄线。后翅白色，后缘附近略带灰黄褐色；中点黑灰色；翅端部为1黑褐色宽带，其内缘中部向内凸伸至中点，外缘有2个模糊白点；缘毛黄白色掺杂少量灰褐色。

分布：甘肃（地点不详）、宁夏。

备考：甘肃为本种的模式产地，但无具体地点。

(1275) 古妃夜蛾 *Drasteria tenera* (Staudinger, 1877)

Leucanitis tenera Staudinger, 1877, Stett. ent. Z., 38: 194. (S. Russia)

前翅长：15 mm。头和胸腹部灰黄褐色。前翅灰色，布有黑色细点；亚基线和内线不显；肾纹灰色，黑边，后端沿中室下缘稍内凸；肾纹内侧在中室有1暗黄斑；外线黑色，锯齿形，在Cu_1至臀褶间向内凸伸至肾纹下方；外线内侧至肾纹暗黄色，外侧至外缘深褐至黑褐色；缘线黑色。后翅白色；中点深灰褐色；翅端半部黑褐色，亚端区中部有1黑色大圆斑，其周围白色。

分布：中国的甘肃（瓜州）、内蒙古国、新疆；俄罗斯。

(1276) 鹬妃夜蛾 *Drasteria scolopax* (Alphéraky, 1892)

Leucanitis scolopax Alphéraky, 1892b, Horae Soc. ent. ross., 26: 454. (China: Xinjiang or Qinghai, Njan-schan and Sinin-schan Mountains)

前翅长：18 mm。头和胸腹部灰黄至浅灰黄褐色。前翅灰褐色，带灰绿色调，线纹黑褐色；内线双线，微波曲外斜，线内侧有暗色带；中域有1条暗色带，其中的肾纹模糊；翅端部1条较宽的暗色带，内侧可见纤细波状外线，带中有浅色锯齿形亚缘线；缘毛黄白色，掺杂灰褐色。后翅灰黄色；中点深灰褐色，新月形；亚端区有1条深黑褐色带，内侧边缘模糊，外侧清晰；翅端部在Rs与M_1之间和M_2与Cu_2之间各有1黑褐色斑；缘毛色较前翅浅。

分布：甘肃（武威、甘谷）、青海、新疆。

(1277) 塞妃夜蛾 *Drasteria catocalis* (Staudinger, 1882)

Euclidia catocalis Staudinger, 1882, Stett. ent. Z., 43: 52. (Russia: Saisan; Lepsa)

前翅长：18 mm。头和胸腹部灰黄褐色。前翅灰黄褐色，密布黑褐色细点，线纹黑褐色；亚基线双线波浪形，下端达臀褶；内线双线波状，线间黑褐色；中线细弱；肾纹弯钩形，黑褐色边；外线细，在Cu_1处内弯至肾纹后端再弯向后缘，外侧暗褐色，在肾纹下方较明显；亚缘线灰黄色锯齿形，内侧衬暗褐色，并有几个黑褐色尖齿；缘线纤细；缘毛深灰褐色掺杂灰黄色。后翅灰白至浅灰黄色；中点深灰褐色，弧形；亚端区1深灰褐色带，在顶角下扩展至外缘；M_2与Cu_2之间有1黑斑，周围灰白色；缘毛色较浅。

分布：中国的甘肃（武威）、新疆；俄罗斯，中亚地区。

(1278) 吉仿爱夜蛾 *Apopestes centralasiae* Warren, 1913

Apopestes spectrum centralasiae Warren, 1913, in Seitz, Gross-Schmett. Erde, 3: 370, pl. 68: b. (Kyrgyzstan: Issyk-kul. Afghanistan. Kashmir)

前翅长：30 mm。触角线形，雄具纤毛。头部灰黄色杂黑褐色；领片黑褐色，端部灰黄色；胸腹部灰黄色。前后翅外缘波状。前翅灰黄色，布有黑褐色细纹，前缘区色浅；亚基线黑褐色，外侧衬灰白色，下端达中室下缘；内线黑褐色，锯齿形外弯；中线黑褐色，在前缘区为1外斜纹，其后微弱；肾纹不明显，中有黑褐圈；外线黑褐色,在前缘为1粗黑点,其后波状外弯,在Cu_1脉处内凸达肾纹后端,折角后垂;亚缘线灰白色,有间断,不规则波曲,在Cu_2后内弯,线内侧衬黑褐色,在臀褶处有1黑褐斑,2A处有另1小斑;缘线为1列黑点;缘毛与翅面同色。后翅浅灰黄褐色,端部色较暗;隐约可见深色外线;缘毛浅黄褐色。

分布:中国的甘肃(敦煌、宕昌)、宁夏、新疆、四川、西藏;印度,克什米尔地区,中亚地区。

壶夜蛾亚科 Calpinae

(1279) 棘翅夜蛾 *Scoliopteryx libatrix* (Linnaeus, 1758)

Phalaena Bombyx libatrix Linnaeus, 1758, Syst. Nat. (Edn 10), 1:507. (Europe)

前翅长:16 mm。雄触角双栉形,雌触角锯齿形。头部褐色;下唇须第三节细长;胸部背面褐色。腹部灰褐色。前翅较宽,顶角尖且凸出,外缘中部凸出成1角,顶角与中部凸角之间内凹,凸角之下锯齿形;后翅外缘微波曲。前翅深灰褐色,布有黑褐色细点,翅基部、中室端部及中室后橘黄色,密布血红色细点;内线白色,自前缘脉外斜至中室前缘折向后,至中室下缘折角近呈直线外斜;环纹只现1白点;肾纹窄,灰色,不清晰,前后部各有1黑点;外线双线白色,线间暗褐色,在前缘脉上为1模糊白粗点,其后沿R_5脉强外伸折成1锐齿内斜,至中褶后稍内弯,Cu_1脉后较直后行;亚缘线白色,不规则波曲,在M_3与Cu_1脉间明显外凸,在前缘区白色明显;中室下缘及端区各翅脉白色。后翅暗褐色,隐约可见黑褐色外线,自前缘后较直内斜;亚缘线微弱。

分布:中国的甘肃(康乐、宕昌、舟曲、文县)、黑龙江、辽宁、河南、陕西、云南;朝鲜,韩国,日本;欧洲。

(1280) 伯南夜蛾 *Ericeia fraterna* (Moore, 1887)

Girpa fraterna Moore, 1887, Lepid. Ceylon 3:94, pl.156:5. (Ceylon[Sri Lanka])

前翅长:23 mm。触角线形。头、胸、腹及前翅灰褐色。前翅宽阔,顶角尖,略凸出;前后翅外缘微波曲。前翅亚基线与内线黑褐色,后者波浪形微内斜,间断为粗点列;环纹小,黑褐色;肾纹褐色,轮廓不甚清晰;外线黑褐色,间断为点列,自前缘脉后外弯,在中褶处内凸,M_3脉处内伸近中室下角,其后波曲内斜;亚缘线黑褐色,在R_5脉与M_3脉处各为1外凸钝齿,中褶与臀褶处为内凸齿,线内侧各翅脉间有黑褐斑,合成1不清晰的宽带;近翅外缘有1列小黑点,顶角有1黑褐斜纹。后翅灰褐色;中线暗褐色,在中室折角;外线为双线黑褐色;亚缘线双线暗褐色;近外缘有1列黑点。

分布:中国的甘肃(文县)、陕西、广东、云南;印度,缅甸斯里兰卡,印度尼西亚。

(1281) 断线南夜蛾 *Ericeia pertendens* (Walker, 1858)

Remigia pertendens Walker, 1858, List Spec. lepid. Insects Colln Br. Mus., 12:1512. (Ceylon)

前翅长:21 mm。头、胸、腹及前翅浅灰褐色。前翅亚基线和内线黑色,后者后半细波浪形,有间断;环纹不显;肾纹小,褐色,不清晰;中线粗而模糊,褐色;外线极弱,由褐点组成;亚缘线粗,暗褐色,在Cu1脉处成1明显外凸齿,M_2脉前有1列黑褐斑位于内侧,2A脉前有1大黑褐圆斑,2A脉后有黑点,均位于内侧;顶角有1暗褐纹内斜至亚缘线;近翅外缘有1列黑点。后翅灰褐色,1黑褐线自中室下角达翅后缘;外线仅中褶后明显,由1列黑褐点组成;亚缘线双线暗褐色,波浪形,不清晰,内侧的线波曲,线间色暗,似带状。

分布:中国的甘肃(宕昌、康县、文县)、陕西、海南、云南;斯里兰卡,印度尼西亚。

(1282) 庶闪夜蛾 *Sypna sobrina* Leech, 1900

Sypna sobrina Leech, 1900, Trans. ent. Soc. Lond., 1900:540. (China:Sichuan, Pu-tsu-fong)

前翅长:28 mm。触角线形。头和胸部暗褐色;头顶和下唇须外侧黑褐色。腹部暗灰褐色。前翅较宽阔;前后翅外缘锯齿形。前翅褐色带紫色;亚基线双线黑色,自前缘脉至2A脉;内线双线黑色,微波曲内斜;环纹为1灰白点;肾纹不明显;中线粗,自前缘至中室下角,其后内斜;外线不明显,在中褶处可见1黑纹,Cu_1以下隐约可见2波曲内斜黑褐色细线;亚缘线黑色,在M_3与Cu_1之间外凸1尖齿;近翅外缘有1列灰白点;中线与亚缘线之间布有少量黑色细点。后翅灰褐色,臀角区色暗;外线仅在后缘附近可见;亚缘线黑色双线,在M_3以下明显;近翅外缘有1列黑点,外侧衬白色。

分布：甘肃(康县)、四川、云南。

(1283) 细线析夜蛾 *Sypnoides erebina* (Hampson, 1926)

Sypna erebina Hampson, 1926, Descr. new Genera Species Lepid. Phalaenae:5. (China:Sichuan,Ta-tsien-lu)

前翅长：27 mm。触角线形，雄触角有纤毛簇。头部与胸部褐色杂暗褐色及灰色。腹部褐色，背面杂有黑褐色。翅中等宽度；前后翅外缘锯齿形。前翅褐色，布有黑褐细点；亚基线双线灰白色，二曲形，自前缘脉至2A脉；内线双线灰白色，外弯，在前缘区为细波浪形，在中室前缘及臀褶折角；环纹仅现1白点；肾纹狭长，白边，中部白色，其外侧有1">"形黑斑；中线双线白色，波浪形，穿过肾纹，中部在翅脉上有白线与内线相连；亚缘线黑色，前半微波浪形内弯，在M_3脉处外凸呈锯齿形，Cu_1脉后波浪形，线内侧有1黑褐色宽带；近翅外缘有1列黑点，其外侧衬白色。后翅褐色，隐约可见暗褐色宽带；近翅外缘有1列黑点，自前渐融合并微弱，M1脉前不显；翅外缘有1列黑点，外侧均衬白色。

分布：中国的甘肃(迭部、宕昌、康县、文县)、黑龙江、陕西、四川；朝鲜，韩国，日本。

(1284) 单析夜蛾 *Sypnoides simplex* (Leech, 1900)

Sypna simplex Leech, 1900, Trans. ent. Soc. Lond., 1900:539. (China:Sichuan,Omei-shan)

前翅长：21 mm。头和胸腹部深褐色。前翅顶角略凸出；前后翅外缘浅弧形，不波曲。前翅深褐色；亚基线白色，微外弯，自前缘脉至2A脉；内线双线白色，自前缘脉直线后行至2A脉折向内斜；环纹只现1白点；肾纹狭长，褐色白边，中央有淡黄色1横斑纹；中线双线白色，内侧的线弱，在前缘区稍内斜，其后外弯并呈黑色，波浪形，极清晰，在肾纹后白色内斜，内侧的线微波曲，外侧的线直；亚缘线黑色，在R_5脉处外凸，M_3脉处为1大外凸齿，后半内弯；翅外缘有1列黑点，均衬白色。后翅深褐色；外线黑色，自前缘后外弯，Cu_1脉后稍内弯；亚缘线黑色双线，粗而模糊似成带状，在臀褶处稍内弯；翅外缘有1列黑点。

分布：甘肃(康县、文县)、陕西、浙江、湖南、福建、广西、四川。

(1285) 粉蓝析夜蛾 *Sypnoides cyanivitta* (Moore, 1867)

Sypna cyanivitta Moore, 1867, Proc. zool. Soc. Lond., 1867:70. (India:Bengal)

前翅长：24 mm。头、胸部和前翅褐色。腹部暗褐色。前翅带有红褐色和粉蓝色；亚基线粉蓝色，细弱，自前缘脉至臀褶；内线粉蓝色，微外弯；肾纹狭长，褐色，白边或粉蓝边；外线粉蓝色，中段淡褐色外弯，由前缘脉至中室及Cu_2脉至后缘为直线；亚缘线黑色，不规则锯齿形，在R_5处外凸，在M脉间深内凹，线外侧有模糊黑褐色斑。后翅灰黄褐色；隐约可见外线与亚缘线，后者双线黑褐色，波状；缘线黑褐色。雄蛾前翅内线与外线之间有1片粉蓝色。

分布：中国的甘肃(康县)、河南、四川、云南；印度，孟加拉国。

(1286) 肘析夜蛾 *Sypnoides olena* (Swinhoe, 1893)

Sypna olena Swinhoe, 1893b, Ann. Mag. nat. Hist., (6)12:261. (China:Nanchuan)

前翅长：20 mm。头部与胸部褐色。腹部黄褐色，背面灰褐色。前翅顶角钝圆；前后翅外缘波状。前翅深褐色；亚基线黑色，自前缘脉至臀褶；内线粗，黑色模糊，较直内斜，中室前稍折曲；环纹只现1白点；中线粗，黑色模糊，自前缘脉外斜至中室下角，折角微曲内斜；肾纹浅黄褐色，不明显；外线前半黑色，自前缘脉波浪形外弯，在中褶处内凹，Cu_1脉后不明显，外侧带有黄褐色；亚缘线黑色，粗而浓，自前缘脉内斜至M_2脉折向外斜，在M_3脉成1大外凸齿，内斜至臀褶折向后；近翅外缘有1列黄白色点，均衬黑色。后翅褐色；外线黑色，仅在中褶后明显，在臀褶处稍内弯；亚缘线双线黑色，较粗，仅在M_1脉后明显，内侧的线稍向内扩展；翅外缘有1列白点。

分布：甘肃(康县、文县)、陕西、浙江、福建、云南、西南。

(1287) 赫析夜蛾 *Sypnoides hercules* (Butler, 1881)

Gisira hercules Butler, 1881c, Trans. ent. Soc. Lond., 1881:579. (Japan:Tokyo)

前翅长：19 mm。头部灰褐色杂白色，下唇须土黄色杂少许黑色，第三节端部灰白色；胸部背面深黄色，后胸灰褐色杂白色。腹部灰褐杂黄色。前翅顶角尖,前后翅外缘波状。前翅暗黄褐色;亚基线浅灰白色,波浪形,自前缘脉到2A脉;内线双线白色,较直,或在臀褶处稍外凸,在中室前缘及中室下缘略后成细锯齿,外侧的线弱,在锯齿处及近翅后缘双线间有黑点;中线双线白色;肾纹狭长,中央1白曲纹;外线黄褐色,在M_3脉成外凸齿;亚缘线褐色,后半锯齿形内弯,缘线为1列黑褐点。后翅暗灰黄褐色;外线、亚缘线黑褐色,后者双线;翅外缘1列黑褐点。

分布:中国的甘肃(康县、文县)、陕西、浙江、西藏;日本。

(1288) 克析夜蛾 *Sypnoides kirbyi* (Butler, 1881)

Sypna kirbyi Butler, 1881b, Trans. ent. Soc. Lond., 1881:209.(India:Darjiling)

前翅长:26 mm。体背和前翅深褐色。前翅顶角略凸出,前后翅外缘波曲很浅。前翅各横线黑色;内线、外线均双线,线间有白色,在中室后呈带状;环纹中央1黑点;肾纹两侧黑色,中央有黄色纹;亚缘线锯齿形;翅外缘1列衬黑的白点。后翅深褐色;外线与亚缘线黑色,线间1黑褐色宽带;外缘附近的白点同前翅。

分布:中国的甘肃(文县)、浙江、海南、四川;印度。

(1289) 褐析夜蛾 *Sypnoides prunnosa* (Moore, 1883)

Sypna prunnosa Moore, 1883, Proc. zool. Soc. Lond., 1883:25.(India:Darjeeling)

前翅长:26 mm。头和胸部紫褐色。腹部深褐色。前翅深褐色;内线双线黑色,在中室前缘微折曲,外侧一条细弱,不完整;环纹近圆形,浅褐色;肾纹狭窄,前端尖,稍外伸,褐色黑边,内有褐圈;外线双线黑色,自前缘脉至中室间呈1褐条,其后外弯,在中褶处内弯,Cu_1基部附近伸至肾纹后端,折角微波浪形内斜;内线与外线间在中室后呈浅褐色,似1带状,连同内线前半外侧及肾纹前的褐条合成1树杈状;亚缘线黑色,不规则锯齿形,在R_5两侧加粗并外凸,M脉间深内凹,在M_3处外凸1大齿;近外缘处有1列黑点,衬白色。后翅灰黄褐色;隐约可见褐色外线和亚缘线,后者双线;外缘附近的点列同前翅。

分布:中国的甘肃(康县)、福建、四川、云南、印度。

(1290) 大析夜蛾 *Sypnoides amplifascia* (Warren, 1914)

Sypna amplifascia Warren, 1914, in Seitz, Gross-Schmett. Erde, 3:511, pl.67:e.(W. China)

前翅长:28 mm。头、胸腹部和前翅灰黄褐色。前翅亚基线褐色;内线和外线双线波浪形,两线之间1灰白宽带,密布黑褐色细点;亚缘线黑色锯齿形;翅外缘附近1列衬黑的白点。后翅灰黄褐色;外线与亚缘线黑色,后者两侧带红褐色;外缘附近点列同前翅。

分布:甘肃(宕昌、康县、文县)、河南、浙江、福建、四川。

(1291) 星朋闪夜蛾 *Hypersypnoides constellate* (Moore, 1883)

Sypna constellate Moore, 1883, Proc. zool. Soc. Lond., 1883:24.(India:Dharmsala)

前翅长:26 mm。触角线形。头和胸部暗褐色杂少许白色。腹部灰褐色。前翅顶角钝圆;前后翅外缘浅波曲。前翅黑褐色,有细白点;亚基线、内线和外线均由小白斑组成;环纹为1白点;肾纹大,中部为1白钩及1圆白斑,外围6个白点;亚缘线由1列黑斑组成;缘线为1列白点。后翅褐至深灰褐色;外线黑褐色锯齿形;亚缘线浅黄褐色,仅下半段清晰;缘线的白点较前翅小。

分布:中国的甘肃(文县)、福建、四川;印度。

(1292) 白点朋闪夜蛾 *Hypersypnoides astrigera* (Butler, 1885)

Sypna astrigera Butler, 1885, Cist. ent., 3:135.(Japan)

前翅长:22 mm。头、胸暗褐色。腹部黑褐色。前翅褐色;亚基线、内线、外线及亚缘线黑色,亚基线、内线波浪形;环纹不显或现1白点;肾纹中央1白圆斑;中线黑褐色波浪形,仅后半明显;外线在Cu_1脉后内凸至肾纹后折角后垂,后段外侧1黑褐线;亚缘线锯齿形;翅外缘1列衬白的黑点。后翅灰褐色;外线与亚缘线黑色,后者双线波浪形;翅外缘1列衬白的黑点。

分布:中国的甘肃(康县、文县)、陕西、浙江、福建、江西、海南、四川、云南;日本。

(1293) 斑肾朋闪夜蛾 *Hypersypnoides submarginata* (Walker, 1865)

Tavia submarginata Walker, 1865, List Spec. lepid. Insects Colln Br. Mus., 33:941. (India)

前翅长：22 mm。头和胸部暗褐色杂灰色；额两侧及下唇须外侧黑褐色。腹部浅灰褐色。前翅深褐色，布有极细灰褐色点和黑点；各横线黑色，极细弱。亚基线自前缘脉至2A，其两侧在前缘各有1浅灰黄色点；内线锯齿形，在中室处内弯，中室后内斜；环纹仅现1微黄小点；肾纹有微弱黑边，外半中央1黄白色圆斑，前后各有1黄白色小点；外线锯齿形，在M_3以下内斜并呈双线；亚缘线不规则锯齿形，在中褶处内凹，在M_3和Cu_1处外凸，线内侧在前缘上有1列淡黄点；近翅外缘有1列淡黄小点，内侧衬暗褐色。后翅灰褐色，亚端区有1暗褐色带；Cu_2以下可见灰黄色波状亚缘线。

分布：中国的甘肃（康县、文县）、广西；印度。

(1294) 粉点朋闪夜蛾 *Hypersypnoides punctosa* (Walker, 1865)

Tavia punctosa Walker, 1865, List Spec. lepid. Insects Colln Br. Mus., 33:939. (India)

前翅长：21 mm。头部与胸部暗褐色。腹部黑灰色。前翅暗褐色；亚基线黑色，波浪形，自前缘脉至2A脉；内线黑色，波浪形，内侧衬浅褐色；环纹不显或仅现1小白点；肾纹有细弱白边，外半中部有1明显小白圆斑；中线黑色，模糊，微波浪形；外线、亚缘线黑色，前者波浪形；近翅外缘1列衬白的黑点。后翅暗褐色，基部色浅；亚缘线波浪形。

分布：中国的甘肃（康县）、陕西、湖南、福建、海南、广西、云南；日本，印度。

(1295) 卡朋闪夜蛾 *Hypersypnoides caliginosa* (Walker, 1865)

Tavia caliginosa Walker, 1865, List Spec. lepid. Insects Colln Br. Mus., 33:940. (India: Hindostan)

前翅长：23 mm。体背灰褐至深灰褐色。前翅底色黄褐色；基部黑褐色，亚基线黄褐色，线上有蓝白色小点；内线黑色双线，波状，下端在后缘形成1较大黑斑，其中有蓝白色纹；环纹为1蓝白色小点，其外侧至外线内侧在前缘附近大部黑褐色；肾纹为1较大蓝白色圆斑，周围有4个白点；中线黑色波状双线；外线波状双线，内侧一条细弱，外侧一条向外扩展至亚缘线，形成黑褐色宽带，接近其外侧边缘处有1条纤细浅色波线，宽带中部扩展至外缘；前缘在各横线上端有1白点；近缘处有1列白点，衬黑边。后翅黑褐色，基部和前缘色较浅；外线波状；亚缘线在Cu_1以下黄白色；外缘附近的白点列同前翅。

分布：中国的甘肃（康县、文县）、湖北、西藏；印度。

(1296) 三斑蕊夜蛾 *Cymatophoropsis trimaculata* (Bremer, 1861)

Thyatira trimaculata Bremer, 1861, Bull. Acad. Imp. Sci. St. Pétersb., 3:483. (Russia: Ussuri)

前翅长：16 mm。触角线形。头部黑褐色；胸部白色，领片基部黑褐色，肩片端半部及后胸褐色。腹部灰褐色，基部背面及腹端均带有白色。前翅略狭长，顶角圆；前后翅外缘微波曲。前翅黑褐色，密布黑褐色波曲细纹；翅基部有1大白斑，斑内大部带褐色并布有黑色波曲细纹，斑的外缘微波浪形，自前缘脉外斜弯，臀褶后内斜；顶角有1近圆形白斑，大部带褐色；臀角有1近扁圆形白斑，大部带褐色并布有黑褐色细纹；缘毛在大斑外侧白色，两斑之间黑褐色，在Cu_1脉后有1白点。后翅褐色，端区色暗；隐约可见暗褐色中点及外线。

分布：中国的甘肃（成县、武都区、康县、文县）、黑龙江、河北、山东、陕西、湖南、福建、广西、云南；俄罗斯，朝鲜，韩国，日本。

(1297) 洁印夜蛾 *Bamra mundata* (Walker, 1858)

Agrotis mundata Walker, 1858, List Spec. lepid. Insects Colln Br. Mus., 15:1701. (Southeast Asia)

前翅长：20 mm。触角线形。头部与胸部灰色；下唇须第一节及第二节基部外侧有黑斑，领片端半部黑褐色。腹部浅灰色微带褐色。前翅略狭长，顶角圆钝；前后翅外缘微波曲。前翅灰色，微带褐色；亚基线双线黑色，外侧的线色浅而模糊，自前缘脉外斜至中室前缘折角内斜，内侧的线锯齿形，后端均达2A脉；内线双线黑色，内侧的线模糊，自前缘脉外斜至中室前缘，折角微波浪形内斜至翅缘，外侧的线曲度相同，但后端只达2A脉；环纹近圆形，灰白色，黑褐边，中央1黑点；肾纹灰白色，暗褐边，极不清晰，中央有1黑纹；中线隐约可见,褐色,微波浪形;环纹后方有1模糊褐纹;肾纹前方有1黑色外斜线,自前缘脉至M_3脉近中部,其外侧另有1暗褐线;外线双线,内侧的线黑色,外侧的线黑褐色,自前缘脉微波浪形外斜至M_1脉,折向内斜,并呈锯齿形,M_3脉后两线相距较宽,内侧的线强锯齿形,内凸于Cu_1脉及臀褶,外侧的线模糊;亚缘线模糊褐色,在R_5脉处外凸,中段外弯,线内侧衬白色;外线与亚缘线之间有1明显黑曲线,自前缘微波浪形内弯,至M_1脉后渐斜向外伸,端部达翅外缘;臀褶端半部有1黑纵线;近翅外缘有1列模糊黑点;缘毛灰色杂暗褐色。后翅白色,端区有1暗褐带;缘线黑褐色波浪形;缘毛白色间黑褐色。

分布:中国的甘肃(文县)、陕西、广东、云南;印度,斯里兰卡,东南亚。

(1298) 印夜蛾 *Bamra albicola* (Walker, 1858)

Felinia albicola Walker, 1858, List Spec. lepid. Insects Colln Br. Mus., 12:1515. (India: Hindostan)

前翅长:21 mm。头部与胸部灰色微带褐色;下唇须第一节及第二节基部外侧黑色。前翅浅灰色微带褐色;亚基线黑色,不明显,自前缘脉外弯至2A脉;内线黑色,微波曲外斜,在臀褶处折角内斜,线内方带黑褐色;中线双线黑色,极模糊,在中室前不显;外线双线黑色,两线相距较远,内侧的线自前缘脉微波曲外斜,M_2脉后折向内达中室端脉后端折角后行,外侧的线在前缘脉后强外凸,M_1脉后内斜,M_2脉后强外斜,在M_3和Cu_1脉间成1强外凸齿,其后与内侧的线曲度相似;亚缘线黄白色,细锯齿形,在M_3和Cu_1脉间成1强外凸齿,线内侧黑褐色;外线与亚缘线间在M_1脉前带黑褐色较浓,似成1斗形大暗斑;缘线黑色,波浪形。后翅淡灰褐色,端区黑褐色,呈带状,隐约可见黑褐色亚缘线;臀角有1黄白纹。

分布:中国的甘肃(武都区、文县)、陕西、江苏、浙江、湖南、台湾、广东;印度,马来西亚,印度尼西亚。

(1299) 净印夜蛾 *Bamra lepida* (Moore, 1867)

Agriopis lepida Moore, 1867, Proc. zool. Soc. Lond., 1867:56. (India: Bengal)

前翅长:♀20 mm。近似印夜蛾 *B. albicola*,但前翅中域和外线外侧白色,略带淡褐色;内线黑色锯齿形,在中室下方凸出1大黑齿。后翅大部白色,黑色外线仅在Cu_2以下可见;端带黑褐色。前后翅波浪形缘线十分清晰。

分布:中国的甘肃(文县)、台湾;印度,尼泊尔。

备考:本种为中国大陆首次记录。

(1300) 雀斑巴夜蛾 *Batracharta irrorata* Hampson, 1894

Batracharta irrorata Hampson, 1894, Fauna Br. India (Moths), 2:251. (India)

前翅长:22~23 mm。触角线形。头部和胸腹部紫灰色杂黑褐色;后胸毛簇红褐色。前翅宽阔,前后翅外缘波状。前翅浅褐色,带紫灰色调;内线黑色带状,内缘">"形,外缘波状,在臀褶处凸出1尖齿;内线内侧排布3~4条波状黑纹;中区色浅。环纹和肾纹隐约可见黄褐色,轮廓不清;外线黑色波状,中部强外凸,其外侧至亚缘线大部黑褐色;亚缘线灰白色,不规则波曲;缘毛灰褐色掺杂红褐色。后翅基部黄褐色,向端部逐渐加深为紫灰褐色。

分布:中国的甘肃(文县)、四川、西藏;印度。

(1301) 巨影夜蛾 *Lygephila maxima* (Bremer, 1861)

Toxocampa maxima Bremer, 1861, Bull. Acad. Imp. Sci. St. Pétersb., 3:491. (Russia: Ussuri; Blagoweschtoschensk)

前翅长:26 mm。雄雌触角均线形。头部黑色,额褐色,两触角间有1黄白色横纹;下唇须灰褐色,第三节黑灰色;胸部背面淡灰褐色;领片黑色并布有暗褐色细纹。腹部褐色。前翅狭长,顶角略凸;前后翅外缘微波曲。前翅淡灰褐色,有紫色调并布有暗褐色细横纹;亚基线黑褐色,内侧衬灰色,自前缘脉至臀褶,在前缘脉后稍外凸;内线黑色,自前缘脉外斜至中室前缘,折角较直后行;中线黑褐色,模糊,在前缘区似1斗形黑褐大斑,在中室不显,其后自肾纹后端强内弯,2A脉后外斜;环纹只现1黑点;肾纹由黑色小斑围绕,中央灰褐色;外线黑褐色,内侧灰色,不明显,自前缘脉外弯至中褶处稍内凸,复强外弯至臀褶后内斜;亚缘线灰色,自前缘脉内斜,R_5脉后稍外弯,在臀褶内凸成齿折向外斜,线外侧色暗;翅外缘有1列黑点;缘毛暗褐色,基部有1灰色线。后翅淡灰褐色,亚缘区带有暗褐色;翅外缘有1列黑点;缘线黑色,波浪形;

分布:中国的甘肃(文县)、黑龙江、山东、陕西、福建;俄罗斯,朝鲜,韩国,日本。

(1302) 锹影夜蛾 Lygephila pastinum (Treitschke, 1826)

Ophiusa pastinum Treitschke, 1826, in Ochsenheimer, Schmett. Eur., 5(3):297. (Austria)

前翅长:17 mm。头顶深褐色;额褐色杂少许灰白色;两触角间有1白色曲纹;领片黑褐色;胸腹部背面灰黄色,散布褐色点。前翅外缘浅弧形,几乎不波曲;后翅外缘在Rs与Cu_1之间浅凹。前翅淡紫灰色,密布黑褐色细波纹;内线粗,不清晰,暗褐色,在中室前缘和臀褶处略外凸;环纹为1黑褐色点;肾纹大,黑褐色,倒漏斗形,后端外侧有2黑褐色点;外线隐约可见,褐色,自前缘脉大波曲外弯,Cu_1后向后垂;亚缘线粗,带状,黑褐色,前端较宽,在R_5处外凸,中段外弯。后翅灰黄褐色;隐约可见外线和亚缘线。

分布:中国的甘肃(文县)、黑龙江;俄罗斯,日本,中亚地区;欧洲。

(1303) 平影夜蛾 Lygephila lubrica (Freyer, 1846)

Ophiusa lubrica Freyer, 1846, Neue. Beitr. Schmett., 6:7, pl.483:4. (Type locality unknown)

前翅长:19 mm。头部黑色;下唇须灰色;胸腹部背面灰色;领片黑色。前翅灰色,密布黑褐色细纹;内线粗,有间断,下半段细,黑褐色,稍外斜;肾纹褐色,内侧有黑边,外侧边缘有几个黑点;中线模糊,褐色,自前缘脉外斜至中室前缘,在中室不显,中室后微内弯;外线不明显,褐色,外线外方为褐色带;亚缘线灰白色,波状,前端内侧色暗;翅外缘有1列黑点;缘毛灰褐色掺杂少量黄色。后翅黄褐色,端部1黑褐色宽带;缘毛黄色杂灰褐色。

分布:中国的甘肃(玉门)、内蒙古、北京、河北、山西、陕西、新疆;蒙古国,中亚地区。

(1304) 放影夜蛾 Lygephila craccae (Denis & Schiffermüller, 1775)

Noctua craccae Denis & Schiffermüller, 1775, Ankündung syst. Werkes Schmett. Wienergegend:94. (Austria)

前翅长:21 mm。头部褐色,头顶黑褐色;两触角间有微白曲线;下唇须灰褐色;领片黑色;胸腹部背面和前翅灰褐色,带紫色调。前后翅外缘微波曲。前翅亚基线在前缘有1黑点;内线在前缘和臀褶处各有1黑纹;环纹不显;肾纹窄小,黑色;亚缘线似1暗色宽带,由上向下渐细;翅外缘有1列黑点。后翅灰黄褐色,端部有1深灰褐色宽带。

分布:中国的甘肃(甘谷、宕昌)、内蒙古、新疆;欧洲。

(1305) 焚影夜蛾 Lygephila vulcanea (Butler, 1881)

Toxocamps vulcanea Butler, 1881c, Trans. ent. Soc. Lond., 1881:192. (Japan:Tokyo)

前翅长:21 mm。头部黑褐色,额与下唇须灰色带褐色;领片黑褐色;胸部背面灰色,有少许黑点。腹部灰褐色,背面带有少许黑色。前翅灰褐色,散布黑色细点,大部带有紫色调;亚基线仅在前缘脉上现1黑点;内线仅在前缘脉上现1小黑斑;环纹只现1白点;肾纹褐色,似足形,外侧前端有1黑点,后端有2黑点,内侧有1黑色条纹;中线与外线不明显;亚缘线隐约可见,在R_5脉处外凸,中段外弯,臀褶处内弯,前段有1黑斜纹,其后淡褐色;翅外缘有1列较粗的黑点。后翅紫灰褐色;缘毛微黄。

分布:中国的甘肃(永登、甘谷、宕昌、舟曲、成县、康县、文县)、黑龙江、山西、陕西;日本。

(1306) 西影夜蛾 Lygephila lusoria (Linnaeus, 1758)

Phalaena (Bombyx) lusoria Linnaeus, 1758, Syst. Nat. (Ed 10), 1:506. (Germany)

前翅长:19 mm。头和体背灰黄色;领片黑色。前翅灰黄褐色,密布深褐色细纹;亚基线在前缘有1细纹;内线粗,外斜,在中室和臀褶处间断;环纹不显;肾纹深褐色,内侧边缘和外侧上角有黑点,外侧下角之外有2个黑点;翅端部色较暗,翅脉颜色逐渐加深,至外缘变为1黑点;亚缘线灰白色,仅隐约可见;缘毛灰褐色掺杂黄色。后翅灰黄褐色,端部为1深褐色宽带;缘毛灰黄褐色。

分布：中国的甘肃(舟曲)、新疆；伊朗，土耳其；欧洲。

(1307) 双线卷裙夜蛾 *Plecoptera bilinealis*（Leech，1889）

Calobochyla bilinealis Leech，1889a，Entomologist，22：64，pl.2：14.（China：Zhejiang，Ningpo）

前翅长：15 mm。触角线形，雄触角有长纤毛和鬃。头部与领片黄褐色；下唇须第三节短小；领片端部带褐色；胸部背面浅灰褐色，前胸毛簇褐色；胸部腹面浅灰黄色。腹部灰褐色，腹面黄褐色。前翅顶角稍尖凸；前后翅外缘浅弧形；雄后翅后缘反卷成1皱褶。前翅浅灰褐色，全翅布有黑褐细点；中室基部有1深褐色点；内线褐色，近呈直线，在前缘区微弯；肾纹仅在中室端脉两端各1褐色点，后1点稍弯曲；外线褐色，呈直线，线外方的前缘脉上有1近三角形黑褐色斑，其后1列黑褐点，均衬黄褐色；翅外缘有1列模糊黑灰点。后翅浅黄褐色，除前缘区外，大部带有褐色，端区色暗。

分布：甘肃(舟曲、康县)、河南、陕西、江苏、浙江。

(1308) 齿斑畸夜蛾 *Bocula quadrilineata*（Walker，1858）

Borsippa quadrilineata Walker，1858，List Spec. lepid. Insects Colln Br. Mus.，15：1756.（Borneo：Sarawak）

前翅长：14 mm。触角线形。头部灰褐色，触角基节灰黄色；胸部背面灰褐色。腹部灰褐色。前翅顶角钝圆；前后翅外缘微波曲。前翅灰褐色；亚基线黑褐色，微外斜，自前缘脉至中褶；内线黑褐色，在前缘脉后微外凸，其后较直向后，2A脉后微外斜；中线双线黑褐色，微内弯；外线黑褐色，微内弯；端区有1大黑斑，内缘在顶角处窄缩成1短钩形，在R_5脉后强内伸，近达外线，成1钝圆角折向外斜达臀角。后翅深灰褐色。

分布：中国的甘肃(康县、文县)、陕西、浙江、福建、广西、四川；印度，马来西亚，南太平洋岛屿。

(1309) 甸夜蛾 *Eurogramma obliquilineata*（Leech，1900）

Talapa obliquilineata Leech，1900，Trans. ent. Soc. Lond.，1900：646.（China：Sichuan，Omei-shan）

前翅长：23 mm。触角线形。体和翅紫灰褐色；下唇须长。前翅顶角尖，凸出，前后翅外缘浅弧形。前翅线纹深褐色至黑褐色；内线纤细，内斜，在中室前不显；环纹为1黑褐色小点；中线粗壮，外线细弱，均呈直线内斜；外线外侧在R_5和M_1脉之间有1黑斑。缘线深褐色，纤细。后翅中线、外线和缘线同前翅；外线外侧有1列模糊褐点。

分布：甘肃(文县)、广东、四川。

(1310) 客来夜蛾 *Chrysorithrum amata*（Bremer & Grey，1853）

Catocala amata Bremer & Grey，1853b，Études ent.，1：66.（China：Peking）

前翅长：31~32 mm。雄触角叶片形，有微细绒毛。头部与胸部深褐色；领片端部灰黄色。腹部灰褐色。前翅顶角略凸；前后翅外缘微波曲。前翅灰褐色，密布褐色细点；亚基线白色，自前缘脉外斜至中室折角内斜至2A脉；内线白色，自前缘脉微曲外斜至中室后折角内斜，亚基线与内线之间深褐色，成1宽带，但不达翅后缘；环纹只现1黑色圆点；肾纹不显；中线细，外弯，前端外侧暗褐色；外线黄色，在Cu_1脉处回升至中室上角再后行；亚缘线灰白色，M_3脉后明显内弯，与外线之间暗褐色，在M_1脉前成1斗状斑。后翅暗褐色，中部1橙黄色曲带，顶角1黄纹。

分布：中国的甘肃(康县、文县)、黑龙江、辽宁、内蒙古、河北、山东、河南、陕西、浙江、福建、云南；朝鲜，韩国，日本。

(1311) 黄衣客夜蛾 *Catephia flavescens* Butler，1889

Catephia flavescens Butler，1889，Illust. typical Specimens Lepid. Heterocera Colln Br. Mus.，7：74.（India）

前翅长：17 mm。触角线形。头部黄褐色，额有1黑色横纹；胸部背面黑色；领片和肩片红褐色，领片中部有1黑线。腹部背面黑色带黄色。前翅狭长；前后翅外缘波状。前翅浅红褐色，后缘区焦黑色；亚基线在前缘可见双黑纹；内线双线黑色，波浪形外斜；剑纹褐色，黑边；环纹和肾纹大，有清晰的黑边，中央暗褐色；中线粗而模糊，自前缘外斜至肾纹内侧，在肾纹下为双线；外线双线黑褐色，锯齿形；亚缘线不清晰，浅黄褐色，内侧在M_1脉之前有1黑褐色斑,在M_3后两侧带暗褐色;翅外缘有1列模糊褐点;缘毛黑褐色与浅黄褐色相间。后翅淡黄色;中点淡灰褐色;翅端部为1黑褐色宽带,在顶角至M_3脉处未达外缘,该处缘毛黄色,其余黑褐色。

分布:中国的甘肃(文县)、福建、云南、西藏;印度。

(1312) 白斑烦夜蛾 *Aedia leucomelas* (Linnaeus,1758)

Phalaena (*Noctua*) *Leucomelas* Linnaeus,1758,Syst. Nat. (Edn. 10),1:518. (Europe)

前翅长:15 mm。触角线形,雄触角有鬃毛。头、胸、腹及前翅黑褐色。前翅狭长,顶角钝圆;前后翅外缘浅波曲。前翅黑褐色;亚基线、内线及外线黑色,内线双线波浪形;环纹、肾纹白色,后者外侧分割为小白斑,后方1斜白斑,外方灰白色扩展至外线;Cu_2基部下方有1红斑;外线黑色锯齿形;亚缘线白色锯齿形,内侧1列黑齿纹;缘线黑色;缘毛黑褐色。后翅内半白色,外半及后缘黑色;翅端部在顶角下方和Cu_2下方有少量白色,该处缘毛白色,其余缘毛灰褐色。

分布:中国的甘肃(舟曲、成县、文县)、陕西、台湾、福建、广东、海南、广西、四川、贵州、云南;日本;亚洲西部,欧洲,非洲北部。

(1313) 盔胸夜蛾 *Coarica fasciata* Moore,1882

Coarica fasciata Moore,1882,in Hewitson & Moore,Descr. New Indian lepid. Insects Colln. Late Mr. W.S. Atkinson,2:153,pl.5:1. (India:Darjiling)

前翅长:15 mm。触角线形。头部灰色杂褐色,复眼边缘鳞片白色;下唇须第三节外侧基半部灰白色;胸部背面红褐色,有高耸的毛簇;领片端部蓝灰色;胸部腹面浅灰黄色。腹部浅红褐色。前翅较狭长,顶角略尖,外缘微波曲;翅面红褐色;内线黑色,不明显,波曲外弯,中室后较粗,二曲形外斜;环纹只现1白点;肾纹不明显,仅在中室端脉处可见1细白线,其内、外侧各有1深褐色斑,合成1近半圆形大斑,均围以细白边,内侧的斑中央另有1细白横线,斑后有1近方形黑褐色大斑,亦围以细白边,2A脉后另有1黑褐色舌形斑,其前、外缘白色,斑的内半部色浅;臀褶有1黑影,位于内线外方;外线极模糊,仅见污灰色外弯带,在中褶与臀褶处杂有白色,在前缘区杂有黑色,外线外方区域色较浅,布有黑褐色细点;亚缘线仅在Cu_1脉前现1列黑点,M_2和Cu_1脉间的2黑点粗,外侧有1小白点。后翅淡灰白色,端区褐色;臀角处有1黑点。

分布:中国的甘肃(徽县、康县、文县)、陕西、湖北;印度,尼泊尔。

(1314) 白线篦夜蛾 *Episparis liturata* (Fabricius,1787)

Phalaena liturata Fabricius,1787,Mantissa Insect.,2:197. (India)

前翅长:18~20 mm。雄触角2/3双栉形,雌线形。头、胸、腹及前翅黄褐色。前翅略狭长,顶角凸出;前后翅外缘中部凸出成角。前翅中线褐色,其余各横线白色;环纹为1黑点;肾纹白色近三角形,肾纹下方为1黄斑;中线后半波浪形,前端外侧1白纹;亚缘线波浪形;外线前段与顶角间浅黄色并有褐色细点。后翅褐色,前缘区白色;外线暗褐色外弯;亚缘线白色,在中褶折角;缘线白色波浪形。

分布:中国的甘肃(宕昌、成县、康县、文县)、陕西、浙江、云南;印度,缅甸,斯里兰卡,印度尼西亚。

(1315) 尖裙夜蛾 *Crithote horridipes* Walker,1864

Crithote horridipes Walker,1864,J. Proc. Linn. Soc. Lond. (Zool.),7:182. (Borneo:Sarawak)

前翅长:15 mm。雄触角双栉形,雌线形。头部黄褐色;胸腹部背面深灰褐色;领片黑色。前翅中等宽度;两翅外缘浅弧形。前翅黑褐色;基部至外线沿前缘为1条灰褐色至深灰褐色宽阔纵带,具白边,其中部向后缘延伸1斜带,上窄下宽,两侧白边,内缘不规则波曲,外缘较直,下端微外弯;外线黑色,向外倾斜,不规则波曲,其外侧为1条模糊浅色带;外线外侧在前缘上有1列白点;顶角区色稍浅,缘线黑色短条形;缘毛黑褐色。后翅深灰褐色;可见黑褐色中点。

分布:中国的甘肃(文县)、湖北、江西、湖南、福建、海南、重庆;越南,印度,泰国,菲律宾,马来西亚,印度尼西亚。

(1316) 毛尖裙夜蛾 *Crithote prominens* Leech, 1900

Crithote prominens Leech, 1900, Trans. ent. Soc. Lond., 1900:572.（China：Hubei，Changyang）

前翅长：12 mm。头和胸腹部暗灰褐色；下唇须黑褐色；额有向前伸的毛簇。前翅暗灰褐色；雄蛾前缘区2/3灰色带紫色，成1纵带，其内端后缘达翅后缘，外端后缘外斜；中室后半之后带黑褐色。后翅深灰褐色，无明显斑纹。雌蛾前翅灰色纵带延伸出1斜带达翅后缘，斜带内缘后部向内扩展。

分布：甘肃（文县）、湖北、海南。

(1317) 斜线哈夜蛾 *Hamodes butleri* (Leech, 1900)

Thermesia butleri Leech, 1900, Trans. ent. Soc. Lond., 1900:570. （China：Sichuan，Omei-shan；Chow-pin-sa；Kei-chow）

前翅长：21~26 mm。触角线形，雄触角有短纤毛丛。头部灰褐色，额黑色；下唇须第一节及第二节基部外侧白色，后者约呈三角形，其余黑色，第二节背、腹端饰毛；胸部灰褐色。腹部黄褐色，有黑点。翅宽大，前翅顶角略凸，但不尖锐，外缘浅弧形；后翅外缘较直。前翅黄褐色，基部色较暗；内线黑色，不清晰，自前缘脉外斜至中室折向内斜；环纹只现1黑点；肾纹大，灰色黑边，前方有1暗褐色纹至前缘脉；外线不明显，仅在前缘脉处现1黑纹；亚缘线黑褐色，自顶角直线内斜至翅后缘，线内侧衬红褐色。后翅黄褐色，前缘区淡黄色，1褐色线自前缘区后内斜至翅后缘，线内侧衬红褐色。

分布：中国的甘肃（武都区、康县、文县）、陕西、湖南、福建、海南、四川、云南、贵州。

(1318) 暗纹哈夜蛾 *Hamodes mandarina* (Leech, 1900)

Thermesia mandarina Leech, 1900, Trans. ent. Soc. Lond., 1900:570.（China：Sichuan）

前翅长：25 mm。前翅顶角凸出较斜线哈夜蛾 *H. butleri* 强，尖锐；肾纹仅隐约可见，其内侧中部边缘有1黑点，肾纹下端有1黑斑；内线、中线和外线在前缘的斑清晰，黑色。

分布：甘肃（成县、康县）、福建、四川。

(1319) 红尺夜蛾 *Dierna timandra* Alphéraky, 1897

Dierna timandra Alphéraky, 1897c, in Romanoff, Mém. Lépid., 9:179, pl.11:7. (Korea)

前翅长：13~14 mm。触角线形，雄触角有纤毛。头部白色带有桃红色；触角暗褐色；下唇须灰黄色杂黑褐色；胸部桃红色。腹部黑灰色，基节背面中央桃红色。前翅顶角尖锐凸出，外缘浅弧形，中部微隆；后翅略呈浅弧形。前翅桃红色，布有黑色细点；内线灰黄色，中有微白线，较直，微内斜；肾纹窄曲，灰黄色；前缘区外半部灰黄色，有白点，1灰黄斜带自顶角直线内斜至翅后缘近中部，其中有1白线；亚缘线白色，微曲内斜；缘线灰白色。后翅桃红色，布有黑色细点，前缘区灰黄色，内窄外宽，不达顶角；内线灰黄色，中有1白线；外线为灰黄色宽带，中有1白线；亚缘线白色，自前缘区灰黄斑后外斜，M_3脉后内斜。

分布：中国的甘肃（康县、文县）、黑龙江、吉林、河北、河南、陕西、浙江、湖北、湖南；朝鲜，韩国，日本。

(1320) 直带夜蛾 *Orthozona quadrilineata* (Moore, 1882)

Madopa quadrilineata Moore, 1882, in Hewitson & Moore, Descr. New Indian lepid. Insects Colln. Late Mr. W.S. Atkinson, 2:193.（India：Darjeeling）

前翅长：17 mm。触角线形。头部黄褐色，触角基节有1白斑；下唇须第二节上缘饰毛，第三节短，端部尖而白；胸部背面黄褐色。腹部暗褐色。前翅略狭长；前后翅外缘微波曲。前翅淡黄褐色或灰色带红褐色，前缘区内半色较暗；内线细弱，褐色，自前缘脉微外斜至中室后内弯，2A脉后外凸；环纹只现1褐色点；中线明显，较粗，褐色，直线内斜；肾纹隐约可见褐色边缘，细窄，外侧中凹；外线褐色，极细弱，不规则波浪形内斜，在中褶与臀褶处稍内凹；亚缘线粗，褐色，自顶角较直内斜，外侧另有1褐色波浪形细线；端区色较暗。后翅淡黄褐色；内线较粗，褐色，自中室下缘内斜至2A脉；亚缘线粗，褐色，自前缘后外斜，至R_5脉折向内斜，在臀褶后稍外斜；缘线由1列黑点组成。

分布：中国的甘肃（舟曲、康县）、陕西、湖南、云南；印度。

(1321) 寒锉夜蛾 *Blasticorhinus ussuriensis* (Bremer, 1861)

Remigia ussuriensis Bremer, 1861, Bull. Acad. Imp. Sci. St. Pétersb., 3:495. (Russia: Ussuri)

前翅长:17~20 mm。触角线形。头部浅褐色,头顶及下唇须褐色,触角背缘有1列黑点;胸部背面淡褐色,有小褐点;领片褐色。腹部灰黄褐色。前翅顶角凸而尖锐,外缘中部略凸,其上下平直;后翅外缘略呈浅弧形。前翅灰褐色,密布褐色细点;内线双线褐色,波浪形,在中室前稍外凸,其后微内斜;环纹只现1黑褐色点;肾纹只现2白点,均围以黑边;中线模糊,暗褐色,微波浪形,在中室后色较浓;外线双线褐色,波浪形,自前缘脉后外弯,在Rs和M_1脉处外凸,M_2与Cu_2脉间外弯,其后内弯;亚缘线双线黑褐色,线间黄色,在R_5脉处外凸,M_2与Cu_2脉间外弯,其后不清晰,在臀褶处稍内凸,1暗褐内斜纹自顶角穿过亚缘线;端区M_2与Cu_2脉间有1黑褐纹;翅外缘有1列黑点。后翅灰褐色;内线、中线及外线均与前翅相似,但不清晰;翅外缘有1列黑点。

分布:中国的甘肃(宕昌、舟曲、康县、文县)、黑龙江、陕西、江苏、浙江、湖南、福建;朝鲜,韩国,日本。

(1322) 鹰夜蛾 *Hypocala deflorata* (Fabricius, 1794)

Hyblaea deflorata Fabricius, 1794, Ent. Syst., 3(2):127. (India: Orientali)

前翅长:19~20 mm。头部和胸部灰褐色杂黑色。腹部黄色有黑斑。前后翅外缘波曲较深。前翅紫灰色;雄蛾前缘区大部分及中室带有红褐色;内线黑褐色,自前缘外斜至中室下缘折向内斜;环纹为1黑点;中线黑褐色,较粗,在中室后明显;肾纹大,不清晰,边缘深褐色;外线黑褐色,自前缘脉外弯,在M脉间内凹,M_3脉后伸至肾纹下方;亚缘线黑色,内侧各翅脉有黑短纹;1白色斜线自顶角伸达外线。后翅黄色;中点大,黑色;翅端部1黑褐色宽带;臀褶和后缘有黑褐色纵带;缘毛大部黄色。雌蛾前翅暗灰色;亚缘线明显黑色,其余斑纹不明显。

分布:中国的甘肃(舟曲、文县)、河北、山东、浙江、福建、广东、海南、四川、贵州;日本,印度,泰国。

(1323) 苹梢鹰夜蛾 *Hypocala subsatura* Guenée, 1852

Hypocala subsatura Guenée, 1852, in Boisduval & Guenée, Hist. nat. Insectes (Spec. gén. Lépid.), 7:75. (Bangladesh: Silhet)

前翅长:15~17 mm。触角线形。头和胸腹部灰黄褐色。前翅狭长,顶角钝圆,前后翅外缘微曲。前翅灰褐色,密布灰色细点;内线黑褐色,波浪状外弯;肾纹椭圆黑色边;中线褐色,波浪状,仅后半部可见;外线黑褐色,前半部平直外斜,后半部微曲内斜;亚缘线黑褐色,波浪状,自前缘脉处外斜至M_1脉后内折;缘线黑色,微波浪状。后翅黑褐色,在中室端部和外缘中部有1杏黄色圆形斑;后缘有1黄色条带,其内部有1黑色纵纹。部分个体前翅黑褐色,顶角内侧有1灰红色半圆形大斑;后缘区灰红色,在基部扩展至前缘,中部呈半圆形向上扩展,端部沿外缘向上扩展至M_1以上;亚缘线在该灰红色区域内浅波状,红褐色,内侧衬白。

分布:中国的甘肃(镇原、舟曲、成县、康县、文县)、黑龙江、辽宁、河北、山东、河南、陕西、江苏、浙江、福建、台湾、广东、海南、云南、西藏;日本,印度,孟加拉国。

(1324) 钩鹰夜蛾 *Hypocala rostrata* (Fabricius, 1794)

Hyblaea rostrata Fabricius, 1794, Ent. Syst., 3(2):127. (India: Orientali)

前翅长:17 mm。头和胸部灰白色杂褐色,布有零星黑点。腹部黄色,各节背面前半带黑色。前翅浅灰褐色,散布黑色细点;各横线均不清晰;亚基线至外线由前缘至翅中部为1红褐色大斑,斑内沿前缘排布黑褐色细纹,斑下可见双波状深褐色中线,内侧微白;隐约可见暗褐边的肾纹;亚缘线红褐色,不规则波浪形,内侧衬白;缘线黑色。后翅黄色;中点黑色,大而模糊;端区1黑带,其前端向内呈钩状伸达中点;黑带内缘中部向内凸出1齿,凸齿外侧留有1圆形黄斑;翅基半部沿中室下缘、臀褶和后缘有黑褐色纵带;缘毛黄色,在顶角和黑带内圆斑的外侧黑灰色。

分布:中国的甘肃(文县)、台湾、四川;日本,印度。

(1325) 疖角壶夜蛾 *Calyptra minuticornis* (Guenée, 1852)

Calpe minuticornis Guenée, 1852, in Boisduval & Guenée, Hist. nat. Insectes (Spec. gén. Lépid.) 6:374.

（Indonesia：Java）

前翅长：18~20 mm。雄触角锯齿形。头部与胸部褐色杂有灰白色。腹部浅灰褐色。前翅顶角尖锐凸出，外缘浅弧形，后缘基半部隆起1半圆形大突，端半部浅凹，臀角略下垂；淡灰褐色，带红褐色调，密布灰白色细纹；亚基线褐色，自前缘脉内斜至中室下缘；内线褐色，较直内斜，模糊；顶角至后缘近中部有1深褐色线，在臀褶处微内弯，线内侧暗褐色，外侧带黄褐色。后翅浅褐色，外半部色暗。

分布：中国的甘肃（宕昌、成县、康县、文县）、陕西、浙江、福建、广东；印度，斯里兰卡，印度尼西亚。

（1326）壶夜蛾 *Calyptra thalictri*（Borkhausen，1790）

Phalaena（*Bombyx*）*thalictri* Borkhausen，1790，Naturg. eur. Schmett.，3：425.（Type locality unknown）

前翅长：♂39~40 mm，♀39~43 mm。雄触角双栉形，内外侧栉齿长度相仿；雌触角线形。领片有黑色横纹。前翅顶角尖，在M脉微凸出，后缘中部内凹；后翅外缘微曲。前翅灰褐色，基线、内线褐色平直内斜，二者近平行；中线褐色微曲；1黑褐色线自顶角内斜至后缘中部，其外侧微红褐色；亚缘线褐色，微曲，仅前半部可见；缘线黑褐色；缘毛深灰褐色。后翅灰褐色，端部深灰褐色；斑纹不明显；缘毛灰黄色。

分布：中国的甘肃（礼县、宕昌、文县）、黑龙江、辽宁、新疆、山东、河南、陕西、浙江、福建、四川、云南；朝鲜，韩国，日本；欧洲。

（1327）霜壶夜蛾 *Calyptra albivirgata*（Hampson，1926）

Calpe albivirgata Hampson，1926，Descr. new Genera Species Lepid. Phalaenae：373.（China：Sichuan，Omei-shan）

前翅长：24 mm。雄触角栉齿较翎壶夜蛾 *C. gruesa* 短，最长栉齿略大于触角杆直径，两侧长短差异较小。头、胸部和前翅褐色微红。腹部褐色。前翅散布暗褐色细横纹；亚基线暗褐色，自前缘脉内斜至臀褶；内线暗褐色，模糊，微波浪形强内斜；肾纹暗褐色，窄长，不清晰；中线暗褐色，粗而模糊，自前缘脉内斜弯至中室下角，折角强内斜；外线黑褐色，外侧衬紫红色，自顶角直线内斜至后缘凹陷处的中央；亚缘线暗褐色，不清晰，在M_3与Cu_1脉处呈锯齿形，较明显，在臀褶处内凸。后翅褐色；缘毛黄褐色。

分布：中国的甘肃（文县）、湖南、四川；日本。

（1328）翎壶夜蛾 *Calyptra gruesa*（Draudt，1950）

Calpe gruesa Draudt，1950，Mitt. münch. ent. Ges.，40：168.（China：Zhejiang，West Tianmu-shan；Shaanxi，Tapaishan）

前翅长：31 mm。雄触角双栉形，外侧栉齿长，内侧栉齿短，最长栉齿约为触角杆直径的2倍。头部与胸部褐色带紫灰色；下唇须带有褐色，第二节端部饰毛浓密，将第三节遮蔽。腹部褐色。前翅褐色带紫灰色；亚基线暗褐色，在中室前缘折角，其后直线内斜；内线暗褐色，直线内斜；中线不清晰，暗褐色，自前缘脉微外斜至肾纹后折角内斜；肾纹暗褐至黑褐色，前后半各有1暗点，外缘中凹；外线红褐色衬暗褐色，自顶角直线内斜至翅后缘中部；1暗褐曲纹自外区前缘脉伸至外线M_1脉处，亚缘线暗褐色，不清晰，在Cu_1脉处或有1黄褐斑；缘毛深灰褐色。后翅褐色，端区色暗；隐约可见暗褐色外线与大波曲的亚缘线；缘毛黄白色。

分布：中国的甘肃（宕昌、康县、文县）、陕西、浙江、湖北、湖南；日本。

（1329）胞短栉夜蛾 *Brevipecten consanguis* Leech，1900

Brevipecten consanguis Leech，1900，Trans. ent. Soc. Lond.，1900：513.（China：Hubei，Ichang，Changyang；Sichuan，Moupin，Ni-tou）

前翅长：13 mm。雄触角双栉形达3/4长度，雌触角线形。头部灰褐色，下唇须外侧深褐色；胸部背面灰褐色。腹面灰黄色。腹部背面灰褐色。前翅略狭长，顶角钝圆；前后翅外缘浅弧形。前翅褐色杂有灰白色；亚基线黑色，自前缘脉至中室下缘；内线黑色，直线外斜；中线黑色，仅中室后可见较直外斜；肾纹灰褐色，黑褐边，内侧有1砧形黑褐色斑，前方黑褐色达前缘脉；外线黑色，自前缘脉后外斜，在M_1脉处折成1圆钝外凸角，其后较直内斜，后端与中线相遇于翅后缘；外线前端外方有1黑褐色近三角形斑，下端钝圆；端区色暗，翅脉黑褐色；缘线黑褐色。后翅灰褐色。

分布：甘肃（舟曲、成县、康县、文县）、山东、陕西、江苏、湖北、湖南、福建、海南、广西、四川、云南。

（1330）勒夜蛾 *Laspeyria flexula* (Denis & Schiffermüller, 1775)

Bombyx flexula Denis & Schiffermüller, 1775, Ankündung syst. Werkes Schmett. Wienergegend: 64. (Austria)

前翅长：13 mm。触角线形，雄有纤毛丛。头部与领片褐色；胸部背面紫灰褐色。腹部背面灰色带有黑色。前翅顶角镰状凸出，尖锐，外缘中部凸出成角，凸角与顶角之间弧形深凹；后翅外缘光滑，中部略隆起。前翅灰色，密布黑褐色细点，前缘脉赭色；内线淡黄色，两侧衬褐色，自前缘脉外斜至中室前缘，折角内斜，近呈直线；肾纹只现2黑点，边缘白色，合成"8"字形；外线淡黄色，两侧衬褐色，自前缘脉外斜至R_5脉，折角直线内斜；亚缘线黄白色，不明显，线外方色较暗，近外缘前半部带金褐色并有几个黑点。后翅淡黄色，后半部密布褐色细点，隐约可见暗褐色中点；外线淡黄色，两侧衬褐色，在中室前不明显；亚缘线不清晰。

分布：中国的甘肃（宕昌、舟曲、文县）、黑龙江、陕西、云南；日本；欧洲。

（1331）双傲夜蛾 *Oglasa bifidalis* (Leech, 1889)

Harmatelia bifidalis Leech, 1889a, Entomologist, 22: 64, pl.2: 11. (Japan: Hakodate)

前翅长：16 mm。触角线形。头和胸部黑褐色，掺杂红褐色。腹部深灰褐色。前翅外缘浅弧形；由基部至外线黑褐色；亚基线和内线黑色外斜；外线在中室内弧形内凹，在Cu_1处向外凸出1尖齿，其下略凸，在臀褶处再次内凹；外线外侧灰黄褐色，密布黑鳞；前缘端部有1列黑黄相间的点；亚缘线黑色细弱，不规则波曲，在臀褶处强内弯；翅端部在M脉间有黑斑；缘线为1列短条形或三角形黑斑；缘毛黑灰色，在翅脉端灰黄色。后翅灰褐色，翅端部色较深；中点深灰褐色；深灰褐色外线在臀褶附近隐约可见；缘线深灰褐色，在翅脉端断离；缘毛灰褐色与灰黄色掺杂。

分布：中国的甘肃（康县）；日本。

（1332）长阳狄夜蛾 *Diomea fasciata* (Leech, 1900)

Homoptera fasciata Leech, 1900, Trans. ent. Soc. Lond., 1900: 553. (China: Hubei, Changyang; Sichuan, Chia-kou-ho)

前翅长：16 mm。触角线形。头和胸部浅灰黄褐色至黄褐色。腹部淡灰褐色。前翅狭长，顶角钝圆；前后翅外缘微波曲。前翅淡黄褐色，中部为1紫黑色宽带，其内缘弧形，内侧至翅基部可见云纹状不完整的亚基线和内线，深褐色，在前缘有紫黑色窄条；宽带中部色较浅；宽带外缘波状，具淡灰紫色边；亚缘线、缘线锯齿形，淡黄褐色，翅脉淡黄褐色，在所有浅色线纹和翅脉之间填充深褐色，整体呈网状。后翅基部灰白色，中点深灰色；中线为紫黑色双线；外线为紫黑色单线，其外侧至亚缘线为1紫黑色带；翅端部网状纹较前翅简单。

分布：中国的甘肃（武都区、文县）；湖北、江西、台湾、四川；泰国。

（1333）紫檀夜蛾 *Condate purpurea* (Hampson, 1902)

Capnodes purpurea Hampson, 1902, J. Bombay Nat. Hist. Soc., 14: 216. (India: Khasis)

前翅长：17 mm。触角线形。头褐色；胸部红褐色，中央两侧具黑色纵条纹；领片深红褐色。腹部黑灰色。前翅宽阔，顶角尖锐凸出，外缘浅弧形；后翅外缘较直。前翅红褐色，内线与外线间色较灰；亚基线和内线为深褐色锯齿形双线，不清晰；环纹为1黑点；肾纹窄条形，中段黑色，上下两端各1白点；外线为黑褐色双线，由前缘肾纹上方极度外斜至顶角附近内折，呈直线到达后缘，在R_5脉以下变为3条线，线间污黄褐色；前缘处外线外侧有1弯曲白纹，其外侧至顶角在前缘上有1列白点；顶角处色较黑，在外线下方有不规则白纹；近外缘处1列黑点，外侧衬白色。后翅基半部灰红褐色，端半部红褐色，中央的外线与前翅连续；外缘附近的点列同前翅。

分布：中国的甘肃（文县）、浙江、江西、台湾；印度，尼泊尔，越南，泰国。

(1334) 华穗夜蛾 *Pilipectus chinensis* Draeseke, 1931

Pilipectus chinensis Draeseke, 1931, Dt. ent. Z. Iris, 45:77. (China:Sichuan,Omei-shan)

前翅长:17~18 mm。触角线形。头部和领片褐色;胸部灰白色。腹部灰褐色。前翅外缘浅弧形,后缘内1/3处凸出1齿,齿上着生红褐色毛簇,毛端深褐色;大齿上方1红黑相间的曲带延伸至外线,该带上方由翅基部至外线暗红褐色,排布灰黄色细波纹;大齿外侧及外线外侧灰黄褐色,密布灰黄色细波纹,并散布少量黑褐色碎点;外线在M脉处深弧形外凸;顶角处有少量细碎黑纹;缘线仅在臀褶处1段黑线清晰。后翅灰褐色,端部色较深;隐见深灰褐色中点。

分布:中国的甘肃(文县)、江西、四川;泰国。

(1335) 社夜蛾 *Pseudosphetta moorei* (Cotes & Swinhoe, 1887)

Sphetta moorei Cotes & Swinhoe, 1887, Cat. Moths India:172. (India:Darjiling)

前翅长:19 mm。雄触角单栉形,有纤毛簇和鬃;雌触角线形。头和胸部浅黄色;头顶杂褐色;下唇须外侧有双条褐斜纹;额两侧各有1黑褐色纹;颈片有2条红褐色横纹。腹部黑灰色,各节间灰黄褐色。前后翅外缘微波曲。前翅灰褐色,前缘黑色;中室基部下方1黑斑;后缘内1/4处1黑斑;环纹为1黄白点,周围黑色;肾纹大,黄白色掌状,略带黄褐色,外侧具4个圆钝凸齿,内侧至环纹黑色,外侧至亚缘线黑色;肾纹外侧至顶角为1近三角形淡黄褐色斑,其上方在前缘有1列黄白色点;亚缘线灰白色波状;缘线黑色双线,内侧一条锯齿形,外侧一条微波曲;缘毛黑褐色。后翅深灰褐色。

分布:中国的甘肃(文县)、海南;印度,尼泊尔,斯里兰卡。

(1336) 中带薄夜蛾 *Mecodina lankesteri* Leech, 1900

Mecodina lankesteri Leech, 1900, Trans. ent. Soc. Lond., 1900:593. (China:Sichuan,Omei-shan)

前翅长:18 mm。触角线形。头部和领片灰褐色;胸部背面淡紫灰色。腹部背面灰褐色。前翅顶角略尖;前后翅外缘微波曲。前翅灰色带黑色;亚基线黑色,较粗,自前缘脉至中室;内线双线黑色,粗而模糊,较直;肾纹极窄,白色,外缘中凹,内侧衬黑色;中线黑色带状,自前缘外斜至中室下角后折向后缘;外线黑色,波状,不清晰,在前缘形成1模糊三角形斑;亚缘线灰白色,内侧有1较大黑斑,其内缘外斜,外缘二齿状,位于前缘至M_1之间;近臀角处有1灰黄色斑,近三角形;端区中部色较暗。后翅深灰褐色至黑褐色;中线双线黑色,波状;亚缘线灰褐色,仅在M_3以后可见,内侧有1片黑色,外侧黄褐色。

分布:甘肃(康县、文县)、湖南、福建、四川。

(1337) 灰薄夜蛾 *Mecodina cineracea* (Butler, 1879)

Psimada cineracea Butler, 1879, Illust. typical Specimens Lepid. Heterocera Colln Br. Mus., 3:27, pl.47:4. (Japan:Yokohama)

前翅长:18 mm。头部紫灰褐色,下唇须第三节基部与端部灰色;胸部背面紫灰褐色。腹部黑灰色。前翅紫灰褐色;亚基线双线黑褐色,自前缘脉外弯至臀褶;内线双线黑褐色,波浪形外斜;环纹只现1黑点;中线粗而模糊,黑褐色,自前缘脉外斜至中室下角折向后行;肾纹灰白色,新月形,内侧衬黑色;外线双线黑色,锯齿形,自前缘脉外斜至M_2脉折角内斜,线外侧衬灰色;亚缘线灰白色,内侧为1列尖齿形黑点,在R_5脉处稍外凸,在M_2脉处强外凸成齿形,其后内斜,线内侧在前缘脉与M_1脉之间有1近斗形黑褐色大斑,其内缘外斜,外缘二齿形;缘线黑褐色,波浪形。后翅灰褐色带紫色;中线双线黑褐色,微波曲;外线灰色,内侧较大片黑褐色,似1窄带,自前缘外弯,在R_5脉处外凸成齿形,M_2与Cu_1脉间强外弯,其后内弯,后端斜至臀角,线外侧衬灰色;亚缘线灰色,波浪形,内侧色暗,中段外凸至翅外缘;缘线黑褐色,波浪形。

分布:中国的甘肃(文县)、陕西、江西、湖南、海南、贵州;日本。

(1338) 大斑薄夜蛾 *Mecodina subcostalis* (Walker, 1865)

Ophiusa subcostalis Walker, 1865, List Spec. lepid. Insects Colln Br. Mus., 33:969. (N. China)

前翅长:18 mm。头部和胸部灰褐色带紫色。腹部灰紫色。前翅褐色,带紫灰色调;亚基线、内线、中线和外线深褐色,均波状,后三者在前缘扩大为黑褐色斑;环纹为1清晰黑点;肾纹窄,灰色褐色边,内有1褐线;亚缘线前端白色,其后为各翅脉上的白色尖点;亚缘线内侧前缘处有1黑褐色三角形大斑,斑的下端扩展为1黑色圆点。后翅较前翅色暗;内线和中线深褐色,波状;外线黑褐色,粗壮,在前缘附近折曲,其下较直,外线内侧衬暗黄色,外侧衬灰色。前后翅缘线黑褐色。

分布:中国的甘肃(文县)、河北、河南、浙江、湖北、湖南、福建、广西;朝鲜,韩国。

(1339) 缁夜蛾 Haritalopha biparticolor Hampson,1895

Haritalopha biparticolor Hampson,1895,Trans. ent. Soc. Lond.,1895:309.(Bhutan)

前翅长:♂15 mm,♀17~18 mm。触角线形。头和胸部前半灰褐色;胸部后半和腹部黑褐色至黑灰色。前翅宽阔,顶角尖锐凸出,外缘中部强烈凸出,但不尖锐,该处与顶角间凹,外缘下半段及后翅外缘浅波曲。前翅基部至外线黑褐色;内线黑色带状,上半段弧形,较模糊,下半段粗壮,较直,内斜;外线由前缘向下直行,在M脉间圆弧形外凸,其下内弯后直立至后缘,其外侧紧邻1较模糊深褐色线;外线外侧至外缘上半黑褐色,下半暗红褐色,顶角内侧色稍浅;外缘中部凸角之上缘线黑色,缘毛黑褐色,之下缘线深褐色,缘毛暗红褐色。后翅基部灰褐色,向外缘逐渐过渡为黑灰色;外线黑褐色,形状与前翅相似,下端内侧有1片黑色;缘线黑色,缘毛黑褐色,在臀角附近颜色变浅。

分布:中国的甘肃(文县);不丹,尼泊尔。

(1340) 鳞眉夜蛾 Pangrapta squamea (Leech,1900)

Zethes squamea Leech,1900,Trans. ent. Soc. Lond.,1900:601.(China:Hubei,Changyang)

前翅长:24 mm。本属种类触角线形,雄触角有纤毛。头和体背黑灰色;下唇须外侧黑褐色。前翅略狭长,顶角凸出,外缘中部凸出1尖角,凸角与顶角之间微凹;后翅外缘中部略凸。前翅黑褐色,前缘区灰白色,自近基部向顶角逐渐扩展;亚基线黑色,自前缘外弯至臀褶;内线黑色,粗而模糊,弧形弯曲;环纹和肾纹灰色,边缘黑色,均不太明显;中线黑色,模糊带状,自前缘外斜至中褶后折角内斜,后端与内线合并,折角处有1黑色纵纹外伸至外缘;外线黑色,前端较粗,自前缘外斜至M$_1$脉,折角内斜;亚缘线白色,外侧暗褐色,在Cu$_2$以下内侧暗褐色;外线折角以上至顶角为1灰白色大斑。后翅黑褐色;中点浅黄色,由1黑线分割为二;中、外线黑色;亚缘线白色锯齿形。

分布:甘肃(康县、文县)、河南、浙江、湖北、云南。

(1341) 齿线眉夜蛾 Pangrapta dentilineata (Leech,1900)

Zethes dentilineata Leech,1900,Trans. ent. Soc. Lond.,1900:599.(China:Sichuan,Wa-ssu-kou)

前翅长:18 mm。头部与胸部淡灰色杂暗褐色;胸部腹面淡灰黄色。腹部浅灰黄色,布有黑褐色细点。前翅顶角微凸;前后翅外缘微波曲,中部不明显凸出。前翅淡灰黄色,布有黑褐色细点;内线暗褐色外弯;肾纹窄,淡黄色,黑褐边;中线黑褐色,自前缘脉外斜至肾纹,其后较直内斜,线外方带有黄褐色;外线黑色,自前缘脉外斜,在R$_5$脉至M$_3$脉间外弯较强,其后内斜,前端外方有1黄白色三角形区;亚缘线较细,黑色锯齿形;缘线黑色。后翅淡灰黄色,布有黑色细点;内线黑色,自中室内斜至后缘;中点为1细长弯曲线段,黑色;外线黑色,大波曲外弯;亚缘线似前翅;缘线黑色。

分布:甘肃(文县)、陕西、四川。

(1342) 纱眉夜蛾 Pangrapta textilis (Leech,1889)

Saraca textilis Leech,1889c,Proc. zool. Soc. Lond.,1889:567,pl.52:12.(Korea. China:Zhejiang,Ningpo;Fukian,Foochau)

前翅长:13 mm。头部与胸部浅褐色,密布深褐点。腹部浅黄色,部分有黑褐色横条。前翅顶角和前后翅外缘中部均凸出,但较弱,外缘其余部分明显波曲。前翅黄白色,布有黑褐细点,中脉及外线外方的各翅脉上黑褐色致密;亚基线黑色,仅前缘区可见;内线暗褐色,波曲外弯;环纹小,近圆形,有模糊黑褐边;肾纹窄曲,内缘黑褐色,中央有1黑曲纹;外线双线黑褐色,自前缘脉外斜至M$_2$脉折角内斜,在臀褶处稍外弯;外线外方的前缘脉暗褐色,有1列黄白点;亚缘线黄白色,内侧衬褐色,外侧黑褐色,在R_5脉处外凸,中段外弯,其后微波浪形,下端达臀角;M_2至M_3脉间有1黑褐纵纹穿越外线及亚缘线达翅外缘;缘线黑色,微波浪形;缘毛浅黄褐色带赭色,中有1波浪形黑线。后翅黄白色,有黑褐色细点;中线与外线黑褐色;亚缘线两侧黑褐色,锯齿形。

分布:中国的甘肃(文县)、河北、山东、陕西、浙江、福建;朝鲜,韩国。

(1343) 淡眉夜蛾 *Pangrapta umbrosa* (Leech, 1900)

Zethes umbrosa Leech, 1900, Trans. ent. Soc. Lond., 1900:601. (China: Kiushiu; Hubei, Changyang; Sichuan, Chia-kou-ho)

前翅长:15 mm。头部灰褐色;下唇须长,向上弯曲,超过头顶,头顶布有黑点,下唇须第三基节部与端部灰白色;胸部背面灰褐色,布黑细点。腹部灰褐色。前翅淡褐色,带有紫灰色;亚基线褐色,自前缘脉外弯至臀褶;内线褐色,波浪形外弯,在中室处明显内凸;环纹小,黄褐色黑边;肾纹窄小,橙黄色,边缘黑褐色,中央有1黑曲纹;中线黑褐色,自前缘脉外斜至中室下角,折角波曲内斜;外线黑色,自前缘直线外斜至M_1脉,折角波曲内斜,前半外方1灰白三角形大斑,其前缘有黑纵条;亚缘线黑褐色锯齿形,前端外侧1白斜纹,内侧1黄白曲纹及1片黄褐色。后翅浅褐带紫灰色;中点白色,被黑褐色线分割为4个白点;各横线黑褐色;外线双线,后半锯齿形;亚缘线仅后段可见波浪形。

分布:中国的甘肃(舟曲、康县、文县)、陕西、浙江、湖北、江西、海南、四川、云南;日本。

(1344) 点眉夜蛾 *Pangrapta vasava* (Butler, 1881)

Egnasia vasava Butler, 1881c, Trans. ent. Soc. Lond., 1881:582. (Japan: Yokohama)

前翅长:13 mm。头、胸、腹及前翅褐色杂灰色。前后翅外缘浅锯齿形,前翅外缘中部齿较大,后翅M脉之间凹入较深。前翅内线内方色暗;亚基线、内线白色;环纹、肾纹黄褐色黑边,前者小;中线黑色波浪形,前端内侧灰白色;外线黑色,在R_5脉折角波浪形内弯,后段外斜,前段外方1灰白三角形斑;缘线黑褐色。后翅色同前翅;中线仅后半明显黑褐色;中室端有4个黑边圆形小白斑;外线双线黑色锯齿形,外侧衬白色;缘线黑褐色。

分布:中国的甘肃(康县、文县)、黑龙江、山东、河南、陕西、江苏、湖北;俄罗斯,朝鲜,韩国,日本。

(1345) 遮眉夜蛾 *Pangrapta similistigma* Warren, 1913

Pangrapta similistigma Warren, 1913, in Seitz, Gross-Schmett. Erde, 3:409, pl.71:h. (China)

前翅长:14 mm。头部暗灰褐色;下唇须灰白色,布有黑色细点;胸部暗灰褐色。腹部灰黑色。前翅外缘中部隆起;前后翅外缘浅锯齿形。前翅褐色;内线黑色,自前缘脉外斜至中室折角内斜;环纹褐色,中央微白;肾纹白色,半圆形,内侧有2白点,外侧前后方各有1白点;中线黑色,外弯;外线外侧灰白色,中段内侧黑色,自前缘脉外斜至M_1脉后内斜;亚缘线灰白色,前半锯齿形;缘线黑色。后翅褐色,中点白色,其中有黑色曲纹,后方有2白点;外线黑色衬白色,外弯;亚缘线灰白色,内侧黑色,在中褶处有1齿形黑褐斑;缘线黑色。

分布:中国的甘肃(文县)、陕西、浙江、湖北、四川。

(1346) 苹眉夜蛾 *Pangrapta obscurata* (Butler, 1879)

Marmorinia obscurata Butler, 1879, Illust. typical Specimens Lepid. Heterocera Colln Br. Mus., 3:68, pl. 57:11. (Japan: Hakodate)

前翅长:11 mm。头部与胸部褐色。腹部褐色。前翅顶角外凸成1锐齿,外缘中部外凸成1钝齿,2齿间的翅外缘微凹,波曲,翅外缘后半凹;后翅外缘中部外凸成1齿。前翅灰褐色微带紫色;亚基线黑色,自前缘脉至中室;内线粗,褐色,稍外弯,外侧微衬灰色;环纹与肾纹不显;外线褐色,自前缘脉外斜至M_1脉折角内斜,外侧衬灰白色,内侧黑褐色,模糊,似成1宽带,外线外方有1灰色三角形大斑,自前缘脉至M_1脉,其中杂有褐色;亚缘线不明显,隐约呈现灰白色,波浪形。后翅深灰褐色,前缘区色浅;外线仅在中室后明显,暗褐色,外侧衬灰白色;亚缘线暗褐色,锯齿形,两侧衬白色,内方带有较宽暗褐色。

分布：中国的甘肃(文县)、黑龙江、河北、山东、陕西、湖南；朝鲜，韩国，日本。

(1347) 浓眉夜蛾 Pangrapta trimantesalis (Walker, 1859)

Egnasia trimantesalis Walker, 1859, List Spec. lepid. Insects Colln Br. Mus., 16:220.（Bangladesh：Bengal）

前翅长：14 mm。头部暗红褐色；下唇须浅灰褐色；胸部暗红褐色。腹部深褐色。前翅顶角尖，凸出较少；前后翅外缘较光滑，中部隆起，不形成尖角。前翅深褐色带灰色，密布黑褐色细点，基部色暗褐；亚基线黑色，波浪形，自前缘脉至臀褶，外侧衬灰色；内线黑色，波浪形外弯，在中室处明显内凸；环纹灰褐色，边缘黑褐色，小而圆；肾纹色似环纹，小而模糊；中线黑褐色，自前缘脉外斜至肾纹前端，自肾纹后端内斜并微波浪形；外线黑褐色，自前缘脉外斜至M_1脉，折角波曲内斜，前段外方有1近半圆形灰色大斑，后端1黑褐波浪形线；亚缘线黑褐色间断；顶角1灰白斜纹。后翅灰褐色，各横线黑褐色；外线双线波浪形；亚缘线间断；缘线1细褐线。

分布：中国的甘肃(康县、文县)、陕西、江苏、浙江、福建、云南；朝鲜，韩国，日本，印度，孟加拉国。

(1348) 饰眉夜蛾 Pangrapta ornata (Leech, 1900)

Zethes ornata Leech, 1900, Trans. ent. Soc. Lond., 1900:605.（China：Hubei, Ichang）

前翅长：10 mm。头部紫褐色；下唇须外侧暗灰色；胸部紫褐色。腹部红褐色。前翅顶角尖锐凸出，其下浅凹，外缘中部折角状凸出；后翅外缘浅弧形。前翅紫红色，外半部带有金褐色，前缘黑色，外半部有几个白点；亚基线黑色杂白色，自前缘脉外弯至2A脉；内线黑色杂白色，前后端内侧衬白色，中段间断；环纹只现1模糊的黑点；肾纹金褐色，内侧黑色；中线黑色，模糊，自前缘脉至中室外不清晰外斜，在M_1脉后内斜；外线双线白色，线间黑色，M_1脉前微曲外斜，在M_1脉折角微曲内斜；亚缘线黑色，微锯齿形，自顶角内弯，在M_3脉成1折角内斜，在臀褶成1内突角；外线与亚缘线间在M_1脉前有1近三角形或半圆形大白斑，微带褐色，其前缘有1列黑色纵纹；亚缘线前端内侧1白斑；近翅外缘1黑线。后翅紫红色；中线黑色；外线双线白色，前半不显，内方的前缘区浅黄色；亚缘线黑色锯齿形；近翅外缘1黑线。

分布：甘肃(康县)、陕西、江苏、浙江、湖北、湖南。

(1349) 缘斑眉夜蛾 Pangrapta costinotata (Butler, 1881)

Saraca costinotata Butler, 1881c, Trans. ent. Soc. Lond., 1881:581.（Japan：Yokohama）

前翅长：12 mm左右。头部、胸部和前后翅紫灰至深褐色，杂少许黑褐色，带不均匀锈红色；下唇须外侧大部黑褐色。腹部灰褐色。前翅顶角略凸出，不尖锐，外缘中部隆起；后翅外缘浅弧形。前翅亚基线白色，自前缘脉至中室；内线白色，在中室前为1斜纹，在中室处内斜，其后波浪形，间断；环纹为1黑点；外线为1列白点，在M_3以下内斜至臀褶，折向外弯，上端有1三角形白斑，其前缘外半部有1黑点；亚缘线黑褐色，不清晰，有整齐锯齿形；外线与亚缘线间的锈红色明显；亚缘线上端内侧有1白点，近外缘有1列黑点；缘线黑褐色，间断。后翅端半部的锈红色较明显；近外缘有1列黑点；缘线黑褐色，间断。

分布：中国的甘肃(文县)、陕西、福建、广西；日本。

(1350) 中影眉夜蛾 Pangrapta curtalis (Walker, 1866)

Egnasia curtalis Walker, 1866, List Spec. lepid. Insects Colln Br. Mus., 34:1177.（China：Shanghai）

前翅长：14 mm。头部与胸部浅褐色，肩片及后胸杂有暗褐色。腹部浅灰褐色，背面色暗并布有黑褐细点。前翅顶角略凸，不尖锐；前后翅外缘微波曲，中部略隆起。前翅浅褐色，布有暗褐细点；亚基线黑褐色，仅在前缘区现双斜纹；内线双线褐色，波浪形外弯，内侧的线弱；环纹斜圆形，褐边；中线褐色，自前缘脉外斜至中室下角折向内斜并呈波浪形；外线双线褐色，自前缘脉直线外斜至M_1脉折角微波浪形内斜，折角前两线粗，折角后外侧的线模糊；亚缘线黑褐色，间断为锯齿形点列，自顶角微曲内斜；外线外方有1近半圆形大灰斑，其后端达M_1脉，其外缘有几个黑褐纹，其前缘有1列白点。后翅浅褐色；中线黑褐色，模糊；外线双线黑褐色，仅M_1脉后明显，在中褶至Cu_2脉间外弯，两线之间带有黑褐色；亚缘线隐约可见，黑褐色，锯齿形，在Cu_1脉处齿尖近达翅外缘；中线至亚缘线间布有黑褐细点；缘线由1列新月形黑纹组成；缘毛褐色。

分布：中国的甘肃(康县、文县)、陕西、江苏、湖北；朝鲜，韩国，日本。

(1351) 褐翅眉夜蛾 *Pangrapta adusta* (Leech, 1900)

Zethes adusta Leech, 1900, Trans. ent. Soc. Lond., 1900:604. (China: Hubei, Changyang; Sichuan, Moupin)

前翅长:11 mm。头、胸灰色杂暗褐色。腹部深灰褐色。前翅顶角钝,微凸;前后翅外缘浅波曲,中部略凸出成齿。前翅褐色,杂有灰色及黑褐色;内线黑色外弯;环纹与肾纹轮廓不清,褐色,边缘黑色;中线黑褐色,不清晰,外斜至中室,在肾纹后较直内斜;外线黑褐色,自前缘脉外斜至中褶,折角内斜,中线与外线间黑褐色,成1宽曲带;外线前段外方有1三角形大灰色斑,其外方有赤褐色斜纹,外线外衬灰白色;亚缘线隐约可见波浪形;缘毛赤褐色,端部间白色。后翅色似前翅,但外线以内带黑色,中点黑色白边;中线白色波浪形;外线粗,黑色,外斜至中褶,折角微内弯,后端近达臀角,外线外侧有赤褐色窄带;缘线细,黑色;缘毛似前翅。

分布:中国的甘肃(成县、文县)、陕西、湖北、湖南、四川;日本。

(1352) 黄斑眉夜蛾 *Pangrapta flavomacula* Staudinger, 1888

Pangrapta flavomacula Staudinger, 1888, Stett. ent. Z., 49:279. (Russia: Amurland)

前翅长:15 mm。头和胸部灰褐色。腹部灰色。前翅顶角微凸;前后翅外缘浅波曲,中部略隆起。前翅淡紫灰色带黄色,密布暗褐色细点,前缘区色较浅;亚基线黑色,自前缘至臀褶;内线黑褐色,浅弧形弯曲;环纹黄色褐边;肾纹黄色黑边,中央有1黑色曲纹;中线黑褐色,自前缘外斜至中褶折角内斜;外线黑色,上半段深弧形外凸,下半段直立,浅波曲;中线与外线间大部金褐色,并斜伸至近顶角处;外线外侧的三角形浅色斑较模糊;亚缘线为1列黑点;顶角内侧有1楔形灰白色斑;缘线黑色。后翅色浅,散布不均匀黑色;中点黑色,折曲;外线黑色,略呈浅弧形;亚缘线黑色双线,锯齿形;缘线黑色。

分布:中国的甘肃(文县)、黑龙江、江苏、福建;俄罗斯,日本。

(1353) 波眉夜蛾 *Pangrapta prophyrea* (Butler, 1879)

Egnasia prophyrea Butler, 1879, Illust. typical Specimens Lepid. Heterocera Colln Br. Mus., 3:68, pl.77:6. (Japan: Yokohama)

前翅长:14 mm。头部、胸部和腹部暗褐色带紫灰色。前翅顶角不凸出;前后翅外缘浅波状,中部隆起。前翅暗褐色带紫灰色,中褶与臀褶内半布有黑褐细点;亚基线灰白色,自前缘脉外弯至臀褶,中室后不明显;内线灰白色,自前缘脉外斜至中室;肾纹只现1模糊黑褐斑;外线白色,内侧衬暗红褐色带,自前缘脉微曲外斜至M_1脉折向下,在M_3脉下内斜,至臀褶折角外弯;亚缘线灰白色锯齿形;外线与亚缘线之间在M_1脉之上有1近三角形灰褐大斑,其内半布有白点及黑褐点,其前缘黑色,有1列灰白点;亚缘线外方布有灰白细点,线前半外方有1列黑褐纵纹;缘线黑褐色,微波浪形;缘毛金褐色,顶角及中部黑褐色。后翅色似前翅,但较暗,布有灰白细点;中室端部有2白纹,有时被黑线隔断成4个白点;中线黑色波浪形,仅在中室后可见;外线白色,细波浪形外弯,后段稍外斜,线内侧有1黑褐窄带,外线内方的前缘区灰色;亚缘线黑色,似1窄带,自M_1脉至臀角,其内侧衬暗红褐色,外侧不规则锯齿形,在中褶处强外突;缘线黑色,波浪形;缘毛基半部金褐色,端部黑褐色。

分布:中国的甘肃(康县)、陕西、福建;日本。

(1354) 郁眉夜蛾 *Pangrapta ingratata* (Leech, 1900)

Zethes ingratata Leech, 1900, Trans. ent. Soc. Lond., 1900:602. (China: Sichuan, Pu-tsu-fong)

前翅长:16 mm。头部与胸部浅褐色杂白色;触角基节有白斑;下唇须细长,第一、二节外侧深褐色,第三节杂有灰白色。腹部浅灰褐色,布有黑褐细点,后几节背面带深褐色。前翅顶角尖,略凸出,外缘中部隆起;后翅外缘浅波状。前翅浅灰白色,布有褐色细点;亚基线褐色,较粗,自前缘脉外斜至中室;内线褐色外弯,在前缘区粗而外斜,在中室内凸,其后微弱并波曲;环纹小,微黄,有模糊褐边,近圆形;中线粗,褐色,自前缘脉微曲外斜至肾纹前端,再自Cu_1脉基部内弯至翅后缘;肾纹淡黄色,暗褐边,中有1暗褐纹;外线双线暗褐色,自前缘脉外斜至M_1脉,此后内侧的线极微弱,外侧的线波曲外弯,M_3脉后内弯,双线间及内侧带褐色,线外侧另有1模糊褐线;亚缘线淡黄色,外侧衬少许褐色,锯齿形,在M_1脉处外凸;外线前段外方有1近半圆形灰白斑,其后缘达M₁脉。后翅灰白色,布有黑褐细点;内线黑褐色,不明显;中点白色,被黑褐色细线分割成4个白点;外线黑褐色带状,中部外凸,亚缘线淡黄色,锯齿形,两侧衬黄褐色,中段两侧有较密的黑褐点。

分布:甘肃(舟曲、康县、文县)、陕西、江西、四川。

(1355)旗眉夜蛾 Pangrapta mandarina (Leech,1900)

Zethes mandarina Leech,1900,Trans. ent. Soc. Lond.,1900:597.(China:Hubei,Ichang)

前翅长:18 mm。头部与胸部灰色杂有少许暗褐色。腹部灰色带紫褐色。前翅顶角不凸出;前后翅外缘浅弧形,中部无明显隆起。前翅灰色微带紫褐色;基线只在中室前现1暗褐斜纹;内线黑褐色,粗而模糊,自前缘脉外斜至中室下缘折角内斜;环纹不显;肾纹浅灰色,中有1黑褐曲纹,外围模糊黑褐边;中线不清晰,黑褐色,与外线混合成1带状;外线黑褐色,自前缘脉直线外斜至中褶折角内斜并微呈波浪形,线外在M₁脉前有1半圆形大白斑,其中布有黑细点,斑的前缘黑褐色,有几个白点;亚缘线隐约可见,暗褐色,波曲;顶角有1灰白色半圆形小斑;缘线黑色。后翅色似前翅,亚缘线内方的中室及Cu₂脉后带有黑褐色;中线与外线模糊,后者双线;亚缘线仅在中褶后明显,间断为黑点列,内侧衬灰白色;缘线黑色;缘毛浅红褐色。

分布:甘肃(舟曲、成县)、陕西、湖北、湖南、海南、四川。

髯须夜蛾亚科 Hypeninae

(1356)洁口夜蛾 Rhynchina cramboides (Butler,1879)

Hormisa cramboides Butler,1879,Illust. typical Specimens Lepid. Heterocera Colln Br. Mus.,3:62,pl.56:6.(Japan:Yokohama)

前翅长:13~14 mm。触角线形。头部灰褐色;下唇须斜向上伸,第二节长,上缘饰长而致密的鳞毛,第三节较短,端部尖;胸部背面灰褐色杂暗褐色。腹部淡黄褐色带灰色。前翅顶角尖,外缘波状,臀角略下垂;后翅外缘波状。前翅沙黄色,微带褐色;环纹和肾纹小,褐色;1暗褐色斜纹自顶角内斜至翅后缘,其内侧衬灰白色,线外方色较暗;臀褶基半部有1黑褐色纵纹,其后方色较白;端区有不清晰褐纹;缘线为1列暗褐色点。后翅浅黄褐色。

分布:中国的甘肃(文县)、山东、湖南、四川、西藏;日本。

(1357)两色髯须夜蛾 Hypena trigonalis (Guenée,1854)

Dichromia trigonalis Guenée,1854,in Boisduval & Guenée,Hist. nat. Insectes (Spec. gén. Lépid.),8:19.(India)

前翅长:17 mm。雄雌触角均线形。头和胸部黑褐色;下唇须很长,饰长毛,第三节尖。腹部黄色。前翅顶角略凸;前后翅外缘浅弧形。前翅黑褐色,布有灰色细点,翅基部和亚缘线两侧灰点致密;内线黑色,自前缘脉外斜至2A,此处内侧略带红褐色;外线灰白色,微呈波状,内外线之间形成1片黑褐色楔形区域;亚缘线灰白色,不规则波曲;缘线为1列半月形灰白色点。后翅黄色,端部有1黑色带,上宽下窄,下端止于Cu₂脉;缘毛与其内侧翅面颜色相同。

分布:中国的甘肃(文县)、山东、河南、陕西、浙江、江西、福建、四川、贵州、云南、西藏;朝鲜,韩国,日本,印度。

(1358)斜线髯须夜蛾 Hypena amica (Butler,1878)

Dichromia amica Butler,1878,Illust. typical Specimens Lepid. Heterocera Colln Br. Mus.,2:(Japan:Hakodate;Yokohama)

前翅长:16 mm。头部和胸部黑褐色带灰色。腹部暗黄褐色。前翅黑褐色,内线内方和外线外方带灰色;内线不明显,自前缘波曲外斜至后缘;外线灰白色,近直线,略内斜;亚缘线隐约可见,黑褐色波曲带状,在M1处外弯;顶角有1黑褐色斜纹伸达亚缘线;缘线为各翅脉间1列黑点;缘毛深灰褐色掺杂少量黄色。后翅浅黄色,基部带有深褐色;端部1黑褐色带,前宽后窄,止于Cu₂端部,其内缘弧形,微呈锯齿形;缘线黑褐色;缘毛在顶角黑褐色,其下浅黄色与深灰褐色掺杂。

分布:中国的甘肃(文县)、浙江、湖北、湖南;日本。

(1359)双突髯须夜蛾 Hypena sinuosa Wileman,1911

Hypena sinuosa Wileman,1911b,Trans. ent. Soc. Lond.,1911:263.(Japan:Kagoshima,Kyushu)

前翅长:14 mm。头部、胸部和前翅深褐色。腹部灰褐色。前翅较宽阔,顶角凸出明显,外缘弧度较大;亚基线和内线黑褐色,前者到达臀褶,内线波状,间断,在臀褶处强外凸成1尖角,其后内斜至后缘;环纹为1微小白点,其内侧为1黑点;外线黑色,较近翅基部,外侧衬白边,在中室端部弧形外凸,在臀褶处外凸1尖角,两突内侧的黑色扩展成黑斑;亚缘线为1列白点,内侧衬黑,远离外缘;缘线为1列深灰褐色点,各点中心黑色;缘毛深灰褐色。后翅深褐色带深灰褐色;中点黑灰色,模糊;缘线和缘毛深灰褐色。

分布:中国的甘肃(文县)、台湾;日本。

备考:本种为中国大陆首次记载。

(1360)黑褐髯须夜蛾 Hypena tenebralis Moore,1867

Hypena tenebralis Moore,1867,Proc. zool. Soc. Lond.,1867:83.(India or Bangladesh:Bengal)

前翅长:16 mm。体和翅均黑褐色,布有灰白色细点。前翅内线黑色,自前缘波曲外斜;肾纹隐约可见,黑色;外线黑色外弯,在M脉间内弯,后端与内线接近;亚缘线由1列白点组成,内侧衬黑点;顶角隐约可见1灰色斜纹;缘线为1列黑点。前后翅缘毛深灰褐色,掺杂少量黄色。前翅反面近顶角处有1白色小斑和1黑点。

分布:中国的甘肃(文县)、四川、西藏;印度,孟加拉国。

(1361)褐线髯须夜蛾 Hypena subcyanea Butler,1880

Hypena subcyanea Butler,1880c,Proc. zool. Soc. Lond.,1880:681.(China:Taiwan)

前翅长:11 mm。头和胸腹部灰黄褐色。前翅顶角不凸出;翅面黄褐色,端部色较暗,有紫灰色调;内线深褐色,强波曲,在中室后明显外凸,线内方色较浅;环纹为1小黑点,由竖鳞组成;外线黑褐色,外侧衬白色,微波曲内斜;亚缘线不明显,由1列白点组成,内侧衬黑点;缘线为1列深灰褐色新月形斑,各斑中心黑色,内侧略衬白色;缘毛深灰褐色。后翅浅褐色至浅黄褐色;缘线深灰褐色;缘毛深灰褐色与浅黄色相间。

分布:中国的甘肃(文县)、江苏、浙江、湖北、福建、台湾;朝鲜,韩国,日本。

(1362)暗褐髯须夜蛾 Hypena insolita Leech,1900

Hypena insolita Leech,1900,Trans. ent. Soc. Lond.,1900:659.(China:Sichuan,Pu-tsu-fong)

前翅长:15 mm。头和胸部暗黄褐色。腹部暗褐色。前翅暗褐色,基部黑褐色杂紫灰色;内线紫灰色,自前缘至中室下缘折向外斜并波曲;肾纹黑褐色,不清晰;中线黑褐色,模糊,自肾纹后内斜,向后渐扩展;外线黑色,在M_2处外凸1尖角,其上方外侧衬白色;亚缘线为1列齿尖向外的黑齿纹,外侧衬紫灰色,齿尖有灰白点;1黑纹自顶角下方内斜至M_1脉;缘线黑褐色;缘毛深灰褐色。后翅褐色至灰褐色;缘线深灰褐色;缘毛深灰褐色,外缘中部以下缘毛掺杂较多黄色。

分布:甘肃(文县)、四川、云南。

(1363)缩卜夜蛾 Bomolocha obductalis(Walker,1859)

Hypena obductalis Walker,1859,List Spec. lepid. Insects Colln Br. Mus.,16:56.(India)

前翅长:16 mm。雄雌触角均线形。头部灰褐色,少数鳞片端部灰白色;下唇须斜向上伸,第二节黑色杂灰色,端部白色,上缘饰长鳞,第三节细,黑褐色,端部灰白色;胸部灰褐色。腹部灰褐色。前翅顶角略凸;前后翅外缘浅弧形。前翅外线内方黑褐色,外侧灰褐色;黑褐色大斑下端到达后缘;内线白色,波浪形,不明显;环纹只现1黑点;肾纹细窄,黑色;外线黑色,外侧衬白色,自前缘脉微曲外斜,在M_2脉外凸,其后内弯;亚缘线由1列小黑斑组成,均衬以白色;顶角有1黑色内斜二齿形纹;翅外缘有1列黑点。后翅灰褐色。

分布:中国的甘肃(舟曲、康县、文县)、河南、陕西、新疆、福建、四川、西藏;印度。

(1364) 张卜夜蛾 *Bomolocha rhombalis* (Guenée, 1854)

Hypena rhombalis Guenée, 1854, in Boisduval & Guenée, Hist. nat. Insectes (Spec. gén. Lépid.), 8:33. (India)

前翅长:13 mm。头部与胸部深褐色;胸部腹面浅褐色。腹部褐色,背毛簇黑褐色。前翅暗褐色,布有少许蓝白细点,外线外方及后缘区内半灰白色带褐色;外线内方为1近菱形大斑,其下缘起自中室下缘基部,外斜至2A脉中部,未达翅后缘;外线白色,自前缘脉微曲外斜,至M_3与Cu_1脉处折角内斜,近2A脉处呈弧形内伸,在2A脉与大斑后的白色相合,线外侧另有1暗褐线与之平行,其前段外方有1近半圆形暗褐斑;亚缘线白色,不规则锯齿形,在各翅脉处间断,线内侧有1列暗褐色齿形纹,在2A脉后的纹较粗长;1深褐色纹自顶角后内斜至外线折角处;缘线由1列新月形黑点组成;缘毛基部黄褐色,其余灰褐色。后翅褐色;缘线由1列长弧形褐点组成;缘毛浅褐色,基部淡黄色。

分布:中国的甘肃(文县)、河南、陕西、江苏、浙江、湖南、福建、广西、四川、西藏;印度,缅甸。

(1365) 双色卜夜蛾 *Bomolocha bicoloralis* Graeser, 1889

Bomolocha bicoloralis Graeser, 1889, Berl. ent. Z., 32:381. (Russia: Amurland, Chabarofka)

前翅长:13~14 mm。头部与胸部黑褐色。腹部灰褐色。前翅大部为1黑褐色大斑占据,其下缘自臀褶基部至中外区均与翅后缘平行,其外缘自顶角后弯曲内斜,其前缘自缘脉基部至外区折成1凹,此斑之外的翅色褐白,但亚顶区杂有暗褐色;缘线黑褐色,波浪形;缘毛灰白色。后翅深灰褐色,隐约可见黑褐色中点;缘线黑褐色;缘毛灰白色。

分布:中国的甘肃(成县)、黑龙江、河南、湖北;俄罗斯,日本。

(1366) 齐卜夜蛾 *Bomolocha zilla* (Butler, 1879)

Hypena zilla Butler, 1879, Illust. typical Specimens Lepid. Heterocera Colln Br. Mus., 3:60, pl.55:1. (Japan: Hakodate)

前翅长:15 mm。头部与胸部褐色。腹部灰褐色。前翅外线内方黑褐色,外方灰白色,黑褐色大斑下缘的外半与2A脉平行,但未超过2A脉;内线内方浅褐色;内线灰白色,自前缘脉外斜至2A脉;环纹与肾纹不显;外线灰白色,自前缘脉微曲外斜,至M_2脉折向内斜,在臀褶处稍外凸,外线外侧有1模糊线与之平行;亚缘线白色外弯,内侧有模糊暗褐纹;顶角后有1黑褐内斜纹;缘线由1列新月形黑纹组成。后翅灰褐色,缘线黑褐色。

分布:中国的甘肃(宕昌、舟曲、文县)、黑龙江、陕西、湖北、福建;朝鲜,韩国,日本。

(1367) 尖卜夜蛾 *Bomolocha amamiensis* Sugi, 1982

Bomolocha amamiensis Sugi, 1982, in Inoue et al., Moths of Japan, 1:910. (Japan)

前翅长:15 mm。体色和斑纹近似齐卜夜蛾 *B. zilla*,但前翅基部黑斑到达后缘;黑斑中部凸齿尖锐平直。

分布:中国的甘肃(宕昌);日本。

(1368) 菱卜夜蛾 *Bomolocha melanica* Sugi, 1959

Bomolocha melanica Sugi, 1959, Tinea, 5:283. (Japan)

前翅长:12 mm。头和胸腹部深灰褐色;腹部背面毛簇黑褐色。前翅基部至外线暗褐至黑褐色;环纹为1黑点;肾纹黑色,不清晰;1条白线由翅基部外斜至2A中部;外线灰白色,">"形,微波曲,其外侧为1灰褐色与灰白色掺杂的浅色带,顶角内侧1浅色三角形斑,其下角向内弯屈伸达浅色带;浅色带和三角形浅色斑之间为1楔形黑褐色斑;亚缘线灰白色,波曲,其外侧暗褐色;缘线为1列长短不一的条形黑点;缘毛深灰褐色。后翅暗褐色至深灰褐色;中点黑褐色;缘线黑褐色,纤细且不完整;缘毛深灰褐色。

分布:中国的甘肃(文县);日本。

(1369) 满卜夜蛾 *Bomolocha mandarina* (Leech, 1900)

Hypena mandarina Leech, 1900, Trans. ent. Soc. Lond., 1900:658. (China: Sichuan, Pu-tsu-fong; Hubei,

Changyang）

前翅长：15 mm。头部黑褐色，头顶有黑褐色杂灰白色的毛簇；下唇须向前平伸，第二节浅褐色杂黑色，上缘饰长密鳞，第三节黑褐色，端部尖，下缘饰密鳞；胸腹部黑褐色。前翅内半几全由1大褐色斑所占，其下缘自前缘脉基部后方外斜至2A脉，其外缘与外线平行，自前缘脉外斜至M_2脉折角内斜，斑的后方有1楔形黑纵纹，斑的外侧为细弱黑褐色外线，外线外方灰褐色；亚缘线由1列模糊黑点组成，亚缘区前部有1暗褐斑；顶角有1内斜黑纹；缘线褐色。后翅烟褐色，中点暗褐色。

分布：中国的甘肃（舟曲、康县、文县）、陕西、浙江、湖北、湖南、福建、四川、云南、西藏；日本。

（1370）分色卜夜蛾 *Bomolocha bipartita* Staudinger，1892

Bomolocha bipartita Staudinger，1892a，in Romanoff. Mém. Lépid. 6：625，pl.14：12.（Russia：Amur）

前翅长：15 mm。头和胸腹部灰褐色杂黑褐色和少许白色。前翅外线内方黑褐色；外线白色，自前缘脉微曲外斜，至M_3折角内弯，在臀褶处外凸，2A脉后微外斜；外线外方灰白色，布有黑褐细点，近外线有1隐约粗线与外线平行；亚缘线隐约可见，浅黑褐色，较粗，曲度与外线相似，在M_2脉以上较明显；顶角下方有1黑褐色斜纹；缘线为各翅脉间1列黑点；缘毛灰白色带灰褐色。后翅灰褐色；中点黑灰色；翅外缘前半有1列黑点。

分布：中国的甘肃（宕昌、舟曲、文县）、黑龙江、湖北；俄罗斯、日本。

（1371）燕夜蛾 *Aventiola pusilla*（Butler，1879）

Egnasia pusilla Butler，1879，Illust. typical Specimens Lepid. Heterocera Colln Br. Mus.，3：xv，67，pl.：9.（Japan：Yokohama）

前翅长：7~8 mm。触角线形，雄触角有纤毛。头部灰白色；胸部背面灰白色带褐色。腹部黑褐色，基部背面褐色，各节间灰色。前翅外缘浅弧形；后翅外缘中部隆起，在Rs和Cu_2端部略凸出成角。前翅褐色，基部色浅，带黄褐色调，端部色深，带灰褐色；亚基线黑色，外弯，达臀褶，稍间断；内线黑色，间断；中线黑色粗壮，自前缘外斜至中室，折角微曲内斜；肾纹黑色白边；外线黑色细弱，外侧衬白色；亚缘线白色；中线与外线之间色较暗；外线与亚缘线之间在前缘有1黑色楔形大斑，斑内前缘有白点；缘线为1列黑点。后翅颜色同前翅；中线黑褐色较直，粗壮；外线黑褐色，细弱，中部向内弯曲；中点黑色；缘线同前翅。

分布：中国的甘肃（文县）、黑龙江、河北、江苏、四川；俄罗斯、日本。

（1372）修夜蛾 *Perciana marmorea* Walker，1865

Perciana marmorea Walker，1865，List Spec. lepid. Insects Colln Br. Mus.，33：813.（India：Hindostan）

前翅长：17 mm。雄触角线形，有纤毛丛。头部白色，头顶有黑斑，其两侧浅褐色；领片浅褐色，中央有黑斑，端部白色；胸部灰褐色杂白色；肩片基部黑色；后胸有1黑斑。腹部白色，背面鳞簇黑色。前翅顶角至R_5凸出，端部平截，其下方外缘凹，M_3端部凸出1尖角；翅面白色带黑褐色，端半部大部黑褐色，翅脉上有黑白点及碎纹；内线仅在中室前现1外斜黑纹；内区在2A脉后有1近三角形黑斑；环纹白色，扁圆形，有弥散的黑边；肾纹为模糊黑色，中央有1极小白点；外线黑色，不清晰，在前缘脉外斜，在M_2后内斜并波曲，在折角处外侧有1模糊黑斑；外线外侧在臀褶处有1黑斑；亚缘线白色，在前缘下方和臀角附近各形成1白斑；缘线黑色；缘毛黑褐色掺杂少量白色。后翅浅灰褐色，向端部色渐深；缘线深灰褐色；缘毛灰黄色掺杂灰褐色，臀角处黑色。

分布：中国的甘肃（文县）、湖南、云南；印度。

（1373）巴胸须夜蛾 *Cidariplura butleri*（Leech，1900）

Mastigophorus butleri Leech，1900，Trans. ent. Soc. Lond.，1900：629.（China：Sichuan，Chia-kou-ho；Wa-shan）

前翅长：17 mm。触角线形，雄触角有纤毛丛和较长的鬃毛。雄下唇须极长，远超过头顶，达胸中部。头部和胸腹部褐色。前翅顶角略凸出，外缘浅弧形；翅面褐色带灰色；内线黑褐色，内侧衬灰黄色；肾纹黑褐色，狭窄，弧形弯曲，后端有钩；外线黑褐色，外侧衬灰黄色，上端外斜，在M_2处折角后直线内斜；亚缘线黑褐色,不规则波曲,中段外弯;缘线黑褐色;缘毛深灰褐色。后翅褐色;中点黑褐色;缘线深灰褐色;缘毛灰褐色与灰白色掺杂。

分布:甘肃(康县、文县)、湖南、福建、海南、四川。

(1374) 条拟胸须夜蛾 Bertula spacoalis (Walker, 1859)

Bleptina spacoalis Walker, 1859, List Spec. lepid. Insects Colln Br. Mus., 19:872. (North China)

前翅长:11 mm。触角线形。雄蛾下唇须镰刀形,弯到胸背中部,第二节前缘有毛,第二、三节后缘有长毛簇。体和翅深褐至黑褐色,带紫灰色调。前翅较狭长,顶角略凸,外缘波状;前翅内线和外线白色,不规则波曲;外线在中室端部内凹,与肾纹合二为一;亚缘线白色,在前缘为1白斑,其下仅在翅脉上和臀褶处有微小白点;缘线黑褐色;缘毛深灰褐色,基部黄白色。后翅外线白色,浅弧形;亚缘线白色,在臀褶至后缘清晰;缘线和缘毛同前翅。

分布:中国的甘肃(文县)、河北、江西、湖南、福建、四川;日本。

(1375) 双拟胸须夜蛾 Bertula bistrigata (Staudinger, 1888)

Zanclognatha bistrigata Staudinger, 1888, Stett. ent. Z., 49:276. (Russia:Vladivostok)

前翅长:13 mm。头部暗灰褐色带紫色;下唇须暗褐色斜向上伸,第二节背缘饰浓密鳞毛;雄下唇须同前种;胸部背面暗灰褐色带紫色。前翅顶角不凸出;前后翅外缘浅弧形,几乎不波曲。前翅暗褐色带紫灰色,亚缘线外方色较灰;内线黄白色,直线内斜,较粗;肾纹窄,黄白色,边缘微呈锯齿形;外线黄白色,直线后垂,自前缘脉稍外斜,中褶后较直内斜;亚缘线不明显,白色,前缘脉至R_5脉间较粗,在R_4和R_5脉处二曲形,在M_3脉处外凸成1齿,其后内弯,后端达臀角,缘线为1列三角形黑斑;缘毛黑褐色。后翅暗褐色带灰色;中点深灰褐色,较大;缘线黑褐色;缘毛色较前翅浅。

分布:中国的甘肃(文县)、黑龙江、陕西、福建;俄罗斯,朝鲜,韩国,日本。

(1376) 并线尖须夜蛾 Bleptina parallela Leech, 1900

Bleptina parallela Leech, 1900, Trans. ent. Soc. Lond., 1900:626. (China:Sichuan, Omei-shan, Moupin, Wa-shan, Chia-kou-ho; Fujian, Foochau)

前翅长:18 mm。触角线形,雄触角有短纤毛丛。头部黑褐色杂少许浅褐色;下唇须向上弯,镰刀形,第二节超过头顶,第三节尖而长,淡黄褐色杂少许黑褐色;胸部黑褐色杂淡褐色。腹部背面黑褐色,基部灰色。前翅狭长,顶角略尖;前后翅外缘浅弧形。前翅灰色,密布黑褐细点;内线黄白色,外侧衬黑褐色,微波曲内斜;肾纹黑色杂有黄白色,中部凹,使之呈2黑点;外线黄白色,外侧衬黑色,近呈直线内斜,与内线近平行;亚缘线不清晰,黄白色,锯齿形,在中褶处内凹,M_3至Cu_2脉间外凸,中段两侧有模糊黑点;缘线由1列三角形黑点组成;外线外方区域色暗褐。后翅灰褐色,布有黑褐细点;外线黄白色,外侧衬黑褐色,在2A脉后稍折向内斜,前段较弱,外线外方区域杂有暗褐色模糊点纹;缘线由1列黑色三角形点组成。

分布:甘肃(成县、康县、文县)、陕西、浙江、湖南、江西、福建、广东、海南、四川。

(1377) 四叉尖须夜蛾 Bleptina ambigua Leech, 1900

Bleptina ambigua Leech, 1900, Trans. ent. Soc. Lond., 1900:620. (W. China)

前翅长:18 mm。头部暗褐色;下唇须向上弯,外侧黑褐色,第二节端部黄褐色,第三节后缘有长鳞簇,节端黄褐色;胸部背面暗褐色。腹部暗褐色,基部背面带黄色。前翅较宽阔;暗褐色;内线与外线粗,白色,微曲内斜;中脉白色,M_2至Cu_2各脉内半部白色;肾纹窄,白色新月形;亚缘线白色,在R_5脉处外弯,M_2与Cu_2脉间强外弯;缘线由1列新月形黑纹组成。后翅暗褐色;外线白色,在M_2脉之前不明显,微曲;亚缘线白色,细弱,在M_2脉之前隐约可见,M_2脉后细波浪形;缘线由1列新月形黑纹组成。

分布:甘肃(文县)、陕西、江西、湖南、福建、海南。四川。

长须夜蛾亚科 Herminiinae

（1378）闪疠夜蛾 *Adrapsa simplex*（Butler，1879）

Egnasia simplex Butler，1879，Illust. typical Specimens Lepid. Heterocera Colln Br. Mus.，3：66，pl.57：5.（Japan：Yokohama）

前翅长：15 mm。雄触角线形，中段膨大增粗，内侧有致密短毛。头部褐色；下唇须斜向上伸，第二节约达头顶；胸腹部黑褐色。前后翅较宽阔，外缘浅弧形，微波曲；翅面黑褐色。前翅内线为1列细小白点；环纹为内线位置上1较大白点；肾纹白色，卵圆形，较小；外线白色，起自前缘1白斑，其下细弱；亚缘线为3个排列不整齐的白斑；缘线为1纤细白纹，大部间断。后翅中点白色短条形；外线和亚缘线白色，后半段较清晰；缘线同前翅。

分布：中国的甘肃（文县）、浙江、湖北、湖南、福建、海南、四川；日本。

（1379）钩白肾夜蛾 *Edessena hamada*（Felder & Rogenhofer，1874）

Renodes hamada Felder & Rogenhofer，1874，Reise öst. Fregatte Novara（Zool.），2（Abt. 2）：119，fig. 23.

前翅长：20~23 mm。雄触角略呈锯齿形，有较长鬃。头部灰褐色，下唇须扁平，向上伸，呈镰刀形；胸部灰褐色。腹部暗灰褐色。前翅雌较雄宽，顶角略伸，外缘微波曲；后翅很大。前翅灰褐色；内线暗褐色，自前缘脉至中室前缘，折角强外斜并呈极细锯齿形，至臀褶处折角波浪形内斜；环纹只现1白点；肾纹白色，下半向外折而凸出；外线暗褐色，不规则锯齿形；亚缘线暗褐色锯齿形，不明显。后翅灰褐色，中点暗褐色，后半为1白点；外线暗褐色，在中褶后内弯；亚缘线暗褐色，曲度似外线。

分布：中国的甘肃（康县、文县）、河北、陕西、江西、湖南、福建、四川、云南；日本。

（1380）白肾夜蛾 *Edessena gentiusalis* Walker，1859

Edessena gentiusalis Walker，1859，List Spec. lepid. Insects Colln Br. Mus.，16：162.（North China）

前翅长：26 mm。特征与钩白肾夜蛾 *E. hamada* 相似，但前翅肾纹为1大白斑。

分布：中国的甘肃（康县、文县）、河北、湖南、福建、海南、四川、云南、西藏；日本。

（1381）白点厚角夜蛾 *Hadennia incongruens*（Butler，1879）

Bocana incongruens Butler，1879，Ann. Mag. nat. Hist.，(5)4：448.（Japan：Yokohama）

前翅长：15 mm。雄触角线形，中部膨大。头部与胸部深褐色；下唇须黄褐色，向上伸，第二节弯过头顶，末端到达中胸中部。腹部暗褐色带黑灰色。前后翅外缘浅弧形；翅面褐色；宽阔黑褐色中带贯穿前后翅，另一条黑褐色带由前翅顶角至后翅臀角内侧，边缘较模糊；前翅基部有1小黑斑；内线灰褐色波状；外线黑褐色，在前缘下方折角后与外侧的黑褐色带并行；环纹白色黑边，十分微小；肾纹小，白色黑边，外侧黑边与白色部分等宽；后翅中点灰白色新月形；前后翅缘线黑褐色，在翅脉端间断；缘毛黑灰色。

分布：中国的甘肃（武都区、康县、文县）、湖北；日本。

（1382）斜线厚角夜蛾 *Hadennia nakatanii* Owada，1979

Hadennia nakatanii Owada，1979，Mem. nat. Sci. Mus. Tokyo，12：131.（Japan）

前翅长：12 mm。雄触角线形，有鬃毛。头部和胸腹部褐色；下唇须向上弯，远超过头顶。前后翅褐色；翅面两条黑褐色斜带与白点厚角夜蛾 *H. incongruens* 相似。前翅环纹只现1黑褐点；肾纹黄白色，近椭圆形，中有1黑褐线；后翅白色中点较短小。

分布：中国的甘肃（康县）、江西、海南；日本。

（1383）三线奴夜蛾 *Paracolax trilinealis*（Bremer，1864）

Herminea[sic.]*trilinealis* Bremer，1864，Mém. Acad. Imp. Sci. St. Pétersb.，(7)8(1)：64，pl.5：23.（Russia：Ussuri）

前翅长：13 mm。雄触角线形，有鬃毛。下唇须向上弯，似镰刀状。全体灰褐至深灰褐色，略带黄绿色调。

前翅顶角略凸出,外缘浅弧形,微波曲;后翅外缘在M脉间微凹。前后翅翅面密布深灰褐色细点;外线直,深褐色,外侧具鲜明黄白色镶边,贯穿整个前后翅;前翅亚基线、内线和中线及后翅中线均为模糊深灰褐色线段,不完整;前翅环纹为1暗褐色点;肾纹窄,具淡黄边,前后各有1暗褐色点;前后翅缘线连续,黑褐色;缘毛深灰褐色掺杂灰黄色。

分布:中国的甘肃(文县)、黑龙江、陕西;俄罗斯,朝鲜,韩国,日本。

(1384) 曲线奴夜蛾 *Paracolax tristalis* (Fabricius, 1794)

Phalaena tristalis Fabricius, 1794, Ent. Syst., 3(2):224.(Italy)

前翅长:12 mm。雄触角线形,有鬃毛。头部和胸腹部浅赭黄色;下唇须斜向上伸。前后翅灰黄褐色,密布深褐色细点;前翅内线和前后翅外线深褐色,前翅外线呈弧形弯曲,中部略内凹,后翅外线较直,略波曲;前后翅中点深褐色,弯曲短条形;亚缘线黄白色,隐约可见,内侧衬褐色;缘线黑褐色纤细;缘毛灰黄褐色。

分布:中国的甘肃(宕昌、康县)、黑龙江、山西;俄罗斯,朝鲜,韩国,日本;欧洲。

(1385) 阴亥夜蛾 *Hydrillodes funeralis* Warren, 1913

Hydrillodes funeralis Warren, 1913, in Seitz, Gross-Schmett. Erde, 3:426, pl.72:h.(Japan. Russia: Siberia)

前翅长:14 mm。触角线形,雄有鬃毛。头部与胸部褐色带灰色;下唇须向上弯,似镰刀状,远超过头顶。腹部灰褐色。前翅前缘浅凹;前后翅外缘微波曲。雄蛾前翅暗褐色;肾纹黑褐色,细窄;外线赭白色,不规则波浪形外弯,在中褶处内凹,在Cu_1脉后强内弯;亚缘线赭白色,不规则细锯齿形,自前缘脉后外斜至R_5脉,折向后;缘线黑褐色。雌蛾前翅内线黑褐色,波浪形,其内方亦黑褐色;外线双线,黑褐色,线外方亦黑褐色;亚缘线赭白色,不规则锯齿形;内线与外线之间赭内色。后翅灰褐色,隐约可见黑褐色中点;缘线黑褐色。

分布:中国的甘肃(成县)、黑龙江、陕西、浙江、西藏;俄罗斯,日本。

(1386) 黑点疽夜蛾 *Nodaria similis* (Moore, 1882)

Aginna similis Moore, 1882, in Hewitson & Moore, Descr. New Indian lepid. Insects Colln. Late Mr. W.S. Atkinson, 2:195.(India:Darjeeling)

前翅长:19 mm。雄触角线形,有纤毛和鬃毛,中部有1疠状构造。头部与胸部灰黄褐色;下唇须向上伸,呈镰刀状,第二节超过头顶。前翅狭长,外缘浅弧形;灰黄褐色,端部色渐深;内线黑褐色,微外弯;肾纹为1黑点;外线黑褐色微波曲;亚缘线淡黄色,较直;缘线细,黑色。后翅浅灰褐色,端部色较暗;亚缘线灰白色。

分布:中国的甘肃(文县)、四川、云南、西藏;印度,克什米尔地区。

(1387) 曲线贫夜蛾 *Simplicia niphona* (Butler, 1878)

Bocana niphona Butler, 1878, Illust. typical Specimens Lepid. Heterocera Colln Br. Mus., 2:56, pl.38:8.(Japan:Yokohama)

前翅长:♂18 mm, ♀15~17 mm。触角线形,雄触角有纤毛,基部2/5处有1疠状膨大。头、胸腹部及前翅暗黄褐色。前翅狭长,顶角圆,外缘浅弧形;内线褐色波浪形;肾纹褐色点状;外线褐色细锯齿形;亚缘线白色,近呈直线;缘线为1列黑点。后翅灰黄褐色;亚缘线白色,不明显;缘线褐色。

分布:中国的甘肃(宕昌、康县、文县)、内蒙古、河北、陕西、浙江、湖南、福建、台湾、海南、广西、云南、西藏;朝鲜,韩国,日本。

(1388) 黄褐贫夜蛾 *Simplicia xanthoma* Prout, A.E., 1928

Simplicia xanthoma Prout, A.E., 1928, Sarawak Mus. J., 3:479, pl.15:11.(Borneo:Sarawak)

前翅长:♂16 mm, ♀15~17 mm。雄触角的疠特别发达。头和胸部暗黄褐色。腹部灰褐色。前翅暗黄褐色,端部色较灰暗;中点黑色;亚缘线白色,上端不达顶角,直,其内外两侧颜色相同;缘毛深褐色。后翅深灰褐色;中点黑色;亚缘线白色,上段较直,在臀褶处折角内斜,到达臀角;缘毛同前翅。

分布:中国的甘肃(宕昌、文县)、台湾;朝鲜,韩国,日本,印度,尼泊尔,泰国,马来西亚。

(1389) 车贫夜蛾 *Simplicia caeneusalis* (Walker, 1859)

Sophronia caeneusalis Walker, 1859, List Spec. lepid. Insects Colln Br. Mus., 16:94. (Australia:Queensland)

前翅长:♂18~20 mm,♀19~20 mm。雄触角的疖发达。头和胸部深褐色。腹部背面深灰褐色。前翅基半部深褐色,中部之外至亚缘线颜色逐渐加深至黑褐色,亚缘线外侧深灰褐色;内线和外线黑褐色,仅隐约可见;中点黑色;亚缘线直立,上端远离顶角,内外两侧颜色深浅分明,缘毛深灰褐色。后翅亚缘线之内灰褐至深灰褐色,隐见深色中点;亚缘线外侧色稍浅;亚缘线在臀褶处折角;缘毛色较前翅浅。

分布:中国的甘肃(礼县、宕昌、康县、文县)、陕西、台湾;朝鲜,韩国,东南亚至澳大利亚。

(1390) 斜线贫夜蛾 *Simplicia schaldusalis* (Walker, 1859)

Bocana schaldusalis Walker, 1859, List Spec. lepid. Insects Colln Br. Mus., 16:180. (Borneo:Sarawak)

前翅长:16~18 mm。头部与胸腹部浅褐色。前翅前缘内1/3处浅凹,顶角圆,外缘浅凹,翅面浅褐色;内线黑褐色,波浪形外弯;肾纹小,黑褐色,似1长点;外线黑褐色,细锯形外弯;亚缘线黑褐色,自前缘近顶角处直线内斜至翅后缘,其内侧色暗。后翅褐色;亚缘线黑褐色,较直,在臀褶后不显,线内侧黑褐色较扩展,前窄后宽,似呈三角形。

分布:中国的甘肃(康县、文县)、福建、广西、云南、西藏;斯里兰卡,新加坡,马来西亚,印度尼西亚。

(1391) 角镰须夜蛾 *Zanclognatha angulina* (Leech, 1900)

Nodaria angulina Leech, 1900, Trans. ent. Soc. Lond., 1900:633. (China:Hubei, Changyang)

前翅长:18 mm。雄触角线形,中部有1疖形构造。头部灰褐色;下唇须向上弯,超过头顶,第三节端部尖,黄褐色;胸腹部背面灰褐色。前翅较宽阔,顶角钝,略凸出,外缘浅弧形;翅面紫褐色;内线粗,深褐色,自前缘脉直线内斜,或在中室处稍曲;肾纹黑褐色,极细窄而弯曲;外线肾褐色,自前缘脉外斜至M_1脉折角直线内斜;亚缘线粗,黑褐色,内缘深褐色,自顶角微曲内斜至臀角内侧;缘线黑褐色。后翅色较浅;外线深褐色,不清晰,自前缘后直线外斜至臀褶折向内;亚缘线粗,黑褐色,自M_1脉至臀褶,折角向内;缘线黑褐色。

分布:甘肃(宕昌、文县)、陕西、湖北、湖南、福建、海南、四川、云南。

(1392) 杉镰须夜蛾 *Zanclognatha griselda* (Butler, 1879)

Herminia griselda Butler, 1879, Illust. typical Specimens Lepid. Heterocera Colln Br. Mus., 3:63. (Japan:Yokohama)

前翅长:13~14 mm。头部与胸腹部灰褐色。翅面灰褐色,具紫色调;斑纹黑褐色。前翅内线弧形;肾纹中部向内弯曲,后端略粗;外线在中室向外呈角状凸出;亚缘线粗壮,自顶角内斜至翅后缘近臀角处。后翅中点模糊;外线模糊,微外弯;亚缘线深褐色,前细后粗,外侧衬白边;缘线黑褐色。

分布:中国的甘肃(文县)、福建;朝鲜,韩国,日本;欧洲。

(1393) 犹镰须夜蛾 *Zanclognatha incerta* (Leech, 1900)

Nodaria incerta Leech, 1900, Trans. ent. Soc. Lond., 1900:634. (China:Sichuan, Ni-tou, Moupin, Wa-shan; Hubei, Changyang)

前翅长:16 mm。头和胸腹部褐色至深褐色。前翅褐色至深褐色,端部带黑灰色;亚基线黑色,达臀褶;内线和外线黑色,前者波状,后者锯齿形;肾纹黑色窄曲;亚缘线黑色粗壮,外侧衬灰白色,由顶角至臀角内侧;缘线黑色。后翅褐色至深褐色;外线黑褐色,不明显;亚缘线在M_1以下可见,灰白色,内侧衬黑褐色;缘线黑色。

分布:中国的甘肃(文县)、湖北、四川。

(1394) 灰褐镰须夜蛾 *Zanclognatha nakatomii* Owada, 1977

Zanclognatha nakatomii Owada, 1977, Tinea, 10:114. (China:Taiwan, Nantou)

前翅长:12 mm。头部与胸腹部灰褐色;下唇须向上弯,似镰刀状。前翅灰褐色;内线暗褐色,波浪形外弯;肾纹窄曲,黑褐色,不甚清晰;中线隐约可见;外线黑褐色,自前缘脉外斜至M_1脉,折向后,在中褶处微内凹,M_3脉后波曲,至臀褶折角外弯;亚缘线暗褐色,外侧衬黄白色,自顶角内斜至翅后缘近臀角处,微内弯;缘线黑褐色。后翅浅灰褐色,端部色较深;外线暗褐色,仅中室后可见;亚缘线淡黄褐色,在前缘区不明显,近呈直线自中褶至臀褶端部,折角强内斜至翅后缘;缘线黑褐色。

分布:甘肃(文县)、陕西、江西、台湾。

(1395) 叔灰镰须夜蛾 *Zanclognatha subgriselda* Sugi, 1959

Zanclognatha subgriselda Sugi, 1959, Tinea, 5:284.(Japan)

前翅长:13 mm。头、胸腹部和前翅淡灰黄褐色。前翅密布褐色细点,前缘带有暗灰色;内线和外线褐色至深褐色,前者波状,后者上半段弧形外弯,略呈锯齿形;肾纹黑褐色,狭窄半弧形;亚缘线灰黄色,直,上端未达顶角,内侧衬褐色;缘线黑褐色,在翅脉端间断。后翅浅灰黄褐色,端部色略深;亚缘线在M_1以下可见灰黄色,略波曲;缘线同前翅。

分布:中国的甘肃(康县)、黑龙江、浙江、福建;日本。

(1396) 曲线镰须夜蛾 *Zanclognatha curvilinea* (Wileman & South, 1917)

Paracolax curvilinea Wileman & South, 1917, Entomologist, 50:27.(Japan)

前翅长:12 mm。头和胸腹部灰白至淡灰黄色。前翅顶角钝圆,不凸出;浅灰褐色;内线褐色弧形弯曲;无环纹和中线;肾纹褐色,极窄,似1短曲线;外线褐色,自前缘脉外弯至M_3后内弯;亚缘线灰白色,内侧衬褐色,自顶角至臀角内侧,微内弯;缘线深褐色;缘毛灰褐色。后翅污白色,散布不均匀灰褐色,端部在中部以下色较深,其中可见灰白色亚缘线;缘线深灰褐色;缘毛灰褐色掺杂灰黄色。

分布:中国的甘肃(宕昌)、黑龙江、朝鲜、韩国、日本。

(1397) 滑长须夜蛾 *Polypogon dolosa* (Butler, 1879)

Herminia dolosa Butler, 1879, Ann. Mag. nat. Hist.,(5)4:446.(Japan)

前翅长:11~13 mm。雄触角单栉形,栉齿短。头部与胸部淡赭色带褐色;下唇须斜向上伸,似镰刀状,远超过头顶。腹部浅赭色,背面后半带褐色。前翅较宽阔,顶角略尖,两翅外缘浅弧形。前翅淡赭色带褐色;内线细弱,暗褐色,微波浪形外弯;中线暗褐色,粗而模糊,较直,自前缘脉后垂至翅后缘;肾纹极细窄,黑褐色,似1短曲线;外线细弱,暗褐色,自前缘脉外弯至Cu_2脉后较直后垂,在中褶处稍内凹;亚缘线细弱,暗褐色,在中褶与臀褶处内弯;缘线黑褐色;缘毛灰黄色。后翅黄褐色带暗褐色,前缘区浅黄色,中点细窄,暗褐色,似1曲短线;外线暗褐色,在中褶处稍内弯,至臀褶后折向内斜;亚缘线淡黄褐色,内侧衬黑褐色,在中褶之前不显,在臀褶后折向内斜;缘线黑褐色;缘毛灰黄色。

分布:中国的甘肃(宕昌、舟曲、康县)、山东、陕西、福建;日本。

(1398) 培夜蛾 *Polypogon strigilata* (Linnaeus, 1758)

Phalaena (*Geometra*) *strigilata* Linnaeus, 1758, Syst. Nat.(Edn. 10),1:528.(Europe)

前翅长:13 mm。雄触角双栉形,栉齿短,另有鬃毛。头部与胸部灰褐色;下唇须斜向上伸。腹部褐色。前翅灰褐色,布有暗褐细点;内线暗褐色,波浪形外弯,不清晰;肾纹暗褐色,较窄,不明显;外线褐色模糊,自前缘脉外弯至Cu_1脉后稍内斜,臀褶后较直后行;亚缘线浅黄褐色,内侧衬暗褐色,近呈直线内斜;缘线暗褐色。后翅浅灰褐色,隐约可见褐色中点;外线暗褐色,在中褶前不显;亚缘线浅黄褐色,内侧衬暗褐色,较直,在臀褶处折角内斜并渐弱;缘毛黑褐色。

分布:中国的甘肃(舟曲、成县)、陕西、西藏;日本;欧洲。

金翅夜蛾亚科 Plusiinae

(1399) 银纹夜蛾 *Agrapha agnata* (Staudinger, 1892)

Plusia agnata Staudinger, 1892a, in Romanoff, Mém. Lépid., 6:547.(China:Shanghai)

前翅长:15~17 mm。触角线形。头部、胸部及腹部灰褐色。前翅狭长,外缘微波曲,后缘端半部浅凹,臀角下垂;翅面深褐色,外线以内的臀褶后方及外区带金色;亚基线、内线银色;Cu_2脉基部1褐心银斑,其外后方1银斑;肾纹褐色;外线双线褐色波浪形;亚缘线黑褐色锯齿形;缘毛中部1黑斑。后翅暗褐色。

分布:中国的甘肃(宕昌、舟曲、成县、康县、文县)、全国分布;俄罗斯,朝鲜,韩国,日本,印度,缅甸,菲律宾,印度尼西亚,澳大利亚、西亚地区;欧洲,非洲,夏威夷。

(1400) 白条夜蛾 Agrapha albostriata (Bremer & Grey, 1853)

Plusia albostriata Bremer & Grey, 1853b, Etudes ent., 1:65. (China:Peking)

前翅长:15 mm。头部及胸部褐色;领片有黑线;腹部暗褐色。前翅亚基线、内线及外线黑褐色;内、外线间色较深,1褐白色斜条自中室沿Cu_2脉伸至外线;肾纹黑边;亚缘线黑褐色锯齿形;缘毛黑褐色。后翅淡褐色,外半逐渐过渡到深灰褐色;缘毛淡黄褐色掺杂深灰褐色。

分布:中国的甘肃(宕昌、舟曲、康县、文县)、河北、陕西、湖北、广东;朝鲜,韩国,日本;非洲。

(1401) 毛银辉夜蛾 Chrysodeixis eriosoma (Doubleday, 1843)

Plusia eriosoma Doubleday, 1843, in Dieffenbach, Trav. New Zeal. Contr. Geogr., Geol., Bot. nat. Hist., 2:285. (New Zealand)

别名:南方银纹夜蛾。

前翅长:15 mm。触角线形。头胸部深黄褐色。腹部背面灰褐色,前端有1大毛簇,色较深。翅型同银纹夜蛾 *Agrapha agnata*。前翅红褐色带金色光泽;亚基线银色,止于臀褶;内线银色,双线波浪形,在中室以后内斜;环纹褐色斜圆形,不显著;中室下缘有1"U"字形银斑,中央红褐色,其外后方连1银点;肾纹暗红褐色微带金色,不明显;外线红褐色双线,线间金色,在臀褶处弯曲;内外线间色较深;亚缘线暗褐色,双线波浪形,不清晰;端区色较灰,缘线灰褐色波浪形;缘毛灰褐色,在M_3处有1黑点。后翅暗褐色带金色光泽。

分布:中国的甘肃(舟曲、文县)、陕西、广东;日本,印度,马来西亚,澳大利亚,新西兰;非洲。

(1402) 粉纹夜蛾 Trichoplusia ni (Hübner, 1803)

Noctua ni Hübner, 1803, Samml. eur. Schmett., 4:pl.58:284. (Europe)

别名:粉斑夜蛾。

前翅长:13~15 mm。头部和胸部深灰褐色。腹部背面深灰褐色,毛簇深褐色。前翅深灰褐色至深褐色,略有金色光泽;亚基线灰白色,其外侧在中室后有黑斑;内线淡褐色,双线波浪形,在中室以后内斜;环纹灰色黑边,内有1褐圈;中室后方有1"U"字形银斑,与1银白色点相连;外线淡褐色,双线波浪形,线间白色;内、外线间色较深;亚缘线黑褐色,锯齿形,其外侧灰褐色;缘毛深褐色与淡褐色相间。后翅基半部色浅,端半部黑褐色带金色光泽。

分布:中国的甘肃(宕昌)、山西、河南、陕西、广西;日本,印度,中亚地区;欧洲,非洲。

(1403) 拟中金翅夜蛾 Trichoplusia orichalcea (Fabricius, 1775)

Noctua orichalcea Fabricius, 1775, Syst. Ent., 1775:607. (India)

前翅长:16~17 mm。头部和胸部黄褐色带暗褐色,触角灰白色,有褐环纹;肩片近基部有1褐线。腹部浅灰褐色。前翅暗褐色,端半部大片金色,自前缘脉后至臀褶,其后部向内行至中室下缘环纹之后,向内凸出1尖齿;环纹暗褐色,细银边,圆形;肾纹暗褐色,微有细银边,外侧内凹;外线双线褐色,前部内斜,后部外斜,中段没入金斑;亚缘线褐色内斜,锯齿形;缘线褐色,其内侧有1锯齿形褐线;亚基线、内线和外线均有金色光泽。后翅内半灰白至淡褐色,端半部深灰褐色。

分布:中国的甘肃(宕昌、舟曲、康县)、陕西、江苏、广东、广西、四川、贵州、云南;日本,印度,斯里兰卡,印度尼西亚,克什米尔地区,阿富汗;欧洲,非洲。

(1404) 中金翅夜蛾 Trichoplusia intermixta (Warren, 1913)

Phytometra intermixta Warren, 1913, in Seitz, in Seitz, Gross-Schmett. Erde, 3:357, pl.64:g. (China. Japan.

India. Malaysia. Australia)

前翅长：18 mm。头部和胸部红褐色，触角背面有白褐相间的鳞片；肩片及胸部后部褐色。腹部黄白色，基节毛簇褐色，腹部侧面及末端带红褐色。前翅深褐色；亚基线和内线灰色，细；环纹和肾纹为灰色细纹，均不明显；翅端半部由前缘外1/4处起至M_1后向内伸，最后沿Cu_2扩展至中室下缘的部分为大片金黄色；外线前半段褐色，明显，后半段不清晰；亚缘线、缘线和缘毛褐色。后翅黄白色，端半部浅褐色；中室端有褐色纹；缘毛黄褐色。

分布：中国的甘肃（文县）、陕西、湖北、四川、贵州；朝鲜，韩国，日本，印度，印度尼西亚。

（1405）黑点夜蛾 *Trichoplusia nigriluna* (Walker, 1858)

Plusia nigriluna Walker, 1858, List Spec. lepid. Insects Colln Br. Mus., 12:931. (Ceylon[Sri Lanka])

前翅长：13 mm。头、胸腹部和前翅黑褐色。前翅内线灰白色双线，自前缘外斜至中室折向内斜；外线灰白色，自前缘略外斜至Cu_2内折，到达外侧银斑下方弯向后缘；Cu_2基部下方有2个银斑，近圆形，互相接近；肾纹隐约可见黑圈，在中室下角有1微小白点；亚缘线灰白色；缘线为1列灰白点，其中中部一个较大，折角形。后翅深灰褐色至黑褐色。

分布：中国的甘肃（舟曲、文县）、湖北、四川；日本，斯里兰卡。

（1406）隐纹夜蛾 *Zonoplusia ochreata* (Walker, 1865)

Plusia ochreata Walker, 1865, List Spec. lepid. Insects Colln Br. Mus., 33:839. (Ceylon[Sri Lanka])

前翅长：9~10 mm。触角线形。头部和胸部红褐色，胸部背面杂灰色和褐色，肩片有1黑纹；腹部淡黄色带褐色，毛簇端部深褐色。前翅宽阔，前缘微凹，外缘浅弧形，后缘端半部浅凹，臀角不明显下垂；翅面淡紫色微饰红褐色，亚缘线外方区域除臀角外均带金色；亚基线暗红褐色，外侧有1银色细线止于中室前缘；内线银白色，两侧暗红褐色，自前缘脉外斜，内弯于中室，再内斜；环纹红褐色银边，斜条形，其后有1斜条形银斑，端部尖，伸近外线；肾纹暗褐色，微现细白环；外线褐色，外侧白色，自前缘脉外斜至M_2折向内斜，在臀褶处再折向外斜；前缘脉上有白点；亚缘线褐色，在R_5及Cu_1前各有1外凸，在2A处微外凸。后翅淡紫灰色带淡褐色，基部淡黄色。

分布：中国的甘肃（舟曲）、陕西、四川、云南；朝鲜，韩国，日本，印度，斯里兰卡，越南，菲律宾，新加坡，印度尼西亚，澳大利亚。

（1407）亚闪金夜蛾 *Plusidia imperatrix* Draudt, 1950

Plusidia imperatrix Draudt, 1950, Mitt. münch. ent. Ges., 40:155. (China: Shaanxi, Tapaishan)

前翅长：17 mm。触角线形。头和胸部黄褐色杂暗褐色。腹部灰褐色杂黑灰色。前翅黄白色带褐色，并带紫色色调；布有黑色细点；翅基部黑色；亚基线黑色；内线褐色，外侧衬白边，白边外侧散布不均匀的黑色；环纹窄，卵圆形，褐色白边，下端连接1斜三角形斑，颜色同环纹；外线褐色，两侧白边，上端由前缘至亚前缘脉极内斜，然后强折角沿亚前缘脉向外，深弧形弯曲后较直内斜至后缘，外侧白边之外带深褐色；亚缘线白色，内侧由前缘至M_2上方有1段弧形黑纹，其下在M_2与M_3之间有1黑色短纵纹；亚缘线在Cu_1附近向外扩散，与黑褐色缘线内侧的白边融合，在Cu_1下方留1褐点；缘线连续，止于2A脉；缘毛深灰褐色掺杂灰白色。后翅灰褐色；中点、外线、亚缘线和缘线深灰褐色；缘毛灰白色掺杂少量灰褐色。

分布：甘肃（宕昌、文县）、陕西、云南。

（1408）金弧夜蛾 *Diachrysia chrysitis* (Linnaeus, 1758)

Phalaena (*Noctua*) *chrysitis* Linnaeus, 1758, Syst. Nat. (Edn 10), 1:513. (Europe)

前翅长：17 mm。触角线形。头部黄褐色；下唇须较长，斜向上伸，到达或超过头顶；触角黄褐色，基节白色；胸部深褐色，后胸两侧有淡黄色长毛。腹部灰褐色，第一节背毛簇褐色。前翅顶角尖，略凸出，外缘浅弧形，臀角微呈下垂状；后翅顶角略凸，外缘微波曲。前翅基部有黄褐色长毛；翅面深褐色，大部被金绿色占据，具强烈金属光泽，仅在翅基部、前缘中部和后缘中部留下3个深褐色斑，其中前缘中部的斑较大，下端到达中室下缘;亚缘线深褐色波状,其外侧散布褐色;缘线和缘毛褐色。后翅深褐色,翅端部色较深;缘毛淡黄褐色。

分布:中国的甘肃(文县)、陕西、吉林、辽宁、河北、山西、新疆;俄罗斯;欧洲。

(1409) 紫金弧夜蛾 *Diachrysia chryson* (Esper, 1789)

Phalaena (*Noctua*) *chryson* Esper, 1789, Die Schmett. in Abbildungen, Th. IV. Bd. 2 (Abs.1) (49-50): 446. (Italy)

前翅长:20 mm。头部和领片黄褐色;胸部黑褐色。腹部淡黄褐色,立毛簇黑褐色。前翅顶角尖,略凸出,臀角略下垂;翅面黑褐色,带紫灰色调;亚基线和内线黑色内斜;肾纹黑色,不清晰;肾纹外方有1巨大金绿色斑,其后端达Cu_1脉,外缘中凹,近达亚缘线;外线波状,在金斑中褐色,其后紫色,前端未达前缘;金斑内前方的前缘脉上有1黑点;亚缘线紫灰色,锯齿形,前端起于顶角下方。后翅灰黄褐色,外半紫褐色;外线褐色,不清晰。

分布:中国的甘肃(礼县、宕昌、文县)、黑龙江、吉林、河北、天津、安徽;朝鲜、韩国、日本;欧洲。

(1410) 八纹夜蛾 *Diachrysia leonina* (Oberthür, 1884)

Plusia leonina Oberthür, 1884b, Études ent., 10:26, pl. 3:11. (Russia:S. of Vladivostok, Sidemi)

前翅长:23~24 mm。头部黄褐色,下唇须发达,外侧黄褐色;胸部褐色,背毛簇末端灰黑色;腹部淡黄褐色,第一和第三节背毛簇深灰褐色。前翅顶角尖锐;翅面灰褐色;亚基线黑褐色,两侧银灰色,其外侧前缘有1黑斑;内线黑褐色,前1/3细弱,在R脉处凸出1齿后内折,斜行至后缘并逐渐增粗,微呈弧形;环纹不明显;肾纹黑褐色;无银斑;中线黑褐色,微波状;外线黑褐色,波浪形,在R_5与M_1间外凸;亚缘线黑褐色,微波状;缘线黄白色,内侧黑褐色;缘毛灰褐色。后翅褐色,外线弧形,其外侧色渐深;缘线褐色;缘毛灰褐色与黄褐色掺杂。

分布:中国的甘肃(礼县、迭部、宕昌、舟曲、康县、文县)、黑龙江、吉林、河北、陕西;俄罗斯,日本。

(1411) 比八纹夜蛾 *Diachrysia bieti* (Oberthür, 1884)

Plusia bieti Oberthür, 1884, Études ent., 10:27. (China:Sichuan, Ta-tsien-lou)

前翅长:20 mm。头部和领片黄褐色;胸部黑褐色杂黄褐色。腹部深灰褐色。前翅灰黄褐色,带黑褐色,中区在中室以下暗褐色;亚基线在前缘有1黑点,其下不明显,到达2A脉;内线黑褐色带状,内斜;环纹可见灰白色"V"字形线;肾纹紫黑色,外缘微凹,外侧上下角至内侧边缘为深弧形黑边;中线黑褐色宽带状;外线黑色波状双线,两条线距离稍远;亚缘线黑褐色带状,外侧边缘在M_3与Cu_2之间向外凸出2个短小尖齿;缘毛深灰褐色。后翅底色灰黄褐色,大部覆盖深灰褐色;缘毛灰黄色掺杂灰褐色。

分布:中国的甘肃(宕昌)、河北、陕西、四川;日本。

(1412) 葫芦夜蛾 *Anadevidia peponis* (Fabricius, 1775)

Noctua peponis Fabricius, 1775, Syst. Ent., 1775:608. (E. Indies)

前翅长:14~15 mm。触角线形。头胸部黑褐色,胸部腹面色较浅。腹部背面灰褐色。前翅顶角不凸出,外缘上半段直,下半段浅弧形,臀角不明显下垂;后翅外缘浅弧形。前翅深褐色,带黑条纹,外线以外除臀角外有金色光泽;亚基线不清;内线灰色,双线波浪形;中室在内线以外灰褐色;环纹极模糊灰白色边,中心黑褐色;肾纹黑褐色,灰白边,不清晰;外线双线,灰褐色波浪形,其内侧衬黑褐色条;亚缘线黑褐色锯齿形,不清晰;端区色深,中室后方及外线以外均满布铜色小点。后翅灰褐色,端半部黑褐色。

分布:中国的甘肃(文县)、北京、陕西、江西、广东、西藏;俄罗斯,日本,印度,斯里兰卡,印度尼西亚,澳大利亚。

(1413) 黑点丫纹夜蛾 *Autographa nigrisigna* (Walker, 1858)

Plusia nigrisigna Walker, 1858, List Spec. lepid. Insects Colln Br. Mus., 12:928. (N. India)

别名:黑点银纹夜蛾。

前翅长:16 mm。触角线形。体灰褐色;触角深褐色,背面带白色;下唇须短,第三节特别短,端部钝圆;领片后缘白色。前翅顶角钝圆,外缘微波曲,臀角不明显下垂;后翅外缘微波曲。前翅灰褐色;亚基线、内线和外线浅色,细线,两侧色较深,亚基线后端内侧黑色;内、外线间在中室后的部分褐色,近中室处黑褐色,有1银线连接外线,沿Cu_2向后弯曲,终止于中室,线与中室间的部分灰褐色,在此线向后弯曲处有1略呈三角形的银斑连接;环纹长形,近中室下缘处为银色弧形,其内黑褐色;肾纹为浅色或银色线,外缘内凹,线侧黑褐色;亚缘线内侧暗色,外缘有褐色细线,其内有浅色带;缘毛灰褐色。后翅淡褐色,外缘处色较淡。

分布:中国的甘肃(舟曲、文县)、华北、西北、西南;俄罗斯,日本,印度;欧洲。

(1414)袜纹夜蛾 *Autographa excelsa*(Kretschmar,1862)

Plusia excelsa Kretschmar,1862,Berl. ent. Z.,6:135,pl.1:5.(Russia:St. Petersbourg)

前翅长:18 mm。触角线形。头和胸腹部黄褐色。前翅前缘平直,顶角钝圆,外缘浅弧形,臀角不明显下垂;翅面黄褐色,有金属光泽,端部色较灰;亚基线和内线褐色,内线内侧有纤细白边;环纹下缘有银边,其下方有1足形大银斑;肾纹银边不完整;外线褐色双线;亚缘线褐色,模糊带状,较直;缘线深灰褐色;缘毛灰褐色带灰黄色。后翅灰褐色,端部深灰褐色;缘毛色较前翅略浅。

分布:中国的甘肃(永登、迭部、舟曲、文县)、黑龙江、四川;俄罗斯,日本。

(1415)紫丫纹夜蛾 *Autographa purpureofusa*(Hampson,1894)

Plusia purpureofusa Hampson,1894,Fauna Br. India(Moths),2:570.(India:Sikkim. Burma:Bernardmyo)

前翅长:17 mm。头和胸腹部灰褐色;腹部毛簇深褐色。前翅灰褐色,带紫灰色调;中区在中室以下深褐色至黑褐色;内线灰白色,由前缘至中室外斜,在中室内折角,其下呈浅弧形;环纹椭圆形,倾斜,其下方在Cu_2基部有1小"U"字形银白纹,该纹外侧有1近圆形银点;肾纹灰色边;外线双线,在Cu_2后内斜;外区翅面有金属光泽;亚缘线不清晰,波曲内斜;缘线深褐色纤细,内侧由顶角下方至Cu_2下方有1条白线;缘毛灰褐色掺杂灰黄色。后翅灰褐色,端部色较深。

分布:中国的甘肃(舟曲、文县)、西藏;印度,缅甸。

(1416)银锭夜蛾 *Macdunnoughia crassisigna*(Warren,1913)

Phytometra crassisigna Warren,1913,in Seitz,Gross-Schmett. Erde,3:352,pl.65:b.(Japan. Korea. India)

别名:连纹夜蛾。

前翅长:16 mm。触角线形。头胸部灰褐色,后胸有大毛簇。腹部背面灰褐色。前翅顶角略尖,外缘浅弧形,臀角略下垂;后翅外缘浅弧形。前翅亚基线褐色;内线在中室以后银白色内斜,其外缘褐色;肾纹褐色,微呈银白边;中室后方的"U"字形斑实心银色,与银点相连成1凹槽形;中线褐色,极不清晰;外线褐色带银色;亚缘线黑褐色锯齿形;缘线褐色;端区有1灰色细带。后翅暗褐色带银色。

分布:中国的甘肃(成县、康县、文县)、北京、陕西;朝鲜,韩国,日本,印度。

(1417)瘦银锭夜蛾 *Macdunnoughia confusa*(Stephens,1850)

Plusia confusa Stephens,1850,List Spec. Br. Ani. Colln Br. Mus.,5(Lepid.):291.(France)

前翅长:15 mm。头、胸、腹部灰褐色带淡褐色,领片、肩片及毛簇端部灰色。前翅灰褐色,布深褐色细点,中室后方带红褐色;亚基线灰色,微外弯,止于2A;内线自前缘脉至中室灰色,中室以后银色,内斜;中室后的"U"字形斑银色实心,连接另1银斑,呈凹槽形;肾纹暗褐色,外缘中部凹;外线褐色双线,自前缘脉外行,再折向内斜,至Cu_2后其外缘银色;亚缘线褐色,弯至M_3前,然后在M_3及Cu_1后凸出小齿,斜至臀角;缘线细,褐色,其内侧有1窄白带,自前缘脉至Cu_2。后翅深灰褐色,外缘色较暗;前后翅缘毛深灰褐色掺杂白色。

分布:中国的甘肃(天水、文县)、陕西、新疆;俄罗斯,朝鲜,韩国,日本;亚洲西部,欧洲。

(1418)淡银锭夜蛾 *Macdunnoughia purissima*(Butler,1878)

Plusia purissima Butler,1878a,Ann. Mag. nat. Hist.,(5)1:202.(Japan:Yokohama)

别名:淡银纹夜蛾。

前翅长:13~15 mm。体灰色;触角褐色;后胸及第一腹节毛簇黑褐色。前翅灰色;亚基线、内线在中室后的部分及外线和亚缘线均黑褐色斜行;内、外线间在中室后暗褐色,其内在Cu_2上有2个三角形银斑,中室后外侧有1暗褐斑,隐见1暗色条向内斜伸至前缘;外缘淡褐色;缘毛灰色。后翅灰褐色,端半部色较深,中部有1深色细条。

分布:中国的甘肃(宕昌、成县、康县、文县)、华北、华东、西南;朝鲜,韩国,日本,印度。

(1419) 玄珠夜蛾 *Erythroplusia rutilifrons* (Walker, 1858)

Plusia rutilifrons Walker, 1858, List Spec. lepid. Insects Colln Br. Mus., 15:1785. (N. China)

前翅长:12 mm。头和胸腹部灰黄至暗黄褐色。前翅前缘平直,顶角钝圆,不凸出,外缘浅弧形,臀角略下垂;灰黄褐色至深灰褐色,中区在中室以下深褐色至黑褐色;内线和外线黄白色;内线由前缘至中室下缘外斜,到达第一个银白点顶端内折,沿中室下缘一段后弯向后缘,下半段内斜;外线上半段微外弯,其下直线内斜达后缘;Cu_2基部有2个椭圆形银白点,内侧一个的内上方沿Cu_2脉延伸一段白线,外侧一个略大;肾纹"8"字形,深褐色,边缘黄白色;亚缘线黄白色,内侧衬红褐色或灰褐色;外线至外缘中部有1块红褐色三角形区域;臀角有1黄白色三角形斑,斑上略带灰褐色;缘线深褐色,内侧由顶角下方至Cu_1脉有1条黄白色线;缘毛深灰褐色掺杂灰黄色。后翅灰褐色,端部色较深。

分布:中国的甘肃(康县、文县)、四川;俄罗斯,日本。

(1420) 饰银纹夜蛾 *Antoculeora ornatissima* (Walker, 1858)

Plusia ornatissima Walker, 1858, List Spec. lepid. Insects Colln Br. Mus., 15:1786. (India: N. Hindostan)

别名:鹿铗银纹夜蛾。

前翅长:15~18 mm。触角线形。头部橘红色,触角褐色,基部有白色;下唇须第一节橘红色,第二节黑褐色,末端橘红色,第三节黑褐色;胸部红褐色,领片基部及中部有橘红色,肩片中部带橘红色。腹部褐色,毛簇上杂橘红色,腹面褐色。前翅狭长,顶角略尖,外缘微波曲,中部隆起,臀角微呈下垂状;后翅外缘微波曲。前翅红褐色,内外线之间、翅基部前缘及外缘均黄色并具金光;中室后的银纹明显,为1对相接近的椭圆形大斑;中室内另有2小银点靠近上面的大银斑;中室端部在M_3和Cu_1基部有1很小的金点;缘毛褐色。后翅褐色,基部色较浅;缘毛淡褐色,具褐斑。

分布:中国的甘肃(迭部、舟曲)、黑龙江、陕西、湖北、西藏;俄罗斯,朝鲜,韩国,日本,印度。

(1421) 艳银钩夜蛾 *Panchrysia ornata* (Bremer, 1864)

Plusia ornata Bremer, 1864, Mém. Acad. Imp. Sci. St. Pétersb., (7)8(1):103, pl.8:15. (Russia: Popoff; Kiachta)

前翅长:14 mm。触角线形。头部、胸腹部和前翅灰白色杂褐色,带紫灰色调。前翅前缘平直,顶角钝圆,外缘浅弧形,臀角不明显下垂;亚基线黑色;内线双线黑褐色,在前缘下方及2A脉处成外凸齿,中段弧形内弯;环纹扁圆形,下缘银白色,其下方在中室下缘之下有1"V"字形银纹;中室端部有1银点,其外方有1">"形银纹,该银纹上方有1同形状略大的黑纹;外线内侧在Cu_2与臀褶间有1较大银斑,近椭圆形;外线双线,深褐至黑褐色,外侧衬灰白色,在R_5处折角;亚缘线黑色,不规则锯齿形,与外线间暗灰色,前端外侧白色;缘线深褐色至黑褐色,内侧衬白色,与亚缘线之间在顶角下方和M_3处有2块红褐色斑,缘毛浅灰褐色。后翅灰褐至深灰褐色。

分布:中国的甘肃(永登、迭部、康县)、云南;俄罗斯。

(1422) 印铜夜蛾 *Polychrysia moneta* (Fabricius, 1787)

Noctua moneta Fabricius, 1787, Mantissa Insect., 2:162. (Austria)

前翅长:15 mm。头、胸部和前翅黄白色带淡褐色。腹部略带灰色。前翅较宽阔,前缘略凹,顶角不凸出,外缘浅弧形,臀角不明显下垂;亚基线、内线、中线和外线深褐色至黑褐色;亚基线仅达中室;内线由前缘至中室带状,在中室内为1段内斜的短线,自中室下缘至2A脉弧形外弯,在2A处微折内斜至后缘;环纹白色,巨大,向下扩展至臀褶,具深褐色边;中线模糊带状;肾纹不明显;外线波状,其外侧在M_2上方有1深褐色纵线向外伸至外缘附近,并向上弯至R_5脉下方;亚缘线不明显;缘线深褐色;缘毛灰褐色掺杂黄白色,Cu_1以下色较浅。后翅灰褐色;缘线深灰褐色;缘毛黄白色掺杂少量灰褐色。

分布:中国的甘肃(迭部)、黑龙江、内蒙古、河北;俄罗斯;蒙古国;欧洲。

舟蛾科 Notodontidae

中至大型蛾类,少数小型。大多褐色或暗灰色,少数洁白或其他鲜艳颜色,夜间活动,具趋光性,外表与夜蛾相似,但口器不发达,喙柔弱或退化;无下颚须;下唇须中等长。雄蛾触角常为双栉形,部分单栉形或锯齿形具毛簇,少数为线形或毛丛形,雌蛾常为线形,有时与雄蛾相同,如为双栉形,其分枝必较雄蛾短;头部具毛簇。胸部被浓厚的毛和鳞,不少的属背面中央有竖立、纵行的脊形毛簇或称冠形毛簇,极少数的属在后胸背上有较短的竖立横行毛簇;鼓膜位于胸腹面一小凹窝内,膜向下(与夜蛾科不同)。前足胫节无距,但常具发达的叶突;中、后足胫节有距,中足一对,后足通常两对。

翅的形状大多与夜蛾相似,少数象天蛾,个别象钩蛾。在许多属里,前翅的后缘中央有1个齿形毛簇或呈月牙形的缺刻,缺刻两侧具齿形毛簇或梳形毛簇,静止时两翅后褶成屋脊形,毛簇竖起如角。前后翅脉序与夜蛾总科中各科近似,但前翅M_2出自中室端脉中部或稍偏上,少数为稍偏下方,但不呈四岔形;仅广舟蛾亚科Platychasmatinae例外,M_2近M_3,为四叉型;前翅径副室有或无。后翅翅缰发达,$Sc+R_1$脉与中室前缘平行至中室中部之外,但不超过中室,$Sc+R_1$脉基部有时稍弯曲,无短脉与翅缰相连(与尺蛾科不同);M_1与Rs脉常共柄;M_2脉基部居中,有时细弱甚至消失;臀脉两条(2A、3A)。

蕊舟蛾亚科 Dudusinae

(1423)著蕊舟蛾 *Dudusa nobilis* Walker,1865

Dudusa nobilis Walker,1865,List Spec. lepid. Insects Colln Br. Mus.,32:447.(N. China)

别名:著蕊尾舟蛾。

前翅长:♂36~43 mm,♀43~50 mm。雄雌触角均双栉形。头暗褐色。胸部背面黄褐色,具立毛簇;前胸中央有2黑点。腹背黑褐色,每节中央黄白色,臀毛簇和匙形毛簇黑色和暗红褐色。前翅较短宽,外缘微波曲;翅面黄褐色,前缘中央黄白色向后延伸至中室下角似1斑;中央有1条暗褐色宽斜带,从前缘内侧1/3斜伸至臀角,斜带与M_3脉夹角间有1个小三角形银白斑,斜带与基部之间有1条同色但较宽的暗带,从前缘向后缘逐渐扩散;内、外线为暗褐色平行双线,两线渐黄白色,内线只有从中室上缘至臀脉一段清晰,锯齿形,外线锯齿形,从前缘到M_1脉外曲,随后斜伸达后缘中央;外线与亚缘线间有1条暗褐色细带,由翅尖内曲至后缘外侧约1/3;亚缘线由两列平行脉间月牙形暗褐色线组成,每列衬黄白色边;缘线细,由1列脉间黄白色月牙形线组成;脉端缘毛黄褐色,其余暗褐色。后翅暗褐色,前缘内半部和后缘色较谈,亚缘线、缘线和缘毛同前翅但较模糊。

寄主植物:荔枝。

分布:中国的甘肃(文县)、北京、陕西、浙江、湖北、台湾、海南、广西;泰国;越南。

(1424)壮蕊舟蛾 *Dudusa obesa* Schintlmeister & Fang,2001

Dudusa obesa Schintlmeister & Fang,2001,Neue Ent. Nachr.,50:27.(China:Sichuan,Kangding)

前翅长:42 mm。雄雌触角均双栉形。非常近似著蕊舟蛾*D. nobilis*,但体和翅颜色较浅;腹部褐色;前翅较前种狭长,外缘较倾斜;斑纹,特别是中横带的颜色明显较该种浅;外线较模糊,锯齿不明显。

分布:甘肃(康县、文县)、河南、湖北、福建、广西、四川、云南。

(1425)黑蕊舟蛾 *Dudusa sphingiformis* Moore,1872

Dudusa sphingiformis Moore,1872,Proc. zool. Soc. Lond.,1872:577.(India:Sikkim)

前翅长：♂32~40 mm，♀41~43 mm。雄雌触角均双栉形。头和触角黑褐色。领片、肩片和前、中胸背面灰黄褐色，各有2条褐色线，前胸中央有2个黑点，冠形毛簇端部、后胸、腹部背面、臀毛簇和匙形毛簇黑褐色。前翅狭长，顶角尖，外缘倾斜，波曲较深；翅面灰黄褐色，基部有1个黑点，前缘有5、6个暗褐色斑点；从翅尖到后缘近基部的暗褐色略呈1大三角形斑，中央的暗褐色斜带不清晰；亚基线、内线和外线灰白色，亚基线不清晰，内线呈不规则锯齿形，外线清晰，斜伸双曲形；亚缘线（双道）和缘线均由脉间月牙形灰白色线组成；缘毛暗褐色。后翅暗褐色，前缘基部和后角灰黄褐色；亚缘线和缘线同前翅。

寄主植物：奕树、槭属。

分布：中国的甘肃（武都区、康县、文县）、北京、河北、山东、河南、陕西、浙江、湖北、江西、湖南、福建、广西、四川、贵州、云南；朝鲜，韩国，日本，缅甸，印度，越南。

（1426）图库窦舟蛾 *Zaranga tukuringra* Streltzov & Yakovlev, 2007

Zaranga tukuringra Streltzov & Yakovlev, 2007, Eversmannia, 10: 24. (Russia)

前翅长：♂27~30 mm，♀35 mm。雄雌触角均双栉形。体背暗褐色，后胸毛端黄色。前翅狭长三角形，外缘不规则波曲；翅面暗褐掺有少量黄白色，基部具1枚黄白点；翅端近顶角处和后缘中部各有1块大椭圆形粉褐色斑，两斑在Cu_1、Cu_2脉近基部彼此接近；内、外线暗褐色具灰白边，锯齿形，内线在中室弯曲，外线近顶角外曲；中点黑褐色短条形；外缘脉端具黄白点；缘毛黑褐色。后翅雄蛾灰白色近透明，翅脉和后缘暗褐色；雌蛾暗褐色，中央较灰白；两性臀角均具2黄白色短纹。

寄主植物：梾木 *Cornus* sp.

分布：中国的甘肃（康县、文县）、山西、陕西、湖北、四川、云南、西藏；俄罗斯，韩国，印度，越南。

（1427）点窦舟蛾 *Zaranga citrinaria* Gaede, 1933

Zaranga citrinaria Gaede, 1933, in Seitz, Gross-Schmett. Erde, 2(Suppl.): 174. (China: Yunnan, Tze-ku)

前翅长：♂♀20~32 mm。雄雌触角均双栉形。体背暗褐色，后胸毛端黄色，跗节有黄白色环。前翅暗褐掺有少量黄白色，基部具1枚黄白点；翅端靠顶角处和后缘中部各有1块大椭圆形粉褐色斑，两斑在Cu_1、Cu_2脉近基部彼此接近；内、外线暗褐色具灰白边，锯齿形，内线在中室弯曲，外线近顶角外曲，靠近前缘的内侧有1枚明显的黄白点；中点黑褐色；外缘脉端具黄白点；缘毛黑褐色。后翅雄蛾灰白色近透明，翅脉和后缘暗褐色，雌蛾暗褐色，中央较灰白，两性臀角均具2黄白色短纹。

分布：甘肃（正宁）、陕西、湖北、四川、云南。

（1428）钩翅舟蛾 *Gangarides dharma* Moore, 1865

Gangarides dharma Moore, 1865, Proc. zool. Soc. Lond., 1865: 821, pl.43: 7. (India: N.E. Bengal)

前翅长：♂30~34 mm，♀34~40 mm。雄雌触角均四栉形。下唇须粗壮，向上伸至与头顶同高。体和前翅灰黄色满布褐色鳞片，头顶、胸部背面和前翅带浅朱红色。前翅宽大，前缘外半部拱形，顶角尖，凸出呈钩形，外缘近垂直，微波曲；翅面具清晰的暗褐色横线5条，亚基线波浪形，内线在中室前外曲，随后几乎垂直于后缘，中线在横脉外曲，外线在R_5脉弯曲，随后斜伸达后缘的白点处，亚缘线波浪形内衬明亮边，中点为1个白点。后翅灰黄褐带浅红色，具1模糊暗褐色外带。

分布：中国的甘肃（武都区、康县、文县）、辽宁、北京、陕西、浙江、湖北、江西、湖南、福建、海南、香港、广西、四川、云南、西藏；朝鲜，韩国，印度，孟加拉国，泰国，越南，缅甸。

（1429）带纹钩翅舟蛾 *Gangarides vittipalpis* (Walker, 1869)

Lonomia vittipalpis Walker, 1869, Charact. undescr. Spec. Heterocera Lepid.: 90. (N. India)

前翅长：♂43 mm。雄雌触角均四栉形。体和翅橘红色。前翅的5条横线较前种细，红褐至深褐色，各线形状基本与前种相同，但亚缘线锯齿较深；中线与外线之间及中线上端前缘至顶角带灰红色；中点为1个白点；外缘灰褐色波浪形，Cu_1脉突出程度比其他脉多。后翅灰黄色有浓密的浅红色短毛，外缘浅灰褐色。

分布：中国的甘肃（文县）、海南、广西、云南；印度，越南，泰国，缅甸，马来西亚。

（1430）肖银斑舟蛾 *Tarsolepis japonica* Wileman & South，1917

Tarsolepis japonica Wileman & South，1917，Entomologist，50：29.（Japan）

别名：肖剑心银斑舟蛾。

前翅长：♂33~35 mm。雄雌触角均双栉形。下唇须灰黄褐色；额和头顶黑褐色，有灰红褐色横线。领片和前、中胸背面灰褐色；腹部背面末节两边有1条黑褐色纵线，腹面基部毛簇鲜红色。前翅狭长，前缘端半部浅弧形，顶角尖，外缘直，倾斜，微波曲；翅面较暗，外缘灰褐色宽带较窄；A、Cu_2脉间银斑内缘向外凹；外侧的银斑外缘向内凹；亚缘线和缘线细、较直。后翅暗褐色，可见模糊椭圆形中点，黑色。前翅反面较暗，无银斑；从M_3脉中央至臀角有1淡黄色的椭圆形斑；后翅反面黑色中点大而清晰。

分布：中国的甘肃（成县）、陕西、江苏、浙江、湖北、福建、台湾、广西、海南、贵州、云南；朝鲜，韩国，日本。

（1431）黄二星舟蛾 *Euhampsonia cristata* (Butler，1877)

Trabala cristata Butler，1877a，Ann. Mag. nat. Hist.，(4)20：480.（Japan）

别名：槲天社蛾、大光头。

前翅长：♂32~33 mm，♀35~42 mm。雄触角双栉形。头和领片灰白色；胸部背面灰黄带赭色，冠形毛簇端部和后胸边缘黄褐色；腹部背面黄褐色。前翅狭长，顶角尖，外缘浅锯齿形，齿大小不规则，后缘中部有1小齿形毛簇；翅面黄褐色，中央横线间较灰白，有3条暗褐色横线：内、外线较清晰，内线微屈伸达后缘齿形毛簇的基部，中线松散带形，外线稍直；中点由2个同大的黄白色小圆点组成，脉间缘毛灰白色。后翅黄褐色，前缘色较淡。

寄主植物：柞树、蒙古栎。

分布：中国的甘肃（武都区、康县、文县）、黑龙江、吉林、辽宁、内蒙古、北京、河北、山西、山东、河南、陕西、江苏、安徽、浙江、湖北、江西、湖南、台湾、海南、四川、云南；俄罗斯，朝鲜，韩国，日本，缅甸。

（1432）辛氏星舟蛾 *Euhampsonia sinjaevi* Schintlmeister，1997

Euhampsonia sinjaevi Schintlmeister，1997，Entomofauna Suppl.，9：55.（Vietnam）

前翅长：♂41 mm。雄触角双栉形。头和领片灰白色；胸部背面和冠形毛簇红褐色（至少端部如此）；腹部背面浅黄褐色。前翅外缘在M_1至M_3之间深凹，M_2端部仅凸出1微小齿，M_3与Cu_1间凹入较深；翅面灰褐色，带橄榄绿和红褐色调；有3条不清晰的横线：内线呈不规则弯曲，伸达后缘的齿形毛簇；中线和外线呈松散的带形，在横脉外弯曲；中点为长椭圆形浅黄色小斑；脉间缘毛灰白色，其余褐色；后缘橘黄色。后翅黄褐色，前缘黄白色，后缘带赭色。

分布：中国的甘肃（武都区、文县）、陕西、湖北、湖南、四川、云南；越南。

角茎舟蛾亚科 Biretinae

（1433）尖拟皮舟蛾 *Mimopydna cuspida* Wu & Fang，2002

Mimopydna cuspidata Wu & Fang，2002，Acta Ent. Sinica，45(6)：813.（China：Shaanxi）

前翅长：♂26 mm。雄触角锯齿形具毛簇，雌线形。头部与胸部灰黄色，腹部黄褐色。下唇须赭褐色。前翅近菜刀形，前缘直，顶角钝，外缘浅弧形，臀角圆，后缘与前缘接近平行，至近基部处向上弯折至翅基部；翅面草黄色，后缘区浅灰红褐色；斑纹比较模糊，浅灰红褐色：从中室端脉到外缘有1条纵带；外线灰红褐色，双股平行，锯齿形；外线外侧从顶角到后缘有2列模糊灰褐色点组成的斜带；亚缘线由1列脉间深灰褐色斑组成；缘线由1列小点组成。后翅深灰褐色。

分布：甘肃（康县）、陕西。

（1434）黄拟皮舟蛾秦岭亚种 *Mimopydna sikkima stueningi* (Schintlmeister，1989)

Besaia (*Mimopydna*) *sikkima stueningi* Schintlmeister，1989，Neue Ent. Nachr.，25：106.（China：Shaanxi）

前翅长：♂24 mm。雄触角锯齿形具毛簇，雌线形。前翅橙黄色，后缘区灰红褐色；内线难认；中点橙黄色，两侧灰红褐色，外侧向外延伸似呈带形；外线灰红褐色，双股平行，锯齿形，每股在脉上的点较暗且清晰；外线外侧从顶角到后缘有2列模糊灰红褐色点组成的斜带；亚缘线由1列脉间暗红褐色点组成。后翅深红褐色，前缘和外缘附近黄色。

分布：甘肃（康县）、陕西。

（1435）褐箩舟蛾 *Saliocleta dabashanica*（Schintlmeister，2002）

Armiana dabashanica Schintlmeister，2002，Atalanta，33（1/2）：188，fig. 1，pl.10：3.（China：Shaanxi，Dabashan）

前翅长：21 mm。雄触角锯齿形具毛簇，雌线形。触角杆基部灰白色，其余部分暗黄褐色。下唇须赭黄色，背缘黑褐色。头部与胸部灰带褐色；腹部褐色，雌背、侧面有浅色的大斑块。前翅狭长，前缘直；雄顶角略圆，雌顶角尖；外缘斜曲度大，与后缘连接界线不清；后缘近基部凸，呈宽三角形；翅面浅灰黄色，散布细小深褐色鳞片，其中前缘区、基部和后缘较密集，尤以前缘区最丰富；基部有2枚黑点；内线不清晰，仅前缘的黑点明显可见；外线双股平行，内股模糊而连续，外股由1列小点组成；亚端有1列模糊的浅色斑；缘线由1列黑点组成；缘毛浅灰色。后翅基部浅黄色，端部褐色，雌色较浅。

分布：甘肃（康县）、陕西。

（1436）竹箩舟蛾 *Saliocleta retrofusca*（de Joannis，1894）

Norraca retrofusca de Joannis，1894，Bull. Soc. ent. France，1894：160.（China）

前翅长：24 mm。头和胸部背面浅灰黄色，胸背中央有1条暗褐色纵线伸至头顶，领片后缘和肩片内缘暗褐色；腹部背面前端浅黄带褐色，向后褐色逐渐加深，最后两节颜色变淡呈浅灰黄色。前翅前后缘几乎完全平行，外缘浅弧形过渡到后缘；翅面浅黄带灰红褐色，后缘基部暗褐色；在亚基线位置上的亚前缘脉上有1暗褐色点；内线仅见在前缘、中室下缘和A脉上有3个小黑点，通常前缘上的点不清晰；中点为1浅色的椭圆形斑，其内侧和Cu$_2$脉基部下方各有1暗褐色小圆斑，其外侧M$_1$至M$_3$脉间有2条暗褐色短纵纹，稍外侧有1条断续的暗褐色斜带伸到顶角；外线稍外曲，由1列脉上小黑点组成；亚缘线由1列脉间小黑点组成。后翅暗灰红褐色至深褐色，前缘浅黄色，脉端缘毛浅黄色。

寄主植物：毛竹。

分布：中国的甘肃（文县）、上海、江苏、浙江、江西、湖南、广东、重庆；越南。

备考：本种曾被引证为"*Norraca retrofusca* de Joanning，1907，*Bull. Soc. Ent. France*：367"（蔡荣权，1979；武春生和方承莱，2003（作者名误拼为"de Joanning"））。经核查《动物学记录》及原始文献，确认本种为de Joannis 1894年命名，模式产地为中国，具体地点不详。

（1437）窄翅舟蛾 *Niganda strigifascia* Moore，1879

Niganda strigifascia Moore，1879a，in Hewitson & Moore，Descr. New Indian lepid. Insects Colln. Late Mr. W.S. Atkinson，1：63.（India：Darjeeling）

前翅长：♂20~22 mm，♀28 mm。雄触角微呈锯齿形，雌线形。下唇须和额黄褐色，头顶和领片浅灰黄褐色；胸部背面黄褐色。腹背灰褐色。雄腹部长，约有一半伸过后翅臀角；具臀毛簇。前翅狭长，雄顶角圆，雌顶角较尖，外缘浅弧形倾斜，后缘直。雄蛾前翅赭褐色，外缘区泛灰色；翅中央有1条纵带，内半段白色，从基部到中室端脉渐宽，外半段浅黄色，从中室端脉沿M$_1$、M$_2$脉伸至翅尖渐细（呈长三角形，尖向外），内、外两段在横脉处相接呈直角形曲；外线和端线各由1列脉间小黑点组成；缘毛灰褐色；雌蛾前翅泛赭红色，中央纵纹从中室中部到外缘整个浅黄色，其中在横脉上较狭窄且呈直角形曲，纵纹下方到后缘赭黄色逐渐变浅。后翅灰褐泛赭色。

分布：中国的甘肃（文县）、江苏、浙江、海南、广西、四川、云南；印度，不丹，印度尼西亚。

蚊舟蛾亚科 Stauropinae

（1438）杨二尾舟蛾 *Cerura ermine*（Esper，1783）

Phalaena ermine Esper，1783，Die Schmett. in Abbildungen，3：100，pl.19：1-5.（Germany）

前翅长：♂26~30 mm，♀28~37 mm。雄雌触角均双栉形。头和胸部灰白微带紫褐色，胸背有两列6个黑点；肩片有2黑点。腹部背面黑色，第一至六节中央有1条灰白色纵带，两侧各具1黑点；末端两节灰白色，两侧黑色，中央有4条黑纵线。前翅长，前缘直，顶角钝圆，外缘倾斜，浅弧形；雌前翅较雄宽阔；翅面灰白微带紫褐色，翅脉黑褐色，所有斑纹黑色；基部有3黑点；亚基线由1列黑点组成；内线3条；中线从前缘中央开始，沿中室端脉内侧呈深齿形曲到中室下角，以后呈深锯齿形与外线平行达于后缘中央；中点月牙形；外线双股，在脉间呈深锯齿形曲；缘线由脉间黑点组成，其中R_4至M_3脉间的黑点向内延长，呈两头粗中间细的纹。后翅灰白微带紫色，翅脉黑褐色，基部和后缘带灰黄色，中点黑色，缘线由1列脉间黑点组成。雌蛾翅色略深，后翅缘线的黑点较粗大。

分布：中国的甘肃（瓜州、酒泉、宕昌、舟曲、文县）、全国各地（新疆、广西和贵州尚无记录）；俄罗斯，朝鲜，韩国，日本，印度，缅甸，越南；欧洲。

备考：本种在中国分布有3个亚种。台湾亚种 *formosana*（Matsumura，1929）仅分布于台湾；其余2个亚种在甘肃均有分布。滇缅亚种 *birmanica*（Bryk，1949）分布于甘肃文县、四川和云南；大陆亚种 *menciana* Moore，1877 分布于除上述地区以外的广大地区。

（1439）黑带二尾舟蛾 *Cerura felina*（Butler，1877）

Dicranura felina Butler，1877a，Ann. Mag. nat. Hist.，20：477.（Japan：Yokohama）

前翅长：♂26 mm，♀32 mm。与杨二尾舟蛾很近似，不同的是：头和肩片灰黄白色，领片和胸部背面烟灰带灰黄白色。腹部背面黑色，每节中央有1大的灰白色三角形斑，斑内有2黑纹，前、后连成2条黑线；末端两节灰白色上只有1条黑纹。前翅灰白色，翅脉暗褐色；内线双股，波浪形，在中室下缘和A脉间较内曲，内衬1条雾状宽带；外线脉间锯齿形曲较前种深锐；亚缘线几乎每一脉间的点都向内延长。后翅灰白微带紫色，翅脉黑褐色，基部和后缘带灰黄色；中点黑色；缘线由1列脉间黑点组成。

分布：中国的甘肃（舟曲）、辽宁、北京、河北；朝鲜，韩国，日本。

（1440）燕尾舟蛾 *Furcula furcula*（Clerck，1759）

Phalaena furcula Clerck，1759，Icon. Insect. Rzriorum，1：pl.9：9.（Europe）

别名：腰带燕尾舟蛾、绯燕尾舟蛾、小双尾天社蛾、中黑天社蛾、黑斑天社蛾。

前翅长：18 mm。雄雌触角均双栉形。头和领片灰色；肩片灰色；胸部背面有4条黑带，带间赭黄色。跗节具白环。腹部背面黑色，每节后缘衬灰白色横线。前翅狭长，顶角圆，外缘浅弧形，倾斜，臀角不明显，后缘内1/3处略凸出。前翅灰色，内、外横带间较暗呈雾状烟灰色；基部有2黑点；亚基线由4、5个黑点组成，排列拱形；内横带黑色，中间收缩，两侧饰赭黄色点，带内缘在臀褶处呈深角形内曲，带外侧有1不清晰的黑线，通常只在前、后缘和Cu_2脉基部三点可见；外线黑色，从前缘近顶角处伸至M_3脉呈斑形，随后由脉间月牙形线组成，内衬灰白边，有些标本在外线内侧有2条不清晰黑线；中点为1黑点；缘线由1列脉间黑点组成。后翅灰白色，外带模糊松散，近臀角较暗；中点黑色；缘线同前翅。

分布：中国的甘肃（宕昌、舟曲、康县、文县）、黑龙江、吉林、内蒙古、河北、陕西、新疆、江苏、浙江、湖北、四川、云南；俄罗斯（西伯利亚），朝鲜，韩国，日本。

备考：武春生和方承莱（2003）记载2个亚种：燕尾舟蛾绯亚种 *F. furcula sangaica* 分布甘肃舟曲、文县，以及本种除陕西秦岭和甘肃康县以外我国所有分布区；燕尾舟蛾间亚种 *F. furcula intercalaris* 分布甘肃康县。尽管该作者将间亚种的分布区仅仅记录为陕西和甘肃，但该亚种的模式产地为"E. China"（华东地区），这意味着2个亚种的分布区有很大重叠。因此本文暂时取消亚种。亚种地位以及它们是否应该为不同的种留待进一步研究。

（1441）碧燕尾舟蛾 Furcula bicuspis (Borkhausen, 1790)

Phalaena (Bombyx) bicuspis Borkhausen, 1790, Nat. Eur. Schmett. 3:380. (Germany)

前翅长：16 mm。雄雌触角均双栉形。头和领片灰黄白色。肩片灰白色，基部有1三角形黑斑。胸部背面黑色，有2条赭黄色横纹。跗节具白环。腹部背面黑色，每节后缘衬灰白色横线。翅面斑纹与燕尾舟蛾 *F. furcula* 相似，但前翅外横带内侧的锯片状横纹直而外齿较小；前后翅缘线的黑点较粗大。

分布：中国的甘肃（宕昌）、吉林、北京、山西；俄罗斯，日本；欧洲，北美洲。

（1442）核桃美舟蛾 Uropyia meticulodina (Oberthür, 1884)

Notodonta meticulodina Oberthür, 1884b, Études ent., 10:16. (Russia: S. of Vladivostok, Sidemi)

前翅长：♂21~25 mm，♀25~30 mm。雄触角双栉形分枝达2/3，端部1/3短锯齿形；雌线形。头部赭色；领片和腹部灰黄褐色；胸部背面黑褐色。后足胫节仅1对距。前翅长，前缘直，顶角钝，外缘浅锯齿形，臀角明显；翅面暗褐色，前、后缘各有1块黄褐色大斑（有些标本为黄白色），前者几乎占满了中室以上的整个前缘区，呈大刀形，后者半椭圆形，每斑内各有4条衬明亮边的暗褐色横线；中点暗褐色。后翅淡黄色，后缘较暗，脉端缘毛较暗。

分布：中国的甘肃（康县、文县）、辽宁、吉林、北京、山东、陕西、江苏、浙江、湖北、江西、湖南、福建、广西、四川、贵州、云南；俄罗斯，朝鲜，韩国，日本。

（1443）苹蚁舟蛾 Stauropus fagi (Linnaeus, 1758)

Phalaena (Noctua) fagi Linnaeus, 1758, Syst. Nat. (Edn 10), 1:508. (Europe)

别名：苹果天社蛾。

前翅长：♂28 mm，♀37 mm。雄触角双栉形，雌线形。后足胫节1对距。腹部背面第一至第五节每节具1毛簇，臀毛族长。前翅较宽，外缘浅弧形倾斜，与后缘连接成一弧形，臀角不明显。前翅灰红褐色；内半部较暗，基部有1红褐色点；内、外线灰白色，内线不清晰，呈双波形曲；无中线；外线锯齿形；亚缘线由6个暗红褐色圆点组成；缘线由脉间暗红褐色锯齿形线组成；中点暗红褐色。后翅灰红褐色，前缘较暗，中央有1灰白色斑。

寄主植物：苹果、梨、李、樱桃、麻栎 *Quercus acutissima*、赤杨 *Alnus japonica*、胡枝子 *Lespedeza bicolor*、连香树 *Cercidiphyllum japonicum*、菝葜 *Smilax china*。

分布：中国的甘肃（宕昌、康县）、吉林、内蒙古、山西、陕西、浙江、广西、四川；俄罗斯，朝鲜，韩国，日本。

（1444）茅莓蚁舟蛾 Stauropus basalis Moore, 1877

Stauropus basalis Moore, 1877, Ann. Mag. nat. Hist., (4)20:90. (China: Shanghai)

前翅长：♂16~20 mm，♀20~22 mm。雄触角双栉形，雌线形。前翅灰褐至褐色，内半部灰白色，中部红褐色；基部有1黑褐色点；内线不清晰，深褐色；中线为1松散的带，在中室端脉外呈肘形弯曲；中点暗褐色；外线灰黄白色，饰红褐边；亚缘线由1列脉间黑褐色点组成，每点内衬灰白边；缘线由脉间黑褐色月牙形点组成，内衬灰白边。后翅灰褐色，内半部和后缘色较浅；前缘较暗，有2灰白色纹，缘线由1列脉间黑褐色点组成。

寄主植物：茅莓 *Rubus parvifolius*、千金榆 *Carpinus cordata*。

分布：中国的甘肃（宕昌、康县、文县）、北京、河北、山西、山东、陕西、上海、江苏、浙江、湖北、江西、湖南、福建、台湾、广西、四川、贵州、云南；俄罗斯，朝鲜，韩国，日本，越南。

（1445）花蚁舟蛾 Stauropus picteti Oberthür, 1911

Stauropus picteti Oberthür, 1911b, Études Lépid. comp., 5(1):323. (China: Sichuan, Xiao-lou)

前翅长：♂27 mm。雄触角双栉形，雌线形。胸部背面长毛掺杂灰绿色。前翅基部灰绿色是本种的鉴别特征；中点及中室端斑黑色，大而明显，类似夜蛾科的环纹和肾纹；亚缘线和缘线各为脉间1列黑点。后翅由前缘至中室下缘深褐色;中点黑色,中线黑色,由前缘到达中点上方,其两侧有灰白色斑块;中室下缘至M$_3$以下部分翅面黄白色,中部有褐色长毛。

分布:甘肃(文县)、陕西、湖南、四川。

(1446)灰舟蛾*Cnethodonta grisescens* Staudinger,1887

Cnethodonta grisescens Staudinger,1887,in Romanoff,Mém. Lépid.,3:214.(Russia:Vladivostok;Askold;Ussuri,Suifun)

前翅长:♂17~21 mm,♀22 mm。雄雌触角均双栉形。后足胫节1对距。头和胸部灰色;腹部灰褐色,无浅灰色背线,末端灰白色,具臀毛簇。前翅稍宽,顶角圆,外缘浅弧形,臀角明显,后缘近基部处略凸。前翅灰白色布满黑褐色雾点,所有斑纹黑褐色,由半竖起鳞片组成;无亚基线;4条横线不清晰衬白边;内线外斜,微波浪形;外线双曲形;亚缘线和缘线由脉间黑褐色点组成;中点较清晰。后翅深褐色,前缘附近与前翅同色。

寄主植物:春榆*Ulmus japonica*、糠椴*Tilia manshurica*。

分布:中国的甘肃(正宁、宕昌、康县、文县)、黑龙江、吉林、辽宁、北京、河北、山西、陕西、浙江、湖北、福建、江西、湖南、福建、台湾、广西、四川;俄罗斯,朝鲜,韩国,日本。

(1447)疹灰舟蛾*Cnethodonta pustulifer* Oberthür,1911

Cnethodonta pustulifer Oberthür,1911b,Études Lépid. comp.,5(1):323.(China:Sichuan,Ta-tsien-lou)

前翅长:19~24 mm。本种外形与灰舟蛾*C. girsescens*极其相似,但腹部有明显的浅白色背线。

分布:甘肃(康县、文县)、湖北、四川。

(1448)显灰舟蛾*Cnethodonta dispicio* Schintlmeister,2008

Cnethodonta dispicio Schintlmeister,2008,Palaearctic Macrolepid.,vol. 1:Notodontidae:163.(China:Shaanxi)

前翅长:20~22 mm。本种外形与灰舟蛾*C. girsescensr*极其相似,但前翅有1条褐色的亚基带可与之相区别。

分布:甘肃(文县)、陕西、湖南、四川。

(1449)白斑胯舟蛾*Syntypistis comatus*(Leech,1898)

Stauropus comatus Leech,1898,Trans. ent. Soc. Lond.,1898:306.(China:Sichuan,Omei-shan)

别名:白斑胯白舟蛾。

前翅长:♂22 mm,♀29 mm。雄雌触角均长双栉形,分枝达4/5,末端1/5锯齿形。后足胫节2对距。下唇须黑褐色;缘毛白色。头白带赭色,领片白色。胸部背面褐色掺有灰白色。腹部灰褐色,末端掺有较多的灰白色。前翅顶角圆,外缘浅弧形倾斜,臀角明显,后缘约与外缘等长,近基部处略凸出。雄蛾前翅暗褐色,基部和前缘中部之外掺有暗绿色雾点;在中室内、下方和沿中室的前缘到基部有1大灰白斑;雌蛾灰白斑向外扩大到整个外缘,把底色分割成2个大的暗褐带绿色斑,一个在前缘外1/2到近顶角,呈倒置扁钟罩形,另一个从基部沿后缘向外伸至臀角附近;基线、内线和外线均为双股黑色,基线仅在前缘可见;内线波浪形,内面一条较清晰,外面一条隐约可见;外线锯齿形,只有在暗褐色部分较清晰,外面一条较浓;缘线隐约可见,暗褐色锯齿形;脉端缘毛灰白色,其余暗褐色。后翅浅赭灰色,前缘灰白色,具1从前缘到后缘逐渐变细的暗褐色外带;其中以前缘处最暗;缘线和翅脉暗褐色;缘毛灰白色。

分布:中国的甘肃(宕昌、康县、文县)、陕西、湖北、江西、湖南、福建、台湾、广东、四川、云南、西藏;朝鲜,韩国,日本,印度北部,缅甸,泰国,越南,马来西亚,印度尼西亚,菲律宾。

(1450)微灰胯舟蛾*Syntypistis subgriseoviridis*(Kiriakoff,1964)

Quadricalcarifera subgriseoviridis Kiriakoff,1964,Bonn. Zool. Beitr.,14:265.(China:Zhejiang)

别名:青白胯舟蛾。

前翅长：♂18~22 mm，♀24 mm。头和胸部背面灰白掺有褐色。腹部背面灰褐色。前翅暗红褐色掺有灰白、灰褐和黄绿色鳞片，尤其沿前缘基部附近至中部之外灰白色较明显；内、外线暗褐色很不清晰，内线在中室上呈齿状外曲，在A脉上呈深角状内曲，外线从前缘向内斜，在M_3脉上呈角状曲；亚缘线不明显。后翅灰褐色，前缘较暗，有1模糊外带。

寄主植物：山核桃 *Carya cathayensis*。

分布：甘肃（康县、文县）、陕西、江苏、浙江、湖北、江西、湖南、广西、四川。

（1451）普䏚舟蛾 *Syntypistis pryeri*（Leech，1899）

Somera pryeri Leech，1899，Trans. ent. Soc. Lond.，1899：216.（Japan）

前翅长：♂18~22 mm，♀24~26 mm。头和胸部背面灰白掺有褐色。腹部背面灰褐色。前翅浅灰褐色掺有灰白和暗黄绿色鳞片；前缘中部和中室横脉内外侧有3个不太明显的白斑；内、外线暗褐色，双股；内线较直，细齿状；外线从前缘向内斜，波状；亚缘线单股，波状；翅脉大部黑色，在亚缘线之外更为明显。后翅灰褐色到灰白色，前缘较暗，有1模糊外带。

分布：中国的甘肃（文县）、陕西、浙江、湖北、湖南、福建、台湾、广西、四川、云南；朝鲜，韩国，日本。

（1452）黑基䏚舟蛾 *Syntypistis nigribasalis*（Wileman，1910）

Stauropus nigribasalis Wileman，1910，Entomologist，43：289.（China：Taiwan）

前翅长：♂19 mm。头部黄褐色混有褐色鳞毛。下唇须粗长，外侧褐色。触角黄褐色。胸部背面黑褐色，肩片后缘灰白色。足黄褐色有长毛。前翅灰白色，前缘近散布较多黑鳞；翅基部黑色，界以白色的内线；中线不完整，为断开的白线；外线白色波状，其内侧在近后缘处有1黑色圆斑；中点浅褐色围白边；亚缘线褐色，波状。后翅灰白色，前缘近顶角处有1短宽黑褐色斑，其内侧有1小褐斑。

分布：中国的甘肃（文县）、浙江、江西、福建、台湾、广西、贵州；越南，泰国，印度尼西亚，马来西亚。

（1453）葩䏚舟蛾 *Syntypistis parcevirens*（de Joannis，1929）

Stauropus parcevirens de Joannis，1929，Ann. Soc. ent. France，98：455.（Vietnam：Tonkin）

前翅长：♂19~21 mm，♀21~26 mm。头部与胸部灰褐与灰白色混杂，领片灰白色。腹部赭黄到赭褐色，末端颜色深。前翅灰白色，散布褐色细鳞片；基部黑色，密布翠绿色鳞片；前缘中部之外密布翠绿色鳞片；外线黑色，波状，其外侧衬宽的翠绿色鳞片带；亚缘线黑褐色，外衬翠绿色鳞片。后翅灰白色到灰褐色，前缘色暗，外线隐约可见。

分布：中国的甘肃（宕昌、康县、文县）、河南、陕西、湖北、湖南、福建、四川、云南、西藏；越南，缅甸。

（1454）曲良舟蛾 *Benbowia callista* Schintlmeister，1997

Benbowia callista Schintlmeister，1997，Entomofauna Suppl.，9：97.（Vietnam）

别名：绿蚁舟蛾

前翅长：16 mm。触角双栉形。褐色。下唇须灰赭色，外侧暗褐色；头和胸部背面绿色，前、中足外面绿色具褐点，内面灰色。腹部背面褐色，第一至五节上的毛簇黑褐色，其中第一节毛簇较大，中心绿色，末节和臀毛簇绿色。后足胫节仅1对距。前翅较宽阔，顶角圆，外缘浅弧形过渡到后缘，臀角不明显；翅面绿色，4条横线均由褐色点组成，均衬浅黄白色边；内线外斜，外侧有两个浅黄白色点；外线双股，由脉间月牙形点组成，双曲形达臀角；亚缘线不清晰，缘线较清晰，各为1列脉间小褐点；脉间缘毛褐色，其余黄白色。后翅褐色，前缘绿色，有3条褐色横线。

分布：中国的甘肃（文县）、陕西、浙江、湖北、江西、海南、广西、四川、重庆、云南；印度北部，尼泊尔，泰国，越南北部。

（1455）栎枝背舟蛾 *Harpyia umbrosa*（Staudinger，1892）

Hybocampa milhauseri var. *umbrosa* Staudinger，1892a，in Romanoff，Mém. Lépid.，6：343.（Russia：Amurland）

别名：银白天社蛾，栎枝舟蛾。

前翅长:23 mm。雄雌触角均长双栉形,分枝达3/4,末端1/4锯齿形。足被密长毛,后足胫节仅1对距。头和胸部黑褐色,肩片灰白色,背缘具黑边。腹部灰褐色。前翅狭长,雌蛾稍宽,顶角稍尖,外缘在M_3以下特别倾斜,臀角不明显;翅面灰褐色,前缘和后缘暗褐色,外半部翅脉黑色;有1条很宽的黄褐色外带几乎占满了整个外半部,模糊双齿形,带的两侧具松散的暗褐色边,在前、后缘形成两个大的暗斜斑;脉端缘毛灰白色,其余暗褐色。后翅灰白色,基部和后缘灰褐色,臀角有1黑褐色斑;外线不清晰,只有在横过臀角暗斑上的一点灰白色可见;脉端缘毛灰白色,其余暗褐色。

分布:中国的甘肃(康县、文县)、北京、山西、黑龙江、江苏、浙江、山东、湖北、湖南、四川、云南;俄罗斯,朝鲜,韩国,日本。

(1456) 纹峭舟蛾 *Rachia striata* Hampson,1893

Rachia striata Hampson,893,Fauna Br. India(Moths),1:132.(India:Sikkim)

前翅长:43 mm。雄触角双栉形,分枝接近到末端。后足胫节2对距。下唇须侧面黑色。头部褐色。胸部褐色,肩片前缘白色,后胸有黑色毛簇。腹部浅褐色。前翅狭长,近纺锤形,顶角尖;外缘特别倾斜,波浪形;后缘近基部略突出;后翅顶角略尖,外缘波浪形。前翅浅褐色,有黑褐色云状斑,特别是顶角附近;M_1脉与R_4脉间有黑色条纹;外带不太清晰,在Cu_2脉处拐向后缘基部;有1条黑带从后缘近基部经臀角伸达外缘中部;缘线较宽,黑褐色;脉间缘毛灰白色,其余黑褐色。后翅浅褐色到褐色;有不明显的外线,亚缘线灰白色。

分布:中国的甘肃(文县)、湖南、四川、云南;印度,尼泊尔,越南,泰国。

(1457) 栎纷舟蛾 *Fentonia ocypete* (Bremer,1861)

Harpyia ocypete Bremer,1861,Bull. Acad. Imp. Sci. St. Pétersb.,3:481.(Russia:Amurland)

前翅长:♂21~23 mm,♀22~25 mm。雄触角双栉形,分枝约达2/3,末端1/3锯齿形;雌线形。后足胫节有2对距。头和胸部褐色与灰白色混杂。腹部灰褐色。前翅狭长,近三角形,顶角尖,外缘十分倾斜,约与后缘等长,臀角明显;翅面暗灰褐色,有时稍带暗红褐色;内线模糊双股,黑色浅波浪形;内线以内的臀褶上有1黑色纵纹(有时带暗红褐色);外线黑色双股平行,从前缘到Cu_2脉浅锯齿形(有时平滑不呈锯齿形),向外弯曲,以后呈2、3个深锯齿形折屈伸达后缘近臀角处,其中靠内侧1条较模糊,外侧1条外衬灰白边;中点为1灰褐色圆点,中央暗褐色;中点与外线间有1模糊的深褐色到黑色椭圆形大斑;亚缘线模糊,暗褐色锯齿形;缘线细,黑色;脉端缘毛黑色,其余暗灰褐色。后翅灰褐色(有时灰白色),臀角有1模糊的暗斑;外线为1模糊的浅色带。

寄主植物:日本栗*Castanea japonica*、麻栎*Quercus acutissima*、柞栎*Q. dentata*、枹栎*Q. glandulifera*、蒙栎*Q. mongolica*。

分布:中国的甘肃(宕昌、舟曲、康县、文县)、黑龙江、吉林、北京、山西、陕西、江苏、浙江、湖北、江西、湖南、福建、广西、四川、重庆、贵州、云南;俄罗斯,朝鲜,韩国,日本。

(1458) 曲纷舟蛾 *Fentonia excurvata* (Hampson,1893)

Pheosia excurvata Hampson,1893,Fauna Br. India(Moths),1:161.(India:Sikkim)

前翅长:♂19~22 mm,♀23~26 mm。头部暗褐色,触角基部有灰色与褐色混杂的毛簇。胸部和肩片灰色与褐色混杂。腹部赭褐色。前翅浅褐色,后缘基半部灰白色;中央有1条黑色纵纹,从中室基部下方向外伸至亚缘线,其上方有1浅色纵带,从中室内线处直向外伸达亚缘线;亚缘线黑色,外衬灰白边,与纵纹弧形曲至Cu_1脉后不清晰;缘线黑色;缘毛灰褐色,基部较灰色。后翅灰褐色至深灰褐色,缘线细,黑色;缘毛同前翅。

分布:中国的甘肃(康县)、陕西、江西、福建、海南、广西、四川、云南;印度北部,尼泊尔,越南北部,泰国,老挝。

(1459) 大涟纷舟蛾 *Fentonia macroparabolica* Nakamura,1973

Fentonia macroparabolica Nakamura,1973,Tyo to Ga,24(2-3):67.(China:Taiwan)

前翅长:♂22~25 mm。与曲纷舟蛾*F. excurvata*很相似,但体型较大;前翅亚缘线较细弱,外侧的灰白边较模糊;后翅颜色较浅。

分布:中国的甘肃(宕昌)、陕西、台湾、广东。

(1460)涟纷舟蛾 Fentonia parabolica(Matsumura,1925)

Neoshachia parabolica Matsumura,1925,Zool. Mag. Tokyo,37:400.(China:Taiwan)

别名:新涟舟蛾

前翅长:♂18 mm。头部和胸部背面灰褐和灰白色混杂。腹部灰褐色。前翅斑纹与上述两种相似,但黑色纵带上方的浅色带较宽阔,鲜明,由翅基部到达亚缘线;亚缘线细弱,只在浅色纵带外方和后缘附近清晰。后翅灰褐色,深浅介于上述两种之间。

分布:甘肃(康县、文县)、浙江、湖北、江西、湖南、福建、台湾、海南、广西。

(1461)对纷舟蛾 Hemifentonia mandschurica(Oberthür,1911)

Drymonia mandschurica Oberthür,1911b,Études Lépid. comp.,5(1):323.(Russia:S. of Vladivostok,Sidemi)

前翅长:21 mm。雄触角双栉形,雌线形。后足胫节2对距。头和领片黑褐色,掺杂灰色,眼区周围暗褐色。胸部背面灰褐色,腹面灰白色。跗节褐色具白环。腹部背面暗赭黄褐色,末端色较灰,臀区和腹面淡黄褐带灰色。前翅翅型略宽,暗灰褐色,有雾状白点;斑纹很不清晰,中央有1较宽的模糊暗影;中点雌比雄明显;缘毛在翅脉端灰褐色,其余黄白色。后翅灰白色,脉间和后缘淡黄褐色,臀角带灰褐色。

分布:中国的甘肃(宕昌、康县、文县)、山西、浙江、湖北、江西、广西、四川、贵州;俄罗斯。

(1462)云舟蛾 Neopheosia fasciata(Moore,1888)

Pheosia fasciata Moore,1888b,Proc. zool. Soc. Lond.,1888:401.(India:Dharmsala)

前翅长:♂20 mm,♀24~28 mm。雄触角基部2/5双栉形,其余线形;雌线形。后足胫节2对距。下唇须黄白色,背缘黄褐色。头部、胸部和腹部基毛簇灰绿色掺有红褐色。腹部灰褐色,带灰绿色调。前翅狭长,近三角形;顶角略尖;外缘倾斜,曲度小;臀角明显;翅面淡黄褐带赭红色(雌蛾赭红色稍浓),翅基部和后缘黑褐色连接成带状;有3条暗褐色云雾状斜斑,前缘至顶角一条较窄,中间一条较宽大,从前缘中央斜伸至M_3脉外下方,内侧一条从中室外半部斜伸至肘脉基部,但在中室较明显,近球形;外线不清晰,暗褐色锯齿形,弧形外屈伸达后缘中央,前段横过中间的斜斑;脉端缘毛暗褐色;后缘为断续的黑褐色。后翅灰白带褐色,外缘暗褐色,臀角特别暗;缘毛同前翅。

寄主植物:李属 *Prunus sp.*。

分布:中国的甘肃(武都区、康县、文县)、北京、河南、陕西、浙江、湖北、江西、湖南、福建、台湾、广东、海南、广西、四川、贵州、云南、西藏;日本,印度,缅甸,泰国,越南,印度尼西亚,马来西亚,菲律宾。

(1463)梨威舟蛾 Wllemanus bidentatus(Wileman,1911)

Stauropus bidentatus Wileman,1911b,Trans. ent. Soc. Lond.,1911:287.(Japan)

别名:黑纹银天社蛾、亚梨威舟蛾、杜梨威舟蛾。

前翅长:17~19 mm。雄触角双栉形,两侧分枝等长;雌触角线形或短双栉形。后足胫节2对距。下唇须暗褐色;头和胸部背面灰白带褐色;领片和肩片后缘具黑褐边;后胸中央有1条黑褐色横线;胸足跗节黑褐色具白环。腹部浅灰黄褐色。前翅外缘波状,倾斜较少,后缘长,臀角明显;翅面灰白泛赭色,有一大一小2个醒目的黑褐色斑,大斑几乎占满翅的内半部,在中室下呈双齿形分叉(有时分叉不明显),外叉下缘在臀褶处具1黑色纹(有时不明显),斑的内缘黑色衬灰白边;小斑在前缘外线与亚缘线之间,近三角形,内有2条黑色楔形纹;中点黑色微弯,构成大斑外缘的一部分;内线、外线和亚缘线均为模糊的灰白色带,内线仅在大斑下一段可见,呈内齿形曲;外线和亚缘线锯齿形,外线外曲在臀褶处与大斑外叉相截;缘线细,黑褐色;脉端缘毛暗褐色,其余灰白带褐色。后翅灰褐色,具1模糊灰白色外带;缘线由脉间月牙形暗褐色线组成;缘毛同前翅。

寄主植物:梨、苹果。

分布：中国的甘肃（武都区、文县）、黑龙江、辽宁、北京、河北、山西、山东、河南、陕西、江苏、安徽、浙江、湖北、江西、湖南、福建、广东、广西、四川、贵州、云南；俄罗斯，朝鲜，韩国，日本。

舟蛾亚科 Notodontinae

（1464）粗舟蛾 *Notodonta trachitso* Oberthür, 1893

Notodonta trachitso Oberthür, 1893, Études ent., 18:21.（China:Thibet）

前翅长：23~26 mm。雄触角双栉形，雌线形。头部暗褐色至黑褐色。胸部黄褐至红褐色，肩片赭色与褐色混杂，末端黑色。腹部褐色至黑褐色，末端赭色。前翅近三角形，端部宽，外缘略呈浅弧形，后缘中部有1黑色齿形毛簇；翅面浅锈红色，后缘和外缘黑褐色；亚基部中央有1灰黄色圆斑；中室端部和顶角各有1枚灰黄色斑；中点肾形，围灰黄色边；亚缘线灰黄色，细；缘线细而直，黑色。后翅浅灰褐色，散布黑色鳞片；中点为1模糊暗点；雌蛾有1条模糊的浅色亚缘线。

分布：甘肃（文县）、陕西、四川。

（1465）瑰舟蛾 *Notodonta roscida* Kiriakoff, 1964

Notodonta roscida Kiriakoff, 1964, Bonn. Zool. Beitr., 14:287.（China:Shaanxi）

前翅长：23~26 mm。雄触角双栉形，雌线形。头部黄褐色混有黑褐色。胸部黄褐色，后胸后缘有2个黑点，肩片赭色与黑褐色混杂，末端黑色。腹部黄褐色泛红。前翅狭长，外缘特别倾斜；翅面浅黄褐色，密布红褐色鳞片，后缘齿形毛簇黑色；无亚基线；前缘、外缘和后缘褐色；从R脉主干沿翅室有4条黑褐色纵纹：中室下1条，中室内1条，中室外顶角附近2条；外线浅黄色，波状；亚缘线浅黄色，较直；缘线黑色，细而直。后翅浅黄褐色，臀角处色暗，缘线黑色。

分布：甘肃（康县）、河南、陕西、湖北。

（1466）赭小内斑舟蛾 *Peridea graeseri*（Staudinger, 1892）

Notodonta graeseri Staudinger, 1892a, in Romanoff, Mém. Lépid., 6:351.（Russia:Amurland）

前翅长：♂26~30 mm，♀39 mm。雄触角锯齿形具毛簇，雌线形。头和胸部背面灰褐色，领片和肩片有黑色边。腹部背面黄褐色。前翅宽，顶角圆，外缘浅弧形倾斜，臀角明显，后缘中部凸出，具1大齿形毛簇；翅面灰褐色，亚基线以内的基部赭黄色；所有斑纹暗红褐色；中点红褐色，具浅色边；亚基线双波形曲，从前缘伸至A脉，外衬浅黄色边；内线波浪形，内衬灰白边；外线不清晰锯齿形，外衬灰白边，在前缘赭黄色，其内侧为1大纺锤形斑；亚缘线模糊，外衬灰白边；缘线细，脉端缘毛灰白色，其余带暗红褐色。后翅灰白色，后缘褐色；外线和亚缘线灰褐色，亚缘线宽带形；缘线细，暗褐色。

分布：中国的甘肃（康县、文县）、黑龙江、吉林、北京、山西、河南、陕西、湖北、台湾；俄罗斯，朝鲜，韩国，日本。

（1467）侧带内斑舟蛾 *Peridea lativitta*（Wileman, 1911）

Notodonta lativitta Wileman, 1911b, Trans. ent. Soc. Lond., 1911:292.（Japan）

前翅长：30 mm。雄触角锯齿形具毛簇，雌线形。头和胸部背面灰褐色，领片和肩片边缘暗褐色。腹部背面灰褐带赭黄色。前翅灰褐色，齿形毛簇黑色；从基部沿臀褶到亚缘线有1条赭黄色宽带；亚基线和内线较清晰，暗红褐色，亚基线从前缘伸至A脉呈双齿形曲，内线锯齿形，内衬灰白边；中点暗褐色，周围灰白色；中点上方的前缘有1模糊暗灰褐色斑点；外线暗褐色锯齿形，在前、后缘较清晰，外衬灰白边；亚缘线模糊，外衬灰白边；缘线细，暗褐色。后翅灰白色，后缘浅灰褐色，前缘灰褐色；雌蛾有1条不清晰的灰褐色外带；缘线细，暗褐色；缘毛灰白色。

寄主植物：蒙古栎 *Quercus mongolica*。

分布：中国的甘肃（文县）、黑龙江、吉林、辽宁、北京、山西、山东、陕西、浙江、湖北、四川；俄罗斯，朝鲜，韩国，日本。

(1468) 厄内斑舟蛾 *Peridea elzet* Kiriakoff, 1964

Peridea elzet Kiriakoff, 1964, Bonn. Zool. Beitr., 14:285.（China:Zhejiang）

前翅长：♂22~26 mm。雄触角锯齿形具毛簇，雌线形。头和胸部背面灰褐色，肩片边缘黑色。腹部背面灰褐色。前翅暗灰褐带暗红色，齿形毛簇黑褐色；4条横线暗红褐色；亚基线双齿形曲，两侧衬浅黄色边；内线波浪形，其中中央的弧度最大，内侧衬浅黄色边；外线锯齿形，前缘一段较显著，外侧衬浅黄色边；中点暗红褐色，周围衬浅黄色边；亚缘线模糊，由1列脉间暗红褐色点组成；缘线细，暗褐色。后翅灰褐色，前缘和外缘较暗，后缘带黄褐色；外线和亚缘线模糊，灰白色；缘线细，黑褐色；缘毛浅灰黄色。

分布：中国的甘肃（康县、文县）、辽宁、北京、山西、河南、陕西、江苏、浙江、湖北、江西、湖南、福建、四川、云南；朝鲜，韩国，日本。

(1469) 扇内斑舟蛾 *Peridea grahami* (Schaus, 1928)

Notodonta grahami Schaus, 1928, Proc. U.S. natn. Mus. Wash., 73(19):74.（China:Sichuan, Omei-shan）

前翅长：♂25 mm，♀28~31 mm。雄触角锯齿形具毛簇，雌线形。头、领片和肩片灰褐色，领片后缘和肩片边缘暗褐色；胸部背面黄褐色，中央有1暗红褐色弧形线；后胸后缘和腹部基毛簇末端暗红褐色。腹部背面灰黄褐色。前翅暗灰褐色，齿形毛簇灰褐色与灰白色掺杂，毛端黑色；前缘内半部灰白色向后扩散至中室下方；内线以内的基部黑褐色，呈1大扇形斑；亚基线和内线黑褐色，亚基线拱形，从前缘伸至A脉，前半段横过前缘灰白色的部分较清晰；内线拱形，在A脉上向内呈1小齿形曲，内衬灰黄褐色边；中点黑褐色，周围灰黄褐色；外线暗褐色锯齿形，从前缘到Cu_2脉外曲，以后几乎垂直于后缘，外衬灰黄褐色边；缘线细，暗褐色。后翅灰白至灰褐色，后缘带黄褐色；外线和亚缘线暗褐色，外线直，亚缘线呈1条逐渐变细的宽带；缘线细，暗褐色。

分布：中国的甘肃（舟曲、康县、文县）、北京、河北、山西、河南、陕西、湖北、湖南、台湾、四川、云南；缅甸，越南。

(1470) 分内斑舟蛾锈色亚种 *Peridea dichroma rubrica* Schintlmeister & Fang, 2001

Peridea dichroma rubrica Schintlmeister & Fang, 2001, Neue Ent. Nachr., 50:63.（China:Hubei, Shaanxi, Sichuan）

前翅长：♂24 mm，♀26~29 mm。雄触角锯齿形具毛簇，雌线形。头和领片灰褐色。胸部背面锈黄色，肩片具锈红色边。腹部灰黄褐色，基毛簇暗红褐色。前翅灰褐色，齿形毛簇黑色，前缘内半部混有大量灰白色鳞片；内线以内的基部（除前缘外）锈黄色向外延伸到臀角；亚基线和内线暗红褐色，其内、外侧衬锈黄色边似呈1带；亚基线清晰锯齿形；内线在中室下呈双深齿形曲；中点暗红褐色，周围灰白色；外线暗灰褐色锯齿形，具灰白边，在前缘横过1锈黄色椭圆形斑；外线外M_1~R_4脉间基部各有1暗红褐色楔形纹；亚缘线为1断续的模糊暗褐色带，伸至臀角一段被染成暗红褐色；缘线模糊，暗红褐色。后翅苍灰褐色，后缘略带黄褐色，前缘和外缘较暗，有1暗色宽外带。

分布：甘肃（武都区、康县）、陕西、湖北、四川、贵州。

(1471) 苔岩舟蛾陕甘亚种 *Rachiades lichenicolor murzini* Schintlmeister & Fang, 2001

Rachiades lichenicolor murzini Schintlmeister & Fang, 2001, Neue Ent. Nachr., 50:64.（China:Gansu, Shaanxi, Hubei）

前翅长：30 mm。雄触角锯齿形具毛簇，雌线形。头部灰褐色，胸部灰与褐色混杂；肩片末端多黑色。腹部褐色到黄褐色，基毛簇黑色。前翅宽，顶角圆，外缘浅弧形倾斜，后缘中央前有1大齿形毛簇。前翅底色褐色、深褐色到黑褐色，前缘散布白色鳞片；中室端有1枚较大的肾形白斑；内线大锯齿形，双股，内股不太明显；外线锯齿形；亚缘线由1列短纹组成。后翅灰白到浅灰褐色，前缘和臀角暗褐色，有时有不明显的中线和外带。

分布：甘肃（武都区、康县、文县）、北京、河南、陕西、湖北。

（1472）同心舟蛾*Homocentridia concentrica*（Oberthür，1911）

Fentonia concentrica Oberthür，1911b，Études Lépid. comp.，5(1)：336.（China：Sichuan，Ta-tsien-lou）

前翅长：♂20~23 mm，♀25~26 mm。雄雌触角均锯齿形。头和胸部背面暗褐混有灰白色。腹部背面灰褐色。前翅宽大，前缘较直，顶角圆，外缘浅弧形倾斜，臀角不明显，后缘中部内侧凸出，有1大而短的齿形毛簇；翅面暗灰褐色，中央泛紫色；亚基线不清晰，深锯齿形，下端仅达A脉，黑褐色具灰白边；中线黑褐色，双股平行，呈不规则波浪形，在臀褶处呈1锐角曲，其内侧衬1黑褐色斑，从前缘中央之前伸达后缘齿形毛簇的基部；外线双股，内侧一条黑褐色，从前缘中央至Cu_2脉呈弧形曲，随后呈微波状斜向内伸达后缘中央齿形毛簇之前，外侧一条灰白色，两侧衬黑褐色细边，但上端不达前缘，其余部分几乎与内侧一条平行；外线外侧的翅脉上有1列白、黑相接的点；亚缘线由1列模糊的脉间灰白色点组成；缘线很不清晰，只有在Cu_1脉以后一段隐约可见，黑褐色，很细。后翅深灰褐色。

分布：甘肃（舟曲、康县、文县）、河南、陕西、江苏、浙江、湖北、江西、湖南、福建、四川、云南。

（1473）榆白边舟蛾西部亚种*Nerice davidi alea* Schintlmeister，2008

Nerice davidi alea Schintlmeister，2008，Palaearctic Macrolepid.，vol. 1：Notodontidae：230.（China：Shaanxi，Sichuan）

别名：榆天社蛾、榆红肩天社蛾。

前翅长：♂15~20 mm，♀17~21 mm。雄雌触角均双栉形。头和胸部背面暗褐色，肩片灰白色。腹部灰褐色。前翅狭长，前缘直，顶角钝圆，外缘浅弧形，臀角圆，后缘内1/3处略凸出；翅面前半部暗灰褐带褐色，其后方边缘黑色，沿中室下缘纵伸在Cu_2脉中央稍下方呈1大齿形曲；后半部灰褐蒙有一层灰白色，尤与前半部分界处白色显著；前缘外半部有1灰白色纺锤形影状斑；内、外线黑色，内线只有后半段较可见，并在中室中央下方膨大成1近圆形的斑点；外线锯齿形，只有前、后段可见，前段横过前缘灰白斑中央，后段紧接分界线齿形曲的尖端内侧；外线内侧隐约可见1模糊暗褐色横带；前缘近顶角处有2~3个黑色小斜点；缘线细，暗褐色。后翅灰褐色，具1模糊的暗色外带。

寄主植物：榆树。

分布：甘肃（康县、文县）、陕西。

（1474）大齿白边舟蛾*Nerice upina* Alphéraky，1892

Nerice upina Alphéraky，1892a，in Romanoff，Mém. Lépid.，6：17.（China：Gansu）

别名：小白边舟蛾。

前翅长：♂13~17 mm。雄雌触角均双栉形。头和领片暗褐色，胸部与腹部灰黄褐色。前翅前半部灰黄褐色到灰黄白色，从前缘向后颜色逐渐变暗，呈黑褐色，其后方边缘沿中室下缘上方一点纵伸至中央呈1梯形斑（偶尔呈三角形），斑至外缘一段拱形；后半部浅灰褐并蒙有一层灰白色，越近前半部分界处颜色越浅；外线暗褐色，前半段隐约可见，尤在前缘处呈1黑点。后翅灰褐色。

分布：甘肃（舟曲）、陕西、青海。

（1475）仿白边舟蛾*Paranerice hoenei* Kiriakoff，1964

Paranerice hoenei Kiriakoff，1964，Bonn. Zool. Beitr.，14：280.（China：Shanxi）

别名：冀付白边舟蛾。

前翅长：♂23~25 mm，♀24~29 mm。雄触角锯齿形具毛簇，雌线形。头、领片和前胸背部暗褐色，其余胸部和腹部灰褐色，肩片灰白色。前翅狭长，前缘直，顶角钝圆，外缘较直，倾斜，微波曲；翅面前半部暗褐色，后方边缘直，黑褐色；后半部在分界处白色，带淡紫色调，向下逐渐变成灰褐色，中央有1大黑褐色梯形斑，具白边；前缘外半部有1纺锤形灰白色影状斑；内、外线不清晰，内线仅在梯形斑下一段隐约可见，外线分别在前缘影状斑和梯形斑下一段可见。后翅雄蛾灰白色，前、后缘灰褐色，雌蛾暗灰褐色。

寄主植物：桃、苹果。

分布：甘肃（宕昌、武都区、文县）、辽宁、北京、山西、河南、陕西。

（1476）仿齿舟蛾 *Odontosiana tephroxantha*（Püngeler，1900）

Notodonta tephroxantha Püngeler，1900，Dt. ent. Z. Iris，13：116.（China：Qinghai，Kuku-Noor）

前翅长：20 mm。雄触角短双栉形分枝到末端。头、领片和肩片暗灰褐色，中胸带赭红色，后胸暗灰褐色具黑色横线。跗节黑褐色具白环。腹部背面赭黄色，从基部到末端逐渐变浅，末端灰褐色；腹面赭灰色。前翅前缘直，顶角尖，外缘浅弧形倾斜，后缘中央具灰褐色齿形毛簇；翅面灰褐色，基部较暗近黑色，端半部色较浅；从基部下方到后缘齿形毛簇有1斜的浅黄色斑，斑前具白边似呈裂纹状；内线很不清晰，在后缘齿形毛簇之前隐约可见一点痕迹；外线黑色锯齿形，不清晰，在前缘和Cu_2脉以下两段较可见，外衬灰色边；在前缘外线外侧有3个黑色斜斑向上伸至近顶角；缘线模糊，由脉间暗灰色线组成；缘毛浅灰褐色，脉端色较暗。后翅灰白色，顶角和外缘带灰褐色，脉和缘线浅褐色，臀角有1短黑纹；脉端缘毛灰褐色，其余白色。

分布：甘肃（舟曲）、山西、青海。

（1477）大半齿舟蛾 *Semidonta basalis*（Moore，1865）

Notodonta basalis Moore，1865，Proc. zool. Soc. Lond.，1865：813.（India：Darjeeling）

前翅长：21~26 mm。雄触角双栉形，雌线形。头和领片暗紫褐色，胸部背面灰褐色，脊形毛簇末端和胸部背面中央暗紫褐色。腹部灰褐色。前翅长，外缘浅弧形倾斜，微波曲，后缘中央内侧略凸，有1大黑色齿形毛簇；翅面从基部到外线暗紫褐色，其余灰褐色；中室下从基部到内线有1淡赭黄色斑，外边为内线所包围似呈2叶形；内线模糊，灰白色，两侧衬黑褐边；外线黑褐色，外衬灰白边，从前缘到M_3脉几乎垂直，随后在Cu_2~M_3脉间呈钝角外曲，以后内弯伸达齿形毛簇外侧；外线外侧有1列在脉上的黑褐色点；中点不清晰，黑褐色；亚缘线为1模糊的暗褐色带，波浪形，外衬灰白边；缘线细，黑褐色微波浪形。后翅深灰褐色，有1模糊的浅色中带。

分布：中国的甘肃（舟曲、康县、文县）、河南、陕西、浙江、湖北、江西、湖南、福建、台湾、广东、海南、广西、四川、云南；印度，尼泊尔，泰国，越南。

（1478）杨剑舟蛾 *Pheosia rimosa* Packard，1864

Pheosia rimosa Packard，1864，Proc. ent. Soc. Phil.，3：358.（USA：Newport）

前翅长：20~27 mm。雄雌触角均双栉形。头暗褐色；领片和胸背灰黑色，两者后缘和肩片边缘暗褐色。腹部灰褐色，背面近基部黄褐色。前翅狭长，顶角略尖，外缘浅弧形倾斜，臀角明显，后缘中央有1小齿形毛簇，黑色；翅面灰白色，由于暗色斑纹都集中在边缘，故在翅中央形成1条从基部到顶角的灰白色宽带；A脉下从基部到齿形毛簇呈1灰黄褐色斑，其上方有1条黑色影状纵带从基部伸至外缘，接着呈灰褐色向上扩散到近顶角；黑色纵带和黄褐斑之间有1白线从基部伸至A脉2/5处间断并呈齿形曲；在外缘臀褶的前方有1白色狭长楔形纹，前缘外侧3/4灰黑色中央有两个距离较宽的影状斑；M_1~R_4脉间有2条黑色斜纹；Cu_2、Cu_1、M_3脉端部白色。后翅灰白带褐色，前缘浅灰褐色；臀角灰黑色，内有1灰白色横线；缘线暗褐色。

寄主植物：杨树。

分布：中国的甘肃（兰州、文县）、黑龙江、吉林、内蒙古、北京、山西、陕西、新疆、台湾；俄罗斯，朝鲜，韩国，日本，美国。

（1479）佛剑舟蛾 *Pheosia buddhista*（Püngeler，1900）

Notodonta buddhista Püngeler，1900，Dt. ent. Z. Iris，12：289，pl.9：2.（China：Qinghai，Kuku-Noor）

前翅长：26 mm。雄雌触角均双栉形。头暗褐色；领片和胸背灰褐色，两者后缘和肩片边缘黑褐色。腹部赭褐色，背面近基部黄褐色。前翅烟灰色，齿形毛簇黑褐色；A脉下从基部到齿形毛簇呈1灰黄褐色斑，其上方有1条黑色影状纵带从基部伸至外缘，接着呈灰褐色向上扩散到近顶角；黑色纵带和黄褐斑之间有1白线从基部伸至A脉2/5处间断并呈齿形曲；前缘外侧3/4灰黑色中央有两个距离较宽的影状斑；R_4~M_1脉间有2条黑色斜纹，其外侧有1条灰白色斜带，从顶角到中室下角；缘毛灰褐色，末端灰白色。后翅灰白带褐色，前缘浅灰褐色；臀角灰黑色，内有1灰白色横线；缘线暗褐色；缘毛灰白色。

分布：甘肃（夏河）、青海、福建、四川、云南、西藏。

（1480）银褐觅舟蛾 *Mimesisomera aureobrunnea* Bryk，1949

Mimesisomera aureobrunnea Bryk，1949，Ark. Zool.，42A(19)：28，pl.2：11.（Myanmar）

前翅长：19~21 mm。雄触角锯齿形具毛簇。头部与胸部赭褐色，胸部有长毛。腹板赭黄色。前翅三角形，前缘几乎直，顶角较圆，外缘浅弧形，略倾斜，臀角钝；翅面灰褐色，有时染有黄绿色；翅面有不规则的褐色或红褐色斑块，以后缘和外缘居多，在后缘形成1块大暗斑；中点明显；外线灰白色，锯齿形。后翅红褐色到淡红褐色。

分布：中国的甘肃（文县）、四川、云南；缅甸。

（1481）弯臂冠舟蛾 *Lophocosma nigrilinea*（Leech，1899）

Stauropus nigrilinea Leech，1899，Trans. ent. Soc. Lond.，1899：216.（China：Hubei，Chang-yang）

前翅长：♂22~26 mm，♀29~31 mm。雄触角双栉形，分枝较短，雌线形。头和领片暗红褐色到黑褐色。胸部背面灰白掺有淡褐色；腹部背面灰褐色到黑褐色。前翅长，前缘直，顶角圆，外缘略呈浅弧形，倾斜，臀角明显，后缘内1/3处略凸。前翅灰褐色，基半部密布灰白色鳞片；5条暗褐色横线在前缘均呈不同大小的斑，其中以中线的最大，它在到达中室下角时呈钝角状向外拐，直达外缘，形成1条弯臂状黑带；基线不清晰波浪形；内线波浪形，不清晰；外线锯齿形，但仅在脉上一点较可见，外衬1列灰白点；亚缘线为1模糊的波浪形宽带，向内扩散可达中线；脉间缘毛末端灰白色。后翅深灰褐色；缘毛同前翅。

分布：甘肃（康县、文县）、山西、陕西、浙江、湖北、台湾、四川。

（1482）中介冠舟蛾 *Lophocosma intermedia* Kiriakoff，1964

Lophocosma intermedia Kiriakoff，1964，Bonn. Zool. Beitr.，14：280.（China：Shaanxi）

前翅长：♂24~26 mm，♀29~31 mm。前翅中线在到达中室下角时呈钝角或直角状向外拐，一些标本止于外线（与冠舟蛾相似），另一些标本直达外缘，形成1条弯臂状黑带（与弯臂冠舟蛾相似）；前缘内线的黑点距离弯臂较远，通常远于与亚基线黑点的距离；黑点下方的灰白色较多。

分布：甘肃（康县、文县）、陕西、浙江、湖北、湖南、云南。

（1483）朝鲜新林舟蛾 *Neodrymonia coreana* Matsumura，1922

Neodrymonia coreana Matsumura，1922，Zool. Mag. Tokyo，34：522.（Corea）

别名：新林舟蛾。

前翅长：19 mm。雄触角锯齿形具毛簇，雌线形。头部和胸部灰带褐色，领片后缘和肩片边缘黑色。腹部背面浅灰褐色，前三节带黄褐色，基毛簇黑色；腹面灰白色。前翅狭长，前缘直，顶角稍尖，外缘浅弧形，倾斜较少，臀角明显；翅面银灰带紫色，具褐色雾点；从基部到亚基线的A脉上有1条黑纹；亚基线、内线和外线黑色双股；亚基线只有前半段清晰，在臀褶上呈锐角外折并向外延伸与内线连接；内线直向外斜伸；亚基线与内线间的前半部灰褐色；外线波浪形，在Cu_1~R_5脉间呈深弧形内曲，在臀褶上呈小齿形内曲；外线外侧衬灰褐色影状宽带，其中从前缘近顶角到M_3脉较宽较浓，近三角形；内、外线间的前缘上有2条模糊的灰褐色斜纹；中点为黑色月牙形点；亚缘线由脉间月牙形黑线组成。后翅褐色。

分布：中国的甘肃（宕昌、文县）、山东、江苏、浙江、江西、湖南、福建、广东、四川、云南；朝鲜，韩国。

（1484）喜凤舟蛾秦岭亚种 *Pheosiopsis cinerea canescens*（Kiriakoff，1964）

Suzukia cinerea canescens Kiriakoff，1964，Bonn. Zool. Beitr.，14：266.（China：Zhejiang）

前翅长：21~23 mm。雄触角锯齿形，雌线形。头、胸部和腹背末端灰白和褐色混杂，领片后缘和肩片边缘较暗。腹部背面黄褐色，腹面浅灰黄色。前翅窄，近长三角形，前缘外半部拱，顶角钝圆，外缘浅弧形倾斜，臀角明显，后缘中部内侧有弱小齿形毛簇；翅面灰白色，散布许多褐色雾点；A脉前方有1条较粗的黑纹从基部伸至内线；所有横线不清晰黑褐色；亚基线在前缘下仅见1齿形点；内线和外线双股锯齿形，内线呈肘形曲，外线仅在脉上的齿形点较可见,其中靠外面一条在Cu_1、Cu_2和M_3脉上的点较长,双股中间灰白色,在Cu_2、M_3脉上分别呈近直角形曲;中点粗黑色,其外、前方有3~4个黑褐色点;亚缘线和缘线各由1列脉间黑褐色点组成;缘线黑点近长方形。后翅深褐色。

分布:甘肃(宕昌、舟曲、康县、文县)、北京、山西、河南、陕西、浙江、湖北、湖南、四川、云南。

(1485)平凤舟蛾 *Pheosiopsis li* Schintlmeister, 1997

Pheosiopsis li Schintlmeister, 1997, Entomofauna Suppl., 9:125. (Vietnam)

前翅长:21~25 mm。雄触角分枝短。头部与胸部灰褐色,混有灰白色鳞毛。腹部黄褐色。前翅灰白色,散布褐色雾点,中域有淡黄绿色;内线以内的A脉前方有1条粗纵纹;内线波状,外衬灰白边;中点细直;外线双股,锯齿形;外线外在臀角附近有暗色斑;亚缘线模糊,缘线由1列短纹组成。后翅褐色到浅红褐色。

分布:中国的甘肃(文县)、河南、陕西、云南;越南。

(1486)戒心舟蛾 *Metriaeschra zhubajie* Schintlmeister & Fang, 2001

Metriaeschra zhubajie Schintlmeister & Fang, 2001, Neue Ent. Nachr., 50:81. (China:Sichuan, Daxue Shan)

前翅长:24~29 mm。雄触角短双栉形。头部与胸部灰白色,混有少量褐色鳞毛。腹部黄褐色,基毛簇褐色。前翅较宽阔,顶角圆,外缘浅弧形,臀角明显,后缘中部有1枚小齿形突;翅面浅褐色,掺有少量灰白色;有1条黑色的粗纵纹从基部中央斜向后伸达臀角;内线锯齿状,内衬灰白色;中点细直;外线锯齿状,灰白色;亚缘线由1列灰白色菱形斑组成,Cu_2脉以上的部分较明显。脉端缘毛黑褐色,其余灰白色。后翅灰白略带灰褐色,有1条浅色的中带。

分布:甘肃(舟曲)、陕西、湖北、湖南、四川。

(1487)幻心舟蛾 *Metriaeschra apatela* Kiriakoff, 1964

Metriaeschra apatela Kiriakoff, 1964, Bonn. Zool. Beitr., 14:270. (China:Yunnan, Likiang)

前翅长:23 mm。雄触角短双栉形。头部与胸部灰白色,混有少量褐色鳞毛。腹部黄褐色,基毛簇黑褐色。前翅褐色,掺有少量灰白色;有1条黑色的粗纵纹从基部中央斜向后伸达臀角;内线锯齿状,内衬灰白色;中点细直;外线锯齿状,灰白色;亚缘线由1列灰白色菱形灰白色斑组成,Cu_2脉以上的部分较明显,且外侧嵌三角形黑斑;脉端缘毛深灰褐色,其余灰白色。后翅灰褐色,有1条浅色的中带。

分布:甘肃(舟曲)、台湾、四川、云南。

(1488)皮露舟蛾 *Hupodonta corticalis* Butler, 1877

Hupodonta corticalis Butler, 1877a, Ann. Mag. nat. Hist., (4)20:475. (Japan)

前翅长:26~31 mm。雄触角双栉形,雌触角线形。头部赭黄色到黄白色。触角基部的毛簇及触角杆的颜色与头部的颜色相同。胸部赭黄色到黄白色。腹部黄褐色到黄白色,基毛簇褐色。前翅狭长,顶角钝圆,外缘斜,微波曲,臀角圆,后缘中部内侧略隆起,齿形突十分弱小;翅面黄白色到乳白色,散布黄褐色鳞片;内线内褐色锯齿状,但只在前缘明显;中线黄褐色,模糊;外形锯齿状,仅齿尖明显;亚缘线微波状,黄白色内衬黄黑褐色;亚端线以外的部分褐色;缘线暗褐色。后翅褐色,有暗色的外线和浅色的亚端线;臀角黑褐色。

寄主植物:山樱花 *Prunus serrulata var. spontanea*。

分布:中国的甘肃(康县)、河南、陕西、浙江、湖北、湖南、福建、台湾、云南;俄罗斯、朝鲜、韩国、日本。

(1489)木露舟蛾 *Hupodonta lignea* Matsumura, 1919

Hupodonta lignea Matsumura, 1919, Zool. Mag. Tokyo, 31:75. (China:Taiwan)

前翅长:♂23 mm,♀26~31 mm。雄触角双栉形,雌线形。雄蛾前翅黄白色散布褐色鳞片,以前缘基部和端部以及翅端部居多而形成暗斑,翅中部有数条黑色纵纹;内线锯齿状;外线模糊的锯齿状;亚缘线黄白色,锯齿状;外线与亚缘线间为锈褐色,靠亚缘线处色更暗;缘线细,暗褐色。雌蛾前翅底色灰白色,几乎布满了褐色鳞片,斑纹与雄蛾相同。后翅褐色,外缘暗褐色,雄蛾色比雌蛾浅,可见暗色的外线。

分布:甘肃(康县)、北京、河南、陕西、湖南、台湾、四川、云南。

(1490) 沙舟蛾 *Shaka atrovittata* (Bremer, 1861)

Brachionycha (*Asteroscopus*) *atrovittata* Bremer, 1861, Bull. Acad. Imp. Sci. St. Pétersb., 3:438. (Russia: Ussuri)

别名：黑条沙舟蛾、黑剑沙舟蛾。

前翅长：♂22~27 mm，♀29~31 mm。雄触角锯齿形具毛簇，雌线形。头和胸背灰褐色，领片前、后缘具黑褐色横线，肩片边缘具黑线。腹部浅灰黄褐色。前翅长，前缘直，顶角钝圆，外缘较斜，略呈浅弧形，臀角明显，后缘中央内侧有1小齿形毛簇；翅面青灰带褐色，前、后缘青灰色较浓；中室下方有1条黑褐色的大纵纹，从基部沿臀褶向外伸至Cu_2脉后稍向上翘，但不达于外缘；翅脉和横线黑褐色；亚基线不清晰，从前缘到纵纹一段隐约可见，双齿形曲；内线呈不规则锯齿形；中点黑色，周围色较浅；外线锯齿形，外衬灰白边；外线外侧近顶角和M_3~M_1脉间各有1黑褐色斑；缘线细。后翅灰褐色，基部和后缘较淡，外半部翅脉和缘线暗褐色；具模糊灰白色外带。

寄主植物：械属。

分布：中国的甘肃（康县）、黑龙江、吉林、辽宁、北京、河北、山西、河南、陕西、江西、湖南、台湾、四川、云南；俄罗斯，朝鲜，韩国，日本。

羽齿舟蛾亚科 Ptilodoninae

(1491) 槐羽舟蛾 *Pterostoma sinicum* Moore, 1877

Pterostoma sinicum Moore, 1877, Ann. Mag. nat. Hist., (4)20:91. (China: Shanghai)

别名：白杨天社蛾、中华杨天社蛾、国槐羽舟蛾。

前翅长：♂27~31 mm，♀33~39 mm。雄雌触角均双栉形。头和胸部稻黄带褐色，领片前、后缘褐色。腹部背面暗灰褐色，末端黄褐色；腹面淡灰黄色，中央有4条暗褐色纵线。前翅长，顶角尖，外缘锯齿形，较斜，后缘中央具月牙形缺刻，两侧各有1个大梳形毛簇；翅面稻黄褐色到灰黄白色，后缘梳形毛簇暗褐色到黑褐色，其中内面的一个较显著；翅脉黑褐色，脉间具褐色纹；亚基线、内线和外线暗褐色，双股锯齿形；亚基线深双齿形曲；内线前半段不清晰，后半段尤其在内梳形毛簇基部的可见；外线在R_{2+3+4}脉共柄处几乎呈直角形曲，以后呈弧形外屈伸达后缘缺刻外方；内、外线之间有1条模糊的暗褐色影状带；外线与顶角之间的前缘有3~4个灰白色斜点；亚缘线由1列脉间暗褐色点组成，每点内衬灰白边；缘线由脉间弧形线组成；脉端缘毛稻黄色，其余黄褐色。后翅浅褐到黑褐色，后缘和基部稻黄色；外线为1模糊的稻黄色带；缘线暗褐色；脉端缘毛和缘毛末端稻黄色。

寄主植物：槐 *Sophora japonica*、洋槐 *Robinia pseudoacacia*、多花紫藤 *Wistaria floribunda*、朝鲜槐 *Maackia amurensis*。

分布：中国的甘肃（康县、文县）辽宁、北京、河北、山西、山东、河南、陕西、上海、江苏、安徽、浙江、湖北、江西、湖南、福建、广西、四川、云南、西藏；俄罗斯，朝鲜，韩国，日本。

(1492) 红羽舟蛾 *Pterostoma hoenei* Kiriakoff, 1964

Pterostoma hoenei Kiriakoff, 1964, Bonn. Zool. Beitr., 14:258. (China: Shaanxi, Tapaishan)

前翅长：♂21~24 mm，♀24~28 mm。成虫外表与槐羽舟蛾很近似，但体型较小，前翅底色较暗，全体带红褐色。前翅后缘梳形毛簇近黑色；暗色中带的内、外侧淡黄色，似呈2条横带；外线以外的外缘区较暗，其中在Cu_1~M_3脉间被1模糊的淡黄色纵纹间断；所有横线较清晰，尤以亚缘线的1列黑点和缘线显著；臀角缘毛带黑色。后翅缘线较清晰，细黑色。

寄主植物：槐。

分布：甘肃（清水、文县）、北京、河北、山西、河南、陕西。

(1493) 灰羽舟蛾西部亚种 Pterostoma griseum occidenta Schintlmeister, 2008

Pterostoma griseum occidenta Schintlmeister, 2008, Palaearctic Macrolepid., vol. 1: Notodontidae: 297. (China: Shaanxi, Sichuan)

前翅长: ♂25~26 mm, ♀30~33 mm。前翅灰褐色,顶角附近灰白色,后缘有1锈红褐色斑,但内梳形毛簇之前浅黄色,内梳形毛簇末端黑色;所有横线和斑纹与槐羽舟蛾相似;缘毛暗红褐色,末端灰白色。后翅灰褐色,基部和后缘浅灰黄色,外线为1模糊灰色带;缘线由脉间黑色细线组成;缘毛浅灰黄色与灰褐色掺杂。

寄主植物: 山杨 *Populus davidiana*、朝鲜槐 *Maackia amurensis*。

分布: 甘肃(舟曲、文县)、陕西、四川、云南。

(1494) 荫华舟蛾 Spatalina umbrosa (Leech, 1898)

Lophopteryx umbrosa Leech, 1898, Trans. ent. Soc. Lond., 1898: 313. (China: Sichuan, Ni-tou)

别名: 荫羽舟蛾。

前翅长: ♂18~20 mm, ♀21 mm。雄触角锯齿形具毛簇,雌线形。头和胸部暗红褐色,后胸背中央有2个灰白点。腹部灰褐色。前翅宽,前缘直,顶角圆,外缘波浪形,后缘中央有1浅弧形缺刻,两侧有梳形毛簇;后翅宽大。前翅暗红褐色,后半部较暗,所有横线黑褐色:基线不清晰双齿形;内、外线双股锯齿形,内线后半段锯齿逐渐变深,最后伸达后缘内齿形毛簇内侧并衬浅灰黄色边;外线在R_5脉上几乎呈直角形曲,M_3脉上的尖齿较向外突出,随后为1条很斜的直线伸到与内线接近的臀褶上,最后呈1小齿形曲伸达弧形缺刻外端,外线前后端各有1浅灰黄色点;外线以外的前缘上有3个浅灰黄色点;中点为1模糊浅色斑;亚缘线由1列脉间黑点组成,后半段较清晰;缘线由脉间月牙形线组成,脉端具1浅灰黄色小点;缘毛暗红褐色。后翅灰褐色,缘线细黑色,前半段缘毛浅灰黄色,后半段灰褐色。

分布: 中国的甘肃(文县)、黑龙江、河南、陕西、湖北、广东、四川、云南;尼泊尔、印度、缅甸、泰国、越南。

(1495) 绚羽齿舟蛾 Ptilodon saturata (Walker, 1865)

Lophopteryx saturata Walker, 1865, List Spec. lepid. Insects Colln Br. Mus., 32: 415. (India: Sikkim)

前翅长: 18~24 mm。雄触角锯齿形具毛簇。体背红褐色。前翅宽阔,前缘直,顶角钝,外缘波浪形,后缘中央有1大齿形毛簇;翅面暗红褐色,所有横线黑色;亚基线双波形曲,从前缘伸至A脉;内线锯齿形;外线双股微锯齿形,其中以M_3、M_1和R_5脉上的齿形曲较向外凸出,内侧一条较粗,外侧一条模糊影状,外侧衬明亮边并有1列在脉上的灰白点;从外线到顶角的前缘上有3个灰白点;中点不清晰;亚缘线锯齿形,为1模糊的宽带;缘线细,明亮。后翅灰褐色,臀角具黑斑,其上有2条灰白色短线横过;缘线同前翅。

分布: 中国的甘肃(舟曲、康县、文县)、吉林、北京、河北、河南、陕西、浙江、四川、云南;印度北部、尼泊尔、不丹、缅甸、越南。

(1496) 富羽齿舟蛾 Ptilodon ladislai (Oberthür, 1879)

Lophopteryx ladislai Oberthür, 1879, Diag. d'espéces nouv. Lépid. Askold: 13. (Russia: Askold)

别名: 富舟蛾。

前翅长: ♂17~21 mm, ♀22 mm。雄触角锯齿形具毛簇。前翅褐带红褐色,后缘较暗,齿形毛簇黑色;翅基部和端部M_1脉以下灰白色,M_3脉以前的翅脉黑褐色,但以M_3脉上的最显著;所有横线黑褐色;亚基线双锐齿形曲,向后仅伸达A脉;内线钝锯齿形,前缘部分较松散且两侧衬灰白色,向后伸达后缘齿形毛簇基部内侧并具灰白边;外线双股平行锯齿形,前缘部分也较松散,从前缘到M_1脉几乎呈直角形曲,随后向内斜伸达后缘齿形毛簇与内线靠近;外线外侧脉上衬1列灰白色点;缘线由脉间月牙形线组成,但M_1脉以前的不清晰;脉端缘毛黑褐色,其余灰白色。后翅灰褐色;外线模糊灰白色,只有在臀角一段两侧衬黑褐色斑点较清楚;缘线细,灰白色。

寄主植物: 槭属。

分布: 中国的甘肃(文县)、黑龙江、辽宁、吉林、陕西;俄罗斯、朝鲜、韩国、日本。

(1497) 灰小掌舟蛾中国亚种 *Microphalera grisea vladmurzini* (Schintlmeister, 2008)

Ptilodon grisea vladmurzini Schintlmeister, 2008, Palaearctic Macrolepid., vol. 1: Notodontidae: 311. (China: Shaanxi, Sichuan)

前翅长：♂ 17 mm，♀ 20~21 mm。雄触角双栉形，雌触角线形。头部和胸部灰白色与褐色混杂。腹部赭褐色。前翅较宽，顶角钝圆，外缘弧形微波曲，后缘中部内侧有小齿形毛簇；翅面灰白色，散布褐色鳞片；中室内和顶角下前方各有 1 条黑色纵纹；内线灰白色波状，两侧衬有黑点；外线锯齿形，两侧衬黑点边；缘线由小黑点组成；缘毛灰色与褐色相间。后翅褐色；脉端缘毛灰白色，其余褐色。

分布：甘肃（正宁、文县）、山西、陕西、浙江、四川。

(1498) 北京冠齿舟蛾 *Lophontosia draesekei* Bang-Haas, 1927

Lophontosia draesekei Bang-Haas, 1927, Horae macrolepidopt. Reg. palaearct., 1:81. (China: Beijing)

别名：卵凸舟蛾。

前翅长：♂ 13~14 mm，♀ 15~16 mm。雄雌触角均双栉形。头部、胸部和腹部灰带褐色。前翅稍短宽，三角形，顶角钝圆，外缘较直，微波曲，后缘中央有 1 大而钝圆的齿形毛簇，黑色；翅面灰褐色，内线两侧散布不均匀黑色；内、外线锯齿形，两线内、外侧各衬 1 条灰白边；内线在臀褶上的齿突较长；外线在 M_1 脉和臀褶上呈角形曲；无明显亚缘线，只在外线外侧 M_2~R_5 脉间有 2 条黑褐色纵纹；缘线细，由脉间黑褐点组成。后翅深灰褐色，臀角无黑白点组成的斑纹是本种外形上的识别特征。

分布：甘肃（正宁）、北京、陕西、江苏。

(1499) 陕甘肖齿舟蛾 *Odontosina shaanganensis* Wu & Fang, 2003

Odontosina shaanganensis Wu & Fang, 2003, Entomotaxonomia, 25(2):132. (China: Shaanxi, Ningshan)

前翅长：♂ 18~19 mm。雄触角双栉形；雌线形。头和胸部黑红褐色。腹部背面暗红褐色，腹面色较浅。前翅狭长三角形，前缘直，顶角尖，外缘浅弧形，波曲，臀角明显，后缘中部内侧具弱小齿形毛簇；翅面灰红褐色，外线以内中室以下的整个后缘区逐渐变暗，到后缘近黑色；内线模糊黑褐色，在中室上角和臀褶上呈双齿形曲；外线黑褐色锯齿形，外衬灰色边；外线以外的翅脉黑褐色；亚缘线为 1 模糊的暗褐色带，其中以 M_1 脉和 M_3 脉下面较显著，似呈 2 黑褐色斑点；脉端缘毛黑褐色，其余红褐色。后翅浅灰褐色，具模糊的灰白色外带。

分布：甘肃（迭部）、陕西。

(1500) 土舟蛾 *Togepteryx velutina* (Oberthür, 1880)

Drymonia velutina Oberthür, 1880, Études ent., 5:64. (Russia: Askold)

前翅长：17~20 mm。雄触角双栉形，雌锯齿形。下唇须和额暗红褐色。头部、肩片和胸部背面前半部灰色，胸部背面后半部暗红褐色。腹部背面暗灰褐色。前翅前缘直，外缘微波曲，较直立，臀角略凸，后缘中央内侧有 1 小齿形毛簇；翅面灰稍带红褐色，从前缘近基部到外缘有 1 条黑褐色纵带，纵带前方较灰白色，纵带后方颜色逐渐变浅到后缘呈灰白色；内、外线不清晰，黑褐色锯齿形，只有后半段隐约可见，外线在前缘还可见到一点；脉端缘毛灰稍带红褐色，其余灰白色。后翅暗灰褐色；缘毛同前翅。

寄主植物：地锦槭 *Acer mono*、紫花槭 *A. pseudosieboldianum*。

分布：中国的甘肃（文县）、黑龙江、吉林、贵州；俄罗斯，朝鲜，韩国，日本。

(1501) 岐怪舟蛾 *Hagapteryx mirabilior* (Oberthür, 1911)

Lophopteryx mirabilior Oberthür, 1911b, Études Lépid. comp., 5(1):324. (China: Sichuan, Ta-tsien-lou)

前翅长：♂ 18~20 mm，♀ 22 mm。雄触角锯齿形，齿端略向两侧扩展；雌触角线形。头和胸部暗红褐色，肩片有两条模糊的暗纹。腹部黄褐色。前翅狭长，顶角钝，外缘倾斜，锯齿形，后缘中央有 1 枚大齿形毛簇；翅面暗红褐色，较窄，所有横线灰白色衬暗边；基线不清晰，从前缘斜伸至 A 脉，在中室下向外弯曲；亚基线呈不规则的锯齿形向外斜伸；内、外线和亚缘线的前缘部分较明亮而粗；内线锯齿形伸达后缘齿形毛簇中央；外线锯齿形，从前缘到 Cu_2 脉近基部呈弧形曲，随后斜伸达后缘齿形毛簇外侧；中点较宽大，月牙形，暗红褐色具灰白边,其内侧有1大的肾形纹,暗红褐色具灰白边;亚缘线只有从前缘到M_2脉一段可见,在R_5脉上呈内齿形曲;缘线细锯齿形。后翅灰褐色,后缘带黄褐色,臀角缘毛暗红褐色;A脉缘毛呈尖齿形凸出;外线模糊暗灰色。

分布:中国的甘肃(康县、文县)、吉林、北京、陕西、浙江、湖北、江西、湖南、福建、四川、云南;俄罗斯,朝鲜,日本,越南。

(1502)白纹扁齿舟蛾 *Hiradonta hannemanni* Schintlmeister,1989

Hiradonta hannemanni Schintlmeister,1989,Neue Ent. Nachr.,25:113.(China:Zhejiang,West Tien-mu-shan)

前翅长:22~24 mm。雄触角锯齿形,雌线形。头部和领片暗褐色。胸部背面暗褐色,肩片黄褐色。腹部黄褐色,基毛簇暗褐色。前翅宽,前缘直,顶角略尖,外缘略呈浅弧形,倾斜较少,后缘中央具齿形毛簇;翅面黑褐色,后缘和项角斑黄褐色;内、外线黑褐色锯齿形,横过后缘黄褐色一段较可见;外线锯齿形较深,从前缘沿顶角斑内边向内弯曲,至M_3脉后向内斜伸达后缘齿形毛簇前方;内外线间的后缘部分略带灰褐色;外线外M_2~M_3脉间黄褐色,M_3~R_4每脉间各有1模糊的黑褐色纵纹;中点黑褐色;脉端缘毛黄褐色,其余暗褐色。后翅灰黄褐色;外线模糊,灰褐色;缘毛同前翅。

分布:甘肃(康县、文县)、北京、河南、陕西、浙江、湖北、江西、四川、云南、西藏。

(1503)黑纹扁齿舟蛾 *Hiradonta chi* (Bang-Haas,1927)

Notodonta chi Bang-Haas,1927,Horae macrolepidopt. Reg. palaearct.,1:81.(China:Beijing)

前翅长:19~20 mm。雄触角锯齿形,雌线形。头部和胸部背面暗灰褐色,胸背具1较浓的钟罩形黑纹,领片后缘和肩片内缘黑色。腹部灰黄褐色。前翅暗灰褐带紫色,前缘外侧1/3灰褐色;后缘齿形毛簇黑褐色;内、外线黑色锯齿形,内线内侧和外线外侧各衬1灰褐色边,内线后半段较前半段清晰;臀褶上有1条浓黑色纵纹,两端与内外线相连接;中点黑色短条形,其内侧在中室内有1黑色圆点。后翅灰褐色;中点为1模糊暗点;缘毛暗褐色。

分布:甘肃(文县)、北京、河北。

(1504)扁齿舟蛾 *Hiradonta takaonis* Matsumura,1924

Hiradonta takaonis Matsumura,1924,Trans. Sapporo Nat. Hist. Soc.,9:36.(Japan)

前翅长:17~19 mm。雄触角锯齿形,雌线形。头和领片褐色,后者的边缘常呈黑色;肩片灰黄色,边缘常呈黑色。腹部黄褐色,基毛簇暗褐色。前翅底色浅黄褐色,散布褐色鳞片,以前缘基半部和亚端部居多;内、外线黑褐色锯齿形,外线锯齿形较深,从前缘沿顶角斑内边向内弯曲伸达后缘齿形毛簇前方;内外线间的后缘部分略带灰褐色;外线外M_3~R_2每脉间各有1模糊的黑褐色纵纹;中点黑褐色;脉端缘毛黄褐色,其余暗褐色。后翅灰黄褐色,外线模糊,灰褐色;缘毛同前翅。

分布:中国的甘肃(文县)、北京、湖北;朝鲜,韩国,日本。

(1505)大齿舟蛾 *Allodonta plebeja* (Oberthür,1880)

Notodonta plebeja Oberthür,1880,Études ent.,5:65.(Russia:Askold)

前翅长:♂26~27 mm,♀28 mm。雄触角双栉形,分枝不到2/3,端部线形,雌线形。头部与胸部灰褐色,冠形毛簇末端暗褐色。腹部背面黄褐色。前翅长,顶角圆,外缘浅弧形,倾斜,后缘中央齿形毛簇较大;翅面暗褐色,前缘外部1/3颜色较淡;内线黑色,深锯齿形,内衬黄褐色边,中室下方有1条黑色纵线与内线相连,使整个内线看似"W"形;外线不清晰,由1列黑点组成,斜向外曲;R_5~M_3脉间的底色较淡,各脉间均有1条黑纵纹。后翅灰褐色。

分布:中国的甘肃(正宁、宕昌、康县)、辽宁、北京、河南、陕西、湖北、云南;俄罗斯,朝鲜,韩国。

(1506)双线玄齿舟蛾 *Hyperaeschrella nigribasis* (Hampson,1893)

Hyperaeschra nigribasis Hampson,1892,Fauna Br. India(Moths),1:165.(India:Sikkim)

别名：双线暗齿舟蛾。

前翅长：♂21 mm，♀27 mm。雄触角双栉形，雌线形。头部暗褐色，领片、冠形毛簇末端和后胸背中央黑褐色，领片后缘具淡黄褐色边；胸部背面淡黄褐色，肩片内缘具黑褐色边。腹部暗灰褐色。前翅略狭长，顶角圆，外缘浅弧形微波曲，倾斜，后缘有小齿形突；前翅暗灰褐色，后缘和外缘部分略带淡黄色；顶角斑不清晰；内、外线双股黑褐色；内线前半段模糊，后半段较清晰锯齿形，内侧一条在臀褶处重叠成1松散的黑褐色纹，双道中间淡黄褐色；外线微波浪形，在M_2脉处呈近角形曲，内侧一条较模糊松散，外侧一条外衬淡黄褐色边，尤以前缘部分显著；中点黑褐色，线形；亚缘线淡黄褐色，锯齿形；缘线细，微波浪形。后翅灰褐色。

分布：中国的甘肃（文县）、浙江、湖北、江西、福建、台湾、海南、广西、四川、云南；印度，尼泊尔，缅甸，巴基斯坦，越南，泰国，阿富汗。

(1507) 白颈异齿舟蛾 Hexafrenum leucodera (Staudinger, 1892)

Allodonta leucodera Staudinger, 1892a, in Romanoff, Mém. Lépid., 6:357. (Russia: Amurland)

前翅长：♂22~24 mm，♀27 mm。雄触角双栉形，分枝不到2/3，端部线形，雌线形。下唇须、额和触角基部毛簇暗红褐色；头顶和领片灰白色，领片后缘黑褐色。胸部背面暗红褐色，肩片基部略带灰白色。腹部背面灰褐色。前翅狭长，外缘倾斜，锯齿形，后缘中央齿形毛簇较大；翅面暗褐色，基部有1白点；顶角斑狭长，从顶角到前缘端部1/3，黄白色，其内脉间具暗褐色纵纹；中室下从基部到外缘近中央的整个后缘区稍带黄白色；内线以内的臀褶上有2条红褐色纵纹；横脉到外缘暗红褐色似呈1条宽带；内、外线不清晰暗红褐色，内线双股波浪形，中央断裂，外线锯齿形，后半段较可见；中点暗红褐色。后翅灰褐色。

寄主植物：栎属 *Quercus*、栗属 *Castanea*、榆属 *Ulmus*、榛属 *Corylus*、鹅耳枥属 *Carpinus* 和桦属 *Betula*。

分布：中国的甘肃（舟曲、文县）、黑龙江、吉林、辽宁、北京、山西、河南、陕西、浙江、湖北、福建、台湾、四川、云南；俄罗斯，朝鲜，韩国，日本。

(1508) 红须舟蛾 Barbarossula rufibarbis Kiriakoff, 1964

Barbarossula rufibarbis Kiriakoff, 1964, Bonn. Zool. Beitr., 14:285. (China: Shaanxi)

前翅长：22 mm。雄雌触角均线形。头部灰褐色。胸部灰褐色，冠形毛簇锈褐色。腹部淡黄褐色，基毛簇暗褐色。前翅狭长，外缘浅波曲，在Cu_2脉端略凸出，后缘中央齿形毛簇较大，红褐色；前翅灰褐色，端部脉间有模糊的暗色纵条纹；后缘和外缘下半部锈褐色；横线不明显。后翅褐色，后缘淡黄褐色，有1条模糊的浅色中线。

分布：甘肃（宕昌、文县）、陕西。

(1509) 后齿舟蛾 Epodonta lineata (Oberthür, 1880)

Notodonta lineata Oberthür, 1880, Études ent., 5:61, pl.2:7. (Russia: Askold)

前翅长：21~24 mm。雄雌触角均双栉形。头和胸部烟灰色，领片和肩片边缘黑色。腹部灰褐色。前翅稍宽，外缘略呈浅弧形，倾斜，后缘中央有1齿形毛簇；翅面烟灰色，基部较暗，所有斑纹黑色；内线双股近于平行，向内直斜，外侧一条从中点到后缘一段较可见；中点黑色，细；外线锯齿形衬灰白边，在M_3脉呈直角曲，以后稍内弯；亚缘线模糊，锯齿形衬灰白边；缘线细。后翅浅灰褐色到灰白色，外缘及脉端色暗。

分布：甘肃（康县、文县）、河南、陕西、湖北、江西、湖南、四川、贵州；俄罗斯，朝鲜，韩国，日本。

掌舟蛾亚科 Phalerinae

(1510) 苹掌舟蛾 Phalera flavescens (Bremer & Grey, 1853)

Pygaera flavescens Bremer & Grey, 1853b, Études ent., 1:64. (Chinia: Pekin)

别名：舟形毛虫、舟形蛄蜇、举尾毛虫、举肢毛虫、秋黏虫、苹天社蛾、苹黄天社蛾、黑纹天社蛾。

前翅长：♂16~24 mm，♀21~32 mm。雄触角锯齿形具毛簇，雌线形。头部和胸部背面浅黄白色。腹部背面黄褐色。前翅较宽，顶角和臀角圆，外缘略呈浅弧形，微波浪形；翅面黄白色，无顶角斑，有8条不清晰的黄褐色锯齿形横线；基部和外缘各有1暗灰褐色斑，前者圆形，外衬1黑褐色半月形小斑，中间有1条红褐色纹相隔,后者为波浪形宽带,从臀角至M_1脉逐渐变细,内侧衬半圆形黑斑,黑斑上有暗红褐色波浪形带。后翅黄白色,具1条模糊的暗褐色亚端带,其中近臀角一段较明显。

寄主植物:苹果、杏、梨、桃、李、樱桃、山楂、枇杷、海棠、沙果、榆叶梅、椒、栗、榆等。

分布:中国的甘肃(文县)、黑龙江、辽宁、北京、河北、山西、山东、河南、陕西、上海、江苏、浙江、湖北、江西、湖南、福建、台湾、广东、海南、广西、四川、贵州、云南;俄罗斯、朝鲜、韩国、日本、缅甸。

(1511) 榆掌舟蛾 *Phalera takasagoensis* Matsumura, 1919

Phalera takasagoensis Matsumura, 1919, Zool. Mag. Tokyo, 31:79. (China: Taiwan)

前翅长:♂20~25 mm,♀25~29 mm。雄触角锯齿形具毛簇,雌线形。下唇须和额褐色,头顶和领片黄褐色。胸部背面前半部黄褐色,后半部灰白色;肩片基部和后胸有2条暗褐色横线。腹部背面黄褐色,末端两节各有1条黑色横带。前翅较苹掌舟蛾略窄;翅面灰褐色,具银色光泽;顶角斑淡黄白色,似掌形,从顶角伸至M_3脉,斑内脉间具黄褐色纹,斑前缘有3个暗褐色斜点,斑内缘弧形平滑;亚基线、内线和外线黑褐色较清晰;亚基线微波浪形,从前缘伸达A脉;内线在A脉上呈齿形曲;外线沿顶角斑内缘呈弧形曲,黑色,随后呈波浪形;内、外线间有3-4条不清晰的黑褐色波浪形横线;外线外侧臀角处有1黑褐色斑;中点肾形,黄白色,中央灰褐色;亚缘线由1列脉间黑褐色点组成;缘线黑褐色;缘毛红褐色,脉端较暗。后翅暗褐色,具1条模糊的灰白色外带;脉端缘毛红褐色,其余黄白色。

寄主植物:榆、栎属 *Quercus* spp.

分布:中国的甘肃(康县、文县)、北京、河北、山东、河南、陕西、江苏、湖南、台湾;朝鲜、韩国、日本。

(1512) 栎掌舟蛾 *Phalera assimilis* (Bremer & Grey, 1853)

Pygaera assimilis Bremer & Grey, 1853b, Études ent., 1:64. (China: Pekin)

前翅长:♂21~26 mm,♀23~36 mm。雄触角锯齿形具毛簇,雌线形。体色和翅面斑纹与榆掌舟蛾 *Ph. takasagoensis* 十分相似,不同的是:前翅银白色光泽不如前种显著,外线沿顶斑内缘一段不是黑色而是深褐色。

寄主植物:麻栎、栓皮栎、柞栎、白栎、锥栎等栎属 *Quercus* 植物,以及板栗、榆和白杨。

分布:中国的甘肃(康县)、辽宁、北京、河北、山西、河南、陕西、江苏、浙江、湖北、江西、湖南、福建、台湾、海南、广西、四川、云南;俄罗斯、朝鲜、韩国、日本。

(1513) 宽掌舟蛾 *Phalera alpherakyi* Leech, 1898

Phalera alpherakyi Leech, 1898, Trans. ent. Soc. Lond., 1898:299. (China: Sichuan, Pu-tsu-fong)

前翅长:♂24~27 mm,♀31~36 mm。雄触角锯齿形具毛簇,雌线形。下唇须和额褐色,头顶和领片黄褐色。胸部背面前半部黄褐色,后半部灰白色;肩片基部和后胸有2条暗褐色横线。腹部背面黄褐色,各节通常有暗褐色的横带,末端两节尤其明显。前翅灰褐色,具银色光泽;前缘较暗,后缘较灰白;顶角斑淡黄白色,较宽,呈大半圆形,从顶角伸至M_3脉,斑内脉间具黄褐色纹,斑前缘有2~3个暗褐色斜点,斑内缘弧形平滑;亚基线、内线和外线黑褐色较清晰;亚基线微波浪形,从前缘伸达A脉;内线在A脉上呈齿形曲;外线沿顶角斑呈弧形曲,随后呈波浪形;内、外线间有3~4条不清晰的黑褐色波浪形横线;外线外侧臀角处有1黑褐色斑;中点肾形,黄白色,中央灰褐色;亚缘线由1列脉间黑褐色点组成;缘线黑褐色;缘毛红褐色,脉端较暗。后翅暗褐色,具1条模糊的灰白色外带;脉端缘毛红褐色,其余黄白色。

分布:中国的甘肃(宕昌、康县、文县)、北京、山西、陕西、江苏、浙江、湖北、福建、广西、四川、云南;越南。

(1514) 拟宽掌舟蛾 *Phalera schintlmeisteri* Wu & Fang, 2004

Phalera schintlmeisteri Wu & Fang, 2004, Oriental Insects, 38:113. (China: Sichuan)

前翅长:♂24~27 mm,♀31~36 mm。雄触角锯齿形具毛簇,雌线形。本种外形与榆掌舟蛾 *Ph. takasagoensis* 十分相似,惟个体较大;前翅颜色偏褐色;顶角斑长,内缘接近中点;中点较短宽,近圆形。

分布:甘肃(文县)、陕西、浙江、湖北、湖南、福建、四川、贵州、云南。

(1515) 脂掌舟蛾 *Phalera sebrus* Schintlmeister, 1989

Phalera sebrus Schintlmeister, 1989, Neue Ent. Nachr., 25:114. (China:Zhejiang, Wenchou)

前翅长：♂26~28 mm，♀32~37 mm。雄触角锯齿形具毛簇，雌线形。下唇须和额褐色，头顶和领片黄褐色。胸部背面前半部黄褐色，后半部灰白色；肩片基部和后胸有2条暗褐色横线。腹部背面黄褐色，末端两节有暗褐色的横带。前翅灰褐色，具银色光泽；前缘较暗，后缘较灰白；顶角斑深黄褐色，略狭长，从顶角伸至M_3脉上方，斑前缘有2~3个暗褐色斜点，斑内缘微波状，斑下缘锯齿状；亚基线、内线和外线黑褐色较清晰；亚基线微波浪形，从前缘伸达A脉；内线在A脉上呈暗斑状；外线波浪形；内、外线间有3~4条不清晰的黑褐色波浪形横线；外线外侧臀角处有1黑褐色斑；亚缘线由1列脉间黑褐色点组成，缘线黑褐色；肾形的中点和中室环纹灰白色；脉端缘毛红褐色，其余灰白色。后翅暗褐色至黑褐色；脉端缘毛红褐色，其余灰白色。

分布：甘肃（康县、文县）、陕西、浙江、福建、广东、海南、云南。

(1516) 壮掌舟蛾 *Phalera hadrian* Schintlmeister, 1989

Phalera hadrian Schintlmeister, 1989, Neue Ent. Nachr., 25:115. (China:Zhejiang, West Tien-mu-shan)

前翅长：♂21~28 mm，♀34 mm。雄触角锯齿形具毛簇，雌线形。下唇须暗黄褐色。额暗褐色，触角基部毛簇、头顶和领片灰黄色，领片后缘具暗褐色横线。胸部背面前半部黄褐色到黑褐色，后半部和肩片灰褐色。腹部背面黄褐色，无白色横线。前翅较狭长；翅面灰褐色，前半部较暗，后半部较灰白；顶角斑灰白带褐色，狭窄，从顶角伸至M_1脉，斑的前缘有3个暗褐色斜点，斑下缘白色，在M_1脉上呈齿形突；亚基线、内线和外线黑色；亚基线不清晰；内线微波浪形近于垂直；外线波状；内、外线间有3~4条模糊的锯齿形暗横线；外线外侧臀角附近有1暗斑；中点暗褐色；亚缘线不清晰，由脉上暗褐色短线组成；缘线细；脉端缘毛暗褐色，其余褐色。后翅灰褐色到褐色，隐约可见1淡色外带；缘毛同前翅。

分布：甘肃（文县）、河南、陕西、浙江、湖北、四川、贵州。

(1517) 刺槐掌舟蛾 *Phalera grotei* Moore, 1860

Phalera grotei Moore, 1860, in Horsfield & Moore, Cat. lepid. Ins. Mus. East India Comp., 2:434. (N. India)

前翅长：♂40 mm 雄触角锯齿形具毛簇，雌线形。下唇须黄褐色，背缘暗褐色。额暗褐到黑褐色，触角基毛簇和头顶白色。领片灰黄褐色，后缘有暗褐色和灰色横线各1条。胸部背面暗褐色，中央有2条和后缘有1条黑褐色横线；肩片灰褐色。腹部背面暗黄褐色到黑褐色，每节后缘具黄白色横带，末端两节灰色。前翅暗灰褐色到灰褐色，基部前半部和臀角附近的外缘带灰白色；顶角斑暗红褐色，斑内缘弧形平滑，斑下缘锯齿状；横线黑色；亚基线不清晰，微波浪形；内线拱形，在A脉上呈内齿曲；外线沿顶角斑呈弧形，随后波浪形，外衬1条不清晰的向上渐细的褐色带，近臀角呈1暗斑；内、外线间有4条不清晰的暗褐色波浪形横线；肾形的中点和中室内环纹灰白色；亚缘线和缘线由脉间月牙形线组成，亚缘线前有1列很不清晰的脉间赭色点；缘毛暗黄褐色。后翅暗褐色，隐约可见有1模糊的浅色外带；脉端缘毛较暗，其余灰褐色。

分布：中国的甘肃（康县）、辽宁、北京、河北、山东、江苏、安徽、浙江、湖北、江西、湖南、福建、广东、海南、广西、四川、贵州、云南；朝鲜、韩国、印度、尼泊尔、缅甸、越南、马来西亚、印度尼西亚。

扇舟蛾亚科 Pygaerinae

(1518) 杨谷舟蛾细颚亚种 *Gluphisia crenata tristis* Gaede, 1933

Gluphisia crenata f. *tristis* Gaede, 1933, in Seitz, Gross-Schmett. Erde, 2(Suppl.):177. (China:East Thibet)

前翅长：13~16 mm。雄雌触角均双栉形，雌触角分枝很短。后足胫节仅1对距。下唇须、触角、头部和胸部背面暗褐色。腹部背面灰褐色。前翅短宽，前缘直，顶角圆，外缘至后缘中部为1完整的弧形；前翅灰色到黑灰色，内半部带褐色或暗褐色；4条横线黑色锯齿形；亚基线不清晰，外衬灰白边；内线在A脉上稍向内弯，内衬灰白边；外线外衬灰白边；亚缘线较松散，内衬灰白边；中点月牙形衬灰白边；脉端缘毛灰黑色，其余灰白色到浅灰色。后翅底色较前翅稍淡，中央有1模糊浅色带。前、后翅反面灰褐色，均有1条灰白色衬暗边的外带。

寄主植物:杨。

分布:甘肃(正宁)、吉林、河北、山西、陕西、江苏、浙江、湖北、四川、云南。

(1519)丽金舟蛾 *Spatalia dives* Oberthür, 1884

Spatalia dives Oberthür, 1884b, Études ent., 10:15.(Russia:S. of Vladivostok, Sidemi)

前翅长:♂18~21 mm,♀23~26 mm。雄触角锯齿形具毛簇,雌线形。

下唇须暗褐色。头和胸背暗红褐色,后胸背面有2个白斑。腹部背面灰褐色,末端和臀毛簇暗红褐色。前翅宽,近三角形,顶角圆,外缘锯齿形,后缘中央有1大浅弧形缺刻,两侧具齿形毛簇,其中内齿形毛簇较大;翅面红褐色,翅脉黑褐色;基部中央有1黑点;中室下方有3个较大的多角形银色斑,从中室下缘近中央斜向后缘达内齿形毛簇外侧,排成1行,前两个银斑内侧伴有2~3个小银点;银斑外侧有1条不清晰的波浪形银线;外线只有从前缘到M_3脉一段可见,呈暗褐色斜影;亚缘线不清晰,暗褐色锯齿形。后翅淡黄褐色至淡红褐色,端部带褐色。

寄主植物:蒙古栎。

分布:中国的甘肃(武都区、康县、文县)、黑龙江、吉林、辽宁、河南、陕西、湖北、湖南、台湾、贵州;俄罗斯、朝鲜、韩国、日本。

(1520)艳金舟蛾 *Spatalia doerriesi* Graeser, 1888

Spatalia doerriesi Graeser, 1888, Berl. ent. Z., 32:141.(Russia, Amurland)

前翅长:♂18~20 mm,♀21~23 mm。雄触角锯齿形具毛簇,雌线形。下唇须暗黄褐色。头和领片暗灰褐色,领片后缘带赭黄色。胸部背面赭黄到锈红褐色。腹部灰黄褐到暗褐色。前翅外缘锯齿形;翅面暗灰褐或黄褐色;基部有1黑点;中室下缘中央有1三角形大银斑,斑的两侧上下端共伴有4个银点,上端的较大,外上端的在Cu脉基部呈双齿形,其外侧又衬有两个小银点;银斑周围和内齿形毛簇绣红褐色;前缘中央稍呈灰白色,有2~3条斜伸的影状暗带;外线只有从前缘到M_3脉一段可见,灰黄白色,向内斜伸,两侧具暗边;亚缘线灰黄白色,锯齿形外衬暗边,在M_1脉端部开始呈楔形纹状;外线和亚缘线之间有1模糊的暗带;缘线黑色;缘毛灰黄褐色,脉端端部黑色。后翅暗灰褐色;缘毛灰黄色。

寄主植物:蒙古栎、紫椴 *Tilia amurensis*。

分布:中国的甘肃(宕昌、武都区、康县、文县)、黑龙江、吉林、内蒙古、北京、河南、陕西、湖北、四川;俄罗斯、朝鲜、日本。

(1521)富金舟蛾 *Spatalia plusiotis* (Oberthür, 1880)

Ptilodontis plusiotis Oberthür, 1880, Études ent., 5:65.(Russia:Askold)

前翅长:♂20~21 mm,♀23~24 mm。雄触角锯齿形具毛簇,雌线形。前翅外缘光滑无锯齿,在M_1脉端部稍隆起;后缘弧形缺刻较深;翅面暗褐色,有时带红褐色;中室下方的后缘区有几个较分散的银斑;此外,在最外侧还有2个小银点以及基部还有1个稍大的金点;中室端脉上有1个稍大的近长方形黑斑点;内、外线不清晰,只有在前缘一段可见;外线双股灰黑色,微波浪形;亚缘线由1列脉间灰黑色点组成,内衬灰白边;外线与亚缘线之间有1列模糊的灰黑色点组成的斜带;顶角下M_2~R_5脉间有1赭褐色斑点;缘线不清晰,灰黑色。后翅黄褐色或灰褐色;缘毛色浅。

寄主植物:蒙古栎。

分布:中国的甘肃(康县、文县)、黑龙江、吉林、北京、河南、陕西、浙江、湖北、湖南、四川;俄罗斯、朝鲜、韩国。

(1522)新奇金舟蛾 *Spatalia sikkima* (Moore, 1879)

Celeia sikkima Moore, 1879a, in Hewitson & Moore, Descr. New Indian lepid. Insects Colln. Late Mr. W. S. Atkinson, 1:63.(India:Darjiling)

别名:新奇舟蛾、明肩新奇舟蛾。

前翅长:♂20~22 mm,♀24 mm。雄雌触角均双栉形,分枝一侧较短。头和胸部背面暗褐色,领片前缘偏灰白色。腹部背面灰褐色,基毛簇烟灰色,腹面灰褐色。前翅外缘浅波浪形。雄蛾前翅前半部灰褐色,其中内半部蒙有一层灰褐色,顶角有一暗褐色斑;前翅后半部暗褐色,其中基部较暗,外缘M_3脉以下灰白色;中室下缘外半部有1横尖刀形银斑,内侧衬1小银点,Cu_{1-2}脉基部有一"工"字形银纹,外侧脉上有2个小银点;内线、中线和外线不清晰,隐约可见每线由2列暗褐色点组成;亚缘线由1列脉间暗褐点组成,内衬灰白边;缘线细,暗褐色。后翅灰褐色,基部色较浅。雌蛾前翅前半部(顶角除外)浅灰黄色,其后方边缘从基部中央几乎成直线向外伸至外缘M_1脉基部;后半部暗红褐色,中室端脉后端有1枚"V"形灰白纹;中室下缘端部和Cu_{1-2}脉基部具灰白色短线;中点不清晰,灰白色;内、外线不清晰,后半段隐约可见灰白色两侧具黑褐边;内线内斜,略呈锯齿形;外线波浪形,外侧衬1模糊的暗褐色波浪形带;亚缘线黑褐色,锯齿形,内衬灰白边;缘线模糊,暗色锯齿形;脉端上具灰白色小点。后翅灰红褐色;缘毛色浅。

分布:中国的甘肃(康县)、陕西、浙江、江西、湖南、福建、海南、广西、四川、贵州、云南;印度、越南、马来西亚、印度尼西亚。

(1523) 伪奇金舟蛾 *Spatalia laticostalis* Hampson, 1900

Spatalia laticostalis Hampson, 1900, J. Bombay Nat. Hist. Soc., 13:43. (N. India)

别名:伪奇舟蛾、半明奇舟蛾、银刀奇舟蛾。

前翅长:♂19~23 mm,♀24 mm。雄雌触角均双栉形,两侧分枝等长。头和胸背暗红褐色,头顶和前胸背中央黑色,颈板浅灰黄褐色,中央有1暗褐色横线,后胸背有2个灰白点。腹部背面灰褐色。前翅外缘浅波浪形。雄蛾前翅中室以上的前半部浅灰黄褐色,R_5脉以上的顶角有1暗红褐色至黑褐色斑;翅后半部暗红褐色,基部和外缘中央较暗近黑色;中室下缘外半部有1近刀形的银斑,内侧有1小银点,外侧Cu_1和Cu_2脉基部各有1枚短银线;内、外线黑褐色,双股锯齿形,前半段只有两列黑点可见;前缘中央到横脉有1暗褐色影状斜带;亚缘线为1模糊灰褐色带;缘线细,黑色波浪形。后翅灰褐色;缘毛色较浅。雌蛾前翅前半部(除翅尖有1暗褐色斑外)浅灰黄色,其后缘沿中室下缘几乎成直线伸至外缘;翅后半部暗褐色,内半部近黑色,后缘缺刻边缘红褐色;前缘中央到中室端脉有1褐色影状斑;中室下角无灰白色"V"形纹;外线和亚缘线不清晰黑褐色,亚缘线锯齿形;缘线细,黑褐色。后翅灰褐色。

分布:中国的甘肃(宕昌、文县)、北京、河北、山西、河南、陕西、浙江、湖北、江西、福建、四川、云南;印度北部、越南、巴基斯坦、阿富汗。

(1524) 光锦舟蛾秦巴亚种 *Ginshachia phoebe shanguang* Schintlmeister & Fang, 2001

Ginshachia phoebe shanguang Schintlmeister & Fang, 2001, Neue Ent. Nachr., 50:98. (China: Gansu, Shaanxi)

前翅长:♂23~24 mm,♀26~29 mm。雄触角双栉形,雌线形。头部黄褐色。胸部暗黄褐色,肩片锈黄色。前翅宽阔,顶角圆,外缘浅弧形,后缘中央至臀角1大弧形缺刻,内侧具黑色齿形毛簇;翅面浅红褐色至枯黄褐色;基部有1方形的银斑,其周围暗褐色;中室下有1三角形银色大斑;沿中室下缘有1条暗褐色纵纹从翅基部伸到翅外缘;外线黄白色波状,外衬黑褐色影带,前缘尤其明显;中点黑色;亚缘线由1列褐色斑点组成,每点内衬黄白色。后翅淡黄带淡红褐色。

分布:甘肃(康县、文县)、陕西、广西、四川。

(1525) 角翅舟蛾 *Gonoclostera timoniorum* (Bremer, 1861)

Pygaera timoniorum Bremer, 1861, Bull. Acad. Imp. Sci. St. Pétersb., 3:482. (Russia)

前翅长:13~15 mm。雄雌触角均双栉形,触角杆灰白色,分枝灰褐色。下唇须红褐色;头部和胸部背暗褐色。腹部背面灰褐色,臀毛簇末端暗褐色。前翅宽,前缘直,翅顶圆,外缘从顶角到M_2脉呈浅弧形内凹,M_3脉端呈角形凸出;翅面黄褐带紫色;内、外线之间有1暗褐色三角形斑,斑尖几乎达翅后缘,斑内颜色从内向外逐渐变浅,最后呈灰色,但从中室端脉到前缘较暗;内线前半段不清晰,后半段较清晰,灰白色外衬暗褐边;外线灰白色浅波曲,明显;亚缘线为模糊的暗褐色,锯齿形;外线与亚缘线之间的前缘处有1暗褐色影状楔形斑;缘毛暗褐色。后翅灰褐色,有1模糊的灰白色外线。

寄主植物:多种柳树。

分布:中国的甘肃(康县)、黑龙江、吉林、辽宁、北京、山东、陕西、上海、江苏、安徽、浙江、湖北、江西、湖南;俄罗斯,朝鲜,日本。

(1526)金纹角翅舟蛾 *Gonoclostera argentata* (Oberthür, 1914)

Pygaera argentata Oberthür, 1914, Études Lépid. Comp., 9(2):59. (China:Sichuan,Ta-tsien-lou)

别名:金纹舟蛾。

前翅长:♂16~17 mm,♀19~20 mm。触角杆深褐色,分枝褐色。下唇须暗红褐色;头部和胸部背面深紫褐色,胸部腹面和腹部背面暗褐色。前翅深红褐色,有2个醒目的金色斑,一个在基部,由两个小斑点连接而成;另一个在中央,从前缘约1/3处斜伸到中室下角,由断续的3个小斑点连接成问号形;内线不清晰,只有在后缘中央隐约见到一点痕迹;中室端脉外有1条宽的灰色影状带,从前缘2/3处伸至臀角;外线在宽带内,暗褐色锯齿形;亚缘线不清晰,暗褐色波浪形,从顶角到M_2脉的外缘灰色;缘毛深灰褐色。后翅灰红褐色至灰褐色,具模糊的暗褐色外带。

分布:甘肃(宕昌)、北京、河南、陕西、湖北、湖南、四川、云南。

(1527)短扇舟蛾 *Clostera albosigma curtuloides* Erschov, 1870

Clostera curtuloides Erschov, 1870, Trudy Russ. Ent. Obsch., 4:193. (Russia)

前翅长:♂12~17 mm,♀15~18 mm。雄雌触角均双栉形,触角杆灰白到赭灰色,分枝灰色。下唇须灰红褐色;体灰红褐色,头顶到胸中部暗红褐色,臀毛簇末端黑褐色。前翅狭长,前缘中部微凹,顶角圆,外缘至后缘中部弧形,无明显臀角,翅面灰红褐色;顶角斑暗红褐色,在M_1~Cu_1脉间钝齿形曲。亚基线、内线和外线灰白色具暗边;亚基线和内线较直,略向外斜,彼此接近平行;外线从前缘到M脉一段齿形曲白色鲜明;从Cu_2脉基部到外线间有1斜三角形影状暗斑;亚缘线由1列脉间黑褐色点组成,前半段穿过顶角斑中央,后半段在Cu1脉呈直角形曲,以后垂直于臀角;缘毛灰白色。后翅灰褐色。

寄主植物:山杨、日本山杨。

分布:中国的甘肃(宕昌、康县、文县)、黑龙江、吉林、北京、山西、河南、陕西、青海、云南;俄罗斯,朝鲜,韩国,日本;北美洲。

(1528)杨扇舟蛾 *Clostera anachoreta* (Denis & Schiffermüller, 1775)

Phalaena anachoreta Denis & Schiffermüller, 1775, Ankündung syst. Werkes Schmett. Wienergegend:55. (Europe)

别名:白杨天社蛾、白杨灰天社蛾、杨树天社蛾、小叶杨天社蛾。

前翅长:♂12~17 mm,♀16~20 mm。雄雌触角均双栉形。下唇须灰褐色;体灰褐色,头顶至胸背中央黑褐色,臀毛簇末端暗褐色。前翅较短扇舟蛾更狭长;翅面灰褐色到褐色,顶角斑暗褐色,扇形,向内伸至中室横脉,向下伸到达Cu_1脉;3条横线灰白色具暗边;亚基线在中室下缘断裂,错位外斜;内线外侧有雾状暗褐色,近后缘处外斜;外线前半段穿过顶角斑,呈斜伸的双齿形曲,外衬锈红色斑,后半段垂直伸达后缘;中室下内外线之间有1灰白色斜线;亚缘线由1列脉间黑点组成,其中以Cu_1~Cu_2脉间的1点较大而显著;缘线细,黑色。后翅灰褐色。

寄主植物:多种杨柳。

分布:中国的甘肃(兰州、舟曲、康县、文县)、除广西、海南和贵州外,全国各地均有记录;朝鲜,韩国,日本,中亚地区,印度,斯里兰卡,越南,印度尼西亚;欧洲。

(1529)分月扇舟蛾 *Clostera anastomosis* (Linnaeus, 1758)

Phalaena (*Bombyx*) *anastomosis* Linnaeus, 1758, Syst. Nat. (Edn 10), 1:506. (Europe)

别名:银波天社蛾、山杨天社蛾、杨树天社蛾、杨叶夜蛾。

前翅长：♂12~17 mm，♀17~22 mm。雄雌触角均双栉形。下唇须暗黄褐色；体灰褐到暗灰褐色；头顶到胸背中央黑褐色。前翅略宽，前缘中部凹入不明显；翅面灰褐到暗灰褐色，顶角斑扇形，模糊的红褐色；3条灰白色横线具暗边；亚基线在中室下缘断裂，错位外斜；内线略外拱，外侧有雾状暗褐色，近后缘处外斜；外线在M_2脉前稍内弯，在臀褶处向内弯曲达后缘；中室下内外线之间有1斜的三角形影状斑；中点灰白色，周围有1锈红色大圈，圈内除中点外暗褐色；外线与亚缘线之间在R_5至Cu_1之间有一段锈红色折线；亚缘线由1列脉间黑褐色点组成，波浪形，在Cu_1脉呈直角弯曲；缘线细，不清晰。后翅灰褐色，略带灰黄色调。

寄主植物：杨、柳。

分布：中国的甘肃（宕昌、舟曲、文县）、黑龙江、吉林、内蒙古、河北、河南、陕西、新疆、江苏、安徽、浙江、湖北、湖南、福建、四川、贵州、云南；俄罗斯，朝鲜，韩国，日本，蒙古国；欧洲。

（1530）漫扇舟蛾Clostera pigra（Hufnagel，1766）

Phalaena pigra Hufnagel，1766a，Berl. Magazin，2（4）：426.（Europe）

前翅长：12 mm。雄雌触角均双栉形。下唇须赭褐色，背缘黑褐色；体灰褐到暗灰褐色；头顶到胸背中央黑褐色。前翅宽阔，前缘中部凹入明显，后缘弧度较大；翅面紫灰褐色，尤以中央和外缘较显著；顶角斑暗褐色，扇形；亚基线和内线靠近；外线在前缘呈白色楔形，随后在M_1脉稍外曲，以后几乎直伸到臀角内侧；从内外线间的中室下缘中央到外缘有1块逐渐变淡的暗斑，似与扇形斑连为一体；前缘在外线与亚缘线间有1红褐色楔形斑。后翅暗褐色到灰黑色。

分布：中国的甘肃（清水、宕昌、舟曲、文县）、黑龙江、吉林、辽宁、河北；俄罗斯，朝鲜，韩国，小亚细亚；欧洲，北美。

（1531）杨小舟蛾Micromelalopha sieversi（Staudinger，1892）

Pygaera sieversi Staudinger，1892a，in Romanoff，Mém. Lépid.，6：370.（Russia：Amurland）

别名：杨褐天社蛾、小舟蛾。

前翅长：10~12 mm。雄雌触角均双栉形。后足胫节仅1对距。前翅前缘直，顶角近直角，外缘在M_3至Cu_1处浅弧形弯曲，上下两段均较直；翅面大部红褐色，前缘、顶角和臀角附近灰红褐色；后缘和顶角较暗；有3条灰白色横线，每线两侧衬暗边；亚基线微波浪形；内线从前缘到臀褶直向外斜伸，然后呈屋脊状分叉，但外叉不如内叉清晰；外线波浪形；中点为1小黑点；亚缘线由1列脉间黑点组成，波浪形。后翅灰红褐色，臀角色暗，其中有1红褐色小斑；中点为1小黑点。本种体及翅有赭黄色、黄褐色、红褐色和暗褐色各种变异。

寄主植物：杨、柳。

分布：中国的甘肃（正宁、康县、文县）、黑龙江、吉林、北京、山西、山东、陕西、江苏、安徽、浙江、湖北、江西、湖南、四川、云南、西藏；俄罗斯，朝鲜，韩国，日本。

（1532）赭小舟蛾Micromelalopha haemorrhoidalis Kiriakoff，1964

Micromelalopha haemorrhoidalis Kiriakoff，1964，Bonn. Zool. Beitr.，14：250.（China：Shaanxi）

前翅长：12~13 mm。雄雌触角均双栉形。头和胸部暗红褐色。腹部灰褐色。前翅前缘不像其他种那样直，在顶角附近稍弯曲；翅面红褐带灰紫色，中室以下的后缘部分和顶角下（特别是M_1~Cu_1脉间）暗红褐色；3条灰白色横线与杨小舟蛾的近似，但不如该种清晰；亚基线较模糊；内线较可见，其内外分叉同样清晰，但外叉较直；外线波浪形；中点为1黑点；亚缘线波浪形，由1列脉间黑点组成。后翅淡赭褐色，外半部较暗；臀角有1暗红褐色小斑；中点为1小黑点。

分布：甘肃（舟曲、康县、文县）、内蒙古、北京、陕西、湖北、四川、云南、西藏。

（1533）内斑小舟蛾Micromelalopha dorsimacula Kiriakoff，1964

Micromelalopha dorsimacula Kiriakoff，1964，Bonn. Zool. Beitr.，14：253.（China：Shaanxi，Tapaishan）

前翅长：13~15 mm。雄雌触角均双栉形。头和胸部灰褐色到浅褐色。腹部灰褐色到褐色。前翅灰红褐色；有3条灰白色横线，每线两侧衬暗边；亚基线波状，较明显；内线波状弧形，不分叉；翅后缘在亚基线和内线间有1明显的暗褐色大圆斑;外线波浪形;中点为1黑点;亚缘线波浪形,由1列脉间暗点组成。后翅深灰褐色,外半部较暗;臀角有1黑褐色小斑;中点为1小黑点。

分布:甘肃(舟曲、康县、文县)、陕西、云南。

异舟蛾亚科Thaumetopoeinae

(1534) 三线雪舟蛾 *Gazalina chrysolopha* (Kollar, 1844)

Liparis chrysolopha Kollar,1844,in Hügel,Kaschmir Reich Siek,4(2):470. (Kaschmir)

别名:三线洁异舟蛾。

前翅长:♂14~18 mm,♀19~23 mm。雄触角双栉形,雌锯齿形。额和胸足外侧黑色,头顶和胸部白色,领片和肩片前缘带土黄色。腹部背面每节具黑白相间的横线;雌蛾腹末和臀毛簇金黄色,雄蛾白色。前翅较宽,前缘直,顶角圆,外缘浅弧形;翅面白色带丝质光泽,有3条黑色横线;亚基线倾斜;内线几乎直向内斜伸;外线从前缘斜伸至中室上角后沿中室端脉下行至中室下角内折,随后斜弯达于后缘;内线以内的前缘黑色;亚基线与内线间的中室下缘具黑线;外线外侧的翅脉黑色。后翅白色。

分布:中国的甘肃(舟曲、康县、文县)、河南、陕西、湖北、湖南、海南、广西、四川、贵州、云南、西藏;印度,尼泊尔,巴基斯坦,克什米尔地区。

蚕蛾科Bombycidae

中型蛾类,身体粗壮。触角较短,多数种类短于前翅长的1/3;雄触角双栉形,端部1/3左右依次变为单栉形、锯齿形和线形,有时直接变为锯齿形或线形;雌触角双栉形或线形。喙退化。翅宽大,有时前翅顶角外凸呈钩状。后翅翅缰存在,但很短小;后缘具褶皱。前翅M_1与R_5分离或短共柄;后翅$Sc+R_1$以1横脉与中室相连;前后翅M_2均出自中室端脉中部或近M_1。

(1535) 白弧蚕蛾 *Bombyx lemeepauli* Lemée,1950

Bombyx leméepauli Lemée,1950,Contrib. l'étude Lépid. Haut-Tonkin et Saigon: 7. (Vietnam:Backan)

Theophila albicurva Chu & Wang,1993,Sinozoologia,10:214. (China:Hubei)

别名:白弧野蚕蛾。

前翅长:♂13~15 mm,♀18~19 mm。雄雌触角均双栉形,灰褐色,内侧栉齿长于外侧,端部各节栉齿明显变短,并变为单栉形。体及翅灰褐色;腹部第一节为黑色横带;胸足胫节外侧有毛丛。前翅顶角凸出呈钩状,外缘浅波曲;翅面灰褐色至黑灰色,基半部在中室以下带灰黄褐色;内线及外线白色弧形;顶角端部有黑色大斑;缘毛灰白色。后翅色稍深,外半部呈黑褐色,外线白色弧形,后缘中下部有1黑褐色长条斑,其中有灰褐色纹。翅反面色稍深,斑线与正面相同。

分布:中国的甘肃(康县、文县)、陕西、浙江、湖北、广西、四川、云南;越南,泰国。

(1536) 野蚕蛾 *Bombyx mandarina* (Moore, 1872)

Bombyx mandarina Moore,1912,Proc. zool. Soc. Lond.,1912:576. (China:Shanghai)

前翅长:♂15~19 mm,♀17~21 mm。触角灰褐色,双栉形,内外侧栉接近等长,雌性栉齿短于雄性。体、翅由灰褐色至暗褐色。前翅顶角外凸,顶端钝,下方至M_3脉间有内凹的月牙形槽;内线、外线深褐色,内线双线弧形,外线直立;中点为1椭圆形深褐色圈;亚缘线深褐色较细,下方向内倾斜达臀角,外侧镶灰白色边;顶角内侧至外缘间中部有较大的深褐色斑。后翅色略深;内线及中线褐色较细,中间呈深色横带;外线色稍浅;缘毛褐色;后缘中央有1半月形黑褐色斑,斑的外围白色。前、后翅反面色较正面浅,各线纹更清晰。通常雄蛾比雌蛾色深,身上各线条及斑纹亦较明显。

分布:中国的甘肃(文县)、黑龙江、吉林、辽宁、内蒙古、河北、山西、山东、河南、陕西、江苏、安徽、湖北、江西、湖南、台湾、广东、广西、四川、云南、西藏;俄罗斯(远东地区),朝鲜,韩国,日本。

(1537) 圆端家蚕 *Rotunda rotundapex*（Miyata & Kishida, 1990）

Bombyx rotundapex Miyata & Kishida, 1990, Japan Heterocerists´ J., 158（Suppl.）:142, figs 1-3 [English p. 143]. (Taiwan, Nantou)

前翅长：♂15~17 mm，♀17~20 mm。两性触角双栉形，雄性强于雌性。胸部黑灰色，延伸至两翅基部，具白色鳞片；腹部第一节与臀簇黑色，具白色鳞片，其余部分黄褐色。前后翅顶角与外线均圆；翅黄色或黄褐色，鳞片稠密。两翅沿翅脉和各翅脉间有黑灰色鳞；亚缘线锯齿形；无中点。后翅后缘较前缘长，平直或略凹；后缘毛长度与外缘缘毛相仿；具中线。

分布：中国的甘肃（武都区、康县）、陕西、湖北、湖南、江西、福建、台湾、广东、广西、四川；朝鲜，韩国，缅甸。

(1538) 桑蟥 *Rondotia menciana* Moore, 1885

Rondotia menciana Moore, 1885, Ann. Mag. nat. Hist., (5)15:492. (China:Chehkiang [=Zhejiang])

前翅长：13~17 mm，♀19 mm。雄雌触角均双栉形，雌栉齿长度约为雄的1/2，黑褐色。头黄色间杂有黑毛；胸腹部黄色至橘黄色，腹部末端黑色。前翅宽阔，顶角圆，外缘在顶角下浅凹，在M_2与M_3之间凸出，其下较直；后翅前缘较短，顶角圆，后缘长，臀角略下垂。翅面黄色至浅橘黄色，斑纹黑色。前翅内线外斜至臀褶处内折；中点短条形，M_2脉基部黑色，与中点相连，形成1"T"字形纹；外线弓形；内线之外翅脉上或多或少带黑色。后翅内、外线大部消失，在后缘处留有2个清晰黑点；中室端的"T"字形纹很细弱。

分布：中国的甘肃（地点不详）、辽宁、北京、河北、山西、山东、河南、陕西、江苏、安徽、浙江、湖北、江西、湖南、福建、广东、海南、广西、四川、云南；朝鲜，韩国，日本，印度。

(1539) 单齿翅蚕蛾 *Oberthueria yandu* Zolotuhin & Wang, 2013

Oberthueria yandu Zolotuhin & Wang, 2013, Zootaxa, 3693(4):472. (China:Sichuan)

前翅长：18~20 mm。雄触角基半部长双栉形，端半部长单齿形，灰黄色，背面白色。头部污黄色，下唇须较长，向前方平伸，褐色。体黄色，腹部暗黄，各节间色较深。前翅狭长，顶角尖，凸出，外缘由顶角至Cu_1弧形内凹，Cu_1处形成1尖角，其下较平直；后翅顶角圆，外缘在Cu_1脉端处外凸，在Cu_2处略凸出。前翅黄色，带红褐色，顶角内侧色浅，顶角下方暗红褐色；内线及中线深褐色波状；外线深褐色较直，外侧有并行白色线纹，接近前缘又向翅基方向弯曲；中点为1黑褐色中空圆点。后翅前半污黄色，后半橙黄；内线不明显；中线深褐色波状；外线由各脉间的黑褐色点组成，外侧的并行白线比较完整，白线外侧在Cu_1上下各有1较大的黑斑；中点黑褐色，不为中空；后缘皱褶，有深灰褐色至黑褐色斑。前、后翅反面污黄色；内线不见；中点黑褐色；中线与正面相同；外线黑褐色，由黄色翅脉间隔成断线。

分布：甘肃（康县、文县）、河南、陕西、浙江、江西、福建、广东、四川、西藏。

(1540) 多齿翅蚕蛾 *Oberthueria caeca*（Oberthür, 1880）

Euphranor caeca Oberthür, 1880, Études ent., 5: 40, pl.6:2. (Russia:south of Vladivostok)

前翅长：♂20~26 mm。非常近似单齿翅蚕蛾，触角结构、身体和翅的颜色及翅面斑纹基本相同。但前翅外缘中部大齿上下有2个明显的小齿；后翅外缘中部大齿上下的2个小齿更加明显凸出。

分布：中国的甘肃（文县）、黑龙江、吉林、山西、河南、陕西、浙江、湖北、福建、四川；俄罗斯（远东地区），朝鲜，韩国。

(1541) 一点如钩蚕蛾 *Mustilizans eitschbergeri* Zolotuhin, 2007

Mustilizans eitschbergeri Zolotuhin, 2007, Neue ent. Nachr., 60:197. (China:Shaanxi,Zhouzhi)

前翅长：♂25~31 mm，♀33 mm。雄触角污黄色，触角杆背面白色，基半双栉形；雌全为单栉形，呈褐色。头黄褐色，额中部和头顶黄白色；下唇须尖端伸出额外，背面和末端深褐色；胸腹部背面暗黄褐色至灰红褐色，后胸后缘和腹基部黑灰色。前翅狭长，顶角尖，凸出较长，外缘在顶角下凹入后呈弧形到臀角；后翅后缘长于前缘，顶角和臀角皆圆，外缘上半部浅凹，中部隆起，下半部微呈浅弧形。翅面黄褐色带灰红色调，前翅端部的上半部和后翅端部的下半部色较深。前翅内线暗褐色，在中室下缘折角；中点黑褐色，大，纵向的椭圆形,有时微小或消失;外线深灰褐色,由前缘外行至R_5脉后弯折至后缘,微波曲。后翅中点微小,深褐色,有时消失;外线双线,内侧一条暗褐色,上半部内弯,外侧一条深灰褐色,直行;后缘黑灰色与灰白色斑杂。

分布:甘肃(康县、文县)、河南、陕西、江西、福建。

(1542)白脉达蚕蛾*Dalailama vadim* Witt,2006

Dalailama vadim Witt,2006,Entomofauna,27 3):48.(China:Sichuan)

前翅长:21 mm。触角黄褐色;雄触角双栉形,端部锯齿形－线形;雌触角线形。额和下唇须红褐色;头顶黄白色;胸部背面红褐色掺杂黄白色。腹部背面黑红褐色,各节后缘黄白色。前翅狭长,顶角尖,略凸出,外缘在顶角下微凹,其下直,由Cu_1至后缘中部为光滑的弧形;后翅前后缘均较长,顶角略倾斜,臀角近直角,外缘直。前后翅基部至外线灰红褐色,外线至外缘红褐色,翅脉灰白色;前翅内线和前后翅外线暗红褐色带状,外线外侧有白色镶边,各有1条白线由外线中部伸达顶角;前后翅中点黑色,大而清晰,周围有白边;后翅中室内有1白色纵纹。

分布:甘肃(文县)、四川。

枯叶蛾科Lasiocampidae

枯叶蛾科为中型至大型具密鳞片的蛾类,体躯粗壮,有些种类静止时后翅的波状边缘伸出前翅两侧,形似枯叶状,下唇须前伸似叶柄,因此得中名。额上几乎总是生有1簇密毛。喙退化或缺,下唇须粗,常呈鼻状或尖锥状延长。无单眼。复眼小而强烈凸出,经常深藏在头部的毛丛中。两性触角均为双栉形,其中雄蛾触角的栉齿分枝长,有时端部的分枝缩短,雌蛾触角端部的分枝通常缩短。无翅缰和翅缰钩,后翅肩区扩大为翅抱。胸部(特别是雌蛾)大多很粗壮多毛。足短,强壮而被密毛。翅面颜色比较丰富,多黄褐色,灰褐色、红褐色和黑褐色,尚有火红色、苹果绿、铜褐色、暗灰蓝色等。前翅通常有1明显的白色中点,一些种类从翅基到外缘依次还有内线、中线、外线和亚缘线。前翅外缘经常呈锯齿形,后缘明显缩短。前翅反面也会有斑纹,多为弧形带,与正面的花纹相配合。后翅大多呈圆形,斑纹位于前缘。前翅R_2与R_3脉共柄,R_5与M_1也共柄,通常R_4脉与该柄的分出点更靠近基部和前缘,但有时 R_4、R_5及M_1三支共柄,两翅的肘脉发达,与M_2和M_3脉在中室下角形成四岔型。后翅$Sc+R_1$与Rs在亚基部有一段短距离的并接,从而在基部形成1个小的基室。

(1543)甘肃李枯叶蛾*Amurilla subpurpurea kansuensis*(Bang-Haas,1939)

Metanastria subpurpurea kansuensis Bang-Haas,1939,Dt. ent. Z. Iris,53:57.(China:Gausu)

前翅长:28 mm。下唇须黑褐色;头和胸部背面灰黄褐色,肩片两侧黑褐色;腹部背面深褐色至黑褐色。前翅前缘直,顶角钝圆,外缘略呈浅弧形,微波曲,臀角圆;翅面赤褐色,端半部色较灰,但翅脉仍为赤褐色;内线、中线和外线由黄色鳞毛组成,大部消失,仅留断续痕迹;中点为1模糊黑斑。后翅基部色较红,向端部逐渐变灰,翅脉赤褐色;翅中部有1条不明显的浅色横带。前后翅中室端脉退化,中室开放。

分布:甘肃(武威、舟曲、文县)、河南、陕西。

(1544)分线枯叶蛾*Arguda bipartite* Leech,1899

Arguda bipartite Leech,1899,Trans. ent. Soc. Lond.,1899:116.(China:Sichuan,Pu-tsu-fong)

前翅长:26 mm。下唇须黑褐色,向前伸;头和胸腹部背面均灰黄褐色;胸部具红褐色背中线;腹部第一至第三节掺杂较多红褐色毛。前翅宽阔,顶角略尖,外缘浅波曲,直立,几乎垂直于后缘,臀角圆;内线斜,红褐色,上端与外线接近;中点为1清晰黑色圆点;外线灰白色,两侧镶细弱红褐色边。亚缘线灰褐色,微波曲,较模糊。后翅前缘短,外缘浅波状;前缘至中室灰黄褐色,中部有1段红褐色线,与前翅外线连续,但无白色;中室至M_1以下翅面覆盖红褐色毛。

分布:甘肃(永登、舟曲)、四川。

(1545)三线枯叶蛾*Arguda vinata*(Moore,1865)

Lebeda vinata Moore,1865,Proc. zool. Soc. Lond.,1865:820.(India:Darjeeling)

前翅长:32 mm。下唇须黑褐色,向前伸;头和胸腹部背面均灰黄褐色;胸部和腹部前三节具红褐色背中线。翅型同分线枯叶蛾。前翅三条线几乎平行;内线和外线红褐色,内侧有细弱白边;亚缘线灰褐色,较分线枯叶蛾清晰完整;中点黑色较小。后翅灰黄褐色。

分布:中国的甘肃(永登、舟曲)、河南、陕西、湖北、江西、湖南、福建、广西、四川、云南、西藏;印度,尼泊尔,越南。

(1546)斜带枯叶蛾 *Bharetta cinnamomea* Moore,1865

Bharetta cinnamomea Moore,1865,Proc. zool. Soc. Lond.,1865:820.(India:Darjeeling)

前翅长:♂19 mm。体翅灰红色;触角黄褐色;下唇须黑褐色向前伸;胸、腹部背面披红褐色鳞毛。前翅中等宽度,前后缘均较直,顶角和外缘M_1处呈钝齿状凸出;由顶角至后缘内1/3处1条红褐色斜线;中点黑色明显;翅端部带灰褐色;亚缘线在M_1上方的两个点明显,其余各斑模糊;缘毛黑褐色。后翅中间有1条黄褐色斜线。

分布:中国的甘肃(文县)、陕西、四川;印度,尼泊尔,越南。

(1547)蓝灰小枯叶蛾 *Cosmotriche monotona*(Daniel,1953)

Selenepherides monotona Daniel,1953,Mitt. münch. ent. Ges.,43:254.(China:southern Shensi,Tapaishan im Tsinling)

前翅长:♂18~20 mm,♀19~21 mm。雄触角梗节黄褐色,栉齿蜡黄色,全体铁灰色,略带铁锈色。前翅宽阔,外缘上半段浅波曲,在M_2和Cu_1脉间向内凹陷;中点灰色;中、外线色深,其间形成弧形宽带;亚缘斑列黑褐色,呈长形横斑,位于翅脉上部,末斑大而明显。后翅中间具深色横斑纹。双翅缘毛灰褐色和灰色相间;翅反面基半部呈深色。雌蛾体色和翅上斑纹与雄蛾同,但前翅中部横带不明显。

分布:甘肃(宕昌、文县)、河南、陕西、青海、湖北。

(1548)油松毛虫 *Dendrolimus tabulaeformis* Tsai & Liu,1962

Dendrolimus tabulaeformis Tsai & Liu,1962,Acta Ent. Sinica,11(3):245.(China:Hebei,Luanping)

前翅长:♂26 mm,♀27~36 mm。雄蛾体色淡灰褐到深褐色;雌蛾淡灰褐到褐色;腹部红褐色。前翅狭长,外缘微波曲,倾斜;中点为白点,位于弧状内线上或稍偏外侧,雄蛾较雌蛾明显;横线褐色,内线不清楚,中线弧度小,外线弧度大,波状;亚缘线斑列黑色,各斑略呈新月形,内侧衬有淡黄褐色斑,前6斑列成弧形。后翅由淡褐色到深褐色或红褐色。

寄主植物:油松 *Pinus tabulaeformis*、赤松 *Pinus densiflora*、马尾松 *Pinus massoniana*、獐子松 *Pinus sylvestria* var. *mongolica*、华山松 *Pinus armandi*、白皮松 *Pinus bungeana*。

分布:甘肃(文县)、辽宁、河北、山西、山东、河南、陕西、四川。

(1549)旬阳松毛虫 *Dendrolimus xunyangensis* Tsai & Hou,1980

Dendrolimus xunyangensis Tsai & Hou,1980,Entomotaxonomia,2(4):258.(China:Shaanxi,Xunyang)

前翅长:约23 mm。体褐色,触角梗节黄褐色,栉齿深灰色。前翅较油松毛虫略宽阔,外缘浅弧形,不波曲;白色中点小而明显;中、外线间呈栗褐色,外线外侧呈赤褐色;亚缘线斑列黑褐色,内侧淡褐色;臀角区淡灰褐色。后翅褐色,中间色泽较深。两翅缘毛褐色和灰黄色相间。翅反面暗褐色,后翅端半部色泽较淡。

分布:甘肃(文县)、陕西。

(1550)云南松毛虫 *Dendrolimus grisea*(Moore,1879)

Chatra grisea Moore,1879a,in Hewitson & Moore,Descr. New Indian lepid. Insects Colln. Late Mr. W.S. Atkinson,1:80.(India:Darjeeling)

前翅长:♂35~42 mm,♀45~62 mm。雄蛾头和胸部深褐色;腹部黄褐色,端部几节灰色。前翅中等宽度,顶角较圆,外缘浅弧形,不波曲;翅面色泽较深,近赤褐色,横线斑纹比较明显,深灰褐色;内线较模糊;中点白色,小但清晰;中线带状,内侧衬浅色边;外线双线,模糊带状,内侧一条的外侧衬浅色边;亚缘线的黑点部分消失。后翅色较前翅浅,中部隐约可见2条模糊灰褐色带。雌蛾灰褐色,前翅白色中点不大清楚,横线亦不十分明显。

寄主植物：云南松Pinus yunnanensis、柳杉Cryptomeria fortunei、侧柏Biota orientalis、油杉、思茅松等。

分布：中国的甘肃（康县）、陕西、浙江、湖北、江西、湖南、福建、海南、四川、贵州、云南；印度北部，泰国北部，越南北部。

（1551）高山松毛虫 Dendrolimus angulata Gaede, 1932

Dendrolimus angulata Gaede, 1932, in Seitz, Gross-Schmett. Erde, 2(Suppl.): 123. (China: Yunnan, Tze-ku)

前翅长：♂26 mm，♀35 mm。雄蛾胸部褐色至深红褐色；腹部黄褐色。翅上鳞片厚；缘毛长。前翅狭长，外缘弧形，后缘较长，接近前缘长度，顶角和臀角皆圆；翅面自基部至外线红褐色至黑褐色，外线至亚缘线黄褐色，亚缘线以外灰褐色；内线和中线深灰褐色，常不清楚，中上部折角；白色中点微小，有时不清楚；外线锯齿形；亚缘线的点列深灰褐色，斑点较小，每个点内衬黄白色。后翅黄褐色，无明显斑纹。雌蛾体和翅黄褐色。前翅前缘基部至亚缘线内侧直，在亚缘线内侧下弯，之后平直到顶角，顶角近直角，外缘浅弧形，倾斜，后缘较短；白色中点不明显；中线和外线褐色，弧形弯曲，两线间色略深；亚缘线的点列深灰褐色，斑点内侧无明显浅色斑。后翅无斑纹。

分布：中国的甘肃（康县、文县）、湖南、福建、广西、四川、云南、西藏；越南。

（1552）思茅松毛虫 Dendrolimus kikuchii Matsumura, 1927

Dendrolimus kikuchii Matsumura, 1927, J. Coll. Agric. Hokkaido imp. Univ. 19: 18. (China: Taiwan)

前翅长：♂27 mm，♀45 mm。雄蛾体和翅红褐色至深褐色。前翅略狭长，前缘端半部弓形，顶角钝，外缘浅弧形，略倾斜；翅面最明显的特征是亚缘线的黑斑列内侧有淡黄色斑；白色中点很明显；内线由前缘到中点，黑灰色带状；中线黑灰色带状，内侧有浅黄边；外线锯齿形，外侧衬浅黄色边。雌蛾暗黄褐色。前翅较雄蛾略宽阔，前缘端半部弯曲较强；内线和中线褐色，弧形弯曲，外线褐色锯齿形，均不衬浅色边；白色中点较大，近三角形；亚缘线点列深褐色，内侧淡黄色斑较模糊。雄雌后翅均无斑纹。

分布：甘肃（舟曲）、河南、安徽、浙江、湖北、江西、湖南、福建、台湾、广东、广西、四川、贵州、云南；越南北部。

（1553）德昌松毛虫 Dendrolimus punctata tehchangensis Tsai & Liu, 1964

Dendrolimus punctata tehchangensis Tsai & Liu, 1964, Acta Ent. Sinica, 13 (2): 242. (China: Sichuan, Dechang)

前翅长：♂25 mm，♀32 mm。雄蛾体和翅深黄褐色至深褐色。前翅较宽阔，外缘浅弧形微波曲；内线和中线不明显；白色中点清晰；外线上半段弧形，下半段较直，内斜，略呈锯齿形；外线与亚缘线之间淡褐色；亚缘线的点列不明显。雌蛾淡灰褐至褐色。前翅狭长，前缘较长，端部1/3弓形，外缘较倾斜，微波曲；中点不明显；内线、中线和外线灰褐色，均不清晰，后者双线；亚缘线的点列黑褐色，内侧无明显浅色斑。雄雌后翅均无斑纹。

分布：甘肃（舟曲、康县、文县）、四川、云南。

（1554）直纹杂枯叶蛾 Kunugia lineata (Moore, 1879)

Lebeda lineata Moore, 1879a, in Hewitson & Moore, Descr. New Indian lepid. Insects Colln. Late Mr. W.S. Atkinson, 1: 81. (India: Darjeeling)

前翅长：♂34 mm，♀35~40 mm。雄触角梗节黄褐色，栉齿灰褐色；头、胸、前翅深黄褐色，腹部、后翅浅黄褐色。前翅较狭长，前缘直，外缘浅弧形，臀角圆；白色中点不清楚，外线褐色，双线较明显；亚缘斑列黑色，每斑点四周衬以淡黄褐色斑，翅中间从翅基到亚缘线有1黄色直纹为本种显著特征。后翅中间呈不甚明显的深色斑纹。翅反面呈淡黄褐色，中间呈1褐色弧形带。雌蛾体翅黄褐色，触角黑褐色，下唇须前突。前翅中、外横线双线波曲，两侧有淡色和灰黑色斑纹；亚缘斑列黑褐色，长圆形，由11个斑点组成；外线经中点至翅基呈黑灰色直形斑纹；外缘区黄褐色布满灰黑色鳞粉。后翅色泽稍淡，翅中间隐现2条黑灰色弧形斑纹。

前翅反面中间呈3条弧形线,最外一条呈斑点状。

分布:中国的甘肃(文县)、陕西、江西、湖南、福建、广东、广西、四川、贵州、云南、西藏;印度。

(1555)黄斑波纹杂枯叶蛾 *Kunugia undans fasciatella* (Ménétriès, 1858)

Bombyx undans fasciatella Ménétriès, 1858, Bull. Clas–Phy–Math. Acad. Imp. Sci. St. Pétersb., 17:218. (Japan)

前翅长:39 mm。体浅褐色。翅黄褐色。前翅较宽阔,外缘较直立,微波曲,臀角明显;线纹深灰褐色,均微波曲;内线双线,内侧一条仅达中室;中线浅弧形;外线双线,两线间色较浅;中点白色,小但明显;亚缘线的斑列较模糊,不整齐,中部接近外线,每个斑内侧颜色略浅。后翅外缘微波曲,翅面无明显斑纹。

分布:甘肃(正宁)、黑龙江、吉林、辽宁、内蒙古、北京、河北、山西;日本。

(1556)紫翅枯叶蛾 *Eteinopla narcissus* Zolotuhin, 1995

Eteinopla narcissus Zolotuhin, 1995, Tinea, 14(3):160. (Thailand)

前翅长:♂20~22 mm,♀27~30 mm。体翅紫褐色。触角杆板栗色,栉齿浅黄色。前翅前缘中部微凹,端半部弓形,顶角尖,略凸出,外缘至后缘中部为1大弧形,无明显臀角;内线黑褐色,波状;从顶角内侧到后缘有1条黑紫色的斜直线;中点浅色,近圆形,内有1深褐色角形纹;亚缘线斑列黑色,断续隐现;外缘散布灰黑色鳞片;缘毛褐色。后翅色浅,中间有深色斜带;前缘附近散布灰黑色鳞片。

分布:中国的甘肃(康县)、陕西、湖北、广西、云南;缅甸,越南,泰国。

(1557)竹纹枯叶蛾 *Euthrix laeta* (Walker, 1855)

Amydona laeta Walker, 1855, List Spec. lepid. Insects Colln Br. Mus., 6:1416. (India)

别名:竹黄毛虫。

前翅长:♂24 mm,♀28~35 mm。体翅橘红色或红褐色。前翅宽阔,前缘外1/3处弓形,由外缘至后缘呈圆弧形。中点为1较大的黄白色斑,其上方有白色小斑,有时2斑连在一起,白斑上被有少量赤褐色鳞片;由翅顶角至中室端下方有1紫褐色斜线,由中室端下方至后缘斜线曲折,颜色较浅,斜线至外缘区粉褐色,布满紫褐色鳞片;亚缘线斑列长椭圆形斜列,有的明显,有的不明显;中室下方至后缘靠基角区鲜黄色。后翅前缘区赤褐色,后大半部黄褐色。

分布:中国的甘肃(康县、文县)、黑龙江、河北、山西、河南、陕西、江苏、安徽、浙江、湖北、江西、湖南、福建、台湾、广东、海南、广西、四川、云南;俄罗斯(远东),朝鲜,韩国,日本,印度,斯里兰卡,尼泊尔,越南,泰国,马来西亚,印度尼西亚。

(1558)赛纹枯叶蛾 *Euthrix isocyma* (Hampson, 1893)

Odonestis isocyma Hampson, 1893, Fauna Br. India (Moths), 1:427. (E. India)

别名:赛姆枯叶蛾。

前翅长:18~21 mm。全体赤黄褐色,触角黄褐色。前翅短宽,外缘至后缘中部圆弧形,后缘中部凸出,具毛刷;内线深灰褐色,锯齿形;由顶角内侧至后缘中部为1深赤褐色斜线;中点黑褐色,较大而明显,表面布灰黄色鳞片;亚缘线斑列呈黑褐色的斜横线;外缘附近常散布黑褐色鳞片。后翅呈长椭圆形,前半部色深,后半部色浅。

分布:中国的甘肃(武都区、文县)、湖南、福建、广东、海南、广西、四川、贵州、云南、西藏;印度,尼泊尔,越南。

(1559)杨褐枯叶蛾 *Gastropacha populifolia* (Esper, 1783)

Bombyx populifolia Esper, 1783, Die Schmett. in Abbildungen, 3:62. (Europe)

别名:杨枯叶蛾。

前翅长:♂18~29 mm,♀26~46 mm。体翅红褐色。前翅狭长,后缘短,外缘浅弧形波状;翅面有5条黑色断续的波状纹;中点黑褐色。后翅前缘短,外缘波状;有3条明显的黑色斑纹。前、后翅散布有少量黑色鳞毛。

体色及前翅斑纹变化较大,有呈深黄褐色、黄色等,有时翅面斑纹模糊或消失。

分布:中国的甘肃(康县、文县)、黑龙江、辽宁、内蒙古、北京、河北、山西、山东、河南、陕西、青海、江苏、安徽、浙江、湖北、江西、湖南、广西、四川、云南;俄罗斯,朝鲜,韩国,日本;欧洲。

(1560)赤李褐枯叶蛾 *Gastropacha quercifolia lucens* Mell,1939

Gastropacha quercifolia lucens Mell,1939,Dt. ent. Z. Iris,52:137. (China:Yunnan)

前翅长:25~31 mm。下唇须前伸,蓝黑色。体翅赤褐色。前翅较杨褐枯叶蛾宽阔,外缘的锯齿形缺刻较大,后缘较短;中部的3条波状横线多不明显或不完整;黑褐色中点不太明显。后翅较宽阔,顶角处波状,其下浅弧形;斑纹不明显。前、后翅反面各有1条蓝褐色横纹。静止时后翅肩角和前缘部分凸出,形似枯叶状。

分布:甘肃(文县)、陕西、安徽、浙江、湖北、江西、湖南、福建、广东、广西、四川、贵州、云南、西藏。

(1561)北李褐枯叶蛾 *Gastropacha quercifolia cerridifolia* Felder & Felder,1862

Gastropacha quercifolia var. *cerridifolia* Felder & Felder,1862,Wien. ent. Monatschr.,6:35. (Japan,Korea,Ussuri and North China)

前翅长:23 mm。下唇须前伸,蓝黑色。体和翅黄褐色到褐色。前翅宽阔,外缘锯齿形,后缘较短;翅中部有3条横线;内线和外线锯齿形,黑褐色;亚缘线黑灰色细带状;前缘脉蓝黑色;缘毛蓝褐色。后翅有2条蓝褐色斑纹;前缘区橙黄色。前后翅反面各有1条蓝褐色横纹。静止时形态似赤李褐枯叶蛾。

分布:中国的甘肃(庆阳、兰州)、黑龙江、吉林、辽宁、内蒙古、北京、河北、山西、山东、河南、宁夏、青海、新疆、安徽、湖北、云南;俄罗斯,朝鲜,韩国,日本。

(1562)石梓褐枯叶蛾 *Gastropacha philippinensis swanni* Tams,1935

Gastropacha pardale swanni Tams,1935,Het. Mem Mus. Hist. nat. Belg.,4:52. (Myanmar)

前翅长:23~24 mm。下唇须黑色;头和领片黄褐色;胸部背面黑褐色掺杂黄褐色。腹部背面暗黄褐色。雄蛾前翅狭长,前缘较直,顶角尖,外缘至后缘弧形,无锯齿,外缘在M_1弧度较深,显略凸出样,其下至Cu_2脉较平直,后缘很短;翅面暗黄褐色至暗褐色,散布稀疏黑色小点;中点黑色,比较清晰;顶角区具2个上下排列的小黑点。后翅前缘短,顶角倾斜至Rs脉,该处弯曲后再次平直到达Cu_1脉,然后内弯至臀角,后缘直且长;翅面黑灰色,前缘顶角附近由4个花瓣形组成1浅黄褐色圆斑,圆斑上部有2个清晰的小黑点;翅后缘区颜色较浅。雌蛾前翅较宽,翅面散布黑纹。后翅圆斑不明显。

分布:中国的甘肃(武都区)、浙江、湖北、福建、四川、云南、西藏;印度,缅甸。

(1563)油茶大枯叶蛾 *Lebeda nobilis sinina* Lajonquiere,1979

Lebeda nobilis sinina Lajonquiere,1979,Annls. Soc. ent. Fr. (N.S.),15(4):689. (China:Jiangsu)

别名:油茶毛虫,杨梅毛虫,油茶枯叶蛾。

前翅长:♂35~45 mm,♀40~60 mm。雄蛾体背深褐色,腹部带黑灰色。前翅狭长,前缘端半部弓形,顶角略尖,外缘浅弧形微波曲;基部至中线深褐色,中线至外缘灰褐色;亚基线、内线淡黄褐色,浅弧形;中点白色,近三角形,非常鲜明;内线和中线之间色较深;中线和外线淡黄褐色,上半段弧形弯曲,下半段较直,外线外侧略带深色边;亚缘线的黑点大部消失,顶角下方有时可见2个点,臀角具2长圆形黑点。后翅端部圆;中部深褐色,中间具2条淡褐色横线;翅端部灰红褐色。

雌蛾体翅淡褐色,后翅色较深。前翅较雄蛾宽大;4条浅灰褐色横线,形成2条浅褐色横带,外横带上端向内弧状弯曲;白色中点较雄蛾小;外线外侧的深色边较明显;亚缘线位置的内侧浅灰红褐色,外侧至外缘深灰褐色;亚缘线仅在臀角处有2个小黑点。后翅中间具2条浅灰褐色弧形横线,二者之间色较浅;翅外缘区色较淡。本亚种前翅中带较宽;臀角的2长圆形黑点小于指名亚种。

寄主植物:油茶、枫杨、板栗、栎、化香、山毛榉、水青冈、苦槠、侧柏。

分布:甘肃(文县)、河南、陕西、江苏、安徽、浙江、湖北、江西、湖南、福建、广西。

(1564) 大陆刻缘枯叶蛾 *Takanea excisa yangtsei* Lajonquiere, 1973

Takanea miyakei yangtsei Lajonquiere, 1973, Bull. Soc. ent. Fr., 78: 266. (China: Yunnan, Li-kiang)

别名：刻缘枯叶蛾。

前翅长：♂21 mm，♀25~27 mm。触角灰黑色。体翅紫褐色或深灰褐色。前翅宽阔，前缘直，外1/3处略呈弓形，外缘锯齿形，较直立；翅中部为深色中带，中带内侧边缘在前缘形成1黑点，外侧边缘的内侧在前缘有1白点，中带内翅脉大部黑色；亚缘线斑列消失，仅呈淡色斑纹。后翅前缘两度驼峰状隆起，顶角尖，其下有1深凹槽，外缘在凹槽之下深波状，向下逐渐平缓；翅面前缘和外缘附近黑褐色，其余部分深灰褐色；前缘"驼峰"的边缘黑色；翅中间具黑白相间的长斑。

分布：甘肃（文县）、陕西、河南、福建、四川、云南、西藏。

(1565) 东北栎枯叶蛾 *Paralebeda femorata* (Ménétriès, 1858)

Lasiocampa plagifera femorata Ménétriès, 1858, Bull. Clas-Phy-Math. Acad. Imp. Sci. St. Pétersb., 17: 218. (Russia)

别名：落叶枯叶蛾。

前翅长：♂28~37 mm，♀50~55 mm。雄蛾全体浅褐至深褐色。触角中部折曲；额具褐色长毛；下唇须粗壮，黑色，第一节和第二节基部红褐色。腹部末端臀簇酱紫色。前翅较狭长，顶角略尖，外缘浅弧状，后缘较直而短；内线深色较直，不甚明显；翅中部具斜行中带，较宽大，上部深褐至黑褐色，伸达R_3脉，不超出R_2脉，下部褐色到达后缘，大斑外侧上半部边缘有铅灰色边，顶端双重，R_4脉在大斑内呈铅灰色，大斑外上方至顶角呈灰褐色、赤褐色、暗褐色斑块；亚缘线斑列暗褐色波状，臀角处具黑褐色椭圆形大斑。后翅宽大，前缘中部明显隆起；翅面中部呈不甚明显的深色横纹。雌蛾前翅较宽阔，全体褐色，额略呈黄褐色；下唇须向后卷曲，酱紫色；触角褐色，双栉形，栉齿短。胸背具长毛鳞，鼠灰色有丝样光泽。前翅中带较宽大，上端延伸达R_1脉。其余特征同雄蛾。

寄主植物：水杉、银杏、楠木、柏木、栎树、马尾松、落叶松、华山松、赤松、檫树、榛、金钱松、柳杉、连翘等、丁香、杨、椴树、梨、映山红。

分布：中国的甘肃（康县、文县）、黑龙江、辽宁、北京、山东、河南、陕西、浙江、湖北、江西、湖南、广西、四川、贵州、云南；俄罗斯，蒙古国，朝鲜，韩国。

(1566) 黄褐幕枯叶蛾 *Malacosoma neustria testacea* (Motschulsky, 1861)

Clisiocampa testacea Motschulsky, 1861, Études ent., 9: 32. (Japan)

别名：黄褐天幕毛虫。

前翅长：♂11~14 mm，♀13~18 mm。雄蛾全体黄褐色，胸部前端色略深。前翅短宽，外缘浅弧形，在R_5脉处不凸出；翅面中央有2条深褐色横线，两线间颜色较深，形成褐色宽带，宽带内、外侧均衬以淡色斑纹。后翅中间具不明显的褐色横线。雌蛾体翅呈褐色，腹部色较深。前翅外缘在R_5脉处稍凸出；翅中部的褐色宽带内、外侧呈淡黄褐色横线。后翅淡褐色，斑纹不明显。

寄主植物：山楂、苹果、梨、杏、李、桃、海棠、樱桃、沙果、杨、柳、梅、榆、栎类、落叶松、黄菠萝、核桃等。

分布：中国的甘肃（敦煌）、黑龙江、吉林、辽宁、内蒙古、北京、河北、山西、山东、河南、陕西、青海、江苏、安徽、浙江、湖北、江西、湖南、台湾、四川；俄罗斯，朝鲜，韩国，日本。

(1567) 桦幕枯叶蛾 *Malacosoma betula* Hou, 1980

Malacosoma betula Hou, 1980, Acta Ent.Sinica, 23(3): 309. (China: Shaanxi, Ningshan)

别名：桦天幕毛虫。

前翅长：♀17~18 mm。头、胸部和前翅黄褐色；腹部和后翅褐色。前翅狭长，外缘倾斜，在R5和M1端凸出；内、外线深褐色，较直而平行，其间形成颜色较深的宽中带，其外侧衬以淡黄褐色横线纹；外线与外缘间有不甚明显的深色斜纹；缘毛灰黄色和褐色相间，凸出部分褐色。后翅无明显斑纹。

寄主植物:桦树。

分布:甘肃(康县)、陕西。

(1568) 大斑尖枯叶蛾 *Metanastria hyrtaca* (Cramer, 1782)

Phalaena hyrtaca Cramer, 1779, Uitl. Kapellen, 3:97, pl.249:F. (Ceylon[[Sri Lanka]])

别名:大斑丫毛虫。

前翅长:♂18~19 mm,♀。雄蛾体翅焦褐色。前翅狭长,前缘较直,顶角尖,外缘浅弧形,极倾斜,后缘较短;前翅中部具深褐色大斑,上下未达前后缘,两侧具浅色边,外侧边双线;中点为1白色小点;亚缘线黑褐色,不连续。后翅污褐色至暗红褐色,基部色较浅。雌蛾体翅褐色;前翅顶角较尖;翅面具4条浅褐色横线;中线自中部起向内弯曲,其他线较直;白色中点较模糊;亚缘线黑色;缘毛深灰褐色。后翅中部具淡色斜带;缘毛深灰褐色。

分布:中国的甘肃(文县)、湖北、江西、湖南、福建、台湾、广东、广西、四川、云南;印度,尼泊尔,缅甸,越南,泰国,斯里兰卡,菲律宾,马来西亚,印度尼西亚。

(1569) 苹枯叶蛾 *Odonestis pruni* (Linnaeus, 1758)

Phalaena pruni Linnaeus, 1758, Systema Naturae (Edn 10), 1:498. (Germany)

别名:苹毛虫,李枯叶蛾。

前翅长:♂17~24 mm,♀18~31 mm。全体赤褐色或橙褐色。前翅宽阔,前缘直,外缘较直,略倾斜,锯齿形;内线细弱,暗红褐色,弧形;中点椭圆形,白色有红边;外线深红褐色,较粗壮,浅弧形,十分倾斜;亚缘线隐现,较细,呈波状;翅端部色较深;缘毛深褐色。后翅较狭长,外缘波状;色泽较浅,有2条不太明显的深色横纹。

寄主植物:苹果、梨、李、梅、樱桃等。

分布:中国的甘肃(舟曲、康县、文县)、黑龙江、辽宁、内蒙古、北京、山西、山东、河南、陕西、安徽、浙江、湖北、江西、湖南、福建、广西、四川、云南;朝鲜,韩国,日本;欧洲。

(1570) 大黄枯叶蛾 *Trabala vishnou gigantina* Yang, 1978

Trabala vishnou gigantina Yang, 1978, Moths North China 2:418. (China:Beijing)

别名:黄绿枯叶蛾。

前翅长:♂23~30 mm,♀34~45 mm。雄蛾胸部背面绿色,略带黄白色。腹部背面黄白色。翅绿色。前翅宽大,外缘微波曲,较直立;内、外线均为深绿色,其内侧各嵌有白色条纹;中点黑色微小;亚缘线黑褐色波状。后翅绿色;外线深绿色,在Cu_2以下消失;亚缘线可见4~5个细弱短线纹。雌蛾体和翅黄绿色微带褐色。前翅宽大,前缘较长,外缘较倾斜,锯齿形;内线黑褐色,外线绿色、波状,仅达Cu_2脉处;内、外线之间为鲜黄色;中点大,内部深褐色,边缘黑褐色;中点下方至后缘有1深褐色至黑褐色大斑;亚缘线由8~9个黑褐色斑组成。后翅外缘锯齿形;翅面黄绿色,后缘基部灰黄色;外线黑褐色,模糊带状;亚缘线黑褐色,斑点较雄蛾清晰完整。

寄主植物:锐齿栎、栓皮栎、槲栎、辽东栎、核桃、海棠、胡颓子、沙棘、榛子、旱柳、月季、槭、山杨、水桐、榆、苹果、蔷薇、山荆子、蓖麻等。

分布:甘肃(康县、文县)、内蒙古、北京、山西、河南、陕西。

箩纹蛾科 Brahmaeidae

大型蛾类;喙发达,下唇须长,向上伸;雄雌触角均双栉形。翅宽大,前翅顶角圆;翅色浓厚,有许多箩筐样条纹和波状纹。幼虫与成虫颜色较为相近。有些种类幼虫背部有多条无毒肉刺。

(1571) 紫光箩纹蛾 *Brahmaea porphyrio* Chu & Wang, 1977

Brahmaea porphyria Chu & Wang, 1977, Acta Ent. Sinica, 20(1):83. (China:Zhejiang, Tianmu Shan)

前翅长:57~68 mm。体和翅黑褐色。腹部背面各节后缘有黄褐色横纹。前翅特别宽大,顶角和臀角圆,外缘弧形；中带中部在M_1与M_3之间的2个长卵形纹呈紫红色,中部灰白色,其外侧有1片紫红色光泽；前后翅翅脉具蓝色光泽。

分布：甘肃（迭部）、陕西、青海、安徽、江苏、浙江、江西。

（1572）青球箩纹蛾 *Brahmophthalma hearseyi*（White, 1861）

Brahmaea hearseyi White, 1861, Trans. ent. Soc. Lond.,（3）1:25.（China:Guangdong）

前翅长：65~66 mm。体背面黑色褐边,中后胸背板灰褐色。腹部有节间横条,偶有中背线。前翅略狭长,外缘上半部浅弧形,下半部直且倾斜；中带上半部沿翅脉排布大小、多少不等的黑点；中带底部球状,上有3~6个黑点（有变异,有时同一个体左右不对称）；中带顶部外侧成内凹弧形,弧外是一圆灰斑,上有4条横行白色鱼鳞纹；中带外侧有6~7行箩纹,排成5垄；翅外缘有7个青灰色半球形斑,其上方又有3粒向日葵子形斑；中带内侧与翅基间有6条青黄色纹。后翅中线曲折,内侧黑褐色有灰黄斑；外侧箩纹9垄,条纹水波状,青黄色间黑褐色；外缘有1列半球状斑。前后翅缘毛黄绿色。

寄主植物：女贞属 *Ligustrum*。

分布：中国的甘肃（康县）、河南、福建、广东、四川、贵州；印度,缅甸,印度尼西亚。

（1573）枯球箩纹蛾 *Brahmophthalma wallichii*（Gray, 1831）

Bombyx wallichii Gray, 1831, Zool. Miscell.:39.（Nepal）

前翅长：76 mm。体色黄褐；胸部背面黑底黄褐边线；腹部背面黑底黄褐边线,背中线显著。与青球箩纹蛾相似,但体型较大,体色较黄。前翅中带上部外缘不是凹弧形而是齿状突出；前翅端部不是灰斑而是枯黄斑,其中3根翅脉上有许多"人"字纹。后翅中线曲度较大,翅基部微黄；后翅外缘下只3个半球形斑,其余呈曲线形。

分布：中国的甘肃（康县）、湖北、台湾、四川、云南；印度,尼泊尔。

带蛾科 Eupterotidae

中到大型蛾类。喙退化。翅宽大；一般前翅从顶角至后缘有1条斜行直带,后翅一般亦有1条带；前翅R_1与R_2合并,R_{3-5}共柄,M_2基部接近M_1；后翅有翅缰,前缘基半部隆起,$Sc+R_1$远离中室前缘,Rs与M_1共柄,M_2基部接近M_1。

（1574）褐斑带蛾 *Apha subdives* Walker, 1855

Apha subdives Walker, 1855, List Spec. lepid. Insects Colln Br. Mus.,5:1180.（Bangladesh:Sylhet）

前翅长：22~24 mm。雄雌触角均双栉形。额和下唇须红褐色,头顶黑色。胸部背面深褐至黑褐色。腹部背面黄褐色。前翅短宽,顶角尖,略凸出,其下浅凹,外缘弧形；后翅宽大。前后翅斑纹连续；均具鲜明的黑色中点。前翅由顶角至后缘外1/3处呈并列的赤褐色和黄色横斜线各1条,内侧呈灰黄色印斑,外侧呈赤褐色和黄褐色波状横纹各1条；外缘区呈焦褐色；中区呈深黄色横斑纹,外侧呈赤褐色弧形横线和横带各1条,内侧呈焦褐色弧形斑；翅基深黄色。后翅中间呈赤褐色横线,内侧黄褐色,紧靠横线有灰黄色鳞片；翅基具1长形小点,外缘区具2列褐色长点；缘毛端部深黄褐色。

分布：中国的甘肃（文县）、陕西、福建、云南；印度,孟加拉国。

天蛾科 Sphingidae

中到大型蛾类。头较大；复眼大；无单眼；喙通常发达,常超过身体很多；触角中部加粗,尖端弯曲有小钩；额一般明显凸出。身体粗壮,纺锤型,末端尖。前翅狭长,顶角尖锐,外缘倾斜,有些种类有缺刻；一般颜色较鲜艳；后翅较小,近三角形,色较暗,被有厚鳞；有些种类的前翅或后翅上局部无鳞而透明；翅缰发达。前后翅均无$1A$脉；前翅M_1脉从R_{3-5}脉的柄上发出,或在基部和它相接近,后翅$SC+R_1$与中室平行,有1横脉与中室中部相连。

天蛾亚科 Sphinginae

(1575) 卡天蛾中华亚种 *Sphinx caligineus sinicus* (Rothschild & Jordan, 1903)

Hyloicus caligineus sinicus Rothschild & Jordan, 1903, Novit. zool., 9 (Suppl.): 149. (China: Zhejiang)

别名:松黑天蛾。

前翅长:30~35 mm。体翅灰褐色,颈片及肩片呈深褐色;腹部背线及两侧有深褐色纵带。前翅外缘和后缘较直;内外线均为黑褐色宽带,弧形弯曲;中室附近有5条倾斜的黑褐色条纹;顶角下方有1斜行的黑纹。后翅深褐色。前后翅缘毛灰白色。在翅脉端深灰褐色。

分布:中国的甘肃(文县)、黑龙江、北京、天津、河北、山东、陕西、上海、江苏、安徽、浙江、湖北、湖南、广东、四川、云南;朝鲜、韩国、越南、泰国。

(1576) 白薯天蛾 *Agrius convolvuli* (Linnaeus, 1758)

Sphinx convolvuli Linnaeus, 1758, Syst. Nat. (Edn 10), 1: 490. (Europe)

别名:红薯天蛾、旋花天蛾、粉腹天蛾

前翅长:38~50 mm。体翅暗灰色,肩片有黑色纵条;腹部背面灰色,两侧各节有红白黑三色相间的条纹;后胸上有黑色倒"八"字形图案。雄雌异形显著。雄性前翅浅灰色或深灰色,翅面上有明显的不同大小和深度的斑点;内外线各为2条黑褐色尖锯齿形线;M_3和Cu_1脉的颜色较深;顶角有黑色斜纹;腹部深红色。而雌性前翅为均匀的灰色,几乎没有斑点;腹部淡红色。

分布:中国的甘肃(敦煌、舟曲、成县、文县)、黑龙江、吉林、辽宁、内蒙古、北京、天津、河北、山西、山东、河南、陕西、新疆、上海、江苏、安徽、浙江、湖北、江西、湖南、福建、台湾、广东、海南、香港、广西、四川、贵州、云南、西藏;俄罗斯、朝鲜、韩国、日本、印度;欧洲、非洲。

(1577) 大背天蛾 *Meganoton analis* (Felder, 1874)

Sphinx analis Felder, 1874, in Felder & Rogenhofer, Reise öst. Fregatte Novara (Zool.), 2 (Abt. 2): pl.78: 4. (China: Shanghai)

前翅长:52~74 mm。体型较大。头、体背和前翅灰黑色;肩片和后胸黑色,形成1"U"形黑环,肩片内缘带橙黄色,后胸前缘有白边;腹部背面和侧面有深色条纹。前翅外缘微呈浅弧形,臀角略下垂,后缘端半部浅凹;翅面具黑色条纹,其中由前缘内1/3至外缘下1/3的黑带特别显著;中点白色,位于1个黑斑中;外线位置为1浅色宽带,其内侧边缘锯齿形;缘毛黄白色与黑褐色相间。后翅底色黑褐色,近臀角处有1白斑;白色外线由中部向下逐渐清晰,其外侧在臀角上方有1片与前翅翅面颜色相同的灰黑色区域;缘毛同前翅。

分布:中国的甘肃(康县、文县)、陕西、上海、安徽、浙江、湖北、江西、湖南、福建、广东、海南、广西、四川、贵州、云南、西藏;印度、尼泊尔、缅甸、越南、泰国、斯里兰卡、马来西亚。

(1578) 芝麻鬼脸天蛾 *Acherontia styx* (Westwood, 1847)

Sphinx (Acherontia) styx Westwood, 1847, Cabinet Orient. Ent.: 88, pl.42: 3. (Indies)

别名:后黄人面天蛾、裹黄鬼脸天蛾。

前翅长:50~55 mm。头部黑褐色;肩片青蓝色;胸部背面有骷髅形纹,前半暗褐色,下半较暗,两眼形黑点;腹部中央有青蓝色背线,两侧有黄黑相间的横纹;胸足较短,黑色,各节间有黄色环纹,后足胫节有两对发达的距。前翅较鬼脸天蛾狭长,前缘较直,外缘浅弧形;黑褐色,翅基下部有橙黄色毛丛,翅面杂有微细白点及黄褐色鳞片;内线及外线由数条隐约不明显的波状纹组成;中室端有1黄色小点;近外缘有橙黄色纵条。后翅杏黄色,有黑褐色横线2条,翅基黄色无黑斑。前翅反面污黄色,内线、中线及外线均为很显著的黑色细纹,翅基部有灰黑色毛丛;后翅反面鲜黄色,中线及外线黑色,较正面窄,在中线至翅基部之间的翅面上有白色鳞毛。

分布:中国的甘肃(康县)、北京、河北、山西、山东、河南、陕西、上海、江苏、浙江、湖北、江西、湖南、福建、台湾、广东、海南、香港、广西、四川、云南、西藏；俄罗斯，朝鲜，韩国，日本，巴基斯坦，伊拉克，沙特阿拉伯，印度，尼泊尔，孟加拉国，越南，缅甸，泰国，斯里兰卡，马来西亚。

（1579）鬼脸天蛾Acherontia lachesis（Fabricius，1798）

Sphinx lachesis Fabricius，1798，Ent. Syst.，1（Suppl.）:434.（India）

别名：人面天蛾。

前翅长：50~60 mm。雄性触角比雌性粗；下唇须顶端分裂。胸部黑色，背面有骷髅形斑纹；中后胸背板有红色鳞毛，有些鳞毛在"骷髅头"的边缘；第一跗节外侧有大量的刺。腹部黑色，两侧有黄黑相间的横纹，背线蓝灰色较宽，第五环节后盖满整个背面；翅面及腹部上黑色部分因个体的不同而有变化，一般雄性黑色部分多于雌性。前翅前缘略呈弓形，外缘浅弧形，后缘端半部不明显内凹；翅面黑色，有微小的白色点及黄褐色鳞片间杂；内线及外线各由数条深浅不同色调的波状纹组成；顶角附近有较大的茶褐色斑；中室端有灰白色小点，且与中室顶端的黑色斑块相连。后翅黄色，基半部有大黑斑；中部和端部有2条黑带，外侧一条内缘锯齿形，外侧中部沿翅脉扩展至外缘。前翅反面粉黄色，各横线烟黑色，内、外侧有白色毛镶衬；翅基部有灰黑色毛丛；中线双行，中间有黄白色斑。

分布：中国的甘肃（文县）、吉林、北京、河北、山西、山东、河南、陕西、上海、江苏、安徽、浙江、湖北、江西、湖南、福建、台湾、广东、海南、香港、广西、四川、重庆、贵州、云南、西藏；俄罗斯，日本，巴基斯坦，印度，尼泊尔，缅甸，越南，老挝，泰国，斯里兰卡，菲律宾，马来西亚，印度尼西亚。

目天蛾亚科Smerinthinae

（1580）黄脉天蛾华夏亚种Laothoe amurensis sinica（Rothschild & Jordan，1903）

Amorpha amurensis sinica Rothschild & Jordan，1903，Novit. zool.，9（Suppl.）:337.（China:Sichuan, Hanyuan）

前翅长：40~47 mm。体翅灰褐色，带灰绿色调；触角黄白色。前翅相对比较宽大，顶角尖，但不凸出，外缘波曲，在M_3与Cu_1处隆起较多，臀角圆钝状下垂，后缘端半部深凹；内线和外线黑褐色波状，均为双线；中线黑褐色，模糊带状；外缘自顶角到中部有黑褐色斑；翅脉披黄褐色鳞毛，较明显。后翅顶角凹，其下方外缘隆起；颜色与前翅相同，翅脉黄褐色明显。

分布：中国的甘肃（宕昌、舟曲、康县、文县）、吉林、辽宁、北京、山西、陕西、浙江、四川、云南、西藏；朝鲜，韩国。

（1581）三线天蛾Polyptychus trilineatus Moore，1888

Polyptychus trilineatus Moore，1888，Proc. zool. Soc. Lond.，1888:390.（India:Dharmsala）

前翅长：47~50 mm。体和翅黑褐色至黑灰色；触角黄褐色至灰褐色；腹部各节后缘有纤细白色横带。前翅特别狭长，顶角圆钝，略凸出，外缘不规则波曲，臀角下垂，后缘长，在下垂的臀角之前平直；内线和外线黑色，斜行，两线间有不均匀的黑斑；亚缘线纤细，在M_2与Cu_1之间略向外弯曲。后翅外缘浅波曲；翅基部色浅，向端部逐渐加深；亚缘线浅灰褐色，由上向下逐渐加粗。

分布：中国的甘肃（文县）、海南、广西、云南、西藏；巴基斯坦，印度，尼泊尔，缅甸，越南，泰国，斯里兰卡。

（1582）蓝目天蛾Smerinthus planus Walker，1856

Smerinthus planus Walker，1856，List Spec. lepid. Insects Colln Br. Mus.，8:254.（China）

别名：广东蓝目天蛾、四川蓝目天蛾、北方蓝目天蛾。

前翅长：35~50 mm。体翅灰绿色。体型变化较大，一般春季羽化的个体较秋季羽化的个体要小；前足胫节无刺。前翅较宽阔，顶角钝，臀角内切，后缘端半部凹入较浅，臀角略下垂；内线黑色，外斜，在Cu_2处间断并内折；中线直，黑褐色，较内线模糊；中线和外线之间在中室下方有1模糊黑褐色斑；中点黄白色，近三角形；外线为2条距离稍远的波状细线，其间色浅；顶角下方沿外缘至M_3下方为1暗灰绿色大斑。后翅较宽大，前后缘灰绿色,中部黄褐色,外下方有蓝灰色眼状斑,眼斑周围黑色,上方粉红色;后翅反面眼状斑不明显。

分布:中国的甘肃(康县、文县)、黑龙江、吉林、辽宁、内蒙古、北京、天津、河北、山西、山东、河南、陕西、宁夏、新疆、上海、安徽、浙江、湖北、江西、湖南、福建、广东、四川、贵州、云南、西藏;俄罗斯,蒙古国,朝鲜,韩国,日本。

(1583) 月天蛾 *Craspedortha porphyria* (Butler, 1876)

Daphnusa porphyria Butler, 1876b, Trans. zool. Soc. Lond., 9:640. (India:Bengal, Dajeeling)

别名:月柯天蛾。

前翅长:23~27 mm。体翅深褐色,带紫红色调;胸部及腹部背面色较深。前翅内线较细不明显,浅褐色;中线与外线间有1大块深褐至黑褐色斑;中室端有小白星;顶角呈截断状,内侧有赭黑斑及月牙形白纹,臀角内上侧有1黑斑。后翅深褐,中上部黄褐色,中下部带红褐色;臀角有1黑斑。翅反面比正面色淡;前翅反面顶角处月牙形纹明显,外线明显。

分布:中国的甘肃(宕昌、文县)、陕西、浙江、湖北、江西、湖南、福建、台湾、广东、海南、广西、四川、云南;印度,尼泊尔,缅甸,越南,泰国。

(1584) 构月天蛾 *Parum colligata* (Walker, 1856)

Daphnusa colligata Walker, 1856, List Spec. lepid. Insects Colln Br. Mus., 8:238. (China)

别名:白点天蛾。

前翅长:30~40 mm。体翅基本色调为橄榄绿色带褐色;胸部灰绿色,肩片深褐色。前翅顶角钝圆,外缘较直,臀角略下垂,后缘端半部浅凹;亚基线灰褐色;内线与外线之间呈比较宽的茶褐色宽带;外缘与亚外缘间呈黄白色月牙形;中室端有鲜明的白点。后翅暗褐色至暗绿色,散布不均匀的黑色,后缘附近色较浅;翅端部的月牙形浅色斑同前翅。

分布:中国的甘肃(成县、康县、文县)、吉林、辽宁、内蒙古、北京、河北、山东、河南、陕西、青海、上海、安徽、浙江、湖北、江西、湖南、福建、台湾、广东、海南、香港、广西、四川、贵州、云南、西藏;日本,韩国,印度,缅甸,越南,泰国。

(1585) 椴六点天蛾 *Marumba dyras dyras* (Walker, 1856)

Smerinthus dyras Walker, 1856, List Spec. lepid. Insects Colln Br. Mus., 8:250. (Ceylon)

别名:六点天蛾、后橙六点天蛾。

前翅长:45~50 mm。体翅土褐色或灰褐色;触角褐色,雄性内下侧有较长纤毛。肩片内侧及领片后缘呈茶褐色线纹;胸部及腹部赤褐色,背线呈深褐色细线;腹部各节间有褐色环。前翅特别狭长,顶角尖,外缘锯齿形,臀角略下垂,后缘端半部浅凹;灰黄色,各横线深褐色;中点白色微小,其上方沿横脉有向前上方伸展的1个深褐色月牙纹;中点内侧有4条直线;外侧5条线,包括2条中线,直行,1条外线,中下部深外凸,其下方有1深褐色点,2条亚缘线;臀角沿后缘有1狭条形深褐色斑。后翅深褐色,前缘稍黄;臀角内侧有2个黑褐色斑,黑斑周围色较浅。前后翅反面赤褐色;前翅中线及外线显著,顶角及臀角呈鲜艳的茶褐色;后翅各横线黑褐色,臀角黄褐色;缘毛白色。

分布:中国的甘肃(文县)、辽宁、北京、河北、河南、陕西、江苏、安徽、浙江、江西、湖南、福建、台湾、广东、海南、香港、广西、四川、贵州、云南、西藏;日本,巴基斯坦,印度,尼泊尔,缅甸,越南,泰国,斯里兰卡,马来西亚。

(1586) 枣桃六点天蛾 *Marumba gaschkewitschii gaschkewitschii* (Bremer & Grey, 1853)

Smerinthus gaschkewitschii Bremer & Grey, 1853b, Etudes ent., 1:62. (China:Peking)

别名:桃红六点天蛾、桃六点天蛾。

前翅长:40~55 mm。体和前翅黄褐至灰紫褐色;触角淡灰黄色。前后翅外缘波曲。前翅各线之间色稍深;近外缘部分黑褐色;后缘部分色略深,近臀角处有条形黑斑,其上方有1黑点。后翅枯黄至粉红色,端部由顶角的暗红褐色向下逐渐过渡到黑褐色；翅脉褐色；近臀角处有2个黑斑。前翅反面基部至中室呈粉红色，外线与亚缘线黄褐色；后翅反面灰褐色，各线暗黄褐色，臀角附近色较深。

分布：中国的甘肃（康县、文县）、黑龙江、辽宁、内蒙古、北京、河北、山西、山东、河南、宁夏、上海、江苏、安徽、浙江、湖北、江西、湖南、福建、四川、云南、西藏；俄罗斯，蒙古国，朝鲜，韩国。

（1587）栗六点天蛾 *Marumba sperchius* (Ménétriès, 1857)

Smerinthus sperchius Ménétriès, 1857, Enum. Corp. Anim. Mus. imp. Acad. Sci. Petrop., 2 (Lepid. Heterocera): 137, pl.13: 5. (Japan)

别名：后褐六点天蛾。

前翅长：48~60 mm。体翅淡灰褐色至灰褐色，从头顶到尾端有1条暗褐色背线。前后翅外缘波状。前翅各线呈不甚明显的暗褐色条纹，曲度较小；前翅臀角1个暗褐色斑；沿外缘色较暗。后翅暗褐色，翅脉红褐色；臀角处有1白斑，其中包括两个暗褐色圆斑。

分布：中国的甘肃（礼县）、黑龙江、吉林、辽宁、内蒙古、北京、河北、山东、河南、陕西、江苏、安徽、浙江、湖北、江西、湖南、福建、台湾、广东、海南、广西、四川、贵州、云南；俄罗斯，朝鲜，韩国，日本，巴基斯坦，印度，尼泊尔，越南，老挝，泰国。

（1588）枇杷六点天蛾 *Marumba spectabilis* (Butler, 1875)

Triptogon spectabilis Butler, 1875, Proc. zool. Soc. Lond., 1875: 256. (India: Bengal, Dajeeling)

前翅长：36~55 mm。体和翅偏红褐色。前后翅外缘波状。前翅上的横带不规则，呈深褐色与浅褐色相间的条带状；臀角处的环十分明显，距离臀角较远；顶角处1黑褐色大斑向下延伸至M_3以下。后翅暗红色；臀角处有2块黑斑，外缘有黑线。前翅反面臀角处呈红褐色；后翅反面接近臀角处有小块红褐色区域。

分布：甘肃（文县）、河南、陕西、安徽、浙江、湖北、江西、湖南、福建、广东、海南、广西、四川、云南；印度，尼泊尔，越南，老挝，泰国，马来西亚，印度尼西亚。

（1589）枫天蛾 *Cypoides chinensis* (Rothschild & Jordan, 1903)

Smerinthulus chinensis Rothschild & Jordan, 1903, Novit. Zool., 9: 301. (China: Fujian)

别名：横带天蛾、中国天蛾、枫小天蛾、凹缘黑天蛾。

前翅长：19~30 mm。下唇须和额两侧灰红色；额中部、头顶和胸部背面灰褐色掺杂白色。前翅顶角凸出，其下内凹，然后呈波状至臀角，波峰高低不齐，臀角下垂，后缘端半部深凹；基部至中线与胸部背面颜色相近，中线至亚缘线间大部暗黄褐色，亚缘线以外色较浅；内线、中线、外线和亚缘线均深褐色浅波状。后翅前缘长，顶角圆，外缘波状；翅面为均匀的红褐色，外缘和臀角附近色较深。翅反面灰红色；前翅反面外缘与亚缘线之间颜色较深；后翅反面中线与亚缘线明显。

分布：中国的甘肃（宕昌、武都区、康县、文县）、陕西、安徽、浙江、湖北、江西、湖南、福建、台湾、广东、海南、香港、广西、贵州、云南；越南，泰国。

（1590）盾天蛾 *Phyllosphingia dissimilis* (Bremer, 1861)

Triptogon dissimilis Bremer, 1861, Bull. Acad. Imp. Sci. St. Pétersb., 3: 475. (Russia: Khabarovsk Kray, Ussuri)

别名：盾斑天蛾、紫光盾天蛾。

前翅长：40~60 mm。体翅灰褐色至紫红色，个体差异较大。下唇须红褐色；胸部背线黑褐色；腹部背线紫黑色。前后翅外缘锯齿形；前翅后缘端半部深凹，臀角下垂；后翅前缘弧形隆起。前翅基部色稍暗；内线及外线色稍深但不明显；前缘中部有大的盾形斑，盾形斑周围颜色加深；外缘色较深。后翅有3条深色波浪状横带；外缘紫灰色不整齐。后翅反面无白色中线，或只隐约可见。

分布：中国的甘肃（文县）、黑龙江、吉林、辽宁、内蒙古、北京、河北、山东、河南、陕西、青海、江苏、安徽、浙江、湖北、江西、湖南、福建、台湾、广东、海南、广西、四川、贵州；俄罗斯，朝鲜，韩国，日本，印度，菲律宾。

(1591) 眼斑绿天蛾 *Callambulyx junonia* (Butler, 1881)

Ambulyx junonia Butler, 1881a, Ann. Mag. nat. Hist., (5)7:9. (Bhotan)

别名：眼斑天蛾。

前翅长：35~43 mm。体和前翅草绿色，但时间久的标本或晾干后再展翅的标本呈现污黄色。前翅顶角强烈凸出，外缘浅凹，光滑，后缘端半部凹；内线纤细波曲，黑色；中线上半段黑色粗壮，外斜至Cu_2基部后内折，变为波状细线，折角处与Cu_2脉上的黑色带相连，该带伸达近臀角处；外线双线细弱；亚缘线黑褐色弧形，由顶角至臀角内侧，其外侧色深。后翅中央粉红色，近下方有眼形斑，斑外围黑色，中央灰蓝色，一般在翅的反面不见。翅反面污黄色，前翅前缘附近和后翅大部鲜黄绿色；横线显著，前翅中室下部有粉红色近三角形斑。

分布：中国的甘肃（舟曲、康县、文县）、陕西、湖北、湖南、江西、海南、四川、云南；印度，不丹，越南。

备注：本种在《Zoological Record》记录在文献"Butler, A.G. 1881. An account of the Sphinges and Bombyces collected by Lord Walsingham in North America, during the years 1871-72. *Annals and Magazine of Natural History*, (5)7: 306-318."之下，页码写的是"9"，产地写的是"Bhotan"。但是这篇文献没有第九页，而且文章是关于北美天蛾和蚕蛾的。尚需进一步核查本种的原始出处。

(1592) 狭绿天蛾 *Callambulyx diehli* Brechlin & Kitching, 2012

Callambulyx diehli Brechlin & Kitching, 2012, Entomo-Satsphingia, 5(3):56. (Indonesia:Sumatra)

前翅长：40 mm。头和胸部背面黑褐色；腹部背面深灰褐色，带暗红色调；胸腹部具黑褐色背线。前翅顶角尖，外缘光滑，浅凹，倾斜，后缘端半部凹入很浅；翅面绿色；基部黑色；内线黑褐色，十分细弱，弓形弯曲；中线黑褐色带状，由前缘内1/3处向外斜伸至臀角；外线2条，细弱模糊；亚缘线暗绿色，弧形，由顶角至臀角内侧，其外侧灰绿色。后翅红色，外缘至臀角和后缘灰绿色；中下部有1黑斑，形状不规则；中线浅弧形，暗红褐色，下端插入黑斑；外线浅弧形，十分纤细，下端在黑斑外侧变为1段清晰黑线。

分布：中国的甘肃（文县）、海南、广西、云南；越南，老挝，泰国，印度尼西亚。

(1593) 榆绿天蛾 *Callambulyx tatarinovii* (Bremer & Grey, 1853)

Smerinthus tatarinovii Bremer & Grey, 1853b, Études ent., 1:62. (China:Peking)

别名：云纹天蛾。

前翅长：35~40 mm。胸部背面黑绿色，肩片绿色。腹部背面粉绿色，各节后缘有黄褐色横纹。前翅略宽，顶角凸出较少，外缘不明显凹入，后缘端半部浅凹；翅面绿色，前缘顶角处有1块较大的三角形深绿色斑；内线纤细；中线黑色粗壮，中下部折角；中线、外线间连成1块深绿色斑；外线为两条弯曲的波状纹；亚缘线双线，弯曲。后翅红色，前缘黄色，后缘和外缘淡绿；臀角上有深色横条，其内侧有1淡黄褐色斑。前翅反面近基部后缘淡红色；后翅反面黄绿色。

分布：中国的甘肃（文县）、黑龙江、吉林、辽宁、内蒙古、北京、天津、河北、山西、山东、河南、陕西、宁夏、新疆、上海、江苏、浙江、湖北、江西、湖南、福建、四川、西藏；俄罗斯，蒙古国，朝鲜，韩国，日本。

(1594) 绿带闭目天蛾 *Callambulyx rubricosa* (Walker, 1856)

Ambulyx rubricosa Walker, 1856, List Spec. lepid. Insects Colln Br. Mus., 8:122. (India)

前翅长：40~62 mm。触角和头顶黄白色；领片、肩片基半部和前胸黑褐色；肩片端半部深灰褐色；中后胸和腹部背面暗红褐色至暗黄褐色，带灰绿色调，各节有黑斑，胸腹部具黑褐色背线。翅型和斑纹近似狭绿天蛾，但前翅后缘端半部凹入较深，臀角下垂明显；倾斜的中带上半段墨绿色，中带中部下方至后缘有1块黑褐色大斑，斑上散布明显的白色鳞片，有2条弯曲的细线；黑色中点较大而清晰；两条外线间距离较宽，颜色较深；第二条外线外侧边缘和其外侧翅脉及弧形亚缘线均带白色；亚缘线外侧至外缘深褐色，带暗绿色调，中部和外缘有白色；亚缘线上方在顶角处深褐色。后翅前缘黄色，中部红色；亚缘线黑褐色宽带状，到达臀角，并向内扩展至近基部，后缘留有黄色窄边。

分布：中国的甘肃（文县）、陕西、浙江、湖北、广东、海南、广西、云南、西藏；印度，不丹，尼泊尔，越南，泰国，印度尼西亚。

（1595）木蜂天蛾 Sataspes tagalica Boisduval，1875

Sataspes tagalica Boisduval，1875，in Boisduval & Guenée，Hist. nat. Insectes （Spec. gén. Lépid. Hétérocères），1：378.（Philippines：Burias）

前翅长：30~37 mm。外型上模仿木蜂。额和头顶青蓝色；触角黑褐色。身体特别粗壮；胸部背面黄褐色，肩片黑褐色。腹部深褐色至黑褐色，各节有灰黄色鳞毛；腹面黑色，基部有青蓝色光泽。前翅极狭长，顶角尖，外缘特别倾斜，后缘端半部浅凹；基部有灰白色毛，其外侧至中线深褐色，可见2条直立的灰绿色内线；中线向内倾斜，浅弧形，上端未达前缘，其外侧散布铜绿色，有金属光泽，向外逐渐过渡到深灰褐色。后翅亦较狭长，顶角圆，外缘光滑，臀角处向外凸出1小尖角；翅上半部大部铜绿色，有金属光泽；中室以下至后缘深褐色。

分布：中国的甘肃（武都区、文县）、江苏、浙江、湖北、湖南、福建、广东、海南、香港、广西、四川、贵州、云南、西藏；印度，尼泊尔，缅甸，泰国，斯里兰卡，菲律宾。

（1596）南方豆天蛾 Clanis bilineata (Walker，1866)

Basiana bilineata Walker，1866，List Spec. lepid. Insects Colln Br. Mus.，35：1857.（India：Dajeeling）

别名：波纹豆天蛾、豆天蛾。

前翅长：50~65 mm。体翅黄褐色；触角背面粉红色，腹面黄褐色；头及胸部的背线紫褐色；腹部背面灰黄褐色，两侧枯黄，第五至七节后缘有暗黄褐色横纹；中足和后足胫节外侧银白色。前翅较宽大，顶角尖锐，不凸出，外缘上半段直，中部以下略呈浅弧形，后缘端半部浅凹；前缘中央有灰白色近三角形斑；内线、中线、外线深褐色，均波状；顶角近前缘有深褐色斜纹，下方色淡，各占顶角的一半。后翅中部黑褐色，向顶角方向过渡到暗红褐色，前缘及臀角附近枯黄色；中部有1条较细的灰黑色横带。前翅及后翅的反面枯黄色；各横线明显，灰黑色；前翅基部中央有黑色长条斑；前缘外角有污白色长三角斑。干旱季节或地方，成虫体色偏红色；前翅中室下端有1黑色条带。

分布：中国的甘肃（宕昌、文县）、除西藏外的其他省、市、自治区；朝鲜，日本，印度，尼泊尔，印度尼西亚。

（1597）灰斑豆天蛾 Clanis undulosa Moore，1879

Clanis undulosa Moore，1879b，Proc. zool. Soc. Lond.，1879：387.（China）

前翅长：61~67 mm。头灰褐色；下唇须灰白色；触角背面粉红色；胸腹部灰红褐色，腹部各节间有褐色横带。前翅较南方豆天蛾狭长，顶角略凸出，外缘倾斜，较直，后缘端半部凹入极浅；翅面灰红褐色；内线、中线、外形均为双行波浪形深灰红褐色纹；顶角内侧有灰红褐色长鸟喙形斑，斑的内侧灰白色；中室上方自前缘至M脉有三角形浅斑。后翅灰红褐色，前缘枯黄；中部为大片黑褐色；外线黑褐色波状；外缘较直，缘毛金黄色。前翅反面霉黄色，自翅基至Cu_2脉间有黑色纵纹；顶角内侧有1褐色斜线伸至M_3脉中部，斜线上方有银白色三角区；后缘内方枯黄色，明显可见；后翅反面枯黄色，外线及中线较直，黄褐色，翅脉褐色。

分布：中国的甘肃（宕昌、康县）、辽宁、北京、河北、山东、河南、陕西、江苏、安徽、浙江、湖北、江西、湖南、福建、广东、海南、广西、四川、贵州、云南、西藏；俄罗斯，朝鲜，韩国，越南，泰国，马来西亚。

（1598）白须天蛾 Kentrochrysalis sieversi Alphéraky，1897

Kentrochrysalis sieversi Alphéraky，1897c，in Romanoff，Mém. Lépid.，9：164.（Korea）

前翅长：45~49 mm。头灰白色，触角腹面褐色，背面灰白色，近端部有1段黑斑；领片及肩片外缘灰白色，内缘黑色；胸部背面灰色，边缘有黑、白色斑各1对；腹部背线黑色，两侧有较宽的黑色纵带。前翅顶角尖，外缘略呈浅弧形，后缘端半部平直；翅面灰褐色；中线及外线黑褐色锯齿形，中线上半段为双线，伸达中点内侧的黑色剑形纹上，远离中点；中点白色，该处的剑形纹较长；缘毛呈间断的黑白色横点。后翅深灰褐色，中央有不明显的浅色横带；缘毛与前翅相同，臀角部位灰白色。

分布：中国的甘肃（文县）、黑龙江、吉林、辽宁、北京、河北、河南、陕西、湖北、湖南、浙江、福建、海南、四川、云南；俄罗斯，朝鲜，韩国。

（1599）赫伯绒天蛾 *Kentrochrysalis heberti* Haxaire & Melichar, 2010

Kentrochrysalis heberti Haxaire & Melichar, 2010, European Entomologist, 3（2）:103.（China:Shaanxi, Qinling, Taibai Shan）

前翅长：34 mm。与白须天蛾相似，但个体比该种小。前翅后缘基部黑色；顶角内侧的黑斑较狭长；中线为单线，由前缘伸达中点，中点处的黑色剑形纹较短；外线不清晰。后翅几乎为均匀的深灰褐色。前后翅缘毛白色与深灰褐色相间。

分布：甘肃（天水）、山西、陕西、湖北、江西。

（1600）女贞天蛾 *Kentrochrysalis streckeri*（Staudinger, 1880）

Sphinx streckeri Staudinger, 1880, Ent. Nachr., 6:252.（Russia:Primorskiy Kray, Vladivostok）

前翅长：40 mm。翅面略带灰红色；前翅中点处的黑色剑形纹和其下方的两条黑色纵纹以及顶角处的黑色斜纹均较长，其中中点处的黑纹外侧伸达外线，后者为模糊且距离较远的波状双线。后翅深灰褐色，无斑纹。缘毛与白须天蛾相似。

分布：中国的甘肃（天水）、黑龙江、吉林、辽宁、内蒙古、北京、河北、山西、河南、新疆、湖北、湖南、四川；俄罗斯，蒙古国，日本，韩国，英国，斯洛文尼亚。

（1601）大星天蛾 *Dolbina inexacta*（Walker, 1856）

Macrosila inexacta Walker, 1856, List Spec. lepid. Insects Colln Br. Mus., 8:208.（India）

别名：白星天蛾。

前翅长：45 mm左右。本属中体型较大的种类；体翅暗黄色，有金色光泽；肩片外缘有白色细纹，胸背中央有"八"字形白色纹；腹部背线由黄褐色斑点组成，两侧各有1行浅褐色圆点；腹部腹面白色，各节有浅褐色斑2块。前翅翅型与白须天蛾相似；内线由2条深褐色波状纹组成，两纹间白色；中线及外线由黑褐色波状纹组成，各线纹间暗黄色并有金色光泽；中室端有1个白色圆点。后翅深褐色，基部色较淡。前后翅缘毛白色与深灰褐色相间。

分布：中国的甘肃（天水、文县）、陕西、湖北、江西、湖南、浙江、福建、台湾、广东、海南、四川、重庆、云南、西藏；日本，巴基斯坦，土耳其，印度，尼泊尔，缅甸，越南，老挝，泰国，马来西亚。

（1602）绒星天蛾 *Dolbina tancrei* Staudinger, 1887

Dolbina tancrei Staudinger, 1887, in Romanoff, Mém. Lépid., 3:155, pl.17:8.（Russia:western Amur, Blagoweschtschensk）

前翅长：30~35 mm。体翅灰黄色，混杂白色鳞毛；肩片有2条中部向内的弧形黑线；腹部背线由1列较大的黑点组成，两侧有向背线倾斜的黑色条纹；胸腹部腹面黄白色，中央有几个比较大的黑点。前翅内线、中线和外线均由黑褐色波状纹组成；亚缘线灰白色锯齿形；中点为1极显著的白点，周围有黑边。后翅深褐色至黑褐色。前后翅缘毛白色与深灰褐色相间。

分布：中国的甘肃（文县）、黑龙江、辽宁、北京、河北、江苏、江西；俄罗斯，朝鲜，韩国，日本。

（1603）华南鹰翅天蛾 *Ambulyx kuangtungensis*（Mell, 1922）

Oxyambulyx kuangtungensis Mell, 1922, Dt. ent. Z. Iris, 1922:114.（China:Guangdong）

别名：库昂鹰翅天蛾。

前翅长：42~45 mm。头枯黄，下唇须橘黄色，头顶上方的触角间有褐绿色近方形毛丛；肩片后半及后胸背板上有黑褐色斑；背线不明显。本种和下述5种前翅前缘直且长，端部向下呈弓形弯曲，顶角尖锐，外缘光滑，直或微内凹，臀角下垂且比较尖，后缘端半部凹入较深；后翅外缘直，浅波曲，臀角向外凸伸1尖角。前翅底色枯黄，基部有褐色大斑或圆形斑；中线弓形，褐色，不显著；外线深褐色双行，外侧一条呈齿形；亚缘线至外缘呈灰绿色梭形宽带；中点黑色圆形。后翅枯黄色，内部带明显的粉红色；中点灰褐色，模糊；中线黑褐色带状，在翅脉上断离；外线、亚缘线和缘线点状，后二者在Cu_1以下连成黑色短线。

分布：中国的甘肃（成县、文县）、河南、陕西、新疆、浙江、湖北、江西、福建、广东、海南、广西、四川、贵州、云南、西藏；缅甸，越南，泰国。

（1604）黄山鹰翅天蛾 Ambulyx sericeipennis Butler, 1875

Ambulyx sericeipennis Butler, 1875, Proc. zool. Soc. Lond., 1875:252.（Massuri）

别名：无斑鹰翅天蛾、丝茎鹰翅天蛾。

前翅长：43~55 mm。体色黄褐至灰褐色；头灰白色，下唇须下半橘黄，顶端灰白色。肩片和后胸后缘黑褐色。腹部有背线，第六节（或第六、七节）背板两侧及第八节背面均有黑斑。前翅基部有一大一小2个圆斑；内线斑点较小；前缘黄色，中线和外线在前缘形成黑斑；外线内侧黄色带较宽；臀角内侧有大斑；中点黑色。后翅浅黄褐色，中部带粉红色；内线、中线、外线较明显。

分布：中国的甘肃（康县、文县）、陕西、安徽、浙江、湖北、江西、福建、台湾、广东、海南、香港、广西、四川、重庆、贵州、云南；巴基斯坦，印度，尼泊尔，缅甸，越南，老挝，泰国，柬埔寨，斯里兰卡。

（1605）宽带鹰翅天蛾 Ambulyx adhemariusa Eitschberger, Bergmann & Hauenstein, 2006

Ambulyx adhemariusa Eitschberger, Bergmann & Hauenstein, 2006, Atalanta (Marktleuthen), 37 (3-4): 483.（China:Sichuan）（EMEM）

前翅长：51 mm。雌雄异形。雌虫体色深褐色；雄虫外形、体色与华南鹰翅天蛾 A. kuangtungensis 很像，但前翅上有与日本鹰翅天蛾 A. japonica 相似的宽带。

分布：甘肃（文县）、陕西、湖北、四川、云南。

（1606）日本鹰翅天蛾韩国亚种 Ambulyx japonica koreana Inoue, 1993

Ambulyx japonica koreana Inoue, 1993, Insecta Koreana, 10:50.（South Korea:Kangwon Province, Mt. O-dae-san）

前翅长：50 mm左右。体翅粉灰色；额白色，头顶下方绿褐色，胸部两侧深绿褐色；腹部背线不明显，第六、七节两侧有黑褐色斑。前翅外缘浅内凹；基部有1黑褐色小黑点；内线黑褐色较宽大；中线为2条较细的波状线纹；外线黑褐色；外线至外缘呈弓形灰褐色宽带；顶角有1褐色斜线；中点黑色圆形。后翅灰黄褐色，有黑褐色横线，外缘呈黑褐色宽带。前、后翅反面灰黄褐色，前缘及基部色淡；中线以外有零散的褐色点；外缘灰白色。

分布：中国的甘肃（康县）、吉林、辽宁、北京、天津、河南、陕西、湖北、江西、湖南、福建、广东、海南、四川；朝鲜，韩国。

（1607）核桃鹰翅天蛾 Ambulyx schauffelbergeri Bremer & Grey, 1853

Ambulix schauffelbergeri Bremer & Grey, 1853b, Etudes ent., 1:62.（China:Peking）

前翅长：45~55 mm。头顶及额灰白色，与头顶交界处黑褐色；胸部两侧黑褐色；腹部背中线不明显，第六节两侧及第八节背面有褐色斑。前翅顶角较凸出，其下方外缘略凹；翅基部有1小黑点；内线为2个圆斑；中线及外线微暗褐不明显，外线内侧有波状细纹；亚缘线深褐色，由顶角弓形向臀角弯曲；中点黑色较小。后翅茶褐色，布满暗褐色斑纹，前缘和后缘黄色；亚缘线靠近臀角处有1小圆黑点；亚缘线与缘线之间形成黑色宽带。前、后翅反面橙褐色，散布暗色斑点。

分布：中国的甘肃（康县、文县）、辽宁、北京、河北、山东、河南、陕西、上海、江苏、安徽、浙江、湖北、江西、福建、广东、海南、广西、四川、重庆、贵州、云南、西藏；朝鲜，韩国，日本，印度，越南。

（1608）鹰翅天蛾 Ambulyx ochracea Butler, 1885

Ambulyx ochracea Butler, 1885, Cist. ent., 3:113.（Japan）

别名：裂斑鹰翅天蛾。

前翅长:51 mm。额黄白色;两触角间深褐色;头顶和胸部背面灰黄褐色;肩片和后胸后缘黑褐色。腹部黄色,第六节两侧和第八节背面有黑斑。翅黄褐色,斑纹近似华南鹰翅天蛾A. kuangtungensis。但前翅中线较清楚,亚缘线与缘线间的深色带较窄;后翅中线连续,外线和亚缘线的黑点大部消失。另外腹部第六和第八节有黑斑也可与该种鉴别。

分布:中国的甘肃(康县、文县)、辽宁、北京、河北、山西、山东、河南、江苏、安徽、浙江、湖北、江西、湖南、福建、台湾、广东、海南、香港、广西、四川、云南、西藏;日本,韩国,印度,缅甸,越南,泰国,斯里兰卡。

长喙天蛾亚科Macroglossinae

(1609) 黑边天蛾Hemaris affinis (Bremer, 1861)

Macroglossa affinis Bremer, 1861, Bull. Acad. Imp. Sci. St. Pétersb., 3:475. (Russia: Khabarovsk Kray: Ussuri)

别名:大黑边天蛾、黑边透翅天蛾、褐缘透翅天蛾、川海黑边天蛾。

前翅长:23 mm。触角很长,端半部棒状,末端呈小勾状;下唇须灰白色;额区有长达复眼的长毛;胸腹部黑色;领片和肩片黄褐色;腹基部有稀疏黄毛,第五、六节两侧有黄斑。前翅三角形,外缘微呈浅弧形,后缘浅凹;后翅前缘弓形隆起。两翅透明,所有边缘具黑边,前翅外缘和后翅后缘的黑边较宽;前翅中室端具黑色短条形中点。

分布:中国的甘肃(岷县)、黑龙江、辽宁、北京、天津、山东、河南、青海、江苏、安徽、浙江、湖北、福建、台湾、香港、四川、重庆、西藏;俄罗斯,蒙古国,朝鲜,韩国,日本。

(1610) 青背长喙天蛾Macroglossum bombylans Boisduval, 1875

Macroglossa bombylans Boisduval, 1875, in Boisduval & Guenée, Hist. nat. Insectes (Spec. gén. Lépid. Hétérocères), 1:334. (Asie centrale)

别名:双带长喙天蛾。

前翅长:25 mm。下唇须及胸部腹面白色;头部、胸部及腹部前三节背面暗青色至橙黄色,第一、二节两侧橙黄色,第四、五节上有黑斑,第六节后缘有白色横纹;腹面黄褐色,第三、四节间有白色斑。前翅狭长,顶角钝圆,不凸出,外缘浅弧形,后缘端半部浅凹;翅面暗褐色;内线黑色较宽,近后缘向内方弯曲;外线由2条波状横线组成;顶角内侧有深色斑,外缘深褐色。后翅黑褐色,中部有橙黄色斑。翅反面暗褐色,基部污黄色;各横线呈深色波状纹;翅基部有白毛。

分布:中国的甘肃(文县)、北京、天津、河北、山东、河南、陕西、上海、安徽、浙江、湖北、江西、湖南、福建、台湾、广东、海南、香港、广西、四川、重庆、贵州、云南、西藏;俄罗斯,韩国,日本,不丹,尼泊尔,越南,泰国,菲律宾。

(1611) 小豆长喙天蛾Macroglossum stellatarum (Linnaeus, 1758)

Sphinx stellatarum Linnaeus, 1758, Syst. Nat. (Edn. 10) 1:493. (Europe)

前翅长:22~25 mm。体和前翅暗灰褐色;下唇须及胸部腹面白色;腹部暗灰色,两侧有白色及黑色斑;尾毛黑褐色扩散为刷状。前翅内线及中线弯曲黑褐色;外线不甚明显;中点黑色;缘毛黄褐色。后翅橙黄色,基部及外缘有暗褐色带。翅反面前大半暗褐色,后小半橙色。

分布:中国的甘肃(康县)、黑龙江、吉林、辽宁、内蒙古、北京、天津、河北、山西、山东、河南、陕西、青海、新疆、上海、江苏、浙江、湖北、江西、湖南、广东、海南、香港、广西、四川、西藏;俄罗斯,蒙古国,朝鲜,韩国,日本,巴基斯坦,土耳其,印度,越南,尼日利亚;欧洲。

(1612) 夜长喙天蛾Macroglossum nycteris Kollar, 1844

Macroglossa nycteris Kollar, 1844, in Hügel, Kaschmir Reich Siek, 4 2):458. (India: Uttar Pradesh: Mussoorie)

前翅长：17~20 mm。额和头顶黑灰色；下唇须腹面白色，背面至顶端与额同色；触角背面黑色，腹面黄褐色；胸、腹部背面深褐色至黑褐色，有与头部相连的较细黑色背线；胸部腹面及胸足灰白色；腹部前三节两侧有黄色斑，倒数第二节有白色缘毛，各体节间有黑色及污白色相间的细横带。前翅深灰褐色至黑褐色，有黄褐色鳞毛；各横线呈双行较直，黑褐色；内线下端向内弯；3条外线；顶角内侧有方形的黑褐色斑。后翅黑色，中部有宽阔的黄色横带，横带沿前缘扩展至翅基部，下端向外达臀角。前、后翅反面锈红色；前翅外线至外缘间色较深呈暗红褐色；后翅中线及外线深褐色较直，后缘内侧自翅基向下有1楔形黄色斑，外线至外缘间深褐色。

分布：中国的甘肃（康县、文县）、北京、山东、河南、陕西、上海、浙江、湖北、江西、四川、重庆、贵州、云南、西藏；日本，巴基斯坦，印度，尼泊尔，缅甸。

（1613）葡萄天蛾 *Ampelophaga rubiginosa* Bremer & Grey, 1853

Ampelophaga rubiginosa Bremer & Grey, 1853b, Etudes ent., 1:61. (China: Peking)

别名：背中白天蛾。

前翅长：45~50 mm。体翅茶褐色，新鲜标本颜色更深；触角背面黄色，腹面黄褐色；身体背面自前胸到腹部末端有1条灰白色纵线；腹面色淡呈红褐色。前翅顶角凸出，外缘浅弧形，臀角略下垂，后缘端半部浅凹；各横线黑褐色，中线较粗而弯曲，外线较细呈波纹状；近外缘有不明显的深褐色带；顶角有1较宽的三角形斑。后翅黑褐色，外缘及臀角附近各有1条茶褐色横带；缘毛色稍红。前、后翅反面红褐色，各横线黄褐色；前翅基半部黑灰色，外缘红褐色。

分布：中国的甘肃（康县、文县）、黑龙江、吉林、辽宁、北京、天津、河北、山西、山东、河南、陕西、宁夏、上海、江苏、安徽、浙江、湖北、江西、湖南、福建、广东、海南、香港、广西、四川、重庆、云南、西藏；俄罗斯，朝鲜，韩国，阿富汗，印度，尼泊尔，缅甸，越南，老挝，泰国，马来西亚，印度尼西亚。

（1614）缺角天蛾 *Acosmeryx castanea* Rothschild & Jordan, 1903

Acosmeryx castanea Rothschild & Jordan, 1903, Novit. zool., 9 (Suppl.):531, pl.41:8. (Japan: Honshu, Kanagawa, Yokohama)

别名：鳞纹天蛾、半缘缺角天蛾。

前翅长：35~45 mm。触角黄色；体和翅黄褐色；头顶中部、领片前缘、肩片基部和胸部后端暗红褐色；腹部各节有暗红褐色纹。前翅顶角平截；翅面斑纹深褐色；亚基线为2个小斑；内线和中线双线，弯曲，下端全部合并到一起；中点黄色，微小但清晰；外线处1条黑褐色斜带伸达翅中部，其上下方为3~4条黄白色与深褐色相间的波状纹；顶角平截处有1向内凸出的深褐色钝齿，其内侧和下方为不规则深褐色斑块。后翅深褐色，前缘和后缘黄色；外线和亚缘线模糊带状，两线间可见粉红色。

分布：中国的甘肃（康县、文县）、安徽、浙江、湖北、江西、湖南、福建、台湾、广东、海南、香港、广西、四川、贵州、云南、西藏；日本，韩国。

（1615）八字白眉天蛾 *Hyles livornica* (Esper, 1780)

Sphinx livornica Esper, 1780, Die Schmett. in Abbildungen, 2:88, 196. (Italy: Livorno)

前翅长：38~42 mm。体翅褐绿色；下唇须下部白色，上端褐色；额两侧及肩片内外侧边缘有白色鳞毛；触角深褐色，端部白色；腹部背面深黄褐色，各节后缘毛黑色，背中及两侧有银白色点。前翅黑褐色，翅基及后缘白色；自顶角至后缘中部翅有灰白色倾斜的条带，该带外侧边缘较直；外缘附近灰红色；各翅脉黄白色，中室端有1近三角形白斑。后翅基部黑色，前缘污黄色；中央有暗红色宽带；亚缘线黑色带状，其外侧的浅色部分十分狭窄；缘毛白色。前、后翅反面灰黄色，有灰黑色横线及外缘。

分布：甘肃（文县）、黑龙江、吉林、辽宁、内蒙古、北京、天津、河北、山西、山东、河南、陕西、宁夏、青海、新疆、江苏、湖北、江西、湖南、台湾、海南、四川、贵州、云南、西藏；俄罗斯，蒙古国，日本，印度，中东；欧洲，非洲。

(1616) 斜绿天蛾 *Pergesa acteus* (Cramer, 1779)

Sphinx acteus Cramer, 1779, Uitl. Kapellen, 3:93, pl.248:A. (Indonesia: Java, Semarang)

前翅长：35~40 mm。体色深绿；头及肩片两侧有灰色鳞片；胸腹部背线灰色；胸部两侧及尾端毛橙黄色，身体腹面橙黄色，中线白色。前翅顶角尖，凸出，外缘浅弧形，臀角下垂，后缘端半部凹；黄褐色，自顶角至后缘基部有绿色斜宽带；外缘颜色深。后翅暗黄褐色，中部黑褐色。翅反面橙黄色，前缘及外缘灰褐色；前翅有两条明显的深褐色斜带。

分布：中国的甘肃（礼县、康县、文县）、陕西、安徽、湖北、江西、福建、台湾、广东、海南、香港、广西、四川、贵州、云南、西藏；日本，巴基斯坦，印度，尼泊尔，缅甸，泰国，菲律宾，斯里兰卡，马来西亚，印度尼西亚。

(1617) 斜纹天蛾 *Theretra clotho* (Drury, 1773)

Sphinx clotho Drury, 1773, Illust. nat. hist. exot. insects: 48, pl.28:1. (India: Tamil Nadu, Madras)

前翅长：38~43 mm。额、头顶和前胸黑褐色，额和头顶两侧及肩片外侧黄白色；胸部至腹部末端由暗黄褐色过渡到黄绿色；第二腹节两侧有黑斑。前翅顶角尖，略凸出，外缘略呈浅弧形，特别倾斜，后缘端半部浅凹；翅面暗黄绿色，散布黑色鳞片，前缘下方和外线外下方暗黄褐色；中室端有小黑点；外线为深褐色单线，直。后翅大部黑色，前缘和臀角附近黄色，外缘附近黄绿色。前翅反面各横线不明显，靠近前缘处有1小黑点，外缘有灰色区域；后翅反面隐约能看到中线。

分布：中国的甘肃（文县）、陕西、上海、安徽、浙江、湖北、江西、湖南、福建、台湾、广东、海南、香港、广西、四川、贵州、云南、西藏；日本，韩国，巴基斯坦，印度，不丹，尼泊尔，缅甸，越南，老挝，泰国，斯里兰卡，马来西亚，印度尼西亚。

(1618) 雀纹天蛾 *Theretra japonica* (Boisduval, 1869)

Choerocampa japonica Boisduval, 1869, in Orza, Lépid. japon. Expos., 1867:36. (Japan)

别名：日本斜纹天蛾、黄胸斜纹天蛾。

前翅长：34~37 mm。体型较小。体翅褐色；触角背面灰色，腹面黄褐色；头部及胸部两侧有白色鳞毛，背部中央有白色绒毛，背线两侧有橙黄色纵条；腹部背线深褐色，两侧有数条不甚明显的暗黄色条纹，各节间有褐色横纹；腹面粉褐色。前翅后缘较长，外缘倾斜较少；黄褐色，带橄榄绿色调；顶角达后缘方向有6条暗褐色至黑褐色斜条纹，上面一条最明显，第三条与第四条之间色较淡；中室端有1小黑点。后翅黑褐色，臀角附近有灰黄褐色三角斑，外缘黄绿色。

分布：中国的甘肃（成县、文县）、黑龙江、吉林、辽宁、内蒙古、北京、河北、山东、河南、陕西、宁夏、青海、上海、江苏、安徽、浙江、湖北、江西、湖南、福建、台湾、广东、海南、广西、四川、贵州、云南；俄罗斯，朝鲜，韩国，日本。

(1619) 芋双线天蛾 *Theretra oldenlandiae* (Fabricius, 1775)

Sphinx oldenlandiae Fabricius, 1775, Syst. Ent., 1775:542. (Indonesia: Sulawesi)

别名：双线条纹天蛾、双斜纹天蛾。

前翅长：30~38 mm。体翅灰绿色；头及胸部两侧有白色缘毛；胸部背线灰褐色，两侧有黄白色纵条；腹部有银白色背线两条，两侧有褐及淡黄褐色纵条；身体腹面土黄色，有不甚显著地黄褐色条纹。前翅外缘倾斜程度和后缘长度介于上述两种之间，后缘端半部凹入较上两种略深；翅面灰绿色；顶角至后缘基部附近有1条较宽的浅黄褐色斜带，斜带内外有数条黑、白色条纹；中室端有1黑点。后翅黑褐色，近端部有1条灰黄色横带；缘毛白色。前、后翅反面黄褐色，各有三条暗褐色横带。

分布：中国的甘肃（成县、康县、文县）、北京、河北、山东、河南、陕西、上海、江苏、安徽、浙江、湖北、江西、湖南、福建、台湾、广东、海南、香港、广西、四川、贵州、云南、西藏；俄罗斯，朝鲜，韩国，日本，巴基斯坦，印度，不丹，尼泊尔，缅甸，斯里兰卡，菲律宾，印度尼西亚。

(1620）条背天蛾 *Cechenena lineosa*（Walker，1856）

Chaerocampa lineosa Walker，1856，List Spec. lepid. Insects Colln Br. Mus.，8：144.（Bangladesh：Sylhet）

别名：棕绿背线天蛾。

前翅长：50 mm左右。体橄榄绿色至灰绿色；头及肩片两侧有白色鳞毛；触角背面灰白色，腹面黄褐色；下唇须第一节黄色与粉红色掺杂，第二节灰绿色，端部白色；胸部背面有灰黄褐色背线；腹部背中线显著，两侧有灰黄及黑色斑；身体腹面灰白色，两侧橙黄色。前翅翅型非常近似雀纹天蛾，但外缘略长略倾斜，后缘略短；自顶角至后缘基部有灰黄褐色和黑褐色斜纹，斜纹上方绿色，前缘黄褐色，斜纹下方黄褐色；前缘部位有黑斑；翅基部有黑、白色毛丛；中室端有黑点；亚缘线为2条若即若离的灰褐色细线，其外侧与外缘间散布稀疏黑鳞。后翅黑色，前缘黄色；端半部有宽阔灰黄色横带，横带外侧上半部有黑色，其余部分至外缘黄色；缘毛黄色。翅反面橙黄色。

分布：中国的甘肃（宕昌、康县、文县）、河北、河南、陕西、安徽、浙江、湖北、江西、湖南、福建、台湾、广东、海南、广西、四川、贵州、云南、西藏；日本，印度，尼泊尔，越南，孟加拉国，泰国，马来西亚，印度尼西亚。

(1621）平背天蛾 *Cechenena minor*（Butler，1875）

Chaerocampa minor Butler，1875，Proc. zool. Soc. Lond.，1875：249.（India：Uttar Pradesh，Mussoorie）

别名：背线天蛾、平背线天蛾。

前翅长：40 mm左右。体翅青褐色；头及肩片两侧有白色鳞毛；前胸背板中央有1黑点；腹部背面有灰褐色条，两侧有黄褐色斑；身体腹面灰白色。前翅自顶角至后缘有深褐色斜线6条，各线间黄褐色；翅基部有黑斑；中室端有1黑点。后翅黑褐色，端半部有黄褐色横带。翅反面橙黄略带灰色，散布褐色斑点；中线齿状灰色。该种与条背天蛾很像，但胸部背面没有纵带，腹部背中线不显著。

分布：中国的甘肃（文县）、河南、安徽、浙江、湖北、江西、湖南、福建、台湾、广东、海南、四川、贵州、云南；日本，印度，尼泊尔，泰国，马来西亚。

(1622）白肩天蛾 *Rhagastis mongoliana*（Butler，1876）

Pergesa mongoliana Butler，1876a，Proc. zool. Soc. Lond.，1875：622.（China：Japan）

别名：实点天蛾、广东白肩天蛾。

前翅长：23~30 mm。体翅橄榄绿色；头及肩片两侧有白色鳞毛；触角黄褐色；胸部后缘两侧有橙黄色毛丛，中间有1个黑点；腹部背面各节后缘有1对黑点。前翅顶角尖，略凸出，外缘浅弧形，臀角下垂，后缘端半部凹；各横线呈点状；近外缘呈灰褐色；后缘近基部白色；中点黑色较小，中心不为浅色；顶角内侧有1三角形黑斑。后翅黑褐色，近臀角有黄褐色斑。前、后翅反面橙褐色，有灰色散点及横纹；前翅中部灰褐色。

分布：中国的甘肃（武都区、康县、文县）、黑龙江、吉林、辽宁、北京、陕西、青海、上海、安徽、浙江、湖北、江西、湖南、福建、台湾、广东、海南、广西、四川、贵州；蒙古国，朝鲜，韩国，日本。

(1623）红天蛾 *Deilephila elpenor*（Linnaeus，1758）

Sphinx elpenor Linnaeus，1758，Syst. Nat.（Edn 10），1：491.（Europe）

别名：凤仙花红天蛾、川红天蛾。

前翅长：25~35 mm。体型中小型，不同个体差异很大。体翅红色为主，但不同个体会有玫红、鲜红、暗红的变化。胸腹部背线红色，两侧黄绿色，外侧红色；第一腹节两侧有黑斑。前翅顶角尖，外缘浅弧形，后缘端半部仅微有内凹；基部黑色；前缘及外线、亚缘线、外缘和缘毛都为暗红色，外线近顶角较细，愈向后缘愈粗；中室端有白色微小中点。后翅基半部黑色，端半部红色，前缘黄色。翅反面色较鲜艳。

分布：中国的甘肃（舟曲、康县、文县）、黑龙江、吉林、辽宁、内蒙古、北京、河北、山西、山东、河南、陕西、新疆、上海、江苏、安徽、浙江、湖北、江西、湖南、福建、台湾、四川、贵州、云南、西藏；俄罗斯，蒙古国，朝鲜，韩国，日本；欧洲，加拿大。

大蚕蛾科 Saturniidae

大型蛾类,翅展可达30 cm,有些种类具细长尾带。色彩艳丽。喙不发达;雄触角四栉形,又称羽状,每节2对栉齿;雌触角短双栉形或亚四栉形,后者为每节基部1对正常短栉齿,长度一般短于雄蛾的一半,端部1对小齿突,长度短于触角杆直径;有时雌触角亦为四栉形,但经常两对不等长,每节端部的一对较短。前翅顶角凸出;后翅无翅缰,但肩角发达。前后翅通常具不同形状的眼斑,半透明或不透明。前后翅M_2均接近M_1或与M_1共柄;后翅$Sc+R_1$与中室分离或以横脉相连。

(1624)猫目大蚕蛾 *Salassa thespis*(Leech,1890)

Antheraea thespis Leech,1890,Entomologist,23:112.(China:Hubei,Ichang)

前翅长:45~60 mm。头灰褐色;触角黄褐色;胸部背面有赭红色毛丛,腹部各节有红褐及黄褐色间杂的环形纹。前翅顶角尖,稍外凸,下方稍内凹,外缘较直;臀角宽大钝圆,后缘基部不隆起;翅面深灰褐色,散布黄色鳞毛;内线深褐色弧形;外线由锈红色波浪形纹及半透明白色斑组成;亚缘线锈黄色宽齿状,外侧有深褐色区至外缘;中室有较大的粉绿色至白色的盾形斑,斑的外缘及上方有黑色镶边。后翅基部有黄褐色长绒毛;内线粉白色,外线由1列半透明白色斑点组成,亚缘线深褐色波浪形;中室端有极似猫眼的大斑,斑的内半呈半透明蚌形纹,外半黑色,外围有白色及黑褐色圈,再外侧有杏黄色轮廓,上方有黑色眉形半月纹。前、后翅反面色灰暗,但白色鳞毛较正面多,(雄、雌差异更大);内线不见;外线呈白色;中室透明斑均与前翅正面斑相似;外线至亚缘线间有1较宽的浅色区。

分布:甘肃(康县、文县)、陕西、湖北、湖南、福建、四川、云南、西藏。

(1625)佛坪猫目大蚕蛾 *Salassa arianae* Brechlin & Kitching,2010

Salassa arianae Brechlin & Kitching,2010,Entomo-Satsphingia,3(1):9.(China:Shaanxi,Fopin)

前翅长:♂50~58 mm,♀52~62 mm。体型较大;胸部背面和翅呈红褐色。腹部背面灰红褐色。翅面斑纹与猫目大蚕蛾几乎相同,各种变异,包括前后翅眼斑大小,形状、外线白点的多少和大小均互相交叉。但本种颜色偏红;前翅后缘基部隆起;前翅眼斑平均距离外线略远。

分布:甘肃(天水)、陕西、湖北、四川。

(1626)曲线透目大蚕蛾 *Rhodinia jankowskii*(Oberthür,1880)

Saturnia jankowskii Oberthür,1880,Études ent.,5:39.(Russia:Askold)

前翅长:42~47 mm。触角黄褐色;头和体背黄褐色;额两侧黑色;复眼后方黑色。前翅宽阔,顶角钝圆,外缘直,几乎与后缘等长;翅面大部灰褐色至深灰褐色,前缘基半部色较深,后缘区黄色至浅黄褐色,与灰褐色区域无清晰界限;内线深灰褐色,在中室以下较清晰,弯曲;外线灰白色,直且较近外缘,其内侧在前缘下方有1片灰白色区域向内扩展至眼斑上方;眼斑透明,弯曲,周围镶有深褐色至黑褐色细边;外线外侧的深灰褐色呈深锯齿形伸入亚缘线位置的黄色带中,黄带至外缘浅灰褐色。后翅基部、前缘和后缘黄色,中部至外缘灰褐色;中线深灰褐色;眼斑透明,元宝形,周围有白色和深色镶边;外线白色,略呈浅弧形;亚缘线为1条模糊深灰褐色波状带。前后翅眼斑的形状在不同个体中常有变化。

分布:中国的甘肃(天水)、黑龙江、辽宁、河南;俄罗斯(远东地区)。

(1627)线透目大蚕蛾 *Rhodinia davidi*(Oberthür,1886)

Saturnia davidi Oberthür,1886,Études ent.,11:31.(W. China)

前翅长:50~58 mm。头和体背黄色至黄褐色。雄蛾前翅略狭长,顶角略凸,外缘倾斜,微凹;内线至外线外侧深褐色,内线内侧黄色,前缘附近灰红褐色;内线双弓形;眼斑狭长条形,透明部分仅为1条狭缝,边缘黄色,内外缘浅弧形,上下端沿翅脉平截;外线波状,在各翅脉上凸出小尖角;外线外侧大部黄色,在翅脉间有大小不等的紫灰色斑,其中前缘下方的斑黑紫色,上侧呈弧形伸达亚缘线,弧中具白边和紫红色边,亚缘线在弧圈中心形成1大黑点,黑点之下深锯齿形。后翅颜色斑纹与前翅相似。雌蛾前翅较宽阔,顶角较圆,外缘倾斜较少,不内凹;前后翅翅面深褐色区域减少,黄色区域扩大;眼斑较宽,透明部分新月形。

分布:甘肃(永登、天水)、河南、青海、四川、西藏。

(1628) 曲缘尾大蚕蛾 Actias artemis aliena (Butler, 1879)

Tropaea aliena Butler, 1879, Ann. Mag. nat. Hist., (5)4:355. (Japan)

前翅长:♂45 mm,♀74~75 mm。头白色,触角土黄色;颈部有紫红色横带;胸部披白色茸毛。腹部淡黄褐色。翅黄绿色,翅脉黄色,翅基部有白色长茸毛。前翅外缘微波曲;中线及内线不见;中室外缘有1眼形斑,斑的内侧有黑色角形宽边,上有白色细纹,外侧米黄色,半月形,中间有1条"S"形半透明纹;外线双行较直,内侧一条色较深,呈灰绿色,外侧一条色浅,不甚明显;外缘镶有黄色细边。后翅后缘有较长米黄色鳞毛;中室端的眼形斑椭圆形,内侧的黑边较窄,里面呈半月形黄色区,外侧米黄色;外线灰绿色单行;臀角延伸成飘带,长约45 mm,向外上方弯曲,端部膨大。雄性明显小于雌性,但色斑相同,脉纹呈污黄色,前翅顶角较尖,外缘在M_2脉端处内凹。

分布:中国的甘肃(文县)、陕西、江苏、江西;日本。

(1629) 宁波尾大蚕蛾 Actias ningpoana Felder, 1862

Actias selene ningpoana Felder & Felder, 1862, Wien. ent. Monatschr.,6:34. (China:Zhejiang,Ningbo)

前翅长:59~63 mm。头灰褐色,头部两侧及肩片基部前缘有暗紫色横带。触角土黄色。体披较密的白色长毛,有些个体略带淡黄色。胸足的胫节和跗节均为浅绿色,披有长毛。翅粉绿色;基部有较长的白色茸毛。前翅顶角尖,外缘浅波曲,在M_3以下较明显;前缘暗紫色,混杂有白色鳞毛;翅脉及2条与外缘平行的细线均为淡黄绿色,外缘黄褐色;中室端有1个眼形斑,斑的中央在横脉处呈1条透明横带,透明带的外侧黄白色,有时略带粉红色,内侧内半橙黄色,外半黑色,间杂有红色月牙形纹。后翅自M_3脉以后延伸成尾形,长达40 mm,尾带基半部有时带粉红色,末端常呈卷折状;中室端有与前翅相同的眼形纹,但通常略小;外线单行黄绿色,有的个体不明显。一般雌蛾色较浅,翅较宽,尾突亦较短。

分布:甘肃(康县、文县)、吉林、辽宁、北京、河北、山东、河南、陕西、江苏、浙江、湖北、江西、湖南、福建、台湾、广东、海南、广西、四川、云南、西藏;日本。

(1630) 华尾大蚕蛾 Actias sinensis (Walker, 1855)

Tropaea sinensis Walker, 1855, List Spec. lepid. Insects Colln Br. Mus., 6:1264. (N. China)

Actias heterogyna Mell, 1914, Ent. Rdsch., 31:31. (China)

别名:黄尾大蚕蛾。

前翅长:♂40~54 mm,♀50~56 mm。雄蛾头黄褐色;头部黄褐色,触角暗黄色。胸部前缘和肩片基部有紫红色横带。腹部淡黄褐色,尾端有较长的黄色茸毛。前翅顶角尖,外缘浅凹,光滑;黄色至淡黄绿色,前缘紫红色,间有白色鳞毛;内线暗黄绿色浅波曲;眼斑椭圆形,内缘较宽半弧形黑边,其上有白线,眼斑中部紫色,外缘纤细黑边,上角有紫色纹与前缘紫色带向下扩展的三角形紫斑相连;外线暗黄绿色,深波曲;亚缘线为1列模糊紫灰褐色斑。后翅尾角长约为25~30 mm;翅面斑纹与前翅相仿;亚缘线连续,由上向下渐粗,并逐渐变为紫灰色,下端扩展至尾角内1/3处。前、后翅的反面颜色较浅,但更为鲜艳,各斑纹明显,翅面有较长的白色鳞毛,前翅后缘色浅;后翅臀角延长部分的中部及外缘紫红色更深。雌蛾体白色,有蓝色光泽。头污白色,触角浅褐色。胸部两侧有较长白色绒毛,肩片及前胸前缘紫红色,间杂有淡黄色鳞毛。腹部各节间色稍深。前翅较宽阔,外缘无明显内凹;粉青色,稍有蓝紫色光泽,翅脉黄褐色明显可见,前缘紫红色;内线灰白色隐约可见,外线灰褐色锯齿形;中室端眼形斑与雄蛾相似,但上端不与前缘的紫色带相接;外缘淡黄色。后翅色斑与前翅相似,中室的眼形斑比前翅上的稍大;臀角延长达35 mm,端部较细。前、后翅反面色泽及斑纹清晰可见,白色绒毛较长。

分布:中国的甘肃(康县)、陕西、安徽、江西、湖南、台湾、广东、海南、广西、四川、西藏;印度,缅甸,不丹,越南,泰国。

(1631) 长尾大蚕蛾 *Actias dubernardi* (Oberthür, 1897)

Tropaea dubernardi Oberthür, 1897, Bull. Soc. ent. France, 1897(7):130. (China)

前翅长:♂♀45~60 mm。额黄色;触角黄褐色;下唇须、领片和各足胫节紫红色;胸腹部背面白色至黄色。雄蛾前翅狭长,外缘平直,远长于后缘,臀角明显;黄绿色,前缘自基部至外1/3处紫褐色;外线纤细,其外侧1条狭窄黄色带,该带外侧至外缘为粉红色,其中的翅脉和外缘黄色;眼斑长椭圆形,下端稍尖,内半黑色,上端延伸1黑色细线向内弯至前缘的深色带,眼斑中部带紫红色,外半黄色;外缘平直。后翅狭小,顶角弧形,尾角长达90 mm左右,末端膨大扭曲;外缘附近和尾角大部粉红色,尾角基部内侧和末端黄绿色;无眼斑。雌翅面粉绿色,除后翅尾角中段以外无粉红色。前翅较宽阔,外缘略呈浅弧形,略长于后缘,臀角圆;前缘的深色带延伸至顶角附近;眼斑较宽阔,其外侧边缘弧形。后翅较宽,顶角明显,可见白色眼斑的痕迹。

分布:甘肃(成县)、陕西、湖北、湖南、福建、广西、贵州、云南。

(1632) 豹大蚕蛾 *Loepa oberthuri* (Leech, 1890)

Saturnia oberthuri Leech, 1890, Entomologist, 23:49. (China:Hubei, Ichang)

前翅长:50~70 mm。头污黄;触角黄褐色;领片及前胸前缘灰褐色,间杂白色鳞毛。体黄色,腹部两侧有黑斑。翅橙黄色。前翅宽阔,顶角圆,外缘直;前缘灰褐色,内线深红褐色锯齿形,不与前缘相连接;外线黑褐色呈长齿形,自前缘中外部呈弧形斜向后缘中部;亚缘线黄褐色有蓝色光泽,呈双行波浪形纹,靠近前缘时不明显;顶角橙黄色,内侧有白色波形纹,白纹下方有半月形黑色横斑直达中脉;后缘前方有橙红色区一块,外缘浅粉色呈大波纹;中室端有橙黄色眼形斑,中间有弧形的并行黑、白线纹各一条,眼斑内上方镶有黑边,与前缘靠近。后翅色斑与前翅大致相同,各线弯曲度更大;中室眼形斑略小。前、后翅反面外线至翅基间色浅呈黄色,外线至外缘间呈橘黄色;中室端的眼形斑只见弯月形纹,橙黄色外圈不见;内线至翅基间无锈红色斑;各线均不如正面明显;翅脉灰黑色较明显。

分布:甘肃(武都区、康县)、陕西、湖北、江西、湖南、福建、广东、海南、四川、贵州、云南;越南,印度。

(1633) 梅氏豹大蚕蛾 *Loepa melli* Naumann, Loeffler, & Naessig, 2012

Loepa melli Naumann, Loeffler, & Naessig, 2012, Nachrichten des Entomologischen Vereins Apollo, 33(2-3):102. (China:Gansu, Wudu)

前翅长:43~52 mm。头和体背浅黄褐色;胸部前缘紫色。翅宽大;前翅顶角不明显凸出,外缘较直;后翅外缘圆。翅面浅黄色。前翅前缘紫灰色,在内线处向下扩展1三角形小斑;线纹黑灰色;内线不规则波曲;外线和亚缘线深波曲,后者在每个波峰外侧有1黑色短条;眼斑较小,椭圆形,除外侧以外具黑边,内部的肉红色椭圆形圈略向外偏移;顶角1紫灰色斑,中部具1"之"字形白线;紫斑下方有1清晰黑点。后翅具黑灰色中线,中部深内凹;眼斑较前翅小;外线和亚缘线同前翅。

分布:甘肃(武都区、文县)、陕西、湖北、江西、福建、四川、西藏。

(1634) 樟蚕 *Saturnia pyretorum* Westwood, 1847

Saturnia pyretorum Westwood, 1847, Cabinet orient. Ent.:49, pl.24:2. (China)

前翅长:48~54 mm。触角黄褐色;头和胸部深灰褐色至黑褐色,胸部前端有1条白色横带;腹部背面深灰褐色;有时中后胸和腹部灰白色;雌蛾腹部末端膨大,具浓厚黑灰色毛簇。前翅中等宽度,雌较雄略宽,顶角钝圆,外缘浅凹;翅面底色白色;前缘灰褐色,基部具暗褐色斑;内线黑灰色,直且粗壮,内侧有紫红色边;眼斑近圆形,粗壮黑边,内有1黄褐色圈,圈内黑灰色,具狭条形白纹;眼斑下方在翅脉间有2块黑灰色斑,其下锯齿形中线由Cu_2基部至后缘;外线锯齿形,外侧有白边,白边之外至亚缘线大部黑灰色,上端在前缘附近有2块黑斑;亚缘线外侧在R_5上下各有1紫红色斑,其中下面一个内侧与1叉形黑纹相接;翅端部灰褐色。后翅白色;内线黑灰色,较模糊;眼斑较前翅小;外线锯齿形双线;亚缘线带状;翅端部灰褐色。

分布：甘肃(天水)、黑龙江、吉林、辽宁、内蒙古、河北、山东、河南、陕西、江苏、安徽、浙江、湖北、江西、湖南、福建、广东、海南、广西、四川、贵州；俄罗斯、印度、越南。

(1635) 岷山大蚕蛾 *Saturnia minshanensis* Brechlin, 2011

Saturnia minshanensis Brechlin, 2011, Entomo-Satsphingia, 4(2):79.(China:Gansu,Wudu)

前翅长：53 mm。触角黄褐色；头和前胸暗红褐色至深褐色；中后胸和腹部黄褐色，略带红褐色调。前翅宽阔，顶角略凸出，钝圆，外缘浅凹；黄褐色；前缘基部至亚缘线灰黄色掺杂深灰褐色；内线和中线暗黄褐色，前者波曲，后者浅弧形带状；眼斑近圆形，外围黑边，内圈的内半白色，与黑边间有紫红色相隔，外半微带白色，紧邻黑边，向内依次为肉红色圈和黑色半圆形核，黑核内缘直，带白边；外线不规则锯齿形，紫红色与深褐色掺杂，距离外缘较近，两侧有浅紫红色晕影，并散布较多深灰褐色；亚缘线仅在顶角内侧留有2个短条形黑斑；外缘有1条无深灰褐色鳞片的黄褐色带，缘线色稍浅，十分细弱。后翅黄褐色，前缘和外线内侧散布明显的浅紫红色；内线黑灰色，细弱，浅弧形；中线暗黄褐色，浅弧形带状，中部被眼斑覆盖，眼斑同前翅；外线黑紫色，较前翅粗，微波曲；亚缘线2条，黑色，两线间散布大量黑褐色；缘线黄白色。

分布：甘肃(武都区、文县)。

(1636) 合目大蚕蛾 *Saturnia boisduvalii fallax* Jordan, 1911

Caligula boisduvali [sic.] *fallax* Jordan, 1911, in Seitz, Gross-Schmett. Erde, 2:217, pl.30:d (as boisduvali). (Russia:Vladivostok；Askold；Ussuri；Amur)

前翅长：42~54 mm。触角污黄色；头黄褐色；领片灰白色；胸部和腹基部深紫褐色，肩片端部和腹部其余部分紫灰褐色。前翅中等宽度，顶角圆，外缘中部浅凹；前缘至中室下缘和外线灰白色，掺杂紫灰色和黑褐色；翅基部在中室下方有1深紫褐色斑；内线黑紫色，弧形；中线模糊，到达眼斑外侧黑边；外线双线，上半段锯齿形，强烈内斜，外侧在前缘处有1椭圆形黑斑，内侧1条中部与眼斑接触，下端与内线接触；眼斑椭圆形，黑边，内侧1/3紫褐色，有白边，外半污褐色，中部紫灰褐色；顶角色浅，黑斑及外线起始处的外侧有1白斑，白斑外侧带浅紫色；亚缘线起自R$_5$，不规则折曲，内侧至外线深褐色散布黑褐色，外侧有浅色边；翅端部顶角下方污黄褐色，具浅黄褐色缘线。后翅基部紫灰褐色，至外线颜色逐渐变浅；无内线；中线模糊带状，由眼斑内侧绕过；外线2条，第一条细弱，第二条与亚缘线间填充深灰褐色和黑褐色，形成深色宽带；亚缘线外侧具浅色边；眼斑较前翅略小；缘线内侧略带紫灰色调。

分布：中国的甘肃(地点不详)、黑龙江、辽宁、内蒙古、山西、青海；俄罗斯。

备考：未见甘肃标本。甘肃分布记录依据朱孔复和王林摇(1996)记载。

(1637) 银杏大蚕蛾 *Saturnia japonica*，(Moore, 1862)

caligula japonica Moore, 1862, Trans. ent. soc. Lond., 1862:322.(Japan)

前翅长：50~60 mm。头灰褐色。触角黄褐色。体灰褐、黄褐至紫褐色；肩片与前胸间有紫褐色横带；胸部有较长黄褐色毛；腹部各节间色稍深，两侧及端部有较长的紫褐色毛。前翅顶角外凸，顶端钝圆，内侧近前缘处有肾形黑斑；内线紫褐色较直，内线与翅基间呈紫褐色，近前缘处色更深；外线暗褐色，自前缘至中室一段较直，中室下方则呈1斜角达后缘与内线靠近；内线与外线间有较宽的粉紫色区，亚缘线由2条赤褐色波浪纹组成；亚缘线与外线间呈黄褐色；近臀角有白色月牙形纹，外侧暗褐色；中室端有月牙形透明眼斑，斑的周围有白色及暗褐色轮廓。后翅从中室横线至翅基间呈较宽的红色区；亚缘线橙黄色；缘线灰黄色；中室端的眼形斑较大，珠睁黑色，外围有1灰黄褐色圆圈及银白色线2条；臀角内侧的白色月牙形更为明显。前翅反面颜色偏紫红色，中室眼斑明显，中间有珠形睁体，周围有白色及暗褐色轮纹；后翅反面中室端的眼形斑中间不见珠形睁体，近后缘有较长紫褐色茸毛。

分布：甘肃(康县、文县)、黑龙江、吉林、辽宁、河北、山东、陕西、湖北、江西、湖南、台湾、广东、海南、广西、四川、贵州；日本。

(1638)闭目大蚕蛾 *Saturnia thibeta* Westwood, 1854

saturnia thibeta westwood, 1854, proc. zool. soc. Lond., 1853:166.(India:uttarakhand, kumaon)

前翅长:54 mm。触角黄褐色;头灰褐色;肩片基部灰褐色间杂紫色鳞毛;胸部浅黄褐色,腹部乳黄色。前翅宽阔,顶角钝圆,外缘浅凹;翅面淡黄色;内线和中线暗黄褐色,内线较直,微波曲,上端未达前缘;中线由前缘到M_1脉直,M_1至cu_1波曲,在cu_1下方内弯,与后缘平行至近内线处下折,呈深锯齿形至后缘;外线双线,锯齿形,齿尖向内,尖端黑色,在cu_1下方内弯至中线内端后下折,然后与中线平行并部分重叠至后缘;外线上端在前缘有1小黑斑,顶角内下方有1斜行紫红色纹;亚缘线黑色,除在臀角内折外,其余与外缘平行;缘线浅黄褐色,内侧1列暗黄褐色弧形斑;前缘基部至中线散布密集黑灰色,眼斑下方散布密集深褐色和黑褐色,眼斑两侧和中线与外线间散布稀疏黑褐色;外线与亚缘间在M_1以下黄褐色,散布密集黑褐色;眼斑椭圆形,内侧边暗褐色,内衬白边,上部、外侧和下部为纤细黑边,中心1短条形小黑点,黑点内侧色浅,外侧污黄褐色。后翅淡黄色;中线红褐色,由内侧远距离绕过眼斑;外线双线,深锯齿形,上端红褐色,向下变为深褐色,内侧1条的齿尖两次与眼斑接触,外线和中线上端在眼斑上方聚成一团;亚缘线2条,内侧一条深褐色,锯齿形,外侧一条黑色,两线间散布大量深褐色和黑褐色;缘线和内侧的弧形斑同前翅;眼斑结构同前翅,较大,圆形,中部的黑点大,椭圆形,内侧衬白边。

分布:中国的甘肃(天水)、福建、云南;印度。

(1639)弘目大蚕蛾 *Saturnia oliva* Bang-Haas, A., 1910

saturniastoliczkana oar. olioa Bang-Haas, A., 1910, Dt. ent. Z. Iris, 24:(Tuldus-Gebiet)

前翅长:51 mm。头和触角黄褐色;前胸前缘和肩片基部灰黄色;胸部背面深褐色掺杂灰褐色。腹部灰黄色,各节间有暗黄褐色环纹。前翅宽阔,顶角钝圆,不外凸,外缘中部微凹;翅面在外线以内暗黄褐色与灰白色混杂;基部在中室内有1纵条形黄斑,其下方至后缘暗褐色;内线暗褐色,上端未达前缘,在中室内呈反弧形弯曲,中室之下直;中线模糊带状,暗褐色,与眼斑重叠;眼斑为较宽的肾形,具黑圈,内半圈上有白线,眼斑内有白色弧形纹,其内侧淡黄褐色,外侧暗褐色;外线双线,向内凸伸极长尖齿,外侧在cu2以上为6个圆弧形组成花瓣状,最上一个圆弧的上方有1黑点,外线在Cu_2以下浅波状;外线外侧1条淡黄褐色细带,之外暗黄褐色;近顶角处有1模糊红斑;无缘线。后翅浅黄褐色,仅在外线内侧散布稀疏黑褐色鳞;内线模糊带状,略呈浅弧形;中线带状,极模糊,穿过眼斑;眼斑较大,圆形,结构同前翅;外线双线,波状,内侧一条十分细弱;翅端部同前翅,但浅色细带和端部的暗黄褐色界限不清晰,顶角无红斑。

分布:甘肃(地点不详)、陕西、新疆。

备考:未见甘肃标本。甘肃分布记录依据朱弘复和王林瑶(1996)记载。

(1640)柞蚕 *Antheraea pernyi* (Guérin-Méneville, 1855)

Saturnia pernyi Guérin-Méneville, 1855, Revue. Mag. Zool., (2)7:296.(China)

前翅长:50~68 mm。身体及翅黄褐色,头深褐色。触角各节上有暗色环。肩片及中胸前缘紫褐色,与前翅前缘的紫褐色线相接。胸腹部背面和翅橘红色至红褐色。前翅顶角外凸、端部较尖;前缘紫褐色并杂有白色鳞毛;内线白色,外侧紫褐,内线外侧在中室部位有紫色短斜线;外线黄褐色,两侧模糊不清;亚缘线紫褐色,外侧镶有白边,接近顶角部位有较明显的白色闪形纹;中室端有较大的椭圆形斑,周围镶嵌白、黑及紫红色圆环,透明斑中明显可见中室端脉,外横线贯穿上下。后翅颜色及斑纹与前翅近似,中室眼形透明斑圆,周围黑纹更明显;内线白色不甚明显,但紫色边深。前翅及后翅反面色斑与正面相同,内线及中线明显,亚缘线由各脉间紫灰色近三角形斑点组成,各点间不连贯;翅脉污黄色较明显。

分布:甘肃(天水)、黑龙江、吉林、辽宁、河北、山东、河南、陕西、江苏、浙江、湖北、湖南、四川、贵州。

(1641)樗蚕 *Samia cynthia* (Drury, 1773)

Phalaena Attacus cynthia Drury, 1773, Illust. nat. hist. exot. insects:10.(China)

前翅长:65~71 mm。头部白色。触角和额淡黄褐色;头顶、领片前部和胸部背面黄褐至褐色,领片后缘及胸部后缘白色并有长茸毛;腹部黄褐,腹部与胸部间有1条白色横带,背线及侧线由白色点组成。翅黄褐至红褐色。前翅顶角处凸,雄蛾比雌蛾为甚,端部钝圆,内侧下方有黑斑,黑斑上方有白色闪形纹;内线白色,外侧镶有黑边,在内线至翅基间形成1盾形区,在外角处沿翅脉伸出2小叉;外线白色,较直,只在中室月牙形斑的顶角处向外凸,外线外侧有紫红色宽带;亚缘线褐色,在顶角下方迂回向内并断开,线的内侧黄色;中室有较大的新月形半透明斑,斑的前缘镶有黑边,下缘黄色。后翅的颜色及斑纹与前翅近似,只是内线及外线在前缘相连接,中室新月形斑的上方隆起,缘线双行,两线间黄色;后缘有较长的黄褐色茸毛。

分布:中国的甘肃(成县、康县、文县)、吉林、辽宁、河北、山西、山东、河南、陕西、江苏、安徽、湖北、浙江、江西、湖南、福建、台湾、广东、海南、四川、贵州、云南、西藏;朝鲜,韩国,日本。

桦蛾科 Endromidae

(1642) 陇南桦蛾 *Mirina longnanensis* Chen et Wang,1993

Mirina longnanensis Chen et Wang,1993,Acta Entomologica Sinica,36(1):85.(China: Gansu)

翅展57mm。体中型,粗壮。头部深褐色,眼与下唇须黑色,触角棕褐色,翅银灰色,腹部棕色。复眼大,下唇须伸向前方,触角双栉状,栉枝细长并密生纤毛;喙退化。胸部密被长毛;足的腿、胫节具长毛,前足胫节内侧有一片状的前胫突;腹部短宽。前翅前缘直,中央略凹,外缘稍呈弧形,外缘线波状,亚缘线宽波状;中室端有1个近圆形的黑斑,其外上方有一黑色小圆斑。后翅无翅缰,中室端有一浅色黑斑,外缘有2条褐色波纹。外生殖器基部宽,端部稍钝,爪形突背基缺成对杯状突起,抱器背脊较陡峭,抱器腹脊中央强烈骨化,中央突出部分下方无凹缘。桦蛾科为旧北区独有的稀有种类,全世界共2属3种,本种于1986年首次采到。据记载,过去有人把它暂时归到大蚕蛾科中,以后又放到桦蛾科中,但对其分类地位仍有不同的看法。有关本种的雌性与生活史尚不清楚。

分布:甘肃(文县邱家坝2300~2500m)。

彩色图片

10 mm

10 mm

386 | 甘肃大蛾类图鉴

(518)　(519)　(520)　(521)　(522)　(523)　(524)　(525)　(526)　(527)　(528)　(529)　(530♂)　(530♀)

10 mm

(1624)　　(1625♂)　　(1625♀)　　(1626)　　(1627)

10 mm

436 | 甘肃大蛾类图鉴

(1628) (1629) (1630♂) (1630♀)

10 mm

(1631♂) (1631♀)

(1632) (1633)

10 mm

(1634) (1635)
(1636) (1637)
(1638) (1639)

(1640)

(1641)

10 mm

(1642)

参考文献

[1] 蔡邦华, 侯陶谦. 中国枯叶蛾科的新种[J]. 昆虫分类学报, 1980, 2(4): 257-266.

[2] 蔡邦华, 刘友樵. 中国松毛虫属(Dendrolimus Germar: Lasiocampidae)的研究及新种记述[J]. 昆虫学报, 1962, 11(3): 237-252.

[3] 蔡邦华, 刘友樵. 我国西南部松毛虫及新种记述[J]. 昆虫学报, 1964, 13(2): 240-245.

[4] 蔡荣权. 中国经济昆虫志 第十六卷: 鳞翅目舟蛾科[M]. 北京: 科学出版社, 1979.

[5] 陈小钰. 钩蛾科二新种记述[J]. 昆虫分类学报, 1985, 7(4): 277-280.

[6] 陈一心, 王保海, 林大武. 西藏夜蛾志[M]. 郑州: 河南科学技术出版社, 1991.

[7] 陈一心. 狭翅夜蛾属一新种[J]. 昆虫学报. 1989, 32(3): 355-356.

[8] 陈一心. 镶夜蛾属一新种及一新记录[J]. 昆虫学报. 1990, 33(3): 360-361.

[9] 陈一心. 夜蛾科新属新种记述(鳞翅目)[J]. 昆虫学报. 1991, 34(4): 472-474.

[10] 陈一心. 伪小眼夜蛾属一新种[J]. 动物学集刊. 1991, 8: 371-372.

[11] 陈一心. 中国动物志, 昆虫纲第十六卷, 鳞翅目夜蛾科[M]. 北京: 科学出版社, 1999.

[12] 方承莱. 华苔蛾属新种记述[J]. 动物学集刊, 1986, 4: 180-182.

[13] 方承莱. 中国痣苔蛾属的研究[J]. 动物学集刊, 1991, 8: 377-380.

[14] 方承莱. 中国美苔蛾属的研究[J]. 动物学集刊, 1991, 8: 383-397.

[15] 方承莱. 中国雪苔蛾属的研究[J]. 动物学集刊, 1992, 9: 253-266.

[16] 方承莱. 中国艳苔蛾属的研究[J]. 动物学集刊, 1993, 10: 355-361.

[17] 方承莱. 中国动物志, 昆虫纲第十九卷, 鳞翅目灯蛾科[M]. 北京: 科学出版社, 2000.

[18] 韩红香, 薛大勇. 中国动物志, 昆虫纲第五十四卷, 鳞翅目尺蛾科尺蛾亚科[M]. 北京: 科学出版社, 2011.

[19] 韩辉林, 姚小华. 江西官山伯加级自然保护区习见夜蛾科图鉴[M]. 哈尔滨: 黑龙江科学技术出版社, 2018.

[20] 侯陶谦. 中国的天幕毛虫(鳞翅目: 枯叶蛾科)[J]. 昆虫学报, 1980, 23(3): 308-313.

[21] 刘友樵, 武春生. 中国动物志, 昆虫纲第四十七卷, 鳞翅目枯叶蛾科[M]. 北京: 科学出版社, 2006.

[22] 王洪建, 陈一心. 夜蛾科(鳞翅目)新种记述I[J]. 动物学集刊, 1995, 12: 240-241.

[23] 王敏, 岸田泰则. 广东南岭国家级自然保护区蛾类[J]. Goecke & Evers, Keltern, 2011.

[24] 王敏, 岸田泰则, 枝惠太郎. 广东南岭国家级自然保护区蛾类增补[J]. 香港鳞翅目学会有限公司, 2018, 195.

[25] 王效岳. 1997-1998. 台湾尺蛾科图鉴[J]. 台北: 台湾省立博物馆. (1): 1-405(1997); (2): 1-399(1998).

[26] 武春生, 方承莱. 中国动物志, 昆虫纲第三十一卷: 鳞翅目舟蛾科[M]. 北京: 科学出版社, 2003.

[27] 杨星科. 秦岭西段及甘南地区昆虫[M]. 北京: 科学出版社, 2005.

[28] 薛大勇, 孟锋. 甘肃中部汝尺蛾属和幅尺蛾属新种记述(鳞翅目: 尺蛾科: 花尺蛾亚科)[J]. 昆虫学报, 1992, 35(4): 470-475.

[29]薛大勇,孟锋. 甘肃、青海花尺蛾亚科新种记述(鳞翅目:尺蛾科)[J]. 昆虫学报,1995,38(2):222-227.

[30]薛大勇,朱弘复. 中国动物志,昆虫纲第十五卷,鳞翅目尺蛾科花尺蛾亚科卷[M]. 北京:科学出版社,1999.

[31]薛大勇. 中国四斑尺蛾属三新种(鳞翅目:尺蛾科:花尺蛾亚科)[J]. 动物学集刊,1986,4:191-194.

[32]薛大勇. 四川云南异翅尺蛾属二新种(鳞翅目:尺蛾科:花尺蛾亚科)[J]. 动物学集刊,1990,7:209-211.

[33]薛大勇. 四川云南回纹尺蛾属和汜尺蛾属新种记述(鳞翅目:尺蛾科:花尺蛾亚科)[J]. 动物学集刊,1990,7:213-215.

[34]刘友樵. 湖南森林昆虫[M]. 长沙:湖南科学技术出版社,1992.

[35]薛大勇. 中国洱尺蛾族研究(鳞翅目:尺蛾科:花尺蛾亚科)[J]. 动物学集刊,1992,9:267-296.

[36]薛大勇. 甘肃中部爪胫尺蛾属一新种(鳞翅目:尺蛾科,花尺蛾亚科)[J]. 动物学集刊,1994,11:119-121.

[37]杨集昆. 中国夜蛾科新种描述[J]. 昆虫学报.1964,13(3):455-460.

[38]杨集昆. 华北灯下蛾类图志(中)[M]. 北京:北京农业大学.1978.

[39]杨星科. 秦岭西段及甘南地区昆虫[M]. 北京:科学出版社,2005.

[40]赵仲苓.中国经济昆虫志 第十二卷:鳞翅目毒蛾科[M]. 北京:科学出版社,1978.

[41]赵仲苓. 白毒蛾属二新种(鳞翅目:毒蛾科)[J]. 动物学集刊,1987,5:149-150.

[42]赵仲苓.中国经济昆虫志 第四十二卷:鳞翅目毒蛾科(二)[M]. 北京:科学出版社,1994.

[43]赵仲苓. 中国动物志,昆虫纲第三十卷,鳞翅目毒蛾科[M]. 北京:科学出版社,2003.

[44]赵仲苓. 中国动物志,昆虫纲第三十六卷,鳞翅目波纹蛾科[M]. 北京:科学出版社,2004.

[45]周尧,向和. 陕西钩蛾科的研究[J]. 昆虫分类学报,1982,4(4):259-267.

[46]朱弘复,王林瑶. 中国箩纹蛾科[J]. 昆虫学报,1977,20(1):83-85.

[47]朱弘复,王林瑶. 中国动物志,昆虫纲第三卷,鳞翅目圆钩蛾科钩蛾科[M]. 北京:科学出版社,1991.

[48]朱弘复,王林瑶. 中国蚕蛾科研究(鳞翅目)[J]. 动物学集刊,1993,10:221-248.

[49]朱弘复,王林瑶. 中国动物志,昆虫纲第五卷,鳞翅目蚕蛾科大蚕蛾科网蛾科[M]. 北京:科学出版社,1996.

[50]朱弘复,王林瑶. 中国动物志,昆虫纲第十一卷,鳞翅目天蛾科[M]. 北京:科学出版社,1997.

[51]朱弘复,王林瑶 韩红香. 中国动物志,昆虫纲第三十八卷,鳞翅目蝙蝠蛾科蛱蛾科[M]. 北京:科学出版社,2004.

[52]朱弘复等. 蛾类图册[M]. 北京:科学出版社.1973.

[53]朱弘复. 中国蛾类图鉴,1-4卷[M]. 北京:科学出版社.1981—1983.

[54]Alphéraky, S. 1882. Lépidoptéres du district de Kouldja et des montagnes environnantes. *Horae Societatis Entomologicae Rossicae*, 17: 15-103.

[55]Alphéraky, S. 1887. Diagnosen einiger neuer centralasiatischer Lepidopteren. *Stettiner Entomologische Zeitung*, 48: 161-171.

[55]Alphéraky, S. 1888. Neue Lepidopteren. *Stettiner Entomologische Zeitung*, 49: 66-69.

[56]Alphéraky, S. 1892a. Lepidopteres repportes de la China & de la Mongolie par G.N. Potanine. *In* Romanoff, N. M., *Mémoires sur les Lépidoptères*, 6: 1-81.

[57] Alphéraky, S. 1892b. Lepidoptera nova a Gr. Grshimailo un Asia Centrali novissime lecta. *Horae Societatis Entomologicae Rossicae*, 26: 444-459.

[58] Alphéraky, S. 1893. Lepidoptera nova Asia Centralis. *Deutsche Entomologische Zeitschrift Iris*, 6: 346-347.

[59] Alphéraky, S. 1895. Lépidoptéres nouveaux. *Deutsche Entomologische Zeitschrift, Iris*, 8: 180-202.

[60] Alphéraky, S. 1897a. Lépidoptéres rapportes par Mr. Gr. Groum-Grshimailo de l'Asie centrale en 1889-1890. *In* Romanoff, N. M. (Ed.), *Mémoires sur les Lépidopteres*, 9: 1-80, pls. 1-4.

[61] Alphéraky, S. 1897b. Lépidiptéres des provinces chinoises Sé-Tchouen & Kan recueillis, en 1893, par M-r G. N. Potanine. *In* Romanoff, N. M. (Ed.), *Mémoires sur les Lépidopteres*, 9: 83-149.

[62] Alphéraky, S. 1897c. Lepidoptera de l'Amour & de la Coree. *In* Romanoff, N. M. (Ed.), *Mémoires sur les Lépidoptères*, 9: 151-184, pls 10-13.

[63] Alphéraky, S. 1897d. Mémoire sur différents Lépidoptéres, tant nouveaux que peu connus, de le faune paléarctique. *In* Romanoff, N. M. (Ed.), *Mémoires sur les Lépidoptères*, 9: 185-227.

[64] Alphéraky, S. 1916. A propos d'article de M.A.M. Djakonov sur les especes du genre *Stamnodes* Guen. *Revue Russe d'Entomologie*, 16: 112-114.

[65] Bang-Haas, A. 1910. Neue oder wenig bekannte palaearetische Macrolepidopteren. *Deutsche Entomologische Zeitschrift, Iris*, 24: 20-51.

[66] Bang-Haas, A. 1927. *Horae Macrolepidopterologicae regionis palaearchcae*. Verlag Dr. O. Staudinger & A. Bang-Haas, volume 1. Dresden-Blasewitz, ixviii + 128 pp, 11 pls.

[67] Bang-Haas, A. 1939. Neubeschreibungen und Berichtigungen der palaearktischen Macrolepidopterenfauna xxxviii. *Deutsche Entomologische Zeitschrift, Iris*, 53: 49-60.

[68] Bastelberger, M.J. 1909. Neue Geometriden aus Central-Formosa. *Entomologische Zeitschrift*, 23: 33-34 39-40 & 77.

[69] Behounek, B., Han, H.L. & Kononenko, V. 2011. Revision of Pantheinae, contribution I: A revision of the genus *Trisuloides* Butler, 1881 with descriptions of three new species from China (Lepidoptera, Noctuidae). *Zootaxa*, 3069: 1-25.

[70] Berio, E. 1956. Diagnosi preliminari di Noctuidae apparentemente nuove. *Memorie della Societa Entomologica Italiana Genoa*, 35: 23-34.

[71] Beyer, E. 1958. Uber sechs neue Geometrinae aus China (Lepid. Geome.). *Broteria*, 27 (54): 109-115.

[72] Boisduval, J.B.A.D. de 1829. *Europaeorum Lepidopterorum Index Methodicus*. Paris. Plassan. 103 pp.

[73] Boisduval, J.B.A.D. de 1837. *Icones Historique des Lépidoptéres nouveaux ou peu connus. Collection, avec Figures coloriées, des Papillons d'Europe*. Volume 2. Encyclopédique de Roret, Paris, plates 71-84.

[74] Boisduval, J.B.A.D. de 1875. Lepidoptera Heterocera. in Boisduval, J.B.A.D. de & Guenée, M.A, Histoire Naturelle des Insectes. Spécies Général des Lépidoptéres Hétérocères, 1: 4-568.

[75] Borkhausen, M. B. 1788-1794, *Naturgeschichte der Europäischen Schmetterlinge nach systematischer Ordnung: Der Phalänen erste Horde, die Spinner*. Volumes 1-5. Varrentrapp und Wenner, xxxvi+572 pp.

[76] Boursin, C. 1940a. Contributions a l'etude des "Agrotidae Trifinae". XXIX. *Bulletin Mensuel de la Société Linnéenne de Lyon*, 9: 109-113.

[77] Boursin, C. 1940b. Nouveaux Agrodidae palearctiques (Contributions a l'Etude de "Agrodidae-Tri-

finae". XXVIII. *Mémoires du Museum National d'Histoire Naturelle*, 13: 303-330.

[78] Boursin, C. 1948. Neue palaeark-tische Agrotis-Arten aus dem Natur-historischen Museum in Wien nebst Synonymie-Notizen. *Zeitschrift der Wiener Entomologischen Gesellschaft*, 33: 97-136.

[79] Boursin, C. 1954a. Die "*Agrotis*"-Arten aus Dr. h.c.H. Hone's China-Ausbeuten (Beitrag zur Fauna sinica). *Bonner Zoologische Beitraege*, 5: 213-309.

[80] Boursin, C. 1954b. Eine neue paläarktische (und europäische) *Cryphia* Hb. (Bryophila)-art. *Zeitschrift der Wiener Entomologischen Gesellschaft*, 39: 74-85, 2 pls.

[81] Boursin, C. 1955. Die "*Agrotis*"-Arten aus Dr. h. c. H. Hone's China-Ausbeuten. III, IV. *Zeitschrift der Wiener Entomologischen Gesellschaft*, 40: 216-237.

[82] Boursin, C. 1963. Die "Noctuinae"-Arten (Agrotinae vulgo sensu) aus Dr. h. c. H. Hohne's China-Ausbeuten (Beitrag zur Fauna Sinica). *Forsch. Ber. Lands Nordrhein-Westfallen Koln & Opladen*, 1170: 1-107.

[83] Boursin, C. 1967a. Description de 26 expéces nouvelles de Noctuidae Trifinae palearctiques et d'un sous-genre nouveau de la sous-famille des Apatelinae. Entomops, 2 (10): 43-72; 2 (11): 85-108.

[84] Boursin, C. 1967b. Die neuen Hermonassa Wlk.-Arten aus Dr. H. Hone's China Ausbeuten. (Beitrage zur Kenntnis der Noctuidae Trifinae. 157). *Zeitschrift der Wiener Entomologischen Gesellschaft*, 52 (78): 24-38.

[85] Brechlin, R. & Kitching, I.J. 2010. Eine neue Art der Gattung Salassa Moore, 1859 (Lepidoptera: Saturniidae, Salassinae). *Entomo-Satsphingia*, 3 (1): 9-11.

[86] Brechlin, R. & Kitching, I.J. 2012. Eine neue Art der Gattung *Callambulyx* Rothschild & Jordan, 1903 (Lepidoptera: Sphingidae). *Entomo-Satsphingia*. 5 (3): 56-60.

[87] Brechlin, R. 2011. Fünf neue Taxa der Gattung Saturnia Schrank, 1802 (Subgenus *Rinaca* Walker, 1855) aus China (Lepidoptera: Saturniidae). *Entomo-Satsphingia*, 4 (2): 78-85.

[88] Bremer, O. & Grey, W. 1853a. *Beiträge zur Schmetterlungs-Fauna des Nordlichen China's*. Petersburg, 23 pp., 10 pls.

[89] Bremer, O. & Grey, W. 1853b. Diagnoses de Lépidoptéres nouveaux trouvés par MM Tatarinoff & Gaschkewitsch aux environs de Pekin. *Études Entomologiques*, 1: 58-67.

[90] Bremer, O. 1861. Neue Lepidopteren aus Ost-Sibirien und en Amur-lande, gesammelt von Radde un Maack. *Bulletin de l'Acedémie Impériale des Sciences de St. -Pétersbourg*, 3: 462-496, 571.

[91] Bremer, O. 1864. Lepidopteren Ost-sibiriens, insbesondere des Amur-landes, gesammelt von den Herrn G. Radde, R. Maack und P. Wulffius. *Mémoires de l'Académie Impériale des Sciences de St. Petersbourg*, (7) 8 (1): 1-103, pls 1-8.

[92] Bryk, F. 1942. Zur Kenntnis der Gross-Schmetterlinge der Kurilen. *Deutsche Entomologische Zeitschrift*, Iris, 56: 3-113, 2 pls.

[93] Bryk, F. 1943b. Entomological results from the Swedish expedition 1934 to Burma and British India. Lepidoptera: Drepanidae. *Arkiv för Zoologi*, 34A (13): 1-30, 3 pls.

[94] Bryk, F. 1948. Zur Kenntnis der Gross-Schmetterlinge von Korea. Pars II. *Arkiv för Zoologi*, 41A (1): 1-225, 7 pls.

[95] Bryk, F. 1949. Entomological Results from the Swedish Expedition 1934 to Burma and British India. Lepidoptera: Notodontidae Stephens, Cossidae Newman und Hepialidae Stephens. *Arkiv för Zoologi*, 42 A (19): 1-51, pl.1-4.

[96] Burrows, C.R.N. 1911. On the *nictitans* group of the genus *Hydroecia*, Gn. *Transactions of the Royal Entomological Society of London*, 1911: 738–749, 8 pls.

[97] Butler, A.G. 1875. Descriptions of new Species of Sphingidae. *Proceedings of the Zoological Society of London*, 1875: 238–261.

[98] Butler, A.G. 1876a. Descriptions of several new species of Sphingidae. *Proceedings of the Zoological Society of London*, 1875: 621–623.

[99] Butler, A.G. 1876b. Revision of the heterocerous Lepidoptera of the family Sphingidae. *Transactions of the Zoological Society*, 9: 511–644. pls. xc–xciv.

[100] Butler, A.G. 1877a. Descriptions of new species of Heterocera from Japan. Part I. Sphinges and Bombyces. *Annals and Magazine of Natural History*. (4) 20: 393–404, 473–483.

[101] Butler, A.G. 1877b. On new species of Catocala and *Sypna* from Japan. *Cistula Entomologica*, 2: 241–246.

[102] Butler, A.G. 1878–1889. *Illustrations of Typical Specimens of Lepidoptera Heterocera in the Collection of the British Museum.* Part 2: i–x, 1–62, pls 21–40 (1878); Part 3: i–xviii, 1–82, pls 41–60 (1879); Part 5: i–xii, 1–74, pls 78–100 (1881); Part 6: i–xv, 1–89, pls 101–120 (1886); Part 7: i–iv, 1–124, pls 121–138 (1889).

[103] Butler, A.G. 1878a. Descriptions of new species of Heterocera from Japan. Part II. *Annals and Magazine of Natural History*, (5) 1: 77–85, 161–169, 192–204, 287–295.

[104] Butler, A.G. 1878b. Descriptions of new species of Heterocera from Japan. Part III. Geometridae. *Annals and Magazine of Natural History*, (5) 1: 392–407, 440–452.

[105] Butler, A.G. 1879. Descriptions of new species of Lepidoptera from Japan. *Annals and Magazine of Natural History*, (5) 4: 349–374, 437–457.

[106] Butler, A.G. 1880a. On a small collection of Lepidoptera from western India and Belochistan. *Annals and Magazine of Natural History*, (5) 5: 221–226.

[107] Butler, A.G. 1880b. Descriptions of new species of Asiatic Lepidoptera Heterocera. *Annals and Magazine of Natural History*, (5) 6: 61–69, 119–129, 214–230.

[108] Butler, A.G. 1880c. For a second collection of Lepidoptera made in Formosa by H.E. Hobson, Esq. *Proceedings of the Zoological Society of London*, 1880: 666–691.

[109] Butler, A.G. 1881a. An account of the Sphinges and Bombyces collected by Lord Walsingham in North America, during the years 1871–72. *Annals and Magazine of Natural History*, (5) 7: 306–318.

[110] Butler, A.G. 1881b. On the genus Sypna of Guenée; a group of Lepidoptera of the tribe Noctuites. *Transactions of the Royal Entomological Society of London*, 1881: 201–210.

[111] Butler, A.G. 1881c. Descriptions of new genera and species of Heterocerous Lepidoptera from Japan. *Transactions of the Royal Entomological Society of London*, 1881 (3): 1–23, 171–200, 401–426, 579–600.

[112] Butler, A.G. 1883. On a Collection of Indian Lepidoptera received from C. Swinhoe, with numerous notes by the Collector. *Proceedings of the Zoological Society of London*, 1883: 144–175.

[113] Butler, A.G. 1884. Descriptions of five new species of Heterocerous Lepidoptera from Yesso. *Annals and Magazine of Natural History*, (5) 13: 273–276.

[114] Butler, A.G. 1885. Descriptions of Moths new to Japan, collected by Messrs. Lewis and Pryer. *Cistula Entomologica*, 3: 113–136.

[115] Carrara, F. 1846. *La Dalmazia Descritta*. Zara. Fratelli Battara Tipografi, 192 pp, 24 pls.

[116] Chapman, T.A. 1912. On *Hydroecia burrowsi*, n. sp. *Entomologist's Record and Journal of Variation*, 24: 109–111, 1 pl.

[117] Christoph, H. 1876–1877. Sammelergebnisse aus Nordpersien, Krasnowodsk in Turmenien und dem Daghestan. *Horae Societatis Entomologicae Rossicae*, 12: 181–299, 4 pls.

[118] Christoph, H. 1881. Neue Lepidopteren des Amurgebietes. *Bulletin de la Société Impériale des Naturalistes de Moscou*, 55 (3): 33–121.

[119] Christoph, H. 1887. Lepidoptera aus dem Achal-Tekke-Gebiete. *In* Romanoff, N. M., *Mémoires sur les lépidoptères*, 3: 50–125.

[120] Clerck, C. 1759–1764. *Icones Insectorum Rariorum cum Nominibus eorum Trivialibus, Locisque e C. Linnae*. Holmiae. 1759: plates 1–12, Sectio Primo. 1764: plates 13–55, Sectio Secundo.

[121] Collenette, C. L. 1932. The Lymantriidae of the Malay Peninsula. *Novitates Zoologicae*, 38: 40–102.

[122] Collenette, C. L. 1934a. New Lymantriidae (Lep.) from Chekian and Kiangsu, eastern China. *Stylops London*, 3: 113–117.

[123] Collenette, C. L. 1934b. The Lymantriidae of Kwang-Tung (S.E. China). *Novitates Zoologicae*, 39: 137–150.

[124] Collenette, C. L. 1936b. On a collection of Lymantriidae (Heterocera) from North Yunnan. *Annals and Magazine of Natural History*, (10) 17: 329–346.

[125] Collenette, C.L. 1936a. Lymantriidae from North Yunnan. *Entomologist's Monthly Magazine*, 72: 90–91.

[126] Collenette, C.L. 1938a. On a collection of Lymantriidae (Heterocera) from China. *Proceedings of the Royal Entomological Society of London* (B), 7: 211–221.

[127] Collenette, C.L. 1938b. New Palae-arctic and Indo-Australian Lymantrii-dae in the British Museum collection. *Annals and Magazine of Natural History*, (11) 2: 368–387.

[128] Comstock, J.H. 1918. *The wings of insects*. Comstock Publishing Company, Ithaca, New York, 430 pp.

[129] Corti, A. 1928. Studien über die subfamilie Agrotinae (Lep.). XV. 5 neue palearktischen Agrotinae. *Entomologische Mitteilungen*, 17: 49–60, 1 pl.

[130] Cotes, E.C. & Swinhoe, C. 1887–1889. *A catalogue of the moths of India*. Volumes 1–4. Calcutta: Printed by order of the Trustees of the Indian Museum, 1887–1889.

[131] Cramer, P. 1775–1782. *Die Uitlandsche Kapellen Voorkomende in de Drie Waereld-Deelen Asia, Africa en America*. Amserdan, S.J. Baalde and Utrecht, Barthelemy Wild. Volumes 1–4.

[132] Cui, L., Xue, D-Y. & Jiang, N. 2018. *Aquilargilla* gen. nov., a new genus of Sterrhinae from China with description of two new species (Lepidoptera, Geometridae). *Zootaxa*, 4514 (3): 431–437.

[133] Cui, L., Xue, D-Y. & Jiang, N. 2019. A review of *Organopoda* Hampson, 1893 (Lepidoptera, Geometridae) from China, with description of three new species. *Zootaxa*, 4651 (3): 434–444.

[134] Dalman, J.W. 1823. *Analecta Entomologica*. Holmiae. Typis Lindhianis, vii + 104 pp.

[135] Daniel, F. 1943. Beitäge zur Kenntnis der Arctiidae Ostasiens unter besonderer Berücksichtigung dor Ausbeute H. Höne's aus diesem Gebiet (Lep. Het.). I, II. Teil. *Mitteilungen der Muenchener Entomologischen Gesellschaft Munich*, 33: 247–269, 671–755.

[136] Daniel, F. 1951. Beiträge zur Kenntnis der Arctiidae Ostasiens unter besonderer Berücksichtigung

der Ausbeuten von Dr. h. c. H. Höne aus diesem Gebiet （Lep.-Het.）. *Bonner Zoologische Beiträge*, 2: 291-327, 1 pl.

[137]Daniel, F. 1952. Beiträge zur Kenntnis der Arctiidae Ostasiens unter besonderer Berücksichtigung der Ausbeuten von Dr. h. c. H. Höne aus diesem Gebiet (Lep.-Het.). III. Teil: Lithosiinae. *Bonner Zoologische Beiträge*, 3: 75-90, 305-324.

[138]Daniel, F. 1953. Neue Heterocera-Arteon und-Formen. *Mitteilungen der Muenchener Entomologischen Gesellschaft Munich*, 43: 252-261.

[139]Daniel, F. 1954. Beiträge zur Kenntnis der Arctiidae Ostasiens unter besonderer Berücksichtigung der Ausbeuten von Dr. h.c. Höne aus diesem Gebiet (Lep. Het.) III. Teil: Lithosiinae (contd.). *Bonner Zoologische Beitraege*, 5: 89-138.

[140]Denis, M. & Schiffermüller, I. 1775. *Ankündigung eines systematischen Werkes von den Schmetterlongen der Wienergegend.* Augustin Bernardi, Wien, 323 pp., 3 pls.

[141]Dieffenbach, E. 1843. Travels in New Zealand; with Contributions to the Geography, Geology, Botany, and Natural History of that Country. Volume 2. London. John Murray, 396 pp.

[142]Djakonov, A.M. 1926. Zur Kentnis der Geometriden Fauna des Minussinsk-Bezirks (Sibirien, Ienissej Gouv.). *Jahrb Martjanov Staatsmus Minussinsk*, 4: 1-78.

[143]Djakonov, A.M. 1929. Entomologische Ergebnisse der schwedischen Kamtchatka-Expedition 1920-1922. 20. Lepidoptera III. Geometridae. *Arkiv för Zoologi*, 21A (1): 1-24, 2 figs. 2 pls.

[144]Djakonov, A.M. 1936. Schwedisch-chinesische wissenschaftliche Expedition nach den nordwestlichen Provinzen Chinas. 57. Lepidoptera. 5. Geometridae. *Arkiv för Zoologi*, 27A (39): 1-67, 20 figs.

[145]Djakonov, A.M. 1952. New Lepidoptera, Geometridae from Kazakhstan and southern Maritime Province. *Ent. Obozr., Moscow*, 32: 268-278.

[146]Doubleday, E. 1855. A new species of *Agrotis. Zoologist*, 13: 4749

[147]Draeseke, J. 1928. Die Schmetterlinge der Stötznerschen ausbeute. *Deutsche Entomologische Zeitschrift, Iris*, 42: 296-320.

[148]Draeseke, J. 1931. Die Schmetterlinge der Stötznerschen ausbeute. Nachtrag. *Deutsche Entomologische Zeitschrift, Iris*, 45: 73-78.

[149]Draudt, M. 1937. Neue Agrotiden (= Noctuiden)-Arten und Formen aus den Ausbeuten von Herrn H. Höne, Shanghai. *Entomologische Rundschau*, 54: 373-376, 381-384, 397-401, 1 pl.

[150]Draudt, M. 1939. Die Gattung Orthogonica Fldr. (Lep. Noct.) in den Höne-Ausbeuten. *Entomologische Rundschau*, 58: 145-150.

[151]Draudt, M. 1950. Beitrage zur Kenntnis der Agrotiden-Fauna Chinas. Aus den Ausbeuten Dr. H. Hone's. *Mitteilungen der Münchner Entomologischen Gesellschaft*, 40: 1-174.

[152]Druce, H. 1899. Descriptions of some new species of Heterocera. *Annals and Magazine of Natural History*, (7) 4: 200-205.

[153]Drury, D. 1773. *Illustrations of Natural History Wherein are Exhibited Upwards of Two Hundred and Forty Figures of Exotic Insects, According to their Different Genera: Very Few of Which Have Hitherto Been Figured by Any Author, Being Engraved and Coloured from Nature, with the Greatest Accuracy, and Under the Author's Own Inspection on Fifty Copper-plates.* Volume 2. B. White, London, 50 pls, vii + 90 pp., plus unnumbered index.

[154]Duponchel, M.P.A.J. 1827. *Histoire Naturelle des Lépidoptères ou Papillons de France.* Volume 7.

Part 1. Firmin Didot, Paris, 526 pp., plates 101-132.

[155] Dyar, H.G. 1905. A descriptive list of a collection of early stages of Japanese Lepidoptera. *Proceedings United States Museum*, 28 (1412): 937-956.

[156] Eitschberger, Ulf., Bergmann, A., Hauenstein, A. 2006. Drei neue Arten der Gattung Ambulyx Westwood, 1847 (Lepidoptera: Sphingidae). Atalanta. 37 (3-4): 483-494.

[157] Elwes, H.J. 1890. On some new Moths from India. *Proceedings of the Zoological Society of London*, 1890: 378-401.

[158] Erschoff, N.G. 1874. Lepidoptera. *In*: Fedchenko A.P. (Ed.), Journey to Turkestan, 2 (5): 1-128, pl. 1-6. [in Russian]

[159] Erschov, A. 1870. Catalogue of the Lepidoptera of the Russian Empire. *Trudy Russkago Entomologischeshkago Obschestva*, 4: 139-204. [In Russian]

[160] Esper, E.J.C. 1776-1830. *Die Schmetterlinge in Abbildungen nach der Natur mit Beschreibungen*. Erlangen: W. Walthers. Vols. 1-5.

[161] Eversmann, E.F. 1843. Quaedan Lepidopterorum species novae, in montibus Uralensibus et Altaicis habitantes, nunc desctiptae et depictae. *Bulletin de la Société Impériale des Naturalistes de Moscou*, 16 (3): 535-553, 4 pls.

[162] Eversmann, E.F. 1848. Beschreibung einigen neuen falter Russlands. *Bulletin de la Société Impériale des Naturalistes de Moscou*, 21 (3): 205-232.

[163] Eversmann, E.F. 1851. Description de quelques nouvelles espéce de Lépidoptéres de la Russie. *Bulletin de la Société Impériale des Naturalistes de Moscou*, 24: 610-644.

[164] Eversmann, E.F. 1856. Les Noctuélites de la Russie. *Bulletin de la Société Impériale des Naturalistes de Moscou*, 29 (2): 161-233.

[165] Fabricius, J.C. 1775. *Systema Entomologicae, sistens Insectorum classes, ordines, genera, species, adjectis, synonymis, locis, descriptionibus, observationibus*. Flensburg, Lipsia, 832 pp.

[166] Fabricius, J.C. 1777. *Genera insectorum eorumque characteres naturales secundum numerum, figuram, situm & proportionem omnium partium oris adiecta mantissa specierum nuper detectarum*. Litteris Mich. Friedr. Bartschii, Chilonii, 310 pp.

[167] Fabricius, J.C. 1781. *Species insectorum exhibentes eorum differentias specificas, synonyma, auctorum, loca natalia, metamorphosin adiectis observationibus, descriptionibus*. Vol. 2. Impensis Carol. Ernest. Bohnii, Hamburgi & Kilonii, 494 pp.

[168] Fabricius, J.C. 1787. *Mantissa Insectorum, sistens eorum species nuper detectas*. Vol. 2. Hafniae, 382 pp.

[169] Fabricius, J.C. 1794. *Entomologia Systematica Emendata & Aucta*. Vol. 3 (2). Hafniae, 349 pp.

[170] Fabricius, J.C. 1798. *Supplementum Entomologiae systematicae*. Apud Proft & Storch, 572 pp.

[171] Felder, R. & Felder, C. 1862. Observationes de Lepidopteris nonnullis Chinae centralis & Japoniae. *Wiener Entomologische Monatschrift*, 6: 33-40.

[172] Felder, R. & Rogenhofer, A.F. 1874. Lepidoptera. Heft 4. Atlas der Heterocera, Sphingida-Noctuida. *Reise österreichischen Fregatte Novara um die Erde in den Jahren* 1857, 1859. Zoologischer Theil, 2 (2. Abt). Carl Gerold's Sohn, Wien, pls 75-120, pp. 537-548.

[173] Felder, R. & Rogenhofer, A.F. 1875. Lepidoptera. Heft 5. Atlas der Heterocera, Geometridae Pterophorida. *Reise der österreichischen Fregatte Novara um die Erde*. Zoologischer Theil, 2 (2. Abt). Carl

Gerold's Sohn, Wien, pls 121–140.

[174] Filipjev, N. 1927. Zur kenntniss der Heteroceren (Lepidopteren) von Sutshan (Ussuri Gebiet). *Annuaire du Musée Zoologique de l'Académie des Sciences d'l'USSR*, 28: 219–264, 5 pls.

[175] Filipjev, N. 1937. Notices Lépidoptérologiques. *Lambillionea*, 37: 64–69.

[176] Fische de Waldheim, G. 1840. Annotationes de Lepidopteris a Cl. Kindermann prope Volgam inferiorum. *Bulletin de la Société Impériale des Naturalistes de Moscou*, 1840 (1): 81–89, 1 pl.

[177] Fitch, A. 1856. *First and Second Report on the Noxious, Beneficial and other Insects, of the State of New-York*. Albany. C. Van Benthuysen, 336 pp, 4 pls.

[178] Fixsen, C. 1887. Lepidopter aus Korea. *In* Romanoff, N.M. *Mémoires sur les Lépidoptères*, 3: 233–365. 2 pls. 1 map.

[179] Freyer, C.F. 1831–1858. *Neuere Beiträge zur Schmetterlingskunde mit abbildungen nach der Natur*. Volumes 1–7. Carl Kollman, Augsburg.

[180] Fuchs, A. 1900. [No title]. *Jahrbuch des Nassauischen Vereins*, 53: 54, 56.

[181] Graeser, L. 1888–1892. Beiträge zur Kenntniss der Lepidopteren-Fauna des Amurlandes. part i–v. *Berliner Entomologische Zeitschrift*, 32: 33–153 (part i, 1888); 32: 309–414 (part ii, 1889); 33: 251–268 (part iii, 1889); 35: 71–84 (part iv, 1890); 37: 209–234 (part v, 1892).

[182] Graslin, A. de 1855. Notice sur une nouvelle espéce d'Heliothis trouvée sur la cote de la France occidentale. *Annales de la Société Entomologique de France*, (3) 3: 65–74.

[183] Guenée, M.A. 1852–1858. In Boisduval, J.B.A.D. & Guenée, M.A., *Histoire Naturelle des Insectes. Spécies Général des Lépidoptéres*. Tome 5 Noctuélites 1: i–xcvi, 1–407 (1852); Tome 6 Noctuélites 2: 1–444 (1852); Tome 7 Noctuélites 3: 1–442, pls 1–24 (1852); Tome 8 Deltoides & Pyralites: 1–448, pls 1–10 (1854); Tome 9 Uranides & Phalenites 1: 1–514, pls 1–56 (1858, imprint 1857); Tome 10 Uranides & Phalenites 2: 1–584, pls 1–22 (1858).

[184] Hampson, G.F. 1891. *Illustrations of typical specimens of Lepidoptera Heterocera in the collection of the British Museum*. Part 8. The Lepidoptera Heterocera of the Nilgiri district. London, iv+144 pp.

[185] Hampson, G.F. 1893–1896. *The Fauna of British India, including Ceylon and Burma* (Moths). Taylor and Francis, London, volume 1, xxiii+527 pp., figs 1–333 (1893); volume 2, xxii+609 pp. (1894); volume 3, xxviii+546 pp. (1895); volume 4, xxviii+594 pp. (1896).

[186] Hampson, G.F. 1895. Descriptions of new Heterocera from India. *Transactions of the Entomological Society of London*, 1895: 277–315.

[187] Hampson, G.F. 1897–1899. The moths of India. Supplementary paper to the Volumes in "*The Fauna of British India*". Series I: Parts 1–7. *Journal of the Bombay Natural History Society*, 11: 277–297, pl.A (1897), 438–462, 698–724 (1898); 12: 73–98 (1898), 304–314, 475–489, 697–715 (1899).

[188] Hampson, G.F. 1898–1913. *Catalogue of the Lepidoptera Phalaenae of the Collection of the British Museum*. Vol. 1: i–xxi, 1–559 (1898); Vol. 2: i–xx, 1–589 (1900); Vol. 3: I–xix, 1–690 (1901); Vol.4: i–xx, 1–689 (1903); Vol. 5: i–xvi, 1–634 (1905); Vol. 6: i–xiv, 1–532 (1906); Vol. 7: i–xv, 1–709 (1908); Vol. 8: i–xiv, 1–583 (1909); Vol. 9: i–xv, 1–552 (1910); Vol. 10: i–xix, 1–829 (1910); Vol. 11: i–xvii, 1–689 (1912); Vol. 12: i–xiii, 1–858 (1913); Vol. 13: i–xiv, 1–609 (1913); Pls 1–239. London.

[189] Hampson, G.F. 1901. New species of Syntomidae and Arctiadae. *Annals and Magazine of Natural History*, (7) 8: 165–186.

[190] Hampson, G.F. 1901–1903. The moths of India. Supplementary paper to the Volumes in "*The Fauna of British India*". Series II: Parts 1–10. *Journal of the Bombay Natural History Society*, 13: 37–51, 223–235 pl.B (1901); 14: 103–117, 197–219, 494–519 (1902), 639–659 (1903); 15: 19–37, 206–226, pl.C (1903).

[191] Hampson, G.F. 1904–1908. The moths of India. Supplementary paper to the Volumes in "*The Fauna of British India*". Series III: Parts 1–11. *Journal of the Bombay Natural History Society*, 15: 630–653 (1904); 16: 132–152, pl.D (1904), 193–216, 434–461, 700–719 (1905); 17: 164–183, 447–478 (1906), 645–677 (1907); 18: 27–53 (1907), 257–271, 572–585, pl.E (1908).

[192] Hampson, G.F. 1910–1912. The moths of India. Supplementary paper to the Volumes in "*The Fauna of British India*". Series IV: Parts 1–5. *Journal of the Bombay Natural History Society*, 20: 83–125 (1910), 634–674, 1046–1083, pl.F (1911); 21: 411–446, 878–911, 1222–1272, pl.G (1912).

[193] Hampson, G.F. 1926. *Descriptions of new Genera and species of Lepidoptera Phalaenae of the Subfamily Noctuinae (Noctuidae) in the British Museum (Natural History)*. London, 641 pp.

[194] Han, H-X. & Galsworthy, AC. & Xue, D-Y. 2012. The Comibaenini of China (Geometridae: Geometrinae), with a review of the tribe. *Zoological Journal of the Linnean Society*, 165: 723–772.

[195] Han, H-X., Galsworthy, A.C. & Xue D-Y. 2005. A taxonomic revision of Limbatochlamys Rothschild, 1894 with comments on its tribal placement in Geometrinae (Lepidoptera: Geometridae). *Zoological Studies*, 44(2): 191–199.

[196] Han, H-X., Galsworthy, A.C. & Xue, D-Y. 2009. A survey of the genus *Geometra* Linnaeus (Lepidoptera, Geometridae, Geometrinae). *Journal of Natural History*, 43(13): 885–922.

[197] Han, H-X., Stüning, D. & Xue, D-Y. 2010. A taxonomic review of the genus *Pseudostegania* Butler, 1881, with description of four new species and comments on its tribal placement in the Larentiinae (Lepidoptera: Geometridae). *Entomological Science*, 13: 234–249.

[198] Haxaire, J. & Melichar, T. 2010. Description d'une nouvelle espece du genre Kentrochrysalis Staudinger, 1887 de Chine centrale: *Kentrochrysalis heberti* sp. n. (Lepidoptera, Sphingidae). *European Entomologist*. 3(2): 101–110.

[199] Hedemann, W.V. 1878. Beitrag zur Lepiddopteren-Fauna des Amur-landes. *Horae Societatis Entomologicae Rossicae*, 14: 506–516.

[200] Hedemann, W.V. 1881. Beitrag zur Lepidopteren-Fauna des Amur-landes (Fortsetzung). *Horae Entomologicae Rossicae*, 16: 43–57, 257–272.

[201] Herrich-Sch?ffer, G.A.W. 1843–1856. *Systematische Bearbeitung der Schmetterlinge von Europa, Zugleich als Text, Revision und Supplement zu Jacob Hübner's Sammlung europäischer Schmetterlinge. (6 Volumes) Vierter Band. Zünsleru. Wickler*. Manz, Regensburg.

[202] Herrich-Schäffer, G.A.W. 1850–1858. *Sammlung neuer oder wenig bekannter, aussereuropäischer Schmetterlinge*. Volume 1, series 1. G.J. Manz, Regensburg, 84 pp., 96 pls.

[203] Herz, O. 1904. Lepidoptera von Korea. Noctuidae & Geometridae. *Annuaire du Musée Zoologique de l'Académie Impériale des Sciences de St. Petersbourg (Ezheg. zool. Muz.)*, 9: 263–390, 1 pl.

[204] Heydemann, F. 1929. Monographie der palaarktischen Arten des Subgenus Dystroma Hbn. (*truncata-citrata*-Gruppe) der Gattung *Cidaria*. (Geometrid. Lepid.). *Mitteilungen der Münchner Entomologischen Gesellschaft*, 19: 207–292, 13 figs, 11 pls.

[205] Höne, H. 1917. Vier neue noctuiden aus Japan (hierzu tafel). *Entomological Magazine*, 3: 47–50.

[206] Houlbert, C. 1921. Revision monographique de la Famille des Cymatophoridae. In: Oberthür, C., Études de Lépidopterologie Comparee, 18 (2): 23-252.

[207] Hübner, J. 1796-1838. Sammlung Europäischer Schmetterlinge. Augsberg,

[208] Hübner, J. 1818-1831, Zuträge zur Sammlung exotischer Schmetterlinge, bestehend in Bekundigung einzelner Fliegmuster neuer oder rarer nichteuropäischer Gattungen. Drittes Jundert. Augsburg.

[209] Hufnagel, J.S. 1766a. Tabelle über die heiesigen nachtvögel. V. Dreitte tabelle von denen Insecten oder die erste von den Nachtvögeln. Berlinisches Magazin, 2 (4): 391-437.

[210] Hufnagel, J.S. 1766b. Fortsetzung der Tabelle von den Nachtvögeln. IV. Fotsetzung der vierten Tabelle von den Insecten, besongers von denen so genannten Nachteulen als der zwoten Klasse. Der Nachtvögel hiesiger Gegend. Berlinisches Magazin, 3: 279-309, 393-426.

[211] Hufnagel, J.S. 1767. Fortsetzung der Tabelle von den Nachtvögeln, welche die 3te Art derselben, nehmlich die Spannenmesser (Phalaenas Geometras Linnaei) enthält. Berlin Magazine, 4 (5): 504-527, 599-619.

[212] Inoue, H. & Stüning, D. 1995. A new species of the genus Ourapteryx Leach, 1814 from central China (Lepidoptera: Geometridae, Ennominae). Transactions of the lepidopterological Society of Japan, 46 (4): 255-259.

[213] Inoue, H. 1944. Notes on some Japanese Geometridae. Transactions of the Kansai Entomological Society, 14 (1): 60-71, figs 1-10.

[214] Inoue, H. 1955. Descriptions and records of some Japanese Geometridae. Tinea, 2: 73-89, 2 pls.

[215] Inoue, H. 1958. Three new subspecies and one unrecorded species of the Drepanidae from Japan (Lepidoptera). Transactions of the Shikoku Entomological Society, 6: 11-13.

[216] Inoue, H 1960. One new species and one new subspecies of Macrauzata from Japan and China. (Lepidoptera: Drepanidae). Tinea, 5 (2): 314-316, 1 pl.

[217] Inoue, H. 1965. Descriptions and records of some Japanese Geometridae (IV). Tinea, 7 (1): 102-111.

[218] Inoue, H. 1978. New and unrecorded species of the Geometridae from Taiwan with some synonymic notes (Lepidoptera). Bulletin of Faculty of Domestic Sciences, Otsuma Woman's University, 14: 203-254, 129 figs.

[219] Inoue, H. 1986. Further new and unrecorded species of the Geometridae from Taiwan with some synonymic notes (Lepidoptera). Bull. Fac. domest. Sci. Otsuma Wom. Univ. 22: 211-267, 67 figs.

[220] Inoue, H. 1993. A new subspecies of Ambulyx japonica Rothschild (Lepidoptera, Sphingidae) from Korea. Insecta Koreana, 10: 50-52.

[221] Inoue, H., Sugi, S., Kuroko, H., Moriuti, S. and Kawabe, A. (Eds) 1982. Moths of Japan. Kodansha, Tokyo. Volume 1: Text, 966 pp; Volume 2: Plates and Synonymic Catalogue, 552 pp, 392 pls.

[222] Jiang, N., Liu, S-X., Xue, D-Y. & Han, H-X. 2016. A review of Cyclidiinae from China (Lepidoptera, Drepanidae). ZooKeys, 553: 119-148.

[223] Jiang, N., Xue, D-Y. & Han H-X. 2010. A review of Jankowskia Oberthür, 1884, with descriptions of four new species (Lepidoptera: Geometridae, Ennominae). Zootaxa, 2559: 1-16.

[224] Jiang, N., Xue, D-Y. & Han, H-X. 2011a. A review of Ophthalmitis Fletcher, 1979 in China, with descriptions of four new species (Lepidoptera: Geometridae, Ennominae). Zootaxa, 2735: 1-22.

[225] Jiang, N., Xue, D-Y. & Han, H-X. 2011b. A review of Biston Leach, 1815 (Lepidoptera, Ge-

ometridae, Ennominae) from China, with description of one new species. *ZooKeys* 139: 45-96.

[226]Joannis, J. de 1894. Description d'un Lepldoptere nouveau. *Bulletin de la Société Entomologique de France*, 1894: 159-160.

[227]Joannis, J. de 1909. Description de trois nouvelles espéces du genre Eublemma Hb. (Lep., Noctuidae). *Bulletin de la Société Entomologique de France*, 1909: 167-171.

[228]Joannis, J. de 1929. Lépidoptéres Hétérocéres du Tonkin. *Annales de la Société Entomologique de France*, 98: 361-557, 3 plates.

[229]Kardakoff, N. 1928. Zur Kenntnis der Lepidopteren des Ussuri-Gebietes. *Entomologische Mitteilungen Berlin*, 17: 261-273, 414-425.

[230]Kiriakoff, S.G. 1964. Die Notodontiden de Ausbeuten H. Höne aus Ostasien (Lep. Notodontidae). *Bonner Zoologische Beitraege*, 14: 248-293.

[231]Kitching, I.J. & Rawlins, J.E. 1999. The Noctuoidea. In Kristensen, N.P. (ed.) *Lepidoptera: Moths and Butterflies. 1. Evolution, Systematics, and Biogeography. Handbook of Zoology*. Volume IV, Part 35, pp. 355-401. De Gruyter, Berlin and New York

[232]Kobes, Lutz W.R. 2006. Risobinae of Sumatra (Lepidoptera, Noctuidae, Risobinae). *Heterocera Sumatrana*, 12(6): 257-293

[233]Kollar, V. & Redtenbacher, L. 1844. Aufzählung und Beschreibung der von Freiherrn Carl v. Hügel auf seiner Reise durch Kaschmir und das Himaleyagebirge gesammelten Insecten (Part 2). *In* von Hügel, C., *Kaschmir Reich Siek*, Stuttgart, 4(2): 393-564, 582-585.

[234]Kotsch, H. 1929. Neue Falter aus dem Richthofengebirge usw. *Entomologische Zeitschrift Frankfurt a M*, 43: 204-206.

[235]Kozhantschikov, I. 1929. Neue Kaukassische und Zentralasiatische Agrotinen (Lepidoptera, Noctuidae). *Deutsche Entomologische Zeitschrift Iris*, 43: 180-189.

[236]Kretschmar, C. 1862. Zwei neue Europäische Schmetterlinge. *Berliner Entomologische Zeitschrift*, 6: 135-137.

[237]Lajonquiere, T.de. 1973.Deux especes nouvelles des genres *Syrastrena* Moore & Somadysas Gaede, ainsi quune sous-espece nouvelle du Genre Takanea Nagano. *Bulletin de la Société Entomologique de France*, 78:259-267

[238]Lajonquiere, T.de. 1979. Genera *Metanastria* Hübner and *Lebeda* Walker - 30th contribution to the study of Lasiocampidae (Lepidoptera). *Annales de la Société Entomologique de France* (N.S.), 15(4): 681-703.

[239]Laszlo, Gy. M., Ronkay, G. and Ronkay, L. 2001. Taxonomic studies on the Eurasian Thyatiridae. Revision of *Wernya* Yoshimoto, 1987 generic complex and the genus *Takapsestis* Matsumura, 1933 (Lepidoptera). Acta Zoologica Academiae Scientiarum Hungarica, 47(1): 27-85.

[240]Laszlo, Gy. M., Ronkay, G., Ronkay, L. and Witt, Th. 2007. The Thyatiridae of Eurasia: including the Sundaland and New Guinea (Lepidoptera). *Esperiana*, 13: 2-683.

[241]Lederer, J. 1853a. Versuch die europäischen Lepidopteren in möglichst natürliche Reihenfolge zu stellen, nebst Bemerkungen zu einigen Familien und Arten. *Verhandllungen der kaiserlich-kongiglichen zoologish-botanischen Gesellschaft in Wien*, 3: 165-270.

[242]Lederer, J. 1853b. Lepidopterologisches aus Sibirien. *Verhandllungen der kaiserlich-kongiglichen zoologish-botanischen Gesellschaft in Wien*, 3: 351-386.

[243] Lederer, J. 1855. Weiterer Beitrag zur Schmetterlinge-fauna de Altaigerbirges in Sibirien. *Verhandlungen des Zoologisch-Botanischen Vereins in Wien*, 5: 97–120, 2 pls.

[244] Leech, J.H. 1888. On the Lepidoptera of Japan and Corea. Part ii: Heterocera, Sect. i. *Proceedings of the Zoological Society of London*, 1888: 580–655.

[245] Leech, J.H. 1889a. New Species of Deltoids and pyrales from Corea, North China, and Japan. *Entomologist*, 22: 62–71, pls 2–4.

[246] Leech, J.H. 1889b. On a Colleotion of Lepidoptera from Kiukiang. *Transactions of the Royal Entomological Society of London*, 1889 (1): 99–148, pls. 7–9.

[247] Leech, J.H. 1889c. On the Lepidoptera of Japan and Corea. Part III, Heterocera; Sect II, Noctues and Deltoides. *Proceedings of the Zoological Society of London*, 1889: 474–571.

[248] Leech, J.H. 1890. New species of Lepidoptera from China. *Entomologist*, 23: 26–50, 81–83, 109–114.

[249] Leech, J.H. 1891a. New species of Lepidoptera from China. *Entomologist*, 24 (Supplement): 1–5.

[250] Leech, J.H. 1891b. Descriptions of new species of Geometridae from China, Japan, and Korea. *Entomologist*, 24 (Supplement): 42–56.

[251] Leech, J.H. 1897. On Lepidoptera Heterocera from China, Japan, and Corea. *Annals and Magazine of Natural History*, (6) 19: 180–235, 297–349, 414–463, 543–573, 640–679, pls 6,7; *ibidem*, (6) 20: 65–110, 228–248, pls 7,8.

[252] Leech, J.H. 1898–1900. Lepidoptera Heterocera from Northern China, Japan and Corea. *Transactions of the Royal Entomological Society of London*, 1898: 261–379 (Part I); 1899: 99–219 (Part II); 1900: 9–161 (Part III); 1900: 511–663 (Part IV).

[253] Lemée, C.L.P. 1950. The family Bombycidae. *In*: Lechevalier (Ed.), *Contribution à l'étude des Lepidoptères du Haut-Tonkin (Nord-Vietnam) et de Saigon*, 1950. 37 pp.

[254] Li, X-X., Xue, D-Y. & Jiang, N.. 2017. One new species and one new record for the genus *Ninodes* Warren from China (Lepidoptera, Geometridae, Ennominae). *Zookeys*, 679: 55–63.

[255] Li, Y., Xin, D-Y. & Wang, M. 2015. A new species of the genus Ditrigona Moore, 1888 (Lepidoptera: Drepanidae) in China, *Florida Entomologist*, 98 (2): 567–569.

[256] Linnaeus, C. 1758. *Systema Naturae per Regna Tria Naturae, Secundum Classes, Ordines, Genera, Species, cum Characteribus, Differentiis, Synonymis, Locis. Tomis.* (Edn 10). Holmiae. Laurentii Salvii, 824 pp.

[257] Linnaeus, C. 1761. *Fauna Suecica Sistens Animalia Sueciae Regni: Mammalia, Aves, Amphibia, Pisces, Insecta, Vermes. Distributa per Classes, Ordines, Genera, Species, cum differentiis Specierum, Synonymis Auctorum, Nominibus Incolarum, Locis Natalium, Descriptionibus Insectorum.* Stockholmiae 2th Edition. Laurentii Salvii. 578 pp.

[258] Linnaeus, C. 1764. Museum S'ae R'ae M'tis Ludovicae Ulricae Reginae Svecorum, Gothorum, Vandalorumque Mus. Lud. Ulr.: vi + 720 + [2]

[259] Linnaeus, C. 1767. *Systema Naturae. Editio Duodecima Reformata Tom.* I. Part II. Holmiae. Laurentii Salvii. 533–1327.

[260] Liu, Z-L., Xue, D-Y., Wang, W-K. & Han, H-X. 2013. A review of Psyra Walker, 1860 (Lepidoptera, Geometridae, Ennominae) from China, with description of one new species. *Zootaxa*, 3682 (3): 459–474.

[261]Marumo, N. 1936, [Title in Japanese]. *Kontyuû*, 6: 11–14.

[262]Matsumura, S. 1919. New species of the Notodontidae from Japan. *Zoological Magazine Tokyo*, 31: 74–80.

[263]Matsumura, S. 1922. A critical review to Marumo's paper on the Notodontidae with descriptions of new species. *Zoological Magazine Tokyo*, 34: 517–523.

[264]Matsumura, S. 1924. Some new Notodontidae from Japan, Corea and Formosa, with a list of known species. *Transactions of the Sapporo Natural History Society*, 9: 29–50.

[265]Matsumura, S. 1925. The Formosian Notodontidae. *Zoological Magazine Tokyo*, 37: 391–409.

[266]Matsumura, S. 1926. New species of Noctuidae from Japan and Corea. *Insecta Matsumurana Sapporo*, 1: 1–47.

[267]Matsumura, S. 1927. New species and subspecies of moths from the Japanese Empire. *Journal of the College of Agriculture Hokkaido Imperial University of Tokyo*, 19: 1–91, pls. 1–5.

[268]Matsumura, S. 1928. A new Agaristid moth. Insecta Matsumurana Sapporo, 2: 126–127.

[269]Matsumura, S. 1929. New noctuid-moths from Formosa. *Insecta Matsumurana Sapporo*, 4: 114–119.

[270]Matsumura, S. 1933. Lymantriidae of the Japan-Empire. *Insecta Matsumurana*, 7: 111–152, pl.3.

[271]Mell, R. 1914. Eine neue und eine wenig bekannte Actias aus China. *Entomologische Rundschau*, 31: 31–32.

[272]Mell, R. 1922a. Neue sudchinesische Lepidoptera. *Deutsche Entomologische Zeitschrift Iris*, 1922: 113–129.

[273]Mell, R. 1933. Ueber Catocalinen von Chekiang (und Deutung eines Vorkommens von 2 Farbformen einer Art im gleichen Gebiet). (Lep.) *Mitteilungen der Deutschen Entomologischen Gesellschaft*, 4: 58–64.

[274]Mell, R. 1935. Noch unbeschriebene chinesischo Lepidopteren. IV. *Mitteilungen der Deutschen Entomologischen Gesellschaft*, 6: 36–38.

[275]Mell, R. 1939. Beiträge zur Fauna sinica. XVIII. Noch unbeschriebene chinesische Lepidopteren (V). *Deutsche Entomologische Zeitschrift Iris*, 52: 135–152.

[276]Ménétriès, E. 1848. Descriptions des Insectes recueillis par fur M. Lehman. *Mémoires de l 'Académie Impériale des Sciences de St. Pétersbourg. Sciences Naturales*, 6: 1–112.

[277]Ménétriès, J.E. 1855–1863. *Enumeratio corporum animalium Musei imperialis Academiae scientiarum Petropolitanae: Classis insectorum, ordo lepidopterorum.* (Butterflies; Classification; Identification; Lepidoptera; Pictorial works). Petropoli: Typis Academiae scientiarum imperialis, 1855–1863.

[278]Ménétriès, J.E. 1858. Lépidoptères de la Sibérie orientale & en particulier des rives de l'Amour. *Bulletin de la Classe Physico-Mathématique de l'Académie Impériale des Sciences de St.-Pétersbourg*, 17: 211–221.

[279]Mironov, V., Galsworthy, A.C. & Xue, D-Y. 2004. New species of *Eupithecia* (Lepidoptera, Geometridae) from China, part II. *Transactions of the Lepidopterological Society of Japan*, 55 (2): 117–132.

[280]Miyata, T. & Kishida, Y. 1990. Description of a new species of the genus Bombyx Linnaeus (Bombycidae) from Taiwan. *Japan Heterocerists' Journal*, 158: 142–143.

[281]Moltrecht, A. 1933. Diagnosen neuer Lepidopterenformen aus dem Ussurigebiet. *Rev. Ent. U.R.S.S.*, 25: 182–183.

[282]Moore, F. 1857–1860. In Horsfield T.H. & Moore F., *A Catalogue of the Lepidopterous Insects in*

the Museum of the Honourable East India Company. London, 440 pp., 36 pls.

[283] Moore, F. 1862. On the Asiatic Silk-producing Moths. *Transactions of the Entomological Society of London*, (3) 1: 313-322.

[284] Moore, F. 1865. On the Lepidopterous Insects of Bengal. *Proceedings of the Zoological Society of London*, 1865: 755-823.

[285] Moore, F. 1867-1868. On the Lepidopterous Insects of Bengal. *Proceedings of the Zoological Society of London*, 1867: 44-98, pl.6-7 (1867); 612-686, pl.32-33 (1868).

[286] Moore, F. 1872. Descriptions of new Lepidoptera. *Proceedings of the Zoological Society of London*, 1872: 555-582.

[287] Moore, F. 1874. Descriptions of New Asiatic Lepidoptera. *Proceedings of the Zoological Society of London*, 1874: 565-579.

[288] Moore, F. 1877. New species of Heterocerous Lepidoptera of the Tribe Bombyces, collected by Mr. W. B. Pryer, chiefly in the district of Shanghai. *Annals and Magazine of National History*, (4) 20: 83-94.

[289] Moore, F. 1878. A revision of certain genera of European and Asiatic Lithosiidae, with characters of new Genera and Species. *Proceedings of the Zoological Society of London*, 1878: 3-37.

[290] Moore, F. 1879a. Heterocera. *In* Hewitson, W.C. & Moore, F., *Descriptions of new Indian Lepidopterous insects from the collection of the late Mr. W. S. Atkinson*. Part 1. London, Taylor and Francis, London, pp. 5-88, pls. 2-3.

[291] Moore, F. 1879b. Descriptions of new Genera and species of Asiatic Lepidoptera Heterocera. *Proceedings of the Zoological Society of London*, 1879: 387-416, pls. 32-34.

[292] Moore, F. 1880-1887. *The Lepidoptera Ceylon*. Volumes 1-3. L. Reeve & co. London, xv+578 pp., 215 pls.

[293] Moore, F. 1881. Description of new genera and species of Asiatic nocturnal Lepidoptera. *Proceedings of the Zoological Society of London*, 1881: 326-380, 2 pls.

[294] Moore, F. 1882. Heterocera. *In* Hewitson, W.C. & Moore, F., *Description of new Indian Lepidopterous Insects from the Collection of the late Mr. W. S. Atkinson*.Part 2. London, Taylor and Francis, pp. 89-198, pls 4-6.

[295] Moore, F. 1883. Description of new genera and species of Asiatic Lepidoptera Heterocera. *Proceedings of the Zoological Society of London*, 1883:15-30, 2 pls.

[296] Moore, F. 1885. Description of a species of wild-mulberry silkworm, allied to Bombyx, from Chehkiang, N. China. *Annals and Magazine of Natural History*, 15 (5), 491-492.

[297] Moore, F. 1888a. Heterocera continued (Pyralidae, Crambidae, Geometridae, Tortricidae, Tineidae). *In* Hewitson, W.C. & Moore, F., *Descriptions of new India lepidopterous insects from the colloctions of the late Mr. W. S. Atkinson*. Part 3. Taylor and Francis, London, pp. 199-299, pls 7-8.

[298] Moore, F. 1888b. Description of new genera and speces of Heterocera Lepidoptera, collected by Riv. J. H. Hocking, chiefly in the Kangra District, N. W. Himalaya. *Proceedings of the Zoological Society of London* 1888: 390-412.

[299] Motschulsky, V. 1861. Insectes du Japan. *Études d'Entomologie*, 9: 4-41.

[300] Motschulsky, V. 1866. Catalogue des insects recus du Japon. *Bulletin de la Société Impériale des Naturalistes de Moscou*, 39 (1): 163-200.

[301] Müller, O.F. 1764. *Fauna Insectorum Fridrichsdalina sive Methodica Descriptio Insectorum Agri*

Fridrichsdalensis cum Characteribus Genericis & specificis, Nominibus Trivialibus, Locis Natalibus, Iconibus Allegatis, Novisque Pluribus Speciebus Additis. Hafniae and Lipsiae. F. Gleditschii, xxiv+96 pp.

[302] Nakamura, M. 1973. Fifth note on nomenclature of some notodontid-species (Lepidoptera), with description of three new species from Formosa. *Tyo to Ga*, 24 (2-3): 61-77.

[303] Naumann, S., Loeffler, S. & Naessig, W.A. 2012. Taxonomic notes on the group of Loepa miranda, 2: the subgroup of Loepa damartis (Lepidoptera: Saturniidae). *Nachrichten des Entomologischen Vereins Apollo*, 33 (2-3): 87-106.

[304] Oberthür, C. 1879. *Diagnoses d'espéces nouvelles Lépidoptéres de l'ile Askold.* Oberthür and Son, 16 pp.

[305] Oberthür, C. 1880. Faune de Lépidopt□res de l'□le Askold. Premi?re Partie. *Études d'Entomologie*, 5: i-x, 1-88, 9 pls.

[306] Oberthür, C. 1881. Lépidopteres de China. *Études d'Entomologie*, 6: i-x, 1-22, 3 pls.

[307] Oberthür, C. 1884a. Lepidopteres du Thibet, de Mantschourie, d'Asie-Mineure & d'Algerie. *Études d'Entomologie*, 9: 1-40, pls 1-2.

[308] Oberthür, C. 1884b. Lepidopteres de l'Asie orientale. *Études d'Entomologie*, 10: 1-35, pls 1-3.

[309] Oberthür, C. 1884c. [Title unknown.] *Bulletin de la Société Entomologique de France*, (6) 3.

[310] Oberthür, C. 1886. Nouveaux Lepidopteres du Thibet. *Études d'Entomologie*, 11: 1-38, pls 1-7.

[311] Oberthür, C. 1891. Nouveaux lépidoptères d'Asie. *Études d'entomologie*, 15: 7-25.

[312] Oberthür, C. 1893. Lépidoptéres de l'Asie. *Études d'Entomologie*, 18: i-viii, 1-49, pls 1-43.

[313] Oberthür, C. 1897. Descriptions d'une espèce nouvelle de *Tropaea* [Lépid. Hétéroc. Fam. Saturniidae]. *Bulletin de la Société Entomologique de France*, 1897: 129-131.

[314] Oberthür, C. 1910. Explication des planches publiées dans la IVe livraison des Études de Lépidoptères comparée. *Études de Lepidopterologie Comparée*, 4: 665-682.

[315] Oberthür, C. 1911a. Revision iconographique des especes de Phalenites (Geometra L.) enumerees & decrites par Achille Guenée dans les Volumes ix & x de Species general des Lepidopteres Paris (1857). *Études de Lepidopterologie Comparée*, 5 (1): 10-84.

[316] Oberthür, C. 1911b. Explication des publiees dans le volume V des Études de Lepidopterologie compare. *Études de Lepidopterologie Comparée*, 5 (1): 315-345, pls 59-86.

[317] Oberthür, C. 1911c. Révision iconographique des espèces de phalénites (Geometra, Linné). *Études de Lepidopterologie Comparée*. 5 (2): 7-58.

[318] Oberthür, C. 1913. Suite de la révision des Phalénites décrites par A. Guenée dans le Species général. *Études de Lepidopterologie Comparée*, 7: 237-331.

[319] Oberthür, C. 1914. Lépidoptéres de la, region sinothibetaine. *Études de Lepidopterologie Comparée*, 9 (2): 41-60.

[320] Oberthür, C. 1916a. Révision iconographique des Espèces de Phalénites Enumaérées & décrites par Achille Guenée dans les Volumes 9 & 10 du Species général des Lépidoptères. *Études de Lépidoptérologie Comparée*, 12: 67-176, pls. 382-401.

[321] Oberthür, C. 1916b. Faune des Lepidopteres de Barbarie (partie ii). *Études de Lepidopterologie*

Comparée, 12: 179-428.

[322] Oberthür, C. 1923. Revision iconographique des especes de Phale-nites (Geometra Linne) enumerees & decrites par Guenee dans le Volume X du Species general des Lepidopteres, publie a Paris, chez l'editeur Roret, en 1857. *Études de Lepidopterologie Rennes*, 20: 214-283.

[323] Orza, P. de l'. 1869. *Les Lépidopt☐res japonais à la Grande Exposition international de 1867. Catalogue raisonné des Esp☐ces qui y ont figure avec Description des Esp☐ces nouvelles*. Rennes, 49 pp.

[324] Osbeck, P. 1778. Beskrifning pa tvänne fjärilar, tagne I Hasslöf. *Göthborgska Wetenskaps och Witterhets Samhället*, 1: 51-53, 1 pl.

[325] Owada, M. 1977. Taxonomic studies on Zanclognatha *yakushimalis* Sugi and its allied species from Japan and Taiwan, with descriptions of two new speceis. *Tinea*, 10: 103-117.

[326] Owada, M. 1979. The Herminiine moths of the genus *Hadennia* (Noctuidae) from Japan, with references to their distribution in the Kii Peninsula. *Memoirs of the National Science Museum, ToKyo*, 12: 123-137.

[327] Packard, A.S. 1864. Synopsis of the Bombycidae of the United States. *Proceedings of the Entomological Society of Philadelphia*, 3: 331-395.

[328] Parsons, M.S., Scoble, M.J., Honey, M.R., Pitkin, L.M. & Pitkin, B.R. 1999. The catalogue. In: Scoble, M.J., *Geometrid Moths of the World: A Catalogue (Lepidoptera, Geometridae)*. Vol. 1 & 2. CSIRO Publishing, Collingwood, Australia; Stenstrup, Denmark, 1016 pp (+ 129 pp. of Index).

[329] Petersen, W. 1914, Die Formen der Hydroecia nictilans Bkh-gruppe (Lepidoptera, Noctuidae). *Horae Soceitatis Entomologicae Rossicae*, 41: 1-32, 1 pl.

[330] Poole, R.W. 1989. Lepidopterorum Catalogus (new series). Fascicle 118. Noctuidae. Part 1. Abablemma to Heraclia (part). xii + 500 pp.

[331] Poujade, G.A. 1885. [No title]. *Bulletin de la Société Entomologique de France*, (6) 4: 136.

[332] Poujade, G.A. 1886. New Lepidoptera from Thibet. *Bulletin de la Société Entomologique de France*, (6) 6: 40,143.

[333] Poujade, G.A. 1887. [No title]. *Bulletin de la Société Entomologique de France*, 1887: 68-69, 135.

[334] Poujade, G.A. 1895a. Nouvelles espèces de Lepidopteres Heteroceres (Phalaenidae) recueillis a Mou-Pin par M. l'Abbe A. David. *Annales de la Société Entomologique de France*, 64: 307-316. pls.vi & vii.

[335] Poujade, G.A. 1895b. Nouvelles espèces de Phalaenidae recueillis à Moupin par l'Abbé A. David. *Bulletin du Museum national d'histoire naturelle Paris*, 1 (2): 55-59.

[336] Poujade, G.A. 1898. Description d'une nouvelle espéce de Noctuelide Indienne (Lep.). *Bulletin de la Société Entomologique de France*, 1898: 229.

[337] Prout, A.E. 1928. Noctuid moths from some of the mountains of Sarawak. *Sarawak Museum Journal*, 3: 461-503.

[338] Prout, L.B. 1908. Geomotrid notes. *Entomologist*, 41: 76-80.

[339] Prout, L.B. 1910. Lepidoptera heterocera fam. Geometridae, subfam. Oenochrominae. In Wytsman, P.A.G., Genera Insectorum, 104: 1-120, pls 1-2.

[340] Prout, L.B. 1914. Sauter's Formosa-Ausbeute. Geometridae. *Entomologische Mitteilungen*, 3: 236-249, 259-273.

[341] Prout, L.B. 1916. New species of indo-australian Geometridae. *Novitates Zoologicae*, 23: 1-77.

[342]Prout, L.B. 1917. On new and insufficiently known indo-australian Geometridae. *Novitates Zoologicae*, 24: 293-317.

[343]Prout, L.B. 1918. New species and forms of Geometridae. *Novitates Zoologicae*, 25: 76-89.

[344]Prout, L.B. 1922a. Some new Geometridae and Dioptidae in the Joicey Collection. *Bulletin of the Hill Museum Witley*, 1 (2): 252-269.

[345]Prout, L.B. 1922b. New and little-known Geometridae. *Novitates Zoologicae*, 29: 327-363.

[346]Prout, L.B. 1923. New Geometridae in the Tring Museum. *Novitates Zoologicae*, 30: 191-215.

[347]Prout, L.B. 1924. New Palaearctic Geometridae. Bulletin of the Hill Museum Witley, 1 (3): 478-483.

[348]Prout, L.B. 1925. Geometrid descriptions and notes. *Novitates Zoologicae*, 32: 31-69.

[349]Prout, L.B. 1926a. New Geometridae. *Novitates Zoologicae*, 33: 1-32.

[350]Prout, L.B. 1926b-1927, On a collection of moths of the family Geometridae from Upper Burma made by Captain A.E. Swann. Parts 1-4. *Journal of the Bombay Natural History Society*, 31: 129-146, 1 pl.; 308-322, 1 pl.; 780-799; 932-950.

[351]Prout, L.B. 1929. New palaearctic Geometridae. *Novitates Zoologicae*, 35: 142-149.

[352]Prout, L.B. 1930. On the Japanese Geometridae of the Aigner collection. *Novitates Zoologicae*, 35: 289-377, 1 fig.

[353]Prout, L.B. 1932. The Lepidopterous genus Nobilia (Geometridae subfam. Sterrhinae). *Novitates Zoologicae*, 38: 1-6.

[354]Prout, L.B. 1934. New species and subspecies of Geometridae. *Novitates Zoologicae*, 39: 99-136.

[355]Prout, L.B. 1958. New species of Indo-Australian Geometridae. *Bulletin of the British Museum (Natural History) (Entomology)*, 6: 365-463, 72 figs.

[356]Pryer, W.B. 1877. Descriptions of new species of Lepidoptera from North China. *Cistula Entomologica*, 2 (18): 231-235, pl.4: 1-13.

[357]Püngeler, R. 1900. Neue Macrolepidopteren aus Central-Asien. *Deutsche Entomologische Zeitschrift, Iris*, 12: 95-106, 288-299; 13: 115-123.

[358]Püngeler, R. 1906. Neue palaearctische Macrolepidopteren. *Deutsche Entomologische Zeitschrift, Iris*, 19: 78-98.

[359]Püngeler, R. 1907. Neue palaearctische Macrolepidopteren. *Deutsche Entomologische Zeitschrift, Iris*, 19: 216-226.

[360]Püngeler, R. 1909. Neue palaearctische Macrolepidopteren. *Deutsche Entomologische Zeitschrift, Iris*, 21: 286-303.

[361]Rambur, J.P. 1833. Suite du Catalogue. Des Lépidoptéres de l'ile de Corse. *Annales de la Société Entomologique de France*, 2: 1-59, 2 pls.

[362]Rambur, J.P. 1871.Description de plusieurs espéces de Lépidoptéres nocturnes inédits ou mal connus. *Annales de la Société Entomologique de France*, (5) 1: 315-325.

[363]Reich, P. 1937. Die Arctiidae der Chinnaausbeute des Herrn Hermann Höne in Shanghai. *Deutsche Entomologische Zeitschrift Iris*, 51: 113-130.

[364]Rothschild, W. & Jordan, K. 1903. A revision of the Lepidoptera family Sphingidae. *Novitates zoologicae*, 9 (suppl.): cxxxv + 972 pp.

[365]Rothschild, W. 1894. Some new species of Lepidoptera. *Novitates Zoologicae*, 1: 535-540.

[366]Rothschild, W. 1910. Catalogue of the Arctianae in the Tring museum, with notes and descriptions of new species. *Novitates Zoologicae*, 17: 1-85, 113-171.

[367]Rothschild, W. 1914. A preliminary account of the lepidopterous fauna of Guelt-es-Stel, central Algeria. *Novitates Zoologicae*, 21: 299-357.

[368]Sauber, A. 1915. Mitteilungen aus dem Entomologischen Verein Hamburg-Altona. *Internationale entomologische Zeitschrift Guden*, 8 (36): 203.

[369]Scharfenberg, G.L. 1805. *In* Bechstein, J.M. & Scharfenberg, G.L., *Vollständige Naturgeschicte der schädlichen Forstinsekten*. 3 Theil. Leipzig.

[370]Schaus, W. 1928. New moths of the family Ceruridae (Notodontidae) in the United States National Museum. *Proceedings of the United States National Museum*, 73 (art. 19): 1-90.

[371]Schintlmeister, A. & Fang, C-L. 2001. New and less known Notodontidae from mainland China (Lepidoptera, Notodontidae). *Neue Entomologische Nachrichten*, 50: 1-141.

[372]Schintlmeister, A. 1989. Zoogeographie der palearktischen Notodontidae (Lepidoptera). *Neue Entomologische Nachrichten*, 25:1-117.

[373]Schintlmeister, A. 1997. Moths of Vietnam with special reference to Mt. Fan-si-pan. Family: Notodontidae. *Entomofauna Supplement*, 9: 33-248.

[374]Schintlmeister, A. 2002. Further new Notodontidae from mainland China. *Atalanta*, 33 (1/2): 187-202, 242-243.

[375]Schintlmeister, A. 2008. *Palaearctic Macrolepidoptera*. Volume 1: Notodontidae. Apollo Books, Stenstrup, Denmark, 482 pp.

[376]Schintlmeister, A. 2013. *World Catalogue of Insects*. Volume 11. Notodeontidae & Oenosandridae (Lepidoptera). Brill, Leidon Boston, 605 pp.

[377]Scopoli, G.A. 1763. *Entomologia Carniolica, Exhibens Insecta Carnioliæ Indigena & Distributa in Ordines, Genera, Species, Varietates. Methodo Linnæana*. Vindobonæ, Wien, xxxvi+420 pp., 43 pls.

[378]Scopoli, G.A. 1772. *Annus Historico-Naturales*. Christ. Gottlob Hilscheri, Lepsiae, 128 pp.

[379]Seitz, A. 1909-1912. *Die Gross-Schmetterlinge der Erde*. Abteilung I. Band 2, Die Palaearktischen Spinner & Schwärmer. Alfred Kernen, Stuttgart, vii+479 pp., 56 pls.

[380]Seitz, A. 1930-1934. *Die Gross-Schmetterlinge der Erde*. Band 2 (Supplement). Alfred Kernen, Stuttgart, vii+315 pp., 16 pls.

[381]Seitz, A. 1907-1914. *Die Gross-Schmetterlinge der Erde*. Abteilung I. Die Gross-Schmetterlinge des Palaearktischen Faunengebietes. Band 3, Die Eulenartigen Nachtfalter. Alfred Kernen, Stuttgart, iv+511 pp., 75 pls.

[382]Seitz, A. 1931-1938. *Die Gross-Schmetterlinge der Erde*. Band 3 (Supplement). Alfred Kernen, Stuttgart, i+333 pp., 26 pls.

[383]Seitz, A. 1912-1920. *Die Gross-Schmetterlinge der Erde*. Abteilung I. Die Gross-Schmetterlinge des Palaearktischen Faunengebietes. Band 4, Spannerartige Nachtfalter. Alfred Kernen, Stuttgart, iv+479 pp., 25 pls.

[384]Seitz, A. 1934-1954. *Die Gross-Schmetterlinge der Erde*. Band 4 (Supplement). Alfred Kernen, Stuttgart, viii+766 pp., 53 pls.

[385]Seitz, A. 1911-1934. *Die Gross-Schmetterlinge der Erde*. Abteilung II. Exotische Fauna. Band 10, Die Indo-Australischen Spinner und Schwärmer. Alfred Kernen, Stuttgart, xii+909 pp., 100 pls.

[386] Seitz, A. 1912–1938. *Die Gross-Schmetterlinge der Erde*. Abteilung II. Die Gross-Schmetterlinge des Indo-Australischen Faunengebietes. Band 11, Eulenartige Nachtralter. Alfred Kernen, Stuttgart, ii+496 pp., 56 pls.

[387] Seitz, A. 1920–1941. *Die Gross-Schmetterlinge der Erde*. Abteilung II. Die Gross-Schmetterlinge des Indoaustralischen Faunengebietes. Band 12, Die Indoaustralischen Spanner. Alfred Kernen, Stuttgart, 356 pp., pls 1–34, 36–41, 50.

[388] Sick, H. 1941. Neue Cymatophoridae des Höne'schen Ausbeuten. *Deutsche Entomologische Zeitschrift Iris*, 1941: 1–9.

[389] Slevogt, B. 1905. *Hadena* (n. sp.) bathensis Lutzau: ex larva. *Societas Entomologica*, 20: 17–18.

[390] Song, W-H., Xue, D-Y. & Han, H-X. 2012. Revision of Chinese Oretinae (Lepidoptera, Drepanidae), *Zootaxa*, 3445: 1–36.

[391] Staudinger, O. & Rebel, H., 1901. *Catalog der Lepidoptera des Palaearctischen Faunengebietes*. Berlin, 1 Theil: xxxii+411 pp.; 2 Theil: 368 pp.

[392] Staudinger, O. 1857. Reise nach Island zu entomologischen azechen unternommen. *Entomologischen Vereine zu Stettin*, 18: 209–289.

[393] Staudinger, O. 1870. Beschreibung neuer Lepidopteren des europ?ischen faunengebiets. *Berliner Entomologische Zaitschrift*, 14: 97–132.

[394] Staudinger, O. 1877. Neue Lepidopteren des europäischen Faunengebiets aus miner sammlung. *Entomologischen Vereine zu Stettin*, 38: 175–208.

[395] Staudinger, O. 1880 Naturforscher-Versammlung zu Danzig, 1880. *Entomologische Nachrichten (Berlin)*, 6: 246–260.

[396] Staudinger, O. 1881. Beitrag zur Lepidopterenfauna Central - Asiens. *Stettiner Entomologische Zeitung*, 42: 393–424.

[397] Staudinger, O. 1882, Beitrag zur Lepidopteren-Fauna Central-Asiena. *Stettiner Entomologische Zeitung*, 43: 35–78.

[398] Staudinger, O. 1887. Neue Arten und Varietäten von Lepidopteren aus dem Amur-Gebiet. In Romanoff, N.M. (Ed.), *Mémoires sur les Lépidopteres*, 3: 126–232, pls. 6–12, 16–17.

[399] Staudinger, O. 1888. Neue Noctuiden des Amurgebietes. *Stettiner Entomologische Zeitung*, 49: 245–283.

[400] Staudinger, O. 1889. Centralasiatische Lepidopteren. *Stettiner Entomologische Zeitung*, 50: 16–60.

[401] Staudinger, O. 1892a. Die Macrolepidopteren des Amurgebietes. I. Theil. Rhopalocera, Sphinges, Bombyces, Noctuae. In Romanoff, N. M., *Mémoires sur les Lépidoptères*, 6: 83–658, pls 4–14.

[402] Staudinger, O. 1892b. Neue Arten und Varietaten von palaarktischen Geometriden. *Deutsche Entomologische Zeitschrift Iris*, 5: 141–260.

[403] Staudinger, O. 1892c. Lepidopteren des Kentei-Gebirges. *Deutsche Entomologische Zeitschrift Iris*, 5: 300–393.

[404] Staudinger, O. 1895a. Beschreibungen neuer Lepidopteren aus Tibet. *Deutsche Entomologische Zeitschrift Iris*, 8: 300–343.

[405] Staudinger, O. 1895b. Ueber Lepidopteren von Uliassutai. *Deutsche Entomologische Zeitschrift Iris*, 8: 344–365.

[406] Staudinger, O. 1896. Ueber Lepidopteren von Uliassutai. *Deutsche Entomologische Zeitschrift Iris*,

9: 240-283.

[407] Staudinger, O. 1897. Die Geometriden des Amurgebiets. *Deutsche Entomologische Zeitschrift Iris*, 10: 1-122, pls 1-3.

[408] Stephens, J.F. 1850. *List of the Specimens of British Animals in the Collection of the British Museum. Part V. –Lepidoptera.* Edward Newman, London, xii+353 pp.

[409] Sterneck, J. 1927. Die Schmetterlinge der Stotznerschen Ausbeute. Geometridae, Spanner. *Deutsche Entomologische Zeitschrift Iris*, 41: 9-32, 147-171, figs 1-14.

[410] Sterneck, J. 1928. Die Schmetterlinge der Stotznerschen Ausbeute. Geometridae, Spanner. *Deutsche Entomologische Zeitschrift Iris*, 42: 131-244.

[411] Stoll, C. 1775-1782. *In* Cramer, P., *Uitlandsche Kapellen*. ca. 1775. Volumes 1-4.

[412] Strand, E. 1916. Sauter´s Formosa–Ausbeute: Epiplemidae u. teilweise Noctuidae, Lymantriidae, Drepanidae, Thyrididae u. Aegeriidae. *Archiv für Naturgeschichte Berlin*, *Abt A*, 82A (1): 137-152.

[413] Strand, E. 1919. Arctiidae: Subfam. Arctiinae. In Gaede, *Lepidopterorum Catalogus*. Volume 22. W. Junk, Berlin, pp. 1-416.

[414] Strand, E. H. 1914. Lymantriidae. i [of Formosa]. *Supplementa Entomologica Berlin*, 3: 35-40.

[415] Streltzov, A.N. & Yakovlev, R.V. 2007. Zaranga tukuringra, sp. n. – the new species from new genus for Russian fauna (Lepidoptera: Notodontidae). *Eversmannia*, 10: 24-26.

[416] Sugi, S. 1959. New species of the quadrifid subfamilies of the Noctuidae from Japan (I). *Tinea*, 5: 277-285.

[417] Sugi, S. 1965. New and unrecorded species of Catocala Ochs. from Japan and Formosa (Lepidoptera, Noctuidae). *Tinea*, 7: 84-93, 1 pl.

[418] Sugi, S. 1970. The Noctuidae of the Ryukus Islands. Part 1. Trifidae (Lepidoptera). *Tinea*, 8: 213-229, 5 pls.

[419] Suzuki, M. 1916. On the Cymatophoridae of Japan with description of a new species. *Entomological Magazine Kyoto*, 2: 67-84.

[420] Swinhoe, C. 1889. On new Indian Lepidoptera, chiefly Heterocera. *Proceedings of the Zoological Society of London*, 1889 (4): 369-432, pls 43-44.

[421] Swinhoe, C. 1891. New species of Heterocera from the Khasia Hills. Part I. *Transactions of the Entomological Society of London*, 1891: 473-495, pl.19.

[422] Swinhoe, C. 1893a. New species of Oriental moths. *Annals and Magazine of Natural History*, (6) 12: 210-225.

[423] Swinhoe, C. 1893b. New species of Oriental Lepidoptera. *Annals and Magazine of Natural History*, (6) 12: 254-265.

[424] Swinhoe, C. 1894. New species of Geometers and Pyrales from the Khasia Hills. *Annals and Magazine of Natural History*, (6) 14: 135-149, 197-210.

[425] Swinhoe, C. 1902a. New species of Eastern and Australian Heterocera. *Annals of Natural History London*, (7) 9: 77-87, 415-424.

[426] Swinhoe, C. 1902b. New and little known species of Drepanulidae, Epiplemidae, Microniidae and Geometridae in the national collection. *Transactions of the Royal Entomological Society of London*, 1902 (3): 584-677.

[427] Swinhoe, C. 1903. A revision of the Old World Lymantriidae in the National Collection. *Transactions*

of the Entomological Society of London, 1903: 375-498.

[428]Swinhoe, C. 1907. New species of Eastern and African Heterocera. *Annals and Magazine of National History*, 19 (7): 201-208.

[429]Tams, W.H.T. 1935. Resultats scientifiques du voyage aux Indes orientales neerlandaises de LL. AA. RR. le prince et la princesse Leopold de Belgique. *Heterocera Mem Mus Hist nat Belg Brussels*, 4: 31-64.

[430]Thierry-Mieg, P. 1915. Descriptions de Lépidoptères Nouveaux. *Miscellanea Entomologica*, 22 (10): 37-48.

[431]Thunberg, C.P. 1784., *Dissertatio Entomologica sistens Insecta Suecica, Quorum Partem Primam, Cons.* Exper. Facult. Med. Upsal. Publico Examini Subjicit Johannes Borgstrom. Upsaliae. Johan. Edman. pp. 1-24, 1 pl.

[432]Treitschke, F. 1825-1835. In Ochsenheimer F., *Die Schmetterlinge von Europa.* Band 5-10. (Fortsetzung des Ochsenheimer' schen Werkes). Gerhard Fleischer, Leipzig.

[433]Vasilenko, S.V. 1998. New and rare geometer-moths (Lepidoptera, Geometridae) in Siberia and the Far East. *Zoologichesky Zhurnal*, 77 (10): 1137-1142.

[434]Vieweg, C.F. 1790. *Tabellarisches Verzeichniss der in der Churmark Brandenburt Einheimischen Schmettline.* Zweiter Band. Berlin. Wilhelm Vieweg, 98 pp, 3 pls.

[435]Walker, F. 1854-1866, *List of Specimens of Lepidopterous Insects in the Collection of the British Museum.* The order of the Trustees of the British Museum.Volumes 1-35.

[436]Walker, F. 1862a. Catalogue of the Heterocerous Lepidopterous insects collected at Sarawak, in Borneo, by Mr. A.R. Wallace, with descriptions of new species. *Journal of the Proceedings of the Linnean Society (Zoology)*, 6: 82-145, 171-198.

[437]Walker, F. 1862b. Characters of undescribed Lepidoptera in the collection of W.W. Saunders, Esp. *Transactions of the Entomological Society of London*, 3: 70-128.

[438]Walker, F. 1863-1864. Catalogue of the Heterocerous Lepidopterous insects collected at Sarawak, in Borneo, by Mr. A.R. Wallace, with descriptions of new species (continued). *Journal of the Proceedings of the Linnean Society (Zoology)*, 7: 49-84 (1863); 160-198 (1864).

[439]Walker, F. 1869. *Characters of undescribed species of Heterocerous Lepidoptera.* London. E.W. Janson, 112 pp.

[440]Wang, X., Wang, M., Zolotuhin, V.V., Hirowatari, T., Wu, Sh. & Huang, G.H. 2015. The fauna of the family Bombycidae sensu lato (Insecta, Lepidoptera, Bombycoidea) from Mainland China, Taiwan and Hainan Islands. *Zootaxa*, 3989 (1): 1-138.

[441]Warnecke, G. 1917. *Panthea coenobita ussuriensis nov.* subsp. (Lep. Noct.). *Neue Beiträge zur Systematischen Insektenkunde*, 1: 32.

[442]Warnecke, G. 1933. Eine neue paläarktische Meganephria-art (Miselia, Lepid. Noct.) und einige paläarktische noktuiden-formen. *Internationale Entomologische Zeitschrift*, 27: 369-370.

[443]Warren, W. 1893. On new genera and species of moths of the family Geometridae from India, in the collection of H.J. Elwes. *Proceedings of the Zoological Society of London*, 1893: 341-434, pls. 30-32.

[444]Warren, W. 1894a. New genera and species of Geometridae. *Novitates Zoologicae*, 1: 366-466.

[445]Warren, W. 1894b. New species and genera of Indian Geometridae. *Novitates Zoologicae*, 1: 678-682.

[446]Warren, W. 1895. New species and genera of Geometridae in the Tring Museum. *Novitates Zoologi-*

cae, 2: 82-159.

[447] Warren, W. 1896. New species of Drepanulidae, Thyrididae, Uraniidae, Epiplemidae, and Geometridae in the Tring Museum. *Novitates Zoologicae*, 3: 335-419.

[448] Warren, W. 1899. New species and genera of the family Drepanulidae, Thyrididae, Uraniidae, Epiplemidae and Geometridae from the Old World regions. *Novitates Zoologicae*, 6: 1-66.

[449] Warren, W. 1900. New genera and species of Drepanulidae, Thyrididae, Epiplemidae and Geometridae from the Indo-Australian and Palaearctic Regions. *Novitates Zoologicae*, 7: 98-116.

[450] Warren, W. 1912. New Noctuidae in the Tring Museum, mainly from the Indo-Australian region. *Novitates Zoologicae*, 19: 1-57.

[451] Watson, A. 1957. A Revision of the genus Deroca Walker (Lepidoptera, Drepanidae). *Annals and Magazine of Natural History*. (12)10: 129-148, 1 pl., 32 figs.

[452] Watson, A. 1967. A survey of the Extra-Ethiopian Oretinae (Lepidoptera: Drepanidae). *Bulletin of the British Museum (Natural History) (Entomology)*, 19 (3): 150-221.

[453] Watson, A. 1968. The Taxonomy of the Drepaninae represented in China, with an account of their world Distribution (Lepidoptera: Drepanidae). *Bulletin of the British Museum (Natural History) Entomology*. Supplement 12: 1-151, 14 pls.

[454] Wehrli, E. 1923. Neue palaearktische Geometriden-Arten und Formen aus Ostchina. (Sammlung Hone.). *Deutsche Entomologische Zeitschrift Iris*, 37: 61-75, 1 pl.

[455] Wehrli, E. 1924. Neue und wenig bekannte palaarktische und Sudchinesische Geometriden-Arten und Formen. (Sammlung Hone.) ii. *Mitteilungen der Münchner Entomologischen Gesellschaft*, 14 (6-12): 130-142, 1 fig.

[456] Wehrli, E. 1925. Neue und wenig bokannte palaarktische und sudchinesische Geometriden-Arten and Formen. iii. *Mitteilungen der Münchner Entomologischen Gesellschaft*, 15: 48-60.

[457] Wehrli, E. 1927. Geometridae. In Bang-Haas, O. Rhopalocera. *Horae Macrolepidopt Dresden*, 1: ixviii + 128 pp.

[458] Wehrli, E. 1931a. Neue Geometriden-Arten und Rassen aus China und Tibet (Lepidoptera, Heterocera). *Neue Beiträge system Insektenkunde*, 5: 17-31.

[459] Wehrli, E. 1931b. Neue palaarktische und indische Abraxas- Arten und eine neue chinesische Cidaria (Lep. Het.). *Mitteilungen der Deutschen Entomologischen Gesellschaft*, 2 (7): 97-108.

[460] Wehrli, E. 1932a. Ein neues Genus, ein neues Subgenns und 4 neue Arten von Geometriden aus meiner Sammlung. *Entomologische Rundschau*, 49: 220-222, 225-227, 5 figs.

[461] Wehrli, E. 1932b. Neue asiatische *Abraxas*- Arten und -Rassen. (Lepidopt. Het.). *Entomologische Zeitschrift, Frankfurt-M.*, 46 (11): 123-125.

[462] Wehrli, E. 1933a. Neue *Terpna*-, *Calleulype*- und Obeidia- Arten und -Rassen aus meiner Sammlung (Lepid. Heteroc.). *Internationale Entomologische Zeitschrift*, 27 (4): 37-44.

[463] Wehrli, E. 1933b. Neue Arten und Rassen der Gattung Arichanna Moore (Arichanna s. str., Icterodes Btl., Epicterodes sg. n., Paricterodes Warr. und Phyllabraxas Leech) aus meiner Sammlung (Geometr. Lepid.). *Entomologische Zeitschrift, Frankfurt-M.*, 47: 29-31, 40-41, 47-51, 2 pls.

[464] Wehrli, E. 1934. Eine monographische Revision der Gattung Neolythria Alph. *Entomologische Rundschau*, 51: 125-129, 133-137, 141-146, 3 pls.

[465] Wehrli, E. 1935a. Revision einiger subgenerischen Gruppen der Gattung Abraxas (die picaria-, die

sinopicaria-, die celidota- und z. Teil auch die grossulariata-Gruppe). *Entomologische Zeitschrift*, *Frankfurt-M.*, 48: 148-151, 154-156, 162-164.

[466] Wehrli, E. 1935b. Zur Revision der Abraxas sylvata Scop.Gruppe, Sub-genus Calospilos Hbn., auf Grund anatomischer Untersuchungen. Neue Untergattungen und neue Arten der Gruppe. *Entomologische Rundschau*, 52: 100-103, 115-119, 121-124.

[467] Wehrli, E. 1936a. Neue Gattungen, Subgenera, Arten und Rassen (Lep. Geom.). *Entomologische Rundschau*, 53: 513-516, 562-568.

[468] Wehrli, E. 1936b. Neue Gattungen, Subgenera, Arten und Rassen (Lep. Geom.). *Entomologische Rundschau*, 54: 1-7, 126-130, 144-146.

[469] Wehrli, E. 1937a. Einige neue Untergattungen, Arten und Unterarten. *Entomologische Zeitschrift*, Frankfurt-M., 51: 117-120.

[470] Wehrli, E. 1937b. Neue Gattungen, Subgenera, Arten und Rassen (Lep. Geom.). *Entomologische Rundschau*, 54: 160-163, 260

[471] Wehrli, E. 1937c. Uber alte und neue Genera, Subgenera, Species und Subspecies. *Entomologische Rundschau*, 54: 502-503, 515-518, 562-563.

[472] Wehrli, E. 1938. Neue Untergattungen, Arten und Unterarten von ostasiatischen Geometriden (Lepid.) aus dem Sammlungen Oberthur und Dr. Hone und eine Boarmia der Ausbeute H, u. E. Kotzsch. *Mitteilungen der Münchner Entomologischen Gesellschaft*, 28: 81-89.

[473] Werny, K. 1966, *Untersuchungen über die Systematik der Tribus Thyatirini, Macrothyatirini und Tetheini (Lepidoptera, Thyatiridae)*. Universität Saabrücken, Saabrücken, 463 pp.

[474] Westwood, J.O. 1847-1848. *The Cabinet of Oriental Entomology; being a Selection of some of the Rarer and More Beautiful Species of Insects, Natives of India and the Adjacent Islands, the Described and Figured*. London, 88 pp., 42 pls.

[475] Wileman, A.E. & South, R. 1917. New species of Heterocera from Japan and Formosa in the British museum. *Entomologist*, 50: 25-29.

[476] Wileman, A.E. 1910. Some new Lepidoptera-Heterocera from Formosa. *Entomologist*, 43: 136-139, 176-179, 189-193, 200-223, 244-248, 285-291, 309-313, 344-349.

[477] Wileman, A.E. 1911a. New Lepidoptera-Heterocera from Formosa. *Entomologist*, 44: 29-32, 60-62, 109-111, 148-152, 174-176, 204-206, 271-272, 295-297.

[478] Wileman, A.E. 1911b. New and unrecorded species of Lepidoptera Heterocera from Japan. *Transactions of the Royal Entomological Society of London*, 1911: 189-407, pls 30-31.

[479] Wileman, A.E. 1912. New species of Noctuidae from Formosa. *Entomologist*, 45: 130-133.

[480] Wileman, A.E. 1915. New species of Heterocera from Formosa. *Entomologist*, 48: 12-19, 34-40, 58-61, 80-82.

[481] Wilkinson, C. 1968. A taxonomic revision of the genus Ditrigona (Lep.: Drepanidae: Drepaninae). *Transactions of the Royal Entomological Society of London*, 31: 407-517.

[482] Witt, T.J. (2006) Eine neue Dalailama Staudinger, 1896 Art (Lepidoptera, Bombycidae) aus China. *Entomofauna (Zeitschrift für Entomologie)*, 27 (3), 45-56.

[483] Wu, C.-G., Han, H.-X. & Xue D.-Y. 2010. A pilot study on the molecular phylogeny of Drepanoidea (Insecta: Lepidoptera) inferred from the nuclear gene EF-1a and the mitochondrial gene COI. *Bulletin of Entomological Research*, 100: 207-216.

[484] Wu, C-G., Han, H-X. & Xue, D-Y. 2008, A study on the genus *Glaucorhoe* Herbulot, with descriptions of two new species from China (Lepidoptera: Geometridae: Larentiinae). *Zootaxa*, 1858: 53-63, figs 1-29.

[485] Wu, C-S. & Fang, C-L. 2002. A Taxonomic Study of the Genus Mimopydna Matsumura, 1924 in China (Lepidoptera: Notodontidae). *Acta Entomologica Sinica*, 45 (6): 812-814.

[486] Wu, C-S. & Fang, C-L. 2003. A taxonomic study of the genus Odontosina (Lepidoptera: Notodontidae) in China. *Entomotaxonomia*, 25 (2): 131-134.

[487] Wu, C-S. & Fang, C-L. 2004. A review of the genus *Phalera* Hübner in China (Lepidoptera: Notodontidae). *Oriental Insects*, 38: 109-136.

[488] Xiang, L-B., Xue, D-Y., Wang, W-K. & Han, H-X. 2017. A review of *Euryobeidia* Fletcher, 1979 (Lepidoptera, Geometridae, Ennominae), with description of three new species. *Zootaxa*, 4317 (2): 370-378.

[489] Xue, D-T., Cui, L. & Jiang, N. 2018. A review of *Problepsis* Lederer, 1853 (Lepidoptera: Geometridae) from China, with description of two new species. *Zootaxa*, 4392 (2): 259-274.

[490] Yazaki, K. 1990. Notes on Hydatocapnia (Geometridae, Ennominae), with description of a new species from Taiwan. *Tinea*, 12 (27): 239-244, 10 figs.

[491] Yazaki, K. 1994. Geometridae. *In* Haruta, T., *Moths of Nepal*. Part 3. Tinea, 14 (Supplement 1): 5-40, figs 331-383, pls 66-72.

[492] Yoshimatsu, S. 1994. A revision of the Genus *Mythimna* (Lepidoptera: Noctuidae) from Japan and Taiwan. *Bulletin of the National Institute of Agro-Environmental Sciences*, 11: 81-323.

[493] Zahiri, R., Holloway, J.D., Kitching, I.J., Lafontaine, J.D., Mutanen, M. & Wahlberg, N., 2012. Molecular phylogenetics of Erebidae (Lepidoptera, Noctuoidea). *Systematic Entomology*, 37: 102-124.

[494] Zahiri, R., Kitching, I.J., Lafontaine, J.D., Mutanen, M., Kaila, L., Holloway, J.D. & Wahlberg, N. 2011. A new molecular phylogeny offers hope for a stable family-level classification of the Noctuoidea (Lepidoptera). *Zoologica Scripta*, 40 (2): 158-173.

[495] Zolotuhin, V.V. & Wang, X. 2013. A taxonomic review of Oberthueria Kirby, 1892 (Lepidoptera, Bombycidae, Oberthuerinae) with description of three new species. *Zootaxa*, 3693 (4): 465-478.

[496] Zolotuhin, V.V. 1995. To a study of Asiatic Lasiocampidae (Lep.) 1. The Lasiocampidae of Thailand. *Tinea* 14 (3): 157-170.

[497] Zolotuhin, V.V. 2007. A revision of the genus *Mustilia* Walker, 1865 with descriptions of new taxa (Lepidoptera, Bombycidae). *Neue entomologische Nachrichten*, 60: 187-205.

中文名索引

A

埃尺蛾	124
安夜蛾	230
安褶尺蛾	110
暗斑陌夜蛾	240
暗钝夜蛾	197
暗绯洱尺蛾	52
暗褐溃尺蛾	57
暗褐髯须夜蛾	300
暗角散纹夜蛾	245
暗伪沼尺蛾	53
暗纹哈夜蛾	290
暗旋尺蛾	76
暗缘歹夜蛾	221
暗杂夜蛾	261
凹中带幅尺蛾	62
奥裳夜蛾	271

B

八点灰灯蛾	171
八纹夜蛾	310
八字白眉天蛾	359
八字地老虎	223
巴毛眼夜蛾	257
巴胸须夜蛾	302
白斑兜夜蛾	249
白斑烦夜蛾	289
白斑黄毒蛾	188
白斑胯舟蛾	319
白斑瑙夜蛾	266
白斑汝尺蛾	59
白斑异后夜蛾	196
白棒云庶尺蛾	113
白边切夜蛾	209
白带俚夜蛾	268
白带青尺蛾	95
白点厚角夜蛾	304
白点焦尺蛾	141
白点朋闪夜蛾	285
白点粘夜蛾	235
白点足毒蛾	182
白毒蛾	186
白钩粘夜蛾	235
白黑首夜蛾	201
白黑瓦苔蛾	167
白弧蚕蛾	340
白桦尺蠖	131
白环灰夜蛾	229
白黄毒蛾	187
白尖涡尺蛾	92
白肩天蛾	361
白颈雪苔蛾	164
白颈异齿舟蛾	333
白鹿尺蛾	124
白脉达蚕蛾	342
白脉青尺蛾四川亚种	94
白蛮尺蛾	135
白眉洲尺蛾	73
白拟尖尺蛾	145
白肾裳夜蛾	271
白肾夜蛾	304
白矢夜蛾	231
白薯天蛾	350
白束舒夜蛾	266
白四斑尺蛾祁连亚种	56
白太波纹蛾	23
白条夜蛾	308
白纹扁齿舟蛾	332
白纹驳夜蛾	239
白线篦夜蛾	289
白线散纹夜蛾	245

白斜带毒蛾	183	碧燕尾舟蛾	318
白须天蛾	355	碧夜蛾	192
白雪灯蛾	174	边弥尺蛾	119
白眼尺蛾	43	边隐尺蛾	146
白夜蛾	251	扁齿舟蛾	332
白银瞳尺蛾	112	标瑙夜蛾	266
白缘钻夜蛾	192	缤夜蛾	195
白云修虎蛾	205	并线尖须夜蛾	303
白杖秘夜蛾	236	波纹蛾亚科	20
白珠绶尺蛾	136	波超灯蛾	176
拜克岩尺蛾	40	波兔夜蛾	204
斑尘尺蛾	128	波俭尺蛾秦岭亚种	149
斑盗夜蛾	231	波莽夜蛾	195
斑冬夜蛾	254	波眉夜蛾	298
斑明夜蛾	251	波模夜蛾	219
斑肾朋闪夜蛾	285	波纹蛾	20
斑藓夜蛾	207	波无缰青尺蛾	102
半翅白尖尺蛾	145	波虚冬夜蛾	260
半豆斑钩蛾	30	波岩尺蛾	42
半黄分苔蛾	163	波缘妖尺蛾南方亚种	150
半黄枯叶尺蛾	67	伯南夜蛾	282
半洁涤尺蛾	79	布光裳夜蛾	274
半驼尺蛾	72		
蚌美波纹蛾	24	**C**	
胞短栉夜蛾	292	草黄掩尺蛾	81
薄尺蛾	132	草雪苔蛾	163
豹大蚕蛾	363	侧柏毒蛾	186
豹灯蛾	171	侧带内斑舟蛾	323
豹涡尺蛾	92	侧黑点尺蛾	77
豹长翅尺蛾甘肃亚种	115	层黑带尺蛾	80
卑矛夜蛾	219	层界尺蛾	89
北兔夜蛾	204	叉斑水尺蛾	85
北巾夜蛾	277	叉波纹蛾	25
北京冠齿舟蛾	331	叉带黄毒蛾	188
北李褐枯叶蛾	346	叉丽翅尺蛾	76
贝氏后夜蛾	196	叉涅尺蛾	70
背点修虎蛾	205	叉线青尺蛾	144
比八纹夜蛾	310	叉斜带毒蛾	183
比星普夜蛾	243	茶担皮鹿尺蛾	125
闭目大蚕蛾	366	茶点足毒蛾	182
碧角翅夜蛾	191	茶贡尺蛾	152

茶黄毒蛾	189	达锁额夜蛾	232
铲尺蛾	132	大斑薄夜蛾	294
常云庶尺蛾	113	大斑尖枯叶蛾	348
长须夜蛾亚科	304	大半齿舟蛾	326
长喙天蛾亚科	358	大背天蛾	350
超俚夜蛾	267	大波纹蛾陕西亚种	21
朝光夜蛾	247	大蚕蛾科	362
朝鲜新林舟蛾	327	大齿白边舟蛾	325
车贫夜蛾	306	大齿舟蛾	332
尘尺蛾	127	大地老虎	211
尘剑纹夜蛾	200	大杜尺蛾	133
陈孔夜蛾	263	大红裙杂夜蛾	261
成岩尺蛾	40	大黄枯叶蛾	348
鸱裳夜蛾	272	大灰尖尺蛾	145
尺蛾科	37	大丽灯蛾	177
尺蛾亚科	91	大涟纷舟蛾	321
齿斑盗夜蛾	231	大陆刻缘枯叶蛾	347
齿斑畸夜蛾	288	大三角鲁夜蛾	225
齿带毛腹尺蛾中国亚种	126	大析夜蛾	284
齿纹尘尺蛾	128	大狭翅夜蛾	219
齿线眉夜蛾	295	大星天蛾	356
齿秀夜蛾	241	大造桥虫	130
赤尖水尺蛾	84	带大波纹蛾	21
赤李褐枯叶蛾	346	带涤尺蛾	78
樗蚕	366	带蛾科	349
川粉翠夜蛾	192	带纹钩翅舟蛾	314
川旋尺蛾	76	丹日明夜蛾	251
串纹俚夜蛾	268	单齿翅蚕蛾	341
窗距钩蛾	28	单离隐尺蛾	147
春尺蠖	131	单土苔蛾	168
瓷尺蛾	105	单网尺蛾	81
刺槐掌舟蛾	335	单析夜蛾	283
丛毒蛾	182	淡黄美冬夜蛾	260
粗木纹尺蛾	154	淡黄望灯蛾	172
粗苔尺蛾	140	淡眉夜蛾	296
粗舟蛾	323	淡扭尾尺蛾	157
翠色狼夜蛾	212	淡网尺蛾四川亚种	81
蚕蛾科	340	淡狭翅夜蛾	218
		淡银锭夜蛾	311
D		淡竹毒蛾	182
达尺蛾	121	刀夜蛾	201

盗夜蛾亚科	227	洞魑尺蛾	154
岛切夜蛾	210	豆盗毒蛾	187
德尺蛾亚科	37	独涤尺蛾	79
德昌松毛虫	344	独夜蛾	249
德钦弥尺蛾	118	杜尺蛾四川亚种	133
德冶冬夜蛾	255	端歹夜蛾	222
滴巨冬夜蛾	256	端点岩尺蛾	42
滴苔蛾	165	短瓣灰涛尺蛾	73
迪青尺蛾	101	短瓣雅尺蛾	132
笛岩尺蛾	41	短刺四星尺蛾	129
地鹰冬夜蛾	258	短尖尾尺蛾	103
滇黄尺蛾	155	短扇舟蛾	338
点夜蛾亚科	253	短渣尺蛾	142
点背雪毒蛾	186	断弥尺蛾	119
点波纹蛾浙江亚种	23	断线南夜蛾	282
点窦舟蛾	314	椴六点天蛾	352
点古波尺蛾	50	对白尺蛾	84
点脉伪沼尺蛾	53	对称隐尺蛾	146
点眉夜蛾	296	对纷舟蛾	322
点维尺蛾	82	钝委夜蛾	204
点尾尺蛾	158	钝用克尺蛾	122
点尾无缰青尺蛾	101	盾宽胫夜蛾	208
点线望灯蛾	172	盾天蛾	353
点线异序尺蛾	85	多齿翅蚕蛾	341
电光尺蛾	143	多点春鹿蛾	178
甸夜蛾	288	多列杯尺蛾	69
殿夜蛾	248	多线洄纹尺蛾	65
雕幽尺蛾四川亚种	140	毒蛾科	179
迭翅尺蛾	86	毒蛾亚科	183
鼎点钻夜蛾	192		
东北栎枯叶蛾	347	**E**	
东方美苔蛾	162	鹅点足毒蛾	182
东风夜蛾	226	额黑土苔蛾	168
东小眼夜蛾	234	厄内斑舟蛾	324
冬夜蛾亚科	253	耳土苔蛾	169
冬麦沁夜蛾	217	二点麻尾尺蛾	158
冬麦异夜蛾	215		
冬夜蛾	254	**F**	
灯蛾科	158	乏夜蛾	239
灯蛾亚科	169	凡兜夜蛾	250
动星夜蛾	253	繁切夜蛾	210

泛尺蛾	58
泛异夜蛾	215
方泼墨尺蛾	108
仿白边舟蛾	325
仿齿舟蛾	326
仿涤尺蛾	78
仿首丽灯蛾	177
放线耳夜蛾	276
放影夜蛾	287
分内斑舟蛾锈色亚种	324
分色卜夜蛾	302
分裳夜蛾	271
分线枯叶蛾	342
分月扇舟蛾	338
焚影夜蛾	287
粉斑赤金尺蛾	38
粉斑异尺蛾	93
粉点朋闪夜蛾	285
粉蝶尺蛾	143
粉蝶灯蛾	177
粉红腹尺蛾	144
粉红普尺蛾	145
粉蓝析夜蛾	283
粉鳞土苔蛾	169
粉太波纹蛾	23
粉纹夜蛾	307
粉缘钻夜蛾	192
凤蛾科	35
丰异序尺蛾	86
枫毒蛾	184
枫天蛾	353
佛剑舟蛾	326
佛坪猫目大蚕蛾	362
伏方尺蛾	135
辐秘夜蛾	236
斧木纹尺蛾	154
负秀夜蛾	241
复剑纹夜蛾	198
富金舟蛾	336
富羽齿舟蛾	330
缚周尺蛾	88

G

甘蓝夜蛾	227
甘鲁夜蛾	225
甘美冬夜蛾	261
甘清夜蛾	251
甘肃二线绿尺蛾	100
甘肃金星尺蛾	106
甘肃李枯叶蛾	342
甘肃弥尺蛾	118
甘伪小眼夜蛾	234
甘痣苔蛾	159
橄璃尺蛾	120
干委夜蛾	203
高漫冬夜蛾	260
高山松毛虫	344
高昭夜蛾	216
高准鹰冬夜蛾	258
高足铅尺蛾	88
鸽光裳夜蛾	273
拱模夜蛾	219
沟散纹夜蛾	245
钩蛾科	19
钩白肾夜蛾	304
钩蛾亚科	28
钩翅尺蛾	121
钩翅舟蛾	314
钩尾夜蛾	268
钩鹰夜蛾	291
篝波纹蛾	21
构月天蛾	352
孤荒冬夜蛾	260
古毒蛾亚科	179
古波尺蛾	50
古妃夜蛾	281
古钩蛾	30
贯冬夜蛾	253
贯雅夜蛾	248
冠鲁夜蛾	223
光穿孔尺蛾	156
光锦舟蛾秦巴亚种	337

光裳夜蛾浙江亚种	273
胱白钩蛾	32
广卜尺蛾	54
广幅尺蛾	64
广坚尺蛾	123
瑰舟蛾	323
鬼脸天蛾	351
果兜夜蛾	249
果剑纹夜蛾	198

H

海安夜蛾	230
海兰纹夜蛾	264
涵剑纹夜蛾	198
涵切夜蛾	209
寒锉夜蛾	291
寒切夜蛾	209
汉耻冬夜蛾	259
汉地夜蛾	211
翰灰夜蛾	228
行切夜蛾	210
蒿杆三角尺蛾	121
皓尺蛾	110
合欢奇尺蛾	114
合目大蚕蛾	365
合雪苔蛾	163
合粘夜蛾	235
核桃美舟蛾	318
核桃四星尺蛾	129
核桃鹰翅天蛾	357
赫伯绒天蛾	356
赫舒尺蛾	125
赫析夜蛾	283
褐斑带蛾	349
褐斑岩尺蛾	43
褐赤金尺蛾	38
褐翅眉夜蛾	298
褐歹夜蛾	221
褐带东灯蛾	173
褐带格尺蛾	111
褐黄美冬夜蛾	260

褐睫冬夜蛾	257
褐宽翅夜蛾	226
褐鳞扎苔蛾	167
褐箩舟蛾	316
褐毛眼夜蛾	256
褐网奥尺蛾	148
褐纹鲁夜蛾	223
褐析夜蛾	284
褐线髯须夜蛾	300
褐叶纹尺蛾	66
褐鹰尺蛾	138
褐幽尺蛾	140
褐赭夜蛾	193
黑斑流夜蛾	248
黑斑梦尼夜蛾	234
黑斑褥尺蛾	68
黑边天蛾	358
黑波汝尺蛾	59
黑波掷尺蛾	50
黑带尺蛾	80
黑带二尾舟蛾	317
黑带格尺蛾	111
黑带污灯蛾	175
黑岛尺蛾四川亚种	90
黑点疽夜蛾	305
黑点首夜蛾	201
黑点绥尺蛾	137
黑点丫纹夜蛾	310
黑点夜蛾	309
黑杜尺蛾	133
黑幅尺蛾	63
黑褐髯须夜蛾	300
黑环陌夜蛾	239
黑基胯舟蛾	320
黑麦切夜蛾	210
黑脉邪夜蛾	205
黑蕊舟蛾	313
黑肾蜡丽夜蛾	191
黑条褶尺蛾	110
黑纹北灯蛾	169
黑纹扁齿舟蛾	332

黑纹冬夜蛾	254	后褐土苔蛾	169
黑星白尺蛾	84	后黄东夜蛾	244
黑星皎尺蛾	109	后两齿蛱蛾	36
黑须污灯蛾	176	后扇夜蛾	220
黑用克尺蛾	122	后四白钩蛾	32
黑玉臂尺蛾	133	后委夜蛾	203
黑缘幅尺蛾	41	弧角散纹夜蛾	246
黑缘红衫夜蛾	244	弘目大蚕蛾	365
黑缘美苔蛾	161	胡桃豹夜蛾	190
黑缘岩尺蛾	64	胡桃楸洛瘤蛾	190
黑足白毒蛾	186	虎蛾亚科	205
亨歹夜蛾	221	壶夜蛾	292
横线夸尺蛾日本亚种	61	壶夜蛾亚科	282
红边美苔蛾	161	葫芦夜蛾	310
红波纹蛾	20	沪齐夜蛾	249
红尺夜蛾	290	花尺蛾亚科	48
红点浑黄灯蛾	170	花斑红旋尺蛾	39
红褐霜夜蛾	193	花布夜蛾	191
红黑维尺蛾	82	花蚁舟蛾	318
红颈尾苔蛾	169	华虎丽灯蛾	177
红脉痣苔蛾	159	华丽毛角尺蛾	126
红双线免尺蛾	143	华南鹰翅天蛾	356
红天蛾	361	华胖夜蛾	238
红线污灯蛾	175	华司马尺蛾	39
红星雪灯蛾	174	华穗夜蛾	294
红须舟蛾	333	华尾大蚕蛾	363
红蕈尺蛾	151	华岩尺蛾	43
红颜锈腰尺蛾	100	华异波纹蛾秦岭亚种	27
红阳苔蛾	165	滑长须夜蛾	307
红衣夜蛾	193	桦安夜蛾	230
红羽舟蛾	329	桦尺蛾	137
红晕散纹夜蛾	246	桦蛾科	367
宏方尺蛾	135	桦剑纹夜蛾	200
宏秘夜蛾	237	桦幕枯叶蛾	347
宏山钩蛾	34	桦杂夜蛾	262
宏折线尺蛾	74	槐尺蠖	113
洪波纹蛾	27	槐羽舟蛾	329
洪达尺蛾	121	环狼夜蛾	215
后案秘夜蛾	236	环茸毒蛾	181
后齿舟蛾	333	环纹尺蛾	65
后甘夜蛾	232	环夜蛾	276

中文名	页码	中文名	页码
幻心舟蛾	328	黄缘伯尺蛾甘肃亚种	120
荒秀夜蛾	241	黄云尺蛾	108
黄斑波纹杂枯叶蛾	345	黄长距尺蛾青海亚种	147
黄斑方尺蛾	134	黄痣苔蛾	159
黄斑眉夜蛾	298	晃剑纹夜蛾	199
黄斑弥尺蛾	119	灰尺蛾亚科	106
黄边仿锈腰尺蛾	100	灰斑豆天蛾	355
黄边涡尺蛾	91	灰斑台毒蛾	181
黄带格尺蛾	111	灰薄夜蛾	294
黄带金星尺蛾	107	灰边白沙尺蛾浙江亚种	109
黄灯蛾	170	灰波姬尺蛾	48
黄地老虎	211	灰布冬夜蛾	259
黄蝶尺蛾	156	灰歹夜蛾	222
黄颚苔蛾	168	灰带伪沼尺蛾	53
黄二星舟蛾	315	灰点尺蛾	117
黄褐幕枯叶蛾	347	灰丰翅尺蛾	116
黄褐贫夜蛾	305	灰幅尺蛾	63
黄黑玉臂蛾	133	灰贡尺蛾	152
黄灰佳苔蛾	159	灰褐狼夜蛾	214
黄剑纹夜蛾	198	灰褐镰须夜蛾	306
黄金星尺蛾	107	灰红汝尺蛾	60
黄枯叶尺蛾	67	灰红展尺蛾	139
黄绿毛眼夜蛾	257	灰尖尾尺蛾	103
黄绿狭翅夜蛾	218	灰金星尺蛾	107
黄绿组夜蛾	226	灰宽带尺蛾	155
黄脉界尺蛾	89	灰绿片尺蛾	154
黄脉天蛾华夏亚种	351	灰绿展冬夜蛾	258
黄玫隐尺蛾	146	灰拟花尺蛾	131
黄拟皮舟蛾秦岭亚种	315	灰涅尺蛾	71
黄蟠尺蛾	148	灰沙黄蝶尺蛾	157
黄山鹰翅天蛾	357	灰素纹夜蛾	279
黄四斑尺蛾南山亚种	55	灰土苔蛾	168
黄条冬夜蛾	255	灰小掌舟蛾中国亚种	331
黄尾尺蛾	156	灰用克尺蛾	122
黄星尺蛾	118	灰羽舟蛾西部亚种	329
黄星石尺蛾	70	灰玉伪沼尺蛾	53
黄星雪灯蛾	174	灰展冬夜蛾	258
黄修虎蛾	205	灰沼尺蛾	52
黄衣客夜蛾	288	灰舟蛾	319
黄异翅尺蛾中国亚种	55	灰佐尺蛾	126
黄异后夜蛾	196	辉尺蛾	115

迥秀夜蛾	240	剑纹幅尺蛾	63
晦刺裳夜蛾	270	江达四斑尺蛾	56
晦钝夜蛾	197	江浙冠尺蛾	93
昏斑污灯蛾	175	疆夜蛾	227
昏干苔蛾	163	交灰夜蛾	228
火丽毒蛾	180	交兰纹夜蛾	264
		交汝尺蛾	59
J		焦点滨尺蛾	149
姬尺蛾亚科	37	角茎舟蛾亚科	315
姬夜蛾	264	角斑台毒蛾	181
基角狼夜蛾	213	角翅舟蛾	337
基泥岩尺蛾	47	角顶尺蛾	139
畸庶尺蛾	114	角镰须夜蛾	306
吉仿爱夜蛾	281	角网夜蛾	232
极紫线尺蛾	38	角线秘夜蛾	236
棘翅夜蛾	280	矫饰夜蛾	192
戟盗毒蛾	187	疠角壶夜蛾	291
迹斑苔蛾	163	接骨木山钩蛾	34
迹岐夜蛾	227	接眼尺蛾	45
冀俚夜蛾	267	孑尺蛾	141
佳眼尺蛾	44	节夜蛾	252
夹扇夜蛾	221	劫小花尺蛾	91
贾异夜蛾	215	洁尺蛾缅甸亚种	54
假尘尺蛾	127	洁口夜蛾	299
尖卜夜蛾	301	洁异后夜蛾	196
尖翅斜尺蛾	142	洁印夜蛾	285
尖剑纹夜蛾	198	结丽毒蛾	179
尖拟皮舟蛾	315	结绿夜蛾	226
尖裙夜蛾	289	戒心舟蛾	328
尖汝尺蛾	59	金翅夜蛾亚科	307
尖须姬尺蛾	39	金边无缰青尺蛾	101
尖用克尺蛾	122	金波纹蛾	28
奸毛胫夜蛾	278	金丰翅尺蛾	116
坚尺蛾	123	金弧夜蛾	309
间色异夜蛾	216	金丝尺蛾	125
间纹炫夜蛾	245	金苔蛾	167
间粘夜蛾	235	金望灯蛾	173
俭界尺蛾	89	金纹角翅舟蛾	338
简金星尺蛾	108	金星垂耳尺蛾	92
简褶尺蛾	110	金盅尺蛾	129
剑纹夜蛾亚科	197	锦夜蛾	239

茎涤尺蛾	78
晶钩蛾广东亚种	32
井夜蛾	252
净污灯蛾	175
净印夜蛾	286
静裳夜蛾	271
迥异波纹蛾	26
桔斑幅尺蛾	61
桔黄惑尺蛾	147
桔色长翅尺蛾	115
菊四目绿尺蛾	99
举剑旋尺蛾	76
巨绿夜蛾	226
巨桥夜蛾	279
巨狭翅尺蛾	115
巨岩尺蛾	41
巨影夜蛾	286
距岩尺蛾	39
锯耻冬夜蛾	259
锯线烟尺蛾	130
锯幽尺蛾	140
聚线琼尺蛾	109
聚星普夜蛾	242

K

卡朋闪夜蛾	285
卡天蛾中华亚种	350
凯无缰青尺蛾	101
康白蛮尺蛾	135
康长柄尺蛾	80
烤焦尺蛾	46
克维尺蛾	83
克析夜蛾	284
克袭夜蛾	244
刻丽毒蛾	180
刻梦尼夜蛾	234
客来夜蛾	288
客散纹夜蛾	246
孔雀山钩蛾华夏亚种	34
枯叶蛾科	342
枯斑翠尺蛾	104

枯草贡尺蛾	152
枯球箩纹蛾	349
宽带鹰翅天蛾	357
宽胫夜蛾	208
宽毛胫夜蛾	278
宽弥尺蛾	119
宽太波纹蛾山西亚种	22
宽线青尺蛾	94
宽掌舟蛾	334
盔胸夜蛾	289
阔掷尺蛾	49

L

拉光裳夜蛾	274
拉维尺蛾	82
蜡黄洱尺蛾	52
兰纹夜蛾	264
蓝灰小枯叶蛾	343
蓝目天蛾	351
老木冬夜蛾	144
烙图夜蛾	227
勒夜蛾	293
蕾鹿蛾	178
蕾毛翅尺蛾	52
肋杂夜蛾	261
冷靛夜蛾	279
离雪苔蛾	163
梨剑纹夜蛾	198
梨威舟蛾	322
犁纹黄夜蛾	194
厉切夜蛾	209
丽夜蛾亚科	190
丽毒蛾	179
丽金舟蛾	336
丽绿尺蛾	98
丽木冬夜蛾	256
丽瑙夜蛾	265
丽维尺蛾黑线亚种	82
丽西伯灯蛾	171
丽夜蛾亚科	190
利剑铅尺蛾	88

黎尺蛾亚科	37	柳毛翅尺蛾	52
栎卑钩蛾	29	柳裳夜蛾	270
栎刺裳夜蛾	270	鹿蛾亚科	178
栎毒蛾	183	鹿特岩尺蛾	40
栎纷舟蛾	321	路雪苔蛾	164
栎光裳夜蛾	274	仑狭翅夜蛾	218
栎距钩蛾朝鲜亚种	28	纶夜蛾	202
栎秋尺蛾	56	萝摩艳青尺蛾	104
栎掌舟蛾	334	箩纹蛾科	348
栎枝背舟蛾	320	螺美波纹蛾	24
栗六点天蛾	353	络毒蛾	183
栗摩夜蛾	192	落叶松尺蛾	132
砾阴夜蛾	233	绿波翅青尺蛾	103
唳盗夜蛾	231	绿带闭目天蛾	354
连裳夜蛾	271	绿雕尺蛾	96
连星污灯蛾	175	绿褐嵌夜蛾	266
涟纷舟蛾	322	绿灰夜蛾	229
涟夜蛾	280	绿孔雀夜蛾	197
联兜夜蛾	250	绿离隐尺蛾	146
联梦尼夜蛾	234	绿灵尺蛾	153
镰茎白钩蛾	33	绿芹尺蛾	87
链黑岛尺蛾	90	宁波尾大蚕蛾	363
良岩尺蛾	42	绿纹菲尺蛾	72
两色绮夜蛾	263	绿藓夜蛾	207
两色髯须夜蛾	299	绿夜蛾	225
亮刀夜蛾	201	萑草洲尺蛾	74
亮首夜蛾	201		
邻暗后叶尺蛾	51	**M**	
邻库尺蛾	48	麻白尺蛾	84
邻汝尺蛾	60	麻灰尺蛾	141
邻眼尺蛾	45	麻尖尾尺蛾	102
林山钩蛾	35	麻岩尺蛾	41
鳞眉夜蛾	295	玛瑙兜夜蛾	250
玲珑夜蛾	265	脉散纹夜蛾	246
菱卜夜蛾	301	满卜夜蛾	301
翎壶夜蛾	292	漫金星尺蛾	107
流苏苔蛾	167	漫卡夜蛾	217
琉璃尺蛾	120	漫扇舟蛾	339
瘤蛾科	189	杧果毒蛾	184
瘤蛾亚科	189	猫目大蚕蛾	362
陇南桦蛾	367	猫眼尺蛾	46

毛夜蛾亚科	195	秘夜蛾	237
毛隘夜蛾	280	绵山侃夜蛾	235
毛尖裙夜蛾	290	棉铃虫	207
毛胫夜蛾	277	岷山大蚕蛾	365
毛目夜蛾	275	泯周尺蛾	87
毛夜蛾乌苏里亚种	195	明带夜蛾	247
毛银辉夜蛾	308	明钝夜蛾	197
毛足姬尺蛾	47	明贯夜蛾	226
毛足夜蛾	238	明狼夜蛾	213
矛狭翅夜蛾	218	明雪苔蛾	165
矛夜蛾	219	明痣苔蛾	159
矛掷尺蛾四川亚种	49	螟蛉夜蛾	268
茅莓蚁舟蛾	318	缪狼夜蛾	212
锚尺蛾	50	模毒蛾	183
锚纹蛾科	19	模夜蛾	219
锚纹蛾	19	摩尺蛾	136
玫瑰巾夜蛾	276	漠狼夜蛾	214
玫美苔蛾	160	默方尺蛾	134
玫缘俭尺蛾	148	牟平琼尺蛾	110
枚痣苔蛾	159	木霭舟蛾	328
梅尔望灯蛾	171	木蜂天蛾	355
梅氏豹大蚕蛾	364	木橑尺蠖	138
梅小花尺蛾	91	木叶夜蛾	275
霉巾夜蛾	277	牧鹿蛾	178
霉裙剑夜蛾	247	暮尘尺蛾	128
美彩青尺蛾	104	目天蛾亚科	351
美翠夜蛾	255		
美带夜蛾	247	**N**	
美蝠夜蛾	262	纳艳青尺蛾	104
美钩蛾中国亚种	33	南方豆天蛾	355
美丽山钩蛾	33	内斑小舟蛾	339
萌金星尺蛾	106	内黄血斑夜蛾	191
蒙灰夜蛾	228	尼夜蛾	233
蒙夜蛾	233	泥苔蛾	169
朦冥尺蛾	127	拟灯夜蛾亚科	206
猛拟长翅尺蛾	116	拟暗脉艳苔蛾	162
梦夜蛾	200	拟花篝波纹蛾	20
弥斑祉尺蛾	69	拟尖翅蛱蛾	36
弥爪胫尺蛾	50	拟宽掌舟蛾	334
迷虎蛾	206	拟柿星尺蛾	117
秘铃钩蛾沃氏亚种	29	拟中金翅夜蛾	308

睨夜蛾	196
孽狼夜蛾	213
宁杂夜蛾	261
浓眉夜蛾	296
女贞尺蛾	37
女贞天蛾	356

O

欧藓夜蛾	207
藕色突尾尺蛾	102

P

葩胯舟蛾	320
拍点夜蛾	253
排点灯蛾	170
盘眼尺蛾	46
胖夜蛾	237
培夜蛾	307
鹏灰夜蛾	228
膨离隐尺蛾	147
皮霭舟蛾	328
皮夜蛾	194
枇杷六点天蛾	353
罴尘尺蛾	128
漂鲁夜蛾	224
贫苔尺蛾	141
平背天蛾	361
平衡叶尺蛾	50
平惑尺蛾	148
平矛夜蛾	220
平夙舟蛾	328
平驼尺蛾	73
平纹黑岛尺蛾	90
平纹绿尺蛾	97
平纹台毒蛾	181
平雪毒蛾	186
平眼尺蛾	44
平影夜蛾	287
苹刺裳夜蛾	270
苹枯叶蛾	348
苹眉夜蛾	296

苹梢鹰夜蛾	291
苹蚁舟蛾	318
苹掌舟蛾	333
葡萄洄纹尺蛾长阳亚种	65
葡萄天蛾	359
璞夜蛾	248
朴变色夜蛾	275
浦地夜蛾	212
普金星尺蛾	106
普胯舟蛾	320
普裳夜蛾	272

Q

漆黑望灯蛾	172
漆尾夜蛾	269
齐卜夜蛾	301
岐怪舟蛾	331
奇带尺蛾	80
奇光裳夜蛾	273
奇巧夜蛾	263
绮夜蛾亚科	262
崎秘夜蛾	236
骐黄尺蛾	156
旗眉夜蛾	299
槭烟尺蛾	130
铅花边尺蛾	43
铅色钝夜蛾	197
铅色径夜蛾	240
铅色狼夜蛾	215
前苔尺蛾甘肃亚种	140
前痣土苔蛾	168
钳钩蛾	30
茜草洲尺蛾东方亚种	73
嵌白散纹夜蛾	246
嵌毛角尺蛾	126
羌涅尺蛾	71
羌纹尺蛾	66
强污灯蛾	176
蔷薇杂夜蛾	261
锹影夜蛾	287
乔藓夜蛾	206

亲土苔蛾	169
秦岭矶尺蛾	128
秦岭美苔蛾	160
秦岭掩尺蛾	81
椴星尺蛾	118
青背长喙天蛾	358
青辐射尺蛾	105
青球箩纹蛾	349
青准鹰冬夜蛾	258
轻白毒蛾	185
清隘夜蛾	280
清二线绿尺蛾	99
丘集冬夜蛾	259
秋白尺蛾远东亚种	57
秋黄尺蛾天目山亚种	149
球果小花尺蛾	90
屈库尺蛾	49
曲白带青尺蛾	96
曲纷舟蛾	321
曲篝波纹蛾陕西亚种	20
曲良舟蛾	320
曲美苔蛾	160
曲纹兜夜蛾	250
曲线慈尺蛾	147
曲线镰须夜蛾	307
曲线秘夜蛾	237
曲线奴夜蛾	305
曲线贫夜蛾	305
曲线透目大蚕蛾	362
曲缘尾大蚕蛾	363
曲缘线钩蛾	30
曲紫线尺蛾	37
全黄荷苔蛾	166
全轴美苔蛾	161
缺角天蛾	358
缺距汝尺蛾	60
雀斑巴夜蛾	286
雀纹天蛾	359

R

染尺蛾	93

髯须夜蛾亚科	299
绕环夜蛾	276
人纹污灯蛾	174
忍冬尺蛾	43
日本鳌尺蛾	37
日本鹰翅天蛾韩国亚种	357
日月明夜蛾	251
茸望灯蛾	173
绒星天蛾	356
融卡夜蛾	217
柔秘夜蛾	237
柔秋尺蛾	56
肉色艳苔蛾	162
锐宽带尺蛾	155
瑞大波纹蛾	21
瑞冥尺蛾	127
瑞秋尺蛾	57
瑞霜尺蛾	122
润鲁夜蛾	225
弱斑殊尺蛾	71
蕊夜蛾亚科	269
蕊舟蛾亚科	313

S

萨夜蛾	240
塞妃夜蛾	281
赛纹枯叶蛾	345
三斑蕊夜蛾	285
三齿黄尺蛾	155
三齿剑纹夜蛾	199
三刺山钩蛾	35
三带帷尺蛾	64
三点燕蛾	36
三棘山钩蛾	34
三线钩蛾	29
三线枯叶蛾	342
三线奴夜蛾	304
三线天蛾	351
三线纤夜蛾	268
三线雪舟蛾	340
散斑点尺蛾	117

散纹夜蛾	245	饰鲁夜蛾	223
散长翅尺蛾	116	饰毛翅尺蛾日本亚种	51
桑尺蠖	138	饰眉夜蛾	297
桑蟥	341	饰青夜蛾	202
桑剑纹夜蛾	200	饰维尺蛾	83
桑褶翅尺蛾	131	饰夜蛾	192
沙黄尺蛾四川亚种	143	饰银纹夜蛾	312
沙舟蛾	329	柿星尺蛾	116
纱眉夜蛾	295	柿癣皮夜蛾	190
砂涡尺蛾	92	首剑纹夜蛾	200
杉镰须夜蛾	306	首丽灯蛾	177
山钩蛾亚科	33	瘦银锭夜蛾	311
闪疖夜蛾	304	叔灰镰须夜蛾	307
陕甘肖齿舟蛾	331	舒涤尺蛾	78
扇舟蛾亚科	335	疏焰尺蛾	75
扇内斑舟蛾	324	黍睫冬夜蛾	257
扇夜蛾	220	蜀鹿蛾	178
裳夜蛾	270	束大轭尺蛾四川亚种	86
少卡夜蛾	217	束带游尺蛾	75
舍氏岩尺蛾	42	树皮距钩蛾弗氏亚种	29
社夜蛾	294	庶闪夜蛾	282
申歧夜蛾	227	双傲夜蛾	293
深黑隐尺蛾	145	双斑莓尺蛾	75
深须姬尺蛾	39	双波红旋尺蛾	38
肾斑黄钩蛾	31	双波夹尺蛾	151
肾点丽钩蛾	32	双齿光尺蛾东方亚种	58
肾毒蛾	181	双达尺蛾	121
肾纹绿尺蛾	97	双封尺蛾	109
肾星普夜蛾	242	双弓毛角尺蛾	127
渗黄毒蛾	189	双弓水尺蛾	85
升巨冬夜蛾	256	双角尺蛾	53
石榴巾夜蛾	277	双角维尺蛾	83
石纹维尺蛾	82	双轮切夜蛾	209
石梓褐枯叶蛾	346	双蛮尺蛾	136
实夜蛾亚科	207	双拟胸须夜蛾	303
实狼夜蛾	214	双色卜夜蛾	301
实矛夜蛾	220	双色翡尺蛾	87
实夜蛾	208	双色幅尺蛾	62
蚀夜蛾	222	双色鹿尺蛾	124
示卑尺蛾	153	双突髯须夜蛾	300
市灰夜蛾	229	双线边尺蛾	144

双线盗毒蛾	187	苔岩舟蛾陕甘亚种	324
双线亥齿舟蛾	332	苔棕毒蛾	180
双线卷裙夜蛾	288	太白胖夜蛾	238
双线新青尺蛾	96	太白山首夜蛾	201
双线异翅尺蛾	55	太白展冬夜蛾	259
双斜线尺蛾	139	太白褶尺蛾	110
双月涤尺蛾	77	太波纹蛾阿穆尔亚种	22
双云尺蛾	138	泰丽钩蛾	31
双珠严尺蛾	47	桃红瑙夜蛾	265
霜壶夜蛾	292	桃剑纹夜蛾	199
霜剑纹夜蛾	199	梯带黄毒蛾	188
霜夜蛾	193	天蛾科	349
水界尺蛾	89	天蛾亚科	350
睡莲白尺蛾	84	天目雪苔蛾	164
丝棉木金星尺蛾	106	甜黑点尺蛾北方亚种	77
思茅松毛虫	344	条背天蛾	361
斯灯蛾	173	条毒蛾	185
斯氏眼尺蛾	44	条拟胸须夜蛾	303
秘铃钩蛾沃氏亚种	29	条青夜蛾	203
四叉尖须夜蛾	303	条纹艳苔蛾	162
四川尾尺蛾	157	条锡苔蛾	167
四点苔蛾	165	铁缨汝尺蛾	59
四线白蛱蛾	36	亭俚夜蛾	267
四星尺蛾	129	同彗尺蛾	156
四月尺蛾	150	同纹夜蛾	278
松丽毒蛾	180	同心舟蛾	325
苏角剑夜蛾	252	同掷尺蛾	49
苏奇巧夜蛾	263	铜色陌夜蛾	240
苏裳夜蛾	272	童剑纹夜蛾	198
粟摩夜蛾	193	头橙荷苔蛾	166
素妃夜蛾	281	头褐荷苔蛾	166
碎木纹尺蛾	154	凸翅小蛊尺蛾	129
缩卜夜蛾	300	秃贡尺蛾	152
索异夜蛾	216	秃卡夜蛾	217
裳夜蛾亚科	270	图库窦舟蛾	314
		图异波纹蛾越南亚种	26

T

台褥尺蛾	68	土狼夜蛾	215
苔蛾亚科	159	土沁夜蛾	216
苔藓夜蛾亚科	206	土夜蛾	193
		土舟蛾	331

驼尺蛾	72	乌土苔蛾	168
		乌夜蛾	230
W		污歹夜蛾	222
洼皮夜蛾	194	污黄尺蛾	143
洼夜蛾	250	污狼夜蛾	215
袜纹夜蛾	311	污秘夜蛾	237
歪鹿尺蛾	124	污秀夜蛾	241
外鲁夜蛾	224	污月尺蛾	150
弯臂冠舟蛾	327	舞毒蛾	185
网卑钩蛾	29	兀尺蛾	134
网尺蛾	81	兀鲁夜蛾东方亚种	225
网目奇尺蛾	113	雾方尺蛾	135
网褥尺蛾东北亚种	67	雾长柄尺蛾	80
网山钩蛾秦岭亚种	33		
威切夜蛾	210	**X**	
威青夜蛾	202	夕狼夜蛾	213
威庶尺蛾中国亚种	114	西藏钩蛾	31
微灰胯舟蛾	319	西藏枯叶钩蛾	31
微闪网苔蛾	165	西藏奇尺蛾	114
围连环夜蛾	233	西影夜蛾	287
维柳冬夜蛾	255	奚毛胫夜蛾	278
维夜蛾	243	晰结丽毒蛾	179
维长角皮夜蛾	194	稀紫线尺蛾	38
伪姬白望灯蛾	172	锡金涤尺蛾	79
伪奇金舟蛾	337	喜凤舟蛾秦岭亚种	327
苇实夜蛾	208	细纹尺蛾	66
纬夜蛾	239	细线泼墨尺蛾	108
卫翅夜蛾	266	细线青尺蛾	94
尾夜蛾亚科	268	细线析夜蛾	283
文夜蛾亚科	266	细玉臂尺蛾川滇亚种	132
文后叶尺蛾	51	细枝树尺蛾	134
文锦夜蛾	239	蛱蛾亚科	36
文脉折线尺蛾	74	狭参尺蛾甘肃亚种	123
文奇尺蛾	114	狭翅夜蛾	217
纹峭舟蛾	321	狭绿天蛾	354
纹希夜蛾	238	瑕姬尺蛾西伯利亚亚种	47
纹藓夜蛾东方亚种	207	纤幅尺蛾	62
倭委夜蛾	203	鲜鹿尺蛾	124
窝尺蛾	71	娴尺蛾	152
乌闪网苔蛾	165	显灰舟蛾	319
乌苏里青尺蛾	95	显鲁夜蛾	224

中文名	页码	中文名	页码
线透目大蚕蛾	362	斜纹灰翅夜蛾	249
线委夜蛾	203	斜纹天蛾	360
镶边鲁夜蛾	224	斜线关夜蛾	274
镶夜蛾	195	斜线哈夜蛾	290
肖二线绿尺蛾	99	斜线厚角夜蛾	304
肖浑黄灯蛾	170	斜线贫夜蛾	306
肖银斑舟蛾	315	斜线髯须夜蛾	299
消鲁夜蛾	225	谐夜蛾	264
小燕蛾亚科	36	懈毛胫夜蛾	278
小斑渣尺蛾	142	辛氏星舟蛾	315
小杯尺蛾	69	新靛夜蛾	195
小茶尺蛾	124	新华异波纹蛾	26
小地老虎	211	新奇金舟蛾	336
小玷尺蛾	54	新铜波纹蛾	24
小兜夜蛾	250	星朋闪夜蛾	284
小豆长喙天蛾	358	星尾尺蛾	158
小冠微夜蛾	265	星卫翅夜蛾	267
小罕夜蛾	225	星线钩蛾	30
小红姬尺蛾	48	星缘扇尺蛾	61
小剑纹夜蛾	199	兴光裳夜蛾	273
小脉异翅尺蛾	55	兴山光裳夜蛾	274
小岐夜蛾	228	修夜蛾	302
小桥夜蛾	280	朽木夜蛾	223
小青夜蛾	202	秀叉突尺蛾	68
小秋黄尺蛾	149	秀夜蛾	242
小缺口青尺蛾	96	绣漠夜蛾	278
小散纹夜蛾	247	锈色俚夜蛾	268
小双角维尺蛾	83	虚斑异波纹蛾	26
小太波纹蛾东亚亚种	22	虚俭尺蛾	149
小细点尺蛾西藏亚种	117	虚连环夜蛾	233
小鹰尺蛾	137	虚幽尺蛾甘肃亚种	141
小雍夜蛾	243	虚周尺蛾	88
小用克尺蛾	121	续尖尾尺蛾	103
小洲水尺蛾	85	玄珠夜蛾	312
晓秀夜蛾	241	旋夜蛾亚科	190
效鹰鲁夜蛾	224	旋涤尺蛾	79
楔斑拟灯夜蛾	206	旋姬尺蛾	47
楔胸夜蛾	252	旋毛瓣尺蛾	68
斜带枯叶蛾	343	旋歧夜蛾	228
斜卡尺蛾	151	旋秀夜蛾	241
斜绿天蛾	360	旋夜蛾	190

选彩虎蛾	205	燕夜蛾	302
炫白钩蛾	32	杨二尾舟蛾	317
炫尺蛾	149	杨谷舟蛾细颚亚种	335
炫夜蛾	244	杨褐枯叶蛾	345
绚羽齿舟蛾	330	杨剑舟蛾	326
雪白毒蛾	185	杨扇舟蛾	338
雪白夜蛾	251	杨小舟蛾	339
雪耳夜蛾	275	杨雪毒蛾	186
雪俚夜蛾	268	洋麻圆钩蛾	19
血红雪苔蛾	164	妖尺蛾	150
旬阳松毛虫	343	耀夜蛾	253
		野蚕蛾	340
Y		野爪冬夜蛾	255
丫佐尺蛾	125	夜蛾科	195
雅毛角尺蛾江苏亚种	126	夜蛾亚科	209
亚叉脉尺蛾	54	夜长喙天蛾	358
亚兔夜蛾	204	一点钩蛾湖北亚种	31
亚杰夜蛾	204	一点如钩蚕蛾	341
亚鲁夜蛾	224	伊经夜蛾	216
亚麻篱灯蛾	171	伊狭翅夜蛾	218
亚闪金夜蛾	309	宜库尺蛾	48
亚肾纹绿尺蛾	97	遗仿锈腰尺蛾	100
亚四目绿尺蛾	100	义地夜蛾	212
亚斜尺蛾	142	异舟蛾亚科	340
亚星岩尺蛾	40	异安夜蛾	230
亚秀夜蛾	242	异波纹蛾	25
烟翡尺蛾	87	异灰涛尺蛾	73
烟后叶尺蛾	51	异巨青尺蛾	94
烟青虫	207	异矛夜蛾	220
岩华波纹蛾	25	异美苔蛾	160
岩黄毒蛾	188	异梦尼夜蛾	233
衍狼夜蛾	213	异首夜蛾	202
衍夜蛾	248	异丝尺蛾	98
眼斑绿天蛾	354	蚁舟蛾亚科	317
演焦边尺蛾	139	逸色夜蛾	252
艳金舟蛾	336	意光裳夜蛾	273
艳修虎蛾	205	意剑纹夜蛾	200
艳银钩夜蛾	312	阴耳夜蛾	276
焰夜蛾	208	阴亥夜蛾	305
燕蛾科	35	阴狼夜蛾	214
燕尾舟蛾	317	荫华舟蛾	330

荫无缰青尺蛾	101
银白冬夜蛾	254
银白异序尺蛾峨眉亚种	86
银斑砌石夜蛾	190
银锭夜蛾	311
银荷苔蛾	166
银褐觅舟蛾	327
银华波纹蛾	25
银纹夜蛾	307
银星波纹蛾	27
银杏大蚕蛾	365
银岩尺蛾	40
银装冬夜蛾	254
隐隘夜蛾	280
隐巾夜蛾	277
隐金星尺蛾	107
隐纹夜蛾	309
印华波纹蛾	25
印铜夜蛾	312
印夜蛾	286
樱毛眼夜蛾	256
鹰翅尺蛾	138
鹰翅天蛾	357
鹰夜蛾	291
盈潢尺蛾	57
影波纹蛾陕西亚种	23
庸肖毛翅夜蛾	274
优美苔蛾	161
优雪苔蛾	164
幽地夜蛾	212
悠岩尺蛾	41
犹镰须夜蛾	306
油茶大枯叶蛾	346
油松毛虫	343
油桐尺蠖	137
友禾夜蛾	243
榆白边舟蛾西部亚种	325
榆凤蛾	35
榆剑纹夜蛾	199
榆绿天蛾	354
榆掌舟蛾	334
愚潢尺蛾淡色亚种	58
羽巾尺蛾	70
羽齿舟蛾亚科	329
玉边目夜蛾	275
玉粘夜蛾	236
芋双线天蛾	360
郁斑瘤蛾	189
郁眉夜蛾	298
郁尾尺蛾	157
预帷尺蛾	64
鹬妃夜蛾	281
元切夜蛾	210
圆钩蛾亚科	19
圆斑黄毒蛾	189
圆斑苏苔蛾	167
圆斑晜尺蛾	125
圆端家蚕	341
圆突鹰尺蛾	137
缘斑鲁夜蛾	223
缘斑眉夜蛾	297
缘斑妖尺蛾	150
缘大波纹蛾	21
缘点尺蛾阿穆尔亚种	112
缘黄苔蛾	166
缘狭翅夜蛾	218
缘秀夜蛾	242
月殿尾夜蛾	269
月蝠夜蛾	262
月天蛾	352
云斑艳苔蛾	162
云波纹蛾越南亚种	27
云彩苔蛾	162
云浮尺蛾	111
云辉尺蛾	115
云南松洄纹尺蛾	65
云南松毛虫	343
云青尺蛾	95
云庶尺蛾	112
云纹幅尺蛾	63
云纹绿尺蛾	98
云纹异翅尺蛾	55

云雾丽翅尺蛾四川亚种	75
云星夜蛾	253
云舟蛾	322
匀点尺蛾	117
蕴涅尺蛾	70

Z

杂夜蛾亚科	261
杂盗夜蛾	231
杂地夜蛾	211
赞青尺蛾	105
枣桃六点天蛾	352
皂狼夜蛾	214
柞蚕	366
斋夜蛾	203
窄翅波纹蛾	27
窄翅舟蛾	316
窄条荷苔蛾	166
粘虫	238
粘夜蛾	234
张卜夜蛾	301
张镶夜蛾	195
樟蚕	364
长角皮夜蛾亚科	194
长翅脊蕊夜蛾	269
长晶尺蛾江西亚种	108
长片太波纹蛾	23
长扇夜蛾	220
长突芽尺蛾	151
长尾大蚕蛾	364
长纹绿尺蛾	98
长线毛眼夜蛾	256
长阳狭夜蛾	293
掌舟蛾亚科	333
掌尺蛾	136
掌夜蛾	233
遮眉夜蛾	296
折带格尺蛾	111
折带黄毒蛾	188
折带圆钩蛾甘肃亚种	19
折纹殿尾夜蛾	269

折无缰青尺蛾	102
赭带东灯蛾	173
赭点峰尺蛾	91
赭黄歹夜蛾	222
赭灰裳夜蛾	262
赭尾尺蛾	156
赭尾歹夜蛾	221
赭小内斑舟蛾	323
赭小舟蛾	339
浙污灯蛾	176
珍璃尺蛾	120
真界尺蛾中国亚种	89
榛金星尺蛾	106
疹灰舟蛾	319
之美苔蛾	160
芝麻鬼脸天蛾	350
枝弥尺蛾	119
织锦尺蛾龙潭亚种	111
织网夜蛾	232
脂掌舟蛾	335
直带夜蛾	290
直菲尺蛾	71
直脉青尺蛾	95
直石带尺蛾	155
直纹白尺蛾	84
直纹杂枯叶蛾	344
直线幅尺蛾	63
直线水尺蛾	85
直缘卑钩蛾	29
植灰蓬夜蛾	229
祉尺蛾暗色亚种	69
指眼尺蛾	45
栉跗夜蛾	232
中波纹蛾	22
中齿幅尺蛾	61
中带薄夜蛾	294
中国白沙尺蛾	109
中国后星尺蛾	118
中国巨青尺蛾	93
中国枯叶尺蛾	66
中国四眼绿尺蛾	99

中文名	页码	中文名	页码
中华波纹蛾四川亚种	24	壮掌舟蛾	335
中华大窗钩蛾	33	缀白剑纹夜蛾	199
中华康夜蛾	243	啄黑点尺蛾	77
中华蓬夜蛾	229	缁夜蛾	295
中华四星尺蛾	129	紫白尖尺蛾	144
中介冠舟蛾	327	紫斑绿尺蛾	97
中金翅夜蛾	308	紫边尺蛾	144
中桥夜蛾	279	紫翅枯叶蛾	345
中影眉夜蛾	297	紫光箩纹蛾	348
肘纹毒蛾	185	紫褐巧夜蛾	263
肘析夜蛾	283	紫褐衫夜蛾	244
皱地夜蛾	212	紫褐蚀尺蛾	153
侏地夜蛾	212	紫黑杂夜蛾	262
珠白钩蛾	32	紫灰翅夜蛾	238
珠光裳夜蛾	272	紫金弧夜蛾	310
舟蛾科	313	紫玫隐尺蛾	145
舟蛾亚科	323	紫片尺蛾	153
珠藓夜蛾	206	紫檀夜蛾	293
珠异波纹蛾	26	紫维尺蛾	83
硃美苔蛾	161	紫丫纹夜蛾	311
竹箩舟蛾	315	紫云尺蛾	112
竹素毒蛾	182	紫棕扇夜蛾	221
竹纹枯叶蛾	345	棕翅蓬夜蛾	229
著蕊舟蛾	313	棕褐距钩蛾	28
壮蕊舟蛾	313	座黄微夜蛾	264

拉丁名索引

A

abamita, Catocala ⋯⋯⋯⋯⋯⋯⋯⋯⋯ 270
aberrans, Miltochrista ⋯⋯⋯⋯⋯⋯ 160
abiens, Cyana ⋯⋯⋯⋯⋯⋯⋯⋯⋯⋯ 163
abraxaria, Neolythria ⋯⋯⋯⋯⋯⋯ 111
abraxata nguldoe, Callicilix ⋯⋯⋯ 33
achatina, Cosmia ⋯⋯⋯⋯⋯⋯⋯⋯ 250
aconisecta, Pareustroma ⋯⋯⋯⋯⋯ 68
Acontiinae ⋯⋯⋯⋯⋯⋯⋯⋯⋯⋯⋯ 262
Acronictinae ⋯⋯⋯⋯⋯⋯⋯⋯⋯⋯ 197
acteus, Pergesa ⋯⋯⋯⋯⋯⋯⋯⋯⋯ 360
acuminata, Betalbara ⋯⋯⋯⋯⋯⋯ 29
acuta, Jankowskia ⋯⋯⋯⋯⋯⋯⋯ 122
acutata, Rheumaptera ⋯⋯⋯⋯⋯⋯ 59
acutula, Organopoda ⋯⋯⋯⋯⋯⋯ 39
adhemariusa, Ambulyx ⋯⋯⋯⋯⋯ 357
adita, Cyana ⋯⋯⋯⋯⋯⋯⋯⋯⋯⋯ 164
admirabilis, Iotaphora ⋯⋯⋯⋯⋯ 105
adonidaria, Ourapteryx ⋯⋯⋯⋯⋯ 158
adornata, Amnesicoma ⋯⋯⋯⋯⋯ 64
adspersa, Attonda ⋯⋯⋯⋯⋯⋯⋯ 280
adusta, Pangrapta ⋯⋯⋯⋯⋯⋯⋯ 298
adversata, Nyctemera ⋯⋯⋯⋯⋯ 177
aenea minor, Horipsestis ⋯⋯⋯⋯ 23
aerosa, Eustroma ⋯⋯⋯⋯⋯⋯⋯ 68
aestivaria, Hemithea ⋯⋯⋯⋯⋯⋯ 100
affineola, Eilema ⋯⋯⋯⋯⋯⋯⋯ 169
affinis, Cosmia ⋯⋯⋯⋯⋯⋯⋯⋯ 250
affinis, Hemaris ⋯⋯⋯⋯⋯⋯⋯⋯ 358
affinis, Rheumaptera ⋯⋯⋯⋯⋯⋯ 60
agalma, Xestia ⋯⋯⋯⋯⋯⋯⋯⋯⋯ 223
Aganainae ⋯⋯⋯⋯⋯⋯⋯⋯⋯⋯⋯ 206
Agaristinae ⋯⋯⋯⋯⋯⋯⋯⋯⋯⋯ 205
agitata angustaria, Duliophyle ⋯⋯ 133
agitatrix, Catocala ⋯⋯⋯⋯⋯⋯⋯ 271
agnata, Agrapha ⋯⋯⋯⋯⋯⋯⋯⋯ 307
alba, Spilarctia ⋯⋯⋯⋯⋯⋯⋯⋯ 175
albata, Neuralla ⋯⋯⋯⋯⋯⋯⋯⋯ 149
albibasis guankaiyuni, Euparyphasma ⋯⋯ 25
albicincta, Neustrotia ⋯⋯⋯⋯⋯ 266
albicinctus, Erebus ⋯⋯⋯⋯⋯⋯⋯ 275
albicola, Bamra ⋯⋯⋯⋯⋯⋯⋯⋯ 286
albicollis, Cyana ⋯⋯⋯⋯⋯⋯⋯⋯ 164
albicostata albicostata, Tethea ⋯⋯ 25
albida, Parapsestis ⋯⋯⋯⋯⋯⋯⋯ 26
albidaria, Lassaba ⋯⋯⋯⋯⋯⋯⋯ 135
albidentaria, Pericyma ⋯⋯⋯⋯⋯ 278
albidior superba, Gnophos ⋯⋯⋯ 140
albidior, Problepsis ⋯⋯⋯⋯⋯⋯ 43
albigirata, Colostygia ⋯⋯⋯⋯⋯⋯ 76
albinigrata, Antipercnia ⋯⋯⋯⋯ 117
albiplaga, Rheumaptera ⋯⋯⋯⋯⋯ 59
albiscripta, Pseuderiopus ⋯⋯⋯⋯ 238
albistrigata, Maxates ⋯⋯⋯⋯⋯ 102
albivirgata, Calyptra ⋯⋯⋯⋯⋯⋯ 292
albocinerea, Ghoria ⋯⋯⋯⋯⋯⋯ 166
albocostaria, Thetidia ⋯⋯⋯⋯⋯ 99
albofascia, Numenes ⋯⋯⋯⋯⋯⋯ 183
albofasciata tromodes, Xandrames ⋯⋯ 132
albolineola, Callopistria ⋯⋯⋯⋯ 245
albomixta, Polia ⋯⋯⋯⋯⋯⋯⋯⋯ 229
albonigra, Craniophora ⋯⋯⋯⋯⋯ 201
albonitens, Chasminodes ⋯⋯⋯⋯ 251
albonotaria, Xerodes ⋯⋯⋯⋯⋯⋯ 137
albonotata, Chytonix ⋯⋯⋯⋯⋯⋯ 248
albosigma curtuloides, Clostera ⋯⋯ 338
albosignaria, Ophthalmitis ⋯⋯⋯ 129

albosignata, *Asthena*	84	*anomala*, *Scionomia*	151
albostriata, *Agrapha*	308	*anomalata*, *Macaria*	114
albovenaria latirigua, *Geometra*	94	*anormala*, *Lemyra*	172
albuncula, *Xestia*	224	*anoxys*, *Lomographa*	110
aliena, *Electrophaes*	75	*anser*, *Redoa*	182
aliena, *Lacanobia*	230	*antipala*, *Planociampa*	141
alienata, *Odontopera*	152	*antitheta*, *Agathia*	104
almatensis, *Apocolotois*	132	*apatela*, *Metriaeschra*	328
alni, *Acronicta*	200	*aphrodite*, *Eucyclodes*	104
alpherakii, *Amphipyra*	261	*apicalis*, *Dindicodes*	92
alpherakyi, *Phalera*	334	*apicalis*, *Psidopala*	24
alpium, *Moma*	195	*apicata*, *Dalima*	121
altera, *Bizia*	139	*apicinotaria*, *Photoscotosia*	62
alternata, *Rheumaptera*	59	*apicipunctata*, *Scopula*	42
alternata, *Stenopsestis*	27	*apicistrigaria*, *Venusia*	83
amamiensis, *Bomolocha*	301	*aquata*, *Horisme*	89
amarilla, *Pseudoips*	192	*aquilaria*, *Hyposidra*	121
amasa, *Luxiaria*	115	*archilis*, *Pseudomicronia*	36
amata, *Chrysorithrum*	288	**Arctiidae**	158
ambigua, *Bleptina*	303	**Arctiinae**	169
amica, *Hypena*	299	*arctotaenia*, *Dysgonia*	276
Amphipyrinae	261	*arenosa*, *Hermonassa*	218
ampliata shansiensis, *Tethea*	22	*argentaria*, *Myrteta*	109
amplicata, *Photoscotosia*	64	*argentata*, *Gabala*	190
amplifascia, *Sypnoides*	284	*argentata*, *Gonoclostera*	338
amplificata, *Pachyodes*	92	*argentataria*, *Comibaena*	98
amurensis sinica, *Laothoe*	351	*argenteopicta*, *Parapsestis*	25
amurensis, *Hydraecia*	252	*argentilineata nitidaria*, *Lampropteryx*	75
amurensis, *Rhyparioides*	170	*argozana*, *Tasta*	112
anachoreta, *Clostera*	338	*argutaria*, *Jodis*	102
analis, *Meganoton*	350	*arianae*, *Salassa*	362
anastomosis, *Clostera*	338	*aristidaria*, *Exurapteryx*	156
anceps, *Apamea*	241	*armigera*, *Helicoverpa*	207
ancilla, *Mocis*	278	*artaxidia*, *Nudina*	162
andreji, *Dypterygia*	238	*artemidora*, *Brabira*	54
angulata, *Dendrolimus*	344	*artemis aliena*, *Actias*	363
angulate, *Euproctis*	187	*ashworthii*, *Xestia*	224
angulina, *Zanclognatha*	306	*asiatica*, *Amphipoea*	204
angusta, *Gerbathodes*	203	*asiatica*, *Leptostegna*	54
angustifascia, *Ghoria*	166	*asiatica*, *Monostola*	233
annetta, *Mocis*	278	*askoldis*, *Apamea*	242

assimilis, *Phalera*	334	*betularia*, *Biston*	137
assulta, *Helicoverpa*	207	*biangulata*, *Venusia*	83
asteris, *Cucullia*	254	*bicolora*, *Acontia*	263
astrigera, *Hypersypnoides*	284	*bicoloralis*, *Bomolocha*	301
atrax, *Polia*	229	*bicuspis*, *Furcula*	318
atrilineata, *Menophra*	138	*bidens*, *Didymana*	30
atrisparsaria, *Organopoda*	39	*bidentatus*, *Wllemanus*	322
atrivalva, *Heterolocha*	145	*bieti*, *Diachrysia*	310
atrovittata, *Shaka*	329	*bifidalis*, *Oglasa*	293
atyche, *Thetidia*	99	*bilinealis*, *Plecoptera*	288
augurides, *Rhyacia*	217	*bilinearia coryphodes*, *Odontopera*	152
aurago, *Xanthia*	261	*bilinearia*, *Leptomiza*	144
aurantiaca, *Subobeidia*	115	*bilineata*, *Clanis*	355
aurata, *Pseudomiza*	145	*bimacularia*, *Mesoleuca*	75
auratilis, *Epholca*	147	*biornata*, *Cucullia*	255
aureobrunnea, *Mimesisomera*	327	*bipartaria*, *Piercia*	87
auriflua, *Eilema*	169	*biparticolor*, *Haritalopha*	295
austeraria, *Hirasa*	140	*bipartita*, *Bomolocha*	302
autumnaria pyrrosticta, *Ennomos*	149	*bipartite*, *Arguda*	342
autumnata autumnus, *Epirrita*	57	*biplagiata*, *Sphragifera*	251
avellanea, *Zythos*	46	**Biretinae**	315
aversata, *Idaea*	47	*biselata*, *Idaea*	47
axutha, *Calliteara*	180	*bistrigata*, *Bertula*	303
azonaria, *Euphyia*	75	*bituminaria*, *Jankowskia*	122
		boisduvalii fallax, *Saturnia*	365
B		**Bombycidae**	340
bantaizana, *Lymantria*	185	*bombycina*, *Polia*	228
basalis, *Semidonta*	326	*bombylans*, *Macroglossum*	358
basalis, *Stauropus*	318	*bonza*, *Chersotis*	217
basifixa, *Aquilargillia*	47	*brachysoma*, *Maxates*	103
bathensis, *Blepharita*	257	**Brahmaeidae**	348
batis batis, *Thyatira*	20	*brassicae*, *Mamestra*	227
becheri, *Trisuloides*	196	*brephos*, *Epirrhoe*	73
beckeraria, *Scopula*	40	*brevipennis*, *Diphtherocome*	202
bella diacena, *Tyloptera*	54	*breviprotrusa*, *Psyra*	142
bella, *Catocala*	270	*brevis*, *Betapsestis*	27
bella, *Maliattha*	265	*brevispina*, *Ophthalmitis*	130
bella, *Tambana*	196	*brunnea*, *Agnidra*	28
belluaria, *Antipercnia*	117	*brunnearia*, *Synegiodes*	38
bellula, *Acronicta*	198	*bryocharis*, *Xestia*	224
betula, *Malacosoma*	347	**Bryophilinae**	206

bryophiloides, Chytobrya ········· 248
buddenbrocki, Preparctia ········· 176
buddhae, Hylophilodes ··········· 192
buddhista, Pheosia ··············· 326
burrowsi, Amphipoea ············· 204
butleri, Catocala ················· 274
butleri, Cidariplura ··············· 302
butleri, Hamodes ················ 290

C

caeca, Oberthueria ··············· 341
caeneusalis, Simplicia ············ 306
caeria, Streltzovia ··············· 173
caja, Arctia ····················· 171
c-album, Tambana ··············· 196
calcearia, Leptomiza ············· 144
caliginea, Anacronicta ············ 197
caligineus sinicus, Sphinx ········ 350
caliginosa, Hypersypnoides ······· 285
Callidulidae ····················· 19
callipotama, Euproctis ············ 189
callista, Benbowia ··············· 320
Calpinae ······················· 282
campicola, Oncocnemis ··········· 255
camptostigma, Cosmia ············ 250
candida, Leucoma ··············· 186
candidaria, Lamprocabera ········· 110
canescens, Diarsia ··············· 222
cararia lungtanensis, Heterostegane ··· 111
carissima, Agathia ··············· 104
carnea, Asura ··················· 162
carnipennis, Orthosia ············· 234
carpinata, Trichopteryx ············ 52
casigneta, Spilarctia ·············· 176
castanea, Acosmeryx ············· 359
castanea, Nikara ················ 249
cataphanes, Autophila ············ 280
catenaria, Melanthia ·············· 90
Catocalinae ···················· 270
catocalis, Drasteria ··············· 281
catocaloides, Sarbanissa ·········· 205

catomelas, Pulcheria ············· 248
celebrata, Ochropleura ············ 215
centralasiae, Apopestes ··········· 281
cerastioides, Diarsia ·············· 221
cerinaria, Trichopterigia ············ 52
cesadaria, Auaxa ················ 152
cestis, Anumeta ················· 278
chalcoela, Opsyra ··············· 253
chalybeata, Pareuplexia ··········· 240
chama, Ditrigona ················· 32
chamaeleon, Bryopolia ············ 259
champa, Trichosea ··············· 195
changi, Eustroma ················· 68
chardinyi, Noctua ················ 219
chekiangi, Spilarctia ·············· 176
chi, Hiradonta ··················· 332
chinensis, Cypoides ·············· 353
chinensis, Drasteria ··············· 281
chinensis, Haderonia ············· 229
chinensis, Pilipectus ·············· 294
Chloephorinae ·················· 190
chloroleuca, Tyana ··············· 191
chloromixta, Lithacodia ············ 267
chlorophyllaria, Thetidia ············ 99
chlororphnodes, Astygisa ········· 145
chlorosata, Petrophora ············ 155
chromataria, Fascellina ··········· 153
chrysitis, Diachrysia ·············· 309
chrysolopha, Gazalina ············ 340
chryson, Diachrysia ·············· 310
cineracea, Mecodina ············· 294
cinerarius, Apocheima ············ 131
cinerea canescens, Pheosiopsis ··· 327
cinerea, Parapsestis ·············· 26
cinerearia, Chiasmia ············· 113
cinifacta, Perigea ················ 253
cinigeraria, Sathrosia ············· 141
cinnamomea, Bharetta ··········· 343
circumdata, Toelgyfaloca ··········· 25
circumducta, Perigrapha ·········· 233
cirruncata, Ditrigona ··············· 33

citrata, *Dysstroma*	78	*conspicua*, *Macrothyatira*	21
citrinaria, *Zaranga*	314	*conspicuaria*, *Hydrelia*	85
clarivena, *Ochropleura*	213	*constellate*, *Hypersypnoides*	284
clathrata, *Chiasmia*	113	*contaminata*, *Lassaba*	135
clavata, *Ditrigona*	32	*contaminata*, *Naenia*	226
clavis, *Agrotis*	212	*contigua*, *Lacanobia*	230
cloanges, *Arctornis*	185	*contigua*, *Prospalta*	243
clorana, *Earias*	192	*contiguaria*, *Xerodes*	136
clotho, *Theretra*	360	*contorta*, *Paralygris*	68
c-nigrum, *Xestia*	223	*conturbata*, *Cataclysme*	80
coartata, *Nothocasis*	53	*convergenata*, *Eulithis*	66
coenobita ussuriensis, *Panthea*	195	*convolvuli*, *Agrius*	350
coenostola, *Diarsia*	222	*coreana*, *Neodrymonia*	327
collenettei, *Euproctis*	187	*corticalis*, *Hupodonta*	328
colligata, *Parum*	352	*corticaria*, *Chorodna*	134
collitoides, *Ghoria*	166	*corticata francki*, *Agnidra*	29
columbina, *Catocala*	273	*costaestriga*, *Xestia*	223
columbinaria, *Dalima*	121	*costiflavens*, *Dindicodes*	91
comatus, *Syntypistis*	319	*costinotaria*, *Gagitodes*	88
comitata, *Pelurga*	72	*costinotata*, *Pangrapta*	297
comma, *Leucania*	235	*costiplaga*, *Amphipyra*	261
complicata, *Calliteara*	180	*craccae*, *Lygephila*	287
comptaria, *Timandra*	37	*cramboides*, *Rhynchina*	299
concentrica, *Homocentridia*	325	*crassinotata*, *Problepsis*	45
concolor, *Lymantria*	183	*crassisigna*, *Macdunnoughia*	311
Condicinae	253	*creataria*, *Chorodna*	135
confinis, *Protexarnis*	215	*crenata tristis*, *Gluphisia*	335
conformis, *Eilema*	168	*crenata*, *Apamea*	241
confusa, *Hadena*	231	*crenularia lepta*, *Spilopera*	149
confusa, *Macdunnoughia*	311	*crenularia meridionalis*, *Apeira*	150
confuse, *Stenoloba*	264	*crenularia*, *Ocoelophora*	144
conialeuca, *Abraxas*	108	*crepuscularia*, *Ectropis*	123
conigera, *Mythimna*	236	*cristata*, *Euhampsonia*	315
conjuncta, *Stigmatophora*	159	*crocoptera*, *Thinopteryx*	156
conjunctiva, *Problepsis*	45	*cruciplaga*, *Carige*	53
conjungens, *Alloharpina*	123	*cruda*, *Orthosia*	234
connectilis, *Cyana*	163	*cruentaria*, *Mimomiza*	145
consanguinea, *Pareulype*	71	**Cuculliinae**	253
consanguis, *Brevipecten*	292	*culta*, *Haderonia*	229
consignata, *Hermonassa*	217	*cuneatoides*, *Apamea*	241
consimilis consimilis, *Tethea*	23	*cupreoviridis*, *Earias*	192

cursoria, Euxoa	210	*denudaria*, Idaea	48
curtalis, Pangrapta	297	*depeculata discreta*, Stamnodes	56
curvilinea, Zanclognatha	307	*deplanata*, Chersotis	217
cuspida, Mimopydna	315	*deplorata*, Spaelotis	220
cuspis, Acronicta	198	*depravata*, Alcis	124
cyanivitta, Sypnoides	283	*desiderata*, Catocala	271
Cyclidiinae	19	**Desmobathrinae**	37
cyclophora, Parectropis	125	*deversata*, Alcis	124
cygnopsis, Redoa	182	*dharma*, Gangarides	314
cynthia, Samia	366	*dholaria*, Xandrames	133
		dicaea, Xenortholitha	77

D

		dichroma rubrica, Peridea	324
dabashanica, Saliocleta	316	*diehli*, Callambulyx	354
danilovi djakonovi, Stamnodes	55	*difficta*, Eucyclodes	104
dardistana, Cardepia	232	*diffusa*, Naranga	268
davidaria, Dindicodes	92	*diffusaria*, Hypomecis	128
davidi alea, Nerice	325	*dignata*, Scopula	42
davidi, Amata	178	*dignitosa*, Kuldscha	48
davidi, Rhodinia	362	*dilatata*, Xestia	225
dealbata, Hadena	231	*dilutiapicata*, Valeria	258
debilis, Meganephria	256	*dimita*, Ecliptopera	74
debilis, Spilopera	149	*diorthogonia*, Psilalcis	125
debilitata, Idiotephria	71	*diprosopa*, Alcis	124
deceptoria, Lithacodia	267	*discophora*, Problepsis	46
decipiens, Kerala	191	*disgnosta*, Sineugraphe	220
decora, Comibaena	98	*dispar*, Lymantria	185
decoraria, Myrioblephara	126	*dispicio*, Cnethodonta	319
decorata, Psilotagma	93	*dissectus*, Heliophobus	232
deducta, Catocala	271	*dissimilis*, Catocala	274
defixaria, Chiasmia	114	*dissimilis*, Deinotrichia	136
deflorata, Hypocala	291	*dissimilis*, Phyllosphingia	353
degeniata, Spaelotis	220	*dissimilis*, Protuliocnemis	98
dehaliaria, Tanaoctenia	144	*dissoluta*, Lymantria	185
dejeani, Alloharpina	123	*distincta*, Clethrophora	193
delectans, Thinopteryx	157	*distinctaria*, Chlorissa	100
delineata, Miltochrista	161	*distorta*, Zadadra	167
denigrata abiens, Laciniodes	81	*ditrapezium*, Xestia	225
dentata, Trichoridia	259	*divergens*, Mythimna	237
dentifascia mandarinaria, Physetobasis	86	*dives*, Spatalia	336
dentilineata, Pangrapta	295	*divisaria*, Arichanna	119
dentisignata, Aplochlora	153	*dizyx*, Perissandria	225

djakonovi, Phigalia	131
djrouchiaria, Neolythria	111
doerriesi, Spatalia	336
dolabraria, Plagodis	154
dolosa, Mocis	278
dolosa, Polypogon	307
domestica, Cryphia	206
dorsimacula, Micromelalopha	339
dotata, Artena	274
draesekei, Calliergis	255
draesekei, Lophontosia	331
Drapanidae	19
Drapaninae	28
dubernardi, Actias	364
dubitat amblychiles, Triphosa	58
dudgeoni, Dasychira	181
Dudusinae	313
dula, Catocala	270
duplexa, Canucha	31
duplexa, Myrioblephara	127
duplicans, Callopistria	246
duplicata subfimbriata, Scotopteryx	49
dyras dyras, Marumba	352

E

edolatina, Acronicta	200
eitschbergeri, Mustilizans	341
electa, Catocala	270
Eligminae	190
ella, Catocala	273
ellenae, Hermonassa	218
ellipsoidea, Euryobeidia	116
elpenor, Deilephila	361
elzet, Peridea	324
emaria, Menophra	139
embolochroma, Myrioblephara	126
eminens, Catocala	273
Endromidae	367
enervata, Timandromorpha	96
Ennominae	106

Epicopeiidae	35
Epipleminae	36
equitalis, Callimorpha	177
erebina, Amphipyra	261
erebina, Sypnoides	283
eremopsis, Ochropleura	214
ericae, Teia	181
eriosoma, Chrysodeixis	308
ermine, Cerura	317
erubescens, Diarsia	221
eucircota, Problepsis	44
eucosma, Venusia	83
eucosme, Arichanna	118
eunupta, Scopula	41
euphiles, Rikiosatoa	125
Eupterotidae	349
euryagyia, Geometra	94
eurydice, Ilema	180
eurypeda, Scotopteryx	49
Eustrotiinae	266
Euteliinae	268
euthygramma, Heterophleps	55
evanescens, Epiplema	36
excavata, Apochima	131
excelsa, Autographa	311
excisa yangtsei, Takanea	347
excisa, Plagodis	154
excurvata, Fentonia	321
exhausta, Perizoma	87
exigua, Cosmia	250
exilaria, Glaucorhoe	73
exoleta, Xestia	223
exotica, Callopistria	246
exquisita, Panolis	234
exsoletaria, Arichanna	119
extrema, Sinna	190
extremaria, Timandra	38
exusta, Gelastocera	193
exusta, Sineugraphe	221
exviretata, Acasis	52

F

fabiolaria, Chartographa ⋯⋯ 65
fagana, Pseudoips ⋯⋯ 192
fagata, Operophtera ⋯⋯ 56
fagi, Stauropus ⋯⋯ 318
falcataria, Palaeomystis ⋯⋯ 50
falcipennis, Psyra ⋯⋯ 142
fasciata, Coarica ⋯⋯ 289
fasciata, Diomea ⋯⋯ 293
fasciata, Diphtherocome ⋯⋯ 203
fasciata, Eucarta ⋯⋯ 238
fasciata, Macrothyatira ⋯⋯ 21
fasciata, Neopheosia ⋯⋯ 322
fea, Chlororithra ⋯⋯ 105
felderi, Pterodecta ⋯⋯ 19
felina, Cerura ⋯⋯ 317
femorata, Paralebeda ⋯⋯ 347
fenestra, Agnidra ⋯⋯ 28
feniseca, Hypopyra ⋯⋯ 275
fentoni, Lithacodia ⋯⋯ 268
fervens, Macrochthoniu ⋯⋯ 193
fervidaria, Ecliptopera ⋯⋯ 74
fimbriata, Thysanoptyx ⋯⋯ 167
fixseni, Loxaspilates ⋯⋯ 142
flava, Anomis ⋯⋯ 280
flava, Dissoplaga ⋯⋯ 145
flava, Eilicrinia ⋯⋯ 148
flava, Euproctis ⋯⋯ 188
flava, Stigmatophora ⋯⋯ 159
flavalis, Lemyra ⋯⋯ 173
flavescens kukunoora, Calcaritis ⋯⋯ 147
flavescens, Catephia ⋯⋯ 288
flavescens, Gandaritis ⋯⋯ 67
flavescens, Phalera ⋯⋯ 333
flavida tapaischana, Macrothyatira ⋯⋯ 21
flavida, Sarbanissa ⋯⋯ 205
flavimacularia, Anemmetresa ⋯⋯ 108
flavimargo, Macrothyatira ⋯⋯ 21
flavipicta, Bryotype ⋯⋯ 260
flaviplaga, Lophomilia ⋯⋯ 265
flavociliata, Eilema ⋯⋯ 169
flavogrisea, Hypeugoa ⋯⋯ 159
flavolinearia, Gigantalcis ⋯⋯ 125
flavomacula, Pangrapta ⋯⋯ 298
flavomacularia, Arichanna ⋯⋯ 119
flavomacularia, Gandaritis ⋯⋯ 67
flavomarginaria djakonovi, Diaprepesilla ⋯⋯ 120
flavotriangulata, Euproctis ⋯⋯ 188
flavovenata, Horisme ⋯⋯ 89
flexula, Laspeyria ⋯⋯ 293
flexuosa, Miltochrista ⋯⋯ 160
florens, Gaurena ⋯⋯ 21
formosa, Argyrospila ⋯⋯ 205
formosa, Xylena ⋯⋯ 256
fractifasciata indistincta, Cyclidia ⋯⋯ 19
fractistriga, Epholca ⋯⋯ 148
fraterna, Ericeia ⋯⋯ 282
fufocincta, Polymixis ⋯⋯ 258
fulguraria, Mesastrape ⋯⋯ 134
fuliginosa, Phragmatobia ⋯⋯ 171
fulminea chekiangensis, Catocala ⋯⋯ 273
fumataria, Piercia ⋯⋯ 87
fumosaria, Epilobophora ⋯⋯ 51
funebris, Photoscotosia ⋯⋯ 63
funeralis, Hydrillodes ⋯⋯ 305
funesta, Meganephria ⋯⋯ 256
furcata, Hydriomena ⋯⋯ 70
furcula, Discestra ⋯⋯ 227
furcula, Furcula ⋯⋯ 317
furva, Parocneria ⋯⋯ 186
fusca sinearia, Heterophleps ⋯⋯ 55
fuscaria, Jankowskia ⋯⋯ 121
fuscomarginata, Phlogophora ⋯⋯ 244
fuscostigma, Xestia ⋯⋯ 223

G

gansuensis, Xestia ⋯⋯ 225
gaschkewitschii gaschkewitschii, Marumba ⋯⋯ 352
gaurax, Eugnorisma ⋯⋯ 216
gemella, Dysmilichia ⋯⋯ 252
gemella, Gaurena ⋯⋯ 20

gemina, Hydatocapnia	109		*griselda*, Zanclognatha	306
geminata, Acronicta	198		*griseola*, Eilema	168
gentiusalis, Edessena	304		*griseolimbata apotaeniata*, Cabera	109
geochroa, Rhyacia	216		*grisescens*, Cnethodonta	319
geochroides, Ochropleura	215		*griseum occidenta*, Pterostoma	330
Geometridae	37		*grotei*, Phalera	335
Geometrinae	91		*gruesa*, Calyptra	292
germana, Amata	178		*grumi*, Isochlora	226
germinata, Trichopteryx	52		*grumi*, Sympistis	259
germmifera, Karana	239		*guttivitta*, Agrisius	165
geyeri, Eutelia	269			
gigantea, Eupithecia	90		**H**	
gigantea, Ghoria	166		**Hadeninae**	227
gigantea, Hermonassa	219		*hadrian*, Phalera	335
gigantearia, Parobeidia	115		*haemorrhoidalis*, Micromelalopha	339
gigas, Meganola	190		*halterata*, Lobophora	51
gilvago, Xanthia	260		*hamada*, Edessena	304
gilvaria kukunorensis, Aspitates	143		*hamata*, Cyana	164
giraffata, Parapercnia	116		*hampsoni*, Trichoridia	259
glaphyra, Naxidia	54		*hamulatrix*, Eutelia	268
glaucaria, Geometra	96		*hannemanni*, Hiradonta	332
glaucochrista, Chloroglyphica	96		*harmandi*, Craniophora	201
gluteosa, Athetis	203		*harpagula*, Sabra	30
goliath, Polia	228		*hastulata reducta*, Epirrhoe	73
gonostigma, Teia	181		*hearseyi*, Brahmophthalma	349
gracilescens, Photoscotosia	62		*heberti*, Kentrochrysalis	356
gracilior, Lithacodia	267		*hedemannaria*, Rheumaptera	60
graeseri, Peridea	323		*helicina*, Spirama	276
grahami, Peridea	324		**Heliothinae**	207
grandificaria, Maxates	103		*hemiagna*, Dysstroma	79
grandis, Mythimna	237		*hemileuca*, Acronicta	198
granitalis, Cryphia	207		*henrici*, Diarsia	221
grata totifasciata, Peratophyga	108		*hercules*, Acronicta	199
grisea vladmurzini, Microphalera	331		*hercules*, Sypnoides	283
grisea, Anonychia	155		**Herminiinae**	304
grisea, Cortyta	279		*heterocampa*, Valeriodes	258
grisea, Dendrolimus	343		*hirsuta*, Autophila	280
grisea, Rikiosatoa	126		*histrio*, Aglaomorpha	177
grisearia, Abraxas	107		*hoenei hoenei*, Oreta	34
grisearia, Percnia	117		*hoenei*, Allocosmia	249
grisefasciaria, Nothocasis	53		*hoenei*, Dalima	121

hoenei, *Nephoploca*	27	*inexacta*, *Dolbina*	356
hoenei, *Paranerice*	325	*infernalis*, *Lemyra*	172
hoenei, *Pterostoma*	329	*infidelis*, *Ennomos*	149
holochrea, *Ghoria*	166	*ingratata*, *Pangrapta*	298
homoema, *Platycerota*	156	*insolita*, *Hypena*	300
horridipes, *Crithote*	289	*insueta*, *Amblychia*	134
horridula, *Leucoma*	186	*insularis*, *Hypochrosis*	153
humigena, *Agrotis*	212	*insulata*, *Odontopera*	152
hyalina latizona, *Deroca*	32	*interiorata*, *Camptoloma*	191
hymenaea, *Catocala*	272	*intermedia conscripta*, *Habrosyne*	24
Hypeninae	299	*intermedia*, *Acronicta*	199
hyperconnexa, *Catocala*	272	*intermedia*, *Lophocosma*	327
hypischyra, *Hysterura*	69	*intermediata*, *Actinotia*	245
hyrtaca, *Metanastria*	348	*intermixta*, *Trichoplusia*	308
		internifusca, *Carea*	193

I

		interplagata, *Arichanna*	119
icamba, *Valeriodes*	258	*intracta*, *Euxoa*	209
iconica, *Maurilia*	193	*invasa*, *Catocala*	272
icterias, *Hypobarathra*	232	*invenustaria*, *Phthonosema*	130
icteritia, *Xanthia*	260	*ipsilon*, *Agrotis*	211
idaeoides kiangsuensis, *Myrioblephara*	126	*irregularis*, *Hadena*	231
ignara, *Ochropleura*	214	*irregularis*, *Spilarctia*	175
illumina, *Trichopterigia*	52	*irrorata*, *Batracharta*	286
imitaria, *Dysstroma*	78	*irrorataria*, *Ophthalmitis*	129
impararia, *Dyschloropsis*	101	*islandica*, *Euxoa*	210
imperatrix, *Plusidia*	309	*isocyma*, *Euthrix*	345
impersonata, *Scopula*	39	*iterans*, *Lophophelma*	93
impleta, *Eucosmabraxas*	69		

J

improjecta, *Jankowskia*	122		
impura, *Mythimna*	237	*jacobsoni sichotenaria*, *Erannis*	132
inanata, *Rheumaptera*	60	*jacularia*, *Rhodostrophia*	38
incerta, *Zanclognatha*	306	*jaguararia*, *Arichanna*	118
inconcinnaria, *Hemistola*	101	*jankowskii*, *Lemyra*	172
inconfusa, *Metabraxa*	118	*jankowskii*, *Rhodinia*	362
incongrua, *Duliophyle*	133	*jankowskii*, *Stenoloba*	264
incongruens, *Hadennia*	304	*japonica koreana*, *Ambulyx*	357
inconspicua, *Autophila*	280	*japonica*, *Ozola*	37
indica indica, *Habrosyne*	25	*japonica*, *Saturnia*	365
indicataria, *Somatina*	43	*japonica*, *Tarsolepis*	315
indictinaria, *Endropiodes*	153	*japonica*, *Theretra*	360
indistincta, *Atopophysa*	71	*jezoensis*, *Maikona*	206

jomdensis, *Stamnodes*	56	*latifasciaria*, *Heterolocha*	146
joviana, *Dysgonia*	277	*latifusata*, *Xenortholitha*	77
juncta, *Catocala*	271	*latimarginaria*, *Apeira*	150
juno, *Thyas*	274	*lativitta*, *Peridea*	323
junonia, *Callambulyx*	354	*latsaria*, *Hydrelia*	85
justa, *Agrotis*	212	*laxa*, *Mocis*	278
juvenis, *Chersotis*	217	*lectrix*, *Episteme*	205
juventina, *Callopistria*	245	*leechi*, *Photoscotosia*	63
		lemeepauli, *Bombyx*	340
		leonina, *Diachrysia*	310

K

kansuensis, *Abraxas*	106	*leopardinula*, *Amurrhyparia*	169
kansuensis, *Enargia*	251	*lepida*, *Bamra*	286
kansuensis, *Pseudopanolis*	234	*leucocuspis*, *Acronicta*	199
kansuensis, *Thetidia*	100	*leucodera*, *Hexafrenum*	333
kezukai, *Hemistola*	101	*leucomelas*, *Aedia*	289
khasi, *Euproctis*	188	*leucospila*, *Prospalta*	242
kikuchii, *Dendrolimus*	344	*lewisii*, *Eospilarctia*	173
kindermanni, *Sibirarctia*	171	*li*, *Pheosiopsis*	328
kioudjrouaria, *Venusia*	83	*libatrix*, *Scoliopteryx*	282
kirbyi, *Sypnoides*	284	*lichenea tsinlinga*, *Parapsestis*	27
kollari, *Xestia*	225	*lichenicolor murzini*, *Rachiades*	324
koreana, *Stilbina*	247	*lidia*, *Euxoa*	209
kuangtungensis, *Ambulyx*	356	*liensis*, *Oreta*	35
		lignea, *Hupodonta*	328
		lilacina melanogramma, *Venusia*	82

L

lachesis, *Acherontia*	351	*lineata*, *Epodonta*	333
lactaria, *Nolathripa*	194	*lineata*, *Kunugia*	344
ladislai, *Ptilodon*	330	*lineosa*, *Athetis*	203
laeta, *Euthrix*	345	*lineosa*, *Cechenena*	361
lakearia, *Kuldscha*	49	*literata*, *Euplexia*	239
l-album, *Mythimna*	236	**Lithosiinae**	159
lanceola, *Hermonassa*	218	*litura*, *Spodoptera*	249
lankesteri, *Mecodina*	294	*liturata*, *Episparis*	289
Larentiinae	48	*livida*, *Amphipyra*	262
largeteaui, *Catocala*	274	*livornica*, *Hyles*	359
largeteaui, *Euryobeidia*	116	*l-nigrum*, *Arctornis*	186
laria, *Venusia*	82	*locuples*, *Cifuna*	181
Lasiocampidae	342	*longnanensis*, *Mirina*	367
lateritia, *Apamea*	241	*longilinea*, *Blepharita*	257
laticostalis, *Spatalia*	337	*longipennis*, *Lophoptera*	269
latifasciaria, *Anonychia*	155	*longipennis*, *Sineugraphe*	221

longisigna, Tethea	23
longstriga, Miltochrista	161
loochooana, Oreta	34
loreyi, Leucania	235
lubrica, Lygephila	287
lubricipedum, Spilosoma	174
lucidaria, Krananda	120
lucifera conspurcata, Epobeidia	116
lucilla, Triphaenopsis	247
lucipara, Euplexia	239
ludovicaria praemutans, Chartographa	65
lugens, Rheumaptera	59
lunifera, Lophoruza	262
lunnulata, Anuga	269
lunulata, Calliteara	179
luridaria, Percnia	117
lusoria, Lygephila	287
lutea, Acronicta	198
lutearia, Scopula	40
luteifascia, Smilepholcia	196
lutipennaria, Gnophos	140
Lymantriidae	179
Lymantriinae	183

M

mabillaria, Palaeomystis	50
Macroglossinae	358
macroparabolica, Fentonia	321
maculata punctimaculata, Xenoplia	117
maculata, Parasiccia	163
maculata, Sphragifera	251
maculosa, Cucullia	254
maculosa, Neolythria	111
magaria, Glaucorhoe	73
magnirena, Blepharita	256
major, Acronicta	200
majuscularia, Duliophyle	133
malachites, Nacna	197
malana, Balsa	250
mandarina, Bombyx	340
mandarina, Bomolocha	301
mandarina, Hamodes	290
mandarina, Pangrapta	299
mandarina, Xestia	224
mandarinata, Chlorodontopera	99
mandschuriana, Dysgonia	277
mandschurica, Hemifentonia	322
margarita, Ditrigona	32
marginata amurensis, Lomaspilis	112
marginata, Arichanna	119
marginata, Euproctis	189
marginata, Lymantria	184
marginis, Miltochrista	161
marina, Stenoloba	264
maritima, Heliothis	208
marmoraria, Venusia	82
marmorea, Perciana	302
mathura, Lymantria	184
maturata, Dysgonia	277
maxima chinensis, Macrauzata	33
maxima, Anomis	279
maxima, Isochlora	226
maxima, Lygephila	286
media, Ditrigona	32
mediangularis, Perizoma	88
mediocincta, Eupithecia	91
mediolata, Biston	137
megacephala, Acronicta	200
megaspila, Hermonassa	218
melachlora, Bryomoia	252
melaleuca, Maliattha	266
melanaria fraterna, Arichanna	118
melanica, Bomolocha	301
melanospila, Trachea	239
melanosticta, Asthena	84
melanosticta, Microcalicha	129
melanura, Ochropleura	214
meleagris, Parapsestis	26
melli, Lemyra	171
melli, Loepa	364
mencia, Epicopeia	35
menciana, Rondotia	341

mendicaria, *Somatina*	43
mentions, *Asura*	162
mesogona, *Anomis*	279
mesolepta, *Arichanna*	118
mesotrosta, *Leucania*	235
meticulodina, *Uropyia*	318
micans, *Stigmatophora*	159
microdon, *Discestra*	228
Microniinae	36
mienshani, *Conisania*	235
miniosata, *Photoscotosia*	61
minor, *Callopistria*	247
minor, *Cechenena*	361
minorclarivenata, *Heterophleps*	55
minshanensis, *Saturnia*	365
minuticornis, *Calyptra*	291
mira, *Oruza*	263
mirabilior, *Hagapteryx*	331
mirifica, *Catocala*	273
mitis, *Epilobophora*	51
mitorrhaphes, *Luxiaria*	115
moderata, *Cosmia*	250
moelleri, *Opisthograptis*	156
monacha, *Lymantria*	183
monbeigi, *Apoheterolocha*	147
moneta, *Polychrysia*	312
mongoliana, *Rhagastis*	361
mongolica, *Polia*	228
monolitha, *Amphipyra*	261
monotona, *Cosmotriche*	343
montanaria, *Heterarmia*	127
montis, *Euproctis*	188
montivolans, *Abraxas*	106
moorei, *Arctornis*	186
moorei, *Eilema*	169
moorei, *Pseudosphetta*	294
moupinaria, *Orthocabera*	110
multifaria, *Hysterura*	69
multigutta, *Eressa*	178
multilinea, *Ercheia*	276
multiplicans, *Anuga*	269
mundata, *Bamra*	285
mundataria, *Megaspilates*	139
muricata minor, *Idaea*	48
muscerda, *Pelosia*	169
muscularia, *Odontopera*	152
musiva, *Ochropleura*	213
mysticata watsoni, *Macrocilix*	29

N

nakatanii, *Hadennia*	304
nakatomii, *Zanclognatha*	306
nanata, *Oederemia*	243
narcissus, *Eligma*	190
narcissus, *Eteinopla*	345
naumanni, *Isopsestis*	24
nebulata, *Cataclysme*	80
nebulosa, *Lymantria*	184
nehallenia, *Eospilarctia*	173
neovalida, *Geometra*	94
nervosa, *Simyra*	201
neurbouaria, *Pareulype*	72
neurogrammata, *Nothocasis*	53
neustria testacea, *Malacosoma*	347
ni, *Trichoplusia*	308
nigra, *Macrobrochis*	165
nigribasalis, *Syntypistis*	320
nigribasis, *Hyperaeschrella*	332
nigrifurca, *Venusia*	82
nigrilinea, *Lophocosma*	327
nigriluna, *Trichoplusia*	309
nigripunctata fansipana, *Nothoploca*	27
nigrisigna, *Autographa*	310
nigrita, *Ochropleura*	213
nigrociliaris, *Ourapteryx*	158
nigromacularia, *Comibaena*	97
nigromaculata, *Orthosia*	234
nigropunctaria, *Lomographa*	110
nigropunctata, *Scopula*	41
niphona, *Simplicia*	305
nitens, *Atrachea*	239
nitida, *Anacronicta*	197

nitida, Cucullia	254	*obliterata*, Phyllophila	264
nivata, Lithacodia	268	*obscena*, Catocala	271
nivea, Arctornis	185	*obscura*, Anacronicta	197
nivea, Chionarctia	174	*obscurata*, Pangrapta	296
ningpoana, Actias	363	*obsoleta*, Corgatha	263
niveola, Belciades	279	*obsoleta*, Leucania	235
niveosparsa, Acronicta	199	*obstipata*, Orthonama	58
niveostrigata, Ercheia	276	*obtusa*, Athetis	204
niveus, Chasminodes	251	*obtusangula*, Jankowskia	122
nobilis sinina, Lebeda	346	*obumbrata*, Protexarnis	216
nobilis, Dudusa	313	*occulta*, Eurois	226
nobilitaria, Afriberina	125	*ochracea*, Ambulyx	357
Noctuidae	195	*ochreata*, Zonoplusia	309
Noctuinae	209	*ochreimacula*, Chorodna	134
Nolidae	189	*ochripennis*, Cidaria	70
Nolinae	189	*ochsi*, Cryphia	207
nooraria, Calicha	129	*ocularis amurensis*, Tethea	22
normata, Oxymacaria	113	*ocypete*, Fentonia	321
Notodontidae	313	*oldenlandiae*, Theretra	360
Notodontinae	323	*olena*, Sypnoides	283
nubifascia, Asura	162	*oligoscia*, Timandra	38
nubilata, Heterophleps	55	*oliva*, Saturnia	366
numisma, Lithacodia	268	*olivcomarginata*, Kranauda	120
nupta, Catocala	270	*omorii*, Acronicta	199
nycteris, Macroglossum	358	*onoi*, Pelurga	73
nymphaeata, Asthena	84	*ononensis*, Chersotis	217
		or terrosa, Tethea	22
O		*orbiculosa*, Oxytrypia	222
obductalis, Bomolocha	300	**Oretinae**	33
oberthüri, Euxoa	209	**Orgyinae**	179
oberthuri, Loepa	364	*orichalcea*, Trichoplusia	308
oberthuri, Polyphaenis	247	*orientalis*, Miltochrista	162
obesa, Dudusa	313	*ornata*, Panchrysia	312
obliqua, Ectropis	124	*ornata*, Pangrapta	297
obliqua, Hyperythra	143	*ornataria*, Chiasmia	114
obliquaria, Loxaspilates	142	*ornatissima*, Antoculeora	312
obliquaria, Oruza	263	*orophila*, Diarsia	222
obliquaria, Pseudomiza	144	*orthogramma taishanensis*, Cryphia	207
obliquilinea, Entomopteryx	151	*orthogrammaria*, Larerannis	131
obliquilineata, Eurogramma	288	**Orthostixinae**	37
obliterata, Chlorissa	100	*oxalina*, Mesogona	226

oxygnatha, Calliteara ········· 179

P

paeoniola, Psidopala ········· 24
paliura, Asota ········· 206
palleola, Callidrepana ········· 31
pallescens, Condica ········· 253
pallida flexuosa, Drepana ········· 31
pallida, Diphtherocome ········· 202
pallidula, Hermonassa ········· 218
pallustris, Athetis ········· 203
palshkovi, Subleuconycta ········· 200
pannosaria sinicaria, Gasterocome ········· 126
pantana, Laelia ········· 182
panterinaria, Biston ········· 138
Pantheinae ········· 195
para, Dindica ········· 91
parabolica, Fentonia ········· 322
paralia, Protexarnis ········· 216
parallela, Bleptina ········· 303
parallela, Leucoma ········· 186
parallela, Sirinopteryx ········· 156
parallela, Teia ········· 181
parallelangula, Spica ········· 28
parallelaria, Hemistola ········· 101
paraobscuraria, Epilobophora ········· 51
pararosthorni, Limbatochlamys ········· 94
parcata, Horisme ········· 89
parcevirens, Syntypistis ········· 320
paredra, Problepsis ········· 45
parvula, Pseudalbara ········· 29
parvularia, Hydrelia ········· 85
pasca, Amata ········· 178
paspa, Blepharosis ········· 257
pastinum, Lygephila ········· 287
patala, Catocala ········· 272
patalata, Apoheterolocha ········· 146
patrana, Callidrepana ········· 32
paupera, Hirasa ········· 141
pavaca sinensis, Oreta ········· 34
pendearia, Colostygia ········· 76

pennaria ussuriensis, Colotois ········· 141
peponis, Anadevidia ········· 310
percnioides, Hypomecis ········· 128
perflua, Amphipyra ········· 261
perforate, Cucullia ········· 253
perfurcana, Alcis ········· 124
peristena, Krananda ········· 120
permutans, Abraxas ········· 107
permutata, Scopula ········· 40
pernyi, Antheraea ········· 366
persicariae, Melanchra ········· 230
perspicuata, Eulithis ········· 66
persuspecta, Abraxas ········· 106
pertendens, Ericeia ········· 282
peusteria, Raphia ········· 196
phaedra, Cyana ········· 165
phaeocraspeda, Redoa ········· 182
phaeogona, Callopistria ········· 245
Phalerinae ········· 333
philippinensis swanni, Gastropacha ········· 346
philolaches, Rhodostrophia ········· 39
phoebe shanguang, Ginshachia ········· 337
picteti, Stauropus ········· 318
pictipennis, Comibaena ········· 98
pigra, Clostera ········· 339
pilosa, Erebus ········· 275
pilosa, Lemyra ········· 173
piperatum, Megametopon ········· 132
piperita, Euproctis ········· 187
placida propinqua, Eucosmabraxas ········· 69
placida, Chiasmia ········· 114
placida, Mythimna ········· 237
plagiata, Fascellina ········· 154
plagiata, Tiracola ········· 233
planus, Smerinthus ········· 351
plebeja, Allodonta ········· 332
pleopictaria, Agnibesa ········· 86
plicataria, Anydrelia ········· 86
plumbea, Anacronicta ········· 197
plumbea, Ochropleura ········· 215
plumbinotata, Orthogonia ········· 238

plurilinearia, Laciniodes	81	*propinguata suavata*, Xenortholitha	77
plurilineata, Chartographa	65	*propinquaria*, Scopula	43
Plusiinae	307	*prosenes*, Photoscotosia	63
plusiotis, Spatalia	336	*prouti*, Menophra	139
poecila, Protexarnis	216	*provocans lihsiensis*, Hirasa	140
polioides, Athaumasta	260	*proxima*, Leucania	235
poliomera, Perigea	253	*pruinosa*, Acronicta	199
polybapta, Lophomilia	265	*pruni*, Odonestis	348
polycommata anna, Trichopteryx	51	*prunnosa*, Sypnoides	284
polyodon, Actinotia	244	*pryeri*, Syntypistis	320
polytela, Euxoa	210	*pseudaccipiter*, Xestia	224
poneformata, Aplocera	50	*pseudoconspersa*, Euproctis	189
populifolia, Gastropacha	346	*pseudomaculata*, Parapsestis	26
porphyria, Craspedortha	352	*pseudopunctinalis*, Hypomecis	127
porphyrio, Brahmaea	348	*pterographa*, Habrosyne	25
postalbaria, Melanthia	90	**Ptilodoninae**	329
postalbida, Heterothera	80	*pudibunda*, Calliteara	179
postica, Mythimna	236	*pudicana*, Earias	192
postmarginata, Neolythria	111	*pudicaria*, Scopula	40
potanini, Odontestra	231	*pulcherrima*, Lophoruza	262
praecipua, Haderonia	229	*pulcherrima*, Micardia	266
praeclara, Craniophora	201	*pulcherrima*, Triphaenopsis	247
praeclarata, Hypomecis	128	*pulchra*, Daseochaeta	255
praecox, Ochropleura	212	*pulchra*, Miltochrista	161
praedita, Polia	228	*pullaria*, Nothocasis	53
praetermissa, Blepharita	257	*pulveraria*, Plagodis	154
prasina, Cryphia	207	*pulverea*, Euproctis	187
prasinana, Bena	192	*pulverosa*, Acronicta	200
pratti, Cyana	163	*punctarium*, Spilosoma	174
prattiaria, Exangerona	149	*punctata tehchangensis*, Dendrolimus	344
principalis, Callimorpha	177	*puncticulosa*, Ourapteryx	158
proavia, Dysstroma	78	*punctifascia*, Xylophylla	275
procellata szechuanensis, Melanthia	90	*punctilinea*, Lemyra	172
procumbaria, Comibaena	97	*punctilinearia*, Agnibesa	85
prodigiosa, Craniophora	202	*punctimarginaria*, Telenomeuta	61
producta, Lampropteryx	76	*punctinalis*, Hypomecis	127
proicteriodes, Abraxas	107	*punctiuncula*, Venusia	82
prominens, Crithote	290	*punctosa*, Hypersypnoides	285
promulgata, Hydriomena	71	*punctum*, Amyna	266
pronuba, Noctua	219	*punicearia*, Synegiodes	38
prophyrea, Pangrapta	298	*punkikonis*, Trachea	240

purissima, Macdunnoughia	311
purpurata, Rhyparia	170
purpurea, Condate	293
purpureofusa, Autographa	311
pusilla, Aventiola	302
pustulifer, Cnethodonta	319
putris, Axylia	223
Pygaerinae	335
pyralina, Cosmia	249
pyretorum, Saturnia	364

Q

qinlingensis, Pseudostegania	81
quadra, Lithosia	165
quadralba, Callopistria	246
quadratus, Ninodes	108
quadrifasciata, Xanthorhoe	57
quadrilineata, Bocula	288
quadrilineata, Orthozona	290
quercifolia cerridifolia, Gastropacha	346
quercifolia lucens, Gastropacha	346
quercii, Biston	138
quercii, Spilarctia	175

R

radiata, Mythimna	236
raptricula, Cryphia	206
ravida, Spaelotis	219
recava, Nordstromia	30
rectifascia, Tristrophis	157
rectilinearia, Photoscotosia	63
recurvilineata meroplyta, Agnibesa	86
refulgens, Ochropleura	213
regalis, Biston	138
relegata, Entephria	70
relegata, Operophtera	57
remelana, Vamuna	167
remissa, Apamea	240
repetita, Sapporia	240
replete, Callopistria	246
repulsaria, Cleora	122

restituta, Cosmia	249
reticulata obsoleta, Eustroma	67
reticulata, Proteostrenia	148
retorta, Spirama	276
retracta, Blepharosis	257
retrofusca, Saliocleta	316
retusa, Ipimorpha	252
revayana, Nycteola	194
rhodophila, Stigmatophora	159
rhombalis, Bomolocha	301
rhytidoprocta, Sineugraphe	221
rimosa, Pheosia	326
ripae, Agrotis	212
Risobinae	194
rivularia, Scopula	42
rivularis, Callopistria	245
rivularis, Hadena	231
rjabovi, Euxoa	210
roboraria, Hypomecis	128
robusta, Betalbara	29
robusta, Spilarctia	176
robustana, Agrotis	211
romanovi, Astrapephora	143
rosacea, Maliattha	265
rosacea, Miltochrista	160
roscida, Notodonta	323
rosearia, Heterolocha	145
roseimarginaria, Spilopera	148
rosthorni, Limbatochlamys	93
rostrata, Hypocala	291
rotundapex, Rotunda	341
ruberata, Hydriomena	70
rubiginosa, Ampelophaga	359
rubikundula, Gelastocera	193
rubilinea, Spilarctia	175
rubivena, Stigmatophora	159
rubrescens, Thyatira	20
rubricollis, Atolmis	169
rubricosa, Callambulyx	354
rubromarginata rubromarginata, Tridrepana	31
rufa, Paraheliosia	165

rufibarbis, Barbarossula	333
ruficauda, Diarsia	221
ruficeps, Perynea	262
rufofasciata, Drepana	31
rumicis, Acronicta	198
rutilifrons, Erythroplusia	312
rybakowi, Heterarmia	127

S

sabulorum, Hadula	233
sagittata albiflua, Gagitodes	88
salebrosa, Mythimna	236
sanguinea, Cyana	164
sanguiniplaga, Hydrelia	84
sanguinolenta, Siglophora	191
sannio, Diacrisia	170
satura, Biston	138
satura, Blepharita	256
saturata, Ptilodon	330
saturata, Xanthorhoe	57
Saturniidae	362
saucia, Peridroma	227
scabiosa fixseni, Agnidra	28
schaldusalis, Simplicia	306
schauffelbergeri, Ambulyx	357
schawerdae, Apamea	241
schintlmeisteri, Phalera	334
schrenkii, Amphipyra	262
scintillans, Euproctis	187
scintillans, Ninodes	108
scolopax, Drasteria	281
scotochlora, Polia	229
scrobifasciaria, Photoscotosia	62
scutatus, Protoschinia	208
scutosa, Protoschinia	208
sebrus, Phalera	335
segetum, Agrotis	211
segregata, Niphonyx	239
selenaria, Ascotis	130
selene ningpoana, Actias	363
semenovi, Epione	147
semenovi, Scotopteryx	50
semilutea, Idopterum	163
semipavonaria, Auzata	30
senex, Blenina	190
separata, Maliattha	265
separata, Mythimna	238
separata, Numenes	183
sera, Orthogonia	237
seriaria, Naxa	37
seriatopunctata, Spilarctia	175
sericea, Hydrelia	85
sericea, Orthocabera	109
sericeipennis, Ambulyx	357
serratilinea, Gnophos	140
serratilinearia, Phthonosema	130
serrulata, Pareclipsis	151
shaanganensis, Odontosina	331
shensiana, Polymixis	259
sibirica, Euxoa	209
siccanorum, Saragossa	232
siderea, Prospalta	242
sideritaria, Rheumaptera	59
sieversi, Kentrochrysalis	355
sieversi, Micromelalopha	339
sigillata, Sphragifera	251
sigma, Eugraphe	227
signata, Thysanoptyx	167
signifera, Maliattha	266
sikkima stueningi, Mimopydna	315
sikkima, Spatalia	336
sikkimensis, Dysstroma	79
similaria, Scotopteryx	49
similis, Nodaria	305
similistigma, Pangrapta	296
simplex, Adrapsa	304
simplex, Hemistola	101
simplex, Pantana	182
simplex, Sypnoides	283
simplicior, Lomographa	110
simplificata, Mesothyatira	22
sinens, Thalatha	202

sinensis, *Actias*	363
sinensis, *Conservula*	243
sinensis, *Symmacra*	39
sinensium, *Ophthalmitis*	129
singularia, *Dysstroma*	79
sinicaria, *Cabera*	109
sinicaria, *Gandaritis*	66
sinicum, *Pterostoma*	329
sinjaevi, *Euhampsonia*	315
sinopersonata, *Scopula*	43
sinophysa, *Spaelotis*	219
sinopicaria, *Abraxas*	107
sinuata fletcheri, *Gaurena*	20
sinuosa, *Hypena*	300
sinuosaria, *Eupithecia*	91
sjostedti, *Scopula*	42
Smerinthinae	351
sobrina, *Sypna*	282
sodalis, *Oligia*	243
sollers, *Parexarnis*	216
sollertina, *Protexarnis*	215
sordens, *Apamea*	242
sordidaria, *Selenia*	150
spacoalis, *Bertula*	303
speciosa, *Oreta*	33
spectabilis, *Marumba*	353
specularia nea, *Corymica*	156
specularis, *Garaeus*	154
sperchius, *Marumba*	353
Sphingidae	349
sphingiformis, *Dudusa*	313
Sphinginae	350
spilogramma, *Sidemia*	244
spissilinea, *Ochropleura*	214
splendida, *Cucullia*	254
splendida, *Simyra*	201
sponsaria, *Geometra*	95
squalorum, *Ochropleura*	215
squamea, *Pangrapta*	295
staudingeri, *Belciana*	195
staudingeri, *Macrobrochis*	165
Stauropinae	317
steganioides, *Pylargosceles*	47
stellata, *Amyna*	267
stellata, *Athetis*	203
stellatarum, *Macroglossum*	358
stentzi, *Ochropleura*	213
Sterrhinae	37
stictica, *Diarsia*	222
Stictopterinae	269
stigma, *Eilema*	168
stigmosa, *Discestra*	227
stipitaria, *Cusiala*	136
stoetzneri, *Spaelotis*	220
stoliczkae, *Trachea*	240
stolidoprocta, *Sineugraphe*	220
straminata sibirica, *Idaea*	47
straminearia, *Krananda*	121
straminearia, *Pseudostegania*	81
stratata, *Horisme*	89
streckeri, *Kentrochrysalis*	356
striata, *Miltochrista*	161
striata, *Rachia*	321
strictaria variegata, *Megalycinia*	123
strigifascia, *Niganda*	316
strigilata, *Polypogon*	307
strigipennis, *Asura*	162
strigipennis, *Locharna*	182
strigosa, *Acronicta*	198
stueningi, *Problepsis*	44
stupida aridela, *Xanthorhoe*	58
stuposa, *Dysgonia*	277
styx, *Acherontia*	350
suava, *Pygopteryx*	248
suavis, *Thalera*	103
subapicaria, *Dysstroma*	77
subcarnea, *Spilarctia*	174
subcostalis, *Mecodina*	294
subcosteola, *Lithosia*	166
subcyanea, *Hypena*	300
subdetersa, *Auchmis*	204
subdives, *Apha*	349

subflava, Tambana	196	tagalica, Sataspes	355
subgriselda, Zanclognatha	307	taipaischana, Craniophora	201
subgriseoviridis, Syntypistis	319	taiwana, Calliteara	180
sublata, Euxoa	210	takaonis, Hiradonta	332
submarginata, Apamea	242	takasagoensis, Phalera	334
submarginata, Hypersypnoides	285	tamaria, Hydriomena	71
submira, Oruza	263	tancrei, Dolbina	356
submolesta, Agrotis	211	tapaishana, Lomographa	110
subomissa, Synegia	111	tapaishana, Orthogonia	238
subpicaria, Chorodna	135	tatarinovii, Callambulyx	354
subprocumbaria, Comibaena	97	tchratchraria, Asthena	84
subpulchra, Euromoia	244	temeraria, Oxymacaria	112
subpunctaria, Scopula	40	tenebralis, Hypena	300
subpurpurea kansuensis, Amurilla	342	tenera, Drasteria	281
subpurpurea, Phlogophora	244	tenerata, Operophtera	56
subroseata, Heterolocha	146	tenuis, Inurois	132
subsatura, Hypocala	291	tenuisaria, Comibaena	97
substigmaria, Cyclidia	19	tephroxantha, Odontosiana	326
subtiliaria, Comostola	100	terrosa, Hypephyra	112
subvarius, Rhyparioides	170	tersata chinensis, Horisme	89
suffusa, Abraxas	107	testata, Eulithis	66
suisharyonis, Epiplema	36	tetralunaria, Selenia	150
superans, Amraica	136	textilis, Pangrapta	295
superans, Problepsis	46	texturata, Heliophobus	232
supergressa albigressa, Epirrhoe	74	thalassina, Lacanobia	230
superior, Lithacodia	267	thalictri, Calyptra	292
suppressaria, Biston	137	**Thaumetopoeinae**	340
suspecta, Abraxas	106	thespis, Salassa	362
sybillaria, Scopula	41	thetydaria, Maxates	103
sylvata, Abraxas	106	thibeta, Saturnia	366
symaria, Geometra	95	thoracicaria, Biston	137
symmetrica, Heterolocha	146	thyatiraria, Metaterpna	93
Syntominae	178	**Thyatirinae**	20
syringaria, Apeira	150	tianmushanensis, Cyana	164
szechuana, Ourapteryx	157	tigrata leopardaria, Epobeidia	116
		timandra, Dierna	290
		timoniorum, Gonoclostera	337

T

tabida, Xestia	225	tirivia, Euxoa	209
tabulaeformis, Dendrolimus	343	tokionis, Agrotis	211
tabulata, Thera	80	tomponis almasderes, Parapsestis	26
taczanowskiaria, Pelurga	72	tonchignearia, Photoscotosia	64

torniplaga, *Apoheterolocha* ······	147
trabealis, *Emmelia* ······	264
trachitso, *Notodonta* ······	323
transiens, *Creatonotos* ······	171
transiens, *Sarbanissa* ······	205
transversa, *Iambia* ······	248
transversa, *Xanthodes* ······	194
transversata japanaria, *Philereme* ······	61
triangularis, *Ochropleura* ······	213
tridens, *Acronicta* ······	199
tridentifera, *Opisthograptis* ······	155
trifolii, *Discestra* ······	228
trigonalis, *Hypena* ······	299
trilinea, *Autoba* ······	268
trilinealis, *Paracolax* ······	304
trilineatus, *Polyptychus* ······	351
trimaculata, *Cymatophoropsis* ······	285
trimantesalis, *Pangrapta* ······	297
trispina, *Oreta* ······	34
trispinuligera, *Oreta* ······	35
tristalis Paracolax ······	305
tristicta, *Manoba* ······	189
tristrigaria, *Aspitates* ······	143
tritici, *Euxoa* ······	210
truncaria, *Oxymacaria* ······	113
truncata, *Dysstroma* ······	78
tsekuna, *Opisthograptis* ······	155
tsinglingensis, *Miltochrista* ······	160
tsinlingensis, *Abaciscus* ······	128
tukuringra, *Zaranga* ······	314
turca, *Mythimna* ······	237

U

umbelaria, *Scopula* ······	41
umbra, *Pyrrhia* ······	208
umbratica, *Cucullia* ······	254
umbrifera, *Ochropleura* ······	214
umbrosa, *Ercheia* ······	276
umbrosa, *Harpyia* ······	320
umbrosa, *Pangrapta* ······	296
umbrosa, *Spatalina* ······	330
undans fasciatella, *Kunugia* ······	345
undata, *Mocis* ······	277
undosa, *Noctua* ······	219
undulata, *Asthena* ······	84
undulosa, *Clanis* ······	355
undulosa, *Photoscotosia* ······	61
uniformeola, *Eilema* ······	168
uniformis, *Perigrapha* ······	233
unistirpis, *Laciniodes* ······	81
upina, *Nerice* ······	325
Uraniidae ······	35
ussurica, *Eilema* ······	168
ussuriensis, *Amphipoea* ······	204
ussuriensis, *Blasticorhinus* ······	291
ussuriensis, *Geometra* ······	95

V

vacuimargo, *Amnesicoma* ······	64
vadim, *Dalailama* ······	342
vagipardata leptostica, *Obeidia* ······	115
valida, *Geometra* ······	95
vallata, *Neohipparchus* ······	96
variabilis, *Orthosia* ······	234
variata, *Thera* ······	80
vasava, *Pangrapta* ······	296
vatama tsina, *Oreta* ······	33
velutina, *Photoscotosia* ······	63
velutina, *Togepteryx* ······	331
venata, *Callopistria* ······	246
veneris, *Tristrophis* ······	157
veneta, *Hemistola* ······	102
ventraria kansubia, *Ctenognophos* ······	141
venusta, *Sarbanissa* ······	205
verbosaria, *Lithostege* ······	50
versicolor, *Xenozancla* ······	105
versuta, *Xestia* ······	224
vestalis, *Bupalus* ······	143
vestigialis, *Agrotis* ······	212
veterina, *Apamea* ······	241
vetusta, *Xylena* ······	255
vicina, *Paradecetia* ······	36

vicinalis, *Kuldscha* ····· 48	*xingshana*, *Catocala* ····· 274
vigens, *Diphtherocome* ····· 202	*xunyangensis*, *Dendrolimus* ····· 343
vigil, *Dindicodes* ····· 92	*xylina*, *Ephalaenia* ····· 151
viminalis, *Brachylomia* ····· 255	
vinata, *Arguda* ····· 342	**Y**
vinculata, *Perizoma* ····· 88	*yandu*, *Oberthueria* ····· 341
violacea violacea, *Habrosyne* ····· 25	*ypsilon*, *Chalconyx* ····· 243
violacea, *Betalbara* ····· 29	*yu*, *Leucania* ····· 236
violettaria, *Venusia* ····· 83	
viperata, *Colostygia* ····· 76	**Z**
vira, *Nordstromia* ····· 30	*zelotypa*, *Brachyxanthia* ····· 252
virens, *Anaplectoides* ····· 226	*zerenaria*, *Calpenia* ····· 177
virgulata, *Scopula* ····· 41	*zhangi*, *Trichosea* ····· 195
viridata, *Apithecia* ····· 87	*zhubajie*, *Metriaeschra* ····· 328
viridata, *Chrysorabdia* ····· 167	*ziczac*, *Miltochrista* ····· 160
viridis, *Isochlora* ····· 225	*zilla*, *Bomolocha* ····· 301
viridula, *Polymixis* ····· 258	*zimmermanni*, *Hemistola* ····· 102
viriplaca, *Heliothis* ····· 208	
vishnou gigantina, *Trabala* ····· 348	
vittata, *Sidyma* ····· 167	
vittipalpis, *Gangarides* ····· 314	
v-nigra, *Siccia* ····· 163	
volutata, *Dysstroma* ····· 79	
vulcanea, *Lygephila* ····· 287	
vulgaris, *Problepsis* ····· 44	
vulpecula, *Agrochola* ····· 260	
vulpinaria, *Chorodna* ····· 135	

W

wallichii, *Brahmophthalma* ····· 349
wauaria chinensis, *Macaria* ····· 114
whitelyi, *Calleulype* ····· 65
wittstadti, *Risoba* ····· 194
w-latinum, *Lacanobia* ····· 230

X

xanthochlora, *Hermonassa* ····· 218
xanthocraspis, *Strysopha* ····· 168
xanthoma, *Simplicia* ····· 305
xanthomelanaria, *Xandrames* ····· 133
xena, *Niaboma* ····· 233